지적직공무원 · 한국국

지적학 기출문제 및 합격모의고사

寅山 이영수 · 김기승 저

이 책의 특징

- 연도별 기출문제를 수록하여 문제의 출제 경향과 출제 빈도를 수험생들이 쉽게 파악할 수 있도록 하였다.
- 오랜 기간 지적 실무 분야에 종사하면서 얻은 실무 지식과 다년간의 강의 경험을 바탕으로 상세한 해설로 이해를 돕고자 하였다.

지적(地籍, Cadastre)이란 국가기관이 국가의 통치권이 미치는 모든 영토를 국가기관의 장인 시장 · 군수 · 구청장이 필지 단위로 구획하여 토지에 대한 물리적 현황과 법적 소유 관계를 등록 · 공시하고 그 변동 사항을 계속하여 유지 · 관리하는 영속성을 가진 국가 고유 사무이다.

초기 지적은 한 국가를 통치하기 위하여 토지과세를 기초로 하였고, 오늘날 지적은 1895년 근대 지적이 도입되고 오랜 세월이 지나면서 비약적으로 발전해 왔으며 토지에 대한 가장 최신 정보를 내포하고 있는 공적등록부로서의 역할을 다해 왔다.
지적은 이러한 역사 배경을 토대로 1970년대부터 본격적으로 학문으로서 정립 · 발전되었다.

우리나라의 지적 발전을 위하여 학계나 업계 모두 다각적으로 노력하고 있으며, 지적직 공무원, 한국국토정보공사와 지적 산업 분야 등에서 꿈을 이루려는 지적학과, 부동산학과, 지리학과 그리고 공간정보와 관련된 다양한 학과 학생들이 날로 증가하고 있다.

이런 시대 흐름에 부응하기 위하여 국가자격시험 중 지적기사 및 산업기사 자격 취득을 목표로 하는 분들뿐만 아니라 지적직 공무원 및 지적공사 수험생에게 조금이나마 보탬이 되길 바라며 이 교재를 출간하게 되었다.

〈본 교재의 특징〉

1. 연도별 기출문제를 수록하여 문제의 출제 경향과 출제 빈도를 쉽게 이해할 수 있도록 정리하였다.
2. 오랜 기간 지적 실무 분야에 종사하면서 얻은 실무 지식과 강의 경험을 바탕으로 문제를 상세하게 풀이하였다.

끝으로 이 교재가 여러분이 꿈을 이루는 데 작은 밑거름이 되기를 소망하며, 출간하기까지 도움을 주신 도서출판 예문사 정용수 대표님과 임직원에게도 감사의 마음을 전한다.

저자 寅山 이영수, 김기승

願乘長風(원승장풍) 破萬里浪(파만리랑)

바라건대 멀리 가는 큰 바람 타고서, 만 리 멀리 파도 부수며 나아가리라.

CHAPTER 01 | 지적직 공무원문제

CHAPTER 02 | 한국국토정보공사문제

PART
02
지적학
합격모의고사

PART
03
지적학
부록

PART 01

지적학 기출문제

CHAPTER 001

지적직 공무원문제

01 2014년 서울시 7급 기출문제

01 우리나라 지적제도에서 지적국정주의를 채택하는 이유로 가장 적합한 것은?

① 토지표시방법을 통일하기 위하여
② 토지개발방법을 통일하기 위하여
③ 토지자료의 공시방법을 통일하기 위하여
④ 토지평가방법을 통일하기 위하여
⑤ 지적등록정보의 활용방법을 통일하기 위하여

풀이 지적법의 기본이념 **암기** ㉿형공실직

구분	내용
지적(국)정주의	지적사무는 국가의 고유사무로서 지적공부의 등록사항인 토지의 소재 · 지번 · 지목 · 면적 · 경계 또는 좌표 등은 국가만이 결정할 수 있는 권한을 가진다는 이념이다. ※ 국정주의를 채택하고 있는 이유 모든 토지를 실지와 일치하게 지적공부에 등록하도록 하고 있으나 이를 성실하게 이행할 수 있는 것은 국가뿐이며, 지적공부에 등록할 사항의 결정방법 및 운영은 전국적으로 통일적이고 획일성(uniformity) 있게 수행되어야 하는 국가의 고유사무이기 때문이다.
지적(형)식주의	국가가 결정한 토지에 대한 물리적 현황과 법적 권리관계 등을 외부에서 인식할 수 있도록 일정한 법적 형식을 갖추어 지적공부에 등록하여야만 효력이 발생한다는 이념으로 「지적등록주의」라고도 한다.
지적(공)개주의	토지에 대한 물리적 현황과 법적 권리관계 등을 지적공부에 등록하여 국가만이 업무에 활용하는 것이 아니고, 토지소유자나 이해관계인은 물론 기타 일반국민에게도 공시방법을 통하여 신속 · 정확하게 공개하여 정당하게 언제나 이용할 수 있도록 하여야 한다는 이념이다. 지적공개주의에 입각하여 지적공부에 대한 정보는 열람이나 등본의 교부제도로 공개하거나 지적(임야)도에 등록된 경계를 현지에 복원시키는 경계복원측량 등이 지적공개주의의 대표적인 실현수단이라 할 수 있다.
지적(실)질적 심사주의	지적제도는 토지에 대한 사실관계를 정확하게 등록 · 공시하는 제도로서 새로이 지적공부에 등록하는 사항이나 이미 지적공부에 등록된 사항을 변경 등록하고자 할 경우 소관청은 지적법령에 의하여 절차상의 적법성(legality)뿐만 아니라 실체법상 사실관계의 부합 여부를 심사하여 지적공부에 등록하여야 한다는 이념으로서 「사실심사주의」라고도 한다.
지적(직)권 등록주의	국가는 의무적으로 통치권이 미치는 모든 토지에 대한 일정한 사항을 직권으로 조사 · 측량하여 지적공부에 등록 · 공시하여야 한다는 이념으로 「적극적 등록주의」 또는 「등록강제주의」라고도 한다.

정답 01 ①

02 다음 중 지적제도의 효력과 관련 업무가 서로 맞지 않는 것은?

① 창설적 효력 – 등록전환 및 지번 변경
② 대항적 효력 – 고유번호, 지번
③ 형성적 효력 – 합병, 분할
④ 공증적 효력 – 지적공부의 발급 및 열람
⑤ 공시적 효력 – 공부 등록사항

풀이 지적제도의 효력

창설적 효력	새로이 조성된 토지 및 등록이 누락되어 있는 토지를 지적공부에 등록하는 것으로 이 경우에 발생하는 효력을 말한다.
대항적 효력	지번이란 필지에 부여하여 지적공부에 등록한 번호를 말하는데, 지적공부에 등록된 토지의 표시사항(소재, 지번, 지목, 면적 경계, 좌표)은 제3자에게 대항할 수 있다.
형성적 효력	합병은 지적공부에 등록된 2필지 이상을 1필지로 합하여 등록하는 것을 말하고, 분할이란 지적공부에 등록된 1필지를 2필지 이상으로 나누어 등록하는 것을 말한다. 이러한 합병, 분할 등에 의하여 새로운 권리가 형성된다.
공증적 효력	지적공부에 등록하는 사항, 즉 토지에 관한 사항, 소유자에 관한 사항, 기타 등은 공증하는 효력을 가진다.
공시적 효력	토지의 표시를 법적으로 공개, 표시하는 효력을 공시적 효력이라 한다.
보고적 효력	지적공부에 등록하기 전에 지적공부의 신뢰성을 확보하기 위하여 지적공부정리결의서를 작성하여 보고하여야 하는 효력을 보고적 효력이라 한다.

03 다음 중 수치주제도(數値主題圖)의 종류에 들어가지 않는 것은?

① 토지적성도
② 풍수해보험관리지도
③ 관광지도
④ 정사영상지도
⑤ 토양도

풀이 수치주제도 **암기** 토지도국토도지하수산자생지토임토식관풍재행

1. (토)지이용현황도
2. (지)하시설물도
3. (도)시계획도
4. (국)토이용계획도
5. (토)지적성도
6. (도)로망도
7. (지)하수맥도
8. (하)천현황도
9. (수)계도
10. (산)림이용기본도
11. (자)연공원현황도
12. (생)태 · 자연도
13. (지)질도
14. (토)양도
15. (임)상도
16. (토)지피복지도
17. (식)생도
18. (관)광지도
19. (풍)수해보험관리지도
20. (재)해지도
21. (행)정구역도
22. 제1호부터 제21호까지에 규정된 것과 유사한 수치주제도 중 관련 법령상 정보유통 및 활용을 위하여 정확도의 확보가 필수적이거나 공공목적상 정확도의 확보가 필수적인 것으로서 국토교통부장관이 정하여 고시하는 수치주제도

정답 02 ① 03 ④

04 대한제국시대에 작성되었던 민유임야약도에 대한 설명으로 옳은 것은?

① 등급을 상세하게 정리하여 세금을 공평하게 징수할 수 있도록 작성된 도면이다.
② 소재 · 면적 · 지번 · 축척 · 사표 등을 기재하였다.
③ 민유임야약도 제작으로 우리나라에서 최초로 임야측량이 시작되었다.
④ 민유임야약도 제작에 필요한 측량비용은 모두 국가가 부담하였다.
⑤ 범례와 등고선은 표기하지 않았다.

풀이 **민유임야약도(民有林野略圖)**

1. 민유임야약도의 정의
   대한제국은 1908년 1월 21일 삼림법을 공포하였는데 제19조에 "모든 민유임야는 3년 안에 면적과 약도를 농상공부대신에게 신고하되 기한 안에 신고를 안 하면 국유로 한다."라는 내용을 두어 모든 민간인이 갖고 있는 임야지를 측량하여 강제적으로 그 약도를 제출하게 되어 있다.
   여기서 기한 내에 신고치 않으면 "국유"로 된다고 하였으니 우리나라 "국유"가 아니라 통감부 소유, 즉 일본이 소유권을 갖게 된다는 뜻이다. 이는 법률에 한 조항을 넣어 가만히 앉아서 민유임야를 파악하고 나머지는 국유로 처리하자는 수작이었다.
   민유임야약도란 이 삼림법에 의해서 민유임야측량기간(1908.1.21.~1911.1.20.) 사이에 소유자의 자비로 측량에 의해서 만들어진 지도를 말한다.
2. 민유임야약도의 특징
   ① 민유임야약도는 채색되어 있으며 범례와 등고선이 그려져 있다.
   ② 민유임야약도는 지번을 제외하고는 임야도의 모든 요소를 갖추었다.
   ③ 토지의 소재, 면적, 소유자, 축척, 도면과 사표(四標), 측량연월일, 북방표시, 측량자 이름과 날인이 되어 있다.
   ④ 측량연도는 대체로 융희(隆熙)를 썼고, 1910년, 1911년은 메이지(明治)를 썼다.
   ⑤ 축척은 200분의 1, 300분의 1, 600분의 1, 1,000분의 1, 1,200분의 1, 2,400분의 1, 3,000분의 1, 6,000분의 1 등 8종이다.
   ⑥ 민유임야약도는 폐쇄다각형으로 그린 다음, 그 안에 등고선을 긋고 범례에 따라 도식으로 나타내었다.
   ⑦ 면적의 단위는 정(町), 반(反), 보(步) 등을 사용하였다.

05 다음 중 소삼각점과 구소삼각점을 구분하여 부르는 이유로 옳은 것은?

① 조선총독부에서 설치한 삼각점과 탁지부에서 설치한 삼각점을 서로 구분하기 위해
② 기초측량과 일필지 측량을 위한 삼각점을 서로 구분하기 위해
③ 서울, 경기 지역과 대구, 경북지역의 삼각점을 서로 구분하기 위해
④ 기선측량을 실시하였던 지역과 실시하지 않았던 지역을 서로 구분하기 위해
⑤ 대삼각측량을 실시한 지역과 그렇지 않은 지역을 서로 구분하기 위해

풀이 1. 구소삼각측량
   서울 및 대구, 경북부근에 부분적으로 소삼각측량을 시행하였으며 이를 **구소삼각측량지역**이라 한다. 측량지역은 27개 지역이며 지역 내에 있는 **구소삼각원점** 11개의 원점이 있고 토지조사사업이 끝난 후에 일반삼각점과 계산상으로 연결을 하였으며 측량지역은 다음과 같다.

정답 04 ③ 05 ①

경기도	㊌흥, ㊍동, ㊋포, ㊎천, ㊏화, ㊐위, ㊑산, ㊒성, ㊓원, ㊔인, ㊕양, ㊖진, ㊗성, ㊘산, ㊙주, ㊚천, ㊛지, ㊜천, ㊝평 (19개 지역)
경상북도	㊞구, ㊟령, ㊠도, ㊡천, ㊢풍, ㊣인, ㊤양, ㊥산(8개 지역)

2. 삼각점

1909년 구한국정부의 도지부에서 측지사업을 착수하였으나 1910년 8월 한일합방에 따라 그 사업이 중단되어 일본 조선총독부 임시토지조사국에 의해 승계되었다.

※ 삼각측량의 역사

① 1910~1918년까지 동경원점을 기준으로 하여 삼각점(1등~4등)의 경위도와 평면직각좌표 결정
② 삼각점수는 총 31,994점 설치
③ 1950년 6.25전쟁으로 기준점 망실
④ 1960년대 후 복구사업 시작
⑤ 6.25전쟁 후 국립건설연구소 및 **국립지리원**에서(1974년 창설)에서 실시한 삼각점의 재설 및 복구작업을 신뢰할 수 없어 **1975년부터 지적법**에 근거하여 국가기준점성과는 별도로 **지적삼각점과 지적삼각보조점** 설치
⑥ 1975년부터 1, 2등 삼각점의 **정밀 1차 기준점측량**을 계획 실시
⑦ 1985년부터 3, 4등 삼각점을 대상으로 **정밀 2차 기준점측량**을 계획 실시

06 다음 중 우리나라 지적제도에 대한 설명으로 옳은 것은?

① 고조선 시대 정전제는 토지를 9등분하여 8농가가 한 구역씩 경작하고 중앙의 한 구역은 경작하지 않았다.
② 신라에서는 호부에서 토지세를 파악하도록 하였다.
③ 백제에는 토지도면으로 봉역도와 요동성총도가 있었다.
④ 삼한의 토지소유는 공동소유이고 공동경작, 공동분배를 행하였다.
⑤ 고려시대에는 호부에서 지적업무를 담당하고 임시부서는 두지 않았다.

풀이 **고조선의 지적제도**

우리나라의 지적제도의 기원은 상고시대에서부터 찾아볼 수 있다. 고조선시대의 **정전제(井田制)**는 균형 있는 촌락의 설치와 토지분급 및 수확량 파악을 위해 시행되었던 지적제도로서 백성들에게 농사일에 힘쓰도록 독려했으며 납세의 의무를 지게 하여 **소득의 9분의 1을 조공**으로 바치게 하였다. 또한 수장격인 풍백(風伯)의 지휘를 받아 **봉가(鳳加)**가 지적을 담당하였고 측량실무는 **오경박사**가 시행하여 국토와 산야를 측량하여 조세율을 개정하였다. 오경박사(五經博士) **우문충(宇文忠)**이 토지를 측량하고 지도를 제작하였으며 **유성설(遊星說)**을 저술하였다.

※ 삼국시대의 지적제도 비교

구분	고구려	백제	신라
길이단위	척(尺) 단위 사용 : 고구려척	척(尺) 단위 사용 : 백제척, 후한척, 남조척, 당척	척(尺) 단위 사용 : 흥아발주척, 녹아발주척, 백아척, 목척
면적단위	경무법(頃畝法)	두락제(斗落制)와 결부제(結負制)	결부제(結負制)
토지장부	봉역도(封域圖) 및 요동성총도(遼東城塚圖)	• 도적(圖籍) • 일본에 전래[근강국 수소촌 간전도(近江國 水沼村 墾田圖)]	장적(방전, 직전, 제전, 규전, 구고전, 원전, 호전, 환전)

정답 06 ④

구분	고구려	백제	신라
측량방식	구장산술	구장산술	구장산술
토지담당 (부서 · 조직)	• 부서 : 주부(主簿) • 실무조직 : 사자(使者)	내두좌평(內頭佐平) • 산학박사 : 지적 · 측량담당 • 화사 : 도면작성 • 산사 : 측량 시행	• 조부 : 토지세수 파악 • 산학박사 : 토지측량 및 면적측정
토지제도	토지국유제 원칙	토지국유제 원칙	토지국유제 원칙

고려시대 지적관리 기구로는 중앙에 호부(戶部)와 특별관서로 급전도감, 정치도감, 절급도감, 찰리변위도감 등을 두었다. 토지대장의 명칭은 도전장(都田帳), 양전도장(量田都帳), 양전장적(量田帳籍), 도행(導行), 작(作), 도전정(導田丁), 전적(田籍), 전부(田簿), 적(籍), 안(案), 원적(元籍) 등으로 다양하였다.

07 다음 중 신라 장적문서에 대한 설명으로 옳지 않은 것은?

① 서소원경(현재 청주) 부근의 4개 촌락을 대상으로 작성되었다.
② 호구수, 우마수, 다양한 전답면적, 나무의 주수가 기록되었다.
③ 촌락의 토지 조세징수와 부역징발을 위한 기초자료로 활용되었다.
④ 신라의 대표적 토지 관련 문서이지만 현존하지는 않는다.
⑤ 촌명 및 촌락의 영역, 전, 답, 마전(麻田) 등으로 구분하였다.

풀이 **신라장적(新羅帳籍)**

1. 신라장적의 정의
   일본 정창원에서 발견된 것으로 통일신라시대 서원경 지방의 네 마을에 있었던 토지 등 재산목록으로 3년마다 일정한 방식으로 기록하였는데, 그 내용은 촌명(村名), 마을의 둘레, 호수의 넓이, 인구수, 논과 밭의 넓이, 과실나무의 수, 마전, 소와 말의 수 등이며 과세를 위한 기초문서이다. 신라 민정 문서라고도 한다.
2. 신라장적의 특징 및 내용

구분		
특징	• 지금의 청주지방인 신라 서원경 부근 4개 촌락에 해당되는 문서이다. • 일본의 동대사 정창원에서 발견되었다. • 사망 · 이동 등 변동내용이 기록되어 3년마다 기록한 것으로 추정된다. • 현존하는 가장 오래된 지적공부이다. • 국가의 각종 수확의 기초가 되는 장부이다.	
기록내용	• 촌명(村名), 마을의 둘레, 호수의 넓이 등 • 인구수, 논과 밭의 넓이, 과실나무의 수, 뽕나무의 수, 마전, 소와 말의 수	
주요용어	관모답전(官謨畓田)	신라시대 각 촌락에 분산된 국가소유 전답
	내시령답(內視令畓)	문무관료전의 일부로 내시령이라는 관직을 가진 관리에게 지급된 직전
	촌주위답(村主位畓)	신라시대 촌주가 국가의 역을 수행하면서 지급받은 직전
	연수유답전(烟受有畓田)	신라시대 일반백성이 보유하여 경작한 토지로, 장적문서에서 전체 토지의 90% 이상이 해당된다.
	정전(丁田)	신라시대 성인 남자에게 지급한 토지권 연수유답전과 성격이 일치한다.
	마전(麻田)	삼을 재배하던 토지로, 4개의 촌락에 마전면적이 거의 균등하게 기재되어 있다.

정답 07 ④

※ 시대별 토지도면 및 대장

고구려	봉역도(封域圖), 요동성총도(遼東城塚圖)
백제	도적(圖籍)
신라	신라장적(新羅帳籍)
고려	도행(導行), 전적(田籍)
조선	양안(量案) • 구양안(舊量案) : 1720년부터 광무양안(光武量案) 이전 • 신양안(新量案) : 광무양안으로 측량하여 작성된 토지대장 야초책 · 중초책 · 정서책 등 3단계를 걸쳐 양안이 완성되었다.
일제	토지대장, 임야대장

08 조선 말 실학자들을 중심으로 전개되었던 양전개정론에 대한 설명으로 옳은 것은?

① 유형원, 서유구, 정약용 등의 실학자들은 경무법을 폐지하고 결부법을 채택할 것을 주장하였다.
② 정약용은 농지의 소재를 명시하는 표적으로 사표의 가치를 인정하였다.
③ 정약용은 농지의 면적을 정확하게 파악하기 위한 방법으로 일자오결제도를 주장하였다.
④ 유형원은 반계수록에서 결부법의 가치를 강조하였다.
⑤ 이기는 저서 해학유서를 통해 수등이척법에 대한 개선책으로 망척제를 주장하였다.

풀이 양전개정론(量田改正論)

구분	정약용(丁若鏞)	서유구(徐有榘)	이기(李沂)	유길준(兪吉濬)
양전방안	• 결부제 폐지, 경무법으로 개혁 • 양전법안 개정		수등이척제에 대한 개선책으로 망척제를 주장	전 국토를 리단위로 한 전통제(田統制)를 주장
특징	• 어린도 작성 • 정전제 강조 • 전을 정방향으로 구분 • 휴도 : 방량법의 일환이며 어린도의 가장 최소단위로 작성된 지적도	• 어린도 작성 • 구고삼각법에 의한 양전수법십오제 마련	• 도면의 필요성 강조 • 정방형의 눈들을 가진 그물눈금을 사용하여 면적 산출(망척제)	• 양전 후 지권 발행 • 리단위의 지적도 작성(전통도)
저서	목민심서(牧民心書)	의상경계책(擬上經界策)	해학유서(海鶴遺書)	서유견문(西遊見聞)

유형원의 『반계수록』

반계(磻溪) 유형원(柳馨遠)은 1622년(광해군 14)에서 1673년(현종 14)까지 살았던 조선 후기 실학파의 시조이다. 그가 살았던 시기는 임진왜란에 이어 병자호란이 발발하였고 조선 건국 이래 누적된 여러 가지 모순이 극대화되었으며 삼정(三政)의 문란으로 농민들의 삶이 피폐해진 시기였다. 유형원은 이러한 조선 사회의 현실을 바라보면서 그 폐단을 바로잡고자 노력하였다. 『반계수록(磻溪隧錄)』으로 대표되는 그의 개혁사상은 영조 때 국정개혁의 지표가 되기도 하였으며, 이익, 안정복, 정약용 등에게 이어져 실학이 발전하는 데 영향을 주었다.
유형원은 성리학을 비롯하여 정치 · 경제 · 역사 · 지리 · 병법 · 문학 등 다방면에 뛰어났다. 35세에 『여지지(輿地志)』라는 지리서를 저술하였고, 이듬해에는 호남지역의 풍토와 물산 등을 빠짐없이 기록했다. 유형원은 소수의 양반들이 전국의 토지를 차지해가는 현실을 보면서 균등한 토지의 소유야말로 국가와 백성이 안정되는 데 가장 중요한 요소라 판단하였다. 따라서 나라를 부강하게 하고 백성이 편안하기 위해서는 제일 먼저 토지개혁

정답 08 ⑤

이 필요하다고 주장하였다. 그는 토지개혁의 핵심 원칙으로서 균전론(均田論)과 경자유전(耕者有田)을 주장하였으며, 농병일치의 군제, 균등한 세제와 과거제도의 폐지 등 이상 국가의 건설을 위한 다양한 방안을 제시하였다.

09 다음 중 지적재조사사업의 목적이나 기대효과로 볼 수 없는 것은?

① 지적불부합지를 해소하고, 토지거래의 활성화를 도모한다.
② 지적불부합지를 해소하고, 지적행정의 신뢰를 증진한다.
③ 디지털 지적으로 전환하여 국토의 효율적 관리를 달성한다.
④ 디지털 지적으로 전환하여 지적제도의 효율화를 증진한다.
⑤ 지적불부합지를 해소하고, 국민의 재산권을 보호한다.

풀이 **지적재조사법 제1조(목적)**

이 법은 토지의 실제 현황과 일치하지 아니하는 지적공부(地籍公簿)의 등록사항을 바로잡고 종이에 구현된 지적(地籍)을 디지털 지적으로 전환함으로써 국토를 효율적으로 관리함과 아울러 국민의 재산권 보호에 기여함을 목적으로 한다.

지적재조사의 필요성 및 기대효과

① 전 국토를 동일한 좌표계로 측량하여 지적불부합지를 해소한다.
② 지적불부합지를 해소하고, 지적행정의 신뢰를 증진한다.
③ 디지털 지적으로 전환하여 국토의 효율적 관리를 달성한다.
④ 디지털 지적으로 전환하여 지적제도의 효율화를 증진한다.
⑤ 지적불부합지를 해소하고, 국민의 재산권을 보호한다.
⑥ 수치적방법으로 재조사하여 국민적 요구에 부응하고 도해지적의 문제점을 해결한다.
⑦ 토지관련정보의 종합관리와 계획의 용이성을 제공한다.
⑧ 부처 간 분산 관리되고 있는 기준점의 통일로 업무능률을 향상한다.
⑨ 도면의 신축 등으로 인한 문제점을 해결한다.

10 우리나라 임야조사사업의 조사측량기관과 사정권자에 대한 설명으로 옳은 것은?

① 조사측량기관은 부나 면이고, 소유자와 경계에 대한 사정권자는 임야심사위원회였다.
② 조사측량기관은 부나 면이고, 소유자와 경계에 대한 사정권자는 도지사였다.
③ 조사측량과 소유자와 경계에 대한 사정을 모두 도지사가 하였다.
④ 조사측량과 소유자와 경계에 대한 사정을 모두 법원이 하였다.
⑤ 조사측량기관은 부나 면이고, 소유자와 경계에 대한 사정권자는 법원이었다.

풀이 **토지조사사업과 임야조사사업 비교**

구분	토지조사사업	임야조사사업
근거법령	토지조사령(1912.8.13. 제령 제2호)	조선임야조사령(1918.5.1. 제령 제5호)
조사기간	1910~1918년(8년 10개월)	1916~1924년(9개년)
측량기관	임시토지조사국	부(府)와 면(面)

정답 09 ① 10 ②

구분		토지조사사업	임야조사사업
사정기관		임시토지조사국장	도지사
재결기관		고등토지조사위원회	임야심사위원회
조사내용		• 토지소유권 • 토지가격 • 지형, 지모	• 토지소유권 • 토지가격 • 지형, 지모
도면축척		1/600, 1/1,200, 1/2,400	1/3,000, 1/6,000
기선측량		13개소	
측량기준점 설치	측량기준점	34,447점	
	삼각점	1등삼각점 : 400점	
		2등삼각점 : 2,401점	
		3등삼각점 : 6,297점	
		4등삼각점 : 25,349점	
	도근점	3,551,606점	
	수준점	2,823점(선로장 : 6,693km)	
	험조장	5개소(청진, 원산, 남포, 목포, 인천)	

11 다음 중 토지조사사업 당시 지역선(地域線)에 해당하지 않는 것은?

① 토지조사사업 당시 사정하지 않은 경계선
② 소유자는 같으나 지반이 연속되지 않은 경우
③ 이웃하고 있는 토지의 지반의 고저가 심한 경우
④ 소유자를 알 수 없는 토지와의 구획선
⑤ 소유자는 같으나 지목이 다른 경우

풀이 **토지조사사업 당시 용어 정의**

강계선(疆界線)	• 사정선이라고도 하며 토지조사령에 의하여 토지조사국장이 사정을 거친 선 • 소유자가 다른 토지 간의 사정된 경계선을 의미 • 강계선은 지목의 구별, 소유권의 분계를 확정하는 것으로 토지 소유자 지목이 지반이 연속된 토지는 1필지로 함을 원칙 • 강계선과 지역선을 구분하여 확정 • 토지조사 당시에는 지금의 '경계선' 용어가 없음 • 임야 조사 당시는 경계선으로 불림
지역선(地域線)	• 토지조사사업 당시 사정하지 않은 경계선 • 소유자는 같으나 지반이 연속되지 않은 경우 • 소유자가 같은 토지와의 구획선 • 소유자를 알 수 없는 토지와의 구획선 • 소유자는 같으나 지목이 다른 경우 • 토지조사 시행지와 미시행지와의 지계선

정답 11 ③

경계선 (境界線)	지적도상의 구획선을 경계라 지칭하고 강계선과 지역선으로 구분한다. 강계선은 사정선이라고도 하였으며 임야조사 당시의 사정선은 경계선이라고 했다. 최근 경계선의 의미는 강계선이나 지역선에 관계없이 2개의 인접한 토지 사이의 구획선을 말한다. 도해지적에서는 지적도나 임야도에 그려진 토지의 구획선을 말하는데, 지상에 있는 논둑, 밭둑, 표항 따위를 말하는 것은 아니다. 경계점좌표시행지역에서 경계선이라고 할 때에는 어떤 점의 좌표(우리나라 지적분야에서는 평면직각종횡선수치)와 그 이웃하는 점의 좌표와의 연결을 말한다. 경계선은 시대 및 등록방법에 따라 다르게 부르기도 하였고, 경계는 일반경계, 고정경계, 자연경계, 인공경계 등으로 사용처에 따라 다르게 부르기도 한다.

12 다음 중 부동산등기부를 개설하는 소유권보존등기를 신청할 수 있는 경우가 아닌 것은?

① 토지대장, 임야대장 또는 건축물대장에 최초의 소유자로 등록되어 있는 자
② 지적도 또는 임야도에 최초로 경계를 결정한 자
③ 확정판결에 의하여 자기 소유권을 증명하는 자
④ 시장, 군수 또는 구청장의 확인에 의하여 자기의 소유권을 증명하는 자
⑤ 수용으로 인하여 소유권을 취득하였음을 증명하는 자

풀이 **부동산등기법 제65조(소유권보존등기의 신청인)**

미등기의 토지 또는 건물에 관한 소유권보존등기는 다음 각 호의 어느 하나에 해당하는 자가 신청할 수 있다.

1. 토지대장, 임야대장 또는 건축물대장에 최초의 소유자로 등록되어 있는 자 또는 그 상속인, 그 밖의 포괄승계인
2. 확정판결에 의하여 자기의 소유권을 증명하는 자
3. 수용(收用)으로 인하여 소유권을 취득하였음을 증명하는 자
4. 특별자치도지사, 시장, 군수 또는 구청장(자치구의 구청장을 말한다)의 확인에 의하여 자기의 소유권을 증명하는 자(건물의 경우로 한정한다.)

13 다음 중 지적기술자의 업무정지 기준에 맞지 않는 것은?

① 근무처 및 경력등의 신고 또는 변경신고를 거짓으로 한 경우 : 1년
② 다른 사람에게 측량기술경력증을 빌려주거나 자기의 성명을 사용하여 측량업무를 수행하게 한 경우 : 1년
③ 고의 또는 중과실로 지적측량을 잘못하여 다른 사람에게 손해를 입혀 금고 이상의 형을 선고받고 그 형이 확정된 경우 : 3년
④ 지적측량수행자 소속 지적기술자가 영업정지기간 중에 이를 알고도 지적측량업무를 행한 경우 : 2년
⑤ 지적기술자가 정당한 사유 없이 지적측량 신청을 거부한 경우 : 3개월

정답 12 ② 13 ③

풀이 **공간정보의 구축 및 관리 등에 관한 법률 시행규칙[별표 3의2] 〈개정 2017.1.31.〉**
지적기술자의 업무정지 기준(제44조제3항 관련)

1. 일반기준
   국토교통부장관은 다음 각 목의 구분에 따라 업무정지의 기간을 줄일 수 있다.
   가. 위반행위가 있은 날 이전 최근 2년 이내에 업무정지 처분을 받은 사실이 없는 경우 : 4분의 1 경감
   나. 해당 위반행위가 과실 또는 상당한 이유에 의한 것으로서 보완이 가능한 경우 : 4분의 1 경감
   다. 가목과 나목 모두에 해당하는 경우 : 2분의 1 경감

2. 개별기준 **암기** (거)(대)(신)(정)(범)(과)(금)(벌)(손)(거)

<table>
<tr><th>위반사항</th><th>해당법조문</th><th>행정처분기준</th></tr>
<tr><td>가. 법 제40조제1항에 따른 근무처 및 경력등의 신고 또는 변경신고를 (거)짓으로 한 경우</td><td>법 제42조 제1항제1호</td><td>1년</td></tr>
<tr><td>나. 법 제41조제4항을 위반하여 다른 사람에게 측량기술경력증을 (대)려주거나 자기의 성명을 사용하여 측량업무를 수행하게 한 경우</td><td>법 제42조 제1항제2호</td><td>1년</td></tr>
<tr><td>다. 법 제50조제1항을 위반하여 (신)의와 성실로써 공정하게 지적측량을 하지 아니한 경우</td><td rowspan="7">법 제42조 제1항제3호</td><td></td></tr>
<tr><td>1) 지적측량수행자 소속 지적기술자가 영업(정)지기간 중에 이를 알고도 지적측량업무를 행한 경우</td><td>2년</td></tr>
<tr><td>2) 지적측량수행자 소속 지적기술자가 법 제45조에 따른 업무(범)위를 위반하여 지적측량을 한 경우</td><td>2년</td></tr>
<tr><td>라. 고의 또는 중(과)실로 지적측량을 잘못하여 다른 사람에게 손해를 입힌 경우</td><td></td></tr>
<tr><td>1) 다른 사람에게 손해를 입혀 (금)고 이상의 형을 선고받고 그 형이 확정된 경우</td><td>2년</td></tr>
<tr><td>2) 다른 사람에게 손해를 입혀 (벌)금 이하의 형을 선고받고 그 형이 확정된 경우</td><td>1년 6개월</td></tr>
<tr><td>3) 그 밖에 고의 또는 중대한 과실로 지적측량을 잘못하여 다른 사람에게 (손)해를 입힌 경우</td><td>1년</td></tr>
<tr><td>마. 지적기술자가 법 제50조제1항을 위반하여 정당한 사유 없이 지적측량 신청을 (거)부한 경우</td><td>법 제42조 제1항제4호</td><td>3개월</td></tr>
</table>

14 다음 토지조사사업 당시의 지목 중 공공용지로서 면세대상에 해당하지 않는 것은?

① 사사지
② 분묘지
③ 성첩
④ 공원지
⑤ 철도용지

정답 14 ③

풀이 지목의 종류

토지조사사업 당시 지목(18개)	• ㉠세지 : ㉥, ㉧, ㉤(垈), ㉦소(池沼), ㉩야(林野), ㉫종지(雜種地)(6개) • ㉡과세지 : ㉢로, 하㉯, 구㉰, ㉱방, ㉲첩, ㉳도선로, ㉴도선로(7개) • ㉣세지 : ㉵사지, ㉶묘지, ㉷원지, ㉳도용지, ㉴도용지(5개)	
1918년 지세령 개정(19개)	지소(池沼) : 지소, 유지로 세분	
1950년 구 지적법(21개)	잡종지(雜種地) : 잡종지, 염전, 광천지로 세분	
1975년 지적법 2차 개정(24개)	통합	• 철도용지 + 철도선로 = 철도용지 • 수도용지 + 수도선로 = 수도용지 • 유지 + 지소 = 유지
	신설	㉠수원, ㉡장용지, 공㉢용지, ㉣교용지, 유㉤지, 운동㉥(6개)
	명칭 변경	• 사사지 ⇒ 종교용지 • 성첩 ⇒ 사적지 • 분묘지 ⇒ 묘지 • 운동장 ⇒ 체육용지
2001년 지적법 10차 개정(28개)	㉦차장, ㉧유소용지, ㉨고용지, ㉩어장(4개 신설)	

15 다음 중 부동산등기부에 등기할 수 있는 권리가 아닌 것은?

① 지상권
② 권리질권
③ 채권담보권
④ 저당권
⑤ 유치권

풀이 부동산등기법 제3조(등기할 수 있는 권리 등)

등기는 부동산의 표시(表示)와 다음 각 호의 어느 하나에 해당하는 권리의 보존, 이전, 설정, 변경, 처분의 제한 또는 소멸에 대하여 한다.

1. 소유권(所有權)
2. 지상권(地上權)
3. 지역권(地役權)
4. 전세권(傳貰權)
5. 저당권(抵當權)
6. 권리질권(權利質權)
7. 채권담보권(債權擔保權)
8. 임차권(賃借權)

16 다음 중 지적 2014의 지적제도 발전에 관한 6가지 선언문의 내용이 아닌 것은?

① 지적의 임무와 내용
② 도면의 역할
③ 비용회수
④ 공영화
⑤ 정보기술

풀이 지적 2014의 지적제도 발전에 관한 6가지 선언문

① 지적 2014의 임무와 내용
② 지적 2014의 조직
③ 지적 2014의 도면역할
④ 지적 2014의 정보기술
⑤ 지적 2014의 민영화
⑥ 지적 2014의 비용회수

정답 15 ⑤ 16 ④

17 도로명주소법에서 사용하는 용어의 정의로 옳지 않은 것은?

① "기초번호"란 도로구간에 행정안전부령으로 정하는 간격마다 부여된 번호를 말한다.
② "상세주소"란 건물 등 내부의 독립된 거주 · 활동 구역을 구분하기 위하여 부여된 동(棟)번호, 층수 또는 호(號)수를 말한다.
③ "도로명주소"란 도로명, 건물번호 및 상세주소(상세주소가 있는 경우만 해당한다)로 표기하는 주소를 말한다.
④ "사물주소"란 도로명과 건물번호를 활용하여 건물 등에 해당하지 아니하는 시설물의 위치를 특정하는 정보를 말한다.

풀이 **도로명주소법 제2조**

도로	"도로"란 다음 각 목의 어느 하나에 해당하는 것을 말한다. 가. 「도로법」 제2조제1호에 따른 도로(같은 조 제2호에 따른 도로의 부속물은 제외한다.) 나. 그 밖에 차량 등 이동수단이나 사람이 통행할 수 있는 통로로서 대통령령으로 정하는 것
도로구간	"도로구간"이란 도로명을 부여하기 위하여 설정하는 도로의 시작지점과 끝지점 사이를 말한다.
도로명	"도로명"이란 도로구간마다 부여된 이름을 말한다.
기초번호	"기초번호"란 도로구간에 **행정안전부령**으로 정하는 간격마다 부여된 번호를 말한다. 규칙 제3조(기초번호의 부여 간격) 「도로명주소법」(이하 "법"이라 한다) 제2조제4호에서 **"행정안전부령으로 정하는 간격"**이란 20미터를 말한다. 다만, 다음 각 호의 도로에 대하여는 다음 각 호의 간격으로 한다. 1. 「도로교통법」 제2조제3호에 따른 고속도로(이하 "고속도로"라 한다) : 2킬로미터 2. 건물번호의 가지번호가 두 자리 숫자 이상으로 부여될 수 있는 길 또는 해당 도로구간에서 분기되는 도로구간이 없고, 가지번호를 이용한 건물번호를 부여하기 곤란한 길 : 10미터 3. 가지번호를 이용하여 건물번호를 부여하기 곤란한 종속구간 : 10미터 이하의 일정한 간격 4. 영 제3조제1항제3호에 따른 내부도로 : 20미터 또는 도로명주소 및 사물주소의 부여 개수를 고려하여 정하는 간격
건물번호	"건물번호"란 다음 각 목의 어느 하나에 해당하는 건축물 또는 구조물(이하 "건물등"이라 한다)마다 부여된 번호(둘 이상의 건물등이 하나의 집단을 형성하고 있는 경우로서 **대통령령**으로 정하는 경우에는 그 건물등의 전체에 부여된 번호를 말한다)를 말한다. 가. 「건축법」 제2조제1항제2호에 따른 건축물 나. 현실적으로 30일 이상 거주하거나 정착하여 활동하는 데 이용되는 인공구조물 및 자연적으로 형성된 구조물 영 제4조(건물등의 건물번호) 법 제2조제5호 각 목 외의 부분에서 **"대통령령으로 정하는 경우"**란 다음 각 호의 경우를 말한다. 1. 건물등이 주된 건물등과 동 · 식물 관련 시설, 화장실 등 주된 건물에 부속되어 있는 건물등으로 이뤄진 경우. 다만, 주된 건물등과 부속된 건물등이 서로 다른 건축물대장에 등록된 경우는 제외한다.

정답 17 ④

	2. 건물등이 담장 등으로 둘러싸여 실제 하나의 집단으로 구획되어 있고, 하나의 건축물대장 또는 하나의 집합건축물대장의 총괄표제부에 같이 등록되어 있는 경우 3. 법 제2조제5호나목의 구조물이 담장 등으로 둘러싸여 실제 하나의 집단으로 구획되어 있는 경우
상세주소	"상세주소"란 건물등 내부의 독립된 거주 · 활동 구역을 구분하기 위하여 부여된 동(棟)번호, 층수 또는 호(號)수를 말한다.
도로명주소	"도로명주소"란 도로명, 건물번호 및 상세주소(상세주소가 있는 경우만 해당한다)로 표기하는 주소를 말한다.
국가기초구역	"국가기초구역"이란 도로명주소를 기반으로 국토를 읍 · 면 · 동의 면적보다 작게 경계를 정하여 나눈 구역을 말한다.
국가지점번호	"국가지점번호"란 국토 및 이와 인접한 해양을 격자형으로 일정하게 구획한 지점마다 부여된 번호를 말한다.
사물주소	"사물주소"란 도로명과 기초번호를 활용하여 건물등에 해당하지 아니하는 시설물의 위치를 특정하는 정보를 말한다.
주소정보	"주소정보"란 기초번호, 도로명주소, 국가기초구역, 국가지점번호 및 사물주소에 관한 정보를 말한다.
주소정보시설	"주소정보시설"이란 도로명판, 기초번호판, 건물번호판, 국가지점번호판, 사물주소판 및 주소정보안내판을 말한다.
예비도로명	"예비도로명"이란 도로명을 새로 부여하려거나 기존의 도로명을 변경하려는 경우에 임시로 정하는 도로명을 말한다
유사도로명	"유사도로명"이란 특정 도로명을 다른 도로명의 일부로 사용하는 경우 특정 도로명과 다른 도로명 모두를 말한다.
동일도로명	"동일도로명"이란 도로구간이 서로 연결되어 있으면서 그 이름이 같은 도로명을 말한다.
종속구간	"종속구간"이란 다음 각 목의 어느 하나에 해당하는 구간으로서 별도로 도로구간으로 설정하지 않고 그 구간에 접해 있는 주된 도로구간에 포함시킨 구간을 말한다. 가. 막다른 구간 나. 2개의 도로를 연결하는 구간
주된구간	"주된구간"이란 하나의 도로구간에서 종속구간을 제외한 도로구간을 말한다.
도로명 관할구역	"도로명관할구역"이란 「도로명주소법 시행령(이하 "영"이라 한다) 제6조제1항제1호 및 제2호에 따른 행정구역을 말한다. 다만, 행정구역이 결정되지 않은 지역에서는 영 제6조제2항제1호가목 및 제2호나목에 따른 사업지역의 명칭을 말한다.
건물등 관할구역	"건물등관할구역"이란 영 제6조제1항제1호부터 제3호까지에 따른 행정구역을 말한다. 다만, 행정구역이 결정되지 않은 지역에서는 영 제6조제2항제1호가목 및 제2호나목에 따른 사업지역의 명칭을 말한다.

정답

18 다음 중 기초점 자체의 위치오류, 경계인정 착오, 소유자들의 토지경계 혼동 등으로 산발적으로 필지의 경계가 잘못 등록되는 경우의 지적불부합 유형은?

① 편위형
② 중복형
③ 공백형
④ 위치오류형
⑤ 불규칙형

풀이 지적불부합의 유형 암기 중공편불위경

유형	특징
중복형	• 원점지역의 접촉지역에서 많이 발생한다. • 기존 등록된 경계선의 충분한 확인 없이 측량했을 때 발생한다. • 발견이 쉽지 않다. • 도상경계에는 이상이 없으나 현장에서 지상경계가 중복되는 형상이다.
공백형	• 도상경계는 인접해 있으나 현장에서는 공간의 형상이 생기는 유형이다. • 도선의 배열이 상이한 경우에 많이 발생한다. • 리, 동 등 행정구역의 경계가 인접하는 지역에서 많이 발생한다. • 측량상의 오류로 인해서도 발생한다.
편위형	• 현형법을 이용하여 이동측량을 했을 때 많이 발생한다. • 국지적인 현형을 이용하여 결정하는 과정에서 측판점의 위치오류로 인해 발생한 것이 많다. • 정정을 위한 행정처리가 복잡하다.
불규칙형	• 불부합의 형태가 일정하지 않고 산발적으로 발생한 형태이다. • 경계의 위치파악과 원인분석이 어려운 경우가 많다. • 토지조사 사업 당시 발생한 오차가 누적된 것이 많다.
위치오류형	• 등록된 토지의 형상과 면적은 현지와 일치하나 지상의 위치가 전혀 다른 위치에 있는 유형을 말한다. • 산림 속의 경작지에서 많이 발생한다. • 위치정정만 하면 되고 정정과정이 쉽다.
경계 이외의 불부합	• 지적공부의 표시사항 오류이다. • 대장과 등기부 간의 오류이다. • 지적공부의 정리 시에 발생하는 오류이다. • 불부합의 원인 중 가장 미비한 부분을 차지한다.

19 다음 중 가장 최근에 기본공간정보에 포함된 것은?

① 지적
② 하천경계
③ 수치표고 모형
④ 건물 등 인공구조물의 공간정보
⑤ 실내공간정보

정답 18 ⑤ 19 ⑤

풀이 **국가공간정보 기본법 제2조(정의)**

이 법에서 사용하는 용어의 뜻은 다음과 같다. **암기** ㉢㉧㉩㉧㉠㉠㉧㉦㉦㉧㉦

기본공간정보	국토교통부장관은 행정 **㉢계** · 도로 또는 철도의 **㉢계** · 하천**㉢계** · ㉧형 · ㉩안선 · ㉧적, ㉠물 등 인공구조물의 공간정보, 그 밖에 대통령령으로 정하는 주요 공간정보를 기본공간정보로 선정하여 관계 중앙행정기관의 장과 협의한 후 이를 관보에 고시하여야 한다.
	1. ㉠준점(「공간정보의 구축 및 관리 등에 관한 법률」 제8조제1항에 따른 측량기준점표지를 말한다.) 2. ㉧명 3. 정㉦영상[항공사진 또는 인공위성의 영상을 지도와 같은 정사투영법(正射投影法)으로 제작한 영상을 말한다.] 4. ㉦치표고 모형[지표면의 표고(標高)를 일정간격 격자마다 수치로 기록한 표고모형을 말한다.] 5. 공간정보 ㉧체모형(지상에 존재하는 인공적인 객체의 외형에 관한 위치정보를 현실과 유사하게 입체적으로 표현한 정보를 말한다.) 6. ㉦내공간정보(지상 또는 지하에 존재하는 건물 등 인공구조물의 내부에 관한 공간정보를 말한다.) 7. 그 밖에 위원회의 심의를 거쳐 국토교통부장관이 정하는 공간정보

20 수치지도 작성 작업규칙에 나오는 용어에 대한 설명 중 잘못된 것은?

① 수치지도2.0이란 데이터 간의 지리적 상관관계를 파악하기 위하여 정위치 편집된 지형 · 지물을 기하학적 형태로 구성하는 구조화 편집 작업이 완료된 수치지도를 말한다.

② 빅데이터(Bigdata)란 작성된 수치지도의 체계적인 관리와 편리한 검색 · 활용을 위하여 수치지도의 이력 및 특징 등을 기록한 자료를 말한다.

③ 유일식별자(UFID : Unique Feature Identifier)란 지형 · 지물의 체계적인 관리와 효과적인 검색 및 활용을 위하여 다른 데이터베이스와의 연계 또는 지형 · 지물간의 상호 참조가 가능하도록 수치지도의 지형 · 지물에 유일하게 부여되는 코드를 말한다.

④ 수치지도1.0이란 지리조사 및 현지측량(現地測量)에서 얻어진 자료를 이용하여 도화(圖化) 데이터 또는 지도입력 데이터를 수정 · 보완하는 정위치 편집 작업이 완료된 수치지도를 말한다.

⑤ 수치지도란 지표면 · 지하 · 수중 및 공간의 위치와 지형 · 지물 및 지명 등의 각종 지형공간정보를 전산시스템을 이용하여 일정한 축척에 따라 디지털 형태로 나타낸 것을 말한다.

풀이 **수치지도 작성 작업규칙 제2조(정의)**

이 규칙에서 사용하는 용어의 뜻은 다음과 같다.

1. "수치지도"란 지표면 · 지하 · 수중 및 공간의 위치와 지형 · 지물 및 지명 등의 각종 지형공간정보를 전산시스템을 이용하여 일정한 축척에 따라 디지털 형태로 나타낸 것을 말한다.
2. "수치지도1.0"이란 지리조사 및 현지측량(現地測量)에서 얻어진 자료를 이용하여 도화(圖化) 데이터 또는 지도입력 데이터를 수정 · 보완하는 정위치 편집 작업이 완료된 수치지도를 말한다.
3. "수치지도2.0"이란 데이터 간의 지리적 상관관계를 파악하기 위하여 정위치 편집된 지형 · 지물을 기하학적 형태로 구성하는 구조화 편집 작업이 완료된 수치지도를 말한다.

정답 20 ②

4. “수치지도 작성”이란 각종 지형공간정보를 취득하여 전산시스템에서 처리할 수 있는 형태로 제작하거나 변환하는 일련의 과정을 말한다.
5. “좌표계”란 공간상에서 지형 · 지물의 위치와 기하학적 관계를 수학적으로 나타내기 위한 체계를 말한다.
6. “좌표”란 좌표계상에서 지형 · 지물의 위치를 수학적으로 나타낸 값을 말한다.
7. “속성”이란 수치지도에 표현되는 각종 지형 · 지물의 종류, 성질, 특징 등을 나타내는 고유한 특성을 말한다.
8. “도곽”(圖廓)이란 일정한 크기에 따라 분할된 지도의 가장자리에 그려진 경계선을 말한다.
9. “도엽코드”(圖葉code)란 수치지도의 검색 · 관리 등을 위하여 축척별로 일정한 크기에 따라 분할된 지도에 부여한 일련번호를 말한다.
10. “유일식별자”(UFID : Unique Feature Identifier)란 지형 · 지물의 체계적인 관리와 효과적인 검색 및 활용을 위하여 다른 데이터베이스와의 연계 또는 지형 · 지물 간의 상호 참조가 가능하도록 수치지도의 지형 · 지물에 유일하게 부여되는 코드를 말한다.
11. “메타데이터”(Metadata)란 작성된 수치지도의 체계적인 관리와 편리한 검색 · 활용을 위하여 수치지도의 이력 및 특징 등을 기록한 자료를 말한다.
12. “품질검사”란 수치지도가 수치지도의 작성 기준 및 목적에 부합하는지를 판단하는 것을 말한다.

정답

02 2015년 서울시 7급 기출문제

01 지적발생설 중 지배설에 대한 설명으로 옳은 것은?

① 국가가 토지를 다스리기 위한 통치수단으로 토지에 대한 각종 현황을 관리하는 데서 출발한다고 보는 설
② 국가가 영토 확장을 위해 상대국의 토지현황을 미리 조사 · 분석 연구하는 데서 비롯되었다는 설
③ 국가가 과세를 목적으로 토지에 대한 각종 현상을 기록 · 관리하는 수단으로부터 출발했다고 보는 설
④ 국가가 토지를 농업생산수단으로 이용하기 위해서 관개시설 등을 측량하고 기록 · 유지 · 관리하는 데서 비롯되었다고 보는 설

풀이 지적발생설

과세설(課稅說) (Taxation Theory)	국가가 과세를 목적으로 토지에 대한 각종 현상을 기록, 관리하는 수단으로부터 출발했다고 보는 설로 공동생활과 집단생활을 형성, 유지하기 위해서는 경제적 수단으로 공동체에 제공해야 한다. 토지는 과세목적을 위해 측정되고 경계의 확정량에 따른 과세가 이루어졌고 고대에는 정복한 지역에서 공납물을 징수하는 수단으로 이용되었다. 정주생활에 따른 과세의 필요성에서 그 유래를 찾아볼 수 있고, 과세설의 증거자료로는 Domesday Book(영국의 토지대장), 신라의 장적문서(서원경 부근의 4개 촌락의 현 · 촌명 및 촌락의 영역, 호구(戶口) 수, 우마(牛馬) 수, 토지의 종목 및 면적, 뽕나무, 백자목, 추자목의 수량을 기록) 등이 있다.
치수설(治水說) (Flood Control Theory)	국가가 토지를 농업생산 수단으로 이용하기 위하여 관개시설 등을 측량하고 기록, 유지, 관리하는 데서 비롯되었다고 보는 설로 토지측량설(土地測量說, Land Survey Theory)이라고도 한다. 물을 다스려 보국안민을 이룬다는 데서 유래를 찾아볼 수 있고 주로 4대강 유역이 치수설을 뒷받침하고 있다. 즉, 관개시설에 의한 농업적 용도에서 물을 다스릴 수 있는 토목과 측량술의 발달은 농경지의 생산성에 대한 합리적인 과세목적에서 토지기록이 이루어지게 된 것이다.
지배설(支配說) (Rule Theory)	국가가 토지를 다스리기 위한 영토의 보존과 통치수단으로 토지에 대한 각종 현황을 관리하는 데서 출발한다고 보는 설로 지배설은 자국영토의 국경을 상징하는 경계표시를 만들어 객관적으로 표시하고 기록하는 과정에서 지적이 발생했다는 이론이다. 이러한 국경의 경계를 객관적으로 표시하고 기록하는 것은 자국민의 생활안전을 보장하여 통치의 수단으로서 중요한 역할을 하였다. 국가 경계의 표시 및 기록은 영토보존의 수단이며 통치의 수단으로 백성을 다스리는 근본을 토지에서 찾았던 고대에는 이러한 일련의 행위가 매우 중요하게 평가되었다. 고대세계의 성립과 발전, 중세봉건사회와 근대 절대왕정 그리고 근대시민사회의 성립 등이 지배설을 뒷받침하고 있다.
침략설(侵略說) (Aggression Theory)	국가가 영토확장 또는 침략상 우의를 확보하기 위해 상대국의 토지현황을 미리 조사, 분석, 연구하는 데서 비롯되었다는 학설

정답 01 ①

02 토지등록의 국정주의와 관련된 것으로 볼 수 없는 것은?

① 토지표시의 정확성　　② 토지표시의 객관성
③ 토지표시의 능률성　　④ 토지표시의 획일성

풀이 **토지등록의 국정주의**

토지등록(Land Registration)에 있어서 지적이 토지표시의 확정 및 토지에 대한 물권관계를 공시함으로써 토지 소유권을 보호하고 토지관리에 기여함을 목적으로 하고 있기 때문에 모든 결정권은 국가가 보유한다는 원리이다. 이러한 원리는 지적이 가지고 있는 본래의 공시기능을 완성하려고 하면 집합적 개념의 국토의 개별화와 토지의 필지별 특정화를 위해 국가의 획일적이고도 일관성 있는 방법과 기준이 확립되어야 한다는 데 그 근거를 두고 있다. 이 원리는 지적법의 전체를 통하여 일관성 있게 흐르고 있는 이념으로서 이를 **국정주의**로 표현하기도 한다. 토지표시방법의 전면적인 **통일성, 획일성, 일관성**의 유지나 표시의 **정확성, 정밀성, 객관성**의 확보라는 측면에서 볼 때 지적의 결정권한을 토지소유자의 임의대로 맡길 수 없으며 지방에 따라서도 그 처리에 있어서 국지적인 차이를 둘 수 없다는 취지이다.

※ **국정주의 및 직권주의(國定主義 및 職權主義)**

국정주의(Principle of National Decision)는 지적공부의 등록사항인 토지의 지번, 지목, 경계, 좌표, 면적의 결정은 국가의 공권력에 의하여 국가만이 결정할 수 있는 원칙이며 직권주의는 모든 필지는 필지단위로 구획하여 국가기관인 소관청이 직권으로 조사 · 정리하여 지적공부에 등록 공시하여야 한다는 원칙이다.

03 지적공부의 등록내용과 직접적인 관련성이 적은 것은?

① 토지의 이용　　② 토지의 관리
③ 토지의 크기　　④ 토지의 권리

풀이 **공간정보의 구축 및 관리 등에 관한 법률 제2조(정의)**

19. "지적공부"란 토지대장, 임야대장, 공유지연명부, 대지권등록부, 지적도, 임야도 및 경계점좌표등록부 등 지적측량 등을 통하여 조사된 토지의 표시와 해당 토지의 소유자 등을 기록한 대장 및 도면(정보처리시스템을 통하여 기록 · 저장된 것을 포함한다.)을 말한다.

19의2. "연속지적도"란 지적측량을 하지 아니하고 전산화된 지적도 및 임야도 파일을 이용하여, 도면상 경계점들을 연결하여 작성한 도면으로서 측량에 활용할 수 없는 도면을 말한다.

19의3. "부동산종합공부"란 **토지의 표시와 소유자에 관한 사항, 건축물의 표시와 소유자에 관한 사항, 토지의 이용 및 규제에 관한 사항, 부동산의 가격에 관한 사항** 등 부동산에 관한 종합정보를 정보관리체계를 통하여 기록 · 저장한 것을 말한다.

20. "토지의 표시"란 지적공부에 토지의 소재 · 지번(地番) · 지목(地目) · 면적 · 경계 또는 좌표를 등록한 것을 말한다.

지적공부의 등록내용

① 토지의 이용 및 규제에 관한 사항
② **토지의 관리** : 토지에 대한 구조물, 즉 현황 건물 등이나 지적도에 등록하지 않는다.
③ 토지의 크기 : 토지의 표시에서 면적
④ 토지의 권리 : 소유자

정답 02 ③　03 ②

04 다음 중 조선지적협회에 대한 설명으로 옳지 않은 것은?

① 1938년 1월 17일 조선민사령에 의거 조선총독부로부터 설립인가를 받았다.
② 설립등기를 마친 후 1938년 4월 1일부터 정부의 지적측량업무를 대행하였다.
③ 대행기관의 지정에 관한 명문 규정이 없었으며 조선총독부의 통첩에 의해 시행되었다.
④ 본회를 재무부 사세국에 두고 각 사 세청 내에 지부를 두고 완전유급제로 운영하였다.

풀이 **조선지적협회(朝鮮地籍協會)**

① 1938년 1월 17일 조선민사령에 의거 조선총독부로부터 설립인가를 받았다(1938년 1월 24일 재단법인 조선지적협회 창설).
② 설립등기를 마친 후 1938년 4월 1일부터 정부의 지적측량업무를 대행하였다.
③ 대행기관의 지정에 관한 명문 규정이 없었으며 조선총독부의 통첩에 의해 시행되었다.
④ 본부는 조선총독부재무국
⑤ 지부는 경성, 광주, 대구, 평양, 함흥의 각 세무감독국 내

05 현대지적의 원리 중 민주성의 원리에 해당하는 것은?

① 지적은 토지에 대한 인간활동을 효율화하기 위한 것을 대전제로 하며 여기에는 기술적 측면의 효율성이 포함된다.
② 국가가 지적활동의 주체로서 업무를 추진하지만 최후의 목표는 국민의 욕구 충족에 기인하려는 특성을 가진다.
③ 국가가 국토에 대한 상황을 국민다수의 이익을 추구하기 위하여 기록·공시하는 국가의 공공업무이며 고유사무이다.
④ 지적은 세수원으로서 각종 정책의 기초자료로 신속하고 정확한 현황 유지를 생명으로 하고 있다.

풀이 **현대지적의 원리**

원리	내용
공기능성의 원리 (Publicness Principle)	지적은 국가가 국토에 대한 상황을 다수의 이익을 추구하기 위하여 기록·공시하는 국가의 공공업무이며, 국가고유의 사무이다. 현대지적은 일방적인 관리층의 필요에서 만들어져서는 안 되고, 제도권 내의 사람에게 수평성의 원리에서 공공관계가 이루어져야 한다. 따라서 모든 지적사항은 필요에 의해 공개되어야 한다.
민주성의 원리 (Democracy Principle)	현대지적에서 민주성이란, 제도의 운영주체와 객체가 내적인 면에서 행정의 인간화가 이루어지고, 외적인 면에서 주민의 뜻이 반영되는 지적행정이라 할 수 있다. 아울러 지적의 책임성은 지적법의 규정에 따라 공익을 증진하고 주민의 기대에 부응하도록 하는 데 있다.
능률성의 원리 (Efficiency Principle)	실무활동의 능률성은 토지현상을 조사하여 지적공부를 만드는 과정에서의 능률을 의미하고, 이론개발 및 전달과정의 능률성은 주어진 여건과 실행과정의 개선을 의미한다. 지적활동을 능률화한다는 것은 지적문제의 해소를 뜻하며, 나아가서 지적활동의 과학화, 기술화 내지는 합리화, 근대화를 지칭하는 것이다.
정확성의 원리 (Accuracy Principle)	지적활동의 정확도는 크게 토지현황조사, 기록과 도면, 관리와 운영의 정확도를 말한다. 토지현황조사의 정확성은 일필지조사, 기록과 도면의 정확성은 측량의 정확도 그리고 지적공부를 중심으로 한 관리·운영의 정확성은 지적조직의 업무분화와 정확도에 관련됨이 크다. 결국 지적의 정확성은 지적불부합의 반대개념이다.

정답 04 ④ 05 ②

06 양전개정론자인 정약용이 지적한 결부제에 의한 양전의 문제점으로 옳지 않은 것은?

① 소유자 파악의 곤란
② 지품(地品)과 면적산출의 부정확
③ 일자오결제(一字五結制)의 불합리
④ 사표(四標)의 부정확

풀이 **정약용의 주장**

- 정약용은 그의 저서인 〈목민심서〉에서 양전법 개정을 위해 정전제(井田制)의 시행을 전제로 하는 방량법과 어린도법의 시행을 주장하였다.
- 결부제를 경무법으로 고칠 것
- 일자오결법, 사표법의 부정확성을 시정하기 위한 어린도 작성
- 크기를 정확히 파악하기 위해 정전제나 어린도와 같은 국토의 조직적인 관리가 필요
- 연사의 풍흉을 조사하는 데는 어린도를 세고하면 부정을 방지할 수 있을 것
- 나라 안의 전을 정방형으로 구분하여 사방이 백척으로 된 정방형의 1결의 형태로 작성

※ 면적의 단위

구분	결부법	경묘법	두락제
면적기준	• 1결(結) : 100부 • 1부(負 또는 卜) : 10속 • 1속(束) : 10파 • 1파(把) : 1척 제곱	• 1頃 → 100畝 • 1畝 →100步 • 1步→ 사방 6尺	• 하두락(何斗落) • 하승락(何升落) • 하합락(何合落) • 1두락의 면적은 120평 또는 180평
부과기준	농지의 비옥도에 따라 (주관적인 방법)	농지의 광협에 따라 (객관적인 방법)	구한말은 각 도 · 군 · 면마다 넓이가 일정하지 않았다.
부과원칙	세를 동일하게 부과	세를 경중에 따라 부과	
세금총액	해마다 일정하게 산정	해마다 다르게 산정	
농지파악	부정 등으로 인하여 전국농지의 정확한 파악 불가	전국농지의 정확한 파악	전답에 뿌리는 씨앗의 수량으로 면적을 표시
도입주장	삼국시대부터 사용	삼국시대부터 사용 정약용, 서유구	

07 다음 중 고려시대 토지제도의 변천과정으로 옳은 것은?

① 역분전－시정전시과－개정전시과－경정전시과－녹과전－과전법
② 역분전－개정전시과－시정전시과－경정전시과－녹과전－과전법
③ 역분전－시정전시과－경정전시과－개정전시과－녹과전－과전법
④ 역분전－녹과전－시정전시과－개정전시과－경정전시과－과전법

정답 06 ① 07 ①

풀이 **고려시대 토지제도의 변천과정**

구분		내용
① 역분전(役分田)		고려 개국에 공을 세운 조신(朝臣), 군사(軍士) 등 공신에게 관계(官階, 직급)를 논하지 않고 선악과 공로의 대소에 따라 토지를 지급하였다.
전시과	② 시정전시과(始定田柴科)	관계와 인품을 고려하여 개별적 관료들에 대한 수조지급여(收租地給與)는 감소시키고 각종 관료성원들에 대하여 수조지분권(收租地分權)을 확보하기 위한 제도이다.
	③ 개정전시과(改定田柴科)	전시급여자의 관등을 18과로 나누어 전시수급액을 규정하여 지급하고 인품이라는 기준은 지양하고 관직에 따라 토지를 분급하였다.
	④ 경정전시과(更定田柴科)	18등급에 따라 현직문무양반관료(現職文武兩班官僚)들에 대한 수조지 분급량을 줄이고 개별적 문무산관(文武散官)들에 대한 수조지(收租地)를 격감시켰다. 다른 편으로는 마군(馬軍), 보군(步軍) 등 군인의 수조지를 증가시켰다.
⑤ 녹과전(祿科田)		전민변정사업과 전시과 체제에서 수급자의 편리와 토지겸병의 토지를 보호하려는 것과 문무 관리의 봉록에 충당하는 토지제도이다.
⑥ 과전법(科田法)		대규모의 토지를 권문세족들이 소유하고 있으면서 세금을 내지 않아 국고가 부족하여 만든 과전법은 사전과 공전으로 구분하여, 사전은 경기도에 한하여 현직, 전직관리의 고하에 따라 토지를 지급하였다.

08 토지조사사업 당시 지적도에 등록된 토지의 모형 안에 그 지번이나 지목을 주기할 수 없는 경우 작성했던 도면은 무엇인가?

① 증보도 ② 역둔토도

③ 부호도 ④ 간주지적도

구분	내용
간주지적도(看做地籍圖)	• 지적도로 간주하는 임야도를 간주지적도라 한다. • 조선지세령 제5조제3항에는 "조선총독이 지정하는 지역에서는 임야도로서 지적도로 간주한다."라고 규정 • 총독부는 1924년을 시작으로 15차례 고시함 • 육지에서 멀리 떨어진 도서지역, 토지조사구역에서 멀리 떨어진 산간벽지(약 200間) 등을 지정하였다. • 전, 답, 대 등 과세지가 있을 경우 이를 지적도에 등록하지 않고 임야도에 존치(1/3,000, 1/6,000) • 임야도에 녹색 1호선으로 구역 표시 • 간주지적도에 대한 대장은 일반토지대장과 달리 별책이 있었는데 이를 별책 · 을호 · 산토지대장이라 한다.
산토지대장(山土地臺帳)	• 간주지적도에 등록된 토지에 대하여 별책토지대장, 을호토지대장, 산토지대장이라 하여 별도 작성되었다. • 산토지대장에 등록면적 단위는 30평단위이다. • 산토지대장은 1975년 지적법 전문 개정 시 토지대장카드화 작업으로 m^2 단위로 환산하여 등록하였고, 전산화사업 이후 보관만 하고 있다.

정답 08 ③

증보도 (增補圖)	• 기존 등록된 지적도 이외의 지역에 새로이 등록할 토지가 생긴 경우 새로이 작성한 도면 • 증보도의 도면번호 위에는 "증보"라고 기재하였다. • 도면번호는 "增1, 增2, ……" 순서로 작성되며 도면의 왼쪽 상단의 색인표에도 이와 같이 작 성하였다. • 도면전산화사업에 사용된 지적(임야)도 전산화작업지침에 의하면 "신규등록 등으로 작성된 증보 도면은 해당 지역의 마지막 도면번호 다음 번호부터 순차적으로 부여"하도록 하였다. • 토지조사령에 의해 작성된 것으로 지적도와 대등한 도면으로 증보도가 지적도의 부속도면 혹은 보조도면이란 것은 잘못된 것으로 본다.
부호도 (符號圖)	• 부호란 지적도에 등록된 필지가 너무 작아서 지번, 지목을 주기할 수 없는 경우 해당 필지에 부호를 넣고 도곽 밖에 기재하는 것을 말한다. • 지적도곽 내 부호필지가 너무 많아서 해당 지적도에 부호의 지번을 기록하지 못하는 경우 다른 도면에 작성하였다. • 부호도는 지적도의 일부분으로 부속도면 또는 보조도면은 아니다.
역둔토도 (驛屯土圖)	역둔토의 분필조사를 시행하기 위하여 별도로 조제에 관계되는 지번, 지목, 지적조사 등에 의하여 측량원도에 있는 해당 지목의 1필지를 미농지(Tracing Paper)에 투사 묘시(猫示)한 것이다. • 소도에 기재한 사항은 그대로 정리 • 분할선은 양홍선으로 정리 • 새로 등록하는 역둔토의 경계선은 흑색으로 정리 • 지번, 지목의 주기 중에서 보존가치가 없는 것은 양홍의 평행선으로 말소 • 소도에 기재된 일필지의 토지로서 역둔토가 아닐 경우에는 그 지번, 지목을 "×" 표로 말소

09 지적공부를 크게 토지대장과 임야대장으로 구분하게 된 결정적인 이유는?

① 도면축척별 구분 ② 조사시기별 구분
③ 필지규모별 구분 ④ 과세세목별 구분

풀이 **토지조사사업**

대한제국 정부는 당시의 문란하였던 토지제도를 바로 잡자는 취지에서 1898년~1903년 사이에 123개 지역의 토지조사사업을 실시하였고 1910년 토지조사국 관제와 토지조사법을 제정 · 공포하여 토지조사 및 측량에 착수하였다. 그러나 한일합방(1910년 8월 29일)으로 일제는 1910년 10월 조선총독부 산하에 임시토지조사국을 설치하여 본격적인 토지조사사업을 전담토록 하였으며, 1912년 8월 13일 제령 제2호로 토지조사령(土地調査令)과 토지조사령시행규칙(土地調査令施行規則 : 조선총독부령 제6호)을 제정 · 공포하고 전국에 토지조사사업을 위한 측량을 실시하였으며 1914년 3월 6일 제령 제1호로 지세령(地稅令), 1914년 4월 25일 조선총독부령 제45호 토지대장규칙(土地臺帳規則) 및 1915년 1월 15일 조선총독부령 제1호 토지측량표규칙(土地測量標規則)에 의하여 그 성과인 토지대장과 지적도를 작성함으로써 근대적인 지적제도가 창설되었다.

임야조사사업

임야조사사업은 토지조사사업에서 제외된 임야와 임야 및 기 임야에 개재되어 있는 임야 이외의 토지를 조사대상으로 하였으며, 사업목적으로는 첫째, 국민생활 및 일반경제 거래상 부동산 표시에 필요한 지번의 창설, 둘째, 임야의 위치 및 형상을 도면에 묘화하여 경계의 명확화, 셋째, 임야의 귀속 및 판명의 결여로 임정의 진흥 저해와 산야의 황폐, 각종 분규 등의 해결을 위한 소유권의 법적 확정, 넷째, 토지조사와 함께 전 국토에 대한

정답 09 ②

지적제도 확립, 다섯째, 각종 임야 정책의 기초자료 제공 등이다. 한편, 조사 및 측량기관은 부(府)나 면(面)이 되고 사정(査定)기관은 도지사가 되며 도지사의 산하에 임야심사위원회를 두어 분쟁지에 대한 재결 사무를 관장하게 하였다.

10 지적측량의 방법과 절차에서 엄격한 법률적 규제가 가해지는 주된 이유는?

① 토지정보의 복원유지　　② 측량기술적 변화대처
③ 지형지물의 위치보존　　④ 법률적인 효력유지

풀이 지적측량의 특성

기속측량(羈屬測量)	지적측량은 토지표시사항 중 경계와 면적을 평면적으로 측정하는 측량으로 측량방법은 법률로써 정하고 법률로 정하여진 규정 속에서 국가가 시행하는 행정행위에 속한다.
준사법측량(準司法測量)	국가가 토지에 대한 물권이 미치는 범위와 면적 등을 지적측량에 의하여 결정하고 지적공부에 등록·공시하면 법률적으로 확정된 것과 같은 효력을 지닌다.
측량성과의 영속성(永續性)	지적측량의 성과는 토지에 대한 물권이 미치는 범위와 면적 등을 결정하여 지적공부에 등록하고 필요시 언제라도 이를 공개 또는 확인할 수 있도록 영구적으로 보존하여야 하는 특성을 지니고 있다.
평면측량(平面測量)	측량은 대상지역의 넓이 또는 면적과 지구곡률을 고려 여부에 따라 평면측량과 측지측량으로 구분하고 있다. 따라서 지적측량은 지구곡률을 고려하지 않고 측량대상지역이 반경 11km 이내이므로 평면측량으로 구분하고 있다.

지적측량의 법률적 효력 **암기** ㉮㉯㉰㉱ (구공확강)

(구)속력(拘束力)	소관청, 소유자 및 이해관계인을 기속하는 효력으로 • 모든 지적측량은 완료와 동시에 구속력이 발생 • 지적측량결과가 유효하게 존재하는 한 그 내용에 대해 존중하고 복종하여야 함 • 정당한 절차 없이 그 존재를 부정하거나 그 효력을 기피할 수 없음
(공)정력(公定力)	권한 있는 기관에 의하여 쟁송 또는 직권에 의하여 그 내용이 취소되기까지는 적법성을 추정받고 그 누구도 부인하지 못하는 효력으로 • 공정력은 당사자, 소관청, 국가기관, 제3자에 대해서도 발생 • 지적측량에 하자가 있더라도 인정 • 예외의 경우로서 지적측량의 효력이 절대 무효인 경우가 있음
(확)정력(確定力)	일단 유효하게 성립된 지적측량은 상대방과 이해관계인이 그 효력을 다툴 수 없고, 소관청 자신도 특별한 사유가 없는 한 그 성과를 변경할 수 없어 효력으로 불가쟁력(형식적 확정력)과 불가변력(관습적 확정력)이 발생
(강)제력(强制力)	행정청 자체의 자격으로 집행할 수 있는 강력한 효력으로 • 사법권의 힘을 빌릴 것 없이 행정행위를 실현할 수 있는 자력집행력 • 경계복원측량 이외는 소원법의 적용이 배제되고 지적위원회가 적부심사를 맡아 처리함

정답 10 ④

11 토지등록제도의 유형 중 날인증서 등록제도의 특징에 해당되는 것은?

① 정부는 등록한 이후에 이루어지는 거래의 유효성에 책임을 짐
② 일필지를 소유함으로써 보유하는 토지에 대한 특정한 권리
③ 토지에 대한 권리의 소유권 등록은 언제나 최후의 권리
④ 단지 토지의 거래에 대한 기록에 지나지 않음

풀이 토지등록제도의 유형 **암기** 날권소적토

<table>
<tr><td>날인증서 등록제도
(捺印證書登錄制度)</td><td colspan="2">토지의 이익에 영향을 미치는 문서의 공적 등기를 보전하는 것을 날인증서 등록제도(Registration of Deed)라고 한다. 기본적인 원칙은 등록된 문서가 등록되지 않은 문서 또는 뒤늦게 등록된 서류보다 우선권을 갖는다. 즉, 특정한 거래가 발생했다는 것은 나타나지만 그 관계자들이 법적으로 그 거래를 수행할 권리가 주어졌다는 것을 입증하지 못하므로 거래의 유효성을 증명하지 못한다. 그러므로 토지거래를 하려는 자는 매도인 등의 토지에 대한 권원(Title) 조사가 필요하다.</td></tr>
<tr><td>권원등록제도
(權原登錄制度)</td><td colspan="2">권원등록(Registration of Title)제도는 공적 기관에서 보존되는 특정한 사람에게 귀속된 명확히 한정된 단위의 토지에 대한 권리와 그러한 권리들이 존속되는 한계에 대한 권위 있는 등록이다. 소유권 등록은 언제나 최후의 권리이며 정부는 등록한 이후에 이루어지는 거래의 유효성에 대해 책임을 진다.</td></tr>
<tr><td>소극적 등록제도
(消極的登錄制度)</td><td colspan="2">소극적 등록제도(Negative System)는 기본적으로 거래와 그에 관한 거래증서의 변경기록을 수행하는 것이며, 일필지의 소유권이 거래되면서 발생되는 거래증서를 변경 등록하는 것이다. 네덜란드, 영국, 프랑스, 이탈리아, 미국의 일부 주 및 캐나다 등에서 시행되고 있다.</td></tr>
<tr><td>적극적 등록제도
(積極的登錄制度)</td><td colspan="2">적극적 등록제도(Positive System)하에서의 토지등록은 일필지의 개념으로 법적인 권리보장이 인증되고 정부에 의해서 그러한 합법성과 효력이 발생한다. 이 제도의 기본원칙은 지적공부에 등록되지 아니한 토지는 그 토지에 대한 어떠한 권리도 인정될 수 없고 등록은 강제되고 의무적이며 공적인 지적측량이 시행되지 않는 한 토지등기도 허가되지 않는다는 이론이 지배적이다. 적극적 등록제도의 발달된 형태는 토렌스시스템이다.</td></tr>
<tr><td rowspan="4">토렌스시스템
(Torrens System)</td><td colspan="2">오스트레일리아 Robert Torrens 경이 창안한 토렌스시스템의 목적은 토지의 권원을 명확히 하고 토지거래에 따른 변동사항 정리를 용이하게 하여 권리증서의 발행을 편리하게 하는 것이다. 이 제도의 기본원리는 법률적으로 토지의 권리를 확인하는 대신에 토지의 권원을 등록하는 행위이다.</td></tr>
<tr><td>거울이론
(Mirror Principle)</td><td>토지권리증서의 등록은 토지의 거래사실을 완벽하게 반영하는 거울과 같다는 입장의 이론이다. 소유권에 관한 현재의 법적 상태는 오직 등기부에 의해서만 이론의 여지없이 완벽하게 보인다는 원리이며 주 정부에 의하여 적법성을 보장받는다.</td></tr>
<tr><td>커튼이론
(Curtain Principle)</td><td>토지등록 업무가 커튼 뒤에 놓인 공정성과 신빙성에 대하여 관여할 필요도 없고 관여해서도 안 되는 매입신청자를 위한 유일한 정보의 이론이다. 토렌스제도에 의해 한번 권리증명서가 발급되면 당해 토지의 과거 이해관계에 대하여 모두 무효화하고 현재의 소유권을 되돌아볼 필요가 없다는 것이다.</td></tr>
<tr><td>보험이론
(Insurance Principle)</td><td>토지등록이 인간의 과실로 인하여 착오가 발생한 경우 피해를 입은 사람은 피해보상에 대하여 법률적으로 선의의 제3자와 동등한 입장이 되어야 한다는 이론으로 권원증명서에 등기된 모든 정보는 정부에 의하여 보장된다는 원리이다.</td></tr>
</table>

정답 11 ④

12 다음 경계의 종류 중 담장, 울타리, 구거, 제방, 도로 등의 지형 · 지물을 특정 토지에 대한 소유권의 필지별 경계로 인식하는 것은?

① 보증경계
② 일반경계
③ 고정경계
④ 특정경계

풀이 **경계의 특성**

일반경계	일반경계(General Boundary 또는 Unfixed Boundary)라 함은 특정 토지에 대한 소유권이 오랜 기간 동안 존속하였기 때문에 담장 · 울타리 · 구거 · 제방 · 도로 등 자연적 또는 인위적 형태의 지형 · 지물을 필지별 경계로 인식하는 것이다.
고정경계	고정경계(Fixed Boundary)라 함은 특정 토지에 대한 경계점의 지상에 석주 · 철주 · 말뚝 등의 경계표지를 설치하거나 또는 이를 정확하게 측량하여 지적도상에 등록 관리하는 경계이다.
보증경계	지적측량사에 의하여 정밀 지적측량이 행해지고 지적 관리청의 사정(査定)에 의하여 행정처리가 완료되어 측정된 토지경계를 의미한다.

13 토지조사사업 당시 일필지조사(一筆地調査)의 내용으로 옳은 것은?

① 지주의 조사 – 강계 및 지역의 조사 – 지목조사 – 지번조사 – 증명 및 등기필지의 조사
② 행정구역의 명칭 – 토지의 명칭 및 사용특징 – 경지의 경계 – 토지소유권 – 지목조사
③ 토지소유권 – 면 · 동 · 리의 명칭 및 강계조사 – 지방경제 상황 및 관습조사 – 지목조사 – 지번조사
④ 지목조사 – 지번조사 – 경지의 경계 – 결수등급별조사 – 토지소유권 – 지목조사

풀이

일필지 조사	실지조사에 의해 각 필지의 지주 · 경계 · 지목 · 지번을 조사한 것이다. • 지주의 조사 – 민유지는 토지신고서, 국유지는 소속 관청의 국유지통지서에 의거함을 원칙 – 특별한 이유가 없는 한 신고자를 지주로 인정하는 신고주의 원칙을 채택 – 1필지에 대하여 2명 이상이 토지신고서를 제출하게 되면 분쟁지로 처리하였으며 화해를 통해 해결할 것을 원칙으로 하고, 화해가 이루어지지 않을 경우 분쟁지조사를 실시하였다. • 강계 및 지역의 조사 • 지목의 조사 – 지목은 총 18종이다. – 과세대상은 전 · 답 · 대(垈) · 지소(池沼) · 임야 · 잡종지 – 면세지 : 사사지, 분묘지, 공원지, 철도용지, 수도용지 – 비과세지 : 도로, 하천, 구거, 제방, 성첩, 철도선로, 수도선로 • 지번의 조사 • 특별조사(증명 및 등기필지의 조사)

정답 12 ② 13 ①

14 토지등록에서 완전 물권으로서의 토지소유권 권리의 특성에 해당되지 않는 것은?

① 탄력성　　② 항구성
③ 완전성　　④ 개별성

풀이 **토지등록의 필요성**

토지등록이 소유권과 조세를 위한 목적만이 아니고 인구의 증가와 도시화, 산업화에 따라 고도로 분화하는 사회 구조의 안정관리를 위한 각종 토지정보를 제공하는 데 그 중요성이 있는 것이다. 토지를 국토의 전반에 걸쳐서 일정한 사항을 등록한 공부는 국가의 재정적 · 행정적인 목적 달성을 위한 공적 장부로서의 역할과 국민 개개인의 이익과 관련되어 토지 소유자의 권리를 확실히 해 주고 토지 거래를 안전하고 신속하게 해 주는 사법상의 장부로서 역할을 수행하기 위하여 필요하다.

토지소유권 권리의 특성

- 전면성[全面性(포괄성, 包括性)] : 사용가치와 교환가치를 전면적으로 지배, 제한물권과 구별되는 성질
- 혼일성(渾一性) : 여러 권능의 집합이 아니라, 개별적 권능은 소유권에서 유출하는 성질[영미법의 소유권은 여러 가지 권능이 결합되어 있는 권리(a bundle of rights)]
- 탄력성(彈力性) : 제한물권의 설정 후 허유권(虛有權) 또는 공허한 소유권으로 되었다가 해소 후 원래의 상태로 복귀하는 성질
- 항구성(恒久性) : 시간적으로 존속기간의 제한이 없으며, 소멸시호(민법 제162조제2항)에도 걸리지 않는 성질

15 등기의 효력을 나타낸 것으로 옳지 않은 것은?

① 권리확정적 효력　　② 점유적 효력
③ 대항적 효력　　④ 순위확정적 효력

풀이 **등기의 효력**

물권변동적 효력	부동산에 관한 법률행위로 이한 물권의 득실변경은 등기하여야 효력이 발생하는데(민법 제186조), 현행 부동산등기법은 물권행위가 있고 '등기관이 그에 부합하는 등기를 마친 경우' 그 등기는 접수한 때부터 효력이 발생하는 것으로 규정하고 있다(법 제6조제2항). 이것을 물권변동적 효력이라고 하며 등기의 가장 중요한 효력이라고 할 수 있다.
대항력	등기하지 않으면 당사자 사이에서 발생하는 채권적 효력만을 가지지만, 등기를 한 때에는 제3자에 대하여도 그 등기된 사항을 가지고 대항할 수 있게 되는데, 이러한 효력을 대항력이라고 한다.
순위확정적 효력	등기가 실행되면 부여된 순위번호대로 그 등기의 순위가 확정되는 효력을 말한다(법 제4조).
추정력	어떠한 등기가 존재하면 설령 무효인 등기라도 그에 상응하는 실체적 권리 관계가 존재하는 것으로 추정되는 효력을 등기의 추정력이라 한다.
점유적 효력 (시효기간 단축의 효력)	민법 제245조제2항은 이른바 등기부취득시효에 관하여 규정하고 있다. 즉, 부동산의 소유자로 등기되어 있는 자가 10년 동안 자주점유를 한 때에는 소유권을 취득한다. 이는 부동산의 일반시효취득이 점유기간이 20년인데 반하여(민법 제245조제1항), 등기부시효취득의 점유기간을 10년으로 함으로써 등기가 그 점유기간을 10년이나 단축하는 효력, 다시 말하자면 등기가 10년간의 점유에 갈음하는 효과를 갖게 된다는 것이며, 이를 등기의 점유적 효력이라고 한다.

정답 14 ④　15 ①

후등기 저지력	등기가 존재하고 있는 이상은 그것이 비록 실체법상의 효력은 가지지 못한다 하더라도, 그 유·무효를 막론하고 형식상의 효력을 가지는 것이므로 법정의 요건과 절차에 따라 그것을 말소하지 않고서는 그것과 양립할 수 없는 등기를 할 수는 없다.
공신력 불인정	실체상 권리관계와 부합하지 아니하는 등기를 신뢰하여 등기의 기재에 상응하는 권리관계가 있는 것으로 믿고, 이에 터잡아 권리관계를 맺은 자가 그 유효를 주장할 수 있는지의 문제가 등기의 공신력에 관한 것이다. 우리나라는 등기의 공신력을 인정하지 않는다(대판 1969.6.10. 68다199).

16 법지적에서 일반적으로 인식된 속성 4가지로 구성된 것으로 옳은 것은?

① 기입원리 – 특별원리 – 공개원리 – 민주원리
② 합의원리 – 공개원리 – 공신원리 – 특별원리
③ 합의원리 – 공시원리 – 공신원리 – 기입원리
④ 특별원리 – 공개원리 – 합의원리 – 기입원리

풀이 법지적에서 일반적으로 인식된 4가지 속성

기입원리 (Booking Principle)	법적으로 이전되기 전에 토지의 권익(Interest)은 지적공부에 등록되어야 한다는 것을 의미한다.
합의원리 (Agreement Principle)	거래가 권익의 양도인과 양수인 사이에 정상적으로 인지된 합의에 기반되어야 한다는 것을 의미한다.
공개원리 (Publicity Principle)	지적공부는 항시 일반인에게 공개되어야 한다는 것을 의미한다.
특별원리 (Speciality Principle)	지적공부와 필지는 일정한 방식에 법적으로 상호관계가 있어야만 한다는 것을 의미한다. 또한 토지의 등록사항이 정확하지 못할 경우 발생하는 손해에 대하여 선의의 제3자를 보호하는 데도 목적이 있다.

17 다음 중 지번의 완전한 변경내용을 알 수 있도록 보조장부의 보존이 필요한 지번제도는?

① 순차식 지번제도(順差式 地番制度)
② 분수식 지번제도(分數式 地番制度)
③ 자유식 지번제도(自由式 地番制度)
④ 자호 지번제도(字號 地番制度)

풀이 지번부여방법

분수식 지번제도 (Fraction System)	본번을 분자로 부번을 분모로 한 분수형태의 지번을 부여하는 제도로, 본번을 변경하지 않고 부여하는 방법이다. 분할 후의 지번이 어느 지번에서 파생되었는지 그 유래 파악이 곤란하고 지번을 주소로 활용할 수 없다는 단점이 있다. 예를 들면 237번지가 3필지로 분할되면 237/1, 237/2, 237/3, 237/4로 표시된다. 그리고 최종 부번이 237의 5번지이고 237/2을 2필지로 분할할 경우 237/2번지는 소멸되고 237/6, 237/7로 표시된다.

정답 16 ④ 17 ③

기번제도 (Filiation System)	237번지를 4필지로 분할할 때 분할지번은 237a, 237b, 237c, 237d로 표시한다. 다시 237c를 3필지로 분할할 경우는 237c1, 237c2, 237c3으로 표시한다. 인접지번 또는 지번의 자릿수와 함께 본번의 번호로 구성되어 지번의 발생 근거를 쉽게 파악할 수 있으며 사정지번이 본번지로 편철 보존될 수 있다. 또한 지번의 이동내역 연혁을 파악하기 용이하고 여러 차례 분할될 경우 지번배열이 혼잡할 수 있다. 벨기에 등에서 채택하고 있다.
자유부번 (Free Numbering System)	237번지, 238번지, 239번지로 표시되고 인접지에 등록전환이나 신규등록이 발생되어 지번을 부여할 경우 최종 지번이 240번지이면 241번지로 표시된다. 분할하여 새로이 발생되는 241번지, 242번지로 표시된다. 새로운 경계를 부여하기까지의 모든 절차상의 번호가 영원히 소멸하고 토지등록구역에서 사용되지 않는 최종 지번 다음 번호로 바뀐다. 분할 후에는 종전지번을 사용하지 않고 지번부여구역 내 최종 지번의 다음 지번으로 부여하는 제도로 부번이 없기 때문에 지번을 표기하는 데 용이하며 분할의 유래를 파악하기 위해서는 별도의 보조장부나 전산화가 필요하다. 그러나 지번을 주소로 사용할 수 없는 단점이 있다.

18 토렌스제도에서 소유권의 법적 상태와 관련한 확실성을 보장하기 위하여 단지 현재의 등기부에 등기된 사항만 논의되어야 한다는 이론은?

① 보험이론
② 커튼이론
③ 거울이론
④ 공적이론

풀이 토렌스시스템(Torrens System)

오스트레일리아 Robert Torrens 경이 창안한 토렌스시스템의 목적은 토지의 권원을 명확히 하고 토지거래에 따른 변동사항 정리를 용이하게 하여 권리증서의 발행을 편리하게 하는 것이다. 이 제도의 기본원리는 법률적으로 토지의 권리를 확인하는 대신에 토지의 권원을 등록하는 행위이다.

거울이론 (Mirror Principle)	토지권리증서의 등록은 토지의 거래사실을 완벽하게 반영하는 거울과 같다는 입장의 이론이다. 소유권에 관한 현재의 법적 상태는 오직 등기부에 의해서만 이론의 여지없이 완벽하게 보인다는 원리이며 주 정부에 의하여 적법성을 보장받는다.
커튼이론 (Curtain Principle)	토지등록 업무가 커튼 뒤에 놓인 공정성과 신빙성에 대하여 관여할 필요도 없고 관여해서도 안 되는 매입신청자를 위한 유일한 정보의 이론이다. 토렌스제도에 의해 한번 권리증명서가 발급되면 당해 토지의 과거 이해관계에 대하여 모두 무효화하고 현재의 소유권을 되돌아볼 필요가 없다는 것이다.
보험이론 (Insurance Principle)	토지등록이 인간의 과실로 인하여 착오가 발생한 경우 피해를 입은 사람은 피해보상에 대하여 법률적으로 선의의 제3자와 동등한 입장이 되어야 한다는 이론으로 권원증명서에 등기된 모든 정보는 정부에 의하여 보장된다는 원리이다.

정답 18 ②

19 자료구조의 유형 중 벡터 자료에 대한 설명으로 옳은 것은?

① 격자의 크기와 형태가 동일한 까닭에 시뮬레이션이 용이함
② 격자형 자료는 압축하여 사용하기 어렵고, 지형관계를 나타내기 어려움
③ 위상관계를 입력하기 용이하므로 위상관계 정보를 요구하는 분석에 효과적임
④ 자료의 조작과정이 효과적이고 수치영상의 질을 향상시키는 데 매우 용이함

풀이 **벡터 자료와 래스터 자료 비교** **암기** ㉮㉵이 ㉶㉷하여 ㉸을 세워야 ㉹㉺㉻이 ㉼하지 않는다

구분	벡터 자료	래스터 자료
장점	• 보다 압축된 자료구조를 제공하므로 데이터 용량의 축소가 용이하다. • 복잡한 현실세계의 묘사가 가능하다. • 위상에 관한 정보가 제공되므로 관망분석과 같은 다양한 공간분석이 가능하다. • 그래픽의 정확도가 높다. • 그래픽과 관련된 속성정보의 추출 및 일반화, 갱신 등이 용이하다.	• 자료구조가 간단하다. • 여러 레이어의 중첩이나 분석이 용이하다. • 자료의 조작과정이 매우 효과적이고 수치영상의 질을 향상시키는 데 매우 효과적이다. • 수치이미지 조작이 효율적이다. • 다양한 공간적 편의가 격자의 크기와 형태가 동일하여 시뮬레이션이 용이하다.
단점	• 자료구조가 복잡하다. • 여러 레이어의 중첩이나 분석에 기술적으로 어려움이 수반된다. • 각각의 그래픽 구성요소는 각기 다른 위상구조를 가지므로 분석에 어려움이 크다. • 그래픽의 정확도가 높아서 도식과 출력에 비싼 장비가 요구된다. • 일반적으로 값비싼 하드웨어와 소프트웨어가 요구되므로 초기비용이 많이 든다.	• 압축되어 사용되는 경우가 드물며 지형관계를 나타내기가 훨씬 어렵다. • 주로 격자형의 네모난 형태로 가지고 있기 때문에 수작업에 의해서 그려진 완화된 선에 비해서 미관상 매끄럽지 못하다. • 위상정보의 제공이 불가능하므로 관망해석과 같은 분석기능이 이루어질 수 없다. • 좌표변환을 위한 시간이 많이 소요된다.

20 프랑스의 지적제도에 관한 설명으로 옳은 것은?

① 1930년부터 1950년까지 전 국토에 대한 지적재조사사업을 실시하였다.
② 지적제도는 각 주 정부에서 독자적인 지적법을 제정하여 운영하고 있다.
③ 도면은 도시지역 1/500, 농촌지역 1/1,000, 임야 및 산간지역은 1/1,200 또는 1/5,000 등으로 구분한다.
④ 지적사무는 외청인 지적 및 공공등기청에서 관장하고 있다.

정답 19 ③ 20 ①

풀이 외국의 지적제도

구분	일본	프랑스	독일	스위스	네덜란드	대만
기본법	• 국토조사법 • 부동산등기법	• 민법 • 지적법	측량 및 지적법	지적공부에 의한 법률	• 민법 • 지적법	토지법
창설기간	1876~1888	1807	1870~1900	1911	1811~1832	1897~1914
지적공부	• 지적부 • 지적도 • 토지등기부 • 건물등기부	• 토지대장 • 건물대장 • 지적도 • 도엽기록부 • 색인도	• 부동산지적부 • 부동산지적도 • 수치지적부	• 부동산등록부 • 소유자별대장 • 지적도 • 수치지적부	• 위치대장 • 부동산등록부 • 지적도	• 토지등록부 • 건축물개량 등기부 • 지적도
지적 · 등기	일원화(1966)	일원화	이원화	일원화	일원화	일원화
담당기구	법무성	재무경제성	내무성 : 지방국 지적과	법무국	주택도시계획 및 환경성	내정부 지적국
토지대장 편성	물적 편성주의	연대적 편성주의	물적 · 인적 편성주의	물적 · 인적 편성주의	인적 편성주의	물적 편성주의
등록의무	적극적 등록주의	소극적 등록주의		적극적 등록주의	소극적 등록주의	적극적 등록주의
지적재조사 사업	1951~현재	1930~1950		1923~2000	1928~1975	1976~현재

정답

03 2016년 서울시 7급 기출문제

01 다음 중 지적의 직접적인 기능으로 가장 옳지 않은 것은?

① 토지등록의 법적 효력을 갖게 하고 공적 확인의 자료가 된다.
② 도시 및 국토계획을 위한 기초자료를 제공한다.
③ 토지 등 부동산 관련 산업을 진흥시킨다.
④ 토지의 매매나 교환을 위한 매개체의 역할을 한다.

풀이 **지적의 일반적 기능**

사회적 기능	국가가 전국의 모든 토지를 필지별로 지적공부에 정확하게 등록하여 완전한 공시기능을 확립하여 공정한 토지거래를 위하여 실지의 토지와 지적공부가 일치하여야 할 때 사회적 기능을 발휘하여 지적은 사회적인 토지문제를 해결하는 데 중요한 사회적 문제해결 기능을 수행한다.
법률적 기능	① 사법적 기능
	토지에 관한 권리를 명확히 기록하기 위해서는 먼저 명확한 토지표시를 전제로 함으로써 거래당사자가 손해를 입지 않도록 거래의 안전과 신속성을 보장하기 위한 중요한 기능을 한다.
	② 공법적 기능
	국가는 지적법을 근거로 지적공부에 등록함으로써 법적 효력을 갖게 되고 공적인 자료가 되는 것으로 적극적 등록주의에 의하여 모든 토지는 지적공부에 강제 등록하도록 규정하고 있다. 공권력에 의해 결정함으로써 토지표시의 공신력과 국민의 재산권 보호 및 정확한 정보로서의 기능을 갖는다. 토지등록사항의 신뢰성은 거래자를 보호하고 등록사항을 공개함으로써 공적 기능의 역할을 한다.
행정적 기능	지적제도의 역사는 과세를 목적으로 시작되는 행정의 기본이 되었으며 토지와 관련된 과세를 위한 평가와 부과징수를 용이하게 하는 수단으로 이용된다. 지적은 공공기관 및 지방자치단체의 행정자료로서 공공계획 수립을 위한 기술자료로 활용된다. 최근에는 토지의 정책자료로서 다양한 정보를 제공할 수 있도록 토지정보시스템을 구성하고 있다.

02 지적제도와 등기제도를 비교 설명한 것으로 가장 옳지 않은 것은?

① 지적제도가 실질적 심사주의를 택하는 반면, 등기제도는 형식적 심사주의를 택한다.
② 지적제도는 토지소유자가 등록을 신청하고, 등기제도는 매도자가 등기를 신청한다.
③ 지적제도와 같이 등기제도도 물적 편성주의로 공부를 편철하고 있다.
④ 지적제도가 토지의 물리적 현황을 공시하는 제도라면, 등기제도는 소유권 등 법적 권리관계를 공시하는 제도이다.

정답 01 ③ 02 ②

풀이 **지적제도와 등기제도 비교**

지적제도	구분	등기제도
토지표시사항(물리적현황)을 등록공시	기능	부동산에 대한 소유권 및 기타 법적권리관계를 등록공시
지적법(1950.12.1. 법률 제165호)	모 법	부동산등기법(1960.1.1. 법률 제536호)
토지 • 대장 : 고유번호, 토지소재, 지번, 지목, 면적, 소유자 성명 또는 명칭, 등록번호, 주소, 토지등급 • 도면 : 토지소재, 지번, 지목, 경계 등	등록대상	토지와 건물 • 표제부 : 토지소재, 지번, 지목, 면적 등 • 갑구 : 소유권에 관한 사항(소유자 성명 또는 명칭, 등록번호, 주소 등) • 을구 : 소유권 이외의 권리에 관한 사항(지상권, 지역권, 전세권, 저당권, 임차권 등)
토지소재, 지번, 지목, 면적, 경계 또는 좌표 등	등록사항	소유권, 지상권, 지역권, 전세권 저당권, 권리질권, 임차권 등
• 국정주의 • 형식주의 • 공개주의 • 사실심사주의 • 직권등록주의	기본이념	• 성립요건주의 • 형식적 심사주의 • 공개주의 • 당사자신청주의(소극적 등록주의)
실질적 심사주의	등록심사	형식적 심사주의
국가(국정주의)	등록주체	당시자(등기권리자 및 의무자)
단독(소유자) 신청주의	신청방법	공동(등기권리자 및 의무자) 신청주의
국토교통부(시 · 도, 시 · 군 · 구)	담당기관	사법부(대법원 법원행정처, 지방법원, 등기소 · 지방법원지원)

03 **다음 중 토지조사사업 당시 토지조사법에 의한 지목분류에서 과세지목으로만 묶인 것은?**

① 전, 답, 대, 지소, 임야, 잡종지
② 전, 답, 대, 임야, 분묘지, 잡종지
③ 전, 답, 대, 지소, 염전, 잡종지
④ 전, 답, 대, 지소, 유지, 잡종지

풀이 **토지조사사업 당시의 지목(18개)**

구분			
㉮세대상(6개)	• ㉶ • ㉵	• ㉷ • ㉸소	• ㉹야 • ㉺종지
㉻과세대상(7개) (개인소유를 인정하지 않음)	• ㉼로 • 하㉽ • 구㉾	• ㉿방 • ㊀첩 • ㊁도선로	• ㊂도선로
㊃제대상(5개) (공공용지)	• ㊄사지 • ㊅묘지	• ㊆원지 • ㊇도용지	• ㊈도용지

정답 03 ①

04 고려시대 전시과에서 지급되었던 토지에 대한 설명 중 가장 옳지 않은 것은?

① 공음전－5품 이상의 귀족층에게 전시과 외에 따로 지급
② 한인전－6품 이하 하급관리의 자식으로 관직에 오르지 못한 사람에게 지급
③ 내장전－왕실의 소요경비를 충당할 목적으로 지급
④ 구분전－지위고하에 관계없이 인품과 공로에 따라 지급

풀이 고려시대 토지의 분류

공전(公田)	민전(民田)	농민의 사유지, 매매 · 증여 · 상속 등의 처분이 가능
	내장전(內庄田)	왕실 직속의 소유지
	공해전시(公廨田柴)	각 관청에 분급한 수조지(收租地)와 시지(柴地)로 공해전(公廨田)이라고도 한다.
	둔전(屯田)	진수군(鎭守軍)이 경작하여 그 수확량을 군량에 충당하는 토지(조선시대 국둔전과 관둔전으로 이어짐)
	학전(學田)	각 학교 운영경비 조달을 위한 토지
	적전(籍田)	제사를 지내기 위한 토지. 국가직속지[적전친경(籍田親耕) : 왕실, 국가적 의식]
사전(私田)	양반전(兩班田)	문무양반에 재직 중(在職中)인 관료(官僚)에 지급한 토지
	공음전(功蔭田)	공훈(功勳)을 세운 자에 수여하는 토지(전시 : 田柴), 수조의 특권과 상속을 허용
	궁원전(宮院田)	궁전에 부속된 토지, 궁원 등 왕의 기번이 지배하는 토지
	사원전(寺院田)	불교사원에 소속되는 전장, 기타의 토지
	한인전(閑人田)	6품(六品) 이하 하급양반 자손의 경제적 생활의 안정 도모 위해 지급한 토지
	구분전(口分田)	자손이 없는 하급관리, 군인유가족에게 지급한 토지
	향리전(鄕吏田)	지방향리(地方鄕吏)에 지급한 토지
	군인전(軍人田)	경군(京軍)소속의 군인에게 지급한 토지
	투화전(投化田)	고려에 내투(來投) 귀화한 외국인으로서 사회적 계층에 따라 상층 관료에게 지급한 토지
	등과전(登科田)	과거제도에 응시자가 적어 이를 장려하기 위하여 급제자에게 전지를 비롯하여 여러 가지 상을 하사하였다.

05 토지등록의 효력에 대한 설명으로 옳지 않은 것은?

① 구속력 : 법정요건을 갖추어 행정행위가 행해진 경우에 그 내용에 따라 상대방과 행정청을 구속하는 효력
② 공정력 : 행정행위가 행해지면 법정 요건을 갖추지 못하여 흠이 있더라도 절대무효인 경우를 제외하고는 권한 있는 기관이 이를 취소하기 전까지는 유효한 효력
③ 확정력 : 일단 유효하게 등록된 표시사항은 일정기간이 경과한 뒤에는 상대방이나 이해관계인이 그 효력을 다툴 수 없을 뿐만 아니라 소관청 자신도 특별한 사유가 없는 한 그 행위를 다툴 수 없는 효력
④ 강제력 : 상대방이 의무를 이행하지 않을 경우에 사법권의 힘을 빌려서 실현시킬 수 있는 효력

정답 04 ④ 05 ④

풀이 **토지등록의 효력** **암기** ㉮㉯㉰㉱

토지 등록과 그 공시 내용의 법률적 효력은 일반적으로 행정처분에 의한 구속력, 공정력, 확정력, 강제력이 있다.

행정처분의 ㉮속력 (拘束力)	행정처분의 구속력은 행정행위가 법정요건을 갖추어 행하여진 경우에는 그 내용에 따라 상대방과 행정청을 구속하는 효력, 즉 토지등록의 행정처분이 유효한 한 정당한 절차 없이 그 존재를 부정하거나 효력을 기피할 수 없다는 효력을 말한다.
토지등록의 ㉯정력 (公正力)	공정력은 토지 등록에 있어서의 행정처분이 유효하게 성립하기 위한 요건을 완전히 갖추지 못하여 하자가 있다고 인정될 때라도 절대 무효인 경우를 제외하고는 그 효력을 부인할 수 없는 것으로서 무하자 추정 또는 적법성이 추정되는 것으로 일단 권한 있는 기관에 의하여 취소되기 전에는 상대방 또는 제3자도 이에 구속되고 그 효력을 부정하지 못함을 의미한다.
토지등록의 ㉰정력 (確定力)	확정력이란 행정행위의 불가쟁력(不可爭力)이라고도 하는데 확정력은 일단 유효하게 등록된 사항은 일정한 기간이 경과한 뒤에는 그 상대방이나 이해관계인이 그 효력을 다툴 수 없을 뿐만 아니라 소관청 자신도 특별한 사유가 없는 한 그 처분행위를 다툴 수 없는 것이다.
토지등록의 ㉱제력 (强制力)	강제력은 지적 측량이나 토지 등록 사항에 대하여 사법권의 힘을 빌릴 것 없이 행정청 자체의 명의로써 자력으로 집행할 수 있는 강력한 효력으로 강제집행력(强制執行力)이라고도 한다.

06 결수연명부에 대한 설명으로 가장 옳지 않은 것은?

① 지세징수업무에 활용하기 위해 작성한 보조장부이다.
② 부 · 군 · 면 단위로 비치하였다.
③ 세금징수를 목적으로 토지의 지목, 면적 및 소유자에 대한 정보만 기재하였다.
④ 토지소유자의 신고에 의해 작성되었다.

풀이 **결수연명부(結數連名簿)**

종래 사용 중인 깃기라는 지세수취대장을 폐지하고 1909년부터 전국적으로 결수연명부라는 새로운 형식의 징세 대장을 작성하였다. 1911년 결수연명부 규칙을 제정하여 각 부 · 군 · 면마다 작성하여 비치토록 하였다. 이때 토지의 면적은 실제 면적이 아닌 두락제에 의한 수확량 또는 파종량을 기준으로 하는 결(結) · 속(束) · 부(負) 등의 단위를 사용하였다.

작성방법	• 과세지를 대상으로 함(비과세지 제외) • 면적 : 결부 누락에 의한 부정확한 파악
작성연혁	• 1909~1911년 사이에 세 차례 작성 • 1911년 10월 '결수연명부규칙' 제정 발포(각 府 · 郡 · 面에 결수연명부를 비치 · 활용)
특징	• 1909년부터 만들어진 새로운 형식의 징세대장 • 지주를 납세자로 함 • 지주가 동장에게 신고하게 함(신고주의 방식의 도입, 지주신고의 원칙) • 지주명은 반드시 본명을 기재케 함(결수+두락수) • 결수연명부에 의거하여 토지신고서 조제
과세견취도 작성	실지조사가 결여되어 정확한 파악이 어려우므로 1912년 과세견취도를 작성하게 되었다.
활용	• 과세의 기초자료 및 토지행정의 기초자료로 이용 • 토지조사사업 당시 결수연명부는 소유권 사정의 기초자료로 이용 • 일부의 분쟁지를 제외하고 결수연명부에 담긴 소유권을 그대로 인정

정답 06 ③

07 많은 양의 종이형태 지적도면을 짧은 기간 내에 전산화하기 위해 가장 효율적인 작업 순서와 그에 따른 자료 형식의 변화 과정을 바르게 연결한 것은?

① 종이도면 $\xrightarrow{\text{스캐닝}}$ 래스터데이터 $\xrightarrow{\text{벡터라이징}}$ 벡터데이터

② 종이도면 $\xrightarrow{\text{디지타이징}}$ 래스터데이터 $\xrightarrow{\text{벡터라이징}}$ 벡터데이터

③ 종이도면 $\xrightarrow{\text{스캐닝}}$ 벡터데이터 $\xrightarrow{\text{세선화}}$ 래스터데이터

④ 종이도면 $\xrightarrow{\text{디지타이징}}$ 벡터데이터 $\xrightarrow{\text{세선화}}$ 래스터데이터

풀이 **스캐너와 디지타이저의 특징**

Scanner	• 밀착스캔이 가능한 최선의 스캐너를 선정하여야 한다. • 스캐닝 방법에 의하여 작업할 도면은 보존상태가 양호한 도면을 대상으로 하여야 한다. • 스캐닝 작업을 할 경우에는 스캐너를 충분히 예열하여야 한다. • 벡터라이징 작업을 할 경우에는 경계점 간 연결되는 선은 굵기가 0.1mm가 되도록 환경을 설정하여야 한다. • 벡터라이징은 반드시 수동으로 하여야 하며 경계점을 명확히 구분할 수 있도록 확대한 후 작업을 실시하여야 한다.
Digitizer	• 도면이 훼손 · 마멸 등으로 스캐닝 작업으로 경계의 식별이 곤란할 경우와 도면의 상태가 양호하더라도 도곽 내에 필지수가 적어 스캐닝 작업이 비효율적인 도면은 디지타이징 방법으로 작업을 할 수 있다. • 디지타이징 작업을 할 경우에는 데이터 취득이 완료될 때까지 도면을 움직이거나 제거하여서는 아니 된다.

08 다음 중 도해지적과 수치지적을 비교한 것으로 가장 옳은 것은?

① 측량오류 발생 시 도해지적은 현지조정이 불가능하나 수치지적은 가능하다.

② 농촌지역에서는 수치지적 방식이 상대적으로 적합하다.

③ 굴곡점이 많은 경우에는 도해지적 방식이 상대적으로 편리하다.

④ 측량과 도면제작과정은 수치지적 방식이 상대적으로 간단하다.

풀이

도해지적 (Graphical Cadastre)	도해지적은 토지의 각 필지 경계점을 측량하여 지적도 및 임야도에 일정한 축척의 그림으로 묘화하는 것으로서 토지 경계의 효력을 도면에 등록된 경계에 의존하는 제도이다.
수치지적 (Numerical Cadastre)	수치지적은 토지의 각 필지 경계점을 그림으로 묘화하지 않고 수학적인 평면 직각 종횡선 수치(X · Y좌표)의 형태로 표시하는 것으로서 도해지적보다 훨씬 정밀하게 경계를 등록할 수 있다.

정답 07 ① 08 ③

계산지적 (Computational Cadastre)	계산지적은 경계점의 정확한 위치결정이 용이하도록 측량기준점과 연결하여 관측하는 지적제도를 말한다. 측량방법은 수치지적과 계산지적의 차이가 없으나 수치지적은 일부의 특정지역이나 토지구획정리, 농업생산기반 정비 등 사업지구 단위로 국지적인 수치데이터에 의하여 측량을 실시하는 것을 의미한다. 계산지적은 국가의 통일된 기준좌표계에 의하여 각 경계상의 굴곡점을 좌표로 표시하는 지적제도로서 전국단위로 수치데이터에 의거 체계적인 측량이 가능하다. 기술적 측면에서의 지적제도는 계산지적제도가 바람직한 지적제도라고 할 수 있으나 현행 우리나라 지적제도는 도해지적제도로 출발하여 수치지적으로 전환하는 과정에 있는 실정이다.

09 토지조사사업 당시 임야도의 등록전환으로 새로이 토지대장에 등록해야 하는 토지가 지적도에 등록할 수 없는 위치에 있는 경우 작성하는 도면은 무엇인가?

① 증보도 ② 간주임야도
③ 부호도 ④ 민유임야약도

풀이 **증보도(增補圖)와 부호도(符號圖)**

증보도란 본도(지적도)에 등록하지 못할 위치에 새로이 등록할 토지가 생긴 경우 새로이 만드는 지적도를 말하며 부호도는 지적도에 등록된 토지의 모형 안에 그 지번이나 지목을 주기할 수 없는 경우 별도로 작성한 것을 말한다.

증보도 (增補圖)	• 기존 등록된 지적도 이외의 지역에 새로이 등록할 토지가 생긴 경우 새로이 작성한 도면 • 증보도의 도면번호 위에는 "증보"라고 기재하였다. • 도면번호는 "增1, 增2, ……" 순서로 작성되며 도면의 왼쪽 상단의 색인표에도 이와 같이 작성하였다. • 도면전산화사업에 사용된 지적(임야)도 전산화작업지침에 의하면 "신규등록 등으로 작성된 증보 도면은 해당지역의 마지막 도면번호 다음 번호부터 순차적으로 부여"하도록 하였다. • 토지조사령에 의해 작성된 것으로 지적도와 대등한 도면으로 증보도가 지적도의 부속도면 혹은 보조도면이란 것은 잘못된 것으로 본다.
부호도 (符號圖)	• 부호란 지적도에 등록된 필지가 너무 작아서 지번, 지목을 주기할 수 없는 경우 해당 필지에 부호를 넣고 도곽 밖에 기재하는 것을 말한다. • 지적도곽 내 부호필지가 너무 많아서 해당 지적도에 부호의 지번을 기록하지 못하는 경우 다른 도면에 작성하였다. • 부호도는 지적도의 일부분으로 부속도면 또는 보조도면은 아니다.

10 조선시대 양안(量案)의 기재 내용에 대한 설명으로 가장 옳지 않은 것은?

① 토지의 위치는 동모답(東某沓), 서모답(西某沓), 남모(南某), 북모전(北某田) 등으로 나타냈다.
② 토지 등급은 비옥도에 따라 전분(田分) 6등, 풍흉에 따라 연분(年分) 9등으로 분류하였다.
③ 토지의 실제거리를 측쇄(測鎖)로 측량하여 양안에 기재하였다.
④ 1자호(字號) 내에는 5결이 들어 있으며 자호 내의 각 필지에는 고유번호를 기재하였다.

정답 09 ① 10 ③

풀이 **조선시대 양안(量案)**

양안은 고려시대부터 사용된 토지장부로서 오늘날의 지적공부로 토지대장과 지적도 등의 내용을 수록하고 있었으며 '전적'이라고 부르기도 하였다. 토지실태와 징세파악 및 소유자 확정 등의 토지과세대장으로 경국대전에는 20년에 한 번씩 양전을 실시하여 양안을 작성하도록 한 기록이 있다.

1. 양안 작성의 근거
   ① 경국대전 호전(戶典) 양전조(量田條)에는 "모든 전지는 6등급으로 구분하고 20년마다 다시 측량하여 장부를 만들어 호조(戶曹)와 그 도(道) 그 읍(邑)에 비치한다."라고 기록되어 있다.
   ② 3부씩 작성하여 호조, 본도, 본읍에 보관
2. 양안의 특징
   ① 오늘날의 지적공부와 동일한 역할로 토지대장과 지적도 등 내용 수록
   ② 토지소재, 위치, 형상, 면적, 등급, 자호 등을 기재하여 경작면적과 소유자 파악 용이(과세기초자료)
   ③ 사회 · 경제적 문란으로 인한 토지문제를 해결하는 역할
   ④ 토지과세 및 토지소유자의 공시적 기능
   ⑤ 토지거래의 기초자료 및 편리성 제공
   ⑥ 20년마다 양전을 실시하여 양안을 작성하도록 규정되어 있으나, 양전에 따른 막대한 비용과 인력이 소요되기 때문에 전국규모의 양전은 거의 없고, 지역마다 필요에 따라 실시하여 양안을 부분적으로 작성하였다.
   ⑦ 현존하는 것으로 경자양안과 광무양안이 있다.

11 다음 토지등록제도의 유형 중 토지의 이익에 영향을 미치는 문서의 공적등기를 보전하는 것을 목적으로 하는 것은?

① 권원등록제도 ② 날인증서 등록제도
③ 적극적 등록제도 ④ 소극적 등록제도

풀이 **토지등록제도의 유형** **암기** ㊁㊂㊃㊄㊅

구분	내용
㊁인증서 등록제도 (捺印證書登錄制度)	토지의 이익에 영향을 미치는 문서의 공적 등기를 보전하는 것을 날인증서 등록제도(Registration of Deed)라고 한다. 기본적인 원칙은 등록된 문서가 등록되지 않은 문서 또는 뒤늦게 등록된 서류보다 우선권을 갖는다.
㊂원등록제도 (權原登錄制度)	권원등록(Registration of Title)제도는 공적 기관에서 보존되는 특정한 사람에게 귀속된 명확히 한정된 단위의 토지에 대한 권리와 그러한 권리들이 존속되는 한계에 대한 권위 있는 등록이다. 소유권 등록은 언제나 최후의 권리이며 정부는 등록한 이후에 이루어지는 거래의 유효성에 대해 책임을 진다.
㊃극적 등록제도 (消極的登錄制度)	소극적 등록제도(Negative System)는 기본적으로 거래와 그에 관한 거래증서의 변경기록을 수행하는 것이며, 일필지의 소유권이 거래되면서 발생되는 거래증서를 변경 등록하는 것이다. 네덜란드, 영국, 프랑스, 이탈리아, 미국의 일부 주 및 캐나다 등에서 시행되고 있다
㊄극적 등록제도 (積極的登錄制度)	적극적 등록제도(Positive System)하에서의 토지등록은 일필지의 개념으로 법적인 권리보장이 인증되고 정부에 의해서 그러한 합법성과 효력이 발생한다. 이 제도의 기본원칙은 지적공부에 등록되지 아니한 토지는 그 토지에 대한 어떠한 권리도 인정될 수 없고 등록은 강제되고 의무적이며 공적인 지적측량이 시행되지 않는 한 토지등기도 허가되지 않는다는 이론이 지배적이다.

정답 11 ②

ⓣ렌스시스템 (Torrens system)	오스트레일리아 Robert Torrens 경이 창안한 토렌스시스템의 목적은 토지의 권원을 명확히 하고 토지거래에 따른 변동사항 정리를 용이하게 하여 권리증서의 발행을 편리하게 하는 것이다. 이 제도의 기본원리는 법률적으로 토지의 권리를 확인하는 대신에 토지의 권원을 등록하는 행위이다.

12 다음 중 1910년대 토지조사사업의 목적으로 가장 옳지 않은 것은?

① 토지소유의 증명제도를 확립한다. ② 토지조사 전문인력을 양성한다.
③ 토지의 면적 단위를 통일한다. ④ 조세수입체제를 확립한다.

풀이 토지조사사업의 목적

① 토지등기제도, 지적제도에 대한 토지소유의 법적 증명제도를 확립
② 지세수입을 증대하기 위한 조세 수입체계의 확립
③ 국유지를 창출 조사하여 조선총독부 소유 토지의 확보
④ 일본 상업 고리대 자본의 토지점유가 보장되는 법률적 제도 확립
⑤ 일본식민에 대한 제도적 지원 대책 확립
⑥ 조선총독부의 미개간지 점유
⑦ 미곡의 일본 수출 증가를 위한 토지이용제도 정비
⑧ 일본의 공업화에 따른 노동력 부족을 우리나라 소작농으로 충당

13 다음 중 지적불부합지가 발생하는 경우로 가장 옳지 않은 것은?

① 준거타원체 및 투영법의 변경으로 인한 경우
② 집중적 토지이동에 따른 기술인력, 관리자 업무조직 미약으로 인한 경우
③ 측량원점이 통일되지 아니하여 원점 간 오차로 인한 경우
④ 토지조사사업 당시부터 기초측량 및 세부측량이 잘못된 경우

풀이 지적불부합의 발생원인

측량에 의한 불부합	• 잦은 토지이동으로 인해 발생된 오류 • 측량 기준점, 즉 통일원점, 구소삼각원점 등의 통일성 결여 • 6.25전쟁으로 망실된 지적삼각점의 복구과정에서 발생하는 오류 • 지적복구, 재작성 과정에서 발생하는 제도오차 • 세부측량에서 오차누적과 측량업무의 소홀로 인해 결정 과정에서 생긴 오류
지적도면에 의한 불부합	• 지적도면의 축척의 다양성 • 지적도 관리부실로 인한 도면의 신축 및 훼손 • 지적도 재작성 과정에서 오는 제도오차의 영향 • 신·축도 시 발생하는 개인오차 • 세분화에 따른 대축척 지적도 미비

정답 12 ② 13 ①

14 토지조사사업 당시 토지소유권 등기제도를 도입한 이유로 가장 옳지 않은 것은?

① 소작농의 관습상의 경작권을 소멸시키기 위해 ② 매수자의 토지 소유를 법률적으로 보장하기 위해
③ 일본인의 토지 점유와 매입을 손쉽게 하기 위해 ④ 토지의 경계와 면적 등의 등록 · 공시를 위해

풀이 등기제도

부동산등기제도는 물권의 공시에 관한 제도로서 국가기관인 등기공무원이 등기부라고 불리는 공적장부에 부동산의 표시 또는 부동산에 관한 일정한 권리관계를 기재하는 것 또는 그러한 기재 자체를 부동산 등기라고 하며, 토지에 관한 등기와 건물에 관한 등기로 구분된다. 다시 말하면 등기제도는 등기라고 일컬어지는 특수한 방법으로 부동산에 관한 물권을 공시하는 제도로서 부동산물권에 관한 사항을 등기부에 기재하여 부동산의 현황과 물권 관계를 공시함으로써 부동산에 관한 거래를 하는 자가 뜻하지 않은 손해를 입지 않도록 하고 나아가서는 거래의 안전을 기하는 중요한 제도이다.

15 다음 중 시대별 지적제도에 대한 설명으로 가장 옳지 않은 것은?

① 신라는 지적 관련 행정을 조부 등이 담당하고 토지도면으로는 근강국수소간전도 등을, 면적단위로는 결부제를 사용하였다.
② 고구려는 지적 관련 행정을 주부 등이 담당하고 토지도면으로는 봉역도 등을, 면적단위로는 경무법을 사용하였다.
③ 고려는 지적 관련 행정을 호부 등이 담당하고 토지기록부로는 도전장 등을, 면적단위로는 경무법과 결부제를 사용하였다.
④ 조선은 지적 관련 행정을 판적사 등이 담당하고 토지기록부로는 전답타량안 등을, 면적단위로는 결부제를 사용하였다.

풀이 삼국시대의 지적제도 비교

구분	고구려	백제	신라
길이단위	척(尺) 단위 사용 : 고구려척	척(尺) 단위 사용 : 백제척, 후한척, 남조척, 당척	척(尺) 단위 사용 : 흥아발주척, 녹아발주척, 백아척, 목척
면적단위	경무법(頃畝法)	두락제(斗落制)와 결부제(結負制)	결부제(結負制)
토지장부	봉역도(封域圖) 및 요동성총도(遼東城塚圖)	• 도적(圖籍) • 일본에 전래[근강국 수소촌 간전도(近江國 水沼村 墾田圖)]	장적(방전, 직전, 제전, 규전, 구고전, 원전, 호전, 환전)
측량방식	구장산술	구장산술	구장산술
토지담당 (부서 · 조직)	• 부서 : 주부(主簿) • 실무조직 : 사자(使者)	내두좌평(內頭佐平) • 산학박사 : 지적 · 측량담당 • 화사 : 도면작성 • 산사 : 측량 시행	• 조부 : 토지세수 파악 • 산학박사 : 토지측량 및 면적측정
토지제도	토지국유제 원칙	토지국유제 원칙	토지국유제 원칙

정답 14 ④ 15 ①

16 다음 중 행정관할구역이 변경되거나 새로운 행정구역이 설치되는 경우에 행정관할구역 경계선 설정에 대한 설명으로 가장 옳지 않은 것은?

① 도로, 구거, 하천은 그 중앙을 행정관할구역의 경계선으로 등록한다.
② 산악은 분수선을 행정관할구역의 경계선으로 등록한다.
③ 해안은 만조 시에 있어서 해면과 육지의 분계선을 행정 관할구역의 경계선으로 등록한다.
④ 행정구역경계를 등록하는 경우에는 간접측량방법에 따라 등록한다.

풀이 지적업무처리규정 제56조(행정구역경계의 설정)

① 행정관할구역이 변경되거나 새로운 행정구역이 설치되는 경우의 행정관할구역 경계선은 다음 각 호에 따라 등록한다.
1. 도로, 구거, 하천은 그 중앙
2. 산악은 분수선(分水線)
3. 해안은 만조시에 있어서 해면과 육지의 분계선

② 행정관할구역 경계를 결정할 때 공공시설의 관리 등의 이유로 제1항 각 호를 경계선으로 등록하는 것이 불합리한 경우에는 해당 시 · 군 · 구와 합의하여 행정구역경계를 설정할 수 있다.
③ 행정구역경계를 등록하여야 하는 경우에는 직접측량방법에 따라 등록하여야 한다. 다만, 하천의 중앙 등 직접측량이 곤란한 경우에는 항공정사영상 또는 1/1,000 수치지형도 등을 이용한 간접측량방법에 따라 등록할 수 있다.

17 양전개정론을 주장한 학자에 대한 설명으로 가장 옳지 않은 것은?

① 정약용은 정전제의 시행을 전제로 하는 방량법과 어린도법의 시행을 주장하였다.
② 이기는 수등이척법에 대한 개선으로 망척제를 주장하였다.
③ 서유구는 전 국토를 리 단위로 한 전통제의 수립을 주장하였다.
④ 유길준은 재정개혁의 방안으로 지조개정을 주장하였다.

풀이 양전개정론(量田改正論)

구분	정약용(丁若鏞)	서유구(徐有榘)	이기(李沂)	유길준(兪吉濬)
양전 방안	• 결부제 폐지, 경무법으로 개혁 • 양전법안 개정		수등이척제에 대한 개선책으로 망척제를 주장	전 국토를 리단위로 한 전통제(田統制)를 주장
특징	• 어린도 작성 • 정전제 강조 • 전을 정방향으로 구분 • 휴도 : 방량법의 일환이며 어린도의 가장 최소 단위로 작성된 지적도	• 어린도 작성 • 구고삼각법에 의한 양전수법십오제 마련	• 도면의 필요성 강조 • 정방형의 눈들을 가진 그물눈금을 사용하여 면적 산출(망척제)	• 양전 후 지권 발행 • 리단위의 지적도 작성(전통도)
저서	목민심서(牧民心書)	의상경계책(擬上經界策)	해학유서(海鶴遺書)	서유견문(西遊見聞)

정답 16 ④ 17 ③

18 토렌스시스템에 대한 설명으로 가장 옳지 않은 것은?

① 호주의 토렌스 경이 창안하였다고 하여 토렌스시스템이라고 한다.

② 토지의 권원을 조사하여 권리를 명확히 하려는 것이다.

③ 미등기토지에 대해 등기용지를 최초로 개설하기 위한 변경등기를 중요시한다.

④ 권원심사는 실질적 심사주의 원칙에 따르고, 필요한 경우 직권조사도 가능하다.

풀이 토렌스시스템(Torrens System)

오스트레일리아 Robert Torrens 경이 창안한 토렌스시스템의 목적은 토지의 권원을 명확히 하고 토지거래에 따른 변동사항 정리를 용이하게 하여 권리증서의 발행을 편리하게 하는 것이다. 이 제도의 기본원리는 법률적으로 토지의 권리를 확인하는 대신에 토지의 권원을 등록하는 행위이다.

거울이론 (Mirror Principle)	토지권리증서의 등록은 토지의 거래사실을 완벽하게 반영하는 거울과 같다는 입장의 이론이다. 소유권에 관한 현재의 법적 상태는 오직 등기부에 의해서만 이론의 여지없이 완벽하게 보인다는 원리이며 주 정부에 의하여 적법성을 보장받는다.
커튼이론 (Curtain Principle)	토지등록 업무가 커튼 뒤에 놓인 공정성과 신빙성에 대하여 관여할 필요도 없고 관여해서도 안 되는 매입신청자를 위한 유일한 정보의 이론이다. 토렌스제도에 의해 한번 권리증명서가 발급되면 당해 토지의 과거 이해관계에 대하여 모두 무효화하고 현재의 소유권을 되돌아볼 필요가 없다는 것이다.
보험이론 (Insurance Principle)	토지등록이 인간의 과실로 인하여 착오가 발생한 경우 피해를 입은 사람은 피해보상에 대하여 법률적으로 선의의 제3자와 동등한 입장이 되어야 한다는 이론으로 권원증명서에 등기된 모든 정보는 정부에 의하여 보장된다는 원리이다.

19 〈보기〉는 신라, 백제에서 사용된 결부제의 면적단위이다. 빈칸 모두에 알맞은 용어는?

> 10파 → 1속, 10속 → 1부, 10부 → 1(   ), 10(   ) → 1결

① 정　　② 총

③ 경　　④ 무

풀이 결부제

- 토지의 면적을 표시하는 방법으로 신라시대부터 사용되어 오면서 뜻이 변화되었다. 당초에는 일정한 토지에서 생산되는 수확량을 나타냈으나 그 후 일정량의 수확량을 올리는 "토지면적"으로 변화되었다.
- 1결의 면적은 사방 33보, 전(田)의 1척(尺)을 1파(把), 10파를 1속(束), 10속을 1부(負), 100부를 1결(結)로 하여 계산하였다. 전의 형태는 방전, 직전, 구고전, 규전, 제전이 있었다.

신라의 결부제	신라는 6부 중 조부(調部)에서 토지세를 파악토록 하였으며, 국학에 산학박사를 두어 토지 측량과 면적 계산에 관계된 지적실무에 종사하게 하였다. 양전장적(量田帳籍)이라는 장부를 가지고 있었으며, 토지측량에 사용된 구장산술의 방전장은 방전(方田), 직전(直田), 규전(圭田), 제전(梯田), 원전(圓田), 호전(弧田), 환전(環田), 구고전(句股田) 등의 몇 가지 형태로 구분하고 있다. 길이단위로 척(尺)을 사용하였으며 토지면적은 사방 1보(步)가 되는 넓이를 1파(把), 10파를 1속(束)으로 하고, 사방 10보(步), 즉 10속(束)을 1부(負)로 하고, 10부를 1총(總), 사방 100보(10總)를 1결(結)로 하는 결부제(結負制) 10진법을 사용하였다.

정답 18 ③ 19 ②

20 도로명주소법에서 사용하는 도로의 유형 및 통로에 대해 옳지 않은 것은?

① 도로의 폭이 12미터 이상 40미터 미만이거나 왕복 2차로 이상 8차로 미만인 도로를 로라고 한다.
② 공중에 설치된 도로 및 통로를 고가도로라고 한다.
③ 건물등이 아닌 구조물의 내부에 설치된 도로 및 통로를 입체도로라고 한다.
④ 도로의 폭이 40미터 이상이거나 왕복 8차로 이상인 도로를 대로라고 한다.

풀이 **영 제3조(도로의 유형 및 통로의 종류)**

① 「도로명주소법」(이하 "법"이라 한다) 제2조제1호에 따른 도로는 유형별로 다음 각 호와 같이 구분한다.

1. **지상도로** : 주변 지대(地帶)와 높낮이가 비슷한 도로(제2호의 입체도로가 지상도로의 일부에 연속되는 경우를 포함한다)로서 다음 각 목의 도로

가. 「도로교통법」 제2조제3호에 따른 고속도로(이하 "고속도로"라 한다)
나. 그 밖의 도로
1) 대로 : 도로의 폭이 40미터 이상이거나 왕복 8차로 이상인 도로
2) 로 : 도로의 폭이 12미터 이상 40미터 미만이거나 왕복 2차로 이상 8차로 미만인 도로
3) 길 : 대로와 로 외의 도로

2. **입체도로** : 공중 또는 지하에 설치된 다음 각 목의 도로 및 통로(제1호에서 지상도로에 포함되는 입체도로는 제외한다)

가. 고가도로 : 공중에 설치된 도로 및 통로
나. 지하도로 : 지하에 설치된 도로 및 통로

3. **내부도로** : 건축물 또는 구조물의 내부에 설치된 다음 각 목의 도로 및 통로

가. 법 제2조제5호 각 목의 건축물 또는 구조물(이하 "건물등"이라 한다)의 내부에 설치된 도로 및 통로
나. 건물등이 아닌 구조물의 내부에 설치된 도로 및 통로

② 법 제2조제1호나목에서 "대통령령으로 정하는 것"이란 다음 각 호의 도로 등을 말한다.

1. 「건축법」 제2조제1항제11호에 따른 도로
2. 「도로교통법」 제2조제1호(가목은 제외한다)에 따른 도로
3. 「도시공원 및 녹지 등에 관한 법률」 제15조제1항에 따른 도시공원 안 통로
4. 「민법」 제219조의 주위토지통행권의 대상인 통로 및 같은 법 제220조의 주위통행권의 대상인 토지
5. 「산림문화 · 휴양에 관한 법률」 제22조의2에 따른 숲길
6. 둘 이상의 건물등이 하나의 집단을 형성하고 있는 경우로서 제4조 각 호에 해당하는 경우(이하 "건물군"이라 한다) 그 안의 통행을 위한 통로
7. 건물등 또는 건물등이 아닌 구조물의 내부에서 사람이나 그 밖의 이동수단이 통행하는 통로
8. 그 밖에 행정안전부장관이 주소정보의 부여 및 관리를 위하여 필요하다고 인정하여 고시하는 통로

정답 20 ③

04 2019년 서울시 7급 기출문제

01 토지의 경계설정에 대한 기준으로 가장 옳지 않은 것은?

① 공유수면매립지의 토지 중 제방을 토지에 편입하여 등록하는 경우 안쪽 어깨부분

② 토지 간의 고저차가 있으면 해당 지물 또는 구조물의 하단부

③ 도로 · 구거 등의 토지에 절토된 부분이 있으면 경사면의 상단부

④ 토지가 수면에 접하는 경우 최대만수위가 되는 선

풀이 **공간정보의 구축 및 관리 등에 관한 법률 시행령 제55조(지상 경계의 결정기준 등)**

① 법 제65조제1항에 따른 지상 경계의 결정기준은 다음 각 호의 구분에 따른다. 〈개정 2014.1.17.〉

1. 연접되는 토지 간에 높낮이 차이가 없는 경우 : 그 구조물 등의 중앙
2. 연접되는 토지 간에 높낮이 차이가 있는 경우 : 그 구조물 등의 하단부
3. 도로 · 구거 등의 토지에 절토(切土)된 부분이 있는 경우 : 그 경사면의 상단부
4. 토지가 해면 또는 수면에 접하는 경우 : 최대만조위 또는 최대만수위가 되는 선
5. 공유수면매립지의 토지 중 제방 등을 토지에 편입하여 등록하는 경우 : **바깥쪽 어깨부분**

② 지상 경계의 구획을 형성하는 구조물 등의 소유자가 다른 경우에는 제1항제1호부터 제3호까지의 규정에도 불구하고 그 소유권에 따라 지상 경계를 결정한다.

02 지목 제도에 대한 설명으로 가장 옳지 않은 것은?

① 조선 초기에는 수전, 한전으로 구분하였으나, 중기 이후에는 전, 답, 대의 3종으로 구분하였다.

② 1975년 개정된 「지적법」에 따라 과수원, 목장용지, 공장용지, 학교용지, 주차장, 양어장의 6개 지목을 신설하였다.

③ 토지조사사업 · 임야조사사업 당시는 토지의 종류에 따라 전, 답, 대, 지소, 임야, 철도선로, 수도선로 등 18개 지목으로 구분하였다.

④ 도로, 철도용지, 하천, 제방, 구거 등의 지목이 서로 중복되는 때에는 용도가 중요한 토지의 사용목적에 따라 지목을 부여한다.

풀이 **지목의 종류**

<table>
<tr><td>토지조사사업 당시 지목
(18개)</td><td colspan="2">• 과세지 : 전, 답, 대(垈), 지소(池沼), 임야(林野), 잡종지(雜種地)(6개)
• 비과세지 : 도로, 하천, 구거, 제방, 성첩, 철도선로, 수도선로(7개)
• 면세지 : 사사지, 분묘지, 공원지, 철도용지, 수도용지(5개)</td></tr>
<tr><td>1918년 지세령 개정
(19개)</td><td colspan="2">지소(池沼) : 지소, 유지로 세분</td></tr>
<tr><td>1950년 구 지적법
(21개)</td><td colspan="2">잡종지(雜種地) : 잡종지, 염전, 광천지로 세분</td></tr>
<tr><td>1975년 지적법 제2차 개정
(24개)</td><td>통합</td><td>• 철도용지 + 철도선로 = 철도용지
• 수도용지 + 수도선로 = 수도용지
• 유지 + 지소 = 유지</td></tr>
</table>

정답 01 ① 02 ②

	신설	(과)수원, (목)장용지, 공(장)용지, (학)교용지, 유(원)지, 운동(장)(6개)						
	명칭 변경	• 사사지 ⇒ 종교용지 • 분묘지 ⇒ 묘지			• 성첩 ⇒ 사적지 • 운동장 ⇒ 체육용지			
2001년 지적법 제10차 개정(28개)	(주)차장, (주)유소용지, (창)고용지, (양)어장(4개 신설)							
현행(28개)	지목	부호	지목	부호	지목	부호	지목	부호
	전	전	대	대	철도용지	철	공원	공
	답	답	**공장용지**	(장)	제방	제	체육용지	체
	과수원	과	학교용지	학	**하천**	(천)	**유원지**	(원)
	목장용지	목	**주차장**	(차)	구거	구	종교용지	종
	임야	임	주유소용지	주	유지	유	사적지	사
	광천지	광	창고용지	창	양어장	양	묘지	묘
	염전	염	도로	도	수도용지	수	잡종지	잡

지목부여의 원칙 암기 (일)(주)(등)(용)(일)(사)

(일)필일지목의 원칙	일필지의 토지에는 1개의 지목만을 설정해야 한다는 원칙
(주)지목 추정의 원칙	주된 토지의 사용목적 또는 용도에 따라 지목을 정해야 한다는 원칙
(등)록 선후의 원칙	지목이 서로 중복될 때는 먼저 등록된 토지의 사용목적 또는 용도에 따라 지목을 설정해야 한다는 원칙
(용)도 경중의 원칙	지목이 중복될 때는 중요한 토지의 사용목적 또는 용도에 따라 지목을 설정해야 한다는 원칙
(일)시변경 불변의 원칙	임시적이고 일시적인 용도의 변경이 있는 경우에는 등록전환을 하거나 지목변경을 할 수 없다는 원칙
(사)용목적 추종의 원칙	도시계획사업 등의 완료로 인하여 조성된 토지는 사용목적에 따라 지목을 설정하여야 한다는 원칙

03 영국에서 조세징수와 국가자원을 관리하기 위해 만들어진 지세대장인 둠즈데이북(Domesday Book)을 작성한 인물은?

① 엘리자베스(Elizabeth) 1세
② 찰스(Charles) 1세
③ 조지(George) 1세
④ 윌리엄(William) 1세

풀이 **둠즈데이북(Domesday Book)**

① 윌리엄 1세가 덴마크 침략자들의 약탈을 피하기 위해 지불되는 보호금인 데인겔트(Danegeld)를 모아 기록하는 영국에서 사용되었던 과세용의 지세장부이다.
② 영국의 둠즈데이북은 1066년 헤이스팅스 전투에서 노르만족이 색슨족을 격퇴 후 20년이 지난 1086년 윌리엄 1세가 정복한 전 영국의 국토자원목록을 조직적으로 작성한 토지기록이며 토지대장이다.
③ 현재 우리나라의 토지대장과 비슷한 것이라 할 수 있다.
④ 두 권의 책으로 되어 있으며 영국의 공문서 보관소에 보관되어 있다.

정답 03 ④

04 토지의 사정(査定)에 대한 설명으로 가장 옳은 것은?

① 토지의 소유자와 그 강계를 확정하는 행정처분이다.

② 사정결과는 30일간 공시하고 불복하는 자는 90일 이내 고등토지조사위원회에 재결을 요청할 수 있다.

③ 사정선은 토지조사 당시 확정된 소유자가 다른 토지 간의 사정된 지역선을 말한다.

④ 토지대장등록지는 도지사가 그 소유자를 확정하였다.

풀이 **토지의 사정**

토지조사부 및 지적도에 의거 토지소유자 및 강계를 확정하는 행정처분을 말한다.

효력	• 사정은 이를 30일간 공시하고 불복하는 자는 60일 이내 고등 토지조사위원회에 재결요청 • 사정사항에 불복하여 재결을 받을 때의 효력발생은 사정일로 소급적용
분쟁원인	토지소속의 불분명, 역둔토 정리 미비, 토지소유권 증명 미비, 미간지
분쟁지조사	외업조사, 내업조사, 위원회 심사
사정대상	소유자, 지역선, 강계선
재결	토지조사부 및 지적도에 의하여 토지소유자 및 그 강계를 확정하는 행정처분인 사정 사항에 대하여 불복할 때 고등토지조사 위원회에 요청하는 행위
고등 토지조사 위원회	토지의 사정에 대하여 불복이 있는 경우에는 사정공고기간(30일) 만료 후 60일 이내에 불복 신립하거나 재결이 있는 날로부터 3년 이내에 사정의 확정 또는 재결이 체벌받을 만한 행위에 근거하여 재심의 재결을 하는 토지소유권의 확정에 관한 최고의 심의기관
지방 토지조사 의원회	토지조사령의 규정에 의하여 토지조사국장의 토지 사정에 있어서 1개 필지의 소유자 및 그 경계의 조사에 관한 자문을 응하는 기관

05 농지의 폭이 넓고 좁음에 따라 세액을 파악하는 방법으로 중국에서 유래되었으며, 주로 전국의 토지를 정확하게 파악하는 데에 목적을 둔 것은?

① 경무법(頃畝法)　　② 망척제(網尺制)

③ 결부법(結負法)　　④ 두락제(斗落制)

풀이 **경우법과 결부제 비교**

경무법	결부제
• 농지의 광협에 따라 세액을 파악 • 객관적인 방법 • 세를 경중에 따라 부과 • 세금의 총액이 해마다 일정치 않음 • 전국의 농지를 정확하게 파악이 가능 • 정약용, 서유구가 주장	• 농지비옥 정도로 세액을 파악 • 주관적인 방법 • 세를 동일 부과 • 세금의 총액은 일정 • 전국의 토지가 정확히 측량되지 않음 • 부정이 따르게 됨
1경 → 100무, 1무 → 100보, 1보 → 6척	1결 → 100부, 1부 → 10속, 1속 → 10파, 1파 → 1척

정답 04 ① 05 ①

06 구장산술(九章算術)에 따른 전(田)의 형태별 측정내용에 대한 설명으로 가장 옳은 것은?

① 규전(圭田)은 사다리꼴 토지로, 동활(東闊)과 서활(西闊) 및 장(長)을 측량하였다.
② 제전(梯田)은 이등변 삼각형의 토지로, 장(長)과 평(平)을 측량하였다.
③ 방전(方田)은 정사각형의 토지로, 장(長)과 광(廣)을 측량하였다.
④ 직전(直田)은 직삼각형의 토지로, 구(句)와 고(股)를 측량하였다.

풀이 **구장산술(九章算術)**

구장산술은 동양최대의 수학에 관한 서적으로 시초는 중국이며 원, 청, 명나라, 조선, 일본에까지 커다란 영향을 미쳤다. 중국의 고대 수학서에는 10종류로서 산경십서라는 것이 있는데 그중에서 가장 큰 것이 구장산술이며 10종류 중 2번째로 오래되었다. 가장 오래된 주비산경(周髀算徑)은 천문학에 관한 서적이며 구장산술은 선진(先秦) 이래의 유문(遺文)을 모은 것이다.

1. 구장산술의 형태
   삼국시대 토지측량 방식에 사용되었으며 지형을 당시 측량술로 측량하기 쉬운 형태로 구별하여 측량하는 방법에 응용되었다. 화사가 회화적으로 지도나 지적도 등을 만들었으며 다음 그림과 같은 형태를 설정하였다. 구장산술은 책의 목차가 제1장 방전부터 제9장 구고장까지 9가지 장으로 분류되어 '구장'이라는 이름이 생겼으며 구장의 '구'는 구수(아홉 가지 수)에서 비롯되었다.
2. 전의 형태

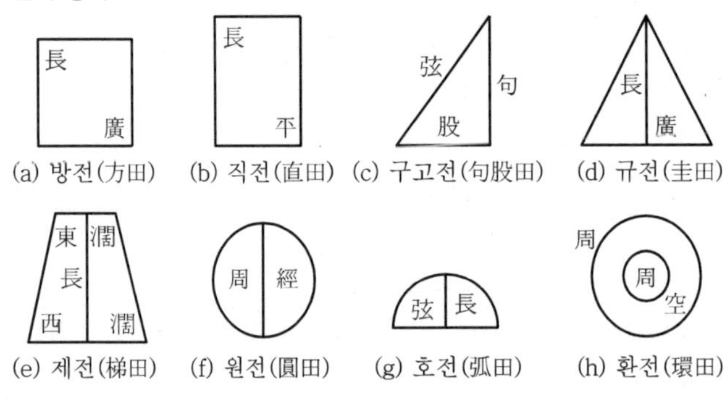

전(田)의 형태

07 지적의 구성요소에 대한 설명으로 가장 옳지 않은 것은?

① 지적공부 – 법으로 정해진 일정한 형식과 규격에 따라 작성하여 비치되어 있어야 한다.
② 등록 – 등록내용의 공정성과 통일성이 보장되어야 하므로 국가기관에 의해 시행되어야 한다.
③ 경계설정과 측량 – 토지등록을 위해 일필지의 경계를 반드시 설정하여야 하며 명확한 토지 구획 한계를 확정해야 한다.
④ 토지 – 우리나라 국토 전부를 지칭하며 여기에는 부속 도서와 영해가 모두 포함된다.

정답 06 ③ 07 ④

풀이 지적의 구성요소

외부 요소	지리적 요소	지적측량에 있어서 지형, 식생, 토지이용 등 형태결정에 영향
	법률적 요소	효율적인 토지관리와 소유권보호를 목적으로 공시하기 위한 제도로서 등록이 강제되고 있다.
	사회적 요소	토지소유권 제도는 사회적 요소들이 신중하게 평가되어야 하는데, 사회적으로 그 제도가 받아들여져야 하고 사람들에게 신뢰성이 있어야 하기 때문이다.
협의	토지	지적제도는 토지를 대상으로 성립하며 토지 없이는 등록행위가 이루어질 수 없어 지적제도 성립이 될 수 없다. 지적에서 말하는 토지란 행정적 또는 사법적 목적에 의해 인위적으로 구획된 토지의 단위구역으로서 법적으로는 등록의 객체가 되는 일필지를 의미한다.
	등록	국가통치권이 미치는 모든 영토를 필지단위로 구획하여 시장, 군수, 구청이 강제적으로 등록을 하여야 한다는 이념
	지적공부	토지를 구획하여 일정한 사항을 기록한 장부
광의	소유자	토지를 소유할 수 있는 권리의 주체
	권리	토지를 소유할 수 있는 법적 권리
	필지	법적으로 물권이 미치는 권리의 객체

08 토지등록 편성주의에 대한 설명으로 가장 옳지 않은 것은?

① 물적 편성주의는 개개의 토지를 중심으로 등록부를 편성하고 1토지 1등기 용지를 따른다.
② 인적 편성주의는 개개의 소유자를 중심으로 편성하고 동일 소유자의 모든 토지는 당해 소유자의 대장에 기록한다.
③ 연대적 편성주의는 토지소유자 신청의 시간적 순서에 따라 순차적으로 등록부에 기록하는 방식이다.
④ 물적 · 인적 편성주의는 인적 편성주의를 기본으로 등록부를 편성하되 물적 편성주의 요소를 추가하여 등록하는 방식이다.

풀이 토지등록 편성주의

물적 편성주의(物的 編成主義)	물적 편성주의(System Des Realfoliums)란 개개의 토지를 중심으로 등록부를 편성하는 것으로서 1토지에 1용지를 두는 경우이다. 등록객체인 토지를 필지로 구획하고 이를 등록단위로 하므로 토지의 이용, 관리, 개발 측면에서는 편리하나 권리주체인 소유자별 파악이 곤란하다.
인적 편성주의(人的 編成主義)	인적 편성주의(System Des Personalfoliums)란 개개의 토지 소유자를 중심으로 등록부를 편성하는 것으로 토지대장이나 등기부를 소유자별로 작성하여 동일소유자에 속하는 모든 토지는 당해 소유자의 대장에 기록하는 방식이다.
연대적 편성주의(年代的 編成主義)	연대적 편성주의(Chronologisches System)란 당사자 신청의 순서에 따라 순차로 등록부에 기록하는 것으로 프랑스의 등기부와 미국에서 일부 사용되는 리코딩 시스템(Recoding System)이 이에 속한다. 등기부의 편성방법으로서는 유효하나 공시의 작용을 하지 못하는 단점이 있다.
물적 · 인적 편성주의(物的 · 人的 編成主義)	물적 · 인적 편성주의(System Der Real Personalfoliums)란 물적 편성주의를 기본으로 등록부를 편성하되 인적 편성주의의 요소를 가미한 것이다. 즉, 소유자별 토지등록부를 동시에 설치함으로써 효과적인 토지행정을 수행하는 방법이다.

정답 08 ④

09 〈보기〉는 지번 설정방법에 대한 설명이다. ㉠~㉣에 들어갈 용어로 옳은 것은?

> 지번을 붙이는 방법 중에서 (㉠)은 도로 등을 중심으로 하여 한쪽은 홀수인 (㉡)로 하고 반대쪽은 짝수인 (㉢)로 부여하는 방식이다. 시가지 등에 이용할 때에는 토지의 소재를 추측할 수 있는 이점이 있으며, 이를 (㉣)이라고도 한다.

	㉠	㉡	㉢	㉣
①	분모식	분자	분모	지역식
②	기우식	기수	우수	교호식
③	지역식	분모	분자	분모식
④	교호식	우수	기수	기우식

풀이 지번의 부여방법

진행방법	사행식	필지의 배열이 불규칙한 지역에서 진행순서에 따라 지번을 부여하는 방법으로 농촌지역의 지번부여에 적합하며 우리나라 토지의 대부분은 사행식에 의해 부여하며 지번 부여가 일정하지 않고 상하좌우로 분산되어 부여되는 결점이 있다.
	기우식	도로를 중심으로 한쪽은 홀수인 기수, 다른 쪽은 짝수인 우수로 지번을 부여하는 방법으로 리·동·도·가 등의 시가지 지역의 지번부여방법으로 적합하고 교호식이라고도 한다.
	단지식	단지마다 하나의 지번을 부여하고 단지 내 필지마다 부번을 부여하는 방법으로 단지식은 블록식이라고도 하며 도시개발사업 및 농지개량사업 시행지역 등의 지번부여에 적합하다.
	절충식	사행식, 기우식, 단지식 등을 적당히 취사선택(取捨選擇)하여 부번(附番)하는 방식이다.

10 지적불부합의 유형에 대한 설명으로 가장 옳지 않은 것은?

① 공백형 – 지적기준점 배열이 서로 다른 경우에서 등록 전환 등 이동측량을 수행하거나 국지적 측량 성과를 결정함에 따라 토지의 경계선이 벌어지는 현상

② 불규칙형 – 지구단위로 경계위치가 전체적으로 한쪽으로 치우쳐 도곽 내의 필지경계선이 집단적으로 밀리는 현상

③ 중복형 – 인접 일필지의 경계가 이웃하고 있는 필지에 겹치거나 중복되어 나타나는 현상

④ 위치오류형 – 등록된 경계위치와 현실경계위치가 서로 다른 경우로 필지경계선이 서로 다른 위치에 놓여 있는 현상

풀이 지적불부합의 유형 **암기** ㊥㊖㊣㊒㊐㊍

㊥복형	• 원점지역의 접촉지역에서 많이 발생한다. • 기존 등록된 경계선의 충분한 확인 없이 측량했을 때 발생한다. • 발견이 쉽지 않다. • 도상경계에는 이상이 없으나 현장에서 지상경계가 중복되는 형상이다.
㊖백형	• 도상경계는 인접해 있으나 현장에서는 공간의 형상이 생기는 유형이다. • 도선의 배열이 상이한 경우에 많이 발생한다. • 리·동 등 행정구역의 경계가 인접하는 지역에서 많이 발생한다. • 측량상의 오류로 인해서도 발생한다.

정답 09 ② 10 ②

㉮위형	• 현형법을 이용하여 이동측량을 했을 때 많이 발생한다. • 국지적인 현형을 이용하여 결정하는 과정에서 측판점의 위치 오류로 인해 발생한 것이 많다. • 정정을 위한 행정처리가 복잡하다.
㉯규칙형	• 불부합의 형태가 일정하지 않고 산발적으로 발생한 형태이다. • 경계의 위치 파악과 원인 분석이 어려운 경우가 많다. • 토지조사 사업 당시 발생한 오차가 누적된 것이 많다.
㉰치오류형	• 등록된 토지의 형상과 면적은 현지와 일치하나 지상의 위치가 전혀 다른 위치에 있는 유형을 말한다. • 산림 속의 경작지에서 많이 발생한다. • 위치정정만 하면 되고 정정과정이 쉽다.
㉱계 이외의 불부합	• 지적공부의 표시사항 오류이다. • 대장과 등기부 간의 오류이다. • 지적공부의 정리 시에 발생하는 오류이다. • 불부합의 원인 중 가장 미비한 부분을 차지한다.

11 **1960년 제정된 「지적측량사규정」에서 정의하고 있는 지적측량사의 한 종류로, 국가공무원으로서 그 소속 관서의 지적측량사무에 종사하는 자는?**

① 대행측량사　　② 지정측량사

③ 한지측량사　　④ 상치측량사

풀이 **지적측량사 자격의 변천**

구분	내용	
검열증(檢閱證)	• 1909년 2월 유길준이 대한측량총관회(大韓測量總管會)를 창립하였다. • 총관회에는 검사부와 교육부를 두고 기술을 검정하여 합격자에게 검열증(檢閱證)을 주었다. • 검열증을 가진 자는 총관회에서 일체의 책임을 지는 제도로 운영하였다. • 검열증은 지적측량사 자격의 효시라 할 수 있다.	
기업자 측량제도	도로, 하천, 구거, 철도, 수도 등의 신설 또는 보수를 할 때 기업자인 관청이나 개인이 자기의 산하에 지적측량기술자를 채용하고 지적주무관청의 승인을 얻어 자기 사업에 따른 지적측량을 하게 하는 제도이다.	
지정측량자 제도	1923년 7월 20일 기업자 측량인 이동지정리와 지정측량자 지정에 대한 통첩을 각 도지사에게 보내 국가직영체제에서 탈피하여 지정제도로 전환하였다.	
지적측량사	지적측량사규정(1960.12.31. 국무원령 제176호) 제정 · 공포	
	상치측량사(常置測量士)	• 국가공무원으로 그 소속 관서의 지적측량 사무에 종사하는 자 • 내무부를 비롯하여 각 시 · 도와, 시 · 군 · 구에 근무하는 지적직 공무원은 물론이고 철도청, 문화재관리국 등 국가기관에서 근무하는 공무원도 상치측량사에 포함되었다.
	대행측량사(代行測量士)	제정 당시 : 타인으로부터 지적법에 의한 측량업무를 위탁받아 행하는 자
		지적측량사규정 개정(1967) : 타인으로부터 지적법에 의한 측량업무를 위탁받아 행하는 법인격이 있는 지적단체의 지적측량업무를 대행하는 자

정답 11 ④

구분	내용		
기술자격	기술계	기술사	지적기술사
		기사	지적기사
		산업기사	지적산업기사
	기능계	기능사	지적기능사

12 초기 지적 관련 장부에 관한 설명으로 가장 옳지 않은 것은?

① 결수연명부는 결수를 납세의무자별로 조사하고 통일된 양식의 징세대장으로 작성하였다.
② 간주임야도에 등록된 대장은 일반적인 대장과 별도로 산토지대장이라 불렀다.
③ 과세지견취도는 견취 작성의 방법으로 그린 약도 또는 간이지적도를 말한다.
④ 토지조사부는 토지소유권의 사정원부로 사용된 것으로 국유지와 민유지로 구분하여 합계하였다.

풀이 1. **간주지적도/산토지대장**

토지조사지역 밖인 산림지대(임야)에도 전 · 답 · 대 등 과세지가 있더라도 지적도에 신규등록 할 것 없이 그 지목 간을 수정하여 임야도에 존치하도록 하되 그에 대한 대장은 일반적인 토지대장과는 별도로 작성하여 '별책토지대장', '을호토지대장', '산토지대장'으로 불렀으며 이와 같이 지적도로 간주하는 임야도를 '간주지적도'라 하였다.

① 간주지적도의 필요성
- 조사지역 밖의 산림지대에 지적도에 올려야 할 토지가 있는 경우 신규측량 한 후 지적도에 등록하여야 하나 이러한 토지는 대략 토지조사 시행지역에서 200간 떨어진 곳에 위치하여 기존의 지적도에 등록할 수 없는 경우가 대부분이었으며
- 그렇다고 증보도를 만들 경우 많은 노력과 경비가 소요되고
- 도면의 매수가 늘어나서 취급이 불편하여 간주지적도를 필요로 하게 되었다.

② 간주지적도 지역
- 임야도로서 지적도로 간주하는 지역을 '간주지적도 지역'이라 하며
- 원칙적으로 토지조사령에 의하여 조사를 한 최종지역선에서 거리가 약 200간을 넘는 지역으로 정하였다.
- 조선총독부가 1924년 4월 1일 간주지적도 지역을 고시하기 시작하여 그 후 15차에 걸쳐 고시를 추가하였는데
- 우리나라의 산간벽지와 도서지방은 대부분 이 지역에 포함되었다.

2. **간주임야도**

임야의 필지가 너무 커서 임야도로 조제하기 어려운 국유, 임야 등에 대하여 1/50,000 지형도를 임야도로 간주하여 사용하였는데 이를 '간주임야도'라 하였다.

[간주임야도 지역]
① 덕유산
② 일월산, 만원산
③ 지리산

정답 12 ②

13 〈보기〉의 ㉠~㉢ 안에 들어갈 용어로서 가장 옳은 것은?

> 토지조사사업 당시의 지적도는 세부측량원도를 (㉠) 또는 (㉡)으로 등사하여 작성하였으며, 동일한 지번설정 지역 내 지적도면의 매수가 많아 그 접합관계의 색인이 편리하도록 (㉢)를 작성하였다.

	㉠	㉡	㉢
①	등고법	간접자사법	색인도
②	등고법	직접자사법	색인도
③	점사법	직접자사법	일람도
④	점사법	간접자사법	일람도

풀이 초기의 지적도와 임야도

구분	내용
지적도	• 초기의 지적도는 세부측량원도를 점사법(粘寫法) 또는 직접자사법(直接刺寫法)으로 등사하여 작성하였다. • 정비작업은 수기법에서 활판인쇄를 하고 지번, 지목도 번호기(番號器)를 사용하여 작성하였다. • 도곽은 남북으로 1척 1촌(33.33cm), 동서는 1척 3촌 7분 5리(41.67cm)로 하였다. • 초기의 지적도에는 등고선을 표시하여 표고에 의한 지형구별이 용이하도록 하였다. • 토지분할의 경우에는 지적도 정리시 신강계선을 양홍선으로 정리하였으나 그 후에는 흑색으로 변경하였다. • 지적도와 일람도는 당초에 켄트지에 제도한 그대로 소관청에 인계하였으나 열람, 이동정리 등 사용이 빈번하여 파손이 생기므로 1917년 이후에는 지적도와 일람도에 한지(韓紙)를 이첩(裏貼)하고 이전에 작성된 것도 추가로 한지를 이첩하여 사용하였다.
임야도	• 도곽은 남북으로 1척 3촌 2리(40cm), 동서는 1척 6촌 5리(50cm)로 하였다. • 등록사항은 임야경계와 토지소재, 지번, 지목, 지적도 시행지역은 담홍색, 하천은 청색, 임야 내 미등록 도로는 양홍색으로 묘화하였다. • 면적이 아주 넓은 국유임야 등에 대하여는 1 : 50,000 지형도에 등록하여 임야도로 간주하였다.

14 조선시대 양안을 작성할 때 각 면별로 작성된 기초 장부를 중심으로 자호와 지번을 부여하고, 면적 · 결부 · 시주 · 시작 · 사표 등의 일치 여부를 확인하여 작성한 장부로 가장 옳은 것은?

① 정서책
② 야초책
③ 중초책
④ 전답타량책

풀이 신양안

1898년 7월 6일 양지아문이 창설된 때부터 1904년 4월 19일 지계아문이 폐지된 기간에 시행한 양전사업[광무연간양전(光武年間量田)]을 통해 만들어진 양안을 말한다.

구분	내용
야초책(野草册)	• 1필마다 토지측량을 행한 결과를 최초로 기록하는 장부 • 전답과 초가 · 외가의 구별 · 배미 · 양전방향 · 전답 도형과 사표 · 실적(實積) · 등급 · 결부 · 전답주 및 소작인 기록
중초책(中草册)	• 야초작업이 끝난 후 만든 양안의 초안 • 서사(書使) 1명, 산사(算師) 3명이 종사하고 면도감(面都監)이 감독
정서책(正書册)	• 광무양안 때 3단계 작업으로 완성한 양안으로 면에서 중초책을 완성하면 읍에서 취합하여 작성, 완성하는 정안(正案)이다. • 정안은 3부를 작성하여 1부는 양지아문에, 1부는 도(道)의 감영(監營)에, 1부는 읍(邑)에 보관하였다.

정답 13 ③ 14 ③

15 「도로명주소법 시행령」상 사물번호의 부여 · 변경 · 폐지 기준에 대한 설명으로 가장 옳지 않은 것은?

① 시장 등은 사물번호가 부여된 시설물이 이전된 경우에는 해당 사물번호를 폐지해야 한다.
② 시장 등은 직권으로 사물주소를 부여 · 변경 또는 폐지하려는 경우에는 해당 시설물의 설치자 또는 관리자에게 행정안전부령으로 정하는 사항을 통보하고 14일 이상의 기간을 정하여 의견을 수렴해야 한다.
③ 시설물이 건물 등의 내부에 있는 경우에는 해당 시설물의 사물번호기준점에 상세주소 부여 기준을 준용한다.
④ 시장 등은 의견 제출 기간이 지난 날부터 14일 이내에 사물주소의 부여 · 변경 또는 폐지 여부를 결정하고 해당 시설물의 설치자 또는 관리자에게 행정안전부령으로 정하는 사항을 고지해야 한다.

풀이 **영 제41조(사물번호의 부여 · 변경 · 폐지 기준 등)**
① 시장 등은 법 제24조제1항 각 호의 시설물(이하 이 조에서 "시설물"이라 한다)에 하나의 번호(이하 "사물번호"라 한다)를 부여해야 한다. 다만, 하나의 시설물에 사물번호를 부여하기 위하여 기준이 되는 점(이하 "사물번호기준점"이라 한다)이 둘 이상 설정되어 있는 경우에는 각 사물번호기준점에 사물번호를 부여할 수 있다.
② 사물번호의 부여 기준은 다음 각 호의 구분과 같다.

1. 시설물이 건물 등의 외부에 있는 경우 : 해당 시설물의 사물번호기준점이 접하는 도로구간의 기초번호를 사물번호로 부여할 것
2. 시설물이 건물 등의 내부에 있는 경우 : 해당 시설물의 사물번호기준점에 제27조의 상세주소 부여 기준을 준용할 것

③ 시장 등은 사물번호가 제2항의 사물번호 부여 기준에 부합하지 않게 된 경우에는 사물번호를 변경해야 한다.
④ **시장 등은 사물번호가 부여된 시설물이 이전 또는 철거된 경우에는 해당 사물번호를 폐지해야 한다.**
⑤ 시설물에 부여하는 사물주소는 다음 각 호의 사항을 같은 호의 순서에 따라 표기한다. 이 경우 제2호에 따른 건물번호와 제3호에 따른 사물번호 사이에는 쉼표를 넣어 표기한다.

1. 제6조제1항제1호부터 제4호까지의 규정에 따른 사항
2. 건물번호(도로명주소가 부여된 건물 등의 내부에 사물주소를 부여하려는 시설물이 있는 경우로 한정한다)
3. 사물번호
4. 시설물 유형의 명칭

영 제42조(사물주소의 부여 · 변경 · 폐지 절차)
① 시장 등은 법 제24조제1항에 따라 시설물의 설치자 또는 관리자의 신청을 받거나 같은 조 제5항에 따라 통지를 받은 경우에는 그 신청일 또는 통지일부터 14일 이내에 사물주소의 부여 · 변경 또는 폐지 여부를 결정한 후 해당 시설물의 설치자 또는 관리자에게 행정안전부령으로 정하는 사항을 고지해야 한다.
② 시장 등은 법 제24조제2항에 따라 직권으로 사물주소를 부여 · 변경 또는 폐지하려는 경우에는 해당 시설물의 설치자 또는 관리자에게 행정안전부령으로 정하는 사항을 통보하고 14일 이상의 기간을 정하여 의견을 수렴해야 한다.
③ 시장 등은 제2항에 따른 의견 제출 기간이 지난 날부터 10일 이내에 사물주소의 부여 · 변경 또는 폐지 여부를 결정하고 해당 시설물의 설치자 또는 관리자에게 행정안전부령으로 정하는 사항을 고지해야 한다. 다만, 제출된 의견을 검토한 결과 사물주소를 부여 · 변경 또는 폐지하지 않기로 결정한 경우에는 해당 시설물의 설치자 또는 관리자에게 그 사실을 통보해야 한다.

정답 15 ④

16 고려시대 토지제도의 변천을 순서대로 바르게 나열한 것은?

① 개정전시과 → 경정전시과 → 시정전시과 → 녹과전
② 경정전시과 → 개정전시과 → 시정전시과 → 녹과전
③ 시정전시과 → 경정전시과 → 개정전시과 → 녹과전
④ 시정전시과 → 개정전시과 → 경정전시과 → 녹과전

풀이 고려시대 토지제도의 변천과정

구분		내용
① 역분전(役分田) : 태조		고려 개국에 공을 세운 조신(朝臣), 군사(軍士) 등 공신에게 관계(官階, 직급)를 논하지 않고 선악과 공로의 대소에 따라 토지를 지급하였다.
전시과	② 시정전시과(始定田柴科)	관계와 인품을 고려하여 개별적 관료들에 대한 수조지급여(收租地給與)는 감소시키고 각종 관료성원들에 대하여 수조지분권(收租地分權)을 확보하기 위한 제도
	③ 개정전시과(改定田柴科)	전시급여자의 관등을 18과로 나누어 전시수급액을 규정하여 지급하고 인품이라는 기준은 지양하고 관직에 따라 토지를 분급하였다.
	④ 경정전시과(更定田柴科)	18등급에 따라 현직문무양반관료(現職文武兩班官僚)들에 대한 수조지 분급량을 줄이고 개별적 문무산관(文武散官)들에 대한 수조지(收租地)를 격감시켰다. 다른 편으로는 마군(馬軍), 보군(步軍) 등 군인의 수조지를 증가시켰다.
⑤ 녹과전(祿科田)		전민변정사업과 전시과 체제에서 수급자의 편리와 토지겸병의 토지를 보호하려는 것과 문무 관리의 봉록에 충당하는 토지제도이다.
⑥ 과전법(科田法)		대규모의 토지를 권문세족들이 소유하고 있으면서 세금을 내지 않아 국고가 부족하여 만든 과전법은 사전과 공전으로 구분하여, 사전은 경기도에 한하여 현직, 전직관리의 고하에 따라 토지를 지급하였다.

※ 고려토지제도의 변천
역분전(태조) → 시정전시과[(관직, 인품에 따름(경종 1년(976년)] → 개정 전시과(관직에 따름)

17 조선시대 양전개정을 주장한 인물과 그의 저서의 연결이 옳지 않은 것은?

① 정약용 – 『경세유표』
② 이기 – 『해학유서』
③ 유길준 – 『반계수록』
④ 서유구 – 『의상경계책』

풀이 양전개정론(量田改正論)

구분	정약용(丁若鏞)	서유구(徐有榘)	이기(李沂)	유길준(兪吉濬)
양전 방안	• 결부제 폐지, 경무법으로 개혁 • 양전법안 개정		수등이척제에 대한 개선책으로 망척제를 주장	전 국토를 리단위로 한 전통제(田統制)를 주장
특징	• 어린도 작성 • 정전제 강조 • 전을 정방향으로 구분 • 휴도 : 방량법의 일환이며 어린도의 가장 최소단위로 작성된 지적도	• 어린도 작성 • 구고삼각법에 의한 양전수법십오제 마련	• 도면의 필요성 강조 • 정방형의 눈들을 가진 그물눈금을 사용하여 면적 산출(망척제)	• 양전 후 지권 발행 • 리단위의 지적도 작성(전통도)
저서	목민심서(牧民心書)	의상경계책(擬上經界策)	해학유서(海鶴遺書)	서유견문(西遊見聞)

정답 16 ④ 17 ③

18 〈보기〉에서 설명하는 지도의 이름으로 알맞은 것은?

> 서울시 주요 건물의 건물배치 및 위치가 표시된 가치있는 지번도로, 1936년 8월 15일 지성당(至誠堂)에서 제작하여 시중에 판매하였으며, 축척은 1/6,000이다.

① 대경성정도　　② 관저원도
③ 율림기지원도　　④ 궁채전도

풀이 대경성정도(大京城精圖)

1936년 9월 5일 경성(京城) 지성당(至城堂)에서 경성부의 교열을 거쳐 발행한 경성 지번도(地番圖)를 엮은 책을 말한다. 표지 2장, 본문 28장이며 앞면 우측 가장자리에 구멍을 뚫고 끈으로 엮은 형태이다. 앞표지에는 제목과 발행처 명이, 표제지에는 범례(凡例)와 색인(町名索引)이 있고, 본문은 간자 요시쿠니(甘蔗義邦) 경성 부윤(府尹)이 작성한 머리말과 1 : 25,000 축척 일람표, 13구역과 4보(補)의 1 : 6,000 축척 지도로 구성되었다. 일람표는 좌측 상단에 지목이, 우측 하단에 범례가 인쇄되었고, 지도 상단에 제목 및 호수, 해당 위치가 표시되었다. 대경성정도는 일제의 조선시가지계획령(朝鮮市街地計劃令)을 계기로 확장된 경성의 구획과 지번을 넣어 제작되었다.

19 〈보기〉의 설명에 해당하는 것으로 가장 옳은 것은?

> 토지등록을 위해서 제출된 서류들에 관련된 주체 및 객체는 명확하게 확인되어야 하며, 성명 또는 주민등록번호로 확인해야 한다.

① 신청의 원칙　　② 특정화의 원리
③ 공개의 원리　　④ 등록의 원리

풀이 토지등록의 원칙 **암기** ㊧㊦㊕㊗㊔㊦ 등신특정공신

구분	내용
㉳록의 원칙 (登錄의 原則)	토지에 관한 모든 표시사항을 지적공부에 반드시 등록하여야 하며 토지의 이동이 이루어지려면 지적공부에 그 변동사항을 등록하여야 한다는 토지등록의 원칙으로 토지표시의 등록주의(登錄主義, Booking Principle)라고 할 수 있다. 적극적 등록제도(Positive System)와 법지적(Legal Cadastre)을 채택하고 있는 나라에서 적용하고 있는 원리로서 토지의 모든 권리의 행사는 토지대장 또는 토지등록부에 등록하지 않고는 모든 법률상의 효력을 갖지 못하는 원칙으로 형식주의(Principle of Formality) 규정이라고 할 수 있다.
㊤청의 원칙 (申請의 原則)	토지의 등록은 토지소유자의 신청을 전제로 하되 신청이 없을 때는 직권으로 직접 조사하거나 측량하여 처리하도록 규정하고 있다.
㊕정화의 원칙 (特定化의 原則)	토지등록제도에 있어서 특정화의 원칙(Principle of Speciality)은 권리의 객체로서 모든 토지는 반드시 특정적이면서도 단순하며 명확한 방법에 의하여 인식될 수 있도록 개별화함을 의미하는데 이 원칙이 실제적으로 지적과 등기와의 관련성을 성취시켜 주는 열쇠가 된다.
국㊗주의 및 직권주의 (國定主義 및 職權主義)	국정주의(Principle of National Decision)는 지적공부의 등록사항인 토지의 지번, 지목, 경계, 좌표, 면적의 결정은 국가의 공권력에 의하여 국가만이 결정할 수 있는 원칙이다. 직권주의는 모든 필지는 필지단위로 구획하여 국가기관인 소관청이 직권으로 조사 · 정리하여 지적공부에 등록 공시하여야 한다는 원칙이다.

정답 18 ① 19 ②

㉢시의 원칙, 공개주의 (公示의 原則, 公開主義)	토지 등록의 법적 지위에 있어서 토지이동이나 물권의 변동은 반드시 외부에 알려야 한다는 원칙을 공시의 원칙(Principle of Public Notification) 또는 공개주의(Principle of Publicity)라고 한다. 토지에 관한 등록사항을 지적공부에 등록하여 일반인에게 공시하여 토지소유자는 물론 이해관계자 및 기타 누구나 이용할 수 있도록 하는 것이다.
공㉦의 원칙 (公信의 原則)	공신의 원칙(Principle of Public Confidence)은 물권의 존재를 추측케 하는 표상, 즉 공시방법을 신뢰하여 거래한 자는 비록 그 공시방법이 진실한 권리관계에 일치하고 있지 않더라도 그 공시된 대로의 권리를 인정하여 이를 보호하여야 한다는 것이 공신의 원칙이다. 즉, 공신의 원칙은 선의의 거래자를 보호하여 진실로 그러한 등기 내용과 같은 권리관계가 존재한 것처럼 법률효과를 인정하려는 법률법칙을 말한다.

20 우리나라의 지적도면 전산화와 가장 관련이 있는 사업은?

① 토지기록전산화사업
② 제1차 NGIS 사업
③ 토지관리정보체계 구축 사업
④ 한국토지정보시스템 구축 사업

풀이 **지적도면 전산화 추진과정**

구축과정	추진연도	주요사업
제1차 NGIS	1995~2000	GIS 기반조성단계(국토정보화 기반 마련) 국가기본도 및 지적도 등 지리정보 구축, 표준제정, 기술개발 등 추진
제2차 NGIS	2001~2005	GIS 활용 확산단계(국가공간정보 기반 확충을 위한 디지털 국토실현) 공간정보구축 확대 및 토지 · 지하 · 환경 · 농림 등 부문별 GIS 시스템 구축
제3차 NGIS	2006~2010	GIS 정착단계(유비쿼터스 국토실현을 위한 기반조성) 부분별, 기관별로 구축된 데이터와 GIS 시스템을 연계하여 효과적 활용 도모
제4차 국가공간정보정책	2010~2015	공간정보시스템 간 연계통합 강화 및 융복합정책 추진기반 마련
제5차 국가공간정보정책 기본계획	2013~2017	스마트폰 등 ICT 융합기술의 급속한 발전, 창조경제와 정부 3.0으로의 국정운영 패러다임 전환 등 변화된 정책환경에 적극 대응 필요
제6차 국가공간정보정책 기본계획(안)	2018~2022	제4차 산업혁명에 대비하고, 신산업 발전을 지원하기 위한 공간정보정책 방향을 제시하는 기본계획 수립 착수(2017.2)

정답 20 ②

▪▪▪ 05 2020년 서울시 7급 기출문제

01 법지적과 다목적지적의 공통적인 특징으로 가장 옳지 않은 것은?

① 공시기능
② 토지유통 자료
③ 토지세부과 자료
④ 토지정책결정에 정보제공

풀이 **발전과정에 따른 분류**

세지적(稅地籍)	토지에 대한 조세부과를 주된 목적으로 하는 제도로 과세지적이라고도 한다. 국가의 재정수입을 토지세에 의존하던 **농경사회**에서 개발된 제도로 과세의 표준이 되는 농경지는 기준수확량, 일반토지는 토지등급을 중시하고 지적공부의 등록사항으로는 **면적단위**를 중시한 지적제도이다.
법지적(法地籍)	세지적의 발전된 형태로서 토지에 대한 사유재산권이 인정되면서 생성된 유형으로 소유지적, 경계지적이라고도 한다. **토지소유권 보호**를 주된 목적으로 하는 제도로 토지거래의 안전과 토지소유권의 보호를 위한 **토지경계**를 중시한 지적제도이다.
다목적 지적(多目的地籍)	현대사회에서 추구하고 있는 지적제도로 종합지적, 통합지적, 유사지적, 경제지적, 정보지적이라고도 한다. 토지와 관련한 다양한 정보를 종합적으로 등록 · 관리하고 이를 이용 또는 활용하고 필요한 자에게 제공해 주는 것을 목적으로 하는 지적제도이다.

02 1910년 토지조사사업을 위하여 서부원점, 중부원점, 동부원점을 정하였는데, 이 중 중부원점의 기준에 해당하는 것은?

	북위	동경
①	38°	129°
②	38°	127°
③	37°	125°
④	38°	125°

풀이 **공간정보의 구축 및 관리 등에 관한 법률 시행령** [별표 2] 〈개정 2015.6.1.〉 **직각좌표의 기준(제7조제3항 관련)**
직각좌표계 원점

명칭	원점의 경위도	투영원점의 가산(加算)수치	원점축척계수	적용 구역
서부좌표계	경도 : 동경 125° 00′ 위도 : 북위 38° 00′	X(N) 600,000m Y(E) 200,000m	1.0000	동경 124~126°
중부좌표계	경도 : 동경 127° 00′ 위도 : 북위 38° 00′	X(N) 600,000m Y(E) 200,000m	1.0000	동경 126~128°
동부좌표계	경도 : 동경 129° 00′ 위도 : 북위 38° 00′	X(N) 600,000m Y(E) 200,000m	1.0000	동경 128~130°
동해좌표계	경도 : 동경 131° 00′ 위도 : 북위 38° 00′	X(N) 600,000m Y(E) 200,000m	1.0000	동경 130~132°

※ 비고

가. 각 좌표계에서의 직각좌표는 다음의 조건에 따라 T · M(Transverse Mercator, 횡단 머케이터) 방법으

정답 **01** ④ **02** ②

로 표시하고, 원점의 좌표는 (X=0, Y=0)으로 한다.

1) X축은 좌표계 원점의 자오선에 일치하여야 하고, 진북방향을 정(+)으로 표시하며, Y축은 X축에 직교하는 축으로서 진동방향을 정(+)으로 한다.

2) 세계측지계에 따르지 아니하는 지적측량의 경우에는 가우스상사이중투영법으로 표시하되, 직각좌표계 투영원점의 가산(加算)수치를 각각 X(N) 500,000m(제주도지역 550,000m), Y(E) 200,000m로 하여 사용할 수 있다.

나. 국토교통부장관은 지리정보의 위치측정을 위하여 필요하다고 인정할 때에는 직각좌표의 기준을 따로 정할 수 있다. 이 경우 국토교통부장관은 그 내용을 고시하여야 한다.

03 지번의 부여방법에 대한 설명으로 가장 옳지 않은 것은?

① 북동기번법은 한문자(漢文字)로 지번을 부여하는 지역에서 적합한 방법이다.

② 사행식은 필지의 배열이 불규칙한 지역에서 진행순서에 따라 부여하는 방법이다.

③ 지역단위법은 지번설정지역의 면적이 넓고 지적도의 매수가 많을 때 채택하는 방법이다.

④ 기번제도(Filiation System)는 인접지번 또는 자릿수와 함께 원지번의 번호로 구성되어 지번상의 근거를 알 수 있다.

풀이 지번부여방법

진행방법	사행식	필지의 배열이 불규칙한 지역에서 진행순서에 따라 지번을 부여하는 방법으로 농촌지역의 지번부여에 적합하며 우리나라 토지의 대부분은 사행식에 의해 부여하며 지번부여가 일정하지 않고 상하좌우로 분산되어 부여되는 결점이 있다.
	기우식	도로를 중심으로 한쪽은 홀수인 기수, 다른 쪽은 짝수인 우수로 지번을 부여하는 방법으로 리 · 동 · 도 · 가 등의 시가지 지역의 지번부여방법으로 적합하고 교호식이라고도 한다.
	단지식	단지마다 하나의 지번을 부여하고 단지 내 필지마다 부번을 부여하는 방법으로 단지식은 블록식이라고도 하며 도시개발사업 및 농지개량사업 시행지역 등의 지번부여에 적합하다.
	절충식	사행식, 기우식, 단지식 등을 적당히 취사선택(取捨選擇)하여 부번(附番)하는 방식이다.
부여단위	지역단위법	1개의 지번부여지역 전체를 대상으로 순차적으로 부여하고 지역이 작거나 지적도나 임야도의 장수가 많지 않은 지역의 지번 부여에 적합하다. 토지의 구획이 잘된 시가지 등에서 노선의 권장이 비교적 긴 지역에 적합하다.
	도엽단위법	1개의 지번부여지역을 지적도 또는 임야도의 도엽단위로 세분하여 도엽의 순서에 따라 순차적으로 지번을 부여하는 방법으로 지번부여지역이 넓거나 지적도 또는 임야도의 장수가 많은 지역에 적합하다.
	단지단위법	1개의 지번부여지역을 단지단위로 세분하여 단지의 순서에 따라 순차적으로 지번을 부여하는 방법으로 토지의 위치를 쉽고 편리하게 이용하는 데 가장 큰 목적이 있다. 특히 소규모 단지로 구성된 토지구획정리 및 농지개량사업 시행지역 등에 적합하다.

정답 03 ③

기번위치	북동기번법	북동쪽에서 기번하여 남서쪽으로 순차적으로 지번을 부여하는 방법으로 한자로 지번을 부여하는 지역에 적합하다.
	북서기번법	북서쪽에서 기번하여 남동쪽으로 순차적으로 지번을 부여하는 방법으로 아라비아숫자로 지번을 부여하는 지역에 적합하다.
일반적	분수식 지번제도 (Fraction System)	본번을 분자로 부번을 분모로 한 분수형태의 지번을 부여하는 제도로 본번을 변경하지 않고 부여하는 방법이다. 분할 후의 지번이 어느 지번에서 파생되었는지 그 유래 파악이 곤란하고 지번을 주소로 활용할 수 없다는 단점이 있다. 예를 들면 237번지가 3필지로 분할되면 237/1, 237/2, 237/3, 237/4로 표시된다. 그리고 최종 부번이 237의 5번지이고 237/2을 2필지로 분할할 경우 237/2번지는 소멸되고 237/6, 237/7로 표시된다.
	기번제도 (Filiation System)	237번지를 4필지로 분할할 때 분할지번은 237a, 237b, 237c, 237d로 표시한다. 다시 237c를 3필지로 분할할 경우는 237c1, 237c2, 237c3으로 표시한다. 인접지번 또는 지번의 자릿수와 함께 본번의 번호로 구성되어 지번의 발생근거를 쉽게 파악할 수 있으며 사정지번이 본번지로 편철 보존될 수 있다. 또한 지번의 이동내역의 연혁을 파악하기 용이하고 여러 차례 분할될 경우 지번배열이 혼잡할 수 있다. 벨기에 등에서 채택하고 있다.
	자유부번 (Free Numbering System)	237번지, 238번지, 239번지로 표시되고 인접지에 등록전환이나 신규등록이 발생되어 지번을 부여할 경우 최종지번이 240번지이면 241번지로 표시된다. 분할하여 새로이 발생되는 241번지, 242번지로 표시된다. 새로운 경계를 부여하기까지의 모든 절차상의 번호가 영원히 소멸하고 토지등록구역에서 사용되지 않는 최종지번 다음 번호로 바뀐다. 분할 후에는 종전지번을 사용하지 않고 지번부여구역 내 최종지번의 다음 지번으로 부여하는 제도로 부번이 없기 때문에 지번을 표기하는 데 용이하며 분할의 유래를 파악하기 위해서는 별도의 보조장부나 전산화가 필요하다. 그러나 지번을 주소로 사용할 수 없는 단점이 있다.

04 토지의 경계에 대해 설명하는 〈보기〉의 ㉠~㉣에 적합한 용어를 옳게 짝지은 것은?

> 실질적인 의미에서의 토지경계는 현장의 지형지물 등으로 토지의 소유권 범위를 구분하는 (㉠)와 도면에 등록된 토지의 경계를 기준으로 필지를 구분하는 (㉡)로 분류할 수 있다. 지적 관련 법률과 판례는 특별한 사정이 없는 한 (㉢)를 (㉣)로 보고 있다.

	㉠	㉡	㉢	㉣
①	현실경계	도상경계	도상경계	법정경계
②	점유경계	현실경계	도상경계	사실경계
③	사실경계	도상경계	사실경계	법정경계
④	점유경계	도상경계	점유경계	법정경계

정답 04 ①

풀이 경계의 분류

법률적	공간정보의 구축 및 관리 등에 관한 법상 경계	공간정보의 구축 및 관리 등에 관한 법상 경계란 소관청이 자연적 또는 인위적인 사유로 항상 변하고 있는 지표상의 경계를 지적측량을 실시하여 소유권이 미치는 범위와 면적 등을 정하여 지적도 또는 임야도에 등록 공시한 구획선 또는 경계점좌표등록부에 등록된 좌표의 연결을 말한다.
	민법상 경계	민법상의 경계란 실제 토지 위에 설치한 담장이나 전 · 답 등의 구획된 둑 또는 주요 지형 · 지형에 의하여 구획된 구거 등을 말하는 것으로 일반적으로 지표상의 경계를 말한다(민법 제237조 · 제239조).
	형법상 경계	형법상의 경계란 소유권 · 지상권 · 임차권 등 토지에 관한 사법상의 권리의 범위를 표시하는 지상의 경계(권리의 장소적 한계를 나타내는 지표)뿐만 아니라 도 · 시 · 군 · 읍 · 면 · 동 · 리의 경계 등 공법상의 관계에 있는 토지의 지상경계도 포함된다(형법 제370조).
일반적	지상경계	지상경계란 도상경계를 지상에 복원한 경계를 말한다.
	도상경계	도상경계란 지적도나 임야도의 도면상에 표시된 경계이며 공부상 경계라고도 한다.
	법정경계	법적경계란 공간정보의 구축 및 관리 등에 관한 법상 도상경계와 법원이 인정하는 경계확정의 판결에 의한 경계를 말한다.
	사실경계	사실경계란 사실상 · 현실상의 경계이며 인접한 필지의 소유자 간에 존재하는 경계를 말한다.

05 권원등록제도에 대한 설명으로 가장 옳지 않은 것은?

① 개인 또는 법인의 소유주 성명과 주소를 확인한다.
② 일필지를 소유함으로써 보유하는 다른 토지에 대한 특정권리를 확인한다.
③ 등록된 문서가 등록되지 않은 문서 또는 뒤늦게 등록된 문서보다 우선권을 가진다.
④ 소유권 등록은 언제나 최후의 권리이며, 정부는 등록한 이후에 이루어지는 거래의 유효성에 대해 책임을 진다.

풀이 토지등록제도의 유형 **암기** ㉮㉯㉰㉱ (날권소적토)

(날)인증서 등록제도 (捺印證書登錄制度)	토지의 이익에 영향을 미치는 문서의 공적 등기를 보전하는 것을 날인증서 등록제도(Registration of Deed)라고 한다. 기본적인 원칙은 등록된 문서가 등록되지 않은 문서 또는 뒤늦게 등록된 서류보다 우선권을 갖는다. 즉, 특정한 거래가 발생했다는 것은 나타나지만 그 관계자들이 법적으로 그 거래를 수행할 권리가 주어졌다는 것을 입증하지 못하므로 거래의 유효성을 증명하지 못한다. 그러므로 토지거래를 하려는 자는 매도인 등의 토지에 대한 권원(Title) 조사가 필요하다.
(권)원등록제도 (權原登錄制度)	권원등록(Registration of Title)제도는 공적 기관에서 보존되는 특정한 사람에게 귀속된 명확히 한정된 단위의 토지에 대한 권리와 그러한 권리들이 존속되는 한계에 대한 권위 있는 등록이다. 소유권 등록은 언제나 최후의 권리이며 정부는 등록한 이후에 이루어지는 거래의 유효성에 대해 책임을 진다.

정답 05 ③

<table>
<tr><td>소극적 등록제도
(消極的登錄制度)</td><td colspan="2">소극적 등록제도(Negative System)는 기본적으로 거래와 그에 관한 거래증서의 변경기록을 수행하는 것이며, 일필지의 소유권이 거래되면서 발생되는 거래증서를 변경등록하는 것이다. 네덜란드, 영국, 프랑스, 이탈리아, 미국의 일부 주 및 캐나다 등에서 시행되고 있다.</td></tr>
<tr><td>적극적 등록제도
(積極的登錄制度)</td><td colspan="2">적극적 등록제도(Positive System)하에서의 토지등록은 일필지의 개념으로 법적인 권리보장이 인증되고 정부에 의해서 그러한 합법성과 효력이 발생한다. 이 제도의 기본원칙은 지적공부에 등록되지 아니한 토지는 그 토지에 대한 어떠한 권리도 인정될 수 없고 등록은 강제되고 의무적이며 공적인 지적측량이 시행되지 않는 한 토지등기도 허가되지 않는다는 이론이 지배적이다. 적극적 등록제도의 발달된 형태는 토렌스시스템이다.</td></tr>
<tr><td rowspan="4">토렌스시스템
(Torrens System)</td><td colspan="2">오스트레일리아 Robert Torrens 경이 창안한 토렌스시스템의 목적은 토지의 권원을 명확히 하고 토지거래에 따른 변동사항 정리를 용이하게 하여 권리증서의 발행을 편리하게 하는 것이다. 이 제도의 기본원리는 법률적으로 토지의 권리를 확인하는 대신에 토지의 권원을 등록하는 행위이다.</td></tr>
<tr><td>거울이론
(Mirror Principle)</td><td>토지권리증서의 등록은 토지의 거래사실을 완벽하게 반영하는 거울과 같다는 입장의 이론이다. 소유권에 관한 현재의 법적 상태는 오직 등기부에 의해서만 이론의 여지없이 완벽하게 보인다는 원리이며 주 정부에 의하여 적법성을 보장받는다.</td></tr>
<tr><td>커튼이론
(Curtain Principle)</td><td>토지등록 업무가 커튼 뒤에 놓인 공정성과 신빙성에 대하여 관여할 필요도 없고 관여해서도 안 되는 매입신청자를 위한 유일한 정보의 이론이다. 토렌스제도에 의해 한번 권리증명서가 발급되면 당해 토지의 과거 이해관계에 대하여 모두 무효하하고 현재의 소유권을 되돌아볼 필요가 없다는 것이다.</td></tr>
<tr><td>보험이론
(Insurance Principle)</td><td>토지등록이 인간의 과실로 인하여 착오가 발생한 경우 피해를 입은 사람은 피해보상에 대하여 법률적으로 선의의 제3자와 동등한 입장이 되어야 한다는 이론으로 권원증명서에 등기된 모든 정보는 정부에 의하여 보장된다는 원리이다.</td></tr>
</table>

06 〈보기〉에서 지적제도상 적극적 등록주의를 채택하고 있는 국가를 모두 고른 것은?

ㄱ. 영국　　ㄴ. 프랑스　　ㄷ. 스위스　　ㄹ. 대만　　ㅁ. 일본

① ㄴ, ㄹ　　② ㄹ, ㅁ
③ ㄴ, ㄷ, ㅁ　　④ ㄷ, ㄹ, ㅁ

정답 06 ④

풀이 외국의 지적제도

구분	일본	프랑스	독일	스위스	네덜란드	대만
기본법	• 국토조사법 • 부동산등기법	• 민법 • 지적법	측량 및 지적법	지적공부에 의한 법률	• 민법 • 지적법	토지법
창설기간	1876~1888	1807	1870~1900	1911	1811~1832	1897~1914
지적공부	• 지적부 • 지적도 • 토지등기부 • 건물등기부	• 토지대장 • 건물대장 • 지적도 • 도엽기록부 • 색인도	• 부동산지적부 • 부동산지적도 • 수치지적부	• 부동산등록부 • 소유자별대장 • 지적도 • 수치지적부	• 위치대장 • 부동산등록부 • 지적도	• 토지등록부 • 건축물개량 등기부 • 지적도
지적 · 등기	일원화(1966)	일원화	이원화	일원화	일원화	일원화
담당기구	법무성	재무경제성	내무성 : 지방국 지적과	법무국	주택도시계획 및 환경성	내정부 지적국
토지대장 편성	물적 편성주의	연대적 편성주의	물적 · 인적 편성주의	물적 · 인적 편성주의	인적 편성주의	물적 편성주의
등록의무	적극적 등록주의	소극적 등록주의		적극적 등록주의	소극적 등록주의	적극적 등록주의
지적재조사 사업	1951~현재	1930~1950		1923~2000	1928~1975	1976~현재

07 **간주지적도를 사용하던 지역의 토지는 일반 토지대장에 등록하지 않고 별도로 토지대장을 작성하여 사용하였는데, 이에 해당하지 않는 것은?**

① 간주토지대장　　② 별책토지대장
③ 산토지대장　　④ 을호토지대장

풀이 1. 간주지적도

① 토지조사령에 의한 조사대상 지목으로서 산림지대에 있는 전, 답, 대 등 지적도에 등록할 토지와 토지조사 시행지역에서 약 200간 이상 떨어져서 기존의 지적도에 등록할 수 없거나 증보도의 작성에 많은 노력과 비용이 소요되고 도면의 매수가 증가되어 그 관리가 불편하게 되므로

② 산간벽지와 도서지방의 경우에는 임야대장규칙에 의하여 비치된 임야도를 지적도로 간주하여 토지를 지적도에 등록하지 않고 그 지목만 수정한 후 임야도에 등록하였는데 이를 간주지적도라 한다.

2. 간주지적도의 토지대장

① 간주지적도에 등록된 토지는 그 대장을 별도로 작성하고 **산토지대장**이라고 하였다.

② **별책토지대장** 또는 **을호토지대장**이라고도 하였다.

정답 07 ①

08 고구려시대의 지적제도에 대한 설명으로 가장 옳은 것은?

① 토지장부에는 도전장, 양전도장, 양전장적, 도전정, 전적, 전안 등 명칭을 사용하였다.
② 군사작전상, 행정상 필요한 지도로 국토를 조사 수록한 봉역도와 요동성총도가 있다.
③ 면적단위로는 두락제와 결부제를 사용하였고 토지도면으로 근강국수소간전도가 현재까지 전해오고 있다.
④ 정전제를 실시하였으며, 풍백의 지휘를 받아 봉가가 지적을 담당하였고 측량실무는 오경박사가 시행하였다.

풀이 **토지기록부(도면)**

1. 삼국시대의 토지기록부

고구려	국토를 조사 수록한 지도, 군사작전상, 행정상 필요에 의하여 작성 • 봉역도(封域圖)와 요동성총도(遼東城塚圖)
백제	• 근강국 수소촌 간전도(近江國 水沼村 墾田圖) : 토지를 측량하여 소유자 및 경지의 위치를 표시한 도적 • 능역도 : 백체 무령왕릉의 지석이면에 새겨진 방위도(方位圖) • 방위간지 : 묘지매매와 관련된 문기에 나타난 묘지한계의 표시
신라	• 장적문서 : 과세의 기초, 가장 오래된 문서 • 승복사 비(碑) : 공전, 이백결등 토지와 관련된 기록을 볼 수 있는 자료 • '사표'의 기원 : 진성여왕 5년. 개선사지 비석의 비문 토지의 매매, 소재지, 토지의 종류가 기록되어 있고, 사표에 해당되는 내용인 '남지택토서천'(남쪽에는 연못이 있는 주택이 있고, 서쪽에는 하천이 있다) '동령행토북동'(동쪽에는 행인이 다니는 토지가 있고 북쪽 또한 같다) 해당 토지를 중심으로 사방의 토지를 표시한 것

2. 토지기록 도면

봉역도 (封域圖)	봉역이란 흙을 쌓아서 만든 경계란 뜻으로 지리상 원근, 지명, 산천 등을 기록한 토지의 측량으로 작성된 토지도면이나 지지(地誌)상의 도면으로 울절(鬱折 : 국가의 경영담당으로 지적도와 호적을 관장)이 사무를 주관하였으며 현존하지 않는다.
요동성총도 (遼東城塚圖)	요동성의 지도가 그려져 있는데 요동성의 지형과 성시의 구조, 도로, 성벽, 주요 건물 등을 상세하게 그렸을 뿐 아니라 하천과 개울, 산 등도 그려져 있다. 이 요동성 지도는 우리나라에 실물로 현존하는 도시평면도로서 가장 오래된 것
근강국 수소촌 간전도(近江國 水沼村 墾田圖)	토지를 측량하여 소유자 및 경지의 위치를 표시한 도적(圖籍)으로 백제가 전해준 일본의 비조문화(飛鳥文化 : 4~7세기)에서 알수 있으며 이것은 세계 최고(最古)의 지적도로 인정되고 있다
능역도 (陵域圖 : 地積圖)	능역(陵域)이란 임금의 무덤을 말하며 백제 무녕왕능(武寧王陵)의 지석이면(誌石裏面)에 동.남.북에 새겨진 방위도(方位圖)
방위간지 (方位干支)	신과의 묘지매매에 관해 문기(文記)에 나타난 묘지한계의 표시

정답 08 ②

09 궁장토에 대한 설명으로 가장 옳지 않은 것은?

① 궁방전은 사궁장토라 하며 왕실과 궁가에 지급하는 전토로 궁중 회계기관인 내수사의 전토도 포함된다.

② 2사 6궁 중 2사는 내수사 · 어의사이고, 6궁으로는 명례궁 · 용동궁 · 수진궁 · 육상궁 · 선희궁 · 경우궁이 있다.

③ 궁장토로 설정된 토지의 종류는 절수지, 민전매득지, 각 영 · 아문 및 타 궁방의 이속지, 투탁지, 민전면세지 등으로 구성되었다.

④ 조선에서는 후궁 · 대군 · 공주 · 옹주 등을 존칭하여 궁방(宮房)이라 하고 각 궁방 소속의 전토를 궁방전 또는 궁장토라고 하였다.

풀이 **궁장토(宮庄土)**

1. 궁장토의 정의
   궁장이란 후궁, 대군, 공주, 옹주 등의 존칭으로서 각 궁방 소속의 토지를 궁방 전 또는 궁장토라 일컬었으며 또한 일사칠궁 소속의 토지도 궁장토라 불렀다.

2. 일사칠궁
   제실의 일반 소요경비 및 제사를 관장하기 위하여 설치되었으며 각기 독립된 재산을 가졌다.
   ① 내수사 : 이씨 조선 건국 시초부터 설치되어 왕실이 수용하는 미곡, 포목, 노비에 관한 사무를 관장하는 궁중직
   ② 수진궁 : 예종의 왕자인 제안대군의 사저
   ③ 선희궁 : 장조(莊祖)의 생모인 영빈이씨의 제사를 지내던 장소
   ④ 용동궁 : 명종왕의 제1왕자인 순회세자의 구궁이었으나 그 후 내탕에 귀속
   ⑤ 육상궁 : 영조대왕의 생모인 숙빈최씨의 제사를 지내던 장소
   ⑥ 어의궁 : 인조대왕의 개인저택이었으나 그 후 왕비가 쓰는 내탕에 귀속
   ⑦ 명례궁 : 덕종의 제2왕자 월산대군의 저택
   ⑧ 경우궁 : 순조의 생모인 수빈박씨의 제사를 지내는 곳

3. 궁장토의 시초
   ① 직전(職田)과 사전(賜田)
   - 직전 : 품계에 따라 전토를 급여하는 것(대군은 250경, 왕자는 180경)
   - 사전 : 국왕의 특명에 의하여 따로 전토를 준 것

   ② 직전 및 사전의 폐단
   - 직전 및 사전은 이를 받은 자가 사망하면 반납하여야 하나 자손에게 세습
   - 임진왜란으로 토지가 황폐화되고 그 경계가 불분명하여 전면 폐지
   - 직전, 사전제도의 폐지로 황무지 및 예빈시 소속의 토지를 궁둔으로 지급

4. 궁장토의 국유화 과정
   ① 토지의 투탁
   - 궁장토는 국세를 면제하고 경작자에 대해서도 부역을 면제하는 특전
   - 농민들은 스스로 궁방에 청탁하여 궁장토인 것처럼 가장하는 예가 생겼는데, 이를 토지의 “투탁”이라 하였다.

   ② 도장의 폐단
   - 도장은 궁장토의 관리자로서 궁방에 대하여 일정한 세수를 바치고 궁장토를 관리함으로써 그 토지의 수익권을 가졌다.

정답 09 ②

• 도장의 직무는 안전하고 영속성이 있어 직의 매매가 이루어졌고
• 궁장토의 추수는 도장이 임의로 징수하여 폐단이 빈발하였다.
• 이후 1908년 궁장토는 전부 국유로 귀속되었다.

10 **결수연명부의 단점을 보완하기 위해 만든 원시적인 지적도로 과세지의 전모와 소유자를 현장에서 바로 파악할 수 있도록 만들어진 지적 관련 도면은?**

① 증보도 ② 간주지적도
③ 지세명기장 ④ 과세지견취도

지세명기장	의의	과세지에 대한 인적 편성주의에 따라 성명별로 목록을 작성한 것이다.
	작성방법	• 지세징수를 위해 이동정리를 끝낸 토지대장 중에서 민유지만을 각 면별, 소유자별로 연기한 후 합계 • 약 200매를 1책으로 작성하고 책머리에는 색인을, 책 끝에는 면계를 붙임 • 동명이인의 경우 동리별, 통호명을 부기하여 식별토록 함
과세지 견취도	의의	토지조사 측량성과인 지적도가 나오기 전인 1911년부터 1913년까지 지세부과를 목적으로 작성된 약도로, 각 필지의 개형을 제도용 기구를 쓰지 않고 손으로 그린 간이지적도라 할 수 있다.
	작성배경	과세지에 대한 전국적인 견취도를 작성하여 이것을 결수연명부와 대조하여 연명부를 토지대장으로 공부화하려는 것이다.
	작성방법	• 축척 : 1/1,200 • 북방표시 • 거의 굴곡이 없는 곡선으로 제도
결수연명부	의의	재무감독별로 내용과 형태가 다른 징세대장이 만들어져 이에 따른 통일된 양식의 징세대장을 만들기 위해 결수연명부를 작성토록 하였다.
	작성배경	• 과세지견취도를 기초로 하여 토지신고서가 작성되고 토지대장이 만들어졌다. • 공적장부의 계승관계 : 깃기(지세명기장) → 결수연명부 → 토지대장
	작성방법	• 면적 : 결부 누락에 의한 부정확한 파악 • 비과세지는 제외

11 **조선시대 양전개정론과 세부내용으로 가장 옳지 않은 것은?**

① 전통도 : 현재의 지적도와 유사한 리단위의 전통도를 제작하여 양전을 전통도로 실시하고 지권을 발행
② 한전제 : 농민들에게 국가의 토지를 나누어 주는 대신 매매에 제한을 두는 방법
③ 방량법 : 농지를 정정방망으로 구획할 수 있는 것은 그렇게 하고 그렇지 못한 곳은 어린도상으로 구획하여 전국의 농지를 일목요연하게 파악하는 방법
④ 둔전제 : 노예를 포함한 모든 농민들에게 각각 그들의 경작 능력에 따라 일정량의 농업용 토지를 분배하여 일률적인 조세를 부여하도록 하는 제도

정답 10 ④ 11 ④

<table>
<tr><td rowspan="3">둔전(屯田),
둔토(屯土)</td><td colspan="2">고려 · 조선시대 군수(軍需)나 지방관청의 운영경비를 조달하기 위해 설정했던 토지를 말한다. 둔전은 고려 초기의 영토확장 과정에서 군량을 확보하기 위해 변경지대에 처음 설치되었으며, 방수군(防戍軍)에 의해 직접 경작되거나 이주민으로 편성된 둔전군(屯田軍)에 의해 경작되기도 하였다. 후자의 경우에는 토지를 분급해 주고 일정량의 생산물을 수취하였다.</td></tr>
<tr><td>종류</td><td>• 설치 목적에 따라 군둔전(軍屯田) · 관둔전(官屯田)으로 나뉜다.
• 설치 주체에 따라 국둔전(國屯田) · 관둔전 · 포진둔전[浦鎭屯田 : 영전(營田)]으로 나뉜다.</td></tr>
<tr><td>대상</td><td>• 황무지 또는 진폐전을 개간한 것
• 둔전으로 하기 위하여 관청에서 매수(買收)한 것
• 타 관청 소관의 국유지를 이관한 것
• 국사범으로부터 몰수하여 국유화한 것
• 민유지의 결세(結稅)를 수세(收稅)하게 한 것</td></tr>
<tr><td rowspan="2">역토(驛土)</td><td colspan="2">역참제도는 신라, 고려시대부터 있었던 것으로 조선시대까지 이어졌는데 역참에 부속된 토지를 일컬어 역토라 한다. 역참은 신라, 고려, 조선시대 공용문서(公用文書) 및 물품의 운송(運送), 공무원의 공무상 여행에 필요한 말과 인부 기타 일체의 용품 및 숙박, 음식 등의 제공을 위하여 설치되었다. 각 도(道)의 중요 지점과 도(道)소재지에서 군소재지로 통하는 도로에 약 40리(里)마다 1개의 역참(驛站)을 설치하여 이용하였다.</td></tr>
<tr><td>종류</td><td>• 공수전(公須田) : 관리접대비로 충당하기 위한 것으로, 역의 대 · 중 · 소로에 따라 달리 지급
• 장전(長田) : 역장에게 지급(2결)
• 부장전(副長田) : 부역장에게 지급(1.5결)
• 급주전(急走田) : 급히 연락하는 이른바 급주졸(急走卒)에게 지급(50부)
• 마위전(馬位田) : 말의 사육을 위해 지급(말의 등급에 따라 차등 지급)</td></tr>
</table>

※ 둔전(屯田)

둔토(屯土)라고도 한다. 이는 국경지대의 군수품(軍需品)에 충당하기 위하여 그 부근에 있는 미간지(未墾地)를 주둔군(駐屯軍)에게 부속시켜 놓고 항상 주둔병정으로 하여금 이를 개간 · 경작시킨 데서부터 시작된 토지제도이다. 그 후 각 부군 등에서도 이 제도를 본떠서 소요경비를 조달할 목적으로 토지를 부속시켜 그 수확으로써 경비를 충당하기에 이르러 마침내 둔전에는 군대경비를 충당하는 둔전과 지방관청의 경비를 충당하는 둔전의 두 가지가 생기게 되었다. 그런데 우리나라의 둔전제도는 당나라의 둔전제도를 본받고 고려 현종 15년(1024)에 경기 내 하음부곡(河陰部曲)의 주민을 가주(嘉州, 현 평안북도 박천군의 일부)로 옮겨 그들을 둔병으로 한 다음 토지를 부속 · 경작하게 한 것을 시초로 한다.

이태조가 등극하자 둔전 관리의 원활을 도모하여 음죽군(陰竹郡) 1개 군(현 경기도 이천시의 일부)의 둔전만을 남기고 다른 둔전은 모두 폐지하였다가 그 후 다시 그 설치할 필요를 느껴 주진(主鎭)은 20결, 거진(巨鎭)은 10결, 기타 제전(其他諸鎭)은 5결, 대도호부(大都護府)는 20결, 도호부는 16결, 현 · 군(縣郡)은 12결씩을 배속하였는데, 세조 6년(1460)에는 다시 종래부터 둔전이 없는 모든 읍(邑)에도 황무지를 골라서 둔전을 만들도록 하였다. 경국대전이 제정됨에 따라 군대의 소요경비에 충당하는 것은 국둔전(國屯田), 지방관청의 경비에 충당하는 것을 관둔전(官屯田)이라 부르게 하였다. 그러던 중 임진왜란으로 국토 전체가 혼란에 빠져 피란을 하는 등 토지를 경작할 수 없어, 군량미(軍糧米)를 얻을 수 없기 때문에 비상수단으로 군사들로 하여금 직접 토지를 경작하게 하여 그 수확의 2분의 1은 경작자에게 주고, 나머지 2분의 1은 관청에서 수납하며, 도서(島嶼) 지방 및 해안지방은 수사[水使, 수군절도사(水軍節度使)의 준말로서 현재의 해군경비부사령관과 비슷함]에게, 기타는 감사(監司, 현재의 도지사)에게 명령하여 각기 그 관내의 황무지를 개간한 것을 소속의 둔전으로 하게 하였다. 선조 26년(1593)에 훈련도감(訓練都監)을 두어 병사를 모집한 다음 군사훈련과 동시에 그 소속 둔전까지 경작시

정답

키며 겸하여 민유토지도 경작시켜 세납을 받아들이도록 하였는데 이것이 영아문둔전(營衙門屯田)의 시초이다. 이리하여 종래의 국둔전이 훈련도감 둔전에 병합(倂合)됨으로써 드디어 국둔전이라는 이름조차 자연 소멸하고 둔전이라 하면 영아문둔전과 종래부터 내려오던 관둔전의 두 가지로 되었다. 민유지로서 둔전에 제공된 토지는 그 세금이 싸고 둔전 경작자에게 부역(賦役)을 면제하는 특전이 있었으므로 당시는 모두 이 제도에 찬성하였다고 전해진다. 그 후 서애(西崖) 류성룡의 제의로 둔전제도를 강화하려 하였으나 전란이 평정되어 군사경비가 격감됨에 따라 둔전이란 단순히 관청의 경비조달에 쓰이는 것에 그치고, 영아문둔전이나 관둔전이나 다 같은 상태로 놓이게 되었다. ⇒ 역둔토. 참고 〈地籍史〉

※ 둔전론(屯田論)
이익이 신전(新田) 개발을 위한 둔전 설치, 박제가와 박지원의 모범 농장으로서 둔전 설치, 서유구의 국둔(국영농장), 민둔(민영농장) 설치 등이 있다. ⇒ 서유구, 의상경계책. 참고 〈後農史〉

12 구장산술(九章算術)의 방전장에 따른 전(田)의 형태에 대한 설명으로 옳지 않은 것은?

① 방전(方田) : 사각형모양의 토지
② 규전(圭田) : 삼각형모양의 토지
③ 제전(梯田) : 사다리꼴모양의 토지
④ 호전(弧田) : 고리모양의 토지

풀이 **구장산술(九章算術)**

1. 구장산술의 개념
   ① 저자 및 편찬연대 미상인 동양최고의 수학서적
   ② 시초는 중국으로 원, 명, 청, 조선을 거쳐 일본에까지 영향을 미침
   ③ 삼국시대부터 산학관리의 시험 문제집으로 사용
2. 구장산술의 특징
   ① 수학의 내용을 제1장 방전부터 제9장 구고장까지 분류함
   ② 고대 농경사회의 수확량 측정 및 토지를 측량하여 세금부과에 이용
   ③ 특히, 제9장 구고장은 토지의 면적계산과 측량술에 밀접한 관련이 있음
   ④ 고대 중국의 일상적인 계산법이 망라된 중국수학의 결과물
3. 구장산술의 형태(전의 형태)

방전(方田)	사방의 길이가 같은 정사각형 모양의 전답으로 장(長)과 광(廣)을 측량
직전(直田)	긴 네모꼴의 전답으로 장(長)과 평(平)을 측량
구고전(句股田)	직삼각형으로 된 전답으로 구(句)와 고(股)를 측량함. 신라시대 천문수학의 교재인 주비산경 제1편에 주(밑변)를 3, 고(높이)를 4라고 할 때 현(빗변)은 5가 된다고 하였으며 이 원리는 중국에서 기원전 1,000년경에 나왔으며 피타고라스의 발견보다 무려 500여 년이 앞섬
규전(圭田)	이등변삼각형의 전답으로 장(長)과 광(廣)을 측량. 밑변×높이×1/2
제전(梯田)	사다리꼴 모양의 전답으로 장(長)과 동활(東闊), 서활(西闊)을 측량
원전(圓田)	원과 같은 모양의 전답으로 주(周)와 경(經)을 측량
호전(弧田)	활꼴모양의 전답으로 현장(弦長)과 시활(矢闊)을 측량
환전(環田)	두 동심원에 둘러싸인 모양, 즉 도넛 모양의 전답으로 내주(內周)와 외주(外周)를 측량

정답 12 ④

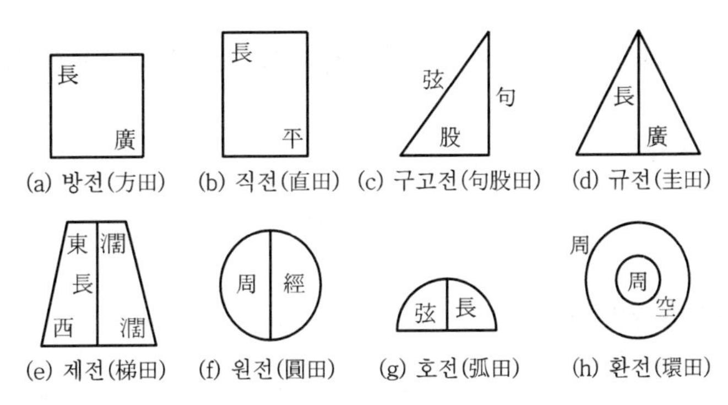

전(田)의 형태

4. 우리나라의 구장산술 : 삼국시대부터 구장산술을 이용하여 토지를 측량하였으나 화사가 지도나 도면을 만듦

13 조선시대 전세의 충실을 기하기 위해 6등급으로 구분한 토지의 종류에 대한 설명으로 가장 옳지 않은 것은?

① 정전(正田) : 항상 경작하는 토지
② 속전(續田) : 경작하기도 하고 휴경하기도 하여 경작할 때만 과세하는 토지
③ 강속전(降續田) : 오랫동안 버려두어 토질이 저하되었으므로 세율을 감해 주는 토지
④ 가경전(加耕田) : 사정이 끝난 원장부 밖의 토지를 개간하여 세율을 새로 정하는 토지

풀이 양전사업(量田事業)

무신양전(1428), 을유양전(1429), 삼남양전(1613), 갑술양전(1634)

1. 목적

고려 · 조선시대 토지의 실제경작 상황을 파악하기 위해 실시한 토지측량 제도로, 전국의 전결수(田結數)를 정확히 파악하고, 양안(量案, 토지대장)에 누락된 토지를 적발하여 탈세를 방지하며, 토지경작 상황의 변동을 조사하여 국가 재정의 기본을 이루는 전세(田稅)의 징수에 충실을 기함에 실시 목적을 두었다.

2. 토지 구분

《경국대전》에는 모든 토지를 아래와 같이 6등급으로 나누어 20년마다 한 번씩 양전을 실시하였고 그 결과를 양안에 기록하며, 양전을 할 때는 균전사(均田使)를 파견하여 이를 감독하고, 수령 · 실무자의 위법사례를 적발 처리하도록 하였다.

정전(正田)	항상 경작하는 토지
속전(續田)	땅이 메말라 계속 농사짓기 어려워 경작할 때만 과세하는 토지
강등전(降等田)	토질이 점점 떨어져 본래의 전품(田品), 즉 등급을 유지하지 못하여 세율을 감해야 하는 토지
강속전(降續田)	강등을 하고도 농사짓지 못하여 경작한 때만 과세하는 토지
가경전(加耕田)	새로 개간하여 세율도 새로 정하여야 하는 토지
화전(火田)	나무를 불태워 경작하는 토지로, 경작지에 포함하지 않는 토지

정답 13 ③

14 「공간정보의 구축 및 관리 등에 관한 법률」상 부동산종합공부의 등록사항에 해당하지 않는 것은?

① 토지의 표시와 소유자에 관한 사항

② 건축물의 표시와 소유자에 관한 사항

③ 부동산의 위치에 관한 사항

④ 토지의 이용 및 규제에 관한 사항

풀이 **부동산종합공부의 등록사항**

토지의 표시와 소유자에 관한 사항, 건축물의 표시와 소유자에 관한 사항, 토지의 이용 및 규제에 관한 사항, 부동산의 가격에 관한 사항 등 부동산에 관한 종합정보를 정보관리체계를 통하여 기록 · 저장한 것을 말한다.

구분	내용
공통사항	• 고유번호, 소재지, 지번, 관련 지번, 도로명주소 • 건축물 명칭, 동 명칭, 호 명칭
지적에 관한 사항	• 지목, 면적 • 토지이동일, 토지이동 사유 • 대지권 비율 • 지적도, 임야도, 경계점좌표, 축척, 담당자
건축물에 관한 사항	• 주용도, 주구조, 지붕, 대지면적, 건축면적, 연면적 • 건폐율, 용적률, 용적률 산정용 연면적, 높이 • 주부구분, 층수(지상 · 지하), 건물수, 부속동 · 면적, 주차대수 • 상가호수, 가구수, 세대수, 특이사항, 기타 기재사항 • 허가, 착공, 사용 승인일 • 층별(명칭), 층별 구조, 층별 용도, 층별 면적 • 전유 · 공유 구분, 전유 · 공유(구조, 용도, 면적) • 변동일, 변동 내용 및 원인 • 배치도, 단위 세대 평면도, 축척, 작성자
토지이용에 관한 사항	지역 · 지구 · 구역, 토지이용 규제, 행위 제한
가격에 관한 사항	기준연월일, 토지 등급, 개별공시지가, 주택(개별주택, 공동주택) 가격
소유에 관한 사항	성명, 등록번호, 주소, 소유 구분, 지분, 변동 원인, 변동연월일

공간정보의 구축 및 관리 등에 관한 법률 제76조의3(부동산종합공부의 등록사항 등)

구분	내용
등록사항	지적소관청은 부동산종합공부에 다음 각 호의 사항을 등록하여야 한다. 〈개정 2016.1.19.〉 1. 토지의 표시와 소유자에 관한 사항 : 이 법에 따른 지적공부의 내용 2. 건축물의 표시와 소유자에 관한 사항(토지에 건축물이 있는 경우만 해당한다) : 「건축법」 제38조에 따른 건축물대장의 내용 3. 토지의 이용 및 규제에 관한 사항 : 「토지이용규제 기본법」 제10조에 따른 토지이용계획확인서의 내용 4. 부동산의 가격에 관한 사항 : 「부동산 가격공시에 관한 법률」 제10조에 따른 개별공시지가, 같은 법 제16조, 제17조 및 제18조에 따른 개별주택가격 및 공동주택가격 공시내용 5. 그 밖에 부동산의 효율적 이용과 부동산과 관련된 정보의 종합적 관리·운영을 위하여 필요한 사항으로서 대통령령으로 정하는 사항 법 제76조의3제5호에서 "대통령령으로 정하는 사항"이란 「부동산등기법」 제48조에 따른 부동산의 권리에 관한 사항을 말한다.

정답 14 ③

15 1910년대 시행한 토지조사사업의 토지조사내용으로 가장 옳지 않은 것은?

① 토지 이용 조사　　　② 토지 가격 조사

③ 지형 · 지모 조사　　　④ 토지 소유권 조사

풀이 사업의 내용

조선토지조사사업보고서 전문에 따라 토지조사사업의 내용을 크게 나누어 보면 토지소유권의 조사, 토지가격의 조사, 지형 · 지모의 조사 등 3개 분야로 구분하여 조사하였다.

토지소유권 조사 (土地所有權 調査)	소유권 조사는 측량성과에 의거 토지의 소재, 지번, 지목, 면적과 소유권을 조사하여 토지대장에 등록하고 토지의 일필지에 대한 위치, 형상, 경계를 측정하여 지적도에 등록함으로써 토지의 경계와 소유권을 사정하여 토지 소유권 제도의 확립과 토지등기제도의 설정을 기하도록 하였다.
토지가격 조사 (土地價格 調査)	시가지는 그 지목여하에 불구하고 전부 시가(時價)에 따라 지가를 평정하고, 시가지 이외의 지역은 임대가격을 기초로 하였으며, 전 · 답, 지소 및 잡종지는 그 수익을 기초로 하여 지가를 결정하였다. 이러한 지가조사로 토지에 대한 과세 기준을 통일함으로써 지세제도를 확립하는 데 유감이 없도록 하였다.
지형 · 지모 조사 (地形 · 地貌 調査)	지형 · 지모의 조사는 지형측량으로 지상에 있는 천위(天爲) · 인위(人爲)의 지물을 묘화(描畵)하며 그 고저 분포의 관계를 표시하여 지도상에 등록하도록 하였다. 토지조사사업에서는 측량부문을 삼각측량, 도근측량, 세부측량, 면적계산, 제도, 이동지 측량, 지형측량 등 7종으로 나누어 실시하였다. 이러한 측량을 수행하기 위하여 설치한 지적측량 기준점과 토지의 경계점 등을 기초로 세밀한 지형측량을 실시하여 지상의 중요한 지형 · 지물에 대한 각 도단위의 50,000분의 1의 지형도가 작성되었다.

16 「지적업무처리규정」상 지적삼각점의 기호로 옳은 것은?

①
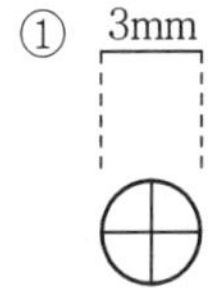
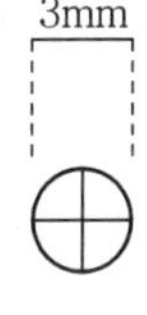

②
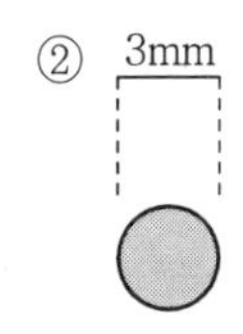

③
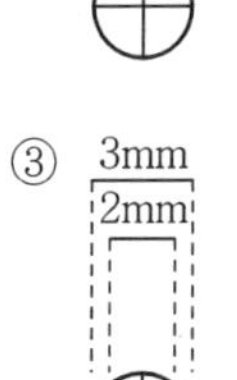

④
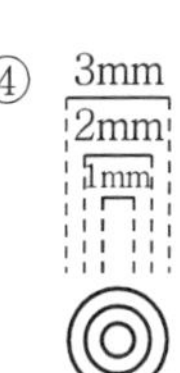

정답 15 ①　16 ①

풀이 **지적기준점 제도(위성기준점은 제외)**

명칭	제도	크기			비고	
		3mm	2mm	1mm	십자가	내부채색
위성기준점	⊕	3	2		십자가	
1등삼각점	◉	3	2	1		채색
2등삼각점	◎	3	2	1		
3등삼각점	◉		2	1		채색
4등삼각점	◎		2	1		
지적삼각점	⊕	3			십자가	
지적삼각보조점	●	3				채색
지적도근점	○		2			

17 〈보기〉에 대한 업무를 수행한 지적행정기구는?

> 1898년 7월 6일 전문 24조로 실시한 업무는 전국의 토지를 파악하기 위한 목적으로 전 · 답 · 가사 · 염전 · 화전까지 조사 대상으로 하였으며 국세 조사 차원과 소유권에 대한 관리 차원에서 소유자를 파악한 것이다. 지번은 자호제를 적용하고 천자문 순서에 따라 붙이되 1자호당 5결로 하며 1자호 내에 있는 토지는 필지에 따라 일련번호를 부여하고 5결이 되면 다른 자호를 부여하도록 하였다.

① 가계　　② 지계
③ 양지아문　　④ 지계아문

풀이 1. 양지아문(量地衙門)

① 개요 : 양지아문은 광무 2년(1898년) 7월에 칙령 제25호로 양지아문 직원 및 처무규정을 공포하여 비로소 독립관청으로 양전사업을 위하여 설치되었다. 양전사업에 종사하는 실무진(實務陣)으로는 양무감리(量務監理), 양무위원(量務委員), 조사위원(調査委員) 및 기술진(技術陣)은 수기사(首技師)인 미국인 거렴(Raymand Edward Leo Krumm)과 기수보(技手補) 그리고 견습과정을 마친 학원(學員)이 있었다. 양전과정은 측량과 양안작성과정으로 나누어지는데 양안 작성 과정은 야초책(野草册)을 작성하는 1단계, 중초책을 작성하는 2단계, 정서책으로 완성시키는 3단계로 나누어 진행하였으나 광무 5년(1901년)에 이르러 전국적인 대흉년으로 일단 중단하게 되었다. 소유권 이전을 국가가 통제할 수 있는 장치로서 조선시대 때 시행하였던 입안(立案)에 대신하여 지계를 발행하는 제도를 채택하였다.

② 양안작성과정

야초책(野草册)	• 1필마다 토지측량을 행한 결과를 최초로 기록하는 장부 • 전답과 초가 · 외가의 구별 · 배미 · 양전방향 · 전답 도형과 사표 · 실적(實積) · 등급 · 결부 · 전답주 및 소작인 기록
중초책(中草册)	• 야초작업이 끝난 후 만든 양안의 초안 • 서사(書使) 1명, 산사(算師) 3명이 종사하고 면도감(面都監)이 감독

정답 17 ③

정서책(正書冊)	• 광무양안 때 3단계 작업으로 완성한 양안으로 면에서 중초책을 완성하면 읍에서 취합하여 작성 · 완성한 정안(正案)이다. • 정안은 3부를 작성하여 1부는 양지아문에, 1부는 도(道)의 감영(監營)에, 1부는 읍(邑)에 보관하였다.

2. 지계아문(地契衙門)

지계아문의 사업은 성격상 양지아문과 밀접한 관계가 있었고 지계발행 사업의 방대함에 비추어 지계아문만이 전국의 지계사업을 전담하기에 벅찼다. 그래서 1902년 3월에 지계아문과 양지아문을 통합하였다. 즉, 지계가 발행되기 위해서는 토지대장에 의한 토지 소유권자의 확인이 필요하여 양전의 시행은 지계의 시행과 병행되어야 했다. 기구의 통합과 업무의 통합도 이루게 되어 지계발행과 양전을 새 통합기구인 지계아문에서 수행하게 되었다. 러일전쟁에 의한 일본 군대의 주둔과 제1차 한일협약을 강요당하게 되어 지계 발행은 물론 양전사업마저도 중단되고 말았으며, 새로 탁지부에 양지국을 신설하여 양전 업무를 담당시키고 지계발행업무는 그 업무의 완료와 함께 당해 군으로 인계하여 1904년 4월 19일 지계아문은 폐지되었다.

① 목적
- 국가의 부동산에 대한 관리체계 확립
- 지가제도 도입
- 지주납세제 실현
- 일본인의 토지 잠매 방지

② 업무
- 지권(地券)의 발행과 양지 사무를 담당하는 지적중앙관서
- 관찰사가 지계감독사를 겸임하였다.
- 각 도에 지계감리를 1명씩 파견하여 지계발행의 모든 사무를 관장하였다.
- 1905년 을사조약 체결 이후 "토지가옥 증명규칙"에 따라 실질심사주의를 채택하여 토지가옥의 매매, 교환, 증여 시 "토지가옥 증명대장"에 기재하여 공시하였다.
- 양안을 기본대장으로 사정을 거쳐 관계를 발급하였다.

정답

18 디지타이징(Digitizing) 입력에서 발생하는 오류 유형에 대한 설명으로 가장 옳지 않은 것은?

① Dangling Node : 교차점을 지나 선이 끝나는 것
② Undershoot : 교차점이 만나지 못하고 선이 끝나는 것
③ Overlapping : 점, 선이 이중으로 입력되어 있는 상태
④ Sliver Polygon : 두 개 이상의 Coverage에 대한 오버레이로 인해 Polygon의 경계에 흔히 생기는 작은 영역의 Feature

풀이 Digitizer 입력에 따른 오차

Overshoot (기준선 초과 오류)	교차점을 지나서 연결선이나 절점이 끝나기 때문에 발생하는 오류, 이런 경우 편집소프트웨어에서 Trim과 같이 튀어나온 부분을 삭제하는 명령을 사용하여 수정한다.
Undershoot (기준선 미달 오류)	교차점을 미치지 못하는 연결선이나 절점으로 발생하는 오류, 이런 경우 편집소프트웨어에서 Extend와 같은 완전연결을 해주는 명령을 사용하여 수정한다.
Spike (스파이크)	교차점에서 두 개의 선분이 만나는 과정에서 잘못된 좌표가 입력되어 발생하는 오차, 이런 경우 엉뚱한 좌표가 입력된 점을 제거하고 적절한 좌푯값을 가진 점을 입력한다.
Sliver Polygon (슬리버 폴리곤)	하나의 선으로 입력되어야 할 곳에 두 개의 선으로 약간 어긋나게 입력되어 가늘고 긴 불편한 폴리곤을 형성한 상태의 오차(선 사이의 틈), 폴리곤 생성을 부정확하게 만든 선을 제거하여 폴리곤 생성을 새로 한다.
Overlapping (점, 선 중복)	주로 영역의 경계선에서 점, 선이 이중으로 입력되어 발생하는 오차, 이런 경우 중복되어 있는 점, 선을 제거함으로써 수정할 수 있다.
Dangle (댕글)	매달린 노드의 형태로 발생하는 오류로 오버슈트나 언더슈트와 같은 형태로 한쪽 끝이 다른 연결선이나 절점에 연결되지 않는 상태의 오차, 이것은 폴리곤이 폐합되어야 할 곳에서 Undershoot되어 발생하는 것이므로 이런 부분을 찾아서 수정해 주어야 한다.

19 〈보기〉에서 설명하는 「지적법」 개정으로 가장 옳은 것은?

> 시 · 도지사 소속하에 지방지적위원회를 설치하여 지적측량에 관한 민원을 신속 · 공정하게 처리하도록 하고, 지방지적위원회의 의결에 불복하는 경우에는 내무부장관 소속하의 중앙지적위원회에 재심사를 청구할 수 있도록 제도 신설

① 「지적법」 제6차 개정(1991.12.14.)
② 「지적법」 제7차 개정(1995.1.5.)
③ 「지적법」 제8차 개정(1997.12.13.)
④ 「지적법」 제9차 개정(1999.1.18.)

정답 18 ① 19 ②

풀이 **지적법 제7차 개정(1995.1.5. 법률 제4869호)**

개정	• 지적파일을 지적공부로 개정 • "토지의 표시"라는 용어를 신설하고, 토지의 이동에서 신규등록을 제외토록 개정 • '기초점'을 '지적측량기준점'으로 용어를 바꾸고 지적측량기준점에 지적삼각보조점을 추가하도록 개정 • 국가는 지적법에서 정하는 바에 따라 토지의 표시사항을 지적공부에 등록하도록 개정 • 위성측량방법에 의하여 지적측량을 할 수 있도록 개정 • 소관청 소속공무원이 지적공부와 부동산 등기부의 부합여부를 확인하기 위하여 등기부의 열람, 등본, 초본교부를 신청하는 경우 그 수수료를 무료로 하도록 개정 • 분할 · 합병이 된 경우 소관청이 토지의 표시변경등기를 촉탁할 수 있도록 개정
제도 신설	• 내무부장관은 지적(임야)도를 복제한 지적약도 등을 간행하여 이를 판매 또는 배포할 수 있도록 하되, 이를 대행할 대행업자를 지정할 수 있도록 제도 신설 • 지적전산정보자료를 이용 또는 활용하고자 하는 자는 관계중앙행정기관장의 심사를 거쳐 내무부장관의 승인을 얻도록 제도 신설 • 지적측량기준점 성과의 열람 또는 등본을 교부받고자 하는 자는 도지사 또는 소관청에 신청할 수 있도록 제도 신설 • 지적공부에 소유자가 등록되지 아니한 토지를 국유재산법의 규정에 의하여 국유재산으로 취득하기 위하여 소유자 등록신청이 있는 경우 소관청이 이를 등록할 수 있도록 제도 신설 • 시 · 도지사 소속하에 지방지적위원회를 설치하여 지적측량에 관한 민원을 신속 · 공정하게 처리하도록 하고, 지방지적위원회의 의결에 불복하는 경우에는 내무부장관 소속하의 중앙지적위원회에 재심사를 청구할 수 있도록 제도 신설 • 벌칙규정을 현실에 적합하도록 상향조정하고, 대행업자의 지정을 받지 아니하고 지적약도 등을 간행 · 판매 또는 배포한 자의 벌칙규정 신설
축척변경	축척변경위원회의 의결 없이 축척변경 할 수 있는 범위 확대
용어변경	어려운 용어의 변경 및 현실에 적합하도록 용어변경 • 지번지역 → 지번설정지역 • 경정 → 변경 • 재조제 → 재작성 • 조제 → 작성 • 오손 또는 마멸 → 더렵혀지거나 헐어져서 • 측량소도 → 측량준비도 • 측량원도 → 측량결과도 • 기초점 → 지적측량기준점
시행	이 법은 1995년 4월 1일부터 시행한다.

정답

20 「부동산등기법」상 등기할 수 있는 권리에 해당하지 않는 것은?

① 소유권　　② 지상권
③ 저당권　　④ 설정권

풀이 **부동산등기법 제3조(등기할 수 있는 권리 등)**

등기는 부동산의 표시(表示)와 다음 각 호의 어느 하나에 해당하는 권리의 보존, 이전, 설정, 변경, 처분의 제한 또는 소멸에 대하여 한다.

1. 소유권(所有權)
2. 지상권(地上權)
3. 지역권(地役權)
4. 전세권(傳貰權)
5. 저당권(抵當權)
6. 권리질권(權利質權)
7. 채권담보권(債權擔保權)
8. 임차권(賃借權)

정답 20 ④

06 2021년 서울시 7급 기출문제

01 지적도면 불부합의 발생원인에 해당하지 않는 것은?

① 도면축척의 다양성　　② 원점계열의 상이성
③ 지적도 관리의 부실　　④ 지번의 중복 및 누락

구분		내용
불부합지		지적불부합이란 지적공부에 등록된 사항과 실제가 부합되지 못하는 지역을 말하며 그 한계는 지적세부측량에서 도상에 영향을 미치는 축척별 오차의 범위를 초과하는 것을 말한다. 지적불부합의 폐단은 사회적으로 토지분쟁 야기, 토지거래질서 문란, 권리행사의 지장 초래, 권리실체 인정의 부실을 초래하여 행정적으로는 지적행정의 불신 초래, 증명발급의 곤란 등 많은 문제점을 드러내고 있다.
발생원인	측량에 의한 불부합	• 잦은 토지이동으로 인해 발생된 오류 • 측량기준점, 즉 통일원점, 구소삼각원점 등의 통일성 결여 • 6.25전쟁으로 망실된 지적삼각점의 복구과정에서 발생하는 오류 • 지적복구, 재작성 과정에서 발생하는 제도오차 • 세부측량에서 오차누적과 측량업무의 소홀로 인해 결정 과정에서 생긴 오류
	지적도면에 의한 불부합	• 지적도면 축척의 다양성 • 지적도 관리부실로 인한 도면의 신축 및 훼손 • 지적도 재작성 과정에서 오는 제도오차의 영향 • 신 · 축도 시 발생하는 개인오차 • 세분화에 따른 대축척 지적도 미비
해결방안	부분적	• 축척변경사업의 확대 시행 • 도시재개발사업 • 구획정리사업 시행 • 현황 위주로 확정하여 청산하는 방법
	전면적	• 지적불부합지 정리를 위한 임시조치법의 제정 • 수치지적제도 완성 • 지적재조사를 통한 전면적 개편

02 〈보기〉에서 설명하고 있는 토지등록의 유형은?

> 모든 토지의 거래에 있어서 매도자와 매수자 간에 합의 작성한 최초의 증서인 매매계약서로부터 최근의 거래를 위하여 작성한 증서인 매매계약서까지 중간이 누락되지 않도록 모든 증서를 하나로 묶어 종전의 권리와 현재까지 모든 권리의 변동사실이 집성되어 있는 증서부를 작성하는 제도를 말한다.

① 권원등록제도　　② 날인증서 등록제도
③ 소극적 등록제도　　④ 적극적 등록제도

정답 01 ④ 02 ②

풀이 토지등록제도의 유형 **암기** 날권소적토

<table>
<tr><td>날인증서
등록제도
(捺印證書
登錄制度)</td><td colspan="2">토지의 이익에 영향을 미치는 문서의 공적 등기를 보전하는 것을 날인증서 등록제도(Registration of Deed)라고 한다. 기본적인 원칙은 등록된 문서가 등록되지 않은 문서 또는 뒤늦게 등록된 서류보다 우선권을 갖는다. 즉, 특정한 거래가 발생했다는 것은 나타나지만 그 관계자들이 법적으로 그 거래를 수행할 권리가 주어졌다는 것을 입증하지 못하므로 거래의 유효성을 증명하지 못한다. 그러므로 토지거래를 하려는 자는 매도인 등의 토지에 대한 권원(Title) 조사가 필요하다.
모든 토지의 거래에 있어서 매도자와 매수자 간의 합의 작성한 최초의 증서인 매매계약서로부터 최근의 거래를 위하여 작성한 증서인 매매계약서까지 중간에 누락되지 않도록 모든 증서를 하나로 묶어 종전의 권리와 현재까지 모든 권리의 변동사실이 집성되어 있는 증서부를 작성하는 제도를 말한다.</td></tr>
<tr><td>권원등록제도
(權原登錄制度)</td><td colspan="2">① 권원등록(Registration of Title)제도는 공적 기관에서 보존되는 특정한 사람에게 귀속된 명확히 한정된 단위의 토지에 대한 권리와 그러한 권리들이 존속되는 한계에 대한 권위 있는 등록이다.
② 소유권 등록은 언제나 최후의 권리이며 정부는 등록한 이후에 이루어지는 거래의 유효성에 대해 책임을 진다.
③ 권원등록은 다음과 같은 기본적인 정보를 내놓고 또한 이 정보들을 공식적으로 확인한다.
• 영향을 받은 일필지의 명확한 정의(일필지를 소유함으로써 보유하는 다른 토지에 대한 특정권리)
• 개인 또는 법인의 소유주 성명과 주소
• 소유주 외의 다른 사람이 보유하는 일필지에 영향을 미치는 특정이익의 세목</td></tr>
<tr><td>소극적 등록제도
(消極的登錄制度)</td><td colspan="2">소극적 등록제도(Negative System)는 기본적으로 거래와 그에 관한 거래증서의 변경 기록을 수행하는 것이며, 일필지의 소유권이 거래되면서 발생되는 거래증서를 변경 등록하는 것이다. 네덜란드, 영국, 프랑스, 이탈리아, 미국의 일부 주 및 캐나다의 일부 주 등에서 시행되고 있다.</td></tr>
<tr><td>적극적 등록제도
(積極的登錄制度)</td><td colspan="2">적극적 등록제도(Positive System)하에서의 토지등록은 일필지의 개념으로 법적인 권리보장이 인증되고 정부에 의해서 그러한 합법성과 효력이 발생한다. 이 제도의 기본원칙은 지적공부에 등록되지 아니한 토지는 그 토지에 대한 어떠한 권리도 인정될 수 없고 등록은 강제되고 의무적이며 공적인 지적측량이 시행되지 않는 한 토지등기도 허가되지 않는다는 이론이 지배적이다. 적극적 등록제도가 발달된 형태가 토렌스시스템이다.
채택국가는 일본, 스위스, 오스트리아, 호주, 네덜란드, 대만, 미국의 몇몇 주와 캐나다의 일부 등에서 시행되고 있다.</td></tr>
<tr><td rowspan="2">토렌스시스템
(Torrens system)</td><td colspan="2">오스트레일리아 Robert Torrens경이 창안한 토렌스시스템의 목적은 토지의 권원을 명확히 하고 토지거래에 따른 변동사항 정리를 용이하게 하여 권리증서의 발행을 편리하게 하는 것이다.
이 제도의 기본원리는 법률적으로 토지의 권리를 확인하는 대신에 토지의 권원을 등록하는 행위이다.</td></tr>
<tr><td>거울이론
(Mirror
Principle)</td><td>토지권리증서의 등록은 토지의 거래사실을 완벽하게 반영하는 거울과 같다는 입장의 이론이다. 소유권에 관한 현재의 법적 상태는 오직 등기부에 의해서만 이론의 여지없이 완벽하게 보인다는 원리이며 주 정부에 의하여 적법성을 보장받는다.</td></tr>
</table>

정답

	커튼이론 (Curtain Principle)	토지등록 업무가 커튼 뒤에 놓인 공정성과 신빙성에 대하여 관여할 필요도 없고 관여해서도 안 되는 매입신청자를 위한 유일한 정보의 이론이다. 토렌스제도에 의해 한번 권리증명서가 발급되면 당해 토지의 과거 이해관계에 대하여 모두 무효화하고 현재의 소유권을 되돌아볼 필요가 없다는 것이다.
	보험이론 (Insurance Principle)	토지등록이 인간의 과실로 인하여 착오가 발생한 경우 피해를 입은 사람은 피해보상에 대하여 법률적으로 선의의 제3자와 동등한 입장이 되어야 한다는 이론으로, 권원증명서에 등기된 모든 정보는 정부에 의하여 보장된다는 원리이다.

03 우리나라의 대장을 전산화하고, 1990년 전국 온라인 서비스를 실시한 지적전산화 사업의 명칭은?

① 필지중심토지정보시스템　　② 지적도면전산화
③ 토지기록전산화　　④ 한국토지정보시스템

풀이 **토지기록 전산화의 의의**

① 1910년대 토지조사사업을 실시하고 부책식 대장과 종이도면으로 공부 관리
② 관리상의 여러 가지 문제점 해결
③ 상호정보 교환(등기 등과 같은 타 기관의 자료)
④ 신속한 민원처리로 대민서비스 제공
⑤ 1975년부터 지적전산화 착수
⑥ 한국토지정보시스템(KLIS, 대장과 도면을 통합하여 통계 · 분석이 가능한 시스템) 운영
⑦ 부동산종합공부시스템 운영 중

토지기록 전산화 추진과정

단계		기간	내용
준비단계		1975~1978	토지(임야)대장 카드화
		1979~1980	소유자 주민등록번호 등재 정리
			면적표시단위와 미터법 환산 정리
			기존자료 정비
구축단계	1단계	1982~1984	시 · 도 및 중앙전산기 도입
			토지(임야)대장 3,200만 필 입력
	2단계	1985~1990	전산조직 확보
			전산통신망 구축
			S/W 개발 및 자료 정비
응용단계	1단계	1990~1998	전국 온라인 운영
			토지(임야)대장카드 정리 폐지
			신규 프로그램 작성과 응용 S/W 기능 보완
	2단계	1990~현재	주 전산기 교체(타이콤 → 국산주전산기4)
			시 · 군 · 구 행정종합전산망에 따라 대장자료 시 · 군 · 구 설치
			시 · 군 · 구 자료 변환(C → ISAM → RDBMS)

정답 03 ③

04 양입지에 대한 설명으로 가장 옳지 않은 것은?

① 종된 토지의 면적이 주된 토지의 면적의 10%를 초과하더라도 양입할 수 있다.
② 종된 토지의 면적이 330m²를 초과하는 경우에는 별개의 필지로 확정한다.
③ 주된 토지의 편의를 위하여 설치된 도로, 구거 등의 종된 토지의 면적이 주된 토지의 면적의 10% 이내인 경우에는 양입할 수 있다.
④ 주된 토지에 접속되거나 둘러싸인 도로, 구거 등의 종된 토지의 면적이 330m² 이내인 경우에는 양입할 수 있다.

풀이 **주된 용도의 토지에 편입할 수 있는 토지(양입지)**

지번부여지역 및 소유자 · 용도가 동일하고 지반이 연속된 경우 등 1필지로 정할 수 있는 기준에 적합하나 토지의 일부분의 용도가 다른 경우 주지목추종의 원칙에 의하여 주된 용도의 토지에 편입하여 1필지로 정할 수 있다.

구분	내용
대상토지	• 주된 용도의 토지 편의를 위하여 설치된 도로 · 구거(溝渠 : 도랑) 등의 부지 • 주된 용도의 토지에 접속하거나 주된 용도의 토지로 둘러싸인 토지로서 다른 용도로 사용되고 있는 토지
주된 용도의 토지에 편입할 수 없는 토지	• 종된 토지의 지목이 대인 경우 • 종된 용도의 토지 면적이 주된 용도의 토지면적의 10%를 초과하는 경우 • 종된 용도의 토지 면적이 330제곱미터를 초과하는 경우

05 「도로명주소법 시행령」상 사물번호의 부여 · 변경 · 폐지 기준에 대한 설명으로 가장 옳지 않은 것은?

① 시장 등은 사물번호가 부여된 시설물이 이전된 경우에는 해당 사물번호를 폐지해야 한다.
② 도로명주소가 부여된 건물 등의 내부에 사물주소를 부여하려는 시설물이 있는 경우 사물번호와 시설물 유형의 명칭 사이에는 쉼표를 넣어 표기한다.
③ 시설물이 건물 등의 내부에 있는 경우에는 해당 시설물의 사물번호기준점에 상세주소 부여 기준을 준용한다.
④ 시설물이 건물 등의 외부에 있는 경우에는 해당 시설물의 사물번호기준점이 접하는 도로구간의 기초번호를 사물번호로 부여한다.

풀이 **도로명주소법 시행령 제41조(사물번호의 부여 · 변경 · 폐지 기준 등)**

① 시장 등은 법 제24조제1항 각 호의 시설물(이하 이 조에서 "시설물"이라 한다)에 하나의 번호(이하 "사물번호"라 한다)를 부여해야 한다. 다만, 하나의 시설물에 사물번호를 부여하기 위하여 기준이 되는 점(이하 "사물번호기준점"이라 한다)이 둘 이상 설정되어 있는 경우에는 각 사물번호기준점에 사물번호를 부여할 수 있다.
② 사물번호의 부여 기준은 다음 각 호의 구분과 같다.

1. 시설물이 건물 등의 외부에 있는 경우 : 해당 시설물의 사물번호기준점이 접하는 도로구간의 기초번호를 사물번호로 부여할 것
2. 시설물이 건물 등의 내부에 있는 경우 : 해당 시설물의 사물번호기준점에 제27조의 상세주소 부여 기준을 준용할 것

정답 04 ① 05 ②

③ 시장 등은 **사물번호**가 제2항의 사물번호 부여 기준에 부합하지 않게 된 경우에는 사물번호를 변경해야 한다.

④ 시장 등은 **사물번호**가 부여된 시설물이 이전 또는 철거된 경우에는 해당 사물번호를 폐지해야 한다.

⑤ 시설물에 부여하는 사물주소는 다음 각 호의 사항을 같은 호의 순서에 따라 표기한다. 이 경우 제2호에 따른 건물번호와 제3호에 따른 **사물번호** 사이에는 쉼표를 넣어 표기한다.

1. 제6조제1항제1호부터 제4호까지의 규정에 따른 사항
2. **건물번호**(도로명주소가 부여된 건물 등의 내부에 사물주소를 부여하려는 시설물이 있는 경우로 한정한다)
3. 사물번호
4. 시설물 유형의 명칭

06 〈보기〉의 지적행정기구를 변천 순서대로 바르게 나열한 것은?

(가) 탁지부 양지국	(나) 국토교통부 공간정보제도과
(다) 총독부 재무국	(라) 내부 판적국
(마) 내무부 지방세과	(바) 임시토지조사국

① (라)－(가)－(바)－(다)－(마)－(나)

② (가)－(라)－(다)－(바)－(마)－(나)

③ (라)－(가)－(바)－(마)－(다)－(나)

④ (가)－(라)－(바)－(마)－(다)－(나)

풀이 지적관리 행정기구

1. **전제상정소(임시관청)**
   ① 1443년 세종 때 토지, 조세제도의 조사연구와 신법의 제정을 위해 설치하였다.
   ② 1653년 효종 때 전제상정소준수조화(측량법규)라는 한국최초의 독자적 양전법규를 만들었다.
2. **양전청(측량중앙관청으로 최초의 독립관청)**
   1717년 숙종 때 균전청을 모방하여 설치하였다.
3. **판적국(내부관제)**
   1895년 고종 때 설치하였으며 호적과에서는 호구적에 관한 사항을, 지적과에서는 지적에 관한 사항을 담당하였다.
4. **양지아문(量地衙門, 지적중앙관서)**
   구 한국정부시대[대한제국시대 : 광무(光武) 원년(1897년)]에 고종은 광무라는 원호를 사용하여 국호를 대한제국으로 고쳐 즉위하고 양전 · 관계발급사업을 실시하였다. **광무 2년(1898년) 7월**에 칙령 제25호로 양지아문 직원 및 처무규정을 공포하여 비로소 독립관청으로 양전사업을 위하여 설치되었다. 광무 5년(1901년)에 이르러 전국적인 대흉년으로 일단 중단하게 되었다. 1901년 폐지하고 지계아문과 병행하다가 1902년에 지계아문으로 이관되었다.
5. **지계아문(地契衙門, 지적중앙관서)**
   1901년 고종 때 지계아문 직원 및 처무규정에 의해 설치된 지적중앙관서로 관장업무는 지권(地券)의 발행, 양지 사무이다. 러일전쟁에 의한 일본 군대의 주둔과 제1차 한일협약을 강요당하게 되어 지계 발행은 물론 양전사업마저도 중단하게 되었다. 새로 **탁지부 양지국**을 신설하여 양전업무를 담당하였다.

정답 06 ①

6. 양지국(탁지부 하위기관)

1904년 고종 때 지계아문을 폐지하고 탁지부 소속의 양지국을 설치하였으며, 이듬해 양지국을 폐지하고 사세국 소속의 양지과로 축소되었다.

7. 토지조사국[(土地調査局 : 1910년 3월에 토지조사국 관제(1910.3.14. 칙령 제23호)]

근대적인 토지조사사업 실시를 위하여 구한말 대한제국에서 설치한 토지조사기관으로서 1910년 3월 14일 내각총리대신 이완용과 탁지부대신 고영희는 칙령 제23호로 토지조사국 관제를 공포하였다.

직원은 총재 1명(탁지부대신이 겸무), 부총재 1명, 부장 2명, 서기관 3명, 사무관 5명, 기사 7명, 주사 120명, 기수 270명을 두고 총재관방, 조사부, 측량부를 두었다.

1910년 8월 23일 토지조사법을 제정 · 공포하여 전국의 토지조사업무를 전담하고 1910년 8월 22일 한일합방조약이 체결되고 8월 25일 양국에서 승인된 이후 10월 1일 조선총독부의 임시토지조사국 설치로 폐지되었다.

8. 임시토지조사국(臨時土地調査局)

한일합방조약이 체결되고 구 한국의 토지조사국의 사무를 전부 계승하기 위해 1910년 9월 30일 조선총독부 임시토지조사국 관제가 일본 칙령 제361호로 공포되어 10월 1일부터 시행되었다. 분과규정을 개정하여 1913년 9월 아래와 같이 총무과, 기술과, 조리과, 측지과, 제도과, 정리과를 두었다.

> 대한제국 정부는 당시의 문란하였던 토지제도를 바로잡자는 취지에서 1898~1903년 사이에 123개 지역의 토지조사사업을 실시하였고 1910년 토지조사국 관제와 토지조사법을 제정 · 공포하여 토지조사 및 측량에 착수하였으나 한일합방으로 일제는 1910년 10월 조선총독부 산하에 임시토지조사국을 설치하여 본격적인 토지조사사업을 전담하도록 하였으며, 1912년 8월 13일 제령 제2호로 토지조사령(土地調査令)과 토지조사령시행규칙(土地調査令施行規則 : 조선총독부령 제6호)을 제정 · 공포하고 전국에 토지조사사업을 위한 측량을 실시하였다. 1914년 3월 6일 제령 제1호로 지세령(地稅令), 1914년 4월 25일 조선총독부령 제45호 토지대장규칙(土地臺帳規則) 및 1915년 1월 15일 조선총독부령 제1호 토지측량표규칙(土地測量標規則)에 의하여 그 성과인 토지대장과 지적도를 작성함으로써 근대적인 지적제도가 창설되었다.

9. 조선 총독부 재무국

1918년 토지조사사업을 완료하고 이어서 1924년에 임야조사사업을 완료하면서 양 사업의 성과로 작성된 지적공부를 부(府) · 군(郡) · 도(島)에 이관하여 최초로 지적사무를 수행하기 시작한 1925년부터 해방되기까지 조선총독부의 재무국에서 지적사무를 관장하였다.

[광복 후 시대]

10. 재무부

대한민국 정부가 수립된 1948년 8월 15일부터 1961년 12월 31일까지 지적행정은 토지세와 관련하여 재무부와 사세청의 지도 감독 아래 일선 세무서에서 관장하였다. 그러나 1961년 12월에 국세와 지방세의 조정에 관한 법률(1961.12.2. 법률 제780호)을 제정 · 공포하고, 제3조에 지방자치단체는 독립세인 토지세, 유흥음식세, 재산세, 자동차세, 마권세, 취득세, 도축세, 면허세와 소득세부가세, 법인세부가세, 영업세부가세 및 기타 목적세를 과세하도록 규정하였다.

따라서 재산세, 취득세, 농지세 등 토지세가 국세로부터 지방세로 조정되어 1962년 1월 1일부터 재무부에서 관장하던 지적사무를 내무부에 이관하여 처리하게 되었다.

11. 내무부

1962년 1월 1일부터 재무부 산하 서울, 대전, 광주, 부산 등 4개의 사세청과 81개 세무서에서 취급하던 지적사무를 지적 관련 인력과 함께 지적공부를 내무부 산하 10개 시 · 도와 181개 시 · 군 · 구에 이관하여 처리하도록 개선하였다.

1962년 1월 1일 재무부에서 내무부로 이관된 후 지방국 지방세과에서 지적사무와 토지조사사무를 관장하였으나 직제상 지적계의 설치가 없어 재무부 관장 당시에 비하여 중간 감독기관인 시 · 도와 일선 시 · 군 · 구가 배 이상 늘어났는데도 중앙의 지적행정조직은 오히려 축소된 결과가 되었다.

정답

07 경계를 결정하는 원칙에 대한 설명으로 가장 옳지 않은 것은?

① 동일한 경계가 축척이 다른 도면에 등록되어 있는 경우 축척이 큰 것을 따른다.
② 토지의 경계는 인접토지에 공통으로 적용되어 위치와 길이는 동일하다.
③ 경계가 상호 일치하지 않는 경우 가장 최근에 등록한 것을 우선한다.
④ 경계는 실제 모습대로 표기하지 않고 직선으로만 표기한다.

풀이 경계결정 원칙

경계의 결정 시에는 경계국정주의 원칙, 경계불가분의 원칙, 축척종대의 원칙, 경계직선주의 원칙을 적용한다.

구분	내용
경계국정주의 원칙	지적공부에 등록하는 경계는 국가가 조사 · 측량하여 결정한다는 원칙
경계불가분의 원칙	경계는 유일무이한 것으로 이를 분리할 수 없다는 원칙
등록선후의 원칙	동일한 경계가 축척이 서로 다른 도면에 각각 등록되어 있는 경우로서 경계가 상호 일치하지 않는 경우에는 경계에 잘못이 있는 경우를 제외하고 등록시기가 빠른 토지의 경계를 따른다는 원칙
축척종대의 원칙	동일한 경계가 축척이 서로 다른 도면에 각각 등록되어 있는 경우로서 경계가 상호 일치하지 않는 경우에는 경계에 잘못이 있는 경우를 제외하고 축척이 큰 것에 등록된 경계를 따른다는 원칙
경계직선주의	지적공부에 등록하는 경계는 직선으로 한다는 원칙

08 다목적지적의 3대 구성요소에 해당하지 않는 것은?

① 필지식별번호
② 기본도
③ 측지기준망
④ 지적중첩도

풀이 다목적지적의 5대 구성요소 암기 ㊗기지필토

㊗지기본망 (Geodetic Reference Network)	토지의 경계선과 측지측량이나 그 밖의 토지 및 토지 관련 자료와 지형 간의 상관관계를 형성하고 지상에 영구적으로 표시되어 지적도상에 등록된 경계선을 현지에 복원할 수 있는 정확도를 유지할 수 있는 기준점 표지의 연결망을 말하는데 서로 관련 있는 모든 지역의 기준점이 단일의 통합된 네트워크여야 한다.
㉮본도 (Base Map)	측지기본망을 기초로 하여 작성된 도면으로서 지도작성에 기본적으로 필요한 정보를 일정한 축척의 도면위에 등록한 것으로 변동사항과 자료를 수시로 정비하여 최신화하여 사용될 수 있어야 한다.
㉨적중첩도 (Cadastral Overlay)	측지기본망과 기본도와 연계하여 활용할 수 있고 토지소유권에 관한 현재 상태의 경계를 식별할 수 있도록 일필지 단위로 등록한 지적도, 시설물, 토지이용, 지역구도 등을 결합한 상태의 도면을 말한다.
㊖지식별번호 (Unique Parcel Identification Number)	각 필지별 등록사항의 조직적인 저장과 수정을 용이하게 각 정보를 인식 · 선정 · 식별 · 조정하는 가변성이 없는 토지의 고유번호를 말하는데 지적도의 등록 사항과 도면의 등록 사항을 연결시켜 자료파일의 검색 등 색인번호의 역할을 한다. 이러한 필지식별번호는 토지평가, 토지의 과세, 토지의 거래, 토지이용계획 등에서 활용되고 있다.

정답 07 ③ 08 ①

토지자료파일 (Land Data File)	토지에 대한 정보검색이나 다른 자료철에 있는 정보를 연결시키기 위한 목적으로 만들어진 각 필지의 식별번호를 포함한 일련의 공부 또는 토지자료철을 말하는데 과세대장, 건축물대장, 천연자원기록, 토지이용, 도로, 시설물대장 등 토지 관련 자료를 등록한 대장을 뜻한다.

09 지리 정보의 위상관계(Topological Relationship) 개념의 기본요소가 아닌 것은?

① 포함성(Containment)　② 인접성(Adjacency)
③ 연결성(Connectivity)　④ 중첩성(Overlay)

풀이 위상구조

정의	위상이란 도형 간의 공간상의 상관관계를 의미하는데 위상은 특정변화에 의해 불변으로 남는 기하학적 속성을 다루는 수학의 한 분야로 위상모델의 전제조건으로는 모든 선의 연결성과 폐합성이 필요하다.	
분석	각 공간객체 사이의 관계가 인접성, 연결성, 포함성 등의 관점에서 묘사되며, 스파게티 모델에 비해 다양한 공간분석이 가능하다. 최적경로선정을 위한 관망분석에서는 위상구조의 연결성을 주로 활용한다.	
	인접성 (Adjacency)	사용자가 중심으로 하는 개체의 형상 좌우에 어떤 개체가 인접하고 그 존재가 무엇인지를 나타내는 것이며 이러한 인접성으로 인해 지리정보의 중요한 상대적인 거리나 포함여부를 알 수 있게 된다.
	연결성 (Connectivity)	지리정보의 3가지 요소의 하나인 선(Line)이 연결되어 각 개체를 표현할 때 노드(Node)를 중심으로 다른 체인과 어떻게 연결되는지를 표현한다.
	포함성 (Containment)	특정한 폴리곤에 또 다른 폴리곤이 존재할 때 이를 어떻게 표현할지는 지리정보의 분석 기능에서 중요하며 특정지역을 분석할 때, 특정지역에 포함된 다른 지역을 분석할 때 중요하다.

10 세계측량사연맹(FIG)의 지적 2014 성명의 내용으로 가장 옳지 않은 것은?

① 지적도면의 도화는 사라지고 모델링이 오랜 기간 존재할 것이다.
② 미래지적은 비용회수가 기반이 될 것이다.
③ 도면과 대장의 분리는 점점 가속화될 것이다.
④ 종이와 연필 지적은 사라질 것이다.

풀이 지적 2014의 6개 성명

성명 1	(완전한 법적 상대 공시) 지적의 미래는 공적 권리 및 제한을 포함한 토지의 완전한 법적 상대를 보여줄 것이다.
성명 2	(대장과 도면의 통합) 도면과 대장의 분리는 사라질 것이다.
성명 3	(지적도면 도화 대신 모델링) 지적도면의 도화는 사라지고 모델링이 오랜 기간 존재할 것이다.

정답 09 ④ 10 ③

성명 4	(종이와 펜 지적의 사장) 종이와 펜(연필) 지적은 사라질 것이다.
성명 5	(민영화 및 공사협력) 지적의 미래는 고도로 민영화되고 공공 및 민간분야가 긴밀하게 협력하게 될 것이다.
성명 6	(비용회수) 미래 지적은 비용회수가 기반이 될 것이다.

11 인조 12년에 임진왜란으로 인해 문란했던 양전제를 바로잡기 위해 호조에서 새로이 제작한 양전척은?

① 일등양전척 ② 인지의
③ 망척제 ④ 갑술척

풀이 **비총(比摠)**

예년의 부세 총액을 고려하여 당해의 과세 총액을 결정하고 이를 각 도의 군현을 통하여 거두는 방식을 말한다.

1. 개요

비총(比摠)은 전총(田摠) · 군총(軍摠) · 환총(還摠) 등 조선 후기 총액제적 재정 운영의 방식을 대표하는 용어였다. 노비신공(奴婢身貢) · 어세(漁稅) · 염세(鹽稅) 등의 수취방식으로도 폭넓게 적용되었다. 그러나 비총은 특별한 언급이 없는 한 전세(田稅) 수취방식을 의미하였다.

1760년(영조 36) 법제화된 비총제는《속대전》에 규정된 전세 수취의 방식과는 달리 그해의 농작물 상황에 입각하여 각종 부세의 징수액과 감면액을 결정 · 시행한 것이 아니었다. 호조가 미리 유래진잡탈전(流來陳頉田)을 제외한 원장부 곧 원총(元摠)과 그해의 풍흉과 비슷한 해의 수세 실총을 비교 결정[比摠]하여 당해 연도의 수세 실총과 감면 결총을 반포하면, 각 도의 감사가 그해의 사목재(事目災) 결수와 실총 이외의 결수[實摠外餘結數]를 비교하여 각 읍에 급재 결수를 삭감 · 분배하고 실총에 입각한 수세를 시행하였다.

이러한 전세 비총제는 조선 후기 각종 부세가 점차 전결세화되어 가는 상황에서 여타(그 밖의 다른) 부세 수취 방식의 기준이 되었다.

2. 내용 및 특징

임진왜란과 병자호란으로 인한 재정 위기를 극복하기 위하여 조선 정부는 수차례의 양전(量田)을 통해 수세 결수를 확보하고자 하였다. 다른 한편으로는 각종 면세지(免稅地)에서 세금을 거두어 긴급한 재정을 충당해 나가고자 하였다.

1634년(인조 12) 갑술양전은 임진왜란 이전의 결수를 회복한다는 목표를 갖고 있었다. 양전사(量田使)를 파견하고, 토지측량을 담당한 각 읍의 감관(監官)이 서로 다른 읍을 측정하는 방식이 도입되었다. 또한 종래 토지의 등급에 따라 6개의 양전척을 사용하던 수등이척제(隨等異尺制)를 폐지하고, 단일한 양전척 이른바 **'갑술척(甲戌尺)'**이라 불린 '동척제(同尺制)'가 시행되었다(《인조실록》 12년 윤 8월 27일).

그러나 갑술양전 이후 국가재정의 근간인 경기도와 충청도 · 전라도 · 경상도 지역 양전은 거의 100여 년간 시행되지 않았다. 1663년(현종 4)(《현종실록》 4년 2월 22일)과 1669년(현종 10)(《현종실록》 10년 2월 3일)에 경기도 · 충청도의 부분적 양전이 시행되었을 뿐이었고, 숙종대 경자년(1720)에 이르러서야 충청도 · 전라도 · 경상도의 양전이 이루어졌다(《숙종실록》 46년 1월 2일).

정답 11 ④

12 우리나라의 초기 지적제도에 대한 설명으로 가장 옳지 않은 것은?

① 지세명기장은 과세지에 대한 물적 편성주의에 따라 지번별 목록을 작성한 것으로 약 200매를 1책으로 하였다.

② 간주지적도는 지적도로 간주하는 임야도로 그에 대한 토지대장은 "별책토지대장", "을호토지대장", "산토지대장"으로 불렸다.

③ 간주임야도는 지형도 위에 임야경계선을 조사 · 등록하여 임야도로 한 것을 의미한다.

④ 지세명기장은 토지대장에 기초하였지만, 토지대장에는 결수가 기록되어 있지 않아 다른 장부를 참조하였다.

풀이 **간주지적도**

개념	• 토지조사령에 의한 조사대상 지목으로서 산림지대에 있는 전, 답, 대 등 지적도에 등록할 토지와 토지조사 시행지역에서 약 200간 이상 떨어져서 기존의 지적도에 등록할 수 없거나 증보도의 작성에 많은 노력과 비용이 소요되고 도면의 매수가 증가되어 그 관리가 불편하게 되므로 • 산간벽지와 도서지방의 경우에는 임야대장규칙에 의하여 비치된 임야도를 지적도로 간주하여 토지를 지적도에 등록하지 않고 그 지목만 수정한 후 임야도에 등록하였는데 이를 간주지적도라 한다.
토지대장	• 간주지적도에 등록된 토지는 그 대장을 별도로 작성하고 산토지대장이라고 하였다. • 별책토지대장 또는 을호토지대장이라고도 하였다.

간주임야도(看做林野圖)

1/25,000, 1/50,000 지형도를 임야도로 간주하는 것으로 임야조사사업 당시 임야의 필지가 광범위하여 임야도에 등록하기에 어려운 국유임야지역이 이에 해당된다.

간주임야도 시행지역	• 경북 일월산 • 전북 덕유산 • 경남 지리산
특징	• 간주임야도에 등록된 지역은 국유임야지역이다. • 대부분 측량 접근이 어려운 고산지대이다. • 행정구역 경계가 불확실하다. • 지번지역 단위가 없다.
간주임야도의 정리	• 북한지역의 1/25,000 지역은 대부분 1/6,000로 개측하였다(1948년 이전). • 1979~1984년 : 남원군 장수군 복구 및 개측사업으로 임야로 정비하였다. • 1987년 이후 : 장수군을 시작으로 도상 또는 GPS 측량방법으로 소관청 직권등록을 하였다.

지세명기장

의의	지세명기장은 과세지에 대한 인적 편성주의에 따라 성명별로 목록을 작성한 것이다.
작성방법	• 지세 징수를 위해 이동정리를 끝낸 토지대장 중에서 민유지만을 각 면별, 소유자별로 연기한 후 합계한다. • 약 200매를 1책으로 작성하고 책머리에는 색인을, 책 끝에는 면계를 붙인다. • 동명이인의 경우 동리별, 통호명을 부기하여 식별하도록 한다.

정답 12 ①

13 등록전환에 대한 설명으로 가장 옳은 것은?

① 지적도에 등록된 토지가 사실상 형질이 변경되었으나 지목변경을 할 수 없는 경우에는 등록전환 대상토지가 된다.

② 등록전환이란 지적도에 등록된 토지를 임야도에 옮기는 것으로 토지대장도 임야대장으로 전환해 주어야 한다.

③ 등록전환을 위해서는 반드시 지적측량을 실시하여야 하고, 그 성과를 지적소관청에서 검사받아야 한다.

④ 등록전환 대상토지를 2필지 이상으로 분할하는 경우 임야대장에 1필지로 등록전환 후 분할한다.

풀이 **등록전환측량**

임야대장 및 임야도에 등록된 토지를 토지대장 및 지적도에 옮겨 등록하기 위하여 실시하는 측량을 말한다. 즉, 산림의 형질변경허가 · 개간허가 등의 준공에 따라 임야대장과 임야도에 등록된 사항을 말소하고 이를 토지대장과 지적도에 옮겨 등록하기 위해 실시하는 측량이다.

구분	내용
측량대상	• 관계법령에 따라 토지의 형질변경 · 개간 · 건축물의 사용검사 등으로 인하여 지목이 변경되어야 할 토지로서 임야대장 및 임야도로부터 토지대장 및 지적도에 옮겨 등록하고자 할 경우 • 동일한 임야도 내의 대부분의 토지가 등록전환 되어 나머지 토지를 계속 임야도에 존치하는 것이 불합리하거나, 임야도에 등록된 토지가 실지로 형질변경 되었으나 지목변경을 할 수 없는 경우 임야대장에 등록된 지목으로 지적도에 옮겨 등록할 경우
측량기준	지적공부의 정밀도 향상을 위하여 토지대장 및 지적도에 등록된 토지를 임야대장 및 임야도로 옮겨 등록하는 것은 불가하다.

지적업무처리규정 제22조(등록전환측량)

① 1필지 전체를 등록전환 할 경우에는 임야대장등록사항과 토지대장등록사항의 부합여부 등을 확인하고 토지의 경계와 이용현황 등을 조사하기 위한 측량을 하여야 한다.

② 등록전환 할 일단의 토지가 2필지 이상으로 분할되어야 할 토지의 경우에는 1필지로 등록전환 후 지목별로 분할하여야 한다. 이 경우 등록전환 할 토지의 지목은 임야대장에 등록된 지목으로 설정하되, 분할 및 지목변경은 등록전환과 동시에 정리한다.

③ 경계점좌표등록부를 비치하는 지역과 연접되어 있는 토지를 등록전환 하려면 경계점좌표등록부에 등록하여야 한다.

④ 토지대장에 등록하는 면적은 등록전환측량의 결과에 따라야 하며, 임야대장의 면적을 그대로 정리할 수 없다.

⑤ 1필지의 일부를 등록전환 하려면 등록전환으로 인하여 말소하여야 할 필지의 면적은 반드시 임야분할측량결과도에서 측정하여야 한다.

⑥ 임야도에 도곽선 또는 도곽선수치가 없거나, 1필지 전체를 등록전환 할 경우에만 등록전환으로 인하여 말소해야 할 필지의 임야측량결과도를 등록전환측량결과도에 함께 작성할 수 있다.

⑦ 토지의 형질변경이 수반되는 등록전환측량은 토목공사 등이 완료된 후에 실시하여야 하며, 제20조 제3항에 따라 측량성과를 결정하여야 한다.

정답 13 ③

14 〈보기〉가 표현하는 시대의 지적제도에 대한 설명으로 가장 옳은 것은?

> 길이의 단위로는 척(尺), 면적단위로는 경무법(頃畝法), 결부제(結負制)를 사용하였고 호부(戸部)라는 지적조직을 두었으며 토지를 공평하게 재분배하자는 제의가 있었으나 실시되지 못하였다.

① 일반 백성에게 정전(丁田)을 지급하기 시작하였고, 이를 받은 백성들은 국가에 조를 바치도록 하였다.
② 한인전(閑人田)은 6품 이하의 하급 양반 자손의 생활 안정 목적으로 지급한 토지이다.
③ 수등이척제(隨等異尺制)에 따라 5등급으로 나누어 양척의 길이를 정하였다.
④ 첨의부(僉議府)라는 지방의 지적 담당기관을 두어 양전 등의 정사를 관장하였다.

풀이 고려시대 지적제도

1. 지적 관련 부서

지적관리기구로는 중앙에 호부(戸部)와 특별관서로 급전도감(給田都監), 정치도감, 절급도감, 찰리변위도감(拶理辨違都監) 등을 설치하여 운영하였으나 역분전(役分田)을 제외하고는 뚜렷하게 창안된 제도가 없었으며 경종 원년(976)에 전시과(田柴科)를 창설하여 시행하였다.

토지대장의 명칭은 도전장(都田帳), 양전도장(量田都帳), 양전장적(量田帳籍), 도행(導行), 작(作), 도전정(導田丁), 전적(田籍), 전부(田簿), 적(籍), 안(案), 원적(元籍) 등으로 다양하였다.

2. 토지제도의 유형

고려시대의 토지는 공전(公田)과 사전(私田)으로 구분할 수 있는데 공전은 왕실, 국가와 국가기관이 직접 소유하는 공해지이거나 혹은 그 조가 왕실, 국고 기타 공적 기관에 귀속하는 토지로서 둔전, 학전, 적전 등이 있다. 사전은 오늘날의 사유지와 사인수조지(군인전, 식읍전은 그 명칭이 공전 같으나 사전임에 유의)로 왕족이나 공신에게 사패(賜牌)와 같이 하사한 전지로 사패전이라 불린다. 이는 고려, 조선시대에 걸쳐 이루어졌으며 수조권으로서 지급되던 사전의 소유권은 1대한과 3대 세습의 2종류가 있어 사패에 '가전영세'라는 문구가 있으면 3대 세습, 없으면 1대 후에 모두 국가로 반환하도록 하였다.

고려시대 토지의 분류

공전(公田)	민전(民田)	농민의 사유지, 매매 · 증여 · 상속 등의 처분이 가능
	내장전(內庄田)	왕실 직속의 소유지
	공해전시(公廨田柴)	각 관청에 분급한 수조지(收租地)와 시지(柴地)로 공해전(公廨田)이라고도 한다.
	둔전(屯田)	진술군(鎭戍軍)이 경작하여 그 수확량을 군량에 충당하는 토지(조선시대 국둔전과 관둔전으로 이어짐)
	학전(學田)	각 학교 운영경비 조달을 위한 토지
	적전(籍田)	제사를 지내기 위한 토지, 국가직속지[적전친경(籍田親耕) : 왕실, 국가적 의식]
사전(私田)	양반전(兩班田)	문무양반에 재직 중(在職中)인 관료(官僚)에게 지급한 토지
	공음전(功蔭田)	공훈(功勳)을 세운 자에게 수여하는 토지(전시 : 田柴), 수조의 특권과 상속을 허용
	궁원전(宮院田)	궁전(宮殿)에 부속된 토지, 궁원 등 왕의 기번이 지배하는 토지
	사원전(寺院田)	불교사원에 소속되는 전장 기타의 토지
	한인전(閑人田)	6품(六品) 이하 하급 양반 자손의 경제적 생활 안정을 도모하기 위해 지급한 토지
	구분전(口分田)	자손이 없는 하급관리, 군인유가족에게 지급한 토지

정답 14 ②

	향리전(鄕吏田)	지방향리(地方鄕吏)에게 지급한 토지
	군인전(軍人田)	경군(京軍) 소속의 군인에게 지급한 토지
	투화전(投化田)	고려에 내투(來投) 귀화한 외국인으로서 사회적 계층에 따라 상층 관료에게 지급한 토지
	등과전(登科田)	과거제도에 응시자가 적어 이를 장려하기 위하여 급제자에게 전지를 비롯하여 여러 가지 상을 하사

15 일본과 우리나라의 지적재조사에 대한 설명으로 가장 옳지 않은 것은?

① 일본은 국토조사측량협회, 우리나라는 한국국토정보공사에서 주로 지적재조사측량을 수행하고 있다.

② 일본은 국토지리원, 우리나라는 국토지리정보원에서 지적재조사측량에 필요한 기준점측량을 실시한다.

③ 일본은 「국토조사법」, 우리나라는 「지적재조사에 관한 특별법」에 따라 추진하고 있다.

④ 일본과 우리나라 모두 사업이 완료되지 않은 상태이다.

풀이 **지적재조사에 관한 특별법 제5조(지적재조사사업의 시행자)**

① 지적재조사사업은 지적소관청이 시행한다.

② 지적소관청은 지적재조사사업의 측량 · 조사 등을 제5조의2에 따른 책임수행기관에 위탁할 수 있다. 〈개정 2020.12.22〉

③ 지적소관청이 지적재조사사업의 측량 · 조사 등을 책임수행기관에 위탁한 때에는 대통령령으로 정하는 바에 따라 이를 고시하여야 한다. 〈개정 2020.12.22.〉

일본의 지적제도

1872년 토지 매매 · 양도에 대한 지권도방규칙(地券渡方規則)의 제정과 토지거래금지령을 해제하여 토지의 개인 소유와 거래의 자유를 인정하고 지권(地券)을 교부하여야만 토지소유권 이전의 효력이 발생하도록 규정함으로써 일본 근대 지적제도가 창설되었다. 토지조사는 1876년경에 농경지와 대지의 조사를, 1880년경에 전국의 조사를 완료하였으며, 1884년 지권제도를 폐지하고 토지대장제도가 신설되어 종전의 지권대장을 정리 · 보완하여 토지대장으로 활용하도록 함으로써 지권대장이 토지대장으로 전환되었다.

1950년 토지대장을 세무서에서 등기소로 이관하였고, 1960년 지적에 관한 기본법인 부동산 등기법의 일부가 개정되어 부동산등기제도와 토지대장제도가 통합되어 일원화되었다. 1960년 이 제도를 통합하기 위한 일원화 작업을 착수하여 1966년 3월에 완료됨에 따라 토지대장과 가옥대장이 폐지되고 지적부, 지적도, 토지등기부, 건물등기부 등을 작성 · 비치하게 되었다.

1951년에 국토조사법을 제정하고 국토청 주관으로 국토조사에 착수하였으나 현재까지 그 실적은 미미한 편이며, 당초에는 도해방식의 측량에 의존해 왔으나 점차 수치방식으로 전환하여 진행하고 있다. 1980년부터는 국토조사내용의 전산화에 착수하여 지적부와 지적도를 시스템화하고 수치정보화 등을 하고 있다.

국토조사에 의하여 조사 측량한 결과로 작성된 것이 지적부(地籍簿)와 지적도이다. 지적부는 필지마다 토지소재 · 지번 · 지목 · 면적 · 소유자 등을 조사하여 등록한 것으로 등기소에 비치되어 있는 토지등기부의 표제부와 동일한 내용으로 되어 있다. 지적도의 축척은 도시지역은 1/250, 1/500이며, 촌락 및 농촌지역은 1/500, 1/1000이고, 산림 · 원야지역은 1/1000, 1/2500, 1/5000로 각각 작성되어 있다.

지적 관련 행정조직으로 1998년 현재 도(都) · 도(道) · 부(府) · 현(縣)은 8개소의 법무국과 42개소의 지방법무국에서, 시(市) · 정(町) · 촌(村)은 281개소의 지국과 644개소의 출장소에서 각각 지적사무와 등기사무를 통합하여 일원화된 업무를 수행하는 3단계의 지적행정체계로 운영하고 있다.

정답 15 ②

외국의 지적제도

구분	일본	프랑스	독일	스위스	네덜란드	대만
기본법	• 국토조사법 • 부동산등기법	• 민법 • 지적법	측량 및 지적법	지적공부에 의한 법률	• 민법 • 지적법	토지법
창설기간	1876~1888	1807	1870~1900	1911	1811~1832	1897~1914
지적공부	• 지적부 • 지적도 • 토지등기부 • 건물등기부	• 토지대장 • 건물대장 • 지적도 • 도엽기록부 • 색인도	• 부동산지적부 • 부동산지적도 • 수치지적부	• 부동산등록부 • 소유자별 대장 • 지적도 • 수치지적부	• 위치대장 • 부동산등록부 • 지적도	• 토지등록부 • 건축물개량 등기부 • 지적도
지적 · 등기	일원화(1966)	일원화	이원화	일원화	일원화	일원화
담당기구	법무성	재무경제성	내무성 : 지방국 지적과	법무국	주택도시계획 및 환경성	내정부 지적국
토지대장 편성	물적 편성주의	연대적 편성주의	물적 · 인적 편성주의	물적 · 인적 편성주의	인적 편성주의	물적 편성주의
등록의무	적극적 등록주의	소극적 등록주의		적극적 등록주의	소극적 등록주의	적극적 등록주의
측량기관 (민간대행)	토지가옥 조사회연합회	합동사무소	공공측량사무소		국가 직영	미채택 또는 미통합
지적재조사 사업	1951~현재	1930~1950		1923~2000	1928~1975	1976~현재

16 우리나라 지적공부의 연도별 변화에 대한 설명으로 가장 옳은 것은?

① 1920년에는 토지대장, 임야대장만으로 이루어져 있었다.
② 1950년에는 토지대장, 임야대장, 지적도, 임야도, 수치지적부로 이루어져 있었다.
③ 1995년에는 지적공부상에 소유권 지분이 등록되어 있었다.
④ 2020년에는 지적공부상에 소유권 지분과 대지권 비율이 등록되어 있었다.

풀이 **지적공부의 변천사**

법령(시행기간)	지적공부
토지조사령, 지세령 (1910~1942)	• 토지대장(부속도면 : 공유지연명부) • 지적도
조선임야조사령 (1916~1942)	• 임야대장(부속도면 : 공유지연명부) • 임야도
조선지세령 (1943~1950)	• 토지대장(부속도면 : 공유지연명부) • 지적도 • 임야대장(부속도면 : 공유지연명부) • 임야도

정답 16 ④

지적법 (1951~1975)	• 토지대장(부속도면 : 공유지연명부) • 지적도 • 임야대장(부속도면 : 공유지연명부) • 임야도
지적법 (1976~2000)	(가시적인 공부) • 토지대장[부속도면 : 공유지연명부, 대지권등록부(86년 신설)] • 임야대장 • 지적도 • 임야도 • 수치지적부(76년 신설) (불가시적인 공부) • 지적파일(91년 신설, 95년 명칭변경), 대장파일, 도면파일
2001년 1월 26일 지적법 제10차 개정	(2001년 1월 26일 지적법 제10차 개정 시 부속도면에서 지적공부로 규정) • 공유지연명부 • 대지권등록부 • 수치지적부가 경계점좌표등록부로 변경

17 우리나라 부동산등기제도에 대한 설명으로 가장 옳지 않은 것은?

① 등기의 효력에서는 국정주의, 형식주의, 공개주의를 채택하고 있다.

② 등기부와 대장은 이원화되어 있다.

③ 소극적 등록주의를 채택하고 있다.

④ 개인의 권리보호를 목적으로 운영되고 있다.

풀이 **지적제도와 등기제도의 비교**

지적제도	구분	등기제도
토지표시사항(물리적 현황)을 등록공시	기능	부동산에 대한 소유권 및 기타 법적 권리관계를 등록공시
지적법(1950.12.1. 법률 제165호)	모법	부동산등기법(1960.1.1. 법률 제536호)
토지 • 대장 : 고유번호, 토지소재, 지번, 지목, 면적, 소유자 성명 또는 명칭, 등록번호, 주소, 토지등급 • 도면 : 토지소재, 지번, 지목, 경계 등	등록대상	토지와 건물 • 표제부 : 토지소재, 지번, 지목, 면적 등 • 갑구 : 소유권에 관한 사항(소유자 성명 또는 명칭, 등록번호, 주소 등) • 을구 : 소유권 이외의 권리에 관한 사항(지상권, 지역권, 전세권, 저당권, 임차권 등)
토지소재, 지번, 지목, 면적, 경계 또는 좌표 등	등록사항	소유권, 지상권, 지역권, 전세권, 저당권, 권리질권, 임차권 등
• 국정주의 • 형식주의 • 공개주의 • 사실심사주의 • 직권등록주의	기본이념	• 성립요건주의 • 형식적 심사주의 • 공개주의 • 당사자신청주의(소극적 등록주의)

정답 17 ①

실질적 심사주의	등록심사	형식적 심사주의
국가(국정주의)	등록주체	당사자(등기권리자 및 의무자)
단독(소유자) 신청주의	신청방법	공동(등기권리자 및 의무자) 신청주의
국토교통부(시 · 도, 시 · 군 · 구)	담당기관	사법부(대법원 법원행정처, 지방법원, 등기소 · 지방법원지원)

18 조선시대의 지계(地契)제도에 대한 설명으로 가장 옳은 것은?

① 소유자가 전답을 전질(典質)할 경우에는 관계(官契)를 받아야 한다.
② 근대화된 입안(立案)으로 볼 수 있다.
③ 가옥을 타인에게 매도하여 양도할 때 발급되었다.
④ 외국인은 지계를 발급받을 수 없었다.

풀이 **지계제도**

1. 지계의 개념

   지계는 전답의 소유에 대한 관의 인증으로서 1901년 지계아문을 설치하고 각 도에 지계감리(地契監理)를 두어 '대한제국전답관계(大韓帝國田沓官契)'라는 지계를 발급하였다. 이전에는 외국인에게 지계를 발급하였지만 지계아문 설치 후에는 전 · 답 소유자에게 발급하게 된 것이다.

2. 지계에 관한 규칙

   ① 전답소유자가 전답을 매매 · 양여한 경우 관계(官契)를 받아야 하고, 전질(典質 : 저당 잡힘)할 경우 인허를 받아야 한다.
   ② 매매 시의 관계와 전당 시의 인허가가 없으면 전답을 몰수하며, 외국인은 전답을 소유할 수 없다.
   ③ 관계를 침수, 화재, 유실한 경우 확인 후 재발급한다.
   ④ 관계는 3편(片)으로 구성하여 1편은 본아문(本衙門), 제2편은 소유자(所有者), 제3편은 지방관청(地方官廳)에 보존하였다.

19 경계점좌표등록부에 대한 설명으로 가장 옳지 않은 것은?

① 「도시개발법」에 따른 도시개발사업 등에 따라 새로이 지적공부에 등록하는 토지는 경계점좌표등록부를 작성해야 한다.
② 경계점좌표등록부 시행지역에서 토지의 이동에 따라 지상경계를 새로 정한 경우 경계점좌표를 지상경계점등록부에 등록해야 한다.
③ 경계점좌표등록부에는 경계설정기준을 등록해야 한다.
④ 경계점좌표등록부는 지적공부 중 하나이다.

풀이 **경계점좌표등록부**

도시개발사업 등으로 인하여 필요하다고 인정되는 지역 안의 토지에 대하여 경계점좌표등록부를 작성하여 갖춰둔다. 경계점좌표등록부는 토지의 경계점 위치를 평면직각종횡선 수치인 좌표로 등록하는 지적공부를 말하며 1975년부터 작성하기 시작하였다. 이 당시는 "수치지적부"라고 하였으나 2001. 1. 26 지적법 개정으로 현재는 "경계점좌표등록부"라고 한다.

정답 18 ② 19 ③

1. 등록사항 및 특징

<table>
<tr><td>등록사항</td><td>• 토지의 소재
• 지번
• 좌표
• 토지의 고유번호
• 지적도면의 번호
• 필지별 경계점좌표등록부의 장번호
• 부호 및 부호도</td></tr>
<tr><td>경계점좌표등록부를 갖춰두는 토지</td><td>• 지적확정측량을 실시하여 경계점을 좌표로 등록한 지역
• 축척변경을 위한 측량을 실시하여 경계점을 좌표로 등록한 지역</td></tr>
<tr><td>경계점좌표등록부의 특징</td><td>• 형태는 대장을, 내용은 도면의 성격을 지닌 대장형태의 도면이다.
• 각 필지의 경계를 평면직각종횡선수치(X · Y)로 표시한다.
• 경계점좌표등록부는 토지의 형상을 나타낼 수 없으므로 지적도(좌표)를 함께 비치한다.
• 측량결과도는 도시개발사업 등의 시행지역(농지의 구획정리지역은 제외)과 축척변경시행지역의 축척은 500분의 1로 한다. 다만, 농지구획정리시행지역은 1,000분의 1로 하되, 필요한 경우에는 미리 시 · 도지사의 승인을 얻어 6,000분의 1까지 작성할 수 있다.</td></tr>
</table>

2. 경계점좌표등록부의 정리

<table>
<tr><td colspan="2">부호도의 각 필지의 경계점부호</td><td>① 왼쪽 위에서부터 오른쪽으로 경계를 따라 아라비아숫자로 연속하여 부여한다.
② 토지의 빈번한 이동정리로 부호도가 복잡한 경우에는 아래 여백에 새로이 정리할 수 있다.</td></tr>
<tr><td rowspan="2">분할</td><td>분할 시 부호도 및 부호</td><td>새로이 결정된 경계점의 부호를 그 필지의 마지막 부호 다음 번호부터 부여하고, 다른 필지로 된 경계점의 부호도 · 부호 및 좌표는 말소하여야 하며, 새로이 결정된 경계점의 좌표를 다음 란에 정리한다.</td></tr>
<tr><td>분할 후 필지의 부호도 및 부호</td><td>왼쪽 위에서부터 오른쪽으로 경계를 따라 아라비아숫자로 연속하여 부여한다.</td></tr>
<tr><td rowspan="2">합병</td><td>합병 시 부호도 및 부호</td><td>① 합병으로 존치되는 필지의 경계점좌표등록부에 합병되는 필지의 좌표를 정리하고 부호도 및 부호를 새로이 정리한다.
② 부호는 마지막 부호 다음 부호부터 부여하고, 합병으로 인하여 필요 없는 경계점(일직선상에 있는 경계점)의 부호도 · 부호 및 좌표를 말소한다.</td></tr>
<tr><td>합병으로 인하여 말소된 필지의 경계점좌표등록부 정리</td><td>부호도 · 부호 및 좌표를 말소한다. 이 경우 말소된 경계점좌표등록부도 지번 순으로 함께 보관한다.</td></tr>
<tr><td colspan="2">등록사항정정</td><td>등록사항정정으로 경계점좌표등록부를 정리하는 때에는 위의 내용을 준용한다.</td></tr>
</table>

정답

20 조선시대 양안에 대한 설명으로 가장 옳지 않은 것은?

① 토지를 측량하여 등록하는 오늘날의 지적공부로 볼 수 있다.
② 양안의 기재내용으로는 자호, 양전방향, 토지등급, 지형척수 등 다양한 내용이 있었다.
③ 양안의 명칭은 시대와 사용처 및 보관기관에 따라 다양하였다.
④ 토지의 위치를 나타낼 때 오늘날 지번의 형태로 나타내었으며, 양지 또는 양표라 하였다.

풀이 양안

1. 양안의 개념
   ① 양안은 현재의 토지대장이라 할 수 있고 지적 행정업무 중 지적공부의 정리 및 관리는 국가의 토지정책에 반영되어 국책사업으로 진행된다.
   ② 양안은 대규모 양전사업에 의해 작성된 경자양안과 광무개혁시기에 작성된 양지아문과 지계아문으로 구분된다.

2. 양안의 기재 내용
   자호 · 지번 · 양전방향, 토지등급, 지형척수, 결부수, 사표, 동기(棟起), 주(主)

구분	내용
자호	양전할 때 각 표지에 천자문 순서로 번호 결정
양전방향	동서남북으로 표시
토지형태	방전, 직전, 구전, 제전, 규전 등
토지등급	• 토지 비옥도에 따라 전분을 6등 • 풍흉에 따라 연분 9등
결부	• 일정한 생산량을 내는 토지의 면적(1결 1부) 소출의 단위, 조세의 단위
동기	경작여부를 밝히는 것
주	• 토지소유자의 표시, 양반은 직함이나 품계를 적은 후 본인의 성명과 가족의 이름을 표기 • 평민은 직역과 성명 • 천민은 부역의 명칭과 이름

3. 양안의 등재 내용

구분	내용
고려시대	지목, 전형(토지형태), 토지소유자, 양전방향, 사표, 결수, 총결수
조선시대	논밭의 소재지, 지목, 면적, 자호, 전형(토지형태), 토지소유자, 양전방향, 사표, 장광척, 등급, 결부수, 경작 여부 등

정답 20 ④

07 2022년 서울시 7급 기출문제

01 래스터 자료 구조와 비교하여 벡터 자료 구조에 대한 설명으로 가장 옳지 않은 것은?

① 여러 레이어를 중첩하여 시뮬레이션이 용이하다.
② 데이터가 압축되어 간결한 형태이다.
③ 위상관계 정보를 요구하는 분석에 효과적이다.
④ 위치와 속성에 대한 검색, 갱신, 일반화가 가능하다.

풀이

구분	벡터 자료	래스터 자료 암기 ㉿첩이 자수하여 공을 세워야 사지선이 상하지 않는다.
정의	벡터 자료구조는 기호, 도형, 문자 등으로 인식할 수 있는 형태를 말하며 객체들의 지리적 위치를 크기와 방향으로 나타낸다.	래스터 자료구조는 매우 간단하며 일정한 격자간격의 셀이 데이터의 위치와 그 값을 표현하므로 격자데이터라고도 하며 도면을 스캐닝하여 취득한 자료와 위상영상자료들에 의하여 구성된다. 래스터구조는 구현의 용이성과 단순한 파일구조에도 불구하고 정밀도가 셀의 크기에 따라 좌우되며 해상력을 높이면 자료의 크기가 방대해진다. 각 셀들의 크기에 따라 데이터의 해상도와 저장크기가 달라지게 되는데 셀 크기가 작으면 작을수록 보다 정밀한 공간현상을 잘 표현할 수 있다.
장점	• 보다 압축된 자료구조를 제공하므로 데이터 용량의 축소가 용이하다. • 복잡한 현실세계의 묘사가 가능하다. • 위상에 관한 정보가 제공되므로 관망분석과 같은 다양한 공간분석이 가능하다. • 그래픽의 정확도가 높다. • 그래픽과 관련된 속성정보의 추출 및 일반화, 갱신 등이 용이하다.	• 자료구조가 간단하다. • 여러 레이어의 중첩이나 분석이 용이하다. • 자료의 조작과정이 매우 효과적이고 수치영상의 질을 향상시키는 데 매우 효과적이다. • 수치이미지 조작이 효율적이다. • 다양한 공간적 편의가 격자의 크기와 형태가 동일한 까닭에 시뮬레이션이 용이하다.
단점	• 자료구조가 복잡하다. • 여러 레이어의 중첩이나 분석에 기술적으로 어려움이 수반된다. • 각각의 그래픽 구성요소는 각기 다른 위상구조를 가지므로 분석에 어려움이 크다. • 그래픽의 정확도가 높은 관계로 도식과 출력에 비싼 장비가 요구된다. • 일반적으로 값비싼 하드웨어와 소프트웨어가 요구되므로 초기비용이 많이 든다.	• 압축되어 사용되는 경우가 드물며 지형관계를 나타내기가 훨씬 어렵다. • 주로 격자형의 네모난 형태로 가지고 있기 때문에 수작업에 의해서 그려진 완화된 선에 비해서 미관상 매끄럽지 못하다. • 위상정보의 제공이 불가능하므로 관망해석과 같은 분석기능이 이루어질 수 없다. • 좌표변환을 위한 시간이 많이 소요된다.

정답 01 ①

02 〈보기〉에서 설명하는 「지적법」 개정에 해당하는 것은?

> 토지분할 · 합병 · 지목변경 등 토지이동 사유가 발생한 경우 토지소유자가 소관청에 토지이동을 신청하는 기간을 30일 이내에서 60일 이내로 연장

① 제6차 개정(1991.12.14.)
② 제7차 개정(1995.1.5.)
③ 제8차 개정(1997.12.13.)
④ 제9차 개정(1999.1.18.)

풀이 **지적법 제9차 개정(1999.1.18. 법률 제5630호)**

구분	내용
개정	• 지번변경, 지적공부반출, 지적공부의 재작성 및 축척변경에 대한 행정자치부장관의 승인권을 도지사에게 이양하도록 개정(법 제4조제2항 · 제8조제3항 · 제14조 및 제27조제1항) • 지적도 또는 임야도를 복제한 지적약도 등을 간행하여 판매업을 영위하고자 하는 자는 행정자치부장관에게 등록을 하도록 개정(법 제12조의2)
변경	토지분할 · 합병 · 지목변경 등 토지이동 사유가 발생한 경우 토지소유자가 소관청에 토지이동을 신청하는 기간을 30일 이내에서 60일 이내로 연장(법 제1조 내지 제18조, 제20조 및 제22조)

03 고려시대 토지제도 중 전쟁에 참가하여 사망한 군인의 가족에게 지급되었던 토지는?

① 구분전　② 투화전
③ 공음전　④ 공해전

풀이 **고려시대 토지의 분류**

구분	종류	내용
공전(公田)	민전(民田)	농민의 사유지, 매매 · 증여 · 상속 등의 처분이 가능
	내장전(內庄田)	왕실 직속의 소유지
	공해전시(公廨田柴)	각 관청에 분급한 수조지(收租地)와 시지(柴地)로 공해전(公廨田)이라고도 한다.
	둔전(屯田)	진수군(鎮守軍)이 경작하여 그 수확량을 군량에 충당하는 토지(조선시대 국둔전과 관둔전으로 이어짐)
	학전(學田)	각 학교 운영경비 조달을 위한 토지
	적전(籍田)	제사를 지내기 위한 토지, 국가직속지[적전친경(籍田親耕) : 왕실, 국가적 의식]
사전(私田)	양반전(兩班田)	문무양반에 재직 중(在職中)인 관료(官僚)에 지급한 토지
	공음전(功蔭田)	공훈(功勳)을 세운 자에 수여하는 토지(전시 : 田柴), 수조의 특권과 상속을 허용
	궁원전(宮院田)	
	사원전(寺院田)	
	한인전(閑人田)	6품(六品) 이하 하급양반 자손의 경제적 생활의 안정 도모를 위해 지급한 토지
	구분전(口分田)	자손이 없는 하급관리, 군인유가족에게 지급한 토지

정답 02 ④ 03 ①

	향리전(鄕吏田)	지방향리(地方鄕吏)에 지급한 토지
	군인전(軍人田)	경군(京軍)소속의 군인에게 지급한 토지
	투화전(投化田)	고려에 내투(來投) 귀화한 외국인으로서 사회적 계층에 따라 상층 관료에게 지급한 토지
	등과전(登科田)	과거제도에 응시자가 적어 이를 장려하기 위하여 급제자에게 전지를 비롯하여 여러 가지 상을 하사하였다.

04 우리나라 지번부여 방법 중 설정단위에 따른 분류에 해당하지 않는 것은?

① 단지(團地)단위 지번부여 방법
② 도엽(圖葉)단위 지번부여 방법
③ 지역(地域)단위 지번부여 방법
④ 지번(技番)단위 지번부여 방법

풀이 지번의 부여방법

진행방법	사행식	필지의 배열이 불규칙한 지역에서 진행순서에 따라 지번을 부여하는 방법으로 농촌지역의 지번부여에 적합하며 우리나라 토지의 대부분은 사행식에 의해 부여하며 지번부여가 일정하지 않고 상하좌우로 분산되어 부여되는 결점이 있다.
	기우식	도로를 중심으로 한쪽은 홀수인 기수, 다른 쪽은 짝수인 우수로 지번을 부여하는 방법으로 리 · 동 · 도 · 가 등의 시가지 지역의 지번부여방법으로 적합하고 교호식이라고도 한다.
	단지식	단지마다 하나의 지번을 부여하고 단지 내 필지마다 부번을 부여하는 방법으로 단지식은 블록식이라고도 하며 도시개발사업 및 농지개량사업 시행지역 등의 지번부여에 적합하다.
	절충식	사행식, 기우식, 단지식 등을 적당히 취사선택(取捨選擇)하여 부번(附番)하는 방식이다.
설정단위	지역단위법	1개의 지번부여지역 전체를 대상으로 순차적으로 부여하고 지역이 작거나 지적도나 임야도의 장수가 많지 않은 지역의 지번 부여에 적합하다. 토지의 구획이 잘된 시가지 등에서 노선의 권장이 비교적 긴 지역에 적합하다.
	도엽단위법	1개의 지번부여지역을 지적도 또는 임야도의 도엽단위로 세분하여 도엽의 순서에 따라 순차적으로 지번을 부여하는 방법으로 지번부여지역이 넓거나 지적도 또는 임야도의 장수가 많은 지역에 적합하다.
	단지단위법	1개의 지번부여지역을 단지단위로 세분하여 단지의 순서에 따라 순차적으로 지번을 부여하는 방법으로 토지의 위치를 쉽고 편리하게 이용하는 데 가장 큰 목적이 있다. 특히 소규모 단지로 구성된 토지구획정리 및 농지개량사업 시행지역 등에 적합하다.
기번위치	북동기번법	북동쪽에서 기번하여 남서쪽으로 순차적으로 지번을 부여하는 방법으로 한자로 지번을 부여하는 지역에 적합하다.
	북서기번법	북서쪽에서 기번하여 남동쪽으로 순차적으로 지번을 부여하는 방법으로 아라비아숫자로 지번을 부여하는 지역에 적합하다.

정답 04 ④

05 고려 원종 시대에 설치되어 토지문서와 별고 소속 노비문서를 담당했던 기구는?

① 급전도감　　② 방고감전별감
③ 찰리변위도감　　④ 화자거집전민추고도감

풀이 고려시대 특별관서(임시부서)

급전도감(給田都監)	토지분급 및 토지측량 담당
방고감전별감(房庫監傳別監)	전지공안(田地公, 토지에 대한 공식문서)과 별고 소속의 노비전적(奴婢錢籍, 노비문서) 담당
찰리변위도감(拶理辨違都監)	찰리(察理)는 왕이 친히 지어 붙인 것으로 세력 있는 자들이 비합법적으로 차지
정치도감(整治都監)	여러 도에 파견되어 전지 측량
절급도감(折給都監)	토지를 분급하여 균전(均田)을 만듦
화자거집전민추고도감(火者據執田民推考都監)	토지소유자 조사를 통한 원소유자에게 환원하는 일 담당

06 지목의 분류 체계에 대한 설명으로 가장 옳지 않은 것은?

① 복식지목은 1필지의 토지에 대하여 2개 이상의 기준에 따라서 분류된 지목을 말한다.
② 2차 산업형 지목으로는 공장용지, 창고용지, 수도용지, 하천 등이 일반적인 지목이다.
③ 지형지목은 지표면의 형태, 토지의 고저, 수륙의 분포상태 등 지형의 물리적인 특징에 따라 지목을 결정하는 방법이다.
④ 토성지목에서 토성이라 함은 하식지, 빙하지, 해안지, 분지, 습곡지, 화산지 등으로 구분한다.

풀이 지목의 분류

토지 현황	지형지목	지표면의 형태, 토지의 고저, 수륙의 분포상태 등 땅이 생긴 모양에 따라 지목을 결정하는 것을 지형지목이라 한다. 지형은 주로 그 형성과정에 따라 하식지(河蝕地), 빙하기, 해안지, 분지, 습곡지, 화산지 등으로 구분한다.
	토성지목	토지의 성질(토성, 토질)인 지층이나 암석 또는 토양의 종류 등에 따라 결정한 지목을 토성지목이라고 한다. 토성은 암석지, 조사지(租沙地), 점토(粘土地), 사토지(砂土地), 양토(壤土地), 식토지(植土地) 등으로 구분한다.
	용도지목	토지의 용도에 따라 결정하는 지목을 용도지목이라고 한다. 우리나라에서 채택하고 있으며 지형 및 토양 등과 관계없이 토지의 현실적 용도를 주로 하기 때문에 일상생활과 가장 밀접한 관계를 맺게 된다.
소재 지역	농촌형 지목	농어촌 소재에 형성된 지목을 농촌형 지목이라고 한다. 임야, 전, 답, 과수원, 목장용지 등이 있다.
	도시형 지목	도시지역에 형성된 지목을 도시형 지목이라고 한다. 대, 공장용지, 수도용지, 학교용지도로, 공원, 체육용지 등이 있다.
산업별	1차 산업형 지목	농업 및 어업 위주의 용도로 이용되고 있는 지목을 말한다.
	2차 산업형 지목	토지의 용도가 제조업 중심으로 이용되고 있는 지목을 말한다.
	3차 산업형 지목	토지의 용도가 서비스 산업 위주로 이용되는 것으로 도시형 지목이 해당된다.

정답 05 ② 06 ④

국가 발전	후진국형 지목	토지이용이 1차 산업의 핵심과 농 · 어업이 주로 이용되는 지목을 말한다.
	선진국형 지목	토지이용 형태가 3차 산업, 서비스업 형태의 토지이용에 관련된 지목을 말한다.
구성 내용	단식 지목	하나의 필지에 하나의 기준으로 분류한 지목을 단식지목이라 한다. 토지의 현황은 지형, 토성, 용도별로 분류할 수 있기 때문에 지목도 이들 기준으로 분류할 수 있다. 우리나라에서 채택하고 있다.
	복식 지목	일필지 토지에 둘 이상의 기준에 따라 분류하는 지목을 복식 지목이라 한다. 복식 지목은 토지의 이용이 다목적인 지역에 적합하며, 독일의 영구녹지대 중 녹지대라는 것은 용도지목이면서 다른 기준인 토성까지 더하여 표시하기 때문에 복식 지목의 유형에 속한다.

07 토지등록의 편성방법 중 물적 편성주의의 특징으로 가장 옳은 것은?

① 과세에 목적을 둔 세지적의 소산

② 분할할 경우 본번과 관련하여 편철

③ 토지행정상 지장이 많음

④ 네덜란드에서 사용

풀이 **토지등록의 편성**

물적 편성주의 (物的 編成主義)	물적 편성주의(System des Realfoliums)란 개개의 토지를 중심으로 등록부를 편성하는 것으로서 1토지에 1용지를 두는 경우이다. 등록객체인 토지를 필지로 구획하고 이를 등록단위로 하므로 토지의 이용, 관리, 개발 측면에서는 편리하나 권리주체인 소유자별 파악이 곤란하다.
인적 편성주의 (人的 編成主義)	인적 편성주의(System des Personalfoliums)란 개개의 토지소유자를 중심으로 등록부를 편성하는 것으로 토지대장이나 등기부를 소유자별로 작성하여 동일소유자에 속하는 모든 토지는 당해 소유자의 대장에 기록하는 방식이다.
연대적 편성주의 (年代的 編成主義)	연대적 편성주의(Chronologisches System)란 당사자 신청의 순서에 따라 순차로 등록부에 기록하는 것으로 프랑스의 등기부와 미국에서 일부 사용되는 리코딩 시스템(Recoding System)이 이에 속한다. 등기부의 편성방법으로서는 유효하나 공시의 작용을 하지 못하는 단점이 있다.
물적 · 인적 편성주의 (物的人的 編成主義)	물적 · 인적 편성주의(System der Real Personalfolien)란 물적 편성주의를 기본으로 등록부를 편성하되 인적 편성주의의 요소를 가미한 것이다. 즉 소유자별 토지등록부를 동시에 설치함으로써 효과적인 토지행정을 수행하는 방법이다.

정답 07 ②

08 토지의 일반적인 경계의 개념 중 사실경계에 대한 설명으로 가장 옳은 것은?

① 지적도와 임야도에 표시되고 등록된 경계가 법률상 권리로 인정되는 경계
② 인접된 토지소유자들이 지상에 표시된 경계를 상호 인정하는 지상경계
③ 원시적으로 토지소유자들이 결정한 지상경계로서 진정한 토지소유권을 주장할 수 있는 경계
④ 현 시점 토지소유자가 사실상의 점유권을 행사하며 실효적으로 지배하고 있는 경계

풀이

구분	종류	내용
경계특성	일반경계	일반경계(General Boundary 또는 Unfixed Boundary)라 함은 특정 토지에 대한 소유권이 오랜 기간 동안 존속하였기 때문에 담장 · 울타리 · 구거 · 제방 · 도로 등 자연적 또는 인위적 형태의 지형 · 지물을 필지별 경계로 인식하는 것이다.
	고정경계	고정경계(Fixed Boundary)라 함은 특정 토지에 대한 경계점의 지상에 석주 · 철주 · 말뚝 등의 경계표지를 설치하거나 또는 이를 정확하게 측량하여 지적도상에 등록 관리하는 경계이다.
	보증경계	지적측량사에 의하여 정밀 지적측량이 행해지고 지적 관리청의 사정(査定)에 의하여 행정처리가 완료되어 측정된 토지경계를 의미한다.
물리적	자연적 경계	토지의 경계가 지상에서 계곡, 산등선, 하천, 호수, 해안, 구거 등 자연적 지형, 지물에 의하여 경계로 인식될 수 있는 경계로서 지상경계이며 관습법상 인정되는 경계를 말한다.
	인공적 경계	담장, 울타리, 철조망, 운하, 철도선로, 경계석, 경계표지 등을 이용하여 인위적으로 설정된 경계로 지상경계이며 사람에 의해 설정된 경계를 말한다.
법률적	공간정보의 구축 및 관리 등에 관한 법률상 경계	소관청이 자연적 또는 인위적인 사유로 항상 변하고 있는 지표상의 경계를 지적측량을 실시하여 소유권이 미치는 범위와 면적 등을 정하여 지적도 또는 임야도에 등록 공시한 구획선 또는 경계점좌표등록부에 등록된 좌표의 연결을 말한다.
	민법상 경계	실제 토지 위에 설치한 담장이나 전 · 답 등의 구획된 둑 또는 주요 지형 · 지형에 의하여 구획된 구거 등을 말하는 것으로 일반적으로 지표상의 경계를 말한다(민법 제237조 · 제239조).
	형법상 경계	소유권 · 지상권 · 임차권 등 토지에 관한 사법상의 권리의 범위를 표시하는 지상의 경계(권리의 장소적 한계를 나타내는 지표)뿐만 아니라 도 · 시 · 군 · 읍 · 면 · 동 · 리의 경계 등 공법상의 관계에 있는 토지의 지상경계도 포함된다(형법 제370조).
일반적	지상경계	도상경계를 지상에 복원한 경계를 말한다.
	도상경계	지적도나 임야도의 도면상에 표시된 경계이며 공부상 경계라고도 한다.
	법정경계	공간정보의 구축 및 관리 등에 관한 법률상 도상경계와 법원이 인정하는 경계확정의 판결에 의한 경계를 말한다.
	사실경계	사실상, 현실상의 경계이며 인접한 필지의 소유자 간에 존재하는 경계를 말한다.

정답 08 ③

09 토지등록의 유형인 적극적 등록주의 및 소극적 등록주의에 대한 설명으로 가장 옳은 것은?

① 적극적 등록주의는 사유재산의 양도증서와 거래증서의 등록으로 구분한다.
② 적극적 등록주의는 거래의 등록이 소유권의 증명에 관한 증거나 증빙 이상의 것이 되지 못한다.
③ 소극적 등록주의는 거래증서의 등록은 정부가 수행하고 합법성에 대해 사실조사가 이루어지지 않는다.
④ 소극적 등록주의에서 토지등록은 강제적이고 의무적이며 등록 효력은 국가에 의하여 보장되고, 발달된 형태로 토렌스시스템(Torrens System)이 있다.

풀이 토지등록제도의 유형 **암기** ㉯㉰㉱㉲㉳

㉯인증서 등록제도 (捺印證書登錄制度)	토지의 이익에 영향을 미치는 문서의 공적 등기를 보전하는 것을 날인증서 등록제도(Registration of Deed)라고 한다. 기본적인 원칙은 등록된 문서가 등록되지 않은 문서 또는 뒤늦게 등록된 서류보다 우선권을 갖는다. 즉, 특정한 거래가 발생했다는 것은 나타나지만 그 관계자들이 법적으로 그 거래를 수행할 권리가 주어졌다는 것을 입증하지 못하므로 거래의 유효성을 증명하지 못한다. 그러므로 토지거래를 하려는 자는 매도인 등의 토지에 대한 권원(Title) 조사가 필요하다.	
㉰원등록제도 (權原登錄制度)	권원등록(Registration of Title)제도는 공적 기관에서 보존되는 특정한 사람에게 귀속된 명확히 한정된 단위의 토지에 대한 권리와 그러한 권리들이 존속되는 한계에 대한 권위 있는 등록이다. 소유권 등록은 언제나 최후의 권리이며 정부는 등록한 이후에 이루어지는 거래의 유효성에 대해 책임을 진다.	
㉱극적 등록제도 (消極的登錄制度)	소극적 등록제도(Negative System)는 기본적으로 거래와 그에 관한 거래증서의 변경기록을 수행하는 것이며, 일필지의 소유권이 거래되면서 발생되는 거래증서를 변경등록하는 것이다. 네덜란드, 영국, 프랑스, 이탈리아, 미국의 일부 주 및 캐나다 등에서 시행되고 있다.	
㉲극적 등록제도 (積極的登錄制度)	적극적 등록제도(Positive System)하에서의 토지등록은 일필지의 개념으로 법적인 권리보장이 인증되고 정부에 의해서 그러한 합법성과 효력이 발생한다. 이 제도의 기본원칙은 지적공부에 등록되지 아니한 토지는 그 토지에 대한 어떠한 권리도 인정될 수 없고 등록은 강제되고 의무적이며 공적인 지적측량이 시행되지 않는 한 토지등기도 허가되지 않는다는 이론이 지배적이다. 적극적 등록제도의 발달된 형태는 토렌스시스템이다.	
㉳렌스시스템 (Torrens System)	오스트레일리아 Robert Torrens 경이 창안한 토렌스시스템의 목적은 토지의 권원을 명확히 하고 토지거래에 따른 변동사항 정리를 용이하게 하여 권리증서의 발행을 편리하게 하는 것이다. 이 제도의 기본원리는 법률적으로 토지의 권리를 확인하는 대신에 토지의 권원을 등록하는 행위이다.	
	거울이론 (Mirror Principle)	토지권리증서의 등록은 토지의 거래사실을 완벽하게 반영하는 거울과 같다는 입장의 이론이다. 소유권에 관한 현재의 법적 상태는 오직 등기부에 의해서만 이론의 여지없이 완벽하게 보인다는 원리이며 주 정부에 의하여 적법성을 보장받는다.
	커튼이론 (Curtain Principle)	토지등록 업무가 커튼 뒤에 놓인 공정성과 신빙성에 대하여 관여할 필요도 없고 관여해서도 안 되는 매입신청자를 위한 유일한 정보의 이론이다. 토렌스제도에 의해 한번 권리증명서가 발급되면 당해 토지의 과거 이해관계에 대하여 모두 무효화하고 현재의 소유권을 되돌아볼 필요가 없다는 것이다.
	보험이론 (Insurance Principle)	토지등록이 인간의 과실로 인하여 착오가 발생한 경우 피해를 입은 사람은 피해보상에 대하여 법률적으로 선의의 제3자와 동등한 입장이 되어야 한다는 이론으로 권원증명서에 등기된 모든 정보는 정부에 의하여 보장된다는 원리이다.

정답 09 ③

10 신라시대 구장산술 방전장의 토지형태에 대한 설명으로 가장 옳지 않은 것은?

① 규전의 토지는 장(長)과 광(廣)을 측정하여 부책에 기재
② 직전의 토지는 장(長)과 평(平)을 측정하여 부책에 기재
③ 원전의 토지는 반원주(半圓周)와 반경(半徑)을 측정하여 부책에 기재
④ 호전의 토지는 내주(內周)와 외주(外周)를 측정하여 부책에 기재

풀이 구장산술의 형태(전의 형태)

방전(方田)	사방의 길이가 같은 정사각형 모양의 전답으로 장(長)과 광(廣)을 측량
직전(直田)	긴 네모꼴의 전답으로 장(長)과 평(平)을 측량
구고전(句股田)	직삼각형으로 된 전답으로 구(句)와 고(股)를 측량함. 신라시대 천문수학의 교재인 주비산경 제1편에 주(밑변)를 3, 고(높이)를 4라고 할 때 현(빗변)은 5가 된다고 하였으며 이 원리는 중국에서 기원전 1000년경에 나왔으며 피타고라스의 발견보다 무려 500여 년이 앞섬
규전(圭田)	이등변삼각형의 전답으로 장(長)과 광(廣)을 측량. 밑변×높이×1/2
제전(梯田)	사다리꼴 모양의 전답으로 장(長)과 동활(東闊), 서활(西闊)을 측량
원전(圓田)	원과 같은 모양의 전답으로 주(周)와 경(經)을 측량
호전(弧田)	활꼴 모양의 전답으로 현장(弦長)과 시활(矢闊)을 측량
환전(環田)	두 동심원에 둘러싸인 모양, 즉 도넛 모양의 전답으로 내주(內周)와 외주(外周)를 측량

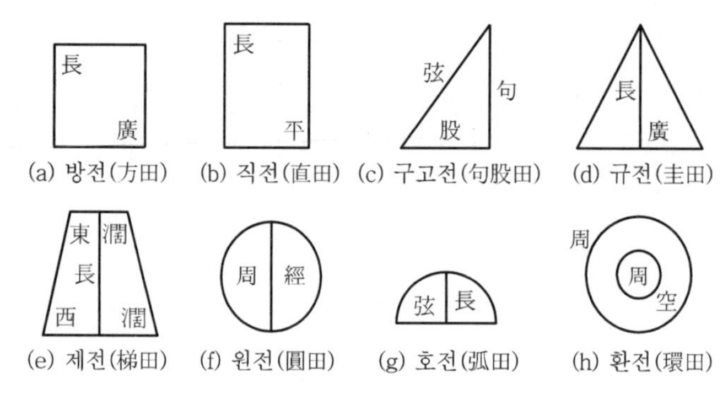

전(田)의 형태

11 지목의 설정 원칙이 아닌 것은?

① 일필 일목의 원칙
② 사용목적 추종의 원칙
③ 용도 경중의 원칙
④ 일시변경 가변의 원칙

풀이 **지목의 설정원칙**

일필 일지목의 원칙	일필지의 토지에는 1개의 지목만을 설정하여야 한다는 원칙
주지목 추정의 원칙	주된 토지의 사용목적 또는 용도에 따라 지목을 정하여야 한다는 원칙

정답 10 ④ 11 ④

등록 선후의 원칙	지목이 서로 중복될 때는 먼저 등록된 토지의 사용목적 또는 용도에 따라 지목을 설정하여야 한다는 원칙
용도 경중의 원칙	지목이 중복될 때는 중요한 토지의 사용목적 또는 용도에 따라 지목을 설정하여야 한다는 원칙
일시변경 불변의 원칙	임시적이고 일시적인 용도의 변경이 있는 경우에는 등록전환을 하거나 지목변경을 할 수 없다는 원칙
사용목적 추종의 원칙	도시계획사업 등의 완료로 인하여 조성된 토지는 사용목적에 따라 지목을 설정하여야 한다는 원칙

12 지적도에 등록할 사항으로 가장 옳지 않은 것은?

① 지목　② 소유자
③ 소재　④ 경계

풀이 공간정보의 구축 및 관리 등에 관한 법률 제72조(지적도 등의 등록사항)

구분	토지표시사항	소유권에 관한 사항	기타
토지대장(土地臺帳, Land Books) & 임야대장(林野臺帳, Forest Books)	• **토**지 소재 • **지**번 • **지**목 • 면**적** • 토지의 **이**동 사유	• 토지소유자 **변**동일자 • 변**동**원인 • **주**민등록번호 • 성**명** 또는 명칭 • 주**소**	• 토지의 고**유**번호(각 필지를 서로 구별하기 위하여 필지마다 붙이는 고유한 번호를 말한다) • 지적도 또는 임야**도** 번호 • 필지별 토지대장 또는 임야대장의 **장**번호 • **축**척 • **토**지등급 또는 기준수확량등급과 그 설정 · 수정 연월일 • 개별**공**시지가와 그 기준일
공유지연명부(共有地連名簿, Common Land Books)	• **토**지 소재 • **지**번	• 토지소유자 **변**동일자 • 변**동**원인 • **주**민등록번호 • 성**명** · 주**소** • 소유권 **지**분	• 토지의 **고**유번호 • 필지별공유지 연명부의 **장**번호
대지권등록부(垈地權登錄簿, Building Site Rights Books)	• **토**지 소재 • **지**번	• 토지소유자가 **변**동일자 및 변**동**원인 • **주**민등록번호 • 성**명** 또는 명칭 · 주**소** • 대**지**권 비율 • 소유**권** 지분	• 토지의 **고**유번호 • 집합건물별 대지권등록부의 **장**번호 • **건**물의 명칭 • **전**유부분의 건물의 표시
경계점좌표등록부(境界點座標登錄簿, Boundary Point Coordinate Books)	• **토**지 소재 • **지**번 • 좌**표**		• 토지의 **고**유번호 • 필지별 경계점좌표등록부의 **장**번호 • **부**호 및 부호도 • 지적**도**면의 번호

정답 12 ②

구분	토지표시사항	소유권에 관한 사항	기타
지적도(地籍圖, Land Books) & 임야도(林野圖, Forest Books)	• **토**지 소재 • **지**번 • **지**목 • 경**계** • 좌표에 의하여 계산된 경계**점** 간의 거리(경계점좌표등록부를 갖춰두는 지역으로 한정한다)		• **도**면의 색인도 • 도**면**의 제명 및 축척 • 도곽**선**과 그 수치 • 삼**각**점 및 지적기준점의 위치 • 건축**물** 및 구조물 등의 위치

13 임야조사사업에 대한 설명으로 가장 옳지 않은 것은?

① 1916년에 시험조사부터 시행하여 1921년에 조선임야조사사업을 완료하였다.

② 조사대상은 토지조사령에 의한 토지조사사업에서 제외된 임야와 임야 내의 개재지(介在地)로 구성하였다.

③ 조사방법 및 절차는 토지조사와 유사하였으며 임야대장 등록지는 도지사의 사정지와 임야심사위원회의 재결지라 할 수 있다.

④ 1918년 제령 제5호로 조선임야조사령을 제정, 발포하였다.

풀이 임야조사사업

1. 조사대상 및 사업목적

임야조사사업은 토지조사사업에서 제외된 임야와 임야 및 기 임야에 개재(介在)되어 있는 임야 이외의 토지를 조사 대상으로 하였으며, 사업목적으로는 첫째, 국민생활 및 일반경제 거래상 부동산 표시에 필요한 지번의 창설, 둘째, 임야의 위치 및 형상을 도면에 묘화하여 경계의 명확화, 셋째, 임야의 귀속 및 판명의 결여로 임정의 진흥 저해와 산야의 황폐, 각종 분규 등의 해결을 위한 소유권의 법적 확정, 넷째, 토지조사와 함께 전 국토에 대한 지적제도 확립, 다섯째, 각종 임야 정책의 기초자료 제공 등이다. 한편, 조사 및 측량기관은 부(府)나 면(面)이 되고 사정(査定)기관은 도지사가 되며 도지사의 산하에 임야심사위원회를 두어 분쟁지에 대한 재결사무를 관장하게 하였다.

2. 사업 계획

임야조사사업은 1916년 경기도와 몇 개 도에서 부분적으로 실시한 시험조사 결과에 따라 비교적 권리관념이 발달한 남한지방부터 조사하여 북한지방까지 조사하는 것으로 1917년부터 1922년까지 6년 동안에 완성하는 계획을 세웠다. 당초 계획에는 임야 내 개재(介在)된 토지를 조사대상에서 제외하였으나 1918년 10월 임야조사령 시행규칙 개정으로 개재지(介在地)를 전부 조사토록 함으로써 조사예정 필수가 증가되어 인력증원과 조사기간을 2년 연장하여 1924년에 완료하는 것으로 계획을 변경하였다.

토지조사사업과 임야조사사업 비교

구분	토지조사사업	임야조사사업
근거법령	토지조사령(1912.8.13. 제령 제2호)	조선임야조사령(1918.5.1. 제령 제5호)
조사기간	1910~1918년(8년 10개월)	1916~1924년(9개년)
측량기관	임시토지조사국	부(府)와 면(面)

정답 13 ①

구분	토지조사사업	임야조사사업
사정기관	임시토지조사국장	도지사
재결기관	고등토지조사위원회	임야심사위원회
조사내용	• 토지소유권 • 토지가격 • 지형, 지모	• 토지소유권 • 토지가격 • 지형, 지모
조사대상	전국에 걸친 평야부 토지 낙산 임야	토지조사에서 제외된 토지 산림 내 개재지(토지)
도면축척	1/600, 1/1,200, 1/2,400	1/3,000, 1/6,000

14 〈보기〉는 지적불부합 유형에 대한 설명이다. ㉠~㉢에 적합한 용어를 옳게 짝지은 것은?

㉠ 일부 기준점의 위치변동에 의한 경계결정 착오로 일정한 방향으로 밀리거나 중복되지 않고 산발적으로 필지의 경계가 일치하지 않는 현상
㉡ 삼각점 또는 도근점의 계열과 도선의 배열이 서로 다른 경우에 등록전환이나 이동측량 시의 측량오류와 국지적인 측량성과로 인한 오류로서 토지의 경계선이 벌어지는 현상
㉢ 일필지의 토지가 형상과 면적은 사실과 일치하나 등록된 경계위치와 현실경계 위치가 다른 경우로 필지경계선이 서로 다른 위치에 놓여 있는 현상

	㉠	㉡	㉢
①	편위형	공백형	지형변동형
②	편위형	위치오류형	지형변동형
③	위치오류형	공백형	불규칙형
④	불규칙형	공백형	위치오류형

풀이 지적불부합의 유형 암기 중공편불위경

유형	특징
중복형	• 원점지역의 접촉지역에서 많이 발생한다. • 기존 등록된 경계선의 충분한 확인 없이 측량했을 때 발생한다. • 발견이 쉽지 않다. • 도상경계에는 이상이 없으나 현장에서 지상경계가 중복되는 형상이다.
공백형	• 도상경계는 인접해 있으나 현장에서는 공간의 형상이 생기는 유형이다. • 도선의 배열이 상이한 경우에 많이 발생한다. • 리, 동 등 행정구역의 경계가 인접하는 지역에서 많이 발생한다. • 측량상의 오류로 인해서도 발생한다.
편위형	• 현형법을 이용하여 이동측량을 했을 때 많이 발생한다. • 국지적인 현형을 이용하여 결정하는 과정에서 측판점의 위치오류로 인해 발생한 것이 많다. • 정정을 위한 행정처리가 복잡하다. • 비교적 규모가 크고 흔히 볼 수 있는 사례이지만 쉽게 발견되지 않는다.

정답 14 ④

유형	특징
불규칙형	• 불부합의 형태가 일정하지 않고 산발적으로 발생한 형태이다. • 경계의 위치파악과 원인분석이 어려운 경우가 많다. • 토지조사 사업 당시 발생한 오차가 누적된 것이 많다.
위치오류형	• 등록된 토지의 형상과 면적은 현지와 일치하나 지상의 위치가 전혀 다른 위치에 있는 유형을 말한다. • 산림 속의 경작지에서 많이 발생한다. • 위치정정만 하면 되고 정정과정이 쉽다.
경계 이외의 불부합	• 지적공부의 표시사항 오류이다. • 대장과 등기부 간의 오류이다. • 지적공부의 정리 시에 발생하는 오류이다. • 불부합의 원인 중 가장 미비한 부분을 차지한다.

15 등기기록 양식의 기재사항에 대한 설명으로 가장 옳은 것은?

① 소유권 등기의 말소등기는 을구에 기재되어 있다.
② 저당권의 변경등기는 갑구에 기재되어 있다.
③ 지상권에 관계되는 등기명의인의 표시변경 등기는 을구에 기재되어 있다.
④ 소유권에 관계되는 환매권의 등기는 을구에 기재되어 있다.

풀이 **부동산등기법 제15조(물적 편성주의)**

① 등기부를 편성할 때에는 1필의 토지 또는 1개의 건물에 대하여 1개의 등기기록을 둔다. 다만, 1동의 건물을 구분한 건물에 있어서는 1동의 건물에 속하는 전부에 대하여 1개의 등기기록을 사용한다.
② 등기기록에는 부동산의 표시에 관한 사항을 기록하는 **표제부**와 소유권에 관한 사항을 기록하는 **갑구(甲區)** 및 소유권 외의 권리에 관한 사항을 기록하는 **을구(乙區)**를 둔다.

16 조선시대에 양전개정론을 주장한 사람과 양전개정방안을 짝지은 것으로 가장 옳지 않은 것은?

① 정약용 – 경무법
② 이기 – 망척제
③ 서유구 – 수등이척제
④ 유길준 – 전통제

풀이 **양전개정론(量田改正論)**

구분	정약용(丁若鏞)	서유구(徐有榘)	이기(李沂)	유길준(兪吉濬)
양전 방안	• 결부제 폐지, 경무법으로 개혁 • 양전법안 개정		수등이척제에 대한 개선책으로 망척제를 주장	전 국토를 리단위로 한 전통제(田統制)를 주장
특징	• 어린도 작성 • 정전제 강조 • 전을 정방향으로 구분	• 어린도 작성 • 구고삼각법에 의한 양전수법십오제 마련	• 도면의 필요성 강조 • 정방형의 눈들을 가진 그물눈금을 사용하여	• 양전 후 지권 발행 • 리단위의 지적도 작성 (전통도)

정답 15 ③ 16 ③

구분	정약용(丁若鏞)	서유구(徐有榘)	이기(李沂)	유길준(俞吉濬)
	• 휴도 : 방량법의 일환이며 어린도의 가장 최소 단위로 작성된 지적도		면적 산출(망척제)	
저서	목민심서(牧民心書)	의상경계책(擬上經界策)	해학유서(海鶴遺書)	서유견문(西遊見聞)

17 지적의 발생설이 아닌 것은?

① 과세설　　② 치수설

③ 지배설　　④ 환경설

풀이 **지적의 발생설(지적제도의 기원)**

과세설(課稅說) (Taxation Theory)	국가가 과세를 목적으로 토지에 대한 각종 현상을 기록, 관리하는 수단으로부터 출발했다고 보는 설로 공동생활과 집단생활을 형성, 유지하기 위해서는 경제적 수단으로 공동체에 제공해야 한다. 토지는 과세목적을 위해 측정되고 경계의 확정량에 따른 과세가 이루어졌고 고대에는 정복한 지역에서 공납물을 징수하는 수단으로 이용되었다. 정주생활에 따른 과세의 필요성에서 그 유래를 찾아볼 수 있고, 과세설의 증거자료로는 Domesday Book(영국의 토지대장), 신라의 장적문서(서원경 부근의 4개 촌락의 현 · 촌명 및 촌락의 영역, 호구(戶口) 수, 우마(牛馬) 수, 토지의 종목 및 면적, 뽕나무, 백자목, 추자목의 수량을 기록) 등이 있다.
치수설(治水說) (Flood Control Theory)	국가가 토지를 농업생산 수단으로 이용하기 위하여 관개시설 등을 측량하고 기록, 유지, 관리하는 데서 비롯되었다고 보는 설로 토지측량설(土地測量說, Land Survey Theory)이라고도 한다. 물을 다스려 보국안민을 이룬다는 데서 유래를 찾아볼 수 있고 주로 4대강 유역이 치수설을 뒷받침하고 있다. 즉, 관개시설에 의한 농업적 용도에서 물을 다스릴 수 있는 토목과 측량술의 발달은 농경지의 생산성에 대한 합리적인 과세목적에서 토지기록이 이루어지게 된 것이다.
지배설(支配說) (Rule Theory)	국가가 토지를 다스리기 위한 영토의 보존과 통치수단으로 토지에 대한 각종 현황을 관리하는 데서 출발한다고 보는 설로 지배설은 자국영토의 국경을 상징하는 경계표시를 만들어 객관적으로 표시하고 기록하는 과정에서 지적이 발생했다는 이론이다. 이러한 국경의 경계를 객관적으로 표시하고 기록하는 것은 자국민의 생활안전을 보장하여 통치의 수단으로서 중요한 역할을 하였다. 국가 경계의 표시 및 기록은 영토보존의 수단이며 통치의 수단으로 백성을 다스리는 근본을 토지에서 찾았던 고대에는 이러한 일련의 행위가 매우 중요하게 평가되었다. 고대세계의 성립과 발전, 중세봉건사회와 근대 절대왕정 그리고 근대시민사회의 성립 등이 지배설을 뒷받침하고 있다.
침략설(侵略說) (Aggression Theory)	국가가 영토확장 또는 침략상 우의를 확보하기 위해 상대국의 토지현황을 미리 조사, 분석, 연구하는 데서 비롯되었다는 학설

정답 17 ④

18 **국제표준으로 공포된 토지행정도메인모델(LADM, ISO 19152)의 핵심 패키지에 해당하지 않는 것은?**

① 당사자(Party)
② 지적필지(Cadastral Parcel)
③ 공간단위(Spatial Unit)
④ 측량 및 표현(Surveying and Representation)

풀이 **토지행정의 국제지적표준모델**

LADM	ISO/TC211은 지리정보 분야와 관련된 하나의 국제표준화기구로서 지구상의 지리적 위치와 직간접적인 관계가 있는 사물이나 현상에 대한 표준을 정의 개발한다. ISO/TC211은 기존 연구된 핵심지적도메인모델(CCDM : Core Cadastral Domain Model)을 발전시켜 토지행정도메인모델(LADM : Land Administration Domain Model)을 새로운 국제표준화 프로젝트로서 진행하고 있다. 토지행정도메인모델(LADM)은 국제표준화모델로서 전 세계 많은 국가들이 지적과 관련된 행정법, 공간 측량적인 구성요소들의 관계를 정의한다. 이를 통해 토지관련 데이터를 효과적으로 관리하고, 나아가 국가들 간의 토지 관련 데이터를 공유할 수 있다.
INSPIRE 필지모델	유럽연합 국가들이 보유하고 있는 지리정보데이터의 교차영역 접근을 위해 ISO 표준기반의 유럽 메타데이터 프로파일 개발이 시작되어 현재에 이르고 있으며, 최신 버전은 3.1이다. 실제 데이터 교환을 위해 INSPIRE 실행규칙은 화합된(harmonized) 데이터의 상세서와 네트워크 서비스를 보다 자세하게 정의하고 있다. 이것은 INSPIRE의 사용에 대한 데이터접속 정책과 모니터링 및 보고를 실행한다. 지적필지는 다른 공간정보를 조회하고 연계하는 것처럼 환경 응용을 위한 일반 정보 위치자의 목적으로 세공될 수 있다.
미국 FGDC 필지모델	미국 연방 지리정보위원회(FGDC : Federal Geographic Data Committee)는 국가차원에서의 지리공간정보의 협력적인 개발, 사용, 공유 및 보급을 촉진시키기 위한 관계부처 간 위원회로서, 미국 행정관리예산국(OMB)에 의해 설립되었다. 주(State)와 지방정부, 산업계 및 전문기관 등의 이익을 대변하기 위해 많은 이해관계 기관들이 참여하고 있다.
STDM	사회보장도메인모델(STDM : Social Tenure Domain Model)은 빈곤국가의 토지행정을 지원하기 위해서 개발되었다. 이 모델은 세계측량사연맹(FIG)과 네덜란드 델프트공대, ITC의 협력으로 유엔인간정주계획(UN-HABITAT) 사업을 위해서 국제공간표준인 토지행정도메인모델(LADM)을 기반으로 작성되었다. 처음 시작할 시점에는 오픈소스소프트웨어 개발원칙을 기반으로 시작하였다.

LADM(Land Administration Domain Model) 패키지의 주요 구성요소

구성요소	내용
클래스 LA_PARTY (당사자)	이 클래스의 인스턴스는 당사자(Party)들(사람들 또는 조직들) 또는 그룹 당사자(GroupParty)들(사람들 또는 조직들의 그룹들)이다.
클래스 LA_RRR	클래스 LA_RRR의 종속 클래스의 인스턴스는 LA_Right(권리), LA_Restriction(제한), LA_Responsibility(책임)들이다.
클래스 LA_BAUnit (기본 행정단위)	이 클래스의 인스턴스는 동등한 권리, 제한, 책임을 가진 공간단위에 관련한 행정적 정보를 포함한다.
클래스 LA_SpatialUnit (공간단위)	이 클래스의 인스턴스는 공간단위(LA_SpatialUnit), 필지, 종속필지, 건물 또는 네트워크이다.

정답 18 ②

19 토지조사사업 당시 고등토지조사위원회에 대한 설명으로 가장 옳은 것은?

① 총회는 불복 또는 재심 신청 건수를 재결하기 위해 구성하였다.
② 토지소유권 확정에 관한 최고 심의기관이었다.
③ 최초의 위원회는 위원장 1인과 위원 6인으로 구성하였다.
④ 사정에 불만이 있는 자는 사정 공시기간 만료 후 90일 이내에 불복 신청할 수 있도록 하였다.

풀이 1. 지방토지조사위원회

구분	내용
역할	토지조사령에 의해 설치된 기관으로 임시토지조사국장의 요구에 대한 소유자 및 강계의 조사에 관한 자문기관
위원회의 구성	• 위원장(1인) : 도지사 • 상임위원(5인) : 도참여관(3인), 도내 명망자(2인) • 임시위원(3인 이내) : 토지의 사정에 관계있는 부윤, 군수, 도사 및 명망가
위원회의 운영	• 위원장을 포함하여 정원의 반수 이상 출석으로 개최하고 출석위원 과반수로 의결 • 가부동수인 경우에는 위원장이 결정
활동	• 자문이 필요할 때는 위원회의 성원으로 성원 • 사정사항을 등록한 토지조사부 및 지적도와 사정구역을 표시한 의안을 각 의원에게 배부 진행 • 분쟁지 총 2,209건에 12건에는 반대 • 1913년 평북 신의주부 및 의주시가지를 시작으로 1917년 함북 명천군이 마지막 자문

2. 고등토지조사위원회

구분	내용
역할	토지의 사정에 대하여 불복이 있는 경우에는 사정공고기간(30일) 만료 후 60일 이내에 불복 신립하거나 재결이 있는 날로부터 3년 이내에 사정의 확정 또는 재결이 체벌받을 만한 행위에 근거하여 재심의 재결을 하는 토지소유권의 확정에 관한 최고의 심의기관
위원회의 구성	• 위원장 1인, 위원 25인으로 구성 • 위원장은 조선총독부 정무총감으로 함 • 위원회는 5부로 나누어 운영
위원회의 운영	• 회의는 부회 및 총회의 2가지로 운영 • 부회는 불복 또는 재심 요구 사건을 재결하기 위하여 부장을 합쳐 위원 5인 이상으로 조직하는 합의제 • 총회는 법규의 해석 통일을 기하여 재심을 변경할 필요가 있을 경우에 개최하는 것으로서 위원장 및 위원을 합쳐 16인 이상 출석 시 개최 가능

정답 19 ②

20 토지등록의 효력에 대한 설명으로 가장 옳은 것은?

① 구속력 : 법정요건을 갖추어 행정행위가 행하여진 경우에는 그 내용에 따라 상대방과 사법청을 구속하는 효력이다.

② 공정력 : 행정행위가 이루어지면 비록 법정요건을 갖추지 못하여 흠이 있더라도 절대무효인 경우를 제외하고는 권한 있는 기관에 의하여 취소되기 전까지는 유효한 효력이다.

③ 확정력 : 토지등록사항에 대하여 사법권의 힘을 빌릴 것이 없이 행정청 자체의 명의로써 자력으로 집행할 수 있는 강력한 효력을 가진다.

④ 강제력 : 유효하게 된 표시사항은 일정 기간이 경과한 뒤에는 상대방과 이해관계인의 효력을 다툴 수 없고 소관청 자신도 특별한 사유가 없는 한 처분행위를 다툴 수 없다.

풀이 토지등록의 효력 **암기** ㉮㉯㉰㉱ (구공확강)

행정처분의 (구)속력 (拘束力)	행정처분의 구속력은 행정행위가 법정요건을 갖추어 행하여진 경우에는 그 내용에 따라 상대방과 행정청을 구속하는 효력, 즉 토지등록의 행정처분이 유효한 한 정당한 절차 없이 그 존재를 부정하거나 효력을 기피할 수 없다는 효력을 말한다.
토지등록의 (공)정력 (公正力)	공정력은 토지 등록에 있어서의 행정처분이 유효하게 성립하기 위한 요건을 완전히 갖추지 못하여 하자가 있다고 인정될 때라도 절대 무효인 경우를 제외하고는 그 효력을 부인할 수 없는 것으로서 무하자 추정 또는 적법성이 추정되는 것으로 일단 권한 있는 기관에 의하여 취소되기 전에는 상대방 또는 제3자도 이에 구속되고 그 효력을 부정하지 못함을 의미한다.
토지등록의 (확)정력 (確定力)	확정력이란 행정행위의 불가쟁력(不可爭力)이라고도 하는데 확정력은 일단 유효하게 등록된 사항은 일정한 기간이 경과한 뒤에는 그 상대방이나 이해관계인이 그 효력을 다툴 수 없을 뿐만 아니라 소관청 자신도 특별한 사유가 없는 한 그 처분행위를 다툴 수 없는 것이다.
토지등록의 (강)제력 (强制力)	강제력은 지적 측량이나 토지 등록 사항에 대하여 사법권의 힘을 빌릴 것 없이 행정청 자체의 명의로써 자력으로 집행할 수 있는 강력한 효력으로 강제집행력(强制執行力)이라고도 한다.

정답 20 ②

CHAPTER

002 한국국토정보공사문제

01 2003년 한국국토정보공사문제

01 다음 중 지적의 효력이 아닌 것은?

① 공신력 ② 구속력
③ 확정력 ④ 공정력

풀이 **지적측량의 법률적 효력** 암기 구공확강

① 구속력 : 지적측량의 내용에 대해 소관청 자신이 소유자 및 이해관계인을 기속하는 효력으로서 지적측량은 완료와 동시에 구속력이 발생하여 측량결과에 대해 그것이 유효하게 존재하는 한 그 내용을 존중하고 복종해야 하며 결코 정당한 절차 없이 그 존재나 효력을 기피할 수 없다.
② 공정력 : 지적측량이 유효의 성립요건을 갖추지 못하여 하자가 인정될 때라도 절대무효인 경우를 제외하고는 소관청, 감독청, 법원 등의 기관에 의하여 쟁송 또는 직권으로 그 내용을 취소할 때까지 그 행위는 적법한 추정을 받고 그 누구도 부인하지 못하는 효력이다.
③ 확정력 : 일단 유효하게 성립된 지적측량은 일정한 기간이 경과한 뒤에 그 상대방이나 기타 이해관계인이 그 효력을 다툴 수 없으며 소관청도 특별한 사유가 없는 한 그 성과를 변경할 수 없다는 효력을 말하며 "불가쟁력" 또는 "형식적 확정력"이라 한다.
④ 강제력 : 강제력이란 행정행위의 실현을 사법부에 의존하지 않고 행정청 자체의 권한으로 집행할 수 있는 효력으로 "집행력" 또는 "제재력"이라고도 한다.

02 다음 중 지적삼각점의 설치 및 관측에 대한 설명으로 맞는 것은?

① 지적삼각측량의 경우 측량을 완료한 후 지적삼각점 표지를 설치하여야 한다.
② 지적삼각점의 명칭은 측량지역이 소재하고 있는 시 · 군으로 한다.
③ 지적삼각점은 사각망 · 삼각망방법으로만 구성하여 측량하여야 한다.
④ 전파 또는 광파측거기는 표준편차가 ±5mm +5ppm 이상인 정밀측거기를 사용한다.

풀이 **지적측량 시행규칙 제8조(지적삼각점측량)**

① 지적삼각점측량을 할 때에는 미리 지적삼각점표지를 설치하여야 한다.
② 지적삼각점의 명칭은 측량지역이 소재하고 있는 특별시 · 광역시 · 도 또는 특별자치도(이하 "시 · 도"라 한다.)의 명칭 중 두 글자를 선택하고 시 · 도 단위로 일련번호를 붙여서 정한다.

정답 01 ① 02 ④

③ 지적삼각점은 유심다각망(有心多角網) · 삽입망(挿入網) · 사각망(四角網) · 삼각쇄(三角鎖) 또는 삼변(三邊) 이상의 망으로 구성하여야 한다.

지적측량 시행규칙 제9조(지적삼각점측량의 관측 및 계산)

② 전파기 또는 광파기측량방법에 따른 지적삼각점의 관측과 계산은 다음 각 호의 기준에 따른다.

1. 전파 또는 광파측거기(光波測距機)는 표준편차가 ±[5밀리미터+5피피엠(ppm)] 이상인 정밀측거기를 사용할 것

03 세부측량을 위한 측량준비도의 기재사항으로 옳지 않은 것은?

① 해당필지의 지번, 지목, 경계

② 주변필지의 지번, 지목, 경계

③ 도곽선 및 도곽선수치

④ 해당필지의 점유현황선

풀이 **지적측량 시행규칙 제17조(측량준비 파일의 작성)** **암기** ㉠㉡㉢㉣㉤㉥0.5 ㉠㉡㉣㉤㉦㉧

① 제18조제1항에 따라 평판측량방법으로 세부측량을 할 때에는 지적도, 임야도에 따라 다음 각 호의 사항을 포함한 측량준비 파일을 작성하여야 한다. 〈개정 2013.3.23.〉

1. (측)량대상 토지의 경계선 · 지번 및 지목
2. 인(근) 토지의 경계선 · 지번 및 지목
3. 임야(도)를 갖춰 두는 지역에서 인근 지적도의 축척으로 측량을 할 때에는 임야도에 표시된 경계점의 좌표를 구하여 지적도에 전개(展開)한 경계선. 다만, 임야도에 표시된 경계점의 좌표를 구할 수 없거나 그 좌표에 따라 확대하여 그리는 것이 부적당한 경우에는 축척비율에 따라 확대한 경계선을 말한다.
4. (행)정구역선과 그 명칭
5. 지(적)기준점 및 그 번호와 지적기준점 간의 거리, 지적기준점의 좌표, 그 밖에 측량의 기점이 될 수 있는 기지점
6. (도)곽선(圖廓線)과 그 수치
7. 도곽선의 신축이 (0.5)밀리미터 이상일 때에는 그 신축량 및 보정(補正) 계수
8. 그 밖에 국토교통부장관이 정하는 사항

② 제18조제9항에 따라 경위의측량방법으로 세부측량을 할 때에는 경계점좌표등록부와 지적도에 따라 다음 각 호의 사항을 포함한 측량준비 파일을 작성하여야 한다. 〈개정 2013.3.23.〉

1. (측)량대상 토지의 경계와 경계점의 좌표 및 부호도 · 지번 · 지목
2. 인(근) 토지의 경계와 경계점의 좌표 및 부호도 · 지번 · 지목
3. (행)정구역선과 그 명칭
4. 지(적)기준점 및 그 번호와 지적기준점 간의 방위각 및 그 거리
5. (경)계점 간 계산거리
6. 도곽(선)과 그 수치
7. 그 밖에 국토교통부장관이 정하는 사항

③ 지적측량수행자는 제1항 및 제2항의 측량준비 파일로 지적측량성과를 결정할 수 없는 경우에는 지적소관청에 지적측량성과의 연혁 자료를 요청할 수 있다.

정답 03 ④

04 다음 중 등기업무를 수행할 수 있는 등기공무원이 될 수 없는 사람은?

① 등기사무관　　② 등기서기관
③ 등기주사　　④ 등기이사관

풀이 **부동산등기법 제11조(등기사무의 처리)**

① 등기사무는 등기소에 근무하는 법원서기관 · 등기사무관 · 등기주사 또는 등기주사보(법원사무관 · 법원주사 또는 법원주사보 중 2001년 12월 31일 이전에 시행한 채용시험에 합격하여 임용된 사람을 포함한다) 중에서 지방법원장(등기소의 사무를 지원장이 관장하는 경우에는 지원장을 말한다. 이하 같다)이 지정하는 자[이하 "등기관"(登記官)이라 한다]가 처리한다.
② 등기관은 등기사무를 전산정보처리조직을 이용하여 등기부에 등기사항을 기록하는 방식으로 처리하여야 한다.
③ 등기관은 접수번호의 순서에 따라 등기사무를 처리하여야 한다.
④ 등기관이 등기사무를 처리한 때에는 등기사무를 처리한 등기관이 누구인지 알 수 있는 조치를 하여야 한다.

05 도시관리계획의 입안자로 옳지 않은 자는?

① 특별시장　　② 건교부장관
③ 시장 또는 군수　　④ 광역시장

풀이 **국토의 계획 및 이용에 관한 법률 제24조(도시 · 군관리계획의 입안권자)**

① 특별시장 · 광역시장 · 특별자치시장 · 특별자치도지사 · 시장 또는 군수는 관할 구역에 대하여 도시 · 군관리계획을 입안하여야 한다.

06 오늘날의 매매계약서로 다음 중 옳은 것은?

① 가계　　② 입안
③ 문기　　④ 양안

풀이 1. 입안 : 토지매매를 증명하는 문서로 재산권이나 상속권을 주장하는 데 절대적인 근거가 되었다. 고려시대에도 이 제도가 있었으나 조선시대의 실물이 많이 전하여진다.
① 경국대전에는 토지, 가옥, 노비는 매매 계약 후 100일, 상속 후 1년 이내에 입안을 받도록 되어 있었다. 다른 의미로 황무지 개간에 관한 인 · 허가서를 말한다.
② 토지가옥의 매매를 국가에서 증명하는 제도로서, 현재의 등기권리증과 같다.
2. 문기 : 토지가옥의 매매 시에 매도인과 매수인의 합의 외에도 대가의 수수, 목적물 인도 시에 서면으로 작성하는 계약서로서, 문기 또는 명문문권이라 한다.

07 토지이동 신청, 신고기간이 60일이 아닌 것은?

① 신규등록　　② 등록전환
③ 합병　　④ 축척변경

정답 04 ④　05 ②　06 ③　07 ④

풀이 **공간정보의 구축 및 관리 등에 관한 법률 제77조(신규등록 신청)**
토지소유자는 신규등록할 토지가 있으면 대통령령으로 정하는 바에 따라 그 사유가 발생한 날부터 60일 이내에 지적소관청에 신규등록을 신청하여야 한다.

공간정보의 구축 및 관리 등에 관한 법률 제78조(등록전환 신청)
토지소유자는 등록전환할 토지가 있으면 대통령령으로 정하는 바에 따라 그 사유가 발생한 날부터 60일 이내에 지적소관청에 등록전환을 신청하여야 한다.

공간정보의 구축 및 관리 등에 관한 법률 제79조(분할 신청)
① 토지소유자는 토지를 분할하려면 대통령령으로 정하는 바에 따라 지적소관청에 분할을 신청하여야 한다.
② 토지소유자는 지적공부에 등록된 1필지의 일부가 형질변경 등으로 용도가 변경된 경우에는 대통령령으로 정하는 바에 따라 용도가 변경된 날부터 60일 이내에 지적소관청에 토지의 분할을 신청하여야 한다.

공간정보의 구축 및 관리 등에 관한 법률 제80조(합병 신청)
① 토지소유자는 토지를 합병하려면 대통령령으로 정하는 바에 따라 지적소관청에 합병을 신청하여야 한다.
② 토지소유자는 「주택법」에 따른 공동주택의 부지, 도로, 제방, 하천, 구거, 유지, 그 밖에 대통령령으로 정하는 토지로서 합병하여야 할 토지가 있으면 그 사유가 발생한 날부터 60일 이내에 지적소관청에 합병을 신청하여야 한다.

공간정보의 구축 및 관리 등에 관한 법률 제81조(지목변경 신청)
토지소유자는 지목변경을 할 토지가 있으면 대통령령으로 정하는 바에 따라 그 사유가 발생한 날부터 60일 이내에 지적소관청에 지목변경을 신청하여야 한다.

공간정보의 구축 및 관리 등에 관한 법률 제83조(축척변경)
① 축척변경에 관한 사항을 심의·의결하기 위하여 지적소관청에 축척변경위원회를 둔다.
② 지적소관청은 지적도가 다음 각 호의 어느 하나에 해당하는 경우에는 토지소유자의 신청 또는 지적소관청의 직권으로 일정한 지역을 정하여 그 지역의 축척을 변경할 수 있다.

08 다음 중 양안에 기재된 사항에 속하지 않는 것은?

① 토지소유자, 토지가격
② 지번, 면적
③ 토지등급, 측량순서
④ 토지형태, 사표

풀이 **양안의 등재 내용**
① 고려시대 : 지목, 전형(토지형태), 토지소유자, 양전방향, 사표, 결수, 총결수
② 조선시대 : 논밭의 소재지, 지목, 면적, 자호, 전형(토지형태), 토지소유자, 양전방향, 사표, 장광척, 등급, 결부수, 경작 여부 등

※ 신양안
1898년 7월 6일 양지아문이 창설된 때부터 1904년 4월 19일 지계아문이 폐지된 기간에 시행한 전사업(광무연간양전(光武年間量田))을 통해 만들어진 양안을 말한다.
① 야초책(野草册)
- 1필마다 토지측량을 행한 결과를 최초로 기록하는 장부
- 전답과 초가·외가의 구별·배미·양전방향·전답 도형과 사표·실적(實積)·등급·결부·전답주 및 소작인 기록

② 중초책(中草册) : 야초작업이 끝난 후 만든 양안의 초안서사(書使) 1명, 산사(算師) 3명이 종사하고 면도감(面都監)이 감독

정답 08 ①

③ 정서책(正書冊)
- 광무양안 때 3단계 작업으로 완성한 양안으로 면에서 중초책을 완성하면 읍에서 취합하여 작성, 완성하는 정안(正案)이다.
- 정안은 3부를 작성하여 1부는 양지아문에, 1부는 도(道)의 감영(監營)에, 1부는 읍(邑)에 보관하였다.

09 모든 토지는 지적공부에 등록하기 위해 소관청은 꼭 직접 조사를 하여야 한다는 이념은?

① 실질적 심사주의　　② 지적 공개주의
③ 공시의 원칙　　④ 지적 국정주의

풀이 지적법의 기본이념 **암기** ㉾㉿㉾㉾㉾

① 지적㉾정주의 : 지적공부의 등록사항인 토지소재, 지번, 지목, 경계 또는 좌표와 면적 등은 국가의 공권력에 의하여 국가만이 이를 결정할 수 있는 권한을 가진다는 이념
② 지적㉿식주의 : 국가의 통치권이 미치는 모든 토지를 필지단위로 구획하여 지번, 지목, 경계 또는 좌표와 면적을 정하여 국가기관인 소관청이 비치하고 있는 지적공부에 등록공시하여야만 공식적인 효력이 인정된다는 이념
③ 지적㉾개주의 : 지적공부에 등록된 사항은 이를 토지소유자나 이해관계인 등 국민에게 신속 정확하게 공개하여 정당하게 이용할 수 있도록 하는 이념
④ ㉾질적 심사주의(사실심사주의) : 지적공부에 새로이 등록하는 사항이나 이미 등록된 사항의 변경등록은 국가기관인 소관청이 지적법령에 정한 절차상의 적법성뿐만 아니라 실체법상 사실관계의 부합 여부를 심사하여 지적공부에 등록하여야 한다는 이념
⑤ ㉾권등록주의(강제등록주의) : 모든 필지는 필지단위로 구획하여 국가기관인 소관청이 강제적으로 지적공부에 등록공시하여야 한다는 이념

10 다음 중 날인증서 등록제도에 대한 설명으로 맞는 것은?

① 소유권등록에 따라 거래의 유효성을 분석하는 토지등록제도
② 소유권등록의 적합성, 합법성에 따른 국가의 보증제도
③ 소유권등록에 따라 공적 등기를 보전하는 토지등록제도
④ 소유권의 권리원천에 따라 적합성, 유효성을 고려한 국가책임제도

풀이 날인증서 등록제도

① 토지의 이익에 영향을 미치는 공적 등기를 보전하는 제도
② 기본원칙 : 모든 등록된 문서는 미등록문서와 후순위등록문서보다 우선권을 갖는다.
③ 단점 : 문서는 거래에 대한 기록에 불과하므로 당사자의 법적권리에 대한 부여관계를 입증하지 못하고 따라서 그 거래의 유효성을 증명하지 못한다.

11 토지의 소유자와 그 경계를 확정하는 행정처분을 무엇이라고 하는가?

① 지압조사　　② 지적조사
③ 사정　　④ 경계확정처분

정답 09 ① 10 ③ 11 ③

풀이 사정

토지조사부와 지적도에 의하여 토지의 소유자 및 그 강계를 확정하는 행정처분으로서 사정권자는 지방토지조사위원회의 자문을 받아 당시 임시토지조사국장이 사정하였다.

12 다음 중 건폐율과 용적률에 관한 설명으로 맞는 것은?

① 건폐율은 건물이 차지하는 바닥면적의 합을 의미한다.
② 건폐율은 일정한 대지 안에서 건축물이 차지하는 비율을 의미한다.
③ 용적률은 각 층의 바닥면적이 차지하는 총합을 의미한다.
④ 용적률은 지하층만을 제외한 지상 건축물의 연면적이 차지하는 합을 의미한다.

풀이
- 건폐율 : 1층의 건축바닥면적을 대지면적으로 나눈 비율
- 용적률 : 대지면적에 대한 건축물의 연면적의 비율이며 건축물에 의한 토지 이용도를 나타내는 척도이다. 이 때 연면적은 지하 부분을 제외한 지상 부분 건축물의 면적을 기준으로 한다. 따라서 대지에 2층 이상의 건축물이 있는 경우에는 각 층의 바닥면적의 합계로 적용된다.

13 다음 중 지목의 표기방법으로 맞지 않는 것은?

① 장－공장 ② 차－주차장
③ 천－하천 ④ 원－공원

풀이 지목의 부호표기

지목	부호	지목	부호	지목	부호	지목	부호
전	전	대	대	철도용지	철	공원	공
답	답	공장용지	㉳	제방	제	체육용지	체
과수원	과	학교용지	학	하천	㉷	유원지	원
목장용지	목	주차장	㉶	구거	구	종교용지	종
임야	임	주유소용지	주	유지	유	사적지	사
광천지	광	창고용지	창	양어장	양	묘지	묘
염전	염	도로	도	수도용지	수	잡종지	잡

14 다음 중 지목에 관한 연결로서 맞지 않는 것은?

① 연못이나 호수－유지 ② 유료낚시터－양어장
③ 향교용지－종교용지 ④ 연을 재배하는 토지－답

풀이
- 유지(溜池) : 물이 고이거나 상시적으로 물을 저장하고 있는 댐 · 저수지 · 소류지(沼溜地) · 호수 · 연못 등
- 양어장 : 육상에 인공으로 조성된 수산생물의 번식 또는 양식을 위한 시설을 갖춘 부지와 이에 접속된 부속시설물의 부지토지와 연 · 왕골 등이 자생하는 배수가 잘 되지 아니하는 토지
- 종교용지 : 일반 공중의 종교의식을 위하여 예배 · 법요 · 설교 · 제사 등을 하기 위한 교회 · 사찰 · 향교 등 건축물의 부지와 이에 접속된 부속시설물의 부지
- 답 : 물을 상시적으로 직접 이용하여 벼 · 연(蓮) · 미나리 · 왕골 등의 식물을 주로 재배하는 토지

정답 12 ④ 13 ④ 14 ②

15 토지조사 당시 지번의 부번 방법으로 가장 많이 사용한 것으로 옳은 것은?

① 단지식 ② 기우식
③ 사행식 ④ 교호식

풀이 **지번부여 방법** 암기 ㉳㉴㉵

다음 중 필지의 배열이 불규칙한 지역에서 지번을 부여하는 대표적인 방식으로, 과거 우리나라에서 지번부여방법으로 가장 많이 사용되었다.

① ㉳행식
- 필지의 배열이 불규칙한 지역에서 진행순서에 따라 지번을 부여하는 방법
- 농촌지역의 지번부여에 적합
- 우리나라 토지의 대부분
- 지번부여가 일정하지 않고 상하좌우로 분산되어 부여되는 단점

② ㉴우식(교호식)
도로를 중심으로 한쪽은 홀수인 기수, 다른 쪽은 짝수인 우수로 지번을 부여

③ ㉵지식(블록식)
단지마다 하나의 지번을 부여하고 단지 내 필지마다 부번을 부여

16 다음 중 지적제도의 발달과정에 관한 설명으로 맞지 않는 것은?

① 법지적은 토지권리의 안전한 보호를 위해 경계를 중심으로 관리한다.
② 세지적은 토지과세를 목적으로 위치를 중심으로 관리한다.
③ 다목적 토지의 과세 및 소유권은 물론 토지에 관련된 모든 정보의 종합화를 목적으로 한다.
④ 오늘날의 근대적 지적제도의 효시는 나폴레옹지적이라고 말할 수 있다.

풀이 1. **세지적(Fiscal Cadastre)**

① 세지적이란 토지에 대한 조세를 부과함에 있어서 그 세액을 결정함을 가장 큰 목적으로 개발된 지적제도로서 일명 과세지적이라고도 한다.
② 세지적은 국가 재정수입의 대부분을 토지세에 의존하던 농경시대에 개발된 최초의 지적제도이다.
③ 각 필지에 대한 세액을 정확하게 산정하기 위하여 면적이 중심이 되어 운영되는 지적제도이다.
④ 근대적 의미에서의 세지적을 확립하기 위한 최초의 노력 중의 하나로서 1720년부터 1732년 사이에 이탈리아 밀라노의 지적도 제작사업과 1807년에 나폴레옹 지적법(Napoleonien Cadastre Act)을 제정하고 토지에 대한 공평한 과세와 소유권에 관한 분쟁을 해결하기 위하여 창설되었다.

2. **법지적(Legal Cadastre 또는 Property Cadastre)**

① 토지에 대한 세금부과는 물론 토지거래의 안전과 국민의 토지 소유권을 보호하기 위하여 만들어진 제도로서 일명 소유지적이라고도 한다.
② 법지적은 토지소유권의 보호에 역점을 둔 제도로서 토지거래의 안전을 보장하기 위하여 권리관계를 보다 구체적으로 상세하게 기술하게 된다.
③ 토지의 면적보다는 개인의 소유권보호를 위한 경계점의 위치를 정확하게 결정하여 소유권의 범위를 명확하게 결정하는 것이 주된 목적으로 볼 수 있다.
④ 토지의 등록사항이 정확하지 못할 경우 발생하는 손해에 대하여 선의의 제3자를 보호하는 데도 목적이 있다.

정답 15 ③ 16 ②

다목적 지적(Multipurpose Cadastre)

① 토지에 관한 등록사항의 용도가 단순히 지적부서뿐만 아니라 토목, 건축, 공시지가, 도시계획, 상하수도, 도시가스, 시설관리, 세무 등의 다양한 관련 부서에서 활용됨에 따라 토지관련정보를 종합적이고 체계적으로 등록·관리하여 최신의 정보를 신속·정확하게 제공하는 지적제도로서 종합지적이라고도 한다.

② 토지관련 정보의 지속적인 기록과 관리를 통해 공공의 목적상 토지관련 정보를 제공해 주는 종합적인 토지정보시스템이라고 할 수 있다.

③ 광범위한 토지관련 등록자료를 통해 토지표시사항과 토지권리관계는 물론 토지 위의 건물, 토양의 성질, 지하시설물, 공시지가 등을 총망라하여 전산화(컴퓨터 시스템)를 통한 등록·관리로 인해 항시 신속하게 출력될 수 있는 시스템을 의미한다.

17 우리나라에서 지적법을 제정하여 시행함에 있어서 적용되는 원칙은?

① 초일산입의 원칙 ② 익일불산입의 원칙
③ 초일불산입의 원칙 ④ 익일산입의 원칙

풀이 지적법에 규정된 각종 신청 또는 신고기간 산정은 특별한 규정이 없는 한 민법상 **초일불산입(初日不算入)** 계산방법을 채용하고 있다.

18 다음 중 정밀도를 높이는 것이 목적인 토지이동은?

① 신규등록 ② 축척변경
③ 경계복원 ④ 등록전환

풀이 **공간정보의 구축 및 관리 등에 관한 법률 제2조(정의)**

이 법에서 사용하는 용어의 뜻은 다음과 같다.

29. "신규등록"이란 새로 조성된 토지와 지적공부에 등록되어 있지 아니한 토지를 지적공부에 등록하는 것을 말한다.
30. "등록전환"이란 임야대장 및 임야도에 등록된 토지를 토지대장 및 지적도에 옮겨 등록하는 것을 말한다.
31. "분할"이란 지적공부에 등록된 1필지를 2필지 이상으로 나누어 등록하는 것을 말한다.
32. "합병"이란 지적공부에 등록된 2필지 이상을 1필지로 합하여 등록하는 것을 말한다.
33. "지목변경"이란 지적공부에 등록된 지목을 다른 지목으로 바꾸어 등록하는 것을 말한다.
34. "축척변경"이란 지적도에 등록된 경계점의 정밀도를 높이기 위하여 작은 축척을 큰 축척으로 변경하여 등록하는 것을 말한다.

19 근대적 측량기술을 사용하여 제작된 지적도로서 축척 1 : 1,500 정도의 대축척 지도이며 산지의 기복은 우모식(羽毛式)으로 표현하였고, 경계선 테두리는 연속적인 파도 무늬로 처리한 지적도는?

① 전답도형도 ② 경지배열일람도
③ 민유임야략도 ④ 국유지실측도

정답 17 ③ 18 ② 19 ②

풀이 **대한제국시대**

- 조선 말기 토지제도가 문란하여 소유권 분쟁이 끊이지 않았으며 이를 제도적으로 관리하기 위하여 1894년 7월 19일에 탁지아문에 전적, 편호업무를, 내부아문에 측량을, 농상아문에 지형측량을, 공무아문에 광물측량을 관장하도록 하였다.
- 1898년 7월 6일 양지아문이 설립되었고, 9월 15일에는 미국인 측량기사 크럼(Krumm)을 초빙하여 한성부 일대의 토지를 측량하고 한국인 측량기사를 양성하였다.
- 1908년 임시재산정리국에 측량과를 두어 토지와 건물에 관한 업무를 담당하게 하였다. 그 증거로 대한제국 탁지부 임시재산정리국 측량과에서 1908년 5~9월 사이에 제작한 축척 1 : 500인 경기도 한성부 지적도 29매가 서울시 종합자료관에 보관되어 있다.
- 이 밖에 산록도, 전원도, 건물원도, 가옥원도, 궁채전도, 관리원도 등 다양한 주제별로 제작한 대축척 지적도가 현재 서울대학교 규장각과 부산 정부기록보존소에 보관되어 있다.
  - 사표도
  - 전답도형도, 경지배열도, 민유임야략도, 국유지실측도, 한성부지적도(29매, 1 : 500), 율림기지원도, 산록도, 전원도, 건물원도, 가옥원도, 궁채전도, 관저원도, 광화문외제관아실측평면도

전답도형도 (田畓圖形圖)	• 사표는 신라와 고려를 거쳐 조선까지 전승되어 왔으며 1720년 경자양안에는 방형, 직형, 제형, 규형, 구고형 등 기본 5도형을 중심으로 전형(田形)을 문자로 기술하고 있다. • 광무 연간의 양지아문에서 작성한 아산군 양안(1899년)을 시발로, 문자로 기술된 사표와 전답도형도라 불리는 사표도가 함께 수록되기 시작하였다. • 이 사표도는 비록 지도학적 제 조건을 갖추고 있지는 않지만 원시적인 지적도의 시발이라고 볼 수 있다. • 토지 주위의 정황을 문자와 도형으로 함께 표현함으로써 현행 지적도가 탄생하게 된 중요한 계기가 되었다.
경지배열일람도 (耕地配列一覽圖)	최근에 발견된 제천군 근좌면 원박리 삼상동 경지배열일람도는 근대적 측량기술을 사용하여 1897~1906년 사이에 제작된 지적도로서 축척 1 : 1,500 정도의 대축척 지도이며 산지의 기복은 우모식(羽毛式)으로 표현하였고, 경계선 테두리는 연속적인 파도 무늬로 처리하였다.
민유임야략도 (民有林野略圖)	대한제국은 1908년 1월 21일 삼림법을 공포하였는데, 제19조에 '모든 민유임야는 3년 안에 지적 및 면적의 약도를 첨부하여 농상공부 대신에게 신고하되 기간 내에 신고하지 않는 자는 모두 국유로 간주한다.'라는 내용을 담아 모든 민간인 소유의 임야를 측량하여 각 개인의 소유 지분을 명확히 하려고 강제적으로 약도를 제출하게 하였다. 민유임야략도란 이 삼림법에 의해서 민유임야 측량 기간(1908.1.21.~1911.1.20.)에 소유자가 자비로 측량해서 작성한 약도를 말한다.
국유지실측도 (國有地實測圖)	역둔토 중심의 국유지 측량은 한말에 네 번 시행했는데, 첫째가 을미사판(乙未査辦, 1896~1897), 둘째가 기해사검(己亥査檢, 1899~1900)으로 대한제국이 주관하고 시행한 사업으로 조사만 하고 측량은 하지 않았다. 셋째는 1907~1908년에 재정 정리, 제실 재산 정리라는 명분을 내세워 역둔토뿐만 아니라 궁장토(宮庄土), 목장토, 능원묘위토(陵園墓位土), 미간지(未墾地), 기타 각종 토지를 역둔토에 포함시켜 국유지 면적을 산출하였다. 넷째는 1909년 6월부터 1910년 10월까지 모든 국유지, 즉 궁장토, 능원묘 및 부속토지, 역둔토의 실지 조사 및 측량으로 기유국유지(己酉國有地) 조사 측량이라고 한다. 그 당시 작성한 도부가 현재 부분적으로 남아 있다.

정답

한성부지적도 (漢城府地籍圖)	우리는 현대적인 측량에 의한 대축척 실측도가 일제의 토지조사사업의 부산물로 제작된 것으로 알고, 대한제국기의 대축척 실측도 존재에 대해서는 관심 밖이었다. 그러나 대한제국기에 이미 탁지부가 자주적으로 한양, 밀양 등지를 실제 측량하여 축척 1 : 500 대축척 지적도를 작성하였다는 것을 사료를 통해 알 수 있다. 서울특별시 종합자료관에는 1908년 7월 탁지부 측량과에서 한성(서울) 지역을 소삼각 측량법으로 제작한 1 : 500 지적도 29매가 소장되어 있다(박경룡, 1995 : 49). 이 지적도는 한성부의 말단 행정 단위인 방(坊)별로 측량되어 있는데, 측량 시기는 1908년 5월부터 9월까지이고 탁지부에서 측량을 주관하였다.

20 모든 토지는 지적공부에 등록해야 한다는 지적법의 이념은?

① 적극적 등록주의　　② 지적 공개주의
③ 공시의 원칙　　④ 지적 국정주의

풀이 토지등록의 원칙 **암기** ㉦㉦㉦㉦㉦㉦ (등신특정공신)

㉦록의 원칙 (登錄의 原則)	토지에 관한 모든 표시사항을 지적공부에 반드시 등록하여야 하며 토지의 이동이 이루어지려면 지적공부에 그 변동사항을 등록하여야 한다는 토지등록의 원칙으로 토지표시의 등록주의(登錄主義, Booking Principle)라고 할 수 있다. 적극적 등록제도(Positive System)와 법지적(Legal Cadastre)을 채택하고 있는 나라에서 적용하고 있는 원리로서 토지의 모든 권리의 행사는 토지대장 또는 토지등록부에 등록하지 않고는 모든 법률상의 효력을 갖지 못하는 원칙으로 형식주의(Principle of Formality)규정이라고 할 수 있다.
㉦청의 원칙 (申請의 原則)	토지의 등록은 토지소유자의 신청을 전제로 하되 신청이 없을 때는 직권으로 직접 조사하거나 측량하여 처리하도록 규정하고 있다.
㉦정화의 원칙 (特定化의 原則)	토지등록제도에 있어서 특정화의 원칙(Principle of Speciality)은 권리의 객체로서 모든 토지는 반드시 특정적이면서도 단순하며 명확한 방법에 의하여 인식될 수 있도록 개별화함을 의미하는데 이 원칙이 실제적으로 지적과 등기와의 관련성을 성취시켜 주는 열쇠가 된다.
국㉦주의 및 직권주의 (國定主義 및 職權主義)	국정주의(Principle of National Decision)는 지적공부의 등록사항인 토지의 지번, 지목, 경계, 좌표, 면적의 결정은 국가의 공권력에 의하여 국가만이 결정할 수 있는 원칙이다. 직권주의는 모든 필지는 필지단위로 구획하여 국가기관인 소관청이 직권으로 조사·정리하여 지적공부에 등록 공시하여야 한다는 원칙이다.
㉦시의 원칙, 공개주의 (公示의 原則, 公開主義)	토지 등록의 법적 지위에 있어서 토지이동이나 물권의 변동은 반드시 외부에 알려야 한다는 원칙을 공시의 원칙(Principle of Public Notification) 또는 공개주의(Principle of Publicity)라고 한다. 토지에 관한 등록사항을 지적공부에 등록하여 일반인에게 공시하여 토지소유자는 물론 이해관계자 및 기타 누구나 이용할 수 있도록 하는 것이다.
공㉦의 원칙 (公信의 原則)	공신의 원칙(Principle of Public Confidence)은 물권의 존재를 추측케 하는 표상, 즉 공시방법을 신뢰하여 거래한 자는 비록 그 공시방법이 진실한 권리관계에 일치하고 있지 않더라도 그 공시된 대로의 권리를 인정하여 이를 보호하여야 한다는 것이 공신의 원칙이다. 즉, 공신의 원칙은 선의의 거래자를 보호하여 진실로 그러한 등기 내용과 같은 권리관계가 존재한 것처럼 법률효과를 인정하려는 법률법칙을 말한다.

정답 20 ①

02 2004년 한국국토정보공사문제

01 조선시대 문서인 양안과 입안은 오늘날 무엇인가?

① 양안－토지대장, 입안－등기권리증
② 양안－지적도, 입안－토지대장
③ 양안－토지예매문서, 입안－예매절차
④ 양안－수치지적부, 입안－공증제도

풀이 ① 입안 : 토지매매를 증명하는 문서로 재산권이나 상속권을 주장하는 데 절대적인 근거가 되었다. 고려시대에도 이 제도가 있었으나 조선시대의 실물이 많이 전하여진다.

- 경국대전에는 토지, 가옥, 노비는 매매 계약 후 100일, 상속 후 1년 이내에 입안을 받도록 되어 있었다. 다른 의미로 황무지 개간에 관한 인·허가서를 말한다.
- 토지가옥의 매매를 국가에서 증명하는 제도로서, 현재의 등기권리증과 같다.

② 문기 : 토지가옥의 매매 시에 매도인과 매수인의 합의 외에도 대가의 수수, 목적물 인도 시에 서면으로 작성하는 계약서로서, 문기 또는 명문문권이라 한다.

③ 양안 : 고려시대부터 사용된 토지장부이며 오늘날의 지적공부로 토지대장과 지적도 등의 내용을 사록하고 있었으며 전적이라고 부르기도 하였다.

02 우리나라 최초로 면적을 측정하였던 방법으로 옳은 것은?

① 경무법
② 결부제
③ 두락제
④ 정전제

풀이 **정전제**

토지를 일정한 기준에 의하여 구획하는 것으로 토지를 9등분하여 8 농가가 각각 한 구역식 사전(개인경작)하고 중앙의 한 구역은 공동경작하여 공전을 조세로 바치게 하였다.

<table>
<tr><td rowspan="4">결(結)/경(頃)</td><td colspan="2">'결'은 신라시대부터 쓰여 오던 것으로서 과세의 표준이었고, 고려 중기까지는 중국의 경묘법의 '경'과 동일 면적으로 사용되었으며, 고려 말기에 이르러 농부들의 손뼘을 기준으로 척장의 길이를 달리하는 수등이척법을 사용함에 따라 '결'과 '경'의 면적이 달라져서 '결'의 면적이 '경'의 면적의 몇 분의 1로 축소되었다.</td></tr>
<tr><td>결부법</td><td>경무법</td></tr>
<tr><td>• 1척 → 1파(把) • 10파 → 1속(束)
• 10속 → 1부(負) • 100부 → 1결(結)</td><td>• 6척 → 1보 • 100보 → 1무
• 100무 → 1경</td></tr>
<tr><td colspan="2"></td></tr>
<tr><td>두락(斗落)</td><td colspan="2">• 전답에 뿌리는 씨앗의 수량으로 면적단위(마지기) 표시
• 볍씨 한 말로 모를 부어 낼 수 있는 논밭의 넓이 또는 한 말의 씨앗을 뿌릴 만한 밭의 넓이</td></tr>
<tr><td>두락제(斗落制)</td><td colspan="2">• 전답에 뿌리는 씨앗의 수량으로 면적을 표시
• 하두락, 하승락, 하합락으로 분류되며, 1두락의 면적은 120평 또는 180평
• 1석(石, 20두)의 씨앗을 뿌리는 면적을 1석락(石落)이라고 함</td></tr>
<tr><td>정전제(井田制)</td><td colspan="2">고조선시대의 토지구획방법으로 균형 있는 촌락의 설치와 토지의 분급 및 수확량을 파악하기 위하여 시행되었던 지적제도로, 당시 납세의 의무를 지게 하여 소득의 1/9을 조공으로 바치게 하였다.</td></tr>
</table>

정답 01 ① 02 ④

03 다음 중 토지조사 당시 지역선의 설명이 맞는 것은?

① 토지조사 당시 소유자는 같으나 지목이 다른 경우나 지반이 연속되지 않은 경우의 경계선
② 토지조사 당시 토지의 필지 경계선을 구획한 선
③ 토지조사 당시 동일한 토지소유자의 경계가 상호 일치하지 않는 경우
④ 토지조사 당시 소유자가 2명 이상일 경우 지분을 설정하는 경계선

풀이 토지조사사업 당시 용어 정의

① 강계선 : 사정선으로서 토지조사 당시 확정된 소유자가 다른 토지 간의 경계선이며, 강계선의 상대는 소유자와 지목이 다르다는 원칙이 성립한다.
② 지역선 : 소유자가 같은 토지와의 구획선 또는 소유자를 알 수 없는 토지와의 구획선 및 토지조사사업의 시행지와 미시행지와의 지계선이다.
③ 경계선 : 임야조사사업 시의 사정선으로서, 강계선과 같은 개념이다.

04 다음 중 도곽선의 역할로 옳지 않은 것은?

① 지적측량기준점의 전개기준
② 도곽신축 보정 시의 기준
③ 도면접합 시의 기준
④ 토지합병 시의 필지결정기준

풀이 도곽선의 역할

- 지적측량기준점의 전개
- 인접도면과의 접합
- 도곽의 신축보정 등의 경우 기준선의 역할
- 도곽선의 신축량이 0.5mm 이상인 경우에는 도면을 재작성한다.
- 도곽선의 역할은 인접 도면과의 접합기준선, 도북방위선의 표시, 기초점 전개의 기준선, 도면 신축량 측정의 기준선으로서 거리 및 면적보정, 소도와 실지의 부합 여부 확인 기준 등이다.

05 지목의 종류를 법률로 정한 후 이용형태를 분류하여 지목을 정하는 것과 가장 관계가 깊은 것은?

① 일괄일지목의 원칙
② 지목법정주의 원칙
③ 주지목추종의 원칙
④ 용도경중의 원칙

풀이 지목설정의 원칙 암기 ㉠㉡㉢㉣㉠㉦ (일주등용일사)

① (일)필1지목의 원칙 : 1필의 토지에는 1개의 지목만을 설정하는 원칙
② (주)지목추종의 원칙 : 주된 토지의 편익을 위해 설치된 소면적의 도로, 구거 등의 지목은 이를 따로 정하지 않고 주된 토지의 사용목적 및 용도에 따라 지목을 설정하는 원칙
③ (등)록선후의 원칙 : 도로, 철도용지, 하천, 제방, 구거, 수도용지 등의 지목이 중복되는 경우에는 먼저 등록된 토지의 사용목적 · 용도에 따라 지번을 설정하는 원칙
④ (용)도경중의 원칙 : 도로, 철도용지, 하천, 제방, 구거, 수도용지 등의 지목이 중복되는 경우에는 중요 토지의 사용목적 및 용도에 따라 지목을 설정하는 원칙
⑤ (일)시변경불가의 원칙 : 임시적 · 일시적 용도의 변경 시 등록전환 또는 지목변경불가의 원칙
⑥ (사)용목적추종의 원칙 : 도시계획사업, 토지구획정리사업, 농지개량사업 등의 완료에 따라 조성된 토지는 사용목적에 따라 지목을 설정하여야 한다는 원칙

정답 03 ① 04 ④ 05 ②

06 다음 중 토지구획정리사업 시행지역에 적합한 지번부여방식은 무엇인가?

① 단지식　　② 기우식
③ 사행식　　④ 교호식

풀이 지번부여 방법 **암기** ㉳㉮㉰

필지의 배열이 불규칙한 지역에서 지번을 부여하는 대표적인 방식으로, 과거 우리나라에서 지번부여방법으로 가장 많이 사용되었다.

① ㉳행식
- 필지의 배열이 불규칙한 지역에서 진행순서에 따라 지번을 부여하는 방법
- 농촌지역의 지번부여에 적합
- 우리나라 토지의 대부분
- 지번부여가 일정하지 않고 상하좌우로 분산되어 부여되는 단점

② ㉮우식(교호식)
도로를 중심으로 한쪽은 홀수인 기수, 다른 쪽은 짝수인 우수로 지번을 부여

③ ㉰지식(블록식)
단지마다 하나의 지번을 부여하고 단지 내 필지마다 부번을 부여

07 다음 중 토지의 사정에 대한 설명으로 맞는 것은?

① 토지대장, 지적도를 처음 만드는 작업
② 소관청에서 토지를 분해하는 것
③ 토지소유자와 경계를 확정 짓는 행정처분
④ 지적도 및 임야도의 소유자 및 경계를 확정 짓는 행정행위

풀이 사정

토지조사부와 지적도에 의하여 토지의 소유자 및 그 강계를 확정하는 행정처분으로서 사정권자는 지방토지조사위원회의 자문을 받아 당시 임시토지조사국장이 사정하였다.

08 지압조사에 대한 설명으로 틀린 것은?

① 지압조사도 토지조사의 방법 중에 하나이다.
② 신고가 되지 않는 토지를 직접 조사하는 직권조사 방법
③ 무신고 이동지를 발견하기 위해 실시하는 적극적 방법
④ 잘못된 토지의 소재, 지번, 지목, 경계, 면적 등의 조사방법

풀이 지압조사

지압조사는 지적약도 등을 현장에 휴대하여 실제와 도면을 대조하여 그 이동유무와 이동정리 적부 등을 조사하여 과세징수 대상에서 누락된 필지를 조사 · 정리하는 것이다. 즉, 지적약도와 토지등급도를 펼쳐 놓고 현장에서 지번 1부터 시작하여 2, 3, 4, 5 등의 순서로 실지와 도면의 대조를 실시하여 그 이동유무를 검사하였다. 그러므로 토지검사제도는 신청 또는 신고한 사실대로 개발하거나 이용 여부 등을 조사하여 법 위반자에 대해 엄격한 조세를 적용할 목적인 반면, 지압조사는 신고와 신청을 하지 않은 무신고 필지를 조사하기 위한 목적에서 실시되었다.

정답 06 ① 07 ③ 08 ②

09 다음 중 지목의 표기방법으로 옳은 것은?

① 주차장 - 주 ② 도로 - 로
③ 유원지 - 원 ④ 공원 - 원

풀이 지목의 표기방법

① 대장 : 지목 명칭 전체를 기재
② 도면 : 지목을 뜻하는 부호를 기재
- 두문자 표기지목 : 지목의 첫 번째 문자를 지목표기의 부호로 사용하는 지목으로, 전, 답, 대 등 24개 지목이 여기에 해당한다.
- 차문자 표기지목 : 지목의 두 번째 문자를 지목표기의 부호로 사용하는 지목으로, 장(공장용지), 천(하천), 원(유원지), 차(주차장)로 표기한다.

10 다음 중 토지조사사업의 내용을 크게 3가지로 분류 시 해당되지 않는 것은?

① 토지의 지형 및 지모조사 ② 토지의 소유자조사
③ 토지의 가격조사 ④ 토지의 등급조사

풀이 토지조사사업

① 사업기간 : 1909년 6월(역둔토실지조사) 및 11월(경기도 부천 시험측량)~1918년 11월 완료
② 토지조사사업의 내용

토지소유권 조사 (土地所有權 調査)	소유권 조사는 측량성과에 따라 토지의 소재, 지번, 지목, 면적과 소유권을 조사하여 토지대장에 등록하고 토지의 일필지에 대한 위치, 형상, 경계를 측정하여 지적도에 등록함으로써 토지의 경계와 소유권을 사정하여 토지소유권제도의 확립과 토지등기제도의 설정을 기하도록 하였다.
토지가격 조사 (土地價格 調査)	시가지는 그 지목여하에 불구하고 전부 시가(時價)에 따라 지가를 평정하고, 시가지 이외의 지역은 임대가격을 기초로 하였으며, 전 · 답, 지소 및 잡종지는 그 수익을 기초로 하여 지가를 결정하였다. 이러한 지가조사로 토지에 대한 과세 기준을 통일함으로써 지세제도를 확립하는 데 유감이 없도록 하였다.
지형 · 지모 조사 (地形 · 地貌 調査)	지형 · 지모의 조사는 지형측량으로 지상에 있는 천위(天爲) · 인위(人爲)의 지물을 묘화(描畵)하며 그 고저 분포의 관계를 표시하여 지도상에 등록하도록 하였다. 토지조사사업에서는 측량부문을 삼각측량, 도근측량, 세부측량, 면적계산, 제도, 이동지 측량, 지형측량 등 7종으로 나누어 실시하였다. 이러한 측량을 수행하기 위하여 설치한 지적측량 기준점과 토지의 경계점 등을 기초로 세밀한 지형측량을 실시하여 지상의 중요한 지형 · 지물에 대한 각 도단위의 50,000분의 1의 지형도가 작성되었다.

정답 09 ③ 10 ④

11 다음 중 토렌스시스템의 이론으로 옳지 않은 것은?

① 거울이론(Mirror Principle)　② 지가이론(Land Value Principle)
③ 커튼이론(Curtain Principle)　④ 보험이론(Insurance Principle)

풀이 토렌스시스템(Torrens System)

오스트레일리아 Robert Torrens 경이 창안한 토렌스시스템의 목적은 토지의 권원을 명확히 하고 토지거래에 따른 변동사항 정리를 용이하게 하여 권리증서의 발행을 편리하게 하는 것이다. 이 제도의 기본원리는 법률적으로 토지의 권리를 확인하는 대신에 토지의 권원을 등록하는 행위이다.

구분	내용
거울이론 (Mirror Principle)	토지권리증서의 등록은 토지의 거래사실을 완벽하게 반영하는 거울과 같다는 입장의 이론이다. 소유권에 관한 현재의 법적 상태는 오직 등기부에 의해서만 이론의 여지없이 완벽하게 보인다는 원리이며 주 정부에 의하여 적법성을 보장받는다.
커튼이론 (Curtain Principle)	토지등록 업무가 커튼 뒤에 놓인 공정성과 신빙성에 대하여 관여할 필요도 없고 관여해서도 안 되는 매입신청자를 위한 유일한 정보의 이론이다. 토렌스제도에 의해 한번 권리증명서가 발급되면 당해 토지의 과거 이해관계에 대하여 모두 무효화하고 현재의 소유권을 되돌아볼 필요가 없다는 것이다.
보험이론 (Insurance Principle)	토지등록이 인간의 과실로 인하여 착오가 발생한 경우 피해를 입은 사람은 피해보상에 대하여 법률적으로 선의의 제3자와 동등한 입장이 되어야 한다는 이론으로 권원증명서에 등기된 모든 정보는 정부에 의하여 보장된다는 원리이다.

12 다음 중 1 : 600의 축척에서 $325.45m^2$의 결정면적으로 옳은 것은?

① $325.5m^2$　② $325.4m^2$
③ $325m^2$　④ $326m^2$

풀이 공간정보의 구축 및 관리 등에 관한 법률 시행령 제60조(면적의 결정 및 측량계산의 끝수처리)

① 면적의 결정은 다음 각 호의 방법에 따른다.

2. 지적도의 축척이 600분의 1인 지역과 경계점좌표등록부에 등록하는 지역의 토지 면적은 제1호에도 불구하고 제곱미터 이하 한 자리 단위로 하되, 0.1제곱미터 미만의 끝수가 있는 경우 0.05제곱미터 미만일 때에는 버리고 0.05제곱미터를 초과할 때에는 올리며, 0.05제곱미터일 때에는 구하려는 끝자리의 숫자가 0 또는 짝수이면 버리고 홀수이면 올린다. 다만, 1필지의 면적이 0.1제곱미터 미만일 때에는 0.1제곱미터로 한다.

13 다음 중 국토의 계획 및 이용에 관한 법률에서 정한 용도지역이 아닌 것은?

① 농촌지역　② 관리지역
③ 자연환경보전지역　④ 도시지역

정답 11 ② 12 ② 13 ①

풀이 **국토의 계획 및 이용에 관한 법률 제6조(국토의 용도 구분)**

국토는 토지의 이용실태 및 특성, 장래의 토지 이용 방향, 지역 간 균형발전 등을 고려하여 다음과 같은 용도지역으로 구분한다. 〈개정 2013.5.22.〉

1. 도시지역 : 인구와 산업이 밀집되어 있거나 밀집이 예상되어 그 지역에 대하여 체계적인 개발 · 정비 · 관리 · 보전 등이 필요한 지역
2. 관리지역 : 도시지역의 인구와 산업을 수용하기 위하여 도시지역에 준하여 체계적으로 관리하거나 농림업의 진흥, 자연환경 또는 산림의 보전을 위하여 농림지역 또는 자연환경보전지역에 준하여 관리할 필요가 있는 지역
3. 농림지역 : 도시지역에 속하지 아니하는 「농지법」에 따른 농업진흥지역 또는 「산지관리법」에 따른 보전산지 등으로서 농림업을 진흥시키고 산림을 보전하기 위하여 필요한 지역
4. 자연환경보전지역 : 자연환경 · 수자원 · 해안 · 생태계 · 상수원 및 문화재의 보전과 수산자원의 보호 · 육성 등을 위하여 필요한 지역

14 다음 중 건축물이 있는 대지 분할 시 제한면적으로 옳지 않은 것은?

① 주거지역 : $60m^2$ ② 상업지역 : $100m^2$
③ 공업지역 : $150m^2$ ④ 녹지지역 : $200m^2$

풀이 **건축법 시행령 제80조(건축물이 있는 대지의 분할제한)**

법 제57조제1항에서 "대통령령으로 정하는 범위"란 다음 각 호의 어느 하나에 해당하는 규모 이상을 말한다.

1. 주거지역 : 60제곱미터
2. 상업지역 : 150제곱미터
3. 공업지역 : 150제곱미터
4. 녹지지역 : 200제곱미터
5. 제1호부터 제4호까지의 규정에 해당하지 아니하는 지역 : 60제곱미터

15 다음 중 용어의 설명으로 옳지 않은 것은?

① 지목이란 토지의 주된 용도에 따라 토지의 종류를 구분하여 공부에 등록하는 것을 말한다.
② 좌표란 지적측량기준점 또는 경계점의 위치를 평면직각종횡선수치로 표시한 것을 말한다.
③ 지번부여지역이란 지번을 부여하는 단위지역으로서 읍 · 면 또는 이에 준하는 지역을 말한다.
④ 지적측량기준점이란 지적삼각점, 지적삼각보조점, 지적도근점을 말한다.

풀이 **공간정보의 구축 및 관리 등에 관한 법률 제2조(정의)**

이 법에서 사용하는 용어의 뜻은 다음과 같다.

20. "토지의 표시"란 지적공부에 토지의 소재 · 지번(地番) · 지목(地目) · 면적 · 경계 또는 좌표를 등록한 것을 말한다.
21. "필지"란 대통령령으로 정하는 바에 따라 구획되는 토지의 등록단위를 말한다.
22. "지번"이란 필지에 부여하여 지적공부에 등록한 번호를 말한다.
23. "지번부여지역"이란 지번을 부여하는 단위지역으로서 동 · 리 또는 이에 준하는 지역을 말한다.
24. "지목"이란 토지의 주된 용도에 따라 토지의 종류를 구분하여 지적공부에 등록한 것을 말한다.

정답 14 ② 15 ③

25. "경계점"이란 필지를 구획하는 선의 굴곡점으로서 지적도나 임야도에 도해(圖解) 형태로 등록하거나 경계점좌표등록부에 좌표 형태로 등록하는 점을 말한다.
26. "경계"란 필지별로 경계점들을 직선으로 연결하여 지적공부에 등록한 선을 말한다.
27. "면적"이란 지적공부에 등록한 필지의 수평면상 넓이를 말한다.
28. "토지의 이동(異動)"이란 토지의 표시를 새로 정하거나 변경 또는 말소하는 것을 말한다.

16 다음 중 공간정보의 구축 및 관리 등에 관한 법률의 목적을 바르게 나타낸 것은?

① 토지의 합리적인 관리 및 소유권등록
② 국토 이용을 위한 효율적인 토지관리 및 소유권 보호
③ 합리적 토지소유권등록 및 토지관리
④ 전 국토의 개발 및 관리의 안정성 및 효율성 추진

풀이 **공간정보의 구축 및 관리 등에 관한 법률 제1조(목적)**
이 법은 측량의 기준 및 절차와 지적공부(地籍公簿) · 부동산종합공부(不動産綜合公簿)의 작성 및 관리 등에 관한 사항을 규정함으로써 국토의 효율적 관리와 국민의 소유권 보호에 기여함을 목적으로 한다.

17 지적공부에 등록한 필지면적으로 다음 중 옳은 것은?

① 수평면상의 면적
② 수직선상의 면적
③ 도면상의 면적
④ 지상의 면적

풀이 **공간정보의 구축 및 관리 등에 관한 법률 제2조(정의)**
이 법에서 사용하는 용어의 뜻은 다음과 같다.
24. "지목"이란 토지의 주된 용도에 따라 토지의 종류를 구분하여 지적공부에 등록한 것을 말한다.
25. "경계점"이란 필지를 구획하는 선의 굴곡점으로서 지적도나 임야도에 도해(圖解) 형태로 등록하거나 경계점좌표등록부에 좌표 형태로 등록하는 점을 말한다.
26. "경계"란 필지별로 경계점들을 직선으로 연결하여 지적공부에 등록한 선을 말한다.
27. "면적"이란 지적공부에 등록한 필지의 수평면상 넓이를 말한다.

18 토지조사 당시 면적의 등록단위를 비교한 것 중 틀린 것은?

① 1평＝1간×1간
② 10보＝1무
③ 1단＝10무
④ 1정＝100무

풀이 **면적의 등록단위**
① 1무보 : 30평
② 1단보 : 300평(10무보)
③ 1정보 : 3,000평(10단보)
④ 1평 : 6자×6자(1자는 30.303cm)
⑤ 1정보 : 10단보, 3,000평(9,918m^2)

정답 16 ② 17 ① 18 ②

19 조선 지세령에 의거 임야도를 지적도로 간주하는 지역의 토지대장으로 옳은 것은?

① 을호토지대장　　② 간주토지대장

③ 임야대장　　④ 토지대장

간주지적도	토지조사지역 밖인 산림지대(임야)에도 전 · 답 · 대 등 과세지가 있더라도 지적도에 신규등록 할 것 없이 그 지목만을 수정하여 임야도에 존치하도록 하되 그에 대한 대장은 일반적인 토지대장과는 별도로 작성하여 별책토지대장, 을호토지대장, 산토지대장이라고 불렀으며 이와 같이 지적도로 간주하는 임야도를 간주지적도라고 하였다.
간주임야도	임야도는 경제적 가치에 따라 1/3,000과 1/6,000로 작성하였으며 임야의 필지가 너무 커서 임야도(1/6,000)로 조제하기 어려운 국유임야 등에 대하여 1/50,000 지형도를 임야도로 간주하여 지형도 내에 지번과 지목을 기입하여 사용하였는데, 이를 간주임야도라고 하였다.
산토지대장 (山土地臺將)	임야도를 지적도로 간주하는 것을 간주지적도라 하였으며 간주지적도에 등록하는 토지에 관한 대장은 별도 작성하여 별책토지대장, 을호토지대장, 산토지대장이라고 하였다.

20 축척변경에 대한 설명으로 맞는 것은?

① 축척변경 시의 토지이동은 축척변경 확정공고일로 본다.

② 첨부조서는 축척변경 사유 및 지번별 조서, 지적도 원본 등을 첨부하여야 한다.

③ 경계점의 정밀도를 높이기 위하여 큰 축척을 작은 축척으로 변경하는 것이다.

④ 축척변경시행지역 내의 토지소유자 2분의 1의 동의를 얻어야 한다.

풀이

토지소유자의 동의	지적소관청이 축척변경을 하려면 축척변경시행지역 안의 토지소유자 3분의 2 이상의 동의를 얻어야 한다.
축척변경위원회 의결	5인 이상 10인 이내로 구성된 축척변경위원회의 의결을 거쳐야 한다.
축척변경 승인신청	지적소관청이 축척변경을 할 때에는 축척변경사유를 적은 승인신청서에 다음의 서류를 첨부하여 시 · 도지사 또는 대도시 시장에게 제출하여야 한다. • 축척변경의 사유 • 지적도 사본(2010.11.2. 삭제) • 지번 등 명세 • 토지소유자의 동의서(축척변경시행지역 안의 토지소유자 3분의 2 이상) • 축척변경위원회의 의결서 사본 • 축척변경 승인을 위하여 시 · 도지사 또는 대도시 시장이 필요하다고 인정하는 서류
토지의 이동	축척변경시행지역의 토지는 확정공고일에 토지의 이동이 있는 것으로 본다.

정답 19 ① 20 ①

21 국가공간정보 기본법의 규정에 의한 한국국토정보공사 정관에 기재사항이 아닌 것은?

① 예산 및 회계
② 조직 및 기구
③ 업무의 처리절차
④ 주된 사무소의 소재지

풀이 **국가공간정보 기본법 제13조(공사의 정관 등)** **암기** 목명주조업이임재정공규해

① 공사의 정관에는 다음 각 호의 사항이 포함되어야 한다.

1. 목적
2. 명칭
3. 주된 사무소의 소재지
4. 조직 및 기구에 관한 사항
5. 업무 및 그 집행에 관한 사항
6. 이사회에 관한 사항
7. 임직원에 관한 사항
8. 재산 및 회계에 관한 사항
9. 정관의 변경에 관한 사항
10. 공고의 방법에 관한 사항
11. 규정의 제정, 개정 및 폐지에 관한 사항
12. 해산에 관한 사항

22 도시개발사업 시행방식으로 옳지 않은 것은?

① 환지방식
② 수용방식
③ 혼용방식
④ 절충방식

풀이 **도시개발법 제21조(도시개발사업의 시행 방식)**

① 도시개발사업은 시행자가 도시개발구역의 토지등을 수용 또는 사용하는 방식이나 환지 방식 또는 이를 혼용하는 방식으로 시행할 수 있다.

23 정비기반시설은 양호하나 불량건축물이 밀집한 지역에서 주거환경을 개선하기 위하여 시행하는 사업으로 옳은 것은?

① 주거환경개선사업
② 주택개발사업
③ 주택재건축사업
④ 도시환경정비사업

풀이 **도시 및 주거환경 정비법 제2조(정의)**

이 법에서 사용하는 용어의 뜻은 다음과 같다. 〈개정 2006.5.24, 2009.2.6, 2011.4.14, 2012.2.1., 2012.12.18.〉

1. "정비구역"이란 정비사업을 계획적으로 시행하기 위하여 제4조의 규정에 의하여 지정·고시된 구역을 말한다.
2. "정비사업"이라 함은 이 법에서 정한 절차에 따라 도시기능을 회복하기 위하여 정비구역 또는 가로구역(가로구역 : 정비구역이 아닌 대통령령으로 정하는 구역을 말하며, 바목의 사업으로 한정한다)에서 정비기반시설을 정비하거나 주택 등 건축물을 개량하거나 건설하는 다음 각목의 사업을 말한다. 다만, 다목의 경우에는 정비구역이 아닌 구역에서 시행하는 주택재건축 사업을 포함한다.

정답 21 ① 22 ④ 23 ③

가. 주거환경개선사업 : 도시저소득주민이 집단으로 거주하는 지역으로서 정비기반시설이 극히 열악하고 노후 · 불량건축물이 과도하게 밀집한 지역에서 주거환경을 개선하기 위하여 시행하는 사업
나. 주택재개발사업 : 정비기반시설이 열악하고 노후 · 불량건축물이 밀집한 지역에서 주거환경을 개선하기 위하여 시행하는 사업
다. 주택재건축사업 : 정비기반시설은 양호하나 노후 · 불량건축물이 밀집한 지역에서 주거환경을 개선하기 위하여 시행하는 사업
라. 도시환경정비사업 : 상업지역 · 공업지역 등으로서 토지의 효율적 이용과 도심 또는 부도심 등 도시기능의 회복이나 상권활성화 등이 필요한 지역에서 도시환경을 개선하기 위하여 시행하는 사업
마. 주거환경관리사업 : 단독주택 및 다세대주택 등이 밀집한 지역에서 정비기반시설과 공동이용시설의 확충을 통하여 주거환경을 보전 · 정비 · 개량하기 위하여 시행하는 사업
바. 가로주택정비사업 : 노후 · 불량건축물이 밀집한 가로구역에서 종전의 가로를 유지하면서 소규모로 주거환경을 개선하기 위하여 시행하는 사업

24 공유물건에 대한 설명으로 틀린 것은?

① 우리나라의 경우 공유물건에 대하여 공유 · 합유 · 총유의 3가지 원칙을 인정한다.
② 공유는 1개의 소유권이 여러 사람에게 양적으로 분할되어 귀속하는 형태이다.
③ 합유는 여러 사람이 조합체로서 물건을 소유하는 형태를 말한다.
④ 총유는 법인이 집합체로서 물건을 소유하는 형태를 의미한다.

풀이 ① 공유 : 공유란 물건의 지분에 의하여 수인의 소유로 귀속되고 있는 공동소유의 형태이다.
② 합유 : 수인이 조합체로서 물건을 소유하는 소유형태로 공동소유의 한 형태이다.
③ 총유 : 하나의 물건을 권리능력 없는 사단이 소유하는 공동소유의 한 형태로 같은 공동소유형태인 공유(共有) · 합유(合有)와 대비되는데, 단체적 색채가 가장 강한 공동소유형태이다.

25 「도로명주소법 시행령」상 사물번호의 부여 · 변경 · 폐지 기준에 대한 설명으로 가장 옳지 않은 것은?

① 시장 등은 사물번호가 부여된 시설물이 이전된 경우에는 해당 사물번호를 폐지해야 한다.
② 도로명주소가 부여된 건물 등의 내부에 사물주소를 부여하려는 시설물이 있는 경우 사물번호와 시설물 유형의 명칭 사이에는 쉼표를 넣어 표기한다.
③ 시설물이 건물 등의 내부에 있는 경우에는 해당 시설물의 사물번호기준점에 상세주소 부여 기준을 준용한다.
④ 시설물이 건물 등의 외부에 있는 경우에는 해당 시설물의 사물번호기준점이 접하는 도로구간의 기초번호를 사물번호로 부여한다.

풀이 **도로명주소법 시행령 제41조(사물번호의 부여 · 변경 · 폐지 기준 등)**
① 시장 등은 법 제24조제1항 각 호의 시설물(이하 이 조에서 "시설물"이라 한다)에 하나의 번호(이하 "사물번호"라 한다)를 부여해야 한다. 다만, 하나의 시설물에 사물번호를 부여하기 위하여 기준이 되는 점(이하 "사물번호기준점"이라 한다)이 둘 이상 설정되어 있는 경우에는 각 사물번호기준점에 사물번호를 부여할 수 있다.

정답 24 ④ 25 ②

② 사물번호의 부여 기준은 다음 각 호의 구분과 같다.

1. 시설물이 건물 등의 외부에 있는 경우 : 해당 시설물의 사물번호기준점이 접하는 도로구간의 기초번호를 사물번호로 부여할 것
2. 시설물이 건물 등의 내부에 있는 경우 : 해당 시설물의 사물번호기준점에 제27조의 상세주소 부여 기준을 준용할 것

③ 시장 등은 사물번호가 제2항의 사물번호 부여 기준에 부합하지 않게 된 경우에는 사물번호를 변경해야 한다.
④ 시장 등은 사물번호가 부여된 시설물이 이전 또는 철거된 경우에는 해당 사물번호를 폐지해야 한다.
⑤ 시설물에 부여하는 사물주소는 다음 각 호의 사항을 같은 호의 순서에 따라 표기한다. 이 경우 제2호에 따른 건물번호와 제3호에 따른 사물번호 사이에는 쉼표를 넣어 표기한다.

1. 제6조제1항제1호부터 제4호까지의 규정에 따른 사항
2. 건물번호(도로명주소가 부여된 건물 등의 내부에 사물주소를 부여하려는 시설물이 있는 경우로 한정한다.)
3. 사물번호
4. 시설물 유형의 명칭

정답

03 2005년 한국국토정보공사문제

01 다음 중 토지조사사업에 대한 설명으로 틀린 것은?

① 토지조사사업 당시 소유자와 그 강계를 결정하기 위한 행정처분이다.
② 대구, 전주, 함흥, 평양의 4개 출장소를 두었다.
③ 지역선은 소유자가 다른 토지의 경계선을 의미한다.
④ 사정기관은 임시토지조사국장이며 재결기관은 고등토지위원회이다.

풀이 **토지조사사업 당시 용어 정의**

구분	내용
강계선(疆界線)	• 사정선이라고도 하며 토지조사령에 의하여 토지조사국장이 사정을 거친 선 • 소유자가 다른 토지 간의 사정된 경계선을 의미 • 강계선은 지목의 구별, 소유권의 분계를 확정하는 것으로 토지 소유자 지목이 지반이 연속된 토지는 1필지로 함을 원칙 • 강계선과 지역선을 구분하여 확정 • 토지조사 당시에는 지금의 '경계선' 용어가 없음 • 임야 조사 당시는 경계선으로 불림
지역선(地域線)	• 토지조사사업 당시 사정하지 않은 경계선 • 소유자는 같으나 지반이 연속되지 않은 경우 • 소유자가 같은 토지와의 구획선 • 소유자를 알 수 없는 토지와의 구획선 • 소유자는 같으나 지목이 다른 경우 • 토지조사 시행지와 미시행지와의 지계선
경계선(境界線)	지적도상의 구획선을 경계라 지칭하고 강계선과 지역선으로 구분한다. 강계선은 사정선이라고도 하였으며 임야조사 당시의 사정선은 경계선이라고 했다. 최근 경계선의 의미는 강계선이나 지역선에 관계없이 2개의 인접한 토지 사이의 구획선을 말한다. 도해지적에서는 지적도나 임야도에 그려진 토지의 구획선을 말하는데, 지상에 있는 논둑, 밭둑, 표항 따위를 말하는 것은 아니다. 경계점좌표시행지역에서 경계선이라고 할 때에는 어떤 점의 좌표(우리나라 지적분야에서는 평면직각종횡선수치)와 그 이웃하는 점의 좌표와의 연결을 말한다. 경계선은 시대 및 등록방법에 따라 다르게 부르기도 하였고, 경계는 일반경계, 고정경계, 자연경계, 인공경계 등으로 사용처에 따라 다르게 부르기도 한다.

02 다음 중 구소삼각원점에 대한 설명으로 틀린 것은?

① 구한국정부에서 1905년 양지과에서 측량을 실시한 지역이다.
② 구소삼각원점은 모두 서울 · 경기와 대구 · 경북 모두 11개이다.
③ 일제의 토지조사사업 이전에 설치한 특별원점이다.
④ 구소삼각원점 지역은 천문측량으로 실시하여 구과량을 고려하지 않았다.

풀이 **구소삼각원점**

대한제국 이후 최초로 서울 · 경기지역과 대구 · 경북지역에 우리나라의 독자적인 지적세부측량을 위한 삼각점을 설치하였고 전국적으로 확대하여 추진할 계획이었다. 그러나 한 · 일합방으로 인해 조선총독부의 임시토지

정답 01 ③ 02 ④

조사국에서 토지조사사업을 시행함에 따라 한반도에 일제히 삼각점을 설치하게 되면서 조선총독부에 의한 삼각점과 서로 구분하기 위해 탁지부에서 시행한 삼각측량을 구소삼각측량, 삼각점을 구소삼각점, 삼각측량지역을 구소삼각측량지역이라고 한다.

03 융희 2년(1908) 3~6월 사이에 정리국 측량과에서 제작한 지도로 주로 구한말 동(洞)의 뒷산을 실측한 지도의 명칭으로 옳은 것은?

① 관저원도
② 율림기지원도
③ 산록도
④ 궁채전도

풀이 **대한제국시대의 도면**

1908년 임시재산정리국에 측량과를 두어 토지와 건물에 대한 업무를 보게 하여 측량한 지적도가 규장각이나 부산 정부기록보존소에 있다. 산록도, 전원도, 건물원도, 가옥원도, 궁채전도, 관리원도 등 주제에 따라 제작한 지적도가 다수 존재한다.

율림기지원도 (栗林基地原圖)	탁지부 임시재산정리국 측량과에서 1908년도에 세부측량을 한 측량원도가 서울대학교 규장각에 한양 9점, 밀양 3점 남아 있다. 밀양 영남루 남천강(南川江)의 건너편 수월비동의 밤나무 숲을 측량한 지적도로 기지원도(基址原圖)라고 표기하여 군사기지라고도 생각할 수 있으나 지적도상에 소율연(小栗烟 : 작은 밤나무 밭)이라고 쓴 것으로 보아 밤나무 숲으로 추측된다.
산록도 (山麓圖)	융희 2년(1908) 3~6월 사이에 정리국 측량과에서 제작한 산록도가 서울대학 규장각에 6매 보존되어 있다. 산록도란 주로 구한말 동(洞)의 뒷산을 실측한 지도이다. 지도명[동부숭신방신설계동후산록지도(東部崇信坊新設契洞後山麓之圖)]은 동부 숭신방 신설계동의 뒤쪽에 있는 산록지도란 뜻이다.
전원도 (田原圖)	서울대 규장각에 서서용산방(西署龍山坊) 청파4계동(青坡四契洞) 소재 전원도(田原圖)가 있다. 전원도란 일종의 농경지만을 나타낸 지적도이다.
건물원도 (建物原圖)	1908년 제실재산관리국에서 측량기사를 동원하여 황실 소유의 토지를 측량하고 구한말 주요 건물의 위치와 평면적 크기를 도면상에 나타낸 지도이다.
가옥원도 (家屋原圖)	호(戶)단위로 가옥의 위치와 평면적 크기를 나타낸 구한말 실측도 가운데 축척이 가장 큰 대축척 1 : 100의 지도이다.
궁채전도 (宮菜田圖)	궁채전도는 내수사(內需司)등 7궁 소속의 토지 가운데 채소밭을 실측한 지도이다.
관저원도 (官邸原圖)	대한제국기 고위관리의 관저를 실측한 원도이다.

04 다음 중 토지조사 당시의 면적등록단위를 비교한 것 중 틀린 것은?

① 마지기, 몇 짐, 하루갈이 등의 단위를 사용하였다.
② 10보를 1무로 하여 시가지지역에 국한하여 사용하였다.
③ 결의 단위를 많이 사용하였다.
④ 단위면적이 지역별로 서로 달라 정확한 면적을 산출하지 못하였다.

정답 03 ③ 04 ②

풀이 **척관법과 미터법**

토지조사사업 당시 조선총독부 임시토지조사국에서 삼각측량과 도근측량 등의 기초점 측량에는 미터법을 사용하였으나 지적도나 임야도의 도곽과 토지의 면적 및 세부측량에는 척관법을 적용하여 두 방법을 동시에 혼용하여 사용하고 있었다.

1975년 '평'과 '무'에 의한 척관법에서 길이는 미터(m)를, 면적은 평방미터(m^2)를 도입하였고 1986년 새로이 평방미터를 제곱미터로 적용하면서 척관법에 의한 등록면적을 모두 m^2로 환산 등록하여 현재에 이르고 있다.

05 다음 중 지목을 결정하고자 할 때 그 결정원칙으로 맞는 것은?

① 일필일지목의 원칙 ② 형식주의 원칙

③ 토성지목의 원칙 ④ 주용도추종의 원칙

풀이 **지목설정의 원칙** **암기** ㉖㉗㉘㉙㉖㉚

① ㉖필1지목의 원칙 : 1필의 토지에는 1개의 지목만을 설정하는 원칙

② ㉗지목추종의 원칙 : 주된 토지의 편익을 위해 설치된 소면적의 도로, 구거 등의 지목은 이를 따로 정하지 않고 주된 토지의 사용목적 및 용도에 따라 지목을 설정하는 원칙

③ ㉘록선후의 원칙 : 도로, 철도용지, 하천, 제방, 구거, 수도용지 등의 지목이 중복되는 경우에는 먼저 등록된 토지의 사용목적 · 용도에 따라 지번을 설정하는 원칙

④ ㉙도경중의 원칙 : 도로, 철도용지, 하천, 제방, 구거, 수도용지 등의 지목이 중복되는 경우에는 중요 토지의 사용목적 및 용도에 따라 지목을 설정하는 원칙

⑤ ㉖시변경불가의 원칙 : 임시적 · 일시적 용도의 변경 시 등록전환 또는 지목변경불가의 원칙

⑥ ㉚용목적추종의 원칙 : 도시계획사업, 토지구획정리사업, 농지개량사업 등의 완료에 따라 조성된 토지는 사용목적에 따라 지목을 설정하여야 한다는 원칙

06 다음 중 공간정보의 구축 및 관리 등에 관한 법률에서 규정하고 있는 경계에 대한 설명 중 틀린 것은?

① 경계점좌표등록부에 등록된 좌표의 연결 ② 도면상에서 표시된 경계

③ 지상에서 설치한 경계표지 ④ 필지별 경계점들을 직선으로 연결하여 등록한 선

풀이 **공간정보의 구축 및 관리 등에 관한 법률 제2조(정의)**

26. "경계"란 필지별로 경계점들을 직선으로 연결하여 지적공부에 등록한 선을 말한다.

구 지적법 제2조(용어의 정의)

10. "경계"라 함은 필지별로 경계점 간을 직선으로 연결하여 지적공부에 등록한 선을 말한다.

07 다음 중 분할 후의 지번부여방법으로 맞는 것은?

① 분할 후의 지번 중 임의의 지번을 그 지번으로 한다.

② 분할 전의 지번 중 본번과 부번 그대로 사용하되 선순위의 지번으로 한다.

③ 분할 후의 지번 중 본번만으로 된 지번을 그 지번으로 한다.

④ 주거, 사무실, 건축물 등이 있는 토지의 경우 분할 전 지번 중 선순위의 지번으로 한다.

정답 05 ① 06 ③ 07 ④

풀이 공간정보의 구축 및 관리 등에 관한 법률 시행령 제56조(지번의 구성 및 부여방법 등)제3항

토지이동종류	구분	지번의 부여방법
부여방법		• 지번(地番)은 아라비아숫자로 표기하되, 임야대장 및 임야도에 등록하는 토지의 지번은 숫자 앞에 "산"자를 붙인다. • 지번은 본번(本番)과 부번(副番)으로 구성하되, 본번과 부번 사이에 "－" 표시로 연결한다. 이 경우 "－" 표시는 "의"라고 읽는다. • 법 제66조에 따른 지번의 부여방법은 다음 각 호와 같다. 1. 지번은 북서에서 남동으로 순차적으로 부여할 것
신규등록 · 등록전환	원칙	지번부여지역에서 인접토지의 본번에 부번을 붙여서 지번을 부여한다.
	예외	다음의 경우에는 그 지번부여지역의 최종 본번의 다음 순번부터 본번으로 하여 순차적으로 지번을 부여할 수 있다. • 대상 토지가 그 지번부여지역의 최종 지번의 토지에 인접하여 있는 경우 • 대상 토지가 이미 등록된 토지와 멀리 떨어져 있어서 등록된 토지의 본번에 부번을 부여하는 것이 불합리한 경우 • 대상 토지가 여러 필지로 되어 있는 경우
분할	원칙	분할 후의 필지 중 1필지의 지번은 분할 전의 지번으로 하고, 나머지 필지의 지번은 본번의 최종 부번 다음 순번으로 부번을 부여한다.
	예외	주거 · 사무실 등의 건축물이 있는 필지에 대해서는 분할 전의 지번을 우선하여 부여하여야 한다.
합병	원칙	합병 대상 지번 중 선순위의 지번을 그 지번으로 하되, 본번으로 된 지번이 있을 때에는 본번 중 선순위의 지번을 합병 후의 지번으로 한다.
	예외	토지소유자가 합병 전의 필지에 주거 · 사무실 등의 건축물이 있어서 그 건축물이 위치한 지번을 합병 후의 지번으로 신청할 때에는 그 지번을 합병 후의 지번으로 부여하여야 한다.
지적확정측량을 실시한 지역의 각 필지에 지번을 새로 부여하는 경우	원칙	다음의 지번을 제외한 본번으로 부여한다. • 지적확정측량을 실시한 지역 안의 종전의 지번과 지적확정측량을 실시한 지역 밖에 있는 본번이 같은 지번이 있을 때 그 지번 • 지적확정측량을 실시한 지역의 경계에 걸쳐 있는 지번
	예외	부여할 수 있는 종전 지번의 수가 새로 부여할 지번의 수보다 적을 때에는 블록단위로 하나의 본번을 부여한 후 필지별로 부번을 부여하거나 그 지번부여지역의 최종 본번 다음 순번부터 본번으로 하여 차례로 지번을 부여할 수 있다.
지적확정측량에 준용		• 법 제66조제2항(지적소관청은 지적공부에 등록된 지번을 변경할 필요가 있다고 인정하면 시 · 도지사나 대도시 시장의 승인을 받아 지번부여지역의 전부 또는 일부에 대하여 지번을 새로 부여할 수 있다)에 따라 지번부여지역의 지번을 변경할 때
		• 법 제85조제2항(지번부여지역의 일부가 행정구역의 개편으로 다른 지번부여지역에 속하게 되었으면 지적소관청은 새로 속하게 된 지번부여지역의 지번을 부여하여야 한다)에 따른 행정구역 개편에 따라 새로 지번을 부여할 때
		• 제72조제1항(지적소관청은 축척변경 시행지역의 각 필지별 지번 · 지목 · 면적 · 경계 또는 좌표를 새로 정하여야 한다)에 따라 축척변경 시행지역의 필지에 지번을 부여할 때
도시개발사업 등의 준공 전		도시개발사업 등이 준공되기 전에 사업시행자가 지번부여를 신청하는 경우에는 국토교통부령으로 정하는 바에 따라 지번을 부여할 수 있다. 지적소관청은 도시개발사업 등이 준공되기 전에 지번을 부여하는 때에는 사업계획도에 따르되, 지적확정측량을 실시한 지역의 각 필지에 지번을 새로 부여하는 경우의 지번부여방식에 따라 지번을 부여하여야 한다.

정답

08 다음 중 분쟁지 조사에 대한 설명으로 틀린 것은?

① 위원회의 심사
② 내업조사
③ 외업조사
④ 가격조사

풀이 **분쟁지조사**

분쟁지조사는 국유지 분쟁, 국유지 외 분쟁, 소유권 분쟁, 강계분쟁, 분쟁지 외업조사, 분쟁지 내업조사, 위원회의 심사로 구분하여 실시하였다.

외업조사는 당사자의 성명, 주소, 분쟁지의 소재, 지번, 지목, 당사자의 사실증명사유, 조사원의 인정의견 및 그 사유 등으로 진행되었고, 내업조사는 분쟁지 외업반이 조사한 것을 총무과 계정지계에서 반복적으로 심사를 진행하였다. 또한 위원회의 심사는 1913년 5명의 고등관으로 구성된 심사특별기관으로 회부된 분쟁지를 반복적으로 심사하여 임시토지국장에서 제출하였다.

분쟁지조사의 대부분은 소유권 분쟁으로, 주된 이유가 토지소속의 불분명, 역둔토 등의 정리 미비, 토지소유권 증명 미비, 미개간지 등에 따른 문제점 등이다.

09 시가지의 무질서한 확산방지, 계획적이고 단계적인 토지이용의 도모, 토지이용의 종합적 조정 관리 등을 위해 따로 정해 놓은 지역을 무엇이라 하는가?

① 지구단위계획지역
② 용도지역
③ 용도구역
④ 시가화조정구역

풀이 **국토의 계획 및 이용에 관한 법률 제2조(정의)**

이 법에서 사용하는 용어의 뜻은 다음과 같다.

5. "지구단위계획"이란 도시 · 군계획 수립 대상지역의 일부에 대하여 토지 이용을 합리화하고 그 기능을 증진시키며 미관을 개선하고 양호한 환경을 확보하며, 그 지역을 체계적 · 계획적으로 관리하기 위하여 수립하는 도시 · 군관리계획을 말한다.

15. "용도지역"이란 토지의 이용 및 건축물의 용도, 건폐율(「건축법」 제55조의 건폐율을 말한다. 이하 같다), 용적률(「건축법」 제56조의 용적률을 말한다. 이하 같다), 높이 등을 제한함으로써 토지를 경제적 · 효율적으로 이용하고 공공복리의 증진을 도모하기 위하여 서로 중복되지 아니하게 도시 · 군관리계획으로 결정하는 지역을 말한다.

16. "용도지구"란 토지의 이용 및 건축물의 용도 · 건폐율 · 용적률 · 높이 등에 대한 용도지역의 제한을 강화하거나 완화하여 적용함으로써 용도지역의 기능을 증진시키고 경관 · 안전 등을 도모하기 위하여 도시 · 군관리계획으로 결정하는 지역을 말한다.

17. "용도구역"이란 토지의 이용 및 건축물의 용도 · 건폐율 · 용적률 · 높이 등에 대한 용도지역 및 용도지구의 제한을 강화하거나 완화하여 따로 정함으로써 시가지의 무질서한 확산방지, 계획적이고 단계적인 토지이용의 도모, 토지이용의 종합적 조정 · 관리 등을 위하여 도시 · 군관리계획으로 결정하는 지역을 말한다.

10 다음 중 축척 1/600 지역의 면적결정방법으로 맞는 것은?

① 123.15 → 123.2
② 168.355 → 168.36
③ 321.05 → 321.1
④ 355.35 → 355

정답 08 ④ 09 ③ 10 ①

풀이 **공간정보의 구축 및 관리 등에 관한 법률 시행령 제60조(면적의 결정 및 측량계산의 끝수처리)**

① 면적의 결정은 다음 각 호의 방법에 따른다.

2. 지적도의 축척이 600분의 1인 지역과 경계점좌표등록부에 등록하는 지역의 토지 면적은 제1호에도 불구하고 제곱미터 이하 한 자리 단위로 하되, 0.1제곱미터 미만의 끝수가 있는 경우 0.05제곱미터 미만일 때에는 버리고 0.05제곱미터를 초과할 때에는 올리며, 0.05제곱미터일 때에는 구하려는 끝자리의 숫자가 0 또는 짝수이면 버리고 홀수이면 올린다. 다만, 1필지의 면적이 0.1제곱미터 미만일 때에는 0.1제곱미터로 한다.

11 다음 중 중앙지적위원회의 설명으로 옳지 않은 것은?

① 위원장 및 부원장의 임기는 2년이다.

② 국토교통부 소속하에 두는 지적위원회를 말한다.

③ 위원장 및 부위원장 각 1인을 포함하여 5인 이상 10인 이내의 위원으로 구성한다.

④ 지적업무에 관한 제반 사항을 심의 · 의결하기 위한 기관이다.

풀이 **공간정보의 구축 및 관리 등에 관한 법률 시행령 제20조(중앙지적위원회의 구성 등)**

① 법 제28조제1항에 따른 중앙지적위원회는 위원장 1명과 부위원장 1명을 포함하여 5명 이상 10명 이하의 위원으로 구성한다.

② 위원장은 국토교통부의 지적업무 담당 국장이, 부위원장은 국토교통부의 지적업무 담당 과장이 된다.

③ 위원은 지적에 관한 학식과 경험이 풍부한 사람 중에서 국토교통부장관이 임명하거나 위촉한다.

④ 위원장 및 부위원장을 제외한 위원의 임기는 2년으로 한다.

공간정보의 구축 및 관리 등에 관한 법률 제28조(지적위원회)

① 다음 각 호의 사항을 심의 · 의결하기 위하여 국토교통부에 중앙지적위원회를 둔다.

1. 지적 관련 ㉚책 개발 및 업㊏ 개선 등에 관한 사항
2. 지적측량기술의 ㉧구 · ㉥발 및 보급에 관한 사항
3. 제29조제6항에 따른 지적측량 적부심㉦(適否審査)에 대한 재심사(再審査)
4. 제39조에 따른 측량기술자 중 지적분야 측량기술자(이하 "지적기술자"라 한다)의 ㉳성에 관한 사항
5. 제42조에 따른 지적기술자의 업㊏정지 처분 및 징계㉵구에 관한 사항

② 제29조에 따른 지적측량에 대한 적부심사 청구사항을 심의 · 의결하기 위하여 특별시 · 광역시 · 특별자치시 · 도 또는 특별자치도(이하 "시 · 도"라 한다)에 지방지적위원회를 둔다. 〈신설 2013.7.17.〉

③ 중앙지적위원회와 지방지적위원회의 위원 구성 및 운영에 필요한 사항은 대통령령으로 정한다.

④ 중앙지적위원회와 지방지적위원회의 위원 중 공무원이 아닌 사람은 「형법」 제127조 및 제129조부터 제132조까지의 규정을 적용할 때에는 공무원으로 본다.

구분	위원수	위원장	부위원장	위원임기	위원임명
중앙지적위원회	5명 이상 10명 이하(위원장, 부위원장 포함)	국토교통부 지적업무 담당국장	국토교통부 지적업무 담당과장	2년(위원장, 부위원장 제외)	국토교통부 장관
지방지적위원회	5인 이상 10인 이내(위원장, 부위원장 포함)	시 · 도 지적업무 담당국장	시 · 도 지적업무 담당과장	2년(위원장, 부위원장 제외)	시 · 도지사

정답 11 ①

12 다음 중 지적측량기준점 표지의 설치에 있어서 경계점 간 거리에 대한 설명으로 틀린 것은?

① 지적위성기준점의 점간거리는 평균 10~30km로 한다.
② 지적삼각보조점표지의 점간거리는 평균 1~3km로 한다.
③ 지적도근점표지의 점간거리는 평균 50~300m 이하로 한다.
④ 지적삼각점표지의 점간거리는 평균 2~5km로 한다.

풀이 **지적측량 시행규칙 제2조(지적기준점표지의 설치 · 관리 등)**

① 「공간정보의 구축 및 관리 등에 관한 법률」(이하 "법"이라 한다) 제8조제1항에 따른 지적기준점표지의 설치는 다음 각 호의 기준에 따른다.

1. 지적삼각점표지의 점간거리는 평균 2킬로미터 이상 5킬로미터 이하로 할 것
2. 지적삼각보조점표지의 점간거리는 평균 1킬로미터 이상 3킬로미터 이하로 할 것. 다만, 다각망도선법(多角網道線法)에 따르는 경우에는 평균 0.5킬로미터 이상 1킬로미터 이하로 한다.
3. 지적도근점표지의 점간거리는 평균 50미터 이상 300미터 이하로 할 것. 다만, 다각망도선법에 따르는 경우에는 평균 500미터 이하로 한다.

13 다음 중 부동산 등기부의 기재사항으로 맞지 않는 것은?

① 표제부 – 지목 및 토지위치
② 갑구 – 소재지 및 지목
③ 을구 – 저당권 설정
④ 표제부 – 토지면적 및 지목

풀이 **등기법 제34조(등기사항)**

등기관은 토지 등기기록의 표제부에 다음 각 호의 사항을 기록하여야 한다.

1. 표시번호
2. 접수연월일
3. 소재와 지번(地番)
4. 지목(地目)
5. 면적
6. 등기원인

등기법 제40조(등기사항)

① 등기관은 건물 등기기록의 표제부에 다음 각 호의 사항을 기록하여야 한다.

1. 표시번호
2. 접수연월일
3. 소재, 지번 및 건물번호. 다만, 같은 지번 위에 1개의 건물만 있는 경우에는 건물번호는 기록하지 아니한다.
4. 건물의 종류, 구조와 면적. 부속건물이 있는 경우에는 부속건물의 종류, 구조와 면적도 함께 기록한다.
5. 등기원인
6. 도면의 번호[같은 지번 위에 여러 개의 건물이 있는 경우와 「집합건물의 소유 및 관리에 관한 법률」 제2조제1호의 구분소유권(區分所有權)의 목적이 되는 건물(이하 "구분건물"이라 한다)인 경우로 한정한다]

정답 12 ① 13 ②

② 등기할 건물이 구분건물(區分建物)인 경우에 등기관은 제1항제3호의 소재, 지번 및 건물번호 대신 1동 건물의 등기기록의 표제부에는 소재와 지번, 건물명칭 및 번호를 기록하고 전유부분의 등기기록의 표제부에는 건물번호를 기록하여야 한다.
③ 구분건물에 「집합건물의 소유 및 관리에 관한 법률」 제2조제6호의 대지사용권(垈地使用權)으로서 건물과 분리하여 처분할 수 없는 것[이하 "대지권"(垈地權)이라 한다]이 있는 경우에는 등기관은 제2항에 따라 기록하여야 할 사항 외에 1동 건물의 등기기록의 표제부에 대지권의 목적인 토지의 표시에 관한 사항을 기록하고 전유부분의 등기기록의 표제부에는 대지권의 표시에 관한 사항을 기록하여야 한다.
④ 등기관이 제3항에 따라 대지권등기를 하였을 때에는 직권으로 대지권의 목적인 토지의 등기기록에 소유권, 지상권, 전세권 또는 임차권이 대지권이라는 뜻을 기록하여야 한다.

등기법 제48조(등기사항)

① 등기관이 갑구 또는 을구에 권리에 관한 등기를 할 때에는 다음 각 호의 사항을 기록하여야 한다.

1. 순위번호
2. 등기목적
3. 접수연월일 및 접수번호
4. 등기원인 및 그 연월일
5. 권리자

② 제1항제5호의 권리자에 관한 사항을 기록할 때에는 권리자의 성명 또는 명칭 외에 주민등록번호 또는 부동산등기용등록번호와 주소 또는 사무소 소재지를 함께 기록하여야 한다.
③ 제26조에 따라 법인 아닌 사단이나 재단 명의의 등기를 할 때에는 그 대표자나 관리인의 성명, 주소 및 주민등록번호를 함께 기록하여야 한다.
④ 제1항제5호의 권리자가 2인 이상인 경우에는 권리자별 지분을 기록하여야 하고 등기할 권리가 합유(合有)인 때에는 그 뜻을 기록하여야 한다.

부동산등기규칙 제13조(등기기록의 양식)

① 토지등기기록의 표제부에는 표시번호란, 접수란, 소재지번란, 지목란, 면적란, 등기원인 및 기타사항란을 두고, 건물등기기록의 표제부에는 표시번호란, 접수란, 소재지번 및 건물번호란, 건물내역란, 등기원인 및 기타사항란을 둔다.
② 갑구와 을구에는 순위번호란, 등기목적란, 접수란, 등기원인란, 권리자 및 기타사항란을 둔다.
③ 토지등기기록은 별지 제1호 양식, 건물등기기록은 별지 제2호 양식에 따른다.

14 다음 중 수등이척제에 대한 설명으로 옳은 것은?

① 토지의 면적이 클수록 양전척의 길이가 짧아진다.
② 토지의 등급이 높을수록 양전척의 길이가 길어진다.
③ 토지의 면적이 작을수록 양전척의 길이가 짧아진다.
④ 토지의 등급이 낮을수록 양전척의 길이가 길어진다.

정답 14 ④

풀이 **수등이척제(隨等異尺制)**

고려 말기에서 조선시대의 토지측량제도인 양전법에 전품을 상 · 중 · 하의 3등급 또는 1등부터 6등까지의 6등급으로 각 토지를 등급에 따라 길이가 다른 양전척(量田尺)을 사용하여 타량하는 면적을 계산하던 제도를 말한다.

연 혁	고려 말기	전품의 등급을 상 · 중 · 하의 3등급으로 구분
	조선(세종)	전을 6등급으로 나누어 각 등급마다 척수를 다르게 타량
	조선(효종 4년)	1등급의 양전척 길이로 통일하여 양전

15 다음 중 소관청이 시 · 도지사에게 제출하는 축척변경 신청서에 포함되지 않는 것은?

① 축척변경 사유
② 지적도 사본
③ 지번 등 명세
④ 토지소유자 동의서

풀이 **공간정보의 구축 및 관리 등에 관한 법률 시행령 제70조(축척변경 승인신청)** **암기** ㉥㉧은 ㉣㉨가 ㉰㉭하다

① 지적소관청은 법 제83조제2항에 따라 축척변경을 할 때에는 축척변경 사유를 적은 승인신청서에 다음 각 호의 서류를 첨부하여 시 · 도지사 또는 대도시 시장에게 제출하여야 한다. 이 경우 시 · 도지사 또는 대도시 시장은 「전자정부법」 제36조제1항에 따른 행정정보의 공동이용을 통하여 축척변경 대상지역의 지적도를 확인하여야 한다. 〈개정 2010.11.2.〉

1. 축척㉥경의 사유
2. 지적도 사본 〈삭제 2010.11.2.〉
3. 지번 등 ㉧세
4. 법 제83조제3항에 따른 토지소유자의 ㉣의서
5. 법 제83조제1항에 따른 축척변경위원회의 ㉨결서 사본
6. 그 밖에 축척변경 승인을 위하여 시 · 도지사 또는 대도시 시장이 ㉰㉭하다고 인정하는 서류

16 다음 중 조선시대 양안의 기재내용이 아닌 것은?

① 토지가격
② 지번
③ 척수
④ 토지등급

풀이 **양안의 등재 내용**

① 고려시대 : 지목, 전형(토지형태), 토지소유자, 양전방향, 사표, 결수, 총결수
② 조선시대 : 논밭의 소재지, 지목, 면적, 자호, 전형(토지형태), 토지소유자, 양전방향, 사표, 장광척, 등급, 결부수, 경작 여부 등

※ 신양안

1898년 7월 6일 양지아문이 창설된 때부터 1904년 4월 19일 지계아문이 폐지된 기간에 시행한 양전사업(광무연간양전(光武年間量田))을 통해 만들어진 양안을 말한다.

① 야초책(野草冊) : 1필마다 토지측량을 행한 결과를 최초로 기록한 장부로, 전답과 초가 · 외가의 구별 · 배미 · 양전방향 · 전답 도형과 사표 · 실적(實積) · 등급 · 결부 · 전답주 및 소작인이 기록되었다.
② 중초책(中草冊) : 야초작업이 끝난 후 만든 양안의 초안서사(書使) 1명, 산사(算師) 3명이 종사하고 면도감(面都監)이 감독하였다.

정답 15 ② 16 ①

③ 정서책(正書冊) : 광무양안 때 3단계 작업으로 완성한 양안으로 면에서 중초책을 완성하면 읍에서 취합하여 작성하고 완성한 정안(正案)이다. 정안은 3부를 작성하여 1부는 양지아문에, 1부는 도(道)의 감영(監營)에, 1부는 읍(邑)에 보관하였다.

17 다음 중 간주임야도로 시행하고 있는 지역의 임야가 아닌 것은?

① 덕유산
② 일월산
③ 소백산
④ 지리산

풀이 **간주임야도**

임야조사사업 당시 이용가치가 낮고 측량실시가 곤란한 광대한 산, 국유림 일부에 대해서 임야도를 작성하지 않고 1/25,000, 1/50,000 지형도상에 임야를 조사 · 등록하여 임야도로 활용한 지형도를 말한다.

간주임야도 시행지역에는 전북 무주군(덕유산), 경북 영양군(일월산), 경남 함양군 · 산청군 · 하동군(지리산)이 있다.

18 지적공부에 새로이 등록하거나 이에 등록된 사항의 변경등록은 소관청이 적법성과 사실관계의 부합 여부 등을 적극적으로 심사하여 등록해야 한다는 이념으로 맞는 것은?

① 실질적 심사주의
② 지적 공개주의
③ 공시의 원칙
④ 지적 국정주의

풀이 **지적법의 기본이념** **암기** ㉠㉡㉢㉣㉤ (국형공실직)

① 지적(국)정주의 : 지적공부의 등록사항인 토지소재, 지번, 지목, 경계 또는 좌표와 면적 등은 국가의 공권력에 의하여 국가만이 이를 결정할 수 있는 권한을 가진다는 이념

② 지적(형)식주의 : 국가의 통치권이 미치는 모든 토지를 필지단위로 구획하여 지번, 지목, 경계 또는 좌표와 면적을 정하여 국가기관인 소관청이 비치하고 있는 지적공부에 등록공시하여야만 공식적인 효력이 인정된다는 이념

③ 지적(공)개주의 : 지적공부에 등록된 사항은 이를 토지소유자나 이해관계인 등 국민에게 신속 정확하게 공개하여 정당하게 이용할 수 있도록 하는 이념

④ (실)질적 심사주의(사실심사주의) : 지적공부에 새로이 등록하는 사항이나 이미 등록된 사항의 변경등록은 국가기관인 소관청이 지적법령에 정한 절차상의 적법성뿐만 아니라 실체법상 사실관계의 부합 여부를 심사하여 지적공부에 등록하여야 한다는 이념

⑤ (직)권등록주의(강제등록주의) : 모든 필지는 필지단위로 구획하여 국가기관인 소관청이 강제적으로 지적공부에 등록공시하여야 한다는 이념

정답 17 ③ 18 ①

19 **다음 중 지적전산자료를 이용 또는 활용하고자 하는 자가 관계 중앙행정기관의 장에게 제출하여야 하는 심사 신청서에 포함시켜야 할 내용으로 틀린 것은?**

① 자료의 공익성 여부
② 자료의 보관기관
③ 자료의 안전관리대책
④ 자료의 제공방식

풀이 **공간정보의 구축 및 관리 등에 관한 법률 시행령 제62조(지적전산자료의 이용 등)**

① 법 제76조제1항에 따라 지적공부에 관한 전산자료(이하 "지적전산자료"라 한다)를 이용하거나 활용하려는 자는 같은 조 제2항에 따라 다음 각 호의 사항을 적은 신청서를 관계 중앙행정기관의 장에게 제출하여 심사를 신청하여야 한다. **암기** **ⓘ목ⓖ 범ⓝ는 제ⓑⓐ하라**

1. 자료의 이용 또는 활용 목적 및 근거
2. 자료의 범위 및 내용
3. 자료의 제공 방식, 보관 기관 및 안전관리대책 등

② 제1항에 따른 심사 신청을 받은 관계 중앙행정기관의 장은 다음 각 호의 사항을 심사한 후 그 결과를 신청인에게 통지하여야 한다. **암기** **타적공은 사적 방안 마련하라**

1. 신청 내용의 타당성, 적합성 및 공익성
2. 개인의 사생활 침해 여부
3. 자료의 목적 외 사용 방지 및 안전관리대책

③ 법 제76조제1항에 따라 지적전산자료의 이용 또는 활용에 관한 승인을 받으려는 자는 승인신청을 할 때에 제2항에 따른 심사 결과를 제출하여야 한다. 다만, 중앙행정기관의 장이 승인을 신청하는 경우에는 제2항에 따른 심사 결과를 제출하지 아니할 수 있다.

④ 제3항에 따른 승인신청을 받은 국토교통부장관, 시·도지사 또는 지적소관청은 다음 각 호의 사항을 심사하여야 한다. 〈개정 2013.3.23.〉 **암기** **타적공은 사적 방안 마련하라 전지 여부를**

1. 신청 내용의 타당성, 적합성 및 공익성
2. 개인의 사생활 침해 여부
3. 자료의 목적 외 사용 방지 및 안전관리대책
4. 신청한 사항의 처리가 전산정보처리조직으로 가능한지 여부
5. 신청한 사항의 처리가 지적업무수행에 지장을 주지 않는지 여부

⑤ 국토교통부장관, 시·도지사 또는 지적소관청은 제4항에 따른 심사를 거쳐 지적전산자료의 이용 또는 활용을 승인하였을 때에는 지적전산자료 이용·활용 승인대장에 그 내용을 기록·관리하고 승인한 자료를 제공하여야 한다. 〈개정 2013.3.23.〉

⑥ 제5항에 따라 지적전산자료의 이용 또는 활용에 관한 승인을 받은 자는 국토교통부령으로 정하는 사용료를 내야 한다. 다만, 국가 나 지방자치단체에 대해서는 사용료를 면제한다.

13. 지적전산자료의 이용 또는 활용 신청 가. 자료를 인쇄물로 제공하는 경우 나. 자료를 자기디스크 등 전산매체로 제공하는 경우	 1필지당 1필지당	 30원 20원	법 제106조제1항제14호
14. 부동산종합공부의 인터넷 열람 신청	1필지당	무료	법 제106조제1항제14호의2

정답 **19** ①

20 다음 중 지적공부의 성격이 다른 하나는?

① 산토지대장　　② 별책토지대장
③ 을호토지대장　　④ 지적도로 간주하는 임야도

구분	내용
간주지적도	토지조사지역 밖인 산림지대(임야)에도 전 · 답 · 대 등 과세지가 있더라도 지적도에 신규등록 할 것 없이 그 지목만을 수정하여 임야도에 존치하도록 하되 그에 대한 대장은 일반적인 토지대장과는 별도로 작성하여 별책토지대장, 을호토지대장, 산토지대장이라고 불렀으며 이와 같이 지적도로 간주하는 임야도를 간주지적도라고 하였다.
간주임야도	임야도는 경제적 가치에 따라 1/3,000과 1/6,000로 작성하였으며 임야의 필지가 너무 커서 임야도(1/6,000)로 조제하기 어려운 국유임야 등에 대하여 1/50,000 지형도를 임야도로 간주하여 지형도 내에 지번과 지목을 기입하여 사용하였는데, 이를 간주임야도라고 하였다.
산토지대장(山土地臺將)	임야도를 지적도로 간주하는 것을 간주지적도라 하였으며 간주지적도에 등록하는 토지에 관한 대장은 별도 작성하여 별책토지대장, 을호토지대장, 산토지대장이라고 하였다.

21 검정증(檢定證)이라고도 하며 1909년 유길준이 창설한 대한측량총관회에서 발행한 한국 최초의 측량기술 자격증으로 한국 지적측량자격증의 효시는?

① 대행측량사(代行測量上)　　② 검열증(檢閱証)
③ 상치측량사(常置測量上)　　④ 토지측량자(土地測量者)면허증

풀이 **지적측량사 자격의 변천연혁**

구분	내용
검열증(檢閱證)	• 1909년 2월 : 유길준이 대한측량총관회(大韓測量總管會) 창립 • 검열증(檢閱証), 검정증(檢定證)이라고도 한다. • 1909년 유길준이 창설한 대한측량총관회에서 발행한 한국 최초의 측량기술자격증이다. • 1909년 4월에는 총관회 부령분 사무소에서 부평, 김포, 양천군의 측량기술을 검정하여 합격자는 검열증을 주고 합격되지 아니한 자는 1~2개월 강습한 다음 다시 검정하여 검열증을 주었다. • 원본이 보존되어 있지 아니하여 그 내역은 알 수 없다. • 한국 지적측량자격증의 효시이다.
지적측량사 규정에 의한 지적측량사	1960년에 지적측량사규정(1960.12.31. 국무원령 제176호) 및 지적측량사규정 시행규칙(1961.2.7. 재무부령 제194호) 제정 • 1962년에 최초로 지적측량사 자격시험 실시 • 상치측량사(常置測量上) : 국가공무원으로 그 소속 관서의 지적측량 사무에 종사하는 자 • 대행측량사(代行測量上) : 타인으로부터 지적법에 의한 측량업무를 위탁받아 하는 법인격이 있는 지적단체의 지적측량업무를 대행하는 자 • 세부(細部)측량과, 기초(基礎)측량과, 확정(確定)측량과로 구분
국가기술자격법에 의한 지적기술자격	• 1973년에 국가기술자격법(1973.12.31. 법률 제2672호) 제정, 1975년부터 시행 – 지적기술자격을 기술계(技術系)와 기능계(技能系)로 구분 – 기술계 : 국토개발기술사(지적) · 지적기사 1급 · 지적기사 2급 – 기능계 : 지적기능장 · 지적기능사 1급 · 지적기능사 2급 • 1980년부터 지적기술자격검정을 한국산업인력공단에서 시행

정답 20 ④　21 ②

	• 1991년에 국가기술자격법 시행령 개정(1991.10.31. 대통령령 제13494호) －국토개발기술사(지적)를 지적기술사로 명칭 변경, 지적기능장 폐지 • 1998년에 국가기술자격법 시행령 개정(1998.5.9. 대통령령 제15794호) －지적기술사 · 지적기사 · 지적산업기사 · 지적기능산업기사 · 지적기능사로 명칭 변경 • 2005년에 국가기술자격법 시행규칙 개정(2005.7.1. 노동부령 제225호) －지적산업기사와 지적기능산업기사를 지적산업기사로 통합

22 **송사(宋史)의 (　　)에 지상거리 측량용 기구인 기리고차(記里鼓車)에 관해서 상세히 기록되어 있다. (　　) 안에 들어갈 내용으로 옳은 것은?**

① 여복지(輿服志)　　② 우적도(禹跡圖)
③ 변경주군도(邊境駐軍圖)　　④ 화이도(華夷圖)

풀이 **고대 중국의 지적**

은왕조 (殷王朝)	B.C. 1500년경 은왕조(殷王朝)가 갑골문자(甲骨文字)를 남겼으며, 하남성 안양에서 발굴된 은나라 때 수레축의 장식품에 5각형과 9각형 등의 기하학적 도형이 그려져 있으며, 고대 중국인들이 일찍부터 토지측량술과 관계있는 활동을 해왔다는 것을 의미함
고공기 (考工記)	춘추전국시대에 발간된 주례(周禮)의 고공기(考工記)에 "장인들이 나라의 중심이 되는 도성을 설계함에 있어서 사방 9리에 각각 세 개의 성문을 설치하고 성내를 9경(經)과 9궤(軌)로 되어 있다"라고 기록 • 주나라는 일찍부터 모든 토지의 평면을 바둑판식으로 나누는 정전제(井田制)를 시행하여 실제 측량을 전제로 하는 토지구획제도를 시행
변경주군도 (邊境駐軍圖)	고대 중국에서 토지측량술이 있었다는 1973년 양자강(揚子江) 남쪽 호남성의 장사 마왕퇴(長沙 馬王堆)에서 발견된 B.C. 186년의 장사국(長沙國) 남부 지형도와 변경주군도(邊境駐軍圖)에서 확인되고 있음 • 전한(前漢)시대의 2매의 지도로 현대의 지도와 비교할 때 개략적인 축척까지 설정할 수 있을 정도로 비교적 정확함
우적도와 화이도	1136년 만들어진 우적도(禹跡圖)와 화이도(華夷圖) 발견 • 이 지도들은 모두 방격도(方格圖) 형태로 되어 있어 측량에 의해서 작성되었음을 알 수 있음
어린도 (魚鱗圖)	중국에서 지적제도가 확립되었다는 확실한 증거는 현존하는 어린도(魚鱗圖)임 어린도는 조세징수의 기초자료로 만들어진 고대 중국의 지적도로 이것들을 묶어서 어린도책(魚鱗圖冊)으로 발간 • 어린도책은 송(宋)대부터 일부지역에서 작성하기 시작하여 명(明) · 청(靑)시대에 전국으로 광범위하게 전파
기리고차 (記里鼓車)	송사(宋史) 여복지(輿服志)에 지상거리 측량용 기구인 기리고차(記里鼓車)에 관해서 상세한 기록이 있고 평주가담(萍洲可談)에는 나침반을 사용한 기록이 있는 것으로 보아 지상에서 거리측량과 방위설정이 이루어졌음을 알 수 있음

정답 22 ①

23 다음 중 지적공부의 지목 · 면적 · 지번을 등록하고자 할 때 최종 결정권자는?

① 대한지적공사장　　② 군수
③ 행자부장관　　④ 시 · 도지사

풀이 공간정보의 구축 및 관리 등에 관한 법률 제64조(토지의 조사 · 등록 등)

① 국토교통부장관은 모든 토지에 대하여 필지별로 소재 · 지번 · 지목 · 면적 · 경계 또는 좌표 등을 조사 · 측량하여 지적공부에 등록하여야 한다. 〈개정 2013.3.23.〉
② 지적공부에 등록하는 지번 · 지목 · 면적 · 경계 또는 좌표는 토지의 이동이 있을 때 토지소유자(법인이 아닌 사단이나 재단의 경우에는 그 대표자나 관리인을 말한다. 이하 같다)의 신청을 받아 지적소관청이 결정한다. 다만, 신청이 없으면 지적소관청이 직권으로 조사 · 측량하여 결정할 수 있다.
③ 제2항 단서에 따른 조사 · 측량의 절차 등에 필요한 사항은 국토교통부령으로 정한다.

공간정보의 구축 및 관리 등에 관한 법률 제2조(정의)

이 법에서 사용하는 용어의 뜻은 다음과 같다.

18. "지적소관청"이란 지적공부를 관리하는 특별자치시장, 시장(「제주특별자치도 설치 및 국제자유도시 조성을 위한 특별법」 제10조제2항에 따른 행정시의 시장을 포함하며, 「지방자치법」 제3조제3항에 따라 자치구가 아닌 구를 두는 시의 시장은 제외한다) · 군수 또는 구청장(자치구가 아닌 구의 구청장을 포함한다)을 말한다.
19. "지적공부"란 토지대장, 임야대장, 공유지연명부, 대지권등록부, 지적도, 임야도 및 경계점좌표등록부 등 지적측량 등을 통하여 조사된 토지의 표시와 해당 토지의 소유자 등을 기록한 대장 및 도면(정보처리시스템을 통하여 기록 · 저장된 것을 포함한다)을 말한다.

19의2. "연속지적도"란 지적측량을 하지 아니하고 전산화된 지적도 및 임야도 파일을 이용하여, 도면상 경계점들을 연결하여 작성한 도면으로서 측량에 활용할 수 없는 도면을 말한다.

19의3. "부동산종합공부"란 토지의 표시와 소유자에 관한 사항, 건축물의 표시와 소유자에 관한 사항, 토지의 이용 및 규제에 관한 사항, 부동산의 가격에 관한 사항 등 부동산에 관한 종합정보를 정보관리체계를 통하여 기록 · 저장한 것을 말한다.

20. "토지의 표시"란 지적공부에 토지의 소재 · 지번(地番) · 지목(地目) · 면적 · 경계 또는 좌표를 등록한 것을 말한다.
21. "필지"란 대통령령으로 정하는 바에 따라 구획되는 토지의 등록단위를 말한다.
22. "지번"이란 필지에 부여하여 지적공부에 등록한 번호를 말한다.
23. "지번부여지역"이란 지번을 부여하는 단위지역으로서 동 · 리 또는 이에 준하는 지역을 말한다.

24 다음 중 국토의 이용 및 계획에 관한 법률에서 정한 용도지역이 아닌 것은?

① 준도시지역　　② 자연환경보전지역
③ 관리지역　　④ 도시지역

풀이 국토의 계획 및 이용에 관한 법률 제6조(국토의 용도 구분)

국토는 토지의 이용실태 및 특성, 장래의 토지 이용 방향, 지역 간 균형발전 등을 고려하여 다음과 같은 용도지역으로 구분한다. 〈개정 2013.5.22.〉

1. 도시지역 : 인구와 산업이 밀집되어 있거나 밀집이 예상되어 그 지역에 대하여 체계적인 개발 · 정비 · 관리 · 보전 등이 필요한 지역

정답 23 ② 24 ①

2. 관리지역 : 도시지역의 인구와 산업을 수용하기 위하여 도시지역에 준하여 체계적으로 관리하거나 농림업의 진흥, 자연환경 또는 산림의 보전을 위하여 농림지역 또는 자연환경보전지역에 준하여 관리할 필요가 있는 지역
3. 농림지역 : 도시지역에 속하지 아니하는 「농지법」에 따른 농업진흥지역 또는 「산지관리법」에 따른 보전산지 등으로서 농림업을 진흥시키고 산림을 보전하기 위하여 필요한 지역
4. 자연환경보전지역 : 자연환경 · 수자원 · 해안 · 생태계 · 상수원 및 문화재의 보전과 수산자원의 보호 · 육성 등을 위하여 필요한 지역

25 개발로 인하여 기반시설이 부족할 것이 예상되나 기반시설의 설치가 곤란한 지역을 대상으로 건폐율 또는 용적률을 강화하여 적용하기 위한 특정지역을 무엇이라 하는가?

① 개발밀도관리구역　　② 시가화조정구역
③ 주택재개발사업지역　　④ 지구단위계획지역

풀이 국토의 계획 및 이용에 관한 법률 제2조(정의)

이 법에서 사용하는 용어의 뜻은 다음과 같다. 〈개정 2021.1.12.〉

15. "용도지역"이란 토지의 이용 및 건축물의 용도, 건폐율(「건축법」 제55조의 건폐율을 말한다. 이하 같다), 용적률(「건축법」 제56조의 용적률을 말한다. 이하 같다), 높이 등을 제한함으로써 토지를 경제적 · 효율적으로 이용하고 공공복리의 증진을 도모하기 위하여 서로 중복되지 아니하게 도시 · 군관리계획으로 결정하는 지역을 말한다.
16. "용도지구"란 토지의 이용 및 건축물의 용도 · 건폐율 · 용적률 · 높이 등에 대한 용도지역의 제한을 강화하거나 완화하여 적용함으로써 용도지역의 기능을 증진시키고 경관 · 안전 등을 도모하기 위하여 도시 · 군관리계획으로 결정하는 지역을 말한다.
17. "용도구역"이란 토지의 이용 및 건축물의 용도 · 건폐율 · 용적률 · 높이 등에 대한 용도지역 및 용도지구의 제한을 강화하거나 완화하여 따로 정함으로써 시가지의 무질서한 확산방지, 계획적이고 단계적인 토지이용의 도모, 토지이용의 종합적 조정 · 관리 등을 위하여 도시 · 군관리계획으로 결정하는 지역을 말한다.
18. "개발밀도관리구역"이란 개발로 인하여 기반시설이 부족할 것으로 예상되나 기반시설을 설치하기 곤란한 지역을 대상으로 건폐율이나 용적률을 강화하여 적용하기 위하여 제66조에 따라 지정하는 구역을 말한다.
19. "기반시설부담구역"이란 개발밀도관리구역 외의 지역으로서 개발로 인하여 도로, 공원, 녹지 등 대통령령으로 정하는 기반시설의 설치가 필요한 지역을 대상으로 기반시설을 설치하거나 그에 필요한 용지를 확보하게 하기 위하여 제67조에 따라 지정 · 고시하는 구역을 말한다.
20. "기반시설설치비용"이란 단독주택 및 숙박시설 등 대통령령으로 정하는 시설의 신 · 증축 행위로 인하여 유발되는 기반시설을 설치하거나 그에 필요한 용지를 확보하기 위하여 제69조에 따라 부과 · 징수하는 금액을 말한다.

정답 25 ①

04 2006년 한국국토정보공사문제

01 다음 중 지적측량기준점 표지의 설치에 있어서 경계점간거리에 대한 설명으로 틀린 것은?

① 지적삼각보조점표지의 점간거리는 평균 1~3km로 한다.

② 지적도근점표지의 점간거리는 평균 500m 이하로 한다.(단, 다각망도선법에 따르는 경우)

③ 지적삼각점표점의 점간거리는 평균 2~5km로 한다.

④ 지적도근점표지의 점간거리는 평균 50~500m 이하로 한다.

풀이 **지적측량 시행규칙 제2조(지적기준점표지의 설치 · 관리 등)**

① 「공간정보의 구축 및 관리 등에 관한 법률」(이하 "법"이라 한다) 제8조제1항에 따른 지적기준점표지의 설치는 다음 각 호의 기준에 따른다.

1. 지적삼각점표지의 점간거리는 평균 2킬로미터 이상 5킬로미터 이하로 할 것
2. 지적삼각보조점표지의 점간거리는 평균 1킬로미터 이상 3킬로미터 이하로 할 것. 다만, 다각망도선법(多角網道線法)에 따르는 경우에는 평균 0.5킬로미터 이상 1킬로미터 이하로 한다.
3. 지적도근점표지의 점간거리는 평균 50미터 이상 300미터 이하로 할 것. 다만, 다각망도선법에 따르는 경우에는 평균 500미터 이하로 한다.

02 지적전산자료의 수수료에 대한 설명으로 옳지 않은 것은?(단, 정보통신망을 이용하여 전자화폐 · 전자결제 등의 방법으로 납부하게 하는 경우는 고려하지 않는다.)

① 지적전산자료를 인쇄물로 제공하는 경우의 수수료는 1필지당 30원이다.

② 공간정보산업협회 등에 위탁된 업무의 수수료는 현금으로 내야 한다.

③ 지적전산자료를 시 · 도지사 또는 지적소관청이 제공하는 경우에는 현금으로만 납부해야 한다.

④ 지적전산자료를 자기디스크 등 전산매체로 제공하는 경우의 수수료는 1필지당 20원이다.

풀이 **공간정보의 구축 및 관리 등에 관한 법률 시행규칙 제115조(수수료)**

① 법 제106조제1항제1호부터 제4호까지, 제6호, 제9호부터 제14호까지, 제14호의2, 제15호, 제17호 및 제18호에 따른 수수료는 별표 12와 같다. 〈개정 2014.1.17.〉

② 법 제106조제1항제5호에 따른 공공측량성과의 심사 수수료 산정방법은 별표 13과 같다. 〈개정 2017.1.31.〉

③ 삭제 〈2021.2.19.〉

④ 삭제 〈2021.2.19.〉

⑤ 법 제106조제1항제16호에 따른 측량기기 성능검사 신청 수수료는 별표 16과 같다.

⑥ 제1항부터 제5항까지의 수수료는 수입인지, 수입증지 또는 현금으로 내야 한다. 다만, 법 제93조제1항에 따라 등록한 성능검사대행자가 하는 성능검사 수수료와 법 제105조제2항에 따라 공간정보산업협회 등에 위탁된 업무의 수수료는 현금으로 내야 한다. 〈개정 2015.6.4.〉

⑦ 국토교통부장관, 국토지리정보원장, 시 · 도지사 및 지적소관청은 제6항에도 불구하고 정보통신망을 이용하여 전자화폐 · 전자결제 등의 방법으로 수수료를 내게 할 수 있다. 〈개정 2013.3.23., 2021.2.19.〉

정답 01 ④ 02 ③

공간정보의 구축 및 관리 등에 관한 법률 시행규칙 [별표 12] 〈개정 2019.2.25.〉
업무 종류에 따른 수수료의 금액(제115조제1항 관련)

13. 지적전산자료의 이용 또는 활용 신청 가. 자료를 인쇄물로 제공하는 경우 나. 자료를 자기디스크 등 전산매체로 제공하는 경우	 1필지당 1필지당	 30원 20원	법 제106조제1항제14호
14. 부동산종합공부의 인터넷 열람 신청	1필지당	무료	법 제106조제1항제14호의2

03 다음 중 강계선에 대한 설명으로 맞는 것은?

① 소유자를 알 수 없는 토지와의 구획선
② 토지조사 시행토지와 토지조사를 시행하지 않은 토지와의 지계선
③ 토지조사령에 의해 토지조사국장의 사정을 거친 도면상의 경계선
④ 소유자는 같으나 지적정리상 별필로 구분하여야 하는 토지와의 구획선

풀이 **토지조사 당시 용어 정의**

① 강계선 : 사정선으로서 토지조사 당시 확정된 소유자가 다른 토지 간의 경계선이며, 강계선의 상대는 소유자와 지목이 다르다는 원칙이 성립한다.
② 지역선 : 소유자가 같은 토지와의 구획선 또는 소유자를 알 수 없는 토지와의 구획선 및 토지조사사업의 시행지와 미시행지와의 지계선이다.
③ 경계선 : 임야조사사업 시의 사정선으로서, 강계선과 같은 개념이다.

04 다음 중 등기부의 표제부에 기록하는 것으로 맞는 것은?

① 토지와 건물의 지번과 면적
② 토지와 건물의 소유자와 소재지주소
③ 토지와 건물의 면적과 경계
④ 토지와 건물의 저당권과 임차권

풀이 **등기법 제34조(등기사항)**

등기관은 토지 등기기록의 표제부에 다음 각 호의 사항을 기록하여야 한다.

1. 표시번호
2. 접수연월일
3. 소재와 지번(地番)
4. 지목(地目)
5. 면적
6. 등기원인

등기법 제40조(등기사항)

① 등기관은 건물 등기기록의 표제부에 다음 각 호의 사항을 기록하여야 한다.

1. 표시번호
2. 접수연월일
3. 소재, 지번 및 건물번호. 다만, 같은 지번 위에 1개의 건물만 있는 경우에는 건물번호는 기록하지 아니한다.

정답 03 ③ 04 ①

4. 건물의 종류, 구조와 면적. 부속건물이 있는 경우에는 부속건물의 종류, 구조와 면적도 함께 기록한다.
5. 등기원인
6. 도면의 번호[같은 지번 위에 여러 개의 건물이 있는 경우와 「집합건물의 소유 및 관리에 관한 법률」 제2조제1호의 구분소유권(區分所有權)의 목적이 되는 건물(이하 "구분건물"이라 한다)인 경우로 한정한다]

② 등기할 건물이 구분건물(區分建物)인 경우에 등기관은 제1항제3호의 소재, 지번 및 건물번호 대신 1동 건물의 등기기록의 표제부에는 소재와 지번, 건물명칭 및 번호를 기록하고 전유부분의 등기기록의 표제부에는 건물번호를 기록하여야 한다.
③ 구분건물에 「집합건물의 소유 및 관리에 관한 법률」 제2조제6호의 대지사용권(垈地使用權)으로서 건물과 분리하여 처분할 수 없는 것[이하 "대지권"(垈地權)이라 한다]이 있는 경우에는 등기관은 제2항에 따라 기록하여야 할 사항 외에 1동 건물의 등기기록의 표제부에 대지권의 목적인 토지의 표시에 관한 사항을 기록하고 전유부분의 등기기록의 표제부에는 대지권의 표시에 관한 사항을 기록하여야 한다.
④ 등기관이 제3항에 따라 대지권등기를 하였을 때에는 직권으로 대지권의 목적인 토지의 등기기록에 소유권, 지상권, 전세권 또는 임차권이 대지권이라는 뜻을 기록하여야 한다.

등기법 제48조(등기사항)
① 등기관이 **갑구 또는 을구에 권리에 관한 등기**를 할 때에는 다음 각 호의 사항을 기록하여야 한다.

1. 순위번호
2. 등기목적
3. 접수연월일 및 접수번호
4. 등기원인 및 그 연월일
5. 권리자

② 제1항제5호의 권리자에 관한 사항을 기록할 때에는 권리자의 성명 또는 명칭 외에 주민등록번호 또는 부동산등기용등록번호와 주소 또는 사무소 소재지를 함께 기록하여야 한다.
③ 제26조에 따라 법인 아닌 사단이나 재단 명의의 등기를 할 때에는 그 대표자나 관리인의 성명, 주소 및 주민등록번호를 함께 기록하여야 한다.
④ 제1항제5호의 권리자가 2인 이상인 경우에는 권리자별 지분을 기록하여야 하고 등기할 권리가 합유(合有)인 때에는 그 뜻을 기록하여야 한다.

부동산등기규칙 제13조(등기기록의 양식)
① 토지등기기록의 표제부에는 표시번호란, 접수란, 소재지번란, 지목란, 면적란, 등기원인 및 기타사항란을 두고, 건물등기기록의 표제부에는 표시번호란, 접수란, 소재지번 및 건물번호란, 건물내역란, 등기원인 및 기타사항란을 둔다.
② 갑구와 을구에는 순위번호란, 등기목적란, 접수란, 등기원인란, 권리자 및 기타사항란을 둔다.
③ 토지등기기록은 별지 제1호 양식, 건물등기기록은 별지 제2호 양식에 따른다.

정답

05 다음 중 필지에 대한 설명으로 맞지 않는 것은?

① 인위적으로 구획된 법적 토지등록단위 ② 자연적인 토지와 건물의 경계
③ 지적공부상 등록된 필지경계 ④ 토지와 건물의 공부상 등록경계

풀이 **공간정보의 구축 및 관리 등에 관한 법률 제2조(정의)**

이 법에서 사용하는 용어의 뜻은 다음과 같다.

21. "필지"란 대통령령으로 정하는 바에 따라 구획되는 토지의 등록단위를 말한다.

1필지로 정할 수 있는 기준

지번부여 지역 동일	1필지로 획정하고자 하는 토지는 지번부여지역(행정구역인 법정 동 · 리 또는 이에 준하는 지역)이 같아야 한다. 따라서 1필지의 토지에 동 · 리 및 이에 준하는 지역이 다른 경우 1필지로 획정할 수 없다.
소유자 동일	1필지로 획정하고자 하는 토지는 소유자가 동일하여야 한다. 따라서 1필지로 획정하고자 하는 토지의 소유자가 각각 다른 경우에는 1필지로 획정할 수 없다. 또한 소유권 이외의 권리관계까지도 동일하여야 한다.
용도 동일	1필지로 획정하고자 하는 토지는 지목이 동일하여야 한다. 따라서 1필지 내 토지의 일부가 주된 목적의 사용목적 또는 용도가 다른 경우에는 1필지로 획정할 수 없다. 다만, 주된 토지에 편입할 수 있는 토지의 경우에는 필지 내 토지의 일부가 지목이 다른 경우라도 주지목추정의 원칙에 의하여 1필지로 획정할 수 있다.
연속된 지반	1필지로 획정하고자 하는 토지는 지형 · 지물(도로, 구거, 하천, 계곡, 능선) 등에 의하여 지반이 끊기지 않고 지반이 연속되어야 한다. 즉, 1필지로 하고자 하는 토지는 지반이 연속되지 않은 토지가 있을 경우 별필지로 획정하여야 한다.

06 다음 중 축척변경에 대한 설명으로 맞지 않는 것은?

① 소축척에서 대축척으로의 이동을 의미하는 정밀도를 높이기 위한 토지이동이다.
② 임야대장에서 등록된 토지를 지적도로 옮기는 토지이동을 의미한다.
③ 토지소유자의 2/3 이상의 동의가 있어야 한다.
④ 축척변경위원회의 의결을 거쳐 시 · 도지사의 승인을 받아야 한다.

풀이 **공간정보의 구축 및 관리 등에 관한 법률 제2조(정의)**

이 법에서 사용하는 용어의 뜻은 다음과 같다.

30. "등록전환"이란 임야대장 및 임야도에 등록된 토지를 토지대장 및 지적도에 옮겨 등록하는 것을 말한다.
34. "축척변경"이란 지적도에 등록된 경계점의 정밀도를 높이기 위하여 작은 축척을 큰 축척으로 변경하여 등록하는 것을 말한다.

공간정보의 구축 및 관리 등에 관한 법률 제83조(축척변경)

① 축척변경에 관한 사항을 심의 · 의결하기 위하여 지적소관청에 축척변경위원회를 둔다.
② 지적소관청은 지적도가 다음 각 호의 어느 하나에 해당하는 경우에는 토지소유자의 신청 또는 지적소관청의 직권으로 일정한 지역을 정하여 그 지역의 축척을 변경할 수 있다.

정답 05 ② 06 ②

1. 잦은 토지의 이동으로 1필지의 규모가 작아서 소축척으로는 지적측량성과의 결정이나 토지의 이동에 따른 정리를 하기가 곤란한 경우 2. 하나의 지번부여지역에 서로 다른 축척의 지적도가 있는 경우 3. 그 밖에 지적공부를 관리하기 위하여 필요하다고 인정되는 경우

③ 지적소관청은 제2항에 따라 축척변경을 하려면 축척변경 시행지역의 토지소유자 3분의 2 이상의 동의를 받아 제1항에 따른 축척변경위원회의 의결을 거친 후 시 · 도지사 또는 대도시 시장의 승인을 받아야 한다. 다만, 다음 각 호의 어느 하나에 해당하는 경우에는 축척변경위원회의 의결 및 시 · 도지사 또는 대도시 시장의 승인 없이 축척변경을 할 수 있다.

1. 합병하려는 토지가 축척이 다른 지적도에 각각 등록되어 있어 축척변경을 하는 경우
2. 제86조에 따른 도시개발사업 등의 시행지역에 있는 토지로서 그 사업 시행에서 제외된 토지의 축척변경을 하는 경우

④ 축척변경의 절차, 축척변경으로 인한 면적 증감의 처리, 축척변경 결과에 대한 이의신청 및 축척변경위원회의 구성 · 운영 등에 필요한 사항은 대통령령으로 정한다.

07 국토 및 이용에 관한 법률의 용적률과 건폐율을 지정하는 목적으로 맞지 않는 것은?

① 국토의 효율적이고 균형 있는 개발
② 개인의 삶의 질 저하에 따른 효율적인 국토개발
③ 도시경관과 과밀화를 위한 개발
④ 고층화에 따른 일조권의 보장을 위해

풀이 **국토의 계획 및 이용에 관한 법률 제3조(국토 이용 및 관리의 기본원칙)**

국토는 자연환경의 보전과 자원의 효율적 활용을 통하여 환경적으로 건전하고 지속가능한 발전을 이루기 위하여 다음 각 호의 목적을 이룰 수 있도록 이용되고 관리되어야 한다. 〈개정 2012.2.1., 2019.8.20.〉

1. 국민생활과 경제활동에 필요한 토지 및 각종 시설물의 효율적 이용과 원활한 공급
2. 자연환경 및 경관의 보전과 훼손된 자연환경 및 경관의 개선 및 복원
3. 교통 · 수자원 · 에너지 등 국민생활에 필요한 각종 기초 서비스 제공
4. 주거 등 생활환경 개선을 통한 국민의 삶의 질 향상
5. 지역의 정체성과 문화유산의 보전
6. 지역 간 협력 및 균형발전을 통한 공동번영의 추구
7. 지역경제의 발전과 지역 및 지역 내 적절한 기능 배분을 통한 사회적 비용의 최소화
8. 기후변화에 대한 대응 및 풍수해 저감을 통한 국민의 생명과 재산의 보호

08 고려시대의 면적측정방법으로 계지척을 사용하였는데 계지척은 무엇을 그 기준으로 하였는가?

① 사람의 키
② 사람의 손길이
③ 사람의 발길이
④ 사람의 걸음걸이

정답 07 ② 08 ②

풀이 **계지(季指)** : 새끼손가락

수등이척제(隨等異尺制)

1. 정의 : 수등이척제란 고려 말기에서 조선시대의 토지측량제도인 양전법에 전품을 상 · 중 · 하의 3등급 또는 1등부터 6등까지의 6등급으로 각 토지를 등급에 따라 길이가 서로 다른 계지척을 서로 사용하여 척수를 달하던 제도를 말한다. 즉, 전품이 낮으면(등급이 낮음) 양전척은 길어지고 전품이 높으면(등급이 높음) 양전척은 짧아진다. 비옥한 토지에는 짧은 양전척을 사용하고 척박한 토지에는 긴 양전척을 사용한다는 의미이며 이때 사용된 양전척을 계지척 또는 수지척이라 한다.
2. 면적계산

[등급기준]

상등급	농부의 손뼘 20뼘을 1척으로 타량
중등급	농부의 손뼘 25뼘을 1척으로 타량
하등급	농부의 손뼘 30뼘을 1척으로 타량

09 다음 중 등기부의 표시사항에 대한 설명으로 틀린 것은 무엇인가?

① 사실의 등기는 표시란에 권리의 등기는 갑구, 을구란에 기재하도록 한다.
② 등기부 순위번호란에는 갑구, 을구 사항란에 등기한 순서를 기록한다.
③ 등기부 등기번호란에는 토지와 건물의 등기한 순서를 기록한다.
④ 등기부 표시번호란에는 당해 부동산 물건의 생성과 소멸에 관한 내용의 변경순서를 기록한다.

풀이 **부동산등기규칙 제13조(등기기록의 양식)**

① 토지등기기록의 표제부에는 표시번호란, 접수란, 소재지번란, 지목란, 면적란, 등기원인 및 기타사항란을 두고, 건물등기기록의 표제부에는 표시번호란, 접수란, 소재지번 및 건물번호란, 건물내역란, 등기원인 및 기타사항란을 둔다.
② 갑구와 을구에는 순위번호란, 등기목적란, 접수란, 등기원인란, 권리자 및 기타사항란을 둔다.
③ 토지등기기록은 별지 제1호 양식, 건물등기기록은 별지 제2호 양식에 따른다.

10 다음 중 토지의 이동에 대한 설명으로 맞지 않는 것은?

① 신규등록은 새로이 조성된 토지 및 등록이 누락되어 있는 토지를 공부에 등록하는 것이다.
② 등록전환은 임야대장 및 임야도에 등록된 토지를 토지대장 및 지적도에 옮겨 등록하는 것이다.
③ 축척변경은 경계점의 정밀도를 높이기 위하여 대축척을 소축척으로 변경하는 것이다.
④ 합병은 지적공부에 등록된 2필지 이상을 1필지로 합하여 등록하는 것이다.

풀이 **공간정보의 구축 및 관리 등에 관한 법률 제2조(정의)**

이 법에서 사용하는 용어의 뜻은 다음과 같다.

29. "신규등록"이란 새로 조성된 토지와 지적공부에 등록되어 있지 아니한 토지를 지적공부에 등록하는 것을 말한다.
30. "등록전환"이란 임야대장 및 임야도에 등록된 토지를 토지대장 및 지적도에 옮겨 등록하는 것을 말한다.
32. "합병"이란 지적공부에 등록된 2필지 이상을 1필지로 합하여 등록하는 것을 말한다.
34. "축척변경"이란 지적도에 등록된 경계점의 정밀도를 높이기 위하여 작은 축척을 큰 축척으로 변경하여 등록하는 것을 말한다.

정답 09 ③ 10 ③

11 다음 중 토지의 표시사항과 관련된 설명으로 맞지 않는 것은?

① 토지표시사항은 소재 · 지번 · 지목 · 면적 · 경계를 말한다.
② 토지의 이동은 신규등록 · 등록전환 · 분할 · 합병 · 지목변경 · 축척변경 · 지번변경 등이 있다.
③ 토지의 이동은 대부분 토지소유자의 신청과 소관청의 직권에 의하여 지적공부를 정리하게 된다.
④ 토지의 이동은 지적측량을 요하는 이동과 토지확인 · 조사를 하는 토지의 이동이 있다.

풀이 **공간정보의 구축 및 관리 등에 관한 법률 제2조(정의)**

이 법에서 사용하는 용어의 뜻은 다음과 같다.

20. "토지의 표시"란 지적공부에 토지의 소재 · 지번(地番) · 지목(地目) · 면적 · 경계 또는 좌표를 등록한 것을 말한다.
21. "필지"란 대통령령으로 정하는 바에 따라 구획되는 토지의 등록단위를 말한다.
22. "지번"이란 필지에 부여하여 지적공부에 등록한 번호를 말한다.
23. "지번부여지역"이란 지번을 부여하는 단위지역으로서 동 · 리 또는 이에 준하는 지역을 말한다.
24. "지목"이란 토지의 주된 용도에 따라 토지의 종류를 구분하여 지적공부에 등록한 것을 말한다.
25. "경계점"이란 필지를 구획하는 선의 굴곡점으로서 지적도나 임야도에 도해(圖解) 형태로 등록하거나 경계점좌표등록부에 좌표 형태로 등록하는 점을 말한다.
26. "경계"란 필지별로 경계점들을 직선으로 연결하여 지적공부에 등록한 선을 말한다.
27. "면적"이란 지적공부에 등록한 필지의 수평면상 넓이를 말한다.
28. "토지의 이동(異動)"이란 토지의 표시를 새로 정하거나 변경 또는 말소하는 것을 말한다.

※ **토지의 이동** : 법 제77조부터 제86조까지의 규정에 따른 신규등록 · 등록전환 · 분할 · 합병 · 지목변경 등

12 다음 중 등록사항 정정에 관한 설명 중 틀린 것은?

① 토지소유자는 공부의 등록사항 잘못을 발견한 때에는 소관청에 그 정정을 신청할 수 있다.
② 소관청은 지적공부의 등록사항에 잘못이 있음을 발견한 때에는 직권으로 조사 · 측량할 수 있다.
③ 등록사항의 정정이 있는 경우 면적이나 경계의 정정도 소관청의 직권으로 정리할 수 없다.
④ 정정사항이 토지소유자에 관한 사항인 경우에는 등기전산자료에 의하여 정정하여야 한다.

풀이 **공간정보의 구축 및 관리 등에 관한 법률 제84조(등록사항의 정정)**

① 토지소유자는 지적공부의 등록사항에 잘못이 있음을 발견하면 지적소관청에 그 정정을 신청할 수 있다.
② 지적소관청은 지적공부의 등록사항에 잘못이 있음을 발견하면 대통령령으로 정하는 바에 따라 직권으로 조사 · 측량하여 정정할 수 있다.
③ 제1항에 따른 정정으로 인접 토지의 경계가 변경되는 경우에는 다음 각 호의 어느 하나에 해당하는 서류를 지적소관청에 제출하여야 한다.

1. 인접 토지소유자의 승낙서 2. 인접 토지소유자가 승낙하지 아니하는 경우에는 이에 대항할 수 있는 확정판결서 정본(正本)

④ 지적소관청이 제1항 또는 제2항에 따라 등록사항을 정정할 때 그 정정사항이 토지소유자에 관한 사항인 경우에는 등기필증, 등기완료통지서, 등기사항증명서 또는 등기관서에서 제공한 등기전산정보자료에 따라 정정하여야 한다. 다만, 제1항에 따라 미등기 토지에 대하여 토지소유자의 성명 또는 명칭, 주민등록번호, 주소 등에 관한 사항의 정정을 신청한 경우로서 그 등록사항이 명백히 잘못된 경우에는 가족관계 기록사항에 관한 증명서에 따라 정정하여야 한다.

정답 11 ① 12 ④

13 다음 중 지적제도의 효력이 아닌 것은?

① 창설적 효력　　② 대항적 효력
③ 추정적 효력　　④ 형성적 효력

풀이 **지적제도의 효력**

지적법의 효력은 창설적 효력, 대항적 효력, 형성적 효력, 공증적 효력, 공시적 효력을 가지고 있다.

① 창설적 효력 : 지적공부를 새로이 형성 또는 창설하는 효력(신규등록)
② 대항적 효력 : 다른 토지와 대항 또는 대별될 수 있는 효력(지번 · 고유번호)
③ 형성적 효력 : 일필지를 형성하거나 또는 구성하는 효력(분할 · 합병)
④ 공증적 효력 : 토지의 모든 사항을 공적으로 증명 가능한 효력(도면 · 대장 발급 및 확인)
⑤ 공시적 효력 : 모든 토지의 등록사항을 법률적 규정에 따라 공시하는 효력(공부등록 사항)

14 다음 중 과세지적에 대한 설명으로 맞지 않는 것은?

① 토지에 대한 과세를 부과하는 데 있어서 그 세액을 결정함을 목적으로 하는 지적제도를 말한다.
② 농경시대에 면적본위로 운영되던 최초의 지적제도이다.
③ 토지의 면적과 등급을 정하는 것이 가장 중요하다.
④ 과세지적에서 경계를 위주로 필지에 대한 과세를 결정하였던 지적제도이다.

풀이 **세지적(Fiscal Cadastre)**

- 토지에 대한 조세를 부과함에 있어서 그 세액을 결정함을 가장 큰 목적으로 개발된 지적제도로서 일명 과세지적이라고도 한다.
- 국가 재정수입의 대부분을 토지세에 의존하던 농경시대에 개발된 최초의 지적제도이다.
- 각 필지에 대한 세액을 정확하게 산정하기 위하여 면적이 중심이 되어 운영되는 지적제도이다.
- 근대적 의미에서의 세지적을 확립하기 위한 최초의 노력 중의 하나로서 1720년부터 1732년 사이에 이탈리아 밀라노의 지적도 제작사업과 1807년에 나폴레옹 지적법(Napoleonien Cadastre Act)을 제정하고 토지에 대한 공평한 과세와 소유권에 관한 분쟁을 해결하기 위하여 창설되었다.

15 조선시대의 양안은 오늘날 무엇에 해당하는가?

① 부속도면　　② 토지대장
③ 매매계약서　　④ 등기권리증

풀이 ① 입안 : 토지매매를 증명하는 문서로 재산권이나 상속권을 주장하는 데 절대적인 근거가 되었다. 고려시대에도 이 제도가 있었으나 조선시대의 실물이 많이 전하여진다.
- 경국대전에는 토지, 가옥, 노비는 매매 계약 후 100일, 상속 후 1년 이내에 입안을 받도록 되어 있었다. 다른 의미로 황무지 개간에 관한 인 · 허가서를 말한다.
- 입안은 토지가옥의 매매를 국가에서 증명하는 제도로서, 현재의 등기권리증과 같다.

② 문기 : 토지가옥의 매매 시에 매도인과 매수인의 합의 외에도 대가의 수수, 목적물 인도 시에 서면으로 작성하는 계약서로서, 문기 또는 명문문권이라 한다.
③ 양안 : 고려시대부터 사용된 토지장부이며 오늘날의 지적공부로 토지대장과 지적도 등의 내용을 사록하고 있었으며 전적이라고 부르기도 하였다.

정답 13 ③　14 ④　15 ②

16 다음 중 경계의 표기에 관한 민법상의 경계표시에 대한 설명으로 틀린 것은?

① 토지의 소유권이 미치는 범위를 경계로 본다.
② 실제 설치되어 있는 울타리, 담장, 둑, 구거 등의 실제경계로서 지상경계를 인정한다.
③ 경계를 표시할 때 먼저 말을 꺼낸 사람이 경계표지 비용의 2/3를 부담한다.
④ 인접하여 토지를 소유한 자는 공동비용으로 통상의 경계표나 담을 설치할 수 있다.

풀이 **민법상의 경계**

민법 제237조제1항에는 인접하여 토지를 소유한 자는 공동비용으로 통상의 경계표나 담을 설치할 수 있다라고 규정되어 있고, 동법 제2항에는 경계표나 담장의 설치는 쌍방이 절반하여 부담하도록 규정하고 있다.
반면, 측량비용은 토지의 면적에 비례하여 부담하도록 규정하고 있어서 오직 경계표지나 담장의 경우에만 쌍방의 공유로 인정하고 있으며, 경계표나 담장 및 구거 등을 일방적으로 또는 단독으로 그 비용을 지출한 경우와 담이 건물의 일부인 경우에는 공유로 보지 않고 있다.
따라서 민법상의 경계는 현실적으로 토지의 경계에 설치한 담장, 전, 답 등으로 구획된 둑 또는 주요 지형지물에 의하여 구획된 구거 등을 말하는 것으로 실제로 점유하고 있는 지표상의 경계를 의미하고 있어서 민법상의 경계는 지상경계로 볼 수 있다.

17 다음 중 필지에 대한 설명으로 맞지 않는 것은?

① 1필지의 토지로 확정되려면 그 토지가 동일하나 지번부여지역 내에 존재하여야 한다.
② 등기지 또는 미등기지까지 등록되어 있지 않으며 일필지로 등록할 수 없다.
③ 토지 경계 및 필지가 산등선, 계곡, 하천, 호수, 해안 구거 등의 자연적인 지형 · 지물로 이루어져야 한다.
④ 일물일권주의에 의하여 하나의 필지를 확정하기 위해서는 하나의 소유권만이 성립할 수 있다.

풀이 일필지가 성립되기 위해서는 먼저 지번부여지역과 지목, 축척, 지반의 연속, 소유자, 등기 여부 등이 모두 동일하거나 같아야 한다.

1필지로 정할 수 있는 기준

지번부여 지역 동일	1필지로 획정하고자 하는 토지는 지번부여지역(행정구역인 법정 동 · 리 또는 이에 준하는 지역)이 같아야 한다. 따라서 1필지의 토지에 동 · 리 및 이에 준하는 지역이 다른 경우 1필지로 획정할 수 없다.
소유자 동일	1필지로 획정하고자 하는 토지는 소유자가 동일하여야 한다. 따라서 1필지로 획정하고자 하는 토지의 소유자가 각각 다른 경우에는 1필지로 획정할 수 없다. 또한 소유권 이외의 권리관계까지도 동일하여야 한다.
용도 동일	1필지로 획정하고자 하는 토지는 지목이 동일하여야 한다. 따라서 1필지 내 토지의 일부가 주된 목적의 사용목적 또는 용도가 다른 경우에는 1필지로 획정할 수 없다. 다만, 주된 토지에 편입할 수 있는 토지의 경우에는 필지 내 토지의 일부가 지목이 다른 경우라도 주지목추정의 원칙에 의하여 1필지로 획정할 수 있다.
연속된 지반	1필지로 획정하고자 하는 토지는 지형 · 지물(도로, 구거, 하천, 계곡, 능선) 등에 의하여 지반이 끊기지 않고 지반이 연속되어야 한다. 즉, 1필지로 하고자 하는 토지는 지반이 연속되지 않은 토지가 있을 경우 별필지로 획정하여야 한다.

정답 16 ③ 17 ③

18 다음 중 지목에 관한 연결이 서로 맞지 않는 것은?

① 향교－사적지
② 남산1호 터널－도로
③ 다목적댐－유지
④ 국도휴게소－대

풀이 **공간정보의 구축 및 관리 등에 관한 법률 시행령 제58조(지목의 구분)**

법 제67조제1항에 따른 지목의 구분은 다음 각 호의 기준에 따른다.

8. 대

가. 영구적 건축물 중 주거 · 사무실 · 점포와 박물관 · 극장 · 미술관 등 문화시설과 이에 접속된 정원 및 부속시설물의 부지

나. 「국토의 계획 및 이용에 관한 법률」 등 관계 법령에 따른 택지조성공사가 준공된 토지

14. 도로

다음 각 목의 토지. 다만, 아파트 · 공장 등 단일 용도의 일정한 단지 안에 설치된 통로 등은 제외한다.

가. 일반 공중(公衆)의 교통 운수를 위하여 보행이나 차량운행에 필요한 일정한 설비 또는 형태를 갖추어 이용되는 토지

나. 「도로법」 등 관계 법령에 따라 도로로 개설된 토지

다. 고속도로의 휴게소 부지

라. 2필지 이상에 진입하는 통로로 이용되는 토지

19. 유지(溜池)

물이 고이거나 상시적으로 물을 저장하고 있는 댐 · 저수지 · 소류지(沼溜地) · 호수 · 연못 등의 토지와 연 · 왕골 등이 자생하는 배수가 잘 되지 아니하는 토지

25. 종교용지

일반 공중의 종교의식을 위하여 예배 · 법요 · 설교 · 제사 등을 하기 위한 교회 · 사찰 · 향교 등 건축물의 부지와 이에 접속된 부속시설물의 부지

26. 사적지

문화재로 지정된 역사적인 유적 · 고적 · 기념물 등을 보존하기 위하여 구획된 토지. 다만, 학교용지 · 공원 · 종교용지 등 다른 지목으로 된 토지에 있는 유적 · 고적 · 기념물 등을 보호하기 위하여 구획된 토지는 제외한다.

19 다음 중 법률상 토지와 건물의 개념으로 맞는 것은?

① 토지는 건물에 종속되어 등록한다.
② 건물은 토지에 종속되어 등록한다.
③ 토지와 건물은 별개의 등록단위이다.
④ 건물등록제도는 실시하고 있지 않다.

풀이 토지와 건물은 별개의 등록단위이며 따라서 토지대장, 건축물관리대장, 토지등기부등본, 건물등기부등본이 있다.

20 다음 중 조선시대의 기리고차의 사용목적에 대한 설명으로 맞는 것은?

① 토지의 평면과 고저차를 측정하기 위한 기구이다.
② 토지의 거리측정을 위한 수레형 기구이다.
③ 거리를 측정하기 위한 일종의 양전척이다.
④ 토지의 등급을 결정하기 위한 양전척이다.

정답 18 ① 19 ③ 20 ②

풀이 **기리고차(記里鼓車)**

세종 23년(1441)에 10리를 가면 북이 1번씩 울리도록 고안된 거리측정용 수레로, 평지 사용에 유리하였고, 산지 · 험지에는 노끈으로 만든 보수척을 사용하였다.

원리	• 기리고차 수레바퀴의 둘레 길이가 10자이며 12회전하면 두 번째 바퀴가 한 번 회전한다. • 두 번째 바퀴가 15회전하면 세 번째 바퀴가 한 번 회전한다. • 세 번째 바퀴가 10회전하면 네 번째 바퀴가 한 번 회전한다. • 네 번째 바퀴가 1회전하면 18,000자를 측정하게 된다.
특징	• 세종 23년(1441년) 장영실이 거리측량을 위해 제작하였다. • 문종시대에 제방공사에서 기리고차를 사용하였다. • 수레가 반 리를 가면 종을 한 번 치게 하고 수레가 1리를 갔을 때는 종이 여러 번 울리게 하였으며 수레가 5리를 가면 북을 울리게 하고 10리를 갔을 때는 북이 여러 번 울렸다. • 홍대용의 주해수용(籌解需用)에 기리고차의 구조가 자세히 기록되어 있다. • 기리고차는 평지에서 유리하고 산지 등 험지에서는 보수척을 사용하였다. • 기리고차로 경도 1도의 거리를 측정 시 108km였으므로 현재 기구로 측량 시 110.95킬로미터이므로 측정값의 오차는 3% 미만이다.

21 다음 중 지적공부에 관한 설명으로 맞지 않는 것은?

① 지적공부는 토지의 표시사항과 소유자에 대한 사항으로 시 · 도지사의 승인을 얻어 작성할 수 있다.

② 소관청은 지적공부를 지적서고에 보관하여 이를 영구히 보관하여야 한다.

③ 지적공부는 천재지변 이외에는 소관청 청사 밖으로 반출하지 못한다.

④ 소관청은 지적공부가 멸실된 때에는 이를 즉각 복구하여야 한다.

풀이 **공간정보의 구축 및 관리 등에 관한 법률 제84조(등록사항의 정정)**

① 토지소유자는 지적공부의 등록사항에 잘못이 있음을 발견하면 지적소관청에 그 정정을 신청할 수 있다.

② 지적소관청은 지적공부의 등록사항에 잘못이 있음을 발견하면 대통령령으로 정하는 바에 따라 직권으로 조사 · 측량하여 정정할 수 있다.

③ 제1항에 따른 정정으로 인접 토지의 경계가 변경되는 경우에는 다음 각 호의 어느 하나에 해당하는 서류를 지적소관청에 제출하여야 한다.

> 1. 인접 토지소유자의 승낙서
> 2. 인접 토지소유자가 승낙하지 아니하는 경우에는 이에 대항할 수 있는 확정판결서 정본(正本)

④ 지적소관청이 제1항 또는 제2항에 따라 등록사항을 정정할 때 그 정정사항이 토지소유자에 관한 사항인 경우에는 등기필증, 등기완료통지서, 등기사항증명서 또는 등기관서에서 제공한 등기전산정보자료에 따라 정정하여야 한다. 다만, 제1항에 따라 미등기 토지에 대하여 토지소유자의 성명 또는 명칭, 주민등록번호, 주소 등에 관한 사항의 정정을 신청한 경우로서 그 등록사항이 명백히 잘못된 경우에는 가족관계 기록사항에 관한 증명서에 따라 정정하여야 한다.

정답 21 ①

22 다음 중 우리나라 최초 지적법의 탄생시기로 맞는 것은?

① 1976년　　② 1950년
③ 1912년　　④ 2001년

풀이 **우리나라의 지적제도**

1950년 지적법이 제정되어 토지조사사업 당시의 체계를 확립하였으며 지적공부는 일제에 의해 만들어진 토지대장과 임야대장, 임야도, 지적도로 구성되어 현재까지 승계하고 있다.

구 지적법(舊 地籍法)

구 지적법은 대한제국에서 근대적인 지적제도를 창설하기 위하여 1910년 8월에 토지조사법을 제정하고 약 40년 후인 1950년 12월 1일 법률 제165호로 41개 조문으로 제정된 최초의 지적에 관한 독립법령이다. 구 지적법은 이전까지 시행해 오던 조선지세령, 동법 시행규칙, 조선임야대장규칙 중에서 지적에 관한 사항을 분리하여 제정하였으며, 지세에 관한 사항은 지세법(1950.12.1.)을 제정하였다. 어서 1951년 4월 1일 지적법시행령을 제정 · 시행하였으며, 지적측량에 관한 사항은 토지측량규정(1921.3.18.)과 임야측량규정(1935.6.12.)을 통합하여 1954년 11월 12일 지적측량규정을 제정하고 그 이후 1960년 12월 31일 지적측량을 할 수 있는 자격과 지적측량사시험 등을 규정한 지적측량사규정을 제정하여 법률적인 정비를 완료하였다. 그 이후 지금까지 15차에 거친 법개정을 통하여 법 · 령 · 규칙으로 체계화하였다.

23 다음 중 환지계획의 인가권자로 볼 수 없는 것은?

① 시장　　② 군수
③ 도지사　　④ 구청장

풀이 **도시개발법 제29조(환지 계획의 인가 등)**

① 행정청이 아닌 시행자가 제28조에 따라 환지 계획을 작성한 경우에는 특별자치도지사 · 시장 · 군수 또는 구청장의 인가를 받아야 한다.

24 다음 중 상업지역의 대지분할면적으로 맞는 것은?

① $60m^2$　　② $100m^2$
③ $150m^2$　　④ $200m^2$

풀이 **건축법 시행령 제80조(건축물이 있는 대지의 분할제한)**

법 제57조제1항에서 "대통령령으로 정하는 범위"란 다음 각 호의 어느 하나에 해당하는 규모 이상을 말한다.

1. 주거지역 : 60제곱미터
2. 상업지역 : 150제곱미터
3. 공업지역 : 150제곱미터
4. 녹지지역 : 200제곱미터
5. 제1호부터 제4호까지의 규정에 해당하지 아니하는 지역 : 60제곱미터

25 다음 중 축척에 관한 설명으로 옳은 것은?

① 축척변경시행공고가 있는 날부터 20일 이내에 소유자는 경계점표지를 설치하여야 한다.
② 축척변경시행지역 안의 토지소유자의 1/2 이상의 동의를 얻어야 한다.

정답 22 ② 23 ③ 24 ③ 25 ④

③ 축척변경위원회의 의결 및 시 도지사의 승인절차를 거치지 아니한 축척변경의 경우, 각 필지별 지번 지목 면적은 종전의 지적공부에 의하고 경계만 새로이 정하여야 한다.

④ 소관청은 축척변경시행기간 중에는 축척변경시행지역 안의 지적공부정리와 경계복원측량을 축척변경 확정공고일까지 정지하여야 한다.

풀이 **공간정보의 구축 및 관리 등에 관한 법률 제83조(축척변경)**

① 축척변경에 관한 사항을 심의 · 의결하기 위하여 지적소관청에 축척변경위원회를 둔다.

② 지적소관청은 지적도가 다음 각 호의 어느 하나에 해당하는 경우에는 토지소유자의 신청 또는 지적소관청의 직권으로 일정한 지역을 정하여 그 지역의 축척을 변경할 수 있다.

1. 잦은 토지의 이동으로 1필지의 규모가 작아서 소축척으로는 지적측량성과의 결정이나 토지의 이동에 따른 정리를 하기가 곤란한 경우
2. 하나의 지번부여지역에 서로 다른 축척의 지적도가 있는 경우
3. 그 밖에 지적공부를 관리하기 위하여 필요하다고 인정되는 경우

③ 지적소관청은 제2항에 따라 축척변경을 하려면 축척변경 시행지역의 토지소유자 3분의 2 이상의 동의를 받아 제1항에 따른 축척변경위원회의 의결을 거친 후 시 · 도지사 또는 대도시 시장의 승인을 받아야 한다. 다만, 다음 각 호의 어느 하나에 해당하는 경우에는 축척변경위원회의 의결 및 시 · 도지사 또는 대도시 시장의 승인 없이 축척변경을 할 수 있다.

1. 합병하려는 토지가 축척이 다른 지적도에 각각 등록되어 있어 축척변경을 하는 경우
2. 제86조에 따른 도시개발사업 등의 시행지역에 있는 토지로서 그 사업 시행에서 제외된 토지의 축척변경을 하는 경우

④ 축척변경의 절차, 축척변경으로 인한 면적 증감의 처리, 축척변경 결과에 대한 이의신청 및 축척변경위원회의 구성 · 운영 등에 필요한 사항은 대통령령으로 정한다.

공간정보의 구축 및 관리 등에 관한 법률 시행령 제71조(축척변경 시행공고 등) 암기 ㉠㉡㉢㉣㉤㉥

① 지적소관청은 법 제83조제3항에 따라 시 · 도지사 또는 대도시 시장으로부터 축척변경 승인을 받았을 때에는 지체 없이 다음 각 호의 사항을 20일 이상 공고하여야 한다.

1. 축척변경의 (목)적, 시행(지)역 및 시행(기)간
2. 축척변경의 시행에 따른 (청)산방법
3. 축척변경의 시행에 따른 토지(소)유자 등의 협조에 관한 사항
4. 축척변경의 시행에 관한 (세)부계획

② 제1항에 따른 시행공고는 시 · 군 · 구(자치구가 아닌 구를 포함한다) 및 축척변경 시행지역 동 · 리의 게시판에 주민이 볼 수 있도록 게시하여야 한다.

③ 축척변경 시행지역의 토지소유자 또는 점유자는 시행공고가 된 날(이하 "시행공고일"이라 한다)부터 30일 이내에 시행공고일 현재 점유하고 있는 경계에 국토교통부령으로 정하는 경계점표지를 설치하여야 한다.

공간정보의 구축 및 관리 등에 관한 법률 시행령 제72조(토지의 표시 등)

① 지적소관청은 축척변경 시행지역의 각 필지별 지번 · 지목 · 면적 · 경계 또는 좌표를 새로 정하여야 한다.

② 지적소관청이 축척변경을 위한 측량을 할 때에는 제71조제3항에 따라 토지소유자 또는 점유자가 설치한 경계점표지를 기준으로 새로운 축척에 따라 면적 · 경계 또는 좌표를 정하여야 한다.

③ **법 제83조제3항 단서에 따라 축척을 변경할 때에는 제1항에도 불구하고 각 필지별 지번 · 지목 및 경계는 종전의 지적공부에 따르고 면적만 새로 정하여야 한다.**

④ 제3항에 따른 축척변경절차 및 면적결정방법 등에 관하여 필요한 사항은 국토교통부령으로 정한다. 〈개정 2013.3.23.〉

정답

05 2007년 한국국토정보공사문제

01 다음 중 삼국시대의 토지면적 결정을 위한 방법으로 맞는 것은?

① 고구려－경무법, 백제－두락제, 신라－결부법
② 고구려－결부제, 백제－두락제, 신라－경무법
③ 고구려－경무법, 백제－경무법, 신라－두락제
④ 고구려－두락제, 백제－경무법, 신라－결부법

풀이 삼국시대의 토지면적 결정방법

국가	면적결정	관련 부서	지적사무	대장	측량방식	비고
고구려	경무법	주부, 조절, 울절	사자	도부	구장산술	봉역도, 요동성총도
백제	두락제, 결부제	내두좌평	산학박사(측량) 산사, 화사	도적	구장산술	근강국수소간전도, 능역도
신라	결부제	조부	산학박사	장적	구장산술	전품제, 정점

02 토지에 대한 과세취득을 목적으로 면적본위로 운영되는 지적제도는?

① 다목적 지적 ② 세지적
③ 법지적 ④ 소유지적

풀이 지적제도

① 세지적
- 재정에 필요한 세액을 결정, 세징수를 가장 큰 목적으로 개발된 제도로서 과세지적이라고도 한다.
- 국가재정세입의 대부분을 토지세에 의존하던 농경시대에 개발된 최초의 지적제도
- 각 필지에 대한 세액을 정확하게 산정하기 위하여 면적 본위로 운영되는 지적제도
- 각 필지의 측지학적 위치보다는 재산적 가치를 판단할 수 있는 면적을 정확하게 결정하여 등록하는 데 주력

② 법지적
- 토지과세 및 토지거래의 안전, 토지소유권 보호 등이 주요 목적인 지적제도로서 일명 소유지적이라고도 한다.
- 법지적은 토지에 대한 소유권이 인정되기 시작한 산업화시대에 개발된 지적제도
- 각 필지의 경계점에 대한 지표상의 위치를 정확하게 측정하여 지적공부에 등록 공시함으로써 토지에 대한 소유권이 미치는 범위를 명확하게 확인 보증함을 가장 큰 목적으로 한다.
- 법지적제도는 위치본위로 운영되는 체계
- 지적도에 등록된 경계 또는 수치지적부에 등록된 경계점의 좌표는 고도의 정확성이 요구되기 때문에 경계 또는 좌표를 정확하게 등록하는 데 주력
- 토지의 등록사항이 정확하지 못할 경우 발생하는 손해에 대하여 선의의 제3자를 보호하는 데 있다.

③ 다목적 지적
- 필지 단위로 토지와 관련된 기본적인 정보를 계속하여 즉시 이용이 가능하도록 종합적으로 제공하여 주는 제도이며 일명 종합지적이라고도 한다.

정답 01 ① 02 ②

- 일필지를 단위로 토지관련정보를 종합적으로 등록하는 제도
- 토지에 관한 물리적 현황은 법률적, 재정적, 경제적 정보를 포괄하는 제도
- 토지에 대한 평가, 과세, 거래, 이용계획, 지하시설물과 공공시설물 및 토지통계 등에 관한 정보를 공동으로 활용하기 위하여 최근에 개발된 지적제도
- 토지에 관한 변경사항을 항상 최신화하여 신속, 정확하게 토지정보를 제공하는 제도

03 다음 중 지압조사에 대한 설명으로 맞는 것은?

① 불법적인 무신고 토지이동을 발견하기 위해 실시하는 토지조사
② 신고가 되지 않은 토지를 직접 조사하는 직권조사
③ 지적공부와 실제의 토지이동을 확인하기 위한 적극적 토지 조사방법
④ 잘못된 토지의 소재, 지번, 지목, 경계, 면적 등의 조사방법

풀이 지압조사

지압조사는 지적약도 등을 현장에 휴대하여 실제와 도면을 대조하여 그 이동유무와 이동정리 적부 등을 조사하여 과세징수 대상에서 누락된 필지를 조사 · 정리하는 것이다. 즉, 지적약도와 토지등급도를 펼쳐 놓고 현장에서 지번 1부터 시작하여 2, 3, 4, 5 등의 순서로 실지와 도면의 대조를 실시하여 그 이동유무를 검사하였다. 그러므로 토지검사제도는 신청 또는 신고한 사실대로 개발하거나 이용 여부 등을 조사하여 법 위반자에 대해 엄격한 조세를 적용할 목적인 반면, 지압조사는 신고와 신청을 하지 않은 무신고 필지를 조사하기 위한 목적에서 실시되었다.

04 다음 중 일자오결제에 대한 설명으로 맞지 않는 것은?

① 조선시대의 양안에 토지를 표시함에 있어서 측량순서에 의하여 1필지마다 자번호를 부여하였다.
② 천자문을 이용하여 부여했는데 자번호는 자와 번호를 의미한다.
③ 천자문의 1자를 5결을 기준으로 1자를 부여하였다.
④ 대한제국시대에는 일자오결제도를 발전시켜 자호제도를 창설하게 되는 계기가 되었다.

풀이 일자오결제

고려의 자호제도를 발전시킨 것으로 천자문의 일자는 경작 여부를 막론하고 5결이 되면 부여하였으며, 천(天), 지(地), 인(人) 등의 천자문 글자 순서대로 토지에 부호를 붙이고 다시 1, 2, 3… 등의 숫자를 순차적으로 부여하였고 고려의 정(丁) 대신 답(畓)을 표기하여 천자답(天) 제1호, 지자답(地) 제2호로 하였다. 천자문 1자는 토지 면적 8결로 한정하였고 5결마다 1자 중의 번호로 끝맺고 다음으로 넘어간다.

05 다음 중 등기부의 등록사항에 대한 설명으로 맞지 않는 것은?

① 등기용지 중 부동산의 소재지와 그 내용을 표시하는 부분은 표제부이다.
② 등기부는 토지등기부와 건물등기부로 나누어서 등기하도록 되어 있다.
③ 저당권, 전세권, 지상권 등과 같은 소유권 이외의 권리 관계를 기재하는 부분은 을구이다.
④ 토지등기부 중 표제부에는 토지의 지번 · 지목 · 구조 · 용도 · 면적 등이 기재된다.

정답 03 ① 04 ④ 05 ④

풀이 **등기법 제34조(등기사항)**

등기관은 토지 등기기록의 표제부에 다음 각 호의 사항을 기록하여야 한다.

1. 표시번호
2. 접수연월일
3. 소재와 지번(地番)
4. 지목(地目)
5. 면적
6. 등기원인

등기법 제40조(등기사항)

① 등기관은 건물 등기기록의 표제부에 다음 각 호의 사항을 기록하여야 한다.

1. 표시번호
2. 접수연월일
3. 소재, 지번 및 건물번호. 다만, 같은 지번 위에 1개의 건물만 있는 경우에는 건물번호는 기록하지 아니한다.
4. 건물의 종류, 구조와 면적. 부속건물이 있는 경우에는 부속건물의 종류, 구조와 면적도 함께 기록한다.
5. 등기원인
6. 도면의 번호[같은 지번 위에 여러 개의 건물이 있는 경우와 「집합건물의 소유 및 관리에 관한 법률」 제2조제1호의 구분소유권(區分所有權)의 목적이 되는 건물(이하 "구분건물"이라 한다)인 경우로 한정한다]

② 등기할 건물이 구분건물(區分建物)인 경우에 등기관은 제1항제3호의 소재, 지번 및 건물번호 대신 1동 건물의 등기기록의 표제부에는 소재와 지번, 건물명칭 및 번호를 기록하고 전유부분의 등기기록의 표제부에는 건물번호를 기록하여야 한다.

③ 구분건물에 「집합건물의 소유 및 관리에 관한 법률」 제2조제6호의 대지사용권(垈地使用權)으로서 건물과 분리하여 처분할 수 없는 것[이하 "대지권"(垈地權)이라 한다]이 있는 경우에는 등기관은 제2항에 따라 기록하여야 할 사항 외에 1동 건물의 등기기록의 표제부에 대지권의 목적인 토지의 표시에 관한 사항을 기록하고 전유부분의 등기기록의 표제부에는 대지권의 표시에 관한 사항을 기록하여야 한다.

④ 등기관이 제3항에 따라 대지권등기를 하였을 때에는 직권으로 대지권의 목적인 토지의 등기기록에 소유권, 지상권, 전세권 또는 임차권이 대지권이라는 뜻을 기록하여야 한다.

등기법 제48조(등기사항)

① 등기관이 갑구 또는 을구에 권리에 관한 등기를 할 때에는 다음 각 호의 사항을 기록하여야 한다.

1. 순위번호
2. 등기목적
3. 접수연월일 및 접수번호
4. 등기원인 및 그 연월일
5. 권리자

② 제1항제5호의 권리자에 관한 사항을 기록할 때에는 권리자의 성명 또는 명칭 외에 주민등록번호 또는 부동산등기용등록번호와 주소 또는 사무소 소재지를 함께 기록하여야 한다.

③ 제26조에 따라 법인 아닌 사단이나 재단 명의의 등기를 할 때에는 그 대표자나 관리인의 성명, 주소 및 주민등록번호를 함께 기록하여야 한다.

정답

④ 제1항제5호의 권리자가 2인 이상인 경우에는 권리자별 지분을 기록하여야 하고 등기할 권리가 합유(合有)인 때에는 그 뜻을 기록하여야 한다.

부동산등기규칙 제13조(등기기록의 양식)
① 토지등기기록의 표제부에는 표시번호란, 접수란, 소재지번란, 지목란, 면적란, 등기원인 및 기타사항란을 두고, 건물등기기록의 표제부에는 표시번호란, 접수란, 소재지번 및 건물번호란, 건물내역란, 등기원인 및 기타사항란을 둔다.
② 갑구와 을구에는 순위번호란, 등기목적란, 접수란, 등기원인란, 권리자 및 기타사항란을 둔다.
③ 토지등기기록은 별지 제1호 양식, 건물등기기록은 별지 제2호 양식에 따른다.

06 다음 중 공간정보의 구축 및 관리 등에 관한 법률에서 규정하고 있는 경계의 의미 중 가장 알맞은 것은?

① 자연적으로 형성된 토지의 등록단위
② 인위적으로 형성된 물리적인 토지의 등록단위
③ 모든 토지의 자연적으로 형성된 법적 경계
④ 자연적, 인위적으로 형성된 공부상 법적인 토지 경계

풀이 **공간정보의 구축 및 관리 등에 관한 법률 제2조(정의)**
이 법에서 사용하는 용어의 뜻은 다음과 같다.
26. "경계"란 필지별로 경계점들을 직선으로 연결하여 지적공부에 등록한 선을 말한다.

경계결정의 원칙

구분	내용
경계국정주의 원칙	지적공부에 등록하는 경계는 국가가 조사 · 측량하여 결정한다는 원칙
경계불가분의 원칙	경계는 유일무이한 것으로 이를 분리할 수 없다는 원칙
등록선후의 원칙	동일한 경계가 축척이 서로 다른 도면에 각각 등록되어 있는 경우로서 경계가 상호 일치하지 않는 경우에는 경계에 잘못이 있는 경우를 제외하고 등록시기가 빠른 토지의 경계를 따른다는 원칙
축척종대의 원칙	동일한 경계가 축척이 서로 다른 도면에 각각 등록되어 있는 경우로서 경계가 상호 일치하지 않는 경우에는 경계에 잘못이 있는 경우를 제외하고 축척이 큰 것에 등록된 경계를 따른다는 원칙
경계직선주의	지적공부에 등록하는 경계는 직선으로 한다는 원칙

07 임시토지조사국에서 실시한 지적도의 작성 방법은?

① 간접등사법　② 투시등사법
③ 간접자사법　④ 직접자사법

정답 06 ④ 07 ④

풀이 ① 초기의 지적도는 세부측량결과도를 점사법 또는 직접 자사법으로 등사하여 작성하고 정비작업은 수기법에 서 활판인쇄를 하고 지번, 지목도 번호기를 사용하여 작성되었다.
② 지적도와 일람도는 당초에 켄트지에 그린 그대로 소관청에 인계하였으나 열람 이동 정리 등 사용이 빈번하여 파손이 생기므로 1917년 이후에는 지적도와 일람도에 한지를 이첨하였으며 이전에 작성된 것도 모두 한지를 이첨하여 사용하였다. 지적도의 도곽은 남북으로 33.33cm, 동서는 41.67cm로 하였다.
③ 임야도는 그 크기가 남북이 40cm, 동서가 50cm이며, 등록사항은 임야경계와 토지소재, 지번, 지목이며 지적도 시행지역은 붉은색으로 엷게 채색 표시하여 구분하였고 하천 · 구거 등은 남색, 임야 내 미등록 도로는 붉은색으로 그렸다.

08 다음 중 임시토지조사국의 성격으로 맞는 것은?

① 사법기관 ② 공공단체
③ 국영기업체 ④ 국가행정기관

풀이 임시토지조사국은 일제강점기인 1910년 8월 19일 조선총독부가 설치하여 토지조사사업 당시 토지조사부 및 지적도에 의하여 토지소유자 및 그 강계를 확정하는 행정처분을 하였으므로 국가행정기관으로 보는 것이 타당하다.

09 다음 중 지적측량적부심사의 재심사기관에 대한 설명으로 맞지 않는 것은?

① 지적측량적부심사에 이의가 있는 자는 90일 이내에 그 재심사를 청구할 수 있다.
② 지적측량성과에 대하여 다툼이 있는 경우 지방지적위원회에서 그 재심사를 청구할 수 있다.
③ 재심사 기관에서는 업무의 개선과 측량기술의 연구 및 기술자의 양성방안 등을 심의 · 의결한다.
④ 지적기술자의 징계는 재심사기관에서 심의 · 의결하여 해당 징계에 대한 징계처분을 통보한다.

풀이 **공간정보의 구축 및 관리 등에 관한 법률 제29조(지적측량의 적부심사 등)** **암기** **㉾㉢㉧㉣㉠하면 ㉢㉤하라**
① 토지소유자, 이해관계인 또는 지적측량수행자는 지적측량성과에 대하여 다툼이 있는 경우에는 대통령령으로 정하는 바에 따라 관할 시 · 도지사를 거쳐 지방지적위원회에 지적측량 적부심사를 청구할 수 있다.
② 제1항에 따른 지적측량 적부심사청구를 받은 시 · 도지사는 30일 이내에 다음 각 호의 사항을 조사하여 지방지적위원회에 회부하여야 한다.

1. 다툼이 되는 지적측량의 경㉾ 및 그 ㉢과 2. 해당 토지에 대한 토지㉧동 및 소유권 변동 ㉣혁 3. 해당 토지 주변의 측량㉠준점, 경㉢, 주요 구조물 등 현황 실㉤도

③ 제2항에 따라 지적측량 적부심사청구를 회부받은 지방지적위원회는 그 심사청구를 회부받은 날부터 60일 이내에 심의 · 의결하여야 한다. 다만, 부득이한 경우에는 그 심의기간을 해당 지적위원회의 의결을 거쳐 30일 이내에서 한 번만 연장할 수 있다.
④ 지방지적위원회는 지적측량 적부심사를 의결하였으면 대통령령으로 정하는 바에 따라 의결서를 작성하여 시 · 도지사에게 송부하여야 한다.
⑤ 시 · 도지사는 제4항에 따라 의결서를 받은 날부터 7일 이내에 지적측량 적부심사 청구인 및 이해관계인에게 그 의결서를 통지하여야 한다.
⑥ 제5항에 따라 의결서를 받은 자가 지방지적위원회의 의결에 불복하는 경우에는 그 의결서를 받은 날부터 90일 이내에 국토교통부장관을 거쳐 중앙지적위원회에 재심사를 청구할 수 있다.

정답 08 ④ 09 ②

⑦ 제6항에 따른 재심사청구에 관하여는 제2항부터 제5항까지의 규정을 준용한다. 이 경우 "시 · 도지사"는 "국토교통부장관"으로, "지방지적위원회"는 "중앙지적위원회"로 본다.
⑧ 제7항에 따라 중앙지적위원회로부터 의결서를 받은 국토교통부장관은 그 의결서를 관할 시 · 도지사에게 송부하여야 한다.
⑨ 시 · 도지사는 제4항에 따라 지방지적위원회의 의결서를 받은 후 해당 지적측량 적부심사 청구인 및 이해관계인이 제6항에 따른 기간에 재심사를 청구하지 아니하면 그 의결서 사본을 지적소관청에 보내야 하며, 제8항에 따라 중앙지적위원회의 의결서를 받은 경우에는 그 의결서 사본에 제4항에 따라 받은 지방지적위원회의 의결서 사본을 첨부하여 지적소관청에 보내야 한다.
⑩ 제9항에 따라 지방지적위원회 또는 중앙지적위원회의 의결서 사본을 받은 지적소관청은 그 내용에 따라 지적공부의 등록사항을 정정하거나 측량성과를 수정하여야 한다.
⑪ 제9항 및 제10항에도 불구하고 특별자치시장은 제4항에 따라 지방지적위원회의 의결서를 받은 후 해당 지적측량 적부심사 청구인 및 이해관계인이 제6항에 따른 기간에 재심사를 청구하지 아니하거나 제8항에 따라 중앙지적위원회의 의결서를 받은 경우에는 직접 그 내용에 따라 지적공부의 등록사항을 정정하거나 측량성과를 수정하여야 한다. 〈신설 2012.12.18.〉
⑫ 지방지적위원회의 의결이 있은 후 제6항에 따른 기간에 재심사를 청구하지 아니하거나 중앙지적위원회의 의결이 있는 경우에는 해당 지적측량성과에 대하여 다시 지적측량 적부심사청구를 할 수 없다.

10 고려시대의 면적측정방법으로 계지척을 사용하였는데 계지척은 무엇을 그 기준으로 하였는가?

① 사람의 발걸음 한폭
② 사람의 손가락 끝에서부터 손목까지
③ 사람의 발가락 끝에서부터 발목까지
④ 사람의 손목에서부터 팔꿈치까지

풀이 **계지(季指)** : 새끼손가락

수등이척제(隨等異尺制)

1. 정의 : 수등이척제란 고려 말기에서 조선시대의 토지측량제도인 양전법에 전품을 상 · 중 · 하의 3등급 또는 1등부터 6등까지의 6등급으로 각 토지를 등급에 따라 길이가 서로 다른 계지척을 서로 사용하여 척수를 달하던 제도를 말한다. 즉, 전품이 낮으면(등급이 낮음) 양전척은 길어지고 전품이 높으면(등급이 높음) 양전척은 짧아진다. 비옥한 토지에는 짧은 양전척을 사용하고 척박한 토지에는 긴 양전척을 사용한다는 의미이며 이때 사용된 양전척을 계지척 또는 수지척이라 한다.
2. 면적계산

[등급기준]

상등급	농부의 손뼘 20뼘을 1척으로 타량
중등급	농부의 손뼘 25뼘을 1척으로 타량
하등급	농부의 손뼘 30뼘을 1척으로 타량

정답 10 ②

11 다음 중 조선시대의 기리고차의 사용목적에 대한 설명으로 맞는 것은?

① 거리측정 ② 무게측정
③ 높이측정 ④ 면적측정

풀이 **기리고차(記里鼓車)**

세종 23년(1441)에 10리를 가면 북이 1번씩 울리도록 고안된 거리측정용 수레로, 평지 사용에 유리하였고, 산지 · 험지에는 노끈으로 만든 보수척을 사용하였다.

원리	• 기리고차 수레바퀴의 둘레 길이가 10자이며 12회전하면 두 번째 바퀴가 한 번 회전한다. • 두 번째 바퀴가 15회전하면 세 번째 바퀴가 한 번 회전한다. • 세 번째 바퀴가 10회전하면 네 번째 바퀴가 한 번 회전한다. • 네 번째 바퀴가 1회전하면 18,000자를 측정하게 된다.
특징	• 세종 23년(1441년) 장영실이 거리측량을 위해 제작하였다. • 문종시대에 제방공사에서 기리고차를 사용하였다. • 수레가 반 리를 가면 종을 한 번 치게 하고 수레가 1리를 갔을 때는 종이 여러 번 울리게 하였으며 수레가 5리를 가면 북을 울리게 하고 10리를 갔을 때는 북이 여러 번 울렸다. • 홍대용의 주해수용(籌解需用)에 기리고차의 구조가 자세히 기록되어 있다. • 기리고차는 평지에서 유리하고 산지 등 험지에서는 보수척을 사용하였다. • 기리고차로 경도 1도의 거리를 측정 시 108km였으므로 현재 기구로 측량 시 110.95킬로미디이므로 측정값의 오차는 3% 미만이다.

12 다음 중 조선시대 문서인 양안과 입안은 오늘날 무엇에 해당하는가?

① 양안 – 수치지적부, 입안 – 공중제도 ② 양안 – 지적도, 입안 – 토지대장
③ 양안 – 토지매매문서, 입안 – 매매절차 ④ 양안 – 토지대장, 입안 – 등기권리증

풀이 ① 입안 : 토지매매를 증명하는 문서로 재산권이나 상속권을 주장하는 데 절대적인 근거가 되었다. 고려시대에도 이 제도가 있었으나 조선시대의 실물이 많이 전하여진다.

- 경국대전에는 토지, 가옥, 노비는 매매 계약 후 100일, 상속 후 1년 이내에 입안을 받도록 되어 있었다. 다른 의미로 황무지 개간에 관한 인 · 허가서를 말한다.
- 입안 : 입안은 토지가옥의 매매를 국가에서 증명하는 제도로서, 현재의 등기권리증과 같다.

② 문기 : 토지가옥의 매매 시에 매도인과 매수인의 합의 외에도 대가의 수수, 목적물 인도 시에 서면으로 작성하는 계약서로서, 문기 또는 명문문권이라 한다.

③ 양안 : 고려시대부터 사용된 토지장부이며 오늘날의 지적공부로 토지대장과 지적도 등의 내용을 사록하고 있었으며 전적이라고 부르기도 하였다.

정답 11 ① 12 ④

13 일필지의 지목은 28개의 사용목적 안에서 결정되어야 함을 나타내는 지목결정의 이론은?

① 일필일목주의　② 지목법정주의
③ 주지목추정주의　④ 용도경중주의

풀이 **지목설정의 원칙** **암기** ㉠㉯㉱㉲㉠㉳

1. ㉠필 1지목의 원칙 : 1필의 토지에는 1개의 지목만을 부여하는 원칙
2. ㉯지목추종의 원칙 : 주된 토지의 편익을 위해 설치된 소면적의 도로, 구거 등의 지목은 이를 따로 정하지 않고 주된 토지의 사용목적 및 용도에 따라 지목을 부여하는 원칙
3. ㉱록선후의 원칙 : 도로, 철도용지, 하천, 제방, 구거, 수도용지 등의 지목이 중복되는 경우에는 먼저 등록된 토지의 사용목적 및 용도에 따라 지번을 부여하는 원칙
4. ㉲도경중의 원칙 : 도로, 철도용지, 하천, 제방, 구거, 수도용지 등의 지목이 중복되는 경우에는 중요 토지의 사용목적 및 용도에 따라 지목을 부여하는 원칙
5. ㉠시변경불가의 원칙 : 임시적, 일시적 용도의 변경 시 등록전환 또는 지목변경불가의 원칙
6. ㉳용목적추종의 원칙 : 도시계획사업, 토지구획정리사업, 농지개량사업 등의 완료에 따라 조성된 토지는 사용목적에 따라 지목을 부여하여야 한다는 원칙

※ 지목은 그 토지의 형질이 변경되거나 토지 또는 건축물의 용도가 변경된 경우에 일정한 절차를 거쳐 변경할 수 있다.

14 다음 중 면적에 대한 설명으로 맞지 않는 것은?

① 지적법에서는 면적은 물론 거리, 종횡선의 수치결정, 방향각의 결정은 모두 오사오입을 적용한다.
② 지적측량성과에 의하여 지적공부에 등록한 토지의 등록단위인 필지의 수평면적을 등록한다.
③ 지표상의 면적을 실제로 측량한 측량결과도에 따라서 오사오입하여 등록한다.
④ 면적은 대통령령으로 m^2로 하여 축척별 그 면적을 다르게 적용하여 등록한다.

풀이
- 면적은 수평면상의 면적, 구면상의 면적, 경사면상의 면적 등으로 구분되는데 수평면상의 면적을 사용하고 있다.
- 지적도 또는 경계점좌표로부터 측정 또는 계산하고 제곱미터를 사용하고 있다.
- 면적 결정 시에 최소 등록단위 이하에 단수가 있을 경우에는 오사오입법의 원칙을 적용하여 결정한다.

15 다음 중 1/1,000의 축척으로 측량한 결과가 $0.5m^2$일 때 등록면적으로 맞는 것은?

① $0.5m^2$　② $0.1m^2$
③ $10m^2$　④ $1m^2$

풀이 **공간정보의 구축 및 관리 등에 관한 법률 제60조(면적의 결정 및 측량계산의 끝수처리)**

① 면적의 결정은 다음 각 호의 방법에 따른다.
1. 토지의 면적에 1제곱미터 미만의 끝수가 있는 경우 0.5제곱미터 미만일 때에는 버리고 0.5제곱미터를 초과하는 때에는 올리며, 0.5제곱미터일 때에는 구하려는 끝자리의 숫자가 0 또는 짝수이면 버리고 홀수이면 올린다. 다만, 1필지의 면적이 1제곱미터 미만일 때에는 1제곱미터로 한다.
2. 지적도의 축척이 600분의 1인 지역과 경계점좌표등록부에 등록하는 지역의 토지 면적은 제1호에도 불구하고 제곱미터 이하 한 자리 단위로 하되, 0.1제곱미터 미만의 끝수가 있는 경우 0.05제곱미터 미만일 때에는 버리고 0.05제곱미터를 초과할 때에는 올리며, 0.05제곱미터일 때에는 구하려는 끝자리의 숫자

정답 13 ② 14 ③ 15 ④

가 0 또는 짝수이면 버리고 홀수이면 올린다. 다만, 1필지의 면적이 0.1제곱미터 미만일 때에는 0.1제곱미터로 한다.

② 방위각의 각치(角値), 종횡선의 수치 또는 거리를 계산하는 경우 구하려는 끝자리의 다음 숫자가 5 미만일 때에는 버리고 5를 초과할 때에는 올리며, 5일 때에는 구하려는 끝자리의 숫자가 0 또는 짝수이면 버리고 홀수이면 올린다. 다만, 전자계산조직을 이용하여 연산할 때에는 최종수치에만 이를 적용한다.

16 다음 중 토지이동에 대한 용어의 정의로 맞지 않는 것은?

① 분할은 지적공부에 등록된 1필지를 1필지 이상으로 나누어 등록하는 것이다.

② 등록전환은 임야대장 및 임야도에 등록된 토지를 토지대장 및 지적도에 옮겨 등록하는 것이다.

③ 축척변경은 지적도에 등록된 경계점의 정밀도를 높이기 위하여 작은 축척을 큰 축척으로 변경하여 등록하는 것이다.

④ 지목변경은 지적공부에 등록된 지목을 다른 지목으로 바꾸어 등록하는 것이다.

풀이 **공간정보의 구축 및 관리 등에 관한 법률 제2조(정의)**

이 법에서 사용하는 용어의 뜻은 다음과 같다.

28. "토지의 이동(異動)"이란 토지의 표시를 새로 정하거나 변경 또는 말소하는 것을 말한다.
29. "신규등록"이란 새로 조성된 토지와 지적공부에 등록되어 있지 아니한 토지를 지적공부에 등록하는 것을 말한다.
30. "등록전환"이란 임야대장 및 임야도에 등록된 토지를 토지대장 및 지적도에 옮겨 등록하는 것을 말한다.
31. "분할"이란 지적공부에 등록된 1필지를 2필지 이상으로 나누어 등록하는 것을 말한다.
32. "합병"이란 지적공부에 등록된 2필지 이상을 1필지로 합하여 등록하는 것을 말한다.
33. "지목변경"이란 지적공부에 등록된 지목을 다른 지목으로 바꾸어 등록하는 것을 말한다.
34. "축척변경"이란 지적도에 등록된 경계점의 정밀도를 높이기 위하여 작은 축척을 큰 축척으로 변경하여 등록하는 것을 말한다.

17 다음 중 지목표기방법의 차문자에 대한 연결이 옳지 않은 것은?

① 장－공장 ② 차－주차장

③ 천－하천 ④ 원－공원

풀이 **지목의 표기방법**

지목	부호	지목	부호	지목	부호	지목	부호
전	전	대	대	철도용지	철	공원	공
답	답	공장용지	㉾	제방	제	체육용지	체
과수원	과	학교용지	학	하천	㉺	유원지	㉳
목장용지	목	주차장	㉵	구거	구	종교용지	종
임야	임	주유소용지	주	유지	유	사적지	사
광천지	광	창고용지	창	양어장	양	묘지	묘
염전	염	도로	도	수도용지	수	잡종지	잡

정답 16 ① 17 ④

18 임시토지조사국에서 실시한 지적조사의 대상은?

① 토지조사 중 지적의 이동을 의미한다.
② 토지조사 이전 지적의 이동을 의미한다.
③ 토지조사 개시일의 지적의 이동을 의미한다.
④ 토지조사 이후 지적의 이동을 의미한다.

풀이 조선토지조사사업보고서 전문에 따르면 토지조사사업의 내용을 크게 토지소유권의 조사, 토지가격의 조사, 지형 · 지모의 조사 등 3개 분야로 구분하여 조사하였다.

구분	내용
토지소유권 조사 (土地所有權 調査)	소유권 조사는 측량성과에 따라 토지의 소재, 지번, 지목, 면적과 소유권을 조사하여 토지대장에 등록하고 토지의 일필지에 대한 위치, 형상, 경계를 측정하여 지적도에 등록함으로써 토지의 경계와 소유권을 사정하여 토지소유권제도의 확립과 토지등기제도의 설정을 기하도록 하였다.
토지가격 조사 (土地價格 調査)	시가지는 그 지목여하에 불구하고 전부 시가(時價)에 따라 지가를 평정하고, 시가지 이외의 지역은 임대가격을 기초로 하였으며, 전 · 답, 지소 및 잡종지는 그 수익을 기초로 하여 지가를 결정하였다. 이러한 지가조사로 토지에 대한 과세 기준을 통일함으로써 지세제도를 확립하는 데 유감이 없도록 하였다.
지형 · 지모 조사 (地形 · 地貌 調査)	지형 · 지모의 조사는 지형측량으로 지상에 있는 천위(天爲) · 인위(人爲)의 지물을 묘화(描畵)하며 그 고저 분포의 관계를 표시하여 지도상에 등록하도록 하였다. 토지조사사업에서는 측량부문을 삼각측량, 도근측량, 세부측량, 면적계산, 제도, 이동지 측량, 지형측량 등 7종으로 나누어 실시하였다. 이러한 측량을 수행하기 위하여 설치한 지적측량 기준점과 토지의 경계점 등을 기초로 세밀한 지형측량을 실시하여 지상의 중요한 지형 · 지물에 대한 각 도단위의 50,000분의 1의 지형도가 작성되었다.

19 토지조사사업 당시 양지과에서 설치한 출장소로 맞는 것은?

① 부산, 평양, 대구
② 평양, 함흥, 부산
③ 대구, 함흥, 부산
④ 평양, 대구, 전주

풀이 1904년 탁지부 양지국 양지과에 측량기술견습소를 설치하고 1906년 대구출장소와 평양출장소를 설치하였고 1907년 전주출장소를 설치하여 쓰시미, 도요타 등의 측량사를 초빙하여 측량교육을 시켰다.

20 다음 중 지적측량기준점의 경계점 간 거리로 올바른 것은?

① 지적삼각보조점표지의 점간거리는 평균10~30km로 한다.
② 지적도근점표지의 점간거리는 평균 300m 이하로 한다.(단, 다각망도선법에 따르는 경우)
③ 지적삼각점표지의 점간거리는 평균 20~50km로 한다.
④ 지적도근점표지의 점간거리는 평균 50~300m 이하로 한다.

정답 18 ④ 19 ④ 20 ④

풀이 **지적측량 시행규칙 제2조(지적기준점표지의 설치 · 관리 등)**

① 「공간정보의 구축 및 관리 등에 관한 법률」(이하 "법"이라 한다) 제8조제1항에 따른 지적기준점표지의 설치는 다음 각 호의 기준에 따른다.

1. 지적삼각점표지의 점간거리는 평균 2킬로미터 이상 5킬로미터 이하로 할 것
2. 지적삼각보조점표지의 점간거리는 평균 1킬로미터 이상 3킬로미터 이하로 할 것. 다만, 다각망도선법(多角網道線法)에 따르는 경우에는 평균 0.5킬로미터 이상 1킬로미터 이하로 한다.
3. 지적도근점표지의 점간거리는 평균 50미터 이상 300미터 이하로 할 것. 다만, 다각망도선법에 따르는 경우에는 평균 500미터 이하로 한다.

21 다음 중 한국국토정보공사에 대한 설명으로 맞지 않는 것은?

① 사장, 부사장 각 1인을 포함한 11인 이내의 이사를 둔다.

② 사장, 부사장, 이사, 감사를 포함한 12인 이내로 한다.

③ 비영리 단체법인으로 한다.

④ 사장 및 감사는 행정안전부장관이 임명하고, 임원의 임기는 2년으로 한다.

풀이 **국가공간정보 기본법 제15조(공사의 임원)**

① 공사에는 임원으로 사장 1명과 부사장 1명을 포함한 11명 이내의 이사와 감사 1명을 두며, 이사는 정관으로 정하는 바에 따라 상임이사와 비상임이사로 구분한다.

② 사장은 공사를 대표하고 공사의 사무를 총괄한다.

③ 감사는 공사의 회계와 업무를 감사한다.

22 '토지의 이용 및 건축물의 용도 · 건폐율 · 용적률 · 높이 등에 대한 용도지역 및 용도지구의 제한을 강화 또는 완화하여 따로 정함으로써 시가지의 무질서한 확산방지, 계획적이고 단계적인 토지이용의 도모, 토지이용의 종합적 조정 · 관리 등을 위하여 도시관리계획으로 결정하는 지역'을 말하는 용어는?

① 용도지역　　② 용도구역

③ 용도지구　　④ 시가화조정구역

풀이 **국토의 계획 및 이용에 관한 법률 제2조(정의)**

이 법에서 사용하는 용어의 뜻은 다음과 같다. 〈개정 2021.1.12.〉

15. "용도지역"이란 토지의 이용 및 건축물의 용도, 건폐율(「건축법」 제55조의 건폐율을 말한다. 이하 같다), 용적률(「건축법」 제56조의 용적률을 말한다. 이하 같다), 높이 등을 제한함으로써 토지를 경제적 · 효율적으로 이용하고 공공복리의 증진을 도모하기 위하여 서로 중복되지 아니하게 도시 · 군관리계획으로 결정하는 지역을 말한다.
16. "용도지구"란 토지의 이용 및 건축물의 용도 · 건폐율 · 용적률 · 높이 등에 대한 용도지역의 제한을 강화하거나 완화하여 적용함으로써 용도지역의 기능을 증진시키고 경관 · 안전 등을 도모하기 위하여 도시 · 군관리계획으로 결정하는 지역을 말한다.
17. "용도구역"이란 토지의 이용 및 건축물의 용도 · 건폐율 · 용적률 · 높이 등에 대한 용도지역 및 용도지구의 제한을 강화하거나 완화하여 따로 정함으로써 시가지의 무질서한 확산방지, 계획적이고 단계적인 토지이용의 도모, 토지이용의 종합적 조정 · 관리 등을 위하여 도시 · 군관리계획으로 결정하는 지역을 말한다.

정답 21 ④　22 ②

18. "개발밀도관리구역"이란 개발로 인하여 기반시설이 부족할 것으로 예상되나 기반시설을 설치하기 곤란한 지역을 대상으로 건폐율이나 용적률을 강화하여 적용하기 위하여 제66조에 따라 지정하는 구역을 말한다.
19. "기반시설부담구역"이란 개발밀도관리구역 외의 지역으로서 개발로 인하여 도로, 공원, 녹지 등 대통령령으로 정하는 기반시설의 설치가 필요한 지역을 대상으로 기반시설을 설치하거나 그에 필요한 용지를 확보하게 하기 위하여 제67조에 따라 지정 · 고시하는 구역을 말한다.
20. "기반시설설치비용"이란 단독주택 및 숙박시설 등 대통령령으로 정하는 시설의 신 · 증축 행위로 인하여 유발되는 기반시설을 설치하거나 그에 필요한 용지를 확보하기 위하여 제69조에 따라 부과 · 징수하는 금액을 말한다.

23 다음 중 용어의 정의에 대한 설명으로 맞지 않는 것은?

① 도시개발사업 : 도시개발구역 안에서 주거 · 상업 · 산업 · 유통 · 정보통신 · 생태 · 문화 · 보건 및 복지 등의 기능을 가지는 단지 또는 시가지 조성을 위하여 시행하는 사업을 말한다.
② 기반시설부담구역 : 개발밀도관리구역 외의 지역으로서 개발로 인하여 기반시설의 설치가 필요한 지역을 대상으로 기반시설을 설치하거나 그에 필요한 용지를 확보하기 위하여 지정하는 구역을 말한다.
③ 개발밀도관리구역 : 개발로 인하여 기반시설이 부족할 것이 예상되나 기반시설의 설치가 곤란한 지역을 대상으로 건폐율 또는 용적률을 강화하여 적용하기 위하여 지정하는 구역을 말한다.
④ 용도지역 : 토지의 이용 및 건축물의 용도 · 건폐율 · 용적률 · 높이 등에 대한 용도지역의 제한을 강화 또는 완화하여 적용함으로써 용도지역의 기능을 증진시키고 미관 · 경관 · 안전 등을 도모하기 위하여 도시관리계획으로 결정하는 지역을 말한다.

풀이 **도시개발법 제2조(정의)**

① 이 법에서 사용하는 용어의 뜻은 다음과 같다.
2. "도시개발사업"이란 도시개발구역에서 주거, 상업, 산업, 유통, 정보통신, 생태, 문화, 보건 및 복지 등의 기능이 있는 단지 또는 시가지를 조성하기 위하여 시행하는 사업을 말한다.

국토의 계획 및 이용에 관한 법률 제2조(정의)

이 법에서 사용하는 용어의 뜻은 다음과 같다.
15. "용도지역"이란 토지의 이용 및 건축물의 용도, 건폐율(「건축법」 제55조의 건폐율을 말한다. 이하 같다), 용적률(「건축법」 제56조의 용적률을 말한다. 이하 같다), 높이 등을 제한함으로써 토지를 경제적 · 효율적으로 이용하고 공공복리의 증진을 도모하기 위하여 서로 중복되지 아니하게 도시 · 군관리계획으로 결정하는 지역을 말한다.
16. "용도지구"란 토지의 이용 및 건축물의 용도 · 건폐율 · 용적률 · 높이 등에 대한 용도지역의 제한을 강화하거나 완화하여 적용함으로써 용도지역의 기능을 증진시키고 경관 · 안전 등을 도모하기 위하여 도시 · 군관리계획으로 결정하는 지역을 말한다.
17. "용도구역"이란 토지의 이용 및 건축물의 용도 · 건폐율 · 용적률 · 높이 등에 대한 용도지역 및 용도지구의 제한을 강화하거나 완화하여 따로 정함으로써 시가지의 무질서한 확산방지, 계획적이고 단계적인 토지이용의 도모, 토지이용의 종합적 조정 · 관리 등을 위하여 도시 · 군관리계획으로 결정하는 지역을 말한다.
18. "개발밀도관리구역"이란 개발로 인하여 기반시설이 부족할 것으로 예상되나 기반시설을 설치하기 곤란한 지역을 대상으로 건폐율이나 용적률을 강화하여 적용하기 위하여 제66조에 따라 지정하는 구역을 말한다.
19. "기반시설부담구역"이란 개발밀도관리구역 외의 지역으로서 개발로 인하여 도로, 공원, 녹지 등 대통령령으로 정하는 기반시설의 설치가 필요한 지역을 대상으로 기반시설을 설치하거나 그에 필요한 용지를 확보하게 하기 위하여 제67조에 따라 지정 · 고시하는 구역을 말한다.

정답 23 ④

24 다음 중 등기에서 갑구에 적는 사항은?

① 지목 : 대, 서울 강동구 성내1동 산2

② 김○○, 주민번호, 서울 강동구 성내1동 51-2

③ 저당권설정 2006년 6월 2일 제63241호

④ 1980년 준공, 콘크리트 구조물, 155m2

풀이 **등기법 제34조(등기사항)**

등기관은 토지 등기기록의 표제부에 다음 각 호의 사항을 기록하여야 한다.

1. 표시번호
2. 접수연월일
3. 소재와 지번(地番)
4. 지목(地目)
5. 면적
6. 등기원인

등기법 제40조(등기사항)

① 등기관은 건물 등기기록의 표제부에 다음 각 호의 사항을 기록하여야 한다.

1. 표시번호
2. 접수연월일
3. 소재, 지번 및 건물번호. 다만, 같은 지번 위에 1개의 건물만 있는 경우에는 건물번호는 기록하지 아니한다.
4. 건물의 종류, 구조와 면적. 부속건물이 있는 경우에는 부속건물의 종류, 구조와 면적도 함께 기록한다.
5. 등기원인
6. 도면의 번호[같은 지번 위에 여러 개의 건물이 있는 경우와 「집합건물의 소유 및 관리에 관한 법률」 제2조제1호의 구분소유권(區分所有權)의 목적이 되는 건물(이하 "구분건물"이라 한다)인 경우로 한정한다]

② 등기할 건물이 구분건물(區分建物)인 경우에 등기관은 제1항제3호의 소재, 지번 및 건물번호 대신 1동 건물의 등기기록의 표제부에는 소재와 지번, 건물명칭 및 번호를 기록하고 전유부분의 등기기록의 표제부에는 건물번호를 기록하여야 한다.

③ 구분건물에 「집합건물의 소유 및 관리에 관한 법률」 제2조제6호의 대지사용권(垈地使用權)으로서 건물과 분리하여 처분할 수 없는 것[이하 "대지권"(垈地權)이라 한다]이 있는 경우에는 등기관은 제2항에 따라 기록하여야 할 사항 외에 1동 건물의 등기기록의 표제부에 대지권의 목적인 토지의 표시에 관한 사항을 기록하고 전유부분의 등기기록의 표제부에는 대지권의 표시에 관한 사항을 기록하여야 한다.

④ 등기관이 제3항에 따라 대지권등기를 하였을 때에는 직권으로 대지권의 목적인 토지의 등기기록에 소유권, 지상권, 전세권 또는 임차권이 대지권이라는 뜻을 기록하여야 한다.

등기법 제48조(등기사항)

① 등기관이 갑구 또는 을구에 권리에 관한 등기를 할 때에는 다음 각 호의 사항을 기록하여야 한다.

1. 순위번호
2. 등기목적
3. 접수연월일 및 접수번호
4. 등기원인 및 그 연월일
5. 권리자

정답 24 ②

② 제1항제5호의 권리자에 관한 사항을 기록할 때에는 권리자의 성명 또는 명칭 외에 주민등록번호 또는 부동산등기용등록번호와 주소 또는 사무소 소재지를 함께 기록하여야 한다.
③ 제26조에 따라 법인 아닌 사단이나 재단 명의의 등기를 할 때에는 그 대표자나 관리인의 성명, 주소 및 주민등록번호를 함께 기록하여야 한다.
④ 제1항제5호의 권리자가 2인 이상인 경우에는 권리자별 지분을 기록하여야 하고 등기할 권리가 합유(合有)인 때에는 그 뜻을 기록하여야 한다.

부동산등기규칙 제13조(등기기록의 양식)
① 토지등기기록의 표제부에는 표시번호란, 접수란, 소재지번란, 지목란, 면적란, 등기원인 및 기타사항란을 두고, 건물등기기록의 표제부에는 표시번호란, 접수란, 소재지번 및 건물번호란, 건물내역란, 등기원인 및 기타사항란을 둔다.
② 갑구와 을구에는 순위번호란, 등기목적란, 접수란, 등기원인란, 권리자 및 기타사항란을 둔다.
③ 토지등기기록은 별지 제1호 양식, 건물등기기록은 별지 제2호 양식에 따른다.

25 다음 중 건축법에서 규정하고 있는 녹지의 분할면적으로 맞는 것은?

① $60m^2$　　② $100m^2$
③ $150m^2$　　④ $200m^2$

풀이 **건축법 시행령 제80조(건축물이 있는 대지의 분할제한)**
법 제57조제1항에서 "대통령령으로 정하는 범위"란 다음 각 호의 어느 하나에 해당하는 규모 이상을 말한다.
1. 주거지역 : 60제곱미터
2. 상업지역 : 150제곱미터
3. 공업지역 : 150제곱미터
4. 녹지지역 : 200제곱미터
5. 제1호부터 제4호까지의 규정에 해당하지 아니하는 지역 : 60제곱미터

정답 25 ④

06 2008년 한국국토정보공사문제

01 토지대장에 등록하지 않는 것은?

① 토지표시사항 토지의 소재, 지번, 지목, 면적, 경계, 좌표를 등록한다.
② 소유권에 관한 사항인 이름, 명칭, 주민번호, 법인번호를 등록한다.
③ 기타사항 : 토지등급 또는 기준수확량등급과 그 설정 · 수정 연월일을 등록한다.
④ 건축물 및 구조물 등의 위치를 등록한다.

풀이 **공간정보의 구축 및 관리 등에 관한 법률 제71조(토지대장 등의 등록사항)**

① 토지대장과 임야대장에는 다음 각 호의 사항을 등록하여야 한다. 〈개정 2011.4.12., 2013.3.23.〉

1. 토지의 소재
2. 지번
3. 지목
4. 면적
5. 소유자의 성명 또는 명칭, 주소 및 주민등록번호(국가, 지방자치단체, 법인, 법인 아닌 사단이나 재단 및 외국인의 경우에는 「부동산등기법」 제49조에 따라 부여된 등록번호를 말한다. 이하 같다)
6. 그 밖에 국토교통부령으로 정하는 사항

공간정보의 구축 및 관리 등에 관한 법률 시행규칙 제68조(토지대장 등의 등록사항 등)

① 법 제71조에 따른 토지대장 · 임야대장 · 공유지연명부 및 대지권등록부는 각각 별지 제63호서식부터 별지 제66호서식까지와 같다.

② 법 제71조제1항제6호에서 "그 밖에 국토교통부령으로 정하는 사항"이란 다음 각 호의 사항을 말한다. 〈개정 2013.3.23.〉

1. 토지의 고유번호(각 필지를 서로 구별하기 위하여 필지마다 붙이는 고유한 번호를 말한다. 이하 같다)
2. 지적도 또는 임야도의 번호와 필지별 토지대장 또는 임야대장의 장번호 및 축척
3. 토지의 이동사유
4. 토지소유자가 변경된 날과 그 원인
5. 토지등급 또는 기준수확량등급과 그 설정 · 수정 연월일
6. 개별공시지가와 그 기준일
7. 그 밖에 국토교통부장관이 정하는 사항

02 등기용지에 적지 않는 사항은?

① 토지의 소재, 지번, 지목, 면적 등
② 등기원인, 등기목적 등
③ 토지수확량의 가격, 토지등급 등
④ 소유권, 지상권, 지역권 등

풀이 **부동산등기법 제34조(등기사항)**

등기관은 토지 등기기록의 표제부에 다음 각 호의 사항을 기록하여야 한다.

1. 표시번호
2. 접수연월일
3. 소재와 지번(地番)
4. 지목(地目)
5. 면적
6. 등기원인

정답 01 ④ 02 ③

부동산등기법 제40조(등기사항)

① 등기관은 건물 등기기록의 표제부에 다음 각 호의 사항을 기록하여야 한다.

1. 표시번호
2. 접수연월일
3. 소재, 지번 및 건물번호. 다만, 같은 지번 위에 1개의 건물만 있는 경우에는 건물번호는 기록하지 아니한다.
4. 건물의 종류, 구조와 면적. 부속건물이 있는 경우에는 부속건물의 종류, 구조와 면적도 함께 기록한다.
5. 등기원인
6. 도면의 번호[같은 지번 위에 여러 개의 건물이 있는 경우와 「집합건물의 소유 및 관리에 관한 법률」 제2조제1호의 구분소유권(區分所有權)의 목적이 되는 건물(이하 "구분건물"이라 한다.)인 경우로 한정한다]

② 등기할 건물이 구분건물(區分建物)인 경우에 등기관은 제1항제3호의 소재, 지번 및 건물번호 대신 1동 건물의 등기기록의 표제부에는 소재와 지번, 건물명칭 및 번호를 기록하고 전유부분의 등기기록의 표제부에는 건물번호를 기록하여야 한다.

③ 구분건물에 「집합건물의 소유 및 관리에 관한 법률」 제2조제6호의 대지사용권(垈地使用權)으로서 건물과 분리하여 처분할 수 없는 것[이하 "대지권"(垈地權)이라 한다]이 있는 경우에는 등기관은 제2항에 따라 기록하여야 할 사항 외에 1동 건물의 등기기록의 표제부에 대지권의 목적인 토지의 표시에 관한 사항을 기록하고 전유부분의 등기기록의 표제부에는 대지권의 표시에 관한 사항을 기록하여야 한다.

④ 등기관이 제3항에 따라 대지권등기를 하였을 때에는 직권으로 대지권의 목적인 토지의 등기기록에 소유권, 지상권, 전세권 또는 임차권이 대지권이라는 뜻을 기록하여야 한다.

부동산등기법 제48조(등기사항)

① 등기관이 갑구 또는 을구에 권리에 관한 등기를 할 때에는 다음 각 호의 사항을 기록하여야 한다.

1. 순위번호
2. 등기목적
3. 접수연월일 및 접수번호
4. 등기원인 및 그 연월일
5. 권리자

② 제1항제5호의 권리자에 관한 사항을 기록할 때에는 권리자의 성명 또는 명칭 외에 주민등록번호 또는 부동산등기용등록번호와 주소 또는 사무소 소재지를 함께 기록하여야 한다.

③ 제26조에 따라 법인 아닌 사단이나 재단 명의의 등기를 할 때에는 그 대표자나 관리인의 성명, 주소 및 주민등록번호를 함께 기록하여야 한다.

④ 제1항제5호의 권리자가 2인 이상인 경우에는 권리자별 지분을 기록하여야 하고 등기할 권리가 합유(合有)인 때에는 그 뜻을 기록하여야 한다.

03 토지조사사업 당시 비과세 지목으로 연결되지 않은 것은?

① 도로, 하천　　② 구거, 제방
③ 성첩, 철도선로　　④ 수도선로, 지소

풀이 토지조사사업 당시의 지목구분

토지조사사업의 지목 : 18개	해당 지목
과세대상 : 6개	• 전 • 답 • 대 • 지소 • 임야 • 잡종지
공공용지로서 면제대상 : 5개	• 사사지 • 분묘지 • 공원지 • 철도용지 • 수도용지
개인소유를 인정하지 않는 비과세대상 : 7개	• 도로 • 하천 • 구거 • 제방 • 성첩 • 철도선로 • 수도선로

정답 03 ④

04 조선시대 문서인 양안과 입안은 오늘날 무엇인가?

① 권리증서와 기밀문서 ② 기밀문서와 토지대장
③ 토지대장과 등기권리증 ④ 등기권리증과 소송서류

풀이 ① 입안 : 토지매매를 증명하는 문서로 재산권이나 상속권을 주장하는 데 절대적인 근거가 되었다. 고려시대에도 이 제도가 있었으나 조선시대의 실물이 많이 전하여진다.

- 경국대전에는 토지, 가옥, 노비는 매매 계약 후 100일, 상속 후 1년 이내에 입안을 받도록 되어 있었다. 다른 의미로 황무지 개간에 관한 인·허가서를 말한다.
- 입안 : 입안은 토지가옥의 매매를 국가에서 증명하는 제도로서, 현재의 등기권리증과 같다.

② 문기 : 토지가옥의 매매 시에 매도인과 매수인의 합의 외에도 대가의 수수, 목적물 인도 시에 서면으로 작성하는 계약서로서, 문기 또는 명문문권이라 한다.

③ 양안 : 고려시대부터 사용된 토지장부이며 오늘날의 지적공부로 토지대장과 지적도 등의 내용을 사록하고 있었으며 전적이라고 부르기도 하였다.

05 다음 중 다각망도선법에 의한 지적삼각보조점측량에 대한 설명으로 맞지 않는 것은?

① 1도선의 거리는 4km이다.
② 1도선의 점의 수는 기지점과 교점을 포함하여 5점이다.
③ 3점 이상의 기지점을 포함한 결합다각방식에 따른다.
④ 기지점과 교점 간 또는 교점과 교점 간 점의 기지점과 교점을 포함한 3점이다.

풀이 **지적측량 시행규칙 제10조(지적삼각보조점측량)**

⑤ 전파기 또는 광파기측량방법에 따라 다각망도선법으로 지적삼각보조점측량을 할 때에는 다음 각 호의 기준에 따른다.

1. 3개 이상의 기지점을 포함한 결합다각방식에 따를 것
2. 1도선(기지점과 교점간 또는 교점과 교점간을 말한다)의 점의 수는 기지점과 교점을 포함하여 5개 이하로 할 것
3. 1도선의 거리(기지점과 교점 또는 교점과 교점 간의 점간거리의 총합계를 말한다)는 4킬로미터 이하로 할 것

⑥ 지적삼각보조점성과 결정을 위한 관측 및 계산의 과정은 지적삼각보조점측량부에 적어야 한다.

06 다음 중 조선시대의 지적 관련 조직에 해당하지 않는 것은?

① 한성부－5부 ② 내부－판적국
③ 지방－양전사 ④ 임시－전제상정소

풀이 **조선시대 지적 관련 조직**

① 한성부 : 조선 태조가 수도를 한양으로 옮긴 이듬해인 1395년부터 1910년 한일합방으로 경성부로 개칭될 때까지 516년간 사용한 조선 왕조 수도의 행정구역명이자 관청명으로, 오늘날의 서울특별시에 해당한다. 지역별 하부조직은 5부(북부, 중부, 남부, 동부, 서부)로 구성되고, 5부의 하위조직으로 방(坊), 방의 하위조직으로 계(契)를 두었다.

정답 04 ③ 05 ④ 06 ②

② 전제상정소 : 1443년(세종) 토지 · 조세 등의 연구, 신법 제정을 위한 임시중앙기관

③ 1898년에 전국적인 양전을 위한 최초의 지적행정관청인 양지아문을 설치하여 1895년에 이미 설치된 측량 업무를 담당하였던 내부의 토목국과 함께 지적업무는 판적국, 전세 및 유세지에 관하여는 토지부사세국 등과 업무관계를 형성하게 되었고 이때부터 내부 판적국에서 최초로 법령에 의한 지적(地籍)이란 용어가 사용되었다.

④ 지적업무는 내무아문의 판적국에서 관장하기 시작하여 오늘날 지적행정 기구와 조직의 기틀을 마련하였다.

조선시대 지적 관련 부서

<table>
<tr><td rowspan="10">중앙</td><td rowspan="10">의정부(議政府)</td><td>한성부(漢城府)</td><td colspan="4">5부(府) : 범법사건, 교량, 도로, 반화, 금화, 가옥의 측량</td></tr>
<tr><td rowspan="9">6曹</td><td>이조</td><td colspan="3">–</td></tr>
<tr><td>병조</td><td colspan="3">–</td></tr>
<tr><td rowspan="4">호조</td><td rowspan="3">3사</td><td>판적사</td><td>양전업무 담당</td></tr>
<tr><td>회계사</td><td>–</td></tr>
<tr><td>경비사</td><td>–</td></tr>
<tr><td colspan="2">양전청</td><td>측량중앙관청으로 양안작성</td></tr>
<tr><td>형조</td><td colspan="3">–</td></tr>
<tr><td>예조</td><td colspan="3">–</td></tr>
<tr><td>공조</td><td colspan="3">–</td></tr>
<tr><td rowspan="4">지방</td><td>양전사(量田使)</td><td colspan="5">조선(朝鮮) 때 논밭에 관(關)한 일을 감독(監督)하던 임시(臨時) 벼슬로 중앙에서 파견한 실무자</td></tr>
<tr><td>향리(鄕吏)</td><td colspan="5" rowspan="2">지방의 경우 실무담당자는 양전사가 중앙에서 파견되어 양전사업을 수행하였지만 실제로는 향리나 서리가 양전을 수행하였다.</td></tr>
<tr><td>서리(胥吏)</td></tr>
<tr><td>균전사(均田使)</td><td colspan="5">조선시대 농지사무를 전결(專決)하도록 하기 위해 지방에 파견된 관직으로 전답의 측량과 결복(結卜) · 두락(斗落)의 사정(査正), 전품(田品)의 결정 및 양안(量案) 기재 등 양전사무(量田事務)를 총괄하고, 특히 진황지(陳荒地)의 개간을 독려하기 위해 각 도에 파견되었다. 균전(均田)이란 이름이 붙게 된 것은 "전품의 공정한 사정에 따라 백성들의 부역을 균등히 하려 한다."는 뜻을 나타내려는 데 있었다. 균전사라는 명칭은 임진왜란 뒤인 1612년(광해군 4)에 처음으로 보인다.</td></tr>
<tr><td>임시
부서</td><td>전제상정소
(田制詳定所)</td><td colspan="5">전제상정소는 1443년(세종 25)에 토지, 조세제도의 조사연구와 신법의 제정을 위해 설치한 임시 관청을 말한다.</td></tr>
</table>

07 다음 중 우리나라의 상고시대의 면적측량방법으로 맞는 것은?

① 고구려 – 경무법, 백제 – 두락제, 신라 – 결부법

② 고구려 – 결부법, 백제 – 두락제, 신라 – 경무법

③ 고구려 – 경무법, 백제 – 결부법, 신라 – 두락제

④ 고구려 – 두락제, 백제 – 경무법, 신라 – 결부법

정답 07 ①

풀이 삼국시대의 토지면적 결정방법

국가	면적결정	관련 부서	지적사무	대장	측량방식	비고
고구려	경무법	주부, 조절, 울절	사자	도부	구장산술	봉역도, 요동성총도
백제	두락제, 결부제	내두좌평	산학박사(측량) 산사, 화사	도적	구장산술	근강국수소간전도, 능역도
신라	결부제	조부	산학박사	장적	구장산술	전품제, 정점

08 다음 중 지목의 연결이 다른 하나는?

① 하천－천　② 공장용지－장
③ 주차장－차　④ 공원－원

풀이 지목의 표기 방법

지목	부호	지목	부호	지목	부호	지목	부호
전	전	대	대	철도용지	철	공원	공
답	답	공장용지	㉰장	제방	제	체육용지	체
과수원	과	학교용지	학	하천	천	유원지	원
목장용지	목	주차장	차	구거	구	종교용지	종
임야	임	주유소용지	주	유지	유	사적지	사
광천지	광	창고용지	창	양어장	양	묘지	묘
염전	염	도로	도	수도용지	수	잡종지	잡

09 국토의 계획 및 이용에 관한 법률상 시설보호지구를 지정하여 보호하는 시설이 아닌 것은?

① 학교　② 항만
③ 공항　④ 문화재

풀이 국토의 계획 및 이용에 관한 법률 제37조(용도지구의 지정)

7. 시설보호지구 : 학교시설 · 공용시설 · 항만 또는 공항의 보호, 업무기능의 효율화, 항공기의 안전운항 등을 위하여 필요한 지구

10 도시개발법에서 도시개발구역의 지정에 대한 설명으로 맞지 않는 것은?

① 주거 : 1만 m^2　② 상업 : 1만 m^2
③ 공업 : 3만 m^2　④ 녹지 : 3만 m^2

풀이 도시개발법 시행령 제2조(도시개발구역의 지정대상지역 및 규모)

① 「도시개발법」(이하 "법"이라 한다) 제3조에 따라 도시개발구역으로 지정할 수 있는 대상 지역 및 규모는 다음과 같다. 〈개정 2011.12.30., 2013.3.23.〉

정답 08 ④　09 ④　10 ④

1. 도시지역
　가. 주거지역 및 상업지역 : 1만 제곱미터 이상
　나. 공업지역 : 3만 제곱미터 이상
　다. 자연녹지지역 : 1만 제곱미터 이상
　라. 생산녹지지역(생산녹지지역이 도시개발구역 지정면적의 100분의 30 이하인 경우만 해당된다) : 1만 제곱미터 이상

11 다음 중 건축법의 건축물과 대지와 도로에 대한 설명으로 맞지 않는 것은?

① 건축물의 대지는 2m 이상의 도로와 접하여야 한다.
② 건축선은 건축물과 도로의 경계선으로 한다.
③ 도시지역 안에서는 4m 범위 안에서 건축선을 따로 지정할 수 있다.
④ 연면적 합계가 2,000m^2 이상인 건축물은 6m 이상 도로에 4m 이상 접하여야 한다.

풀이 **건축법 제44조(대지와 도로의 관계)**

① 건축물의 대지는 2미터 이상이 도로(자동차만의 통행에 사용되는 도로는 제외한다)에 접하여야 한다. 다만, 다음 각 호의 어느 하나에 해당하면 그러하지 아니하다.
　1. 해당 건축물의 출입에 지장이 없다고 인정되는 경우
　2. 건축물의 주변에 대통령령으로 정하는 공지가 있는 경우
　3. 「농지법」 제2조제1호 나목에 따른 농막을 건축하는 경우

건축법 제46조(건축선의 지정)

① 도로와 접한 부분에 건축물을 건축할 수 있는 선[이하 "건축선(建築線)"이라 한다]은 대지와 도로의 경계선으로 한다. 다만, 제2조제1항제11호에 따른 소요 너비에 못 미치는 너비의 도로인 경우에는 그 중심선으로부터 그 소요 너비의 2분의 1의 수평거리만큼 물러난 선을 건축선으로 하되, 그 도로의 반대쪽에 경사지, 하천, 철도, 선로부지, 그 밖에 이와 유사한 것이 있는 경우에는 그 경사지 등이 있는 쪽의 도로경계선에서 소요 너비에 해당하는 수평거리의 선을 건축선으로 하며, 도로의 모퉁이에서는 대통령령으로 정하는 선을 건축선으로 한다.
② 특별자치시장 · 특별자치도지사 또는 시장 · 군수 · 구청장은 시가지 안에서 건축물의 위치나 환경을 정비하기 위하여 필요하다고 인정하면 제1항에도 불구하고 대통령령으로 정하는 범위에서 건축선을 따로 지정할 수 있다.
③ 특별자치시장 · 특별자치도지사 또는 시장 · 군수 · 구청장은 제2항에 따라 건축선을 지정하면 지체 없이 이를 고시하여야 한다.

건축법 시행령 제28조(대지와 도로의 관계)

① 법 제44조제1항제2호에서 "대통령령으로 정하는 공지"란 광장, 공원, 유원지, 그 밖에 관계 법령에 따라 건축이 금지되고 공중의 통행에 지장이 없는 공지로서 허가권자가 인정한 것을 말한다.
② 법 제44조제2항에 따라 연면적의 합계가 2천 제곱미터(공장인 경우에는 3천 제곱미터) 이상인 건축물(축사, 작물 재배사, 그 밖에 이와 비슷한 건축물로서 건축조례로 정하는 규모의 건축물은 제외한다)의 대지는 너비 6미터 이상의 도로에 4미터 이상 접하여야 한다.

건축법 시행령 제31조(건축선)

특별자치도지사 또는 시장 · 군수 · 구청장은 법 제46조제2항에 따라 「국토의 계획 및 이용에 관한 법률」 제36조제1항제1호에 따른 도시지역에는 4미터 이하의 범위에서 건축선을 따로 지정할 수 있다.

정답 11 ②

12 다음 중 도시관리계획에 해당하는 것으로 맞는 것은?

① 기반시설의 설치 · 정비 또는 개량에 관한 계획
② 관할구역의 기본적인 공간구조와 장기발전방향을 제시하는 종합계획
③ 광역계획권으로 지정하여 수립하는 계획
④ 토지이용계획 및 도시방재계획

풀이 **국토의 계획 및 이용에 관한 법률 제2조(정의)**
이 법에서 사용하는 용어의 뜻은 다음과 같다.
4. "도시 · 군관리계획"이란 특별시 · 광역시 · 특별자치시 · 특별자치도 · 시 또는 군의 개발 · 정비 및 보전을 위하여 수립하는 토지 이용, 교통, 환경, 경관, 안전, 산업, 정보통신, 보건, 복지, 안보, 문화 등에 관한 다음 각 목의 계획을 말한다.
가. 용도지역 · 용도지구의 지정 또는 변경에 관한 계획
나. 개발제한구역, 도시자연공원구역, 시가화조정구역(市街化調整區域), 수산자원보호구역의 지정 또는 변경에 관한 계획
다. 기반시설의 설치 · 정비 또는 개량에 관한 계획
라. 도시개발사업이나 정비사업에 관한 계획
마. 지구단위계획구역의 지정 또는 변경에 관한 계획과 지구단위계획
바. 입지규제최소구역의 지정 또는 변경에 관한 계획과 입지규제최소구역계획

13 다음 중 축척 1/6,000의 5,000m^{2}에 대한 신구면적의 허용오차를 계산하는 과정으로 맞는 것은?

① $0.026^2 \times 6{,}000\sqrt{5{,}000}$
② $0.023^2 \times 6{,}000\sqrt{5{,}000}$
③ $0.026^2 \times 5{,}000\sqrt{6{,}000}$
④ $0.023^2 \times 5{,}000\sqrt{6{,}000}$

풀이 **공간정보의 구축 및 관리 등에 관한 법률 시행령 제19조(등록전환이나 분할에 따른 면적 오차의 허용범위 및 배분 등)**
① 법 제26조제2항에 따른 등록전환이나 분할을 위하여 면적을 정할 때에 발생하는 오차의 허용범위 및 처리방법은 다음 각 호와 같다.
1. 등록전환을 하는 경우
가. 임야대장의 면적과 등록전환될 면적의 오차 허용범위는 다음의 계산식에 따른다. 이 경우 오차의 허용범위를 계산할 때 축척이 3천분의 1인 지역의 축척분모는 6천으로 한다.
$A = 0.026^2 M\sqrt{F}$

14 다음 중 결번이 발생하는 사유에 해당되지 않는 것은?

① 지번정정
② 지번변경
③ 행정구역 변경
④ 신규등록

풀이 **공간정보의 구축 및 관리 등에 관한 법률 시행규칙 제63조(결번대장의 비치)**
지적소관청은 행정구역의 변경, 도시개발사업의 시행, 지번변경, 축척변경, 지번정정 등의 사유로 지번에 결번이 생긴 때에는 지체 없이 그 사유를 별지 제61호서식의 결번대장에 적어 영구히 보존하여야 한다.

정답 12 ① 13 ① 14 ④

15 축척 600분의 1 지적도 시행지역에서 산출면적이 150.45m^2일 때 등록면적은?

① 150.4m^2 ② 151m2
③ 150m^2 ④ 150.5m2

풀이 **공간정보의 구축 및 관리 등에 관한 법률 시행령 제60조(면적의 결정 및 측량계산의 끝수처리)**

① 면적의 결정은 다음 각 호의 방법에 따른다.

2. 지적도의 축척이 600분의 1인 지역과 경계점좌표등록부에 등록하는 지역의 토지 면적은 제1호에도 불구하고 제곱미터 이하 한 자리 단위로 하되, 0.1제곱미터 미만의 끝수가 있는 경우 0.05제곱미터 미만일 때에는 버리고 0.05제곱미터를 초과할 때에는 올리며, 0.05제곱미터일 때에는 구하려는 끝자리의 숫자가 0 또는 짝수이면 버리고 홀수이면 올린다. 다만, 1필지의 면적이 0.1제곱미터 미만일 때에는 0.1제곱미터로 한다.

16 다음 중 토지조사 당시의 소유자와 그 강계를 임시토지조사국장이 심사하여 확정한 행정처분은?

① 조사 ② 사정
③ 재결 ④ 심사

풀이 **사정(査定)**

임시토지조사국은 토지조사법, 토지조사령 등에 의하여 토지조사사업을 시행하고 토지소유자와 경계를 확정하였는데, 이를 사정이라 한다. 임시토지조사국장의 사정은 이전의 권리와 무관한 창설적, 확정적 효력을 갖는 가중 중요한 업무라 할 수 있다. 임야조사사업에 있어서는 조선임야조사령에 따라 사정을 하였다.

1 사정(査定)과 재결(裁決)의 법적 근거

① 사정은 공시되었고 공시기간 만료 후 60일 이내에 고등토지조사위원회(高等土地調査委員會)에 이의를 제출할 수 있도록 되었다(토지조사령 제11조).

② 토지조사령은 "토지소유자의 권리는 사정의 확정 또는 재결에 의하여 확정한다."고 규정하였다(제15조).

③ 그 확정의 효력발생 시기는 신고 또는 국유통지의 당일로 소급되었다(제10조).

2. 사정방법

토지소유자 사정	• 토지의 소유자는 국가, 지방자치단체, 각종 법인, 법인에 유사한 단체, 개인 등 • 지주가 사망하고 상속자가 정해지지 않은 경우에는 사망자의 명으로 사정하였다. • 신사, 사원, 교회 등의 종교단체는 법인에 준하여 사정하였다. • 종중, 기타 단체명의로 신고되었으나 법인 자격이 없는 것은 공유명의 또는 단체명의로 등록하였다.
강계 사정	• 강계라 함은 지적도상에 제도된 소유자가 다른 경계선을 말한다. • 지적도에 제도되어 있어도 지역선은 사정하지 않는다. • 사정선인 강계선은 불복신립이 인정되었다.
사정 불복	• 토지사정에 불복이 있는 경우 사정 공시 만료 후 60일 이내에 불복 신청 • 사정, 재결이 있은 날로부터 3년 이내에 재결을 받을 만한 행위에 근거한 재판소의 판결 확정

정답 15 ① 16 ②

17 다음 중 우리나라 지적공부의 편성방법으로 맞는 것은?

① 인적 편성주의　② 물적 편성주의
③ 혼합 편성주의　④ 연대적 편성주의

풀이 **지적공부의 편성방법**

① 물적 편성주의 : 개개의 토지를 중심으로 등록부를 편성하는 것으로, 1토지에 1등기용지를 두는 경우
② 인적 편성주의 : 개개의 토지소유자를 중심으로 편성하는 것으로 토지대장이나 등부를 소유자별로 작성하여 동일소유자에 속하는 모든 토지는 당해 소유자의 대장에 기록하는 방식
③ 물적 · 인적 편성주의 : 물적 편성주의를 기준으로 하여 운영하되 인적 편성주의 요소를 가미하는 것
④ 연대적 편성주의 : 어떤 특정한 기준을 두지 않고 당사자의 신청순서에 따라서 순차로 기록해 가는 것이며 프랑스의 등기부, 미국의 여러 곳에서 아직도 사용되는 리코딩 시스템이 이에 속한다. 이것은 등기부 편성방법으로서는 가장 유효하다.

18 토지등록의 효력으로 '행정행위가 행해지면 법령이나 조례에 위반되는 경우에 권한 있는 기관이 이를 취소하기 전까지는 유효하다'는 설명에 해당하는 것은?

① 강제력　② 공정력
③ 구속력　④ 확정력

풀이 **지적측량의 법률적 효력** **암기** ㉮㉯㉰㉱ (구공확강)

① (구)속력 : 지적측량의 내용에 대해 소관청 자신이 소유자 및 이해관계인을 기속하는 효력으로서 지적측량은 완료와 동시에 구속력이 발생하여 측량결과에 대해 그것이 유효하게 존재하는 한 그 내용을 존중하고 복종해야 하며 결코 정당한 절차 없이 그 존재나 효력을 기피할 수 없다.
② (공)정력 : 지적측량이 유효의 성립요건을 갖추지 못하여 하자가 인정될 때라도 절대무효인 경우를 제외하고는 소관청, 감독청, 법원 등의 기관에 의하여 쟁송 또는 직권으로 그 내용을 취소할 때까지 그 행위는 적법한 추정을 받고 그 누구도 부인하지 못하는 효력을 말한다.
③ (확)정력 : 일단 유효하게 성립된 지적측량은 일정한 기간이 경과한 뒤에 그 상대방이나 기타 이해관계인이 그 효력을 다툴 수 없으며 소관청도 특별한 사유가 없는 한 그 성과를 변경할 수 없다는 효력을 말하며 "불가쟁력" 또는 "형식적 확정력"이라 한다.
④ (강)제력 : 행정행위의 실현을 사법부에 의존하지 않고 행정청 자체의 권한으로 집행할 수 있는 효력으로 "집행력" 또는 "제재력"이라고도 한다.

19 토지조사사업 당시 지적공부에 등록되었던 지목이 아닌 것은?

① 지소　② 성첩
③ 염전　④ 잡종지

정답 17 ② 18 ② 19 ③

풀이 토지조사사업 당시의 지목구분

토지조사사업의 지목 : 18개	해당 지목
과세대상 : 6개	• 전 • 답 • 대 • 지소 • 임야 • 잡종지
공공용지로서 면제대상 : 5개	• 사사지 • 분묘지 • 공원지 • 철도용지 • 수도용지
개인소유를 인정하지 않는 비과세대상 : 7개	• 도로 • 하천 • 구거 • 제방 • 성첩 • 철도선로 • 수도선로

20 다음 중 지적도에 있어서 지번의 기능이 아닌 것은?

① 토지의 식별　　② 토지의 개별화
③ 토지위치의 확인　　④ 토지이용의 고도화

풀이 지번(Parcel Number or Lot Number)

1. 지번의 정의
   필지에 부여하여 지적공부에 등록한 번호로서 국가(지적소관청)가 인위적으로 구획된 1필지별로 1지번을 부여하여 지적공부에 등록하는 것으로, 토지의 고정성과 개별성을 확보하기 위하여 지적소관청이 지번부여지역인 법정 동·리 단위로 기번하여 필지마다 아라비아숫자로 순차적으로 연속하여 부여한 번호를 말한다.
2. 지번의 특성
   지번은 특정성(Specificity), 동질성(Homogeneity), 종속성(Dependency), 불가분성(Inseperatibility), 연속성(Continuity)을 가지고 있다. 지번부여지역에 속한 필지들은 지번에 의해 개별성을 보장받게 되기 때문에 지번은 특정성(Specificity)을 지니게 되며, 성질상 부번이 없는 단식지번이 복식지번보다 우세한 것 같지만 지번으로서의 역할에는 하등과 우열의 경중이 없으므로 지번은 유형과 크기에 관계없이 동질성(Homogeneity)을 지니게 된다. 또한 지번은 부여지역 및 이미 설정된 지번 등에 의해 형성되기 때문에 종속성(Dependency)을 지니게 되며, 지번은 물권변동 또는 설정에 따른 각 권리에 의해 분리되지 않는 불가분성(Inseperatibility)을 지니게 된다.
3. 지번의 기능
   - 필지를 구별하는 개별성과 특정성의 기능을 갖는다.
   - 거주지 또는 주소표기의 기준으로 이용된다.
   - 위치파악의 기준으로 이용된다.
   - 각종 토지 관련 정보시스템에서 검색키(식별자 · 색인키)로서의 기능을 갖는다.

21 도시관리계획의 설명 중 틀린 것은?

① 특별시 · 광역시 · 시 또는 군의 개발정비 및 보전을 위하여 수립하는 토지이용, 교통, 환경, 경관, 안전산업, 정보통신, 보건, 후생, 안보, 문화 등에 관한 계획을 말한다.
② 특별시장, 광역시장, 시장 또는 군수는 관할구역에 대하여 도시관리계획을 입안할 수 있다.
③ 도시 · 군관리계획에는 용도지역, 지구, 구역과 지구단위계획 및 기반 시설의 정비 또는 개량에 관한 계획 등이 포함된다.
④ 도시 · 군관리계획은 20년을 단위로 장기도시개발의 방향 및 도시관리지역에 대한 지침이 되는 계획이다.

정답 20 ④　21 ④

풀이 **국토의 계획 및 이용에 관한 법률 제24조(도시 · 군관리계획의 입안권자)**

① 특별시장 · 광역시장 · 특별자치시장 · 특별자치도지사 · 시장 또는 군수는 관할 구역에 대하여 도시 · 군관리계획을 입안하여야 한다.

국토의 계획 및 이용에 관한 법률 제2조(정의)

이 법에서 사용하는 용어의 뜻은 다음과 같다.

3. "도시 · 군기본계획"이란 특별시 · 광역시 · 특별자치시 · 특별자치도 · 시 또는 군의 관할 구역에 대하여 기본적인 공간구조와 장기발전방향을 제시하는 종합계획으로서 도시 · 군관리계획 수립의 지침이 되는 계획을 말한다.
4. "도시 · 군관리계획"이란 특별시 · 광역시 · 특별자치시 · 특별자치도 · 시 또는 군의 개발 · 정비 및 보전을 위하여 수립하는 토지 이용, 교통, 환경, 경관, 안전, 산업, 정보통신, 보건, 복지, 안보, 문화 등에 관한 계획을 말한다.

22 공간정보의 구축 및 관리 등에 관한 법률에서 용어 설명 중 틀린 것은?

① 필지라 함은 대통령령이 정하는 바에 의하여 구획되는 토지의 등록단위를 말한다.
② 좌표라 함은 지적측량기준점 또는 경계점의 위치를 평면직각종횡선수치로 표시한 것을 말한다.
③ 경계라 함은 필지별로 경계점 간을 직선으로 연결하여 지적공부에 등록한 선을 말한다.
④ 경계점이라 함은 지적공부에 등록하는 필지를 구획하는 선의 굴곡점과 평면직각좌표에 의한 경계점좌표등록부의 교차점을 말한다.

풀이 **공간정보의 구축 및 관리 등에 관한 법률 제2조(정의)**

이 법에서 사용하는 용어의 뜻은 다음과 같다.

20. "토지의 표시"란 지적공부에 토지의 소재 · 지번(地番) · 지목(地目) · 면적 · 경계 또는 좌표를 등록한 것을 말한다.
21. "필지"란 대통령령으로 정하는 바에 따라 구획되는 토지의 등록단위를 말한다.
22. "지번"이란 필지에 부여하여 지적공부에 등록한 번호를 말한다.
23. "지번부여지역"이란 지번을 부여하는 단위지역으로서 동 · 리 또는 이에 준하는 지역을 말한다.
24. "지목"이란 토지의 주된 용도에 따라 토지의 종류를 구분하여 지적공부에 등록한 것을 말한다.
25. "경계점"이란 필지를 구획하는 선의 굴곡점으로서 지적도나 임야도에 도해(圖解) 형태로 등록하거나 경계점좌표등록부에 좌표 형태로 등록하는 점을 말한다.
26. "경계"란 필지별로 경계점들을 직선으로 연결하여 지적공부에 등록한 선을 말한다.
27. "면적"이란 지적공부에 등록한 필지의 수평면상 넓이를 말한다.
28. "토지의 이동(異動)"이란 토지의 표시를 새로 정하거나 변경 또는 말소하는 것을 말한다.

23 경계의 이념 중 틀린 것은?

① 경계직선주의　　② 축척종대의 원칙
③ 경계지상주의　　④ 경계국정주의

정답 22 ④ 23 ③

풀이 경계의 설정 원칙

축척종대의 원칙	동일한 경계가 축척이 다른 도면에 등록되어 있는 경우 대축척 도면에 따른다.
경계불가분의 원칙	경계는 유일무이한 것으로 2개 이상의 경계는 존재할 수 없다.
경계국정주의	경계는 국가기관인 소관청에서 결정한다.
경계직선주의	경계는 항상 직선으로 연결하여야 한다.

24 다음 중 수치지적에 대한 설명으로 맞는 것은?

① 경계점의 복원능력이 도해지적에 비해 낮다.
② 임의 축척의 도면작성이 불가능하다.
③ 도면의 신축에 따른 오차발생을 최소화할 수 있다.
④ 평판측량방법에 의하여 필지를 측량하여 도면에 등록한다.

풀이 수치지적(數値地籍 : Numerical Cadastre)

수치지적은 경계점위치를 경위의 측량방법으로 측정한 평면직각종횡선수치(X, Y)를 경계점좌표등록부에 등록 · 관리하는 지적제도를 말한다. 수치지적 시행지역의 지적도는 지상측량에서 수치측량으로부터 얻은 데이터로부터 조제하거나, 항공사진을 이용하여 해석사진측량(Analytical Photogrammetry)방법으로 얻은 좌표를 이용하여 조제한다. 지금까지 개발된 측량기술로 평균제곱위치의 정확도를 5~10cm 이내의 수치 데이터로 쉽게 구할 수 있다.

25 다음 중 건축법에서 규정하고 있는 건축선에 대한 설명으로 맞지 않는 것은?

① 건축선은 대지와 접하고 있는 도로의 경계선으로서 건축물을 건축할 수 있는 한계선이다.
② 건축선은 건축물의 도로침입방지와 도로교통의 원활함을 위해서 설정한다.
③ 건축선의 위치는 대지와 도로의 경계선을 원칙으로 한다.
④ 건축물 및 담장은 건축선의 수평면을 넘어서는 아니 된다.

풀이 건축법 제46조(건축선의 지정)

① 도로와 접한 부분에 건축물을 건축할 수 있는 선[이하 "건축선(建築線)"이라 한다]은 대지와 도로의 경계선으로 한다. 다만, 제2조제1항제11호에 따른 소요 너비에 못 미치는 너비의 도로인 경우에는 그 중심선으로부터 그 소요 너비의 2분의 1의 수평거리만큼 물러난 선을 건축선으로 하되, 그 도로의 반대쪽에 경사지, 하천, 철도, 선로부지, 그 밖에 이와 유사한 것이 있는 경우에는 그 경사지 등이 있는 쪽의 도로경계선에서 소요 너비에 해당하는 수평거리의 선을 건축선으로 하며, 도로의 모퉁이에서는 대통령령으로 정하는 선을 건축선으로 한다.
② 특별자치시장 · 특별자치도지사 또는 시장 · 군수 · 구청장은 시가지 안에서 건축물의 위치나 환경을 정비하기 위하여 필요하다고 인정하면 제1항에도 불구하고 대통령령으로 정하는 범위에서 건축선을 따로 지정할 수 있다.
③ 특별자치시장 · 특별자치도지사 또는 시장 · 군수 · 구청장은 제2항에 따라 건축선을 지정하면 지체 없이 이를 고시하여야 한다.

정답 24 ③ 25 ④

07 2009년 한국국토정보공사문제

01 다음 중 지적의 실제적 기능으로 옳지 않은 것은?

① 토지감정평가의 기초
② 토지소재와 지번
③ 토지의 토질조사를 위한 자료
④ 도시 및 국토계획의 자료

풀이 **지적의 실제적 기능**

지적의 실제적 기능은 실제 지적활동에 일정한 역할을 수행하는 것으로 다음의 기능이 있다.

토지등록의 법적 효력과 공시	공간정보의 구축 및 관리 등에 관한 법률에 따라 토지를 지적공부에 등록하게 되며, 지적공부에 등록된 내용을 토대로 등기부를 정리하게 된다. 이러한 과정을 통하여 토지등록은 법적 효력을 갖게 되고, 공적 확인의 자료가 되는 것이다.
토지정책의 수단	토지정책의 목표를 달성하기 위한 정책수단으로 공법적 규제수단, 과세수단, 정부의 직접 대입 등 크게 세 가지로 나눌 수 있다.
지방행정의 자료	지방행정은 통치권력 또는 행정기능을 배분받은 지방자치단체가 일정한 지역을 토대로 하여 그 지역주민을 대상으로 공공복지의 목적을 구체적으로 실현하는 일체의 작용이라고 볼 수 있다.
토지감정평가의 기초	토지조사사업 당시의 지가조사는 시가지에서는 지목에 관계없이 시가에 의하여 지가를 평정하고, 시가지 이외에서는 지목이 대인 경우 임대가격을 기초로 붙이고, 전 · 답 · 지소 및 잡종지에 그 수익에 따라 지가를 정하여 토지대장에 등록하여 시세제도를 확립하였다.
부동산거래(토지유통)의 매개체	부동산거래는 수요와 공급의 시장원리에 의하여 나타나는 현장으로 매매, 교환, 임대차가 있으며, 이러한 현상은 지적공부의 열람과 실물 확인에 의하여 이루어진다.
토지관리	지적정보관리(토지정보관리)는 • 토지관련 정보에 대한 국가 및 일반 대중의 요구사항 결정 • 정보가 의사결정과정에서 실제로 어떻게 사용되는지, 한 생산자 또는 사용자에서 다른 생산자 또는 사용자로 정보가 전달되는 방식 • 해당 흐름에 어떤 제약이 있는지 검토 • 우선순위를 결정, 필요한 재원을 할당, 행위에 대한 책임을 할당, 성과의 표준 및 모니터링 방법을 설정하기 위한 정책을 개발 • 기존 토지정보시스템 개선 또는 새로운 토지정보시스템 도입 • 새로운 도구 및 기법 평가 및 설계 • 개인정보 및 데이터 보안 문제를 존중하도록 보장

02 조선시대 양안의 기재내용 중 토지의 위치로서 동서남북의 경계를 표시한 것은?

① 자호
② 사표
③ 진기
④ 양정방향

정답 01 ③ 02 ②

풀이 사표(四標)

토지의 위치를 동서남북의 경계로 표시한 것이며 필지의 경계를 명확히 하기 위하여 제 둘레 접속지의 지목, 자호, 지주의 성명을 양안의 해당란에 기입하거나 별도의 도면을 통해서 나타낸 것이다.

1. 유래

사표 표시방법은 고대 중국과 통일한 것이므로 우리나라 독자적인 것이 아니고 중국에서 전래된 것으로 일부 학계에서는 추측하고 있다.

2. 특징

① 양안에 나오는 사표가 초기에는 도면을 수반하지 않았지만 점차 전답 도형도를 도입하여 양안에 토지형태를 개략적인 그림으로 그려 넣었다.

② 사표의 기원은 통일신라의 진성여왕 5년이다.

③ 사표는 도면의 하나로 4필지 이상의 지적사항을 파악할 수 있다.

④ 양지아문에서 작성한 위치, 면적, 형상을 쉽게 알 수 있도록 하였다.

⑤ 사표의 전답 도형도는 당시 지적도와 유사한 역할을 하였다.

⑥ 도로, 구거, 하천 등의 소유자 성명을 기입하지 않았다.

03 다음 중 공정력에 대한 설명으로 옳은 것은?

① 토지등록은 행정행위가 행하여진 경우 상대방과 지적소관청의 자신을 구속하는 효력을 말한다.

② 일단 행정행위가 행해지면 비록 흠(하자)이 있는 행정행위라 하더라도 절대무효인 경우를 제외하고는 상급관청이나 법원에 의하여 취소되기 전까지 상대방이나 제3자에 대한 효력이 미치는 것을 말한다.

③ 유효하게 등록된 토지등록사항은 일정한 기간이 경과한 뒤에는 그 상대방이나 이해관계인이 그 효력을 다툴 수 없고, 지적소관청 자신도 특별한 사유가 있지 않는 한 이를 부인할 수 없는 효력을 말한다.

④ 행정행위를 함에 있어서 그 상대방이 의무를 이행하지 않을 때 사법행위와는 다르게 법원의 힘을 빌리지 않고 행정관청이 자력으로 이를 실현할 수 있는 효력을 말한다.

풀이 토지등록의 효력 **암기** ㉮㉯㉰㉱ (구공확강)

토지 등록과 그 공시 내용의 법률적 효력은 일반적으로 행정처분에 의한 구속력, 공정력, 확정력, 강제력이 있다.

구분	내용
행정처분의 (구)속력 (拘束力)	행정처분의 구속력은 행정행위가 법정요건을 갖추어 행하여진 경우에는 그 내용에 따라 상대방과 행정청을 구속하는 효력, 즉 토지등록의 행정처분이 유효한 한 정당한 절차 없이 그 존재를 부정하거나 효력을 기피할 수 없다는 효력을 말한다.
토지등록의 (공)정력 (公正力)	**공정력이란 행정행위가 이루어지면 비록 법정요건을 갖추지 못하여 흠이 있더라도 절대무효인 경우를 제외하고는 권한 있는 기관에 의하여 취소되기까지는 상대방 또는 제3자에 대하여 구속력이 있는 통용되는 힘을 말한다.** 공정력은 토지 등록에 있어서의 행정처분이 유효하게 성립하기 위한 요건을 완전히 갖추지 못하여 하자가 있다고 인정될 때라도 절대 무효인 경우를 제외하고는 그 효력을 부인할 수 없는 것으로서 무하자 추정 또는 적법성이 추정되는 것으로 일단 권한 있는 기관에 의하여 취소되기 전에는 상대방 또는 제3자도 이에 구속되고 그 효력을 부정하지 못함을 의미한다.

정답 03 ②

토지등록의 확정력 (確定力)	확정력이란 행정행위의 불가쟁력(不可爭力)이라고도 하는데 확정력은 일단 유효하게 등록된 사항은 일정한 기간이 경과한 뒤에는 그 상대방이나 이해관계인이 그 효력을 다툴 수 없을 뿐만 아니라 소관청 자신도 특별한 사유가 없는 한 그 처분행위를 다룰 수 없는 것이다.
토지등록의 강제력 (强制力)	강제력은 지적 측량이나 토지 등록 사항에 대하여 사법권의 힘을 빌릴 것 없이 행정청 자체의 명의로써 자력으로 집행할 수 있는 강력한 효력으로 강제집행력(强制執行力)이라고도 한다.

04 토지조사사업 당시 지목의 조사는 과세지, 면세지, 비과세지로 구별할 수 있다. 다음 중 과세지로만 된 것은?

① 전－지소－대－제방－임야
② 지소－임야－성첩－답－대
③ 대－잡종지－임야－지소－전
④ 전－답－잡종지－사사지－지소

풀이 지목의 종류

토지조사사업 당시 지목 (18개)	• 관세지 : 전, 답, 대(垈), 지소(池沼), 임야(林野), 잡종지(雜種地)(6개) • 비과세지 : 도로, 하천, 구거, 제방, 성첩, 철도선로, 수도선로(7개) • 면세지 : 사사지, 분묘지, 공원지, 철도용지, 수도용지(5개)	
1918년 지세령 개정 (19개)	지소(池沼) : 지소, 유지로 세분	
1950년 구 지적법 (21개)	잡종지(雜種地) : 잡종지, 염전, 광천지로 세분	
1975년 지적법 제2차 개정 (24개)	통합	• 철도용지＋철도선로＝철도용지 • 수도용지＋수도선로＝수도용지 • 유지＋지소＝유지

05 지적도에 등록하지 못하는 위치에 새로 등록할 토지가 있는 경우에 작성하는 도면은?

① 증보도
② 간주지적도
③ 과세지견취도
④ 일람도

간주지적도	토지조사지역 밖인 산림지대(임야)에도 전 · 답 · 대 등 과세지가 있더라도 지적도에 신규등록할 것 없이 그 지목만을 수정하여 임야도에 존치하도록 하되 그에 대한 대장은 일반적인 토지대장과는 별도로 작성하여 '별책토지대장', '을호토지대장', '산토지대장'으로 불렀으며 이와 같이 지적도로 간주하는 임야도를 '간주지적도'라 하였다.
간주임야도	임야도는 경제적 가치에 따라 1/3,000과 1/6,000로 작성하였으며 임야의 필지가 너무 커서 임야도(1/6,000)로 조제하기 어려운 국유임야 등에 대하여 1/50,000 지형도를 임야도로 간주하여 지형도 내에 지번과 지목을 기입하여 사용하였는데, 이를 '간주임야도'라 하였다.
과세지견취도	토지조사 측량성과인 지적도가 나오기 전 1911~1913년까지 지세부과를 목적으로 작성한 약도로, 결수연명부와 과세지견취도는 부, 군청에 보관되어 소유자라고 간주한 자에 대하여 납세액 및 기타 사실을 기재한 지적부 및 도면이었다.

정답 04 ③ 05 ①

증보도	• 새로이 토지대장에 등록할 토지가 기존 지적도의 지역 밖에 있을 경우에 새로 지적도를 조제하여 이를 등재하였으며, 이 새로운 지적도를 증보도라 하였다. • 증보도에는 도면번호 위에 「증보」라고 기재하였는데 지적도를 새로 조제하거나 이동정리를 할 경우 측량 원도지에 지상 약 3촌 이상의 신축이 있을 때에는 이를 교정하도록 하였다.

06 다음 중 토지이동에 대한 정의로 맞는 것은?

① 지적공부에 토지의 소재, 지번, 지목, 면적, 경계 또는 좌표를 등록하는 것을 말한다.
② 새로이 조성된 토지와 지적공부에 등록되어 있지 아니한 토지를 지적공부에 등록하는 것을 말한다.
③ 토지의 표시사항을 새로이 정하거나 변경 또는 말소하는 것을 말한다.
④ 토지의 주된 용도에 따라 토지의 종류를 구분하여 지적공부에 등록한 것을 말한다.

풀이 공간정보의 구축 및 관리 등에 관한 법률 제2조(정의)

이 법에서 사용하는 용어의 뜻은 다음과 같다.

20. "토지의 표시"란 지적공부에 토지의 소재 · 지번(地番) · 지목(地目) · 면적 · 경계 또는 좌표를 등록한 것을 말한다.
21. "필지"란 대통령령으로 정하는 바에 따라 구획되는 토지의 등록단위를 말한다.
22. "지번"이란 필지에 부여하여 지적공부에 등록한 번호를 말한다.
23. "지번부여지역"이란 지번을 부여하는 단위지역으로서 동 · 리 또는 이에 준하는 지역을 말한다.
24. "지목"이란 토지의 주된 용도에 따라 토지의 종류를 구분하여 지적공부에 등록한 것을 말한다.
25. "경계점"이란 필지를 구획하는 선의 굴곡점으로서 지적도나 임야도에 도해(圖解) 형태로 등록하거나 경계점좌표등록부에 좌표 형태로 등록하는 점을 말한다.
26. "경계"란 필지별로 경계점들을 직선으로 연결하여 지적공부에 등록한 선을 말한다.
27. "면적"이란 지적공부에 등록한 필지의 수평면상 넓이를 말한다.
28. "토지의 이동(異動)"이란 토지의 표시를 새로 정하거나 변경 또는 말소하는 것을 말한다.

07 1910년대 실시한 토지조사사업의 주요 내용이 아닌 것은?

① 토지의 소유권 조사
② 토지의 외모 조사
③ 토지의 수확량 조사
④ 토지의 가격 조사

풀이 토지조사사업

조선토지조사사업보고서 전문에 따르면 토지조사사업의 내용을 크게 토지소유권의 조사, 토지가격의 조사, 지형 · 지모의 조사 등 3개 분야로 구분하여 조사하였다.

토지소유권 조사 (土地所有權 調査)	소유권 조사는 측량성과에 의거 토지의 소재, 지번, 지목, 면적과 소유권을 조사하여 토지대장에 등록하고 토지의 일필지에 대한 위치, 형상, 경계를 측정하여 지적도에 등록함으로써 토지의 경계와 소유권을 사정하여 토지소유권제도의 확립과 토지등기제도의 설정을 기하도록 하였다.
토지가격 조사 (土地價格 調査)	시가지는 그 지목여하에 불구하고 전부 시가(時價)에 따라 지가를 평정하고, 시가지 이외의 지역은 임대가격을 기초로 하였으며, 전 · 답, 지소 및 잡종지는 그 수익을 기초로 하여 지가를 결정하였다. 이러한 지가조사로 토지에 대한 과세 기준을 통일함으로써 지세제도를 확립하는 데 유감이 없도록 하였다.

정답 06 ③ 07 ③

지형 · 지모 조사 (地形 · 地貌 調査)	지형 · 지모의 조사는 지형측량으로 지상에 있는 천위(天爲) · 인위(人爲)의 지물을 묘화(描畫)하며 그 고저 분포의 관계를 표시하여 지도상에 등록하도록 하였다. 토지조사사업에서는 측량부문을 삼각측량, 도근측량, 세부측량, 면적계산, 제도, 이동지 측량, 지형측량 등 7종으로 나누어 실시하였다. 이러한 측량을 수행하기 위하여 설치한 지적측량 기준점과 토지의 경계점 등을 기초로 세밀한 지형측량을 실시하여 지상의 중요한 지형 · 지물에 대한 각 도단위의 50,000분의 1의 지형도가 작성되었다.

08 우리나라 지적법이 개정 · 공포된 연도는?

① 1912년 ② 1918년
③ 1950년 ④ 1975년

풀이 **지적법 제정(1950.12.1. 법률 제165호)**

규정	• 토지대장, 지적도, 임야대장 및 임야도를 지적공부로 규정 • 지목을 21개 종목으로 규정(토지 · 임야조사사업 당시 지목 18개) • 세무서에 토지대장을 비치하고 토지의 소재, 지번, 지목, 지적(地積), 소유자의 주소 및 명칭, 질권 또는 지상권의 목적인 토지에 대하여는 그 질권 또는 지상권자의 주소 및 성명 또는 명칭사항을 등록하도록 규정 • 정부는 지적도를 비치하고 토지대장에 등록된 토지에 대하여 토지의 소재, 지번, 지목, 경계를 등록하도록 규정 • 동(洞) · 리(里) · 로(路) · 가(街) 또는 이에 준할 만한 지역을 지번지역으로 규정 • 지적은 평(坪)을 단위로, 임야대장등록 토지의 지적은 무(畝)를 단위로 하여 등록하도록 규정 • 토지의 이동이 있을 경우에는 지번, 지목, 경계 및 지적은 신고에 의하여, 신고가 없거나 신고가 부적당하다고 인정되는 때 또는 신고를 필하지 아니할 때에는 정부의 조사에 의하여 정하도록 규정 • 새로이 토지대장에 등록할 토지가 발생하였을 경우 토지소유자는 30일 이내에 이를 정부에 신고하도록 규정 • 질권자 또는 지상권자 · 철도용지 · 수도용지 · 도로 등이 된 토지는 공사시행관청 또는 기업자, 토지개량시행지 또는 시가지계획시행지는 시행자, 국유가 될 토지에 대하여 분할 신고를 할 때에는 그 토지를 보관한 관청이 토지소유자를 대신하여 신고 또는 신청할 수 있도록 규정
환지교부	토지개량시행 또는 시가지계획시행지로서 환지를 교부하는 토지는 1구역마다 지번, 지목, 경계 및 지적을 정함
이동정리	본법 시행으로 인하여 새로이 지적공부에 등록하여야 할 토지의 이동정리는 본법 시행일로부터 3년 이내에 하여야 한다.
시행기일	지적법의 시행기일은 단기 4283년(1950년) 12월 1일로 한다(지적법 시행 기일에 관한 건 1950.12.1. 대통령령 제419호).

정답 08 ③

09 고려시대 공전으로 진수군 또는 방수군을 두어 경작 · 수확하여 군정에 충원하였던 토지로 옳은 것은?

① 민전　　② 둔전
③ 직전　　④ 공해전

풀이 고려시대 토지의 분류

공전(公田)	민전(民田)	농민의 사유지로서 매매, 증여, 상속 등의 처분 가능
	내장전(內庄田)	왕실 직속의 소유지
	공해전시(公廨田柴)	각 관청에 분급한 수조지(收租地)와 시지(柴地)로 공해전(公廨田)이라고도 함
	둔전(屯田)	진수군(鎭守軍)이 경작하여 그 수확량을 군량에 충당하는 토지(조선시대 국둔전과 관둔전으로 이어짐)
	학전(學田)	각 학교 운영경비 조달을 위한 토지
	적전(籍田)	제사를 지내기 위한 토지로서 국가직속지[적전친경(籍田親耕) : 왕실, 국가적 의식]

10 다음 중 지적삼각점에 대한 설명으로 옳은 것은?

① 지적삼각점은 지적측량 시 수평위치 기준으로 사용하기 위하여 수준원점을 기준으로 하여 정한 기준점이다.
② 지적삼각점은 지적측량 시 수평위치 기준으로 사용하기 위하여 국가기준점 공공기준점을 기준으로 하여 정한 기준점이다.
③ 지적삼각점은 지적측량 시 수평위치 기준으로 사용하기 위하여 국가기준점을 기준으로 하여 정한 기준점이다.
④ 지적삼각점은 지적측량 시 수평위치 기준으로 사용하기 위하여 국가기준점, 지적삼각점, 지적삼각보조점을 기준으로 하여 정한 기준점이다.

풀이 공간정보의 구축 및 관리 등에 관한 법률 시행령 제8조(측량기준점의 구분)

① 법 제7조제1항에 따른 측량기준점은 다음 구분에 따른다.

지적기준점	특별시장 · 광역시장 · 특별자치시장 · 도지사 또는 특별자치도지사나 지적소관청이 지적측량을 정확하고 효율적으로 시행하기 위하여 국가기준점을 기준으로 하여 따로 정하는 측량기준점
지적삼각점(地籍三角點)	지적측량 시 수평 위치 측량의 기준으로 사용하기 위하여 국가기준점을 기준으로 하여 정한 기준점
지적삼각보조점	지적측량 시 수평 위치 측량의 기준으로 사용하기 위하여 국가기준점과 지적삼각점을 기준으로 하여 정한 기준점
지적도근점(地籍圖根點)	지적측량 시 필지에 대한 수평 위치 측량 기준으로 사용하기 위하여 국가기준점, 지적삼각점, 지적삼각보조점 및 다른 지적도근점을 기초로 하여 정한 기준점

정답 09 ② 10 ③

11 다음의 지목 명칭과 부호 표기가 옳지 않은 것은?

① 수도용지 - 수, 공원 - 원　　② 주차장 - 차, 하천 - 천
③ 창고용지 - 창, 공장용지 - 장　　④ 철도용지 - 철, 체육용지 - 체

풀이 **지목의 표기방법**

지목	부호	지목	부호	지목	부호	지목	부호
전	전	대	대	철도용지	철	공원	공
답	답	공장용지	㉿장	제방	제	체육용지	체
과수원	과	학교용지	학	하천	㉿천	유원지	㉿원
목장용지	목	주차장	㉿차	구거	구	종교용지	종
임야	임	주유소용지	주	유지	유	사적지	사
광천지	광	창고용지	창	양어장	양	묘지	묘
염전	염	도로	도	수도용지	수	잡종지	잡

12 다음 중 등기신청인이 아닌 것은?

① 대리인　　② 등기권리자
③ 등기관　　④ 등기의무자

풀이 **부동산등기법 제23조(등기신청인)**

① 등기는 법률에 다른 규정이 없는 경우에는 등기권리자(登記權利者)와 등기의무자(登記義務者)가 공동으로 신청한다.
② 소유권보존등기(所有權保存登記) 또는 소유권보존등기의 말소등기(抹消登記)는 등기명의인으로 될 자 또는 등기명의인이 단독으로 신청한다.
③ 상속, 법인의 합병, 그 밖에 대법원규칙으로 정하는 포괄승계에 따른 등기는 등기권리자가 단독으로 신청한다.
④ 판결에 의한 등기는 승소한 등기권리자 또는 등기의무자가 단독으로 신청한다.
⑤ 부동산표시의 변경이나 경정(更正)의 등기는 소유권의 등기명의인이 단독으로 신청한다.
⑥ 등기명의인표시의 변경이나 경정의 등기는 해당 권리의 등기명의인이 단독으로 신청한다.
⑦ 신탁재산에 속하는 부동산의 신탁등기는 수탁자(受託者)가 단독으로 신청한다. 〈신설 2013.5.28.〉
⑧ 수탁자가 「신탁법」 제3조제5항에 따라 타인에게 신탁재산에 대하여 신탁을 설정하는 경우 해당 신탁재산에 속하는 부동산에 관한 권리이전등기에 대하여는 새로운 신탁의 수탁자를 등기권리자로 하고 원래 신탁의 수탁자를 등기의무자로 한다. 이 경우 해당 신탁재산에 속하는 부동산의 신탁등기는 제7항에 따라 새로운 신탁의 수탁자가 단독으로 신청한다.

부동산등기법 제24조(등기신청의 방법)

① 등기는 다음 각 호의 어느 하나에 해당하는 방법으로 신청한다.
1. 신청인 또는 그 대리인(代理人)이 등기소에 출석하여 신청정보 및 첨부정보를 적은 서면을 제출하는 방법. 다만, 대리인이 변호사[법무법인, 법무법인(유한) 및 법무조합을 포함한다. 이하 같다]나 법무사(법무사합동법인을 포함한다. 이하 같다)인 경우에는 대법원규칙으로 정하는 사무원을 등기소에 출석하게 하여 그 서면을 제출할 수 있다.
2. 대법원규칙으로 정하는 바에 따라 전산정보처리조직을 이용하여 신청정보 및 첨부정보를 보내는 방법(법원행정처장이 지정하는 등기유형으로 한정한다.)

② 신청인이 제공하여야 하는 신청정보 및 첨부정보는 대법원규칙으로 정한다.

정답 11 ① 12 ③

13 다음 중 한국국토정보공사의 사업범위에 해당하지 않는 것은?

① 지적전산자료를 활용한 정보화 사업

② 지적측량 및 공공측량의 연구 및 교육 등 지원사업

③ 토지의 효율적인 관리 등을 위한 지적재조사사업

④ 지적제도 및 지적측량에 관한 외국기술의 도입과 국외사업 및 국제교류협력

풀이 **국가공간정보기본법 제14조(공사의 사업)**

공사는 다음 각 호의 사업을 한다.

1. 다음 각 목을 제외한 공간정보체계 구축 지원에 관한 사업으로서 대통령령으로 정하는 사업
   가. 「공간정보의 구축 및 관리 등에 관한 법률」에 따른 측량업(지적측량업은 제외한다.)의 범위에 해당하는 사업
   나. 「중소기업제품 구매촉진 및 판로지원에 관한 법률」에 따른 중소기업자간 경쟁 제품에 해당하는 사업
2. 공간정보 · 지적제도에 관한 연구, 기술 개발, 표준화 및 교육사업
3. 공간정보 · 지적제도에 관한 외국 기술의 도입, 국제 교류 · 협력 및 국외 진출 사업
4. 「공간정보의 구축 및 관리 등에 관한 법률」 제23조제1항제1호 및 제3호부터 제5호까지의 어느 하나에 해당하는 사유로 실시하는 지적측량
5. 「지적재조사에 관한 특별법」에 따른 지적재조사사업
6. 다른 법률에 따라 공사가 수행할 수 있는 사업
7. 그 밖에 공사의 설립 목적을 달성하기 위하여 필요한 사업으로서 정관으로 정하는 사업

14 평을 제곱미터로 환산하기 위해 사용하는 식은?

① $A=\text{평}\times\frac{121}{400}$

② $A=\text{평}\times\frac{400}{121}$

③ $A=\text{평}\times\frac{12}{40}$

④ $A=\text{평}\times\frac{40}{12}$

풀이

평 또는 보 → 제곱미터(m^2)	평(坪) 또는 보(步)$\times\frac{400}{121}$=제곱미터(m^2)
제곱미터(m^2) → 평	제곱미터(m^2)$\times\frac{121}{400}$=평(坪) 또는 보(步)
면적 환산의 근거 (평 → m^2)	지적법 시행규칙(1976년 5월 7일 내무부령 제208호) 부칙 제3항에 "영 부칙 제4조의 규정에 의하여 면적단위를 환산 등록하는 경우의 환산기준은 다음에 의한다."라고 규정되어 있으며 이 공식의 산출근거는 다음과 같다.

1간 | 1坪 (1步) | 1간

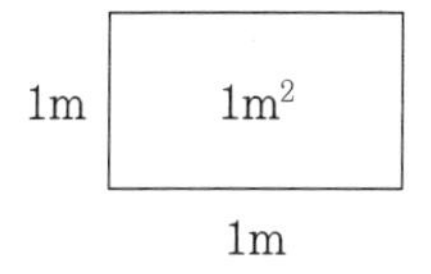

1m=0.55간, 2m=1.1간, 20m=11간

(∵ 수를 배가시켜 정수를 산출한 것은 계산의 편의를 위함임)

정답 13 ② 14 ②

20m	400m²	=	11간	121평(坪)
	20m			11간

$400 : m^2 = 121 : 평$

$m^2 = \frac{400}{121} \times 평(坪)$

$평(坪) = \frac{121}{400} \times m^2$

15 등록전환 시 면적측정오차의 허용범위로 맞는 것은?

① $A=0.026^2M\sqrt{F}$　② $A=0.023^2M\sqrt{F}$

③ $A=0.025^2M\sqrt{F}$　④ $A=0.024^2M\sqrt{F}$

풀이 **공간정보의 구축 및 관리 등에 관한 법률 시행령 제19조(등록전환이나 분할에 따른 면적 오차의 허용범위 및 배분 등)**

① 법 제26조제2항에 따른 등록전환이나 분할을 위하여 면적을 정할 때에 발생하는 오차의 허용범위 및 처리방법은 다음 각 호와 같다.

1. 등록전환을 하는 경우

가. 임야대장의 면적과 등록전환될 면적의 오차 허용범위는 다음의 계산식에 따른다. 이 경우 오차의 허용범위를 계산할 때 축척이 3천분의 1인 지역의 축척분모는 6천으로 한다.

$A=0.026^2M\sqrt{F}$

16 다음 중 지적도 및 임야도에 등록사항이 아닌 것은?

① 지목　② 고유번호

③ 토지의 소재　④ 경계

풀이 **공간정보의 구축 및 관리 등에 관한 법률 제72조(지적도 등의 등록사항)**

구분	토지표시사항	소유권에 관한 사항	기타
토지대장(土地臺帳, Land Books) & 임야대장(林野臺帳, Forest Books)	• **토**지 소재 • **지**번 • **지**목 • 면**적** • 토지의 **이**동 사유	• 토지소유자 **변**동일자 • 변**동**원인 • **주**민등록번호 • 성**명** 또는 명칭 • 주**소**	• 토지의 고**유**번호(각 필지를 서로 구별하기 위하여 필지마다 붙이는 고유한 번호를 말한다) • 지적도 또는 임야**도** 번호 • 필지별 토지대장 또는 임야대장의 **장**번호 • **축**척 • **토**지등급 또는 기준수확량등급과 그 설정·수정 연월일 • 개별**공**시지가와 그 기준일

정답 15 ① 16 ②

구분	토지표시사항	소유권에 관한 사항	기타
공유지연명부 (共有地連名簿, Common Land Books)	• **토**지 소재 • **지**번	• 토지소유자 **변**동일자 • 변**동**원인 • **주**민등록번호 • 성**명** · 주**소** • 소유권 **지**분	• 토지의 **고**유번호 • 필지별공유지 연명부의 **장**번호
대지권등록부 (垈地權登錄簿, Building Site Rights Books)	• **토**지 소재 • **지**번	• 토지소유자가 **변**동일자 및 변**동**원인 • **주**민등록번호 • 성**명** 또는 명칭 · 주**소** • 대**지**권 비율 • 소유**권** 지분	• 토지의 **고**유번호 • 집합건물별 대지권등록부의 **장**번호 • **건**물의 명칭 • **전**유부분의 건물의 표시
경계점좌표등록부 (境界點座標登錄簿, Boundary Point Coordinate Books)	• **토**지 소재 • **지**번 • 좌**표**		• 토지의 **고**유번호 • 필지별 경계점좌표등록부의 **장**번호 • **부**호 및 부호도 • 지적**도**면의 번호
지적도(地籍圖, Land Books) & 임야도(林野圖, Forest Books)	• **토**지 소재 • **지**번 • **지**목 • 경**계** • 좌표에 의하여 계산된 경계**점** 간의 거리(경계점좌표등록부를 갖춰두는 지역으로 한정한다)		• **도**면의 색인도 • 도**면**의 제명 및 축척 • 도곽**선**과 그 수치 • 삼**각**점 및 지적기준점의 위치 • 건축**물** 및 구조물 등의 위치

17 일필지 성립요건으로 틀린 것은?

① 토지등급이 같을 것　② 지번부여지역이 같을 것
③ 소유자와 용도가 같을 것　④ 지반이 연속된 토지일 것

풀이 **공간정보의 구축 및 관리 등에 관한 법률 시행령 제5조(1필지로 정할 수 있는 기준)**

지번부여 지역 동일	1필지로 획정하고자 하는 토지는 지번부여지역(행정구역인 법정 동 · 리 또는 이에 준하는 지역)이 같아야 한다. 따라서 1필지의 토지에 동 · 리 및 이에 준하는 지역이 다른 경우 1필지로 획정할 수 없다.
소유자 동일	1필지로 획정하고자 하는 토지는 소유자가 동일하여야 한다. 따라서 1필지로 획정하고자 하는 토지의 소유자가 각각 다른 경우에는 1필지로 획정할 수 없다. 또한 소유권 이외의 권리관계까지도 동일하여야 한다.
용도 동일	1필지로 획정하고자 하는 토지는 지목이 동일하여야 한다. 따라서 1필지 내 토지의 일부가 주된 목적의 사용목적 또는 용도가 다른 경우에는 1필지로 획정할 수 없다. 다만, 주된 토지에 편입할 수 있는 토지의 경우에는 필지 내 토지의 일부가 지목이 다른 경우라도 주지목추정의 원칙에 의하여 1필지로 획정할 수 있다.

정답 17 ①

지반 연속	1필지로 획정하고자 하는 토지는 지형 · 지물(도로, 구거, 하천, 계곡, 능선) 등에 의하여 지반이 끊기지 않고 지반이 연속되어야 한다. 즉, 1필지로 하고자 하는 토지는 지반이 연속되지 않은 토지가 있을 경우 별필지로 획정하여야 한다.

18 지적도근점측량에서 연직각 관측 시 올려본 각과 내려본 각의 차이로 옳은 것은?

① 20초　② 30초
③ 60초　④ 90초

풀이 **지적측량 시행규칙 제13조(지적도근점의 관측 및 계산)**

5. 연직각을 관측하는 경우에는 올려본 각과 내려본 각을 관측하여 그 교차가 90초 이내일 때에는 그 평균치를 연직각으로 할 것

19 다음 중 지적측량의 측량기간 및 검사기간으로 옳은 것은?

① 측량기간 : 5일, 검사기간 : 4일　② 측량기간 : 4일, 검사기간 : 5일
③ 측량기간 : 6일, 검사기간 : 5일　④ 측량기간 : 5일, 검사기간 : 5일

풀이 **공간정보의 구축 및 관리 등에 관한 법률 시행규칙 제25조(지적측량 의뢰 등)**

① 법 제24조제1항에 따라 지적측량을 의뢰하려는 자는 별지 제15호서식의 지적측량 의뢰서(전자문서로 된 의뢰서를 포함한다)에 의뢰 사유를 증명하는 서류(전자문서를 포함한다)를 첨부하여 지적측량수행자에게 제출하여야 한다. 〈개정 2014.1.17.〉
② 지적측량수행자는 제1항에 따른 지적측량 의뢰를 받은 때에는 측량기간, 측량일자 및 측량 수수료 등을 적은 별지 제16호서식의 지적측량 수행계획서를 그 다음 날까지 지적소관청에 제출하여야 한다. 제출한 지적측량 수행계획서를 변경한 경우에도 같다. 〈개정 2014.1.17.〉
③ 지적측량의 측량기간은 5일로 하며, 측량검사기간은 4일로 한다. 다만, 지적기준점을 설치하여 측량 또는 측량검사를 하는 경우 지적기준점이 15점 이하인 경우에는 4일을, 15점을 초과하는 경우에는 4일에 15점을 초과하는 4점마다 1일을 가산한다. 〈개정 2010.6.17.〉
④ 제3항에도 불구하고 지적측량 의뢰인과 지적측량수행자가 서로 합의하여 따로 기간을 정하는 경우에는 그 기간에 따르되, 전체 기간의 4분의 3은 측량기간으로, 전체 기간의 4분의 1은 측량검사기간으로 본다.

20 다음 중 지번부여지역에 대한 설명으로 옳은 것은?

① 지번을 부여하는 단위지역으로 동 · 리 또는 이에 준하는 지역을 말한다.
② 지번을 부여하는 단위지역으로 시 · 도 또는 이에 준하는 지역을 말한다.
③ 지번을 부여하는 단위지역으로 시 · 군 또는 이에 준하는 지역을 말한다.
④ 지번을 부여하는 단위지역으로 읍 · 면 또는 이에 준하는 지역을 말한다.

풀이 **공간정보의 구축 및 관리 등에 관한 법률 제2조(정의)**

이 법에서 사용하는 용어의 뜻은 다음과 같다.
23. "지번부여지역"이란 지번을 부여하는 단위지역으로서 동 · 리 또는 이에 준하는 지역을 말한다.

정답 18 ④　19 ①　20 ①

21 평판측량방법으로 세부측량을 할 때 측량준비 파일을 작성해야 할 사항이 아닌 것은?

① 행정구역선과 명칭

② 측량대상토지의 경계선과 지번 및 지목

③ 도곽선과 수치

④ 지적기준점 및 번호와 지적기준점 간의 방위각 및 거리

풀이 **평판측량방법 준비도 및 결과도** **암기** ㉠근도행적도0.5 측량도 신규 대상 검사

① 측량준비파일의 사항
- 측량 대상 토지의 경계선 · 지번 및 지목
- 인근 토지의 경계선 · 지번 및 지목
- 임야도를 갖춰 두는 지역에서 인근 지적도의 축척으로 측량을 할 때에는 임야도에 표시된 경계점의 좌표를 구하여 지적도에 전개(展開)한 경계선. 다만, 임야도에 표시된 경계점의 좌표를 구할 수 없거나 그 좌표에 따라 확대하여 그리는 것이 부적당한 경우에는 축척비율에 따라 확대한 경계선을 말한다.
- 행정구역선과 그 명칭
- 지적기준점 및 그 번호와 지적기준점 간의 거리, 지적기준점의 좌표, 그 밖에 측량의 기점이 될 수 있는 기지점
- 도곽선(圖廓線)과 그 수치
- 도곽선의 신축이 0.5mm 이상일 때에는 그 신축량 및 보정(補正) 계수
- 그 밖에 국토교통부장관이 정하는 사항

② 측정점의 위치, 측량기하적 및 지상에서 측정한 거리

③ 측량 대상 토지의 토지이동 전의 지번과 지목(2개의 붉은 선으로 말소한다)

④ 측량결과도의 제명 및 번호(연도별로 붙인다)와 도면번호

⑤ 신규등록 또는 등록 전환하려는 경계선 및 분할경계선

⑥ 측량 대상 토지의 점유현황선

⑦ 측량 및 검사의 연월일, 측량자 및 검사자의 성명 · 소속 및 자격 등급

22 건축법상 건축물의 대지와 도로와의 관계를 설명한 것 중 맞는 것은?

① 건축법상 대지는 원칙적으로 3m 이상을 도로에 접해야 한다.

② 연면적의 합계가 2,000m^2 이상인 건축물의 대지는 너비 6m 이상의 도로에 4m 이상 접해야 한다.

③ 건축물의 대지는 원칙적으로 4m 이상을 도로에 접해야 한다.

④ 연면적의 합계가 2,000m^2 이상인 건축물의 대지는 너비 6m 이상의 도로에 2m 이상 접해야 한다.

풀이 **건축법 제44조(대지와 도로의 관계)**

① 건축물의 대지는 2미터 이상이 도로(자동차만의 통행에 사용되는 도로는 제외한다)에 접하여야 한다. 다만, 다음 각 호의 어느 하나에 해당하면 그러하지 아니하다.

1. 해당 건축물의 출입에 지장이 없다고 인정되는 경우
2. 건축물의 주변에 대통령령으로 정하는 공지가 있는 경우
3. 「농지법」 제2조제1호 나목에 따른 농막을 건축하는 경우

② 건축물의 대지가 접하는 도로의 너비, 대지가 도로에 접하는 부분의 길이, 그 밖에 대지와 도로의 관계에 관하여 필요한 사항은 대통령령으로 정하는 바에 따른다.

정답 21 ④ 22 ②

건축법 시행령 제28조(대지와 도로의 관계)

① 법 제44조제1항제2호에서 "대통령령으로 정하는 공지"란 광장, 공원, 유원지, 그 밖에 관계 법령에 따라 건축이 금지되고 공중의 통행에 지장이 없는 공지로서 허가권자가 인정한 것을 말한다.

② 법 제44조제2항에 따라 연면적의 합계가 2천 제곱미터(공장인 경우에는 3천 제곱미터) 이상인 건축물(축사, 작물 재배사, 그 밖에 이와 비슷한 건축물로서 건축조례로 정하는 규모의 건축물은 제외한다)의 대지는 너비 6미터 이상의 도로에 4미터 이상 접하여야 한다.

23 다음 중 국토의 계획 및 이용에 관한 법률의 기본원칙에 해당하지 않는 것은?

① 국민생활과 경제활동에 필요한 토지 및 각종 시설물의 효율적 이용과 원활한 공급

② 자연환경 및 경관의 보전과 훼손된 자연환경 및 경관의 개선 및 복원

③ 교통, 수자원, 에너지 등 국민생활에 필요한 각종 기초 서비스 제공

④ 지역경제의 발전 및 지역 간 지역 내 적정한 기능배분을 통한 사회적 비용의 간소화

풀이 **국토의 계획 및 이용에 관한 법률 제3조(국토 이용 및 관리의 기본원칙)**

국토는 자연환경의 보전과 자원의 효율적 활용을 통하여 환경적으로 건전하고 지속가능한 발전을 이루기 위하여 다음 각 호의 목적을 이룰 수 있도록 이용되고 관리되어야 한다. 〈개정 2012.2.1.〉

1. 국민생활과 경제활동에 필요한 토지 및 각종 시설물의 효율적 이용과 원활한 공급
2. 자연환경 및 경관의 보전과 훼손된 자연환경 및 경관의 개선 및 복원
3. 교통 · 수자원 · 에너지 등 국민생활에 필요한 각종 기초 서비스 제공
4. 주거 등 생활환경 개선을 통한 국민의 삶의 질 향상
5. 지역의 정체성과 문화유산의 보전
6. 지역 간 협력 및 균형발전을 통한 공동번영의 추구
7. 지역경제의 발전과 지역 및 지역 내 적절한 기능 배분을 통한 사회적 비용의 최소화
8. 기후변화에 대한 대응 및 풍수해 저감을 통한 국민의 생명과 재산의 보호

24 다음 중 토지이동에 대한 정의로 맞는 것은?

① 지적공부에 토지의 소재, 지번, 지목, 면적, 경계 또는 좌표를 등록하는 것을 말한다.

② 새로이 조성된 토지와 지적공부에 등록되어 있지 않은 토지를 지적공부에 등록하는 것을 말한다.

③ 토지의 표시사항을 새로이 정하거나 변경 또는 말소하는 것을 말한다.

④ 토지의 주된 용도에 따라 토지의 종류를 구분하여 지적공부에 등록하는 것을 말한다.

풀이 **공공간정보의 구축 및 관리 등에 관한 법률 제2조(정의)**

이 법에서 사용하는 용어의 뜻은 다음과 같다.

20. "토지의 표시"란 지적공부에 토지의 소재 · 지번(地番) · 지목(地目) · 면적 · 경계 또는 좌표를 등록한 것을 말한다.
21. "필지"란 대통령령으로 정하는 바에 따라 구획되는 토지의 등록단위를 말한다.
22. "지번"이란 필지에 부여하여 지적공부에 등록한 번호를 말한다.
23. "지번부여지역"이란 지번을 부여하는 단위지역으로서 동 · 리 또는 이에 준하는 지역을 말한다.
24. "지목"이란 토지의 주된 용도에 따라 토지의 종류를 구분하여 지적공부에 등록한 것을 말한다.

정답 23 ④ 24 ③

25. "경계점"이란 필지를 구획하는 선의 굴곡점으로서 지적도나 임야도에 도해(圖解) 형태로 등록하거나 경계점좌표등록부에 좌표 형태로 등록하는 점을 말한다.
26. "경계"란 필지별로 경계점들을 직선으로 연결하여 지적공부에 등록한 선을 말한다.
27. "면적"이란 지적공부에 등록한 필지의 수평면상 넓이를 말한다.
28. "토지의 이동(異動)"이란 토지의 표시를 새로 정하거나 변경 또는 말소하는 것을 말한다.

※ 토지의 이동 : 법 제77조부터 제86조까지의 규정에 따른 신규등록 · 등록전환 · 분할 · 합병 · 지목변경 등

25 도시계획구역 안에서 도시개발구역으로 지정할 수 있는 규모로 틀린 것은?

① 주거지역 : 1만 m^2 이상
② 공업지역 : 3만 m^2 이상
③ 상업지역 : 3만 m^2 이상
④ 자연녹지지역 : 1만 m^2 이상

풀이 **도시개발법 시행령 제2조(도시개발구역의 지정대상지역 및 규모)**

① 「도시개발법」(이하 "법"이라 한다) 제3조에 따라 도시개발구역으로 지정할 수 있는 대상 지역 및 규모는 다음과 같다. 〈개정 2011.12.30., 2013.3.23.〉

1. 도시지역
   가. 주거지역 및 상업지역 : 1만 제곱미터 이상
   나. 공업지역 : 3만 제곱미터 이상
   다. 자연녹지지역 : 1만 제곱미터 이상
   라. 생산녹지지역(생산녹지지역이 도시개발구역 지정면적의 100분의 30 이하인 경우만 해당된다) : 1만 제곱미터 이상

정답 25 ③

08 2010년 한국국토정보공사문제

01 영국의 토지등록제도로 세금부과를 위해 1085~1086년 동안 조사한 지세장부가 아닌 것은?

① Doomsday Book ② 바빌론 책
③ 지세명기장 ④ Geld Book

풀이 둠즈데이북(Domesday Book)

① 'Geld Book'이라고도 하였으며 윌리엄 1세가 덴마크 침략자들의 약탈을 피하기 위해 지불되는 보호금인 데인겔트(Danegeld)를 모아 기록하는 영국에서 사용되었던 과세용의 지세장부이다.
② 1066년 헤이스팅스 전투에서 노르만족이 색슨족을 격퇴한 후 20년이 지난 1086년 윌리엄 1세가 정복한 전 영국의 국토자원목록을 조직적으로 작성한 토지기록이며 토지대장이다.
③ 현재 우리나라의 토지대장과 비슷한 것이라고 할 수 있다.
④ 두 권의 책으로 되어 있으며 영국의 공문서 보관소에 보관되어 있다.

02 특수한 지식과 기술을 검정받은 자만이 종사할 수 있는 지적제도의 특성은?

① 공공성 ② 전문성
③ 영속성 ④ 통일성

풀이 지적제도의 특성 암기 통영이내전기기공가공통일해라

전통성과 영속성	지적사무는 근대적인 지적제도가 창설된 1910년대 이후 오늘날까지 관리주체가 다양한 목적에 의거 토지에 관한 일정한 사항을 등록 · 공시하고 계속하여 유지 관리되고 있는 영속성(永續性)과 전통성(傳統性)을 가지고 있는 국가사무
이면성과 내재성	지적사무는 지적공부에 등록된 토지에 관한 기본정보 · 소유정보 · 이용정보 · 가격정보 등의 변경사항을 대장과 도면에 정리하는 내재성(內在性)과 이면성(裏面性)을 가지고 있는 국가사무
전문성과 기술성	지적사무는 토지에 관한 정보를 조사 · 측량하여 그 결과를 국가의 공적장부인 지적공부에 등록 · 공시하는 제도로서 특수한 지식과 기술을 검증받은 자만이 종사할 수 있는 기술성(技術性)과 전문성(專門性)을 가지고 있는 국가사무
기속성과 공개성	• 지적사무는 토지소유자 또는 이해관계인 등에게 무제한으로 지적공부의 열람 · 등본교부를 허용하고 토지의 경계분쟁이 발생하면 지적공부의 등록사항을 토대로 이를 해결할 수 있는 기속성(羈屬性)과 공개성(公開性)을 가지고 있는 준사법적인 국가사무 • 지적공부에 등록 · 공시된 사항은 언제나 일반 국민에게 열람 · 등본을 허용하여 정당하게 이용할 수 있도록 공개주의를 채택
국가성과 공공성	지적사무는 국가(토지를 조사 · 측량하여 공적장부에 등록하고 관리하는 주체 : 지적의 주체)에서 토지에 대한 세금을 징수하기 위한 기초자료를 만들기 위하여 창설된 제도로서 국가성(國家性)과 강한 공공성(公共性)을 가지고 있는 국가사무
통일성과 획일성	지적사무는 전국적(국가의 통치권이 미치는 범위 내에 있는 모든 토지 : 지적의 대상 객체)으로 측량방법 · 토지의 이동정리 · 지적공부의 관리 등이 동일한 통일성(統一性)과 획일성(劃一性)을 가지고 있는 국가사무

정답 01 ② 02 ②

03 산림산야(민유산야) 측량에 관련된 삼림법으로서 모든 임야는 3년 안에 면적과 약도를 농상공부 대신에게 제출하지 않으면 국유로 하려고 했던 규정을 만들어 시행한 시기는?

① 1901년 3월
② 1908년 1월
③ 1910년 8월
④ 1912년 8월

풀이 삼림법(1908년 1월 24일, 법률 제1호)에 공포한 제19조에 "산림산야의 소유자는 본법 시행령일로부터 3개년에 산림산야의 지적 및 견취도(見取圖)를 첨부하여 농상공부 대신에게 신고하되 기간 내에 신고치 아니한 자는 총히 국유로 간주함"이라고 규정하여 '지적보고'를 하도록 하였다.

04 지적공부 중 공유지연명부 및 대지권 등록부가 지적공부로 규정된 지적법 개정연도는?

① 1975년
② 2001년
③ 2002년
④ 2004년

풀이 **지적법 제10차 개정(2001.1.26. 법률 제6389호)**

구분	내용
신설	• 도시화 및 산업화 등으로 급속히 증가하고 있는 창고용지 · 주차장 및 주유소용지, 양어장 등을 별도의 지목으로 신설(법 제5조) • 지적 관련 전문용어의 신설 및 변경(법 제2조 및 제22조) – 신설 : 경계점 – 변경 : 해면성말소 → 바다로 된 토지의 등록말소
보완	지적법의 목적을 정보화 시대에 맞도록 보완(법 제1조)
변경	공유지연명부와 대지권등록부를 지적공부로 규정하고 수치지적부를 경계점좌표등록부로 명칭 변경(법 제2조)
추가	지적위성기준점(GPS상시관측소)을 지적측량기준점으로 추가
개정	• 현재 시 · 도지사가 지역전산본부에 보관 · 운영하고 있는 전산처리된 지적공부를 지적 관련 민원업무를 직접 담당하고 있는 시장 · 군수 · 구청장도 보관 · 운영하도록 개정(법 제2조제20호 및 제8조제3항) • 토지의 지번으로 위치를 찾기 어려운 지역의 도로와 건물에 도로명과 건물번호를 부여하여 관리할 수 있도록 개정(법 제16조) • 지적공부에 등록된 토지가 지형의 변화 등으로 바다로 되어 원상으로 회복할 수 없거나 다른 지목의 토지로 될 가능성이 없는 경우 토지소유자가 일정기간 내에 지적공부의 등록말소신청을 하지 아니하면 소관청이 직권으로 말소할 수 있도록 개정(법 제22조) • 아파트 등 공동주택의 부지를 분할하거나 지목변경 등을 하는 경우 사업시행자가 토지이동신청을 대위할 수 있게 하여 국민의 불편을 해소할 수 있도록 개정(법 제28조제3호) • 행정자치부장관은 전국의 지적 · 주민등록 · 공시지가 등 토지 관련 자료의 효율적인 관리와 공동활용을 위하여 지적정보센터를 설치 · 운영할 수 있도록 개정(법 제42조) • 시 · 도지사는 지적측량적부심사 의결서를 청구인뿐만 아니라 이해관계인에게도 통지하여 지적측량적부심사 의결내용에 불복이 있는 경우에는 이해관계인도 재심사청구를 할 수 있도록 개정(법률 제45조제5항~제7항)
폐지	도면의 전산화사업에 따라 지적공부부본 작성제도와 도면의 2부 작성제도를 폐지하고 활용도가 저조한 도근보조점 성치제도와 삼사법, 푸라니미터에 의한 면적측정방법 폐지

정답 03 ② 04 ②

[시행 2002.1.27] [법률 제6389호, 2001.1.26, 전부개정]

지적법 제2조(용어의 정의) 이 법에서 사용하는 용어의 정의는 다음과 같다.

1. "지적공부"라 함은 다음 각목의 1에 해당하는 것을 말한다.
   가. 토지대장 · 임야대장 · 공유지연명부 · 대지권등록부(이하 "대장"이라 한다), 지적도 · 임야도(이하 "도면"이라 한다) 및 경계점좌표등록부
   나. 가목의 지적공부에 등록할 사항을 이 법이 정하는 바에 따라 전산정보처리조직에 의하여 자기디스크 · 자기테이프 그 밖에 이와 유사한 매체에 기록 · 저장 및 관리하는 집합물

05 결수연명부 내용 중 틀린 것은?

① 1909년 양안을 기초로 토지조사 준비를 위해 만든 과세장부이다.
② 각 부, 군, 면마다 비치하였다.
③ 토지조사 당시 소유권의 사정의 기초자료로 사용되었다.
④ 1912년 토지조사령 실시 이후 폐지되었다.

풀이 **결수연명부**

토지에 대한 지세를 부과하는 토지를 전, 답, 대, 잡종지로 구분하여 지주 또는 소작인의 신고와 구 양안 및 문기 등을 참고로 작성한 지세징수업무에 활용하기 위한 보조장부

- 부 · 군 및 면에서는 결수연명부를 비치하고 토지에 대하여 토지의 소재, 자번호, 지목, 면적, 결수, 결가, 지세액, 소유자의 주소, 성명, 명칭을 기재하였다.
- 결수연명부 규칙에 따라 1912년부터 조세징수대장 대신 결수연명부를 작성하여 사용하였다.
- 국가가 개별적인 납세자와 납세액을 직접 파악하기 위해 개별납세자를 대상으로 조사하여 징세대장을 작성한 것이다.

06 1908년 당시 유길준이 설립한 측량전문학교의 이름은?

① 영명측량학교
② 수진측량학교
③ 수원농림학교
④ 사립흥화학교

풀이 유길준(俞吉濬)은 「지제의」에서 양전(量田)을 새로이 실시하여 조세제도와 토지소유권을 정확하게 파악하기 위한 지권의 발행을 주장하였으며, 리(理) 단위의 지적도인 전통도를 제작하여 전국단위의 지적도를 만들어 지방의 주에서는 5년에 한 번씩 지적도를 개정하며, 호부에서는 10년에 한 번씩 개정해야 한다고 하였다. 또한 1908년 5월에 측량에 관한 지식과 기술을 교육할 것을 목적으로 서울의 수진궁(壽進宮)을 빌려 측량전문교육기관(1908~1909)인 수진측량학교를 세워 후학들을 위한 교육을 실시하였다.

07 다음 중 민유임야약도에 대한 내용으로 틀린 것은?

① 도면에는 범례와 등고선이 있었다.
② 면적은 정, 반, 보의 단위로 하였다.
③ 축척은 1/3,000, 1/6,000의 두 종류로 시행하였다.
④ 지번을 기재하지 않았다.

정답 05 ④ 06 ② 07 ③

풀이 **민유임야약도**

채색되어 있으며 범례와 등고선이 삽입된 것도 있지만, 흑백으로 제작된 것도 있다. 민유임야약도는 지번만 빠져 있으며, 임야의 소재, 면적, 소유자, 축척, 사표, 측량 연월일, 방위, 측량자 성명이 기록되어 있고, 측량자가 날인을 하였다. 축척은 1 : 200, 1 : 300, 1 : 600, 1 : 1,000, 1 : 1,200, 1 : 2,400, 1 : 3,000, 1 : 6,000 등 8종이 있다. 일정한 기준을 따른 것이 아니라 측량자가 임야의 크기에 따라 축척을 정한 것으로 보인다.

08 지역선에 대한 설명으로 맞는 것은?

① 소유자는 같으나 지목이 다른 토지를 구획한 선
② 사정선과 같은 뜻이다.
③ 강계선과 같은 뜻이다.
④ 소유자가 다른 토지를 구획한 선이다.

풀이 **토지조사사업 당시 용어 정의**

① 강계선 : 사정선으로서 토지조사 당시 확정된 소유자가 다른 토지 간의 경계선이며, 강계선의 상대는 소유자와 지목이 다르다는 원칙이 성립한다.
② 지역선 : 소유자가 같은 토지와의 구획선 또는 소유자를 알 수 없는 토지와의 구획선 및 토지조사사업의 시행지와 미시행지와의 지계선을 말한다.
③ 경계선 : 임야조사사업 시의 사정선으로서, 강계선과 같은 개념이다.

09 다음 중 토지의 고유번호에 대한 구성 순서로서 옳은 것은?

① 행정구역코드 + 대장번호 + 본번 + 부번
② 행정구역코드 + 본번 + 부번 + 대장번호
③ 행정구역코드 + 본번 + 대장번호 + 부번
④ 대장번호 + 행정구역코드 + 본번 + 부번

풀이 **부동산종합공부시스템 운영 및 관리규정 제19조(코드의 구성)**

① 규칙 제68조제5항에 따른 고유번호는 행정구역코드 10자리(시 · 도 2, 시 · 군 · 구 3, 읍 · 면 · 동 3, 리 2), 대장구분 1자리, 본번 4자리, 부번 4자리를 합한 19자리로 구성한다.

10 토지조사사업 당시 임시토지조사국의 특별조사기관이 수행하였던 업무가 아닌 것은?

① 분쟁지조사
② 급여장려제도 조사
③ 외업 특별조사
④ 역둔토 실지조사

풀이 **특별조사기관**

임시토지조사국의 특별조사기관에서는 특별세부측도 성과검사, 분쟁지조사, 외업특별검사, 지지자료조사, 급여 및 장려(壯麗)제도의 조사, 고원(현 서기관)의 고사(考査) 등의 업무를 수행하였다. 당초 일필지 조사의 방법으로 우선 지압조사반에서 현지를 답사하여 지역적으로 개황도를 작성하였다

※ 개황도(槪況圖)

개황도는 일필지 조사를 끝마친 후 그 강계 및 지역을 보측하여 개황을 그리고 여기에 각종 조사사항을 기재함으로써 장부조제의 참고자료 또는 세부측량의 안내자료로 활용한 것이다.

정답 08 ① 09 ① 10 ④

개황도의 기재사항	• 가지번 및 지번 • 지주의 성명 및 이해관계인의 성명 • 행정구역의 강계 • 삼각점, 도근점 • 지목 및 사용세목 • 지위등급 • 죽목, 초생지, 기타 강계의 목표로 할 수 있는 것
개황도의 폐지	• 1912년 11월부터 조사와 측량을 한꺼번에 하게 되어 안내도가 필요 없게 되었다. • 지위 등급 조사 시 따로 세부 측량원도를 등사하여 이를 지위등급도로 하였기 때문에 개황도를 폐지하였다.

11 행정행위를 함으로써 행정청이 자력으로 집행하여 이를 실현할 수 있도록 강력한 힘을 지닌 토지등록의 효력은?

① 구속력
② 공정력
③ 확정력
④ 강제력

풀이 **지적측량의 법률적 효력** **암기** **구공확강**

① 구속력 : 지적측량의 내용에 대해 소관청 자신이 소유자 및 이해관계인을 기속하는 효력으로서 지적측량은 완료와 동시에 구속력이 발생하여 측량결과에 대해 그것이 유효하게 존재하는 한 그 내용을 존중하고 복종해야 하며 결코 정당한 절차 없이 그 존재나 효력을 기피할 수 없다.

② 공정력 : 지적측량이 유효의 성립요건을 갖추지 못하여 하자가 인정될 때라도 절대무효인 경우를 제외하고는 소관청, 감독청, 법원 등의 기관에 의하여 쟁송 또는 직권으로 그 내용을 취소할 때까지 그 행위는 적법한 추정을 받고 그 누구도 부인하지 못하는 효력을 말한다.

③ 확정력 : 일단 유효하게 성립된 지적측량은 일정한 기간이 경과한 뒤에 그 상대방이나 기타 이해관계인이 그 효력을 다툴 수 없으며 소관청도 특별한 사유가 없는 한 그 성과를 변경할 수 없다는 효력을 말하며 "불가쟁력" 또는 "형식적 확정력"이라고도 한다.

④ 강제력 : 강제력이란 행정행위의 실현을 사법부에 의존하지 않고 행정청 자체의 권한으로 집행할 수 있는 효력으로 "집행력" 또는 "제재력"이라고도 한다.

12 도시개발사업 등의 시행과 토지의 합병 등의 토지이동으로 인해 지번에 결번이 발생하게 되면 이를 결번대상에 적어 보존하여야 하는데 결번대장의 보존기간은?

① 5년 보존
② 10년 보존
③ 20년 보존
④ 영구 보존

풀이 **공간정보의 구축 및 관리 등에 관한 법률 시행규칙 제63조(결번대장의 비치)**
지적소관청은 행정구역의 변경, 도시개발사업의 시행, 지번변경, 축척변경, 지번정정 등의 사유로 지번에 결번이 생긴 때에는 지체 없이 그 사유를 별지 제61호서식의 결번대장에 적어 영구히 보존하여야 한다.

13 토지조사 당시 척관법의 면적단위를 비교한 것 중 옳지 않은 것은?

① 1평=1보
② 1무=10보
③ 1단=10무
④ 1정=10단

정답 11 ④ 12 ④ 13 ②

풀이 **면적의 등록단위**

① 1무보 : 30평
② 1단보 : 300평(10무보)
③ 1정보 : 3,000평(10단보)
④ 1평 : 6자×6자(1자는 30.303cm)
⑤ 1정보 : 10단보, 3,000평(9,918m^2)

14 고등토지조사위원회에 대한 내용으로 틀린 것은?

① 토지소유권 확정에 관한 최고 심의기관이었다.
② 간사는 토지조사국 직원 중에서 조선총독이 임명한다.
③ 위원장은 조선총독부 정무총감이 되고 위원은 25명이다.
④ 총회는 위원장을 포함하여 16인 이상 출석으로 개최하였다.

풀이 **1. 지방토지조사위원회**

구분	내용
역할	토지조사령에 의해 설치된 기관으로 임시토지조사국장의 요구에 대한 소유자 및 강계의 조사에 관한 자문기관
위원회의 구성	• 위원장(1인) : 도지사 • 상임위원(5인) : 도참여관(3인), 도내 명망자(2인) • 임시위원(3인 이내) : 토지의 사정에 관계있는 부윤, 군수, 도사 및 명망가
위원회의 운영	• 위원장을 포함하여 정원의 반수 이상 출석으로 개최하고 출석위원 과반수로 의결 • 가부동수인 경우에는 위원장이 결정
활동	• 자문이 필요할 때는 위원회의 성원으로 성원 • 사정사항을 등록한 토지조사부 및 지적도와 사정구역을 표시한 의안을 각 의원에게 배부 진행 • 분쟁지 총 2,209건에 12건에는 반대 • 1913년 평북 신의주부 및 의주시가지를 시작으로 1917년 함북 명천군이 마지막 자문

2. 고등토지조사위원회

구분	내용
역할	토지의 사정에 대하여 불복이 있는 경우에는 사정공고기간(30일) 만료 후 60일 이내에 불복신립하거나 재결이 있는 날로부터 3년 이내에 사정의 확정 또는 재결이 체벌받을 만한 행위에 근거하여 재심의 재결을 하는 토지소유권의 확정에 관한 최고의 심의기관
위원회의 구성	• 위원장 1인, 위원 25인으로 구성 • 위원장은 조선총독부 정무총감으로 함 • 위원회는 5부로 나누어 운영
위원회의 운영	• 회의는 부회 및 총회의 2가지로 운영 • 부회는 불복 또는 재심 요구 사건을 재결하기 위하여 부장을 합쳐 위원 5인 이상으로 조직하는 합의제 • 총회는 법규의 해석 통일을 기하여 재심을 변경할 필요가 있을 경우에 개최하는 것으로서 위원장 및 위원을 합쳐 16인 이상 출석 시 개최 가능

정답 14 ②

15 국제측량사협회(FIG)의 가입 당시에 관련된 내용으로 옳지 않은 것은?

① 우리나라는 1981년에 가입하였다.
② 제16차 정기총회에서 46번째 정회원으로 등록 · 가입하였다.
③ 스위스 몽트뢰에서 개최된 총회에서 가입하였다.
④ 캐나다 토론토에서 개최된 총회에서 가입하였다.

풀이 우리나라는 대한측량협회 300명과 대한지적공사 550명으로 총 850명이 공동으로 조직한 한국측량사총연맹(KCS : Korea Confederation of Surveyors)에서 1981년 스위스의 몽트뢰에서 열린 제16차 총회에서 46번째의 정회원으로 가입하였다.

16 프랑스의 지적재조사사업에 관련된 내용으로 옳은 것은?

① 1930년~1950년 동안 실시하였다.
② 토지의 재조사 방법은 도해측량과 수치측량방법을 이용해 지적공부에 등록하였다.
③ 재조사사업비용은 국가가 1/2, 지방단체가 1/2씩 각각 부담하였다.
④ 지적전산화사업의 일환으로 실시하였다.

풀이 **프랑스의 지적재조사사업**

프랑스는 1807년 나폴레옹 지적법 제정으로부터 시작하여 지적창설이 1850년까지 42년에 걸쳐 완성되었으며, 관련 법률로는 민법 및 행정법이 있다. 한편 지적재조사는 1930년에서 1950년까지 지속되었다.

17 토지권리 증서의 기록에 대해 토지거래의 사실을 그대로 등록하도록 반영한다는 이론은?

① 거울이론
② 권리이론
③ 커튼이론
④ 보험이론

풀이 **토렌스시스템의 3대 기본원칙**

1. 거울이론(Mirror Principle)
   ① 소유권에 관한 현재의 법적 상태는 오직 등기부에 의해서만 이론의 여지없이 완벽하게 보인다는 원리이다.
   ② 토지권리증서의 등록은 토지거래의 사실을 이론의 여지없이 완벽하게 반영하는 거울과 같다는 이론이다.
   ③ 소유권증서와 관련된 모든 현재의 사실이 소유권의 원본에 확실히 반영된다는 원칙이다.
2. 커튼이론(Curtain Principle)
   ① 소유권의 법적 상태와 관련한 확실성을 보장하기 위하여 단지 현재의 등기부에 등기된 사항만 논의되어야 한다는 이론이다.
   ② 현재의 소유권증서는 완전한 것이며 이전의 증서나 왕실 증여를 추적할 필요가 없다는 것이다.
   ③ 토렌스제도에 의해 한번 권리증명서가 발급되면 당해 토지에 대한 이전의 모든 이해관계는 무효가 되며 현재의 소유권을 되돌아볼 필요가 없다는 것이다.
3. 보험이론(Insurance Principle)
   ① 권원증명서에 등기된 모든 정보는 정부에 의하여 보장된다는 원리이다.
   ② 토지등록이 토지의 권리를 아주 정확하게 반영한 것이나 인간의 과실로 인하여 착오가 발생하는 경우에 피해를 입은 사람은 누구나 피해보상에 관한 한 법률적으로 선의의 제3자와 동등한 입장에 놓여야만 된다는 이론이다.

정답 15 ④ 16 ① 17 ①

③ 토지의 등록을 뒷받침하며 어떠한 경로로 인한 소유자의 손실을 방지하기 위하여 수정될 수 있다는 이론이다.

④ 금전적 보상을 위한 이론이며 손실된 토지의 복구를 의미하는 것은 아니다.

18 토지조사사업 당시 분쟁지조사에 대한 조사방법으로 옳지 않은 것은?

① 외업조사 ② 내업조사

③ 지지자료 조사 ④ 고등토지조사위원회의 심사

풀이 **분쟁지조사**

- 분쟁지조사는 국유지 분쟁, 국유지 외 분쟁, 소유권 분쟁, 강계분쟁, 분쟁지 외업조사, 분쟁지 내업조사, 위원회의 심사로 구분하여 실시하였다.
- 외업조사는 당사자의 성명, 주소, 분쟁지의 소재, 지번, 지목, 당사자의 사실증명사유, 조사원의 인정의견 및 그 사유 등으로 진행되었고, 내업조사는 분쟁지 외업반이 조사한 것을 총무과 계정지계에서 반복적으로 심사를 진행하였다.
- 위원회의 심사는 1913년 5명의 고등관으로 구성된 심사특별기관으로 회부된 분쟁지를 반복적으로 심사하여 임시토지국장에서 제출하였다.
- 분쟁지조사의 대부분은 소유권 분쟁으로, 주된 이유가 토지소속의 불분명, 역둔토 등의 정리 미비, 토지소유권 증명 미비, 미개간지 등에 따른 문제점이다.

분쟁지 조사	• 외업조사 • 내업조사 • 분쟁지심사위원회 심사
분쟁지 해결 절차	• 화해 : 1차적으로 화해를 통하여 해결 • 분쟁지 심사위원회 – 총독부 임시토지조사국 총무과장 외 5인의 위원으로 구성 – 각 지방토지조사위원회의 자문을 받아 심사 – 국유지 분쟁의 40%는 민유지로 판정 • 고등토지조사위원회 – 총독부 정무총감 외 고등관 5인의 위원으로 구성 – 분쟁지 심사위원회 판결에 불복한 경우 재심사 – 약 40%가 불복자의 소유지로 판정

19 지적 2014 미래비전에 대한 6가지의 선언문 중에서 옳지 않은 것은?

① 비용 회수 ② 민영화

③ 데이터 취득 ④ 도면 작성

풀이 **2014년 지적제도의 발전에 관한 여섯 가지 선언문(The FIG statement on the cadastre)**

① 지적 2014의 임무와 내용 ② 지적 2014의 조직

③ 지적 2014의 도면역할 ④ 지적 2014의 정보기술

⑤ 지적 2014의 민영화 ⑥ 지적 2014의 비용 회수

정답 18 ③ 19 ④

20 권리와 관련하여 정부가 거래의 유효성에 대해 책임을 지는 토지등록의 유형은?

① 날인증서 등록제도　　② 권원 등록제도
③ 적극적 등록제도　　④ 소극적 등록제도

풀이 **토지등록제도의 유형** **암기** 날권소적토

구분		내용
날인증서 등록제도 (捺印證書登錄制度)		토지의 이익에 영향을 미치는 문서의 공적 등기를 보전하는 것을 날인증서 등록제도(Registration of Deed)라고 한다. 기본적인 원칙은 등록된 문서가 등록되지 않은 문서 또는 뒤늦게 등록된 서류보다 우선권을 갖는다. 즉 특정한 거래가 발생했다는 것은 나타나지만 그 관계자들이 법적으로 그 거래를 수행할 권리가 주어졌다는 것을 입증하지 못하므로 거래의 유효성을 증명하지 못한다. 그러므로 토지거래를 하려는 자는 매도인 등의 토지에 대한 권원(Title) 조사가 필요하다.
권원등록제도 (權原登錄制度)		권원등록(Registration of Title)제도는 공적 기관에서 보존되는 특정한 사람에게 귀속된 명확히 한정된 단위의 토지에 대한 권리와 그러한 권리들이 존속되는 한계에 대한 권위 있는 등록이다. 소유권 등록은 언제나 최후의 권리이며 정부는 등록한 이후에 이루어지는 거래의 유효성에 대해 책임을 진다.
소극적 등록제도 (消極的登錄制度)		소극적 등록제도(Negative System)는 기본적으로 거래와 그에 관한 거래증서의 변경기록을 수행하는 것이며, 일필지의 소유권이 거래되면서 발생되는 거래증서를 변경 등록하는 것이다. 네덜란드, 영국, 프랑스, 이탈리아, 미국의 일부 주 및 캐나다 등에서 시행되고 있다.
적극적 등록제도 (積極的登錄制度)		적극적 등록제도(Positive System)하에서의 토지등록은 일필지의 개념으로 법적인 권리보장이 인증되고 정부에 의해서 그러한 합법성과 효력이 발생한다. 이 제도의 기본원칙은 지적공부에 등록되지 아니한 토지는 그 토지에 대한 어떠한 권리도 인정될 수 없고 등록은 강제되고 의무적이며 공적인 지적측량이 시행되지 않는 한 토지등기도 허가되지 않는다는 이론이 지배적이다. 적극적 등록제도의 발달된 형태는 토렌스 시스템이다.
토렌스시스템 (Torrens System)		오스트레일리아 Robert Torrens 경이 창안한 토렌스시스템의 목적은 토지의 권원을 명확히 하고 토지거래에 따른 변동사항 정리를 용이하게 하여 권리증서의 발행을 편리하게 하는 것이다. 이 제도의 기본원리는 법률적으로 토지의 권리를 확인하는 대신에 토지의 권원을 등록하는 행위이다.
	거울이론 (Mirror Principle)	토지권리증서의 등록은 토지의 거래사실을 완벽하게 반영하는 거울과 같다는 입장의 이론이다. 소유권에 관한 현재의 법적 상태는 오직 등기부에 의해서만 이론의 여지없이 완벽하게 보인다는 원리이며 주 정부에 의하여 적법성을 보장받는다.
	커튼이론 (Curtain Principle)	토지등록 업무가 커튼 뒤에 놓인 공정성과 신빙성에 대하여 관여할 필요도 없고 관여해서도 안 되는 매입신청자를 위한 유일한 정보의 이론이다. 토렌스제도에 의해 한번 권리증명서가 발급되면 당해 토지의 과거 이해관계에 대하여 모두 무효화하고 현재의 소유권을 되돌아볼 필요가 없다는 것이다.
	보험이론 (Insurance Principle)	토지등록이 인간의 과실로 인하여 착오가 발생한 경우 피해를 입은 사람은 피해보상에 대하여 법률적으로 선의의 제3자와 동등한 입장이 되어야 한다는 이론으로 권원증명서에 등기된 모든 정보는 정부에 의하여 보장된다는 원리이다.

정답 20 ②

21 지적공부의 등록 효력이 아닌 것은?

① 구속력 ② 강제력
③ 공신력 ④ 확정력

풀이 **지적측량의 법률적 효력** **암기** ㉮㉯㉰㉱

① ㉮속력 : 지적측량의 내용에 대해 소관청 자신이 소유자 및 이해관계인을 기속하는 효력으로서 지적측량은 완료와 동시에 구속력이 발생하여 측량결과에 대해 그것이 유효하게 존재하는 한 그 내용을 존중하고 복종해야 하며 결코 정당한 절차 없이 그 존재나 효력을 기피할 수 없다.
② ㉯정력 : 지적측량이 유효의 성립요건을 갖추지 못하여 하자가 인정될 때라도 절대무효인 경우를 제외하고는 소관청, 감독청, 법원 등의 기관에 의하여 쟁송 또는 직권으로 그 내용을 취소할 때까지 그 행위는 적법한 추정을 받고 그 누구도 부인하지 못하는 효력을 말한다.
③ ㉰정력 : 일단 유효하게 성립된 지적측량은 일정한 기간이 경과한 뒤에 그 상대방이나 기타 이해관계인이 그 효력을 다툴 수 없으며 소관청도 특별한 사유가 없는 한 그 성과를 변경할 수 없다는 효력을 말하며 "불가쟁력" 또는 "형식적 확정력"이라고도 한다.
④ ㉱제력 : 강제력이란 행정행위의 실현을 사법부에 의존하지 않고 행정청 자체의 권한으로 집행할 수 있는 효력으로 "집행력" 또는 "제재력"이라고도 한다.

22 토지정보체계론에서 시스템의 구성요소에 해당하지 않는 것은?

① 컴퓨터 ② 인력
③ 지적공부 ④ 자료와 DB

풀이 **토지정보체계(LIS)의 구성요소**

구분	내용
하드웨어 (Hardware)	지형공간정보체계를 운용하는 데 필요한 컴퓨터와 각종 입·출력장치 및 자료관리 장치를 말하며 하드웨어의 범주에는 데스크탑 PC, 워크스테이션뿐만 아니라 스캐너, 프린터, 플로터, 디지타이저를 비롯한 각종 주변 장치들을 포함한다.
소프트웨어 (Software)	지리정보체계의 자료를 입력·출력·관리하기 위해 프로그램인 소프트웨어가 반드시 필요하며 크게 세 종류로 구분하면 먼저 하드웨어를 구동시키고 각종 주변 장치를 제어 할 수 있는 운영체계(OS : Operating System), 지리정보체계의 자료구축과 자료 입력 및 검색을 위한 입력 소프트웨어, 지리정보체계의 엔진을 탑재하고 있는 자료처리 및 분석 소프트웨어로 구성된다. 소프트웨어는 각종 정보를 저장·분석·출력할 수 있는 기능을 지원하는 도구로서 정보의 입력 및 중첩기능, 데이터베이스 관리기능, 질의 분석, 시각화 기능 등의 주요 기능을 갖는다.
데이터베이스 (Database)	지리정보체계는 많은 자료를 입력하거나 관리하는 것으로 이루어지고 입력된 자료를 활용하여 토지정보체계의 응용시스템을 구축할 수 있으며 이러한 자료들은 속성정보(각종 공부와 대장)와 도형정보(지적도, 임야도, 지하시설물도, 도시계획도 등)로 분류된다.
인적 자원 (Man Power)	전문 인력은 지리정보체계의 구성요소 중에서 가장 중요한 요소로서 데이터(Data)를 구축하고 실제 업무에 활용하는 사람으로, 전문적인 기술을 필요로 하므로 이에 전념할 수 있는 숙련된 전담요원과 기관을 필요로 하며 시스템을 설계하고 관리하는 전문 인력과 일상 업무에 지리정보체계를 활용하는 사용자 모두가 포함된다.

정답 21 ③ 22 ③

방법 (Application)	특정한 사용자 요구를 지원하기 위해 자료를 처리하고 조작하는 활동, 즉 응용 프로그램들을 총칭하는 것으로 특정 작업을 처리하기 위해 만든 컴퓨터프로그램을 의미한다. 하나의 공간 문제를 해결하고 지역 및 공간관련 계획수립에 대한 솔루션을 제공하기 위한 GIS 시스템은 그 목표 및 구체적인 목적에 따라 적용되는 방법론이나 절차, 구성, 내용 등이 달라진다.

23 프랑스와 미국 일부 주에서 시행하고 있는 토지등록제도로서 옳은 것은?

① 물적 편성주의
② 인적 편성주의
③ 연대적 편성주의
④ 물적+인적 편성주의

풀이 **연대적 편성주의**

어떤 특정한 기준을 두지 않고 당사자의 신청순서에 따라서 순차로 기록해 가는 것이며 프랑스의 등기부, 미국의 여러 곳에서 아직도 사용되는 리코딩 시스템이 이에 속한다. 이것은 등기부 편성방법으로서는 가장 유효하다.

24 전산정보처리조직을 지적공부로 보도록 규정이 시행된 지적법 개정시점은 언제인가?

① 1975년
② 1991년
③ 1992년
④ 2001년

풀이 **지적법 제4차 개정(1990.12.31. 법률 제4273호)**

규정	지적공부의 등록사항을 전산정보처리조직에 의하여 처리할 경우 전산등록 파일을 지적공부로 보도록 규정
제도신설	• 전산정보처리조직에 의하여 입력된 지적공부는 시·도의 지역전산본부에 보관·관리토록 하고 복구 등을 위한 경우 이외에는 등록파일의 형태로 복제할 수 없도록 제도 신설 • 지적공부의 열람 및 등본의 교부를 전국 어느 소관청에서도 신청할 수 있도록 제도 신설
시행	이 법은 1991년 1월 1일부터 시행한다.

25 벡터의 특성이 아닌 것은?

① 점, 선, 면으로 이루어져 있다.
② 지도를 확대하여도 형상이 변하지 않는다.
③ 위상관계 정보를 요구하는 분석에 효과적이다.
④ 격자, 셀, 화소로 이루어져 있다.

정답 23 ③ 24 ② 25 ④

풀이 벡터 자료와 래스터 자료 비교

구분	벡터 자료	래스터 자료 ㉮㉯이 ㉰㉱하여 ㉲을 세워야 ㉳㉴㉵이 ㉶하지 않는다
정의	벡터 자료구조는 기호, 도형, 문자 등으로 인식할 수 있는 형태를 말하며 객체들의 지리적 위치를 크기와 방향으로 나타낸다.	래스터 자료구조는 매우 간단하며 일정한 격자간격의 셀이 데이터의 위치와 그 값을 표현하므로 격자데이터라고도 하며 도면을 스캐닝하여 취득한 자료와 위상영상자료들에 의하여 구성된다. 래스터 구조는 구현의 용이성과 단순한 파일구조에도 불구하고 정밀도가 셀의 크기에 따라 좌우되며 해상력을 높이면 자료의 크기가 방대해진다. 각 셀들의 크기에 따라 데이터의 해상도와 저장크기가 달라지게 되는데, 셀 크기가 작을수록 보다 정밀한 공간현상을 잘 표현할 수 있다.
장점	• 보다 압축된 자료구조를 제공하므로 데이터 용량의 축소가 용이하다. • 복잡한 현실세계의 묘사가 가능하다. • 위상에 관한 정보가 제공되므로 관망분석과 같은 다양한 공간분석이 가능하다. • 그래픽의 정확도가 높다. • 그래픽과 관련된 속성정보의 추출 및 일반화, 갱신 등이 용이하다.	• 자료구조가 ㉮단하다. • 여러 레이어의 중㉯이나 분석이 용이하다. • ㉰료의 조작과정이 매우 효과적이고 수치영상의 질을 향상시키는 데 매우 효과적이다. • ㉱치이미지 조작이 효율적이다. • 다양한 ㉲간적 편의가 격자의 크기와 형태가 동일하여 시뮬레이션이 용이하다.
단점	• 자료구조가 복잡하다. • 여러 레이어의 중첩이나 분석에 기술적으로 어려움이 수반된다. • 각각의 그래픽 구성요소는 각기 다른 위상구조를 가지므로 분석에 어려움이 크다. • 그래픽의 정확도가 높아서 도식과 출력에 비싼 장비가 요구된다. • 일반적으로 값비싼 하드웨어와 소프트웨어가 요구되므로 초기비용이 많이 든다.	• 압축되어 ㉳용되는 경우가 드물며 ㉴형관계를 나타내기 훨씬 어렵다. • 주로 격자형의 네모난 형태로 가지고 있기 때문에 수작업에 의해서 그려진 완화된 ㉵에 비해서 미관상 매끄럽지 못하다. • 위㉶정보의 제공이 불가능하므로 관망해석과 같은 분석기능이 이루어질 수 없다. • 좌표변환을 위한 시간이 많이 소요된다.

정답

09 2011년 한국국토정보공사문제

01 다음 중 절목이 아닌 것은?

① 제언절목 ② 구폐절목
③ 성급절목 ④ 견역절목

풀이 **절목**

토지사용 · 조세 · 부역 및 각종 사업과 관련된 규정을 기록한 문서로 균역청절목, 제언절목, 구폐절목, 견역절목, 사창절목 등이 있다.

① 균역청절목(均役廳節目) : 균역청 설치 때 청의 절목을 제정, 발포함을 비롯하여 지방관청 또는 각 궁방에서 직권으로 발급하였다.
② 제언절목(堤堰節目) : 제방 근처에서 허락 없이 경작하지 못하게 하기 위해 발급하였다.
③ 구폐절목(捄弊節目) : 부정과 불법 및 폐단 · 수탈 등의 방지를 위해 발급하였다.
④ 견역절목(蠲役節目) : 백성의 다양한 요역면제 및 폐단 방지를 위해 발급하였다.
⑤ 사창절목(社倉節目) : 곡물 저장을 위한 사창의 설치 · 운영을 위해 발급하였다.

02 다음 중 도장이 아닌 것은?

① 역가도장 ② 작도장
③ 납가도장 ④ 중답도장

풀이 **도장(導掌)** : 궁장토의 수조와 관리를 관장하는 자

구분	내용
작도장(作導掌)	중간지주의 성격은 없고, 궁방이 부여한 특권의 보장권을 갖고 있으며, 일반 도장으로 궁방에 공로가 있거나 궁방이 신임하는 자를 자청하여 궁장토의 수조와 관리를 담당케 한 도장을 말한다.
역가도장(役價導掌)	궁방에 속해 있는 미간지를 개인이 개간하고 경작지화하여 농민에게 소작을 주고 궁방에는 일정한 세를 납부하던 도장을 말한다.
납가도장(納價導掌)	궁방에 일정한 금액을 납부해서 도장이 된 자로 차정받고 매년 궁방에 일정한 세를 납부하고 소작농에게 소작료를 수납하여 그 차액을 수취하는 도장을 말한다.
투탁도장(投托導掌)	토지소유자가 지방 관리의 위압주구 및 기타 위험을 면할 목적으로 자기소유지를 궁방에 투탁해 가장한 것을 말한다.

도장(導掌)직의 매매(賣買)

매매 시 문기, 완문, 첩문을 수수(授手)하여야 함

구분	내용
문기(文記)	매매에 의한 토지나 가옥의 양도계약서(매도증서)를 작성
완문(完文)	도장을 임명할 때 교부하는 일정한 서식의 문서
첩문(帖文)	• 도장임명의 유래 • 궁장토의 납세율 등을 명기한 문서

정답 01 ③ 02 ④

궁방전(宮房田)

조선시대의 궁장토(宮庄土)로서 후궁, 대군, 공주, 옹주 등의 존칭으로 각 궁방 소속의 토지를 말하며, 직전제가 폐지되고 임진왜란 후 왕족들의 생계를 보장하기 위해 지급되었다. 이 토지의 수조와 관리를 관장하는 자를 도장(導掌)이라 하였고, 궁방전의 경작에 따라 작도장, 역가도장, 납가도장, 투탁도장으로 구분되기도 하였다.

03 밤나무 숲을 측량한 지적도는?

① 율림기지원도　　② 궁채원도
③ 전원도　　④ 산록도

풀이 **대한제국시대의 도면**

1908년 임시재산정리국에 측량과를 두어 토지와 건물에 대한 업무를 보게 하여 측량한 지적도가 규장각이나 부산 정부기록보존소에 있다. 산록도, 전원도, 건물원도, 가옥원도, 궁채전도, 관리원도 등 주제에 따라 제작한 지적도가 다수 존재한다.

구분	내용
율림기지원도(栗林基地原圖)	탁지부 임시재산정리국 측량과에서 1908년도에 세부측량을 한 측량원도가 서울대학교 규장각에 한양 9점, 밀양 3점 남아 있다. 밀양 영남루 남천강(南川江)의 건너편 수월비동의 밤나무 숲을 측량한 지적도로 기지원도(基址原圖)라고 표기하여 군사기지라고도 생각할 수 있으나 지적도상에 소율연(小栗烟 : 작은 밤나무 밭)이라고 쓴 것으로 보아 밤나무 숲으로 추측된다.
산록도(山麓圖)	융희 2년(1908) 3~6월 사이에 정리국 측량과에서 제작한 산록도가 서울대학 규장각에 6매 보존되어 있다. 산록도란 주로 구한말 동(洞)의 뒷산을 실측한 지도이다. 지도명[동부숭신방신설계동후산록지도(東部崇信坊新設契洞後山麓之圖)]은 동부 숭신방 신설계동의 뒤쪽에 있는 산록지도란 뜻이다.
전원도(田原圖)	서울대 규장각에 서서용산방(西署龍山坊) 청파4계동(靑坡四契洞) 소재 전원도(田原圖)가 있다. 전원도란 일종의 농경지만을 나타낸 지적도이다.
건물원도(建物原圖)	1908년 제실재산관리국에서 측량기사를 동원하여 황실 소유의 토지를 측량하고 구한말 주요 건물의 위치와 평면적 크기를 도면상에 나타낸 지도이다.
가옥원도(家屋原圖)	호(戶)단위로 가옥의 위치와 평면적 크기를 나타낸 구한말 실측도 가운데 축척이 가장 큰 대축척 1 : 100의 지도이다.
궁채전도(宮菜田圖)	궁채전도는 내수사(內需司)등 7궁 소속의 토지 가운데 채소밭을 실측한 지도이다.
관저원도(官邸原圖)	대한제국기 고위관리의 관저를 실측한 원도이다.

04 사표의 근거가 아닌 것은?

① 삼일포 매향비　　② 암태도 매향비
③ 매덕 매향비　　④ 정두사 오층석탑조성형지기

정답 03 ① 04 ③

풀이 **사표(四標)**

토지의 위치를 동서남북의 경계로 표시한 것이며 필지의 경계를 명확히 하기 위하여 제 둘레 접속지의 지목, 자호, 지주의 성명을 양안의 해당란에 기입하거나 혹은 별도의 도면을 통해서 나타낸 것이다.

1. 유래 : 사표 표시방법은 고대 중국과 통일한 것이므로 우리나라 독자적인 것이 아니고 중국에서 전래된 것으로 일부 학계에서는 추측하고 있다.
2. 특징
   ① 양안에 나오는 사표가 초기에는 도면을 수반하지 않았지만 점차 전답 도형도를 도입하여 양안에 토지형태를 개략적인 그림으로 그려 넣었다.
   ② 사표의 기원은 통일신라의 진성여왕 5년이다.
   ③ 사표는 도면의 하나로 4필지 이상의 지적사항을 파악할 수 있다.
   ④ 양지아문에서 작성한 위치, 면적, 형상을 쉽게 알 수 있도록 하였다.
   ⑤ 사표의 전답 도형도는 당시 지적도와 유사한 역할을 하였다.
   ⑥ 도로, 구거, 하천 등의 소유자 성명을 기입하지 않았다.

05 양안에서 소유자로 기재되지 않은 것은?

① 기주　　② 진주
③ 시주　　④ 본주

풀이 **양지아문(量地衙門)**

양지아문은 광무 2년(1898년) 7월에 칙령 제25호로 양지아문 직원 및 처무규정을 공포하여 비로소 독립관청으로 양전사업을 위하여 설치되었다. 양전사업에 종사하는 실무진(實務陣)으로는 양무감리(量務監理), 양무위원(量務委員)이 있으며, 조사위원(調査委員) 및 기술진(技術陣)은 수기사[(首技師, 미국인 거렴(Raymand Edward Leo Krumm)]와 기수보(技手補) 그리고 견습과정을 마친 학원(學員)이 있었다.

지계아문(地契衙門)

지계아문의 사업은 성격상 양지아문과 밀접한 관계가 있었고 지계발행사업의 방대함에 비추어 지계아문만이 전국의 지계사업을 전담하기에 벅찼다. 그래서 1902년 3월에 지계아문과 양지아문을 통합하였다. 즉, 지계가 발행되기 위해서는 토지대장에 의한 토지 소유권자의 확인이 필요하여 양전의 시행은 지계의 시행과 병행되어야 했다. 기구의 통합과 업무의 통합도 이루게 되어 지계발행과 양전을 새 통합기구인 지계아문에서 수행하게 되었다.

러일전쟁에 의한 일본 군대의 주둔과 제1차 한일협약을 강요당하게 되어 지계 발행은 물론 양전사업마저도 중단되고 말았으며, 새로 탁지부에 양지국을 신설하여 양전 업무를 담당시키고 지계 발행업무는 그 업무의 완료와 함께 당해 군으로 인계하여 1904년 4월 19일 지계아문은 폐지되었다.

지계아문의 양전사업에서 과거의 토지소유자의 토지소유권을 그대로 인정하여 기주, 진주, 시주 등의 토지소유자에게만 발행하였다

06 토지조사사업의 기선측량에서 시작과 끝은?

① 대전기선, 고건원기선　　② 대전기선, 강계기선
③ 고건원기선, 함흥기선　　④ 안동기선, 고건원기선

정답 05 ④　06 ①

풀이 **기선측량**

<table>
<tr><td>개요</td><td colspan="4">우리나라의 기선측량은 1910년 6월 대전기선의 위치선정을 시작으로 하여 1913년 10월 함경북도 고건원기선측량을 끝으로 전국 13개소의 기선측량을 실시하였다. 기선측량은 삼각측량에 있어서 최소한 삼각형의 한 변을 알 수 있기 때문에 기선측량은 삼각측량에서 필수조건이라 할 수 있다.</td></tr>
<tr><td rowspan="8">위치와 길이</td><td>기선의 위치</td><td>기선길이(m)</td><td>기선의 위치</td><td>기선길이(m)</td></tr>
<tr><td>대전(大田)</td><td>2,500.39410</td><td>간성(杆城)</td><td>3,126.11155</td></tr>
<tr><td>노량진(鷺梁津)</td><td>3,075.97442</td><td>함흥(咸興)</td><td>4,000.91794</td></tr>
<tr><td>안동(安東)</td><td>2,000.41516</td><td>길주(吉州)</td><td>4,226.45669</td></tr>
<tr><td>하동(河東)</td><td>2,000.84321</td><td>강계(江界)</td><td>2,524.33613</td></tr>
<tr><td>의주(義州)</td><td>2,701.23491</td><td>혜산진(惠山鎭)</td><td>2,175.31361</td></tr>
<tr><td>평양(平壤)</td><td>4,625.47770</td><td>고건원(古乾原)</td><td>3,400.81838</td></tr>
<tr><td>영산포(榮山浦)</td><td>3,400.89002</td><td></td><td></td></tr>
<tr><td>계산방법</td><td colspan="4">• 직선의 계산
• 경사보정의 계산
• 온도보정의 계산
• 기선척전장의 계산
• 중등해수면상 화성수 계산
• 천체측량의 계산
• 전장평균의 계산</td></tr>
</table>

07 간주지적도의 축척은?

① 1/6,000
② 1/10,000
③ 1/25,000
④ 1/50,000

풀이 **간주지적도(看做地籍圖)**

① 지적도로 간주하는 임야도를 간주지적도라 한다.
② 조선지세령 제5조제3항에는 "조선총독이 지정하는 지역에서는 임야도로서 지적도로 간주한다."라고 규정되어 있다.
③ 총독부는 1924년을 시작으로 15차례 고시하였다.
④ 육지에서 멀리 떨어진 도서지역, 토지조사구역에서 멀리 떨어진 산간벽지[약 200간(間)] 등을 지정하였다.
⑤ 전 · 답, 대 등 과세지가 있을 경우 이를 지적도에 등록하지 아니하고 임야도에 존치하였다(1/3,000, 1/6,000).
⑥ 임야도에 녹색 1호선으로 구역을 표시하였다.
⑦ 간주지적도에 대한 대장은 일반토지대장과 달리 별책이 있었는데 이를 별책 · 을호 · 산토지대장이라 한다.

※ **간주임야도(看做林野圖)**

1/25,000, 1/50,000 지형도를 임야도로 간주하는 것으로 임야조사사업 당시 임야의 필지가 광범위하여 임야도에 등록하기에 어려운 국유임야지역이 이에 해당된다.

정답 07 ①

08 토지조사사업의 내용이 아닌 것은?

① 가격조사 ② 지형, 지모조사
③ 행정구역조사 ④ 소유자조사

풀이 **토지조사사업**

1. 사업기간
   1909년 6월(역둔토 실지조사) 및 11월(경기도 부천 시험측량)~1918년 11월 완료
2. 토지조사사업의 내용
   ① 토지의 소유권 조사
   ② 토지의 가격 및 외모 조사
3. 사업시행기간
   ① 조사 및 측량기관 : 임시토지조사국
   ② 사정기관 : 토지조사국장
   ③ 분쟁지 재결 : 고등토지조사위원회
4. 토지조사사업 내용
   ① 토지등기제도, 지적제도에 대한 체계적인 증명제도 확립
   ② 지세수입을 증대하기 위한 조세수입 체제 확립
   ③ 국유지를 조사하여 조선총독부의 소유지 확보
   ④ 토지의 지형, 지모를 조사하여 식량 수출증대정책에 대응하는 토지조사를 실시하기 위한 것
   ⑤ 토지의 가격조사는 지세제도의 확립을 위한 것
   ⑥ 토지의 외모조사는 국토의 지리를 밝히는 것 등으로 분류
   ⑦ 토지의 소유권 조사는 지적제도와 부동산 등기제도의 확립을 위한 것

09 창설 당시 지적제도와 등기제도를 이원화체계로 창설하였으나 1966년에 통합하여 일원화한 나라는?

① 일본 ② 독일
③ 대만 ④ 네덜란드

풀이 일본은 창설 당시 지적제도와 등기제도를 이원화체계로 창설하였으나 1966년에 통합하여 일원화하였으며 일본의 지적업무는 지적측량업무보다 등기업무가 중시되고 있다.

구분	일본	프랑스	독일	스위스	네덜란드	대만
기본법	• 국토조사법 • 부동산등기법	• 민법 • 지적법	측량 및 지적법	지적공부에 의한 법률	• 민법 • 지적법	토지법
창설기간	1876~1888	1807	1870~1900	1911	1811~1832	1897~1914
지적공부	• 지적부 • 지적도 • 토지등기부 • 건물등기부	• 토지대장 • 건물대장 • 지적도 • 도엽기록부 • 색인도	• 부동산지적부 • 부동산지적도 • 수치지적부	• 부동산등록부 • 소유자별대장 • 지적도 • 수치지적부	• 위치대장 • 부동산등록부 • 지적도	• 토지등록부 • 건축물개량등기부 • 지적도
지적 · 등기	일원화(1966)	일원화	이원화	일원화	일원화	일원화

정답 08 ③ 09 ①

구분	일본	프랑스	독일	스위스	네덜란드	대만
담당기구	법무성	재무경제성	내무성 : 지방국 지적과	법무국	주택도시계획 및 환경성	내정부 지적국
토지대장 편성	물적 편성주의	연대적 편성주의	물적 · 인적 편성주의	물적 · 인적 편성주의	인적 편성주의	물적 편성주의
등록의무	적극적 등록주의	소극적 등록주의		적극적 등록주의	소극적 등록주의	적극적 등록주의
측량기관 (민간대행)	토지가옥 조사회연합회	합동사무소	공공측량사무소		국가직영	미채택 또는 미통합
지적재조사 사업	1951~현재	1930~1950		1923~2000	1928~1975	1976~현재

10 지적제도의 원칙이 아닌 것은?

① 특정화의 원칙 ② 신청의 원칙
③ 공신의 원칙 ④ 실질적 심사주의 원칙

풀이 **토지등록의 원칙** 암기 ㊍㊉㊞㊌㊎ 등신특정공신

등록의 원칙 (登錄의 原則)	토지에 관한 모든 표시사항을 지적공부에 반드시 등록하여야 하며 토지의 이동이 이루어 지려면 지적공부에 그 변동사항을 등록하여야 한다는 토지등록의 원칙으로 토지표시의 등록주의(登錄主義, Booking Principle)라고 할 수 있다. 적극적 등록제도(Positive System)와 법지적(Legal Cadastre)을 채택하고 있는 나라에서 적용하고 있는 원리로서 토지의 모든 권리의 행사는 토지대장 또는 토지등록부에 등록하지 않고는 모든 법률상의 효력을 갖지 못하는 원칙으로 형식주의(Principle of Formality)규정이라고 할 수 있다.
신청의 원칙 (申請의 原則)	토지의 등록은 토지소유자의 신청을 전제로 하되 신청이 없을 때는 직권으로 직접 조사하거나 측량하여 처리하도록 규정하고 있다.
특정화의 원칙 (特定化의 原則)	토지등록제도에 있어서 특정화의 원칙(Principle of Speciality)은 권리의 객체로서 모든 토지는 반드시 특정적이면서도 단순하며 명확한 방법에 의하여 인식될 수 있도록 개별화함을 의미하는데 이 원칙이 실제적으로 지적과 등기와의 관련성을 성취시켜 주는 열쇠가 된다.
국정주의 및 직권주의 (國定主義 및 職權主義)	국정주의(Principle of National Decision)는 지적공부의 등록사항인 토지의 지번, 지목, 경계, 좌표, 면적의 결정은 국가의 공권력에 의하여 국가만이 결정할 수 있는 원칙이다. 직권주의는 모든 필지는 필지단위로 구획하여 국가기관인 소관청이 직권으로 조사 · 정리하여 지적공부에 등록 공시하여야 한다는 원칙이다.
공시의 원칙, 공개주의 (公示의 原則, 公開主義)	토지 등록의 법적 지위에 있어서 토지이동이나 물권의 변동은 반드시 외부에 알려야 한다는 원칙을 공시의 원칙(Principle of Public Notification) 또는 공개주의(Principle of Publicity)라고 한다. 토지에 관한 등록사항을 지적공부에 등록하여 일반인에게 공시하여 토지소유자는 물론 이해관계자 및 기타 누구나 이용할 수 있도록 하는 것이다.

정답 10 ④

공신의 원칙 (公信의 原則)	공신의 원칙(Principle of Public Confidence)은 물권의 존재를 추측케 하는 표상, 즉 공시방법을 신뢰하여 거래한 자는 비록 그 공시방법이 진실한 권리관계에 일치하고 있지 않더라도 그 공시된 대로의 권리를 인정하여 이를 보호하여야 한다는 것이 공신의 원칙이다. 즉, 공신의 원칙은 선의의 거래자를 보호하여 진실로 그러한 등기 내용과 같은 권리관계가 존재한 것처럼 법률효과를 인정하려는 법률법칙을 말한다.

11 고려시대 지적 관련 부서는?

① 주부 ② 호부
③ 판적사 ④ 호조

풀이 고려시대 지적 관련 부서

고려시대의 지적업무는 전기에는 호부, 후기에는 판도사에서 담당하였으며 지적 관련 임시부서로는 급전도감, 방고감전도감, 정치도감, 화자거집, 전민추고도감 등이 있었다.

※ 특별관서(임시부서)

급전도감(給田都監)	토지분급 및 토지측량 담당
방고감전별감(房庫監傳別監)	전지공안(田地公, 토지에 대한 공식문서)과 별고소속의 노비전적(奴婢錢籍, 노비문서) 담당
찰리변위도감(拶理辨違都監)	찰리(察理)는 왕이 친히 지어 붙인 것으로 세력 있는 자들이 비합법적으로 차지
정치도감(整治都監)	여러 도에 파견되어 전지 측량
절급도감(折給都監)	토지를 분급하여 균전(均田)을 만듦
화자거집전민추고도감 (火者據執田民推考都監)	토지소유자 조사를 통한 원소유자에게 환원하는 일 담당

12 손실을 농작상황에 따라 10등급으로 하여 손실이 8분이면 모두 감면해 주는 법은?

① 전분 6등법 ② 연분 9등법
③ 답험손실법 ④ 전시과제도

풀이 답험손실법

1. 정의

   1391년(공양왕 3년) 과전법(科田法) 실시 이후 1444년(세종 26년) 공법(貢法)이 공표될 때까지 시행되었다. 고려 말 조준(趙浚) 등 신흥 사대부층(士大夫層)이 주동이 되어 공사전(公私田)을 막론하고 수전(水田) 1결(結)에 조미(糙米) 30두(斗), 한전(旱田) 1결에 잡곡 30두씩의 조(租)를 수취한 유가선정(儒家善政)의 상징적인 세율이다. 십일제(什日制)를 표방한 전제개혁(田制改革)을 단행하면서 별도로 답험손실법을 규정하였다.

2. 내용

   ① 농사가 평년작 이하일 경우 조세를 감하여 주는 손실(損失)은 농작상황(農作狀況)을 10분(分), 즉 10등급으로 하여, 손(損, 흉작) 1분에 조(租) 1분을 감하고, 손 8분이면 조 전부를 감면하였다.

   ② 농지의 실지조사[답험(踏驗)]는 공전(公田)의 경우, 관할 지방관인 수령이 조사하여 감사에게 보고하면 감사가 따로 관원을 파견하여 재심(再審)하고, 다시 감사 · 수령관이 3차로 친심하였다.

정답 11 ② 12 ③

13 관료에서 지급되는 토지로 수조권만 수취할 수 있는 토지는?

① 식읍　　② 녹읍
③ 관료전　　④ 공음전

풀이 **삼국시대의 토지제도**

삼국시대의 지적제도는 부족국가의 사회로 출발하여 정치체제와 법령이 정비되어 감에 따라 통치수단으로 토지제도에 맞추어 관제를 정비하였다.

삼국시대에는 토지국유제를 원칙으로 토지를 경영하고 수취와 생산관계에 따라 토지를 분류하면 국가직영지(國家直營地), 왕실직속지(王室直屬地), 사전(賜田), 식읍(食邑), 사원전(寺院田), 국가수조지(國家收租地), 관료전(官僚田), 정전(丁田) 등으로 나누어진다.

1. **정전제(丁田制)**
   통일신라의 토지제도는 고구려와 백제의 영토편입으로 국유지가 증가함에 따라 관료전과 정전제 등을 시행하게 되었다. 관료전은 문무 관료들에게 직위에 맞는 전(田)을 지급하는 제도이며, 정전제는 일반백성에게 정전(丁田)을 분급하고 모든 부역(賦役)과 전조(田租)를 국가에 바치게 한 제도이다.
2. **관료전(官僚田)**
   관료전은 직전수수(直田授受)의 법을 제정한 것으로 문무 관료들에게 직위에 따라 차등을 두어 녹봉대신에게 전(田)을 지급하는 제도로 687년(신문왕 7년)에 녹읍(祿邑)제를 대신하여 지급하였으나 757년(경덕왕 16년)에 녹읍제의 부활로 없어진 제도이다. 관료전은 조세와 역역의 징발로 국가의 체제정비에 필요한 제원과 왕권강화를 위한 귀족 및 관료세력에 대한 정치적 견제를 위해 신문왕 7년(687년)에 문무 관료전을 도입하였다. 고려시대의 전시과(田柴科), 과전법(科田法), 직전법(職田法)의 효시가 된 제도이다.
3. **녹읍(祿邑)**
   신라시대에 국가가 관료들에게 직무의 대가로 지급한 토지로서 관료귀족이 소유한 일정한 지역의 토지로 조세를 수치할 수 있는 수조권(收祖權) 및 그 토지에 딸린 노동력과 공물(貢物, 조정에 바치는 물건)을 모두 수취할 수 있는 특권이 부여된 토지를 말한다.

14 경무법을 주장한 학자와 저서가 틀린 것은?

① 정약용－경세유표　　② 유길준－서유견문
③ 한백겸－구암유고　　④ 유형원－반계수록

풀이 **양전개정론(量田改正論)**

구분	정약용(丁若鏞)	서유구(徐有榘)	이기(李沂)	유길준(兪吉濬)
양전방안	• 결부제 폐지, 경무법으로 개혁 • 양전법안 개정		수등이척제에 대한 개선책으로 망척제를 주장	전 국토를 리단위로 한 전통제(田統制)를 주장
특징	• 어린도 작성 • 정전제 강조 • 전을 정방향으로 구분 • 휴도 : 방량법의 일환이며 어린도의 가장 최소 단위로 작성된 지적도	• 어린도 작성 • 구고삼각법에 의한 양전수법십오제 마련	• 도면의 필요성 강조 • 정방형의 눈들을 가진 그물눈금을 사용하여 면적 산출(망척제)	• 양전 후 지권 발행 • 리단위의 지적도 작성(전통도)
저서	목민심서(牧民心書)	의상경계책(擬上經界策)	해학유서(海鶴遺書)	서유견문(西遊見聞)

정답 13 ③　14 ①

학자와 저서

① 이익 : 균전론
② 정약용 : 목민심서와 경세유표(經世遺表)에서 어린도, 여전법, 경무법
③ 서유구 : 임원경제십육지(林園經濟十六志)에서 경무법
④ 이기 : 전제망언(田制亡言)에서 결부법의 보완 주장
⑤ 유길준 : 지제의(地制議)와 서유견문에서 전통도

15 토지를 신청에 의하여 등록하는 제도로 네덜란드, 영국, 프랑스 등이 채택하고 있는 제도는?

① 날인증서 등록제도 ② 권원등록제도
③ 소극적 등록제도 ④ 적극적 등록제도

풀이 **소극적 등록제도**

① 일필지의 소유권이 거래되면서 발생하는 거래증서를 변경, 등록하는 제도를 말한다.
② 거래행위에 따른 토지등록은 사유재산 양도증서의 작성, 거래증서의 작성으로 구분되며 등록의무는 없고 신청에 의한다.
③ 토지등록부는 거래사항의 기록일 뿐 권리 자체의 등록과 보장을 의미하지는 않는다.
④ 거래증서의 등록은 정부에 의해서 수행되지만 서류의 합병성 또는 유용성에 대한 사실조사가 이루어지는 것은 아니다.
⑤ 양도증서의 작성은 사인 간의 계약에 의하여 발생하고 거래증서의 등록은 법률가에 의해 취급된다.
⑥ 이 제도는 지적측량과 측량도면을 필요로 한다.
⑦ 네덜란드, 영국, 프랑스, 미국의 일부 주에서 시행된다.

16 다음 중 고등토지조사위원회에 대한 설명으로 옳은 것은?

① 토지소유권 확정에 관한 최고 심의기관이었다.
② 1912년 토지조사령에 의하여 설립되었다.
③ 위원장은 도지사가 되었다,
④ 총회는 불복 또는 재심요구사건을 재결하기 위하여 개최되었다.

풀이 **고등토지조사위원회**

① 임시토지조사국의 사정에 불만이 있는 자는 고등토지조사위원회에 이의를 신청할 수 있으며 사정 공시기간 만료 후 60일 이내에 불복 신립할 수 있도록 하였다.
② 고등토지조사위원회는 사정에 대한 불복 및 재심의 신청에 대해 재결을 결정하는 기관으로 토지소유권 확정에 관한 최고의 심사기관이다.
③ 고등토지조사위원회는 토지소유권의 확정에 관한 최고의 기관으로 최초의 위원회의 구성은 1912년 8월 12일 칙령 제3호 조선총독부 고등토지조사위원회 관제에 의하여 설치되었다.
④ 총독부 정무통감을 위원장으로 하고 위원은 조선총독의 요청에 의하여 3인은 조선총독부 판사를 임명하고 조선총독부 고등관 및 임시토지조사국 고등관 중에서 6인을 임명하였다.

17 토지정보체계론에서 출력장치가 아닌 것은?

① 모니터 ② 프린터 ③ 스캐너 ④ 플로터

풀이 스캐너는 입력장치이다.

정답 15 ③ 16 ① 17 ③

18 1975년에 개정된 지적법이 아닌 것은?

① 지번은 아라비아숫자　② 수치지적부 탄생
③ 전산기기의 융합　④ 면적등록단위 미터법

풀이 **지적법 제2차 전문개정(1975.12.31. 법률 제2801호)**

구분	내용
규정	• 지적법의 입법목적 규정 • 지적공부 · 소관청 · 필지 · 지번 · 지번지역 · 지목 등 지적에 관한 용어의 정의 규정 • 시 · 군 · 구에 토지대장, 지적도, 임야대장, 임야도 및 수치지적부를 비치 관리하도록 하고 그 등록사항 규정 • 시의 동과 군의 읍 · 면에 토지대장 부본 및 지적약도와 임야대장 부본 및 임야약도를 작성 · 비치하도록 규정 • 토지(임야)대장에 토지소유자의 등록번호를 등록하도록 규정 • 경계복원측량 · 현황측량 등을 지적측량으로 규정 • 지적측량업무의 일부를 지적측량을 주된 업무로 하여 설립된 비영리법인에게 대행시킬 수 있도록 규정
규정 삭제	토지대장의 등록사항 중 지상권자의 주소 · 성명 · 명칭 등의 등록규정 삭제
개정	• 면적단위를 척관법의 '평(坪)'과 '무(畝)'에서 미터법의 '평방미터'로 개정 • 지적측량기술자격을 기술계와 기능계로 구분하도록 개정 • 토지(임야)대장 서식을 '한지부책식(韓紙簿册式)'에서 '카드식'으로 개정
제도 신설	• 소관청은 연 1회 이상 등기부를 열람하여 지적공부와 부합되지 아니할 때에는 부합에 필요한 조치를 할 수 있도록 제도 신설 • 소관청이 직권으로 조사 또는 측량하여 지적공부를 정리한 경우와 지번경정 · 축척변경 · 행정구역변경 · 등록사항정정 등을 한 경우에는 관할 등기소에 토지표시변경등기를 촉탁하도록 제도 신설 • 지적위원회를 설치하여 지적측량적부심사청구사안 등을 심의 · 의결하도록 제도 신설 • 지적도의 축척을 변경할 수 있도록 제도 신설 • 지적측량을 사진측량과 수치측량방법으로 실시할 수 있도록 제도 신설 • 지목을 21개 종목에서 24개 종목으로 통 · 폐합 및 신설

19 지역선에 대한 설명 중 옳지 않은 것은?

① 소유자가 같은 토지와의 구획선이다.
② 소유권을 나누는 사정선이다.
③ 소유자를 알 수 없는 토지와의 구획선이다.
④ 토지조사 시행지와 미시행지와의 지계선이다.

풀이 **토지조사사업 당시 용어 정의**

① 강계선 : 사정선으로서 토지조사 당시 확정된 소유자가 다른 토지 간의 경계선이며, 강계선의 상대는 소유자와 지목이 다르다는 원칙이 성립한다.
② 지역선 : 소유자가 같은 토지와의 구획선 또는 소유자를 알 수 없는 토지와의 구획선 및 토지조사사업의 시행지와 미시행지와의 지계선을 말한다.
③ 경계선 : 임야조사사업 시의 사정선으로서, 강계선과 같은 개념이다.

정답 18 ③ 19 ②

20 신라 장적문서의 면적등록방법은?

① 결부법　　② 경무법
③ 두락제　　④ 정전제

풀이 1. 결부법

토지면적을 표시하는 말로 신라시대부터 사용되어 오랜 세월이 흐르는 동안 뜻이 변화되었다. 일정한 토지에서 생산되는 수확량을 나타내는 뜻으로 사용되었으나 일정량의 수확을 올리는 토지면적으로 바뀌었다. 결부에 따라 세액을 정하므로 세율을 표시하는 말로도 사용된다.

2. 결부법 기준

① 1척 제곱은 1파(把), 10파는 1속(束), 10속은 1부(負 또는 卜), 100부는 1결(結)을 말한다.
② 1등전의 1결을 100으로 하여 2등전은 85, 3등전은 70, 4등전은 55, 5등전은 40, 6등전은 25의 비율로 결의 면적을 환산하였다.
③ 1결의 면적에 대해서는 17,000~18,000평 정도로 보는 설, 4,500평으로 보는 설, 6,800여 평으로 보는 설 등이 있다.

※ 신라장적문서 내용

가축으로는 말이 25마리가 있고 그 가운데 전부터 있던 것이 22마리, 3년 사이에 보충된 말이 3마리이다. 소는 22마리가 있고 그 가운데 전부터 있던 것이 17마리, 3년 동안 늘어난 소는 5마리이다. 논은 102결 2부 4속이며 관모전이 4결, 내시령답이 4결, 연수유답이 94결 2부 4속이며 이 가운데 촌주가 그 직위로서 받은 논 19결 70부가 포함되어 있다. 밭은 62결 10부 5속이 있다. 뽕나무는 모두 1,004그루였으며 3년간 심은 것이 90그루, 그 전부터 있던 것이 914그루이다. 잣나무는 모두 120그루였으며 3년간 심은 것이 34그루, 그 전부터 있던 것이 86그루이다. 호두나무는 모두 112그루였으며, 3년간 심은 것이 38그루 그 전부터 있던 것이 74그루이다.

21 공개제도와 관련된 토지제도는?

① 공시제도　　② 공신제도
③ 소극적 등록제도　　④ 적극적 등록제도

풀이 토지등록의 원칙 **암기** ㉠㉥㉧㉢㉤㉥ (등신특정공신)

구분	내용
(등)록의 원칙 (登錄의 原則)	토지에 관한 모든 표시사항을 지적공부에 반드시 등록하여야 하며 토지의 이동이 이루어 지려면 지적공부에 그 변동사항을 등록하여야 한다는 토지등록의 원칙으로 토지표시의 등록주의(登錄主義, Booking Principle)라고 할 수 있다. 적극적 등록제도(Positive System)와 법지적(Legal Cadastre)을 채택하고 있는 나라에서 적용하고 있는 원리로서 토지의 모든 권리의 행사는 토지대장 또는 토지등록부에 등록하지 않고는 모든 법률상의 효력을 갖지 못하는 원칙으로 형식주의(Principle of Formality)규정이라고 할 수 있다.
(신)청의 원칙 (申請의 原則)	토지의 등록은 토지소유자의 신청을 전제로 하되 신청이 없을 때는 직권으로 직접 조사하거나 측량하여 처리하도록 규정하고 있다.
(특)정화의 원칙 (特定化의 原則)	토지등록제도에 있어서 특정화의 원칙(Principle of Speciality)은 권리의 객체로서 모든 토지는 반드시 특정적이면서도 단순하며 명확한 방법에 의하여 인식될 수 있도록 개별화함을 의미하는데 이 원칙이 실제적으로 지적과 등기와의 관련성을 성취시켜 주는 열쇠가 된다.

정답 20 ① 21 ①

국정주의 및 직권주의 (國定主義 및 職權主義)	국정주의(Principle of National Decision)는 지적공부의 등록사항인 토지의 지번, 지목, 경계, 좌표, 면적의 결정은 국가의 공권력에 의하여 국가만이 결정할 수 있는 원칙이다. 직권주의는 모든 필지는 필지단위로 구획하여 국가기관인 소관청이 직권으로 조사·정리하여 지적공부에 등록 공시하여야 한다는 원칙이다.
공시의 원칙, 공개주의 (公示의 原則, 公開主義)	토지 등록의 법적 지위에 있어서 토지이동이나 물권의 변동은 반드시 외부에 알려야 한다는 원칙을 공시의 원칙(Principle of Public Notification) 또는 공개주의(Principle of Publicity)라고 한다. 토지에 관한 등록사항을 지적공부에 등록하여 일반인에게 공시하여 토지소유자는 물론 이해관계자 및 기타 누구나 이용할 수 있도록 하는 것이다.
공신의 원칙 (公信의 原則)	공신의 원칙(Principle of Public Confidence)은 물권의 존재를 추측케 하는 표상, 즉 공시방법을 신뢰하여 거래한 자는 비록 그 공시방법이 진실한 권리관계에 일치하고 있지 않더라도 그 공시된 대로의 권리를 인정하여 이를 보호하여야 한다는 것이 공신의 원칙이다. 즉, 공신의 원칙은 선의의 거래자를 보호하여 진실로 그러한 등기 내용과 같은 권리관계가 존재한 것처럼 법률효과를 인정하려는 법률법칙을 말한다.

22 역둔토에 대한 설명으로 틀린 것은?

① 역토와 둔토를 총칭하였다.
② 역둔토 조사 측량은 현재의 토지대장과 지적도와는 관계가 없다.
③ 1909년 6월부터 1910년 9월까지 역둔토 실지조사를 실시하였다.
④ 면적은 평을 단위로 하고 중간소작인을 조사하였다.

풀이 역둔토

- 조사내용은 필지별로 소재, 지번, 지목, 면적, 사표, 구 명칭, 등급 및 결정소작료, 소작인의 주소 · 성명 등을 조사하였다.
- 지번은 동리별로 별도로 부여하고 지목은 답, 전, 화전, 대, 염전, 지소, 산림, 목장, 노전, 초평, 시장, 진황지, 잡종지 등으로 하였으며 면적은 평을 단위로 하고 소작인은 중간소작인을 배제하고 사실상의 경작자를 조사하였다.

23 경계설정의 방법이 아닌 것은?

① 점유설　　② 계약설
③ 평분설　　④ 보완설

풀이 1. 점유설
① 토지소유권의 경계는 이웃하는 소유자가 각자 점유하는 지역이 1개의 선으로 구분되어 있을 때는 이 선을 토지의 경계선으로 한다.
② 점유설은 지적공부에 의한 경계복원이 불가능한 경우의 지상경계결정에서는 가장 중요한 원칙이 된다.

2. 평분설
① 경계가 분명하고 점유상태에서 확정할 수 없을 경우에는 분쟁지를 물리적으로 평분하여 쌍방토지에 소속시킨다.
② 점유상태를 확정할 수 없을 경우에는 분쟁지를 평분하여 양 필지에 소속하여 경계로 한다.

정답 22 ④ 23 ②

3. 보완설

① 현 점유선에 의하거나 혹은 평분하여 경계를 결정하고자 할 때에 새로 결정되는 경계가 이미 조사된 신빙할 만한 다른 자료와 일치하지 않을 경우에는 이 자료를 감안하여 공평한 방법에 따라 경계를 보완하여야 한다.

② 우리나라에서는 토지조사사업 당시부터 토지의 경계설정기준을 정하여 오늘에 이르기까지 관습적으로 사용하고 있다.

24 양전개정론자와 제시한 양전방법으로 옳은 것은?

① 정약용－일자오결제　② 이기－망척법
③ 유길준－어린도 작성　④ 서유구－전통제

풀이 양전개정론(量田改正論)

구분	정약용(丁若鏞)	서유구(徐有榘)	이기(李沂)	유길준(兪吉濬)
양전 방안	• 결부제 폐지, 경무법으로 개혁 • 양전법안 개정		수등이척제에 대한 개선책으로 망척제를 주장	전 국토를 리단위로 한 전통제(田統制)를 주장
특징	• 어린도 작성 • 정전제 강조 • 전을 정방향으로 구분 • 휴도 : 방량법의 일환이며 어린도의 가장 최소 단위로 작성된 지적도	• 어린도 작성 • 구고삼각법에 의한 양전수법십오제 마련	• 도면의 필요성 강조 • 정방형의 눈들을 가진 그물눈금을 사용하여 면적 산출(망척제)	• 양전 후 지권 발행 • 리단위의 지적도 작성(전통도)
저서	목민심서(牧民心書)	의상경계책(擬上經界策)	해학유서(海鶴遺書)	서유견문(西遊見聞)

25 다음 중 토지조사사업 당시의 면세지목에 해당하는 것은?

① 지소　② 구거
③ 공원지　④ 철도선로

풀이 지목의 종류

토지조사사업 당시 지목 (18개)	• 과세지 : 전, 답, 대(垈), 지소(池沼), 임야(林野), 잡종지(雜種地)(6개) • 비과세지 : 도로, 하천, 구거, 제방, 성첩, 철도선로, 수도선로(7개) • 면세지 : 사사지, 분묘지, 공원지, 철도용지, 수도용지(5개)	
1918년 지세령 개정 (19개)	지소(池沼) : 지소, 유지로 세분	
1950년 구 지적법 (21개)	잡종지(雜種地) : 잡종지, 염전, 광천지로 세분	
1975년 지적법 제2차 개정 (24개)	통합	• 철도용지＋철도선로＝철도용지 • 수도용지＋수도선로＝수도용지 • 유지＋지소＝유지

정답 24 ② 25 ③

10 2012년 한국국토정보공사문제

01 현재 우리나라에서 가장 많이 사용하고 있는 지번부여방식은?

① 절충식 ② 사행식
③ 교호식 ④ 단지식

풀이 **진행방향에 따른 지번부여방법**

1. 사행식
   ① 필지의 배열이 불규칙한 지역에서 진행순서에 따라 지번을 부여하는 방법이다.
   ② 진행방향에 따라 지번이 순차적으로 연속된다.
   ③ 농촌지역에 적합하나, 상하좌우로 볼 때 어느 방향에서는 지번을 뛰어넘는 단점이 있다.
2. 기우식(교호식)
   ① 도로를 중심으로 하여 한쪽은 홀수인 기수로, 그 반대쪽은 짝수인 우수로 지번을 부여하는 방법으로서 교호식이라고도 한다.
   ② 시가지 지역의 지번설정에 적합하다.
3. 단지식(Block식)
   ① 1단지마다 하나의 지번을 부여하고 단지 내 필지들은 부번을 부여하는 방법으로서 블록식이라고도 한다.
   ② 토지구획정리사업 및 농지개량사업시행지역에 적합하다.

02 지세징수를 위하여 이동정리가 완료된 토지대장 중에서 민유 과세지만을 뽑아 각 면마다 소유자별로 기록하여 합계 · 비치한 장부는?

① 지세명기장 ② 결수연명부
③ 토지조사부 ④ 이동지조사부

풀이 **토지조사부**

토지조사부는 토지소유권의 사정원부가 될 것으로서 1동, 리마다 지번순을 따라 지번, 가지번, 지목, 지적, 신고연월일, 소유자의 주소, 성명을 등사하고 분쟁 기타 특수한 사고가 있는 토지는 적요란에 그 요점을 기입하여 책의 말미에 지목별로 지적 및 필수를 집계하고 다시 이를 국유지와 민유지로 구분하여 합계한 것을 게기하였다. 또한 3인 이상의 공유지에 대하여는 따로 연명서를 작성하여 말미에 붙이고, 2명의 공유지는 이름을 연기하여 적요란에 공유지임을 표시하였다.

※ 지세명기장
   ① 지세징수를 위하여 이동정리를 끝낸 토지대장 중에서 민유과세지만을 뽑아 각 면마다 소유자별로 연기하여 이를 합계한 것을 말한다.
   ② 과세지에 대한 인적 편성주의에 따라 성명별 목록을 작성한 것이다.
   ③ 200매를 1책으로 책머리에 소유자 색인을 붙이고 책 끝에는 면계를 붙였다.
   ④ 동명이인인 경우에는 동리명, 통호명을 부기하여 식별토록 하였다.

※ 결수연명부
   ① 결수연명부는 토지대장적 성격의 공부로 그 성격을 확실히 하고 있었는데 그러한 장부 성격의 변화과정에서 주요 계기였던 것은 과세견취도의 작성이다. 이는 조선정부가 남긴 양안을 기초자료로 하여 필지별로 토지상태와 소유자확인이 이루어졌던 전국적인 규모의 토지조사라고 할 수 있다.

정답 01 ② 02 ①

② 각 재무감독별로 상이한 형태와 내용의 징세대장이 만들어져 이에 따른 통일된 양식의 징세대장을 만들기 위해 결수연명부를 작성하도록 하였다.
③ 토지가옥증명규칙 이래의 증명제도 시행으로 인해 농민들은 신고주의에 익숙해진 상태였을 뿐만 아니라 일제의 면밀한 행정적 강요는 무신고의 발생을 효과적으로 방지할 수 있었다.
④ 지주총대의 성격도 지주적인 것이 아니었다. 그들은 토지신고서와 결수연명부를 대조하는 실무에 종사한 하급 고용인에 불과했고 신고 결과를 임의로 조작하기에는 농촌사회에서의 그들의 사회와 경제적 위치가 너무 낮았다.

03 구장산술에 대한 내용으로 틀린 것은?

① 수학의 내용을 제1장 방전부터 제9장 구고장까지 분류하였다.
② 신라시대의 방전장은 방전, 직전, 구고전, 규전, 제전의 총 5가지 형태가 있었다.
③ 산사가 토지 측량 및 면적측정에 구장산술을 이용하였다.
④ 구장산술을 조선의 실정에 맞게 재구성한 구장술해를 편찬하기도 하였다.

풀이 1. 구장산술의 개념
① 저자 및 편찬연대 미상인 동양최고의 수학서적
② 시초는 중국으로 원, 명, 청, 조선을 거쳐 일본에까지 영향을 미침
③ 삼국시대부터 산학관리의 시험 문제집으로 사용

2. 구장산술의 특징
① 수학의 내용을 제1장 방전부터 제9장 구고장까지 분류함
② 고대 농경사회의 수확량 측정 및 토지를 측량하여 세금부과에 이용
③ 특히 제9장 구고장은 토지의 면적계산과 측량술에 밀접한 관련이 있음
④ 고대 중국의 일상적인 계산법이 망라된 중국수학의 결과물

3. 구장산술의 구성

제1장 방전(方田)	'방전(方田)'은 전묘(田畝)의 넓이를 구하는 계산에 분수가 있으며, 분자 · 분모 · 통분이라는 말도 엿볼 수 있다.
제2장 속미(粟米)	'속미(粟米)'로 금전미곡의 교역산이 있다.
제3장 쇠분(衰分)	'쇠분(衰分)'으로 비례의 계산문제이다.
제4장 소광(少廣)	'소광(少廣)'으로 방전장과는 역으로 넓이에서 변과 지름을 구하는 계산으로 제곱근풀이가 있다.
제5장 상공(商功)	'상공(商功)'으로 토목공사에 관한 문제이다.
제6장 균수(均輸)	'균수(均輸)'로 물자수송의 계산문제이다.
제7장 영부족(盈不足)	'영부족(盈不足)'으로 분배의 과부족산에 관한 문제이다.
제8장 방정(方程)	'방정(方程)'으로 1차 연립방정식의 계산문제를 가감법으로 푸는 방법을 취급하였다.
제9장 구고(句股)	'구고(句股)'로 직각삼각형에 관한 문제이며 피타고라스 응용문제와 2차 방정식을 사용하였다.

정답 03 ②

삼국시대의 지적제도 비교

구분	고구려	백제	신라
길이단위	척(尺) 단위 사용 : 고구려척	척(尺) 단위 사용 : 백제척, 후한척, 남조척, 당척	척(尺) 단위 사용 : 흥아발주척, 녹아발주척, 백아척, 목척
면적단위	경무법(頃畝法)	두락제(斗落制)와 결부제(結負制)	결부제(結負制)
토지장부	봉역도(封域圖) 및 요동성총도(遼東城塚圖)	• 도적(圖籍) • 일본에 전래[근강국 수소촌 간전도(近江國 水沼村 墾田圖)]	장적(방전, 직전, 제전, 규전, 구고전, 원전, 호전, 환전)
측량방식	구장산술	구장산술	구장산술
토지담당(부서·조직)	• 부서 : 주부(主簿) • 실무조직 : 사자(使者)	내두좌평(內頭佐平) • 산학박사 : 지적·측량담당 • 화사 : 도면작성 • 산사 : 측량 시행	• 조부 : 토지세수 파악 • 산학박사 : 토지측량 및 면적 측정
토지제도	토지국유제 원칙	토지국유제 원칙	토지국유제 원칙

04 이집트 나일강 하류 대홍수에 따른 측량 기록을 입증하는 것은?

① 테라코타 판 ② 메나무덤 벽화
③ 수메르 점토판 ④ 미쇼의 돌

풀이 1. 고대 바빌로니아의 지적 관련 사료

바빌로니아 누지(Nuzi)의 점토판 지도	이라크 북동부 지역의 누지(Nuzi)에서 고대 바빌로니아에서 사용된 B.C. 2500년경의 점토판 지도 발견
바빌로니아의 지적도	B.C. 2300년경의 바빌로니아 지적도로서 소유경계와 재배작물 및 가축 등을 표시하여 과세목적으로 사용
경계비석 미쇼(Michaux)의 돌	• 수메르인들은 최초의 문자를 발명하고 점토판에 새겨진 지도 제작 • 홍수 예방과 관개를 위하여 운하, 저수지, 제방과 같은 수리체계 완성 • 토지분쟁을 사전에 예방하기 위해 토지경계를 측량하고 토지 양도 서식을 담아서 "미쇼의 돌"이라는 경계비석을 세움
테라코타(Terra Cotta) 서판	이라크 남부지역의 움마(Ummah) 시에서 양질의 점토를 구워서 만든 B.C. 2100년경의 서판 발견(토지경계와 면적이 기록)

2. 이집트 테베지역

메나 무덤(Tomb of Menna)의 고분벽화	• 지적측량과 지적제도의 기원 • 인류문명의 발생지인 티그리스, 유프라테스, 나일강의 농경정착지에서 찾아볼 수 있음

정답 04 ②

05 토렌스시스템 중 커튼이론에 해당하는 것은?

① 모든 법적권리 상태를 완벽하고 투명하게 등록하여 공시하여야 한다.
② 토지등록을 심사할 때 권리의 진실성에 관여해서는 안 된다.
③ 등록 이전의 모든 권리관계와 거래사실 등은 고려 대상이 될 수 없다.
④ 권원증명서의 모든 내용은 정확성이 보장되고 실체적인 권리관계와 일치되어야 한다.

풀이 토렌스시스템의 3대 기본원칙

1. 거울이론(Mirror Principle)
   ① 소유권에 관한 현재의 법적 상태는 오직 등기부에 의해서만 이론의 여지없이 완벽하게 보인다는 원리이다.
   ② 토지권리증서의 등록은 토지거래의 사실을 이론의 여지없이 완벽하게 반영하는 거울과 같다는 이론이다.
   ③ 소유권증서와 관련된 모든 현재의 사실이 소유권의 원본에 확실히 반영된다는 원칙이다.
2. 커튼이론(Curtain Principle)
   ① 소유권의 법적 상태와 관련한 확실성을 보장하기 위하여 단지 현재의 등기부에 등기된 사항만 논의되어야 한다는 이론이다.
   ② 현재의 소유권증서는 완전한 것이며 이전의 증서나 왕실 증여를 추적할 필요가 없다는 것이다.
   ③ 토렌스제도에 의해 한번 권리증명서가 발급되면 당해 토지에 대한 이전의 모든 이해관계는 무효가 되며 현재의 소유권을 되돌아볼 필요가 없다는 것이다.
3. 보험이론(Insurance Principle)
   ① 권원증명서에 등기된 모든 정보는 정부에 의하여 보장된다는 원리이다.
   ② 토지등록이 토지의 권리를 아주 정확하게 반영한 것이나 인간의 과실로 인하여 착오가 발생하는 경우에 피해를 입은 사람은 누구나 피해보상에 관한 한 법률적으로 선의의 제3자와 동등한 입장에 놓여야만 된다는 이론이다.
   ③ 토지의 등록을 뒷받침하며 어떠한 경로로 인한 소유자의 손실을 방지하기 위하여 수정될 수 있다는 이론이다.
   ④ 금전적 보상을 위한 이론이며 손실된 토지의 복구를 의미하는 것은 아니다.

06 둠즈데이 북에 대한 설명으로 알맞은 것은?

① 도면과 대장을 동시에 작성하였다.
② 나폴레옹이 전 국토를 대상으로 작성하였다.
③ 런던을 중심으로 하여 영국 전체를 대상으로 하였다.
④ 최초의 국토자원에 관한 목록으로 평가된다.

풀이 둠즈데이북(Domesday Book)

과세장부로서 Geld Book이라고도 하며 토지와 가축의 숫자까지 기록되었다 . 둠즈데이북은 1066년 헤이스팅스 전투에서 덴마크 노르만족이 영국의 색슨족을 격퇴 후 20년이 지난 1086년 윌리엄(William) 1세가 자기가 정복한 전 영국의 자원 목록으로 국토를 조직적으로 작성한 토지기록이며 토지대장이다. 둠즈데이북은 윌리엄 1세가 자원목록을 정리하기 이전에 덴마크 침략자들의 약탈을 피하기 위해 지불되는 보호금인 Danegeld를 모으기 위해 영국에서 사용되어 왔던 과세장부이며 영국의 런던 공문서보관소(Public Record Office)에 두 권의 책으로 보관되어 있다.

정답 05 ③ 06 ④

07 모번에 기초하여 분할되는 토지의 유래를 용이하게 파악할 수 있는 부번제도는?

① 분수식 부번제도
② 기번식 부번제도
③ 자유식 부번제도
④ 모번식 부번제도

풀이 **외국의 지번설정방법**

1. 분수식 지번제도
   ① 원지번을 분자, 부번을 분모로 한 분수형태의 지번설정방식으로 독일, 오스트리아 등에서 사용하고 있다.
   ② 독일 : 6−2는 6/2로 표현하며 분할 시 최종 지번이 6/3이면 부번은 6/4, 6/5로 표시
   ③ 오스트리아, 핀란드, 불가리아 : 567번이 분할 시 최종 지번이 123이면 부번은 124/567로 표시한다.
2. 기번제도
   인접지번 또는 지번의 자리수와 함께 원지번의 번호로 구성되어 지번상의 근거를 알 수 있는 방법으로 사정지번이 모번지로 보존된다. 즉, 989번이 분할 시 989a와 989b, 989b번이 분할 시 $989b^1$와 $989b^2$로 표시된다.
3. 자유부번
   토지등록 구역 내에 최종 지번의 다음 번호를 부여하고 원지번은 소멸되는 방식이다.

08 지적측량수행자가 측량을 하고 지적소관청이 확정하는 토지의 경계는?

① 보증경계
② 고정경계
③ 일반경계
④ 법정경계

풀이 **경계의 특성**

일반경계	일반경계(General Boundary 또는 Unfixed Boundary)란 특정 토지에 대한 소유권이 오랜 기간 동안 존속하였기 때문에 담장 · 울타리 · 구거 · 제방 · 도로 등 자연적 또는 인위적 형태의 지형 · 지물을 필지별 경계로 인식하는 것이다.
고정경계	고정경계(Fixed Boundary)란 특정 토지에 대한 경계점의 지상에 석주 · 철주 · 말뚝 등의 경계표지를 설치하거나 이를 정확하게 측량하여 지적도상에 등록 관리하는 경계이다.
보증경계	지적측량사에 의하여 정밀 지적측량이 행해지고 지적관리청의 사정(査定)에 의하여 행정처리가 완료되어 측정된 토지경계를 의미한다.

09 민영환이 설립하여 측량을 전문으로 가르치는 양지과를 설치한 학교는?

① 흥화학교
② 영돈측량학교
③ 수진측량학교
④ 측량기술견습소

풀이 **흥화학교(興化學校)**

흥화학교는 민영환(閔泳煥)이 설립(1898년 11월 5일 개교)한 근대(한국 최초)사립학교이다. 심상과(尋常科) · 특별과 · 양지과(量地科)로 나누고, 영어 · 일어 · 측량술을 가르쳤다. 민영환이 사망한 후 경영이 곤란하였으나, 황실과 학부(學部)의 보조 및 유지의 의연금으로 유지하다가 1911년에 폐교되었다.

※ 수진측량학교(壽進測量學校)
   1. 표석 현황
      ① 표석명 : 수진측량학교터(壽進測量學校址)

정답 07 ② 08 ① 09 ①

② 표석문안 : 개화사상가 유길준(兪吉濬)이 수진궁(壽進宮)을 빌려 측량전문교육기관(1908~1909)을 세웠던 곳
③ 설치연도 : 1993년
④ 표석유형 : 판석형

2. 측량교육
[조선시대의 지적]
조선시대에는 세금을 부과하기 위하여 모든 토지를 6등급으로 나누며 20년마다 한 번씩 전국의 땅을 일제조사하였다. 조사결과는 호조와 각 도, 각 고을에 보관하도록 되어 있었지만 그 조사비용이 만만치 않아 건너뛰는 경우가 많아 토지에 대한 자료가 부실하였다.
고종 초기만 하여도 우리 조상들은 땅을 사고팔 때 측량기술이 없었으므로 정확한 면적을 알 수 없어 대개 어디에 있는 하루갈이이며 땅 모양은 어떻게 생겼다는 식으로 사고팔았다. 하지만 대개 근방에 사는 사람들끼리 사고팔았으므로 서로 잘 알고 있었고 상속도 대개 그런 식으로 했지만 아무 문제없이 지내왔다. 또한 양반은 재물을 너무 잘 아는 것은 체면을 손상하는 것이라고 하면서 토지주의 이름도 자기 집 노비 이름으로 해 놓는 경우가 많았지만 이 또한 아무런 문제가 없었다.
그러다가 일본 사람들이 들어오면서 측량을 하고 등기를 하면서 여러 가지로 복잡한 문제가 나오기 시작하였다.

10 대한제국의 지적관리기구를 설치순서대로 나열한 것은?

① 내부 판적국－양지아문－지계아문－탁지부 양지국－탁지부 양지과
② 내부 판적국－양지아문－지계아문－탁지부 양지과－탁지부 양지국
③ 내부 판적국－지계아문－양지아문－탁지부 양지국－탁지부 양지과
④ 내부 판적국－지계아문－양지아문－탁지부 양지과－탁지부 양지국

풀이 **지적관리 행정기구**

1. 전제상정소(임시관청)
   ① 1443년 세종 때 토지, 조세제도의 조사연구와 신법의 제정을 위해 설치하였다.
   ② 전제상정소준수조화(측량법규)라는 한국 최초의 독자적 양전법규를 1653년 효종 때 만들었다.
2. 양전청(측량중앙관청으로 최초의 독립관청)
   1717년 숙종 때 균전청을 모방하여 설치하였다.
3. 판적국(내부관제)
   1895년 고종 때 설치하였으며 호적과에서는 호구적에 관한 사항을, 지적과에서는 지적에 관한 사항을 담당하였다.
4. 양지아문(量地衙門, 지적중앙관서)
   구 한국정부시대[대한제국시대 : 광무(光武) 원년(1897년)]에 고종은 광무라는 원호를 사용하여 국호를 대한제국으로 고쳐 즉위하고 양전 · 관계발급사업을 실시하였다. 광무 2년(1898년) 7월에 칙령 제25호로 양지아문 직원 및 처무규정을 공포하여 비로소 독립관청으로 양전사업을 위하여 설치되었다. 광무 5년(1901년)에 이르러 전국적인 대흉년으로 일단 중단하게 되었으며 1901년 폐지하고 지계아문과 병행하다가 1902년에 지계아문으로 이관되었다.

정답 10 ①

5. 지계아문(地契衙門, 지적중앙관서)

1901년 고종 때 지계아문 직원 및 처무규정에 의해 설치된 지적중앙관서로 관장업무는 지권(地券)의 발행, 양지 사무이다. 러일전쟁에 의한 일본 군대의 주둔과 제1차 한일협약을 강요당하게 되어 지계 발행은 물론 양전사업마저도 중단하게 되었다. 새로 탁지부 양지국을 신설하여 양전업무를 담당하였다.

6. 양지국(탁지부 하위기관)

1904년 고종 때 지계아문을 폐지하고 탁지부 소속의 양지국을 설치하였으며, 이듬해 양지국을 폐지하고 사세국 소속의 양지과로 축소되었다.

11 지목의 설정원칙으로 옳지 않은 것은?

① 일시변경 불변의 원칙 – 일시적인 휴경, 채광, 채굴, 나대지 사용, 건축물의 철거 등으로 임시적으로 사용하는 것은 지목을 변경하지 않는다.

② 용도경중의 원칙 – 도로를 가로질러 철도를 개설한 경우 당해 부분을 분할하여 철도용지로 지목을 부여하여야 하나 철도를 도로의 지하에 개설하거나 지상에 고가를 설치하여 개설하는 경우 그러하지 아니한다.

③ 등록선후의 원칙 – 주거용 건축물을 중심으로 농기구 창고, 마당, 축사 등이 있는 경우 건축물의 주된 용도에 따라 대로 부여한다.

④ 사용목적 추종의 원칙 – 도시개발사업으로 공원, 학교용지, 대 등으로 준공된 토지에 일시석으로 농사를 짓는 토지는 도시개발사업 등의 사용목적에 따라 고시된 공원, 학교용지, 대로 부여한다.

풀이 지목여부의 원칙 **암기** ㉠㉠㉠㉠㉠㉠ (일주등용일사)

(일)필일지목의 원칙	일필지의 토지에는 1개의 지목만을 설정해야 한다는 원칙
(주)지목 추정의 원칙	주된 토지의 사용목적 또는 용도에 따라 지목을 정해야 한다는 원칙
(등)록 선후의 원칙	지목이 서로 중복될 때는 먼저 등록된 토지의 사용목적 또는 용도에 따라 지목을 설정해야 한다는 원칙
(용)도 경중의 원칙	지목이 중복될 때는 중요한 토지의 사용목적 또는 용도에 따라 지목을 설정해야 한다는 원칙
(일)시변경 불변의 원칙	임시적이고 일시적인 용도의 변경이 있는 경우에는 등록전환을 하거나 지목변경을 할 수 없다는 원칙
(사)용목적 추종의 원칙	도시계획사업 등의 완료로 인하여 조성된 토지는 사용목적에 따라 지목을 설정하여야 한다는 원칙

12 수등이척제에 대한 내용으로 옳은 것은?

① 등급에 관계 없이 한 종류의 양전척을 사용하였다.

② 비옥한 토지에는 길이가 긴 양전척을 사용하였다.

③ 척박한 토지에는 길이가 짧은 양전척을 사용하였다.

④ 각 등급에 따라 척수를 달리 하였다.

정답 11 ③ 12 ④

풀이 **수등이척제(隨等異尺制)**

수등이척제란 고려 말기에 농부의 손뼘을 기준으로 전품을 상 · 중 · 하 3등급으로 나누어 척수의 길이를 다르게 하여 면적을 계산하던 방법(제도)이다.

1. 면적계산
   ① 등급기준
   - 상등급 : 농부의 손뼘 20뼘을 1척으로 타량
   - 중등급 : 농부의 손뼘 25뼘을 1척으로 타량
   - 하등급 : 농부의 손뼘 30뼘을 1척으로 타량

   ② 전의 형태(면적계산)
   면적계산 시 결부제를 사용하였으나 전형이 각각 달라서 문란하게 되기 쉬우므로 알기 쉬운 5가지 형태로만 타량하였다.
   - 방전(方田)
   - 직전(直田)
   - 구고전(句股田)
   - 규전(圭田)
   - 제전(梯田)

13 임야조사사업 당시 임야대장에 등록된 면적을 평으로 환산한 값이 아닌 것은?

① 1보－3평　② 1무－30평
③ 1단－300평　④ 1정－3,000평

풀이 **면적의 등록단위**

① 1무보 : 30평
② 1단보 : 300평(10무보)
③ 1정보 : 3,000평(10단보)
④ 1평 : 6자×6자(1자는 30.303cm)
⑤ 1정보 : 10단보, 3,000평(9,918m^2)

14 토지조사 당시 사정 내용에 불복하여 재결신청을 할 경우 재결내용이 사정과 다르게 될 때 경계의 효력발생 시기는?

① 재결일에 소급
② 사정일에 소급
③ 재결신청일에 소급
④ 사정불복일에 소급

풀이 **사정(査定)**

임시토지조사국은 토지조사법, 토지조사령 등에 의하여 토지조사사업을 시행하고 토지소유자와 경계를 확정하였는데 이를 사정이라 한다. 임시토지조사국장의 사정은 이전의 권리와 무관한 창설적, 확정적 효력을 갖는 가중 중요한 업무라 할 수 있다. 임야조사사업에 있어서는 조선임야조사령에 따라 사정을 하였다.

정답 13 ① 14 ①

[사정(査定)과 재결(裁決)의 법적 근거]

① 사정은 공시되었고 공시기간 만료 후 60일 이내에 고등토지조사위원회(高等土地調査委員會)에 이의를 제출할 수 있도록 되었다(토지조사령 제11조).

② 토지조사령은 "토지소유자의 권리는 사정의 확정 또는 재결에 의하여 확정한다."고 규정하였다(제15조).

③ 그 확정의 효력발생 시기는 신고 또는 국유통지의 당일로 소급되었다(제10조).

15 입안에 대한 내용으로 옳지 않은 것은?

① 토지매매 시 관청에서 공적으로 증명하여 발급한 문서이다.

② 토지는 매매계약 후 1년, 상속 후 100일 이내에 입안을 받아야 한다.

③ 기재 내용은 입안일자, 입안관청명, 입안사유, 당해관의 서명이다.

④ 임진왜란 이후 조선 후기에 폐지되었다.

풀이 **입안(立案)**

1. 개요

재산권이나 상속권을 주장하는 데 절대적인 근거가 되었다. 고려시대에도 이 제도가 있었으나 조선시대의 실물이 많이 전하여진다. 《경국대전》에는 토지 · 가옥 · 노비는 매매계약 후 100일, 상속 후 1년 이내에 입안을 받도록 되어 있었다. 다른 의미로 황무지 개간에 관한 인허가서를 말한다.

2. 근거기록

경국대전	토지 · 가옥 · 노비는 매매계약 후 100일, 상속 후 1년 이내에 입안을 받도록 되어 있었다(매매에 관한 증서).
속대전(續大典)	• 한광지처(閒曠之處)에는 기간자(起墾者)로서 주인을 삼는다. • 미리 입안(立案)을 얻은 자가 스스로 이를 기간하지 않고 타인의 기간지를 빼앗은 자 및 입안을 사사로이 매매하는 자는 침전전택률로서 논한다(개간지 허가에 관한 증서).

3. 입안의 문서 형식

① 발급 날짜

② 입안 관서

③ 증명할 내용 기록

④ 입안 사실을 명기

⑤ 담당관서의 실무자와 책임자 서명

⑥ 입안 발급을 요청하는 소지(所志)

⑦ 관계 문서

⑧ 관계인과 증인의 진술

4. 입안의 내용

① 매매나 상속으로 인한 토지 · 가옥 · 노비 및 기타 재산의 소유권 이전

② 재판 결과[결송(決訟)] : 재판의 승소자는 소송사실과 승소내용을 밝힌 입안을 받았다.

③ 양자 입적[입후(立後)] : 양자를 들였을 경우 예조에 요청하여 그 사실을 증명받아야 하였다.

5. 개간허가에 관한 입안

① 속대전(續大典)에 근거 기록이 있다.

② 황무지[한광지(閒曠地)]의 개간에 실지로 노력을 들인 자를 보호하여 소유권을 취득시키는 것을 원칙으로 하였다.

③ 개간권리(입안)를 받아 남몰래 매매하는 사례도 있었다.

④ 미리 개간허가만 받아 놓고 내버려 두었다가 타인이 이를 개간하면 그때 비로소 자기가 개간허가를 받았다는 구실로 그 개간지를 빼앗은 예도 적지 않았다.

정답 15 ②

16 결부제 및 경무법에 대한 설명으로 옳은 것은?

① 결부제는 결, 부, 속, 파 단위를 사용하였다.
② 경무법은 일본의 전지의 면적단위법을 모방하였다.
③ 결부제는 논밭의 면적단위로 마지기의 준말이다.
④ 경무법은 토지의 비옥도에 따라 결부수를 따졌다.

풀이 **면적의 단위** (※ 면적단위에 대한 설명은 삼국 공통 및 고려, 조선에도 적용)

경무법	• 면적표준(고정된 면적표시의 계량법) • 1경=100무, 1무=100보, 1보=6척 • 1경 1무 1보 1척=60,607척 • 1경=100무=10,000보=60,000척
결부제	• 수확표준, 수세표준, 면적단위 등의 이중적 성격의 제도 • 1결 1총 1부 1속 1파 =11,111파 • 10,000파(척)=1,000속=100부=10총=1결
두락제	백제시대 토지의 면적산정을 위한 측량의 기준을 정한 제도로 이에 의한 결과는 도적(圖籍)에 기록되었다. 이는 전답에 뿌리는 씨앗의 수량으로 면적으로 표시하는 것으로, 1석(石, 20두)의 씨앗을 뿌리는 면적을 1석락이라고 하였다. 이 기준에 의하면 하두락, 하승락, 하합락이라고 하며 1두락의 면적은 120평 또는 180평이다.

17 일제강점기 당시 대장규칙 및 측량규정 변천순서로 옳은 것은?

① 토지대장규칙 – 토지측량규정 – 임야대장규칙 – 임야측량규정
② 토지측량규정 – 토지대장규칙 – 임야측량규정 – 임야대장측량규정
③ 토지대장규칙 – 임야대장규칙 – 토지측량규정 – 임야측량규정
④ 토지측량규정 – 임야측량규정 – 토지대장규칙 – 임야대장규칙

풀이 **지적법령 변천과정**

① 토지조사법(1910.8.23.)
② 토지조사령(1912.8.13.)
③ 지세령(1914.3.16.)
④ 토지대장규칙(1914.4.25.)
⑤ 조선임야조사령(1918.5.01.)
⑥ 임야대장규칙(1920.8.23.)
⑦ 토지측량규정(1921.6.16.)
⑧ 임야측량규정(1935.6.12.)
⑨ 조선지세령(1943.3.31.)
⑩ 조선임야대장규칙(1943.3.31.)
⑪ 지세법(1950.12.1.)
⑫ 지적법(1950.12.1.)
⑬ 지적법시행령(1951.4.1.)
⑭ 지적측량규정(1954.11.12.)
⑮ 지적측량사규정(1960.12.31.)

18 면적측정 대상이 아닌 것은?

① 등록사항 정정
② 지적공부 복구
③ 지목변경
④ 신규등록

풀이 면적측정 대상에서 제외되는 것 : 합병, 지목변경

정답 16 ① 17 ③ 18 ③

19 우리나라 지목 개수의 변천 과정으로 옳은 것은?

① 17종－21종－24종－28종　　② 18종－21종－24종－28종

③ 19종－21종－24종－28종　　④ 20종－21종－24종－28종

풀이 지목의 종류

구분		내용
토지조사사업 당시 지목(18개)		• (과)세지 : (전), (답), (대)(垈), (지)소(池沼), (임)야(林野), (잡)종지(雜種地)(6개) • (비)과세지 : (도)로, 하(천), 구(거), (제)방, (성)첩, (철)도선로, (수)도선로(7개) • (면)세지 : (사)사지, (분)묘지, (공)원지, (철)도용지, (수)도용지(5개)
1918년 지세령 개정(19개)		지소(池沼) : 지소, 유지로 세분
1950년 구 지적법(21개)		잡종지(雜種地) : 잡종지, 염전, 광천지로 세분
1975년 지적법 2차 개정(24개)	통합	• 철도용지＋철도선로＝철도용지 • 수도용지＋수도선로＝수도용지 • 유지＋지소＝유지
	신설	(과)수원, (목)장용지, 공(장)용지, (학)교용지, 유(원)지, 운동(장)(6개)
	명칭 변경	• 사사지 ⇒ 종교용지　• 성첩 ⇒ 사적지 • 분묘지 ⇒ 묘지　• 운동장 ⇒ 체육용지
2001년 지적법 10차 개정(28개)		(주)차장, (주)유소용지, (창)고용지, (양)어장(4개 신설)

20 연대적 편성주의에 대한 설명으로 옳은 것은?

① 개개의 소유자를 중심으로 편성한다.

② 물적 편성주의를 기본으로 인적 편성주의 요소에 가미하는 것이다.

③ 개개의 토지를 중심으로 등록부를 편성한다.

④ 당사자의 신청순서에 따라 순차적으로 기록한다.

풀이 토지등록 편성주의

구분	내용
물적 편성주의(物的 編成主義)	물적 편성주의(System Des Realfoliums)란 개개의 토지를 중심으로 등록부를 편성하는 것으로서 1토지에 1용지를 두는 경우이다. 등록객체인 토지를 필지로 구획하고 이를 등록단위로 하므로 토지의 이용, 관리, 개발 측면에서는 편리하나 권리주체인 소유자별 파악이 곤란하다.
인적 편성주의(人的 編成主義)	인적 편성주의(System Des Personalfoliums)란 개개의 토지 소유자를 중심으로 등록부를 편성하는 것으로 토지대장이나 등기부를 소유자별로 작성하여 동일소유자에 속하는 모든 토지는 당해 소유자의 대장에 기록하는 방식이다.
연대적 편성주의(年代的 編成主義)	연대적 편성주의(Chronologisches System)란 당사자 신청의 순서에 따라 순차로 등록부에 기록하는 것으로 프랑스의 등기부와 미국에서 일부 사용되는 리코딩 시스템(Recoding System)이 이에 속한다. 등기부의 편성방법으로서는 유효하나 공시의 작용을 하지 못하는 단점이 있다.
물적 · 인적 편성주의(物的 · 人的 編成主義)	물적 · 인적 편성주의(System Der Real Personalfoliums)란 물적 편성주의를 기본으로 등록부를 편성하되 인적 편성주의의 요소를 가미한 것이다. 즉, 소유자별 토지등록부를 동시에 설치함으로써 효과적인 토지행정을 수행하는 방법이다.

정답 19 ② 20 ④

21 지목과 그 부호의 연결이 모두 알맞은 것은?

① 공장용지 - 공, 양어장 - 양, 광천지 - 천
② 하천 - 천, 유지 - 유, 사적지 - 사
③ 주차장 - 주, 유지 - 유, 사적지 - 사
④ 유원지 - 유, 주유소용지 - 주, 목장용지 - 목

풀이 **지목의 부호표기**

지목	부호	지목	부호	지목	부호	지목	부호
전	전	대	대	철도용지	철	공원	공
답	답	공장용지	㉮	제방	제	체육용지	체
과수원	과	학교용지	학	하천	㉷	유원지	㉹
목장용지	목	주차장	㉲	구거	구	종교용지	종
임야	임	주유소용지	주	유지	유	사적지	사
광천지	광	창고용지	창	양어장	양	묘지	묘
염전	염	도로	도	수도용지	수	잡종지	잡

22 소극적 등록제도의 내용으로 틀린 것은?

① 서면심사에 의하므로 형식적 심사주의를 따른다.
② 토지소유자가 신청 시에 신청한 사항만 등록한다.
③ 리코딩 시스템이 여기에 속한다.
④ 시행국가로는 대만이 해당된다.

풀이 **소극적 등록제도**

① 일필지의 소유권이 거래되면서 발생하는 거래증서를 변경, 등록하는 제도를 말한다.
② 거래행위에 따른 토지등록은 사유재산 양도증서의 작성, 거래증서의 작성으로 구분되며 등록의무는 없고 신청에 의한다.
③ 토지등록부는 거래사항의 기록일 뿐 권리 자체의 등록과 보장을 의미하지는 않는다.
④ 거래증서의 등록은 정부에 의해서 수행되지만 서류의 합병성 또는 유용성에 대한 사실조사가 이루어지는 것은 아니다.
⑤ 양도증서의 작성은 사인 간의 계약에 의하여 발생하고 거래증서의 등록은 법률가에 의해 취급된다.
⑥ 이 제도는 지적측량과 측량도면을 필요로 한다.
⑦ 네덜란드, 영국, 프랑스, 미국의 일부 주에서 시행된다.

정답 21 ② 22 ④

23 토지조사구역에서 200간 이상 떨어진 지역으로 이미 비치하고 있는 임야도를 등록하여 지적도로 간주하는 지역의 도면은?

① 간주임야도 ② 과세지견취도
③ 신구대조도 ④ 간주지적도

풀이 **간주지적도(看做地籍圖) · 산토지대장(山土地臺帳) · 간주임야도(看做林野圖)**

지적도로 간주하는 임야도를 간주지적도라 하고, 이에 대한 대장을 토지대장과 별도로 별책(別冊土地臺帳), 을호(乙號土地臺帳), 산토지대장(山土地臺帳)이라 일컫는다. 노력과 경비 및 도면 매수제약 등으로 인하여 기존 지적도에 등록할 수 없는 경우에 실시하였으며 토지조사시행지역에서 200간(間) 이상 떨어진 지역(산간벽지, 섬지역) 산림지대 안의 전, 답, 대 등의 과세지 등이 이에 해당한다.

1. 간주지적도(看做地籍圖)
   ① 육지에서 멀리 떨어진 도서지역, 토지조사구역에서 멀리 떨어진 산간벽지[약 200간(間)] 등을 지정하였다.
   ② 전, 답, 대 등 과세지가 있을 경우 이를 지적도에 등록하지 아니하고 임야도에 존치하였다.
2. 산토지대장(山土地臺帳)
   ① 산토지대장에 등록면적 단위는 30평단위이다.
   ② 산토지대장은 1975년 지적법 전문개정 시 토지대장카드화 작업으로 m^2 단위로 환산하여 등록하였고, 전산화사업 이후 보관만 하고 있다.
3. 간주임야도(看做林野圖)
   ① 1/50,000 지형도를 임야도로 간주하는 것으로 임야조사사업 당시 임야의 필지가 광범위하고 측량을 위한 접근이 어려운 고산지대로 임야도에 등록하기에 어려운 국유임야지역이 이에 해당된다.
   ② 간주임야도 시행지역에는 영양군 일월산과 무주군 덕유산 일대 그리고 함양군, 산청군, 하동군 등 지리산 일대가 있다.

24 토지의 고유번호로 알 수 있는 내용으로 틀린 것은?

① 토지의 소재 ② 지번의 구성
③ 대장의 종류 ④ 도면의 종류

풀이 **토지의 고유번호**

하나하나 필지마다 서로를 판별하기 위하여 필지별로 붙이는 번호를 의미하는데, 지적공부의 종류를 표시하는 1자리 숫자와 행정구역을 표시하는 10자리의 숫자 및 지번을 표시하는 8자리 숫자로 구성되어 있다.
이러한 고유번호에 의해 해당 토지의 소재인 행정구역의 등록, 명칭된 대장의 본번 구분 및 부번 등을 쉽게 파악할 수 있고 토지의 특정성을 부여할 수도 있으며 전산화를 통해 지적업무의 검색을 쉽게 할 수 있다.
토지의 고유번호로 도면의 종류는 알 수 없다.

25 조선임야조사령에 의한 임야조사에도 도지사가 임야를 사정할 때의 사정선으로 맞는 것은?

① 지역선 ② 강계선
③ 경계선 ④ 지계선

정답 23 ④ 24 ④ 25 ③

풀이 **토지조사사업 당시 용어 정의**

강계선(疆界線)	소유권에 대한 경계를 확정하는 역할을 하며 반드시 사정을 거친 경계선을 말하며 토지소유자 및 지목이 동일하고 지반이 연속된 토지를 1필지로 함을 원칙으로 한다. 강계선과 인접한 토지의 소유자는 반드시 다르다는 원칙이 성립되며 조선임야조사사업 당시 도장관의 사정에 의한 임야도면상의 경계는 경계선이라 하였고 강계선의 경우는 분쟁지에 대한 사정으로 생긴 경계선이라 할 수 있다.
지역선(地域線)	토지조사 당시 사정을 하지 않는 경계선을 말하며 동일인이 소유하는 토지일 경우에도 지반의 고저가 심하여 별필로 하는 경우의 경계선을 말한다. 지역선에 인접하는 토지의 소유자는 동일인일 수도 있고 다를 수도 있다. 지역선은 경계분쟁의 대상에서 제외되었으며 동일인의 소유지라도 지목이 상이하여 별필로 하는 경우의 경계선을 말한다. 지목이 다른 일필지를 표시하는 것을 말한다. 소유자가 같은 토지와의 구획선 또는 소유자를 알 수 없는 토지와의 구획선 및 토지조사사업의 시행지와 미시행지와의 지계선을 지역선이라 한다.
경계선(境界線)	지적도상의 구획선을 경계라 지칭하고 강계선과 지역선으로 구분하며 강계선은 사정선이라고 하였으며 임야조사 당시의 사정선은 경계선이라고 했다. 최근 경계선의 의미는 강계선이나 지역선에 관계없이 2개의 인접한 토지 사이의 구획선을 말한다. 도해지적에서는 지적도나 임야도에 그려진 토지의 구획선을 말하는데, 물론 지상에 있는 논둑, 밭둑, 표항 따위를 말하는 것은 아니다. 경계점좌표시행지역에서 경계선이라고 할 때에는 어떤 점의 좌표(우리나라 지적분야에서는 평면직각종횡선수치)와 그 이웃하는 점의 좌표와의 연결을 말한다. 경계선의 종류에는 시대 및 등록방법에 따라 다르게 부르기도 하였다. 경계는 일반경계, 고정경계, 자연경계, 인공경계 등으로 사용처에 따라 다르게 부르기도 한다.

26 양전개전론과 그것을 주장한 학자의 관계로 옳지 않은 것은?

① 정약용－정전제 시행을 전제로 한 어린도법을 주장하였다.
② 이기－수등이척제의 개선방안으로 망척제를 주장하였다.
③ 유길준－어린도의 가장 최소 단위로 휴도를 주장하였다.
④ 서유구－경무법을 개선한 방안을 제시하였다.

풀이 **양전개정론(量田改正論)**

구분	정약용(丁若鏞)	서유구(徐有榘)	이기(李沂)	유길준(兪吉濬)
양전방안	• 결부제 폐지, 경무법으로 개혁 • 양전법안 개정		수등이척제에 대한 개선책으로 망척제를 주장	전 국토를 리단위로 한 전통제(田統制)를 주장
특징	• 어린도 작성 • 정전제 강조 • 전을 정방향으로 구분 • 휴도 : 방량법의 일환이며 어린도의 가장 최소 단위로 작성된 지적도	• 어린도 작성 • 구고삼각법에 의한 양전수법십오제 마련	• 도면의 필요성 강조 • 정방형의 눈들을 가진 그물눈금을 사용하여 면적 산출(망척제)	• 양전 후 지권 발행 • 리단위의 지적도 작성(전통도)
저서	목민심서(牧民心書)	의상경계책(擬上經界策)	해학유서(海鶴遺書)	서유견문(西遊見聞)

정답 26 ③

27 축척 1/600인 도곽의 크기는?

① 150×200　　② 200×250
③ 300×400　　④ 400×500

구분	축척	도상길이(cm)		지상길이(m)	
		종선	횡선	종선	횡선
토지대장등록지 (지적도)	1/500	30	40	150	200
	1/600	41.666	33.333	200	250
	1/1,000	30	40	300	400
	1/1,200	41.666	33.333	400	500
	1/2,400	41.666	33.333	800	1,000
	1/3,000	40	50	1,200	1,500
	1/6,000	40	50	2,400	3,000
임야대장등록지 (임야도)	1/3,000	40	50	1,200	1,500
	1/6,000	40	50	2,400	3,000

28 도면의 종류가 아닌 것은?

① 경계점좌표등록부, 지적도　　② 지적도, 일람도, 색인도
③ 임야도, 경계점좌표등록부　　④ 경계점좌표등록부

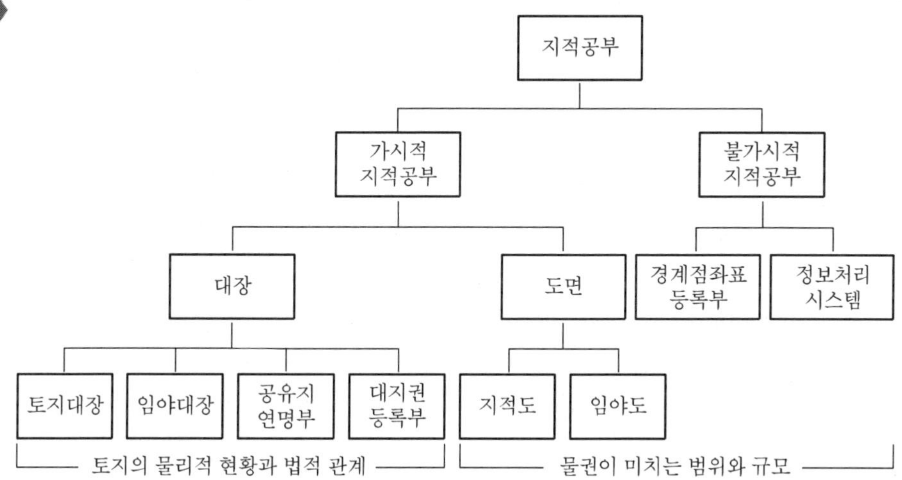

정답 27 ② 28 ②

29 지적형식주의에 대한 내용으로 옳지 않은 것은?

① 지적공부에 등록·공시해야만 공식적인 효력이 인정된다.
② 법률에서 정해진 일정한 형식과 절차를 따라야 제3자로부터 보호를 받는다.
③ 적극적 등록제도와 법지적을 채택하고 있는 나라에서 주로 적용한다.
④ 사실관계 부합 여부를 심사하여 지적공부에 등록한다.

풀이 **지적법의 기본이념** 암기 국형공실직

지적국정주의, 지적형식주의, 지적공개주의를 3개 기본이념이라 하고, 실질적 심사주의와 직권등록주의를 더하여 5대 이념이라 한다.

구분	내용
지적국정주의	지적공부의 등록사항인 토지소재, 지번, 지목, 경계 또는 좌표와 면적 등은 국가의 공권력에 의하여 국가만이 이를 결정할 수 있는 권한을 가진다는 이념
지적형식주의	국가의 통치권이 미치는 모든 토지를 필지단위로 구획하여 지번, 지목 경계 또는 좌표와 면적을 정하여 국가기관인 소관청이 비치하고 있는 지적공부에 등록·공시하여야만 공식적인 효력이 인정되는 이념
지적공개주의	지적공부에 등록된 사항은 이를 토지소유자나 이해관계인 등 국민에게 신속·정확하게 공개하여 정당하게 이용할 수 있도록 하는 이념
실질적 심사주의 (사실심사주의)	지적공부에 새로이 등록하는 사항이나 이미 등록된 사항의 변경등록은 국가기관인 소관청이 지적법령에 정한 절차상의 적법성뿐만 아니라 실체법상 사실관계의 부합 여부를 심사하여 지적공부에 등록하여야 한다는 이념
직권등록주의 (강제등록주의)	모든 필지는 필지 단위로 구획하여 국가기관인 소관청이 강제적으로 지적공부에 등록·공시하여야 한다는 이념

30 토지조사령을 공포하여 1구역마다 지번을 부여하였는데 지번을 부여하지 않은 지목이 아닌 것은?

① 도로　　② 철도선로
③ 제방　　④ 지소

풀이 **지목의 종류**

구분	내용	
토지조사사업 당시 지목 (18개)	• 과세지 : 전, 답, 대(垈), 지소(池沼), 임야(林野), 잡종지(雜種地)(6개) • 비과세지 : 도로, 하천, 구거, 제방, 성첩, 철도선로, 수도선로(7개) • 면세지 : 사사지, 분묘지, 공원지, 철도용지, 수도용지(5개)	
1918년 지세령 개정 (19개)	지소(池沼) : 지소, 유지로 세분	
1950년 구 지적법 (21개)	잡종지(雜種地) : 잡종지, 염전, 광천지로 세분	
1975년 지적법 제2차 개정 (24개)	통합	• 철도용지+철도선로=철도용지 • 수도용지+수도선로=수도용지 • 유지+지소=유지

정답 29 ④ 30 ④

11 2013년 한국국토정보공사문제

01 조선시대 때 한 말의 씨앗을 뿌릴 만한 밭의 넓이를 말하는 논밭의 면적단위는?

① 경무법 ② 두락제
③ 결부제 ④ 정전제

풀이 1. 두락제
백제시대 때 농지에 뿌리는 씨앗의 수량을 면적산정의 기준으로 정한 제도로 결과를 도적에 기록하였다.
① 두락제의 특징
- 석두락을 사정하여 두락제적 토지지배로 전환하려는 시도는 그 자체 궁방, 가문의 사적지주의 도조가 책정하였던 강제된 정책
- 구한말의 두락은 각 도, 군, 면마다 면적기준이 다르다.

② 면적 기준
- 1석(石, 20두)은 씨앗을 뿌리는 면적을 1석락이라 한다.
- 표준에 의하여 하두락, 하경락, 하합락이라 하며 1두락의 면적은 120~180평 정도이다.

2. 결부법과 경무법

구분	결부법	경무법
특징	• 농지비옥 정도로 세액 파악 • 주관적인 방법 • 세가 동일 부과, 불합리적 • 세금의 총액은 일정 • 전국의 토지가 정확히 측량되지 않음 • 부정이 따르게 됨	• 농지의 광협에 따라 세액 파악 • 객관적인 방법 • 세가 경중에 따라 부과, 합리적 • 세금의 총액이 해마다 일정치 않음 • 전국의 농지를 정확하게 파악이 가능 • 정약용, 서유구가 주장
면적	• 1척 → 1파(把) • 10파 → 1속(束) • 10속 → 1부(負) • 100무 → 1결(結)	• 6척 → 1보 • 100보 → 1무 • 100무 → 1경

02 둠즈데이북(Domesday Book)에 대한 설명으로 옳지 않은 것은?

① 영국의 윌리엄 1세가 만들었다. ② 국토를 실제로 자료 조사하였다.
③ 토지대장과 도면을 작성하였다. ④ 양피지 2권에 라틴어로 쓰여 있다.

풀이 둠즈데이북(Domesday Book)
윌리엄 1세가 덴마크 침략자들의 약탈을 피하기 위해 지불되는 보호금인 데인겔트(Danegeld)를 모아 기록하는 영국에서 사용되었던 과세용의 지세 장부로서, 둠즈데이북은 과세장부로서 Geld Book이라고도 하며 토지와 가축의 숫자까지 기록되었다. 둠즈데이북은 1066년 헤이스팅스 전투에서 덴마크 노르만족이 영국의 색슨족을 격퇴 후 20년이 지난 1086년 윌리엄(William) 1세가 자기가 정복한 전 영국의 자원 목록으로 국토를 조직적으로 작성한 토지기록이며 토지대장이다. 둠즈데이북은 윌리엄 1세가 자원목록을 정리하기 이전에 덴마크 침략자들의 약탈을 피하기 위해 지불되는 보호금인 Danegeld를 모으기 위해 영국에서 사용되어 왔던 과세장부이며 영국의 런던 공문서보관소(Public Record Office)에 두 권의 책으로 보관되어 있다.

정답 01 ② 02 ③

※ 지적의 기원

① 고대의 지적 : 기원전 3400년경에 이미 토지 과세를 목적으로 하는 측량이 시작되었고, 기원전 3000년경에는 토지 기록이 존재하고 있었다는 이집트 역사학자들의 주장에 의해 입증되고 있으며, 유프라테스·티그리스강 하류의 수메르(Sumer) 지방에서 발굴된 점토판에는 토지 과세 기록과 마을 지도 및 넓은 면적의 토지 도면과 같은 토지 기록들이 나타나고 있다.

② 중세의 지적 : 노르만 영국의 윌리엄(William) 1세가 1085년과 1086년 사이에 전 영토를 대상으로 하여 작성한 둠즈데이 북(Domesday Book)으로서, 이 토지기록은 최초의 국토자원에 관한 목록으로 평가된다.

③ 근대의 지적 : 1720년에서 1723년 동안에 있었던 이탈리아 밀라노의 축척 2,000분의 1 지적도 제작 사업이며, 프랑스의 나폴레옹(Napoleon) 1세가 1808년부터 1850년까지 전 국토를 대상으로 작성한 지적은 또 다른 의미에서 근대 지적의 기원으로 평가된다.

03 벡터 데이터의 특징에 해당되지 않는 것은?

① 데이터 구조가 단순하여 데이터양이 적다.
② 고해상력을 지원하므로 상세하게 표현된다.
③ 시각적 효과가 높아 실세계 묘사가 가능하다.
④ 위상정보의 표현이 가능하지만 시뮬레이션은 곤란하다.

풀이 벡터 자료와 래스터 자료 비교

구분	벡터 자료	래스터 자료 ㉮첩이 ㉯㉰하여 ㉱을 세워야 ㉲㉳㉴이 ㉵하지 않는다
정의	벡터 자료구조는 기호, 도형, 문자 등으로 인식할 수 있는 형태를 말하며 객체들의 지리적 위치를 크기와 방향으로 나타낸다.	래스터 자료구조는 매우 간단하며 일정한 격자간격의 셀이 데이터의 위치와 그 값을 표현하므로 격자데이터라고도 하며 도면을 스캐닝하여 취득한 자료와 위상영상자료들에 의하여 구성된다. 래스터 구조는 구현의 용이성과 단순한 파일구조에도 불구하고 정밀도가 셀의 크기에 따라 좌우되며 해상력을 높이면 자료의 크기가 방대해진다. 각 셀들의 크기에 따라 데이터의 해상도와 저장크기가 달라지게 되는데, 셀 크기가 작을수록 보다 정밀한 공간현상을 잘 표현할 수 있다.
장점	• 보다 압축된 자료구조를 제공하므로 데이터 용량의 축소가 용이하다. • 복잡한 현실세계의 묘사가 가능하다. • 위상에 관한 정보가 제공되므로 관망분석과 같은 다양한 공간분석이 가능하다. • 그래픽의 정확도가 높다. • 그래픽과 관련된 속성정보의 추출 및 일반화, 갱신 등이 용이하다.	• 자료구조가 ㉮단하다. • 여러 레이어의 중㉯이나 분석이 용이하다. • ㉰료의 조작과정이 매우 효과적이고 수치영상의 질을 향상시키는 데 매우 효과적이다. • ㉱치이미지 조작이 효율적이다. • 다양한 ㉲간적 편의가 격자의 크기와 형태가 동일하여 시뮬레이션이 용이하다.

정답 03 ①

구분	벡터 자료	래스터 자료 ㉮㉯이 ㉰㉱하여 ㉲을 세워야 ㉳㉴㉵이 ㉶하지 않는다
단점	• 자료구조가 복잡하다. • 여러 레이어의 중첩이나 분석에 기술적으로 어려움이 수반된다. • 각각의 그래픽 구성요소는 각기 다른 위상구조를 가지므로 분석에 어려움이 크다. • 그래픽의 정확도가 높아서 도식과 출력에 비싼 장비가 요구된다. • 일반적으로 값비싼 하드웨어와 소프트웨어가 요구되므로 초기비용이 많이 든다.	• 압축되어 ㉳용되는 경우가 드물며 ㉴형관계를 나타내기 훨씬 어렵다. • 주로 격자형의 네모난 형태로 가지고 있기 때문에 수작업에 의해서 그려진 완화된 ㉵에 비해서 미관상 매끄럽지 못하다. • 위㉶정보의 제공이 불가능하므로 관망해석과 같은 분석기능이 이루어질 수 없다. • 좌표변환을 위한 시간이 많이 소요된다.

04 토지조사사업에 대한 내용으로 옳지 않은 것은?

① 1910년에 실시하여 1918년에 완료하였다.
② 토지조사사업 내용 중 가장 중요한 것은 토지소유권조사의 실시였다.
③ 1912년 토지조사령을 공포함으로써 본격적으로 착수하였다.
④ 가격조사는 토지뿐만 아니라 임야까지도 포함하였다.

풀이 토지조사사업

사업기간	1909년 6월(역둔토 실지조사) 및 11월(경기도 부천 시험측량)~1918년 11월 완료
사업의 내용	• 토지의 소유권 조사 • 토지의 가격 및 외모 조사
사업시행기간	• 조사 및 측량기관 : 임시토지조사국 • 사정기관 : 토지조사국장 • 분쟁지 재결 : 고등토지조사위원회
사업 내용	• 토지등기제도, 지적제도에 대한 체계적인 증명제도 확립 • 지세수입을 증대하기 위한 조세수입 체제 확립 • 국유지를 조사하여 조선총독부의 소유지 확보 • 토지의 지형, 지모를 조사하여 식량 수출증대정책에 대응하는 토지조사를 실시하기 위한 것 • 토지의 가격조사는 지세제도의 확립을 위한 것 • 토지의 외모조사는 국토의 지리를 밝히는 것 등으로 분류 • 토지의 소유권 조사는 지적제도와 부동산 등기제도의 확립을 위한 것

정답 04 ④

05 대삼각본점에 대한 설명으로 옳지 않은 것은?

① 대마도의 일등삼각점인 어악과 유명산을 연결하여 부산의 절영도와 거제도를 대삼각망으로 구성하였다.
② 측량에 사용된 기기는 1초독 정밀도의 데오드라이트 기기를 사용하였다.
③ 전국을 23개 삼각망으로 나누어 약 400점을 설치하였다.
④ 기선망에서 12대회, 대삼각본점망에서 6대회의 방향관측법을 사용하여 평균하였다.

풀이 **대삼각본점**

① 대마도의 일등삼각점인 어악과 유명산을 연결하여 부산의 절영도와 거제도를 대삼각망으로 구성하였다.
② 측량에 사용된 기기는 0.5초독 정밀도의 데오드라이트 기기를 사용하였다.
③ 전국을 23개 삼각망으로 나누어 약 400점을 설치하였다.
④ 기선망에서 12대회, 대삼각본점망에서 6대회의 방향관측법을 사용하여 평균하였다.
⑤ 1910년 6월~1914년 10월 경상남도를 시작으로 총 400점을 측정하였다.

06 내수사 및 7궁을 총괄하여 불린 1사 7궁이 소속된 토지는?

① 역둔토 ② 묘위토
③ 궁장토 ④ 목장토

풀이 **궁장토**

1. 궁장토의 정의
   궁장이란 후궁, 대군, 공주, 옹주 등의 존칭으로서 각 궁방 소속의 토지를 궁방 전 또는 궁장토라 일컬었으며 또한 일사칠궁 소속의 토지도 궁장토라 불렀다.
2. 일사칠궁
   제실의 일반 소요경비 및 제사를 관장하기 위하여 설치되었으며 각기 독립된 재산을 가졌다.
   ① 내수사 : 이씨 조선 건국 시초부터 설치되어 왕실이 수용하는 미곡, 포목, 노비에 관한 사무를 관장하는 궁중직
   ② 수진궁 : 예종의 왕자인 제안대군의 사저
   ③ 선희궁 : 장조(莊祖)의 생모인 영빈이씨의 제사를 지내던 장소
   ④ 용동궁 : 명종왕의 제1왕자인 순회세자의 구궁이었으나 그 후 내탕에 귀속
   ⑤ 육상궁 : 영조대왕의 생모인 숙빈최씨의 제사를 지내던 장소
   ⑥ 어의궁 : 인조대왕의 개인저택이었으나 그 후 왕비가 쓰는 내탕에 귀속
   ⑦ 명례궁 : 덕종의 제2왕자 월산대군의 저택
   ⑧ 경우궁 : 순조의 생모인 수빈박씨의 제사를 지내는 곳
3. 궁장토의 시초
   ① 직전(職田)과 사전(賜田)
   - 직전 : 품계에 따라 전토를 급여하는 것(대군은 250경, 왕자는 180경)
   - 사전 : 국왕의 특명에 의하여 따로 전토를 준 것

   ② 직전 및 사전의 폐단
   - 직전 및 사전은 이를 받은 자가 사망하면 반납하여야 하나 자손에게 세습
   - 임진왜란으로 토지가 황폐화되고 그 경계가 불분명하여 전면 폐지
   - 직전, 사전제도의 폐지로 황무지 및 예빈시 소속의 토지를 궁둔으로 지급

정답 05 ② 06 ③

07 토지조사사업 당시 각 필지의 개형을 간승 및 보측으로 측정하여 작성하고 단지 지형을 보고 베끼는 방법으로 그린 약도는?

① 지적약도　　② 과세지약도
③ 과세지견취도　　④ 세부측량원도

풀이 과세지견취도와 결수연명부

과세지 견취도	의의	토지조사 측량성과인 지적도가 나오기 전인 1911년부터 1913년까지 지세부과를 목적으로 작성된 약도로서 각 필지의 개형을 제도용 기구를 쓰지 않고 손으로 그린 간이지적도라 할 수 있다.
	작성배경	과세지에 대한 전국적인 견취도를 작성하여 이것을 결수연명부와 대조하여 연명부를 토지대장으로 공부화하려는 것이다.
	작성방법	• 축척 : 1/1,200 • 북방표시 • 거의 굴곡이 없는 곡선으로 제도
결수연명부	의의	재무감독별로 내용과 형태가 다른 징세대장이 만들어져 이에 따른 통일된 양식이 징세대장을 만들기 위해 결수연명부를 작성토록 하였다.
	작성배경	• 과세지견취도를 기초로 하여 토지신고서가 작성되고 토지대장이 만들어졌다. • 공적장부의 계승관계 깃기(지세명기장) → 결수연명부 → 토지대장
	작성방법	• 면적 : 결부 누락에 의한 부정확한 파악 • 비과세지는 제외

08 고려시대 관직의 지위에 따라 전토와 시지를 차등하게 지급하기 위한 전시과제도로 맞지 않는 것은?

① 시정전시과　　② 경정전시과
③ 개정전시과　　④ 전정전시과

풀이 고려시대 토지제도

역분전(役分田)		고려 개국에 공을 세운 조신(朝臣), 군사(軍士) 등 공신에게 관계(官階, 직급)를 논하지 않고 선악과 공로의 대소에 따라 토지를 지급하였다.
전시과	시정전시과(始定田柴科)	관계와 인품을 고려하여 개별적 관료들에 대한 수조지급여(收租地給與)는 감소시키고 각종 관료성원들에 대하여 수조지분권(收租地分權)을 확보하기 위한 제도이다.
	개정전시과(改定田柴科)	전시급여자의 관등을 18과로 나누어 전시수급액을 규정하여 지급하고 인품이라는 기준은 지양하고 관직에 따라 토지를 분급하였다.
	경정전시과(更定田柴科)	18등급에 따라 현직문무양반관료(現職文武兩班官僚)들에 대한 수조지 분급량을 줄이고 개별적 문무산관(文武散官)들에 대한 수조지(收租地)를 격감시켰다. 다른 편으로는 마군(馬軍), 보군(步軍) 등 군인의 수조지를 증가시켰다.
녹과전(祿科田)		전민변정사업과 전시과 체제에서 수급자의 편리와 토지겸병의 토지를 보호하려는 것과 문무 관리의 봉록에 충당하는 토지제도이다.

정답 07 ③ 08 ④

과전법(科田法)	대규모의 토지를 권문세족들이 소유하고 있으면서 세금을 내지 않아 국고가 부족하여 만든 과전법은 사전과 공전으로 구분하여, 사전은 경기도에 한하여 현직, 전직관리의 고하에 따라 토지를 지급하였다.

09 하천, 연안부근에 흙 · 모래 등이 쓸려 내려와 농사를 지을 수 있는 부지로 변형된 토지로 맞는 것은?

① 후보지
② 이생지
③ 포락지
④ 간석지

풀이 **포락지 · 이생지**

하천연안에 있던 토지가 홍수 또는 강락하여 생긴 하천부지를 **포락지**라고 하고 그 하류 또는 대안에 하천이 토지가 된 것을 **이생지**라 한다. 과거 하천연안에 있던 토지가 홍수 등으로 강락하여 하천부지가 되고 그 하류 또는 대안에 새로운 토지가 생긴 경우 강락한 토지의 소유자가 새로 생긴 토지의 소유권을 얻는 관습이 있었는데 이를 **포락이생**이라고 한다. 포락이생도 과세지성이다.

※ 포락이생

1. 포락이생
   과거 하천의 연안에 있던 토지가 홍수 등으로 강락하여 하천부지로 되고 그 하류 또는 대안(對岸)에 새로운 토지가 생긴 경우에는 강락한 토지의 소유자가 새로 생긴 토지의 소유권을 얻는 관습이 있었는데 이를 가리켜 '포락이생'이라 하였다.
2. 대전회통의 조문
   대전회통의 조문에 의하면 강변의 과세지가 강락되어 하천부지가 된 토지는 면세하고 새로 생긴 토지는 과세한다고 되어 있다.
3. 포락이생의 문제점
   ① 한쪽에서 강락하였다 하더라도 반드시 다른 한쪽에 이생지가 생긴다고 단정할 수 없었다.
   ② 이생지가 생겼다 하더라도 포락지와 거리가 멀거나 두 개의 토지가 행정구역이 다를 때에는 면세절차와 과세절차를 동시에 할 수 없었다.
   ③ 결국 포락이생은 소관청의 판정에 따를 수밖에 없었다.

10 토지조사업 당시 면적이 10평 이하인 협소한 토지의 면적측정방법으로 맞는 것은?

① 전자면적측정기
② 삼사법
③ 좌표면적계산법
④ 플래미터

풀이 토지조사업 당시 면적이 10평 이하인 협소한 토지의 면적측정방법은 삼사법으로 하였다.

11 1975년 지적법 제2차 전문개정 이전에 임야대장에 등록하는 면적의 최소 단위로 맞는 것은?

① 1홉
② 1단
③ 1무
④ 1보

정답 09 ② 10 ② 11 ④

풀이 **면적단위 환산**

① 1정 : 3,000평
② 1단 : 300평
③ 1무 : 30평
④ 1보 : 1평

※ **지적법 제2차 전문개정(1975.12.31. 법률 제2801호)**

① 지적법의 입법목적 규정
② 지적공부 · 소관청 · 필지 · 지번 · 지번지역 · 지목 등 지적에 관한 용어의 정의 규정
③ 시 · 군 · 구에 토지대장, 지적도, 임야대장, 임야도 및 **수치지적도를** 비치 · 관리하도록 하고 그 등록사항 규정
④ 토지대장의 등록사항 중 지상권자의 주소 · 성명 · 명칭 등의 등록규정 삭제
⑤ 시의 동과 군의 읍 · 면에 토지대장 부본 및 지적약도와 임야대장 부본 및 임야약도를 작성 · 비치하도록 규정
⑥ 지목을 21개 종목에서 24개 종목으로 통 · 폐합 및 신설
⑦ **면적단위를 척관법의 '평(坪)'과 '무(畝)'에서 미터법의 '평방미터'로 개정**
⑧ 토지(임야)대장에 토지소유자의 등록번호를 등록하도록 규정
⑨ 경계복원측량 · 현황측량 등을 지적측량으로 규정
⑩ 지적측량을 **사진측량과 수치측량방법**으로 실시할 수 있도록 제도 신설
⑪ 지적도의 축척을 변경할 수 있도록 제도 신설
⑫ 소관청은 연 1회 이상 등기부를 열람하여 지적공부와 부합되지 아니할 때에는 부합에 필요한 조치를 할 수 있도록 제도 신설
⑬ 지적측량기술자격을 기술계와 기능계로 구분하도록 개정
⑭ 지적측량업무의 일부를 지적측량을 주된 업무로 하여 설립된 비영리법인에게 대행시킬 수 있도록 규정
⑮ 토지(임야)대장 서식을 '한지부책식(韓紙簿冊式)'에서 '카드식'으로 개정
⑯ 소관청이 직권으로 조사 또는 측량하여 지적공부를 정리한 경우와 지번경정 · 축척변경 · 행정구역변경 · 등록사항정정 등을 한 경우에는 관할 등기소에 토지표시변경등기를 촉탁하도록 제도 신설
⑰ 지적위원회를 설치하여 지적측량적부심사청구사안 등을 심의 · 의결하도록 제도 신설

12 양지아문에서 양안을 작성할 경우 기본도형 5가지 이외에 추가하였던 사표도의 도형으로 맞지 않는 것은?

① 타원형
② 삼각형
③ 호시형
④ 원호형

풀이 **양지아문의 토지측량**

① 개별토지측량 후 소유권과 가사, 국가가 추인하는 사정과정을 절차로 함
② 개별토지의 모습과 경계를 가능한 정확히 파악하여 장부에 등재
③ 근대적 토지측량제도를 도입, 전국의 토지를 측량하는 사업 추진
④ 양무감리는 각도에, 양무위원은 각군에 파견, 견습생을 대동하여 측량
⑤ 종래의 자호 지번제도를 그대로 적용
⑥ 토지파악 단위는 결부제 채용
⑦ 양안은 격자양전 당시의 전답형 표기, 방형, 직형, 제형, 규형, 구고형 등 11가지 전답 도형을 사용하여 적용

정답 12 ④

13 가장 오래된 도시평면도로 적색, 청색, 보라색, 백색 등을 사용하여 도로, 하천, 건축물 등이 그려진 것은?

① 요동성총도　　② 방위도
③ 어린도　　④ 지안도

풀이 토지도면

「삼국사기」 고구려본기 제8에는 제27대 영유왕 11년(628년)에 사신을 당(唐)에 파견할 때 봉역도를 당 태종에게 올렸다고 하였다. 여기에서의 봉역도는 고구려 강역의 측회도(測繪圖)인 것 같은데 봉역이란 흙을 쌓아서 만든 경계란 뜻도 있다. 이 봉역도는 지리상 원근, 지명, 산천 등을 기록하고 있었을 것이다. 그리고 **고구려시대 때 어느 정도 지적도적인 성격을 띠는 도면으로 1953년 평남 순천군(順天郡)에서 요동성총도(遼東城塚圖)**라는 고구려 고분벽화가 발견되었다. 여기에는 요동성의 지도가 그려져 있는데 요동성의 지형과 성시의 구조, 도로, 성벽, 주요 건물 등을 상세하게 그렸을 뿐 아니라 하천과 개울, 산 등도 그려져 있다. 이 요동성 지도는 우리나라에 실물로 현존하는 도시평면도로서 가장 오래된 것인데 고대 이집트나 바빌로니아의 도시도, 경계도, 지적도와 같은 내용의 유사성이 있는 것이며 회화적 수법으로 그려져 있다. 이와 같이 봉역도나 요동성총도의 내용으로 미루어 보아 고구려에서 측량척을 사용하여 토지를 계량하고 이를 묘화한 오늘날의 지적도와 유사한 토지도면이 있었을 것으로 추측된다.

14 정약용이 저서한 '경세유표'에서 주장한 휴도에 대한 설명으로 맞지 않는 것은?

① 전, 답, 도랑, 가옥, 울타리, 수목 등의 경계를 표시한 것이다.
② 휴도, 촌도, 향도, 현도 등과 같이 계통적으로 작성하려고 하였다.
③ 휴는 먹과 붓으로 그리되 자오선을 기준으로 하여 그어지는 경위선으로 경계를 구획하였다.
④ 사방에다 표영을 세워 전지의 경계를 정리 시 동남방향에서 나침반으로 경선을 기준하였다.

풀이 휴도(畦圖)

양전 시에 화공이 경전관 지시에 따라 휴단위로 도를 작성하고 휴 내에 포함된 25구의 무(畝)와 무 내에 포함된 전답의 경계를 표시하는 것으로, 만량으로 확정된 휴전의 도면을 작성하는 것을 휴도라 한다.

1. 휴도의 특징
   ① 토지제도와 세제개혁을 통해서 국가를 바로잡고 농민들에게 공평과세를 하려고 하였다.
   ② 휴도를 기본도로 제작하였으며 어린도의 최소 단위로 하였다.
   ③ 휴도의 사용에 대해서는 기록에서 찾아볼 수는 없다.
   ④ 지도 체계를 **휴도(畦圖) → 촌도(村圖) → 향도(鄕圖) → 현도(縣圖)** 등과 같이 계통적으로 작성하려고 하였다.
   ⑤ 도면 제작에 경위선 개념과 계통적 과정을 도입하는 과학적인 방법을 제시하였던 것이다.
   ⑥ 어린도를 작성하는 목적은 전국의 농지를 정확하게 파악하고자 하였다.
   ⑦ 휴도한 휴단위의 지도를 작성하는 것으로 전답, 도랑, 가옥, 울타리, 수목 따위의 경계를 표시한 것이다.
   ⑧ 촌도란 행단위의 지도를 작성하는 것으로 산청, 원습(原隰), 촌리(村里)의 형태를 그린 것이다.
   ⑨ 휴도의 작성 방법은 휴도 묵필(墨筆)로써 자오선을 기준으로 그어지는 경위선으로 경계를 구획하고 휴 내의 25개 묘도 각각 1구로 경위선으로 구획하며 그 내부에 포함된 전답 매필지는 주필(朱筆) 점선으로 구획토록 하였다.

정답 13 ① 14 ④

2. 휴도 작성을 위한 방량법

① 방량(方量)을 하는 방법은 한강을 기준으로 남쪽은 남으로부터 시작하여 북상하면서 서쪽에서 기량(起量)하여 동쪽으로 진행하였다.

② 북쪽은 북에서부터 시작하여 남하하되 동쪽에서 기량하여 서쪽으로 진행하였다.

③ 전답의 자호(字號)는 양전(量田)의 순서에 따라 부여하였으며 현재의 사행식(蛇行式) 부여방법을 채택하였다.

④ 양전을 할 때 자오(子午)의 향(向)에 따라 정정방방으로 측량한 휴전의 사방에 표영(表楹)을 세웠다.

⑤ 전지(田地)의 경계를 정리할 때는 서남방향에서 자오침반을 관찰하여 경선으로 남북방향을 바르게 하고 위선으로 동서방향을 바르게 하였다.

⑥ 길이 50보, 너비 50보로 1휴를 만들고 교차선을 설치하여 10보가 될 때마다 한 줄씩 쳤으며, 경선과 위선은 4선이며 둘레선과 어울려 6선이 되었다.

⑦ 논은 한 배미마다 그 둘레를 그리고 밭은 한 구역마다 그 경계를 그렸다.

⑧ 지형이 비탈진 곳에서 줄은 수평척(水平尺)을 만들어서 사용하였다.

⑨ 양전의 장비는 지평준(地平準), 주묵(朱墨), 장적(帳籍), 전적(田籍), 수레, 표목(標木), 돈대(墩臺), 끈(줄자), 자오침반, 장지(壯紙), 천지(賤紙), 벼루묵, 붓, 토규(土圭), 일표(日表), 목척(木尺), 곡척(曲尺), 곧은 나무, 새끼(繩) 등이다.

15 측량준비도의 과거 명칭으로 맞는 것은?

① 측량원도　　② 측량결과도

③ 소도　　④ 측량성과도

풀이 **측량소도**

측량소도란 지적도를 등사하여 측량원도에 일필지별로 자사한 것과 착묵한 도면을 말한다. 토지조사사업 당시에도 일필지 측량 시 작성하였으며 1910년부터 2005년 지적도면전산화가 되기 전까지 모든 지적측량에 대하여 측량소도를 작성한 후 업무를 집행하였다. 1975년 이후 측량준비도로 불리다가 2009년 전자평판 도입 이후에는 측량준비도, 측량파일, 측량결과도 등이 전산화시스템으로 운영되고 있다.

1. 점사법(연사법)을 이용한 측량소도의 작성방법

① 점사법(點寫法)이란 지적도에 등사용지를 올려놓고

② 토지경계선을 등사하여 지적도 작성용지 위에 다시 펼쳐 놓은 후

③ 문진으로 움직이지 않게 고정하고

④ 경계 굴곡점을 자사하여 착묵 제도하여 작성한다.

2. 자사(刺寫)

① 지적도에서 필요한 필지를 미농지(트레이싱 페이퍼)로 등사

② 등사된 필지를 측량원도 용지상에 점사지(點寫紙)를 놓고

③ 자사침(刺寫針)으로 도곽선 및 매 필지의 각 굴곡점, 삼각점, 도근점의 위치를 자사(刺寫)하였다.

3. 착묵(着墨)

① 자사가 완료된 측량원도에 행정구역의 방향 및 위치를 제도하였다.

② 도로, 하천, 구거와 같은 것은 각종 선체상(線體上)에 따라 제도하였다.

③ 골필(骨筆) 등으로 누르면 지적도 용지상에 그 흔적(痕跡)이 남을 것이므로 이 흔적을 좇아 자공(刺孔) 연결하여 착묵(着墨)하였다.

정답 15 ③

12 2014년 한국국토정보공사문제

01 임야조사사업의 특징으로 옳지 않은 것은?

① 조사 및 측량기관은 부나 면이 되고 조정기관은 도지사가 되었다.
② 분쟁지에 대한 재결은 도지사 산하에 설치된 임야심사위원회가 처리하였다.
③ 농경지 사이에 있는 모든 낙산임야를 대상으로 하였다.
④ 민유임야는 1908년 삼림법의 규정에 따라 원래의 소유자에게 사정하도록 조치하였다.

풀이 **임야조사사업**

1. 조사대상 및 사업목적
임야조사사업은 토지조사사업에서 제외된 임야와 임야 및 기 임야에 개재(介在)되어 있는 임야 이외의 토지를 조사 대상으로 하였으며, 사업목적으로는 첫째, 국민생활 및 일반경제 거래상 부동산 표시에 필요한 지번의 창설, 둘째, 임야의 위치 및 형상을 도면에 묘화하여 경계의 명확화, 셋째, 임야의 귀속 및 판명의 결여로 임정의 진흥 저해와 산야의 황폐, 각종 분규 등의 해결을 위한 소유권의 법적 확정, 넷째, 토지조사와 함께 전 국토에 대한 지적제도 확립 다섯째, 각종 임야 정책의 기초자료 제공 등이다. 한편, 조사 및 측량기관은 부(府)나 면(面)이 되고 사정(査定)기관은 도지사가 되며 도지사의 산하에 임야심사위원회를 두어 분쟁지에 대한 재결사무를 관장하게 하였다.
2. 사업 계획
임야조사사업은 1916년 경기도와 몇 개 도에서 부분적으로 실시한 시험조사 결과에 따라 비교적 권리관념이 발달한 남한지방부터 조사하여 북한지방까지 조사하는 것으로 1917년부터 1922년까지 6년 동안에 완성하는 계획을 세웠다. 당초 계획에는 임야 내 개재(介在)된 토지를 조사대상에서 제외하였으나 1918년 10월 임야조사령 시행규칙 개정으로 개재지(介在地)를 전부 조사토록 함으로써 조사예정 필수가 증가되어 인력증원과 조사기간을 2년 연장하여 1924년에 완료하는 것으로 계획을 변경하였다.
3. 사업의 내용
임야조사사업의 실지 작업은 크게 소유권에 관한 조사와 일필지 경계측량으로 나눌 수 있다. 소유권에 관한 조사는 사유지를 인정하였으며, 경계조사는 일필지마다 소유 또는 연고의 분계(分界)를 확정하는 것으로 모두 근접 관계자의 협의에 의하는 것으로 하여 그 소유자 또는 연고자로 하여금 일필지 주위에 표항(標抗)을 세우도록 하며, 지주, 관리인, 이해관계인 또는 그 대리인과 지주총대(地主總代)의 입회하에 결정하였다. 일필지측량에 있어서 축척은 경제적 가치가 있는 시가지 부근지역에만 3천 분의 1의 축척을 사용하고 기타 지역은 원칙적으로 6천 분의 1의 축척을 사용하였으며, 지번은 실지 작업 후 일개 리 · 동을 통하여 실지가 연속되는 순서에 따라 번호를 정리하고 토지조사 때의 지번과 혼동 및 착오를 방지하기 위하여 지번에 '산'자를 붙여서 구분하였다. 한편, 도지사는 조사 측량한 사항에 대하여 일필지마다 그 토지의 소유자와 경계를 사정 또는 재결에 의하여 확정하였으며, 사정에 대하여 불복이 있는 자는 공시기간 만료 후 60일 이내에 임야심사위원회에 신청하여 재결을 구하였다.

02 기선측량에 대한 설명으로 옳지 않은 것은?

① 전국의 13개소의 기선측량을 실시하였다.
② 최단기선인 안동기선은 2,000.41516m이다.
③ 최장기선인 평양기선은 4,625.47770m이다.
④ 기선은 정밀수준측량을 하여 결정하였다.

정답 01 ③ 02 ④

풀이 기선측량

개요	우리나라의 기선측량은 1910년 6월 **대전기선**의 위치선정을 시작으로 하여 1913년 10월 함경북도 **고건원기선측량**을 끝으로 전국 13개소의 기선측량을 실시하였다. 기선측량은 삼각측량에 있어서 최소한 삼각형의 한 변을 알 수 있기 때문에 기선측량은 삼각측량에서 필수조건이라 할 수 있다.			
위치와 길이	기선의 위치	기선길이(m)	기선의 위치	기선길이(m)
	㉹전(大田)	2,500.39410	㉷성(杆城)	3,126.11155
	㉹량진(鷺梁津)	3,075.97442	㉻흥(咸興)	4,000.91794
	㉹동(安東)	2,000.41516	㉹주(吉州)	4,226.45669
	㉻동(河東)	2,000.84321	㉷계(江界)	2,524.33613
	㉹주(義州)	2,701.23491	㉻산진(惠山鎭)	2,175.31361
	㉺양(平壤)	4,625.47770	㉷건원(古乾原)	3,400.81838
	㉹산포(榮山浦)	3,400.89002		
계산방법	• 직선의 계산 • 온도보정의 계산 • 중등해수면상 화성수 계산 • 전장평균의 계산		• 경사보정의 계산 • 기선척전장의 계산 • 천체측량의 계산	

03 벡터데이터의 특징이 아닌 것은?

① 점, 선, 면으로 표현한다.

② 위상구조에 대한 정의가 필요하며 자료복구가 복잡하다.

③ 그래픽 정확도가 높으며 실세계의 묘사가 가능하다.

④ 고도의 자료이용이 용이하므로 연속적인 공간표현에 효율적이다.

풀이 벡터 자료와 래스터 자료 비교

구분	벡터 자료	래스터 자료 ㉮㉯이 ㉰㉱하여 ㉲을 세워야 ㉳㉴㉵이 ㉶하지 않는다
정의	벡터 자료구조는 기호, 도형, 문자 등으로 인식할 수 있는 형태를 말하며 객체들의 지리적 위치를 크기와 방향으로 나타낸다.	래스터 자료구조는 매우 간단하며 일정한 격자간격의 셀이 데이터의 위치와 그 값을 표현하므로 격자데이터라고도 하며 도면을 스캐닝하여 취득한 자료와 위상영상자료들에 의하여 구성된다. 래스터 구조는 구현의 용이성과 단순한 파일구조에도 불구하고 정밀도가 셀의 크기에 따라 좌우되며 해상력을 높이면 자료의 크기가 방대해진다. 각 셀들의 크기에 따라 데이터의 해상도와 저장크기가 달라지게 되는데, 셀 크기가 작을수록 보다 정밀한 공간현상을 잘 표현할 수 있다.

정답 03 ④

구분	벡터 자료	래스터 자료 ㉮㉰이 ㉮㉰하여 ㉰을 세워야 ㉮㉰㉰이 ㉰하지 않는다
장점	• 보다 압축된 자료구조를 제공하므로 데이터 용량의 축소가 용이하다. • 복잡한 현실세계의 묘사가 가능하다. • 위상에 관한 정보가 제공되므로 관망분석과 같은 다양한 공간분석이 가능하다. • 그래픽의 정확도가 높다. • 그래픽과 관련된 속성정보의 추출 및 일반화, 갱신 등이 용이하다.	• 자료구조가 ㉮단하다. • 여러 레이어의 중㉰이나 분석이 용이하다. • ㉮료의 조작과정이 매우 효과적이고 수치영상의 질을 향상시키는 데 매우 효과적이다. • ㉰치이미지 조작이 효율적이다. • 다양한 ㉰간적 편의가 격자의 크기와 형태가 동일하여 시뮬레이션이 용이하다.
단점	• 자료구조가 복잡하다. • 여러 레이어의 중첩이나 분석에 기술적으로 어려움이 수반된다. • 각각의 그래픽 구성요소는 각기 다른 위상구조를 가지므로 분석에 어려움이 크다. • 그래픽의 정확도가 높아서 도식과 출력에 비싼 장비가 요구된다. • 일반적으로 값비싼 하드웨어와 소프트웨어가 요구되므로 초기비용이 많이 든다.	• 압축되어 ㉮용되는 경우가 드물며 ㉮형관계를 나타내기 훨씬 어렵다. • 주로 격자형의 네모난 형태로 가지고 있기 때문에 수작업에 의해서 그려진 완화된 ㉰에 비해서 미관상 매끄럽지 못하다. • 위㉰정보의 제공이 불가능하므로 관망해석과 같은 분석기능이 이루어질 수 없다. • 좌표변환을 위한 시간이 많이 소요된다.

04 스캐닝 방식에 의한 공간 데이터 취득의 장점에 해당하지 않는 것은?

① 작업자의 숙련 정도에 디지타이징보다 큰 영향을 받지 않는다.
② 손상된 도면을 입력하기에 적합하다.
③ 복잡한 도면을 입력할 경우에는 작업시간이 단축된다.
④ 스캐닝이나 위성영상, 디지털카메라에 의해 쉽게 자료를 취득할 수 있다.

풀이 수동방식과 자동방식 비교

구분	Digitizer(수동방식)	Scanner(자동방식)
정의	전기적으로 민감한 테이블을 사용하여 종이로 제작된 지도자료를 컴퓨터에 의하여 사용할 수 있는 수치자료로 변환하는 데 사용되는 장비로서 도형자료(도표, 그림, 설계도면)를 수치화하거나 수치화하고 난 후 즉시 자료를 검토할 때와 이미 수치화된 자료를 도형적으로 기록하는 데 쓰이는 장비를 말한다.	위성이나 항공기에서 자료를 직접 기록하거나 지도 및 영상을 수치로 변환하는 장치로서 사진 등과 같이 종이에 나타나 있는 정보를 그래픽 형태로 읽어들여 컴퓨터에 전달하는 입력장치를 말한다.
특징	• 도면이 훼손·마멸 등으로 스캐닝 작업으로 경계의 식별이 곤란할 경우와 도면의 상태가 양호하더라도 도곽 내에 필지 수가 적어 스캐닝 작업이 비효율적인 도면은 디지타이징 방법으로 작업을 할 수 있다.	• 밀착스캔이 가능한 최선의 스캐너를 선정하여야 한다. • 스캐닝 방법에 의하여 작업할 도면은 보존상태가 양호한 도면을 대상으로 하여야 한다. • 스캐닝 작업을 할 경우에는 스캐너를 충분히 예열하여야 한다.

정답 04 ②

구분	Digitizer(수동방식)	Scanner(자동방식)
	• 디지타이징 작업을 할 경우에는 데이터 취득이 완료될 때까지 도면을 움직이거나 제거하면 안 된다.	• 벡터라이징 작업을 할 경우에는 경계점 간 연결되는 선은 굵기가 0.1mm가 되도록 환경을 설정하여야 한다. • 벡터라이징은 반드시 수동으로 하여야 하며 경계점을 명확히 구분할 수 있도록 확대한 후 작업을 실시하여야 한다.
장점	• 수동식이므로 정확도가 높음 • 필요한 정보를 선택 추출 가능 • 내용이 다소 불분명한 도면이라도 입력 가능	• 작업시간의 단축 • 자동화된 작업과정 • 자동화로 인한 인건비 절감
단점	• 작업시간이 많이 걸림 • 인건비 증가로 인한 비용 증대	• 저가의 장비사용 시 에러 발생 • 벡터구조로의 변환 필수 • 변환 소프트웨어 필요

05 지적제도를 완료한 국가의 순서로 알맞은 것은?

① 일본－대만－한국
② 일본－한국－대만
③ 대만－일본－한국
④ 한국－일본－대만

풀이 외국의 지적제도

구분	일본	프랑스	독일	스위스	네덜란드	대만
기본법	• 국토조사법 • 부동산등기법	• 민법 • 지적법	측량 및 지적법	지적공부에 의한 법률	• 민법 • 지적법	토지법
창설기간	1876~1888	1807	1870~1900	1911	1811~1832	1897~1914
지적공부	• 지적부 • 지적도 • 토지등기부 • 건물등기부	• 토지대장 • 건물대장 • 지적도 • 도엽기록부 • 색인도	• 부동산지적부 • 부동산지적도 • 수치지적부	• 부동산등록부 • 소유자별대장 • 지적도 • 수치지적부	• 위치대장 • 부동산등록부 • 지적도	• 토지등록부 • 건축물개량등기부 • 지적도
지적 · 등기	일원화(1966)	일원화	이원화	일원화	일원화	일원화
담당기구	법무성	재무경제성	내무성 : 지방국 지적과	법무국	주택도시계획 및 환경성	내정부 지적국
토지대장 편성	물적 편성주의	연대적 편성주의	물적 · 인적 편성주의	물적 · 인적 편성주의	인적 편성주의	물적 편성주의
등록의무	적극적 등록주의	소극적 등록주의	–	적극적 등록주의	소극적 등록주의	적극적 등록주의
대행체제	대행체제	대행체제	국가직영	대행체제	국가직영	국가직영

정답 05 ①

06 **문중의 제사와 유지 및 관리를 위해 필요한 비용을 충당하기 위하여 능 · 원 · 묘에 부속된 토지는?**

① 궁장토 ② 묘위토
③ 역둔토 ④ 둔토

풀이 **능(陵) · 원(園) · 묘(墓) · 위토 · 향탄토**

능(陵)	의의	왕과 왕비 등의 사체를 관에 넣어 지중에 안치하고 제사를 지낼 수 있도록 돌 또는 흙으로써 쌓아 올린 곳을 말한다.
	능의 구역	• 가락국 수로왕릉 : 능을 중심으로 사방 100보 • 고려 태조왕릉 : 능을 중심으로 사방 200보 • 기타 모든 능 : 능을 중심으로 사방 150보
	능의 종류	능은 1918년 말 현재 50개소로서 • 대왕 및 대왕비의 분묘 • 태조대왕의 선대를 추존한 분묘 • 왕 및 왕비의 위를 추존한 왕세자 및 왕세자비가 될 위치에 있던 자가 일찍 죽어 후일에 왕위 및 왕비를 추존한 자의 분묘
원(園)	원은 1918년 말 현재 12개소로서 원으로 정식제사를 지내는 것은 • 왕위 및 왕비위로 추존되지 않은 왕세자 및 왕세자비의 분묘 • 왕자 및 왕세자비의 분묘 • 왕의 생모	
묘(墓)	묘라고 부르는 것은 42개소로서 정식제사를 지내는 것은 • 폐왕인 연산군과 광해군의 분묘와 그들의 사친의 분묘 • 아직 출가하지 않은 공주 및 옹주의 분묘 • 후궁의 분묘	
위토	능원묘에 부속된 전답(고려조 이전의 위토는 기록이 없어 분묘에 대한 제사를 지내거나 그를 유지 관리하는 데 필요한 수익을 얻기 위하여 토지를 부속시킨 것이 있는데 이 토지를 위토라 한다)	
향탄토	제사 때 사용하는 향료와 시탄을 지변(支辮)하는 곳	

07 **토지조사사업 당시 소유권 사정의 기초자료로 지세징수 업무 등에 활용한 장부는?**

① 결수연명부 ② 과세지견취도
③ 토지조사부 ④ 지세명기장

풀이

지세명기장	의의	과세지에 대한 인적 편성주의에 따라 성명별로 목록을 작성한 것이다.
	작성방법	• 지세징수를 위해 이동정리를 끝낸 토지대장 중에서 민유지만을 각 면별, 소유자별로 연기한 후 합계 • 약 200매를 1책으로 작성하고 책머리에는 색인을, 책 끝에는 면계를 붙임 • 동명이인의 경우 동리별, 통호명을 부기하여 식별토록 함
과세지 견취도	의의	토지조사 측량성과인 지적도가 나오기 전인 1911년부터 1913년까지 지세부과를 목적으로 작성된 약도로, 각 필지의 개형을 제도용 기구를 쓰지 않고 손으로 그린 간이지적도라 할 수 있다.

정답 06 ② 07 ①

	작성배경	과세지에 대한 전국적인 견취도를 작성하여 이것을 결수연명부와 대조하여 연명부를 토지대장으로 공부화하려는 것이다.
	작성방법	• 축척 : 1/1,200 • 북방표시 • 거의 굴곡이 없는 곡선으로 제도
결수연명부	의의	재무감독별로 내용과 형태가 다른 징세대장이 만들어져 이에 따른 통일된 양식의 징세대장을 만들기 위해 결수연명부를 작성토록 하였다.
	작성배경	• 과세지견취도를 기초로 하여 토지신고서가 작성되고 토지대장이 만들어졌다. • 공적장부의 계승관계 : 깃기(지세명기장) → 결수연명부 → 토지대장
	작성방법	• 면적 : 결부 누락에 의한 부정확한 파악 • 비과세지는 제외

08 지세징수를 위하여 민유 과세지만을 뽑아 인적 편성주의에 따라 작성한 장부는?

① 결수연명부　　② 과세지견취도
③ 토지조사부　　④ 지세명기장

풀이 문제 7번 풀이 참고

09 토지와 조세제도의 조사 · 연구와 신법의 제정을 목적으로 추진한 전세개혁의 주무기관으로 임시 기구이지만 지적을 관장하는 중앙기관은?

① 한성부　　② 판적사
③ 양전청　　④ 전제상정소

풀이 **전제상정소(田制詳定所)**

조선시대 때의 임시관청으로 세종 25년(1443년)에 토지 · 조세제도의 조사 연구와 새로운 법의 제정을 위하여 설치되었고 진양대군(晋陽大君, 首陽大君) 유(瑈)를 도제조(都提調)로, 좌찬성(左贊成) 하연(河演)과 호조판서 박종우(朴從愚), 지중추원사 정인지(鄭麟趾)를 제조(提調)로 삼았다. 이조에서는 고려 말기 이래로 조세법(租稅法)으로는 답험손실법(踏驗損失法)을 채택하고 있었기 때문에 그해의 풍흉에 따라 국고(國庫)의 세입에 변동이 심하였다. 따라서 전조(田租)에만 기초를 두고 있었던 국가 재정은 자연히 늘 불안한 상태에 놓여 있었으므로 이에 대하여 논란이 많았다. 일부에서는 공법(貢法), 즉 정율법(定率法)을 채택하자는가 하면, 그 결함을 지적하고 이에 반대하는 사람도 많아 쉽게 해결되지 못하였다. 이리하여 전제 전반에 걸친 모든 문제의 해결을 위임받아 설치된 것이 전제상정소였다. 전제상정소는 독자적인 의견을 상부에 제출하기도 하고, 상부의 자문기관이 되기도 하였다. 성종 2년(1471년)에는 여러 의견을 종합하여 경기 및 하삼도(충청, 전라, 경상)는 공법으로 수세(收稅)하고 강원, 황해, 영안(함경), 평안도 등은 손실(損實)로 수세할 것을 청하여 임금의 승인을 받은 일도 있었다. 한편 이 기관의 업적으로는 세종 때에 전분 6등, 연분 9등의 전세제(田稅制) 등을 새로 마련한 것을 들 수 있는데, 이는 조선조 일대를 통하여 세법의 기본으로 존중되었다.

정답 08 ④　09 ④

10 조선 세종 때 전제상정소에 대한 내용으로 옳지 않은 것은?

① 측량 중앙관청으로 최초의 독립관청이었다.

② 해마다 작황 또는 흉풍에 따라 토지를 9등급으로 나눠 전세를 차등하게 징수하였다.

③ 토지를 비옥도에 따라 6등급으로 나누어 전세를 차등하게 징수하였다.

④ 우리나라 최초의 독자적인 양전법규인 전제상정소준수조화를 호조에서 간행 · 반포하였다.

풀이 1. 전제상정소(田制詳定所)

조선시대 때의 임시관청으로 세종 25년(1443년)에 토지 · 조세제도의 조사 연구와 새로운 법의 제정을 위하여 설치되었고 진양대군(晋陽大君, 首陽大君) 유(瑈)를 도제조(都提調)로, 좌찬성(左贊成) 하연(河演)과 호조판서 박종우(朴從愚), 지중추원사 정인지(鄭麟趾)를 제조(提調)로 삼았다. 이조에서는 고려 말기 이래로 조세법(租稅法)으로는 답험손실법(踏驗損失法)을 채택하고 있었기 때문에 그해의 풍흉에 따라 국고(國庫)의 세입에 변동이 심하였다. 따라서 전조(田租)에만 기초를 두고 있었던 국가 재정은 자연히 늘 불안한 상태에 놓여 있었으므로 이에 대하여 논란이 많았다. 일부에서는 공법(貢法), 즉 정율법(定率法)을 채택하자는가 하면, 그 결함을 지적하고 이에 반대하는 사람도 많아 쉽게 해결되지 못하였다. 이리하여 전제 전반에 걸친 모든 문제의 해결을 위임받아 설치된 것이 전제상정소였다. 전제상정소는 독자적인 의견을 상부에 제출하기도 하고, 상부의 자문기관이 되기도 하였다. 성종 2년(1471년)에는 여러 의견을 종합하여 경기 및 하삼도(충청, 전라, 경상)는 공법으로 수세(收稅)하고 강원, 황해, 영안(함경), 평안도 등은 손실(損實)로 수세할 것을 청하여 임금의 승인을 받은 일도 있었다. 한편 이 기관의 업적으로는 세종 때에 전분 6등, 연분 9등의 전세제(田稅制) 등을 새로 마련한 것을 들 수 있는데, 이는 조선조 일대를 통하여 세법의 기본으로 존중되었다.

2. 전제상정소준수조화(田制詳定所遵守條畫)

① 개요

세조 76년(1461년)경에 전제상정소에서 제정하여 반포된 전제와 측량법규이다. 조화의 조(條)는 규정을, 화(畫)는 도면을 말한다. 조획(條劃)이라고 하는 학자도 있다. 만든 사람은 불명이나 한국인이 만든 최초의 측량규정이다.

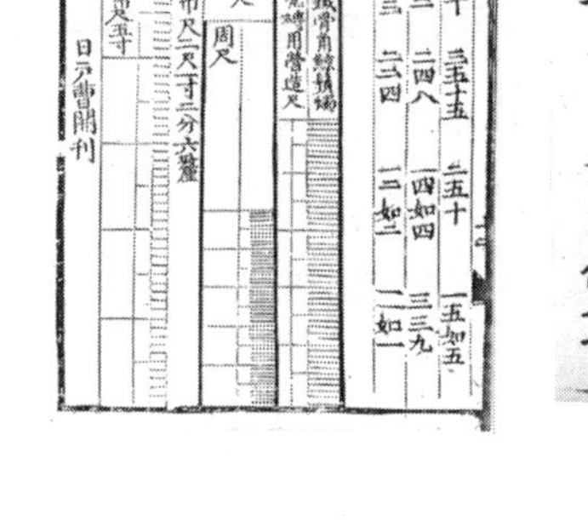

② 내용

- 서문 : 공법(貢法) 개혁의 기본 내용 · 제도인 연분(年分) 9등제와 전분(田分) 6등제를 해설하였다.
- 등제전품(等第田品) : 21조, 전품을 조사하는 데 준수할 조례로 정전(正田)과 속전(續典)의 구분, 경차관(敬差官)의 수칙을 규정하였다.
- 타량전지(打量田地) : 전형(田形)을 방전(方田), 직전(直田), 제전(梯田), 규전(圭田), 구고전(句股田)의 5종으로 유추 측량한다는 것, 일등전의 새끼로 각 등급의 실지 면적을 측정한 다음에 각 등급의 면적을 계산한다는 것[면적을 계산하는 문제와 답, 일등전을 기준하여 2~6등의 결부(結負)를 환산하는 속산표가 있다]

3. 양전청(量田廳)

조선시대에 조세 기준이 되는 땅의 면적을 조사하기 위하여 둔 임시 관아로서 20년에 한 번씩 토지조사를 하였다. 숙종 43년(1717년) 땅의 면적을 조사하기 위하여 양전청을 설치하고 1719년부터 양전을 실시한 측량중앙관청으로 **최초의 독립관청**으로 볼 수 있다. 양전청에서는 양전, 양안작성을 하였다.

정답 10 ①

11 양안에 대한 설명으로 옳지 않은 것은?

① 20년마다 한 번씩 양전을 실시하여 새로이 양안을 작성하였다.

② 호조, 본도, 본읍에서 보관 · 관리하였다.

③ 전지의 등급을 연분 9등법에서 전분 6등법으로 바꾸었다.

④ 조선시대 양안의 명칭은 시대와 사용처, 비치처, 작성 시기에 따라 다르다.

풀이 조선시대 양안(量案)

1. 개요

양안은 고려시대부터 사용된 토지장부로서 오늘날의 지적공부로 토지대장과 지적도 등의 내용을 수록하고 있었으며 '전적'이라고 부르기도 하였다. 토지실태와 징세파악 및 소유자 확정 등의 토지과세대장으로 경국대전에는 20년에 한 번씩 양전을 실시하여 양안을 작성하도록 한 기록이 있다.

2. 양안 작성의 근거

① 경국대전 호전(戶典) 양전조(量田條)에는 "모든 전지는 6등급으로 구분하고 20년마다 다시 측량하여 장부를 만들어 호조(戶曹)와 그 도(道), 그 읍(邑)에 비치한다."고 기록되어 있다.

② 3부씩 작성하여 호조, 본도, 본읍에 보관하였다.

※ 토지기록부

고려시대의 토지대장인 양안(量案)이 완전한 형태로 지금까지 남아 있는 것은 없으나 고려 초기 사원이 소유한 토지에 대한 토지대장의 형식과 기재내용은 사원에 있는 석탑의 내용에 나타나 있다. 이를 보면 토지소재지와 면적, 지목, 경작 유무, 사표(동서남북의 토지에 대한 기초적인 정보를 제공하는 표식) 등 현대의 토지대장의 내용과 비슷함을 알 수 있다.

고려 말기에 와서는 과전법이 실시되어 양안도 초기나 중기의 것과는 전혀 다른 과전법에 적합한 양식으로 고쳐지고 토지의 정확한 파악을 위하여 지번(자호)제도를 창설하게 되었다. 이 지번(자호)제도는 조선에 와서 일자오결제도(一字五結制度)의 계기가 되었으며, 조선에서는 이를 천자답(天字畓), 지자답(地字畓) 등으로 바꾸었다.

① 양안 : 토지의 소유주, 지목, 면적, 등급, 형상, 사표 등이 기록됨

② 도행 : 송량경이 정두사의 전지를 측량하여 도행이라는 토지대장 작성

③ 작 : 양전사 전수창부경 예언, 하전 봉휴, 산사천달 등이 **송량경**의 도행을 기초로 작이라는 토지대장을 만듦

④ 자호제도 시행(최초)

> **※ 양안의 명칭**
> - 고려시대 : 도전장, 양전도장, 양전장적, 도전정, 도행, 전적, 적, 전부, 안, 원적 등
> - 조선시대 : 양안, 양안등서책, 전안, 전답안, **성책**, 양명등서차, 전답결대장, 전답결타량정안, 전답타량책, **전답타량안**, 전답결정안, 전답양안, 전답행번, **양전도행장** 등

12 산토지대장의 내용으로 옳지 않은 것은?

① 간주지적도에 등록하는 토지에 대하여 별도로 작성한 대장이다.

② 토지조사법에 의한 산림지대를 제외하였기 때문에 산림지대의 토지로 등록하지 않았다.

③ 산토지대장은 현재 보관하고 있지는 않다.

④ 토지대장카드화 작업으로 제곱미터 단위로 환산 · 등록하였다.

정답 11 ③ 12 ③

풀이 **산토지대장**

1. 개요

간주지적도에 등재된 토지는 일반 토지대장과 따로 작성하였는데 지번 위에 산(山)자를 표기하였고, 지목은 임야가 아니라 전, 답, 대이다(예 : 山 7전 → 간주지적도).

임야조사사업 당시 산(山) 속의 토지를 임야도와 동일한 축척(6,000분의 1)로 등록한 도면(전 · 답 등)을 간주지적도라 하며 이것을 근거로 작성한 토지대장을 산토지대장, 별책대장, 을호대장이라 하였다. 결국은 임야 속에 있던 토지는 모두 6천분의 1 축척으로 측량을 실시한 것으로 판단된다. 전라북도 군산시 지적과에 산토지대장과 간주지적도가 보존되어 있다.

2. 산토지대장의 특징

① 임야도를 지적도로 간주하는 것을 간주지적도라 하였으며 간주지적도에 등록하는 토지에 관한 대장은 산토지대장, 별책대장, 을호대장이라 하였다.

② 토지조사법에 의한 산림지대를 제외하였기 때문에 산림지대의 토지로 등록하지 않았다.

③ 면적단위는 30평 단위로 등록하였다.

④ 산토지대장은 1975년 토지대장 카드화작업으로 제곱미터(m^2) 단위로 환산하여 등록되었다.

13 간주지적도의 내용으로 옳지 않은 것은?

① 전 · 답 · 대지 등의 과세지는 지목만을 수정하여 임야도에 그대로 보존하였다.

② 시가지는 1/3,000, 그 외의 지역은 1/6,000로 작성하였다.

③ 별도로 축척 1,200분의 1 축척의 부도를 비치하였다.

④ 별도로 등록된 토지대장은 별책 · 을호 · 산토지대장이다.

풀이 1. 간주지적도

① 토지조사령에 의한 조사대상 지목으로서 산림지대에 있는 전, 답, 대 등 지적도에 등록할 토지와 토지조사 시행지역에서 약 200간 이상 떨어져서 기존의 지적도에 등록할 수 없거나 증보도의 작성에 많은 노력과 비용이 소요되고 도면의 매수가 증가되어 그 관리가 불편하게 되므로

② 산간벽지와 도서지방의 경우에는 임야대장규칙에 의하여 비치된 임야도를 지적도로 간주하여 토지를 지적도에 등록하지 않고 그 지목만 수정한 후 임야도에 등록하였는데 이를 간주지적도라 한다.

2. 간주지적도의 토지대장

① 간주지적도에 등록된 토지는 그 대장을 별도로 작성하고 산토지대장이라고 하였다.

② 별책토지대장 또는 을호토지대장이라고도 하였다.

14 고구려의 고분벽화에 도로, 성벽, 건물, 하천 등이 상세하게 그려진 평면도면은?

① 봉역도 ② 요동성총도

③ 실측평면도 ④ 방위도

풀이 **토지도면**

「삼국사기」 고구려본기 제8에는 제27대 영유왕 11년(628년)에 사신을 당(唐)에 파견할 때 봉역도를 당 태종에게 올렸다고 하였다. 여기에서의 봉역도는 고구려 강역의 측회도(測繪圖)인 것 같은데 봉역이란 흙을 쌓아서 만든 경계란 뜻도 있다. 이 봉역도는 지리상 원근, 지명, 산천 등을 기록하고 있었을 것이다. 그리고 고구려시대 때 어느 정도 지적도적인 성격을 띠는 도면으로 1953년 평남 순천군(順天郡)에서 요동성총도(遼東城塚圖)라는

정답 13 ③ 14 ②

고구려 고분벽화가 발견되었다. 여기에는 요동성의 지도가 그려져 있는데 요동성의 지형과 성시의 구조, 도로, 성벽, 주요 건물 등을 상세하게 그렸을 뿐 아니라 하천과 개울, 산 등도 그려져 있다. 이 요동성 지도는 우리나라에 실물로 현존하는 도시평면도로서 가장 오래된 것인데 고대 이집트나 바빌로니아의 도시도, 경계도, 지적도와 같은 내용의 유사성이 있는 것이며 회화적 수법으로 그려져 있다. 이와 같이 봉역도나 요동성총도의 내용으로 미루어 보아 고구려에서 측량척을 사용하여 토지를 계량하고 이를 묘화한 오늘날의 지적도와 유사한 토지도면이 있었을 것으로 추측된다.

삼국시대의 지적제도 비교

구분	고구려	백제	신라
길이단위	척(尺) 단위 사용 : 고구려척	척(尺) 단위 사용 : 백제척, 후한척, 남조척, 당척	척(尺) 단위 사용 : 흥아발주척, 녹아발주척, 백아척, 목척
면적단위	경무법(頃畝法)	두락제(斗落制)와 결부제(結負制)	결부제(結負制)
토지장부	봉역도(封域圖) 및 요동성총도(遼東城塚圖)	• 도적(圖籍) • 일본에 전래[근강국 수소촌 간전도(近江國 水沼村 墾田圖)]	장적(방전, 직전, 제전, 규전, 구고전, 원전, 호전, 환전)
측량방식	구장산술	구장산술	구장산술
토지담당 (부서 · 조직)	• 부서 : 주부(主簿) • 실무조직 : 사자(使者)	내두좌평(內頭佐平) • 산학박사 : 지적 · 측량담당 • 화사 : 도면작성 • 산사 : 측량 시행	• 조부 : 토지세수 파악 • 산학박사 : 토지측량 및 면적측정
토지제도	토지국유제 원칙	토지국유제 원칙	토지국유제 원칙

15 토지조사사업에서 조사한 내용이 아닌 것은?

① 지가조사 ② 외모조사
③ 소유자조사 ④ 면적조사

풀이 **토지조사사업과 임야조사사업 비교**

구분	토지조사사업	임야조사사업
근거법령	토지조사령(1912.8.13. 제령 제2호)	조선임야조사령(1918.5.1. 제령 제5호)
조사기간	1910~1918년(8년 10개월)	1916~1924년(9개년)
측량기관	임시토지조사국	부(府)와 면(面)
사정기관	임시토지조사국장	도지사
재결기관	고등토지조사위원회	임야심사위원회
조사내용	• 토지소유권 • 토지가격 • 지형, 지모	• 토지소유권 • 토지가격 • 지형, 지모
조사대상	• 전국에 걸친 평야부 토지 • 낙산 임야	• 토지조사에서 제외된 토지 • 산림 내 개재지(토지)
도면축척	1/600, 1/1,200, 1/2,400	1/3,000, 1/6,000
기선측량	13개소	

정답 15 ④

16 1975년 지적법 제2차 전문개정 내용으로 옳지 않은 것은?

① 지적공부에 지적파일을 추가하였다.
② 지번을 한자에서 아라비아숫자로 표기하였다.
③ 평으로 된 단위에서 평방미터 단위로 전환하였다.
④ 수치지적부를 작성하여 비치 · 관리하였다.

풀이 **면적**

① 1정 : 3,000평
② 1단 : 300평
③ 1무 : 30평
④ 1보 : 1평

※ **지적법 제2차 전문개정(1975.12.31. 법률 제2801호)**

① 지적법의 입법목적 규정
② 지적공부 · 소관청 · 필지 · 지번 · 지번지역 · 지목 등 지적에 관한 용어의 정의 규정
③ 시 · 군 · 구에 토지대장, 지적도, 임야대장, 임야도 및 **수치지적도를** 비치 · 관리하도록 하고 그 등록사항 규정
④ 토지대장의 등록사항 중 지상권자의 주소 · 성명 · 명칭 등의 등록규정 삭제
⑤ 시의 동과 군의 읍 · 면에 토지대장 부본 및 지적약도와 임야대장 부본 및 임야약도를 작성 · 비치하도록 규정
⑥ 지목을 21개 종목에서 24개 종목으로 통 · 폐합 및 신설
⑦ **면적단위를 척관법의 '평(坪)'과 '무(畝)'에서 미터법의 '평방미터'로 개정**
⑧ 토지(임야)대장에 토지소유자의 등록번호를 등록하도록 규정
⑨ 경계복원측량 · 현황측량 등을 지적측량으로 규정
⑩ 지적측량을 **사진측량과 수치측량방법**으로 실시할 수 있도록 제도 신설
⑪ 지적도의 축척을 변경할 수 있도록 제도 신설
⑫ 소관청은 연 1회 이상 등기부를 열람하여 지적공부와 부합되지 아니할 때에는 부합에 필요한 조치를 할 수 있도록 제도 신설
⑬ 지적측량기술자격을 기술계와 기능계로 구분하도록 개정
⑭ 지적측량업무의 일부를 지적측량을 주된 업무로 하여 설립된 비영리법인에게 대행시킬 수 있도록 규정
⑮ 토지(임야)대장 서식을 '한지부책식(韓紙簿冊式)'에서 '카드식'으로 개정
⑯ 소관청이 직권으로 조사 또는 측량하여 지적공부를 정리한 경우와 지번경정 · 축척변경 · 행정구역변경 · 등록사항정정 등을 한 경우에는 관할 등기소에 토지표시변경등기를 촉탁하도록 제도 신설
⑰ 지적위원회를 설치하여 지적측량적부심사청구사안 등을 심의 · 의결하도록 제도 신설

17 구소삼각원점 중에서 미터 단위를 사용하지 않는 점은?

① 고초원점 ② 계양원점
③ 소라원점 ④ 현창원점

풀이 1. 구소삼각측량

서울 및 대구, 경북부근에 부분적으로 소삼각측량을 시행하였으며 이를 **구소삼각측량지역**이라 한다. 측량지역은 27개 지역이며 지역 내에 있는 **구소삼각원점** 11개의 원점이 있고 토지조사사업이 끝난 후에 일반삼각점

정답 16 ② 17 ②

과 계산상으로 연결을 하였으며 측량지역은 다음과 같다.

경기도	시흥, 교동, 김포, 양천, 강화, 진위, 안산, 양성, 수원, 용인, 남양, 통진, 안성, 죽산, 광주, 인천, 양지, 과천, 부평 (19개 지역)
경상북도	대구, 고령, 청도, 영천, 현풍, 자인, 하양, 경산 (8개 지역)

2. 구소삼각원점

원점 명칭	경도	위도	실시 지역
망산(間)	126°22′24″.596	37°43′07″.060	경기(강화)
계양(間)	126°42′49″.124	37°33′01″.124	경기(부천, 김포, 인천)
조본(m)	127°14′07″.397	37°26′35″.262	경기(성남, 광주)
가리(間)	126°51′59″.430	37°25′30″.532	경기(안양, 인천, 시흥)
등경(間)	126°51′32″.845	37°11′52″.885	경기(수원, 화성, 평택)
고초(m)	127°14′41″.585	37°09′03″.530	경기(용인, 안성)
율곡(m)	128°57′30″.916	35°57′21″.322	경북(영천, 경산)
현창(m)	128°46′03″.947	35°51′46″.967	경북(경산, 대구)
구암(間)	128°35′46″.186	35°51′30″.878	경북(대구, 달성)
금산(間)	128°17′26″.070	35°43′46″.532	경북(고령)
소라(m)	128°43′36″.841	35°39′58″.199	경북(청도)

18 지목에 대한 설정이 옳은 것은?

① 대 – 실내체육관
② 임야 – 대나무가 집단으로 자생하는 죽림지
③ 과수원 – 딸기를 재배하는 토지
④ 잡종지 – 침엽수 및 활엽수가 자라는 수림지

풀이 공간정보의구축 및 관리 등에 관한 법률 시행령 제58조(지목의 구분)

지목	내용
전	물을 상시적으로 이용하지 않고 곡물 · 원예작물(과수류는 제외한다) · 약초 · 뽕나무 · 닥나무 · 묘목 · 관상수 등의 식물을 주로 재배하는 토지와 식용(食用)으로 죽순을 재배하는 토지
답	물을 상시적으로 직접 이용하여 벼 · 연(蓮) · 미나리 · 왕골 등의 식물을 주로 재배하는 토지
과수원	사과 · 배 · 밤 · 호두 · 귤나무 등 과수류를 집단적으로 재배하는 토지와 이에 접속된 저장고 등 부속시설물의 부지. 다만, 주거용 건축물의 부지는 "대"로 한다.
임야	산림 및 원야(原野)를 이루고 있는 수림지(樹林地) · 죽림지 · 암석지 · 자갈땅 · 모래땅 · 습지 · 황무지 등의 토지
대	가. 영구적 건축물 중 주거 · 사무실 · 점포와 박물관 · 극장 · 미술관 등 문화시설과 이에 접속된 정원 및 부속시설물의 부지 나. 「국토의 계획 및 이용에 관한 법률」 등 관계 법령에 따른 택지조성공사가 준공된 토지
잡종지	다음 각 목의 토지. 다만, 원상회복을 조건으로 돌을 캐내는 곳 또는 흙을 파내는 곳으로 허가된 토지는 제외한다. 가. 갈대밭, 실외에 물건을 쌓아두는 곳, 돌을 캐내는 곳, 흙을 파내는 곳, 야외시장 및 공동우물 나. 변전소, 송신소, 수신소 및 송유시설 등의 부지 다. 여객자동차터미널, 자동차운전학원 및 폐차장 등 자동차와 관련된 독립적인 시설물을 갖춘 부지 라. 공항시설 및 항만시설 부지

정답 18 ②

	마. 도축장, 쓰레기처리장 및 오물처리장 등의 부지 바. 그 밖에 다른 지목에 속하지 않는 토지
체육용지	국민의 건강증진 등을 위한 체육활동에 적합한 시설과 형태를 갖춘 종합운동장 · 실내체육관 · 야구장 · 골프장 · 스키장 · 승마장 · 경륜장 등 체육시설의 토지와 이에 접속된 부속시설물의 부지. 다만, 체육시설로서의 영속성과 독립성이 미흡한 정구장 · 골프연습장 · 실내수영장 및 체육도장, 유수(流水)를 이용한 요트장 및 카누장, 산림 안의 야영장 등의 토지는 제외한다.

19 우리나라 직각좌표원점에 대한 설명으로 틀린 것은?

① 평면직각좌표계의 축척계수는 1.0000이다.

② 지적측량의 평면직각좌표원점은 가우스상사이중투영법에 의하여 표시한다.

③ 직각좌표계의 가상투영원점 수치는 X=600,000m, Y=200,000m이다.

④ 세계측지계를 사용하지 않는 지적측량은 현재 베셀타원체를 이용하지 않는다.

풀이 **공간정보의 구축 및 관리 등에 관한 법률 시행령 [별표 2] 〈개정 2015.6.1.〉**
직각좌표의 기준(제7조제3항 관련)

1. 직각좌표계 원점

명칭	원점의 경위도	투영원점의 가산(加算)수치	원점축척계수	적용 구역
서부좌표계	경도 : 동경 125°00′ 위도 : 북위 38°00′	X(N) 600,000m Y(E) 200,000m	1.0000	동경 124~126°
중부좌표계	경도 : 동경 127°00′ 위도 : 북위 38°00′	X(N) 600,000m Y(E) 200,000m	1.0000	동경 126~128°
동부좌표계	경도 : 동경 129°00′ 위도 : 북위 38°00′	X(N) 600,000m Y(E) 200,000m	1.0000	동경 128~130°
동해좌표계	경도 : 동경 131°00′ 위도 : 북위 38°00′	X(N) 600,000m Y(E) 200,000m	1.0000	동경 130~132°

※ 비고

가. 각 좌표계에서의 직각좌표는 다음의 조건에 따라 T · M(Transverse Mercator, 횡단 머케이터) 방법으로 표시하고, 원점의 좌표는 (X=0, Y=0)으로 한다.

1) X축은 좌표계 원점의 자오선에 일치하여야 하고, 진북방향을 정(+)으로 표시하며, Y축은 X축에 직교하는 축으로서 진동방향을 정(+)으로 한다.

2) 세계측지계에 따르지 아니하는 지적측량의 경우에는 가우스상사이중투영법으로 표시하되, 직각좌표계 투영원점의 가산(加算)수치를 각각 X(N) 500,000m(제주도지역 550,000m), Y(E) 200,000m로 하여 사용할 수 있다.

나. 국토교통부장관은 지리정보의 위치측정을 위하여 필요하다고 인정할 때에는 직각좌표의 기준을 따로 정할 수 있다. 이 경우 국토교통부장관은 그 내용을 고시하여야 한다.

정답 19 ④

20 구소삼각측량에 관한 내용으로 틀린 것은?

① 시가지 지세를 급히 징수하여 재정 수요를 충당할 목적으로 실시하였다.

② 경기도와 대구 · 경북 27개 지역에 11개 원점이 있다.

③ 구소삼각원점의 수치는 X= 0m, Y= 0m이다.

④ 대삼각측량을 실시하지 않고 독립적인 소삼각측량만을 실시하였다.

풀이 **구소삼각측량**

양전업무를 실시하기 위해 구한국정부에서 대삼각측량을 실시하지 아니하고 독립적인 소삼각측량을 실시하였다.

① 측량지역은 경인지역 19개 지역과 대구 · 경북지역 8개 지역 등 총 27개 지역에서 실시하였다.

② 원점은 망산, 계양, 조본, 가리, 등경, 고초 등 11개 원점이며 측량지역의 중앙에 위치하였다(보완).

③ 구소삼각측량 작업순서

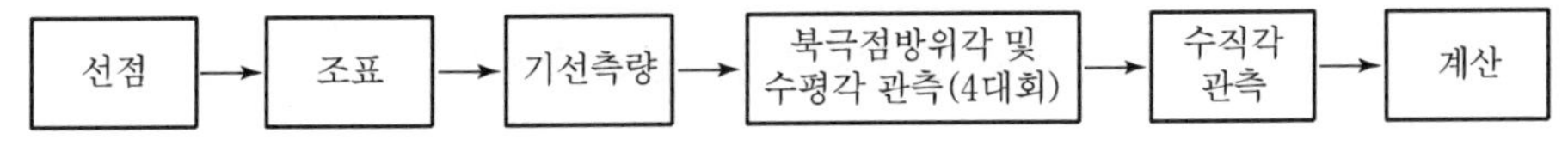

※ **특별소삼각측량**

① 임시토지조사국에서 시가지세를 급히 징수하여 재정수요를 충당할 목적으로 대삼각측량을 끝내지 못한 지역에 독립된 특별소삼각측량을 실시하였다.

② 원점은 그 측량지역의 서남단의 삼각점으로 하고 종횡선수치의 종선에 1만 m, 횡선에 3만 m로 가정하였다.

③ 후에 변칙적으로 일반삼각점과 연결하였으므로 측정단위는 m로 하였다.

21 토지조사사업 당시 과세지에 해당하는 것은?

① 사사지, 전, 답, 지소

② 도로, 하천, 구거, 제방

③ 대, 지소, 임야, 잡종지

④ 전, 답, 대, 구거

풀이 **지목의 종류**

<table>
<tr><td>토지조사사업 당시 지목
(18개)</td><td colspan="2">• (과)세지 : (전), (답), (대)(垈), (지)소(池沼), (임)야(林野), (잡)종지(雜種地)(6개)
• (비)과세지 : (도)로, 하(천), 구(거), (제)방, (성)첩, (철)도선로, (수)도선로(7개)
• (면)세지 : (사)사지, (분)묘지, (공)원지, (철)도용지, (수)도용지(5개)</td></tr>
<tr><td>1918년 지세령 개정
(19개)</td><td colspan="2">지소(池沼) : 지소, 유지로 세분</td></tr>
<tr><td>1950년 구 지적법
(21개)</td><td colspan="2">잡종지(雜種地) : 잡종지, 염전, 광천지로 세분</td></tr>
<tr><td>1975년 지적법 제2차 개정
(24개)</td><td>통합</td><td>• 철도용지＋철도선로＝철도용지
• 수도용지＋수도선로＝수도용지
• 유지＋지소＝유지</td></tr>
</table>

정답 20 ① 21 ③

22 축척 1/1,200인 구소삼각점지역의 면적이 $368m^2$일 때 도곽의 크기로 알맞은 것은?(단, 1간은 1.83m이다.)

① 200간×250간　② 220간×275간
③ 400간×500간　④ 732간×915간

풀이

구분	축척	지상길이(간)		지상길이(m)	
		종선	횡선	종선	횡선
토지대장등록지 (지적도)	1/600	100	125	200	250
	1/1,200	200	250	400	500

23 지적제도와 등기제도의 관계를 설명한 내용이 틀린 것은?

① 등기는 사법부, 지적은 국토부에서 담당한다.
② 등기는 성립요건주의, 공동신청주의, 지적은 국정, 형식, 공개, 단독주의에 의한다.
③ 등기의 토지표시는 지적을 기초로 하고, 지적의 소유자표시는 등기를 기초로 한다.
④ 등기는 공신력을 인정하고, 지적은 공신력을 인정하지 않는다.

풀이 지적제도와 등기제도의 비교

구분	지적제도	등기제도
모법	공간정보의 구축 및 관리 등에 관한 법률	부동산등기법
기본이념	국정주의, 형식주의, 공개주의, 실질적 심사주의, 직권등록주의	성립요건주의, 형식적 심사주의, 신청주의
기능	토지의 물리적 현황 등록 공시	토지에 대한 법적 권리관계 공시
담당기관	국토부-시군-시군구	법무부-지원-등기소
관련 공부	• 도면-지적도, 임야도 • 대장-토지대장, 임야대장, 공유지연명부, 대지권등록부, 경계점좌표등록부 및 전산정보처리조직에 의한 지적공부	• 건물등기부-표제부, 갑구, 을구 • 토지등기부-표제부, 갑구, 을구
공신력	있다.	없다.

24 평을 제곱미터의 면적 단위로 환산한 식은?

① m^2=평×400/121　② m^2=평×121/400
③ m^2=평×400/212　④ m^2=평×212/400

정답 22 ① 23 ④ 24 ①

풀이 척관법 계열

기본 단위	미터법 단위와의 관계
• 1평=6척×6척=1간×1간 • 1홉 $=\frac{1}{10}$평(1평=10홉 1홉=10작) • 1보=1평 • 1무=30평 • 1단=300평=10무 • 1정=3,000평=100무=10단	• 1평(보)=3.3057851m^2 • 1무=99.1735530m^2 • 1정보=9,917m^2=0.99174ha=0.00992km^2 • 1평=6척×6척=1간×1간 • 1m^2=(0.55간)^2= 0.3025평 • 양변에 400을 곱하면 • 400m^2=121평 〈환산식〉 • $m^2 = \frac{400}{121} \times$ 평 • 평 $= \frac{121}{400} \times m^2$

25 양전개정론자의 저서와 개정론으로 옳지 않은 것은?

① 정약용 : 경세유표, 어린도법
② 이익 : 균전론, 영업전 제도
③ 이기 : 해학유서, 망척제
④ 유길준 : 의상경계책, 경무법 개혁

풀이 양전개정론(量田改正論)

구분	정약용(丁若鏞)	서유구(徐有榘)	이기(李沂)	유길준(兪吉濬)
양전 방안	• 결부제 폐지 경무법으로 개혁 • 양전법안 개정		수등이척제에 대한 개선책으로 망척제를 주장	전 국토를 리단위로 한 전통제(田統制)를 주장
특징	• 어린도 작성 • 정전제 강조 • 전을 정방향으로 구분 • 휴도 : 방량법의 일환이며 어린도의 가장 최소 단위로 작성된 지적도	• 어린도 작성 • 구고삼각법에 의한 양전수법십오제 마련	• 도면의 필요성 강조 • 정방형의 눈들을 가진 그물눈금을 사용하여 면적 산출(망척제)	• 양전 후 지권 발행 • 리단위의 지적도 작성(전통도)
저서	목민심서(牧民心書)	의상경계책(擬上經界策)	해학유서(海鶴遺書)	서유견문(西遊見聞)

정답 25 ④

PART

02

지적학 합격모의고사

01 제1회 합격모의고사

01 다음 중 토지조사사업 당시 지역선(地域線)에 해당하지 않는 것은?

① 소유자는 같으나 지목이 다른 경우
② 소유자는 같으나 지반이 연속되지 않은 경우
③ 이웃하고 있는 토지의 지반의 고저가 심한 경우
④ 소유자를 알 수 없는 토지와의 구획선
⑤ 토지조사사업 당시 사정하지 않은 경계선

풀이 **강계선(疆界線), 지역선(地域線), 경계선(境界線)**

강계선은 사정선이라고도 하며 토지조사 당시 확정된 소유자가 다른 토지 간의 사정된 경계선 또는 토지조사령에 의하여 임시토지조사국장의 사정을 거친 경계선을 말하며 강계는 지적도에 등록된 토지의 경계선인 강계선이 대상이었다. 토지조사 당시에는 강계선(사정선)으로 불렀으며 임야조사 당시에는 사정한 선도 경계선이라 불렀다.

강계선 (疆界線)	• 사정선이라고도 하며 토지조사령에 의하여 토지조사국장이 사정을 거친 선 • 소유자가 다른 토지 간의 사정된 경계선을 의미 • 강계선은 지목의 구별, 소유권의 분계를 확정하는 것으로 토지 소유자 지목이 지반이 연속된 토지는 1필지로 함을 원칙 • 강계선과 지역선을 구분하여 확정함 • 토지조사 당시에는 지금의 '경계선' 용어가 없음 • 임야 조사 당시는 경계선으로 불림
지역선 (地域線)	• 토지조사사업 당시 사정하지 않은 경계선 • 소유자는 같으나 지반이 연속되지 않은 경우 • 소유자가 같은 토지와의 구획선 • 소유자를 알 수 없는 토지와의 구획선 • 소유자는 같으나 지목이 다른 경우 • 토지조사 시행지와 미시행지와의 지계선
경계선 (境界線)	지적도상의 구획선을 경계라 지칭하고 강계선과 지역선으로 구분하며 강계선은 사정선이라고 하였으며 임야조사 당시의 사정선은 경계선이라고 했다. 최근 경계선의 의미는 강계선이나 지역선에 관계없이 2개의 인접한 토지 사이의 구획선을 말한다. 도해지적에서는 지적도나 임야도에 그려진 토지의 구획선을 말하는데, 물론 지상에 있는 논둑, 밭둑, 표항 따위를 말하는 것은 아니다. 경계점좌표시행지역에서 경계선이라고 할 때에는 어떤 점의 좌표(우리나라 지적분야에서는 평면직각종횡선수치)와 그 이웃하는 점의 좌표와의 연결을 말한다. 경계선의 종류에는 시대 및 등록방법에 따라 다르게 부르기도 하였다. 경계는 일반경계, 고정경계, 자연경계, 인공경계 등으로 사용처에 따라 다르게 부르기도 한다.

정답 01 ③

02 대한제국시대에 작성되었던 민유임야약도에 대한 설명으로 옳은 것은?

① 등급을 상세하게 정리하여 세금을 공평하게 징수할 수 있도록 작성된 도면이다.
② 소재 · 면적 · 지번 · 축척 · 사표 등을 기재하였다.
③ 민유임야약도 제작으로 우리나라에서 최초로 임야측량이 시작되었다.
④ 민유임야약도 제작에 필요한 측량비용은 모두 국가가 부담하였다.
⑤ 범례와 등고선은 표기하지 않았다.

풀이 **민유임야약도(民有林野略圖)**

1. 개요

대한제국은 1908년 1월 21일 삼림법을 공포하였는데 제19조에 "모든 민유임야는 3년 안에 면적과 약도를 농상공부대신에게 신고하되 기한 안에 신고를 안 하면 국유로 한다"라는 내용을 두어 모든 민간인이 가지고 있는 임야지를 측량하여 강제적으로 그 약도를 제출하게 되어 있었다.
여기서 기한 내에 신고하지 않으면 "국유"로 된다고 하였으니 우리나라 "국유"가 아니라 통감부 소유, 즉 일본이 소유권을 갖게 된다는 뜻이다. 이는 법률에 한 조항을 넣어 가만히 앉아서 민유임야를 파악하고 나머지는 국유로 처리하자는 수작이었다.
민유임야약도란 이 삼림법에 의해서 민유임야측량기간(1908.1.21.~1911.1.20.) 사이에 소유자의 자비로 측량에 의해서 만들어진 지도를 말한다.

2. 특징

① 민유임야약도는 채색으로 되어 있으며 범례와 등고선이 그려져 있다.
② 민유임야약도는 지번을 제외하고는 임야도의 모든 요소를 갖추었다.
③ 토지의 소재, 면적, 소유자, 축척, 도면과 사표(四標), 측량연월일, 북방표시, 측량자 이름과 날인이 되어 있다.
④ 측량연도는 대체로 융희(隆熙)를 썼고, 1910년, 1911년은 메이지(明治)를 썼다.
⑤ 축척은 200분의 1, 300분의 1, 600분의 1, 1,000분의 1, 1,200분의 1, 2,400분의 1, 3,000분의 1, 6,000분의 1 등 8종이다.
⑥ 민유임야약도는 폐쇄다각형으로 그린 다음 그 안에 등고선을 긋고 범례에 따라 도식으로 나타내었다.
⑦ 면적의 단위는 정(町), 반(反), 보(步) 등을 사용하였다.

03 다음 중 신라장적문서에 대한 설명으로 옳지 않은 것은?

① 서소원경(현재 청주) 부근의 4개 촌락을 대상으로 작성되었다.
② 호구수, 우마수, 다양한 전답면적, 나무의 주수가 기록되었다.
③ 촌락의 토지 조세징수와 부역징발을 위한 기초자료로 활용되었다.
④ 신라의 대표적 토지 관련 문서이지만 현존하지는 않는다.
⑤ 촌명 및 촌락의 영역, 전, 답, 마전(麻田) 등으로 구분하였다.

풀이 **신라장적(新羅帳籍)**

일본 정창원에서 발견된 것으로 통일신라시대 서원경 지방의 네 마을에 있었던 토지 등 재산목록으로 3년마다 일정한 방식으로 기록하였는데, 그 내용은 촌명(村名), 마을의 둘레, 호수의 넓이, 인구수, 논과 밭의 넓이, 과실나무의 수, 마전, 소와 말의 수 등이며 과세를 위한 기초문서이다. 신라 민정 문서라고도 한다.

정답 02 ③ 03 ④

1. 시대별 토지도면 및 대장

고구려	봉역도(封域圖), 요동성총도(遼東城塚圖)
백제	도적(圖籍)
신라	신라장적(新羅帳籍)
고려	도행(導行), 전적(田籍)
조선	• 양안(量案) – 구양안(舊量案) : 1720년부터 광무양안(光武量案) 이전 – 신양안(新量案) : 광무양안으로 측량하여 작성된 토지대장 • 야초책 · 중초책 · 정서책 등 3단계를 걸쳐 양안이 완성된다.
일제	토지대장, 임야대장

2. 신라장적의 특징 및 내용

특징	• 지금의 청주지방인 신라 서원경 부근 4개 촌락에 해당되는 문서이다. • 일본의 동대사 정창원에서 발견되었다. • 3년간의 사망 · 이동 등 변동내용이 기록되어 3년마다 기록한 것으로 추정된다. • 현존하는 가장 오래된 지적공부 • 국가의 각종 수확의 기초가 되는 장부	
기록내용	• 촌명(村名), 마을의 둘레, 호수의 넓이 등 • 인구수, 논과 밭의 넓이, 과실나무의 수, 뽕나무의 수, 마전, 소와 말의 수	
주요용어	관모답전(官謨畓田)	신라시대 각 촌락에 분산된 국가소유 전답
	내시령답(内視令畓)	문무관료전의 일부로 내시령이라는 관직을 가진 관리에게 지급된 직전
	촌주위답(村主位畓)	신라시대 촌주가 국가의 역을 수행하면서 지급받은 직전
	연수유답전(烟受有畓田)	• 신라시대 일반백성이 보유하여 경작한 토지 • 장적문서에서 전체 토지의 90% 이상이 해당된다.
	정전(丁田)	신라시대 성인 남자에게 지급한 토지권 연수유답전과 성격이 일치하는 것으로 생각된다.
	마전(麻田)	삼을 재배하던 토지를 4개의 촌락에 마전면적이 거의 균등하게 기재되어 있다.

04 **현대지적의 원리 중 지적행정을 수행함에 있어 불특정다수자의 이익의 추구이며, 사적 이익이라는 개별적 추구를 공적 입장에서 보호하자는 조화에 바탕을 두고 있으며, 모든 지적사항은 필요에 따라 공개되어야 하며 객관적이고 정확성이 있어야 함을 목적으로 하는 것은?**

① 민주성의 원리 ② 공기능성의 원리

③ 정확성의 원리 ④ 능률성의 원리

정답 04 ②

풀이 **현대지적의 원리**

공기능성의 원리	공기능성의 본원적 의미는 어떤 집단 속에서 대다수의 개인에게 공통되는 이해 또는 목적을 가지는 것으로 불특정다수자의 이익의 추구이며, 사적 이익이라는 개별적 추구를 공적 입장에서 보호하자는 조화에 바탕을 두고 있다. 모든 지적사항은 필요에 따라 공개되어야 하며 객관적이고 정확성이 있어야 한다.
민주성의 원리	현대지적의 민주성이란 제도의 운영주체와 객체가 내적인 면에서 인간화가 이루어지고 외적인 면에서 주민의 뜻이 반영되는 행정이라 할 수 있으며 정책결정에서 국민의 참여, 국민에 대한 충실한 봉사, 국민에 대한 행정적 책임 등이 확보되는 상태를 말한다.
능률성의 원리	지적의 능률성은 토지현황을 조사하여 지적공부를 만드는 데 따르는 실무활동의 능률과 주어진 여건과 실행과정에서 이론개발 및 그 전달과정의 개선을 뜻하며 지적활동의 과학화, 기술화 내지 합리화, 근대화를 지칭하는 것이다.
정확성의 원리	토지의 정보를 수록하는 지적은 사회과학적 방법과 자연과학적 방법이 함께 접근되어야 하며 지적의 정확성이 현대지적의 기능을 최고화하기 위한 원리이다.

05 다음 설명 중 (   )에 들어갈 사항으로 옳은 것은?

- 지적도에 등록된 경계 또는 수치지적부에 등록된 경계점의 좌표는 고도의 정확성이 요구되기 때문에 경계 또는 좌표를 정확하게 등록하는 데 주력한 지적은? (ㄱ)
- 토지에 대한 평가, 과세, 거래, 이용계획, 지하시설물과 공공시설물 및 토지통계 등에 관한 정보를 공동으로 활용하기 위하여 최근에 개발된 지적제도는? (ㄴ)
- 각 필지에 대한 세액을 정확하게 산정하기 위하여 면적 본위로 운영되는 지적제도는? (ㄷ)

① ㄱ : 세지적 ㄴ : 법지적 ㄷ : 다목적 지적
② ㄱ : 다목적 지적 ㄴ : 법지적 ㄷ : 세지적
③ ㄱ : 법지적 ㄴ : 다목적 지적 ㄷ : 세지적
④ ㄱ : 세지적 ㄴ : 다목적 지적 ㄷ : 법지적

세지적	• 재정에 필요한 세액을 결정, 세징수를 가장 큰 목적으로 개발된 제도로서 과세지적이라고도 한다. • 국가재정세입의 대부분을 토지세에 의존하던 농경시대에 개발된 최초의 지적제도 • 각 필지에 대한 세액을 정확하게 산정하기 위하여 면적 본위로 운영되는 지적제도 • 각 필지의 측지학적 위치보다는 재산적 가치를 판단할 수 있는 면적을 정확하게 결정하여 등록하는 데 주력
법지적	• 토지과세 및 토지거래의 안전, 토지소유권 보호 등이 주요 목적인 지적제도로서 일명 소유지적이라고도 한다. • 법지적은 토지에 대한 소유권이 인정되기 시작한 산업화시대에 개발된 지적제도 • 각 필지의 경계점에 대한 지표상의 위치를 정확하게 측정하여 지적공부에 등록 공시함으로써 토지에 대한 소유권이 미치는 범위를 명확하게 확인 보증함을 가장 큰 목적으로 한다. • 법지적 제도는 위치본위로 운영되는 체계 • 지적도에 등록된 경계 또는 수치지적부에 등록된 경계점의 좌표는 고도의 정확성이 요구되기 때문에 경계 또는 좌표를 정확하게 등록하는 데 주력 • 토지의 등록사항이 정확하지 못할 경우 발생하는 손해에 대하여 선의의 제3자를 보호하는 데 있다.

정답 05 ③

다목적 지적	• 필지 단위로 토지와 관련된 기본적인 정보를 계속하여 즉시 이용이 가능하도록 종합적으로 제공하여 주는 제도이며 일명 종합지적이라고도 한다. • 일필지를 단위로 토지 관련 정보를 종합적으로 등록하는 제도 • 토지에 관한 물리적 현황은 법률적, 재정적, 경제적 정보를 포괄하는 제도 • 토지에 대한 평가, 과세, 거래, 이용계획, 지하시설물과 공공시설물 및 토지통계 등에 관한 정보를 공동으로 활용하기 위하여 최근에 개발된 지적제도 • 토지에 관한 변경사항을 항상 최신화하여 신속, 정확하게 토지정보를 제공하는 제도

06 지적에 관련된 행정조직으로 중앙에 내두좌평이란 직책을 두어 전부(田簿)에 관한 사항을 관장하게 하고 토지측량 단위로서 면적계산은 두락제와 결부제를 시행한 국가는?

① 백제 ② 신라
③ 고구려 ④ 고려

풀이 삼국시대의 지적제도 비교

구분	고구려	백제	신라
길이단위	척(尺) 단위 사용 : 고구려척	척(尺) 단위 사용 : 백제척, 후한척, 남조척, 당척	척(尺) 단위 사용 : 흥아발주척, 녹아발주척, 백아척, 목척
면적단위	경무법(頃畝法)	두락제(斗落制)와 결부제(結負制)	결부제(結負制)
토지장부	봉역도(封域圖) 및 요동성총도(遼東城塚圖)	• 도적(圖籍) • 일본에 전래[근강국 수소촌 간전도(近江國 水沼村 墾田圖)]	장적(방전, 직전, 제전, 규전, 구고전, 원전, 호전, 환전)
측량방식	구장산술	구장산술	구장산술
토지담당 (부서 · 조직)	• 부서 : 주부(主簿) • 실무조직 : 사자(使者)	내두좌평(內頭佐平) • 산학박사 : 지적 · 측량담당 • 화사 : 도면작성 • 산사 : 측량 시행	• 조부 : 토지세수 파악 • 산학박사 : 토지측량 및 면적측정
토지제도	토지국유제 원칙	토지국유제 원칙	토지국유제 원칙

07 다음 중 신라시대 구장산술에 따른 전(田)의 형태별 측정내용의 연결이 옳지 않은 것은?

① 방전(方田) : 정사각형의 토지로, 장(長)과 광(廣)을 측량한다.
② 규전(圭田) : 이등변삼각형의 토지로, 장(長)과 평(平)을 측량한다.
③ 제전(梯田) : 사다리꼴의 토지로, 장(長)과 동활(東闊) · 서활(西闊)을 측량한다.
④ 환전(環田) : 원형의 토지로, 주(周)와 공(空)을 측량한다.

정답 06 ① 07 ②

풀이 **신라시대 구장산술에 따른 전의 형태**

(a) 방전(方田)

(b) 직전(直田)

(c) 구고전(句股田)

(d) 규전(圭田)

(e) 제전(梯田)

(f) 원전(圓田)

(g) 호전(弧田)

(h) 환전(環田)

전(田)의 형태

① 방전 : 정사각형의 토지로 장과 광을 측량
② 직전 : 직사각형의 토지로 장과 평을 측량
③ 구고전 : 직삼각형의 토지로 구와 고를 측량
④ 규전 : 이등변삼각형의 토지로 장과 광을 측량
⑤ 제전 : 사다리꼴의 토지로 장과 동활, 서활을 측량

08 간주임야도에 대한 설명으로 틀린 것은?

① 고산지대로 조사측량이 곤란하거나 정확도와 관계없는 대단위의 광대한 국유임야지역을 대상으로 시행하였다.
② 경상북도 일월산, 전라북도 덕유산 지역을 대상으로 시행되었다.
③ 임야도를 작성하지 않고 축척 3만분의 1 또는 2만5천분의 1 지형도에 작성되었다.
④ 간주임야도에 등록된 소유자는 국가였다.

풀이 **간주임야도(看做林野圖)**

1/25,000, 1/50,000 지형도를 임야도로 간주하는 것으로 임야조사사업 당시 임야의 필지가 광범위하여 임야도에 등록하기에 어려운 국유임야지역이 이에 해당된다.

구분	내용
간주임야도 시행지역	• 경북 일월산 • 전북 덕유산 • 경남 지리산
특징	• 간주임야도에 등록된 지역은 국유임야지역이다. • 대부분 측량 접근이 어려운 고산지대이다. • 행정구역 경계가 불확실하다. • 지번지역 단위가 없었다.
간주임야도의 정리	• 북한지역의 1/25,000 지역은 대부분 1/6,000로 개측하였음(1948년 이전) • 1979~1984 : 남원군 장수군 복구 및 개측 사업으로 임야로 정비 • 1987 이후 : 장수군을 시작으로 도상 또는 GPS측량방법으로 소관청직권등록

정답 08 ③

09 현재의 장부와 바르게 연결된 것은?

① 문기(文記) : 토지대장
② 양안(量案) : 매매계약서
③ 사표(四標) : 장적문서
④ 입안(立案) : 등기권리증

풀이 **조선시대의 장부**

1. 양안(量案)
   양안은 고려시대부터 사용된 토지장부로서 오늘날의 지적공부로 토지대장과 지적도 등의 내용을 수록하고 있었으며 '전적'이라고 부르기도 하였다. 토지실태와 징세파악 및 소유자 확정 등의 토지과세대장으로 경국대전에는 20년에 한 번씩 양전을 실시하여 양안을 작성하도록 한 기록이 있다.
2. 문기(文記)
   문기는 조선시대의 토지 · 가옥 · 노비와 기타 재산의 소유 · 매매 · 양도 · 차용 등 매매계약이 성립하기 위하여 매수인, 매도인 쌍방의 합의 외에 대가의 수수목적물의 인도 시에 서면으로 작성한 계약서로 문권(文券) · 문계(文契)라고도 한다. 주로 사적인 문서에 문계라는 용어를 쓰고, 공문서는 공문 · 관문서 · 문서라고 표현했다. 문권 · 문계는 중국 · 일본에서도 사용한 용어이지만 문기는 우리나라에서만 사용한 독특한 용어이다.
3. 입안(立案)
   재산권이나 상속권을 주장하는 데 절대적인 근거가 되었다. 고려시대에도 이 제도가 있었으나 조선시대의 실물이 많이 전하여진다. 《경국대전》에는 토지 · 가옥 · 노비는 매매계약 후 100일, 상속 후 1년 이내에 입안을 받도록 되어 있었다. 또 하나의 의미로 황무지 개간에 관한 인허가서를 말한다.

10 시대와 사용처, 비치처에 따라 다르게 불리는 양안의 명칭에 해당하지 않는 것은?

① 양전도행장(量田道行帳)
② 성책(成冊)
③ 전답타량안(田畓打量案)
④ 방전(方田)

풀이 **토지기록부**

고려시대의 토지대장인 양안(量案)이 완전한 형태로 지금까지 남아 있는 것은 없으나 고려 초기 사원이 소유한 토지에 대한 토지대장의 형식과 기재내용은 사원에 있는 석탑의 내용에 나타나 있다. 이를 보면 토지소재지와 면적, 지목, 경작 유무, 사표(동서남북의 토지에 대한 기초적인 정보를 제공하는 표식) 등 현대의 토지대장의 내용과 비슷함을 알 수 있다.

고려 말기에 와서는 과전법이 실시되어 양안도 초기나 중기의 것과는 전혀 다른 과전법에 적합한 양식으로 고쳐지고 토지의 정확한 파악을 위하여 지번(자호)제도를 창설하게 되었다. 이 지번(자호)제도는 조선에 와서 일자오결제도(一字五結制度)의 계기가 되었으며, 조선에서는 천자답(天字畓), 지자답(地字畓) 등으로 바뀌었다.

- 양안 : 토지의 소유주, 지목, 면적, 등급, 형상, 사표 등이 기록됨
- 도행 : 송량경이 정두사의 전지를 측량하여 도행이라는 토지대장 작성
- 작 : 양전사 전수창부경 예언, 하전 봉휴, 산사천달 등이 송량경의 도행을 기초로 작이라는 토지대장을 만듦
- 자호제도시행(최초)

> ※ 양안의 명칭
> - 고려시대 양안명칭 : 도전장, 양전도장, 양전장적, 도전정, 도행, 전적, 적, 전부, 안, 원적 등
> - 조선시대 양안명칭 : 양안, 양안등서책, 전안, 전답안, 성책, 양명등서차, 전답결대장, 전답결타량정안, 전답타량책, 전답타량안, 전답결정안, 전답양안, 전답행번, 양전도행장 등

정답 09 ④ 10 ④

11 토지조사사업 시 사정한 경계의 직접적인 사항은?

① 등록단위인 필지확정　　② 측량 기술의 확인
③ 기초 행정의 확립　　④ 토지과세의 촉구

풀이 사정(査定)

1. 사정의 개요
임시토지조사국은 토지조사법, 토지조사령 등에 의하여 토지조사사업을 시행하고 토지소유자와 경계를 확정하였는데, 이를 사정이라 한다. 임시토지조사국장의 사정은 이전의 권리와 무관한 창설적 · 확정적 효력을 갖는 가중 중요한 업무라 할 수 있다. 임야조사사업에 있어서는 조선임야조사령에 의거 사정을 하였다.
2. 사정(査定)과 재결(裁決)의 법적 근거
① 사정은 공시되었고 공시기간 만료 후 60일 이내에 고등토지조사위원회(高等土地調査委員會)에 이의를 제출할 수 있도록 되었다(토지조사령 제11조).
② 토지조사령은 "토지소유자의 권리는 사정의 확정 또는 재결에 의하여 확정한다."고 규정하였다(제15조).
③ 그 확정의 효력발생시기는 신고 또는 국유통지의 당일로 소급되었다(제10조).

12 삼국시대의 토지측량단위로 면적 계산에 사용한 제도로 옳은 것은?

① 고구려 : 결부법　　② 신라 : 경무법
③ 백제 : 두락제　　④ 신라 : 정전제

풀이 삼국시대의 지적제도 비교

구분	고구려	백제	신라
길이단위	척(尺) 단위 사용 : 고구려척	척(尺) 단위 사용 : 백제척, 후한척, 남조척, 당척	척(尺) 단위 사용 : 흥아발주척, 녹아발주척, 백아척, 목척
면적단위	경무법(頃畝法)	두락제(斗落制)와 결부제(結負制)	결부제(結負制)
토지장부	봉역도(封域圖) 및 요동성총도(遼東城塚圖)	• 도적(圖籍) • 일본에 전래[근강국 수소촌 간전도(近江國 水沼村 墾田圖)]	장적(방전, 직전, 제전, 규전, 구고전, 원전, 호전, 환전)
측량방식	구장산술	구장산술	구장산술
토지담당(부서 · 조직)	• 부서 : 주부(主簿) • 실무조직 : 사자(使者)	내두좌평(內頭佐平) • 산학박사 : 지적 · 측량담당 • 화사 : 도면작성 • 산사 : 측량 시행	• 조부 : 토지세수 파악 • 산학박사 : 토지측량 및 면적측정
토지제도	토지국유제 원칙	토지국유제 원칙	토지국유제 원칙

정답 11 ① 12 ③

13 수등이척제에 대한 개선으로 주장한 제도로서, 전지(田地)를 측량할 때 정방형의 눈을 가진 그물을 사용하여 면적을 산출하는 망척제를 주장한 양전론자는?

① 서유구
② 이기
③ 유길준
④ 정약용

풀이 양전개정론(量田改正論)

구분	정약용(丁若鏞)	서유구(徐有榘)	이기(李沂)	유길준(俞吉濬)
양전 방안	• 결부제 폐지, 경무법으로 개혁 • 양전법안 개정		수등이척제에 대한 개선책으로 망척제를 주장	전 국토를 리단위로 한 전통제(田統制)를 주장
특징	• 어린도 작성 • 정전제 강조 • 전을 정방향으로 구분 • 휴도 : 방량법의 일환이며 어린도의 가장 최소단위로 작성된 지적도	• 어린도 작성 • 구고삼각법에 의한 양전수법십오제 마련	• 도면의 필요성 강조 • 정방형의 눈들을 가진 그물눈금을 사용하여 면적 산출(망척제)	• 양전 후 지권 발행 • 리단위의 지적도 작성(전통도)
저서	목민심서(牧民心書)	의상경계책(擬上經界策)	해학유서(海鶴遺書)	서유견문(西遊見聞)

14 양전의 결과로 민간인의 사적 토지 소유권을 증명해 주는 지계를 발행하기 위해 1901년에 설립된 것으로, 탁지부에 소속된 지적사무를 관장하는 독립된 외청 형태의 중앙행정기관은?

① 양지아문(量地衙門)
② 지계아문(地契衙門)
③ 양지과(量地課)
④ 통감부(統監府)

풀이 양지아문(量地衙門)

양지아문은 광무 2년(1898년) 7월에 칙령 제25호로 양지아문 직원 및 처무규정을 공포하여 비로소 독립관청으로 양전사업을 위하여 설치되었다. 양전사업에 종사하는 실무진(實務陣)으로는 양무감리(量務監理), 양무위원(量務委員)이 있으며 조사위원(調査委員) 및 기술진(技術陣)은 수기사(首技師, 미국인 거렴(Raymand Edward Leo Krumm)와 기수보(技手補) 그리고 견습과정을 마친 학원(學員)이 있었다.

지계아문(地契衙門)

지계아문의 사업은 성격상 양지아문과 밀접한 관계가 있었고 지계발행사업의 방대함에 비추어 지계아문만이 전국의 지계사업을 전담하기에 벅찼다. 그래서 1902년 3월에 지계아문과 양지아문을 통합하였다. 즉, 지계가 발행되기 위해서는 토지대장에 의한 토지 소유권자의 확인이 필요하여 양전의 시행은 지계의 시행과 병행되어야 했다. 기구의 통합과 업무의 통합도 이루게 되어 지계발행과 양전을 새 통합기구인 지계아문에서 수행하게 되었다.

러일전쟁에 의한 일본 군대의 주둔과 제1차 한일 협약을 강요당하게 되어 지계 발행은 물론 양전사업마저도 중단되고 말았으며, 새로 탁지부에 양지국을 신설하여 양전 업무를 담당시키고 지계 발행업무는 그 업무의 완료와 함께 당해 군으로 인계하여 1904년 4월 19일 지계아문은 폐지되었다.

정답 13 ② 14 ②

15 역토(驛土)에 대한 설명으로 틀린 것은?

① 역토는 역참에 부속된 토지의 명칭이다.
② 역토의 수입은 국고수입으로 하였다.
③ 역토는 주로 군수비용을 충당하기 위한 토지이다.
④ 조선시대 초기에 역토에는 관둔전, 공수전 등이 있다.

풀이

<table>
<tr><td rowspan="2">역토
(驛土)</td><td colspan="2">역참제도는 신라, 고려시대부터 있었던 것으로 조선시대까지 이어졌는데 역참에 부속된 토지를 일컬어 역토라 한다. 역참은 신라, 고려, 조선시대 공용문서(公用文書) 및 물품의 운송(運送), 공무원의 공무상 여행에 필요한 말과 인부 기타 일체의 용품 및 숙박, 음식 등의 제공을 위하여 설치되었다. 각 도(道)의 중요 지점과 도(道)소재지에서 군소재지로 통하는 도로에 약 40리(里)마다 1개의 역참(驛站)을 설치하여 이용하였다.</td></tr>
<tr><td>종류</td><td>• 공수전(公須田) : 관리접대비로 충당하기 위한 것으로, 역의 대 · 중 · 소로에 따라 달리 지급되었다.
• 장전(長田) : 역장에게 지급(2결)
• 부장전(副長田) : 부역장에게 지급(1.5결)
• 급주전(急走田) : 급히 연락하는 이른바 급주졸(急走卒)에게 지급(50부)
• 마위전(馬位田) : 말의 사육을 위해 지급(말의 등급에 따라 차등지급)</td></tr>
</table>

16 지적과 등기를 일원화된 조직의 행정업무로 처리하지 않는 국가는?

① 독일
② 네덜란드
③ 일본
④ 대만

풀이 외국의 지적제도

구분	일본	프랑스	독일	스위스	네덜란드	대만
기본법	• 국토조사법 • 부동산등기법	• 민법 • 지적법	측량 및 지적법	지적공부에 의한 법률	• 민법 • 지적법	토지법
창설기간	1876~1888	1807	1870~1900	1911	1811~1832	1897~1914
지적공부	• 지적부 • 지적도 • 토지등기부 • 건물등기부	• 토지대장 • 건물대장 • 지적도 • 도엽기록부 • 색인도	• 부동산지적부 • 부동산지적도 • 수치지적부	• 부동산등록부 • 소유자별대장 • 지적도 • 수치지적부	• 위치대장 • 부동산등록부 • 지적도	• 토지등록부 • 건축물개량 등기부 • 지적도
지적 · 등기	일원화(1966)	일원화	이원화	일원화	일원화	일원화
담당기구	법무성	재무경제성	내무성 : 지방국 지적과	법무국	주택도시계획 및 환경성	내정부 지적국
토지대장 편성	물적 편성주의	연대적 편성주의	물적 · 인적 편성주의	물적 · 인적 편성주의	인적 편성주의	물적 편성주의
등록의무	적극적 등록주의	소극적 등록주의		적극적 등록주의	소극적 등록주의	적극적 등록주의

정답 15 ③ 16 ①

17 토지조사사업 당시의 지목 중 비과세지에 해당하는 것은?

① 잡종지　　② 철도선로
③ 임야　　④ 철도용지

풀이 지목의 종류

<table>
<tr><td>토지조사사업 당시 지목
(18개)</td><td colspan="2">• (과)세지 : (전), (답), (대)(垈), (지)소(池沼), (임)야(林野), (잡)종지(雜種地)(6개)
• (비)과세지 : (도)로, 하(천), 구(거), (제)방, (성)첩, (철)도선로, (수)도선로(7개)
• (면)세지 : (사)사지, (분)묘지, (공)원지, (철)도용지, (수)도용지(5개)</td></tr>
<tr><td>1918년 지세령 개정
(19개)</td><td colspan="2">지소(池沼) : 지소, 유지로 세분</td></tr>
<tr><td>1950년 구 지적법
(21개)</td><td colspan="2">잡종지(雜種地) : 잡종지, 염전, 광천지로 세분</td></tr>
<tr><td>1975년 지적법 제2차 개정
(24개)</td><td>통합</td><td>• 철도용지＋철도선로＝철도용지
• 수도용지＋수도선로＝수도용지
• 유지＋지소＝유지</td></tr>
</table>

18 필지는 자연물인 지구를 인간이 필요에 의해 인위적으로 구획한 인공물이다. 필지의 성립요건으로 볼 수 없는 것은?

① 지표면을 인위적으로 구획한 폐쇄된 공간　　② 정확한 측량성과
③ 지번 및 지목의 설정　　④ 경계의 결정

풀이 필지

1. 필지의 개념
   필지란 지번부여지역 안의 토지로서 소유자와 용도가 동일하고 지반이 연속된 토지를 기준으로 구획되는 토지의 등록단위를 말한다.
2. 필지의 특성
   ① 토지의 소유권이 미치는 범위와 한계를 나타낸다.
   ② 지형 · 지물에 의한 경계가 아니고 토지소유권의 구분에 의하여 인위적으로 구획된 것이다.
   ③ 도면(지적도 · 임야도)에서는 경계점을 직선으로 연결한 선, 경계점좌표등록부에서는 경계점(평면직각종횡선수치)의 연결로 표시되며 폐합된 다각형으로 구획된다.
   ④ 대장(토지대장 · 임야대장)에서는 하나의 지번에 의거 작성된 1장의 대장에 의거 필지를 구분한다.

정답 17 ② 18 ②

19 다음 중 자한도(字限圖)에 대한 설명으로 옳은 것은?

① 조선시대의 지적도 ② 중국 원나라 시대의 지적도
③ 일본의 지적도 ④ 중국 청나라 시대의 지적도

풀이 고대 일본에 있어서 지적도는 1필을 경계로 한 일필한도(一筆限圖), 1자(字)를 경계로 한 일자한도(一字限圖), 1촌(村)을 경계로 한 일촌한도(一村限圖)의 3모양으로 되어 있다.
일자한도는 자한도(字限圖), 자도(字圖), 자절도(字切圖), 자절회도(字切繪圖), 자분절회도(字分切繪圖) 등으로 불린다. 자한도는 지목(地目)을 채색에 의해서 분류하고 각 필지의 구획, 지번, 반별(反別)을 기입하며 더 나아가 여백 부분에 그 자(字)의 지목별 반묘(反畝), 총계 등을 기재한 경우도 있다.

20 지압(地押)조사에 대한 설명으로 옳지 않은 것은?

① 지번의 순서에 따라 실지와 도면의 대조를 통하여 이동의 유무를 조사하는 것을 원칙으로 하였다.
② 무신고 이동지를 발견하기 위하여 실시하는 토지검사이다.
③ 지압조사는 지적약도 및 임야도를 현장에 휴대하여 정, 리, 동의 단위로 시행하였다.
④ 분쟁지의 경계와 소유자를 확정하는 토지조사이다.

풀이 **지압조사(地押調査)**

1. 지압조사의 개념
   지압조사란 무신고 이동지를 발견하기 위하여 실시하는 토검사로서 토지검사의 일종이기는 하지만 이는 어디까지나 신고와 신청을 전제로 하지 않는다는 점이 특징이다. 지압조사의 성과는 일정한 서식의 야장에 기입하며, 지압조사에서 발견된 무신고 이동지는 소관청이 직권으로 지적공부를 정리하고 필요하다면 토지소유자 또는 이해관계인에게 통지하는 등의 조치가 있어야 한다.
   토지검사는 토지이동 사실 여부 확인을 위한 지압조사와 과세징수를 목적으로 한 토지검사로 분류되며 매년 6~9월 사이에 하는 것을 원칙으로 하였고 필요한 경우 임시로 할 수 있게 하였다. 지세관계법령의 규정에 따라 세무관리는 토지의 검사를 할 수 있도록 지세관계법령에 규정하였다.
2. 지압조사의 방법
   ① 지압조사는 지적약도 및 임야도를 현장에 휴대하여 정, 리, 동의 단위로 시행하였다.
   ② 지압조사 대상지역의 지적(임야)약도에 대하여 미리 이동정리 적부를 조사하여 누락된 부분은 보완조치하였다.
   ③ 지적소관청은 지압조사에 의하여 무신고 이동지의 조사를 위해서는 그 집행계획서를 미리 수리조합과 지적협회 등에 통지하여 협력을 요구하였다.
   ④ 무신고이동지정리부에 조사결과 발견된 무신고 이동토지를 등재함으로써 정리의 만전을 기하였다.
   ⑤ 지번의 순서에 따라 실지와 도면의 대조를 통하여 이동의 유무를 조사하는 것을 원칙으로 하였다.
   ⑥ 업무의 통일, 직원의 훈련 등에 필요할 경우는 본 조사 전에 모범조사를 실시하도록 하였다.

정답 19 ③ 20 ④

02 제2회 합격모의고사

01 1898년 양전사업을 담당하기 위하여 최초로 설치된 기관으로 양지아문의 실무진으로 옳지 않은 것은?

① 양무위원(量務委員)
② 조사위원(調査委員)
③ 수기사[(首技師, 영국인 거렴(Raymand Edward Leo Krumm)]
④ 양무감리(量務監理)

풀이 **양지아문(量地衙門)**

양지아문은 광무 2년(1898년) 7월에 칙령 제25호로 양지아문 직원 및 처무규정을 공포하여 비로소 독립관청으로 양전사업을 위하여 설치되었다. 양전사업에 종사하는 실무진(實務陣)으로는 양무감리(量務監理), 양무위원(量務委員)이 있으며, 조사위원(調査委員) 및 기술진(技術陣)은 수기사[首技師, 미국인 거렴(Raymand Edward Leo Krumm)]와 기수보(技手補) 그리고 견습과정을 마친 학원(學員)이 있었다.

양전과정은 측량과 양안 작성 과정으로 나누어지는데, 양안 작성 과정은 야초책(野草冊)을 작성하는 1단계, 중초책을 작성하는 2단계, 정서책으로 완성시키는 3단계로 나누어 진행하였으나 광무 5년(1901년)에 이르러 전국적인 대흉년으로 일단 중단하게 되었다.

소유권 이전을 국가가 통제할 수 있는 장치로서 조선시대 시행하였던 입안(立案)에 대신하여 지계를 발행하는 제도를 채택하였다.

지계아문(地契衙門)

지계아문의 사업은 성격상 양지아문과 밀접한 관계가 있었고 지계발행 사업의 방대함에 비추어 지계아문만이 전국의 지계사업을 전담하기에 벅찼다. 그래서 1902년 3월에 지계아문과 양지아문을 통합하였다. 즉, 지계가 발행되기 위해서는 토지대장에 의한 토지 소유권자의 확인이 필요하여 양전의 시행은 지계의 시행과 병행되어야 했다. 기구의 통합과 업무의 통합도 이루어지게 되어 지계발행과 양전을 새 통합기구인 지계아문에서 수행하게 되었다.

러일전쟁에 의한 일본 군대의 주둔과 제1차 한일 협약을 강요당하게 되어 지계 발행은 물론 양전사업마저도 중단되고 말았으며, 새로 탁지부에 양지국을 신설하여 양전 업무를 담당시키고 지계 발행업무는 그 업무의 완료와 함께 당해 군으로 인계하여 1904년 4월 19일 지계아문은 폐지되었다.

02 다음 고대 지적도 중 자한도(字限圖)에 대한 설명으로 틀린 것은?

① 1필을 경계로 한 일필한도(一筆限圖)
② 중국 원나라 시대의 지적도
③ 1촌(村)을 경계로 한 일촌한도(一村限圖)
④ 1자(字)를 경계로 한 일자한도(一字限圖)

풀이 고대 일본에 있어서 지적도는 1필을 경계로 한 일필한도(一筆限圖), 1자(字)를 경계로 한 일자한도(一字限圖), 1촌(村)을 경계로 한 일촌한도(一村限圖)의 3모양으로 되어 있다.

일자한도는 자한도(字限圖), 자도(字圖), 자절도(字切圖), 자절회도(字切繪圖), 자분절회도(字分切繪圖) 등으로 불린다. 자한도는 지목(地目)을 채색에 의해서 분류하고 각 필지의 구획, 지번, 반별(反別)을 기입하였으며 더 나아가 여백 부분에 그 자(字)의 지목별 반묘(反畝), 총계 등을 기재한 경우도 있다.

정답 01 ③ 02 ②

03 우리나라에서 적용하는 지적의 원리가 아닌 것은?

① 적극적 등록주의 ② 형식적 심사주의
③ 지적공개주의 ④ 지적국정주의

풀이 지적법의 기본이념 **암기** ㉿형공실직

지적(국)정주의 (地籍國定主義)	지적공부의 등록사항인 토지표시사항을 국가만이 결정할 수 있는 권한을 가진다는 이념이다.
지적(형)식주의 (地籍形式主義)	국가가 결정한 토지에 대한 물리적 현황과 법적 권리관계 등을 외부에서 인식할 수 있도록 일정한 법정의 형식을 갖추어 지적공부에 등록하여야만 효력이 발생한다는 이념으로 '지적등록주의'라고도 한다.
지적(공)개주의 (地籍公開主義)	지적공부에 등록된 사항을 토지소유자나 이해관계인은 물론 일반인에게도 공개한다는 이념이다. • 공시원칙에 의한 지적공부 3가지 형식 – 지적공부를 직접열람 및 등본으로 알 수 있다. – 현장에 경계복원함으로써 알 수 있다. – 등록된 사항과 현장상황이 다른 경우 변경 등록한다.
(실)질적 심사주의 (實質的審査主義)	토지에 대한 사실관계를 정확하게 지적공부에 등록 · 공시하기 위하여 토지를 새로이 지적공부에 등록하거나 등록된 사항을 변경 등록하고자 할 경우 소관청은 실질적인 심사를 실시하여야 한다는 이념으로서 '사실심사주의'라고도 한다.
(직)권등록주의 (職權登錄主義)	국가는 의무적으로 통치권이 미치는 모든 토지에 대한 일정한 사항을 직권으로 조사 · 측량하여 지적공부에 등록 · 공시하여야 한다는 이념으로서 '적극적 등록주의' 또는 '등록강제주의'라고도 한다.

04 궁장토 관리조직의 변천과정으로 옳은 것은?

① 제실제도국 → 제실재정회의 → 임시재산정리국 → 제실재산정리국
② 제실재정회의 → 제실제도국 → 제실재산정리국 → 임시재산정리국
③ 제실제도국 → 임시재산정리국 → 제실재산정리국 → 제실재정회의
④ 임시재산정리국 → 제실재정회의 → 제실제도국 → 제실재산정리국

풀이 궁장토관리조직의 변천과정

제실재정회의 (1905년 12월에는 제실재정회의 제도가 마련)	경(卿) • 정의 : 1895년 4월 이후 궁내부 소속 각 원(院)의 장관급 관직 • 개설 : 1894년 7월 궁내부가 처음 설치될 때에는 이전의 각 관청을 궁내부 소속으로 개편하는 차원이었으므로, 궁내부 소속관청과 관직은 이전의 명칭을 크게 바꾸지 않았다. 1895년 4월 궁내부 체제가 대폭 개편되면서 장례원(掌禮院) · 시종원(侍從院) · 규장원(奎章院) · 회계원(會計院) · 내장원(內藏院) · 제용원(濟用院) 등 6개의 원이 설치되었다. 그리고 각 원 아래에 고유 업무를 수행하는 관청들을 부속시켰다. 장례원 · 시종원 · 규장원에는 경을 두고, 회계원 · 내장원 · 제용원에는 장(長)을 두었다. 이후 궁내부 관제 개정이 여러 차례 있으면서 각 원 명칭의 개칭과 치폐, 새로운 원의 신설 등이 복잡하게 전개되었다.

정답 03 ② 04 ②

	• 내용 및 변천사항 : 경의 변천 과정을 정리하면 다음과 같다. – 1895년 11월에 있었던 관제개혁 때 비서원(秘書院) · 종정원(宗正院) · 귀족원(貴族院) · 회계원의 장을 경으로 하였다. – 1896년 1월 규장원을 규장각으로 개칭하면서 경을 학사(學士)로, 경연원을 홍문관으로 개칭하면서 경을 태학사로, 전의사를 태의원으로 승격시키고 장 · 부장(副長)을 도제조(都提調 : 議政 또는 궁내부대신이 겸직) · 경 · 소경(小卿)으로 각각 개칭하였다. – 1899년 8월 내장사(內藏司)를 내장원으로 개칭하면서 경을 두었다. – 1900년 12월 귀족원이 돈녕원(敦寧院)으로 개편되면서 경이 영사(領事)로 개칭되었다. – 1904년 5월 어공원(御供院) 신설과 함께 경 · 소경을 두었으나 7월에 폐지하였다. – 1905년 3월 일본 제국주의 침략이 노골화되면서 궁내부 체제가 대폭 개편되는데, 시종원 · 비서감(秘書監) · 예식원(禮式院 : 1900년 12월에 신설되었으나 그때는 장례원과 별도의 기구였는데, 여기에서는 장례원이 폐지된다. 관직도 예식경 · 부경 · 장례경 등을 둔다.) · 태의원 · 경리원(신설 이전의 내장원을 내장사와 경리원의 두 기구로 분리) · 주전원 등에 경 · 부경(副卿)을 두었다. – 1906년 8월 예식원을 폐지하고 장례원을 다시 설치, 경과 부경을 두었다. – 1907년 11월 시종원 · 장례원 · 내장원(경리원 폐지, 내장사를 개칭) · 주전원 · 제실회계감사원(신설) 등에 경을 두었다.
제실제도국 (帝室制度整理局, 1907)	• 정의 : 조선 말기 제실제도의 정리를 위하여 설치되었던 관청 • 내용 : 1904년 10월 5일 '제실제도정리국직무장정'이 제정되었으며, 1905년 1월 23일부터 활동을 시작하였다. 직원은 칙임관인 총재(總裁) 1인, 칙임관대우의 의정관(議定官) 6인(궁내부대신과 고문은 당연직으로 정원 외), 주임관대우의 비서(秘書) 2인, 판임관대우의 기사(記事) 3인으로 구성되어 있었다. 1906년 1월 30일 폐지될 때까지 약 1년간 궁내부 관제의 전면개정, 경리원(經理院)의 독립 저지, 황실재정 정리를 위하여 '제실재정회의장정', '제실회계심사국직무장정', '제실회계규칙' 등 7개 법령의 제정, 1906년도 황실 및 궁내부예산안 작성 등의 일을 하였다. 총재는 이재극(李載克)이었으나 법령 초안작성을 비롯한 모든 사무는 궁내부고문 일본인 가토(加藤增雄)가 취급하였다. 1906년 1월 30일 궁내부관제 개정으로 궁내부에 제도국(制度局)이 설치되어 그 사무를 이관하였다. 1907년 궁내부 제도국 안에 임시정리부를 두었다가 7월에는 '임시제실유 및 국유재산조사국(臨時帝室有 及 國有財産調査局)'을 설치하고 국유재산과 제실재산을 분할하여 조사하는 기관으로 삼았다.
내장원 분과규정 및 제실재산정리국관제 제정 (1907.11.27.)	궁내부령 제7호로 내장원 분과규정을 제정하였다(측량 및 제도에 관한 사항 제5조제5항). 제실재산정리국 관제를 제정하여 제실재산정리국에 농림과, 측량과, 주계과를 두고(제1조) 측량과에서는 제실유 토지, 삼림, 원야 등 측량과 제도, 경계답사, 지적정리 사항을 관장하였다(시행일 12월 1일). 궁내부령 제8호로 궁내부대신 이윤용은 제실재산정리국 분과규정을 제정하였다.
임시재산정리 국관제 공포 (1908.7.23.)	내각총리대신 이완용과 탁지부대신 임선준은 임시재산정리국관제를 공포하였다.

정답

05 지적의 원리에 대한 설명으로 틀린 것은?

① 능률성의 원리는 중앙집권적 통제를 말한다.
② 민주성의 원리는 주민참여의 보장을 말한다.
③ 공(公)기능성의 원리는 지적공개주의를 말한다.
④ 정확성의 원리는 지적불부합지의 해소를 말한다.

풀이 지적의 원리

구분	내용
공기능성의 원리 (Publicness)	지적은 국가가 국토에 대한 상황을 다수의 이익을 추구하기 위하여 기록 · 공시하는 국가의 공공업무이며, 국가고유의 사무이다. 현대지적은 일방적인 관리층의 필요에서 만들어져서는 안 되고, 제도권 내의 사람에게 수평성의 원리에서 공공관계가 이루어져야 한다. 따라서 모든 지적사항은 필요에 의해 공개되어야 한다.
민주성의 원리 (Democracy)	현대지적에서 민주성이란, 제도의 운영주체와 객체가 내적인 면에서 행정의 인간화가 이루어지고, 외적인 면에서 주민의 뜻이 반영되는 지적행정이라 할 수 있다. 아울러 지적의 책임성은 지적법의 규정에 따라 공익을 증진하고 주민의 기대에 부응하도록 하는 데 있다.
능률성의 원리 (Efficiency)	실무활동의 능률성은 토지현상을 조사하여 지적공부를 만드는 과정에서의 능률을 의미하고, 이론개발 및 전달과정의 능률성은 주어진 여건과 실행과정의 개선을 의미한다. 지적활동을 능률화한다는 것은 지적문제의 해소를 뜻하며, 나아가서 지적활동의 과학화, 기술화 내지는 합리화, 근대화를 지칭하는 것이다.
정확성의 원리 (Accuracy)	지적활동의 정확도는 크게 토지현황조사, 기록과 도면, 관리와 운영의 정확도를 말한다. 토지현황조사의 정확성은 일필지조사, 기록과 도면의 정확성은 측량의 정확도, 그리고 지적공부를 중심으로 한 관리 · 운영의 정확성은 지적조직의 업무분화와 정확도에 관련됨이 크다. 결국 지적의 정확성은 지적불부합의 반대개념이다.

06 우리나라의 대학교에 지적전공 박사과정을 최초로 신설한 연도는?

① 1977년 강원대학교
② 1978년 명지대학교
③ 1984년 청주대학교
④ 2000년 경일대학교
⑤ 2002년 목포대학교

풀이 광복 후 시대

지적기술연수원에 의한 교육	• 1939년에 설립된 지적측량기술원양성강습소가 임시지적기술원양성소, 지적기술교육연구원, 지적기술연수원, 지적연수원으로 개편되어 교육전담 • 1973년에 최초로 지적학(地籍學)을 개설(강의 : 원영희 교수) • 1979년에 내무부장관으로부터 지적직 공무원의 특별연수기관으로 지정 • 1996년에 교육부장관으로부터 실업계 고등학교 지적과 교사의 연수기관으로 선정

정답 05 ① 06 ④

대학교와 전문대학에 의한 교육	• 1973년에 건국대학교 농과대학 농공학과에 지적측량학(地籍測量學) 강좌 개설 ※ 대학에서 지적학과 관련된 학문의 체계적인 교육의 효시 1974년에 건국대학교 행정대학원 부동산학과에 지적학(地籍學) 강좌 개설 • 내무부장관이 교육부장관과 협의하여 세계 최초로 지적학과 설치 – 목적 : 지적학의 정립, 지적제도의 개선, 우수 지적기술 인재의 양성 • 1977년부터 명지전문대학, 신구대학 등에 지적학과 설치 • 1978년부터 강원대학교, 청주대학교 등에 지적학과 설치
고등학교에 의한 교육	1997년부터 지적기능 인력을 양성할 목적으로 강릉농공고등학교 등 8개교에 지적과 설치
대학원에 의한 교육	• 1984년부터 청주대학교, 목포대학교, 명지대학교, 경일대학교, 서울시립대학교 등에 지적전공 석사과정 신설 • 2000년부터 경일대학교, 목포대학교, 서울시립대학교 등에 지적전공 박사과정 신설 • 우리나라는 고등학교와 전문대학 및 대학교에 지적학과를 설치하고, 석사 · 박사과정에 이르기까지 지적에 대한 체계적인 전문교육 실시 – 지적학 개발의 종주국으로서 세계에서 사례를 찾아볼 수 없는 우수하고 체계적인 교육제도 확립
외국의 지적 관련 교육	외국의 지적 관련 교육은 지적측량 · 지적제도 · 지형측량 · 지도제작 등의 교과목개설 강의

07 하천에 의하여 운반된 모래와 흙이 조류의 작용으로 해안에 쌓여, 밀물 때에는 잠기고 썰물 때에는 드러나는 이 토지를 무엇이라 하는가?

① 간석지 ② 포락지
③ 이생지 ④ 개재지

간석지(干潟地)	간석지(干潟地)는 하천에 의하여 운반된 모래와 흙이 조류의 작용으로 해안에 쌓여, 밀물 때에는 잠기고 썰물 때에는 드러나는 땅을 말한다. 남해안과 서해안에는 곳곳에 간석지가 널리 이루어져 있어 양식장, 염전 등에 이용되고, 간척 사업에 의하여 농토로 바뀌고 있다.
포락지(浦落地)	공유수면 관리법에서 정의하고 있는 '포락지(浦落地)'는 지적공부에 등록된 토지가 물에 침식되어 수면 밑으로 잠긴 토지를 말한다.
이생지(泥生地)	이생지(泥生地)는 모래 섞인 개흙 땅. 흔히 냇가에 있다.

08 다음 중 토지조사사업과 임야조사사업 당시의 재결기관으로 옳은 것은?

① 토지조사사업 : 도지사, 임야조사사업 : 도지사
② 토지조사사업 : 임시토지조사국장, 임야조사사업 : 임야심사위원회
③ 토지조사사업 : 고등토지조사위원회, 임야조사사업 : 임야심사위원회
④ 토지조사사업 : 지방토지조사위원회, 임야조사사업 : 도지사

정답 07 ① 08 ③

풀이 **토지조사사업과 임야조사사업 비교**

구분	토지조사사업	임야조사사업
근거법령	토지조사령(1912.8.13. 제령 제2호)	조선임야조사령(1918.5.1. 제령 제5호)
조사기간	1910~1918년(8년 10개월)	1916~1924년(9개년)
측량기관	임시토지조사국	부(府)와 면(面)
사정기관	임시토지조사국장	도지사
재결기관	고등토지조사위원회	임야심사위원회
조사내용	• 토지소유권 • 토지가격 • 지형, 지모	• 토지소유권 • 토지가격 • 지형, 지모
조사대상	• 전국에 걸친 평야부 토지 • 낙산 임야	• 토지조사에서 제외된 토지 • 산림 내 개재지(토지)
도면축척	1/600, 1/1,200, 1/2,400	1/3,000, 1/6,000
기선측량	13개소	

09 토지조사사업 당시 간주지적도에 등록된 토지에 대하여 별책토지대장, 을호토지대장, 산토지대장이라 하여 별도 작성했던 장부는 무엇인가?

① 증보도 ② 역둔토도
③ 산토지대장 ④ 간주지적도

풀이

간주지적도 (看做地籍圖)	• 지적도로 간주하는 임야도를 간주지적도라 한다. • 조선지세령 제5조제3항에는 "조선총독이 지정하는 지역에서는 임야도로서 지적도로 간주한다."라고 규정 • 총독부는 1924년을 시작으로 15차례 고시함 • 육지에서 멀리 떨어진 도서지역, 토지조사구역에서 멀리 떨어진 산간벽지[약 200간(間)] 등을 지정하였다. • 전, 답, 대 등 과세지가 있을 경우 이를 지적도에 등록하지 아니하고 임야도에 존치(1/3,000, 1/6,000) • 임야도에 녹색 1호선으로 구역 표시 • 간주지적도에 대한 대장은 일반토지대장과 달리 별책이 있었는데, 이를 별책 · 을호 · 산토지대장이라 한다.
산토지대장 (山土地臺帳)	• 간주지적도에 등록된 토지에 대하여 별책토지대장, 을호토지대장, 산토지대장이라 하여 별도 작성되었다. • 산토지대장에 등록면적 단위는 30평단위이다. • 산토지대장은 1975년 지적법 전문 개정 시 토지대장카드화 작업으로 m^2 단위로 환산하여 등록하였고, 전산화사업 이후 보관만 하고 있다.
증보도 (增補圖)	• 기존 등록된 지적도 이외의 지역에 새로이 등록할 토지가 생긴 경우 새로이 작성한 도면 • 증보도의 도면번호 위에는 "증보"라고 기재하였다. • 도면번호는 "增1, 增2, ……"순서로 작성되며 도면의 왼쪽 상단의 색인표에도 이와 같이 작성하였다.

정답 09 ③

	• 도면전산화사업에 사용된 지적(임야)도 전산화작업지침에 의하면 "신규등록 등으로 작성된 증보 도면은 해당지역의 마지막 도면번호 다음 번호부터 순차적으로 부여"하도록 하였다. • 토지조사령에 의해 작성된 것으로 지적도와 대등한 도면으로 증보도가 지적도의 부속도면 혹은 보조도면이란 것은 잘못된 것으로 본다.
부호도 (符號圖)	• 부호란 지적도에 등록된 필지가 너무 작아서 지번, 지목을 주기할 수 없는 경우 해당 필지에 부호를 넣고 도곽 밖에 기재하는 것을 말한다. • 지적도곽 내 부호필지가 너무 많아서 해당 지적도에 부호의 지번을 기록하지 못하는 경우 다른 도면에 작성하였다. • 부호도는 지적도의 일부분으로 부속도면 또는 보조도면은 아니다.
역둔토도 (驛屯土圖)	역둔토도는 역둔토의 분필조사를 시행하기 위하여 별도로 조제에 관계되는 지번, 지목, 지적조사 등에 의하여 측량원도에 있는 해당 지목의 1필지를 미농지(Tracing Paper)에 투사 표시(猫示)한 것이다. • 소도에 기재한 사항은 그대로 정리 • 분할선은 양홍선으로 정리 • 새로 등록하는 역둔토의 경계선은 흑색으로 정리 • 지번, 지목의 주기 중에서 보존가치가 없는 것은 양홍의 평행선으로 말소 • 소도에 기재된 일필지의 토지로서 역둔토가 아닐 경우에는 그 지번, 지목을 "×"표로 말소

10 영국의 토지등록제도로 세금부과를 위해 1085~1086년 동안 조사한 지세장부가 아닌 것은?

① Doomsday Book ② 바빌론 책
③ 지세명기장 ④ Geld Book

풀이 둠즈데이북(Domesday Book)

① 'Geld Book'이라고도 하였으며 윌리엄 1세가 덴마크 침략자들의 약탈을 피하기 위해 지불되는 보호금인 데인겔트(Danegeld)를 모아 기록하는 영국에서 사용되었던 과세용의 지세장부이다.
② 1066년 헤이스팅스 전투에서 노르만족이 색슨족을 격퇴한 후 20년이 지난 1086년 윌리엄 1세가 정복한 전 영국의 국토자원목록을 조직적으로 작성한 토지기록이며 토지대장이다.
③ 현재 우리나라의 토지대장과 비슷한 것이라고 할 수 있다.
④ 두 권의 책으로 되어 있으며 영국의 공문서 보관소에 보관되어 있다.

11 측량결과에 대해 그것이 유효하게 존재하는 한 그 내용을 존중하고 복종해야 하며 결코 정당한 절차 없이 그 존재나 효력을 기피할 수 없는 토지등록의 효력은?

① 구속력 ② 공정력
③ 확정력 ④ 강제력

풀이 지적측량의 법률적 효력 **암기** ㉮㉯㉰㉱(구공확강)

(구)속력	지적측량의 내용에 대해 소관청 자신이 소유자 및 이해관계인을 기속하는 효력으로서 지적측량은 완료와 동시에 구속력이 발생하여 측량결과에 대해 그것이 유효하게 존재하는 한 그 내용을 존중하고 복종해야 하며 결코 정당한 절차 없이 그 존재나 효력을 기피할 수 없다.

정답 10 ② 11 ①

공정력	지적측량이 유효의 성립요건을 갖추지 못하여 하자가 인정될 때라도 절대무효인 경우를 제외하고는 소관청, 감독청, 법원 등의 기관에 의하여 쟁송 또는 직권으로 그 내용을 취소할 때까지 그 행위는 적법한 추정을 받고 그 누구도 부인하지 못하는 효력
확정력	일단 유효하게 성립된 지적측량은 일정한 기간이 경과한 뒤에 그 상대방이나 기타 이해관계인이 그 효력을 다툴 수 없으며 소관청도 특별한 사유가 없는 한 그 성과를 변경할 수 없다는 효력을 말하는 것으로 "불가쟁력" 또는 "형식적 확정력"이라 한다.
강제력	강제력이란 행정행위의 실현을 사법부에 의존하지 않고 행정청 자체의 권한으로 집행할 수 있는 효력으로 "집행력" 또는 "제재력"이라고도 한다.

12 경계점좌표등록부를 갖추어두는 지역의 지적도가 아래와 같은 경우 이에 관한 설명으로 옳은 것은?

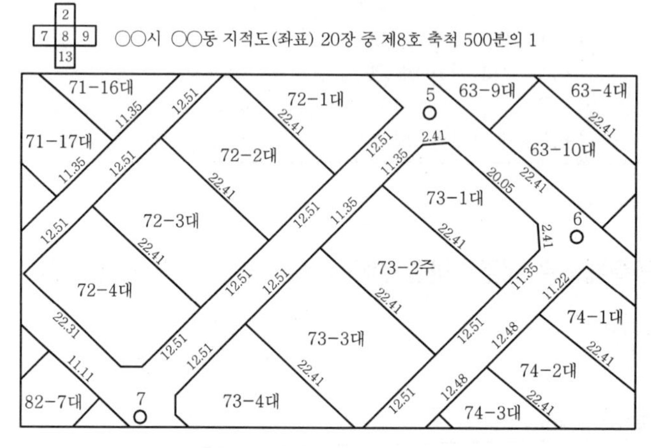

① 73－2에 대한 면적측정은 전자면적측정기에 의한다.

② 73－2의 경계선상에 등록된 '22.41'은 좌표에 의하여 계산된 경계점 간의 거리를 나타낸다.

③ 73－2에 대한 경계복원측량은 본 도면으로 실시하여야 한다.

④ 73－1에 대한 토지면적은 경계점좌표등록부에 등록한다.

⑤ 73－2에 대한 토지지목은 '주차장'이다.

풀이 ① 73－2에 대한 면적측정은 경계점좌표등록지이므로 좌표면적계산법에 의한다.
③ 73－2에 대한 경계복원측량은 본 도면으로 실시할 수 없다.
④ 73－1에 대한 토지면적은 경계점좌표등록부에 등록하지 않는다.
⑤ 73－2에 대한 토지지목 '주'는 주유소용지이다.

13 「공간정보의 구축 및 관리 등에 관한 법률」상 토지의 이동사유를 등록하는 지적공부는?

① 경계점좌표등록부
② 대지권등록부
③ 토지대장
④ 공유지연명부
⑤ 지적도

정답 12 ② 13 ③

풀이

구분	토지표시사항	소유권에 관한 사항	기타
토지대장(土地臺帳, Land Books) & 임야대장(林野臺帳, Forest Books)	• **토**지소재 • **지**번 • **지**목 • 면**적** • 토지의 **이**동 사유	• 토지소유자 **변**동일자 • 변**동**원인 • **주**민등록번호 • 성**명** 또는 명칭 • 주**소**	• 토지의 고**유**번호(각 필지를 서로 구별하기 위하여 필지마다 붙이는 고유한 번호를 말한다.) • 지적도 또는 임야**도** 번호 • 필지별 토지대장 또는 임야대장의 **장**번호 • **축**척 • **토**지등급 또는 기준수확량등급과 그 설정 · 수정 연월일 • 개별**공**시지가와 그 기준일
공유지연명부(共有地連名簿, Common Land Books)	• **토**지소재 • **지**번	• 토지소유자 **변**동일자 • 변**동**원인 • **주**민등록번호 • 성**명**, 주**소** • 소유권 **지**분	• 토지의 **고**유번호 • 필지별 공유지 연명부의 **장**번호
대지권등록부(垈地權登錄簿, Building Site Rights Books)	• **토**지 소재 • **지**번	• 토지소유자 **변**동일자 및 변**동**원인 • **주**민등록번호 • 성**명** 또는 명칭, 주**소** • 대**지**권 비율 • 소유**권**지분	• 토지의 **고**유번호 • 집합건물별 대지권등록부의 **장**번호 • **건**물의 명칭 • **전**유부분의 건물의 표시
경계점좌표등록부(境界點座標登錄簿, Boundary Point Coordinate Books)	• **토**지 소재 • **지**번 • 좌**표**		• 토지의 **고**유번호 • 필지별 경계점좌표등록부의 **장**번호 • **부**호 및 부호도 • 지적**도**면의 번호
지적도(地籍圖, Land Books) & 임야도(林野圖, Forest Books)	• **토**지 소재 • **지**번 • **지**목 • 경**계** • 좌표에 의하여 계산된 경계**점** 간의 거리(경계점좌표등록부를 갖추어두는 지역으로 한정한다)		• **도**면의 색인도 • 도**면**의 제명 및 축척 • 도곽**선**과 그 수치 • 삼**각**점 및 **지**적기준점의 위치 • 건축**물** 및 구조물 등의 위치

14 다음 중 주된 용도의 토지에 편입하여 1필지로 할 수 있는 종된 토지의 기준으로 옳은 것은?

(17년2회지기)

① 주된 지목의 토지 면적이 1,148m²인 토지로 종된 지목의 토지 면적이 115m²인 토지
② 주된 지목의 토지 면적이 2,300m²인 토지로 종된 지목의 토지 면적이 231m²인 토지
③ 주된 지목의 토지 면적이 3,125m²인 토지로 종된 지목의 토지 면적이 228m²인 토지
④ 주된 지목의 토지 면적이 3,350m²인 토지로 종된 지목의 토지 면적이 332m²인 토지

정답 14 ③

풀이 **공간정보의 구축 및 관리 등에 관한 법률 시행령 제5조(1필지로 정할 수 있는 기준)**

① 법 제2조제21호에 따라 지번부여지역의 토지로서 소유자와 용도가 같고 지반이 연속된 토지는 1필지로 할 수 있다.

② 제1항에도 불구하고 다음 각 호의 어느 하나에 해당하는 토지는 주된 용도의 토지에 편입하여 1필지로 할 수 있다. 다만, 종된 용도의 토지의 지목(地目)이 "대"(垈)인 경우와 종된 용도의 토지 면적이 주된 용도의 토지 면적의 10퍼센트를 초과하거나 330제곱미터를 초과하는 경우에는 그러하지 아니하다.

1. 주된 용도의 토지의 편의를 위하여 설치된 도로 · 구거(구거 : 도랑) 등의 부지
2. 주된 용도의 토지에 접속되거나 주된 용도의 토지로 둘러싸인 토지로서 다른 용도로 사용되고 있는 토지

15 다음 중 지번과 경계에 대한 설명으로 적합하지 않은 것은? (14년서울9급)

① 등록전환 시 지번을 부여할 때 대상 토지가 여러 필지로 되어 있는 경우 그 지번부여지역의 최종 본번의 다음 순번부터 본번으로 하여 지번을 부여할 수 있다.

② 지번을 변경하는 경우 시 · 도지사나 대도시 시장의 승인을 받아야 한다.

③ 지상의 경계를 결정할 때 구거 등 토지에 절토된 부분이 있는 경우 그 경사면의 하단부를 기준으로 한다.

④ 지상 경계점 등록부를 작성하는 경우 경계점 위치 설명도 및 경계점의 사진 파일도 등록사항에 포함된다.

⑤ 법원의 확정판결이 있는 경우 분할에 따른 지상 경계가 지상건축물에 걸리게 결정할 수 있다.

풀이 **공간정보의 구축 및 관리 등에 관한 법률 시행령 제55조(지상 경계의 결정기준 등)**

① 법 제65조제1항에 따른 지상 경계의 결정기준은 다음 각 호의 구분에 따른다. 〈개정 2014.1.17.〉

1. 연접되는 토지 간에 높낮이 차이가 없는 경우 : 그 구조물 등의 중앙
2. 연접되는 토지 간에 높낮이 차이가 있는 경우 : 그 구조물 등의 하단부
3. 도로 · 구거 등의 토지에 절토(切土)된 부분이 있는 경우 : 그 경사면의 상단부
4. 토지가 해면 또는 수면에 접하는 경우 : 최대만조위 또는 최대만수위가 되는 선
5. 공유수면매립지의 토지 중 제방 등을 토지에 편입하여 등록하는 경우 : 바깥쪽 어깨부분

16 다음 중 한국국토정보공사에 대한 설명이 잘못된 것은?

① 한국국토정보공사는 그 주된 사무소의 소재지에서 설립등기를 함으로써 성립한 법인이다.

② 한국국토정보공사의 정관에는 업무 및 그 집행에 관한 사항, 임원 및 직원에 관한 사항, 정관의 변경에 관한 사항도 기재되어 있다.

③ 한국국토정보공사가 정관을 변경하고자 할 때에는 중앙지적위원회의 심의를 받아야 한다.

④ 한국국토정보공사는 지적제도 및 지적측량에 관한 외국기술의 도입과 국외진출사업 및 국제교류협력사업도 한다.

⑤ 한국국토정보공사는 지적제도 및 지적측량에 관한 연구, 교육 등의 지원사업도 한다.

정답 15 ③ 16 ③

풀이 **국가공간정보 기본법 제13조(공사의 정관 등)** **암기** **목명주조업이임 재정공규해**

① 공사의 정관에는 다음 각 호의 사항이 포함되어야 한다.

1. **목**적
2. **명**칭
3. **주**된 사무소의 소재지
4. **조**직 및 기구에 관한 사항
5. **업**무 및 그 집행에 관한 사항
6. **이**사회에 관한 사항
7. **임**직원에 관한 사항
8. **재**산 및 회계에 관한 사항
9. **정**관의 변경에 관한 사항
10. **공**고의 방법에 관한 사항
11. **규**정의 제정, 개정 및 폐지에 관한 사항
12. **해**산에 관한 사항

② 공사는 정관을 변경하려면 미리 **국토교통부장관**의 인가를 받아야 한다.

국가공간정보 기본법 제14조(공사의 사업)

공사는 다음 각 호의 사업을 한다.

1. 다음 각 목을 제외한 공간정보체계 구축 지원에 관한 사업으로서 대통령령으로 정하는 사업
   가. 「공간정보의 구축 및 관리 등에 관한 법률」에 따른 측량업(지적측량업은 제외한다)의 범위에 해당하는 사업
   나. 「중소기업제품 구매촉진 및 판로지원에 관한 법률」에 따른 중소기업자 간 경쟁 제품에 해당하는 사업
2. 공간정보 · 지적제도에 관한 연구, 기술 개발, 표준화 및 교육사업
3. 공간정보 · 지적제도에 관한 외국 기술의 도입, 국제 교류 · 협력 및 국외 진출 사업
4. 「공간정보의 구축 및 관리 등에 관한 법률」 제23조제1항제1호 및 제3호부터 제5호까지의 어느 하나에 해당하는 사유로 실시하는 지적측량
5. 「지적재조사에 관한 특별법」에 따른 지적재조사사업
6. 다른 법률에 따라 공사가 수행할 수 있는 사업
7. 그 밖에 공사의 설립 목적을 달성하기 위하여 필요한 사업으로서 정관으로 정하는 사업

국가공간정보 기본법 시행령 제14조의3(공사의 사업)

법 제14조제1호 각 목 외의 부분에서 "대통령령으로 정하는 사업"이란 다음 각 호의 사업을 말한다.

1. 국가공간정보체계 구축 및 활용 관련 계획수립에 관한 지원
2. 국가공간정보체계 구축 및 활용에 관한 지원
3. 공간정보체계 구축과 관련한 출자(出資) 및 출연(出捐)

정답

17 **다음은 지적공부의 복구에 대한 설명이다. 이 중 틀린 것은?** (13년서울9급)

① 복구하려는 토지의 표시 등에 이의가 있는 자는 7일 이내에 지적소관청에 이의신청을 할 수 있다.
② 지적소관청은 조사된 복구자료 중 토지대장 · 임야대장 및 공유지연명부의 등록 내용을 증명하는 서류 등에 따라 지적복구자료 조사서를 작성하고, 지적도면의 등록 내용을 증명하는 서류 등에 따라 복구자료도를 작성하여야 한다.
③ 복구측량을 한 결과가 복구자료와 부합하지 아니하는 때에는 토지소유자 및 이해관계인의 동의를 얻어 경계 또는 면적 등을 조정할 수 있다.
④ 지적소관청은 복구자료의 조사 또는 복구측량 등이 완료되어 지적공부를 복구하려는 경우에는 복구하려는 토지의 표시 등을 시 · 군 · 구 게시판 및 인터넷 홈페이지에 15일 이상 게시하여야 한다.
⑤ 지적소관청은 지적공부를 복구하고자 하는 때에는 복구자료를 조사하여야 한다.

풀이 **공간정보의 구축 및 관리 등에 관한 법률 제74조(지적공부의 복구)**

지적소관청(제69조제2항에 따른 지적공부의 경우에는 시 · 도지사, 시장 · 군수 또는 구청장)은 지적공부의 전부 또는 일부가 멸실되거나 훼손된 경우에는 대통령령으로 정하는 바에 따라 지체 없이 이를 복구하여야 한다.

공간정보의 구축 및 관리 등에 관한 법률 시행규칙 제72조(지적공부의 복구자료) 암기 ㊕㊔㊐㊔㊑㊖은 ㊗㊐㊘에서

영 제61조제1항에 따른 지적공부의 복구에 관한 관계 자료(이하 "복구자료"라 한다)는 다음 각 호와 같다.

1. (부)동산등기부등본 등 (등)기사실을 증명하는 서류
2. (지)적공부의 (등)본
3. 법 제69조제3항에 따라 (복)제된 지적공부
4. 지적소관청이 작성하거나 발행한 지적공부의 등록내용을 증(명)하는 서류
5. 측(량) 결과도
6. 토(지)이동정리 결의서
7. 법(원)의 확정판결서 정본 또는 사본

공간정보의 구축 및 관리 등에 관한 법률 시행규칙 제73조(지적공부의 복구절차 등)

① 지적소관청은 지적공부를 복구하려는 경우에는 복구자료를 조사하여야 한다.
② 지적소관청은 제1항에 따라 조사된 복구자료 중 토지대장 · 임야대장 및 공유지연명부의 등록 내용을 증명하는 서류 등에 따라 별지 제70호서식의 **지적복구자료 조사서**를 작성하고, 지적도면의 등록 내용을 증명하는 서류 등에 따라 **복구자료도**를 작성하여야 한다.
③ 제2항에 따라 작성된 복구자료도에 따라 측정한 면적과 지적복구자료 조사서의 조사된 면적의 증감이 영 제19조제1항제2호가목의 계산식에 따른 허용범위를 초과하거나 복구자료도를 작성할 복구자료가 없는 경우에는 복구측량을 하여야 한다. 이 경우 같은 계산식 중 A는 오차허용면적, M은 축척분모, F는 조사된 면적을 말한다.
④ 제2항에 따라 작성된 지적복구자료 조사서의 조사된 면적이 영 제19조제1항제2호가목의 계산식에 따른 허용범위 이내인 경우에는 그 면적을 복구면적으로 결정하여야 한다.
⑤ 제3항에 따라 복구측량을 한 결과가 복구자료와 부합하지 아니하는 때에는 토지소유자 및 이해관계인의 동의를 받아 경계 또는 면적 등을 조정할 수 있다. 이 경우 경계를 조정한 때에는 제60조제2항에 따른 경계점표지를 설치하여야 한다.
⑥ 지적소관청은 제1항부터 제5항까지의 규정에 따른 복구자료의 조사 또는 복구측량 등이 완료되어 지적공부를 복구하려는 경우에는 복구하려는 토지의 표시 등을 시 · 군 · 구 게시판 및 인터넷 홈페이지에 15일 이상 게시하여야 한다.
⑦ 복구하려는 토지의 표시 등에 이의가 있는 자는 제6항의 게시기간 내에 지적소관청에 이의신청을 할 수 있다.

정답 17 ①

이 경우 이의신청을 받은 지적소관청은 이의사유를 검토하여 이유 있다고 인정되는 때에는 그 시정에 필요한 조치를 하여야 한다.

⑧ 지적소관청은 제6항 및 제7항에 따른 절차를 이행한 때에는 지적복구자료 조사서, 복구자료도 또는 복구측량 결과도 등에 따라 토지대장 · 임야대장 · 공유지연명부 또는 지적도면을 복구하여야 한다.

⑨ 토지대장 · 임야대장 또는 공유지연명부는 복구되고 지적도면이 복구되지 아니한 토지가 법 제83조에 따른 축척변경 시행지역이나 법 제86조에 따른 도시개발사업 등의 시행지역에 편입된 때에는 지적도면을 복구하지 아니할 수 있다.

18 지적제도와 등기제도의 관계를 설명한 내용으로 틀린 것은?

① 원칙적으로 지적제도는 직권등록주의를, 등기제도는 신청주의를 채택하고 있다.

② 등기에 있어 토지의 표시에 관하여는 지적을 기초로 하고, 지적에 있어 소유자의 표시는 등기를 기초로 한다.

③ 지적제도는 국정주의를, 등기제도는 성립요건주의를 채택하고 있다.

④ 지적제도와 등기제도는 공신력과 확정력을 모두 인정한다.

풀이 학설에 의하면 우리나라는 토지 등록사항에 대한 실질적 심사주의를 채택하는 지적제도는 공신력이 있다고 인정하나 형식적 심사주의를 채택하고 있는 등기제도에서는 공신력을 인정하지 않는다.

지적제도와 등기제도

1. 지적제도와 등기제도의 비교

구분	지적제도	등기제도
정의	지적제도는 국가기관의 통치권이 미치는 모든 영토를 필지단위로 구획하여 토지에 대한 물리적 현황과 법적 권리관계를 지적공부에 등록공시하고 그 변경사항을 영속적으로 등록 · 관리하는 국가의 업무이다.	등기제도는 등기공무원이 법절차에 따라 등기부에 부동산의 표시 또는 부동산에 관한 일정한 권리관계를 기재하는 부동산에 대한 물권을 공시하는 제도이다.
기본이념	국정주의, 형식주의, 공개주의	형식주의(성립요건주의)
등록방법	직권등록주의, 단독신청주의	당사자신청주의, 공동신청주의
심사방법	실질적 심사주의	형식적 심사주의
공신력	인정(우리나라는 불인정)	불인정(추정력만 인정)
편제방법	물적 편성주의	물적 편성주의
처리방법	신고의 의무, 직권조사처리	신청주의
신청방법	단독신청주의	공동신청주의
담당부서	행정안전부－시 · 도 지적과－시 · 군 · 구 지적과	법무부－대법원－지방법원, 지원, 등기소
공부	토지대장, 임야대장, 공유지연명부, 대지권등록부, 지적도, 임야도, 경계점등록부, 지적전산파일	토지, 건물, 입목, 상업, 선박, 법인, 공장등기부 등
기능	토지의 물리적 현황 공시	토지에 대한 권리관계를 공시
등록사항	토지소재, 지번, 지목, 경계, 면적, 소유자 주소 · 성명 등	소유권, 저당권, 전세권, 지역권, 지상권, 임차권 등
기타	지적측량실시	기재절차에 따른 엄격한 요식행위 요구

정답 18 ④

2. 지적과 등기의 관계
   ① 등기대상이 동일토지라는 점에서 밀접한 관계이다.
   ② 등기와 등록은 그 목적물의 표시 및 소유권의 표시가 항상 부합되어야 한다.
   ③ 등기에 있어서 토지표시에 관한 사항은 지적공부를 기초로 하고, 등록의 경우 소유권에 관한 사항은 등기부를 기초로 한다.
   ④ 단, 미등기 토지의 소유자 표시에 관한 사항은 지적공부를 기초로 한다(등기는 형식적 심사권, 지적은 실질적 심사권을 갖기 때문).

19 필지의 배열이 불규칙한 지역에서 뱀이 기어가는 모습과 같이 지번을 부여하는 방식으로, 과거 우리나라에서 지번 부여방법으로 가장 많이 사용된 것은?

① 단지식　　② 절충식
③ 사행식　　④ 기우식

풀이 **지번(Parcel Number)**

지번이란 토지의 특정화를 위해 지번부여 지역별로 기번하여 필지마다 하나씩 붙이는 번호로서, 토지의 고정성 · 개별성을 확보하기 위해 소관청이 지번부여지역인 법정 리 · 동단위로 기번하여 필지마다 아라비아숫자 1, 2, 3… 등 순차적으로 연속하여 부여한 번호를 말한다.

1. 지번부여지역
   ① 리 · 동 또는 이에 준하는 지역으로서 지번을 설정하는 단위지역
   ② 리 · 동이란 법적 리 · 동을 뜻함
   ③ 리 · 동에 준하는 지역이란 낙도로서, 토지조사사업 당시 도서는 별개의 지번설정지역으로 하였다가 1975년 지적법 전문개정 시 리 · 동단위로 지번변경을 완료함
   ④ 토지조사사업 당시에는 기번지역, 제2차 지적법 개정 시 지번지역, 제7차 지적법 개정 시 지번설정지역, 제10차 지번부여지역으로 함
2. 지번설정방법의 종류
   ① 진행방향에 따른 분류 : 사행식, 기우식, 단지식
   ② 설정단위에 따른 분류 : 지역단위법, 도엽단위법, 단지단위법
   ③ 기번위치에 따른 분류 : 북동기번법, 북서기번법
3. 진행방향에 따른 분류

구분	내용
사행식	필지의 배열이 불규칙한 지역에서 진행순서에 따라 지번을 부여하는 방법으로 농촌지역의 지번부여에 적합하며 우리나라 토지의 대부분은 사행식에 의해 부여하며 지번 부여가 일정하지 않고 상하좌우로 분산되어 부여되는 결점이 있다.
기우식	도로를 중심으로 한쪽은 홀수인 기수, 다른 쪽은 짝수인 우수로 지번을 부여하는 방법으로 리 · 동 · 도 · 가 등의 시가지 지역의 지번부여방법으로 적합하고 교호식이라고도 한다.
단지식	단지마다 하나의 지번을 부여하고 단지내 필지마다 부번을 부여하는 방법으로 단지식은 블록식이라고도 하며 도시개발사업 및 농지개량사업 시행지역 등의 지번부여에 적합하다.
절충식	사행식, 기우식, 단지식 등을 적당히 취사선택(取捨選擇)하여 부번(附番)하는 방식이다.

정답 19 ③

20 토지조사사업에서 지목을 설정할 때 소유자 조사를 실시한 것은?

① 구거　　② 성첩
③ 지소　　④ 철도선로

풀이 **토지조사사업 당시 불조사지**

1. 불조사의 원인
   ① 예산, 인원 등에 비추어 경제가치가 없는 토지는 조사대상에서 제외
   ② 기타 특수한 사정에 의하여 조사대상에서 제외
2. 불조사 토지의 종류
   조사하지 않은 임야 속에 존재하거나 혹은 이에 접속되어 조사의 필요성이 없는 경우
   ① 도로, 하천, 구거, 제방, 성첩, 철도선로, 수도선로
   ② 일시적인 시험경작으로 인정되는 전, 답
   ③ 경사 30° 이상의 화전(火田)

[사정 당시의 지목]
- 과세지 : 전, 답, 대, 지소, 임야, 잡종지
- 공공용지 : 사사지, 분묘지, 공원지, 철도용지, 수도용지
- 비과세지 : 도로, 하천, 구거, 제방, 성첩, 철도선로, 수도선로

정답 20 ③

03 제3회 합격모의고사

01 토지등록제도의 유형 중 권원등록제도의 특징에 해당되지 않는 것은?

① 공적 기관에서 보존되는 특정한 사람에게 귀속된 명확히 한정된 단위의 토지에 대한 권리
② 권리들이 존속되는 한계에 대한 권위 있는 등록
③ 토지에 대한 권리의 소유권 등록은 언제나 최후의 권리
④ 소유권 등록은 언제나 최후의 권리이며 정부는 등록한 이후에 이루어지는 거래의 유효성에 대해 책임을 진다.

풀이 토지등록제도의 유형 **암기** 날권소적토

날인증서 등록제도 (捺印證書登錄制度)	토지의 이익에 영향을 미치는 문서의 공적 등기를 보전하는 것을 날인증서 등록제도(Registration of Deed)라고 한다. 기본적인 원칙은 등록된 문서가 등록되지 않은 문서 또는 뒤늦게 등록된 서류보다 우선권을 갖는다. 즉, 특정한 거래가 발생했다는 것은 나타나지만 그 관계자들이 법적으로 그 거래를 수행할 권리가 주어졌다는 것을 입증하지 못하므로 거래의 유효성을 증명하지 못한다. 그러므로 토지거래를 하려는 자는 매도인 등의 토지에 대한 권원(Title) 조사가 필요하다.	
권원등록제도 (權原登錄制度)	권원등록(Registration of Title)제도는 공적 기관에서 보존되는 특정한 사람에게 귀속된 명확히 한정된 단위의 토지에 대한 권리와 그러한 권리들이 존속되는 한계에 대한 권위 있는 등록이다. 소유권 등록은 언제나 최후의 권리이며 정부는 등록한 이후에 이루어지는 거래의 유효성에 대해 책임을 진다.	
소극적 등록제도 (消極的登錄制度)	소극적 등록제도(Negative System)는 기본적으로 거래와 그에 관한 거래증서의 변경기록을 수행하는 것이며, 일필지의 소유권이 거래되면서 발생되는 거래증서를 변경 등록하는 것이다. 네덜란드, 영국, 프랑스, 이탈리아, 미국의 일부 주 및 캐나다 등에서 시행되고 있다.	
적극적 등록제도 (積極的登錄制度)	적극적 등록제도(Positive System)하에서의 토지등록은 일필지의 개념으로 법적인 권리보장이 인증되고 정부에 의해서 그러한 합법성과 효력이 발생한다. 이 제도의 기본원칙은 지적공부에 등록되지 아니한 토지는 그 토지에 대한 어떠한 권리도 인정될 수 없고 등록은 강제되고 의무적이며 공적인 지적측량이 시행되지 않는 한 토지등기도 허가되지 않는다는 이론이 지배적이다. 적극적 등록제도의 발달된 형태는 토렌스시스템이다.	
토렌스시스템 (Torrens system)	오스트레일리아 Robert Torrens 경이 창안한 토렌스시스템의 목적은 토지의 권원을 명확히 하고 토지거래에 따른 변동사항 정리를 용이하게 하여 권리증서의 발행을 편리하게 하는 것이다. 이 제도의 기본원리는 법률적으로 토지의 권리를 확인하는 대신에 토지의 권원을 등록하는 행위이다.	
	거울이론 (Mirror Principle)	토지권리증서의 등록은 토지의 거래사실을 완벽하게 반영하는 거울과 같다는 입장의 이론이다. 소유권에 관한 현재의 법적 상태는 오직 등기부에 의해서만 이론의 여지없이 완벽하게 보인다는 원리이며 주 정부에 의하여 적법성을 보장받는다.

정답 01 ③

	커튼이론 (Curtain Principle)	토지등록 업무가 커튼 뒤에 놓인 공정성과 신빙성에 대하여 관여할 필요도 없고 관여해서도 안 되는 매입신청자를 위한 유일한 정보의 이론이다. 토렌스제도에 의해 한번 권리증명서가 발급되면 당해 토지의 과거 이해관계에 대하여 모두 무효화하고 현재의 소유권을 되돌아볼 필요가 없다는 것이다.
	보험이론 (Insurance Principle)	토지등록이 인간의 과실로 인하여 착오가 발생한 경우 피해를 입은 사람은 피해보상에 대하여 법률적으로 선의의 제3자와 동등한 입장이 되어야 한다는 이론으로 권원증명서에 등기된 모든 정보는 정부에 의하여 보장된다는 원리이다.

02 양전개정론자와 제시한 양전방법으로 옳은 것은?

① 정약용 – 어린도 작성
② 이기 – 정전제
③ 유길준 – 망척제
④ 서유구 – 전통제

풀이 **양전개정론(量田改正論)**

구분	정약용(丁若鏞)	서유구(徐有榘)	이기(李沂)	유길준(兪吉濬)
양전방안	• 결부제 폐지 경무법으로 개혁 • 양전법안 개정		수등이척제에 대한 개선책으로 망척제를 주장	전 국토를 리단위로 한 전통제(田統制)를 주장
특징	• 어린도 작성 • 정전제 강조 • 전을 정방향으로 구분 • 휴도 : 방량법의 일환이며 어린도의 가장 최소단위로 작성된 지적도	• 어린도 작성 • 구고삼각법에 의한 양전수법십오제 마련	• 도면의 필요성 강조 • 정방형의 눈들을 가진 그물눈금을 사용하여 면적 산출(망척제)	• 양전 후 지권 발행 • 리단위의 지적도 작성(전통도)
저서	목민심서(牧民心書)	의상경계책(擬上經界策)	해학유서(海鶴遺書)	서유견문(西遊見聞)

03 다음은 지번변경에 대한 설명이다. 이 중 틀린 것은? (13년서울9급)

① 지적소관청은 지적공부에 등록된 지번을 변경할 필요가 있다고 인정하면 시 · 도지사나 대도시 시장의 승인을 받아 지번부여지역의 전부 또는 일부에 대하여 지번을 새로 부여할 수 있다.
② 지적소관청은 지번을 변경하고자 하는 때에는 지번변경사유를 적은 승인신청서에 지번변경 대상지역의 지번, 지목, 면적, 소유자에 대한 상세한 내용을 기재하여 시 · 도지사 또는 대도시 시장에게 제출하여야 한다.
③ 신청을 받은 시 · 도지사 또는 대도시 시장은 지번변경 사유 등을 심사한 후 그 결과를 지적소관청에 통지하여야 한다.
④ 지번변경의 경우 지번부여는 도시개발사업시행에 따른 지적확정측량의 지번부여방식을 준용한다.
⑤ 지적소관청은 전자정부법에 따른 행정정보의 공동이용을 통하여 지번변경 대상지역의 지적도 및 임야도를 확인하여야 한다.

정답 02 ① 03 ⑤

풀이 **공간정보의 구축 및 관리 등에 관한 법률 시행령 제57조(지번변경 승인신청 등)**

① 지적소관청은 법 제66조제2항에 따라 지번을 변경하려면 지번변경 사유를 적은 승인신청서에 지번변경 대상지역의 지번 · 지목 · 면적 · 소유자에 대한 상세한 내용(이하 "지번등 명세"라 한다)을 기재하여 시 · 도지사 또는 대도시 시장(법 제25조제1항의 대도시 시장을 말한다. 이하 같다)에게 제출하여야 한다. 이 경우 시 · 도지사 또는 대도시 시장은 「전자정부법」 제36조제1항에 따른 행정정보의 공동이용을 통하여 지번변경 대상지역의 지적도 및 임야도를 확인하여야 한다. 〈개정 2010.11.2.〉

② 제1항에 따라 신청을 받은 시 · 도지사 또는 대도시 시장은 지번변경 사유 등을 심사한 후 그 결과를 지적소관청에 통지하여야 한다.

04 다음 중 경계점좌표등록부와 지적도의 등록사항에서 공통으로 등록되는 사항으로 옳은 것은?

① 부호 및 부호도
② 토지소재, 지번
③ 도면의 색인도
④ 좌표
⑤ 지적도면의 번호

풀이

구분	토지표시사항	소유권에 관한 사항	기타
토지대장 (土地臺帳, Land Books) & 임야대장 (林野臺帳, Forest Books)	• **토**지소재 • **지**번 • **지**목 • 면**적** • 토지의 **이**동 사유	• 토지소유자 **변**동일자 • 변**동**원인 • **주**민등록번호 • 성**명** 또는 명칭 • 주**소**	• 토지의 고**유**번호(각 필지를 서로 구별하기 위하여 필지마다 붙이는 고유한 번호를 말한다.) • 지적도 또는 임야**도** 번호 • 필지별 토지대장 또는 임야대장의 **장**번호 • **축**척 • **토**지등급 또는 기준수확량등급과 그 설정 · 수정 연월일 • 개별**공**시지가와 그 기준일
공유지연명부 (共有地連名簿, Common Land Books)	• **토**지소재 • **지**번	• 토지소유자 **변**동일자 • 변**동**원인 • **주**민등록번호 • 성**명**, 주**소** • 소유권 **지**분	• 토지의 **고**유번호 • 필지별 공유지 연명부의 **장**번호
대지권등록부 (垈地權登錄簿, Building Site Rights Books)	• **토**지 소재 • **지**번	• 토지소유자 **변**동일자 및 변**동**원인 • **주**민등록번호 • 성**명** 또는 명칭, 주**소** • 대**지**권 비율 • 소유**권**지분	• 토지의 **고**유번호 • 집합건물별 대지권등록부의 **장**번호 • **건**물의 명칭 • **전**유부분의 건물의 표시
경계점좌표등록부 (境界點座標登錄簿, Boundary Point Coordinate Books)	• **토**지 소재 • **지**번 • 좌**표**		• 토지의 **고**유번호 • 필지별 경계점좌표등록부의 **장**번호 • **부**호 및 부호도 • 지적**도**면의 번호

정답 04 ②

구분	토지표시사항	소유권에 관한 사항	기타
지적도(地籍圖, Land Books) & 임야도(林野圖, Forest Books)	• **토**지 소재 • **지**번 • **지**목 • 경**계** • 좌표에 의하여 계산된 경계**점** 간의 거리(경계점좌표등록부를 갖추어두는 지역으로 한정한다)		• **도**면의 색인도 • 도**면**의 제명 및 축척 • 도곽**선**과 그 수치 • 삼**각**점 및 **지**적기준점의 위치 • 건축**물** 및 구조물 등의 위치

05 다음은 지적공부의 복구에 대한 설명이다. 이 중 틀린 것은? (13년서울9급)

① 지적소관청은 지적공부를 복구하고자 하는 때에는 복구자료를 조사하여야 한다.

② 지적소관청은 조사된 복구자료 중 토지대장 · 임야대장 및 공유지연명부의 등록 내용을 증명하는 서류 등에 따라 지적복구자료 조사서를 작성하고, 지적도면의 등록 내용을 증명하는 서류 등에 따라 복구자료도를 작성하여야 한다.

③ 복구측량을 한 결과가 복구자료와 부합하지 아니하는 때에는 토지소유자 및 이해관계인의 동의를 얻어 경계 또는 면적 등을 조정할 수 있다.

④ 지적소관청은 복구자료의 조사 또는 복구측량 등이 완료되어 지적공부를 복구하려는 경우에는 복구하려는 토지의 표시 등을 시 · 군 · 구 게시판 및 인터넷 홈페이지에 15일 이상 게시하여야 한다.

⑤ 복구하려는 토지의 표시 등에 이의가 있는 자는 30일 이내에 지적소관청에 이의신청을 할 수 있다.

풀이 **공간정보의 구축 및 관리 등에 관한 법률 제74조(지적공부의 복구)**

지적소관청(제69조제2항에 따른 지적공부의 경우에는 시 · 도지사, 시장 · 군수 또는 구청장)은 지적공부의 전부 또는 일부가 멸실되거나 훼손된 경우에는 대통령령으로 정하는 바에 따라 지체 없이 이를 복구하여야 한다.

공간정보의 구축 및 관리 등에 관한 법률 시행규칙 제72조(지적공부의 복구자료) **암기** **부등지등복명은 량지원에서**

영 제61조제1항에 따른 지적공부의 복구에 관한 관계 자료(이하 "복구자료"라 한다)는 다음 각 호와 같다.

1. (부)동산등기부 (등)본 등 등기사실을 증명하는 서류
2. (지)적공부의 (등)본
3. 법 제69조제3항(지적공부를 복제하여 관리하는 정보관리체계를 구축하여야 한다)에 따라 (복)제된 지적공부
4. 지적소관청이 작성하거나 발행한 지적공부의 등록내용을 증(명)하는 서류
5. 측(량) 결과도
6. 토(지)이동정리 결의서
7. 법(원)의 확정판결서 정본 또는 사본

정답 05 ⑤

공간정보의 구축 및 관리 등에 관한 법률 시행규칙 제73조(지적공부의 복구절차 등)

① 지적소관청은 지적공부를 복구하려는 경우에는 복구자료를 조사하여야 한다.

② 지적소관청은 제1항에 따라 조사된 복구자료 중 토지대장 · 임야대장 및 공유지연명부의 등록 내용을 증명하는 서류 등에 따라 별지 제70호서식의 지적복구자료 조사서를 작성하고, 지적도면의 등록 내용을 증명하는 서류 등에 따라 복구자료도를 작성하여야 한다.

③ 제2항에 따라 작성된 복구자료도에 따라 측정한 면적과 지적복구자료 조사서의 조사된 면적의 증감이 영 제19조제1항제2호가목의 계산식에 따른 허용범위를 초과하거나 복구자료도를 작성할 복구자료가 없는 경우에는 복구측량을 하여야 한다. 이 경우 같은 계산식 중 A는 오차허용면적, M은 축척분모, F는 조사된 면적을 말한다.

④ 제2항에 따라 작성된 지적복구자료 조사서의 조사된 면적이 영 제19조제1항제2호가목의 계산식에 따른 허용범위 이내인 경우에는 그 면적을 복구면적으로 결정하여야 한다.

⑤ 제3항에 따라 복구측량을 한 결과가 복구자료와 부합하지 아니하는 때에는 토지소유자 및 이해관계인의 동의를 받어 경계 또는 면적 등을 조정할 수 있다. 이 경우 경계를 조정한 때에는 제60조제2항에 따른 경계점표지를 설치하여야 한다.

⑥ 지적소관청은 제1항부터 제5항까지의 규정에 따른 복구자료의 조사 또는 복구측량 등이 완료되어 지적공부를 복구하려는 경우에는 복구하려는 토지의 표시 등을 시 · 군 · 구 게시판 및 인터넷 홈페이지에 15일 이상 게시하여야 한다.

⑦ 복구하려는 토지의 표시 등에 이의가 있는 자는 제6항의 게시기간 내에 지적소관청에 이의신청을 할 수 있다. 이 경우 이의신청을 받은 지적소관청은 이의사유를 검토하여 이유 있다고 인정되는 때에는 그 시정에 필요한 조치를 하여야 한다.

⑧ 지적소관청은 제6항 및 제7항에 따른 절차를 이행한 때에는 지적복구자료 조사서, 복구자료도 또는 복구측량 결과도 등에 따라 토지대장 · 임야대장 · 공유지연명부 또는 지적도면을 복구하여야 한다.

⑨ 토지대장 · 임야대장 또는 공유지연명부는 복구되고 지적도면이 복구되지 아니한 토지가 법 제83조에 따른 축척변경 시행지역이나 법 제86조에 따른 도시개발사업 등의 시행지역에 편입된 때에는 지적도면을 복구하지 아니할 수 있다.

06 지적공부 복구절차로 올바른 것은? (12년서울9급)

① 복구자료조사 → 복구자료도 → 면적 및 경계 조정 → 복구측량 → 면적결정 → 복구사항 게시 → 이의신청 → 지적공부 복구

② 복구자료조사 → 복구자료도 → 복구측량 → 복구사항 게시 → 면적결정 → 면적 및 경계 조정 → 이의신청 → 지적공부 복구

③ 복구자료조사 → 복구자료도 → 복구측량 → 면적 및 경계 조정 → 면적결정 → 복구사항 게시 → 이의신청 → 지적공부 복구

④ 복구측량 → 복구자료도 → 복구자료조사 → 면적결정 → 면적 및 경계 조정 → 복구사항 게시 → 이의신청 → 지적공부 복구

⑤ 복구측량 → 면적 및 경계 조정 → 복구자료조사 → 복구자료도 → 면적결정 → 복구사항 게시 → 이의신청 → 지적공부 복구

정답 06 ③

풀이

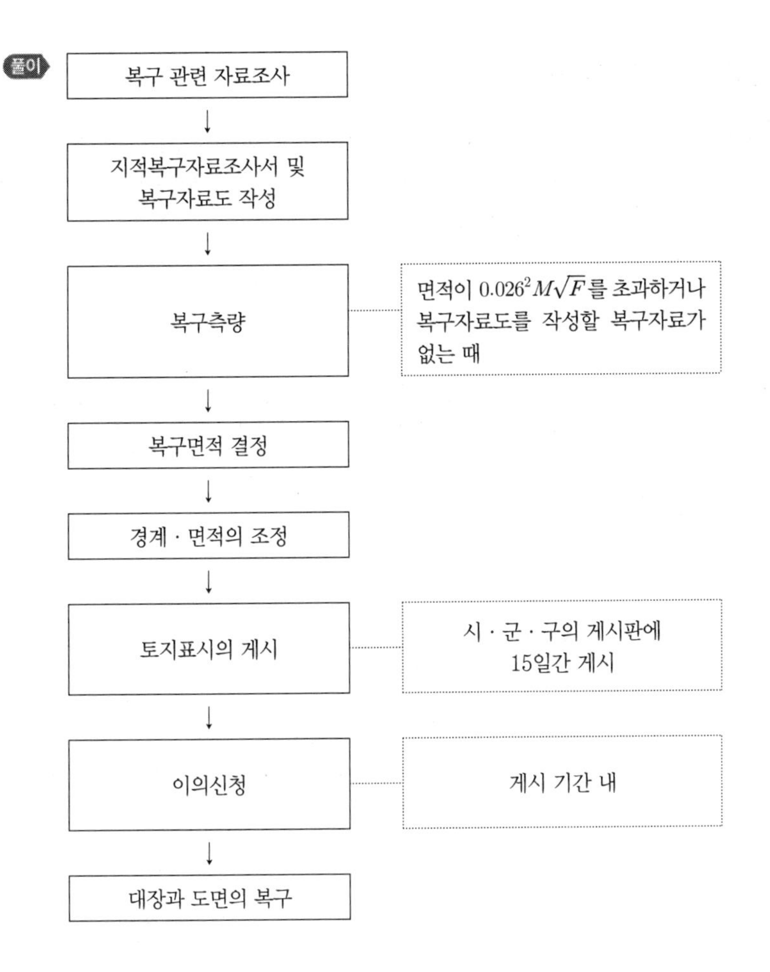

07 임야조사사업 당시 임야대장에 등록된 정(町), 단(段), 무(畝), 보(步)의 면적을 평으로 환산한 값이 틀린 것은?

① 1정(町)=3,000무
② 1단(段)=300평
③ 1무(畝)=30평
④ 1보(步)=1평

풀이 ① 1정 : 10단=100무=3,000보=3,000평
② 1단 : 10무=300보=300평
③ 1무 : 30보=30평
④ 1보 : 1평
⑤ 1홉 : 1/10보
예를 들면, 7단 6무이면 6무=180보=180평이므로 2,280평이 된다.

정답 07 ①

08 아래의 설명에 해당하는 지번부여제도는?

> 인접 지번 또는 지번의 자릿수와 함께 본번의 번호로 구성되어 지번의 발생근거를 쉽게 파악할 수 있으며 사정 지번이 본번지로 편철 보존될 수 있다. 지번의 이동내역 연혁을 파악하기 용이하나, 여러 차례 분할될 경우 반복정리로 인하여 지번의 배열이 복잡하다.

① 분수식(分數式) 지번부여제도
② 자유식 지번부여제도
③ 기번식(幾番式) 지번부여제도
④ 블록식 지번부여제도

풀이 일반적 지번부여방법

분수식 지번제도 (Fraction System)	본번을 분자로 부번을 분모로 한 분수형태의 지번을 부여하는 제도로 본번을 변경하지 않고 부여하는 방법이다. 분할 후의 지번이 어느 지번에서 파생되었는지 그 유래 파악이 곤란하고 지번을 주소로 활용할 수 없다는 단점이 있다. 예를 들면, 237번지가 3필지로 분할되면 237/1, 237/2, 237/3, 237/4로 표시된다. 그리고 최종 부번이 237의 5번지이고 237/2을 2필지로 분할할 경우 237/2번지는 소멸되고 237/6, 237/7로 표시된다.
기번제도 (Filiation System)	237번지를 4필지로 분할할 때 분할지번은 237a, 237b, 237c, 237d로 표시한다. 다시 237c를 3필지로 분할할 경우는 237c1, 237c2, 237c3으로 표시한다. 인접지번 또는 지번의 자릿수와 함께 본번의 번호로 구성되어 지번의 발생 근거를 쉽게 파악할 수 있으며 사정지번이 본번지로 편철 보존될 수 있다. 또한 지번의 이동내역의 연혁을 파악하기 용이하고 여러 차례 분할될 경우 지번배열이 혼잡할 수 있다. 벨기에 등에서 채택하고 있다.
자유부번 (Free Numbering System)	237번지, 238번지, 239번지로 표시되고 인접지에 등록전환이나 신규등록이 발생되어 지번을 부여할 경우 최종 지번이 240번지이면 241번지로 표시된다. 분할하여 새로이 발생되는 241번지, 242번지로 표시된다. 새로운 경계를 부여하기까지의 모든 절차상의 번호가 영원히 소멸하고 토지등록구역에서 사용되지 않는 최종 지번 다음 번호로 바뀐다. 분할 후에는 종전지번을 사용하지 않고 지번부여구역 내 최종 지번의 다음 지번으로 부여하는 제도로 부번이 없기 때문에 지번을 표기하는 데 용이하며 분할의 유래를 파악하기 위해서는 별도의 보조장부나 전산화가 필요하다. 그러나 지번을 주소로 사용할 수 없는 단점이 있다.

09 다음 중 양안에 기재된 사항에 속하지 않는 것은?

① 토지소유자, 토지형태
② 지번, 면적
③ 토지등급, 측량순서
④ 토지형태, 토지가격, 사표

풀이 양안

양안은 전적이라고도 하며 오늘날의 토지대장이라 할 수 있다. 경국대전에 양안의 작성은 20년마다 양전을 실시하여 새로이 양안을 작성하여 호조, 본도, 본읍에 보관하도록 규정하였으나 제대로 시행되지 못하였다.
양안의 기재사항은 소유자, 토지의 소재, 위치, 자호, 지번, 면적, 등급, 사표, 장관척, 결부속, 양전 방향 등이다.

정답 08 ③ 09 ④

1. 양안의 종류

시대, 용도, 보존 장소에 따라	양안, 전적, 전안, 전답안, 양안등서책, 성책
작성 시기에 따라	신 양안, 구 양안
군, 면, 동 구획에 따라	군 양안, 목 양안, 면 양안, 리 양안 등
왕의 열람을 경유한 것	어람 양안

2. 양안의 등재 내용

고려시대	지목, 전형(토지형태), 토지소유자, 양전방향, 사표, 결수, 총결수
조선시대	논밭의 소재지, 지목, 면적, 자호, 전형(토지형태), 토지소유자, 양전방향, 사표, 장광척, 등급, 결부수, 경작 여부 등

신양안

1898년 7월 6일 양지아문이 창설된 때부터 1904년 4월 19일 지계아문이 폐지된 기간에 시행한 양전사업(광무연간양전(光武年間量田))을 통해 만들어진 양안

야초책 (野草册)	• 1필마다 토지측량을 행한 결과를 최초로 기록하는 장부 • 전답과 초가 · 외가의 구별 · 배미 · 양전방향 · 전답 도형과 사표 · 실적(實積) · 등급 · 결부 · 전답주 및 소작인 기록
중초책 (中草册)	• 야초작업이 끝난 후 만든 양안의 초안 • 서사(書使) 1명, 산사(算師) 3명이 종사하고 면도감(面都監)이 감독
정서책 (正書册)	• 광무양안 때 3단계 작업으로 완성한 양안으로 면에서 중초책을 완성하면 읍에서 취합하여 작성, 완성하는 정안(正案)이다. • 정안은 3부를 작성하여 1부는 양지아문에, 1부는 도(道)의 감영(監營)에, 1부는 읍(邑)에 보관하였다.

10 다음 중 가장 최근에 신설된 지목은 무엇인가? (15년서울9급)

① 공장용지　② 철도용지
③ 광천지　④ 양어장

변경 내용	분리 신설	지소 → 지소, 유지(토지조사 당시의 지목 18개, 1918.6.18. 지세령 개정으로 19개)	잡종지 → 잡종지, 염전, 광천지		
	통합			• 철도용지 + 철도선로 → 철도용지 • 수도용지 + 수도선로 → 수도용지 • 유지 + 지소 → 유지	
	신설			• 과수원, 목장용지, 공장용지, 학교용지, 유원지, 운동장	• 주차장, 주유소용지, 창고용지, 양어장 (2002년)

정답 10 ④

	명칭 변경			• 공원지 → 공원 • 사사지 → 종교용지 • 성첩 → 사적지 • 분묘지 → 묘지 • 운동장 → 체육용지	

11 다음 중 지적제도의 발달과정에 관한 설명으로 맞지 않는 것은?

① 오늘날의 근대적 지적제도의 효시는 나폴레옹지적이라고 말할 수 있다.
② 세지적은 토지과세를 목적으로 면적본위를 중심으로 관리한다.
③ 다목적 토지의 과세 및 소유권은 물론 토지에 관련된 모든 정보의 종합화를 목적으로 한다.
④ 법지적은 토지권리의 안전한 보호를 위해 농경사회에서 개발된 제도이다.

풀이 지적제도의 유형

구분	내용
세지적(稅地籍)	토지에 대한 조세부과를 주된 목적으로 하는 제도로 과세지적이라고도 한다. 국가의 재정수입을 토지세에 의존하던 **농경사회**에서 개발된 제도로 과세의 표준이 되는 농경지는 기준수확량, 일반 토지는 토지등급을 중시하고 지적공부의 등록사항으로는 **면적단위**를 중시한 지적제도이다.
법지적(法地籍)	세지적의 발전된 형태로서 토지에 대한 사유재산권이 인정되면서 생성된 유형으로 소유지적, 경계지적이라고도 한다. **토지소유권 보호**를 주된 목적으로 하는 제도로 토지거래의 안전과 토지소유권의 보호를 위한 **토지경계**를 중시한 지적제도이다.
다목적 지적(多目的地籍)	현대사회에서 추구하고 있는 지적제도로 종합지적, 통합지적, 유사지적, 경제지적, 정보지적이라고도 한다. 토지와 관련한 다양한 정보를 종합적으로 등록 · 관리하고 이를 이용 또는 활용하고 필요한 자에게 제공해 주는 것을 목적으로 하는 지적제도이다.

12 지목이란 토지의 주된 용도에 따라 종류를 구분하여 지적공부에 등록하는 것을 말한다. 다음 설명 중 틀린 것은? (12년서울9급)

① 잡종지는 갈대밭, 실외에 물건을 쌓아두는 곳, 돌을 캐내는 곳, 흙을 파내는 곳, 야외시장, 비행장, 공동우물, 황무지 등의 토지로 한다.
② 공원은 일반공중의 보건 · 휴양 및 정서생활에 이용하기 위한 시설을 갖춘 토지로서 「국토의 계획 및 이용에 관한 법률」에 의하여 공원 또는 녹지로 결정 · 고시된 토지로 한다.
③ 창고용지는 물건 등을 보관 또는 저장하기 위하여 독립적으로 설치된 보관시설물의 부지와 이에 접속된 부속시설물의 부지로 한다.
④ 임야는 산림 및 원야(原野)를 이루고 있는 수림지(樹林地) · 죽림지 · 암석지 · 자갈땅 · 모래땅 · 습지 · 황무지 등의 토지로 한다.
⑤ 수도용지는 물을 정수하여 공급하기 위한 취수 · 저수 · 도수(導水) · 정수 · 송수 및 배수시설의 부지 및 이에 접속된 부속시설물의 부지로 한다.

정답 11 ④ 12 ①

풀이 **공간정보의 구축 및 관리 등에 관한 법률 시행규칙 제58조(지목의 구분)**

5. 임야
   산림 및 원야(原野)를 이루고 있는 수림지(樹林地) · 죽림지 · 암석지 · 자갈땅 · 모래땅 · 습지 · 황무지 등의 토지

13. 창고용지
   물건 등을 보관하거나 저장하기 위하여 독립적으로 설치된 보관시설물의 부지와 이에 접속된 부속시설물의 부지

21. 수도용지
   물을 정수하여 공급하기 위한 취수 · 저수 · 도수(導水) · 정수 · 송수 및 배수 시설의 부지 및 이에 접속된 부속시설물의 부지

22. 공원
   일반 공중의 보건 · 휴양 및 정서생활에 이용하기 위한 시설을 갖춘 토지로서 「국토의 계획 및 이용에 관한 법률」에 따라 공원 또는 녹지로 결정 · 고시된 토지

28. 잡종지
   다음 각 목의 토지. 다만, 원상회복을 조건으로 돌을 캐내는 곳 또는 흙을 파내는 곳으로 허가된 토지는 제외한다.
   가. 갈대밭, 실외에 물건을 쌓아두는 곳, 돌을 캐내는 곳, 흙을 파내는 곳, 야외시장 및 공동우물
   나. 변전소, 송신소, 수신소 및 송유시설 등의 부지
   다. 여객자동차터미널, 자동차운전학원 및 폐차장 등 자동차와 관련된 독립적인 시설물을 갖춘 부지
   라. 공항시설 및 항만시설 부지
   마. 도축장, 쓰레기처리장 및 오물처리장 등의 부지
   바. 그 밖에 다른 지목에 속하지 않는 토지

13 「국가공간정보 기본법」의 규정에 의한 한국국토정보공사 정관에 기재사항이 아닌 것은?

① 재산 및 회계에 관한 사항
② 조직 및 기구에 관한 사항
③ 업무 및 그 집행에 관한 사항
④ 예산 및 회계에 관한 사항

풀이 **국가공간정보 기본법 제13조(공사의 정관 등)** **암기** 목명주조업이임 재정공규해

① 공사의 정관에는 다음 각 호의 사항이 포함되어야 한다.
  1. 목적
  2. 명칭
  3. 주된 사무소의 소재지
  4. 조직 및 기구에 관한 사항
  5. 업무 및 그 집행에 관한 사항
  6. 이사회에 관한 사항
  7. 임직원에 관한 사항
  8. 재산 및 회계에 관한 사항
  9. 정관의 변경에 관한 사항
  10. 공고의 방법에 관한 사항
  11. 규정의 제정, 개정 및 폐지에 관한 사항
  12. 해산에 관한 사항

② 공사는 정관을 변경하려면 미리 국토교통부장관의 인가를 받아야 한다.

정답 13 ④

14 다음 중 토지의 이동에 대한 설명으로 맞지 않는 것은?

① 신규등록은 새로이 조성된 토지 및 등록이 누락되어 있는 토지를 공부에 등록하는 것이다.
② 등록전환은 임야대장 및 임야도에 등록된 토지를 토지대장 및 지적도에 옮겨 등록하는 것이다.
③ 축척변경은 지적도에 등록된 경계점의 정밀도를 높이기 위하여 작은 축척을 큰 축척으로 변경하여 등록하는 것을 말한다.
④ 토지의 이동(異動)이란 지적공부에 토지의 소재 · 지번(地番) · 지목(地目) · 면적 · 경계 또는 좌표를 등록한 것을 말한다.

풀이

토지의 표시	"토지의 표시"란 지적공부에 토지의 소재 · 지번(地番) · 지목(地目) · 면적 · 경계 또는 좌표를 등록한 것을 말한다.
필지	"필지"란 대통령령으로 정하는 바에 따라 구획되는 토지의 등록단위를 말한다.
토지의 이동(異動)	"토지의 이동(異動)"이란 토지의 표시를 새로 정하거나 변경 또는 말소하는 것을 말한다.
신규등록	"신규등록"이란 새로 조성된 토지와 지적공부에 등록되어 있지 아니한 토지를 지적공부에 등록하는 것을 말한다.
등록전환	"등록전환"이란 임야대장 및 임야도에 등록된 토지를 토지대장 및 지적도에 옮겨 등록하는 것을 말한다.
분할	"분할"이란 지적공부에 등록된 1필지를 2필지 이상으로 나누어 등록하는 것을 말한다.
합병	"합병"이란 지적공부에 등록된 2필지 이상을 1필지로 합하여 등록하는 것을 말한다.
지목변경	"지목변경"이란 지적공부에 등록된 지목을 다른 지목으로 바꾸어 등록하는 것을 말한다.
축척변경	"축척변경"이란 지적도에 등록된 경계점의 정밀도를 높이기 위하여 작은 축척을 큰 축척으로 변경하여 등록하는 것을 말한다.

15 다음 중 삼국시대의 토지장부로 맞는 것은?

① 고구려－봉역도, 백제－도적, 신라－장적
② 고구려－장적, 백제－봉역도, 신라－경도적
③ 고구려－도적, 백제－장적, 신라－봉역도
④ 고구려－요동성총도, 백제－장적, 신라－도적

풀이 삼국시대의 지적제도 비교

구분	고구려	백제	신라
길이단위	척(尺) 단위 사용 : 고구려척	척(尺) 단위 사용 : 백제척, 후한척, 남조척, 당척	척(尺) 단위 사용 : 흥아발주척, 녹아발주척, 백아척, 목척
면적단위	경무법(頃畝法)	두락제(斗落制)와 결부제(結負制)	결부제(結負制)
토지장부	봉역도(封域圖) 및 요동성총도(遼東城塚圖)	• 도적(圖籍) • 일본에 전래[근강국 수소촌 간전도(近江國 水沼村 墾田圖)]	장적(방전, 직전, 제전, 규전, 구고전, 원전, 호전, 환전)

정답 14 ④ 15 ①

구분	고구려	백제	신라
측량방식	구장산술	구장산술	구장산술
토지담당 (부서 · 조직)	• 부서 : 주부(主簿) • 실무조직 : 사자(使者)	내두좌평(內頭佐平) • 산학박사 : 지적 · 측량담당 • 화사 : 도면작성 • 산사 : 측량 시행	• 조부 : 토지세수 파악 • 산학박사 : 토지측량 및 면적 측정
토지제도	토지국유제 원칙	토지국유제 원칙	토지국유제 원칙

16 우리나라 지적제도에서 지적국정주의를 채택하는 이유로 가장 적합한 것은?

① 토지표시방법을 통일하기 위하여

② 토지개발방법을 통일하기 위하여

③ 토지자료의 공시방법을 통일하기 위하여

④ 토지평가방법을 통일하기 위하여

⑤ 지적등록정보의 활용방법을 통일하기 위하여

풀이 **지적법의 기본이념** **암기** **㉾㉻㉽㉸㉶**

지적㉾정주의	지적사무는 국가의 고유사무로서 지적공부의 등록사항인 토지의 소재 · 지번 · 지목 · 면적 · 경계 또는 좌표 등은 국가만이 결정할 수 있는 권한을 가진다는 이념이다. **※ 국정주의를 채택하고 있는 이유** 모든 토지를 실지와 일치하게 지적공부에 등록하도록 하고 있으나 이를 성실하게 이행할 수 있는 것은 국가뿐이며, 지적공부에 등록할 사항의 결정방법 및 운영은 전국적으로 통일적이고 획일성(uniformity) 있게 수행되어야 하는 국가의 고유사무이기 때문이다.
지적㉻식주의	국가가 결정한 토지에 대한 물리적 현황과 법적 권리관계 등을 외부에서 인식할 수 있도록 일정한 법적 형식을 갖추어 지적공부에 등록하여야만 효력이 발생한다는 이념으로, '지적등록주의'라고도 한다.
지적㉽개주의	토지에 대한 물리적 현황과 법적 권리관계 등을 지적공부에 등록하여 국가만이 업무에 활용하는 것이 아니고, 토지소유자나 이해관계인은 물론 기타 일반국민에게도 공시방법을 통하여 신속 · 정확하게 공개하여 정당하게 언제나 이용할 수 있도록 하여야 한다는 이념이다. 지적공개주의에 입각하여 지적공부에 대한 정보는 열람이나 등본의 교부제도로 공개하거나 지적(임야)도에 등록된 경계를 현지에 복원시키는 경계복원측량 등이 지적공개주의의 대표적인 실현수단이라 할 수 있다.
지적㉸질적 심사주의	지적제도는 토지에 대한 사실관계를 정확하게 등록 · 공시하는 제도로서 새로이 지적공부에 등록하는 사항이나 이미 지적공부에 등록된 사항을 변경 등록하고자 할 경우 소관청은 지적법령에 의하여 절차상의 적법성(legality)뿐만 아니라 실체법상 사실관계의 부합 여부를 심사하여 지적공부에 등록하여야 한다는 이념으로서 「사실심사주의」라고도 한다.
지적㉶권 등록주의	국가는 의무적으로 통치권이 미치는 모든 토지에 대한 일정한 사항을 직권으로 조사 · 측량하여 지적공부에 등록 · 공시하여야 한다는 이념으로 '적극적 등록주의' 또는 '등록강제주의'라고도 한다.

정답 16 ①

17 토지등록의 효력으로 '행정행위가 행해지면 법령이나 조례에 위반되는 경우에 권한 있는 기관이 이를 취소하기 전까지는 유효하다'는 설명에 해당하는 것은?

① 강제력
② 공정력
③ 구속력
④ 확정력

풀이 **지적측량의 법률적 효력** **암기** ㉠㉡㉢㉣

구분	토지등록의 효력
행정처분의 ㉠속력(拘束力)	행정처분의 구속력은 행정행위가 법정요건을 갖추어 행하여진 경우에는 그 내용에 따라 상대방과 행정청을 구속하는 효력, 즉 토지등록의 행정처분이 유효하는 한 정당한 절차 없이 그 존재를 부정하거나 효력을 기피할 수 없다는 효력을 말한다.
토지등록의 ㉡정력(公正力)	공정력은 토지 등록에 있어서의 행정처분이 유효하게 성립하기 위한 요건을 완전히 갖추지 못하여 하자가 있다고 인정될 때라도 절대 무효인 경우를 제외하고는 그 효력을 부인할 수 없는 것으로서 무하자 추정 또는 적법성(legality)이 추정되는 것으로 일단 권한 있는 기관에 의하여 취소되기 전에는 상대방 또는 제3자도 이에 구속되고 그 효력을 부정하지 못함을 의미한다.
토지등록의 ㉢정력(確定力)	확정력이란 행정행위의 불가쟁력(不可爭力)이라고도 하는데, 확정력은 일단 유효하게 등록된 사항은 일정한 기간이 경과한 뒤에는 그 상대방이나 이해관계인이 그 효력을 다툴 수 없을 뿐만 아니라 소관청 자신도 특별한 사유가 없는 한 그 처분행위를 다룰 수 없는 것이다.
토지등록의 ㉣제력(强制力)	강제력은 지적측량이나 토지 등록사항에 대하여 사법권의 힘을 빌릴 것이 없이 행정청 자체의 명의로써 자력으로 집행할 수 있는 강력한 효력으로 강제집행력(强制執行力)이라고도 한다.

18 결수연명부 내용 중 틀린 것은?

① 1909년 양안을 기초로 토지조사 준비를 위해 만든 과세장부이다.
② 각 부, 군, 면마다 비치하였다.
③ 토지조사 당시 소유권의 사정의 기초자료로 사용되었다.
④ 1912년 토지조사령 실시 이후 폐지되었다.

풀이 **결수연명부(結數連名簿)**

종래 사용 중인 깃기라는 지세수취대장을 폐지하고 1909년부터 전국적으로 결수연명부라는 새로운 형식의 징세 대장을 작성하였다. 1911년 결수연명부 규칙을 제정하여 각부 · 군 · 면마다 작성하여 비치하도록 하였다. 이때 토지의 면적은 실제 면적이 아닌 두락제에 의한 수확량 또는 파종량을 기준으로 하는 결(結) · 속(束) · 부(負) 등의 단위를 사용하였다.

1. 작성방법
   ① 과세지를 대상으로 함(비과세지 제외)
   ② 면적 : 결부 누락에 의한 부정확한 파악
2. 작성연혁
   ① 1909~1911년 사이에 세 차례 작성
   ② 1911년 10월 '결수연명부규칙' 제정 발포(각 府 · 郡 · 面에 결수연명부를 비치 · 활용)

정답 17 ② 18 ④

3. 특징
① 1909년부터 만들어진 새로운 형식의 징세대장
② 지주를 납세자로 함
③ 지주가 동장에게 신고하게 함(신고주의 방식의 도입, 지주신고의 원칙)
④ 지주명은 반드시 본명을 기재케 함(결수+두락수)
⑤ 결수연명부에 의거하여 토지신고서 조제

4. 과세견취도 작성
실지조사가 결여되어 정확한 파악이 어려우므로 1912년 과세견취도를 작성하게 되었다.

5. 활용
① 과세의 기초자료 및 토지행정의 기초자료로 이용
② 토지조사사업 당시 결수연명부는 소유권 사정의 기초자료로 이용
③ 일부의 분쟁지를 제외하고 결수연명부에 담긴 소유권을 그대로 인정

19 간주임야도에 대한 설명으로 틀린 것은?

① 고산지대로 조사측량이 곤란하거나 정확도와 관계없는 대단위의 광대한 국유임야지역을 대상으로 시행하였다.
② 간주임야도에 등록된 소유자는 국가였다.
③ 임야도를 작성하지 않고 축척 5만분의 1 또는 2만5천분의 1 지형도에 작성되었다.
④ 충청북도 청원군, 제천군, 괴산군 속리산 지역을 대상으로 시행되었다.

풀이 **간주임야도(看做林野圖)**
1/25,000, 1/50,000 지형도를 임야도로 간주하는 것으로 임야조사사업 당시 임야의 필지가 광범위하여 임야도에 등록하기에 어려운 국유임야지역이 이에 해당된다.

구분	내용
간주임야도 시행지역	• 경북 일월산 • 전북 덕유산 • 경남 지리산
특징	• 간주임야도에 등록된 지역은 국유임야지역이다. • 대부분 측량 접근이 어려운 고산지대이다. • 행정구역 경계가 불확실하다. • 지번지역 단위가 없었다.
간주임야도의 정리	• 북한지역의 1/25,000 지역은 대부분 1/6,000로 개측하였음(1948년 이전) • 1979~1984 : 남원군, 장수군 복구 및 개측 사업으로 임야로 정비 • 1987 이후 : 장수군을 시작으로 도상 또는 GPS측량방법으로 소관청직권등록

정답 19 ④

20 1898년 양전사업을 담당하기 위하여 최초로 설치된 기관은?

① 양지아문(量地衙門)　　② 지계아문(地契衙門)
③ 양지과(量地課)　　④ 임시토지조사국(臨時土地調査局)

풀이 **양지아문(量地衙門)**

양지아문은 광무 2년(1898년) 7월에 칙령 제25호로 양지아문 직원 및 처무규정을 공포하여 비로소 독립관청으로 양전사업을 위하여 설치되었다. 양전사업에 종사하는 실무진(實務陣)으로는 양무감리(量務監理), 양무위원(量務委員)이 있으며 조사위원(調査委員) 및 기술진(技術陣)은 수기사[首技師, 미국인 거렴(Raymand Edward Leo Krumm)]와 기수보(技手補) 그리고 견습과정을 마친 학원(學員)이 있었다.

양전과정은 측량과 양안 작성 과정으로 나누어지는데, 양안 작성 과정은 야초책(野草冊)을 작성하는 1단계, 중초책을 작성하는 2단계, 정서책으로 완성시키는 3단계로 나누어 진행하였으나 광무 5년(1901년)에 이르러 전국적인 대흉년으로 일단 중단하게 되었다.

소유권 이전을 국가가 통제할 수 있는 장치로서 조선시대 시행하였던 입안(立案)에 대신하여 지계를 발행하는 제도를 채택하였다.

정답 20 ①

01 지적제도의 3대 구성요소 중에서 소유자에 관한 사항을 등록·공시하기 위하여 지적공부에 등록하는 정보가 아닌 것은?

① 성명　　② 주소
③ 출생지역　　④ 국적

풀이 지적제도의 3대 구성요소

소유자 (Man 또는 Person)	의의	• 토지를 소유할 수 있는 권리의 주체(主體) • 토지를 자유로이 사용·수익·처분할 수 있는 전면적 지배권리인 소유권을 갖거나 소유권 이외의 기타 권리를 갖는 자
	유형	자연인·국가·지방자치단체·법인·비법인 사단·재단·외국인·외국정부 등
	등록사항	성명 또는 명칭, 주소, 주민등록번호, 생년월일, 성별, 결혼 여부, 직업, 국적 등
권리(Right)	의의	토지를 소유 이용할 수 있는 법적 권리
	유형	소유권과 기타 권리 • 기타 권리 : 소유권·지상권·지역권·전세권·저당권·권리질권·임차권·환매권
	등록사항	권리의 종류, 취득일자, 등록일자, 취득형태·취득금액, 소유권지분 등
필지 (Parcel 또는 Land Unit)	의의	물권이 미치는 권리의 객체
	유형	폐합된 다각형, X, Y좌표
	등록사항	위치·지번·지목·경계·면적·토지이용계획·토지가격·시설물·지형·지질·환경·인구수 등

02 기선측량에 대한 설명으로 옳지 않은 것은?

① 전국의 13개소의 기선측량을 실시하였다.
② 기선은 정밀수준측량을 하여 결정하였다.
③ 최장기선 평양기선은 4,625.47770m이다.
④ 최초로 설치한 기선은 대전기선이다.

풀이 기선측량

개요	우리나라의 기선측량은 1910년 6월 **대전기선**의 위치선정을 시작으로 하여 1913년 10월 함경북도 **고건원기선측량**을 끝으로 전국 13개소의 기선측량을 실시하였다. 기선측량은 삼각측량에 있어서 최소한 삼각형의 한 변을 알 수 있기 때문에 기선측량은 삼각측량에서 필수조건이라 할 수 있다.

정답 01 ③ 02 ②

	기선의 위치	기선길이(m)	기선의 위치	기선길이(m)
위치와 길이	㉮전(大田)	2,500.39410	㉮성(杆城)	3,126.11155
	㉯량진(鷺梁津)	3,075.97442	㉯흥(咸興)	4,000.91794
	㉰동(安東)	2,000.41516	㉰주(吉州)	4,226.45669
	㉱동(河東)	2,000.84321	㉱계(江界)	2,524.33613
	㉲주(義州)	2,701.23491	㉲산진(惠山鎭)	2,175.31361
	㉳양(平壤)	4,625.47770	㉳건원(古乾原)	3,400.81838
	㉴산포(榮山浦)	3,400.89002		
계산방법	• 직선의 계산 • 경사보정의 계산 • 온도보정의 계산 • 기선척전장의 계산 • 중등해수면상 화성수 계산 • 천체측량의 계산 • 전장평균의 계산			

03 지적공부에 등록 · 공시하는 토지 관련 정보의 유형이 아닌 것은?

① 환경정보　　② 소유정보
③ 제한정보　　④ 의무정보

풀이 지적제도는 국가의 통치권(統治權)이 미치는 모든 영토를 필지단위로 구분하여 토지에 대한 물리적인 현황(토지의 소재, 지번, 지목, 면적, 경계, 좌표)과 법적 권리관계(소유자), **제한사항 및 의무사항** 등을 등록 · 공시하는 국가의 제도이다.

토지거래의 기준

- 지적공부에 등록된 토지에 대한 **기본정보와 소유정보, 이용정보, 가격정보** 등을 기초로 하여 거래
- 거래 대상 토지의 현장에 직접 가지 않더라도 지적공부인 도면과 대장에 의하여 대상 토지에 대한 물리적인 현황과 법적 권리관계 등을 정확하게 파악 가능
- 모든 토지는 지적공부에 등록된 정보를 토대로 거래를 하게 되어 토지거래의 기준이 되는 정보를 제공하는 기능을 담당

04 지적의 구성요소를 외부요소와 내부요소로 구분할 때 내부요소에 속하지 않는 것은?

① 지적공부　　② 지형
③ 등록　　④ 경계설정

풀이 지적의 구성요소는 외부요소와 내부요소로 구분할 때 외부요소로는 지리적 요소, 법률적 요소, 사회 · 정치 · 경제적 요소가 있고, 내부요소로는 토지, 경계설정과 측량, 등록 · 지적공부가 있다.

정답 03 ① 04 ②

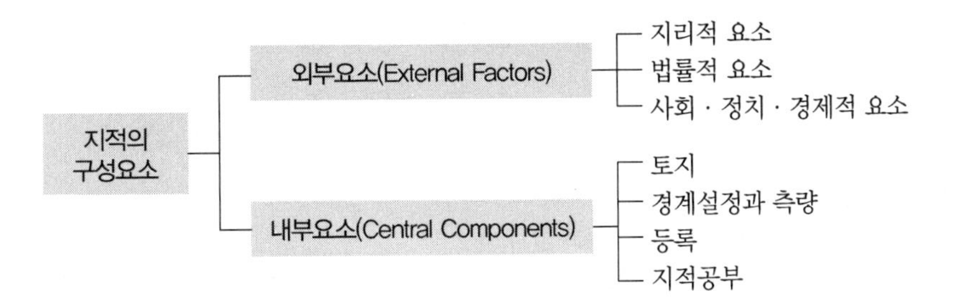

1. 외부요소(External Factors)

지리적 요소 (Geographic Factors)	지적측량에 있어서 지형, 식생, 토지이용 및 기후 등으로서 최적의 측량방법 결정에 영향을 미치게 된다. 특히, 이러한 요소들은 지적측량으로 경계점을 설정하는 데 있어서 위치와 표지의 형태에 영향을 미친다.
법률적 요소 (Legar Factors)	물권객체인 토지를 측정하여 확정한 지적제도와 물권객체에 존재하는 물권 주체를 명확히 한 등기제도에 관련된 법률관계를 법률적 요소로 한다. 즉, 토지 소유권은 법률에 의하여 구체화되어야 하고 토지의 등록 시 물권은 실체 관계와 항상 부합되어야 하며 토지가 실지 등록 내용과 다른 때에는 근본적으로 등록 공시의 효력에도 하자가 발생하기 때문이다.
사회 · 정치 · 경제적 요소 (Social, Political, Economic Factors)	지적의 발달로 토지의 모든 자료를 보관함으로써 정보를 다른 사람들에게 누출하여 개개인들의 소유권을 위태롭게 만드는 위험이 존재할 수 있는데, 사회적 · 정치적 · 경제적 관점에서 볼 때 프라이버시를 위한 특별한 장치가 필요하며 경제적인 측면에서 볼 때 통합 관리가 효과적일 수 있다.

2. 내부요소(Central Componets)

토지(Land)	지적은 토지(등록객체(대상)를 대상으로 한 개념이므로 토지는 지적의 가장 기본적인 요소로서 지적제도 성립의 중요한 요소이다. 지적의 대상이 되는 토지(지적공부에 등록할 대상 토지)는 우리나라 국토(영토)의 전부가 된다.
경계설정과 측량 (Demarcation & Surveying)	토지의 등록을 위해서는 일필지의 경계를 반드시 설정하여야 한다. 지적측량의 가장 기본적인 역할은 그 토지의 구획에 대한 명확한 한계를 확정하여 토지소유자의 소유권 확인 목적을 충족시켜 주는 것이다.
등록 (Registration)	토지의 등록 행위는 등록 내용의 공정성과 통일성이 보장되어야 하므로 국가기관에 의한 국가 업무로서 시행되는데 등록은 인위적으로 구획한 토지의 등록 단위를 필지로 하여 소재, 지번, 지목, 경계, 좌표, 면적, 소유자 등 일정한 사항을 지적공부에 등록하는 행위를 말한다. 지적공부에 등록된 필지는 독립성, 개별성이 인정되어 비로소 물권거래의 객체가 될 수 있다.
지적공부 (Cadastral Records)	지적공부는 토지를 구획하여 일정한 사항을 기록한 장부로서 일정한 형식과 규격을 법으로 정하여 일반국민이 언제라도 활용할 수 있도록 항시 비치되어야 하며 등록된 내용은 실제의 토지내용과 항상 일치하는 것을 이상으로 하고 있으므로 항시 토지의 변동사항을 계속적으로 정리해야 한다. 지적공부의 형식이 갖추어야 할 요건으로 표준화(Standard), 지속성(Sustainability), 대응성(Correspondence), 효율성(Efficiency), 편리성(Convenience) 등을 말한다.

05 다음 중 가장 최근에 기본공간정보에 포함된 것은?

① 지적 ② 실내공간정보
③ 수치표고 모형 ④ 건물 등 인공구조물의 공간정보

풀이 **국가공간정보 기본법 제2조(정의)**

이 법에서 사용하는 용어의 뜻은 다음과 같다.

1. "공간정보"란 지상 · 지하 · 수상 · 수중 등 공간상에 존재하는 자연적 또는 인공적인 객체에 대한 위치정보 및 이와 관련된 공간적 인지 및 의사결정에 필요한 정보를 말한다.
2. "공간정보데이터베이스"란 공간정보를 체계적으로 정리하여 사용자가 검색하고 활용할 수 있도록 가공한 정보의 집합체를 말한다.

국가공간정보 기본법 제19조(기본공간정보의 취득 및 관리)

① 국토교통부장관은 지형 · 해안선 · 행정경계 · 도로 또는 철도의 경계 · 하천경계 · 지적, 건물 등 인공구조물의 공간정보, 그 밖에 대통령령으로 정하는 주요 공간정보를 기본공간정보로 선정하여 관계 중앙행정기관의 장과 협의한 후 이를 관보에 고시하여야 한다.

② 관계 중앙행정기관의 장은 제1항에 따라 선정 · 고시된 기본공간정보(이하 "기본공간정보"라 한다)를 대통령령으로 정하는 바에 따라 데이터베이스로 구축하여 관리하여야 한다.

③ 국토교통부장관은 관리기관이 제2항에 따라 구축 · 관리하는 데이터베이스(이하 "기본공간정보데이터베이스"라 한다)를 통합하여 하나의 데이터베이스로 관리하여야 한다.

④ 기본공간정보 선정의 기준 및 절차, 기본공간정보데이터베이스의 구축과 관리, 기본공간정보데이터베이스의 통합 관리, 그 밖에 필요한 사항은 대통령령으로 정한다.

국가공간정보 기본법 시행령 제15조(기본공간정보의 취득 및 관리)

① 법 제19조제1항에서 "대통령령으로 정하는 주요 공간정보"란 다음 각 호의 공간정보를 말한다. 〈개정 2021.2.9.〉

1. 기준점(「공간정보의 구축 및 관리 등에 관한 법률」 제8조제1항에 따른 측량기준점표지 및 「해양조사와 해양정보 활용에 관한 법률」 제9조제2항에 따른 국가해양기준점 표지를 말한다)
2. 지명
3. 정사영상[항공사진 또는 인공위성의 영상을 지도와 같은 정사투영법(正射投影法)으로 제작한 영상을 말한다]
4. 수치표고 모형[지표면의 표고(標高)를 일정간격 격자마다 수치로 기록한 표고모형을 말한다]
5. 공간정보 입체 모형(지상에 존재하는 인공적인 객체의 외형에 관한 위치정보를 현실과 유사하게 입체적으로 표현한 정보를 말한다)
6. 실내공간정보(지상 또는 지하에 존재하는 건물 등 인공구조물의 내부에 관한 공간정보를 말한다)
7. 그 밖에 위원회의 심의를 거쳐 국토교통부장관이 정하는 공간정보

② 관계 중앙행정기관의 장은 법 제19조제1항에 따른 기본공간정보(이하 "기본공간정보"라 한다)를 데이터베이스로 구축 · 관리하기 위하여 재원조달 계획을 포함한 기본공간정보데이터베이스의 구축 또는 갱신계획, 유지 · 관리계획을 법 제6조제3항에 따른 기관별 국가공간정보정책 기본계획에 포함하여 수립하고 시행하여야 한다.

정답 05 ②

06 세계에서 가장 오래된 지도(地圖)는?

① 장사국남부지도
② 이집트 금광산 주변의 와이키(Waiki) 지도
③ 혼일강리역대국지도
④ 봉역도

풀이 **고대 이집트**

이집트의 역사학자들은 B.C. 3400년경에 길이를 측정하였고, B.C. 3000년경에 나일강 하류의 이집트에서 매년 일어나는 대홍수에 의하여 토지의 경계가 유실됨에 따라 이를 다시 복원하기 위하여 지적측량이 시작되었으며 아울러 토지기록도 존재하였다고 주장한다.

① 지적측량과 지적제도의 기원은 인류문명의 발상지인 티그리스, 유프라테스, 나일강의 농경정착지에서 찾아볼 수 있다.
② B.C. 3000년경 고대 이집트(Eygpt)와 바빌론(Babylon)에서 만들어졌던 토지소유권에 관한 기록
③ 나일강가의 비옥한 토지를 따라 문명이 발달하였으며 매년 발생하는 홍수로 토지의 경계가 유실되어 그 경계를 복원하기 위하여 측량의 기본원리인 기하학이 발달

고대 이집트 왕조의 세소스트리스 왕이 기하학을 정립
• 이집트의 땅을 소유한 자들이 부담하는 과세량을 쉽게 파악할 수 있도록 동일한 크기의 4각형으로 나누어 배분 • 나일강의 범람으로 유실된 경계의 확인을 위하여 토지의 유실 정도를 파악하고 나머지 토지의 비율에 따라 과세량을 책정하였으며, 이러한 방법으로 기하학과 측량학 창안
고대 이집트의 수도인 테베지방의 메나무덤(Tomb of Menna)의 고분벽화
줄자를 이용하여 토지를 측량하는 모습과 기록부를 가진 관리들이 그려져 있는데, 오늘날과 유사한 지적측량을 실시하는 모습을 발견할 수 있다.
세계에서 제일 오래된 지도
B.C. 1300년 경 이집트의 누비아 금광산(金鑛山) 주변의 와이키(Waiki) 지도로서 종이의 기원인 나일강변의 야생 갈대인 파피루스(Papirus)에 기재된 것으로 이탈리아대학의 이집트박물관에 보관되어 있다.

07 토지와 조세제도의 조사 · 연구와 신법의 제정을 목적으로 추진한 전세개혁의 주무기관으로 임시기구이지만 지적을 관장하는 중앙기관은?

① 전제상정소
② 판적사
③ 양전청
④ 양지아문

정답 06 ② 07 ①

풀이 **전제상정소(田制詳定所)**

조선 때의 임시관청. 세종 25년(1443년)에 토지 · 조세제도의 조사 연구와 새로운 법의 제정을 위하여 설치되었고 진양대군(晋陽大君, 首陽大君) 유(瑈)를 도제조(都提調)로, 좌찬성(左贊成) 하연(河演)과 호조판서 박종우(朴從愚), 지중추원사 정인지(鄭麟趾)를 제조(提調)로 삼았다. 이조에서는 고려 말기 이래로 조세법(租稅法)으로는 답험손실법(踏驗損失法)을 채택하고 있었기 때문에 그 해의 풍흉에 따라 국고(國庫)의 세입에 변동이 심하였다. 따라서 전조(田租)에만 기초를 두고 있었던 국가 재정은 자연히 늘 불안한 상태에 놓여 있었으므로 이에 대하여 논란이 많았다. 일부에서는 공법(貢法), 즉 정율법(定率法)을 채택하자는가 하면, 그 결함을 지적하고 이에 반대하는 사람도 많아 쉽게 해결되지 못하였다. 이리하여 전제 전반에 걸친 모든 문제의 해결을 위임받아 설치된 것이 전제상정소였다. 전제상정소는 독자적인 의견을 상부에 제출하기도 하고, 또는 상부의 자문기관이 되기도 하였다. 성종 2년(1471년)에는 여러 의견을 종합하여 경기 및 하삼도(충청, 전라, 경상)는 공법으로써 수세(收稅)하고 강원, 황해, 영안(함경), 평안도 등은 손실(損實)로써 수세할 것을 청하여 임금의 승인을 받은 일도 있었다. 한편, 이 기관의 업적으로는 세종 때에 전분 6등, 연분 9등의 전세제(田稅制) 등을 새로 마련한 것을 들 수 있는데, 이는 조선조 일대를 통하여 세법의 기본으로 존중되었다.

08 등록으로 등기의 효력을 인정하는 등록객체는?

① 토지 ② 건물
③ 선박 ④ 중기

풀이 **등록 · 등기일체의 원칙**

지적제도와 등기제도를 통합 일원화하여 동일한 조직에서 하나의 공적도부에 모든 토지와 그 정착물 등을 지적측량이라는 공학적이고 기술적인 수단을 통해 연속되어 있는 국토를 조사 · 측량한 후 개인의 권리가 미치고 있는 범위를 특정하여 필지단위로 지적공부 또는 부동산등록부 등에 등록 · 공시하는 제도(등록으로 등기의 효력까지 인정)

등록으로 등기의 효력을 인정하는 업무

구분 / 종목	관련 법령	등록기관		등록공부
		중앙	지방	
항공기 등록	항공법 · 항공기저당법	건설교통부	–	항공기등록원부
중기 등록	중기관리법 중기저당법	건설교통부	시 · 도, 시 · 군 · 구	중기등록원부
자동차 등록	자동차관리법 자동차등록령	건설교통부	시 · 도, 시 · 군 · 구	자동차등록원부
저작권 등록	저작권법	교육부	–	저작권등록부
어업권 등록	수산업법 · 어업등록령	해양수산부	시 · 도, 시 · 군 · 구	어업권원부
광업 등록	광업법 · 광업등록령	산업자원부	시 · 도, 시 · 군 · 구	광업원부
특허 등록	특허법 · 특허등록령	특허청	–	특허원부
상표 등록	상표법	특허청	–	상표등록원부

정답 08 ④

09 수치지도 작성 작업규칙에 나오는 용어에 대한 설명 중 잘못된 것은?

① 수치지도란 지표면 · 지하 · 수중 및 공간의 위치와 지형 · 지물 및 지명 등의 각종 지형공간정보를 전산시스템을 이용하여 일정한 축척에 따라 디지털 형태로 나타낸 것을 말한다.

② 빅데이터(Bigdata)란 작성된 수치지도의 체계적인 관리와 편리한 검색 · 활용을 위하여 수치지도의 이력 및 특징 등을 기록한 자료를 말한다.

③ 유일식별자(UFID : Unique Feature Identifier)란 지형 · 지물의 체계적인 관리와 효과적인 검색 및 활용을 위하여 다른 데이터베이스와의 연계 또는 지형 · 지물 간의 상호 참조가 가능하도록 수치지도의 지형 · 지물에 유일하게 부여되는 코드를 말한다.

④ 수치지도1.0이란 지리조사 및 현지측량(現地測量)에서 얻어진 자료를 이용하여 도화(圖化) 데이터 또는 지도입력 데이터를 수정 · 보완하는 정위치 편집 작업이 완료된 수치지도를 말한다.

풀이 수치지도 작성 작업규칙 제2조(정의)

이 규칙에서 사용하는 용어의 뜻은 다음과 같다.

1. "수치지도"란 지표면 · 지하 · 수중 및 공간의 위치와 지형 · 지물 및 지명 등의 각종 지형공간정보를 전산시스템을 이용하여 일정한 축척에 따라 디지털 형태로 나타낸 것을 말한다.
2. "수치지도1.0"이란 지리조사 및 현지측량(現地測量)에서 얻어진 자료를 이용하여 도화(圖化) 데이터 또는 지도입력 데이터를 수정 · 보완하는 정위치 편집 작업이 완료된 수치지도를 말한다.
3. "수치지도2.0"이란 데이터 간의 지리적 상관관계를 파악하기 위하여 정위치 편집된 지형 · 지물을 기하학적 형태로 구성하는 구조화 편집 작업이 완료된 수치지도를 말한다.
4. "수치지도 작성"이란 각종 지형공간정보를 취득하여 전산시스템에서 처리할 수 있는 형태로 제작하거나 변환하는 일련의 과정을 말한다.
5. "좌표계"란 공간상에서 지형 · 지물의 위치와 기하학적 관계를 수학적으로 나타내기 위한 체계를 말한다.
6. "좌표"란 좌표계상에서 지형 · 지물의 위치를 수학적으로 나타낸 값을 말한다.
7. "속성"이란 수치지도에 표현되는 각종 지형 · 지물의 종류, 성질, 특징 등을 나타내는 고유한 특성을 말한다.
8. "도곽"(圖廓)이란 일정한 크기에 따라 분할된 지도의 가장자리에 그려진 경계선을 말한다.
9. "도엽코드"(圖葉code)란 수치지도의 검색 · 관리 등을 위하여 축척별로 일정한 크기에 따라 분할된 지도에 부여한 일련번호를 말한다.
10. "유일식별자"(UFID : Unique Feature Identifier)란 지형 · 지물의 체계적인 관리와 효과적인 검색 및 활용을 위하여 다른 데이터베이스와의 연계 또는 지형 · 지물 간의 상호 참조가 가능하도록 수치지도의 지형 · 지물에 유일하게 부여되는 코드를 말한다.
11. "메타데이터"(metadata)란 작성된 수치지도의 체계적인 관리와 편리한 검색 · 활용을 위하여 수치지도의 이력 및 특징 등을 기록한 자료를 말한다.
12. "품질검사"란 수치지도가 수치지도의 작성 기준 및 목적에 부합하는지를 판단하는 것을 말한다.

10 지적제도의 3대 구성요소와 관련이 없는 것은?

① 소유자 ② 지상권
③ 필지 ④ 지적도

정답 09 ② 10 ④

풀이

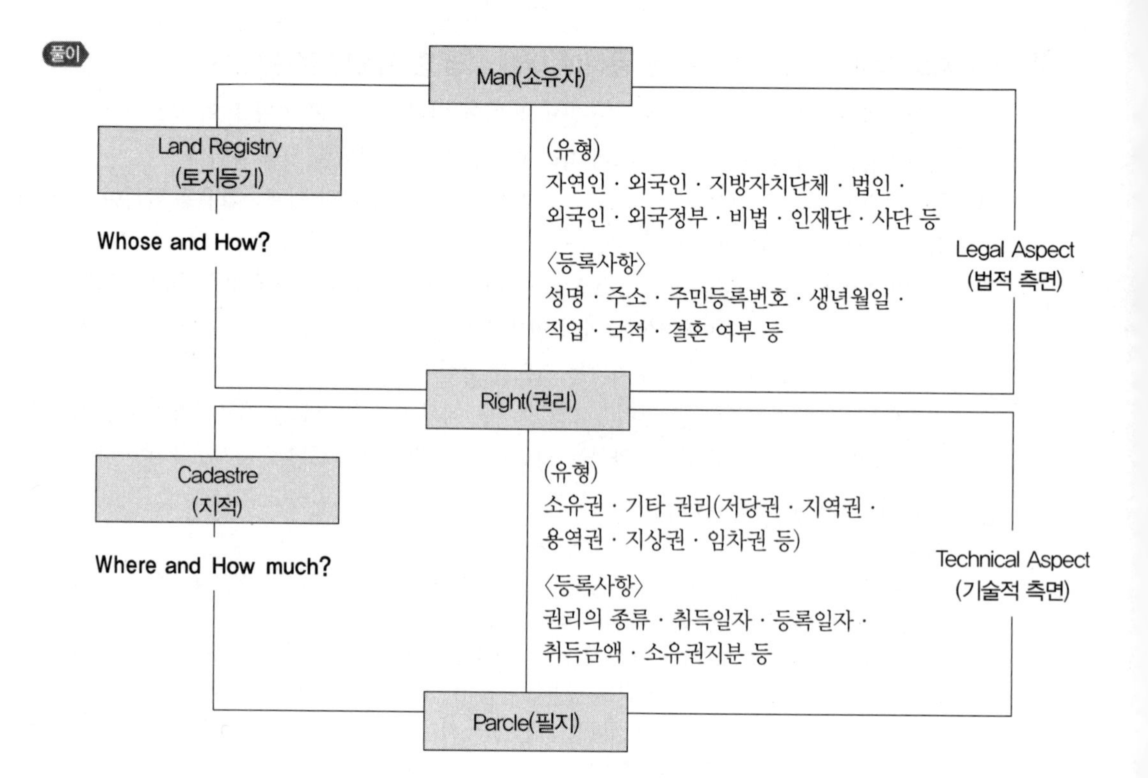

11 지세징수를 위하여 민유 과세지만을 뽑아 인적 편성주의에 따라 작성한 장부는?

① 결수연명부 ② 과세지견취도

③ 간주지적도 ④ 지세명기장

지세명기장	의의	지세명기장은 과세지에 대한 인적 편성주의에 따라 성명별로 목록을 작성한 것이다.
	작성방법	• 지세 징수를 위해 이동정리를 끝낸 토지대장 중에서 민유지만을 각 면별, 소유자별로 연기한 후 합계함 • 약 200매를 1책으로 작성하고 책머리에는 색인을, 책 끝에는 면계를 붙임 • 동명이인의 경우 동리별, 통호명을 부기하여 식별하도록 함
과세지 견취도	의의	과세지 견취도는 토지조사 측량성과인 지적도가 나오기 전인 1911~1913년까지 지세부과를 목적으로 작성된 약도로써 각 필지의 개형을 제도용 기구를 쓰지 않고 손으로 그린 간이지적도라 할 수 있다.
	작성배경	과세지에 대한 전국적인 견취도를 작성하여 이것을 결수연명부와 대조하여 연명부를 토지대장으로 공부화하려는 것이다.
	작성방법	• 축척 : 1/1,200 • 북방표시 • 거의 굴곡이 없는 곡선으로 제도

정답 11 ④

결수연명부	의의	각 재무감독국별로 상이한 형태와 내용의 징세대장이 만들어져 재무감독별로 내용과 형태가 다른 징세 대장이 만들어져 이에 따른 통일된 양식이 징세 대장을 만들기 위해 결수 연명부를 작성하도록 하였다.
	작성배경	• 결수연명부는 과세지 견취도의 기초로 하여 보완을 받게 됨으로써 이를 기초로 하여 토지신고서가 작성되고 결국 토지대장이 만들어졌다. • 공적장부의 계승관계 : 깃기(지세명기장) → 결수연명부 → 토지대장
	작성방법	• 면적 : 결부, 누락에 의해 부정확하게 파악 • 비과세지는 제외

12 고대 중국의 기리고차에 관한 상세한 기록이 남아 있는 문헌은?

① 평주가담　　② 여복지
③ 어린도책　　④ 산해경

풀이 고대 중국의 지적

은왕조 (殷王朝)	B.C. 1500년경 은왕조(殷王朝)가 갑골문자(甲骨文字)를 남겼으며, 하남성 안양에서 발굴된 은나라 때 수레축의 장식품에 5각형과 9각형 등의 기하학적 도형이 그려져 있으며, 고대 중국인들이 일찍부터 토지측량술과 관계있는 활동을 해왔다는 것을 의미함
고공기 (考工記)	춘추전국시대에 발간된 주례(周禮)의 고공기(考工記)에 "장인들이 나라의 중심이 되는 도성을 설계함에 있어서 사방 9리에 각각 세 개의 성문을 설치하고 성내를 9경(經)과 9궤(軌)로 되어 있다"라고 기록 • 주나라는 일찍부터 모든 토지의 평면을 바둑판식으로 나누는 정전제(井田制)를 시행하여 실제 측량을 전제로 하는 토지구획제도를 시행
변경주군도 (邊境駐軍圖)	고대 중국에서 토지측량술이 있었다는 1973년 양자강(揚子江) 남쪽 호남성의 장사 마왕퇴(長沙 馬王堆)에서 발견된 B.C. 186년의 장사국(長沙國) 남부 지형도와 변경주군도(邊境駐軍圖)에서 확인되고 있음 • 전한(前漢)시대의 2매의 지도로 현대의 지도와 비교할 때 개략적인 축척까지 설정할 수 있을 정도로 비교적 정확함
우적도와 화이도	1136년 만들어진 우적도(禹跡圖)와 화이도(華夷圖) 발견 • 이 지도들은 모두 방격도(方格圖) 형태로 되어 있어 측량에 의해서 작성되었음을 알 수 있음
어린도 (魚鱗圖)	• 중국에서 지적제도가 확립되었다는 확실한 증거는 현존하는 어린도(魚鱗圖)임 • 어린도는 조세징수의 기초자료로 만들어진 고대 중국의 지적도로 이것들을 묶어서 어린도책(魚鱗圖冊)으로 발간 – 어린도책은 송(宋)대부터 일부지역에서 작성하기 시작하여 명(明)·청(靑)시대에 전국으로 광범위하게 전파
기리고차 (記里鼓車)	송사(宋史) 여복지(輿服志)에 지상거리 측량용 기구인 기리고차(記里鼓車)에 관해서 상세한 기록이 있고 평주가담(萍洲可談)에는 나침반을 사용한 기록이 있는 것으로 보아 지상에서 거리측량과 방위설정이 이루어졌음을 알 수 있음

정답 12 ②

13 고구려의 고분벽화에 도로, 성벽, 건문, 하천 등이 상세하게 그려진 평면도면은?

① 봉역도 ② 요동성총도
③ 도적 ④ 방위도

풀이 **토지도면**

『삼국사기』 고구려본기 제8에는 제27대 영유왕 11년(628년)에 사신을 당(唐)에 파견할 때 봉역도를 당 태종에게 올렸다고 하였다. 여기에서의 봉역도는 고구려 강역의 측회도(測繪圖)인 것 같은데 봉역이란 흙을 쌓아서 만든 경계란 뜻도 있다. 이 봉역도는 지리상 원근, 지명, 산천 등을 기록하고 있었을 것이다. 그리고 **고구려 때 어느 정도 지적도적인 성격을 띠는 도면으로 1953년 평남 순천군(順天郡)에서 요동성총도(遼東城塚圖)**라는 고구려 고분벽화가 발견되었다. 여기에는 요동성의 지도가 그려져 있는데 요동성의 지형과 성시의 구조, 도로, 성벽, 주요 건물 등을 상세하게 그렸을 뿐 아니라 하천과 개울, 산 등도 그려져 있다. 이 요동성 지도는 우리나라에 실물로 현존하는 도시평면도로서 가장 오래된 것인데, 고대 이집트나 바빌로니아의 도시도, 경계도, 지적도와 같은 내용의 유사성이 있는 것이며 회화적 수법으로 그려져 있는 것이다. 위와 같은 봉역도나 요동성총도의 내용으로 미루어 보아서는 고구려에서 측량척을 사용하여 토지를 계량하고 이를 묘화한 오늘날의 지적도와 유사한 토지도면이 있었을 것으로 추측된다.

삼국시대의 지적제도 비교

구분	고구려	백제	신라
길이단위	척(尺) 단위 사용 : 고구려척	척(尺) 단위 사용 : 백제척, 후한척, 남조척, 당척	척(尺) 단위 사용 : 흥아발주척, 녹아발주척, 백아척, 목척
면적단위	경무법(頃畝法)	두락제(斗落制)와 결부제(結負制)	결부제(結負制)
토지장부	봉역도(封域圖) 및 요동성총도(遼東城塚圖)	• 도적(圖籍) • 일본에 전래[근강국 수소촌 간전도(近江國 水沼村 墾田圖)]	장적(방전, 직전, 제전, 규전, 구고전, 원전, 호전, 환전)
측량방식	구장산술	구장산술	구장산술
토지담당 (부서 · 조직)	• 부서 : 주부(主簿) • 실무조직 : 사자(使者)	내두좌평(內頭佐平) • 산학박사 : 지적 · 측량담당 • 화사 : 도면작성 • 산사 : 측량 시행	• 조부 : 토지세수 파악 • 산학박사 : 토지측량 및 면적 측정
토지제도	토지국유제 원칙	토지국유제 원칙	토지국유제 원칙

14 토지를 법적 측면에서 볼 때 가장 중요하다고 판단되는 사항은?

① 생산의 3요소 중 하나 ② 토지거래의 기본정보 제공
③ 국가구성의 3요소 중 하나 ④ 인간이 향유할 수 있는 재산권의 객체

정답 13 ② 14 ④

풀이 **토지의 중요성**

토지는 국가에게는 토지의 공간이며 자원이고, 개인에게는 귀중한 생활의 터전이요 재산이며, 이러한 자원과 재산인 토지를 등록 · 공시하는 제도가 지적제도이다.

구분		
경제적 측면	생산의 3요소[Land(토지), Labor(노동), Capital(자본)] 중 하나로서 만물에 대한 생산의 원천	
	농경정착시대	단순히 식량을 생산하기 위한 터전으로 활용
	산업화 · 도시화시대	효율적인 관리와 균형개발
	정보화시대	자연환경과 연계한 지속가능한 개발
사회적 측면	인간이 생활하는 데 가장 중요한 공동 자산	
	• 인간은 토지 위에서 태어나고 토지 위에서 일생을 지내다가 다시 토지로 돌아감 • 인류는 긴 세월 동안 토지 위에서 계속하여 생존하고 발전함 • 동서고금을 통하여 개인이나 국가에 있어서 토지가 인간생활의 삶의 질을 결정하고 부의 척도로 인식	
국가적 측면	국가구성의 3요소(국민, 주권, 영토) 중 하나인 영토	
	• 국민과 주권이 있다 하더라도 영토가 없는 국가는 존재 불가 • 인류의 역사는 영토를 보다 많이 확보하기 위한 투쟁의 연속 • 국토의 크기는 각 시대를 살아간 선조들의 영토확장에 대한 열망과 투쟁에 비례	
법적인 측면	인간이 향유할 수 있는 가장 중요한 재산권의 객체	
	1950년에 서명된 인권에 관한 유럽회의의 최초 의정서 제1조에 "모든 자연인과 법인은 소유에 대한 즐거움을 누릴 자격이 있으며, 아무도 그들의 재산이 공공의 이익이나 법에 규정된 조건 또는 국제법의 일반적인 원리에 의하지 않고서는 빼앗기지 않는다"라고 기술되어 있다.	

15 토지대장에 등록된 소유권 표시사항은 보존등기 시에 등기부의 어느 곳에 등기되는가?

① 표제부　　② 등기번호란

③ 갑구　　④ 을구

풀이 **등기부의 양식**

① 등기부는 그 1용지를 등기번호란, 표제부와 갑 · 을의 2구로 나눈다. 또 표제부에는 표시란, 표시번호란을 두고 각 구에는 사항란, 순위번호란을 둔다. 그러나 을구는 이에 기재할 사항이 없는 때에는 이를 두지 아니할 수 있다.

② 등기번호란에는 각 토지 또는 각 건물대지의 지번을 기재한다.

③ 표시란에는 토지 또는 건물의 표시와 그 변경에 관한 사항을 기재하며 표시번호란에는 표시란에 등기한 순서를 기재한다.

④ 갑구사항란에는 소유권에 관한 사항을 기재한다.

⑤ 을구사항란에는 소유권 이외의 권리에 관한 사항을 기재한다.

⑥ 순위번호란에는 사항란에 등기한 순서를 기재한다.

정답 15 ③

부동산등기법 제34조(등기사항)

등기관은 토지 등기기록의 표제부에 다음 각 호의 사항을 기록하여야 한다.

1. 표시번호
2. 접수연월일
3. 소재와 지번(地番)
4. 지목(地目)
5. 면적
6. 등기원인

16 **지적제도의 영속성(永續性), 전통성(傳統性)과 관련된 가장 중요한 지적의 구성내용이며 지적학의 연구대상은?**

① 등록주체　　② 등록객체
③ 등록정보　　④ 등록공부

풀이 **지적제도의 특성** **암기** ㉮영㉯㉰㉱㉲㉳㉴㉵㉶㉷해라

전통성과 영속성	지적사무는 근대적인 지적제도가 창설된 1910년대 이후 오늘날까지 관리주체가 다양한 목적에 의거 토지에 관한 일정한 사항을 등록·공시하고 계속하여 유지 관리되고 있는 영속성(永續性)과 전통성(傳統性)을 가지고 있는 국가사무
이면성과 내재성	지적사무는 지적공부에 등록된 토지에 관한 기본정보·소유정보·이용정보·가격정보 등의 변경사항을 대장과 도면에 정리하는 내재성(內在性)과 이면성(裏面性)을 가지고 있는 국가사무
전문성과 기술성	지적사무는 토지에 관한 정보를 조사·측량하여 그 결과를 국가의 공적장부인 지적공부에 등록·공시하는 제도로서 특수한 지식과 기술을 검증받은 자만이 종사할 수 있는 기술성(技術性)과 전문성(專門性)을 가지고 있는 국가사무
기속성과 공개성	• 지적사무는 토지소유자 또는 이해관계인 등에게 무제한으로 지적공부의 열람·등본교부를 허용하고 토지의 경계분쟁이 발생하면 지적공부의 등록사항을 토대로 이를 해결할 수 있는 기속성(羈屬性)과 공개성(公開性)을 가지고 있는 준사법적인 국가사무 • 지적공부에 등록·공시된 사항은 언제나 일반 국민에게 열람·등본을 허용하여 정당하게 이용할 수 있도록 공개주의를 채택
국가성과 공공성	지적사무는 국가(토지를 조사·측량하여 공적장부에 등록하고 관리하는 주체 : 지적의 주체)에서 토지에 대한 세금을 징수하기 위한 기초자료를 만들기 위하여 창설된 제도로서 국가성(國家性)과 강한 공공성(公共性)을 가지고 있는 국가사무
통일성과 획일성	지적사무는 전국적(국가의 통치권이 미치는 범위 내에 있는 모든 토지 : 지적의 대상 객체)으로 측량방법·토지의 이동정리·지적공부의 관리 등이 동일한 통일성(統一性)과 획일성(劃一性)을 가지고 있는 국가사무

정답 16 ④

17 「도로명주소법 시행령」상 사물번호의 부여 · 변경 · 폐지 기준에 대한 설명으로 가장 옳지 않은 것은? (21년서울7급)

① 시장 등은 사물번호가 부여된 시설물이 이전된 경우에는 해당 사물번호를 폐지해야 한다.
② 도로명주소가 부여된 건물 등의 내부에 사물주소를 부여하려는 시설물이 있는 경우 사물번호와 시설물 유형의 명칭 사이에는 쉼표를 넣어 표기한다.
③ 시설물이 건물 등의 내부에 있는 경우에는 해당 시설물의 사물번호기준점에 상세주소 부여 기준을 준용한다.
④ 시설물이 건물 등의 외부에 있는 경우에는 해당 시설물의 사물번호기준점이 접하는 도로구간의 기초번호를 사물번호로 부여한다.

풀이 **도로명주소법 시행령 제41조(사물번호의 부여 · 변경 · 폐지 기준 등)**

① 시장 등은 법 제24조제1항 각 호의 시설물(이하 이 조에서 "시설물"이라 한다)에 하나의 번호(이하 "사물번호"라 한다)를 부여해야 한다. 다만, 하나의 시설물에 사물번호를 부여하기 위하여 기준이 되는 점(이하 "사물번호기준점"이라 한다)이 둘 이상 설정되어 있는 경우에는 각 사물번호기준점에 사물번호를 부여할 수 있다.

② 사물번호의 부여 기준은 다음 각 호의 구분과 같다.

1. 시설물이 건물 등의 외부에 있는 경우 : 해당 시설물의 사물번호기준점이 접하는 도로구간의 기초번호를 사물번호로 부여할 것
2. 시설물이 건물 등의 내부에 있는 경우 : 해당 시설물의 사물번호기준점에 제27조의 상세주소 부여 기준을 준용할 것

③ 시장 등은 사물번호가 제2항의 사물번호 부여 기준에 부합하지 않게 된 경우에는 사물번호를 변경해야 한다.
④ 시장 등은 사물번호가 부여된 시설물이 이전 또는 철거된 경우에는 해당 사물번호를 폐지해야 한다.
⑤ 시설물에 부여하는 사물주소는 다음 각 호의 사항을 같은 호의 순서에 따라 표기한다. 이 경우 제2호에 따른 건물번호와 제3호에 따른 사물번호 사이에는 쉼표를 넣어 표기한다.

1. 제6조제1항제1호부터 제4호까지의 규정에 따른 사항
2. 건물번호(도로명주소가 부여된 건물 등의 내부에 사물주소를 부여하려는 시설물이 있는 경우로 한정한다)
3. 사물번호
4. 시설물 유형의 명칭

18 토지에 대한 과세를 하기 위하여 지적공부에 등록하지 아니하는 등록사항은?

① 거래가격
② 임대가격(賃貸價格)
③ 토지등급(土地等級)
④ 기준수확량등급(基準收穫量等級)

풀이 **토지과세의 기준**

① 토지조사사업은 토지의 소재, 명칭, 면적, 소유권, 가격 등을 명확히·하고 아울러 토지에 대한 과세의 공평을 기하기 위하여 토지제도 및 지세제도를 확립
② 토지에 대한 과세는 구(舊)「지방세법」 제104조, 제111조, 제180조 및 같은 법 시행령 제80조의2 토지대장과 임야대장에 등록된 토지등급, 기준수확량등급을 기준으로 한 과세시가표준액에 의거 재산세 · 취득세 · 등록세 · 농지세 등 토지에 대한 지방세를 부과

정답 17 ② 18 ①

③ 「소득세법」 제96조, 제99조제1항, 「상속세법시행령」 제5조제2항, 「토지초과이득세법 시행령」 제24조 개별공시지가에 의하여 양도소득세, 상속세, 증여세, 토지초과이득세 등 토지에 대한 국세를 부과하도록 규정
④ 모든 토지는 지적공부에 등록된 정보를 토대로 과세를 하게 되어 토지과세의 기준이 되는 정보를 제공하는 기능을 담당

각종 토지정보의 제공
① 지적공부에 등록된 각종 정보는 국토통계, 도시행정, 건축행정, 농업행정, 산림행정, 국 · 공유 재산관리행정 등의 수행과 각종 산업의 계획 및 입지분석 등에 필요한 기본 정보를 제공하는 기능을 담당
② 토지에 대한 등기 · 거래 · 평가 · 과세 · 이용계획 등의 관련 사무를 다루기에 앞서 지적에 관한 이해가 선행되어야 함
③ 지가 · 주택 · 토지거래 등 각종 토지문제를 근원적으로 해결하기 위해서는 지적제도와 토지등기제도를 표준화하여 양 공부의 등록사항과 실체관계가 항상 부합되도록 제도적인 장치 필요

19 문중의 제사와 유지 및 관리를 위해 필요한 비용을 충당하기 위하여 능 · 원 · 묘에 부속된 토지는?

① 궁장토 ② 묘위토
③ 향탄토 ④ 둔토

풀이 **능(陵) · 원(園) · 묘(墓) · 위토 · 향탄토**

능(陵)	의의	왕과 왕비 등의 사체를 관에 넣어 지중에 안치하고 제사를 지낼 수 있도록 돌 또는 흙으로써 쌓아 올린 곳을 말한다.
	능의 구역	• 가락국 수로왕릉 : 능을 중심으로 사방 100보 • 고려 태조왕릉 : 능을 중심으로 사방 200보 • 기타 모든 능 : 능을 중심으로 사방 150보
	능의 종류	능은 1918년 말 현재 50개소로서 • 대왕 및 대왕비의 분묘 • 태조대왕의 선대를 추존한 분묘 • 왕 및 왕비의 위를 추존한 왕세자 왕세자비가 될 위치에 있던 자가 일찍 죽어 후일에 왕위 및 왕비를 추존한 자의 분묘
원(園)	원은 1918년 말 현재 12개소로서 원으로 정식제사를 지내는 것은 • 왕위 및 왕비위로 추존되지 않은 왕세자 및 왕세자비의 분묘 • 왕자 및 왕세자비의 분묘 • 왕의 생모	
묘(墓)	묘라고 부르는 것은 42개소로서 정식제사를 지내는 것은 • 폐왕인 연산군과 광해군의 분묘와 그들의 사친의 분묘 • 아직 출가하지 않은 공주 및 옹주의 분묘 • 후궁의 분묘	
위토	능원묘에 부속된 전답(고려조 이전의 위토는 기록이 없어 분묘에 대한 제사를 지내거나 그를 유지 관리하는 데 필요한 수익을 얻기 위하여 토지를 부속시킨 것이 있는데, 이 토지를 위토라 한다)	
향탄토	제사 때에 사용하는 향료와 시탄을 지변(支辮)하는 곳	

정답 19 ②

20 지적공부에 등록 · 공시하는 토지와 그 정착물 등에 관한 물리적 현황이 아닌 것은?

① 경계 ② 지번
③ 지목 ④ 공시지가

풀이 지적을 구성하는 주요 내용

등록주체(登錄主體) : 국정주의 채택	국가 · 지방정부 : 지방정부인 경우에는 연방정부에서 토지 관련 정보를 공동 활용할 수 있도록 표준화하고 중앙 집중화하는 방향으로 개선	
등록객체(登錄客體) : 직권등록주의 채택	토지와 그 정착물인 지상 건축물과 지하시설물 등	
등록공부(登錄公簿) : 공개주의 채택	도면 (Cadastral Map)	경계를 폐합된 다각형 또는 평면직각종횡선 수치로 등록
	대장 (Cadastral Book)	필지에 대한 속성자료를 등록
등록사항(登錄事項) : 형식주의 채택	기본정보	토지의 소재, 지번, 이용 상황, 면적, 경계 등
	소유정보	권리의 종류, 취득사유, 보유상태, 설정기간 등
	가격정보	토지가격, 수확량, 과세액, 거래가격 등
	제한정보	용도지역, 지구, 구역, 형질변경, 지목변경, 분할 등
	의무정보	건폐율, 용적률, 대지와 도로와의 관계 등
등록방법(登錄方法) : 사실심사주의 채택	토지조사, 지적측량이라는 기술적 수단을 통하여 모든 국토를 필지별로 구획하여 실제의 상황과 부합되도록 지적공부에 등록, 공시(토지조사, 측량성과 등 실시)	

정답 20 ④

05 제5회 합격모의고사

01 고려시대부터 사용된 토지장부로서 토지대장과 지적도 등의 내용을 수록하고 있었으며 토지실태와 징세파악 및 소유자 확정 등의 토지과세대장으로 사용된 장부는?

① 명문(明文) ② 양안(量案)
③ 문기(文記) ④ 입안(立案)

풀이 1. 입안(立案)

① 개요

재산권이나 상속권을 주장하는 데 절대적인 근거가 되었다. 고려시대에도 이 제도가 있었으나 조선시대의 실물이 많이 전하여진다. 《경국대전》에는 토지 · 가옥 · 노비는 매매계약 후 100일, 상속 후 1년 이내에 입안을 받도록 되어 있었다. 또 하나의 의미로 황무지 개간에 관한 인허가서를 말한다.

② 근거기록

경국대전	토지 · 가옥 · 노비는 매매계약 후 100일, 상속 후 1년 이내에 입안을 받도록 되어 있었다(매매에 관한 증서).
속대전(續大典)	• 한광지처(閒曠之處)에는 기간자(起墾者)로서 주인을 삼는다. • 미리 입안(立案)을 얻은 자가 스스로 이를 기간하지 않고 타인의 기간지를 빼앗은 자 및 입안을 사사로이 매매하는 자는 침전전택률로서 논한다(개간지 허가에 관한 증서).

2. 조선시대 양안(量案)

① 개요

양안은 고려시대부터 사용된 토지장부로서 오늘날의 지적공부로 토지대장과 지적도 등의 내용을 수록하고 있었으며 '전적'이라고 부르기도 하였다. 토지실태와 징세파악 및 소유자 확정 등의 토지과세대장으로 《경국대전》에는 20년에 한 번씩 양전을 실시하여 양안을 작성하도록 한 기록이 있다.

② 양안 작성의 근거

- 경국대전 호전(戶典) 양전조(量田條)에는 "모든 전지는 6등급으로 구분하고 20년마다 다시 측량하여 장부를 만들어 호조(戶曹)와 그 도(道) 그 읍(邑)에 비치한다."고 기록하고 있다.
- 3부씩 작성하여 호조, 본도, 본읍에 보관하였다.

02 삼국시대에서 토지측량단위와 토지담당으로 옳은 것은?

① 고구려 : 결부법, 산학박사 ② 신라 : 결부제, 내두좌평
③ 백제 : 두락제, 산학박사 ④ 고구려 : 정전제, 주부

풀이 삼국시대의 지적제도 비교

구분	고구려	백제	신라
길이단위	척(尺) 단위 사용 : 고구려척	척(尺) 단위 사용 : 백제척, 후한척, 남조척, 당척	척(尺) 단위 사용 : 흥아발주척, 녹아발주척, 백아척, 목척
면적단위	경무법(頃畝法)	두락제(斗落制)와 결부제(結負制)	결부제(結負制)

정답 01 ② 02 ③

구분	고구려	백제	신라
토지장부	봉역도(封域圖) 및 요동성총도(遼東城塚圖)	• 도적(圖籍) • 일본에 전래[근강국 수소촌 간전도(近江國 水沼村 墾田圖)]	장적(방전, 직전, 제전, 규전, 구고전, 원전, 호전, 환전)
측량방식	구장산술	구장산술	구장산술
토지담당 (부서 · 조직)	• 부서 : 주부(主簿) • 실무조직 : 사자(使者)	내두좌평(內頭佐平) • 산학박사 : 지적 · 측량담당 • 화사 : 도면작성 • 산사 : 측량 시행	• 조부 : 토지세수 파악 • 산학박사 : 토지측량 및 면적 측정
토지제도	토지국유제 원칙	토지국유제 원칙	토지국유제 원칙

03 **수등이척제에 대한 개선을 주장한 제도로서, 전지(田地)를 측량할 때 정방형의 눈을 가진 그물을 사용하여 면적을 산출하는 망척제를 주장한 양전론자와 저서로 올바른 것은?**

① 정약용 : 목민심서 ② 이기 : 해학유서

③ 서유구 : 의상경계책 ④ 유길준 : 서유견문

풀이 **양전개정론(量田改正論)**

구분	정약용(丁若鏞)	서유구(徐有榘)	이기(李沂)	유길준(兪吉濬)
양전 방안	• 결부제 폐지, 경무법으로 개혁 • 양전법안 개정		수등이척제에 대한 개선책으로 망척제를 주장	전 국토를 리단위로 한 전통제(田統制)를 주장
특징	• 어린도 작성 • 정전제 강조 • 전을 정방향으로 구분 • 휴도 : 방량법의 일환이며 어린도의 가장 최소 단위로 작성된 지적도	• 어린도 작성 • 구고삼각법에 의한 양전수법십오제 마련	• 도면의 필요성 강조 • 정방형의 눈들을 가진 그물눈금을 사용하여 면적 산출(망척제)	• 양전 후 지권 발행 • 리단위의 지적도 작성(전통도)
저서	목민심서(牧民心書)	의상경계책(擬上經界策)	해학유서(海鶴遺書)	서유견문(西遊見聞)

04 **1898년 양전사업을 담당하기 위하여 최초로 설치된 기관은?**

① 양지아문(量地衙門) ② 지계아문(地契衙門)

③ 양지과(量地課) ④ 임시토지조사국(臨時土地調査局)

풀이 **양지아문(量地衙門)**

양지아문은 광무 2년(1898년) 7월에 칙령 제25호로 양지아문 직원 및 처무규정을 공포하여 비로소 독립관청으로 양전사업을 위하여 설치되었다. 양전사업에 종사하는 실무진(實務陣)으로는 양무감리(量務監理), 양무위원(量務委員)이 있으며, 조사위원(調査委員) 및 기술진(技術陣)은 수기사[首技師, 미국인 거렴(Raymand Edward Leo Krumm)]와 기수보(技手補) 그리고 견습과정을 마친 학원(學員)이 있었다.

양전과정은 측량과 양안 작성 과정으로 나누어지는데, 양안 작성 과정은 야초책(野草冊)을 작성하는 1단계,

정답 03 ② 04 ①

중초책을 작성하는 2단계, 정서책으로 완성시키는 3단계로 나누어 진행하였으나 광무 5년(1901년)에 이르러 전국적인 대흉년으로 일단 중단하게 되었다.
소유권 이전을 국가가 통제할 수 있는 장치로서 조선시대 시행하였던 입안(立案)에 대신하여 지계를 발행하는 제도를 채택하였다.

지계아문(地契衙門)
지계아문의 사업은 성격상 양지아문과 밀접한 관계가 있었고 지계발행 사업의 방대함에 비추어 지계아문만이 전국의 지계사업을 전담하기에 벅찼다. 그래서 1902년 3월에 지계아문과 양지아문을 통합하였다. 즉, 지계가 발행되기 위해서는 토지대장에 의한 토지 소유권자의 확인이 필요하여 양전의 시행은 지계의 시행과 병행되어야 했다. 기구의 통합과 업무의 통합도 이루어지게 되어 지계발행과 양전을 새 통합기구인 지계아문에서 수행하게 되었다.
러일전쟁에 의한 일본 군대의 주둔과 제1차 한일 협약을 강요당하게 되어 지계 발행은 물론 양전사업마저도 중단되고 말았으며, 새로 탁지부에 양지국을 신설하여 양전 업무를 담당시키고 지계 발행업무는 그 업무의 완료와 함께 당해 군으로 인계하여 1904년 4월 19일 지계아문은 폐지되었다.

05 토지조사사업 당시의 지목에서 잡종지가 세분된 것으로 옳지 않은 것은?

① 염전　　② 잡종지
③ 광천　　④ 철도용지

풀이 지목의 종류

토지조사사업 당시 지목 (18개)	• ㊎세지 : ㊉, ㊍, ㊊(垈), ㊄소(池沼), ㊇야(林野), ㊈종지(雜種地)(6개) • ㊐과세지 : ㊏로, 하㊉, 구㊎, ㊍방, ㊌첩, ㊊도선로, ㊄도선로(7개) • ㊇세지 : ㊈사지, ㊐묘지, ㊏원지, ㊊도용지, ㊄도용지(5개)	
1918년 지세령 개정 (19개)	지소(池沼) : 지소, 유지로 세분	
1950년 구 지적법 (21개)	잡종지(雜種地) : 잡종지, 염전, 광천지로 세분	
1975년 지적법 제2차 개정 (24개)	통합	• 철도용지+철도선로=철도용지 • 수도용지+수도선로=수도용지 • 유지+지소=유지

06 지적에 관한 설명으로 틀린 것은?

① 일필지 중심의 정보를 등록 · 관리한다.
② 토지표시사항의 이동사항을 결정한다.
③ 토지의 물리적 현황을 조사 · 측량 · 등록 · 관리 제공한다.
④ 토지와 관련한 모든 권리의 공시를 목적으로 한다.

정답 05 ④ 06 ④

풀이 지적과 등기의 비교

지적(地籍)	구분	등기(登記)
토지표시사항(물리적 현황)을 등록공시	기능	부동산에 대한 소유권 및 기타 권리 관계를 등록공시
공간정보의 구축 및 관리 등에 관한 법	근거법령	부동산등기법
토지	등록대상	토지와 건물
토지소재, 지번, 지목, 면적, 경계 또는 좌표 등	등록사항	소유권, 지상권, 지역권, 전세권, 저당권, 권리질권, 임차권 등
• 국정주의 • 형식주의 • 공개주의 • 직권등록주의	기본이념	• 사적 자치의 원칙 • 성립요건주의 • 공개주의 • 당사자신청주의
실질적 심사주의	등록심사	형식적 심사주의
국가(국정주의)	등록주체	당사자(등기권리자 및 의무자)
단독(소유자) 신청주의	신청방법	공동(등기권리자 및 의무자) 신청주의
행정부(국토교통부, 시 · 도, 시 · 군 · 구)	담당기관	사법부(법원행정처, 지방법원, 등기소 · 지방법원 지원)
불인정	공신력	불인정

07 다음 중 지적 관련 법령의 변천 순서로 옳은 것은?

① 토지조사법 → 토지조사령 → 지세령 → 조선임야조사령 → 조선지세령 → 지적법
② 토지조사법 → 토지조사령 → 조선지세령 → 조선임야조사령 → 지세령 → 지적법
③ 토지조사법 → 토지조사령 → 조선임야조사령 → 지세령 → 조선지세령 → 지적법
④ 토지조사법 → 토지조사령 → 조선임야조사령 → 조선지세령 → 지세령 → 지적법

풀이 지적법령 변천과정

① 토지조사법(1910.8.23.)
② 토지조사령(1912.8.13.)
③ 지세령(1914.3.16.)
④ 토지대장규칙(1914.4.25.)
⑤ 조선임야조사령(1918.5.01.)
⑥ 임야대장규칙(1920.8.23.)
⑦ 토지측량규정(1921.6.16.)
⑧ 임야측량규정(1935.6.12.)
⑨ 조선지세령(1943.3.31.)
⑩ 조선임야대장규칙(1943.3.31.)
⑪ 지세법(1950.12.1.)
⑫ 지적법(1950.12.1.)
⑬ 지적법시행령(1951.4.1.)
⑭ 지적측량규정(1954.11.12.)
⑮ 지적측량사규정(1960.12.31.)

정답 07 ①

08 새로이 지적공부에 등록하는 사항이나 기존에 등록된 사항의 변경등록은 시장, 군수, 구청장이 관련 법률에서 규정한 절차상의 적법성과 사실관계 부합 여부를 심사하여 지적공부에 등록한다는 이념은?

① 형식적 심사주의　　② 일몰일권주의
③ 실질적 심사주의　　④ 토지표시공개주의

풀이 지적법의 기본이념 암기 국형공실직

지적국정주의(地籍國定主義)	지적공부의 등록사항인 토지표시사항을 국가만이 결정할 수 있는 권한을 가진다는 이념이다.
지적형식주의(地籍形式主義)	국가가 결정한 토지에 대한 물리적 현황과 법적 권리관계 등을 외부에서 인식할 수 있도록 일정한 법정의 형식을 갖추어 지적공부에 등록하여야만 효력이 발생한다는 이념으로 '지적등록주의'라고도 한다.
지적공개주의(地籍公開主義)	• 지적공부에 등록된 사항을 토지소유자나 이해관계인은 물론 일반인에게도 공개한다는 이념이다. • 공시원칙에 의한 지적공부 3가지 형식 　– 지적공부를 직접열람 및 등본으로 알 수 있다. 　– 현장에 경계복원함으로써 알 수 있다. 　– 등록된 사항과 현장상황이 다른 경우 변경 등록한다.
실질적 심사주의(實質的審査主義)	토지에 대한 사실관계를 정확하게 지적공부에 등록·공시하기 위하여 토지를 새로이 지적공부에 등록하거나 등록된 사항을 변경 등록하고자 할 경우 소관청은 실질적인 심사를 실시하여야 한다는 이념으로서 '사실심사주의'라고도 한다.
직권등록주의(職權登錄主義)	국가는 의무적으로 통치권이 미치는 모든 토지에 대한 일정한 사항을 직권으로 조사·측량하여 지적공부에 등록·공시하여야 한다는 이념으로써 '적극적 등록주의' 또는 '등록강제주의'라고도 한다.

09 역둔토실지조사를 실시할 경우 조사 내용에 해당되지 않는 것은?

① 지번·지목　　② 면적·사표
③ 등급 및 결정소작료　　④ 경계 및 조사자 성명

풀이 역둔토실지조사를 실시할 경우 조사 내용

① 소재·지번·지목
② 면적·사표
③ 구명칭·등급 및 결정소작료
④ 소작인의 주소·성명

정답 08 ③ 09 ④

10 지적의 어원을 'Katastikhon', 'Capitastrum'에서 찾고 있는 견해의 주요 쟁점이 되는 의미는?

① 토지측량(土地測量)
② 지적공부(地籍公簿)
③ 지형도(地形圖)
④ 세금(稅金) 부과(賦課)

풀이 지적(地籍, Cadastre)이란 용어가 어떻게 유래되었는지에 대하여는 확실하지 않으나 그리스어 카타스티콘(Katastikhon)과 라틴어 캐피타스트럼(Capitastrum)에서 유래되었다고 하는 두 가지 학설이 지배적이라고 할 수 있다.

공통점	그리스어인 카타스티콘(Katastikhon)과 라틴어인 캐피타스트럼(Capitastrum) 또는 카타스트럼(Catastrum)은 그 내용에 있어서 모두 **세금(稅金) 부과(賦課)**의 뜻을 내포하고 있는 것이 공통점이라고 할 수 있다. 지적이 무엇인가에 대한 연구는 국내·외적으로 매우 활발하게 연구되고 있으며 국가별, 학자별로 다양한 이론들이 제기되고 있는 상황이다. 그러나 이러한 기존의 연구에 있어서 지적이 무엇인가에 대한 공통점은 "토지에 대한 기록"이며, "필지를 연구대상으로 한다는 점"이다.

11 다음 중 지적의 기능으로 가장 거리가 먼 것은?

① 쾌적한 생활환경의 조성
② 공정과세의 자료
③ 토지관리에 기여
④ 재산권의 보호

풀이 **지적제도의 기능** 암기 ㊝㊖㊛㊒㊀㊞

토지㊝기의 기초 (선등록 후등기)	지적공부에 토지표시사항인 토지소재, 지번, 지목, 면적, 경계와 소유자가 등록되면 이를 기초로 토지소유자가 등기소에 소유권보존등기를 신청함으로써 토지등기부가 생긴다. 즉, 토지표시사항은 토지등기부의 표제부에, 소유자는 갑구에 등록한다.
토지㊖가의 기초 (선등록 후평가)	토지평가는 지적공부에 등록한 토지에 한하여 이루어지며 평가는 지적공부에 등록된 토지표시사항을 기초자료로 이용하고 있다.
토지㊛세의 기초 (선등록 후과세)	토지에 대한 각종 국세와 지방세는 지적공부에 등록된 필지를 단위로 면적과 지목 등 기초자료를 결정한 개별공시지가(지가공시 및 토지 등의 평가에 관한 법률)를 과세의 기초자료로 하고 있다.
토지㊒래의 기초 (선등록 후거래)	토지거래는 지적공부에 등록된 필지 단위로 이루어지며, 지적공부에 등록된 토지표시사항(소재, 지번, 지목, 면적, 경계 등)과 등기부에 등재된 소유권 및 기타 권리 관계를 기초로 하여 거래가 이루어지고 있다.
토지㊀용계획의 기초 (선등록 후계획)	각종 토지이용계획(국토건설종합계획, 국토이용계획, 도시계획, 도시개발, 도시재개발 등)은 지적공부에 등록된 토지표시사항을 기초자료로 활용하고 있다.
주소㊞기의 기초 (선등록 후설정)	민법에서의 주소, 호적법에서의 본적 및 주소, 주민등록법에서의 거주지, 지번, 본적, 인감증명법에서의 주소와 기타 법령에 의한 주소, 거주지, 지번은 모두 지적공부에 등록된 토지소재와 지번을 기초로 하고 있다.

정답 10 ④ 11 ①

12 토지등록제도에 관한 내용으로 옳지 않은 것은?

① 권원등록(Registration of Title)제도는 공적 기관에서 보존되는 특정한 사람에게 귀속된 명확히 한정된 단위의 토지에 대한 권리와 그러한 권리들이 존속되는 한계에 대한 권위 있는 등록을 말한다.
② 소극적 등록제도(Negative System)는 기본적으로 거래와 그에 관한 거래증서의 변경기록을 수행하는 것이며, 일필지의 소유권이 거래되면서 발생되는 거래증서를 변경 등록하는 것이다.
③ 토렌스시스템(Torrens System)에서의 토지등록은 일필지의 개념으로 법적인 권리보장이 인증되고 정부에 의해서 그러한 합법성과 효력이 발생한다.
④ 날인증서 등록제도는 토지의 이익에 영향을 미치는 문서의 공적 등기를 보전하는 것으로 기본적인 원칙은 등록된 문서가 등록되지 않은 문서 또는 뒤늦게 등록된 서류보다 우선권을 갖는다.

풀이 **토지등록제도의 유형** **암기** ㉰㉯㉻㉾㉿ (날권소적토)

유형	내용
(날)인증서 등록제도 (捺印證書登錄制度)	토지의 이익에 영향을 미치는 문서의 공적 등기를 보전하는 것을 날인증서 등록제도(Registration of Deed)라고 한다. 기본적인 원칙은 등록된 문서가 등록되지 않은 문서 또는 뒤늦게 등록된 서류보다 우선권을 갖는다. 즉, 특정한 거래가 발생했다는 것은 나타나지만 그 관계자들이 법적으로 그 거래를 수행할 권리가 주어졌다는 것을 입증하지 못하므로 거래의 유효성을 증명하지 못한다. 그러므로 토지거래를 하려는 자는 매도인 등의 토지에 대한 권원(Title) 조사가 필요하다.
(권)원등록제도 (權原登錄制度)	권원등록(Registration of Title)제도는 공적 기관에서 보존되는 특정한 사람에게 귀속된 명확히 한정된 단위의 토지에 대한 권리와 그러한 권리들이 존속되는 한계에 대한 권위 있는 등록이다. 소유권 등록은 언제나 최후의 권리이며 정부는 등록한 이후에 이루어지는 거래의 유효성에 대해 책임을 진다.
(소)극적 등록제도 (消極的登錄制度)	소극적 등록제도(Negative System)는 기본적으로 거래와 그에 관한 거래증서의 변경기록을 수행하는 것이며, 일필지의 소유권이 거래되면서 발생되는 거래증서를 변경 등록하는 것이다. 네덜란드, 영국, 프랑스, 이탈리아, 미국의 일부 주 및 캐나다 등에서 시행되고 있다.
(적)극적 등록제도 (積極的登錄制度)	적극적 등록제도(Positive System)하에서의 토지등록은 일필지의 개념으로 법적인 권리보장이 인증되고 정부에 의해서 그러한 합법성과 효력이 발생한다. 이 제도의 기본원칙은 지적공부에 등록되지 아니한 토지는 그 토지에 대한 어떠한 권리도 인정될 수 없고 등록은 강제되고 의무적이며 공적인 지적측량이 시행되지 않는 한 토지등기도 허가되지 않는다는 이론이 지배적이다. 적극적 등록제도의 발달된 형태는 토렌스 시스템이다.
(토)렌스시스템 (Torrens System)	오스트레일리아 Robert Torrens 경이 창안한 토렌스시스템의 목적은 토지의 권원을 명확히 하고 토지거래에 따른 변동사항 정리를 용이하게 하여 권리증서의 발행을 편리하게 하는 것이다. 이 제도의 기본원리는 법률적으로 토지의 권리를 확인하는 대신에 토지의 권원을 등록하는 행위이다.

정답 12 ③

13 우리나라에서 토지 소유권에 대한 설명으로 옳은 것은?

① 절대적이다.
② 무제한 사용, 수익, 처분할 수 있다.
③ 신성불가침이다.
④ 법률의 범위 내에서 사용, 수익, 처분할 수 있다.

풀이 **토지소유권(土地所有權)**
토지를 사용하거나 처분할 수 있는 권리로 민법에서는 법률의 범위 안에서 그 권리가 지면의 위아래에 다 미치도록 규정하였으나, 광업법의 제한으로 땅속 광물에는 토지 소유권의 효력이 미치지 못한다.

14 토지조사사업에 대한 설명으로 틀린 것은?

① 토지조사사업은 일제가 식민지정책의 일환으로 실시하였다.
② 토지조사사업은 사법적인 성격을 갖고 업무를 수행하였으며 연속성과 통일성이 있도록 하였다.
③ 토지조사사업의 내용은 토지소유권 조사, 토지가격조사, 지형지모조사가 있다.
④ 축척 3천분의 1과 6천분의 1을 사용하여 2만5천분의 1 지형도를 작성할 지형도의 세부측량을 함께 실시하였다.

풀이

구분	토지조사사업	임야조사사업
근거법령	토지조사령(1912.8.13. 제령 제2호)	조선임야조사령(1918.5.1. 제령 제5호)
조사기간	1910~1918년(8년 10개월)	1916~1924년(9개년)
측량기관	임시토지조사국	부(府)와 면(面)
사정기관	임시토지조사국장	도지사
재결기관	고등토지조사위원회	임야심사위원회
조사내용	• 토지소유권 • 토지가격 • 지형, 지모	• 토지소유권 • 토지가격 • 지형, 지모
조사대상	• 전국에 걸친 평야부 토지 • 낙산 임야	• 토지조사에서 제외된 토지 • 산림 내 개재지(토지)
도면축척	1/600, 1/1,200, 1/2,400	1/3,000, 1/6,000
기선측량	13개소	

15 토지조사사업 당시 소유자는 같으나 지목이 상이하여 별필(別筆)로 해야 하는 토지들의 경계선과, 소유자를 알 수 없는 토지와의 구획선으로 옳은 것은?

① 강계선(疆界線)
② 경계선(境界線)
③ 지역선(地域線)
④ 지세선(地勢線)

정답 13 ④ 14 ④ 15 ③

풀이

강계선(疆界線)	소유권에 대한 경계를 확정하는 역할을 하며 반드시 사정을 거친 경계선으로 토지소유자 및 지목이 동일하고 지반이 연속된 토지를 1필지로 함을 원칙으로 한다. 강계선과 인접한 토지의 소유자는 반드시 다르다는 원칙이 성립되며 조선임야조사사업 당시 도장관의 사정에 의한 임야도면상의 경계는 경계선이라 하였고 강계선의 경우는 분쟁지에 대한 사정으로 생긴 경계선이라 할 수 있다.
지역선(地域線)	지역선이라 함은 토지조사 당시 사정을 하지 않는 경계선을 말하며 동일인이 소유하는 토지일 경우에도 지반의 고저가 심하여 별필로 하는 경우의 경계선을 말한다. 지역선에 인접하는 토지의 소유자는 동일인일 수도 있고 다를 수도 있다. 지역선은 경계분쟁의 대상에서 제외되었으며 동일인의 소유지라도 지목이 상이하여 별필로 하는 경우의 경계선을 말한다. 소유자가 같은 토지와의 구획선 또는 소유자를 알 수 없는 토지와의 구획선 및 토지조사사업의 시행지와 미시행지와의 지계선을 지역선이라 한다.
경계선(境界線)	지적도상의 구획선을 경계라 지칭하고 강계선과 지역선으로 구분하며 강계선은 사정선이라고 하였으며 임야조사 당시의 사정선은 경계선이라고 했다. 최근 경계선의 의미는 강계선이나 지역선에 관계없이 2개의 인접한 토지 사이의 구획선을 말한다. 도해지적에서는 지적도나 임야도에 그려진 토지의 구획선을 말하는데, 물론 지상에 있는 논둑, 밭둑, 표항 따위를 말하는 것은 아니다. 경계점좌표시행지역에서 경계선이라고 할 때에는 어떤 점의 좌표(우리나라 지적분야에서는 평면직각종횡선수치)와 그 이웃하는 점의 좌표와의 연결을 말한다. 경계선의 종류에는 시대 및 등록방법에 따라 다르게 부르기도 하였다. 경계는 일반경계, 고정경계, 자연경계, 인공경계 등으로 사용처에 따라 다르게 부르기도 한다.

16 다음 지적불부합지의 유형 중 아래의 설명에 해당하는 것은?

> 지적도근점의 위치가 부정확하거나 지적도근점의 사용이 어려운 지역에서 현황측량방식으로 대단위지역의 이동측량을 할 경우에 일필지의 단위면적에는 큰 차이가 없으나 토지경계선이 인접한 토지를 침범해 있는 형태다.

① 중복형　　② 편위형
③ 공백형　　④ 불규칙형

풀이 불부합지 유형 **암기** ㊥㊂㊘㊊㊗기㊧

구분	특징
㊥복형	• 원점지역의 접촉지역에서 많이 발생 • 기존 등록된 경계선의 충분한 확인 없이 측량했을 때 발생 • 발견이 쉽지 않다. • 도상경계에는 이상이 없으나 현장에서 지상경계가 중복되는 형상이다.
㊂백형	• 도상경계는 인접해 있으나 현장에서는 공간의 형상이 생기는 유형 • 도선의 배열이 상이한 경우에 많이 발생 • 리, 동 등 행정구역의 경계가 인접하는 지역에서 많이 발생 • 측량상의 오류로 인해서도 발생

정답 16 ②

구분	특징
편위형	• 현형법을 이용하여 이동측량을 했을 때 많이 발생 • 국지적인 현형을 이용하여 결정하는 과정에서 측판점의 위치오류로 인해 발생한 것이 많다. • 정정을 위한 행정처리가 복잡하다.
불규칙형	• 불부합의 형태가 일정하지 않고 산발적으로 발생한 형태 • 경계의 위치파악과 원인분석이 어려운 경우가 많다. • 토지조사사업 당시 발생한 오차가 누적된 것이 많다.
위치오류형	• 등록된 토지의 형상과 면적은 현지와 일치하나 지상의 위치가 전혀 다른 위치에 있는 유형을 말한다. • 산림 속의 경작지에서 많이 발생한다. • 위치정정만 하면 되고 정정과정이 쉽다.
경계 이외의 불부합	• 지적공부의 표시사항 오류 • 대장과 등기부 간의 오류 • 지적공부의 정리 시에 발생하는 오류 • 불부합의 원인 중 가장 미비한 부분을 차지한다.

17 다음 중 초기의 지적도와 임야도에 대한 설명으로 옳은 것은?

① 초기의 지적도에는 등고선을 표시하여 표고에 의한 지형구별이 용이하도록 하였다.

② 지적도의 도곽은 남북으로 41.67cm, 동서는 33.33cm로 하였다.

③ 임야도는 크기가 남북이 50cm, 동서가 40cm이며 지적도 시행지역은 담홍색으로 표시하여 구분하였다.

④ 임야도에서 하천은 양홍색, 임야 내 미등록 도로는 청색으로 묘화하였다.

풀이 초기의 지적도와 임야도

1. 초기의 지적도는 세부측량결과도를 점사법 또는 직접 자사법으로 등사하여 작성하고 정비작업은 수기법에서 활판인쇄를 하고 지번, 지목도 번호기를 사용하여 작성되었다.
2. 지적도와 일람도는 당초에 켄트지에 그린 그대로 소관청에 인계하였으나 열람, 이동, 정리 등 사용이 빈번하여 파손이 생기므로 1917년 이후에는 지적도와 일람도에 한지를 이첩하였으며 이전에 작성된 것도 모두 한지를 이첩하여 사용하였다. 지적도의 도곽은 남북으로 33.33cm, 동서는 41.67cm로 하였다.
3. 임야도는 그 크기가 남북이 40cm, 동서가 50cm이며, 등록사항은 임야경계와 토지소재, 지번, 지목이며 지적도 시행지역은 붉은색으로 엷게 채색 표시하여 구분하였고 하천 · 구거 등은 남색, 임야 내 미등록 도로는 붉은색으로 그렸다.
4. 토지분할의 경우에는 지적도 정리 시 신 강계선을 양홍색으로 정리하였으나 그 후 흑색으로 변경하였다.

정답 17 ①

18 다음 중 아래와 관련있는 일필지의 경계설정 기준에 관한 설명에 해당하는 것은?

> • 점유자는 소유의 의사로 선의, 평온 및 공연하게 점유한 것으로 추정한다. (우리나라 민법)
> • 경계쟁의의 경우에 있어서 정당한 경계가 알려지지 않을 때에는 점유상태로서 경계의 표준으로 한다. (독일 민법)

① 경계가 불분명하고 점유형태를 확정할 수 없을 때 분쟁지를 물리적으로 평분하여 쌍방의 토지에 소유시킨다.

② 현재의 소유자가 각자 점유하고 있는 지역이 명확한 1개의 선으로 구분되어 있을 때, 이 선을 경계로 한다.

③ 새로이 결정하는 경계가 다른 확실한 자료와 비교하여 공평, 합당하지 못할 때에는 상당한 보완을 한다.

④ 점유형태를 확인할 수 없을 때 먼저 등록한 소유자에게 소유시킨다.

풀이 경계의 결정방법

점유설 (占有說)	현재 점유하고 있는 구획선이 하나일 경우에는 그를 양지(兩地)의 경계로 결정하는 방법이다. 토지소유권의 경계는 불명하지만 양지(兩地)의 소유자가 각자 점유하는 지역이 명확한 하나의 선으로서 구분되어 있을 때에는 이 하나의 선을 소유지의 경계로 하여야 할 것이다. 우리나라 민법에도 "점유자는 소유의 의사로 선의 · 평온 · 공연하게 점유한 것으로 추정한다"라고 명백히 규정하고 있다(민법 제197조 참고). 독일에는 "경계쟁의의 경우에 있어서 정당한 경계가 알려지지 않을 때에는 점유상태로서 경계의 표준으로 한다"는 규정이 있는데, 이는 이해당사자의 의사에 따른 점유를 우선하는 민법태도에 따른 것이다.
평분설 (平分說)	점유상태를 확정할 수 없을 경우에 분쟁지를 이등분하여 각각 양지(兩地)에 소속시키는 방법이다. 경계가 불명하고 또 점유상태까지 확정할 수 없는 경우에는 분쟁지를 물리적으로 평분하여 쌍방토지에 소속시켜야 할 것이다. 이는 분쟁당사자를 대등한 입장에서 자기의 점유 경계선을 상대방과는 다르게 주장하기 때문에 이에 대한 해결은 마땅히 평등 배분하는 것이 합리적이기 때문이다.
보완설 (補完說)	새로이 결정한 경계가 다른 확정한 자료에 비추어 볼 때 형평 타당하지 못 할 때에는 상당한 보완을 하여 경계를 결정하는 방법이다. 현 점유설에 의하거나 혹은 평분하여 경계를 결정하고자 할 때 그 새로이 결정되는 경계가 이미 조사된 신빙성 있는 다른 자료와 일치하지 않을 경우에는 이 자료를 감안하여 공평하고도 적당한 방법에 따라 그 경계를 보완하여야 할 것이다.

19 1807년에 나폴레옹이 지적법을 발효시키고 대단지 내의 필지에 대한 조사를 위하여 발족된 위원회에서 프랑스 전 국토에 대하여 시행한 세부 사업에 해당되지 않는 것은?

① 소유자 조사
② 필지측량 실시
③ 필지별 생산량 조사
④ 축척 1/5,000 지형도 작성

풀이 프랑스는 1807년에 나폴레옹이 미터법을 창안한 드람브르를 위원장으로 한 측량위원회를 발족시켜 토지에 대한 공평한 과세와 소유권에 관한 분쟁을 해결하기 위하여 전 국토에 대한 필지별 측량을 실시하고 생산량과 소유자를 조사하여 지적도 및 지적부를 작성함으로써 근대적인 지적제도를 마련하였다.

정답 18 ② 19 ④

20 **지적공부에 등록하는 경계에 있어 경계불가분의 원칙이 적용되는 가장 큰 이유는?**

① 면적의 크기에 따르므로
② 설치자의 소속으로 결정하기 때문에
③ 경계의 중앙 선택 원칙 때문에
④ 경계선은 길이와 위치만 존재하기 때문에

풀이 **경계 결정 원칙**

경계국정주의 원칙	지적공부에 등록하는 경계는 국가가 조사 · 측량하여 결정한다는 원칙
경계불가분의 원칙	경계는 유일무이한 것으로 이를 분리할 수 없다는 원칙 • 토지의 경계는 유일무이한 것으로 위치와 길이만 있을 뿐 넓이는 없는 것으로 기하학상의 선과 동일한 성질을 가지고 있다. • 경계점이란 지적공부에 등록하는 필지를 구획하는 선의 굴곡점과 경계점좌표등록부에 등록하는 평면직각종횡선 수치의 교차점을 말한다. • 경계란 필지별로 경계점 간을 직선으로 연결하여 지적공부에 등록한 선을 말한다.
등록선후의 원칙	동일한 경계가 축척이 서로 다른 도면에 각각 등록되어 있는 경우로서 경계가 상호 일치하지 않는 경우에는 경계에 잘못이 있는 경우를 제외하고 등록시기가 빠른 토지의 경계를 따른다는 원칙
축척종대의 원칙	동일한 경계가 축척이 서로 다른 도면에 각각 등록되어 있는 경우로서 경계가 상호 일치하지 않는 경우에는 경계에 잘못이 있는 경우를 제외하고 축척이 큰 것에 등록된 경계를 따른다는 원칙
경계직선주의	지적공부에 등록하는 경계는 직선으로 한다는 원칙

정답 20 ④

06 제6회 합격모의고사

01 지목의 구분 기준에 관한 설명으로 옳은 것은?

① 학교용지 · 공원 · 종교용지 등 다른 지목으로 된 토지에 있는 유적 · 고적 · 기념물을 보호하기 위하여 구획된 토지는 '사적지'로 한다.
② 천일제염 방식으로 하지 아니하고 동력으로 바닷물을 끌어들여 소금을 제조하는 공장시설물의 부지는 '염전'으로 한다.
③ 자동차 등의 판매 목적으로 설치된 물류장 및 야외전시장은 '주차장'으로 한다.
④ 자동차 · 선박 · 기차 등의 제작 또는 정비공장 안에 설치된 급유 · 송유시설의 부지는 '주유소용지'로 한다.
⑤ 국민의 건강증진 등을 위한 체육활동에 적합한 시설과 형태를 갖춘 스키장 · 승마장 · 경륜장 등의 체육시설의 토지와 이에 접속된 부속시설물의 부지는 '체육용지'로 한다.

풀이 **공간정보의 구축 및 관리 등에 관한 법률 시행령 제58조(지목의 구분)**
법 제67조제1항에 따른 지목의 구분은 다음 각 호의 기준에 따른다.

7. 염전(鹽田)
바닷물을 끌어들여 소금을 채취하기 위하여 조성된 토지와 이에 접속된 제염장(製鹽場) 등 부속시설물의 부지. 다만, 천일제염 방식으로 하지 아니하고 동력으로 바닷물을 끌어들여 소금을 제조하는 공장시설물의 부지는 제외한다.

11. 주차장(駐車場)
자동차 등의 주차에 필요한 독립적인 시설을 갖춘 부지와 주차전용 건축물 및 이에 접속된 부속시설물의 부지. 다만, 다음의 어느 하나에 해당하는 시설의 부지는 제외한다.
가. 「주차장법」 제2조제1호가목 및 다목에 따른 노상주차장 및 부설주차장(「주차장법」 제19조제4항에 따라 시설물의 부지 인근에 설치된 부설주차장은 제외한다).
나. 자동차 등의 판매 목적으로 설치된 물류장 및 야외전시장

12. 주유소용지(注油所用地)
다음의 토지는 "주유소용지"로 한다. 다만, 자동차 · 선박 · 기차 등의 제작 또는 정비공장 안에 설치된 급유 · 송유시설 등의 부지는 제외한다.
가. 석유 · 석유제품 또는 액화석유가스 · 전기 또는 수소 등의 판매를 위하여 일정한 설비를 갖춘 시설물의 부지
나. 저유소(貯油所) 및 원유저장소의 부지와 이에 접속된 부속시설물의 부지

19. 유지(溜池)
물이 고이거나 상시적으로 물을 저장하고 있는 댐 · 저수지 · 소류지(沼溜地) · 호수 · 연못 등의 토지와 연 · 왕골 등이 자생하는 배수가 잘 되지 아니하는 토지

23. 체육용지
국민의 건강증진 등을 위한 체육활동에 적합한 시설과 형태를 갖춘 종합운동장 · 실내체육관 · 야구장 · 골프장 · 스키장 · 승마장 · 경륜장 등 체육시설의 토지와 이에 접속된 부속시설물의 부지. 다만, 체육시설로서의 영속성과 독립성이 미흡한 정구장 · 골프연습장 · 실내수영장 및 체육도장, 유수(流水)를 이용한 요트장 및 카누장 등의 토지는 제외한다.

26. 사적지(史蹟地)
문화재로 지정된 역사적인 유적 · 고적 · 기념물 등을 보존하기 위하여 구획된 토지. 다만, 학교용지 · 공원 · 종교용지 등 다른 지목으로 된 토지에 있는 유적 · 고적 · 기념물 등을 보호하기 위하여 구획된 토지는 제외한다.

정답 01 ⑤

02 토지조사 당시 지번의 부여방법으로 가장 많이 사용하는 것으로 옳은 것은?

① 단지식 ② 기우식
③ 사행식 ④ 교호식

풀이 지번 부여방법 **암기** ㉴㉠㉣ ㉶㉢㉣

진행방법	㉴행식	필지의 배열이 불규칙한 지역에서 진행순서에 따라 지번을 부여하는 방법으로 농촌지역의 지번부여에 적합하며 우리나라 토지의 대부분은 사행식에 의해 부여되는데, 지번 부여가 일정하지 않고 상하좌우로 분산되어 부여되는 결점이 있다.
	㉠우식	도로를 중심으로 한쪽은 홀수인 기수, 다른 쪽은 짝수인 우수로 지번을 부여하는 방법으로 리 · 동 · 도 · 가 등의 시가지 지역의 지번부여방법으로 적합하며 교호식이라고도 한다.
	㉣지식	단지마다 하나의 지번을 부여하고 단지 내 필지마다 부번을 부여하는 방법으로 단지식은 블록식이라고도 하며 도시개발사업 및 농지개량사업 시행지역 등의 지번부여에 적합하다.
	절충식	사행식, 기우식, 단지식 등을 적당히 취사선택(取捨選擇)하여 부번(附番)하는 방식
부여단위	㉶역단위법	1개의 지번부여지역 전체를 대상으로 순차적으로 부여하고 지역이 작거나 지적도나 임야도의 장수가 많지 않은 지역의 지번 부여에 적합하다. 토지의 구획이 잘된 시가지 등에서 노선의 권장이 비교적 긴 지역에 적합하다.
	㉢엽단위법	1개의 지번부여지역을 지적도 또는 임야도의 도엽단위로 세분하여 도엽의 순서에 따라 순차적으로 지번을 부여하는 방법으로 지번부여지역이 넓거나 지적도 또는 임야도의 장수가 많은 지역에 적합하다.
	㉣지단위법	1개의 지번부여지역을 단지단위로 세분하여 단지의 순서에 따라 순차적으로 지번을 부여하는 방법으로 토지의 위치를 쉽고 편리하게 이용하는 데 가장 큰 목적이 있다. 특히, 소규모 단지로 구성된 토지구획정리 및 농지개량사업 시행지역 등에 적합하다.

03 우리나라의 전문대학에 지적과를 최초로 신설한 연도와 대상 학교는?

① 1975년 신구대학 ② 1977년 명지전문대학
③ 1978년 서일대학 ④ 1978년 동강대학

풀이 광복 후 시대

지적기술연수원에 의한 교육	• 1939년에 설립된 지적측량기술원양성강습소가 임시지적기술원양성소, 지적기술교육연구원, 지적기술연수원, 지적연수원으로 개편되어 교육전담 • 1973년에 최초로 지적학(地籍學)을 개설(강의 : 원영희 교수) • 1979년에 내무부장관으로부터 지적직 공무원의 특별연수기관으로 지정 • 1996년에 교육부장관으로부터 실업계 고등학교 지적과 교사의 연수기관으로 선정
대학교와 전문대학에 의한 교육	• 1973년에 건국대학교 농과대학 농공학과에 지적측량학(地籍測量學) 강좌 개설 ※ 대학에서 지적학과 관련된 학문의 체계적인 교육의 효시 1974년에 건국대학교 행정대학원 부동산학과에 지적학(地籍學) 강좌 개설 • 내무부장관이 교육부장관과 협의하여 세계 최초로 지적학과 설치 – 목적 : 지적학의 정립, 지적제도의 개선, 우수 지적기술 인재의 양성

정답 02 ③ 03 ②

대학교와 전문대학에 의한 교육	• 1977년부터 명지전문대학, 신구대학 등에 지적학과 설치 • 1978년부터 강원대학교, 청주대학교 등에 지적학과 설치
고등학교에 의한 교육	1997년부터 지적기능 인력을 양성할 목적으로 강릉농공고등학교 등 8개교에 지적과 설치
대학원에 의한 교육	• 1984년부터 청주대학교, 목포대학교, 명지대학교, 경일대학교, 서울시립대학교 등에 지적전공 석사과정 신설 • 2000년부터 경일대학교, 목포대학교, 서울시립대학교 등에 지적전공 박사과정 신설 • 우리나라는 고등학교와 전문대학 및 대학교에 지적학과를 설치하고, 석사 · 박사과정에 이르기까지 지적에 대한 체계적인 전문교육 실시 – 지적학 개발의 종주국으로서 세계에서 사례를 찾아볼 수 없는 우수하고 체계적인 교육제도 확립
외국의 지적 관련 교육	외국의 지적 관련 교육은 지적측량 · 지적제도 · 지형측량 · 지도제작 등의 교과목개설 강의

04 다음 중 한국국토정보공사에 대한 설명이 잘못된 것은?

① 한국국토정보공사는 그 주된 사무소의 소재지에서 설립등기를 함으로써 성립한 법인이다.

② 한국국토정보공사의 정관에는 업무 및 그 집행에 관한 사항, 임원 및 직원에 관한 사항, 정관의 변경에 관한 사항도 기재되어 있다.

③ 한국국토정보공사가 정관을 변경하고자 할 때에는 중앙지적위원회의 심의를 받아야 한다.

④ 한국국토정보공사는 지적제도 및 지적측량에 관한 외국기술의 도입과 국외진출사업 및 국제교류협력사업도 한다.

⑤ 한국국토정보공사는 지적제도 및 지적측량에 관한 연구, 교육 등의 지원사업도 한다.

풀이 **국가공간정보 기본법 제13조(공사의 정관 등)** **암기** 목명주조업이임 재정공규해

① 공사의 정관에는 다음 각 호의 사항이 포함되어야 한다.

1. 목적 2. 명칭
3. 주된 사무소의 소재지 4. 조직 및 기구에 관한 사항
5. 업무 및 그 집행에 관한 사항 6. 이사회에 관한 사항
7. 임직원에 관한 사항 8. 재산 및 회계에 관한 사항
9. 정관의 변경에 관한 사항 10. 공고의 방법에 관한 사항
11. 규정의 제정, 개정 및 폐지에 관한 사항 12. 해산에 관한 사항

② 공사는 정관을 변경하려면 미리 **국토교통부장관**의 인가를 받아야 한다.

국가공간정보 기본법 제14조(공사의 사업)

공사는 다음 각 호의 사업을 한다.

1. 다음 각 목을 제외한 공간정보체계 구축 지원에 관한 사업으로서 대통령령으로 정하는 사업
   가. 「공간정보의 구축 및 관리 등에 관한 법률」에 따른 측량업(지적측량업은 제외한다)의 범위에 해당하는 사업
   나. 「중소기업제품 구매촉진 및 판로지원에 관한 법률」에 따른 중소기업자 간 경쟁 제품에 해당하는 사업
2. 공간정보 · 지적제도에 관한 연구, 기술 개발, 표준화 및 교육사업
3. 공간정보 · 지적제도에 관한 외국 기술의 도입, 국제 교류 · 협력 및 국외 진출 사업
4. 「공간정보의 구축 및 관리 등에 관한 법률」 제23조제1항제1호 및 제3호부터 제5호까지의 어느 하나에 해당

정답 04 ③

하는 사유로 실시하는 지적측량
5. 「지적재조사에 관한 특별법」에 따른 지적재조사사업
6. 다른 법률에 따라 공사가 수행할 수 있는 사업
7. 그 밖에 공사의 설립 목적을 달성하기 위하여 필요한 사업으로서 정관으로 정하는 사업

국가공간정보 기본법 시행령 제14조의3(공사의 사업)
법 제14조제1호 각 목 외의 부분에서 "대통령령으로 정하는 사업"이란 다음 각 호의 사업을 말한다.
1. 국가공간정보체계 구축 및 활용 관련 계획수립에 관한 지원
2. 국가공간정보체계 구축 및 활용에 관한 지원
3. 공간정보체계 구축과 관련한 출자(出資) 및 출연(出捐)

05 다음 중 지적공부와 등록사항의 연결이 틀린 것은?

① 공유지연명부 : 토지의 지목 및 토지소유자가 변경된 날과 그 원인
② 경계점좌표등록부 : 좌표와 필지별 경계점좌표등록부의 장번호
③ 대지권등록부 : 대지권 비율과 전유부분(專有部分)의 건물표시
④ 임야도 : 경계와 삼각점 및 지적기준점의 위치
⑤ 임야대장 : 토지의 소재 및 토지의 이동사유

풀이

구분	토지표시사항	소유권에 관한 사항	기타
토지대장 (土地臺帳, Land Books) & 임야대장 (林野臺帳, Forest Books)	• **토**지소재 • **지**번 • **지**목 • 면**적** • 토지의 **이**동 사유	• 토지소유자 **변**동일자 • 변**동**원인 • **주**민등록번호 • 성**명** 또는 명칭 • 주**소**	• 토지의 고**유**번호(각 필지를 서로 구별하기 위하여 필지마다 붙이는 고유한 번호를 말한다.) • 지적도 또는 임야**도** 번호 • 필지별 토지대장 또는 임야대장의 **장**번호 • **축**척 • **토**지등급 또는 기준수확량등급과 그 설정 · 수정 연월일 • 개별**공**시지가와 그 기준일
공유지연명부 (共有地連名簿, Common Land Books)	• **토**지소재 • **지**번	• 토지소유자 **변**동일자 • 변**동**원인 • **주**민등록번호 • 성**명**, 주**소** • 소유권 **지**분	• 토지의 **고**유번호 • 필지별 공유지 연명부의 **장**번호
대지권등록부 (垈地權登錄簿, Building Site Rights Books)	• **토**지 소재 • **지**번	• 토지소유자 **변**동일자 및 변**동**원인 • **주**민등록번호 • 성**명** 또는 명칭, 주**소** • 대**지**권 비율 • 소유**권**지분	• 토지의 **고**유번호 • 집합건물별 대지권등록부의 **장**번호 • **건**물의 명칭 • **전**유부분의 건물의 표시

정답 05 ①

<table>
<tr><th>구분</th><th>토지표시사항</th><th>소유권에 관한 사항</th><th>기타</th></tr>
<tr><td>경계점좌표등록부
(境界點座標登錄簿,
Boundary Point
Coordinate Books)</td><td>• 토지 소재
• 지번
• 좌표</td><td></td><td>• 토지의 고유번호
• 필지별 경계점좌표등록부의 장번호
• 부호 및 부호도
• 지적도면의 번호</td></tr>
<tr><td>지적도(地籍圖,
Land Books)
&
임야도(林野圖,
Forest Books)</td><td>• 토지 소재
• 지번
• 지목
• 경계
• 좌표에 의하여 계산된 경계점 간의 거리(경계점좌표등록부를 갖추어두는 지역으로 한정한다)</td><td></td><td>• 도면의 색인도
• 도면의 제명 및 축척
• 도곽선과 그 수치
• 삼각점 및 지적기준점의 위치
• 건축물 및 구조물 등의 위치</td></tr>
</table>

06 토지조사사업 당시 과세 지목으로 연결되지 않은 것은?

① 대(垈), 지소(池沼)　　② 임야(林野), 전

③ 잡종지(雜種地), 답(畓)　　④ 수도선로, 지소

풀이 지목의 종류

<table>
<tr><td>토지조사사업 당시 지목(18개)</td><td colspan="8">• 과세지 : 전, 답, 대(垈), 지소(池沼), 임야(林野), 잡종지(雜種地)(6개)
• 비과세지 : 도로, 하천, 구거, 제방, 성첩, 철도선로, 수도선로(7개)
• 면세지 : 사사지, 분묘지, 공원지, 철도용지, 수도용지(5개)</td></tr>
<tr><td>1918년 지세령 개정(19개)</td><td colspan="8">지소(池沼) : 지소, 유지로 세분</td></tr>
<tr><td>1950년 구 지적법(21개)</td><td colspan="8">잡종지(雜種地) : 잡종지, 염전, 광천지로 세분</td></tr>
<tr><td rowspan="3">1975년 지적법 2차 개정
(24개)</td><td>통합</td><td colspan="7">• 철도용지＋철도선로＝철도용지
• 수도용지＋수도선로＝수도용지
• 유지＋지소＝유지</td></tr>
<tr><td>신설</td><td colspan="7">과수원, 목장용지, 공장용지, 학교용지, 유원지, 운동장(6개)</td></tr>
<tr><td>명칭
변경</td><td colspan="7">• 사사지 ⇒ 종교용지　　• 성첩 ⇒ 사적지
• 분묘지 ⇒ 묘지　　• 운동장 ⇒ 체육용지</td></tr>
<tr><td>2001년 지적법 10차 개정(28개)</td><td colspan="8">주차장, 주유소용지, 창고용지, 양어장(4개 신설)</td></tr>
<tr><td rowspan="8">현행(28개)</td><td>지목</td><td>부호</td><td>지목</td><td>부호</td><td>지목</td><td>부호</td><td>지목</td><td>부호</td></tr>
<tr><td>전</td><td>전</td><td>대</td><td>대</td><td>철도용지</td><td>철</td><td>공원</td><td>공</td></tr>
<tr><td>답</td><td>답</td><td>공장용지</td><td>장</td><td>제방</td><td>제</td><td>체육용지</td><td>체</td></tr>
<tr><td>과수원</td><td>과</td><td>학교용지</td><td>학</td><td>하천</td><td>천</td><td>유원지</td><td>원</td></tr>
<tr><td>목장용지</td><td>목</td><td>주차장</td><td>차</td><td>구거</td><td>구</td><td>종교용지</td><td>종</td></tr>
<tr><td>임야</td><td>임</td><td>주유소용지</td><td>주</td><td>유지</td><td>유</td><td>사적지</td><td>사</td></tr>
<tr><td>광천지</td><td>광</td><td>창고용지</td><td>창</td><td>양어장</td><td>양</td><td>묘지</td><td>묘</td></tr>
<tr><td>염전</td><td>염</td><td>도로</td><td>도</td><td>수도용지</td><td>수</td><td>잡종지</td><td>잡</td></tr>
</table>

정답 06 ④

07 지목의 종류 및 구분 등에 대한 설명으로 옳은 것은?

① 주유소용지는 저유소(貯油所) 및 원유저장소의 부지와 이에 접속된 부속시설물의 부지 등의 부지로 한다.
② 유원지는 독립적인 것으로 인정되는 숙식시설 및 유기장(遊技場)의 부지와 하천 · 구거 또는 유지[공유(公有)인 것으로 한정한다]로 분류되는 부지로 한다.
③ 사적지는 학교용지 · 공원 · 종교용지 등 다른 지목으로 된 토지에 있는 유적 · 고적 · 기념물 등을 보호하기 위하여 구획된 토지 등의 부지로 한다.
④ 체육용지는 체육시설로서의 영속성과 독립성이 미흡한 정구장 · 골프연습장 · 실내수영장 및 체육도장, 유수(流水)를 이용한 요트장 및 카누장, 산림 안의 야영장 등의 토지로 한다.
⑤ 잡종지는 원상회복을 조건으로 돌을 캐내는 곳 또는 흙을 파내는 곳으로 허가된 토지로 한다.

풀이 **지목에서 제외되는 부분**

구분	내용
주유소 용지	다음 각 목의 토지. 다만, 자동차 · 선박 · 기차 등의 제작 또는 정비공장 안에 설치된 급유 · 송유시설 등의 부지는 제외한다. 가. 석유 · 석유제품 또는 액화석유가스 · 전기 또는 수소 등의 판매를 위하여 일정한 설비를 갖춘 시설물의 부지 나. 저유소(貯油所) 및 원유저장소의 부지와 이에 접속된 부속시설물의 부지
도로	다음 각 목의 토지. 다만, 아파트 · 공장 등 단일 용도의 일정한 단지 안에 설치된 통로 등은 제외한다. 가. 일반 공중(公衆)의 교통 운수를 위하여 보행이나 차량운행에 필요한 일정한 설비 또는 형태를 갖추어 이용되는 토지 나. 「도로법」 등 관계 법령에 따라 도로로 개설된 토지 다. 고속도로의 휴게소 부지 라. 2필지 이상에 진입하는 통로로 이용되는 토지
체육 용지	국민의 건강증진 등을 위한 체육활동에 적합한 시설과 형태를 갖춘 종합운동장 · 실내체육관 · 야구장 · 골프장 · 스키장 · 승마장 · 경륜장 등 체육시설의 토지와 이에 접속된 부속시설물의 부지. 다만, 체육시설로서의 영속성과 독립성이 미흡한 정구장 · 골프연습장 · 실내수영장 및 체육도장, 유수(流水)를 이용한 요트장 및 카누장 등의 토지는 제외한다.
유원지	일반 공중의 위락 · 휴양 등에 적합한 시설물을 종합적으로 갖춘 수영장 · 유선장(遊船場) · 낚시터 · 어린이놀이터 · 동물원 · 식물원 · 민속촌 · 경마장 · 야영장 등의 토지와 이에 접속된 부속시설물의 부지. 다만, 이들 시설과의 거리 등으로 보아 독립적인 것으로 인정되는 숙식시설 및 유기장(遊技場)의 부지와 하천 · 구거 또는 유지[공유(公有)인 것으로 한정한다]로 분류되는 것은 제외한다.
사적지	문화재로 지정된 역사적인 유적 · 고적 · 기념물 등을 보존하기 위하여 구획된 토지. 다만, 학교용지 · 공원 · 종교용지 등 다른 지목으로 된 토지에 있는 유적 · 고적 · 기념물 등을 보호하기 위하여 구획된 토지는 제외한다.
묘지	사람의 시체나 유골이 매장된 토지, 「도시공원 및 녹지 등에 관한 법률」에 따른 묘지공원으로 결정 · 고시된 토지 및 「장사 등에 관한 법률」 제2조제9호에 따른 봉안시설과 이에 접속된 부속시설물의 부지. 다만, 묘지의 관리를 위한 건축물의 부지는 "대"로 한다.

정답 07 ①

잡종지	다음 각 목의 토지. 다만, 원상회복을 조건으로 돌을 캐내는 곳 또는 흙을 파내는 곳으로 허가된 토지는 제외한다. 가. 갈대밭, 실외에 물건을 쌓아두는 곳, 돌을 캐내는 곳, 흙을 파내는 곳, 야외시장 및 공동우물 나. 변전소, 송신소, 수신소 및 송유시설 등의 부지 다. 여객자동차터미널, 자동차운전학원 및 폐차장 등 자동차와 관련된 독립적인 시설물을 갖춘 부지 라. 공항시설 및 항만시설 부지 마. 도축장, 쓰레기처리장 및 오물처리장 등의 부지 바. 그 밖에 다른 지목에 속하지 않는 토지

08 다음 중 임야조사사업에 대한 설명으로 옳지 않은 것은?

① 토지조사사업에서 제외된 임야를 대상으로 하였다.

② 임야 내에 개재된 임야 이외의 토지를 대상으로 하였다.

③ 농경지 사이에 있는 5만 평 이하의 낙산 임야를 대상으로 하였다.

④ 1916년 시험 조사로부터 1924년까지 시행하였다.

풀이 ① 임야조사사업의 실시는 1916~1922년도에 이르는 6년 동안에 전 사업을 완성하도록 하는 계획을 수립하였으나 2년 연장하게 되어 1924년에 사업을 완료하도록 계획을 변경하였으며 본 사업의 완료를 보게 되었다.

② 조사대상에 있어서도 토지조사에 제외된 임야 및 임야 내 개재된 임야 이외의 토지로 되어 있었다.

구분		토지조사사업	임야조사사업
근거법령		토지조사령(1912.8.13. 제령 제2호)	조선임야조사령(1918.5.1. 제령 제5호)
조사기간		1910~1918년(8년 10개월)	1916~1924년(9개년)
측량기관		임시토지조사국	부(府)와 면(面)
사정기관		임시토지조사국장	도지사
재결기관		고등토지조사위원회	임야심사위원회
조사내용		• 토지소유권 • 토지가격 • 지형, 지모	• 토지소유권 • 토지가격 • 지형, 지모
조사대상		• 전국에 걸친 평야부 토지 • 낙산 임야	• 토지조사에서 제외된 토지 • 산림 내 개재지(토지)
도면축척		1/600, 1/1,200, 1/2,400	1/3,000, 1/6,000
기선측량		13개소	
기선측량		34,447점	
측량기준점 설치	삼각점	1등삼각점 : 400점	
		2등삼각점 : 2,401점	
		3등삼각점 : 6,297점	
		4등삼각점 : 25,349점	
	도근점	3,551,606점	
	수준점	2,823점(선로장 : 6,693km)	
	험조장	5개소(청진, 원산, 진남포, 목포, 인천)	

정답 08 ③

09 토지조사사업 시 사정한 경계의 직접적인 사항은?

① 토지과세의 촉구
② 측량 기술의 확인
③ 기초 행정의 확립
④ 등록단위인 필지 확정

풀이 **사정(査定)**

임시토지조사국은 토지조사법, 토지조사령 등에 의하여 토지조사사업을 시행하고 토지소유자와 경계를 확정하였는데, 이를 사정이라 한다. 임시토지조사국장의 사정은 이전의 권리와 무관한 창설적 · 확정적 효력을 갖는 가중 중요한 업무라 할 수 있다. 임야조사사업에 있어서는 조선임야조사령에 따라 사정을 하였다.

1. **사정(査定)**과 **재결(裁決)**의 법적 근거
   ① 사정은 공시되었고 공시기간 만료 후 60일 이내에 고등토지조사위원회(高等土地調査委員會)에 이의를 제출할 수 있도록 되었다(토지조사령 제11조).
   ② 토지조사령은 "토지소유자의 권리는 사정의 확정 또는 재결에 의하여 확정한다."고 규정하였다.(제15조)
   ③ 그 확정의 효력발생시기는 신고 또는 국유통지의 당일로 소급되었다(제10조).

10 양전의 결과로 민간인의 사적 토지 소유권을 증명해 주는 지계를 발행하기 위해 1901년에 설립된 것으로, 탁지부에 소속된 지적사무를 관장하는 독립된 외청 형태의 중앙행정기관은?

① 양지아문(量地衙門)
② 지계아문(地契衙門)
③ 양지과(量地課)
④ 통감부(統監府)

풀이 **양지아문(量地衙門)**

양지아문은 광무 2년(1898년) 7월에 칙령 제25호로 양지아문 직원 및 처무규정을 공포하여 비로소 독립관청으로 양전사업을 위하여 설치되었다. 양전사업에 종사하는 실무진(實務陣)으로는 양무감리(量務監理), 양무위원(量務委員)이 있으며 조사위원(調査委員) 및 기술진(技術陣)은 수기사[首技師, 미국인 거렴(Raymand Edward Leo Krumm)]와 기수보(技手補) 그리고 견습과정을 마친 학원(學員)이 있었다.

지계아문(地契衙門)

지계아문의 사업은 성격상 양지아문과 밀접한 관계가 있었고 지계발행 사업의 방대함에 비추어 지계아문만이 전국의 지계사업을 전담하기에 벅찼다. 그래서 1902년 3월에 지계아문과 양지아문을 통합하였다. 즉, 지계가 발행되기 위해서는 토지대장에 의한 토지 소유권자의 확인이 필요하여 양전의 시행은 지계의 시행과 병행되어야 했다. 기구의 통합과 업무의 통합도 이루어지게 되어 지계발행과 양전을 새 통합기구인 지계아문에서 수행하게 되었다.

러일전쟁에 의한 일본 군대의 주둔과 제1차 한일 협약을 강요당하게 되어 지계 발행은 물론 양전사업마저도 중단되고 말았으며, 새로 탁지부에 양지국을 신설하여 양전 업무를 담당시키고 지계 발행업무의 완료와 함께 당해 군으로 인계하여 1904년 4월 19일 지계아문은 폐지되었다.

정답 09 ④ 10 ②

11 역토(驛土)에 대한 설명으로 틀린 것은?

① 역토는 역참에 부속된 토지의 명칭이다.
② 장전(長田)은 부역장에게 지급되었다.
③ 공수전(公須田)은 관리접대비로 충당하기 위한 것으로, 역의 대·중·소로에 따라 달리 지급되었다.
④ 조선시대 초기에 역토에는 관둔전, 공수전 등이 있다.

풀이

<table>
<tr><td rowspan="2">역토
(驛土)</td><td colspan="2">역참제도는 신라, 고려시대부터 있었던 것으로 조선시대까지 이어졌는데, 역참에 부속된 토지를 일컬어 역토라 한다. 역참은 신라, 고려, 조선시대 공용문서(公用文書) 및 물품의 운송(運送), 공무원의 공무상 여행에 필요한 말과 인부 기타 일체의 용품 및 숙박, 음식 등의 제공을 위하여 설치되었다. 각 도(道)의 중요 지점과 도(道) 소재지에서 군소재지로 통하는 도로에 약 40리(里)마다 1개의 역참(驛站)을 설치하여 이용하였다.</td></tr>
<tr><td>종류</td><td>• 공수전(公須田) : 관리접대비로 충당하기 위한 것으로, 역의 대·중·소로에 따라 달리 지급
• 장전(長田) : 역장에게 지급(2결)
• 부장전(副長田) : 부역장에게 지급(1.5결)
• 급주전(急走田) : 급히 연락하는 이른바 급주졸(急走卒)에게 지급(50부)
• 마위전(馬位田) : 말의 사육을 위해 지급(말의 등급에 따라 차등지급)</td></tr>
</table>

12 지적과 등기를 이원화된 조직의 행정업무로 처리하는 국가는?

① 프랑스
② 네덜란드
③ 일본
④ 독일

풀이 **외국의 지적제도**

구분	일본	프랑스	독일	스위스	네덜란드	대만
기본법	• 국토조사법 • 부동산등기법	• 민법 • 지적법	측량 및 지적법	지적공부에 의한 법률	• 민법 • 지적법	토지법
창설기간	1876~1888	1807	1870~1900	1911	1811~1832	1897~1914
지적공부	• 지적부 • 지적도 • 토지등기부 • 건물등기부	• 토지대장 • 건물대장 • 지적도 • 도엽기록부 • 색인도	• 부동산지적부 • 부동산지적도 • 수치지적부	• 부동산등록부 • 소유자별대장 • 지적도 • 수치지적부	• 위치대장 • 부동산등록부 • 지적도	• 토지등록부 • 건축물개량 등기부 • 지적도
지적·등기	일원화(1966)	일원화	이원화	일원화	일원화	일원화
담당기구	법무성	재무경제성	내무성 : 지방국 지적과	법무국	주택도시계획 및 환경성	내정부 지적국
토지대장 편성	물적 편성주의	연대적 편성주의	물적·인적 편성주의	물적·인적 편성주의	인적 편성주의	물적 편성주의
등록의무	적극적 등록주의	소극적 등록주의		적극적 등록주의	소극적 등록주의	적극적 등록주의

정답 11 ② 12 ④

13 토지의 성질인 지층이나 암석 또는 토양의 종류 등에 따라 결정한 지목으로 옳은 것은?

① 경제지목
② 지형지목
③ 용도지목
④ 토성지목

풀이 **토지 현황**

지형지목	지표면의 형태, 토지의 고저, 수륙의 분포상태 등 땅이 생긴 모양에 따라 지목을 결정하는 것을 지형지목이라 한다. 지형은 주로 그 형성과정에 따라 하식지(河蝕地), 빙하기, 해안지, 분지, 습곡지, 화산지 등으로 구분한다.
토성지목	토지의 성질(토성, 토질)인 지층이나 암석 또는 토양의 종류 등에 따라 결정한 지목을 토성지목이라고 한다. 토성은 암석지, 조사지(粗沙地), 점토(粘土地), 사토지(砂土地), 양토(壤土地), 식토지(植土地) 등으로 구분한다.
용도지목	토지의 용도에 따라 결정하는 지목을 용도지목이라고 한다. 우리나라에서 채택하고 있으며 지형 및 토양 등과 관계없이 토지의 현실적 용도를 주로 하기 때문에 일상생활과 가장 밀접한 관계를 맺게 된다.

14 필지의 특징으로 틀린 것은?

① 자연적 구획인 단위토지이다.
② 폐합다각형으로 구성한다.
③ 토지등록의 기본단위이다.
④ 법률적인 단위구역이다.

풀이 **필지의 특성**

필지란 지번부여지역 안의 토지로서 소유자와 용도가 동일하고 지반이 연속된 토지를 기준으로 구획되는 토지의 등록단위를 말한다.

① 토지의 소유권이 미치는 범위와 한계를 나타낸다.
② 지형 · 지물에 의한 경계가 아니고 토지소유권의 구분에 의하여 인위적으로 구획된 것이다.
③ 도면(지적도 · 임야도)에서는 경계점을 직선으로 연결한 선, 경계점좌표등록부에서는 경계점(평면직각종횡선수치)의 연결로 표시되며 폐합된 다각형으로 구획된다.
④ 대장(토지대장 · 임야대장)에서는 하나의 지번에 의거 작성된 1장의 대장에 의거 필지를 구분한다.

15 다음 중 자한도(字限圖)에 대한 설명으로 옳은 것은?

① 조선시대의 지적도
② 중국 원나라시대의 지적도
③ 일본의 지적도
④ 중국 청나라시대의 지적도

풀이 고대 일본에 있어서 지적도는 1필을 경계로 한 일필한도(一筆限圖), 1자(字)를 경계로 한 일자한도(一字限圖), 1촌(村)을 경계로 한 일촌한도(一村限圖)의 3모양으로 되어 있다.

일자한도는 자한도(字限圖), 자도(字圖), 자절도(字切圖), 자절회도(字切繪圖), 자분절회도(字分切繪圖) 등으로 불린다. 자한도는 지목(地目)을 채색에 의해서 분류하고 각 필지의 구획, 지번, 반별(反別)을 기입하며 더 나아가 여백 부분에 그 자(字)의 지목별 반묘(反畝), 총계 등을 기재한 경우도 있다.

정답 13 ④ 14 ① 15 ③

16 다음 중 현대 지적의 성격과 거리가 먼 것은?

① 역사성과 영구성
② 전문성과 기술성
③ 가변성과 전문성
④ 서비스성과 윤리성

풀이 지적의 성격 **암기** ㊅㊆㊇㊈㊉㊊㊋㊌㊍

역㊅성과 영㊆성	• 지적의 발생에 대해서는 여러 가지 설이 있으나 역사적으로 가장 일반적 이론은 합리적인 과세 부과이며 토지는 측정에 의해 경계가 정해졌다. • 중농주의 학자들에 의해서 토지는 국가 및 지역에서 부를 축적하는 원천이며, 수입은 과세함으로써 처리되었고 토지의 용도 및 수확량에 따라 토지세가 차등 부과되었다. 이러한 사실은 과거의 양안이나 기타 기록물을 통해서도 알 수 있다.
㊇복적과 ㊈원성	지적업무는 필요에 따라 반복되는 특징을 가지고 있으며 실제로 시 · 군 · 구의 소관청에서 행해지는 대부분의 지적업무는 지적공부의 열람, 등본 및 공부의 소유권 토지이동의 신청접수 및 정리, 등록사항 정정 및 정리 등의 업무가 일반적이다.
㊉문성과 ㊊술성	• 자신이 소유한 토지에 대해 정확한 자료의 기록과 이를 도면상에서 볼 수 있는 체계적인 기술이 필요하며 이는 전문기술인에 의해서 운영 · 유지되고 있다. • 부의 축적수단과 삶의 터전인 토지는 재산가치에 대한 높은 인식이 크므로 법지적 기반 위에서 확실성이 요구된다. • 지적인은 기술뿐만 아니라 국민의 재산지킴이로서 사명감이 있어야 한다. • 일반측량에 비해 지적측량은 토지관계의 효율화와 소유권 보호가 우선이므로 전문기술에 의한 기술진의 중요도가 필요하다. • 지적측량을 통해 토지에 대한 여러 가지 자료를 결합시켜 종합정보를 제공하는 정보제공의 기초수단이다.
㊋비스성과 ㊌리성	• 소관청의 민원업무 중에서 지적업무의 민원이 큰 비중을 차지하고 있어 다른 행정업무보다 서비스 제공에 각별히 관심을 가져야 한다. • 지적민원은 지적과 등기가 포함된 행정서비스로 개인의 토지재산권과 관련되는 중요한 사항으로서 윤리성을 갖지 않고 행정서비스를 제공한다면 커다란 사회적 혼란 내지는 국가적 손실을 초래할 수 있어 다른 어떤 행정보다 공익적인 측면에서 서비스와 윤리성이 강조된다. • 지적행정업무는 매 필지마다 경계, 지목, 면적, 소유권 등에서 이해관계가 있기 때문에 지적측량성과, 토지이동정리, 경계복원 등에서 객관적이고 공정한 의식이 요구된다.
㊍보원	• 지적은 광의적인 의미의 지리정보체계에 포함되며 협의적으로는 토지와 관련된 지적종합시스템이다. • GIS는 지형공간의 의사결정과 분석을 위해 토지에 대한 자료를 수집, 처리, 제공하며 지적분야도 이와 같은 범주에 포함되도록 체계가 운영된다. • 토지는 국가적, 개인적으로 중요한 자원이며 이들 토지의 이동상황이나 활동 등에 대한 기초적인 자료로서 지적정보가 활용된다.

정답 16 ③

17 **현대지적의 원리 중 지적행정을 수행함에 있어 국민의사의 우월적 가치가 인정되며, 국민에 대한 충실한 봉사, 국민에 대한 행정책임 등의 확보를 목적으로 하는 것은?**

① 민주성의 원리 ② 공기능성의 원리
③ 정확성의 원리 ④ 능률성의 원리

풀이 **현대지적의 원리**

공기능성의 원리 (Publicness Principle)	지적은 국가가 국토에 대한 상황을 다수의 이익을 추구하기 위하여 기록 · 공시하는 국가의 공공업무이며, 국가고유의 사무이다. 현대지적은 일방적인 관리층의 필요에 의해 만들어져서는 안 되고, 제도권 내의 사람에게 수평성의 원리에서 공공관계가 이루어져야 한다. 따라서 모든 지적사항은 필요에 의해 공개되어야 한다.
민주성의 원리 (Democracy Principle)	현대지적에서 민주성이란, 제도의 운영주체와 객체가 내적인 면에서 행정의 인간화가 이루어지고, 외적인 면에서 주민의 뜻이 반영되는 지적행정이라 할 수 있다. 아울러 지적의 책임성은 지적법의 규정에 따라 공익을 증진하고 주민의 기대에 부응하도록 하는 데 있다.
능률성의 원리 (Efficiency Principle)	실무활동의 능률성은 토지현상을 조사하여 지적공부를 만드는 과정에서의 능률을 의미하고, 이론개발 및 전달과정의 능률성은 주어진 여건과 실행과정의 개선을 의미한다. 지적활동을 능률화한다는 것은 지적문제의 해소를 뜻하며, 나아가서 지적활동의 과학화, 기술화 내지는 합리화, 근대화를 지칭하는 것이다.
정확성의 원리 (Accuracy Principle)	지적활동의 정확도는 크게 토지현황조사, 기록과 도면, 관리와 운영의 정확도를 말한다. 토지현황조사의 정확성은 일필지조사, 기록과 도면의 정확성은 측량의 정확도, 그리고 지적공부를 중심으로 한 관리 · 운영의 정확성은 지적조직의 업무분화와 정확도에 관련됨이 크다. 결국 지적의 정확성은 지적불부합의 반대개념이다.

18 **법률체계를 갖춘 우리나라 최초의 지적법으로 이 법의 폐지 이후 대부분의 내용이 토지조사령에 계승된 것은?**

① 토지조사법 ② 삼림법
③ 지세법 ④ 조선임야조사령

풀이 **지적법의 변천**

토지조사법 (土地調査法)	현행과 같은 근대적 지적에 관한 법률의 체제는 1910년 8월 23일(대한제국시대) 법률 제7호로 제정 공포된 토지조사법에서 그 기원을 찾아볼 수 있으나, 1910년 8월 29일 한일합방에 의한 국권피탈로 대한제국이 멸망한 이후 실질적인 효력이 상실되었다. 우리나라에서 토지조사에 관련된 최초의 법령은 구 한국 정부의 토지조사법(1910년)이며 이후 이 법은 토지조사령으로 개승되었다.
토지조사령 (土地調査令)	그 후 대한제국을 강점한 일본은 토지소유권 제도의 확립이라는 명분하에 토지 찬탈과 토지과세를 위하여 토지조사사업을 실시하였으며 이를 위하여 토지조사령(1912.8.13. 제령 제2호)을 공포하고 시행하였다.
지세령(地稅令)	1914년에 지세령(1914.3.6. 제령 제1호)과 토지대장규칙(1914.4.25. 조선총독부령 제45호) 및 토지측량표규칙(1915.1.15. 조선총독부령 제1호)을 제정하여 토지조사사업의 성과를 담은 토지대장과 지적도의 등록사항과 변경 · 정리방법 등을 규정하였다.

정답 17 ① 18 ①

조선임야조사령 (朝鮮林野調査令)	1918년 5월 조선임야조사령(1918.5.1 제령 제5호)을 제정 · 공포하여 임야조사사업을 전국적으로 확대 실시하게 되었으며 1920년 8월 임야대장규칙(1920.8.23. 조선총독부령 제113호)을 제정 · 공포하고 이 규칙에 의하여 임야조사사업의 성과를 담은 임야대장과 임야도의 등록사항과 변경 · 정리방법 등을 규정하였다.
조선지세령 (朝鮮地稅令)	1943년 3월 조선총독부는 지적, 지세에 관한 사항을 동시에 규정한 조선지세령(1943.3.31. 제령 제6호)을 공포하였다. 조선지세령은 지적사무와 지세사무에 관한 사항이 서로 다른 규정을 두어 이질적인 내용이 혼합되어 당시의 지적행정수행에 지장이 많아 독자적인 지적법을 제정하기에 이르렀다.
구 지적법 (舊 地籍法)	구 지적법은 대한제국에서 근대적인 지적제도를 창설하기 위하여 1910년 8월에 토지조사법을 제정한 후 약 40년 후인 1950년 12월 1일 법률 제165호로 41개 조문으로 제정된 최초의 지적에 관한 독립법령이다. 구 지적법은 이전까지 시행해오던 조선지세령, 동법 시행규칙, 조선임야대장규칙 중에서 지적에 관한 사항을 분리하여 제정하였으며, 지세에 관한 사항은 지세법(1950.12.1.)을 제정하였다. 이어서 1951년 4월 1일 지적법시행령을 제정 시행하였으며, 지적측량에 관한 사항은 토지측량규정(1921.3.18.)과 임야측량규정(1935.6.12.)을 통합하여 1954년 11월 12일 지적측량규정을 제정하고 그 이후 1960년 12월 31일 지적측량을 할 수 있는 자격과 지적측량사시험 등을 규정한 지적측량사 규정을 제정하여 법률적인 정비를 완료하였다. 그 이후 지금까지 15차에 거친 법개정을 통하여 법 · 령 · 규칙으로 체계화하였다.

19 신라시대의 장적문서(帳籍文書)에 대한 설명으로 옳지 않은 것은?

① 현 · 촌명 및 촌락의 영역과 토지의 종목 · 면적 등이 기록되어 있다.
② 뽕나무, 백자목(柏子木), 추자목(秋子木) 등의 수량이 기록되어 있다.
③ 우리나라의 지적기록 중 가장 오래된 자료이지만 현존하지 않는다.
④ 장적문서의 기록에 남아 있는 지역은 지금의 청주지방인 서원경 부근의 4개 촌락이다.

풀이 **장적문서**

신라의 장적문서는 국가 세금징수를 목적으로 작성된 장부이며 지적공부 중 토지대장의 성격을 가지고 있는 현존하는 가장 오래된 문서 자료이다.

① 장적문서는 1933년 일본에서 처음 발견되었는데, 이 장부의 명칭은 장적문서, 민정문서, 장적, 촌락문서, 촌락장적 등 다양하게 불리고 있다.
② 장적문서는 촌민지배 및 과세를 위하여 촌 내의 사정을 자세히 파악하여 문서로 작성하는 치밀성을 보이고 있다.
③ 장적문서의 작성은 매 3년마다 일정한 방식에 의하여 기록하였고 발견된 문서에는 현재 신라 서원경 부근 4개 촌락에 대하여 촌락단위의 호주, 토지, 우마, 수목 등을 집계한 당시의 종합정보대장이었다.
④ 기재사항
- 촌명 및 촌락영역
- 호구 수 및 우마 수
- 토지종목 및 면적
- 뽕나무, 백자목, 추자목(호두나무)의 수량
- 호구의 감소, 우마의 감소, 수목의 감소 등을 기록

정답 19 ③

20 다음 중 토지조사사업 당시 별필(別筆)로 하였던 경우에 해당하지 않는 것은?

① 분쟁지로서 명확한 경계나 권리 한계가 불분명한 것
② 도로, 하천, 구거 등에 의하여 자연으로 구획된 것
③ 전당권 설정의 증명이 있는 경우 그 증명마다 별필로 취급한 것
④ 조선총독부가 지정한 개인 소유의 공공 토지

풀이 **토지조사사업 당시 필지 구분**

1. 토지조사사업 당시 불조사지
   ① 임야 속에 존재(存在)하거나 혹은 이에 접속되어 조사의 필요성이 없는 경우
   ② 임야 속에 점재(點在)하여 특수 사정으로 조사하지 않은 토지
   ③ 도서(島嶼)로서 조사하지 않은 경우
2. 필지구분의 표준
   ① 일필지로 하는 것이 기본 원칙이다.
   ② 소유자 및 지목이 동일하고 토지가 연접되어 있는 경우
3. 별필 구분의 표준
   ① 도로, 하천, 구거, 제방, 성첩 등에 의하여 자연적으로 구획된 것
   ② 토지의 면적이 특히 넓은 것
   ③ 토지의 형상이 심하게 구부러졌거나 가느다란 것
   ④ 지력이 현저하게 다른 것
   ⑤ 지반에 심한 고저차가 있는 것
   ⑥ 분쟁이 있는 것
   ⑦ 시가지에서 벽돌담, 돌담 등 영구적인 시설물로 구획되어 있는 것

정답 20 ④

07 제7회 합격모의고사

01 양지아문에서 양안을 작성할 경우 기본 도형 5가지 이외에 추가하였던 사표도의 도형으로 맞지 않는 것은? (13년공사)

① 타원형 ② 삼각형
③ 호시형 ④ 원호형

풀이 **양지아문의 토지측량**

① 개별토지측량 후 소유권과 가사, 국가가 추인하는 사정과정을 절차로 함
② 개별토지의 모습과 경계를 가능한 정확히 파악하여 장부에 등재
③ 근대적 토지측량제도를 도입, 전국의 토지를 측량하는 사업추진
④ 양무감리는 각 도에, 양무위원은 각 군에 파견, 견습생을 대동하여 측량
⑤ 종래의 자호 지번제도를 그대로 적용
⑥ 토지파악 단위는 결부제 채용
⑦ 양안은 격자양전 당시의 전답형 표기, 방형, 직형, 제형, 규형, 구고형 등 11가지 전답 도형을 사용하여 적용

02 왕이나 왕족의 사냥터 보호, 군사훈련지역 등 일정한 지역을 보호할 목적으로 자연암석 · 나무 · 비석 등에 경계를 표시하여 세운 것은?

가. 금표(金表) 나. 장생표(長栍標)
다. 사표(四標) 라. 이정표(里程標)

풀이 **금표(禁標)**

금표(禁標)는 왕이나 왕족의 사냥, 유흥과 군사훈련, 산림보호의 목적으로 일정한 구역을 설정하고 이를 표시하기 위하여 세운 목책(木柵) 또는 석비(石碑)를 말한다. 산림보호를 위한 것은 강원도 원주 치악산에 남아 있는 금표와 고양시 서오능(西五陵)에 구전되어 있는 금천(禁川)으로 오늘의 개발제한 구역 표지석과 같다. 왕실의 사냥과 유흥을 위한 것은 고양시 대자동에 남아 있는 금표가 있다. 연산군은 이 금표 안에서 사냥도 하고 궁녀 천여 명을 데리고 가서 주연을 베풀고 즐겼으며 길가에서 간음도 하였다. 금표 안의 인가는 모두 철거시키고 논밭의 경작도 금하며 이를 어기면 처벌하였다. 그러나 백성들은 금표 밖에서 굶어죽거나 안에서 처형되거나 죽기는 마찬가지라고 농사를 짓기 위해 출입하였다.

장생표(長栍標)

조선시대의 장승은 한자로 후(帿), 장생(長栍), 장승(長承) 등으로 불렸으며 장승은 나무나 돌로 만든 기둥 모양의 몸통 위쪽에 신이나 장군의 얼굴을 새기고 몸통에는 천하대장군, 지하여장군 등 역할을 나타내는 글을 써서 길가에 세우는 신상으로 부락수호, 방위수호, 산천비보, 경계표, 노표, 금표, 성문수호, 기자 등의 다양한 기능으로 사용되었다.

정답 01 ④ 02 ①

03 **대한제국에서 양전을 위한 독립기구로 미국인 측량기사 크럼을 5년간 초빙하여 측량을 수행한 기구는?**

① 양지아문　　② 지계아문
③ 전제상정소　　④ 판적국

풀이 지적관리 행정기구

전제상정소 (임시관청)	• 1443년 세종 때 토지, 조세제도의 조사연구와 신법의 제정을 위해 설치하였다. • 전제상정소준수조화(측량법규)라는 한국 최초의 독자적 양전법규를 1653년 효종 때 만들었다.
양전청	1717년 숙종 때 균전청을 모방하여 설치하였다(측량중앙관청으로 최초의 독립관청).
판적국 (내부관제)	1895년 고종 때 설치하였으며 호적과에서는 호구적에 관한 사항을, 지적과에서는 지적에 관한 사항을 담당하였다.
양지아문 (量地衙門, 지적중앙관서)	양지아문은 광무 2년(1898년) 7월에 칙령 제25호로 양지아문 직원 및 처무규정을 공포하여 비로소 독립관청으로 양전사업을 위하여 설치되었다. 양전사업에 종사하는 실무진(實務陣)으로는 양무감리(量務監理), 양무위원(量務委員)이 있으며 조사위원(調査委員) 및 기술진(技術陣)은 수기사[首技師, 미국인 거렴(Raymand Edward Leo Krumm)]와 기수보(技手補) 그리고 견습과정을 마친 학원(學員)이 있었다. 양전과정은 측량과 양안 작성 과정으로 나누어지는데 양안 작성 과정은 야초책(野草册)을 작성하는 1단계, 중초책을 작성하는 2단계, 정서책으로 완성시키는 3단계로 나누어 진행하였으나 광무 5년(1901년)에 이르러 전국적인 대흉년으로 일단 중단하게 되었다. 소유권 이전을 국가가 통제할 수 있는 장치로서 조선시대 시행하였던 입안(立案)에 대신하여 지계를 발행하는 제도를 채택하였다.
지계아문 (地契衙門, 지적중앙관서)	지계아문의 사업은 성격상 양지아문과 밀접한 관계가 있었고 지계발행 사업의 방대함에 비추어 지계아문만이 전국의 지계사업을 전담하기에 벅찼다. 그래서 1902년 3월에 지계아문과 양지아문을 통합하였다. 즉, 지계가 발행되기 위해서는 토지대장에 의한 토지 소유권자의 확인이 필요하여 양전의 시행은 지계의 시행과 병행되어야 했다. 기구의 통합과 업무의 통합도 이루어지게 되어 지계발행과 양전을 새 통합기구인 지계아문에서 수행하게 되었다. 러일전쟁에 의한 일본 군대의 주둔과 제1차 한일 협약을 강요당하게 되어 지계 발행은 물론 양전사업마저도 중단되고 말았으며, 새로 탁지부에 양지국을 신설하여 양전 업무를 담당시키고 지계 발행업무는 그 업무의 완료와 함께 당해 군으로 인계하여 1904년 4월 19일 지계아문은 폐지되었다.
양지국(탁지부 하위기관)	1904년 고종 때 지계아문을 폐지하고 탁지부 소속의 양지국을 설치하였으며, 이듬해 양지국을 폐지하고 사세국 소속의 양지과로 축소되었다.

04 **양전의 결과로 민간인의 사적 토지 소유권을 증명해 주는 지계를 발행하기 위해 1901년에 설립된 것으로, 탁지부에 소속된 지적사무를 관장하는 독립된 외청 형태의 중앙 행정기관은?**

① 양지아문(量地衙門)　　② 지계아문(地契衙門)
③ 양지과(量地課)　　④ 통감부(統監府)

풀이 문제 3번 풀이 참고

정답 03 ① 04 ②

05 대한제국시대에 작성되었던 민유임야약도에 대한 설명으로 옳은 것은?

① 등급을 상세하게 정리하여 세금을 공평하게 징수할 수 있도록 작성된 도면이다.
② 소재 · 면적 · 지번 · 축척 · 사표 등을 기재하였다.
③ 민유임야약도 제작으로 우리나라에서 최초로 임야측량이 시작되었다.
④ 민유임야약도 제작에 필요한 측량비용은 모두 국가가 부담하였다.

풀이 **민유임야약도(民有林野略圖)**

1. 민유임야약도의 개요

대한제국은 1908년 1월 21일 삼림법을 공포하였는데 제19조에 "모든 민유임야는 3년 안에 면적과 약도를 농상공부대신에게 신고하되 기한 안에 신고를 안 하면 국유로 한다"라는 내용을 두어 모든 민간인이 가지고 있는 임야지를 측량하여 강제적으로 그 약도를 제출하게 하였다.

여기서 기한 내에 신고치 않으면 "국유"로 된다고 하였으니 우리나라 "국유"가 아니라 통감부 소유, 즉 일본이 소유권을 갖게 된다는 뜻이다. 이는 법률에 한 조항을 넣어 가만히 앉아서 민유임야를 파악하고 나머지는 국유로 처리하자는 수작이었다.

민유임야약도란 이 삼림법에 의해서 민유임야측량기간(1908.1.21.~1911.1.20.) 사이에 소유자의 자비로 측량에 의해서 만들어진 지도를 말한다.

2. 민유임야약도의 특징

① 민유임야약도는 채색으로 되어 있으며 범례와 등고선이 그려져 있다.
② 민유임야약도는 지번을 제외하고는 임야도의 모든 요소를 갖추었다.
③ 토지의 소재, 면적, 소유자, 축척, 도면과 사표(四標), 측량연월일, 북방표시, 측량자 이름과 날인이 되어 있다.
④ 측량연도는 대체로 융희(隆熙)를 썼고, 1910년, 1911년은 메이지(明治)를 썼다.
⑤ 축척은 200분의 1, 300분의 1, 600분의 1, 1,000분의 1, 1,200분의 1, 2,400분의 1, 3,000분의 1, 6,000분의 1 등 8종이다.
⑥ 민유임야약도는 폐쇄다각형으로 그린 다음, 그 안에 등고선을 긋고 범례에 따라 도식으로 나타내었다.
⑦ 면적의 단위는 정(町), 반(反), 보(步) 등을 사용하였다.

06 문중의 제사와 유지 및 관리를 위해 필요한 비용을 충당하기 위하여 능 · 원 · 묘에 부속된 토지는?

① 궁장토　　② 묘위토
③ 역둔토　　④ 둔토

풀이 **능(陵) · 원(園) · 묘(墓) · 위토 · 향탄토**

능(陵)	의의	왕과 왕비 등의 사체를 관에 넣어 지중에 안치하고 제사를 지낼 수 있도록 돌 또는 흙으로 쌓아 올린 곳을 말한다.
	능의 구역	• 가락국 수로왕릉 : 능을 중심으로 사방 100보 • 고려 태조왕릉 : 능을 중심으로 사방 200보 • 기타 모든 능 : 능을 중심으로 사방 150보

정답 05 ③ 06 ②

	능의 종류	능은 1918년 말 현재 50개소로서 • 대왕 및 대왕비의 분묘 • 태조대왕의 선대를 추존한 분묘 • 왕 및 왕비의 위를 추존한 왕세자, 왕세자비가 될 위치에 있던 자가 일찍 죽어 후일에 왕위 및 왕비를 추존한 자의 분묘
원(園)	원은 1918년 말 현재 12개소로서 원으로 정식제사를 지내는 것은 • 왕위 및 왕비위로 추존되지 않은 왕세자 및 왕세자비의 분묘 • 왕자 및 왕세자비의 분묘 • 왕의 생모	
묘(墓)	묘라고 부르는 것은 42개소로서 정식제사를 지내는 것은 • 폐왕인 연산군과 광해군의 분묘와 그들의 사친의 분묘 • 아직 출가하지 않은 공주 및 옹주의 분묘 • 후궁의 분묘	
위토	능원묘에 부속된 전답(고려조 이전의 위토는 기록이 없어 분묘에 대한 제사를 지내거나 그를 유지 관리하는 데 필요한 수익을 얻기 위하여 토지를 부속시킨 것이 있는데, 이 토지를 위토라 한다)	
향탄토	제사 때에 사용하는 향료와 시탄을 지변(支辮)하는 곳	

07 근대 지적측량기술규정의 효시로 일컬어지는 규정은?

① 대구시가지 토지측량에 대한 타합사항　② 임시토지조사국측량규정
③ 조선임야조사령　④ 대구시가토지측량규정

풀이 **대구시가지 토지측량에 대한 군수로부터의 통달**

1907년 5월 16일 대구 재정감사관 가와카미(川上常郎) 명의로 제정된 측량시행절차규정으로 그 내용은 다음과 같다. 측량착수 전에 각 소유자는 소유지 경계에 경계표를 세워야 하고(제1조) 경계표에는 소유주 성명과 1필 배미수를 적는다(제2조). 소유주 혹은 관리인은 측량에 입회하여야 한다(제4조). 경계표 수립 시 타인의 소유를 자기 것처럼 속이거나 착오를 일으켰을 때에는 당사자와 동장을 엄벌에 처한다(제5조). 탁지부 양지과에서 세운 전항의 경계표를 발취한 자는 엄벌에 처한다(제6조). 측량에 임하는 관리가 지역 안에 들어가거나 표항을 세우는 데 지장이 있어서는 안 된다(제7조). 참고 〈재무휘보〉 · 〈測量史〉

대구시가지 토지측량에 대한 타합사항

1907년 5월 16일 대구재무관 때 가와카미(川上常郎) 재정감사관 명의로 제정한 지적규정이다. 전문 제11조로 되어 있는데, 내용은 면, 동의 경계 중 도로, 하천 등은 중앙으로 한다(제2조). 지목은 전, 답, 대 등 17로 한다(제3조) 등으로 되어 있다. 이는 **근대 지적행정법규의 효시**이다. ⇒ 대구시가지 토지측량에 대한 군수로부터의 통달, 대구시가지 토지측량규정. 참고 〈재무휘보〉 · 〈測量史〉

대구시가토지측량규정

1907년 5월 16일 대구 재무관대(財務官代) 재정감사관 가와카미(川上常郎) 명의로 제정된 지적측량규정이다. 그 내용은 제1장 도근측량, 제2장 세부측량, 제3장 적산(積算, 면적측정)과 검사 순으로 규정한 것이다. 이 규정은 대구시와는 관련없는 사항으로 **근대 지적측량기술규정의 효시**이다. ⇒ 대구시가지 토지측량에 관한 타합사항. 참고 〈재무휘보〉 · 〈測量史〉

정답 07 ④

08 고대 중국에서 토지측량술이 있었다는 것은 호남성의 장사 마왕퇴(長沙 馬王堆)에서 발견된 ( )와 변경주군도(邊境駐軍圖)에서 확인되고 있다. ( ) 안에 들어갈 내용으로 옳은 것은?

① 장사국(長沙國) 남부 지형도
② 우적도(禹跡圖)
③ 변경주군도(邊境駐軍圖)
④ 화이도(華夷圖)

풀이 고대 중국의 지적

구분	내용
은왕조(殷王朝)	B.C. 1500년경 은왕조(殷王朝)가 갑골문자(甲骨文字)를 남겼으며, 하남성 안양에서 발굴된 은나라 때 수레축의 장식품에 5각형과 9각형 등의 기하학적 도형이 그려져 있으며, 고대 중국인들이 일찍부터 토지측량술과 관계있는 활동을 해왔다는 것을 의미한다.
고공기(考工記)	춘추전국시대에 발간된 주례(周禮)의 고공기(考工記)에 "장인들이 나라의 중심이 되는 도성을 설계함에 있어서 사방 9리에 각각 세 개의 성문을 설치하고 성내를 9경(經)과 9궤(軌)로 되어 있다"라고 기록 • 주나라는 일찍부터 모든 토지의 평면을 바둑판식으로 나누는 **정전제(井田制)**를 시행하여 실제 측량을 전제로 하는 토지구획제도를 시행
변경주군도(邊境駐軍圖)	고대 중국에서 토지측량술이 있었다는 1973년 양자강(揚子江) 남쪽 호남성의 장사 마왕퇴(長沙 馬王堆)에서 발견된 B.C. 186년의 장사국(長沙國) 남부 지형도와 변경주군도(邊境駐軍圖)에서 확인되고 있음 • 전한(前漢)시대의 2매의 지도로 현대의 지도와 비교할 때 개략적인 축척까지 설정할 수 있을 정도로 비교적 정확함
우적도와 화이도	1136년 만들어진 우적도(禹跡圖)와 화이도(華夷圖) 발견 • 이 지도들은 모두 방격도(方格圖) 형태로 되어 있어 측량에 의해서 작성되었음을 알 수 있음
어린도(魚鱗圖)	중국에서 지적제도가 확립되었다는 확실한 증거는 현존하는 어린도(魚鱗圖)임 어린도는 조세징수의 기초자료로 만들어진 고대 중국의 지적도로 이것들을 묶어서 어린도책(魚鱗圖冊)으로 발간 • 어린도책은 송(宋)대부터 일부지역에서 작성하기 시작하여 명(明)·청(靑)시대에 전국으로 광범위하게 전파
기리고차(記里鼓車)	송사(宋史) 여복지(輿服志)에 지상거리 측량용 기구인 기리고차(記里鼓車)에 관해서 상세한 기록이 있고 평주가담(萍洲可談)에는 나침반을 사용한 기록이 있는 것으로 보아 지상에서 거리측량과 방위설정이 이루어졌음을 알 수 있음

09 토지조사 때 토지대장에 등록한 임야로 토지임야라고도 하는 낙산임야에 대한 설명으로 옳지 않은 것은?

① 주위(周圍)의 대부분은 농경지나 대(垈)에 둘러싸이고, 다만 일부분만이 주(主)가 되는 임야에 접속되어 있지만 그 접속부분이 도로, 하천, 구거, 제방, 성첩, 철도선로에 의하여 사실상 중단되어 있으며 그 면적은 대략 10,000평 이내의 것
② 도서(島嶼)에 있어서는 일반적으로 전기 면적의 제한은 약 3,000평 이내로 하였다.
③ 지세(地勢)가 평평하여 손쉽게 개간할 수 있는 잔디밭[芝地] 등으로 도로, 하천, 구거, 제방, 성첩, 철도선로로서 주가되는 임야와 구획된 면적이 약 20,000평 이내의 것
④ 전, 답, 대, 지소, 잡종지, 사사지, 분묘지, 공원지, 철도용지 및 수도용지에 둘러싸여 있으며 그 면적이 대략 50,000평 이내의 것

정답 08 ① 09 ③

풀이 낙산임야(落山林野)

토지조사 때 토지대장에 등록한 임야로 토지임야라고도 한다. 낙산임야의 요건은 다음과 같다.

① 전, 답, 대, 지소, 잡종지, 사사지, 분묘지, 공원지, 철도용지 및 수도용지에 둘러싸여 있으며 그 면적이 대략 50,000평 이내의 것

② 주위(周圍)의 대부분은 농경지나 대(垈)에 둘러싸이고, 다만 일부분만이 주(主)가 되는 임야에 접속되어 있지만 그 접속부분이 도로, 하천, 구거, 제방, 성첩, 철도선로에 의하여 사실상 중단되어 있으며 그 면적은 대략 10,000평 이내의 것

③ 지세(地勢)가 평평하여 손쉽게 개간할 수 있는 잔디밭[芝地] 등으로 도로, 하천, 구거, 제방, 성첩, 철도선로로서 주가되는 임야와 구획된 면적이 약 10,000평 이내의 것

④ 도서(島嶼)에 있어서는 일반적으로 전기 면적의 제한은 약 3,000평 이내로 하였으나 그 포위 또는 구획된 토지가 호해(湖海)에 접하였을 경우 그 부분이 주위의 3분의 2 이상에 걸치는 것은 약 1,000평 이내로 하였다.

10 융희 2년(1908년) 3~6월 사이에 정리국 측량과에서 제작한 지도로 주로 구한말 동(洞)의 뒷산을 실측한 지도의 명칭으로 옳은 것은?

① 관저원도　　② 율림기지원도

③ 산록도　　④ 궁채전도

풀이 대한제국시대의 도면

1908년 임시재산정리국에 측량과를 두어 토지와 건물에 대한 업무를 보게 하여 측량한 지적도가 규장각이나 부산 정부기록보존소에 있다. 산록도, 전원도, 건물원도, 가옥원도, 궁채전도, 관리원도 등 주제에 따라 제작한 지적도가 다수 존재한다.

율림기지원도(栗林基地原圖)	탁지부 임시재산정리국 측량과에서 1908년도에 세부측량을 한 측량원도가 서울대학교 규장각에 한양 9점, 밀양 3점 남아 있다. 밀양 영남루 남천강(南川江)의 건너편 수월비동의 밤나무 숲을 측량한 지적도로 기지원도(基址原圖)라고 표기하여 군사기지라고도 생각할 수 있으나 지적도상에 소율연(小栗烟, 작은 밤나무 밭)이라고 쓴 것으로 보아 밤나무 숲으로 추측된다.
산록도(山麓圖)	융희 2년(1908년) 3~6월 사이에 정리국 측량과에서 제작한 산록도가 서울대학 규장각에 6매 보존되어 있다. 산록도란 주로 구한말 동(洞)의 뒷산을 실측한 지도이다. 지도명[동부숭신방신설계동후산록지도(東部崇信坊新設契洞後山麓之圖)]은 동부 숭신방 신설계동의 뒤쪽에 있는 산록지도란 뜻이다.
전원도(田原圖)	서울대 규장각에 서서용산방(西署龍山坊) 청파4계동(青坡四契洞) 소재 전원도(田原圖)가 있다. 전원도란 일종의 농경지만을 나타낸 지적도이다.
건물원도(建物原圖)	1908년 제실재산관리국에서 측량기사를 동원하여 황실 소유의 토지를 측량하고 구한말 주요 건물의 위치와 평면적 크기를 도면상에 나타낸 지도이다.
가옥원도(家屋原圖)	호(戶)단위로 가옥의 위치와 평면적 크기를 나타낸 구한말 실측도 가운데 축척이 가장 큰 대축척 1 : 100의 지도이다.
궁채전도(宮菜田圖)	궁채전도는 내수사(內需司) 등 7궁 소속의 토지 가운데 채소밭을 실측한 지도이다.
관저원도(官邸原圖)	대한제국기 고위관리의 관저를 실측한 원도이다.

정답 10 ③

11 가장 오래된 도시평면도로 적색, 청색, 보라색, 백색 등을 사용하여 도로, 하천, 건축물 등이 그려진 것은?

① 요동성총도　　② 방위도
③ 어린도　　④ 지안도

풀이 **토지도면**

《삼국사기》 고구려본기 제8에는 제27대 영유왕 11(628)년에 사신을 당(唐)에 파견할 때 봉역도를 당 태종에게 올렸다고 하였다. 여기에서의 봉역도는 고구려 강역의 측회도(測繪圖)인 것 같은데 봉역이란 흙을 쌓아서 만든 경계란 뜻도 있다. 이 봉역도는 지리상 원근, 지명, 산천 등을 기록하고 있었을 것이다. 그리고 **고구려 때 어느 정도 지적도적인 성격을 띠는 도면으로 1953년 평남 순천군(順天郡)에서 요동성총도(遼東城塚圖)**라는 고구려 고분벽화가 발견되었다. 여기에는 요동성의 지도가 그려져 있는데, 요동성의 지형과 성시의 구조, 도로, 성벽, 주요 건물 등을 상세하게 그렸을 뿐 아니라 하천과 개울, 산 등도 그려져 있다. 이 요동성 지도는 우리나라에 실물로 현존하는 도시평면도로서 가장 오래된 것인데 고대 이집트나 바빌로니아의 도시도, 경계도, 지적도와 같은 내용의 유사성이 있는 것이며 회화적 수법으로 그려져 있는 것이다. 위와 같은 봉역도나 요동성총도의 내용으로 미루어 보아서는 고구려에서 측량척을 사용하여 토지를 계량하고 이를 묘화한 오늘날의 지적도와 유사한 토지도면이 있었을 것으로 추측된다.

12 현전하는 동양 최고의 세계지도이자 당시로서는 동서양을 막론하고 가장 훌륭한 세계지도였는데 조선 부분이 상대적으로 크게 묘사되어 있는 지도는?

① 혼일강리역대국도지도　　② 방위도
③ 어린도　　④ 지안도

풀이 **혼일강리역대국도지도(混一疆理歷代國都之圖)**

1402년(태종 2년)에 좌정승 김사형(金士衡), 우정승 이무(李茂)와 이회(李薈)가 만든 세계지도로 채색 필사본. 세로 148cm, 가로 164cm의 대형 지도이다. 역대제왕혼일강리도(歷代帝王混一疆理圖)라고도 한다. 아시아 · 유럽 · 아프리카를 포함하는 구대륙 지도이다.

《세종실록》 권80 세종 20년(1438년) 2월조에 보면 박돈지(朴敦之)가 일본에 사신으로 가서 1401년에 일본 지도를 가지고 돌아온 기록이 있다. 따라서 일본 지도는 박돈지가 일본에서 직접 가져온 것으로 추정된다. 이 지도의 일본도는 일본의 북동부 지방이 돌기(突起)로 표현된 행기도(行基圖)의 일종으로 판명되며 방위는 서쪽이 북쪽으로 잘못 그려져 있다.

그리고 우리나라 지도는 압록강의 상류와 두만강의 유로가 부정확하지만 서해안과 동해안의 해안선이 현재의 지도와 별다른 차이가 없고, 하계망과 산계(山系)가 동북부 지방을 제외하면 매우 정확하다. 그러나 우리나라 지도는 전체에서 보면 상대적으로 몇 배나 크게 그려져 있는 것이 특징이다.

현전하는 동양 최고의 세계지도이고 당시로서는 동서양을 막론하고 가장 훌륭한 세계지도라고 평가되고 있다. 그리고 현재까지 전해지지 않고 있는 이회의 〈팔도지도〉도 이 지도의 우리나라 부분을 통해서 그 면모를 알 수 있다. 이 지도의 원본은 전하여지는 것이 없고, 사본이 일본 경도에 있는 류코쿠대학(龍谷大學) 도서관에 전하여지고 있다.

지도에 표시된 우리나라 지명을 보면 고무창(古茂昌) · 고여연(古閭延) · 고우예(古虞芮)로 나타나 있는 것으로 보아 폐군(廢郡)이 된 1455년(세조 1) 이후의 지도임을 알 수 있고, 또 같은 폐4군(廢四郡)이면서도 1459년에 폐군된 자성(慈城)이 그대로 있는 것으로 보아 1459년 이전에 모사한 것으로 추정된다.

1988년에 류코쿠대학 지도와 거의 같은 지도가 또 일본 구주(九州)의 혼코사(本光寺)에서 발견되었다. 이 지도

정답 11 ① 12 ①

의 크기는 류코쿠대학본보다 약간 크며 세로 147cm, 가로 163cm이고 류코쿠대학본이 견지(絹地)인데 혼코사본은 한지(漢紙)에 그려져 있다.

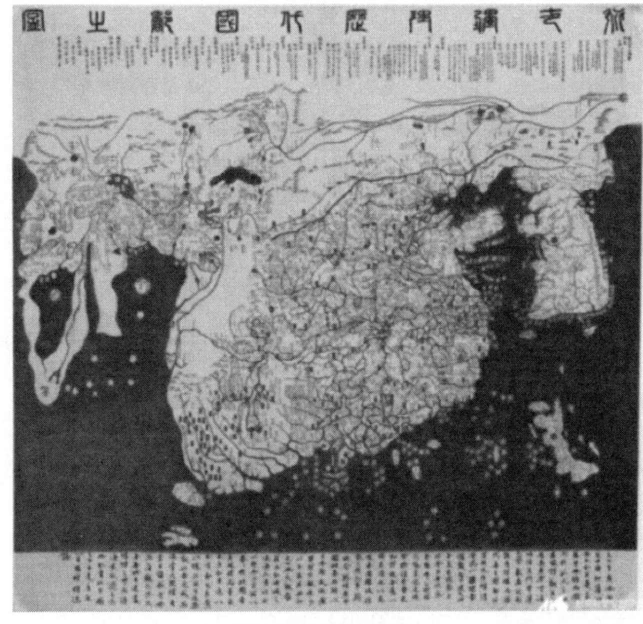

혼일강리역대국도지도

13 다음 중 대한제국시대에 3편(片)으로 발급한 관계(官契)를 보존하는 기관(사람)에 해당하지 않는 것은?

① 본아문 ② 소유자
③ 지방관청 ④ 지주총대

풀이 관계(官契)는 3편(片)으로 구성하여 제1편은 본아문(本衙門)에, 제2편은 소유자(所有者), 제3편은 지방관청(地方官廳)에 보관하였다.

14 근대적 측량기술을 사용하여 제작된 지적도로서 축척 1 : 1,500 정도의 대축척 지도이며 산지의 기복은 우모식(羽毛式)으로 표현하였고, 경계선 테두리는 연속적인 파도 무늬로 처리한 지적도는?

① 전답도형도 ② 경지배열일람도
③ 민유임야약도 ④ 국유지실측도

풀이 **대한제국시대**

① 조선 말기 토지제도가 문란하여 소유권 분쟁이 끊이지 않았으며 이를 제도적으로 관리하기 위하여 1894년 7월 19일에 탁지아문에 전적, 편호업무를, 내부아문에 측량을, 농상아문에 지형측량을, 공무아문에 광물측량을, 관장하도록 하였다.
② 1898년 7월 6일 양지아문이 설립되었고, 9월 15일에는 미국인 측량기사 크럼(Krumm)을 초빙하여 한성부 일대의 토지를 측량하고 한국인 측량기사를 양성하였다.

정답 13 ④ 14 ②

③ 1908년 임시재산정리국에 측량과를 두어 토지와 건물에 관한 업무를 담당하게 하였다. 그 증거로 대한제국 탁지부 임시재산정리국 측량과에서 1908년 5~9월 사이에 제작한 축척 1 : 500인 경기도 한성부 지적도 29매가 서울시 종합자료관에 보관되어 있다.

④ 그 밖에 산록도, 전원도, 건물원도, 가옥원도, 궁채전도, 관리원도 등 다양한 주제별로 제작한 대축척 지적도가 현재 서울대학교 규장각과 부산 정부기록보존소에 보관되어 있다.

- 사표도
- 전답도형도, 경지배열도, 민유임야약도, 국유지실측도, 한성부지적도(29매, 1 : 500), 율림기지원도, 산록도, 전원도, 건물원도, 가옥원도, 궁채전도, 관저원도, 광화문외제관아실측평면도

구분	내용
전답도형도 (田畓圖形圖)	• 사표는 신라와 고려를 거쳐 조선까지 전승되어 왔으며 1720년 경자양안에는 방형, 직형, 제형, 규형, 구고형 등 기본 5도형을 중심으로 전형(田形)을 문자로 기술하고 있다. • 광무 연간의 양지아문에서 작성한 아산군 양안(1899년)을 시발로, 문자로 기술된 사표와 전답도형도라 불리는 사표도가 함께 수록되기 시작하였다. • 이 사표도는 비록 지도학적 제 조건을 갖추고 있지는 않지만 원시적인 지적도의 시발이라고 볼 수 있다. • 토지 주위의 정황을 문자와 도형으로 함께 표현함으로써 현행 지적도가 탄생하게 된 중요한 계기가 되었다.
경지배열일람도 (耕地配列一覽圖)	최근에 발견된 제천군 근좌면 원박리 삼상동 경지배열일람도는 근대적 측량기술을 사용하여 1897~1906년 사이에 제작된 지적도로서 축척 1 : 1,500 정도의 대축척 지도이며 산지의 기복은 우모식(羽毛式)으로 표현하였고, 경계선 테두리는 연속적인 파도 무늬로 처리하였다.
민유임야약도 (民有林野略圖)	대한제국은 1908년 1월 21일 삼림법을 공포하였는데, 제19조에 '모든 민유임야는 3년 안에 지적 및 면적의 약도를 첨부하여 농상공부 대신에게 신고하되 기간 내에 신고하지 않는 자는 모두 국유로 간주한다.'라는 내용을 담아 모든 민간인 소유의 임야를 측량하여 각 개인의 소유 지분을 명확히 하려고 강제적으로 약도를 제출하게 하였다. 민유임야약도란 이 삼림법에 의해서 민유임야 측량 기간(1908.1.21.~1911.1.20.)에 소유자가 자비로 측량해서 작성한 약도를 말한다.
국유지실측도 (國有地實測圖)	역둔토 중심의 국유지 측량은 한말에 네 번 시행했는데, 첫째가 을미사판(乙未査辦, 1896~1897년), 둘째가 기해사검(己亥査檢, 1899~1900년)으로 대한제국이 주관하고 시행한 사업으로 조사만 하고 측량은 하지 않았다. 셋째는 1907~1908년에 재정 정리, 제실 재산 정리라는 명분을 내세워 역둔토뿐만 아니라 궁장토(宮庄土), 목장토, 능원묘위토(陵園墓位土), 미간지(未墾地), 기타 각종 토지를 역둔토에 포함시켜 국유지 면적을 산출하였다. 넷째는 1909년 6월부터 1910년 10월까지 모든 국유지, 즉 궁장토, 능원묘 및 부속토지, 역둔토의 실지 조사 및 측량으로 기유국유지(己酉國有地) 조사 측량이라고 한다. 그 당시 작성한 도부가 현재 부분적으로 남아 있다.
한성부지적도 (漢城府地籍圖)	우리는 현대적인 측량에 의한 대축척 실측도가 일제의 토지조사사업의 부산물로 제작된 것으로 알고, 대한제국기의 대축척 실측도 존재에 대해서는 관심 밖이었다. 그러나 대한제국기에 이미 탁지부가 자주적으로 한양, 밀양 등지를 실제 측량하여 축척 1 : 500 대축척 지적도를 작성하였다는 것을 사료를 통해 알 수 있다. 서울특별시 종합자료관에는 1908년 7월 탁지부 측량과에서 한성(서울) 지역을 소삼각 측량법으로 제작한 1 : 500 지적도 29매가 소장되어 있다(박경룡, 1995 : 49). 이 지적도는 한성부의 말단 행정 단위인 방(坊)별로 측량되어 있는데, 측량 시기는 1908년 5~9월까지이고 탁지부에서 측량을 주관하였다.

정답

15 고려시대 관직의 지위에 따라 전토와 시지를 차등하게 지급하기 위한 전시과 제도로 맞지 않는 것은?

① 시정전시과　　② 경정전시과
③ 개정전시과　　④ 전정전시과

풀이 고려 토지제도

구분		내용
역분전(役分田)		고려 개국에 공을 세운 조신(朝臣), 군사(軍士) 등 공신에게 관계(官階, 직급)를 논하지 않고 선악과 공로의 대소에 따라 토지를 지급하였다.
전시과	시정전시과(始定田柴科)	관계와 인품을 고려하여 개별적 관료들에 대한 수조지급여(收租地給與)는 감소시키고 각종 관료성원들에 대하여 수조지분권(收租地分權)을 확보하기 위한 제도이다.
	개정전시과(改定田柴科)	전시급여자의 관등을 18과로 나누어 전시수급액을 규정하여 지급하고 인품이라는 기준은 지양하고 관직에 따라 토지를 분급하였다.
	경정전시과(更定田柴科)	18등급에 따라 현직문무양반관료(現職文武兩班官僚)들에 대한 수조지 분급량을 줄이고 개별적 문무산관(文武散官)들에 대한 수조지(收租地)를 격감시켰다. 다른 편으로는 마군(馬軍), 보군(步軍) 등 군인의 수조지를 증가시켰다.
녹과전(祿科田)		전민변정사업과 전시과 체제에서 수급자의 편리와 토지겸병의 토지를 보호하려는 것과 문무 관리의 봉록에 충당하는 토지제도이다.
과전법(科田法)		대규모의 토지를 권문세족들이 소유하고 있으면서 세금을 내지 않아 국고가 부족하여 만든 과전법은 사전과 공전으로 구분하여 사전은 경기도에 한하여 현직, 전직관리의 고하에 따라 토지를 지급하였다.

16 삼국시대의 지적부서로 연결이 옳지 않은 것은?

① 고구려－주부(主婦)/울절(鬱折)　　② 백제－내두좌평(內頭佐平)
③ 신라－품주(稟主)/조부(調府)　　③ 통일신라－예부(禮部)

풀이 삼국시대 지적 관련 부서(기관, 담당)

구분			내용
고구려			위지(魏志)의 주부(主簿), 주서(周書)의 조졸(鳥拙), 수서(隨書)의 조졸(鳥拙), 당서(唐書)의 울절(鬱折), 한원(翰苑)의 울절(鬱折)이라는 직책을 두어 도부(圖簿) 등을 관장
백제	6좌평 중 내두좌평(內頭佐平)		국가재정 담당
	산학박사(算學博士)		지적 · 측량 담당
	화사(畫師)		도면 작성
	산사(算師)		측량 시행
신라	품주(품주)		• 행정 전반에 관한 사항 관장 • 세부적으로 기밀사무, 왕명출납, 토지업무, 조세업무 등을 담당
	조부(調部)	통일신라	진평왕 6년(584)에 품주에서 분치되어 토지업무와 조세업무를 관장한 기관
	창부(倉部)		• 신라 때, 재정을 맡아보던 관아 • 고려 초, 향리(鄕吏)의 재무를 맡아보던 직소(職所) • 조세 및 창고

정답 15 ④　16 ④

17 다음 중 조선시대의 지적 관련 조직에 해당하지 않는 것은?

① 한성부－5부　　　② 내부－판적국
③ 지방－양전사　　　④ 임시－전제상정소

풀이 **조선시대 지적 관련 부서**

<table>
<tr><td rowspan="10">중앙</td><td rowspan="10">의정부(議政府)</td><td>한성부(漢城府)</td><td colspan="4">5부(府) : 범법사건, 교량, 도로, 반화, 금화, 가옥의 측량</td></tr>
<tr><td rowspan="9">6曹</td><td>이조</td><td colspan="3"></td></tr>
<tr><td>병조</td><td colspan="3"></td></tr>
<tr><td rowspan="4">호조</td><td rowspan="3">3사</td><td>판적사</td><td>양전업무 담당</td></tr>
<tr><td>회계사</td><td></td></tr>
<tr><td>경비사</td><td></td></tr>
<tr><td colspan="2">양전청</td><td>측량중앙관청으로 양안 작성</td></tr>
<tr><td>형조</td><td colspan="3"></td></tr>
<tr><td>예조</td><td colspan="3"></td></tr>
<tr><td>공조</td><td colspan="3"></td></tr>
<tr><td rowspan="4">지방</td><td>양전사(量田使)</td><td colspan="5">조선(朝鮮) 때 논밭에 관(關)한 일을 감독(監督)하던 임시(臨時) 벼슬로 중앙에서 파견한 실무자</td></tr>
<tr><td>향리(鄕吏)</td><td colspan="5" rowspan="2">지방의 경우 실무담당자는 양전사가 중앙에서 파견되어 양전사업을 수행하였지만 실제로는 향리나 서리가 양전을 수행하였다.</td></tr>
<tr><td>서리(胥吏)</td></tr>
<tr><td>균전사(均田使)</td><td colspan="5">조선시대 농지사무를 전결(專決)하도록 하기 위해 지방에 파견된 관직으로 전답의 측량과 결복(結卜)·두락(斗落)의 사정(査正), 전품(田品)의 결정 및 양안(量案) 기재 등 양전사무(量田事務)를 총괄하고, 특히 진황지(陳荒地)의 개간을 독려하기 위해 각 도에 파견되었다. 균전(均田)이란 이름이 붙게 된 것은 "전품의 공정한 사정에 따라 백성들의 부역을 균등히 하려 한다."는 뜻을 나타내려는 데 있었다. 균전사라는 명칭은 임진왜란 뒤인 1612년(광해군 4)에 처음으로 보인다.</td></tr>
<tr><td>임시 부서</td><td>전제상정소
(田制詳定所)</td><td colspan="5">전제상정소는 1443년(세종 25)에 토지, 조세제도의 조사연구와 신법의 제정을 위해 설치한 임시 관청을 말한다.</td></tr>
</table>

① 한성부 : 조선 태조가 수도를 한양으로 옮긴 이듬해인 1395년부터 1910년 한일합방으로 경성부로 개칭될 때까지 516년간 사용한 조선 왕조 수도의 행정구역명이자 관청명으로, 오늘날의 서울특별시에 해당한다. 지역별 하부조직은 5부(북부, 중부, 남부, 동부, 서부)로 구성되고, 5부의 하위조직으로 방(坊), 방의 하위조직으로 계(契)를 두었다.

② 전제상정소 : 1443년(세종) 토지·조세 등의 연구, 신법 제정을 위한 임시중앙기관

③ 1898년에 전국적인 양전을 위한 최초의 지적행정관청인 양지아문을 설치하여 1895년에 이미 설치된 측량업무를 담당하였던 내부의 토목국과 함께 지적업무는 판적국, 전세 및 유세지에 관하여는 토지부사세국 등과 업무관계를 형성하게 되었고 이때부터 내부 판적국에서 최초로 법령에 의한 지적(地籍)이란 용어가 사용되었다.

④ 지적업무는 내무아문의 판적국에서 관장하기 시작하여 오늘날 지적행정 기구와 조직의 기틀을 마련하였다.

정답 17 ③

18 구장산술(九章算術)에 따른 전(田)의 형태별 측정내용에 대한 설명으로 가장 옳은 것은?

① 규전(圭田)은 사다리꼴 토지로, 동활(東闊)과 서활(西闊) 및 장(長)을 측량하였다.
② 제전(梯田)은 이등변삼각형의 토지로, 장(長)과 평(平)을 측량하였다.
③ 방전(方田)은 정사각형의 토지로, 장(長)과 광(廣)을 측량하였다.
④ 직전(直田)은 직삼각형의 토지로, 구(句)와 고(股)를 측량하였다.

풀이 **구장산술(九章算術)**

구장산술은 동양최대의 수학에 관한 서적으로 시초는 중국이며 원, 청, 명나라, 조선, 일본에까지 커다란 영향을 미쳤다. 중국의 고대 수학서에는 10종류로써 산경십서라는 것이 있으며 그중에서 가장 큰 것이 구장산술로 10종류 중 2번째로 오래되었다. 가장 오래된 주비산경(周髀算經)은 천문학에 관한 서적이며 구장산술은 선진(先秦) 이래의 유문(遺文)을 모은 것이다.

1. 구장산술의 형태
   삼국시대 토지측량방식에 사용되었으며 지형을 당시 측량술로 측량하기 쉬운 형태로 구별하여 측량하는 방법에 응용되었다. 화사가 회화적으로 지도나 지적도 등을 만들었다.
   구장산술은 책의 목차가 제1장 방전부터 제9장 구고장까지 9가지 장으로 분류하여 '구장'이라는 이름이 생겼으며 구장의 '구'는 구수(아홉 가지 수)에서 비롯되었다.
2. 전의 형태

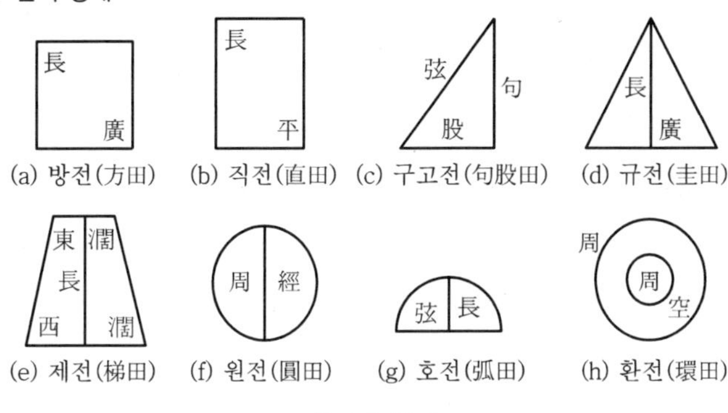

전(田)의 형태

19 1960년 제정된 「지적측량사규정」에서 정의하고 있는 지적측량사의 한 종류로, 국가공무원으로서 그 소속 관서의 지적측량사무에 종사하는 자는?

① 대행측량사 ② 지정측량사
③ 한지측량사 ④ 상치측량사

풀이 **지적측량사 자격의 변천**

구분	내용
검열증(檢閱證)	• 1909년 2월 유길준은 대한측량총관회(大韓測量總管會)를 창립 • 총관회에는 검사부와 교육부를 두고 기술을 검정하여 합격자에게 검열증(檢閱證)을 주었다. • 검열증을 가진 자는 총관회에서 일체의 책임을 지는 제도로 운영 • 검열증은 지적측량사 자격의 효시라 할 수 있다.

정답 18 ③ 19 ④

구분	내용		
기업자 측량제도	도로, 하천, 구거, 철도, 수도 등의 신설 또는 보수를 할 때 기업자인 관청이나 개인이 자기의 산하에 지적측량기술자를 채용하고 지적주무관청의 승인을 얻어 자기 사업에 따른 지적측량을 하게 하는 제도이다.		
지정측량자 제도	1923년 7월 20일 기업자 측량인 이동지정리와 지정측량자 지정에 대한 통첩을 각 도지사에게 보내 국가직영체제에서 탈피하여 지정제도로 전환하였다.		
지적측량사	지적측량사규정(1960.12.31. 국무원령 제176호) 제정 · 공포		
	상치측량사(常置測量士)	• 국가공무원으로 그 소속 관서의 지적측량 사무에 종사하는 자 • 내무부를 비롯하여 각 시 · 도와, 시 · 군 · 구에 근무하는 지적직 공무원은 물론이고 철도청, 문화재관리국 등 국가기관에서 근무하는 공무원도 상치측량사에 포함되었다.	
	대행측량사(代行測量士)	제정 당시 : 타인으로부터 지적법에 의한 측량업무를 위탁받아 행하는 자	
		「지적측량사규정」 개정(1967년) : 타인으로부터 지적법에 의한 측량업무를 위탁받아 행하는 법인격이 있는 지적단체의 지적측량업무를 대행하는 자	
기술자격	기술계	기술사	지적기술사
		기사	지적기사
		산업기사	지적산업기사
	기능계	기능사	지적기능사

20 고려시대 전시과에서 지급되었던 토지에 대한 설명 중 가장 옳지 않은 것은?

① 공음전 : 5품 이상의 귀족층에게 전시과 외에 따로 지급

② 한인전 : 5품 이하 하급관리의 자식으로 관직에 오르지 못한 사람에게 지급

③ 내장전 : 왕실의 소요경비를 충당할 목적으로 지급

④ 구분전 : 자손이 없는 하급관리, 군인유가족에게 지급

풀이 **고려시대 토지의 분류**

공전(公田)	민전(民田)	농민의 사유지로 매매, 증여, 상속 등의 처분이 가능
	내장전(内庄田)	왕실 직속의 소유지
	공해전시(公廨田柴)	각 관청에 분급한 수조지(收租地)와 시지(柴地)로 공해전(公廨田)이라고도 한다.
	둔전(屯田)	진수군(鎭守軍)이 경작하여 그 수확량을 군량에 충당하는 토지(조선시대 국둔전과 관둔전으로 이어짐)
	학전(學田)	각 학교 운영경비 조달을 위한 토지
	적전(籍田)	제사를 지내기 위한 토지. 국가직속지(적전친경(籍田親耕) : 왕실, 국가적 의식)

정답 20 ②

사전(私田)	양반전(兩班田)	문무양반에 재직 중(在職中)인 관료(官僚)에 지급한 토지
	공음전(功蔭田)	공훈(功勳)을 세운 자에 수여하는 토지[전시(田柴)], 수조의 특권과 상속을 허용
	궁원전(宮院田)	궁전(宮殿)에 부속된 토지, 궁원 등 왕의 기번이 지배하는 토지
	사원전(寺院田)	불교사원에 소속되는 전장 기타의 토지
	한인전(閑人田)	6품(六品) 이하 하급양반 자손의 경제적 생활의 안정 도모를 위해 지급한 토지
	구분전(口分田)	자손이 없는 하급관리, 군인유가족에게 지급한 토지
	향리전(鄕吏田)	지방향리(地方鄕吏)에 지급한 토지
	군인전(軍人田)	경군(京軍)소속의 군인에게 지급한 토지
	투화전(投化田)	고려에 래투(來投) 귀화한 외국인으로서 사회적 계층에 따라 상층 관료에게 지급한 토지
	등과전(登科田)	과거제도에 응시자가 적어 이를 장려하기 위하여 급제자에게 전지를 비롯하여 여러 가지 상을 하사하였다.

정답

08 제8회 합격모의고사

01 지적의 어원을 'Katastikhon', 'Capitastrum'에서 찾고 있는 견해의 주요 쟁점이 되는 의미는?

① 세금 부과　　② 지적공부
③ 지형도　　④ 토지측량

풀이 지적(地籍, Cadastre)이란 용어가 어떻게 유래되었는지에 대하여는 확실하지 않으나 그리스어 카타스티콘(Katastikhon)과 라틴어 캐피타스트럼(Capitastrum)에서 유래되었다고 하는 두 가지 학설이 지배적이라고 할 수 있다.

공통점	이상 지적의 어원에 관한 학자들의 주장을 살펴보았으나 그리스어인 카타스티콘(Katastikhon)과 라틴어인 캐피타스트럼(Capitastrum) 또는 카타스트럼(Catastrum)은 그 내용에 있어서 모두 **세금(稅金) 부과(賦課)**의 뜻을 내포하고 있는 것이 공통점이라고 할 수 있다. 지적이 무엇인가에 대한 연구는 국내 · 외적으로 매우 활발하게 연구되고 있으며 국가별, 학자별로 다양한 이론들이 제기되고 있는 상황이다. 그러나 이러한 기존의 연구에 있어서 지적이 무엇인가에 대한 공통점은 "토지에 대한 기록"이며, "필지를 연구대상으로 한다는 점"이다.

02 "지적은 특정한 국가나 지역 내에 있는 재산을 지적측량에 의해서 체계적으로 정리해 놓은 공부이다."라고 지적을 정의한 학자는? (17년2회지기)

① A. Toffler　　② S. R. Simpson
③ J. G. McEntyre　　④ J. L. G. Henssen

풀이

J. L. G. Henssen (1974)	국내의 모든 부동산에 관한 자료를 체계적으로 정리하여 등록하는 것으로 어떤 국가나 지역에 있어서 소유권과 관계된 부동산에 관한 데이터를 체계적으로 정리하여 등록하는 것
S. R. Simpson (1976)	과세의 기초로 제공하기 위하여 한 국가 내의 부동산의 면적이나 소유권 및 그 가격을 등록하는 공부
J. G. McEntyre (1985)	토지에 대한 법률상 용어로서 세 부과를 위한 부동산의 양 · 가치 및 소유권의 공적 등록
P. Dale(1988)	법적 측면에서는 필지에 대한 소유권의 등록이고, 조세 측면에서는 필지의 가치에 대한 재산권의 등록이며, 다목적 측면에서는 필지의 특성에 대한 등록
來璋(1981)	토지의 위치, 경계, 종류, 면적, 권리상태 및 사용상태 등을 기재한 도책(圖冊)

03 지적의 어원과 관련이 없는 것은? (17년2회지기)

① Capitalism　　② Catastrum
③ Capitastrum　　④ Katastikhon

풀이 문제 1번 풀이 참고

정답 01 ① 02 ④ 03 ①

04 송사(宋史)의 ( )에 지상거리 측량용 기구인 기리고차(記里鼓車)에 관해서 상세히 기록되어 있다. ( ) 안에 들어갈 내용으로 옳은 것은 ?

① 여복지(輿服志)　　② 우적도(禹跡圖)
③ 변경주군도(邊境駐軍圖)　　④ 화이도(華夷圖)

풀이 고대 중국의 지적

구분	내용
은왕조(殷王朝)	B.C. 1500년경 은왕조(殷王朝)가 갑골문자(甲骨文字)를 남겼으며, 하남성 안양에서 발굴된 은나라 때 수레축의 장식품에 5각형과 9각형 등의 기하학적 도형이 그려져 있으며, 고대 중국인들이 일찍부터 토지측량술과 관계있는 활동을 해왔다는 것을 의미함
고공기(考工記)	춘추전국시대에 발간된 주례(周禮)의 고공기(考工記)에 "장인들이 나라의 중심이 되는 도성을 설계함에 있어서 사방 9리에 각각 세 개의 성문을 설치하고 성내를 9경(經)과 9궤(軌)로 되어 있다"라고 기록 • 주나라는 일찍부터 모든 토지의 평면을 바둑판식으로 나누는 정전제(井田制)를 시행하여 실제 측량을 전제로 하는 토지구획제도를 시행
변경주군도(邊境駐軍圖)	고대 중국에서 토지측량술이 있었다는 1973년 양자강(揚子江) 남쪽 호남성의 장사 마왕퇴(長沙 馬王堆)에서 발견된 B.C. 186년의 장사국(長沙國) 남부 지형도와 변경주군도(邊境駐軍圖)에서 확인되고 있음 • 전한(前漢)시대의 2매의 지도로 현대의 지도와 비교할 때 개략적인 축척까지 설정할 수 있을 정도로 비교적 정확함
우적도와 화이도	1136년 만들어진 우적도(禹跡圖)와 화이도(華夷圖) 발견 • 이 지도들은 모두 방격도(方格圖) 형태로 되어 있어 측량에 의해서 작성되었음을 알 수 있음
어린도(魚鱗圖)	중국에서 지적제도가 확립되었다는 확실한 증거는 현존하는 어린도(魚鱗圖)임 어린도는 조세징수의 기초자료로 만들어진 고대 중국의 지적도로 이것들을 묶어서 어린도책(魚鱗圖冊)으로 발간 • 어린도책은 송(宋)대부터 일부지역에서 작성하기 시작하여 명(明) · 청(靑)시대에 전국으로 광범위하게 전파
기리고차(記里鼓車)	송사(宋史) 여복지(輿服志)에 지상거리 측량용 기구인 기리고차(記里鼓車)에 관해서 상세한 기록이 있고 평주가담(萍洲可談)에는 나침반을 사용한 기록이 있는 것으로 보아 지상에서 거리측량과 방위설정이 이루어졌음을 알 수 있음

05 공훈의 차등에 따라 공신들에게 일정한 면적의 토지를 나누어 준 것으로, 고려시대 토지제도 정비의 효시가 된 것은? (19년3회지산)

① 정전　　② 공신전
③ 관료전　　④ 역분전

정답 04 ① 05 ④

풀이 **고려 토지제도**

구분		내용
역분전(役分田)		고려 개국에 공을 세운 조신(朝臣), 군사(軍士) 등 공신에게 관계(官階, 직급)를 논하지 않고 선악과 공로의 대소에 따라 토지를 지급하였다.
전시과	시정전시과(始定田柴科)	관계와 인품을 고려하여 개별적 관료들에 대한 수조지급여(收租地給與)는 감소시키고 각종 관료성원들에 대하여 수조지분권(收租地分權)을 확보하기 위한 제도이다.
	개정전시과(改定田柴科)	전시급여자의 관등을 18과로 나누어 전시수급액을 규정하여 지급하고 인품이라는 기준은 지양하고 관직에 따라 토지를 분급하였다.
	경정전시과(更定田柴科)	18등급에 따라 현직문무양반관료(現職文武兩班官僚)들에 대한 수조지 분급량을 줄이고 개별적 문무산관(文武散官)들에 대한 수조지(收租地)를 격감시켰다. 다른 편으로는 마군(馬軍), 보군(步軍) 등 군인의 수조지를 증가시켰다.
녹과전(祿科田)		전민변정사업과 전시과 체제에서 수급자의 편리와 토지겸병의 토지를 보호하려는 것과 문무 관리의 봉록에 충당하는 토지제도이다.
과전법(科田法)		대규모의 토지를 권문세족들이 소유하고 있으면서 세금을 내지 않아 국고가 부족하여 만든 과전법은 사전과 공전으로 구분하여 사전은 경기도에 한하여 현직, 전직관리의 고하에 따라 토지를 지급하였다.

06 구한말에 왕실 산하의 재산을 관리하게 하여 내수사(內需司) 등 7궁 소속의 토지 가운데 채소밭을 실측하여 작성한 지도는?

① 산록도(山麓圖) ② 전원도(田原圖)

③ 관저원도(官邸原圖) ④ 궁채전도(宮菜田圖)

구분	내용
율림기지원도(栗林基地原圖)	1908년에 탁지부 임시재산정리국 측량과에서 한양과 밀양 지역을 세부 측량하여 제작한 대축척 측량원도가 서울대학교 규장각에 각각 9점, 3점 소장되어 있다. 밀양군 측량원도 3점은 부내면 수월비동 율림기지원도(栗林基地原圖), 상동면 전곡리 율림기지원도, 하남면 수산리 율림기지원도이다. 수월비동 율림기지원도는 융희 2년 4월 16일 정리국 기수 이계홍(李啓弘)이 측량하고 축척은1 : 1,800이며, 지적도상의 면적이 8만 3,363평 4합으로 주기되어 있다. 밀양 영남루 남천강(南川江) 건너편 수월비동의 밤나무 숲을 측량한 지적도로 추측된다. 기지원도(基地原圖)라고 표기하여 군사기지라고도 생각할 수 있으나 지적도상에 '소율연(小栗畑, 작은 밤나무 밭)'이란 단어가 있는 것으로 보아 밤나무 숲으로 추측된다.
산록도(山麓圖)	융희 2년(1908년) 3~6월 사이에 정리국 측량과에서 제작한 산록도 6매가 서울대학교 규장각에 보존되어 있다. 산록도란 주로 구한말 동(洞)의 뒷산을 실측한 대축척지도이다. 하나의 사례를 분석해보면, 지도명이 동부숭신방신설계동후산록지도(東部崇信坊新設契洞後山麓之圖)로 되어 있어 동부 숭신방 신설계동의 뒤쪽에 있는 산록지도란 뜻이다. 이 지도의 주기를 통해 융희 2년(1908년) 6월에 정리국 측량과에서 제도하였고, 면적은 3만 278평 삼합, 축척은 1 : 2,000이라는 것을 알 수 있다. 이 산록도에는 특이하게 하단에 범례가 그려져 있는데, 가옥, 암석, 수목, 도로 4가지뿐이다. 이것은 산록도이기 때문에 신설계동 뒷산으로 진입하는 도로와 뒷산에 드문드문 분포하는 가옥과 나무와 암반만을 나타낸 것이다.

정답 06 ④

전원도(田原圖)	서울대학교 규장각에는 서서(西署) 용산방(龍山坊) 청파4계동(靑坡四契洞) 소재 전원도(田原圖)가 소장되어 있다. 전원도란 일종의 농경지만 나타낸 대축척 지적도이다. 융희 2년(1908년) 4월 1일에 정리국(整理局) 기수 이계홍(李啓弘)이 측량하였고, 축척은 1 : 1,000이다. 전원도에는 우물을 나타낸 정(井)자와 김윤옥연(金允玉畑), 이경집연(李景執畑) 등 필지 소유자의 이름이 지목과 함께 주기되어 있다.
건물원도(建物原圖)	1908년 제실재산정리국(帝室財産整理局)에서 황실 소유 주요 건물의 위치와 평면적을 측량기사에게 측량하게 하고 제도한 대축척지도이다. 서서(西署) 양생방(養生坊) 창동(倉洞) 선혜청도(宣惠廳圖) 원도(原圖)를 살펴보면, 축척은 1 : 400이며 융희 2년(1908) 6월 9일에 정리국 기수 이계홍(李啓弘)이 측량한 것으로 되어 있다.
가옥원도(家屋原圖)	호(戶) 단위로 가옥의 위치와 평면적 크기를 나타낸 구한말 실측도 가운데 축척이 가장 큰 1 : 100의 대축척지도이다. 사례로 든 중서(中署) 정선방(貞善坊)의 이동(泥洞) 소재 가옥원도를 보면 융희 2년(1908) 3월 18일 측량되었고 정리국 기수 이계홍이 작성한 것으로 되어 있다. 지도 제호는 이동소재가옥원도(99통6호)[泥洞所在家屋原圖九十九統六戶]로 되어 있다.
궁채전도(宮菜田圖)	구한말에 궁중 재산, 즉 왕실 재산과, 부중(府中), 즉 정부 재산이 서로 혼용되어 많은 문제점이 야기되자 고종 황제가 서정 쇄신 차원에서 왕실 재산과 국가 재산을 엄격하게 구분하기 위해서 궁내부(宮內府) 관제를 개편하고, 그 밑에 내장사(內藏司)를 두어 왕실 산하의 재산을 관리하게 하였다. 궁채전도는 내수사(內需司) 등 7궁 소속의 토지 가운데 채소밭을 실측하여 작성한 지도이다.
관저원도(官邸原圖)	대한제국기 고위 관리의 관저를 실측하여 작성한 대축척 원도이다. 남서(南署) 명례방(明禮坊) 종현(鍾峴)의 고미야마(小宮) 궁내차관(宮內次官)의 관저원도를 살펴보면, 축척은 1 : 400이며, 융희 2년(1908) 4월 29일에 정리국 기수 이계홍이 측량한 것으로 되어 있다. 특이한 것은 지도 하단에 도로(道路), 경사(傾斜), 철책(鐵柵), 목책(木柵), 토벽(土壁), 도선(道線), 수목(樹木), 가옥(家屋), 연와벽(煉瓦壁), 정(井) 등 10여 종의 범례(凡例)가 그려져 있다는 것이다.
광화문외제관아 실측평면도(光化門外諸官衙實測平面圖)	대한제국기인 1907~1910년 사이에 서울 광화문 앞 육조(六曹) 거리에 있었던 주요 관청의 건물 배치와 각 건물의 구조를 실측하여 작성한 지도가 정부기록보존소 부산지소 지하문서고에 보존되어 있다. 육조거리에 있던 조선 정부관서들의 정확한 크기와 위치가 표시된 실측도인데, 서울대학교 건축학과 전봉희(田鳳熙) 교수가 최초로 발견하였다.

07 고려시대의 토지제도에 관한 설명으로 옳지 않은 것은? (19년3회지기)

① 당나라의 토지제도를 모방하였다.
② 광무개혁(光武改革)을 실시하였다.
③ '도행'이나 '작'이라는 토지 장부가 있었다.
④ 고려 말에는 전제가 극도로 문란해져서 이에 대한 개혁으로 과전법이 실시되었다.

정답 07 ②

풀이 **고려시대 지적제도**

구분	고려 초	고려 말
길이단위	척(尺)	상·중·하 수등이척제 실시
면적단위	경무법	두락제, 결부제
담당조직	호부(戶部)	판도사(版圖司)
토지제도	• 태조 : 당나라 제도 모방 • 경종 : 전제개혁(田制改革) 착수 • 문종 : 전지측량(田地測量) 단행	• 과전법 실시 • **자호제도 창설** : 조선시대 일자오결제도의 계기가 됨
토지기록부	도전장(都田帳), 양전도장(量田都帳), 양전장적(量田帳籍), 도전정(都田丁), 전적(田籍), 전안(田案)	
측량방식	구장산술(九章算術)	
양전척	• 문종 23년(1069년)에 규정 • 전(田) 1결의 면적을 방(方) 33보로 정함 • 6촌=1분, 10분=1척, 6척=1보	
토지등록부	양안은 없으나 그 형식과 기재내용은 정인사 석탑조성기에 나타나 있음	
전지형태	방전, 직전, 제전, 규전, 구고전	

광무양전사업(光武量田事業)

1. 개요

   1898년부터 대한제국 정부가 전국의 토지를 대상으로 실시한 근대적 토지조사사업을 말한다. 1898~1904년 추진된 광무양전사업(光武量田事業)은 근대적 토지제도와 지세제도를 수립하고자 전국적 차원에서 추진되었다. 사업의 실제 과정을 보면 양지아문(量地衙門)이 주도한 양전사업과 지계아문(地契衙門)의 양전·관계(官契) 발급 사업으로 전개되었다.

2. 의의와 평가

   광무양전사업의 핵심은 종전의 모든 매매 문기를 강제로 거둬들이고 새로운 관계(官契)를 발급함으로써 국가가 토지 소유권을 공인하였다는 사실이다. 이는 국가가 자기 영토 안의 부동산에 대해 소유권의 등록·이전, 그 밖의 관련 사항들을 통제·장악할 강제규정을 마련했음을 의미한다. 특히, 토지 매매나 양여·전당의 경우 관청의 허가를 받도록 함으로써 당시 큰 문제를 야기하고 있던 외국인의 토지 침탈을 저지한 점과, 경작자가 누려온 권리들을 보호하려는 정책이 취해진 점은 주목된다.

   반면, 이 사업은 일본의 러일전쟁 도발과 조선보호국화 정책에 밀려 끝내 중단되고 말았고 그 결과 근대법적인 토지조사는 1912년 이후 조선총독부에 의해 '조선토지조사사업'이란 이름으로 강제되었다.

08 조선시대 궁장토의 수조와 관리를 관장하는 도장(導掌)이 아닌 것은?

① 역가도장 ② 작도장

③ 납가도장 ④ 중답도장

풀이 **도장의 종류**

조선시대의 궁장토(宮庄土)는 후궁, 대군, 공주, 옹주 등의 존칭으로 각 궁방 소속의 토지를 말하는 것으로 직전제가 폐지되고 임진왜란 후 왕족들의 생계를 보장하기 위해 지급되었다. 이 토지의 수조와 관리를 관장하는 자를 도장(導掌)이라 하였고, 궁방전의 경작에 따라 작도장, 역가도장, 납가도장, 투탁도장으로 구분되기도 하였다.

정답 08 ④

작도장(作導掌)	중간지주의 성격은 없고, 궁방이 부여한 특권의 도장권을 가지고 있으며 일반도장으로 궁방에 공로가 있거나 궁방이 신임하는 자를 차정하여 궁장토의 수조와 관리를 담당하게 한 도장을 말한다.
역가도장(曆家導掌)	궁방에 속해 있는 미간지를 개인이 개간하고 경작지화하여 농민에게 소작을 주고 궁방에는 일정한 세를 납부하던 도장을 말한다.
납가도장(納價導掌)	궁방에 일정한 금액을 납부해서 도장이 된 자로 차정받고 매년 궁방에 일정한 세를 납부하고 소작농에게 소작료를 수납하여 그 차액을 수취하는 도장을 말한다.
투탁도장(投托導掌)	토지소유자가 지방관리의 위압주구 및 기타 위험을 면할 목적으로 자기소유지를 궁방에 투탁해 가장한 것을 말한다.

도장(導掌)직의 매매(賣買)

매매 시 문기, 완문, 첩문을 수수(授手)하여야 함

문기(文記)	매매에 의한 토지나 가옥의 양도계약서(매도증서)를 작성
완문(完文)	도장을 임명할 때 교부하는 일정한 서식의 문서
첩문(帖文)	• 도장임명의 유래 • 궁장토의 납세율 등을 명기한 문서

09 대한제국시대의 행정조직이 아닌 것은?

① 사세청
② 탁지부
③ 양지아문
④ 지계아문

풀이 **지적관리 행정기구**

1. 전제상정소(임시관청)
   ① 1443년 세종 때 토지, 조세제도의 조사연구와 신법의 제정을 위해 설치하였다.
   ② 전제상정소준수조화(측량법규)라는 한국 최초의 독자적 양전법규를 1653년 효종 때 만들었다.
2. 양전청(측량중앙관청으로 최초의 독립관청)
   1717년 숙종 때 균전청을 모방하여 설치하였다.
3. 판적국(내부관제)
   1895년 고종 때 설치하였으며 호적과에서는 호구적에 관한 사항을, 지적과에서는 지적에 관한 사항을 담당하였다.
4. 양지아문(量地衙門, 지적중앙관서)
   구 한국정부시대[대한제국시대 : 광무(光武) 원년(1897년)]에 고종은 광무라는 원호를 사용하여 국호를 대한제국으로 고쳐 즉위하고 양전 · 관계발급사업을 실시하였다. 광무 2년(1898년) 7월에 칙령 제25호로 양지아문 직원 및 처무규정을 공포하여 비로소 독립관청으로 양전사업을 위하여 설치되었다. 광무 5년(1901년)에 이르러 전국적인 대흉년으로 일단 중단하게 되었으며 1901년 폐지하고 지계아문과 병행하다가 1902년에 지계아문으로 이관되었다.
5. 지계아문(地契衙門, 지적중앙관서)
   1901년 고종 때 지계아문 직원 및 처무규정에 의해 설치된 지적중앙관서로 관장업무는 지권(地券)의 발행, 양지 사무이다. 러일전쟁에 의한 일본 군대의 주둔과 제1차 한일협약을 강요당하게 되어 지계 발행은 물론 양전사업마저도 중단하게 되었다. 새로 탁지부 양지국을 신설하여 양전업무를 담당하였다.

정답 09 ①

6. 양지국(탁지부 하위기관)

1904년 고종 때 지계아문을 폐지하고 탁지부 소속의 양지국을 설치하였다가 이듬해 양지국을 폐지하고 사세국 소속의 양지과로 축소하였다.

10 다음 중 시대별 지적제도에 대한 설명으로 옳지 않은 것은?

① 백제는 지적 관련 행정을 조부 등이 담당하고 토지도면으로는 근강국수소간전도 등을, 면적단위로는 결부제를 사용하였다.

② 고구려는 지적 관련 행정을 주부 등이 담당하고 토지도면으로는 봉역도 등을, 면적단위로는 경무법을 사용하였다.

③ 고려는 지적 관련 행정을 호부 등이 담당하고 토지기록부로는 도전장 등을, 면적단위로는 경무법과 결부제를 사용하였다.

④ 조선은 지적 관련 행정을 판적사 등이 담당하고 토지기록부로는 전답타량안 등을, 면적단위로는 결부제를 사용하였다.

풀이 삼국시대의 지적제도 비교

구분	고구려	백제	신라
길이단위	척(尺) 단위 사용 : 고구려척	척(尺) 단위 사용 : 백제척, 후한척, 남조척, 당척	척(尺) 단위 사용 : 흥아발주척, 녹아발주척, 백아척, 목척
면적단위	경무법(頃畝法)	두락제(斗落制)와 결부제(結負制)	결부제(結負制)
토지장부	봉역도(封域圖) 및 요동성총도(遼東城塚圖)	• 도적(圖籍) • 일본에 전래[근강국 수소촌 간전도(近江國 水沼村 墾田圖)]	장적(방전, 직전, 제전, 규전, 구고전, 원전, 호전, 환전)
측량방식	구장산술	구장산술	구장산술
토지담당 (부서 · 조직)	• 부서 : 주부(主簿) • 실무조직 : 사자(使者)	내두좌평(內頭佐平) • 산학박사 : 지적 · 측량담당 • 화사 : 도면작성 • 산사 : 측량 시행	• 조부 : 토지세수 파악 • 산학박사 : 토지측량 및 면적측정
토지제도	토지국유제 원칙	토지국유제 원칙	토지국유제 원칙

11 토지행정의 기능으로 옳지 않은 것은?

① 토지보유제도　　② 토지개발

③ 토지이용　　④ 토지등록

정답 10 ①　11 ④

풀이

구분		내용
토지행정의 정의		토지행정의 정의는 UNECE(유럽을 위한 국제연합경제기구)가 정의한 "토지행정은 토지관리 정책을 이행할 시에 토지의 소유관계, 가치 및 용도에 관한 정보를 기록 및 전파하는 과정"을 의미하며, 토지행정은 "다양한 주제를 포함한 토지권리들에 관한 체계를 관리하는 것"이라고 정의하고 있다.
토지행정의 기능	토지보유 제도	• 토지에 대한 접근의 보장 및 토지 재화의 개발 및 분배 • 기록 보증에 관련된 절차 및 제도 • 필지경계설정을 위한 지도제작 및 법적측량조사 • 현재 특성에 대한 수정 또는 새로운 특성의 생성 • 부동산 양도 또는 판매 • 리스 또는 신용보증을 통한 사용 • 토지권리, 필지경계 관련 의혹 및 논쟁해결
	토지가치	• 토지 및 부동산 가치평가에 관한 절차 및 제도 • 과세를 통한 이익 계산 및 수징 • 토지평가 및 과세 관련 논쟁 해결
	토지이용	• 국가, 지역 및 지방수준의 토지이용계획 정책 및 규제의 채택 • 토지이용규제의 집행 • 토지이용 관련 갈등 관리
	토지개발	• 물리적 인프라와 공공시설의 신규 건축에 관한 절차 및 제도 • 건설계획의 이행 • 토지의 공공에 의한 매입, 몰수, 계획 권한, 건설 및 용도허가를 통한 토지이용의 변경, 개발비용의 배분

12 토지조사 시 줄자가 귀했던 시절 중요한 거리 측정도구의 하나로 굵은 마사(麻絲) 또는 금속선을 심지로 하고 외부를 가느다란 망사로 조밀하게 감고 밀랍을 먹인 줄자는?

① 권척(卷尺) ② 간승(間繩)
③ 죽척(竹尺) ④ 회조기(回照器)

구분	내용
권척(卷尺)	권척은 거리의 측정에 사용되는 도구로 포권척(布卷尺)과 강권척(鋼卷尺)이 있다. 포권척은 시가지 등에서 비교적 짧은 거리를 측정하는 경우에 사용되는 것으로 강한 마포(麻布)로 만들고 그 속에 구리나 놋쇠의 가는 철선을 섞어 짜 넣어 신축을 방지하고 방습을 위해서 외부에 밀랍을 바르고 1분 간격으로 눈금을 표시한 줄자로 폭은 5분(分), 길이는 10간 정도이다. 권척은 가죽 원통 집에 감아서 넣기에 휴대에 편리하고 사용 내구연수도 길지만 건습이나 장력의 영향을 받아 길이가 늘어나 오차가 큰 것이 결점이다.
간승(間繩)	토지조사 시 줄자가 귀했던 시절 중요한 거리 측정도구의 하나로 굵은 마사(麻絲) 또는 금속선을 심지로 하고 외부를 가느다란 망사로 조밀하게 감고 밀랍을 먹인 줄자이다. 꼰줄에 일정간격(1간)으로 금속 파편을 붙인 눈금이 새겨져 숫자를 읽기에 편리하게 했다. 길이는 20간, 40간, 60간(間), 직경은 약 3분 정도이고 보통 손잡이가 달린 목제의 원통 속에 감겨져 있다.
죽척(竹尺)	1910~1970년대까지 우리나라에서 사용된 대나무로 만든 자로 둥글게 말은 다음 휴대하기 편하게 8자 형태로 비틀어 어깨에 메고 다니며 측량을 했다. 둥글게 말아서 가지고 다니기에 죽제권척(竹製倦尺)이라고도 부른다. 일반적으로 3년생 청죽(靑竹)을 재료로 사용했고 도근과 세부측량에 사용되었다.

정답 12 ②

회조기 (回照器)	대삼각측량 등과 같이 삼각점 간의 거리가 원거리여서 측표가 직접 시준이 되지 않을 때 원거리 관측목표점에 설치하여 태양광선을 반사시켜서 관측자에게 되보내 측표의 위치를 알리는 반사경을 갖춘 간편한 각측량의 보조장치이다. 독일인 수학자이자 측지학자인 가우스가 1810~1820년에 교회의 창 유리로 인하여 태양의 반사경이 의외로 멀리까지 가는 것에 힌트를 얻어 10cm 사방의 거울을 사용하여 창안하였다.

13 **검정증(檢定證)이라고도 하며 1909년 유길준이 창설한 대한측량총관회에서 발행한 한국 최초의 측량기술자격증으로 한국 지적측량자격증의 효시는?**

① 대행측량사(代行測量上)
② 검열증(檢閱証)
③ 상치측량사(常置測量上)
④ 토지측량자(土地測量者)면허증

풀이 **지적측량사 자격의 변천연혁**

검열증 (檢閱證)	• 1909년 2월 : 유길준이 대한측량총관회(大韓測量總管會) 창립 • 검열증(檢閱証), 검정증(檢定證)이라고도 한다. • 1909년 유길준이 창설한 대한측량총관회에서 발행한 한국 최초의 측량기술자격증이다. • 1909년 4월에는 총관회 부령분 사무소에서 부평, 김포, 양천군의 측량기술을 검정하여 합격자는 검열증을 주고 합격되지 아니한 자는 1~2개월 강습한 다음 다시 검정하여 검열증을 주었다. • 원본이 보존되어 있지 아니하여 그 내역은 알 수 없다. • 한국 지적측량자격증의 효시이다.
지적측량사 규정에 의한 지적측량사	1960년에 지적측량사규정(1960.12.31. 국무원령 제176호) 및 지적측량사규정 시행규칙(1961.2.7. 재무부령 제194호) 제정 • 1962년에 최초로 지적측량사 자격시험 실시 • 상치측량사(常置測量上) : 국가공무원으로 그 소속 관서의 지적측량 사무에 종사하는 자 • 대행측량사(代行測量上) : 타인으로부터 지적법에 의한 측량업무를 위탁받아 하는 법인격이 있는 지적단체의 지적측량업무를 대행하는 자 • 세부(細部)측량과, 기초(基礎)측량과, 확정(確定)측량과로 구분
국가기술 자격법에 의한 지적기술자격	• 1973년에 국가기술자격법(1973.12.31. 법률 제2672호) 제정, 1975년부터 시행 –지적기술자격을 기술계(技術系)와 기능계(技能系)로 구분 –기술계 : 국토개발기술사(지적) · 지적기사 1급 · 지적기사 2급 –기능계 : 지적기능장 · 지적기능사 1급 · 지적기능사 2급 • 1980년부터 지적기술자격검정을 한국산업인력공단에서 시행 • 1991년에 국가기술자격법 시행령 개정(1991.10.31. 대통령령 제13494호) –국토개발기술사(지적)를 지적기술사로 명칭 변경, 지적기능장 폐지 • 1998년에 국가기술자격법 시행령 개정(1998.5.9. 대통령령 제15794호) –지적기술사 · 지적기사 · 지적산업기사 · 지적기능산업기사 · 지적기능사로 명칭 변경 • 2005년에 국가기술자격법 시행규칙 개정(2005.7.1. 노동부령 제225호) –지적산업기사와 지적기능산업기사를 지적산업기사로 통합

정답 13 ②

14 해양지적의 구성에서 해양관리의 주체로 옳지 않은 것은?

① 해양정책집행구조　　② 해양정책지원구조
③ 해양정책결정구조　　④ 해양관리 자원

풀이 **해양지적의 구성**

해양지적은 해양활동에서 파생되는 누가 어떻게 관리하는가에 관련된 해양관리 주체(People), 해양활동에 파생되는 제반사항이 무엇이며 어떤 유형이 있는가에 관련된 해양관리 객체(Marine), 해양활동에서 파생되는 제반사항을 어디에 등록하고 어떻게 표시하는가에 관련된 해양관리 형식(Records) 그리고 해양관리의 주체, 객체, 형식의 삼각구도가 원만히 운영될 수 있도록 하는 지원체계(Supporting)로 구성된다.

구분	세부	내용
해양관리 주체 (People)		해양활동에서 파생되는 제반사항을 조사, 등록, 관리하는 주체로서 해양정책을 입안하고 결정하는 의사결정기관인 정책결정구조, 결정된 정책을 실제 업무에 적용하는 집행구조, 정책 집행을 직 · 간접적으로 지원하는 지원구조를 포함한다.
	해양정책결정구조	해양관리의 효율성을 달성하기 위하여 해양정책에 관련된 제반 의사결정을 수행하는 과정에 참여하는 공식적 사람을 의미한다.
	해양정책집행구조	해양정책으로 결정된 사안에 대하여 직접 실무에 적용하는 조직 구조
	해양정책지원구조	해양정책집행에 간접적이고 전문적인 분야를 수행하기 위하여 조직된 공식적인 사람
해양관리 객체 (Marine)		해양지적의 범위설정 차원인 이용, 권리, 공간에 따라 검토될 수 있다.
	이용 차원	육지와 마찬가지로 해양의 용도에 따라 등록객체를 결정하는 것으로 해양의 활용가치에 초점을 둔다.
	권리 차원	육지의 물건에 부여되는 배타성을 해양공간에 인정하여 사법적 권리를 등록객체로 결정한다.
	공간 차원	국가 또는 지방정부의 해양에 대한 관할권 및 실제의 통제에 초점을 두고 육지와 공간적 거리에 따라 등록객체를 결정한다.
해양관리 형식 (Records)		해양등록 객체를 담는 그릇으로, 즉 해양등록부 유형에는 한 국가의 환경 및 제도에 따라 대장 및 등기부, 권원등록부로 구분할 수 있고 공통적으로 해양필지도 해당된다.
	해양등록대장	해양에 관련된 물리적인 현황을 중심으로 등록 · 관리
	권리원부	해양의 각종 권리를 등록
	권원등록부	해양의 권리원인을 등록
해양관리 지원 (Supporting)		해양지적의 삼각구도가 제대로 운영될 수 있도록 지원하는 연계체계로 해양지적입법체계, 해양지적업무설계, 해양지적측량, 해양인적자원관리, 해양지적의 교육 및 훈련 등을 포함한다.
	해양지적의 입법체계	해양관리에 관련된 법제로 국토관리, 경계관리, 수역관리, 자원관리, 환경관리 등의 법제
	해양지적의 업무설계	지적제도, 해양조사, 해양등록, 해양관리, 해양측량, 해양정보 등에 관련된 세부적인 업무를 의미

정답 14 ④

15 구장산술(九章算術)의 방전장에 따른 전(田)의 형태에 대한 설명으로 옳지 않은 것은?

① 방전(方田) : 사각형모양의 토지
② 규전(圭田) : 삼각형모양의 토지
③ 제전(梯田) : 사다리꼴모양의 토지
④ 호전(弧田) : 고리모양의 토지

풀이 **구장산술(九章算術)**

1. 구장산술의 개념
   ① 저자 및 편찬연대 미상인 동양최고의 수학서적
   ② 시초는 중국으로 원, 명, 청, 조선을 거쳐 일본에까지 영향을 미침
   ③ 삼국시대부터 산학관리의 시험 문제집으로 사용
2. 구장산술의 특징
   ① 수학의 내용을 제1장 방전부터 제9장 구고장까지 분류함
   ② 고대 농경사회의 수확량 측정 및 토지를 측량하여 세금부과에 이용
   ③ 특히, 제9장 구고장은 토지의 면적계산과 측량술에 밀접한 관련이 있음
   ④ 고대 중국의 일상적인 계산법이 망라된 중국수학의 결과물
3. 구장산술의 형태(전의 형태)

구분	내용
방전(方田)	사방의 길이가 같은 정사각형 모양의 전답으로 장(長)과 광(廣)을 측량
직전(直田)	긴 네모꼴의 전답으로 장(長)과 평(平)을 측량
구고전(句股田)	직삼각형으로 된 전답으로 구(句)와 고(股)를 측량함. 신라시대 천문수학의 교재인 주비산경 제1편에 주(밑변)를 3, 고(높이)를 4라고 할 때 현(빗변)은 5가 된다고 하였으며 이 원리는 중국에서 기원전 1,000년경에 나왔으며 피타고라스의 발견보다 무려 500여 년이 앞섬
규전(圭田)	이등변삼각형의 전답으로 장(長)과 광(廣)을 측량. 밑변×높이×1/2
제전(梯田)	사다리꼴 모양의 전답으로 장(長)과 동활(東闊), 서활(西闊)을 측량
원전(圓田)	원과 같은 모양의 전답으로 주(周)와 경(經)을 측량
호전(弧田)	활꼴모양의 전답으로 현장(弦長)과 시활(矢闊)을 측량
환전(環田)	두 동심원에 둘러싸인 모양, 즉 도넛 모양의 전답으로 내주(內周)와 외주(外周)를 측량

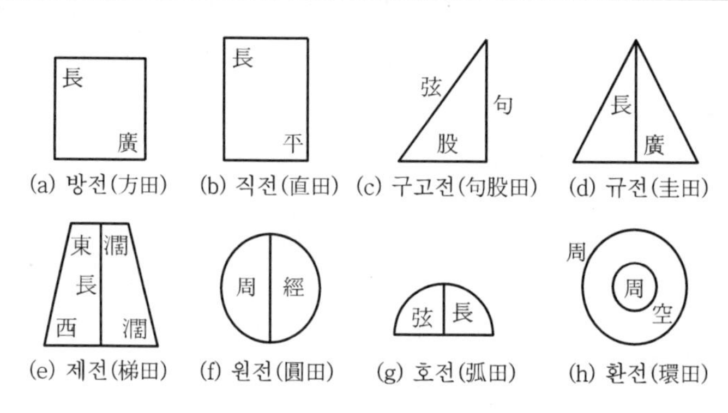

전(田)의 형태

4. 우리나라의 구장산술 : 삼국시대부터 구장산술을 이용하여 토지를 측량하였으나 화사가 지도나 도면을 만듦

정답 15 ④

16 권원등록제도에 대한 설명으로 가장 옳지 않은 것은?

① 개인 또는 법인의 소유주 성명과 주소를 확인한다.

② 일필지를 소유함으로써 보유하는 다른 토지에 대한 특정권리를 확인한다.

③ 등록된 문서가 등록되지 않은 문서 또는 뒤늦게 등록된 문서보다 우선권을 가진다.

④ 소유권 등록은 언제나 최후의 권리이며, 정부는 등록한 이후에 이루어지는 거래의 유효성에 대해 책임을 진다.

풀이 토지등록제도의 유형 **암기** ㉭㉯㉦㉨㉣

구분	내용
㉭인증서 등록제도 (捺印證書登錄制度)	토지의 이익에 영향을 미치는 문서의 공적 등기를 보전하는 것을 날인증서 등록제도(Registration of Deed)라고 한다. 기본적인 원칙은 등록된 문서가 등록되지 않은 문서 또는 뒤늦게 등록된 서류보다 우선권을 갖는다. 즉, 특정한 거래가 발생했다는 것은 나타나지만 그 관계자들이 법적으로 그 거래를 수행할 권리가 주어졌다는 것을 입증하지 못하므로 거래의 유효성(Availability)을 증명하지 못한다. 그러므로 토지거래를 하려는 자는 매도인 등의 토지에 대한 권원(Title) 조사가 필요하다.
㉯원등록제도 (權原登錄制度)	① 권원등록(Registration of Title)제도는 공적 기관에서 보존되는 특정한 사람에게 귀속된 명확히 한정된 단위의 토지에 대한 권리와 그러한 권리들이 존속되는 한계에 대한 권위 있는 등록이다. ② 소유권 등록은 언제나 최후의 권리이며 정부는 등록한 이후에 이루어지는 거래의 유효성(Availability)에 대해 책임을 진다. 권원등록은 다음과 같은 기본적인 정보를 내놓고 또한 이 정보들을 공식적으로 확인한다. • 영향을 받은 일필지의 명확한 정의(일필지를 소유함으로써 보유하는 다른 토지에 대한 특정 권리) • 개인 또는 법인의 소유주 성명과 주소 • 소유주 외의 다른 사람이 보유하는 일필지에 영향을 미치는 특정이익의 세목
㉦극적 등록제도 (消極的登錄制度)	소극적 등록제도(Negative System)는 기본적으로 거래와 그에 관한 거래증서의 변경기록을 수행하는 것이며, 일필지의 소유권이 거래되면서 발생되는 거래증서를 변경 등록하는 것이다. 네덜란드, 영국, 프랑스, 이탈리아, 미국의 일부 주 및 캐나다 등에서 시행되고 있다.
㉨극적 등록제도 (積極的登錄制度)	적극적 등록제도(Positive System)하에서의 토지등록은 일필지의 개념으로 법적인 권리보장이 인증되고 정부에 의해서 그러한 합법성(Legality)과 효력이 발생한다. 이 제도의 기본원칙은 지적공부에 등록되지 아니한 토지는 그 토지에 대한 어떠한 권리도 인정될 수 없고 등록은 강제되고 의무적이며 공적인 지적측량이 시행되지 않는 한 토지등기도 허가되지 않는다는 이론이 지배적이다. 적극적 등록제도의 발달된 형태는 토렌스시스템이다.
㉣렌스시스템 (Torrens System)	오스트레일리아 Robert Torrens 경이 창안한 토렌스시스템의 목적은 토지의 권원을 명확히 하고 토지거래에 따른 변동사항 정리를 용이하게 하여 권리증서의 발행을 편리하게 하는 것이다. 이 제도의 기본원리는 법률적으로 토지의 권리를 확인하는 대신에 토지의 권원을 등록하는 행위이다.

정답 16 ③

토렌스시스템 (Torrens System)	거울이론 (Mirror Principle)	토지권리증서의 등록은 토지의 거래사실을 완벽하게 반영하는 거울과 같다는 입장의 이론이다. 소유권에 관한 현재의 법적 상태는 오직 등기부에 의해서만 이론의 여지없이 완벽하게 보인다는 원리이며 주 정부에 의하여 적법성(Legitimacy)을 보장받는다.
	커튼이론 (Curtain Principle)	토지등록 업무가 커튼 뒤에 놓인 공정성(Fairness)과 신빙성에 대하여 관여할 필요도 없고 관여해서도 안 되는 매입신청자를 위한 유일한 정보의 이론이다. 토렌스제도에 의해 한번 권리증명서가 발급되면 당해 토지의 과거 이해관계에 대하여 모두 무효화하고 현재의 소유권을 되돌아볼 필요가 없다는 것이다.
	보험이론 (Insurance Principle)	토지등록이 인간의 과실로 인하여 착오가 발생한 경우 피해를 입은 사람은 피해보상에 대하여 법률적으로 선의의 제3자와 동등한 입장이 되어야 한다는 이론으로 권원증명서에 등기된 모든 정보는 정부에 의하여 보장된다는 원리이다.

17 고구려시대의 지적제도에 대한 설명으로 가장 옳은 것은?

① 토지장부에는 도전장, 양전도장, 양전장적, 도전정, 전적, 전안 등 명칭을 사용하였다.

② 군사작전상, 행정상 필요한 지도로 국토를 조사 수록한 봉역도와 요동성총도가 있다.

③ 면적단위로는 두락제와 결부제를 사용하였고 토지도면으로 근강국수소간전도가 현재까지 전해오고 있다.

④ 정전제를 실시하였으며, 풍백의 지휘를 받아 봉가가 지적을 담당하였고 측량실무는 오경박사가 시행하였다.

풀이 **토지기록부(도면)**

1. 삼국시대의 토지기록부

고구려	국토를 조사 수록한 지도, 군사작전상, 행정상 필요에 의하여 작성 • 봉역도(封域圖)와 요동성총도(遼東城塚圖)
백제	• 근강국 수소촌 간전도(近江國 水沼村 墾田圖) : 토지를 측량하여 소유자 및 경지의 위치를 표시한 도적 • 능역도 : 백체 무령왕릉의 지석이면에 새겨진 방위도(方位圖) • 방위간지 : 묘지매매와 관련된 문기에 나타난 묘지한계의 표시
신라	• 장적문서 : 과세의 기초, 가장 오래된 문서 • 승복사 비(碑) : 공전, 이백결등 토지와 관련된 기록을 볼 수 있는 자료 • '사표'의 기원 : 진성여왕 5년. 개선사지 비석의 비문 토지의 매매, 소재지, 토지의 종류가 기록되어 있고, 사표에 해당되는 내용인 '남지택토서천'(남쪽에는 연못이 있는 주택이 있고, 서쪽에는 하천이 있다) '동령행토북동'(동쪽에는 행인이 다니는 토지가 있고 북쪽 또한 같다) 해당 토지를 중심으로 사방의 토지를 표시한 것

정답 17 ②

2. 토지기록 도면

봉역도 (封域圖)	봉역이란 흙을 쌓아서 만든 경계란 뜻으로 지리상 원근, 지명, 산천 등을 기록한 토지의 측량으로 작성된 토지도면이나 지지(地誌)상의 도면으로 울절(鬱折, 국가의 경영담당으로 지적도와 호적을 관장)이 사무를 주관하였으며 현존하지 않는다.
요동성총도 (遼東城塚圖)	요동성의 지도가 그려져 있는데 요동성의 지형과 성시의 구조, 도로, 성벽, 주요 건물 등을 상세하게 그렸을 뿐 아니라 하천과 개울, 산 등도 그려져 있다. 이 요동성 지도는 우리나라에 실물로 현존하는 도시평면도로서 가장 오래된 것이다.
근강국 수소촌 간전도 (近江國 水沼村 墾田圖)	토지를 측량하여 소유자 및 경지의 위치를 표시한 도적(圖籍)으로 백제가 전해준 일본의 비조문화(飛鳥文化, 4~7세기)에서 알 수 있으며 이것은 세계 최고(最古)의 지적도로 인정되고 있다.
능역도 (陵域圖 : 地積圖)	능역(陵域)이란 임금의 무덤을 말하며 백제 무령왕릉(武寧王陵)의 지석이면(誌石裏面)에 동 · 남 · 북에 새겨진 방위도(方位圖)를 말한다.
방위간지(方位干支)	신과의 묘지매매에 관해 문기(文記)에 나타난 묘지한계의 표시

18 지적소관청이 부동산종합공부에 공통으로 등록하여야 하는 사항으로 옳지 않은 것은? (20년1회지기)

① 소재지　　② 관련지번

③ 건축물명칭　　④ 토지이동사유

풀이 **부동산종합공부의 등록사항**

토지의 표시와 소유자에 관한 사항, 건축물의 표시와 소유자에 관한 사항, 토지의 이용 및 규제에 관한 사항, 부동산의 가격에 관한 사항 등 부동산에 관한 종합정보를 정보관리체계를 통하여 기록 · 저장한 것을 말한다.

공통사항	• 고유번호, 소재지, 지번, 관련 지번, 도로명주소 • 건축물 명칭, 동 명칭, 호 명칭
지적에 관한 사항	• 지목, 면적 • 토지이동일, 토지이동 사유 • 대지권 비율 • 지적도, 임야도, 경계점좌표, 축척, 담당자
건축물에 관한 사항	• 주용도, 주구조, 지붕, 대지면적, 건축면적, 연면적 • 건폐율, 용적률, 용적률 산정용 연면적, 높이 • 주부구분, 층수(지상 · 지하), 건물수, 부속동 · 면적, 주차대수 • 상가호수, 가구수, 세대수, 특이사항, 기타 기재사항 • 허가, 착공, 사용 승인일 • 층별(명칭), 층별 구조, 층별 용도, 층별 면적 • 전유 · 공유 구분, 전유 · 공유(구조, 용도, 면적) • 변동일, 변동 내용 및 원인 • 배치도, 단위 세대 평면도, 축척, 작성자
토지이용에 관한 사항	지역 · 지구 · 구역, 토지이용 규제, 행위 제한
가격에 관한 사항	기준연월일, 토지 등급, 개별공시지가, 주택(개별주택, 공동주택) 가격
소유에 관한 사항	성명, 등록번호, 주소, 소유 구분, 지분, 변동 원인, 변동연월일

정답 18 ④

공간정보의 구축 및 관리 등에 관한 법률 제76조의3(부동산종합공부의 등록사항 등)

<table>
<tr><td rowspan="2">등록사항</td><td>토지의 표시와 소유자에 관한 사항, 건축물의 표시와 소유자에 관한 사항, 토지의 이용 및 규제에 관한 사항, 부동산의 가격에 관한 사항 등 부동산에 관한 종합정보를 정보관리체계를 통하여 기록 · 저장한 것을 말한다.</td></tr>
<tr><td>지적소관청은 부동산종합공부에 다음 각 호의 사항을 등록하여야 한다. 〈개정 2016.1.19.〉
1. 토지의 표시와 소유자에 관한 사항 : 이 법에 따른 지적공부의 내용
2. 건축물의 표시와 소유자에 관한 사항(토지에 건축물이 있는 경우만 해당한다.) : 「건축법」 제38조에 따른 건축물대장의 내용
3. 토지의 이용 및 규제에 관한 사항 : 「토지이용규제 기본법」 제10조에 따른 토지이용계획확인서의 내용
4. 부동산의 가격에 관한 사항 : 「부동산 가격공시에 관한 법률」 제10조에 따른 개별공시지가, 같은 법 제16조, 제17조 및 제18조에 따른 개별주택가격 및 공동주택가격 공시내용
5. 그 밖에 부동산의 효율적 이용과 부동산과 관련된 정보의 종합적 관리 · 운영을 위하여 필요한 사항으로서 대통령령으로 정하는 사항
법 제76조의3제5호에서 "대통령령으로 정하는 사항"이란 「부동산등기법」 제48조에 따른 부동산의 권리에 관한 사항을 말한다.</td></tr>
<tr><td>지적(임야)도</td><td>
<table>
<tr><th rowspan="2">구분</th><th rowspan="2">축척</th><th colspan="2">도상길이(cm)</th><th colspan="2">지상길이(m)</th></tr>
<tr><th>종선</th><th>횡선</th><th>종선</th><th>횡선</th></tr>
<tr><td rowspan="7">토지대장등록지
(지적도)</td><td>1/500</td><td>30</td><td>40</td><td>150</td><td>200</td></tr>
<tr><td>1/600</td><td>41.666</td><td>33.333</td><td>200</td><td>250</td></tr>
<tr><td>1/1000</td><td>30</td><td>40</td><td>300</td><td>400</td></tr>
<tr><td>1/1200</td><td>41.666</td><td>33.333</td><td>400</td><td>500</td></tr>
<tr><td>1/2400</td><td>41.666</td><td>33.333</td><td>800</td><td>1,000</td></tr>
<tr><td>1/3000</td><td>40</td><td>50</td><td>1,200</td><td>1,500</td></tr>
<tr><td>1/6000</td><td>40</td><td>50</td><td>2,400</td><td>3,000</td></tr>
<tr><td rowspan="2">임야대장등록지
(임야도)</td><td>1/3000</td><td>40</td><td>50</td><td>1,200</td><td>1,500</td></tr>
<tr><td>1/6000</td><td>40</td><td>50</td><td>2,400</td><td>3,000</td></tr>
</table>
</td></tr>
</table>

19 〈보기〉에 대한 업무를 수행한 지적행정기구는?

> 1898년 7월 6일 전문 24조로 실시한 업무는 전국의 토지를 파악하기 위한 목적으로 전 · 답 · 가사 · 염전 · 화전까지 조사 대상으로 하였으며 국세 조사 차원과 소유권에 대한 관리 차원에서 소유자를 파악한 것이다. 지번은 자호제를 적용하고 천자문 순서에 따라 붙이되 1자호당 5결로 하며 1자호 내에 있는 토지는 필지에 따라 일련번호를 부여하고 5결이 되면 다른 자호를 부여하도록 하였다.

① 가계　　② 지계
③ 양지아문　　④ 지계아문

풀이 1. 양지아문(量地衙門)

① 개요 : 양지아문은 광무 2년(1898년) 7월에 칙령 제25호로 양지아문 직원 및 처무규정을 공포하여 비로소 독립관청으로 양전사업을 위하여 설치되었다. 양전사업에 종사하는 실무진(實務陣)으로는 양무감리

정답 19 ③

(量務監理), 양무위원(量務委員), 조사위원(調査委員) 및 기술진(技術陣)은 수기사(首技師)인 미국인 거렴(Raymand Edward Leo Krumm)과 기수보(技手補) 그리고 견습과정을 마친 학원(學員)이 있었다. 양전과정은 측량과 양안작성과정으로 나누어지는데 양안 작성 과정은 야초책(野草冊)을 작성하는 1단계, 중초책을 작성하는 2단계, 정서책으로 완성시키는 3단계로 나누어 진행하였으나 광무 5년(1901년)에 이르러 전국적인 대흉년으로 일단 중단하게 되었다. 소유권 이전을 국가가 통제할 수 있는 장치로서 조선시대 때 시행하였던 입안(立案)에 대신하여 지계를 발행하는 제도를 채택하였다.

② 양안작성과정

야초책(野草冊)	• 1필마다 토지측량을 행한 결과를 최초로 기록하는 장부 • 전답과 초가 · 외가의 구별 · 배미 · 양전방향 · 전답 도형과 사표 · 실적(實積) · 등급 · 결부 · 전답주 및 소작인 기록
중초책(中草冊)	• 야초작업이 끝난 후 만든 양안의 초안 • 서사(書使) 1명, 산사(算師) 3명이 종사하고 면도감(面都監)이 감독
정서책(正書冊)	• 광무양안 때 3단계 작업으로 완성한 양안으로 면에서 중초책을 완성하면 읍에서 취합하여 작성 · 완성한 정안(正案)이다. • 정안은 3부를 작성하여 1부는 양지아문에, 1부는 도(道)의 감영(監營)에, 1부는 읍(邑)에 보관하였다.

2. 지계아문(地契衙門)

지계아문의 사업은 성격상 양지아문과 밀접한 관계가 있었고 지계발행 사업의 방대함에 비추어 지계아문만이 전국의 지계사업을 전담하기에 벅찼다. 그래서 1902년 3월에 지계아문과 양지아문을 통합하였다. 즉, 지계가 발행되기 위해서는 토지대장에 의한 토지 소유권자의 확인이 필요하여 양전의 시행은 지계의 시행과 병행되어야 했다. 기구의 통합과 업무의 통합도 이루게 되어 지계발행과 양전을 새 통합기구인 지계아문에서 수행하게 되었다. 러일전쟁에 의한 일본 군대의 주둔과 제1차 한일협약을 강요당하게 되어 지계 발행은 물론 양전사업마저도 중단되고 말았으며, 새로 탁지부에 양지국을 신설하여 양전 업무를 담당시키고 지계발행업무는 그 업무의 완료와 함께 당해 군으로 인계하여 1904년 4월 19일 지계아문은 폐지되었다.

① 목적

- 국가의 부동산에 대한 관리체계 확립
- 지가제도 도입
- 지주납세제 실현
- 일본인의 토지 잠매 방지

② 업무

- 지권(地券)의 발행과 양지 사무를 담당하는 지적중앙관서
- 관찰사가 지계감독사를 겸임하였다.
- 각 도에 지계감리를 1명씩 파견하여 지계발행의 모든 사무를 관장하였다.
- 1905년 을사조약 체결 이후 "토지가옥 증명규칙"에 따라 실질심사주의를 채택하여 토지가옥의 매매, 교환, 증여 시 "토지가옥 증명대장"에 기재하여 공시하였다.
- 양안을 기본대장으로 사정을 거쳐 관계를 발급하였다.

20 **다음은 지적공부의 복구에 대한 설명이다. 이 중 틀린 것은?** (13년서울9급)

① 지적소관청은 지적공부를 복구하고자 하는 때에는 복구자료를 조사하여야 한다.

② 지적소관청은 조사된 복구자료 중 토지대장 · 임야대장 및 공유지연명부의 등록 내용을 증명하는 서류 등에 따라 지적복구자료도를 작성하고, 지적도면의 등록 내용을 증명하는 서류 등에 따라 복구자료조사서를 작성하여야 한다.

③ 복구측량을 한 결과가 복구자료와 부합하지 아니하는 때에는 토지소유자 및 이해관계인의 동의를 얻어 경계 또는 면적 등을 조정할 수 있다.

④ 지적소관청은 복구자료의 조사 또는 복구측량 등이 완료되어 지적공부를 복구하려는 경우에는 복구하려는 토지의 표시 등을 시 · 군 · 구 게시판 및 인터넷 홈페이지에 15일 이상 게시하여야 한다.

⑤ 복구하려는 토지의 표시 등에 이의가 있는 자는 게시기간(시 · 군 · 구 게시판 및 인터넷홈페이지에 15일 이상 게시) 이내에 지적소관청에 이의신청을 할 수 있다.

풀이 **공간정보의 구축 및 관리 등에 관한 법률 제74조(지적공부의 복구)** 지적소관청(제69조제2항에 따른 지적공부의 경우에는 시 · 도지사, 시장 · 군수 또는 구청장)은 지적공부의 전부 또는 일부가 멸실되거나 훼손된 경우에는 대통령령으로 정하는 바에 따라 지체 없이 이를 복구하여야 한다.

공간정보의 구축 및 관리 등에 관한 법률 시행규칙 제72조(지적공부의 복구자료) **암기** **㊀㊁㊂㊃㊄㊅은 ㊆㊇㊈에서**
영 제61조제1항에 따른 지적공부의 복구에 관한 관계 자료(이하 "복구자료"라 한다)는 다음 각 호와 같다.

1. (부)동산등기부 (등)본 등 등기사실을 증명하는 서류
2. (지)적공부의 (등)본
3. 법 제69조제3항(지적공부를 복제하여 관리하는 정보관리체계를 구축하여야 한다)에 따라 (복)제된 지적공부
4. 지적소관청이 작성하거나 발행한 지적공부의 등록내용을 증(명)하는 서류
5. 측(량) 결과도
6. 토(지)이동정리 결의서
7. 법(원)의 확정판결서 정본 또는 사본

공간정보의 구축 및 관리 등에 관한 법률 시행규칙 제73조(지적공부의 복구절차 등)

① 지적소관청은 지적공부를 복구하려는 경우에는 복구자료를 조사하여야 한다.

② 지적소관청은 제1항에 따라 조사된 복구자료 중 토지대장 · 임야대장 및 공유지연명부의 등록 내용을 증명하는 서류 등에 따라 별지 제70호서식의 지적복구자료 조사서를 작성하고, 지적도면의 등록 내용을 증명하는 서류 등에 따라 복구자료도를 작성하여야 한다.

③ 제2항에 따라 작성된 복구자료도에 따라 측정한 면적과 지적복구자료 조사서의 조사된 면적의 증감이 영 제19조제1항제2호가목의 계산식에 따른 허용범위를 초과하거나 복구자료도를 작성할 복구자료가 없는 경우에는 복구측량을 하여야 한다. 이 경우 같은 계산식 중 A는 오차허용면적, M은 축척분모, F는 조사된 면적을 말한다.

④ 제2항에 따라 작성된 지적복구자료 조사서의 조사된 면적이 영 제19조제1항제2호가목의 계산식에 따른 허용범위 이내인 경우에는 그 면적을 복구면적으로 결정하여야 한다.

⑤ 제3항에 따라 복구측량을 한 결과가 복구자료와 부합하지 아니하는 때에는 토지소유자 및 이해관계인의 동의를 받어 경계 또는 면적 등을 조정할 수 있다. 이 경우 경계를 조정한 때에는 제60조제2항에 따른 경계점표지를 설치하여야 한다.

정답 **20** ②

⑥ 지적소관청은 제1항부터 제5항까지의 규정에 따른 복구자료의 조사 또는 복구측량 등이 완료되어 지적공부를 복구하려는 경우에는 복구하려는 토지의 표시 등을 시 · 군 · 구 게시판 및 인터넷 홈페이지에 15일 이상 게시하여야 한다.
⑦ 복구하려는 토지의 표시 등에 이의가 있는 자는 제6항의 게시기간 내에 지적소관청에 이의신청을 할 수 있다. 이 경우 이의신청을 받은 지적소관청은 이의사유를 검토하여 이유 있다고 인정되는 때에는 그 시정에 필요한 조치를 하여야 한다.
⑧ 지적소관청은 제6항 및 제7항에 따른 절차를 이행한 때에는 지적복구자료 조사서, 복구자료도 또는 복구측량 결과도 등에 따라 토지대장 · 임야대장 · 공유지연명부 또는 지적도면을 복구하여야 한다.
⑨ 토지대장 · 임야대장 또는 공유지연명부는 복구되고 지적도면이 복구되지 아니한 토지가 법 제83조에 따른 축척변경 시행지역이나 법 제86조에 따른 도시개발사업 등의 시행지역에 편입된 때에는 지적도면을 복구하지 아니할 수 있다.

정답

09 제9회 합격모의고사

01 지적의 원리에 대한 설명으로 틀린 것은?

① 공(公)기능성의 원리는 지적공개주의를 말한다.
② 민주성의 원리는 주민참여의 보장을 말한다.
③ 능률성의 원리는 중앙집권적 통제를 말한다.
④ 정확성의 원리는 지적불부합지의 해소를 말한다.

풀이 지적의 원리

구분	내용
공기능성의 원리 (Publicness)	지적은 국가가 국토에 대한 상황을 다수의 이익을 추구하기 위하여 기록 · 공시하는 국가의 공공업무이며, 국가고유의 사무이다. 현대지적은 일방적인 관리층의 필요에 의해 만들어져서는 안 되고, 제도권 내의 사람에게 수평성의 원리에서 공공관계가 이루어져야 한다. 따라서 모든 지적사항은 필요에 의해 공개되어야 한다.
민주성의 원리 (Democracy)	현대지적에서 민주성이란, 제도의 운영주체와 객체가 내적인 면에서 행정의 인간화가 이루어지고, 외적인 면에서 주민의 뜻이 반영되는 지적행정이라 할 수 있다. 아울러 지적의 책임성은 지적법의 규정에 따라 공익을 증진하고 주민의 기대에 부응하도록 하는 데 있다.
능률성의 원리 (Efficiency)	실무활동의 능률성은 토지현상을 조사하여 지적공부를 만드는 과정에서의 능률을 의미하고, 이론개발 및 전달과정의 능률성은 주어진 여건과 실행과정의 개선을 의미한다. 지적활동을 능률화한다는 것은 지적문제의 해소를 뜻하며, 나아가서 지적활동의 과학화, 기술화 내지는 합리화, 근대화를 지칭하는 것이다.
정확성의 원리 (Accuracy)	지적활동의 정확도는 크게 토지현황조사, 기록과 도면, 관리와 운영의 정확도를 말한다. 토지현황조사의 정확성은 일필지조사, 기록과 도면의 정확성은 측량의 정확도 그리고 지적공부를 중심으로 한 관리 · 운영의 정확성은 지적조직의 업무분화와 정확도에 관련됨이 크다. 결국 지적의 정확성은 지적불부합의 반대개념이다.

02 대규모 지역의 지적측량에 부가하여 항공사진측량을 병용하는 것과 가장 관계 깊은 지적 원리는?

(19년3회지기)

① 공기능의 원리 ② 능률성의 원리
③ 민주성의 원리 ④ 정확성의 원리

풀이 문제 1번 풀이 참고

03 지적의 원리 중 지적활동의 정확성을 설명한 것으로 옳지 않은 것은? (19년3회지산)

① 서비스의 정확성 – 기술의 정확도
② 토지현황조사의 정확성 – 일필지 조사
③ 기록과 도면의 정확성 – 측량의 정확도
④ 관리 · 운영의 정확성 – 지적조직의 업무분화 정확도

정답 01 ③ 02 ② 03 ①

풀이 정확성의 원리(Accuracy)

지적활동의 정확도는 크게 토지현황조사, 기록과 도면, 관리와 운영의 정확도를 말한다. 토지현황조사의 정확성은 일필지조사, 기록과 도면의 정확성은 측량의 정확도 그리고 지적공부를 중심으로 한 관리 · 운영의 정확성은 지적조직의 업무 분화와 정확도에 관련됨이 크다. 결국 지적의 정확성은 지적 불부합의 반대 개념이다.

04 다음 중 지적의 요건으로 볼 수 없는 것은?

① 안전성　　② 정확성
③ 창조성　　④ 효율성

풀이 지적의 특성 **암기** ㊀간정신저적등

안전성 (Security)	안전성(安全性)은 소유권 등록체계의 근본이며 토지의 소유자, 그로부터 토지를 사거나 임대받은 자, 토지를 담보로 그에게 돈을 빌려준 자, 주위 토지통행권 또는 전기 · 수도 등의 시설권을 가진 인접 토지소유자, 토지를 통과하거나 그것에 배수로를 뚫을 권리를 지닌 이웃하는 토지소유자 등 모두가 안전하다. 그들의 권리는 일단 등록되면 불가침의 영역이다.
간편성 (Simplicity)	간편성(簡便性)은 그 본질의 효율적 작용을 위해서만이 아니라 초기적 수용을 위해서 효과적이다. 소유권 등록은 단순한 형태로 사용되어야 하며 절차는 명확하고 확실해야 한다.
정확성 (Accuracy)	정확성(正確性)은 어떤 체계가 효과적이기 위해서 필요하다. 정확성에 대해서는 논할 필요가 없다. 왜냐하면 부정확한 등록은 유용하지 않다기보다는 해롭기 때문이다.
신속성 (Expedition)	신속성(迅速性)은 신속함 또는 역으로 지연됨은 그 자체가 중요한 것으로 인식되지는 않는다. 다만, 등록이 너무 오래 걸린다는 불평이 정당화되고 그 체계에 대해 평판이 나빠지게 되면 그때 중요하게 인식된다.
저렴성 (Cheapness)	저렴성(低廉性)은 상대적인 것이고 다른 대안으로서 비교되어야만 평가할 수 있는 것이지만 효율적인 소유권 등록에 의해서 소유권을 입증하는 것보다 더 저렴한 방법은 없다. 왜냐하면 이것은 소급해서 권원(Title)을 조사할 필요가 없기 때문이다.
적합성 (Suitability)	적합성(適合性)은 지금 존재하는 것과 미래에 발생할 것에 기초를 둔다. 그러나 상황이 어떻든 간에 결정적인 요소는 적당해야 할 것이며 이것은 비용, 인력, 전문적인 기술에 유용해야 한다.
등록의 완전성 (Completeness of the Record)	등록의 완전성(完全性)은 두 가지 방식으로 해석된다. 우선적으로 등록이란 모든 토지에 대하여 완전해야 된다. 그 이유는 등록이 완전해질 때까지 등록되지 않은 구획토지는 등록된 토지와 중복되고 또 각각 적용되는 법률도 다르므로 소유권 행사에 여러 가지 제약을 받기 때문이다. 그 다음은 각각의 개별적인 구획토지의 등록은 실직적인 최근의 상황을 반영할 수 있도록 그 자체가 완전해야 한다.

05 해양지적의 구성에서 해양관리의 객체로 옳지 않은 것은?

① 공간 차원　　② 해양정책지원구조
③ 이용 차원　　④ 권리 차원

정답 04 ③ 05 ②

풀이 **해양지적의 구성**

해양지적의 구성은 해양활동에서 파생되는 누가 어떻게 관리하는가에 관련된 해양관리 주체(People), 해양활동에 파생되는 제반사항이 무엇이며 어떤 유형이 있는가에 관련된 해양관리 객체(Marine), 해양활동에서 파생되는 제반사항을 어디에 등록하고 어떻게 표시하는가에 관련된 해양관리 형식(Records) 그리고 해양관리의 주체, 객체, 형식의 삼각구도가 원만히 운영될 수 있도록 하는 지원체계(Supporting)로 구성된다.

구분	세부	내용
해양관리 주체 (People)	해양활동에서 파생되는 제반사항을 조사, 등록, 관리하는 주체로서 해양정책을 입안하고 결정하는 의사결정기관인 정책결정구조, 결정된 정책을 실제 업무에 적용하는 집행구조, 정책 집행을 직 · 간접적으로 지원하는 지원구조를 포함한다.	
	해양정책결정구조	해양관리의 효율성을 달성하기 위하여 해양정책에 관련된 제반 의사결정을 수행하는 과정에 참여하는 공식적 사람을 의미한다.
	해양정책집행구조	해양정책으로 결정된 사안에 대하여 직접 실무에 적용하는 조직 구조
	해양정책지원구조	해양정책집행에 간접적이고 전문적인 분야를 수행하기 위하여 조직된 공식적인 사람
해양관리 객체 (Marine)	해양지적의 범위설정 차원인 이용, 권리, 공간에 따라 검토될 수 있다.	
	이용 차원	육지와 마찬가지로 해양의 용도에 따라 등록객체를 결정하는 것으로 해양의 활용가치에 초점을 둔다.
	권리 차원	육지의 물건에 부여되는 배타성을 해양공간에 인정하여 사법적 권리를 등록객체로 결정한다.
	공간 차원	국가 또는 지방정부의 해양에 대한 관할권 및 실제의 통제에 초점을 두고 육지와 공간적 거리에 따라 등록객체를 결정한다.
해양관리 형식 (Records)	해양등록 객체를 담는 그릇으로, 즉 해양등록부 유형에는 한 국가의 환경 및 제도에 따라 대장 및 등기부, 권원등록부로 구분할 수 있고 공통적으로 해양필지도 해당된다.	
	해양등록대장	해양에 관련된 물리적인 현황을 중심으로 등록 · 관리
	권리원부	해양의 각종 권리를 등록
	권원등록부	해양의 권리원인을 등록
해양관리 지원 (Supporting)	해양지적의 삼각구도가 제대로 운영될 수 있도록 지원하는 연계체계로 해양지적입법체계, 해양지적업무설계, 해양지적측량, 해양인적자원관리, 해양지적의 교육 및 훈련 등을 포함한다.	
	해양지적의 입법체계	해양관리에 관련된 법제로 국토관리, 경계관리, 수역관리, 자원관리, 환경관리 등의 법제
	해양지적의 업무설계	지적제도, 해양조사, 해양등록, 해양관리, 해양측량, 해양정보 등에 관련된 세부적인 업무를 의미

06 해양지적의 원리와 관련이 없는 것은?

① 다양한 형태의 권익 관리
② 정보은행모델의 기반
③ 권리보다는 경계 지향
④ 정부 및 이해관계인의 참여

정답 06 ③

풀이 **해양지적**

1. 해양지적의 정의
   해양지적은 "해양의 가치와 이용, 부동산과 관련된 본질과 공간범위를 포괄하는 정보시스템"을 의미하고 "해양의 지상, 지하의 권리와 권익의 경계에 대한 관련성을 공간적으로 관리하고 물리적으로 한정하며, 등록하는 해안의 권리와 권익의 경계를 가능하게 하는 시스템"을 말한다.
2. 해양지적의 원리
   해양지적의 원리는 해양지적제도가 존립하기 위하여 요구되는 사안들로 일반적인 지침보다는 누가, 무엇을, 어떻게, 어디에 등의 선택적 사안에 직면할 때 참고할 수 있는 내용이라 할 수 있으며 해양지적제도를 운영하면서 선택적 사안에 도움을 줄 수 있는 원리는 다음과 같다.

다양한 형태의 권익(Interests) 관리	양식 및 조업에서 다양한 권리 관리(공증권, 개발권, 해저이용권 등)
양질의 자료(Good Base Data) 및 시각화	• 자료의 질과 입체적 설명 • 신속한 전달 및 자료의 신뢰성
경계보다는 권리(Rights－Oriented) 지향	필지단위로 구획된 경계 내 권리보호(해양권의 등록관리 : 해양등록부)
정부 및 이해관계인(Participation)의 참여	인간의 공존공간(다수의 이해 관계인＋공공부분 참여)
정보은행모델의 기반 (Information Custodian Model)	공간의사결정 지원(공간참조정보를 수집, 생산, 관리, 유통)

07 다음은 지적공부의 복구에 관한 관계자료이다. 옳지 않은 것은? (15년서울9급)

① 등기사실을 증명하는 서류
② 부동산등기부의 사본
③ 법원의 확정판결서 정본 또는 사본
④ 토지이동정리 결의서
⑤ 측량결과도

풀이 **공간정보의 구축 및 관리 등에 관한 법률 제61조(지적공부의 복구)**

① 지적소관청이 법 제74조에 따라 지적공부를 복구할 때에는 멸실 · 훼손 당시의 지적공부와 가장 부합된다고 인정되는 관계 자료에 따라 토지의 표시에 관한 사항을 복구하여야 한다. 다만, 소유자에 관한 사항은 부동산등기부나 법원의 확정판결에 따라 복구하여야 한다.
② 제1항에 따른 지적공부의 복구에 관한 관계 자료 및 복구절차 등에 관하여 필요한 사항은 국토교통부령으로 정한다.

공간정보의 구축 및 관리 등에 관한 법률 시행규칙 제72조(지적공부의 복구자료)

영 제61조제1항에 따른 지적공부의 복구에 관한 관계 자료(이하 "복구자료"라 한다)는 다음 각 호와 같다.

암기 **㊕㊔㊋㊔㊕㊔은 ㊔㊋㊔에서**

1. (부)동산등기부 (등)본 등 등기사실을 증명하는 서류
2. (지)적공부의 (등)본
3. 법 제69조제3항(지적공부를 복제하여 관리하는 정보관리체계를 구축하여야 한다)에 따라 (복)제된 지적공부
4. 지적소관청이 작성하거나 발행한 지적공부의 등록내용을 증(명)하는 서류
5. 측(량) 결과도
6. 토(지)이동정리 결의서
7. 법(원)의 확정판결서 정본 또는 사본

정답 07 ②

08 지적불부합지로 인해 야기될 수 있는 사회적 문제점으로 보기 어려운 것은?

① 빈번한 토지분쟁　　② 토지거래 질서의 문란
③ 주민의 권리 행사 지장　　④ 확정 측량의 불가피한 급속 진행

풀이 지적불부합의 영향

사회적	행정적
• 토지분쟁의 증가 • 토지거래질서 문란 • 국민권리 행사에 지장 • 권리실체 인정의 부실초래	• 지적행정의 불신 초래 • 토지이동정리 정지 • 부동산등기의 지장 초래 • 공공사업 수행의 지장 • 소송수행자의 지장

09 기본도로서 지적도가 갖추어야 할 요건으로 옳지 않은 것은? (20년1회지산)

① 일정한 축척의 도면 위에 등록해야 한다.
② 기본정보는 변동 없이 항상 일정해야 한다.
③ 기본적으로 필요한 정보가 수록되어야 한다.
④ 특정자료를 추가하여 수록할 수 있어야 한다.

풀이 다목적지적의 5대 구성요소 **암기** ㉭㉮㉷㉸㉻

㉭지기본망 (Geodetic Reference Network)	토지의 경계선과 측지측량이나 그 밖의 토지 및 토지 관련 자료와 지형 간의 상관관계를 형성하고 지상에 영구적으로 표시되어 지적도상에 등록된 경계선을 현지에 복원할 수 있는 정확도를 유지할 수 있는 기준점 표지의 연결망을 말하는데 서로 관련 있는 모든 지역의 기준점이 단일의 통합된 네트워크여야 한다.
㉮본도 (Base Map)	측지기본망을 기초로 작성된 도면으로서 지도작성에 기본적으로 필요한 정보를 일정한 축척의 도면 위에 등록한 것으로 변동사항과 자료를 수시로 정비하고 최신화하여 사용될 수 있어야 한다.
㉷적중첩도 (Cadastral Overlay)	측지기본망과 기본도와 연계하여 활용할 수 있고 토지소유권에 관한 현재 상태의 경계를 식별할 수 있도록 일필지 단위로 등록한 지적도로 시설물, 토지이용, 지역구도 등을 결합한 상태의 도면을 말한다.
㉸지식별번호 (Unique Parcel Identification Number)	각 필지별 등록사항의 조직적인 저장과 수정을 용이하게 각 정보를 인식 · 선정 · 식별 · 조정하는 가변성이 없는 토지의 고유번호를 말하는데 지적도의 등록 사항과 도면의 등록 사항을 연결시켜 자료파일의 검색 등 색인번호의 역할을 한다. 이러한 필지식별번호는 토지평가, 토지의 과세, 토지의 거래, 토지이용계획 등에서 활용되고 있다.
㉻지자료파일 (Land Data File)	토지에 대한 정보검색이나 다른 자료철에 있는 정보를 연결시키기 위한 목적으로 만들어진 각 필지의 식별번호를 포함한 일련의 공부 또는 토지자료철을 말하는데 과세대장, 건축물대장, 천연자원기록, 토지이용, 도로, 시설물대장 등 토지 관련 자료를 등록한 대장을 뜻한다.

정답 08 ④ 09 ②

10 지목에 대한 설명으로 옳지 않은 것은? (20년1회지산)

① 지목의 결정은 지적소관청이 한다.
② 지목의 결정은 행정처분에 속하는 것이다.
③ 토지소유자의 신청이 없어도 지목을 결정할 수 있다.
④ 토지소유자의 신청이 있어야만 지목을 결정할 수 있다.

풀이 지목의 결정원칙

구분	내용
지목국정주의 원칙	토지의 주된 용도를 조사하여 지목을 결정하는 것이 국가라는 원칙, 즉 국가만이 지목을 정할 수 있다는 원칙
지목법정주의 원칙	지목의 종류 및 명칭을 법률로 규정한다는 원칙
1필지 1지목 원칙	1필지에는 하나의 지목을 설정한다는 원칙
주지목추종의 원칙	주된 토지의 편익을 위해 설치된 소면적의 도로, 구거 등의 지목은 이를 따로 정하지 않고 주된 토지의 사용목적 및 용도에 따라 지목을 설정한다는 원칙
등록선후의 원칙	도로, 철도용지, 하천, 제방, 구거, 수도용지 등의 지목이 중복되는 경우에는 먼저 등록된 토지의 사용목적, 용도에 따라 지번을 설정한다는 원칙
용도경중의 원칙	1필지의 일부가 용도가 다른 용도로 사용되는 경우로서 주된 용도의 토지에 편입할 수 있는 토지는 주된 토지의 용도에 따라 지목을 설정한다는 원칙
일시변경불변의 원칙	토지의 주된 용도의 변경이 아닌, 임시적이고 일시적인 변경은 지목변경을 할 수 없다는 원칙
사용목적추종의 원칙	도시계획사업, 토지구획정리사업, 농지개량사업 등의 완료에 따라 조성된 토지는 사용 목적에 따라 지목을 설정하여야 한다는 원칙

11 실제적으로 지적과 등기의 관련성을 성취시켜주는 토지등록의 원칙은? (20년1 · 2회통합지산)

① 공시의 원칙
② 공신의 원칙
③ 등록의 원칙
④ 특정화의 원칙

풀이 지토지등록의 원칙 **암기** 등신특정공신

구분	내용
등록의 원칙 (登錄의 原則)	토지에 관한 모든 표시사항을 지적공부에 반드시 등록하여야 하며 토지의 이동이 이루어지려면 지적공부에 그 변동사항을 등록하여야 한다는 토지등록의 원칙으로 토지표시의 등록주의(登錄主義, Booking Principle)라고 할 수 있다. 적극적 등록제도(Positive System)와 법지적(Legal Cadastre)을 채택하고 있는 나라에서 적용하고 있는 원리로서 토지의 모든 권리의 행사는 토지대장 또는 토지등록부에 등록하지 않고는 모든 법률상의 효력을 갖지 못하는 원칙으로 형식주의(Principle of Formality) 규정이라고 할 수 있다.
신청의 원칙 (申請의 原則)	토지의 등록은 토지소유자의 신청을 전제로 하되 신청이 없을 때는 직권으로 직접 조사하거나 측량하여 처리하도록 규정하고 있다.

정답 10 ④ 11 ④

㊕정화의 원칙 (特定化의 原則)	토지등록제도에 있어서 특정화의 원칙(Principle of Speciality)은 권리의 객체로서 모든 토지는 반드시 특정적이면서도 단순하며 명확한 방법에 의하여 인식될 수 있도록 개별화함을 의미하는데 이 원칙이 실제적으로 지적과 등기와의 관련성을 성취시켜 주는 열쇠가 된다.
국㊗주의 및 직권주의 (國定主義 및 職權主義)	국정주의(Principle of National Decision)는 지적공부의 등록사항인 토지의 지번, 지목, 경계, 좌표, 면적의 결정은 국가의 공권력에 의하여 국가만이 결정할 수 있는 원칙이다. 직권주의는 모든 필지는 필지단위로 구획하여 국가기관인 소관청이 직권으로 조사 · 정리하여 지적공부에 등록 공시하여야 한다는 원칙이다.
㊔시의 원칙, 공개주의 (公示의 原則, 公開主義)	토지 등록의 법적 지위에 있어서 토지이동이나 물권의 변동은 반드시 외부에 알려야 한다는 원칙을 공시의 원칙(Principle of Public Notification) 또는 공개주의(Principle of Publicity)라고 한다. 토지에 관한 등록사항을 지적공부에 등록하여 일반인에게 공시하여 토지소유자는 물론 이해관계자 및 기타 누구나 이용할 수 있도록 하는 것이다.
공㊛의 원칙 (公信의 原則)	공신의 원칙(Principle of Public Confidence)은 물권의 존재를 추측케 하는 표상, 즉 공시방법을 신뢰하여 거래한 자는 비록 그 공시방법이 진실한 권리관계에 일치하고 있지 않더라도 그 공시된 대로의 권리를 인정하여 이를 보호하여야 한다는 것이 공신의 원칙이다. 즉, 공신의 원칙은 선의의 거래자를 보호하여 진실로 그러한 등기 내용과 같은 권리관계가 존재한 것처럼 법률효과를 인정하려는 법률법칙을 말한다.

12 통일신라시대의 신라장적에 기록된 지목과 관계없는 것은? (20년1회지산)

① 답 ② 전
③ 수전 ④ 마전

풀이 **장적문서[신라촌락문서(新羅村落文書)]**

장적문서는 1933년 일본에서 처음 발견되어 현재 일본에 보관 중이며, 발견 당시부터 명칭이 기재되어 있지 않아 학자에 따라 문서의 명칭을 장적문서, 민정문서, 촌락문서, 향토장적, 장적 등 다양하게 불리고 있다.

[기재사항]

① 촌락명 및 촌락의 영역
② 토지종목(토지에 대해서는 4개 촌에서 모두 답(畓) · 전(田) · 마전(麻田)의 세 종류로 나누어져 기록) 및 면적
③ 호구수 및 우마수
④ 뽕나무, 백자목, 추자목(호도나무)의 수량
⑤ 호구, 우마, 수목의 감소 등을 기록
⑥ 3년간 의 사망, 이동 등의 변동내역이 기록 되어 있어 신라의 율령정치와 사회구조를 구성하는 데 귀중한 자료이다.

정답 12 ③

13 다음 지목 중 잡종지에서 분리된 지목에 해당하는 것은? (20년1회지산)

① 공원 ② 염전
③ 유지 ④ 지소

풀이 지목의 종류

<table>
<tr><td>토지조사사업 당시 지목(18개)</td><td colspan="2">• (과)세지 : (전), (답), (대)(垈), (지)소(池沼), (임)야(林野), (잡)종지(雜種地)(6개)
• (비)과세지 : (도)로, 하(천), 구(거), (제)방, (성)첩, (철)도선로, (수)도선로(7개)
• (면)세지 : (사)사지, (분)묘지, (공)원지, (철)도용지, (수)도용지(5개)</td></tr>
<tr><td>1918년 지세령 개정(19개)</td><td colspan="2">지소(池沼) : 지소, 유지로 세분</td></tr>
<tr><td>1950년 구 지적법(21개)</td><td colspan="2">잡종지(雜種地) : 잡종지, 염전, 광천지로 세분</td></tr>
<tr><td rowspan="3">1975년 지적법 2차 개정
(24개)</td><td>통합</td><td>• 철도용지＋철도선로＝철도용지
• 수도용지＋수도선로＝수도용지
• 유지＋지소＝유지</td></tr>
<tr><td>신설</td><td>(과)수원, (목)장용지, 공(장)용지, (학)교용지, 유(원)지, 운동(장)(6개)</td></tr>
<tr><td>명칭
변경</td><td>• 사사지 ⇒ 종교용지 • 성첩 ⇒ 사적지
• 분묘지 ⇒ 묘지 • 운동장 ⇒ 체육용지</td></tr>
<tr><td>2001년 지적법 10차 개정(28개)</td><td colspan="2">(주)차장, (주)유소용지, (창)고용지, (양)어장(4개 신설)</td></tr>
</table>

현행(28개)

지목	부호	지목	부호	지목	부호	지목	부호
전	전	대	대	철도용지	철	공원	공
답	답	**공장용지**	**(장)**	제방	제	체육용지	체
과수원	과	학교용지	학	**하천**	**(천)**	**유원지**	**(원)**
목장용지	목	**주차장**	**(차)**	구거	구	종교용지	종
임야	임	주유소용지	주	유지	유	사적지	사
광천지	광	창고용지	창	양어장	양	묘지	묘
염전	염	도로	도	수도용지	수	잡종지	잡

14 다음 중 지번의 특성에 해당하지 않는 것은? (20년2회지기)

① 연속성 ② 종속성
③ 특정성 ④ 형평성

풀이 지번(Parcel Number or Lot Number)

1. 지번의 정의
   필지에 부여하여 지적공부에 등록한 번호로서 국가(지적소관청)가 인위적으로 구획된 1필지별로 1지번을 부여하여 지적공부에 등록하는 것으로, 토지의 고정성과 개별성을 확보하기 위하여 지적소관청이 지번부여지역인 법정 동 · 리 단위로 기번하여 필지마다 아라비아숫자로 순차적으로 연속하여 부여한 번호를 말한다.
2. 지번의 특성
   지번은 특정성(Specificity), 동질성(Homogeneity), 종속성(Dependency), 불가분성(Inseperatibility), 연속성(Continuity)을 가지고 있다. 지번부여지역에 속한 필지들은 지번에 의해 개별성을 보장받게 되기 때문에 지번은 특정성(Specificity)을 지니게 되며, 성질상 부번이 없는 단식지번이 복식지번보다 우세한

정답 13 ② 14 ④

것 같지만 지번으로서의 역할에는 하등과 우열의 경중이 없으므로 지번은 유형과 크기에 관계없이 동질성(Homogeneity)을 지니게 된다. 또한 지번은 부여지역 및 이미 설정된 지번 등에 의해 형성되기 때문에 종속성(Dependency)을 지니게 되며, 지번은 물권변동 또는 설정에 따른 각 권리에 의해 분리되지 않는 불가분성(Inseperatibility)을 지니게 된다.

3. 지번의 기능
   - 필지를 구별하는 개별성(Severalty)과 특정성(Specificity)의 기능을 갖는다.
   - 거주지 또는 주소표기의 기준으로 이용된다.
   - 위치파악의 기준으로 이용된다.
   - 각종 토지 관련 정보시스템에서 검색키(식별자 · 색인키)로서의 기능을 갖는다.

15 토지조사사업에 대한 설명으로 틀린 것은? (20년2회지기)

① 토지조사사업은 일제가 식민지정책의 일환으로 실시하였다.
② 토지조사사업의 내용은 토지소유권 조사, 토지가격조사, 지형지모조사가 있다.
③ 토지조사사업은 사법적인 성격을 갖고 업무를 수행하였으며 연속성과 통일성이 있도록 하였다.
④ 축척 2만5천분의 1 지형도를 작성하기 위해 축척 3천분의 1과 6천분의 1을 사용하여 세부측량을 함께 실시하였다.

풀이 토지조사사업

대한제국 정부는 당시의 문란하였던 토지제도를 바로잡자는 취지에서 1898~1903년 사이에 123개 지역의 토지조사사업을 실시하였다. 1910년 토지조사국 관제와 토지조사법을 제정 · 공포하여 토지조사 및 측량에 착수하였으나 한일합방으로 일제는 1910년 10월 조선총독부 산하에 임시토지조사국을 설치하여 본격적인 토지조사사업을 전담토록 하였다. 1912년 8월 13일 제령 제2호로 토지조사령(土地調査令)과 토지조사령시행규칙(土地調査令施行規則 : 조선총독부령 제6호)을 제정 · 공포하고 전국에 토지조사사업을 위한 측량을 실시하고 1914년 3월 6일 제령 제1호로 지세령(地稅令), 1914년 4월 25일 조선총독부령 제45호 토지대장규칙(土地臺帳規則) 및 1915년 1월 15일 조선총독부령 제1호 토지측량표규칙(土地測量標規則)에 의하여 그 성과인 토지대장과 지적도를 작성함으로써 근대적인 지적제도가 창설되었다.

1. 토지조사사업의 목적
   ① 토지등기제도, 지적제도에 대한 토지소유의 법적 증명제도 확립
   ② 지세수입을 증대하기 위한 조세 수입체계의 확립
   ③ 국유지를 창출하여 조사한 뒤 조선총독부 소유 토지의 확보
   ④ 일본 상업 고리대 자본의 토지점유가 보장되는 법률적 제도 확립
   ⑤ 일본식민에 대한 제도적 지원 대책 확립
   ⑥ 조선총독부의 미개간지 점유
   ⑦ 미곡의 일본 수출 증가를 위한 토지이용제도 정비
   ⑧ 일본의 공업화에 따른 노동력 부족을 우리나라 소작농으로 충당
2. 사업의 내용

   조선토지조사사업보고서 전문에 따르면 토지조사사업의 내용을 크게 토지소유권의 조사, 토지가격의 조사, 지형 · 지모의 조사 등 3개 분야로 구분하여 조사하였다.

정답 15 ④

16 조선시대의 양전법은 토지의 등급에 따라 상등전 · 중등전 · 하등전의 척도를 다르게 하는 수등이척제(水等異尺制)를 사용하였는데 이에 대한 설명으로 옳은 것은? (20년2회지기)

① 상등전은 농부수의 20지(指) ② 상등전은 농부수의 25지(指)
③ 중등전은 농부수의 20지(指) ④ 중등전은 농부수의 30지(指)

풀이

망척제(罔尺制)	• 수등이척제에 대한 개선으로 전을 측량할 때 정방향의 눈들을 가진 그물을 사용하여 그물 속에 들어온 그물눈을 계산하여 면적을 산출하는 방법이다. • 방, 원, 직, 호형(弧形)에 상관없이 그 그물 한 눈 한 눈에 들어오는 것을 계산하도록 하였다.
수등이척제(隨等異尺制)	• 조선시대의 첫 측량제도인 양전법(量田法)에 전품(田品)을 상, 중, 하의 3등급으로 나누어 척수(尺數)를 각각 다르게 계산하기 위해 사용하였다. • 상등전(上等田)의 척수는 농부수(農夫手)로 20뼘(指), 중등전(中等田)의 척수는 25뼘, 하등전(下等田)의 척수는 30뼘(指)으로 등급에 따라 타량(打量)하였다. • 이는 원시적인 방법으로 세종 25년 전제정비(田制整備)를 위해 임시관청인 전정제상정소(田制詳定所)를 설치하고 세종 26년 전을 6등급으로 나누고 각 등급마다 척수를 달리하여 타량하였다. • 효종 4년 전품(전품)이 6등급 6종의 양전척(量田尺)으로 측량하던 수등이척의 양전제를 고쳐서 1등급의 양전척 길이로 통일하여 양전하도록 개정하였다.

17 관계(官契)에 대한 설명으로 옳은 것은? (20년2회지기)

① 민유지만 조사하여 관계를 발급하였다.
② 외국인에게도 토지소유권을 인정하였다.
③ 관계 발급의 신청은 소유자의 의무사항은 아니다.
④ 발급대상은 산천, 전답, 천택(川澤), 가사(家舍) 등 모든 부동산이었다.

풀이 **관계(官契) 발급**

① 1901년 지계아문을 설치하여 각 도에 지계감리를 두고 "대한제국전답관계"라는 지계 발급
② 지계발급 대상은 전, 답, 산림, 천택, 가사의 소유권자는 의무적으로 관계 발급
③ 전답의 소유주가 매매, 양여한 경우 관계(官契) 발급
④ 구권인 매매문기를 강제적으로 회수하고 국가가 공인하는 계권 발급
⑤ 관계의 발행은 매매 혹은 양여 시에 해당되며 전질(典質)의 경우에도 관의 허가를 받도록 함
⑥ 지계는 양면 모두 인쇄된 것으로 이면에는 8개 항의 규칙 기록
⑦ 가계는 가옥의 소유에 대한 관의 인증, 지계는 전답의 소유에 대한 관의 인증으로 입안의 근대화로 볼 수 있음
⑧ 충남, 강원도 일부에서 시행하다 토지조사의 미비, 인식부족 등으로 중지
⑨ 1904년 탁지부 양지국으로 흡수 축소되고 지계아문은 폐지
⑩ 가계는 지계보다 10년 앞서 시행하였는데 지계와 같이 앞면에 가계문언이 인쇄되고 끝부분에 담당관, 매매당사자, 증인들의 서명, 당상관의 화압이 기재되었으며, 뒷면에는 가계제도의 규칙 인쇄
⑪ 1905년 을사조약 체결 이후 "토지가옥증명규칙"에 의거하여 토지가옥의 매매 · 교환 · 증여 시에 토지가옥증명대장에 기재를 공시하는 실질심사주의 채택

정답 16 ① 17 ④

18 토지조사부(土地調査簿)에 대한 설명으로 옳은 것은? (20년2회지기)

① 결수연명부로 사용된 장부이다.
② 입안과 양안을 통합한 장부이다.
③ 별책토지대장으로 사용된 장부이다.
④ 토지소유권의 사정원부로 사용된 장부이다.

풀이 **토지조사부**

① 토지조사사업을 하면서 모든 토지소유자로 하여금 토지소유권을 신고하게 하여 토지사정원부로 사용되었다(1911.11.).
② 토지조사부에 소유자로 등재되는 것을 사정(원시취득)이라 하며 토지조사부를 사정부라고도 한다.
③ 1동리마다 지번순으로 지번, 가지번, 지목, 지적, 소유자 주소 및 성명, 신고 또는 통지 연월일, 분쟁과 기타 특수한 사고가 있는 경우 적요란에 그 내용을 기재하였다.
④ 책의 말미에 지목별로 지적 및 필수를 집계하고 이를 다시 국유지와 민유지로 구분하여 합계를 내었다.
⑤ 소유자가 2인인 공유지는 이름을 연기라 하고, 3인 이상의 공유지에 대해서는 연명서를 작성하였다.
⑥ 토지조사부는 토지조사사업이 완료되어 토지대장을 작성으로 그 기능을 상실하였다.
⑦ 2004년 10월부터 일반인에게 공개하였다.
⑧ 보관기관은 국가기록원, 일부지역은 해당 시 · 군 · 구청에 보관되어 있다.

19 토지조사사업 당시 험조장의 위치를 선정할 때 고려사항이 아닌 것은? (20년2회지기)

① 조류의 속도
② 해저의 깊이
③ 유수 및 풍향
④ 선착장의 편리성

풀이 **토지조사사업 당시 험조장의 위치 선정 시 고려사항**

① 조류의 속도
② 해저의 깊이
③ 유수 및 풍향

20 토지행정도메인모델((LADM : Land Administration Domain Model)의 패키지의 주요 구성요소로 옳지 않은 것은?

① 클래스 LA_PARTY
② 클래스 LA_RRR
③ 클래스 LA_BAUnit
④ 클래스 LA_Boundary Face String

풀이 **LADM(Land Administration Domain Model) 패키지의 주요 구성요소**

구성요소	내용
클래스 LA_PARTY (당사자)	이 클래스의 인스턴스는 당사자(Party)들(사람들 또는 조직들) 또는 그룹 당사자(GroupParty)들(사람들 또는 조직들의 그룹들)이다.
클래스 LA_RRR	클래스 LA_RRR의 종속 클래스의 인스턴스는 LA_Right(권리), LA_Restriction(제한), LA_Responsibility(책임)들이다.
클래스 LA_BAUnit (기본 행정단위)	이 클래스의 인스턴스는 동등한 권리, 제한, 책임을 가진 공간단위에 관련한 행정적 정보를 포함한다.
클래스 LA_SpatialUnit (공간단위)	이 클래스의 인스턴스는 공간단위(LA_SpatialUnit), 필지, 종속필지, 건물 또는 네트워크이다.

정답 18 ④ 19 ④ 20 ④

01 다음 중 토지조사사업과 임야조사사업 당시의 재결기관으로 옳은 것은?

① 토지조사사업 : 도지사, 임야조사사업 : 도지사
② 토지조사사업 : 임시토지조사국장, 임야조사사업 : 임야심사위원회
③ 토지조사사업 : 고등토지조사위원회, 임야조사사업 : 임야심사위원회
④ 토지조사사업 : 지방토지조사위원회, 임야조사사업 : 도지사

풀이

구분	토지조사사업	임야조사사업
근거법령	토지조사령(1912.8.13. 제령 제2호)	조선임야조사령(1918.5.1. 제령 제5호)
조사기간	1910~1918년(8년 10개월)	1916~1924년(9개년)
측량기관	임시토지조사국	부(府)와 면(面)
사정기관	임시토지조사국장	도지사
재결기관	고등토지조사위원회	임야심사위원회
조사내용	• 토지소유권 • 토지가격 • 지형, 지모	• 토지소유권 • 토지가격 • 지형, 지모
조사대상	• 전국에 걸친 평야부 토지 • 낙산 임야	• 토지조사에서 제외된 토지 • 산림 내 개재지(토지)
도면축척	1/600, 1/1,200, 1/2,400	1/3,000, 1/6,000
기선측량	13개소	

02 토지조사사업 당시의 지목 중 비과세지에 해당하는 것은?

① 잡종지
② 철도선로
③ 임야
④ 철도용지

풀이 지목의 종류

토지조사사업 당시 지목(18개)	• 과세지 : 전, 답, 대(垈), 지소(池沼), 임야(林野), 잡종지(雜種地)(6개) • 비과세지 : 도로, 하천, 구거, 제방, 성첩, 철도선로, 수도선로(7개) • 면세지 : 사사지, 분묘지, 공원지, 철도용지, 수도용지(5개)
1918년 지세령 개정(19개)	지소(池沼) : 지소, 유지로 세분
1950년 구 지적법(21개)	잡종지(雜種地) : 잡종지, 염전, 광천지로 세분

정답 01 ③ 02 ②

구분		내용
1975년 지적법 2차 개정 (24개)	통합	• 철도용지 + 철도선로 = 철도용지 • 수도용지 + 수도선로 = 수도용지 • 유지 + 지소 = 유지
	신설	(과)수원, (목)장용지, 공(장)용지, (학)교용지, 유(원)지, 운동(장)(6개)
	명칭 변경	• 사사지 ⇒ 종교용지 • 성첩 ⇒ 사적지 • 분묘지 ⇒ 묘지 • 운동장 ⇒ 체육용지
2001년 지적법 10차 개정(28개)	(주)차장, (주)유소용지, (창)고용지, (양)어장(4개 신설)	

현행(28개)

지목	부호	지목	부호	지목	부호	지목	부호
전	전	대	대	철도용지	철	공원	공
답	답	**공장용지**	**(장)**	제방	제	체육용지	체
과수원	과	학교용지	학	**하천**	**(천)**	**유원지**	**(원)**
목장용지	목	**주차장**	**(차)**	구거	구	종교용지	종
임야	임	주유소용지	주	유지	유	사적지	사
광천지	광	창고용지	창	양어장	양	묘지	묘
염전	염	도로	도	수도용지	수	잡종지	잡

03 토지조사사업 당시 필지를 구분함에 있어 일필지의 강계(疆界)를 설정할 때, 별필로 하였던 경우가 아닌 것은?

① 특히 면적이 협소한 것
② 지반의 고저가 심하게 차이 있는 것
③ 심히 형상이 구부러지거나 협장한 것
④ 도로, 하천, 구거, 제방, 성곽 등에 의하여 자연으로 구획을 이룬 것

풀이 **토지조사사업 당시 필지구분**

1. 일필지구분의 원칙
   소유자와 지목이 동일하고 토지가 연접(連接)되어 있는 경우
2. 별필구분의 표준
   ① 도로, 하천, 구거, 제방, 성첩 등에 의하여 자연적으로 구획된 것
   ② 토지의 면적이 특히 넓은 것
   ③ 토지의 형상이 심하게 구부러졌거나 가느다란 것
   ④ 지력(地力)이 현저하게 다른 것
   ⑤ 지반에 심한 고저 차가 있는 것
   ⑥ 분쟁이 있는 것
   ⑦ 시가지에 벽돌담, 돌담 등 영구적인 시설물로 구획되어 있는 것

정답 03 ①

04 임야조사사업 당시 임야대장에 등록된 정(町), 단(段), 무(畝), 보(步)의 면적을 평으로 환산한 값이 틀린 것은?

① 1정(町)=3,000무　　② 1단(段)=300평
③ 1무(畝)=30평　　④ 1보(步)=1평

풀이 ① 1정 : 10단=100무=3,000보=3,000평
② 1단 : 10무=300보=300평
③ 1무 : 30보=30평
④ 1보 : 1평
⑤ 1홉 : 1/10보
예를 들면, 7단 6무이면 6무=180보=180평이므로 2,280평이 된다.

05 해양지적의 원리와 관련이 없는 것은?

① 다양한 형태의 권익 관리　　② 양질의 자료 및 시각화
③ 권리보다는 경계 지향　　④ 정부 및 이해관계인의 참여

풀이 **해양지적**

1. 해양지적의 정의
해양지적은 "해양의 가치와 이용, 부동산과 관련된 본질과 공간범위를 포괄하는 정보시스템"을 의미하고 "해양의 지상 · 지하의 권리와 권익의 경계에 대한 관련성을 공간적으로 관리 하고 물리적으로 한정하며, 등록하는 해안의 권리와 권익의 경계를 가능하게 하는 시스템"을 말한다.
2. 해양지적의 원리
해양지적의 원리는 해양지적제도가 존립하기 위하여 요구되는 사안들로 일반적인 지침보다는 누가, 무엇을, 어떻게, 어디에 등의 선택적 사안에 직면할 때 참고할 수 있는 내용이라 할 수 있으며 해양지적제도를 운영하면서 선택적 사안에 도움을 줄 수 있는 원리는 다음과 같다.

다양한 형태의 권익(Interests) 관리	양식 및 조업에서 다양한 권리 관리 (공중권, 개발권, 해저이용권 등)
양질의 자료(Good Base Data) 및 시각화	• 자료의 질과 입체적 설명 • 신속한 전달 및 자료의 신뢰성
경계보다는 권리(Rights-Oriented) 지향	필지단위로 구획된 경계 내 권리보호 (해양권의 등록관리 : 해양등록부)
정부 및 이해관계인(Participation)의 참여	인간의 공존공간 (다수의 이해관계인 + 공공부분 참여)
정보은행모델의 기반 (Information Custodian Model)	공간의사결정 지원 (공간참조정보를 수집 · 생산 · 관리 · 유통)

정답 04 ① 05 ③

06 토지조사사업 시 사정한 경계의 직접적인 사항은?

① 등록단위인 필지확정
② 측량 기술의 확인
③ 기초 행정의 확립
④ 토지과세의 촉구

풀이 **사정(査定)**

임시토지조사국은 토지조사법, 토지조사령 등에 의하여 토지조사사업을 시행하고 토지소유자와 경계를 확정하였는데, 이를 사정이라 한다. 임시토지조사국장의 사정은 이전의 권리와 무관한 창설적 · 확정적 효력을 갖는 가중 중요한 업무라 할 수 있다. 임야조사사업에 있어서는 조선임야조사령에 의거 사정을 하였다.

1. 사정(査定)과 재결(裁決)의 법적 근거
   ① 사정은 공시되었고 공시기간 만료 후 60일 이내에 고등토지조사위원회(高等土地調査委員會)에 이의를 제출할 수 있도록 되었다(토지조사령 제11조).
   ② 토지조사령은 "토지소유자의 권리는 사정의 확정 또는 재결에 의하여 확정한다."고 규정하였다(제15조).
   ③ 그 확정의 효력발생시기는 신고 또는 국유통지의 당일로 소급되었다(제10조).

07 토지조사사업 당시 간주지적도에 등록된 토지에 대하여 별책토지대장, 을호토지대장, 산토지대장이라 하여 별도 작성했던 장부는 무엇인가?

① 증보도
② 역둔토도
③ 산토지대장
④ 간주지적도

풀이

구분	내용
간주지적도 (看做地籍圖)	• 지적도로 간주하는 임야도를 간주지적도라 한다. • 조선지세령 제5조제3항에는 "조선총독이 지정하는 지역에서는 임야도로서 지적도로 간주한다."라고 규정 • 총독부는 1924년을 시작으로 15차례 고시함 • 육지에서 멀리 떨어진 도서지역, 토지조사구역에서 멀리 떨어진 산간벽지[약 200간(間)] 등을 지정하였다. • 전, 답, 대 등 과세지가 있을 경우 이를 지적도에 등록하지 아니하고 임야도에 존치 (1/3,000, 1/6,000) • 임야도에 녹색 1호선으로 구역 표시 • 간주지적도에 대한 대장은 일반토지대장과 달리 별책이 있었는데, 이를 별책 · 을호 · 산토지대장이라 한다.
산토지대장 (山土地臺帳)	• 간주지적도에 등록된 토지에 대하여 별책토지대장, 을호토지대장, 산토지대장이라 하여 별도 작성되었다. • 산토지대장에 등록면적 단위는 30평단위이다. • 산토지대장은 1975년 지적법 전문 개정 시 토지대장카드화 작업으로 m^2 단위로 환산하여 등록하였고, 전산화사업 이후 보관만 하고 있다.
증보도 (增補圖)	• 기존 등록된 지적도 이외의 지역에 새로이 등록할 토지가 생긴 경우 새로이 작성한 도면 • 증보도의 도면번호 위에는 "증보"라고 기재하였다. • 도면번호는 "增1, 增2, ……"순서로 작성되며 도면의 왼쪽 상단의 색인표에도 이와 같이 작 성하였다.

정답 06 ① 07 ③

증보도 (增補圖)	• 도면전산화사업에 사용된 지적(임야)도 전산화작업지침에 의하면 "신규등록 등으로 작성된 증보 도면은 해당지역의 마지막 도면번호 다음 번호부터 순차적으로 부여"하도록 하였다. • 토지조사령에 의해 작성된 것으로 지적도와 대등한 도면으로 증보도가 지적도의 부속도면 혹은 보조도면이란 것은 잘못된 것으로 본다.
부호도 (符號圖)	• 부호란 지적도에 등록된 필지가 너무 작아서 지번, 지목을 주기할 수 없는 경우 해당 필지에 부호를 넣고 도곽 밖에 기재하는 것을 말한다. • 지적도곽 내 부호필지가 너무 많아서 해당 지적도에 부호의 지번을 기록하지 못하는 경우 다른 도면에 작성하였다. • 부호도는 지적도의 일부분으로 부속도면 또는 보조도면은 아니다.
역둔토도 (驛屯土圖)	역둔토도는 역둔토의 분필조사를 시행하기 위하여 별도로 조제에 관계되는 지번, 지목, 지적 조사 등에 의하여 측량원도에 있는 해당 지목의 1필지를 미농지(Tracing Paper)에 투사 묘시(猫示)한 것이다. • 소도에 기재한 사항은 그대로 정리 • 분할선은 양홍선으로 정리 • 새로 등록하는 역둔토의 경계선은 흑색으로 정리 • 지번, 지목의 주기 중에서 보존가치가 없는 것은 양홍의 평행선으로 말소 • 소도에 기재된 일필지의 토지로서 역둔토가 아닐 경우에는 그 지번, 지목을 "×"표로 말소

08 지적재조사에 관한 특별법이 제정되어 시행된 연도로 옳은 것은?

① 2011년 9월 16일　　② 2012년 3월 17일
③ 2013년 9월 16일　　④ 2014년 3월 17일

풀이 지적공부의 등록사항을 조사 · 측량하여 기존의 지적공부를 디지털에 의한 새로운 지적공부로 전환하고, 토지의 실제 현황과 일치하지 않는 지적공부의 등록사항을 바로잡기 위한 국가사업인 지적재조사사업의 실시근거 및 절차규정 등을 마련함으로써, 국토를 효율적으로 관리함과 아울러 국민의 재산권을 보호하려는 목적으로 2011년 9월 16일 법률 제11062호 지적재조사에 관한 특별법(약칭 지적재조사법)으로 제정되어 다음 해인 2012년 3월 17일부터 시행되고 있다.

09 다음 중 토지조사사업 당시 별필(別筆)로 하였던 경우에 해당하지 않는 것은?

① 분쟁지로서 명확한 경계나 권리 한계가 불분명한 것
② 도로, 하천, 구거 등에 의하여 자연으로 구획된 것
③ 전당권 설정의 증명이 있는 경우 그 증명마다 별필로 취급한 것
④ 조선총독부가 지정한 개인 소유의 공공 토지

풀이 **토지조사사업 당시 필지 구분**

1. 토지조사사업 당시 불조사지
   ① 임야 속에 존재(存在)하거나 혹은 이에 접속되어 조사의 필요성이 없는 경우
   ② 임야 속에 점재(點在)하여 특수 사정으로 조사하지 않은 토지
   ③ 도서(島嶼)로서 조사하지 않은 경우

정답 08 ② 09 ④

2. 필지구분의 표준
   ① 일필지로 하는 것이 기본 원칙이다.
   ② 소유자 및 지목이 동일하고 토지가 연접되어 있는 경우
3. 별필 구분의 표준
   ① 도로, 하천, 구거, 제방, 성첩 등에 의하여 자연적으로 구획된 것
   ② 토지의 면적이 특히 넓은 것
   ③ 토지의 형상이 심하게 구부러졌거나 가느다란 것
   ④ 지력이 현저하게 다른 것
   ⑤ 지반에 심한 고저 차가 있는 것
   ⑥ 분쟁이 있는 것
   ⑦ 시가지에서 벽돌담, 돌담 등 영구적인 시설물로 구획되어 있는 것

10 다음 중 임야조사사업에 대한 설명으로 옳지 않은 것은?

① 토지조사사업에서 제외된 임야를 대상으로 하였다.
② 임야 내에 개재된 임야 이외의 토지를 대상으로 하였다.
③ 농경지 사이에 있는 5만 평 이하의 낙산 임야를 대상으로 하였다.
④ 1916년 시험 조사로부터 1924년까지 시행하였다.

풀이 ① 임야조사사업의 실시는 1916~1922년도에 이르는 6년 동안에 전 사업을 완성하도록 하는 계획을 수립하였으나 2년 연장하게 되어 1924년에 사업을 완료하도록 계획을 변경하였으며 본 사업의 완료를 보게 되었다.
② 조사대상에 있어서도 토지조사에 제외된 임야 및 임야 내 개재된 임야 이외의 토지로 되어 있었다.

11 다음 중 초기의 지적도와 임야도에 대한 설명으로 옳은 것은?

① 초기의 지적도에는 등고선을 표시하여 표고에 의한 지형구별이 용이하도록 하였다.
② 지적도의 도곽은 남북으로 41.67cm, 동서는 33.33cm로 하였다.
③ 임야도는 크기가 남북이 50cm, 동서가 40cm이며 지적도 시행지역은 담홍색으로 표시하여 구분하였다.
④ 임야도에서 하천은 양홍색, 임야 내 미등록 도로는 청색으로 묘화하였다.

풀이 ① 초기의 지적도는 세부측량결과도를 점사법 또는 직접 자사법으로 등사하여 작성하고 정비작업은 수기법에서 활판인쇄를 했으며 지번, 지목도 번호기를 사용하여 작성되었다.
② 지적도와 일람도는 당초에 켄트지에 그린 그대로 소관청에 인계하였으나 열람, 이동, 정리 등 사용이 빈번하여 파손이 생기므로 1917년 이후에는 지적도와 일람도에 한지를 이첨하였으며 이전에 작성된 것도 모두 한지를 이첨하여 사용하였다. 지적도의 도곽은 남북으로 33.33cm, 동서는 41.67cm로 하였다.
③ 임야도는 그 크기가 남북이 40cm, 동서가 50cm이며, 등록사항은 임야경계와 토지소재, 지번, 지목이며 지적도 시행지역은 붉은색으로 엷게 채색 표시하여 구분하였고 하천 · 구거 등은 남색, 임야 내 미등록 도로는 붉은색으로 그렸다.
④ 토지분할의 경우에는 지적도 정리 시 신 강계선을 양홍색으로 정리하였으나 그 후 흑색으로 변경하였다.

정답 10 ③ 11 ①

12 다음 중 토지조사사업 당시 지역선(地域線)에 해당하지 않는 것은?

① 소유자는 같으나 지목이 다른 경우
② 소유자는 같으나 지반이 연속되지 않은 경우
③ 이웃하고 있는 토지의 지반의 고저가 심한 경우
④ 소유자를 알 수 없는 토지와의 구획선
⑤ 토지조사사업 당시 사정하지 않은 경계선

풀이 **강계선(疆界線), 지역선(地域線), 경계선(境界線)**

강계선은 사정선이라고도 하며 토지조사 당시 확정된 소유자가 다른 토지 간의 사정된 경계선 또는 토지조사령에 의하여 임시토지조사국장의 사정을 거친 경계선을 말하며 강계는 지적도에 등록된 토지의 경계선인 강계선이 대상이었다. 토지조사 당시에는 강계선(사정선)으로 불렀으며 임야조사 당시에는 사정한 선도 경계선이라 불렀다.

강계선 (疆界線)	• 사정선이라고도 하며 토지조사령에 의하여 토지조사국장이 사정을 거친 선 • 소유자가 다른 토지 간의 사정된 경계선을 의미 • 강계선은 지목의 구별, 소유권의 분계를 확정하는 것으로 토지 소유자 지목이 지반이 연속된 토지는 1필지로 함을 원칙 • 강계선과 지역선을 구분하여 확정함 • 토지조사 당시에는 지금의 '경계선' 용어가 없음 • 임야 조사 당시는 경계선으로 불림
지역선 (地域線)	• 토지조사사업 당시 사정하지 않은 경계선 • 소유자는 같으나 지반이 연속되지 않은 경우 • 소유자가 같은 토지와의 구획선 • 소유자를 알 수 없는 토지와의 구획선 • 소유자는 같으나 지목이 다른 경우 • 토지조사 시행지와 미시행지와의 지계선
경계선 (境界線)	지적도상의 구획선을 경계라 지칭하고 강계선과 지역선으로 구분하며 강계선은 사정선이라고 하였으며 임야조사 당시의 사정선은 경계선이라고 했다. 최근 경계선의 의미는 강계선이나 지역선에 관계없이 2개의 인접한 토지 사이의 구획선을 말한다. 도해지적에서는 지적도나 임야도에 그려진 토지의 구획선을 말하는데, 물론 지상에 있는 논둑, 밭둑, 표항 따위를 말하는 것은 아니다. 경계점좌표시행지역에서 경계선이라고 할 때에는 어떤 점의 좌표(우리나라 지적분야에서는 평면직각종횡선수치)와 그 이웃하는 점의 좌표와의 연결을 말한다. 경계선의 종류에는 시대 및 등록방법에 따라 다르게 부르기도 하였다. 경계는 일반경계, 고정경계, 자연경계, 인공경계 등으로 사용처에 따라 다르게 부르기도 한다.

13 지적행정의 성격으로 옳지 않은 것은?

① 고도의 전문성과 법적기술성
② 토지활동의 정보원
③ 민원행정
④ 지역구 단위로 이루어진 행정

정답 12 ③ 13 ④

풀이 지적행정의 성격

민원행정	• 샤칸스키(Sarkansky)의 「행정체제론」에 의하면, 민원행정은 행정업무를 집행하고 전달하는 가운데 관계있는 국민(고객)의 구체적인 요구 투입에 대응하는 행정으로 고객의 특정적이고 직접적인 대면적 청구행위에 대응하여 그것을 처리하는 행위로 정의된다. • 지적소관청의 경우, 토지의 등록과 관리 및 정보의 제공에 관한 업무로 지적공부의 열람과 등본, 지적공부소유권 득실변경, 토지이용계획확인원의 발급, 토지이동의 신청접수 및 정리, 등록사항 정정신청 및 정리 등 토지와 관련된 정보의 체계적인 관리와 민원인의 요구에 대응하는 활동을 주요 업무내용으로 한다. • 지적측량의 경우, 국가의 필요에 의해 측량을 실시하는 경우도 있으나 고객들의 신청에 의한 경우, 즉 지적공부에 등록된 사항을 현장에 복원하고자 하는 경우 또는 필지의 분할 등의 신청에 의해 국가기관 혹은 대행기관이 측량을 실시하므로 민원적 성격을 갖는다고 볼 수 있다.
고도의 전문성 및 법적 기술성	• 지적측량사는 토지에 관한 필요정보를 제공하여 제한된 지면에 기록, 도시하여 국가행정의 기초자료와 국민의 소유권 보호에 절대적인 역할을 하기 때문에 전문성(Professionalism)을 확보한 법적 기술이 요구된다. • 업무의 내용측면에서 지적공부의 보존관리, 토지대장와 임야대장의 정리, 지적공부의 열람, 등본교부 등은 행정적 성격이 강하지만, 현지측량, 지적측량기준점 관리, 면적측정, 지적도와 임야도 정리, 축척변경 등은 기술적 측면이 강하다. • 지적직 공무원과 지적측량수행자는 국가기술자격법에 의한 기술계 지적측량자격이어야 함을 요건으로 한다. • 업무의 실제적인 면에서 측량기술 및 정확성(Accuracy)을 뒷받침할 수 있는 장비를 다루어야 할 뿐 아니라, 지적측량수행자가 실시한 지적측량성과를 지적직 공무원이 검사하여야 한다.
공공행정 주체로서 서비스성(Serviceability)과 윤리성(Ethicality)	• 지적행정은 이해관계인들의 신청에 의한 대응이 주를 이루는 민원행정의 성격을 갖는다. • 국가기관과 국민과의 직접적인 상호작용을 통해 지적행정의 산출이 현실화된다는 것이다. • 민원들은 지적행정에 대한 고객으로서의 지위를 부여받음으로써 양질의 서비스를 요구하게 되며, 접하게 되는 서비스의 접점을 중심으로 지적행정서비스의 질을 평가하게 된다. • 국민의 재산권의 범위를 확정하는 업무의 성격상 객관적인 입장을 취해야 하며, 공익을 추구하는 것이 공공행정이므로 공직자로서의 윤리뿐만 아니라 업무의 내용 그 자체로서도 윤리가 확보되어야 한다.
토지활동의 정보원	• 지적행정을 통해 산출된 다양한 지적정보는 지적공부에 등록됨으로써 정보원으로서 활용된다. • 지적공부에 등록된 지적정보는 공시를 통해 국민 개개인의 토지소유권의 범위를 명확히 하고, 토지거래 활동에 있어 안전과 신속을 도모할 수 있다. • 지적공부에 등록된 정보를 바탕으로 등기기록의 표제부의 토지의 물리적 현황(소재, 지번, 지목, 면적)을 기록하고, 부동산종합공부에 토지의 표시사항을 기록함으로써 부동산에 관한 종합정보관리체계를 지원한다. • 토지를 포함한 부동산 정책활동에 있어 지적정보는 토지등기의 기초, 토지평가의 기초, 토지과세의 기준, 토지거래의 기준, 도시 및 토지이용계획의 기초, 주소표기 등의 기초적인 정보로 활용된다.

정답

14 임야조사사업의 특징에 대한 설명이 옳지 않은 것은?

① 임야는 토지에 비하여 경제적 가치가 높지 않아 분쟁이 적었다.
② 면적이 넓어 많은 예산을 투입하여 사업을 완성하였다.
③ 토지조사사업에 비해 적은 인원으로 업무를 수행하였다.
④ 토지조사사업을 시행하면서 축적된 기술을 이용하여 사업을 완성하였다.

풀이 토지조사사업과 임야조사사업 비교

구분	토지조사사업	임야조사사업
기간	1910~1918(8년10개월)	1916~1924(9개년)
소요경비	20,406,489원(圓)	3,862,000원(圓)
총 종사인원수	7,113명	4,670명
정기관	임시토지조사국장(臨時土地調査局長)	도지사[권업과(勸業課) 또는 산림과(山林課)]
재결기관	고등토지조사위원회(高等土地調査委員會)	임야조사위원회(1919~1935)
조사측량기관	임시토지조사국(臨時土地調査局)	부(府)와 면(面)
조사대상	• 전국에 걸친 평야부(平野部)의 토지 • 낙산 임야	• 토지조사에서 제외된 임야 • 산림 내 개재지(토지)
도면축척	1/600, 1/1,200, 1/2,400	1/3,000, 1/6,000
지적공부	토지대장[109,188권(卷)], 지적도[812,093매(枚)]	임야대장 22.2.2권(卷), 임야도 116,984매(枚)
필수	19,107,520필	3,479,915필
면적	14,613,214,028평	16,302,429정(町)
분쟁지	33,937건(件)에 99,455필	17,925건(件)에 28,015필
지형측량	50,000분도(分圖) 620매(枚)를 위시하여 지형도 925매(枚)	
삼각점	34,447점 (대삼각점 2,801점, 소삼각점 31,646점)	
도근점	3,551,606점	
수준점	2,823점[선로장(線路長) 6,693km]	
이동측량	1,818,364필 49,321건(件) [충남북 미상(未詳)]	

정답 14 ②

15 토지조사사업에 대한 설명으로 옳지 않은 것은?

① 매도자보다는 매수자의 소유를 법률적으로 보장하기 위한 제도이다.

② 토지소유권조사는 준비조사, 일필지조사, 분쟁지조사, 지반측량, 사정으로 구분해 실시했다.

③ 토지소유권은 귀속 주체에 따라 민유지, 국유지, 궁내유지, 공유지로 구분한다.

④ 토지관습조사에는 질권 및 저당권은 포함되지 않는다.

풀이 **토지조사사업의 특징**

토지조사사업은 토지수탈과 조세정책에 직접 관련된 것으로 사법적인 성격을 갖고 업무를 수행하였고 연속성(Continuity)과 통일성(Unity)을 확립하려고 노력하였다. 토지소유권의 측면에서 매도자보다는 매수자의 소유를 법률적으로 보장하기 위한 제도로 사유제도를 확립하려는 것보다 법률적 인정에 있었다.

토지관습조사와 토지소유권

① 토지소유권 조사는 측량성과에 의거 토지의 소재, 지번, 지목, 면적과 소유권을 조사하여 토지대장에 등록하고 토지의 일필지에 대한 위치, 형상, 경계를 측정하여 지적도에 등록함으로써 토지의 경계와 소유권을 사정하여 토지 소유권 제도를 확립하기 위해 준비조사, 일필지조사, 분쟁지조사, 지반측량, 사정으로 구분해 실시했다.

② 토지소유권은 귀속 주체에 따라 민유지, 국유지, 궁내유지, 공유지로 구분하며 민유지는 개인의 소유를 말한다.

③ 토지관습조사는 토지의 명칭과 사용목적, 행정구역의 명칭, 경지의 경계 · 산림 및 원야의 경계, 토지표시의 부호, 토지의 지위, 등급, 면적, 결수의 수정, 토지의 소유권, 과세지와 비과세지, 질권 및 저당권, 소작인과 지주와의 관계, 인물조사, 토지에 관한 장부서류 등이 포함된다.

토지조사를 위한 세부조사 내용

토지관습조사	준비조사	일필지조사	분쟁지조사
• 토지소유권 • 토지의 명칭과 사용목적 • 행정구역의 명칭 • 경지의 경계 • 산림의 경계 • 토지표시 부호 • 토지의 지위, 등급 • 면적, 결수의 사정관행 • 결의 등급별 구분 • 과세지와 비과세지 • 질권 및 저당권 • 소작인과 지주와의 관계 • 토지에 관한 장부자료 • 인물조사	• 토지조사의 홍보 • 기초참고자료 조사 • 행정 명칭, 행정경계조사 • 토지소유 신고서 배부작성 • 신고서 이의 수집 • 지방경계 현황조사 • 지방관습조사	• 지주의 조사 • 강계, 지역조사 • 지목조사 • 지번조사 • 증명, 등기필조사	• 국유지 분쟁지조사 • 국유지 외 분쟁조사 • 소유권 분쟁 조사 • 강계분쟁조사 • 분쟁지 내업조사 • 분쟁지 외업조사

정답 15 ④

16 토지조사사업 당시 사정에 관한 설명으로 옳지 않은 것은?

① 소유자가 신고 · 접수 시, 신고서의 내용을 결수연명부와 대조하였다.
② 토지의 강계는 지적도에 등록된 강계선을 대상으로 하였다.
③ 지주가 사망하고 상속자가 정해지지 않은 경우 사망자의 명의로 사정한다.
④ 허위신고, 착오, 담당자의 과오로 처리된 경우는 그 내용을 변경할 수 있었다.

풀이 토지조사사업 당시 사정

① 토지의 사정은 조선총독부에서 소유자가 토지의 소재, 지목 사표 등을 기재한 서면을 토지조사국에 신고, 접수하면 신고서의 내용을 토대로 결수연명부와 대조하여 신고자와 소유자와의 대조를 하였다.
② 토지의 강계는 지적도에 등록된 강계선을 대상으로 실시하고 지역선에 대해서는 사정하지 않았기 때문에 사정대상에서 제외되었다.
③ 토지의 사정은 일필지의 지주 · 강계 · 지목 · 지번조사가 끝난 후 최종적으로 토지조사부와 지적도를 기준으로 하였으며, 자연인과 법인으로 하고 지주가 사망하고 상속자가 정해지지 않은 경우 사망자의 명의로 사정한다.

사정의 효력

행정처분의 효력	토지의 사정은 토지조사령의 법적 규정하에 이루어진 행정행위
원시취득의 효력	기존의 권리를 무시하고 새로이 권리를 취득하는 것이므로 기존의 권리는 소멸되며, 허위신고 또는 착오, 담당자의 과오 등으로 처리되었다 하더라도 사정 내용은 고등토지조사위원회에 재심 또는 불복신청하는 것 이외에는 절대로 변경되지 않았음
사정은 재결이 있을 경우 무효	재결은 재심의를 통해 사정하므로 기존 사정은 무효임. 따라서 토지대장에 등록된 필지는 임시토지조사국에서 사정을 거친 필지만 등록 가능

17 지압(地押)조사에 대한 설명으로 옳지 않은 것은?

① 지번의 순서에 따라 실지와 도면의 대조를 통하여 이동의 유무를 조사하는 것을 원칙으로 하였다.
② 무신고 이동지를 발견하기 위하여 실시하는 토지검사이다.
③ 지압조사는 지적약도 및 임야도를 현장에 휴대하여 정, 리, 동의 단위로 시행하였다.
④ 분쟁지의 경계와 소유자를 확정하는 토지조사이다.

풀이 지압조사(地押調査)

1. 지압조사의 개요

지압조사란 무신고 이동지를 발견하기 위하여 실시하는 토검사로서 토지검사의 일종이기는 하지만 이는 어디까지나 신고와 신청을 전제로 하지 않는다는 점이 특징이다. 지압조사의 성과는 일정한 서식의 야장에 기입하며, 지압조사에서 발견된 무신고 이동지는 소관청이 직권으로 지적공부를 정리하고 필요하다면 토지 소유자 또는 이해관계인에게 통지하는 등의 조치가 있어야 한다.
토지검사는 토지이동 사실 여부 확인을 위한 지압조사와 과세징수를 목적으로 한 토지검사로 분류되며 매년 6~9월 사이에 하는 것을 원칙으로 하였고 필요한 경우 임시로 할 수 있게 하였다. 지세관계법령의 규정에 따라 세무관리는 토지의 검사를 할 수 있도록 지세관계법령에 규정하였다.

2. 지압조사방법

① 지압조사는 지적약도 및 임야도를 현장에 휴대하여 정, 리, 동의 단위로 시행하였다.
② 지압조사 대상지역의 지적(임야)약도에 대하여 미리 이동정리 적부를 조사하여 누락된 부분은 보완조치 하였다.

정답 16 ④ 17 ④

③ 지적소관청은 지압조사에 의하여 무신고 이동지의 조사를 위해서는 그 집행계획서를 미리 수리조합과 지적협회 등에 통지하여 협력을 요구하였다.
④ 무신고이동지정리부에 조사결과 발견된 무신고 이동토지를 등재함으로써 정리의 만전을 기하였다.
⑤ 지번의 순서에 따라 실지와 도면의 대조를 통하여 이동의 유무를 조사하는 것을 원칙으로 하였다.
⑥ 업무의 통일, 직원의 훈련 등에 필요할 경우는 본조사 전에 모범조사를 실시하도록 하였다.

18 도로를 중심으로 한쪽은 홀수로, 반대쪽은 짝수로 지번을 부여하는 방법은?

① 북서기번법　② 사행법
③ 기우법　④ 단지법

풀이 **지번의 부여방법**

사행식	필지의 배열이 불규칙한 지역에서 진행순서에 따라 지번을 부여하는 방법으로 농촌지역의 지번부여에 적합하며 우리나라 토지의 대부분은 사행식에 의해 부여하며 지번 부여가 일정하지 않고 상하좌우로 분산되어 부여되는 결점이 있다.
기우식	도로를 중심으로 한쪽은 홀수인 기수, 다른 쪽은 짝수인 우수로 지번을 부여하는 방법으로 리·동·도·가 등의 시가지 지역의 지번부여방법으로 적합하고 교호식이라고도 한다.
단지식	단지마다 하나의 지번을 부여하고 단지 내 필지마다 부번을 부여하는 방법으로 단지식은 블록식이라고도 하며 도시개발사업 및 농지개량사업 시행지역 등의 지번부여에 적합하다.
절충식	사행식, 기우식, 단지식 등을 적당히 취사선택(取捨選擇)하여 부번(附番)하는 방식이다.

19 대삼각측량 등과 같이 삼각점 간의 거리가 원거리여서 측표가 직접 시준이 되지 않을 때 원거리 관측목표점에 설치하여 태양광선을 반사시켜서 관측자에게 되보내 측표의 위치를 알리는 반사경을 갖춘 간편한 각측량의 보조장치는?

① 권척(卷尺)　② 간승(間繩)
③ 죽척(竹尺)　④ 회조기(回照器)

권척(卷尺)	권척은 거리의 측정에 사용되는 도구로 포권척(布卷尺)과 강권척(鋼卷尺)이 있다. 포권척은 시가지 등에서 비교적 짧은 거리를 측정하는 경우에 사용되는 것으로 강한 마포(麻布)로 만들고 그 속에 구리나 놋쇠의 가는 철선을 섞어 짜 넣어 신축을 방지하고 방습을 위해서 외부에 밀랍을 바르고 1분 간격으로 눈금을 표시한 줄자로 폭은 5분(分), 길이는 10간 정도이다. 권척은 가죽 원통 집에 감아서 넣기에 휴대에 편리하고 사용 내구연수도 길지만 건습이나 장력의 영향을 받아 길이가 늘어나 오차가 큰 것이 결점이다.
간승(間繩)	토지조사 시 줄자가 귀했던 시절 중요한 거리 측정도구의 하나로 굵은 마사(麻絲) 또는 금속선을 심지로 하고 외부를 가느다란 망사로 조밀하게 감고 밀랍을 먹인 줄자이다. 꼰줄에 일정간격(1간)으로 금속 파편을 붙인 눈금이 새겨져 숫자를 읽기에 편리하게 했다. 길이는 20간, 40간, 60간(間), 직경은 약 3분 정도이고 보통 손잡이가 달린 목제의 원통 속에 감겨 있다.

정답 18 ③　19 ④

죽척 (竹尺)	1910~1970년대까지 우리나라에서 사용된 대나무로 만든 자로 둥글게 말은 다음 휴대하기 편하게 8자 형태로 비틀어 어깨에 메고 다니며 측량을 했다. 둥글게 말아서 가지고 다니기에 죽제권척(竹製倦尺)이라고도 부른다. 일반적으로 3년생 청죽(靑竹)을 재료로 사용했고 도근과 세부측량에 사용되었다.
회조기 (回照器)	대삼각측량 등과 같이 삼각점 간의 거리가 원거리여서 측표가 직접 시준이 되지 않을 때 원거리 관측목표점에 설치하여 태양광선을 반사시켜서 관측자에게 되보내 측표의 위치를 알리는 반사경을 갖춘 간편한 각측량의 보조장치이다. 독일인 수학자이자 측지학자인 가우스가 1810~1820년에 교회의 창 유리로 인하여 태양의 반사경이 의외로 멀리까지 가는 것에 힌트를 얻어 10cm 사방의 거울을 사용하여 창안하였다.

20 토지조사사업 당시 삼각측량에 대한 설명으로 옳은 것은?

① 가장 정확한 기선은 강계기선, 가장 부정확한 기선은 고건원기선이다.
② 대삼각본점측량은 삼각점 간 평균변장을 30km로, 대삼각보점측량은 10km로 전개했다.
③ 세부측량은 1/600, 1/1,200, 1/2,400로 구분하여 일필지측량은 지형에 따라 교회법, 도선법, 다각망도선법 중 취사선택했다.
④ 특별소삼각원점의 결정은 기선의 한쪽 점에서 북극점 또는 태양의 고도관측에 의하여 진자오선과 방위각을 결정하였다.

풀이

<table>
<tr><td rowspan="10">기선측량</td><td>개요</td><td colspan="4">우리나라의 기선측량은 1910년 6월 대전기선의 위치선정을 시작으로 하여 1913년 10월 함경북도 고건원기선측량을 끝으로 전국 13개소의 기선측량을 실시하였다. 기선측량은 삼각측량에 있어서 최소한 삼각형의 한 변을 알 수 있기 때문에 기선측량은 삼각측량에서 필수조건이라 할 수 있다.</td></tr>
<tr><td rowspan="8">위치와 길이</td><td>기선의 위치</td><td>기선길이(m)</td><td>기선의 위치</td><td>기선길이(m)</td></tr>
<tr><td>대전(大田)</td><td>2,500.39410</td><td>간성(杆城)</td><td>3,126.11155</td></tr>
<tr><td>노량진(鷺梁津)</td><td>3,075.97442</td><td>함흥(咸興)</td><td>4,000.91794</td></tr>
<tr><td>안동(安東)</td><td>2,000.41516</td><td>길주(吉州)</td><td>4,226.45669</td></tr>
<tr><td>하동(河東)</td><td>2,000.84321</td><td>강계(江界)</td><td>2,524.33613</td></tr>
<tr><td>의주(義州)</td><td>2,701.23491</td><td>혜산진(惠山鎭)</td><td>2,175.31361</td></tr>
<tr><td>평양(平壤)</td><td>4,625.47770</td><td>고건원(古乾原)</td><td>3,400.81838</td></tr>
<tr><td>영산포(榮山浦)</td><td>3,400.89002</td><td></td><td></td></tr>
<tr><td>특징</td><td colspan="2">• 직선의 계산
• 온도보정의 계산
• 중등해수면상 화성수 계산
• 전장평균의 계산</td><td colspan="2">• 경사보정의 계산
• 기선척전장의 계산
• 천체측량의 계산</td></tr>
</table>

정답 20 ②

특별소삼각측량	1912년 임시토지조사국에서 시가지세를 조급하게 징수하여 재정수요에 충당할 목적으로 대삼각측량을 끝마치지 못한 평양, 울릉도 등 19개 지역에 대해서는 독립된 소삼각측량을 실시하여 후에 이를 통일원점지역의 삼각점과 연결하는 방식을 취하였다. • 시대는 임시토지조사국 • 원점은 그 측량지역의 서남단(원점의 결정은 기선의 한쪽 점에서 북극점 또는 태양의 고도관측에 의하여 진자오선과 방위각을 결정) • 수치는 종선에 1만m, 횡선에 3만m로 가정하였다. • 측량은 천문측량 • 실시지역 : 평양 · 의주 · 신의주 · 전남포 · 전주/강경 · 원산 · 함흥 · 청진 · 경성/나남 · 회령 · 진주 · 마산 · 광주/목포 · 나주 · 군산 · 울릉(19개 지역) • 단위 : m	
도근측량	점수	3,551,606점
	• 도근점은 1/1,200은 원도 내에 6점 이상 배치하고 점간거리는 150m 이내로 하였고 1/600은 도근점 8점 이상 점간거리는 100m 이내 • 거리측정은 1/1,200 또는 1/2,400에서는 10cm까지, 1/6,000에서는 측거사 또는 양거척으로 5cm까지 읽은 중수를 적용 • 1등 도선은 Ⅰ, Ⅱ, Ⅲ의 로마숫자, 2등 도선은 A, B, C의 영문으로 표기	
세부측량	필지	19,107,520필지
	• 세부측량은 삼각점 또는 도근점에 근거하여 도해법으로 실시하고 경계는 직선으로 하여 지번, 지목, 소유자 등을 기록하는 측량원도를 조제 • 축척은 1/600, 1/1,200, 1/2,400로 구분하여 일필지측량은 지형에 따라 교회법, 도선법, 광선법, 종횡법 중 취사 선택	

정답

11 제11회 합격모의고사

01 필지중심토지정보시스템(PBLIS)에 대한 설명으로 옳지 않은 것은? (19년3회지기)

① LMIS와 통합되어 KLIS로 운영되어 왔다.
② 각종 지적행정업무의 수행과 정책정보를 제공할 목적으로 개발되었다.
③ 지적전산화사업의 속성 데이터베이스를 연계하여 구축되었다.
④ 개발 초기에 토지관리업무시스템, 공간자료관리시스템, 토지행정지원시스템으로 구성되었다.

풀이 PBLIS(Parcel Based Land Information System)
필지중심토지정보시스템(PBLIS : Parcel Based Land Information System)의 개발은 컴퓨터를 활용하여 일필지를 중심으로 건물, 도시계획 등 형상과 관련된 도면정보(Graphic Information)와 이들과 연결된 각종 속성정보(Nongraphic Information)를 효과적으로 **저장 · 관리 · 처리**할 수 있는 시스템으로 향후 시행될 **지적재조사사업의 기반을 조성하는 사업**이다. 전산화된 지적도면 수치파일을 데이터베이스화하여 이들 정보를 검색하고 관리하는 업무절차를 전산화함으로써 그간 수작업으로 처리했던 지적도면 정리를 자동화하고 토지 및 관련정보를 국가 및 대국민에게 복합적이고 신속하게 제공하여 과학적 지적행정을 도모하고자 이에 대한 개발이 추진되었다.

1. 개발시스템 구성
   정부는 소관청 지적업무를 구현하는 지적공부관리시스템과 더불어 지적공사에서 수행되는 지적측량의 준비와 결과를 작성하고, 소관청에서 직권업무처리 및 성과검사를 하기 위한 지적측량성과작성시스템과 측량 결과의 처리를 보조하는 지적측량시스템을 동시에 개발하여 각 시스템이 같은 도형정보관리시스템을 기반으로 구현될 수 있도록 함으로써 각 업무 간의 데이터 교환의 효율성(Efficiency)과 편리성(Serviceability)을 극대화하고자 하였다.
2. PBLIS 구축에 따른 시스템의 구성요건
   ① 전국적인 통일된 좌표계 사용
   ② 개방적 구조를 고려하여 설계
   ③ 시스템의 확장성(Scalability)을 고려하여 설계

02 필지중심토지정보시스템에서 식별자로서 적합한 것은?

① 필지의 고유번호
② 면적
③ 지목
④ 지가

풀이 **부동산종합공부시스템 운영 및 관리규정 제19조(코드의 구성)**
고유번호의 구성은 행정구역코드 10자리(시 · 도 2, 시 · 군 · 구 3, 읍 · 면 · 동 3, 리 2)+대장구분 1자리+본번 4자리－부번 4자리로 구성되어 있다(총 19자리).

정답 01 ④ 02 ①

03 다음 중 필지중심토지정보시스템(PBLIS)의 구성체계에 속하지 않는 것은?

① 지적측량성과작성시스템　② 지적측량시스템
③ 토지행정시스템　④ 지적공부관리시스템

풀이 PBLIS 구성
① 지적공부관리시스템 : 사용자권한관리/지적측량검사업무/토지이동관리/지적일반업무관리/창구민원관리/토지기록자료조회 및 출력/지적통계관리/정책정보관리 등
② 지적측량시스템 : 지적삼각측량/지적삼각보조측량/도근측량/세부측량 등
③ 지적측량성과작성시스템 : 토지이동지 조서 작성/측량준비도/측량결과도/측량성과도 등

04 다목적 지적의 구성요소가 아닌 것은?

① 측지기본망　② 필지식별번호
③ 기본도　④ 경계표지

풀이 다목적 지적의 구성요소
① 측지기본망　② 기본도
③ 중첩도　④ 필지식별번호
⑤ 토지자료파일

05 PBLIS의 DB 오류자료 정비방안으로 옳지 않은 것은?

① 누락 필지 오류 정비－분할 및 합병정리 누락 여부를 확인하여 토지이동정리 실시
② 지번 중복 오류 정비－분할등록 구분코드인 'a'코드 누락 여부 확인 후 정비
③ 지목 상이 오류 정비－지목 일괄수정기능을 이용하여 대장 DB의 지목을 도면 DB의 지목을 기준으로 일괄 변환
④ 면적 공차초과 오류 정비－면적측정기로 지적도상 면적을 측정하여 원인 분석 후 면적 정정

풀이 PBLIS 오류 유형 및 정비

오류	내용	
누락필지	유형	• 대장 DB에는 지번이 존재하나, 도형 DB에는 누락된 필지 오류 • 도형 DB에는 지번이 존재하나, 대장 DB에는 누락된 필지 오류
	정비	• 분할 및 합병정리 누락 여부를 확인하여 토지이동정리 실시 • 경기 및 구획정리에 편입되었으나 대장폐쇄를 누락한 경우는 관련 자료를 첨부하여 '지적공부정리결의서'에 의해 대장폐쇄
지번중복	유형	하나의 행정구역 내 동일 지번이 표기된 경우 발생하는 오류
	정비	• 분할등록 구분코드인 'a'코드 누락 여부 확인 후 정비 • 토지대장전산화 이전에 이중지번을 부여한 경우 등록사항 정정(지번정정) 처리

정답 03 ③　04 ④　05 ③

오류		내용
지목상이	유형	대장 DB에 등록되어 있는 지번별 지목과 도형 DB에 기록되어 있는 지목이 서로 상이한 오류
	정비	• 자료정비/지목일괄수정 기능을 이용하여 도면 DB의 지목을 대장 DB의 지목으로 일괄변환 • 지목입력 및 수정기능을 이용하여 일필지별 확인 후 오류 수정
면적공차 초과	유형	대장 DB에 등록되어 있는 지번별 지목과 도형 DB 내에서 일필지별로 좌표면적계산법에 의해 산출된 면적이 공차를 초과하는 필지의 오류
	정비	• 가장 먼저 지적경계점의 좌표독취 착오여부 확인 • 면적측정기로 지적도상 면적을 측정하여 원인 분석 후 면적 정정

06 지적은 토지의 등록대상에 따라 2차원 지적과 3차원 지적으로 구분할 수 있다. 이에 대한 설명으로 옳지 않은 것은?

① 2차원 지적은 토지의 고저에 관계없이 수평면상의 사영만을 가상하여 그 경계를 등록하는 방법이다.
② 2차원 지적은 토지의 경계, 면적, 체적을 지표면상의 값으로 등록하는 것으로 선, 면, 표고로 구성된다.
③ 3차원 지적은 지하의 각종 시설물과 대형화된 건축물의 건설로 토지이용의 입체화가 진행됨에 따라 지표, 지하, 지상에 형성되는 특징을 포함한다.
④ 3차원 지적은 토지이용이 다양한 사회에 필요한 지적으로 입체지적이라고도 한다.

풀이 ① 2차원 지적 : 토지의 고저에 관계없이 수평면상의 투영만을 가상하여 각 필지의 경계를 등록 · 공시하는 제도로서 평면 지적이라고도 한다.
② 3차원 지적 : 선과 면으로 구성되어 있는 2차원 지적에 높이를 추가하는 것으로서 입체 지적이라고도 한다.
③ 4차원 지적 : 지표 · 지상건축물 · 지하시설물 등을 효율적으로 등록 · 공시하거나 관리 · 지원할 수 있고, 등록사항의 변경내용을 정확하게 유지 · 관리할 수 있는 제도로서 토지정보시스템이 구축되는 것을 전제(前提)로 한다.

07 행정구역의 명칭이 변경된 때에 소관청이 시 · 도지사를 경유하여 국토교통부장관에게 행정구역의 코드변경을 요청해야 하는 시기는?

① 행정구역변경일 7일 전까지
② 행정구역변경일 10일 전까지
③ 행정구역변경일 14일 전까지
④ 행정구역변경일 30일 전까지

풀이 **부동산종합공부시스템 운영 및 관리규정 제20조(행정구역코드의 변경)**
행정구역의 명칭이 변경된 때에는 지적소관청은 시 · 도지사를 경유하여 국토교통부장관에게 행정구역 변경일 10일 전까지 행정구역의 코드변경을 요청하여야 한다.

정답 06 ② 07 ②

08 필지중심토지정보시스템(PBLIS)의 구성 요소인 지적측량성과작성시스템의 주요 기능에 해당되지 않는 것은?

① 지적측량검사 파일 작성　　② 측량성과 파일 작성
③ 구획경지정리 산출물 작성　　④ 측량준비도 작성

풀이 **필지중심토지정보시스템(PBLIS) 구성** **암기** ⓢⓘⓣⓘⓖⓘ ⓙⓘⓒⓡ ⓣⓡⓖⓖ (사지토지구지 지적측량 토량결과)

구분	주요 기능
지적공부관리시스템	• (사)용자권한관리 • (지)적측량검사업무 • (토)지이동관리 • (지)적일반업무관리 • 창(구)민원업무 • 토(지)기록자료조회 및 출력 등
지적측량시스템	• (지)적삼각측량 • 지(적)삼각보조측량 • 도근(측)량 • 세부측(량) 등
지적측량성과작성시스템	• (토)지이동지 조서작성 • 측(량)준비도 • 측량(결)과도 • 측량성(과)도 등

09 객체를 3차원으로 모델링하기 위해 필요한 3차원 좌표를 취득할 수 있는 측량방법으로 옳지 않은 것은?

① Traverse 측량　　② GPS 측량
③ 항공사진 측량　　④ 항공라이다 측량

풀이 트래버스 측량은 2차원 좌표를 결정하는 수평위치결정방법이다.

10 필지를 개별화하고 대장과 도면의 등록사항을 연결하는 역할을 하는 것은?

① 필지식별번호　　② 토지자료파일
③ 지적중첩도　　④ 측지기준망

풀이 **필지식별번호(Unique Parcel Identification Number)**

각 필지별 등록사항의 조직적인 저장과 수정을 용이하게 각 정보를 인식 · 선정 · 식별 · 조정하는 가변성(Variability : 일정한 조건에서 변할 수 있는 성질)이 없는 토지의 고유번호를 말하는데 지적도의 등록사항과 도면의 등록사항을 연결시켜 자료파일의 검색 등 색인번호의 역할을 한다. 이러한 필지식별번호는 토지 평가, 토지의 과세, 토지의 거래, 토지이용계획 등에서 활용되고 있다.

정답 08 ① 09 ① 10 ①

11 3차원 지적분야에서 활용도가 높은 3차원 표면자료가 아닌 것은?

① Digital Terrain Model
② Digital Elevation Model
③ Digital Surface Model
④ Digital Network Model

풀이 **3차원 표면자료**
① Digital Terrain Model
② Digital Elevation Model
③ Digital Surface Model

12 다음 지역 중 우리나라의 수치지도 평면직교좌표계상 거리와 지구타원체상 거리의 차이가 가장 큰 곳은?

① 경도 125°E, 위도 36°N 지역
② 경도 125°E, 위도 37°N 지역
③ 경도 126°E, 위도 37°N 지역
④ 경도 127°E, 위도 36°N 지역

풀이 원점에서 멀어질수록 평면직교좌표계상 거리와 지구타원체상 거리의 차이가 크게 나타난다. 원통을 횡으로 놓고 하므로 위도는 차이가 없고 경도상 원점인 125°, 127°, 129°, 131°에서 보면 원점에서 멀어질수록 크게 나타난다.

13 필지중심토지정보시스템(PBLIS)에 관한 설명으로 옳은 것은? (17년1회지산)

① PBLIS는 지형도를 기반으로 각종 행정업무를 수행하고 관련 부처 및 타 기관에 제공할 정책정보를 생산하는 시스템이다.
② PBLIS를 구축한 후 연계업무를 위해 지적도 전산화 사업을 추진하였다.
③ 필지식별자는 각 필지에 부여되어야 하고 필지의 변동이 있을 경우에는 언제나 변경, 정리가 용이해야 한다.
④ PBLIS의 자료는 속성정보만으로 구성되며, 속성정보에는 과세대장, 상수도대장, 도로대장, 주민등록, 공시지가, 건물대장, 등기부, 토지대장 등이 포함된다.

풀이 PBLIS(Parcel Based Land Information System)
필지중심토지정보시스템(PBLIS : Parcel Based Land Information System)의 개발은 컴퓨터를 활용하여 일필지를 중심으로 건물, 도시계획 등 형상과 관련된 도면정보(Graphic Information)와 이들과 연결된 각종 속성정보(Nongraphic Information)를 효과적으로 **저장 · 관리 · 처리**할 수 있는 시스템으로 향후 시행될 **지적재조사 사업의 기반을 조성하는 사업**이다. 전산화된 지적도면 수치파일을 데이터베이스화하여 이들 정보를 검색하고 관리하는 업무절차를 전산화함으로써 그간 수작업으로 처리했던 지적도면 정리를 자동화하고 토지 및 관련정보를 국가 및 대국민에게 복합적이고 신속하게 제공하여 과학적 지적행정을 도모하고자 이에 대한 개발이 추진되었다.

정답 11 ④ 12 ③ 13 ③

14 필지중심토지정보시스템(PBLIS)에 해당하지 않는 것은? (16년3회지산)

① 지적측량시스템 ② 부동산행정시스템
③ 지적공부관리시스템 ④ 지적측량성과시스템

풀이 필지중심토지정보시스템(PBLIS) 구성 **암기** ㉳㉶㉪㉶㉺㉶ ㉶㉶㉻㉸ ㉪㉸㉹㉼

구분	주요 기능
지적공부관리시스템	• ㉳용자권한관리 • ㉶적측량검사업무 • ㉪지이동관리 • ㉶적일반업무관리 • 창㉺민원업무 • 토㉶기록자료조회 및 출력 등
지적측량시스템	• ㉶적삼각측량 • 지㉶삼각보조측량 • 도근㉻량 • 세부측㉸ 등
지적측량성과작성시스템	• ㉪지이동지 조서작성 • 측㉸준비도 • 측량㉹과도 • 측량성㉼도 등

15 다음 중 PBLIS 구축에 따른 시스템의 구성요건으로 옳지 않은 것은? (17년2회지기)

① 개방적 구조를 고려하여 설계 ② 파일처리 방식의 데이터관리시스템 설계
③ 시스템의 확장성을 고려하여 설계 ④ 전국적인 통일된 좌표계 사용

풀이 PBLIS(Parcel Based Land Information System)

필지중심토지정보시스템(PBLIS : Parcel Based Land Information System)의 개발은 컴퓨터를 활용하여 일필지를 중심으로 건물, 도시계획 등 형상과 관련된 도면정보(Graphic Information)와 이들과 연결된 각종 속성정보(Nongraphic Information)를 효과적으로 **저장 · 관리 · 처리**할 수 있는 시스템으로 향후 시행될 **지적재조사 사업의 기반을 조성하는 사업**이다. 전산화된 지적도면 수치파일을 데이터베이스화하여 이들 정보를 검색하고 관리하는 업무절차를 전산화함으로써 그간 수작업으로 처리했던 지적도면 정리를 자동화하고 토지 및 관련정보를 국가 및 대국민에게 복합적이고 신속하게 제공하여 과학적 지적행정을 도모하고자 이에 대한 개발이 추진되었다.

1. 개발시스템 구성

   정부는 소관청 지적업무를 구현하는 지적공부관리시스템과 더불어 지적공사에서 수행되는 지적측량의 준비와 결과를 작성하고, 소관청에서 직권업무처리 및 성과검사를 하기 위한 지적측량성과작성시스템과 측량결과의 처리를 보조하는 지적측량시스템을 동시에 개발하여 각 시스템이 같은 도형정보관리시스템을 기반으로 구현될 수 있도록 함으로써 각 업무 간의 데이터 교환의 효율성(Efficiency)과 편리성(Serviceability)을 극대화하고자 하였다.

2. PBLIS 구축에 따른 시스템의 구성요건

   ① 전국적인 통일된 좌표계 사용
   ② 개방적 구조를 고려하여 설계
   ③ 시스템의 확장성(Scalability)을 고려하여 설계

정답 14 ② 15 ②

16 **지적도와 시 · 군 · 구 대장 정보를 기반으로 하는 지적행정시스템의 연계를 통해 각종 지적 업무를 수행할 수 있도록 만들어진 정보시스템은?** (16년1회지산)

① 필지중심토지정보시스템 ② 지리정보시스템
③ 도시계획정보시스템 ④ 시설물관리시스템

풀이 PBLIS(Parcel Based Land Information System)
필지중심토지정보시스템(PBLIS : Parcel Based Land Information System)의 개발은 컴퓨터를 활용하여 일필지를 중심으로 건물, 도시계획 등 형상과 관련된 도면정보(Graphic Information)와 이들과 연결된 각종 속성정보(Nongraphic Information)를 효과적으로 저장 · 관리 · 처리할 수 있는 시스템으로 향후 시행될 지적재조사사업의 기반을 조성하는 사업이다. 전산화된 지적도면 수치파일을 데이터베이스화하여 이들 정보를 검색하고 관리하는 업무절차를 전산화함으로써 그간 수작업으로 처리했던 지적도면 정리를 자동화하고 토지 및 관련정보를 국가 및 대국민에게 복합적이고 신속하게 제공하여 과학적 지적행정을 도모하고자 이에 대한 개발이 추진되었다.

17 **다음 중 필지중심토지정보시스템(PBLIS)의 구성 요소인 지적측량성과작성시스템의 주요 기능에 해당되지 않는 것은?**

① 토지이동관리 ② 측량결과도
③ 측량준비도 ④ 토지이동지 조서작성

풀이 필지중심토지정보시스템(PBLIS) 구성 암기 ㉳㉶㉵㉶㉷㉶ ㉶㉸㉹㉺ ㉵㉺㉻㉼

구분	주요 기능
지적공부관리시스템	• ㉳용자권한관리 • ㉶적측량검사업무 • ㉵지이동관리 • ㉶적일반업무관리 • 창㉷민원업무 • 토㉶기록자료조회 및 출력 등
지적측량시스템	• ㉶적삼각측량 • 지㉸삼각보조측량 • 도근㉹량 • 세부측㉺ 등
지적측량성과작성시스템	• ㉵지이동지 조서작성 • 측㉺준비도 • 측량㉻과도 • 측량성㉼도 등

정답 16 ① 17 ①

18 다음 중 과거 필지중심토지정보체계(PBLIS : Parcel Based Land Information System)의 개발 목적으로 옳지 않은 것은? (14년1회지기)

① 행정처리 단계 축소 및 비용 절감
② 지적정보 및 부가정보의 효율적 통합 관리
③ 지적재조사 사업의 기반 확보
④ 대장과 도면정보시스템의 분리 운영

풀이 **필지중심토지정보시스템(PBLIS)**

지적도를 기반으로 각종 지적행정업무 수행과 관련 부처 및 기타 기관에 제공할 정책정보를 수행하는 시스템이다.

구분	내용
개발목적	• 다양한 토지 관련 정보를 정부기관이나 국민에게 제공 • 지적정보 및 각종 시설물 등의 부가정보의 효율적 통합 관리 • 토지 소유권의 보호와 다양한 토지 관련 서비스 제공 • 지적재조사사업을 위한 기반확보
업무내용	지적공부관리, 지적측량업무, 지적측량성과작성업무 등 3개 분야 430개 세부업무를 추진하였다.

19 한국토지정보시스템이 포함하고 있는 단위 업무만을 모두 고른 것은?

Ⓐ 지적공부관리
Ⓑ 연속편집도관리
Ⓒ 토지거래허가관리
Ⓓ 지하시설물관리

① Ⓐ, Ⓑ, Ⓒ
② Ⓐ, Ⓑ, Ⓓ
③ Ⓐ, Ⓒ, Ⓓ
④ Ⓑ, Ⓒ, Ⓓ

풀이 **한국토지정보시스템의 단위업무** **암기** ㉠㉡㉢ ㉡㉣㉮ ㉤㉥할 때 ㉦㉧㉨이나 ㉩㉧㉪가 해라

(암기: 측공연 공주가 통지할 때 도개장이나 중개사가 해라)

1. 지적(측)량성과관리
2. 지적(공)부관리
3. (연)속편집도 관리
4. 개별(공)시지가관리
5. 개별(주)택가격관리
6. 토지거래허(가)관리
7. (통)합민원발급관리
8. 수치(지)형도관리
9. 용(도)지역지구관리
10. (개)발부담금관리
11. 모바일현(장)지원
12. 부동산(중)개업관리
13. 부동산(개)발업관리
14. 공인중개(사)관리

정답 18 ④ 19 ①

20 한국토지정보시스템(KLIS)의 파일명이 옳지 않은 것은?

① 측량성과작성시스템에서 측량성과 작성을 위한 파일 : *.jsg

② 지적측량계산시스템에서 작업한 경계점 결선, 경계점 등록, 교차점 계산 등의 결과를 관리하는 파일 : *.ksp

③ 토털스테이션에서 측량한 값을 좌표로 등록하여 작성된 파일 : *.dat

④ 측량성과작성시스템에서 속성을 작성하는 일필지속성정보 파일 : *.sebu

풀이 KLIS(Korea Information System)의 파일확장자 구분 **암기** ㉦㉦ⓈⓀ㉦에서 ㉨㉣㉦㉦㉤

측량준비도 추출파일(*.cif) (Cadastral Information File)	소관청의 지적공부관리시스템에서 측량지역의 도형 및 속성정보를 저장한 파일
일필지속성정보 파일(*.sebu) (세부 측량을 영어로 표현)	측량성과작성시스템에서 속성을 작성하는 일필지속성정보 파일
측량관측 파일(*.svy)(Survey)	토털스테이션에서 측량한 값을 좌표로 등록하여 작성된 파일
측량계산 파일(*.ksp) (KCSC Survey Project)	지적측량계산시스템에서 작업한 경계점 결선, 경계점 등록, 교차점 계산 등의 결과를 관리하는 파일
세부측량계산 파일(*.ser) (Survey Evidence Relation File)	측량계산시스템에서 교차점 계산 및 면적지정계산을 하여 경계점좌표등록부 시행 지역의 출력에 필요한 파일
측량성과 파일(*.jsg)	측량성과작성시스템에서 측량성과 작성을 위한 파일
토지이동정리(측량결과) 파일 (*.dat)(Data)	측량성과작성시스템에서 소관청의 측량검사, 도면검사 등에 이용되는 파일
측량성과검사요청서 파일(*.sif)	지적측량 접수 프로그램을 이용하여 작성하며 iuf 파일과 함께 작성되는 파일
측량성과검사결과 파일(*.Srf)	측량결과 파일을 측량업무관리부에 등록하고 성과검사 정상 완료 시 지적소관청에서 측량 수행자에게 송부하는 파일
정보이용승인신청서 파일(*.iuf)	지적측량 업무 접수 시 지적소관청 지적도면자료의 이용승인요청 파일

정답 20 ③

12 제12회 합격모의고사

01 토지와 관련하여 토지 관련 행정업무의 효율성을 높이며 토지정책의 합리적인 의사결정을 지원하고 각 지자체별, UIS 사업의 토지 관련 데이터베이스를 구축하여 효율성을 높이기 위해 추진된 시스템은?

① 필지중심토지정보체계(PBLIS)　　② 한국토지정보체계(KLIS)
③ 토지관리정보체계(LMIS)　　④ 지리정보체계(GIS)

풀이 **토지관리정보체계의 추진 배경**
토지와 관련하여 복잡 다양한 행위 제한 내용을 국민에게 모두 알려주지 못하여 국민이 토지를 이용 및 개발함에 있어 시행착오를 겪는 경우가 많으며, 토지 거래 허가 · 신고, 택지 및 개발 부담금 부과 등의 업무가 수작업으로 처리되어 효율성(Efficiency)이 낮다. 이로 인하여 토지이용 규제 내용을 제대로 알지 못하고 있으며, 궁극적으로 토지의 효율적인 내용 및 개발이 이루어지지 못하고 있다. 또한 토지정책의 합리적인 의사결정을 지원하고 정책 효과 분석을 위해서는 각종 정보를 실시간으로 정확하게 파악하여 종합 처리하고, 기존의 개별 · 법령별로 처리되고 있던 토지업무를 유기적으로 연계할 필요가 있다. 그리고 각 지자체별로 도시정보시스템 사업을 수행하고 있으나 기반이 되는 토지 관련 데이터베이스가 구축되지 않아 효율성이 떨어지므로 토지관리정보체계를 추진하게 되었다.

02 토지관리정보체계(LMIS : Land Management Information System) 시스템의 구성에 해당되지 않는 것은?

① 토지정책지원시스템　　② 토지관리지원시스템
③ 토지정보서비스시스템　　④ 지적행정지원시스템

풀이 **토지관리정보체계(LMIS : Land Management Information System) 시스템의 구성**

구분	내용	
토지㉨㉠지원시스템	• 토지자료통계분석	• 토지정책수립지원
토지㉧㉣지원시스템	• 토지행정관리	
토지㉨㉥서비스시스템	• 토지민원발급 • 토지정보검색	• 법률정보서비스 • 토지메타데이터
토지㉬㉨지원시스템	• 토지거래 • 부동산중개업 • 공간자료조회	• 외국인토지취득 • 공시지가 • 시스템관리
공간㉶㉷관리시스템	• 지적파일검사 • 수치지적구축 • 개별지적도관리 • 용도지역지구관리	• 변동자료정리 • 수치지적관리 • 연속편집지적관리

정답 01 ③ 02 ④

03 토지정보체계의 관리 목적에 대한 설명으로 틀린 것은? (17년2회지기)

① 토지관련 정보의 수요 결정과 정보를 신속하고 정확하게 제공할 수 있다.
② 신뢰할 수 있는 가장 최신의 토지등록 데이터를 확보할 수 있도록 하는 것이다.
③ 토지와 관련된 등록부와 도면 등의 도해지적 공부의 확보이다.
④ 새로운 시스템의 도입으로 토지정보체계의 DB에 관련된 시스템을 자동화하는 것이다.

풀이 **토지정보체계의 필요성과 구축효과**

필요성	구축효과
• 토지정책자료의 다목적활용 • 수작업오류 방지 • 토지관련 과세 자료로 이용 • 공공기관 간의 토지정보공유 • 지적민원의 신속 정확한 처리 • 도면과 대장의 통합 관리 • 지방행정 전산화의 획기적 계기 • 지적공부의 노후화	• 지적통계와 정책의 정확성(Accuracy)과 신속성(Expedition) • 지적서고 팽창 방지 • 지적업무의 이중성(Duplicity) 배제 • 체계적이고 과학적인 지적 실현 • 지적업무 처리의 능률성(Efficiency)과 정확도 향상 • 민원인의 편의 증진 • 시스템 간의 인터페이스 확보 • 지적도면 관리의 전산화 기초 확립

04 토지종합정보망사업 시 구축된 데이터베이스에 대한 설명 중 틀린 것은?

① 데이터베이스는 공간자료와 속성자료로 구분된다.
② 공간자료에는 지적도 DB, 지형도 DB, 용도 지역 · 지구도 DB가 있다.
③ 속성자료에는 토지관리업무에서 생산 · 활용 · 관리하는 대장 및 조서자료와 관련 법률자료 등이 있다.
④ 공간자료에는 새 주소 DB도 포함된다.

풀이 **토지종합정보망사업의 데이터베이스 구축**

1. 공간(도면)자료 : 지적도, 지형도, 용도 지역 · 지구도 등
   ① 지적도 DB : 개별 · 연속 · 편집 지적도
   ② 지형도 DB : 도로, 건물, 철도 등의 주요 지형 · 지물
   ③ 용도 지역 · 지구 DB : 「도시계획법」 등 81개 법률에서 지정하는 용도 지역 · 지구 자료
2. 속성자료 : 토지관리업무에서 생산 · 활용 · 관리하는 대장 및 조서자료와 관련 법률자료 등

05 토지관리정보체계(LMIS : Land Management Information System)에서 토지관리정보시스템의 소프트웨어 구성이 아닌 것은?

① DBMS인 ORACLE
② GIS Server
③ AutoCAD
④ AutoCAD Spatial Middleware

풀이 **토지관리정보시스템에서 사용되는 소프트웨어**

① 데이터베이스 구축, 유지 관리, 업무 처리를 하는 DBMS인 ORACLE
② GIS 데이터의 유지 관리, 업무 처리 등의 기능을 수행하는 GIS Server
③ GIS 데이터 구축 및 편집을 위한 AutoCAD

정답 03 ③ 04 ④ 05 ④

④ 토지이용계획 확인원을 위한 ARC/INFO
⑤ 응용 시스템 개발을 위한 Spatial Middleware와 관련 소프트웨어

06 토지관리정보체계(LMIS : Land Management Information System)에서 사용하는 컴포넌트가 아닌 것은?

① 자료 제공자(Data Provider)
② DBMS인 ORACLE
③ 도면 생성자(Map Agent)
④ 민원 발급 시스템의 Web Service

풀이 **토지관리정보체계에서 사용하는 컴포넌트**
① DB 서버인 SDE나 ZEUS 등에 접근하여 공간 · 속성 질의를 수행하는 자료 제공자(Data Provider)
② 공간자료의 편집을 수행하는 자료 편집자(Edit Agent)
③ 클라이언트가 요구한 도면자료를 생성하는 도면 생성자(Map Agent)
④ 클라이언트의 인터페이스 역할을 하며 다양한 공간정보를 제공하는 MAP OCX
⑤ 민원 발급 시스템의 Web Service 부분

07 토지관리정보체계(LMIS : Land Management Information System) 구축을 위해 갖추어져야 할 전제 조건으로 다른 것은?

① 분산 컴퓨팅 환경
② 오픈 시스템 아키텍처
③ 업무 다양화
④ 네트워크화

풀이 **토지관리정보체계 구축을 위해 갖추어져야 할 전제 조건**
① 서로 다른 플랫폼상에서도 구현될 수 있는 분산 컴퓨팅 환경
② 응용 서버가 추가된 3-Tier 형태인 오픈 아키텍처 지향
③ 공통 기능의 컴포넌트화
④ 신속하고 편리한 정보서비스를 위한 네트워크화

08 토지종합정보망 소프트웨어 구성에 관한 설명으로 틀린 것은? (15년2회지기)

① DB서버-응용서버-클라이언트로 구성
② 미들웨어는 자료 제공자와 도면 생성자로 구분
③ 미들웨어는 클라이언트에 탑재
④ 자바(Java)로 구현하여 IT-플랫폼에 관계없이 운영 가능

풀이 **소프트웨어 구성도**
토지종합정보망은 DB서버, 응용서버, 클라이언트로 구성된 3계층 구조로 개발되었다. 응용서버에 탑재되는 미들웨어는 DB서버와 클라이언트 간의 매개 역할을 하는 것으로서 자료를 제공하는 자료제공자(Data Provider)와 도면을 생성하는 도면생성자(Map Agent)로 구분한다. 토지 및 부동산 관련 민원서류를 해당 구청 및 동사무소뿐 아니라, 가정이나 직장 등 언제 어디서나 발급받을 수 있는 인터넷 발급시스템을 구축 운영하여 서비스하고 있다.

정답 06 ② 07 ③ 08 ③

미들웨어	내용
자료제공자 (Data Provider)	GIS검색엔진으로부터 공간자료를 검색한 후 도면생성자, 클라이언트 등에게 전달하는 기능과 함께 공간자료의 편집(입력, 수정, 삭제) 기능을 수행한다.
도면생성자 (Map Agent)	자료제공자로부터 전달받은 자료를 이용하여 도면을 생성하고 이를 요청한 클라이언트에게 전달하는데, 자바(Java)로 구현하여 IT－플랫폼에 관계없이 운영이 가능하다.

1. Java 기반 미들웨어(DP/EA) 운영
   2012년 KLIS 기능고도화사업으로 시 · 군 · 구에서 운영 중인 VisiBroker가 제거되고 KLIS 미들웨어(DP/EA)가 Java 기반으로 개발되었다.
   - DP(DataProvider : 자료제공자) : 공간데이터의 조회
   - EA(Edit Agent : 자료편집자) : 공간데이터의 추가, 수정, 삭제 및 트랜잭션 관리를 위해 사용되는 KLIS의 핵심 미들웨어
2. 시스템 구성
   현재 KLIS 시스템에서 사용 중인 상용제품인 VisiBroker를 제거하고, Corba 통신이 아닌 Java API를 사용하여 소켓 통신 방식으로 개선하였다.

※ 미들웨어와 클라이언트

① 미들웨어(Middleware) : 하드웨어와 소프트웨어의 중간 제품으로 마이크로 코드 등을 말한다. 운영 체제와 응용 프로그램 중간에 위치하는 소프트웨어로 주로 통신이나 트랜잭션 관리를 실행하며, 대표적인 미들웨어로는 CORBA와 DCOM이 있다. 이 소프트웨어는 클라이언트 프로그램과 데이터베이스 사이에서 통신을 운용하는 데 쓰인다. 예를 들어, 데이터베이스에 연결된 웹 서버가 미들웨어일 수 있다. 웹 서버는 클라이언트 프로그램(웹브라우저)과 데이터베이스 사이에 있는 것이다. 미들웨어 때문에 데이터베이스를 클라이언트 프로그램에 영향을 주지 않고 바꾸는 것이 가능하고, 클라이언트 프로그램을 데이터베이스에 영향을 주지 않고 바꾸는 것 또한 가능하다.

② 클라이언트(Client) : 클라이언트/서버(Client/Server) 구성에서 사용자 측을 의미한다. 사용자가 서버에 접속했을 때 클라이언트는 사용자 자신을 지칭할 수 있고, 사용자의 컴퓨터를 가리키기도 하며, 컴퓨터에서 동작하고 있는 프로그램이 될 수도 있다. 컴퓨터 시스템의 프로세스는 또 다른 컴퓨터 시스템의 프로세스를 요청할 수 있다. 네트워크에서는 네트워크 서버에 정보나 응용 프로그램을 요구할 수 있는 PC 등의 처리기능이 있는 워크스테이션을 말하며 객체 연결 및 포함(OLE)에서는 서버 응용 프로그램이라는 다른 응용 프로그램에 데이터를 포함시켜 놓은 응용 프로그램을 말한다. 파일 서버로부터 파일의 내용을 요청하는 워크스테이션을 파일 서버의 클라이언트라 한다. 각각의 클라이언트 프로그램은 하나 또는 그 이상의 서버 프로그램에 의하여 자동 실행될 수 있도록 디자인되며, 또한 각각의 서버 프로그램은 특별한 종류의 클라이언트 프로그램이 필요하다.

09 토지관리정보체계의 데이터베이스 구축 범위에서 속성자료가 아닌 것은?

① 지적도　　② 토지특성자료
③ 토지행정업무의 대장자료　　④ 토지행정업무의 법률자료

풀이 속성자료는 토지특성자료, 토지행정업무의 각종 대장자료와 법률자료로 구성되며, 해당 지자체에서 업무시스템을 이용하여 입력 및 구축하고, 지자체가 관련 전산자료를 보유하고 있는 경우 데이터베이스로 변환하여 구축하였다.

정답 09 ①

속성자료의 세부내역

업무	주요 내용	관련법
토지거래허가	• 토지거래허가 관리대장 • 토지거래허가구역 지정, 해제, 재지정 관리	국토의 계획 및 이용에 관한 법률
부동산매매계약서 검인 관리	• 부동산매매계약서 검인대장 • 부동산등기 신청 · 해지에 대한 과태료 부과 서류	부동산등기특별조치법
개발사업관리 부담금 관리	• 개발사업 인 · 허가 접수대장 • 개발부담금 징수대장 • 개발부담금 수납부	개발이익환수에 관한 법률
부동산중개업 관리 업무	• 부동산중개업 등록대장 • 행정처분 관리대장 • 과태료 수납부	부동산중개업법
개별공시지가 관리	• 토지이동내역서 • 의견제출 접수처리대장 • 이의신청 접수처리대장 • 토지특성파일	지가 공시 및 토지 등의 평가에 관한 법률 시행령
용도지역 · 지구	• 용도지역 · 지구 결정조서 • 용도지역 · 지구 행정구역별 지정 내역 • 용도지역 · 지구별 필지조서 • 용도지역 · 지구별 연혁 • 토지이용계획 확인서 발급대장 • 제증명수수료징수분	국토의 계획 및 이용에 관한 법률, 도시계획법, 기타 개별 법령
외국인 토지 관리	외국인토지취득 허가대장 및 신고대장	외국인토지법
토지이용계획 관리	• 도시계획 결정조서 • 용도지역변경 현황서 • 용도지구결정 현황서 • 도시계획시설 결정조서 • 도시계획시설대장 • 도시계획연혁 • 구역지정사업 계획결정 및 사업 시행 인가대장 • 도시계획시설 결정조서	국토의 계획 및 이용에 관한 법률, 도시계획법, 기타 개별 법령

10 토지관리정보체계(LMIS : Land Management Information System)의 구성으로 다른 것은?

① 토지정보관리 활용의 다양성(Variety)을 고려한 구성
② 하나의 자료를 체계적으로 관리할 수 있는 정보관리체계로 구성
③ 자료 변동 사항에 대하여 즉시 처리될 수 있는 체계 구성
④ 외부정보시스템과의 원활한 정보 교환이 가능한 구성

풀이 **토지관리정보체계의 구성**

① 토지정보관리의 용이성(Maintainability)과 활용의 다양성(Variety)을 고려한 구성
② 다양한 형태의 자료를 종합적으로 관리할 수 있는 정보관리체계로 구성
③ 자료 변동 사항에 대하여 즉시 처리될 수 있는 체계 구성
④ 외부정보시스템과의 원활한 정보 교환이 가능하도록 구성

정답 10 ②

11 **토지관리정보체계(LMIS : Land Management Information System) 중 토지행정지원시스템의 구성에 해당되지 않는 것은?**

① 토지 거래
② 외국인 토지 취득
③ 공시지가
④ 새주소관리

풀이 **한국토지정보시스템의 구성**

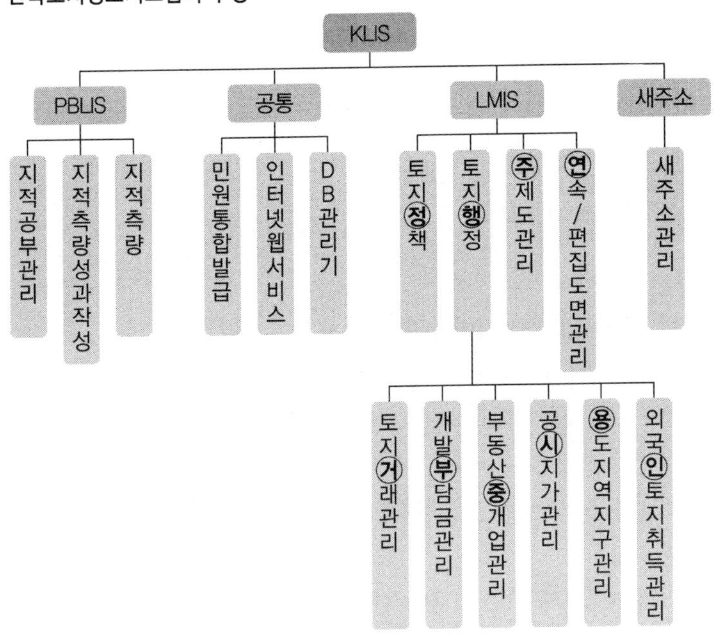

12 **토지관리정보체계(LMIS : Land Management Information System)의 추진 배경이 아닌 것은?**

① 토지정책의 합리적의 의사결정 지원
② 토지 관련 업무를 수작업으로 처리
③ 각 지자체별 토지정보시스템 데이터베이스 구축
④ 토지와 관련 행정업무의 효율성을 높이기 위해

풀이 **토지관리정보체계의 추진 배경**

토지와 관련하여 복잡 다양한 행위 제한 내용을 국민에게 모두 알려주지 못하여 국민이 토지를 이용 및 개발함에 있어 시행착오를 겪는 경우가 많으며, 토지 거래 허가 · 신고, 택지 및 개발 부담금 부과 등의 업무가 수작업으로 처리되어 효율성(Efficiency)이 낮다. 이로 인하여 토지이용 규제 내용을 제대로 알지 못하고 있으며, 궁극적으로 토지의 효율적인 내용 및 개발이 이루어지지 못하고 있다. 또한 토지정책의 합리적인 의사결정을 지원하고 정책 효과 분석을 위해서는 각종 정보를 실시간으로 정확하게 파악하여 종합 처리하고, 기존의 개별 · 법령별로 처리되고 있던 토지업무를 유기적으로 연계할 필요가 있다. 그리고 각 지자체별로 도시정보시스템 사업을 수행하고 있으나 기반이 되는 토지 관련 데이터베이스가 구축되지 않아 효율성(Efficiency)이 떨어지므로 토지관리정보체계를 추진하게 되었다.

정답 11 ④ 12 ②

13 토지관리정보체계(LMIS ; Land Management Information System)의 추진 목적이 아닌 것은?

① 토지종합정보화의 지방자치단체 확산 구축
② 지자체의 다양한 전산환경에도 호환성을 갖도록 개방형 지향
③ 지자체의 다양한 정보시스템의 연계 활용
④ 각 지자체별 전산화를 통한 민원 서비스 토지관리정보체계 추진 목적

풀이 **토지관리정보체계의 추진 목적**

① 토지종합정보화의 지방자치단체 확산 구축
② 전국 온라인 민원 발급의 구현으로 민원 서비스의 획기적 개선
③ 지자체의 다양한 전산환경에도 호환성(Compatibility)을 갖도록 개방형 지향
④ 변화된 업무환경에 적합토록 응용시스템 보완
⑤ 지자체의 다양한 정보시스템 연계 활용

14 다음 중 한국토지정보시스템(KLIS)에 대한 설명으로 옳은 것은?

① 국토교통부의 토지관리정보시스템과 행정안전부의 필지중심토지정보시스템을 통합한 시스템이다.
② 국토교통부의 토지관리정보시스템과 행정안전부의 시 · 군 · 구 지적행정시스템을 통합한 시스템이다.
③ 행정안전부의 시 · 군 · 구 지적행정시스템과 필지중심토지정보시스템을 통합한 시스템이다.
④ 국토교통부의 토지관리정보시스템과 개별공시지가관리시스템을 통합한 시스템이다.

풀이 **토지관리정보체계의 추진 배경**

토지와 관련하여 복잡 다양한 행위 제한 내용을 국민에게 모두 알려주지 못하여 국민이 토지를 이용 및 개발함에 있어 시행착오를 겪는 경우가 많으며, 토지 거래 허가 · 신고, 택지 및 개발 부담금 부과 등의 업무가 수작업으로 처리되어 효율성(Efficiency)이 낮다. 이로 인하여 토지이용 규제 내용을 제대로 알지 못하고 있으며, 궁극적으로 토지의 효율적인 내용 및 개발이 이루어지지 못하고 있다. 또한 토지정책의 합리적인 의사결정을 지원하고 정책 효과 분석을 위해서는 각종 정보를 실시간으로 정확하게 파악하여 종합 처리하고, 기존의 개별 · 법령별로 처리되고 있던 토지업무를 유기적으로 연계할 필요가 있다. 그리고 각 지자체별로 도시정보시스템 사업을 수행하고 있으나 기반이 되는 토지 관련 데이터베이스가 구축되지 않아 효율성(Efficiency)이 떨어지므로 토지관리정보체계를 추진하게 되었다.

한국토지정보시스템

① 행정안전부의 PBLIS와 국토교통부의 LMIS 토지 관련 행정업무로 구성된 시스템이다.
② 민원 처리 기간의 단축 및 민원서류의 전국 온라인 서비스 제공이 가능하다.
③ 정보 인프라 조성으로 정보산업의 기술 향상 및 초고속 통신망의 활용도가 높다.
④ 지적정보의 전산화로 각 부서 간의 활용으로 업무 효율을 극대화할 수 있다.
⑤ 탈세, 위법 또는 불법 토지거래 및 거래자의 철저한 관리로 토지거래 질서를 확립할 수 있다.

15 토지관리정보체계(LMIS : Land Management Information System)의 토지정보서비스시스템 중 토지민원발급시스템에서 조회 및 검색이 가능한 것이 아닌 것은?

① 토지이용계획 확인서 열람 ② 공시지가 확인서 발급
③ 등기부등본 발급 ④ 토지이용계획 확인서 발급

정답 13 ④ 14 ① 15 ③

풀이 토지정보시스템 중 토지민원발급시스템은 토지이용계획 확인서와 공시지가 확인서에 대한 민원 열람, 발급 관련 업무활동을 지원하는 시스템이다.

16 토지관리정보체계(LMIS : Land Management Information System)의 토지정보서비스시스템 중 토지정보검색시스템에서 조회 및 검색이 가능하지 않은 것은?

① 도면상의 두 점 간 거리는 계산이 되나 면적 계산은 불가능하다.
② 지번으로 토지정보의 검색이 가능하다.
③ 연속지적도와 편집지적도의 검색이 가능하다.
④ 도면상 선택된 영역에 대해서 면적 계산이 가능하다.

풀이 토지정보시스템 중 토지정보검색시스템은 유관부서에서 인트라넷 환경으로 토지정보를 검색 및 조회하여 업무에 활용할 수 있도록 지원하는 시스템이다.
① 지번 또는 건축물명으로 토지정보의 검색이 가능하다.
② 연속지적도와 편집지적도 그리고 연속주제도와 편집주제도를 검색할 수 있으며 각각의 레이어별로 조회가 가능하다.
③ 도면 확대 및 축소 그리고 이동이 가능하고, 도면상의 두 점 간 거리와 마우스 선택 영역에 대해서 면적 계산이 가능하다.

17 각종 자료의 조회나 표현 기능은 클라이언트에, 데이터 접근 기능은 서버에 두고 나머지 기능은 하나 혹은 여러 개의 응용 시스템이 공유할 수 있도록 구성하며, 중간매체 소프트웨어인 미들 소프트웨어(Middle Software)가 사용되는 구조는?

① 1계층 구조
② 2계층 구조
③ 3계층 구조
④ 4계층 구조

풀이 각종 자료의 조회나 표현 기능은 클라이언트에, 데이터 접근 기능은 서버에 두고 나머지 기능은 하나 혹은 여러 개의 응용 시스템이 공유할 수 있도록 구성하며, 중간매체 소프트웨어인 미들 소프트웨어(Middle Software)가 사용되는 구조는 3계층 구조이다.

18 토지관리정보체계의 시범사업 대상 지역은?

① 대구광역시 북구
② 경상남도 마산시
③ 대구광역시 남구
④ 경기도 시흥시

풀이 동 사업은 지난 1998년 대구광역시 남구를 시작으로 현재까지 전국 250개 지자체가 사업을 완료하여 시스템을 운영 중에 있다.

정답 16 ① 17 ③ 18 ③

19 다음 중 토지소유권에 대한 정보를 검색하고자 하는 경우 식별자로 사용하기에 가장 적절한 것은?

① 주소 ② 성명
③ 주민등록번호 ④ 생년월일

풀이 **필지식별번호(Unique Parcel Identification Number)**
각 필지별 등록사항의 조직적인 저장과 수정을 용이하게 각 정보를 인식 · 선정 · 식별 · 조정하는 가변성(Variability : 일정한 조건에서 변할 수 있는 성질)이 없는 토지의 고유번호를 말하는데 지적도의 등록 사항과 도면의 등록 사항을 연결시켜 자료파일의 검색등 색인번호의 역할을 한다. 이러한 필지식별번호는 토지평가, 토지의 과세, 토지의 거래, 토지이용계획 등에서 활용되고 있다.

20 한국토지정보시스템(KLIS)의 파일확장자명이 잘못된 것은?

① 일필지속성정보 파일 : sebu ② 측량계산파일 : ksp
③ 측량성과 파일 : ser ④ 토지이동정리 파일 : dat

풀이 KLIS(Korea Information System)의 파일확장자 구분 암기 ⓢⓢⓢⓚⓢ에서 ⓩⓓⓢⓢⓤ

측량준비도 추출파일(*.cif) (Cadastral Information File)	소관청의 지적공부관리시스템에서 측량지역의 도형 및 속성정보를 저장한 파일
일필지속성정보 파일(*.sebu) (세부 측량을 영어로 표현)	측량성과작성시스템에서 속성을 작성하는 일필지속성정보 파일
측량관측 파일(*.svy)(Survey)	토털스테이션에서 측량한 값을 좌표로 등록하여 작성된 파일
측량계산 파일(*.ksp) (KCSC Survey Project)	지적측량계산시스템에서 작업한 경계점 결선, 경계점 등록, 교차점 계산 등의 결과를 관리하는 파일
세부측량계산 파일(*.ser) (Survey Evidence Relation File)	측량계산시스템에서 교차점 계산 및 면적지정계산을 하여 경계점좌표등록부 시행 지역의 출력에 필요한 파일
측량성과 파일(*.jsg)	측량성과작성시스템에서 측량성과 작성을 위한 파일
토지이동정리(측량결과) 파일 (*.dat)(Data)	측량성과작성시스템에서 소관청의 측량검사, 도면검사 등에 이용되는 파일
측량성과검사요청서 파일(*.sif)	지적측량 접수 프로그램을 이용하여 작성하며 iuf 파일과 함께 작성되는 파일
측량성과검사결과 파일(*.Srf)	측량결과 파일을 측량업무관리부에 등록하고 성과검사 정상 완료 시 지적소관청에서 측량 수행자에게 송부하는 파일
정보이용승인신청서 파일(*.iuf)	지적측량 업무 접수 시 지적소관청 지적도면자료의 이용승인요청 파일

정답 19 ③ 20 ③

13 제13회 합격모의고사

01 한국토지정보시스템(KLIS)을 구성하는 시스템이 아닌 것은?

① 지적공부관리시스템
② DB관리시스템
③ 우편번호관리시스템
④ 토지민원발급시스템

풀이 한국토지정보시스템의 구성

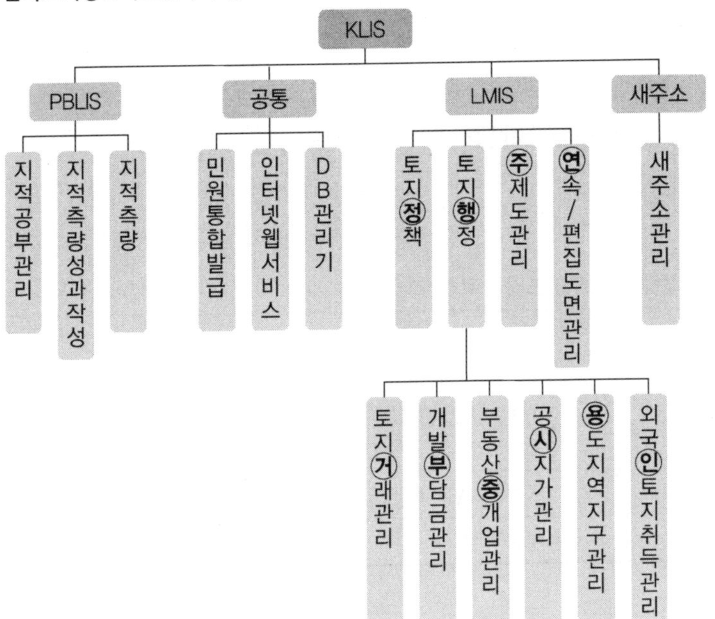

02 한국토지정보시스템(KLIS)의 파일확장자명이 잘못된 것은?

① 일필지속성정보 파일 : ser
② 측량계산파일 : ksp
③ 측량성과 파일 : jsg
④ 토지이동정리 파일 : dat

풀이 KLIS(Korea Information System)의 파일확장자 구분 암기 ⓒⓢⓢⓚⓢ에서 ⓙⓓⓢⓢⓤ

측량준비도 추출파일(*.cif) (Cadastral Information File)	소관청의 지적공부관리시스템에서 측량지역의 도형 및 속성정보를 저장한 파일
일필지속성정보 파일(*.sebu) (세부 측량을 영어로 표현)	측량성과작성시스템에서 속성을 작성하는 일필지속성정보 파일
측량관측 파일(*.svy)(Survey)	토털스테이션에서 측량한 값을 좌표로 등록하여 작성된 파일
측량계산 파일(*.ksp) (KCSC Survey Project)	지적측량계산시스템에서 작업한 경계점 결선, 경계점 등록, 교차점 계산 등의 결과를 관리하는 파일
세부측량계산 파일(*.ser) (Survey Evidence Relation File)	측량계산시스템에서 교차점 계산 및 면적지정계산을 하여 경계점좌표등록부 시행 지역의 출력에 필요한 파일

정답 01 ③ 02 ①

측량성과 파일(*.jsg)	측량성과작성시스템에서 측량성과 작성을 위한 파일
토지이동정리(측량결과) 파일(*.dat)(Data)	측량성과작성시스템에서 소관청의 측량검사, 도면검사 등에 이용되는 파일
측량성과검사요청서 파일(*.sif)	지적측량 접수 프로그램을 이용하여 작성하며 iuf 파일과 함께 작성되는 파일
측량성과검사결과 파일(*.Srf)	측량결과 파일을 측량업무관리부에 등록하고 성과검사 정상 완료 시 지적소관청에서 측량 수행자에게 송부하는 파일
정보이용승인신청서 파일(*.iuf)	지적측량 업무 접수 시 지적소관청 지적도면자료의 이용승인요청 파일

03 한국토지정보시스템의 도입 목적에 해당하지 않는 것은?

① 사용자 편의성 증대
② 데이터의 일관성 및 중복성 확보
③ 행정의 효율성 제고
④ 데이터의 무결성 확보

풀이 **PBLIS와 LMIS를 통합하여 KLIS를 도입한 목적**

응용시스템 통합	• 중복업무 탈피 • 사용자 업무 능률성 향상
지적 DB의 통합관리	• 데이터의 일관성 및 무결성 확보 • 정보공유 및 공동활용
3계층 아키텍처	전국 온라인 민원발급으로 효율적인 서비스
전산자원의 공동활용을 통한 중복투자 방지	

04 우리나라의 주요 토지정보체계 구축사업을 착수된 시점이 빠른 순으로 옳게 나열한 것은?

① KLIS → PBLIS → LMIS
② PBLIS → KLIS → LMIS
③ PBLIS → LMIS → KLIS
④ LMIS → KLIS → PBLIS

풀이 **토지정보체계 구축사업 과정**
PBLIS(1996) → LMIS(1998) → KLIS(2001)

05 한국토지정보시스템이 포함하고 있는 단위 업무만을 모두 고른 것은?

Ⓐ 지적공부관리　Ⓑ 연속편집도관리　Ⓒ 토지거래허가관리　Ⓓ 지하시설물관리

① Ⓐ, Ⓑ, Ⓒ
② Ⓐ, Ⓑ, Ⓓ
③ Ⓐ, Ⓒ, Ⓓ
④ Ⓑ, Ⓒ, Ⓓ

정답 03 ② 04 ③ 05 ①

풀이 한국토지정보시스템의 단위업무 **암기** 측공연 공주가 통지할 때 도개장이나 중개사가 해라

1. 지적(측)량성과관리	8. 수치(지)형도관리
2. 지적(공)부관리	9. 용(도)지역지구관리
3. (연)속편집도 관리	10. (개)발부담금관리
4. 개별(공)시지가관리	11. 모바일현(장)지원
5. 개별(주)택가격관리	12. 부동산(중)개업관리
6. 토지거래허(가)관리	13. 부동산(개)발업관리
7. (통)합민원발급관리	14. 공인중개(사)관리

06 부동산종합공부시스템이 포함하고 있는 단위 업무만을 모두 고른 것은?

Ⓐ 지적공부관리　Ⓑ 연속지적도관리　Ⓒ 통합민원발급관리　Ⓓ 지하시설물관리

① Ⓐ, Ⓑ, Ⓒ
② Ⓐ, Ⓑ, Ⓓ
③ Ⓐ, Ⓒ, Ⓓ
④ Ⓑ, Ⓒ, Ⓓ

풀이 부동산종합공부시스템 운영 및 관리규정 제13조의2(단위업무)
부동산종합공부시스템은 다음 각 호의 단위 업무를 포함한다. **암기** 측공연공주구 통G할 때 도민한테 섬사하게

1. 지적(측)량성과관리	7. (통)합정보열람관리
2. 지적(공)부관리	8. (G)IS건물통합정보관리
3. (연)속지적도 관리	9. 시 · (도) 통합정보열람관리
4. 개별(공)시지가관리	10. 통합(민)원발급관리
5. 개별(주)택가격관리	11. (섬)섬관리
6. 용도지역지(구)관리	12. 일(사)편리포털 관리

07 측량성과작성시스템에서 해당 파일의 확장자중 *.ser이 나타내는 파일명은?

① 도형데이터 수출파일
② 토지이동정리파일
③ 측량관측파일
④ 세부측량계산파일

풀이 KLIS(Korea Information System)의 파일확장자 구분 **암기** 시세SK사에서 조다시사유

측량준비도 추출파일(*.cif) (Cadastral Information File)	소관청의 지적공부관리시스템에서 측량지역의 도형 및 속성정보를 저장한 파일
일필지속성정보 파일(*.sebu) (세부 측량을 영어로 표현)	측량성과작성시스템에서 속성을 작성하는 일필지속성정보 파일
측량관측 파일(*.svy)(Survey)	토털스테이션에서 측량한 값을 좌표로 등록하여 작성된 파일
측량계산 파일(*.ksp) (KCSC Survey Project)	지적측량계산시스템에서 작업한 경계점 결선, 경계점 등록, 교차점 계산 등의 결과를 관리하는 파일

정답 06 ① 07 ④

세부측량계산 파일(*.ser) (Survey Evidence Relation File)	측량계산시스템에서 교차점 계산 및 면적지정계산을 하여 경계점좌표 등록부 시행 지역의 출력에 필요한 파일
측량성과 파일(*.jsg)	측량성과작성시스템에서 측량성과 작성을 위한 파일
토지이동정리(측량결과) 파일 (*.dat)(Data)	측량성과작성시스템에서 소관청의 측량검사, 도면검사 등에 이용되는 파일
측량성과검사요청서 파일(*.sif)	지적측량 접수 프로그램을 이용하여 작성하며 iuf 파일과 함께 작성되는 파일
측량성과검사결과 파일(*.Srf)	측량결과 파일을 측량업무관리부에 등록하고 성과검사 정상 완료 시 지적소관청에서 측량 수행자에게 송부하는 파일
정보이용승인신청서 파일(*.iuf)	지적측량 업무 접수 시 지적소관청 지적도면자료의 이용승인요청 파일

08 한국토지정보시스템의 구축에 따른 기대효과로 가장 거리가 먼 것은? (19년2회지산)

① 다양하고 입체적인 토지정보를 제공할 수 있다.
② 건축물의 유지 및 보수 현황의 관리가 용이해진다.
③ 민원처리 기간을 단축하고 온라인으로 서비스를 제공할 수 있다.
④ 각 부서 간의 다양한 토지 관련 정보를 공동으로 활용하여 업무의 효율을 높일 수 있다.

풀이 KLIS의 기대효과

① 행정안전부의 필지중심토지정보시스템과 국토교통부의 토지관리체계 등 양 시스템에서 정리하고 있는 토지이동 관련 업무의 통합으로 중복된 업무를 탈피
② 사용자의 능률성 배가 및 사용자 편리성을 지향하여 토지이동 관련 업무 담당자의 업무처리시간을 단축
③ 통합시스템을 통한 업무의 능률성을 향상
③ 3-Tire 개념을 적용한 아키텍처 구현으로 시스템 확장성을 향상
④ 지적도 DB의 통합으로 데이터의 무결성을 확보하여 대민 서비스 개선
⑤ 민원처리 절차를 간소화
⑥ 지적측량 처리 단계를 전산화함으로써 정확성을 확보하여 민원을 획기적으로 감소
⑦ 종이도면의 신축 및 측량자의 주관적 판단에 의존하던 방법을 개량화하여 좀더 객관적인 방법으로 성과를 결정할 수 있도록 개선
⑧ 지적도면에 건축물 및 구조물 등록에 관한 사항을 등록 관리하도록 개발
⑨ 지형도상에 등록된 도로 하천 및 도시계획사항 등을 동시 등록 관리하여 지적 도시계획업무 담당자 등 일선업무에 많은 변화를 예고

09 KLIS에서 공시지가정보검색 및 개발부담금관리를 위한 시스템으로 옳은 것은? (19년1회지산)

① 지적공부관리시스템
② 토지민원발급시스템
③ 토지행정지원시스템
④ 용도지역지구관리시스템

정답 08 ② 09 ③

풀이 한국토지정보시스템의 구성

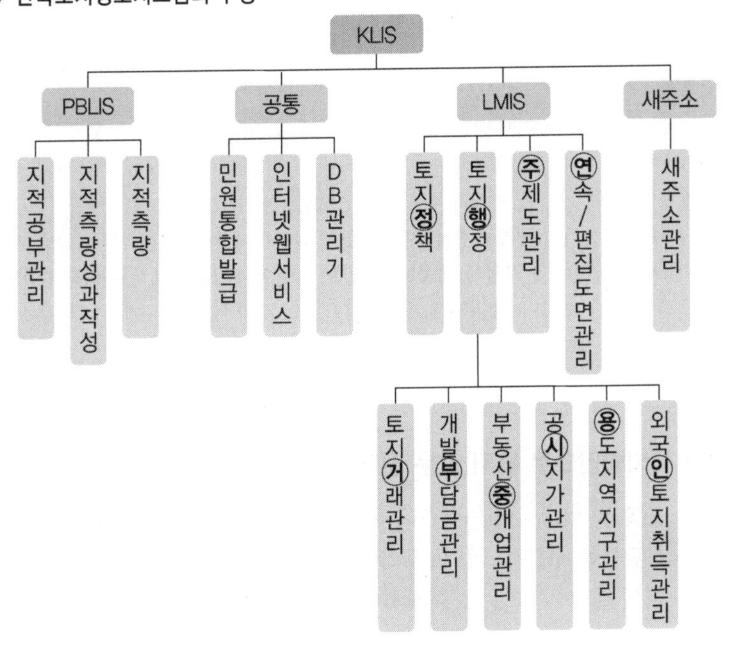

10 **KLIS 중 토지의 등록사항을 관리하는 시스템으로 속성정보와 공간정보를 유기적으로 통합하여 상호 데이터의 연계성을 유지하며 변동 자료를 실시간으로 수정하여 국민과 관련 기관에 필요한 정보를 제공하는 시스템은?** (18년1회지기)

① 지적공부관리시스템　　② 측량성과작성시스템
③ 토지민원발급시스템　　④ 연속 · 편집도관리시스템

풀이 1. 지적공부관리시스템
토지에 관련된 정보를 지적공부에 등록, 관리하고 사용자에게 제공하는 효율적인 필지중심토지관리시스템이다. 토지 및 임야의 이동사항을 관리하는 토지이동 기능, 도면데이터의 품질을 유지하기 위한 자료정비기능, 측량준비도 파일 추출 및 측량성과검사 등 측량업무를 지원하기 위한 측량관리기능, 각종 조서의 조회 및 출력을 지원하는 지적일반업무기능, 광대지 도면 출력 및 데이터백업을 통한 정책정보지원기능, 측량통계관리 및 폐쇄도면통계를 관리하는 통계관리기능, 도면 및 사용권한 설정을 관리하는 시스템관리기능으로 구성되어 있다. 또한, 지적행정시스템의 기능을 호출하여 모든 지적업무가 한국토지정보시스템의 공부관리시스템에서 처리될 수 있도록 지원함으로써 종합적인 행정업무를 수행한다.

2. 지적측량성과작성시스템
지자체에서 추출된 측량준비도파일(cif)을 이용하여 해당 필지를 측량하기 위한 지적측량준비도를 작성하며 현장에서 측량된 자료를 성과시스템과 같이 사용하여 지적측량성과를 작성하고 검사하는 등 관리하는 시스템이다. 작성된 지적측량성과를 이용하여 지적공부관리시스템의 토지이동업무에 필요한 성과파일을 생성하는 등 시 · 군 · 구의 지적측량업무를 전산화하였다.

3. 연속 · 편집도관리시스템
개별지적도곽단위로 관리되는 지적공부시스템과 연계하여 연속지적의 변동 사항을 정리하도록 구성하였으며, 변동 관리된 연속지적도는 토지이용계획확인서 민원발급 및 도면정보 활용 등의 서비스에 활용하도록 구성하였다. 토지이동사항(분할, 합병, 등록, 수치지적부 경계복원 등)을 변경 관리하는 시스템으로 토지종

정답 10 ①

합정보망에서 필요한 연속지적도, 편집지적도에 토지이동사항을 일관성 있게 반영한다. 지적분할, 합병, 등록, 수치지적부 경계복원, 행정구역변경 등을 처리하는 과정에서 공간자료와 속성자료를 병행하여 수정할 수 있게 하였다.

4. 토지민원발급시스템

조서대장의 관리, 토지이용계획확인서 발급을 위한 속성관리, 발급/승인요청처리, 통계현황작성업무를 지원하는 시스템이다.

5. 도로명주소시스템

「도로명주소법」 시행에 따른 주소체계변경사항을 KLIS에 적용하여 업무의 편의성을 증대시키고, 행정적 혼란을 감소시켜 향후 대국민의 편의성을 제공할 수 있도록 하였다. KLIS에서는 한국지역정보개발원의 국가주소정보시스템을 통한 웹서비스 방식(Opne API)으로 도로명주소 또는 기존 지번주소 정보를 제공받는다.

11 PBLIS의 DB 오류자료 정비방안으로 옳지 않은 것은?

① 누락 필지 오류 정비 – 분할 및 합병정리 누락 여부를 확인하여 토지이동정리 실시

② 지번 중복 오류 정비 – 분할등록 구분코드인 'a'코드 누락 여부 확인 후 정비

③ 지목 상이 오류 정비 – 지목 일괄수정기능을 이용하여 대장 DB의 지목을 도면 DB의 지목을 기준으로 일괄 변환

④ 면적 공간초과 오류 정비 – 면적측정기로 지적도상 면적을 측정하여 원인 분석 후 면적 정정

풀이 PBLIS 오류 유형 및 정비

오류	내용	
누락필지	유형	• 대장 DB에는 지번이 존재하나, 도형 DB에는 누락된 필지 오류 • 도형 DB에는 지번이 존재하나, 대장 DB에는 누락된 필지 오류
	정비	• 분할 및 합병정리 누락 여부를 확인하여 토지이동정리 실시 • 경기 및 구획정리에 편입되었으나 대장폐쇄를 누락한 경우는 관련자료를 첨부하여 '지적공부정리결의서'에 의해 대장폐쇄
지번중복	유형	하나의 행정구역 내 동일 지번이 표기된 경우 발생하는 오류
	정비	• 분할등록 구분코드인 'a'코드 누락 여부 확인 후 정비 • 토지대장전산화 이전에 이중지번을 부여한 경우 등록사항 정정(지번정정) 처리
지목상이	유형	대장 DB에 등록되어 있는 지번별 지목과 도형 DB에 기록되어 있는 지목이 서로 상이한 오류
	정비	• 자료정비/지목일괄수정 기능을 이용하여 도면 DB의 지목을 대장 DB의 지목으로 일괄변환 • 지목입력 및 수정기능을 이용하여 일필지별 확인 후 오류 수정
면적공차 초과	유형	대장 DB에 등록되어 있는 지번별 지목과 도형 DB 내에서 일필지별로 좌표면적계산법에 의해 산출된 면적이 공차를 초과하는 필지의 오류
	정비	• 가장 먼저 지적경계점의 좌표독취 착오여부 확인 • 면적측정기로 지적도상 면적을 측정하여 원인 분석 후 면적 정정

정답 11 ③

12 한국토지정보체계(KLIS)의 토지민원발급시스템에 대한 설명으로 옳지 않은 것은? (14년2회지산)

① 지역적 한계를 극복하고 전국을 네트워크로 연결하여 열람 및 발급이 가능하다.
② 시 · 군 · 구 또는 읍 · 면 · 동사무소에서 즉시 지적공부의 열람 및 발급이 가능하다.
③ 토지민원발급시스템은 대한지적공사의 지사에서도 열람 및 발급이 가능하다.
④ 개별공시지가 확인서 및 지적기준점 확인원의 발급이 가능하다.

풀이 한국토지정보시스템(KLIS)은 각 시 · 군 · 구 소관청에서 사용할 수 있으며 대한지적공사에서는 사용할 수 없다.

한국토지정보시스템(KLIS)
① 행정안전부의 PBLIS와 국토교통부의 LMIS 토지 관련 행정업무로 구성된 시스템이다.
② 민원처리 기간의 단축 및 민원서류의 전국 온라인 서비스 제공이 가능하다.
③ 정보인프라 조성으로 정보산업의 기술 향상 및 초고속통신망의 활용도가 높다.
④ 지적정보의 전산화로 각 부서 간의 활용으로 업무효율을 극대화할 수 있다.
⑤ 탈세, 위법 또는 불법 토지거래 및 거래자의 철저한 관리로 토지거래질서를 확립할 수 있다.

13 부동산종합공부시스템 운영 및 관리규정 제4조(역할분담)에서 운영기관의 장의 역할만을 모두 고른 것은?

Ⓐ 부동산종합공부시스템의 지속적인 유지 · 보수
Ⓑ 부동산종합공부시스템 전산장비의 증설 · 교체
Ⓒ 부동산종합공부시스템 전산자료의 입력 · 수정 · 갱신 및 백업
Ⓓ 부동산종합공부시스템의 응용프로그램 관리
Ⓔ 부동산종합공부시스템의 운영 · 관리에 관한 교육 및 지도 · 감독
Ⓕ 부동산종합공부시스템의 장애사항에 대한 조치 및 보고

① Ⓐ, Ⓑ, Ⓒ, Ⓕ
② Ⓐ, Ⓑ, Ⓓ, Ⓔ
③ Ⓐ, Ⓒ, Ⓓ, Ⓔ
④ Ⓑ, Ⓒ, Ⓓ, Ⓕ

풀이 **부동산종합공부시스템 운영 및 관리규정 제4조(역할분담)**
① 국토교통부장관은 정보관리체계의 총괄 책임자로서 부동산종합공부시스템의 원활한 운영 · 관리를 위하여 다음 각 호의 역할을 수행하여야 한다.

1. 부동산종합공부시스템의 응용프로그램 관리
2. 부동산종합공부시스템의 운영 · 관리에 관한 교육 및 지도 · 감독
3. 그 밖에 정보관리체계 운영 · 관리의 개선을 위하여 필요한 조치

② 운영기관의 장은 부동산종합공부시스템의 원활한 운영 · 관리를 위하여 다음 각 호의 역할을 수행하여야 한다.

1. 부동산종합공부시스템 전산자료의 입력 · 수정 · 갱신 및 백업
2. 부동산종합공부시스템 전산장비의 증설 · 교체
3. 부동산종합공부시스템의 지속적인 유지 · 보수
4. 부동산종합공부시스템의 장애사항에 대한 조치 및 보고

정답 12 ③ 13 ①

14 한국토지정보시스템(KLIS)에 대한 설명으로 옳은 것은? (16년3회지산)

① 국토교통부의 토지관리정보시스템과 행정안전부의 필지중심토지정보시스템을 통합한 시스템이다.
② 국토교통부의 토지관리정보시스템과 행정안전부의 시 · 군 · 구 지적행정시스템을 통합한 시스템이다.
③ 행정안전부의 시 · 군 · 구 지적행정시스템과 필지중심 토지정보시스템을 통합한 시스템이다.
④ 국토교통부의 토지관리정보시스템과 개별공시지가 관리시스템을 통합한 시스템이다.

풀이 PBLIS와 LMIS를 통합하여 KLIS를 도입한 목적

응용시스템 통합	• 중복업무 탈피 • 사용자 업무 능률성 향상
지적 DB의 통합관리	• 데이터의 일관성 및 무결성 확보 • 정보공유 및 공동활용
3계층 아키텍처	전국 온라인 민원발급으로 효율적인 서비스
전산자원의 공동활용을 통한 중복투자 방지	

한국토지정보시스템의 구성

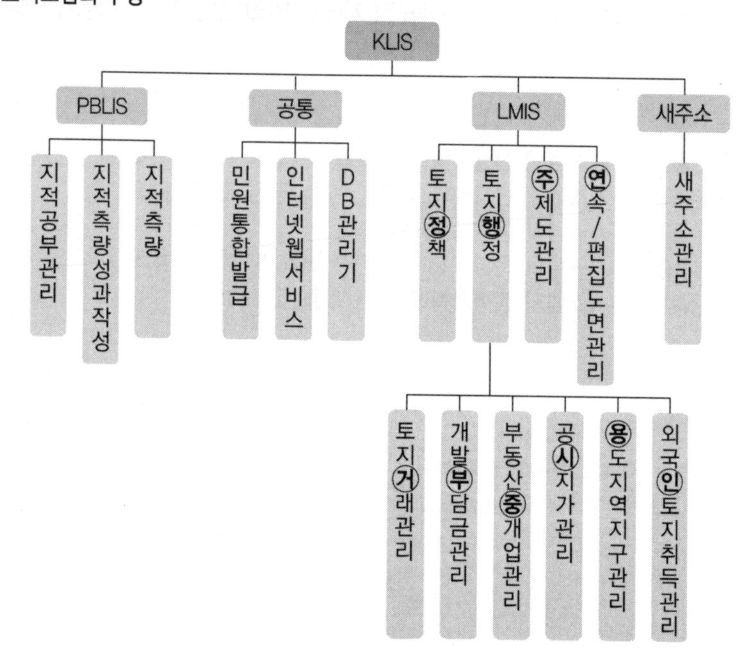

정답 14 ①

15 KLIS에 대한 설명으로 관련이 없는 것은? (15년3회지산)

① PBLIS와 LMIS를 하나의 시스템으로 통합
② 3계층 클라이언트/서버 아키텍처
③ 지적도면수치파일화
④ 고딕, SDE, ZEUS

풀이 **한국토지정보시스템(KLIS)**

행정안전부의 필지중심토지정보시스템(PBLIS)과 국토교통부의 토지관리정보체계(LMIS)를 보완하여 하나의 시스템으로 통합구축하고, 토지대장의 문자(속성)정보를 연계 활용하여 토지와 관련한 각종 공간 · 속성 · 법률자료 등의 체계적 통합 · 관리의 목적을 가진 종합적 정보체계로 2006년 4월 전국 구축이 완료되었다.

1. 추진 배경

   행정안전부의 필지중심토지정보시스템(PBLIS)과 국토교통부의 토지종합정보망(LMIS)을 보완하여 하나의 시스템으로 통합구축하고, 토지대장의 문자(속성)정보를 연계 활용하는 방안을 강구하라는 감사원 감사결과(2000년)에 따라 3계층 클라이언트/서버(3-Tiered Client/Server) 아키텍처를 기본구조로 개발하기로 합의하였다. 이후 국가적인 정보화 사업을 효율적으로 추진하기 위해 양 시스템을 연계 통합한 한국토지정보시스템의 개발업무를 수행하였다.

2. 추진 방향

   ① NGIS 2000년 국책사업 감사원 감사 시 PBLIS와 LMIS가 중복사업으로 지적됨
   ② 두 시스템을 하나의 시스템으로 통합 권고
   ③ PBLIS와 LMIS의 기능을 모두 포함하는 통합시스템 개발
   ④ 통합시스템은 3계층 구조로 구축(3-Tier System)
   ⑤ 도형DB 엔진 전면 수용 개발(고딕, SDE, ZEUS 등)
   ⑥ 지적측량, 지적측량 성과작성 업무도 포함
   ⑦ 실시간 민원처리 업무가 가능하도록 구축

16 한국토지정보시스템(KLIS)에서 지적공부관리시스템의 구성 메뉴에 해당되지 않는 것은? (17년2회지산)

① 특수업무 관리부
② 측량업무 관리부
③ 지적기준점 관리
④ 토지민원 발급

풀이 **필지중심토지정보시스템(PBLIS) 구성** **암기** ㈇㈈㈉㈈㈊㈈ ㈈㈋㈌㈍ ㈉㈍㈎㈏

구분	주요 기능	
지적공부 관리시스템	① (사)용자권한관리 ③ (토)지이동관리 ⑤ 창(구)민원업무	② (지)적측량검사업무 ④ (지)적일반업무관리 ⑥ 토(지)기록자료조회 및 출력 등
지적측량시스템	① (지)적삼각측량 ③ 도근(측)량	② 지(적)삼각보조측량 ④ 세부측(량) 등
지적측량성과작성시스템	① (토)지이동지 조서작성 ③ 측량(결)과도	② 측(량)준비도 ④ 측량성(과)도 등

정답 15 ③ 16 ④

한국토지정보시스템의 구성

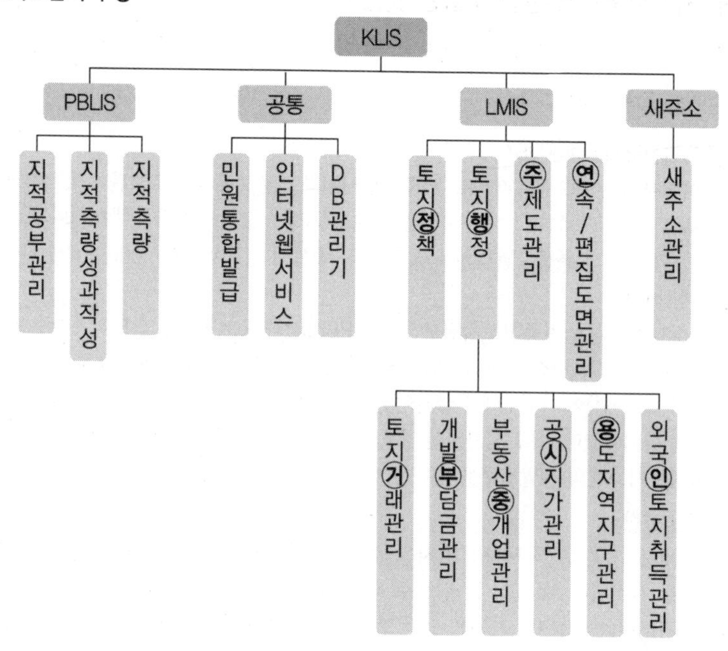

17 필지중심토지정보시스템(PBLIS)의 구성 요소인 지적측량성과작성시스템의 주요 기능에 해당되지 않는 것은?

① 토지이동관리
② 측량결과도
③ 측량준비도
④ 토지이동지 조서작성

풀이 필지중심토지정보시스템(PBLIS) 구성 **암기** ⓢⓙⓣⓙⓖⓙ ⓙⓙⓒⓡ ⓣⓡⓖⓖ

구분	주요 기능
지적공부관리시스템	• ㉦용자권한관리 • ㉨적측량검사업무 • ㉩지이동관리 • ㉨적일반업무관리 • 창㉠민원업무 • 토㉨기록자료조회 및 출력 등
지적측량시스템	• ㉨적삼각측량 • 지㉨삼각보조측량 • 도근㉪량 • 세부측㉣ 등
지적측량성과작성시스템	• ㉩지이동지 조서작성 • 측㉣준비도 • 측량㉠과도 • 측량성㉠도 등

정답 17 ①

18 한국토지정보시스템(KLIS)에서 사용할 수 있는 미들웨어가 아닌 것은?

① Gothic
② Sde
③ Zeus
④ Java

풀이 미들웨어

KLIS	PBLIS	Gothic
	LMIS	Sde Zeus

19 한국토지정보시스템(KLIS)의 파일명이 옳지 않은 것은?

① 측량성과작성시스템에서 측량성과 작성을 위한 파일 : *.jsg
② 지적측량계산시스템에서 작업한 경계점 결선, 경계점 등록, 교차점 계산 등의 결과를 관리하는 파일 : *.ser
③ 측량성과작성시스템에서 소관청의 측량검사, 도면검사 등에 이용되는 파일 : *.dat
④ 측량성과작성시스템에서 속성을 작성하는 일필지속성정보 파일 : *.sebu

20 한국토지정보시스템(KLIS)의 주요 구성 시스템에 대한 설명으로 옳지 않은 것은?

① 시 · 군 · 구 서버에서는 엔테라 미들웨어를 사용한다.
② 3계층 클라이언트/서버 아키텍처를 기본구조로 한다.
③ GIS 엔진은 PBLIS나 LMIS에서 사용하던 GOTHIC과 SDE의 활용이 가능하다.
④ 지적측량성과작성시스템에서 경계점 결선, 경계점 등록, 교차점 계산, 분할 후 결선작업에 대한 결과를 저장하는 파일의 확장자는 *.cif이다.

풀이 KLIS(Korea Information System)의 파일확장자 구분 **암기** (시)(세)(S)(K)(사)에서 (조)(다)(시)(사)(유)

측량준비도 추출파일(*.cif) (Cadastral Information File)	소관청의 지적공부관리시스템에서 측량지역의 도형 및 속성정보를 저장한 파일
일필지속성정보 파일(*.sebu) (세부 측량을 영어로 표현)	측량성과작성시스템에서 속성을 작성하는 일필지속성정보 파일
측량관측 파일(*.svy)(Survey)	토털스테이션에서 측량한 값을 좌표로 등록하여 작성된 파일
측량계산 파일(*.ksp) (KCSC Survey Project)	지적측량계산시스템에서 작업한 경계점 결선, 경계점 등록, 교차점 계산 등의 결과를 관리하는 파일
세부측량계산 파일(*.ser) (Survey Evidence Relation File)	측량계산시스템에서 교차점 계산 및 면적지정계산을 하여 경계점좌표등록부 시행 지역의 출력에 필요한 파일
측량성과 파일(*.jsg)	측량성과작성시스템에서 측량성과 작성을 위한 파일

정답 18 ④ 19 ② 20 ④

토지이동정리(측량결과) 파일 (*.dat)(Data)	측량성과작성시스템에서 소관청의 측량검사, 도면검사 등에 이용되는 파일
측량성과검사요청서 파일(*.sif)	지적측량 접수 프로그램을 이용하여 작성하며 iuf 파일과 함께 작성되는 파일
측량성과검사결과 파일(*.Srf)	측량결과 파일을 측량업무관리부에 등록하고 성과검사 정상 완료 시 지적소관청에서 측량 수행자에게 송부하는 파일
정보이용승인신청서 파일(*.iuf)	지적측량 업무 접수 시 지적소관청 지적도면자료의 이용승인요청 파일

정답

14 제14회 합격모의고사

01 다음 중 지적전산화의 목적으로 옳지 않은 것은?

① 토지소유자의 현황 파악
② 토지 관련 정책자료의 다목적 활용
③ 지적 관련 민원의 신속한 처리
④ 전산화를 통한 중앙 통제권 강화

풀이 지적전산화의 목적

① 국가지리정보사업에 기본정보로 관련 기관의 다목적 활용을 위한 기반 조성
② 지적도면의 신 · 축으로 인한 원형보관, 관리의 어려움 해소
③ 지적 관련 민원 사항의 신속 · 정확한 처리
④ 토지소유권 등 변동자료의 신속한 파악과 관리
⑤ 토지 관련 정책 자료의 다목적 활용

02 래스터 데이터의 특징이 아닌 것은? (17년1회측산)

① 벡터 데이터보다 데이터 구조가 단순하다.
② 데이터양이 해상도의 제곱에 비례한다.
③ 벡터 데이터보다 시뮬레이션을 위한 처리가 복잡하다.
④ 벡터 데이터보다 빠른 데이터 초기 입력이 가능하다.

풀이 벡터 자료와 래스터 자료 비교

구분	벡터 자료	래스터 자료 ㉮㉯이 ㉰㉱하여 ㉲을 세워야 ㉳㉴㉵이 ㉶하지 않는다
정의	벡터 자료구조는 기호, 도형, 문자 등으로 인식할 수 있는 형태를 말하며 객체들의 지리적 위치를 크기와 방향으로 나타낸다.	래스터 자료구조는 매우 간단하며 일정한 격자간격의 셀이 데이터의 위치와 그 값을 표현하므로 격자데이터라고도 하며 도면을 스캐닝하여 취득한 자료와 위상영상자료들에 의하여 구성된다. 래스터 구조는 구현의 용이성과 단순한 파일구조에도 불구하고 정밀도가 셀의 크기에 따라 좌우되며 해상력을 높이면 자료의 크기가 방대해진다. 각 셀들의 크기에 따라 데이터의 해상도와 저장크기가 달라지게 되는데, 셀 크기가 작을수록 보다 정밀한 공간현상을 잘 표현할 수 있다.
장점	• 보다 압축된 자료구조를 제공하므로 데이터 용량의 축소가 용이하다. • 복잡한 현실세계의 묘사가 가능하다. • 위상에 관한 정보가 제공되므로 관망분석과 같은 다양한 공간분석이 가능하다. • 그래픽의 정확도가 높다. • 그래픽과 관련된 속성정보의 추출 및 일반화, 갱신 등이 용이하다.	• 자료구조가 ㉮단하다. • 여러 레이어의 중㉯이나 분석이 용이하다. • ㉰료의 조작과정이 매우 효과적이고 수치영상의 질을 향상시키는 데 매우 효과적이다 • ㉱치이미지 조작이 효율적이다 • 다양한 ㉲간적 편의가 격자의 크기와 형태가 동일하여 시뮬레이션이 용이하다.

정답 01 ④ 02 ③

구분	벡터 자료	래스터 자료 ㉮㉯이 ㉰㉱하여 ㉲을 세워야 ㉳㉴㉵이 ㉶하지 않는다
단점	• 자료구조가 복잡하다. • 여러 레이어의 중첩이나 분석에 기술적으로 어려움이 수반된다. • 각각의 그래픽 구성요소는 각기 다른 위상구조를 가지므로 분석에 어려움이 크다. • 그래픽의 정확도가 높아서 도식과 출력에 비싼 장비가 요구된다. • 일반적으로 값비싼 하드웨어와 소프트웨어가 요구되므로 초기비용이 많이 든다.	• 압축되어 ㉳용되는 경우가 드물며 ㉴형관계를 나타내기 훨씬 어렵다. • 주로 격자형의 네모난 형태로 가지고 있기 때문에 수작업에 의해서 그려진 완화된 ㉵에 비해서 미관상 매끄럽지 못하다 • 위㉶정보의 제공이 불가능하므로 관망해석과 같은 분석기능이 이루어질 수 없다. • 좌표변환을 위한 시간이 많이 소요된다.

03 래스터 데이터(Rester Data)의 파일형식에서 윈도우 또는 OS/2 환경에서 사용되는 비트맵 데이터를 표현하기 위하여 마이크로소프트에서 정의하고 있는 비트맵 그래픽 파일은?

① DXF ② TIFF
③ GIF ④ BMP

풀이 래스터 자료의 파일 형식 **암기** ⓣⓖⓑⓙⓖⓟⓑⓟ

ⓣFF (Tagged Image File Format)	• 태그(꼬리표)가 붙은 화상 파일 형식이라는 뜻이다. • 미국의 앨더스 사(현재의 어도비 시스템 사에 흡수 합병)와 마이크로소프트 사가 공동 개발한 래스터 화상 파일 형식이다. • 흑백 또는 중간 계조의 정지 화상을 주사(走査, Scan)하여 저장하거나 교환하는 데 널리 사용되는 표준 파일 형식이다. • 화상 데이터의 속성을 태그 정보로서 규정하고 있는 것이 특징이다.
ⓖeoTiff	• 파일헤더에 거리참조를 가지고 있는 TIFF 파일의 확장포맷이다. • TIFF의 래스터 지리데이터를 플랫폼 공동이용 표준과 공동이용을 제공하기 위해 데이터 사용자, 상업용 데이터 공급자, GIS 소프트웨어 개발자가 합의하여 개발되었다.
ⓑIF	• FGDC(Federal Geographic Data Committee)에서 발행한 국제표준영상처리와 영상데이터표준이다. • 미국의 국방성에 의하여 개발되고 NATO에 의해 채택된 NITFS(National Imagery Transmission Format Standard)를 기초로 제작되었다.
ⓙPEG(Joint Photographic Experts Group)	• Joint Photographic Experts Group의 준말이다. • JPEG는 컬러 이미지를 위한 국제적인 압축표준으로 국제전신전화자문(CCITT : Consultative Committee International Telegraph and Telephone)과 ISO에서 인정하고 있다.
ⓖIF(Graphics Interchange Format)	• 미국의 컴퓨서브(Compuserve) 사가 1987년에 개발한 화상 파일 형식이다. • 인터넷에서 래스터 화상을 전송하는 데 널리 사용되는 파일 형식이다. • 최대 256가지 색이 사용될 수 있는데 실제로 사용되는 색의 수에 따라 파일의 크기가 결정된다.

정답 03 ④

ⓟCX	• ZSoft가 자사의 초기 DOS 기반의 그래픽 프로그램 PC 페인터 브러시용으로 개발한 그래픽 포맷이다. • 윈도 이전까지 사실상 비트맵 그래픽의 표준이었다. • 그래픽 압축 시 런–길이 코드(Run–length Code)를 쓰기 때문에 디스크 공간 활용에 있어서 윈도 표준 BMP보다 효율적이다.
ⓑMP(Microsoft Windows Device Independent Bitmap)	• 윈도우 또는 OS/2 환경에서 사용되는 비트맵 데이터를 표현하기 위하여 마이크로소프트에서 정의하고 있는 비트맵 그래픽 파일이다. • 그래픽 파일 저장 형식 중에 가장 단순한 구조를 가지고 있다. • 압축 알고리즘이 원시적이어서 같은 이미지를 저장할 때, 다른 형식으로 저장하는 경우에 비해 파일 크기가 매우 크다.
ⓟNG (Portable Network Graphic)	독립적인 GIF 포맷을 대치할 목적의 특허가 없는 자유로운 래스터 포맷이다.

04 지적도면 전산화 사업으로 생성된 지적도면 파일을 이용하여 지적업무를 수행할 경우의 장점으로 옳지 않은 것은?

(19년3회지산)

① 지적측량성과의 효율적인 전산관리가 가능하다.
② 지적도면에서 신축에 따른 지적도의 변형이나 훼손 등의 오류를 제거할 수 있다.
③ 공간정보 분야의 다양한 주제도와 융합하여 새로운 콘텐츠를 생성할 수 있다.
④ 원시 지적도면의 정확도가 한층 높아져 지적측량성과의 정확도 향상을 기할 수 있다.

풀이 **지적도면 전산화의 기대효과**

① 국민의 토지소유권(토지 경계)이 등록된 유일한 공부인 지적도면을 효율적으로 관리할 수 있다.
② 정보화 사회에 부응하는 다양한 토지 관련 정보 인프라를 구축할 수 있어 국가 경쟁력이 강화되는 효과가 있다.
③ 전국 온라인망에 의하여 신속하고 효율적인 대민 서비스를 제공할 수 있다.
④ NGIS와 연계되어 토지와 관련된 모든 분야에서 활용할 수 있다.
⑤ 지적측량업무의 전산화와 공부 정리의 자동화가 가능하다.
⑥ 지적도면에서 신축에 따른 지적도의 변형이나 훼손 등의 오류를 제거할 수 있다.
⑦ 공간정보 분야의 다양한 주제도와 융합하여 새로운 콘텐츠를 생성할 수 있다.

05 지적전산자료의 이용의 승인신청을 받아 심사할 사항이 아닌 것은?

(07년서울7급)

① 지적전산자료의 이용, 활용지의 사용료 납부 여부
② 신청한 사항의 처리가 지적업무수행에 지장이 없는지의 여부
③ 신청내용의 타당성 · 적합성 · 공익성 여부
④ 개인의 사생활 침해 여부
⑤ 신청한 사항의 처리가 전산정보처리조직으로 가능한지의 여부

정답 04 ④ 05 ①

풀이 **공간정보의 구축 및 관리 등에 관한 법률 제76조(지적전산자료의 이용 등)**

① 지적공부에 관한 전산자료(연속지적도를 포함하며, 이하 "지적전산자료"라 한다)를 이용하거나 활용하려는 자는 다음 각 호의 구분에 따라 국토교통부장관, 시 · 도지사 또는 지적소관청에 지적전산자료를 신청하여야 한다.

> 1. 전국 단위의 지적전산자료 : 국토교통부장관, 시 · 도지사 또는 지적소관청
> 2. 시 · 도 단위의 지적전산자료 : 시 · 도지사 또는 지적소관청
> 3. 시 · 군 · 구(자치구가 아닌 구를 포함한다) 단위의 지적전산자료 : 지적소관청

② 제1항에 따라 지적전산자료를 신청하려는 자는 대통령령으로 정하는 바에 따라 지적전산자료의 이용 또는 활용 목적 등에 관하여 미리 관계 중앙행정기관의 심사를 받아야 한다. 다만, 중앙행정기관의 장, 그 소속 기관의 장 또는 지방자치단체의 장이 신청하는 경우에는 그러하지 아니하다. 〈개정 2017.10.24.〉

③ 제2항에도 불구하고 다음 각 호의 어느 하나에 해당하는 경우에는 관계 중앙행정기관의 심사를 받지 아니할 수 있다. 〈개정 2017.10.24.〉

> 1. 토지소유자가 자기 토지에 대한 지적전산자료를 신청하는 경우
> 2. 토지소유자가 사망하여 그 상속인이 피상속인의 토지에 대한 지적전산자료를 신청하는 경우
> 3. 「개인정보 보호법」 제2조제1호에 따른 개인정보를 제외한 지적전산자료를 신청하는 경우

④ 제1항 및 제3항에 따른 지적전산자료의 이용 또는 활용에 필요한 사항은 대통령령으로 정한다.

공간정보의 구축 및 관리 등에 관한 법률 시행령 제62조(지적전산자료의 이용 등)

① 법 제76조제1항에 따라 지적공부에 관한 전산자료(이하 "지적전산자료"라 한다)를 이용하거나 활용하려는 자는 같은 조 제2항에 따라 다음 각 호의 사항을 적은 신청서를 관계 중앙행정기관의 장에게 제출하여 심사를 신청하여야 한다. **암기** **이목근 범내는 제보전하라**

> 1. 자료의 이용 또는 활용 목적 및 근거
> 2. 자료의 범위 및 내용
> 3. 자료의 제공 방식, 보관 기관 및 안전관리대책 등

② 제1항에 따른 심사 신청을 받은 관계 중앙행정기관의 장은 다음 각 호의 사항을 심사한 후 그 결과를 신청인에게 통지하여야 한다. **암기** **타적공은 사적 방안 마련하라**

> 1. 신청 내용의 타당성, 적합성 및 공익성
> 2. 개인의 사생활 침해 여부
> 3. 자료의 목적 외 사용 방지 및 안전관리대책

③ 법 제76조제1항에 따라 지적전산자료의 이용 또는 활용에 관한 승인을 받으려는 자는 승인신청을 할 때에 제2항에 따른 심사 결과를 제출하여야 한다. 다만, 중앙행정기관의 장이 승인을 신청하는 경우에는 제2항에 따른 심사 결과를 제출하지 아니할 수 있다.

④ 제3항에 따른 승인신청을 받은 국토교통부장관, 시 · 도지사 또는 지적소관청은 다음 각 호의 사항을 심사하여야 한다. 〈개정 2013.3.23.〉 **암기** **타적공은 사적 방안 마련하라 전지 여부를**

> 1. 신청 내용의 타당성, 적합성 및 공익성
> 2. 개인의 사생활 침해 여부
> 3. 자료의 목적 외 사용 방지 및 안전관리대책
> 4. 신청한 사항의 처리가 전산정보처리조직으로 가능한지 여부
> 5. 신청한 사항의 처리가 지적업무수행에 지장을 주지 않는지 여부

정답

⑤ 국토교통부장관, 시 · 도지사 또는 지적소관청은 제4항에 따른 심사를 거쳐 지적전산자료의 이용 또는 활용을 승인하였을 때에는 지적전산자료 이용 · 활용 승인대장에 그 내용을 기록 · 관리하고 승인한 자료를 제공하여야 한다. 〈개정 2013.3.23.〉
⑥ 제5항에 따라 지적전산자료의 이용 또는 활용에 관한 승인을 받은 자는 국토교통부령으로 정하는 사용료를 내야 한다. 다만, 국가나 지방자치단체에 대해서는 사용료를 면제한다.

06 자료교환을 위한 형식에 대한 설명으로 옳지 않은 것은?

① Coverage : 위상모델을 적용하여 각 사상 간 관계를 적용하는 구조
② VPF : 미 국방성의 NIMA(National Imagery and Mapping Agency)에서 개발한 군사적 목적의 벡터형 파일형식
③ TIGER : U.S.Census Bureau에서 인구조사를 위해 개발한 벡터형 파일형식
④ DLG : ESRI사의 Arcview에서 사용되는 자료형식

풀이 벡터 자료의 파일형식 **암기** ⓉⓋⓈⓗⒸⓞⒸⒶⒹⒶⓡⒸ

ⓉGER 파일형식	• Topologically Integrated Geographic Encoding and Referencing System의 약자 • U.S.Census Bureau에서 1990년 인구조사를 위해 개발한 벡터형 파일형식
ⓋPF 파일형식	• Vector Product Format의 약자 • 미 국방성의 NIMA(National Imagery and Mapping Agency)에서 개발한 군사적 목적의 벡터형 파일형식
Ⓢⓗape 파일형식	• ESRI 사의 Arcview에서 사용되는 자료형식 • Shape 파일은 비위상적 위치정보와 속성정보를 포함 • 메인파일과 인덱스파일, 그리고 데이터베이스 테이블의 3개 파일에 의해 지리적으로 참조된 객체의 기하와 속성을 정의한 ArcView GIS의 데이터 포맷
Ⓒⓞverage 파일형식	• ESRI 사의 Arc/Info에서 사용되는 자료형식 • Coverage 파일은 위상모델을 적용하여 각 사상간 관계를 적용하는 구조 • 공간관계를 명확히 정의한 위상구조를 사용하여 벡터 도형데이터를 저장
ⒸⒶD 파일형식	• Autodesk 사의 AutoCAD 소프트웨어에서는 DWG와 DXF 등의 파일형식을 사용 • DXF 파일형식은 GIS 관련 소프트웨어뿐만 아니라 원격탐사소프트웨어에서도 사용할 수 있음 • 사실상 산업표준이 된 AutoCAD와 AutoCAD Map의 파일 포맷 중의 하나로 많은 GIS에서 익스포트(export) 포맷으로 널리 사용
ⒹLG 파일형식	• Digital Line Graph의 약자로서 U.S.Geological Survey에서 지도학적 정보를 표현하기 위해 고안한 디지털벡터 파일형식 • DLG는 ASCII 문자형식으로 구성
ⒶⓡcInfo E00	ArcInfo의 익스포트 포맷
ⒸGM 파일형식	• Computer Graphicx Metafile의 약자 • PC 기반의 컴퓨터그래픽 응용분야에 사용되는 벡터데이터 포맷의 ISO 표준

정답 06 ④

07 토지기록 전산화의 목적과 거리가 먼 것은? (17년1회지기)

① 지적공부의 전산화 및 전산파일 유지로 지적서고의 체계적 관리 및 확대
② 체계적이고 효율적인 지적사무와 지적행정의 실현
③ 최신 자료에 의한 지적통계와 주민정보의 정확성 제고 및 온라인에 의한 신속성 확보
④ 전국적인 등본의 열람을 가능하게 하여 민원인의 편의 증진

풀이 **토지기록 전산화의 의의**

① 1910년대 토지조사사업을 실시하고 부책식 대장과 종이도면으로 공부관리
② 관리상의 여러 가지 문제점 해결
③ 상호정보교환(등기 등과 같은 타 기관의 자료)
④ 신속한 민원처리로 대민서비스 제공
⑤ 1975년부터 지적전산화 착수
⑥ 한국토지정보시스템(KLIS)(대장과 도면을 통합하여 통계 · 분석이 가능한 시스템) 운영
⑦ 부동산종합공부시스템 운영 중

토지기록 전산화의 기대효과

① 증명서 발급 절차를 간소화하여 그에 따른 시간을 단축
② 과거에는 해당 소관청에서만 가능하던 토지대장 등본발급이 전국 시 · 군 · 구 어디에서나 가능하게 되어 정보화 사회에 요구되는 대민 서비스 제공
③ 국민의 요구사항을 충족시킬 수 있게 되어 토지 행정의 효율성을 제고
④ 대장에 의한 위조 방지 및 완전한 자료 관리 체계를 유지
⑤ 토지 공시제도의 공신력 제고 및 토지공개념의 정착
⑥ 지역개발계획, 도시계획 등을 위하여 신속 · 정확한 정책 수집 자료의 적시 제공 가능
⑦ 지방행정 전산화의 촉진

08 지적도 재작성 사업을 시행하여 지적도 독취자료를 이용하는 도면전산화의 추진연도는? (19년3회지산)

① 1975년
② 1978년
③ 1984년
④ 1990년

풀이 ① 도면전산화 추진연도 : 1978년 10월~2000년
② 도면전산화 추진실적 : 지적 · 임야도면 수치파일 구축 14,768도엽 완료

09 종이도면을 디지타이징 할 때 발생하는 오류 중 지적필지가 아니면서 경계부분에서 조각부분이 발생하여 필지로 오인되는 형태의 오류는? (17년1회측기)

① Overshoot
② Sliver ploygon
③ Undershoot
④ Label 입력오류

정답 07 ① 08 ② 09 ②

풀이 Digitizer 입력에 따른 오차

구분	내용	소거
Undershoot (못미침)	교차점이 만나지 못하고 선이 끝나는 것	Extend 명령어를 이용
Overshoot (튀어나옴)	교차점을 지나 선이 끝나는 것	Trim 명령어를 이용
Spike (스파이크)	교차점에서 두 개의 선분이 만나는 과정에서 생기는 것	잘못 입력된 좌표 입력
Sliver Polygon (슬리버 폴리곤)	두 개 이상의 Coverage에 대한 오버레이로 인해 Polygon의 경계에 흔히 생기는 작은 영역의 Feature	불필요한 경계선 제거
Overlapping (점, 선의 중복)	점, 선이 이중으로 입력되어 있는 상태	중복된 점 · 선을 삭제함으로써 수정이 가능
Hanging Node (매달림, 연결선)	한쪽 끝이 다른 연결점이나 절점에 완전히 연결되지 않은 상태의 연결선	

10 1970년대에 우리나라 정부가 지정한 지적전산화 업무의 최초 시범지역은? (19년3회지산)

① 서울 ② 대전
③ 대구 ④ 부산

풀이 지적전산화업무의 시범사업으로 대전광역시 2개 구에서 대장전산화업무를 시행하였으며 입력사항은 토지표시사항, 소유권표시사항, 기타사항 등이 있다.

11 공간자료의 입력방법인 스캐닝에 대한 설명으로 옳지 않은 것은?

① 스캐너를 이용하여 정보를 신속하게 입력시킬 수 있다.
② 스캐너는 광학주사기 등을 이용하여 레이저 광선을 도면에 주사하여 반사되는 값에 수치값을 부여하여 데이터의 영상자료를 만드는 것이다.
③ 스캐너 영상자료는 소프트웨어를 이용하여 벡터라이징을 통해 수치지도로 제작된다.
④ 스캐닝은 문자나 그래픽 심벌과 같은 부수적 정보를 많이 포함한 도면을 입력하는 데 적합하다.

풀이 공간자료의 입력방식 비교

구분	Digitizer(수동방식)	Scanner(자동방식)
정의	전기적으로 민감한 테이블을 사용하여 종이로 제작된 지도자료를 컴퓨터에 의하여 사용할 수 있는 수치자료로 변환하는 데 사용되는 장비로서 도형자료(도표, 그림, 설계도면)를 수치화하거나 수치화하고 난 후 즉시 자료를 검토할 때와 이미 수치화된 자료를 도형적으로 기록하는 데 쓰이는 장비를 말한다.	위성이나 항공기에서 자료를 직접 기록하거나 지도 및 영상을 수치로 변환시키는 장치로서 사진 등과 같이 종이에 나타나 있는 정보를 그래픽 형태로 읽어들여 컴퓨터에 전달하는 입력 장치를 말한다.

정답 10 ② 11 ④

구분	Digitizer(수동방식)	Scanner(자동방식)
특징	• 도면의 훼손 · 마멸 등으로 인해 스캐닝 작업으로 경계의 식별이 곤란할 경우와 도면의 상태가 양호하더라도 도곽 내에 필지수가 적어 스캐닝 작업이 비효율적인 도면은 디지타이징 방법으로 작업을 할 수 있다. • 디지타이징 작업을 할 경우에는 데이터 취득이 완료될 때까지 도면을 움직이거나 제거하여서는 아니 된다.	• 밀착스캔이 가능한 최선의 스캐너를 선정하여야 한다. • 스캐닝 방법에 의하여 작업할 도면은 보존상태가 양호한 도면을 대상으로 하여야 한다. • 스캐닝 작업을 할 경우에는 스캐너를 충분히 예열하여야 한다. • 벡터라이징 작업을 할 경우에 경계점 간 연결되는 선은 굵기가 0.1mm가 되도록 환경을 설정하여야 한다. • 벡터라이징은 반드시 수동으로 하며 경계점을 명확히 구분할 수 있도록 확대한 후 작업을 실시하여야 한다.
장점	• 수동식이므로 정확도가 높음 • 필요한 정보를 선택 추출 가능 • 내용이 다소 불분명한 도면이라도 입력이 가능	• 작업시간의 단축 • 자동화된 작업과정 • 자동화로 인한 인건비 절감
단점	• 작업 시간이 많이 소요됨 • 인건비 증가로 인한 비용 증대	• 저가의 장비 사용 시 에러 발생 • 벡터구조로의 변환 필수 • 변환 소프트웨어 필요

12 디지타이징 입력에 의한 도면의 오류를 수정하는 방법으로 틀린 것은? (14년3회지기)

① 선의 중복 : 중복된 두 선을 제거함으로써 쉽게 오류를 수정할 수 있다.

② 라벨 오류 : 잘못된 라벨을 선택하여 수정하거나 제 위치에 옮겨주면 된다.

③ Undershoot and Overshoot : 두 선이 목표지점을 벗어나거나 못 미치는 오류를 수정하기 위해서는 선분의 길이를 늘려주거나 줄여야 한다.

④ Sliver 폴리곤 : 폴리곤이 겹치지 않게 적절하게 위치를 이동시킴으로써 제거될 수 있는 경우도 있고, 폴리곤을 형성하고 있는 부정확하게 입력된 선분을 만든 버틱스들을 제거함으로써 수정될 수도 있다.

풀이 **디지타이징 입력에 따른 오류 유형**

벡터데이터의 편집과정에서 발생하는 오류는 오버슈터, 언더슈터, 슬리버, 노드의 부재, 선의 중복, 불필요한 노드가 있다.

Overshoot (기준선 초과 오류)	교차점을 지나서 연결선이나 절점이 끝나기 때문에 발생하는 오류, 이런 경우 편집소프트웨어에서 Trim과 같이 튀어나온 부분을 삭제하는 명령을 사용하여 수정한다.
Undershoot (기준선 미달 오류)	교차점에 미치지 못하는 연결선이나 절점으로 발생하는 오류, 이런 경우 편집소프트웨어에서 Extend와 같은 완전연결을 해주는 명령을 사용하여 수정한다.
Spike (스파이크)	교차점에서 두 개의 선분이 만나는 과정에서 잘못된 좌표가 입력되어 발생하는 오차, 이런 경우 엉뚱한 좌표가 입력된 점을 제거하고 적절한 좌푯값을 가진 점을 입력한다.
Sliver Polygon (슬리버 폴리곤)	하나의 선으로 입력되어야 할 곳에 두 개의 선으로 약간 어긋나게 입력되어 가늘고 긴 불편한 폴리곤을 형성한 상태의 오차(선 사이의 틈), 이런 경우 폴리곤 생성을 부정확하게 만든 선을 제거하여 폴리곤 생성을 새로 한다.

정답 12 ①

Overlapping (점, 선 중복)	주로 영역의 경계선에서 점, 선이 이중으로 입력되어 발생하는 오차, 이런 경우 중복되어 있는 점, 선을 제거함으로써 수정할 수 있다.
Dangle (댕글)	매달린 노드의 형태로 발생하는 오류로 오버슈트나 언더슈트와 같은 형태로 한쪽 끝이 다른 연결선이나 절점에 연결되지 않는 상태의 오차, 이것은 폴리곤이 폐합되어야 할 곳에서 Undershoot되어 발생하는 것이므로 이런 부분을 찾아서 수정해 주어야 한다.

13 지방자치단체가 지적공부 및 부동산종합공부 정보를 전자적으로 관리 · 운영하는 시스템은?

(17년2회지기)

① 한국토지정보시스템
② 부동산종합정보시스템
③ 지적행정시스템
④ 국가공간정보시스템

풀이 부동산종합공부시스템 운영 및 관리 규정 제2조(정의)

이 규정에서 사용하는 용어의 정의는 다음과 같다.

1. "정보관리체계"란 지적공부 및 부동산종합공부의 관리업무를 전자적으로 처리할 수 있도록 설치된 정보시스템으로서, 국토교통부가 운영하는 "국토정보시스템"과 지방자치단체가 운영하는 "부동산종합공부시스템"으로 구성된다.
2. "국토정보시스템"이란 국토교통부장관이 지적공부 및 부동산종합공부 정보를 전국 단위로 통합하여 관리 · 운영하는 시스템을 말한다.
3. **"부동산종합공부시스템"이란 지방자치단체가 지적공부 및 부동산종합공부 정보를 전자적으로 관리 · 운영하는 시스템을 말한다.**
4. "운영기관"이란 부동산종합공부시스템이 설치되어 이를 운영하고 유지관리의 책임을 지는 지방자치단체를 말하며, 영문표기는 "Korea Real estate Administration intelligence System"로 "KRAS"로 약칭한다.
5. "사용자"란 부동산종합공부시스템을 이용하여 업무를 처리하는 업무담당자로서 부동산종합공부시스템에 사용자로 등록된 자를 말한다.
6. "운영지침서"란 국토교통부장관이 부동산종합공부시스템을 통한 업무처리의 절차 및 방법에 대하여 체계적으로 정한 지침으로서 '운영자 전산처리지침서'와 '사용자 업무처리지침서'를 말한다.

14 「부동산종합공부시스템 운영 및 관리규정」상 부동산종합정보 시스템에서 제공할 수 있는 공간 및 속성자료의 종류에 해당하지 않는 것은?

(17년지방9급)

① 개발이익추정금
② 개별주택가격
③ 건물통합정보 연속지적도
④ 용도지역지구도

풀이 부동산종합공부시스템 운영 및 관리 규정 제10조(전산자료의 제공)

① 부동산종합공부 전산자료를 제공받으려는 자는 별지 제2호 서식의 제공요청서를 작성하여 다음 각 호에 따라 해당하는 운영기관의 장에게 제출하여야 한다.
  1. 기초자치단체(시 · 군 · 구)의 범위에 속하는 자료 : 시 · 군 · 구(자치구가 아닌 구를 포함)의 장
  2. 시 · 도 단위의 자료 또는 2개 이상의 기초자치단체에 걸친 범위에 속하는 자료 : 시 · 도지사
  3. 전국단위의 자료 또는 2개 이상의 시 · 도에 걸친 범위에 속하는 자료 : 국토교통부장관

② 제1항에 따른 요청을 받은 운영기관의 장은 요청내역, 요청목적, 근거법령 등을 검토하여 전산자료의 제공이 가능한 때에는 별지 제3호 서식의 전산자료 제공대장을 작성하여야 한다.

정답 13 ② 14 ①

③ 제2항에 따라 전산자료를 제공받는 자는 별지 제4호 서식의 보안각서 및 별지 제5호 서식의 전산자료 수령증을 작성하여 운영기관의 장에게 제출하여야 한다.

④ 제2항에 따라 부동산종합정보시스템에서 제공할 수 있는 자료의 종류는 다음 각 호와 같다.

1. 지적전산자료
2. 용도지역 · 지구도, 건물통합정보 연속지적도 등의 공간자료
3. 개별공시지가, 개별주택가격 등의 속성자료

⑤ 제4항제1호의 지적전산자료를 포함하여 신청한 경우에는 「공간정보의 구축 및 관리 등에 관한 법률」(이하, "법"이라 한다)에 따른 지적전산자료를 신청한 것으로 본다.

15 「부동산종합공부시스템 운영 및 관리규정」상 전산처리결과를 부동산종합공부시스템을 통하여 전산자료관리책임관에게 확인을 받아야 할 사항이 아닌 것은? (17년지방9급)

① 개인정보조회현황

② 대지권등록부의 지분비율 정리결과

③ 오기정정처리 결과

④ 개별공시지가 정정현황

풀이 **부동산종합공부시스템 운영 및 관리규정 제16조(일일마감 확인 등)**

① 규칙 제76조제1항에 따른 사용자는 당일 업무가 끝났을 때에는 전산처리결과를 확인하고, 수작업으로 도면 열람 및 발급 등의 업무를 수행한 경우에는 이를 전산입력하여야 한다.

② 제1항에 따른 사용자는 전산처리결과의 확인과 수작업처리현황의 전산입력이 완료된 때에는 지적업무정리상황자료를 처리하고, 다음 각 호의 전산처리결과를 부동산종합공부시스템을 통하여 전산자료관리책임관에게 확인을 받아야 한다.

1. 토지이동 일일처리현황(미정리내역 포함)
2. 토지이동 일일정리 결과
3. 소유권변동 일일 처리현황
4. 토지 · 임야대장의 소유권변동 정리결과
5. 공유지연명부의 소유권변동 정리결과
6. 대지권등록부의 소유권변동 정리결과
7. 대지권등록부의 지분비율 정리결과
8. 오기정정처리 결과
9. 도면처리 일일처리내역
10. 개인정보조회현황
11. 창구민원 처리현황
12. 지적민원수수료 수입현황
13. 등본교부 발급현황
14. 정보이용승인요청서 처리현황
15. 측량성과검사 현황

③ 일일마감 정리결과 잘못이 있는 경우에 다음 날 업무시작과 동시에 등록사항정정의 방법으로 정정하여야 한다.

정답 15 ④

16 「부동산종합공부시스템 운영 및 관리규정」상 코드체계에 대한 설명으로 옳지 않은 것은?

(17년지방9급)

① 행정구역은 숫자 19자리이다.
② 대장 구분은 숫자 1자리이다.
③ 지목 구분은 숫자 2자리이다.
④ 축척 구분은 축척 수치의 앞 2자리이다.

풀이 **부동산종합공부시스템 운영 및 관리규정 제19조(코드의 구성)**

① 규칙 제68조제5항에 따른 고유번호는 **행정구역코드 10자리**(시 · 도 2, 시 · 군 · 구 3, 읍 · 면 · 동 3, 리 2), 대장구분 1자리, 본번 4자리, 부번 4자리를 합한 19자리로 구성한다.

② 제1항에 따른 고유번호 이외에 사용하는 코드는 별표 3과 같다.

③ 제1항에 따른 행정구역코드 부여기준은 별표 4와 같다.

코드 상세내역

1) 행정구역

코드체계	*	*	*	*	*	*	*	*	*	*
	시 · 도		시 · 군 · 구			읍 · 면 · 동			리	
	숫자 2자리		숫자 3자리			숫자 3자리			숫자 2자리	
코드	행정구역코드집(별책부록 1참조)									

2) 대장 구분

코드체계	* ⇐ **숫자 1자리**		
코드	내용	코드	내용
1	토지대장	8	토지대장(폐쇄)
2	임야대장	9	임야대장(폐쇄)

3) 축척 구분

코드체계	* * ⇐ **축척 수치의 앞 2자리**		
코드	내용	코드	내용
00	수치	12	1 : 1200
05	1 : 500	24	1 : 2400
06	1 : 600	30	1 : 3000
10	1 : 1000	60	1 : 6000

4) 지목 구분

코드체계	* * ⇐ **숫자 2자리**		
코드	내용	코드	내용
01	전	15	철도용지
02	답	16	제방
03	과수원	17	하천

정답 16 ①

04	목장용지	18	구거
05	임야	19	유지
06	광천지	20	양어장
07	염전	21	수도용지
08	대	22	공원
09	공장용지	23	체육용지
10	학교용지	24	유원지
11	주차장	25	종교용지
12	주유소용지	26	사적지
13	창고용지	27	묘지
14	도로	28	잡종지

17 **「부동산종합공부시스템 운영 및 관리규정」상 부동산종합공부시스템의 원활한 운영 · 관리를 위하여 운영기관의 장이 수행하여야 할 역할이 아닌 것은?** (17년지방9급)

① 부동산종합공부시스템의 응용프로그램 관리
② 부동산종합공부시스템 전산장비의 증설 · 교체
③ 부동산종합공부시스템의 지속적인 유지 · 보수
④ 부동산종합공부시스템의 장애사항에 대한 조치 및 보고

풀이 **부동산종합공부시스템 운영 및 관리규정 제4조(역할분담)**

① 국토교통부장관은 정보관리체계의 총괄 책임자로서 부동산종합공부시스템의 원활한 운영 · 관리를 위하여 다음 각 호의 역할을 수행하여야 한다.

1. 부동산종합공부시스템의 응용프로그램 관리
2. 부동산종합공부시스템의 운영 · 관리에 관한 교육 및 지도 · 감독
3. 그 밖에 정보관리체계 운영 · 관리의 개선을 위하여 필요한 조치

② 운영기관의 장은 부동산종합공부시스템의 원활한 운영 · 관리를 위하여 다음 각 호의 역할을 수행하여야 한다.

1. 부동산종합공부시스템 전산자료의 입력 · 수정 · 갱신 및 백업
2. 부동산종합공부시스템 전산장비의 증설 · 교체
3. 부동산종합공부시스템의 지속적인 유지 · 보수
4. 부동산종합공부시스템의 장애사항에 대한 조치 및 보고

정답 17 ①

18 「부동산종합공부시스템 운영 및 관리규정」에 대한 설명으로 옳지 않은 것은?

① 행정구역 명칭 변경 시 지적소관청은 시 · 도지사를 경유하여 국토교통부장관에게 변경일 10일 전까지 코드 변경을 요청하여야 한다.

② 행정구역의 코드변경 요청을 받은 국토교통부장관은 10일까지 행정구역코드를 변경하고, 그 변경 내용을 행정안전부, 국세청 등 관련기관에 통지하여야 한다.

③ 지적소관청에서는 지적통계를 작성하기 위한 일일마감, 월마감과 년마감을 실시한다.

④ 지적소관청에서는 매년 말 최종일일마감이 끝남과 동시에 모든 업무처리를 마감하여야 한다.

풀이 **부동산종합공부시스템 운영 및 관리규정 제17조(연도마감)**

지적소관청에서는 매년 말 최종일일마감이 끝남과 동시에 모든 업무처리를 마감하고, 다음연도 업무가 개시되는 데 지장이 없도록 하여야 한다.

부동산종합공부시스템 운영 및 관리규정 제18조(지적통계 작성)

① 지적소관청에서는 지적통계를 작성하기 위한 일일마감, 월마감, 년마감을 하여야 한다.

② 국토교통부장관은 매년 시 · 군 · 구 자료를 취합하여 지적통계를 작성한다.

부동산종합공부시스템 운영 및 관리규정 제19조(코드의 구성)

① 「공간정보의 구축 및 관리 등에 관한 법률 시행규칙」 제68조제5항에 따른 고유번호는 행정구역코드 10자리(시 · 도 2, 시 · 군 · 구 3, 읍 · 면 · 동 3, 리 2), 대장구분 1자리, 본번 4자리, 부번 4자리를 합한 19자리로 구성한다.

부동산종합공부시스템 운영 및 관리규정 제20조(행정구역코드의 변경)

① 행정구역의 명칭이 변경된 때에는 지적소관청은 시 · 도지사를 경유하여 국토교통부장관에게 행정구역변경일 10일 전까지 행정구역의 코드변경을 요청하여야 한다.

② 제1항에 따른 행정구역의 코드변경 요청을 받은 국토교통부장관은 지체 없이 행정구역코드를 변경하고, 그 변경 내용을 행정안전부, 국세청 등 관련기관에 통지하여야 한다.

19 「부동산종합공부시스템 운영 및 관리규정」에 대한 설명으로 옳지 않은 것은?

① 행정구역 명칭 변경 시 지적소관청은 시 · 도지사를 경유하여 국토교통부장관에게 변경일 10일 전까지 코드 변경을 요청하여야 한다.

② 토지 및 임야대장에 등록하는 각 필지를 식별하는 토지의 고유번호는 총 19자리로 이루어져 있으며, 이 중 행정구역 코드는 10자리이다.

③ 지적소관청에서는 지적통계를 작성하기 위한 일일마감, 월마감, 년마감을 하여야 한다.

④ 지적소관청에서는 익년도 1월 31일까지 당해 연도 업무처리를 마감하여야 한다.

풀이 **부동산종합공부시스템 운영 및 관리규정 제17조(연도마감)**

지적소관청에서는 매년 말 최종일일마감이 끝남과 동시에 모든 업무처리를 마감하고, 다음연도 업무가 개시되는 데 지장이 없도록 하여야 한다.

부동산종합공부시스템 운영 및 관리규정 제18조(지적통계 작성)

① 지적소관청에서는 지적통계를 작성하기 위한 일일마감, 월마감, 년마감을 하여야 한다.

② 국토교통부장관은 매년 시 · 군 · 구 자료를 취합하여 지적통계를 작성한다.

정답 18 ② 19 ④

부동산종합공부시스템 운영 및 관리규정 제19조(코드의 구성)

① 「공간정보의 구축 및 관리 등에 관한 법률 시행규칙」 제68조제5항에 따른 고유번호는 행정구역코드 10자리(시·도 2, 시·군·구 3, 읍·면·동 3, 리 2), 대장구분 1자리, 본번 4자리, 부번 4자리를 합한 19자리로 구성한다.

부동산종합공부시스템 운영 및 관리규정 제20조(행정구역코드의 변경)

① 행정구역의 명칭이 변경된 때에는 지적소관청은 시·도지사를 경유하여 국토교통부장관에게 행정구역변경일 10일 전까지 행정구역의 코드변경을 요청하여야 한다.

② 제1항에 따른 행정구역의 코드변경 요청을 받은 국토교통부장관은 지체 없이 행정구역코드를 변경하고, 그 변경 내용을 행정안전부, 국세청 등 관련기관에 통지하여야 한다.

20 「부동산종합공부시스템 운영 및 관리규정」상 정보시스템 관리에서 내용이 다른 것은?

① 국토교통부장관은 부동산종합공부시스템에 사용되는 프로그램의 목록을 작성하여 관리하고, 프로그램의 추가·변경 또는 폐기 등의 변동사항이 발생한 때에는 그에 관한 세부내역을 작성·관리하여야 한다.

② 국토교통부장관은 부동산종합공부시스템이 단일한 버전의 프로그램으로 설치 및 운영되도록 총괄적으로 조정하여 이를 운영기관의 장에 배포하여야 한다.

③ 부동산종합공부시스템에는 국토교통부장관의 승인을 받지 아니한 어떠한 형태의 원시프로그램과 이를 조작할 수 있는 도구 등을 개발·제작·저장·설치할 수 있다.

④ 운영기관에서 부동산종합공부시스템을 사용 또는 유지관리 하던 중 발견된 프로그램의 문제점이나 개선사항에 대한 프로그램개발·개선·변경요청은 별지 제6호 서식에 따라 국토교통부장관에게 요청하여야 한다.

풀이 부동산종합공부시스템 운영 및 관리규정 제13조(정보시스템 관리)

① 국토교통부장관은 부동산종합공부시스템에 사용되는 프로그램의 목록을 작성하여 관리하고, 프로그램의 추가·변경 또는 폐기 등의 변동사항이 발생한 때에는 그에 관한 세부내역을 작성·관리하여야 한다.

② 국토교통부장관은 부동산종합공부시스템이 단일한 버전의 프로그램으로 설치 및 운영되도록 총괄적으로 조정하여 이를 운영기관의 장에 배포하여야 한다.

③ **부동산종합공부시스템에는 국토교통부장관의 승인을 받지 아니한 어떠한 형태의 원시프로그램과 이를 조작할 수 있는 도구 등을 개발·제작·저장·설치할 수 없다.**

④ 운영기관에서 부동산종합공부시스템을 사용 또는 유지관리 하던 중 발견된 프로그램의 문제점이나 개선사항에 대한 프로그램개발·개선·변경요청은 별지 제6호 서식에 따라 국토교통부장관에게 요청하여야 한다.

정답 20 ③

15 제15회 합격모의고사

01 지적의 발생설에 해당하지 않는 것은?

① 과세설　② 침략설
③ 역사설　④ 지배설

풀이 지적의 발생설

과세설(課稅說) (Taxation Theory)	국가가 과세를 목적으로 토지에 대한 각종 현상을 기록, 관리하는 수단으로부터 출발했다고 보는 설로 공동생활과 집단생활을 형성, 유지하기 위해서는 경제적 수단을 공동체에 제공해야 한다. 토지는 과세목적을 위해 측정되고 경계의 확정량에 따른 과세가 이루어졌고 고대에는 정복한 지역에서 공납물을 징수하는 수단으로 이용되었다. 정주생활에 따른 과세의 필요성에서 그 유래를 찾아볼 수 있고, 과세설의 증거자료로는 영국의 토지대장(Domesday Book), 신라의 장적문서(서원경 부근의 4개 촌락의 현 · 촌명 및 촌락의 영역, 호구(戶口) 수, 우마(牛馬) 수, 토지의 종목 및 면적, 뽕나무, 백자목, 추자목의 수량을 기록) 등이 있다.
치수설(治水說) (Flood Control Theory)	국가가 토지를 농업생산 수단으로 이용하기 위하여 관개시설 등을 측량하고 기록, 유지, 관리하는 데서 비롯되었다고 보는 설로 토지측량설(土地測量說, Land Survey Theory)이라고도 한다. 물을 다스려 보국안민을 이루는 데서 유래를 찾아볼 수 있고 주로 4대강 유역이 치수설을 뒷받침하고 있다. 즉 관개시설에 의한 농업적 용도에서 물을 다스릴 수 있는 토목과 측량술의 발달은 농경지의 생산성에 대한 합리적인 과세목적에서 토지기록이 이루어지게 한 것이다.
지배설(支配說) (Rule Theory)	국가가 토지를 다스리기 위한 영토의 보존과 통치수단으로 토지에 대한 각종 현황을 관리하는 데서 출발한다고 보는 설로 자국영토의 국경을 상징하는 경계표시를 만들어 객관적으로 표시하고 기록하는 과정에서 지적이 발생했다는 이론이다. 국경의 경계를 객관적으로 표시하고 기록하는 것은 자국민의 생활의 안전을 보장하여 통치의 수단으로서 중요한 역할을 하였다. 국가 경계의 표시 및 기록은 영토보존의 수단이며 통치의 수단으로 백성을 다스리는 근본을 토지에서 찾았던 고대에는 이러한 일련의 행위가 매우 중요하게 평가되었다. 고대세계의 성립과 발전, 중세봉건사회와 근대 절대왕정, 근대 시민사회의 성립 등에서 지배설을 뒷받침하고 있다.
침략설(侵略說) (Aggression Theory)	국가가 영토확장 또는 침략상 우의를 확보하기 위해 상대국의 토지현황을 미리 조사, 분석, 연구하는 데서 비롯되었다는 학설

02 지적의 어원을 'Katastikhon', 'Capitastrum'에서 찾고 있는 견해의 주요 쟁점이 되는 의미는?

① 세금 부과　② 지적공부
③ 지형도　④ 토지측량

풀이 지적(地籍, Cadastre)이란 용어가 어떻게 유래되었는지에 대하여는 확실치 않으나 그리스어 카타스티콘(Katastikhon)과 라틴어 캐피타스트럼(Capitastrum)에서 유래되었다고 하는 두 가지 학설이 지배적이다. 그리스어인 카타스티콘(Katastikhon)과 라틴어인 캐피타스트럼(Capitastrum) 또는 카타스트럼(Catastrum)은 그 내용에 있어서 모두 세금(稅金) 부과(賦課)의 뜻을 내포하고 있는 것이 공통점이라고 할 수 있다. 지적이

정답 01 ③ 02 ①

무엇인가에 대한 연구는 국내 · 외적으로 매우 활발하게 연구되고 있으며 국가별, 학자별로 다양한 이론들이 제기되고 있는 상황이다. 그러나 이러한 기존의 연구에 있어서 지적이 무엇인가에 대한 공통점은 "토지에 대한 기록"이며, "필지를 연구대상으로 한다는 점"이다.

03 선 등록, 후 등기 원칙을 적용하지 아니하는 업무는?

① 토지등록　　② 선박등록
③ 임목등록　　④ 항공기등록

풀이 선 등록, 후 등기(先 登錄, 後 登記) 원칙은 모든 토지와 그 정착물 등을 지적측량이라는 공학적이고 기술적인 수단을 통하여 연속되어 있는 국토를 조사 · 측량하여 개인의 권리가 미치고 있는 범위를 특정하여 필지단위로 지적에 등록 · 공시한 후 이를 토대로 등기부를 개설하는 제도를 말한다.

선 등록, 후 등기원칙의 적용대상 업무

구분 / 종목	등록기관			등기기관		
	중앙	지방	공부명	중앙	지방	공부명
토지등록	행정안전부	시 · 도 시 · 군 · 구	토지대장	법원행정처	지방법원 등기소	토지등기부
건축물등록	행정안전부	시 · 도 시 · 군 · 구	건축물대장	법원행정처	지방법원 등기소	건물등기부
선박등록	항만청	시 · 도 시 · 군 · 구	선박등록 원부	법원행정처	지방법원 등기소	선박등기부
임목등록	산림청	시 · 도 시 · 군 · 구	임목등록 원부	법원행정처	지방법원 등기소	임목등기부

※ 항공기 · 중기 · 자동차 · 저작권 · 어업권 · 광업 · 특허 · 상표등록업무 등 – 관련 행정기관에 등록함으로써 권리의 설정 · 이전 · 소멸 등의 효력을 인정하는 등록제도를 채택하여 운영(별도의 등기절차 필요 없음)

04 다음 중 지적제도의 효력과 관련 업무가 서로 맞지 않는 것은?

① 창설적 효력 – 등록전환 및 지번변경　　② 대항적 효력 – 고유번호, 지번
③ 공시적 효력 – 공부 등록사항　　④ 공증적 효력 – 지적공부의 발급 및 열람

풀이 **지적제도의 효력**

창설적 효력	새로이 조성된 토지 및 등록이 누락되어 있는 토지를 지적공부에 등록하는 것으로 이 경우에 발생하는 효력을 말한다.
대항적 효력	지번이란 필지에 부여하여 지적공부에 등록한 번호를 말하는데 지적공부에 등록된 토지의 표시사항(소재, 지번, 지목, 면적, 경계, 좌표)은 제3자에게 대항할 수 있다.
형성적 효력	합병은 지적공부에 등록된 2필지 이상을 1필지로 합하여 등록하는 것을 말하고, 분할이란 지적공부에 등록된 1필지를 2필지 이상으로 나누어 등록하는 것을 말한다. 이러한 합병 · 분할 등에 의하여 새로운 권리가 형성된다.

정답 03 ④ 04 ①

공증적 효력	지적공부에 등록하는 사항, 즉 토지에 관한 사항·소유자에 관한 사항, 기타 등은 공증하는 효력을 가진다.
공시적 효력	토지의 표시를 법적으로 공개·표시하는 효력을 공시적 효력이라 한다.
보고적 효력	지적공부에 등록하기 전에 지적공부의 신뢰성을 확보하기 위하여 지적공부정리결의서를 작성하여 보고하여야 하는 효력을 보고적 효력이라 한다.

05 토지를 경제적 측면에서 볼 때 가장 중요하다고 판단되는 사항은?

① 생산의 3요소 중 하나
② 토지거래의 기본정보 제공
③ 국가구성의 3요소 중 하나
④ 인간이 향유할 수 있는 재산권의 객체

풀이 **토지의 중요성**

토지는 국가에게는 토지의 공간이며 자원이고, 개인에게는 귀중한 생활의 터전이요 재산이다. 이러한 자원과 재산인 토지를 등록, 공시하는 제도가 지적제도이다.

경제적 측면	생산의 3요소[Land(토지), Labor(노동), Capital(자본)] 중 하나로서 만물에 대한 생산의 원천	
	농경정착시대	단순히 식량을 생산하기 위한 터전으로 활용
	산업화·도시화시대	효율적인 관리와 균형개발
	정보화시대	자연환경과 연계한 지속가능한 개발
사회적 측면	인간이 생활하는 데 있어서 가장 중요한 공동 자산	
	• 인간은 토지 위에서 태어나고 토지 위에서 일생을 지내다가 다시 토지로 돌아감 • 인류는 긴 세월 동안 토지 위에서 계속하여 생존하고 발전 • 동서고금을 통하여 개인이나 국가에 있어서 토지가 인간생활의 삶의 질을 결정하고 부의 척도로 인식	
국가적 측면	국가구성의 3요소(국민, 주권, 영토) 중 하나인 영토	
	• 국민과 주권이 있다 하더라도 영토가 없는 국가는 존재 불가 • 인류의 역사는 영토를 보다 많이 확보하기 위한 투쟁의 연속 • 국토의 크기는 각 시대를 살아간 선조들의 영토확장에 대한 열망과 투쟁에 비례	
법적인 측면	인간이 향유할 수 있는 가장 중요한 재산권의 객체	
	1950년에 서명된 인권에 관한 유럽회의의 최초 의정서 제1조에 "모든 자연인과 법인은 소유에 대한 즐거움을 누릴 자격이 있으며, 아무도 그들의 재산이 공공의 이익이나 법에 규정된 조건 또는 국제법의 일반적인 원리에 의하지 않고서는 빼앗기지 않는다"라고 기술되어 있다.	

06 지적의 원리와 관련이 없는 것은?

① 영구성
② 민주성
③ 정확성
④ 능률성

정답 05 ① 06 ①

풀이 지적의 원리

공기능성의 원리 (Publicness)	지적은 국가가 국토에 대한 상황을 다수의 이익을 추구하기 위하여 기록 · 공시하는 국가의 공공업무이며, 국가고유의 사무이다. 현대지적은 일방적인 관리층의 필요에서 만들어져서는 안 되고, 제도권 내의 사람에게 수평성의 원리에서 공공관계가 이루어져야 한다. 따라서 모든 지적사항은 필요에 의해 공개되어야 한다.
민주성의 원리 (Democracy)	현대지적에서 민주성이란, 제도의 운영주체와 객체가 내적인 면에서 행정의 인간화가 이루어지고, 외적인 면에서 주민의 뜻이 반영되는 지적행정이라 할 수 있다. 아울러 지적의 책임성은 지적법의 규정에 따라 공익을 증진하고 주민의 기대에 부응하도록 하는 데 있다.
능률성의 원리 (Efficiency)	실무활동의 능률성은 토지현상을 조사하여 지적공부를 만드는 과정에서의 능률을 의미하고, 이론개발 및 전달과정의 능률성은 주어진 여건과 실행과정의 개선을 의미한다. 지적활동을 능률화한다는 것은 지적문제의 해소를 뜻하며, 나아가서 지적활동의 과학화, 기술화 내지는 합리화, 근대화를 지칭하는 것이다.
정확성의 원리 (Accuracy)	지적활동의 정확도는 크게 토지현황조사, 기록과 도면, 관리와 운영의 정확도를 말한다. 토지현황조사의 정확성은 일필지조사, 기록과 도면의 정확성은 측량의 정확도, 그리고 지적공부를 중심으로 한 관리 · 운영의 정확성은 지적조직의 업무분화와 정확도에 관련됨이 크다. 결국 지적의 정확성은 지적불부합의 반대개념이다.

07 지적제도의 특성에 관한 설명으로 틀린 것은?

① 외재성과 표면성
② 통일성과 획일성
③ 기술성과 전문성
④ 전통성과 영속성

풀이 지적제도의 특성 **암기** 통영이내전기기공가공통일해라

전통성과 영속성	지적사무는 근대적인 지적제도가 창설된 1910년대 이후 오늘날까지 관리주체가 다양한 목적에 의거 토지에 관한 일정한 사항을 등록 · 공시하고 계속하여 유지 관리되고 있는 영속성(永續性)과 전통성(傳統性)을 가지고 있는 국가사무
이면성과 내재성	지적사무는 지적공부에 등록된 토지에 관한 기본정보 · 소유정보 · 이용정보 · 가격정보 등의 변경사항을 대장과 도면에 정리하는 내재성(內在性)과 이면성(裏面性)을 가지고 있는 국가사무
전문성과 기술성	지적사무는 토지에 관한 정보를 조사 · 측량하여 그 결과를 국가의 공적장부인 지적공부에 등록 · 공시하는 제도로서 특수한 지식과 기술을 검증받은 자만이 종사할 수 있는 기술성(技術性)과 전문성(專門性)을 가지고 있는 국가사무
기속성과 공개성	• 지적사무는 토지소유자 또는 이해관계인 등에게 무제한으로 지적공부의 열람 · 등본교부를 허용하고 토지의 경계분쟁이 발생하면 지적공부의 등록사항을 토대로 이를 해결할 수 있는 기속성(羈屬性)과 공개성(公開性)을 가지고 있는 준사법적인 국가사무 • 지적공부에 등록 · 공시된 사항은 언제나 일반 국민에게 열람 · 등본을 허용하여 정당하게 이용할 수 있도록 공개주의를 채택
국가성과 공공성	지적사무는 국가(토지를 조사 · 측량하여 공적장부에 등록하고 관리하는 주체 : 지적의 주체)에서 토지에 대한 세금을 징수하기 위한 기초자료를 만들기 위하여 창설된 제도로서 국가성(國家性)과 강한 공공성(公共性)을 가지고 있는 국가사무
통일성과 획일성	지적사무는 전국적(국가의 통치권이 미치는 범위 내에 있는 모든 토지 : 지적의 대상 객체)으로 측량방법 · 토지의 이동정리 · 지적공부의 관리 등이 동일한 통일성(統一性)과 획일성(劃一性)을 가지고 있는 국가사무

정답 07 ①

08 우리나라에서 "지적(地籍)"이란 용어를 최초로 사용한 것은?

① 경국대전　　② 내부관제
③ 삼림법　　④ 대구시가토지측량규정

풀이 **지적이란 용어의 사용**

지적이란 용어는 전통적으로 "토지에 대한 호적(戶籍), 토지 소유권에 대한 호적 또는 토지에 대한 이력(履歷)"이란 의미로 알려져 왔으며, 백제의 도적(圖籍), 신라의 장적(帳籍), 고려의 전적(田籍) 등과 같이 오늘날의 지적과 유사한 기록이 있었으나, 언제부터 지적이라는 용어를 사용했는지는 불확실하다.

경국대전(經國大典) 호전(戶典)편의 양전(量田)	"전지(田地)는 6등급으로 구분하고 매 20년도마다 다시 측량하여 토지에 대한 적(籍)을 만들어 호조(戶曹)와 도 및 읍에 비치한다"라고 규정-토지에 대한 적(籍)이 바로 지적(地籍)임
내부관제(1895.3.26. 칙령 제53호)	제8조 : "판적국(版籍局)은 호구적(戶口籍)과 지적(地籍)에 관한 사항"을 관장하도록 규정-최초로 내부관제에서 지적(地籍)이란 용어 사용
각읍 부세소장정(各邑賦稅所章程 : 1895.4.5. 칙령 제74호)	제3조제1항 : "전제(田制) 및 지적(地籍)에 관한 사무를 처리하는 일"이라고 규정
내부분과규정(1895.4.17.)	제13조 : 지적(地籍)이라는 용어 사용
대구시가 토지측량규정(1907.5.16. 대구재무관)	제131조 : 지적부(地籍簿)라는 용어 사용
삼림법(森林法 : 1908.1.21. 법률 제1호)	• 제19조 : 지적(地籍) 및 면적(面積)이라는 용어 사용 • 삼림법 시행세칙(1908.4.21. 농공상부령 제65호) 제13호 양식 : 지적보고(地籍報告)라는 용어 사용
임시토지조사국측량규정(조선총독부훈령 제21호, 1913.2.22.)	제2조, 제9조 및 제7장 : 지적도(地籍圖)라는 용어 사용
토지대장규칙(조선총독부령 제45호, 1914.4.25.)	제3조, 제4조 : 지적도(地籍圖)라는 용어 사용
조선임야조사령(제령 제5호, 1914.4.25.)	제10조 : 지적(地籍)이라는 용어 사용
지적법 제정(1950.12.1.)	지적(地籍)이라는 용어를 널리 사용

09 지적의 정의로 조세부과의 기초로 사용하기 위하여 수집된 국가의 부동산 수량, 가치 및 부동산 소유자의 공적등록부라고 정의한 외국학자는?

① S. R. Simpson　　② P. F. Dale
③ J. G. McEntyre　　④ 來璋

정답 08 ② 09 ①

풀이 **지적의 정의**

J. L. G. Henssen (1974)	국내의 모든 부동산에 관한 자료를 체계적으로 정리하여 등록하는 것으로 어떤 구가나 지역에 있어서 소유권과 관계된 부동산에 관한 데이터를 체계적으로 정리하여 등록하는 것
S. R. Simpson (1976)	과세의 기초로 제공하기 위하여 한 국가 내의 부동산의 면적이나 소유권 및 그 가격을 등록하는 공부
J. G. McEntyre (1985)	토지에 대한 법률상 용어로서 세 부과를 위한 부동산의 양 · 가치 및 소유권의 공적등록
P. Dale(1988)	법적 측면에서는 필지에 대한 소유권의 등록이고, 조세 측면에서는 필지의 가치에 대한 재산권의 등록이며, 다목적 측면에서는 필지의 특성에 대한 등록
來璋(1981)	토지의 위치, 경계, 종류, 면적, 권리상태 및 사용상태 등을 기재한 도책(圖冊)

10 토지를 지적공부에 등록 · 공시하는 등록주체가 지방자치단체인 국가는?

① 한국　　② 프랑스
③ 독일　　④ 네덜란드

풀이 **외국의 지적제도**

구분	일본	프랑스	독일	스위스	네덜란드	대만
기본법	• 국토조사법 • 부동산등기법	• 민법 • 지적법	측량 및 지적법	지적공부에 의한 법률	• 민법 • 지적법	토지법
창설기간	1876~1888	1807	1870~1900	1911	1811~1832	1897~1914
지적공부	• 지적부 • 지적도 • 토지등기부 • 건물등기부	• 토지대장 • 건물대장 • 지적도 • 도엽기록부 • 색인도	• 부동산지적부 • 부동산지적도 • 수치지적부	• 부동산등록부 • 소유자별대장 • 지적도 • 수치지적부	• 위치대장 • 부동산등록부 • 지적도	• 토지등록부 • 건축물개량등기부 • 지적도
지적 · 등기	일원화(1966)	일원화	이원화	일원화	일원화	일원화
담당기구	법무성	재무경제성	내무성 : 지방국 지적과	법무국	주택도시계획 및 환경성	내정부 지적국
토지대장 편성	물적 편성주의	연대적 편성주의	물적 · 인적 편성주의	물적 · 인적 편성주의	인적 편성주의	물적 편성주의
등록의무	적극적 등록주의	소극적 등록주의		적극적 등록주의	소극적 등록주의	적극적 등록주의
대행체제	대행체제	대행체제	국가직영	대행체제	국가직영	국가직영

정답 10 ③

11 지적공부의 등록주체인 소관청은?

① 행정안전부장관
② 시 · 군 · 구 지적과장
③ 시장 · 군수 · 구청장
④ 시 · 도지사

풀이 **지적소관청**

지적공부를 관리하는 특별자치시장, 시장(「제주특별자치도 설치 및 국제자유도시 조성을 위한 특별법」 제15조제2항에 따른 행정시의 시장을 포함하며, 「지방자치법」 제3조제3항에 따라 자치구가 아닌 구를 두는 시의 시장은 제외한다.) · 군수 또는 구청장(자치구가 아닌 구의 구청장을 포함한다.)을 말한다.

12 고대 이집트에서는 지도를 어디에 기록 보존하였는가?

① 점토판
② 트레싱지
③ 파피루스(Papyrus)
④ 크라프트지

풀이 **고대 이집트**

이집트의 역사학자들은 B.C. 3400년경에 길이를 측정하였고, B.C. 3000년경에 나일강 하류의 이집트에서 매년 일어나는 대홍수에 의하여 토지의 경계가 유실됨에 따라 이를 다시 복원하기 위하여 지적측량이 시작되었으며 아울러 토지기록도 존재하였다고 주장한다.

① 지적측량과 지적제도의 기원은 인류문명의 발상지인 티그리스 · 유프라테스 · 나일강의 농경정착지에서 찾아볼 수 있다.
② B.C. 3000년경 고대 이집트(Eygpt)와 바빌론(Babylon)에서 만들어졌던 토지소유권에 관한 기록이 존재한다.
③ 나일강가의 비옥한 토지를 따라 문명이 발달하였으며 매년 발생하는 홍수로 토지의 경계가 유실되어 그 경계를 복원하기 위하여 측량의 기본원리인 기하학이 발달하였다.

고대 이집트 왕조의 세소스트리스 왕이 기하학을 정립
• 이집트의 땅을 소유한 자들이 부담하는 과세량을 쉽게 파악할 수 있도록 동일한 크기의 4각형으로 나누어 배분하였다. • 나일강의 범람으로 유실된 경계의 확인을 위하여 토지의 유실 정도를 파악하고 나머지 토지의 비율에 따라 과세량을 책정하였으며, 이러한 방법으로 기하학과 측량학을 창안하였다.
고대 이집트의 수도인 테베지방의 메나무덤(Tomb of Menna)의 고분벽화
줄자를 이용하여 토지를 측량하는 모습과 기록부를 가진 관리들이 그려져 있는데 오늘날과 유사한 지적측량을 실시하는 모습을 발견할 수 있다.
세계에서 제일 오래된 지도
B.C. 1300년경 이집트의 누비아 금광산(金鑛山) 주변의 와이키(Waiki) 지도로서 종이의 기원인 나일강변의 야생 갈대인 파피루스(Papirus)에 기재된 것으로 이탈리아대학의 이집트박물관에 보관되어 있다.

정답 11 ③ 12 ③

13 다음 중 신라 장적문서에 대한 설명으로 옳지 않은 것은?

① 신라의 대표적 토지 관련 문서이지만 현존하지는 않는다.
② 호구수, 우마수, 다양한 전답면적, 나무의 주수가 기록되었다.
③ 촌락의 토지 조세징수와 부역징발을 위한 기초자료로 활용되었다.
④ 촌명 및 촌락의 영역, 전, 답, 마전(麻田) 등으로 구분하였다.

풀이 **신라장적(新羅帳籍)**

일본 정창원에서 발견된 것으로 통일신라시대 서원경 지방의 네 마을에 있었던 토지 등 재산목록으로 3년마다 일정한 방식으로 기록하였는데, 그 내용은 촌명(村名), 마을의 둘레, 호수의 넓이, 인구수, 논과 밭의 넓이, 과실나무의 수, 마전, 소와 말의 수 등이며 과세를 위한 기초문서이다. 신라 민정문서라고도 한다.

1. 시대별 토지도면 및 대장

시대	내용
고구려	봉역도(封域圖), 요동성총도(遼東城塚圖)
백제	도적(圖籍)
신라	신라장적(新羅帳籍)
고려	도행(導行), 전적(田籍)
조선	• 양안(量案) – 구양안(舊量案) : 1720년부터 광무양안(光武量案) 이전 – 신양안(新量案) : 광무양안으로 측량하여 작성된 토지대장 • 야초책 · 중초책 · 정서책 등 3단계를 걸쳐 양안이 완성된다.
일제	토지대장, 임야대장

2. 신라장적의 특징 및 내용

구분		
특징	① 지금의 청주지방인 신라 서원경 부근 4개 촌락에 해당되는 문서이다. ② 일본의 동대사 정창원에서 발견되었다. ③ 사망 · 이동 등 변동내용을 3년마다 기록한 것으로 추정된다. ④ 현존하는 가장 오래된 지적공부 ⑤ 국가의 각종 수확의 기초가 되는 장부	
기록내용	① 촌명(村名), 마을의 둘레, 호수의 넓이 등 ② 인구수, 논과 밭의 넓이, 과실나무의 수, 뽕나무의 수, 마전, 소와 말의 수	
주요용어	관모답전(官謨畓田)	신라시대 각 촌락에 분산된 국가소유 전답
	내시령답(內視令畓)	문무관료전의 일부로 내시령이라는 관직을 가진 관리에게 지급된 직전
	촌주위답(村主位畓)	신라시대 촌주가 국가의 역을 수행하면서 지급받은 직전
	연수유답전(烟受有畓田)	신라시대 일반백성이 보유하여 경작한 토지로, 장적문서에서 전체 토지의 90% 이상이 해당된다.
	정전(丁田)	신라시대 성인 남자에게 지급한 토지권 연수유답전과 성격이 일치한다.
	마전(麻田)	삼을 재배하던 토지로, 4개의 촌락에 마전면적이 거의 균등하게 기재되어 있다.

정답 13 ①

14 지적공부에 등록 · 공시할 수 있는 등록객체가 아닌 것은?

① 토지　② 건축물
③ 상수도　④ 지상의 공간

풀이 지적을 구성하는 주요 내용

<table>
<tr><td>등록주체(登錄主體) : 국정주의 채택</td><td colspan="2">국가 · 지방정부(지방정부인 경우에는 연방정부에서 토지 관련 정보를 공동 활용할 수 있도록 표준화하고 중앙 집중화하는 방향으로 개선)</td></tr>
<tr><td>등록객체(登錄客體) : 직권등록주의 채택</td><td colspan="2">토지와 그 정착물인 지상 건축물과 지하시설물 등</td></tr>
<tr><td rowspan="2">등록공부(登錄公簿) : 공개주의 채택</td><td>도면
(Cadastral Map)</td><td>경계를 폐합된 다각형 또는 평면직각종횡선 수치로 등록</td></tr>
<tr><td>대장
(Cadastral Book)</td><td>필지에 대한 속성자료를 등록</td></tr>
<tr><td rowspan="5">등록사항(登錄事項) : 형식주의 채택</td><td>기본정보</td><td>토지의 소재, 지번, 이용 상황, 면적, 경계 등</td></tr>
<tr><td>소유정보</td><td>권리의 종류, 취득사유, 보유상태, 설정기간 등</td></tr>
<tr><td>가격정보</td><td>토지가격, 수확량, 과세액, 거래가격 등</td></tr>
<tr><td>제한정보</td><td>용도지역, 지구, 구역, 형질변경, 지목변경, 분할 등</td></tr>
<tr><td>의무정보</td><td>건폐율, 용적률, 대지와 도로와의 관계 등</td></tr>
<tr><td>등록방법(登錄方法) : 사실심사주의 채택</td><td colspan="2">토지조사, 지적측량이라는 기술적 수단을 통하여 모든 국토를 필지별로 구획하여 실제의 상황과 부합되도록 지적공부에 등록, 공시(토지조사, 측량성과 등 실시)</td></tr>
</table>

15 '미쇼(Michaux)의 돌'에 대한 설명과 관련된 사항으로 틀린 것은?

① 경계비석(境界碑石)　② 점토판
③ 수메르(Sumer)인　④ 마르두크(Marduk)

풀이 고대 바빌로니아의 지적도

<table>
<tr><td>세계에서 제일 오래된 지형도</td><td>이라크 북동부 지역의 누지(Nuzi)에서 고대 바빌로니아에서 사용된 B.C. 2500년경 점토판(粘土版) 지도 발견</td></tr>
<tr><td>지적도</td><td>B.C. 2300년경 바빌로니아 지적도가 있는데 이 지적도에는 소유 경계와 재배 작물 및 가축 등을 표시하여 과세목적으로 이용</td></tr>
<tr><td>문자발명 및 지적도</td><td>수메르(Sumer)인들은 최초의 문자를 발명하고 점토판(Clay Tablet)에 새겨진 지적도를 제작
• 홍수 예방과 관개를 위하여 운하, 저수지, 제방과 같은 수리체계를 완성
• 토지분쟁을 사전에 예방하기 위해서 토지경계를 측량하고 "미쇼(Michaux)의 돌"이라는 경계비석(境界碑石)을 세움
• B.C. 2100년경 움마시에서 양질의 점토를 구워 만든 점토판인 테라코타(Terracotta) 서판(書板) 발견(토지의 경계와 면적을 기록한 지적도)</td></tr>
</table>

정답 14 ④　15 ②

마르두크 (Marduk)	고대 바빌로니아의 신으로 '태양의 아들'이라는 뜻이며, 구약성서 『예레미야』(50 : 2)에 나오는 '벨', '마르둑'과 같다. 원래는 아모리족(族)의 신으로 바빌로니아의 수호신이었는데, 바빌론이 제패하면서 바빌로니아 판테온의 주신(主神)이 되었고, 수메르 판테온의 주신인 벨 엔릴과 합쳐져 벨 마르두크라 불리며 '신들의 왕'으로 오랫동안 숭배되었다. 창세(創世) 신화에서는 신들을 멸망시키려던 티아마트를 죽여 세계의 질서를 잡았는데, 그 시체로써 천지를 창조하였다고 한다. 바빌론 제1왕조가 멸망한 후에도 그 세력과 신앙은 쇠퇴하지 않고 알렉산드로스 대왕 시대에까지 계속되었다. 또한 우주를 창조하고, 신들의 거처를 지어주고, 병을 치료하는 등 여러 권한을 가지고 있다 하여 50개의 칭호를 가지고 있기도 하다. 그의 아내는 사르파니투, 아들은 문장의 신 나부이다.

16 우리나라 임야조사사업의 조사측량기관과 사정권자에 대한 설명으로 옳은 것은?

① 조사측량기관은 부나 면이고, 소유자와 경계에 대한 사정권자는 임야심사위원회였다.
② 조사측량기관은 부나 면이고, 소유자와 경계에 대한 사정권자는 도지사였다.
③ 조사측량기관은 부나 면이고, 소유자와 경계에 대한 사정권자는 법원이었다.
④ 조사측량과 소유자와 경계에 대한 사정을 모두 법원이 하였다.

풀이 토지조사사업과 임야조사사업

구분		토지조사사업	임야조사사업
근거법령		토지조사령(1912.8.13. 제령 제2호)	조선임야조사령(1918.5.1. 제령 제5호)
조사기간		1910~1918년(8년 10개월)	1916~1924년(9개년)
측량기관		임시토지조사국	부(府)와 면(面)
사정기관		임시토지조사국장	도지사
재결기관		고등토지조사위원회	임야심사위원회
조사내용		• 토지소유권 • 토지가격 • 지형, 지모	• 토지소유권 • 토지가격 • 지형, 지모
도면축척		1/600, 1/1, 200, 1/2,400	1/3,000, 1/6,000
기선측량		13개소	
측량기준점 설치	측량기준점	34,447점	
	삼각점	1등삼각점 : 400점	
		2등삼각점 : 2,401점	
		3등삼각점 : 6,297점	
		4등삼각점 : 25,349점	
	도근점	3,551,606점	
	수준점	2,823점(선로장 : 6,693km)	
	험조장	5개소(청진, 원산, 남포, 목포, 인천)	

정답 16 ②

17 고대 로마 촌락도의 등록사항에 관한 설명으로 틀린 것은?

① 사람　　② 쟁기
③ 경작지　　④ 우물

풀이 **고대 로마 촌락도**

B.C. 1600년경 내지 1400년경 고대 로마였던 이탈리아 북부 지역의 리불렛(Rivulets)에서 동(銅)으로 만든 도구를 사용하여 발카모니카 빙식(氷蝕) 계곡의 암벽에 베두인(Bedolin)족이 4m의 길이로 새겨 놓은 석각(石刻) 촌락도(村落圖)가 발견되었다. 이 도면은 촌락경지도로서 고대 원시적인 지적도라 할 수 있다.

① 사람과 사슴의 모양이 그려져 있다.
② 관개수로와 도로가 선으로 표시되어 있다.
③ 소형의 원 안에 있는 점은 우물을 나타낸다.
④ 사각형이나 원은 경작지를 나타낸 것이며 그 안에 있는 점은 올리브 과수나무를 나타낸 것으로 보인다.

18 고대 중국에서 지적제도가 확립되었다는 확실한 증거는?

① 변경주군도　　② 화이도
③ 우적도　　④ 어린도

풀이 **고대 중국의 지적**

구분	내용
은왕조(殷王朝)	B.C. 1500년경 은왕조(殷王朝)가 갑골문자(甲骨文字)를 남겼으며, 하남성 안양에서 발굴된 은나라 때 수레축의 장식품에 5각형과 9각형 등의 기하학적 도형이 그려져 있는 것은 고대 중국인들이 일찍부터 토지측량술과 관계있는 활동을 해왔다는 것을 의미
고공기(考工記)	춘추전국시대에 발간된 주례(周禮)의 고공기(考工記)에 "장인들이 나라의 중심이 되는 도성을 설계함에 있어서 사방 9리에 각각 세 개의 성문을 설치하고 성내는 9경(經)과 9궤(軌)로 되어 있다"라고 기록 • 주나라는 일찍부터 모든 토지의 평면을 바둑판식으로 나누는 정전제(井田制)를 시행하여 실제 측량을 전제로 하는 토지구획제도를 시행
변경주군도(邊境駐軍圖)	고대 중국에서 토지측량술이 있었다는 것은 1973년 양자강(揚子江) 남쪽 호남성의 장사 마왕퇴(長沙 馬王堆)에서 발견된 B.C. 186년의 장사국(長沙國) 남부 지형도와 변경주군도(邊境駐軍圖)에서 확인되고 있음 • 전한(前漢)시대의 2매의 지도로 현대의 지도와 비교할 때 개략적인 축척까지 설정할 수 있을 정도로 비교적 정확함
우적도와 화이도	1136년 만들어진 우적도(禹跡圖)와 화이도(華夷圖) 발견 • 이 지도들은 모두 방격도(方格圖) 형태로 되어 있어 측량에 의해서 작성되었음을 알 수 있음
어린도(魚鱗圖)	조세징수의 기초자료로 만들어진 고대 중국의 지적도로 이것들을 묶어서 어린도책(魚鱗圖冊)으로 발간하였으며, 중국에서 지적제도가 확립되었다는 확실한 증거 • 어린도책은 송(宋)대부터 일부지역에서 작성하기 시작하여 명(明)·청(靑)시대에 전국으로 광범위하게 전파
기리고차(記里鼓車)	송사(宋史) 여복지(輿服志)에 지상거리 측량용 기구인 기리고차(記里鼓車)에 관해서 상세한 기록이 있고 평주가담(萍洲可談)에는 나침반을 사용한 기록이 있는 것으로 보아 지상에서 거리측량과 방위설정이 이루어졌음을 알 수 있음

정답 17 ② 18 ④

19 다음 중 지적기술자의 업무정지 기준에 맞지 않는 것은?

① 지적기술자가 정당한 사유 없이 지적측량 신청을 거부한 경우 : 3개월

② 다른 사람에게 측량기술경력증을 빌려주거나 자기의 성명을 사용하여 측량업무를 수행하게 한 경우 : 1년

③ 고의 또는 중과실로 지적측량을 잘못하여 다른 사람에게 손해를 입혀 금고 이상의 형을 선고받고 그 형이 확정된 경우 : 3년

④ 지적측량수행자 소속 지적기술자가 영업정지기간 중에 이를 알고도 지적측량업무를 행한 경우 : 2년

풀이 **공간정보의 구축 및 관리 등에 관한 법률 시행규칙** [별표 3의2] 〈개정 2017.1.31.〉

지적기술자의 업무정지 기준(제44조제3항 관련)

1. 일반기준

국토교통부장관은 다음 각 목의 구분에 따라 업무정지의 기간을 줄일 수 있다.

가. 위반행위가 있은 날 이전 최근 2년 이내에 업무정지 처분을 받은 사실이 없는 경우 : 4분의 1 경감

나. 해당 위반행위가 과실 또는 상당한 이유에 의한 것으로서 보완이 가능한 경우 : 4분의 1 경감

다. 가목과 나목 모두에 해당하는 경우 : 2분의 1 경감

2. 개별기준 **암기** 거대 신정범 과금벌손거

위반사항	해당법조문	행정처분기준
가. 법 제40조제1항에 따른 근무처 및 경력등의 신고 또는 변경신고를 거짓으로 한 경우	법 제42조 제1항제1호	1년
나. 법 제41조제4항을 위반하여 다른 사람에게 측량기술경력증을 빌려주거나 자기의 성명을 사용하여 측량업무를 수행하게 한 경우	법 제42조 제1항제2호	1년
다. 법 제50조제1항을 위반하여 신의와 성실로써 공정하게 지적측량을 하지 아니한 경우	법 제42조 제1항제3호	
1) 지적측량수행자 소속 지적기술자가 영업정지기간 중에 이를 알고도 지적측량업무를 행한 경우		2년
2) 지적측량수행자 소속 지적기술자가 법 제45조에 따른 업무범위를 위반하여 지적측량을 한 경우		2년
라. 고의 또는 중과실로 지적측량을 잘못하여 다른 사람에게 손해를 입힌 경우	법 제42조 제1항제3호	
1) 다른 사람에게 손해를 입혀 금고 이상의 형을 선고받고 그 형이 확정된 경우		2년
2) 다른 사람에게 손해를 입혀 벌금 이하의 형을 선고받고 그 형이 확정된 경우		1년6개월
3) 그 밖에 고의 또는 중대한 과실로 지적측량을 잘못하여 다른 사람에게 손해를 입힌 경우		1년
마. 지적기술자가 법 제50조제1항을 위반하여 정당한 사유 없이 지적측량 신청을 거부한 경우	법 제42조 제1항제4호	3개월

정답 19 ③

20 둠즈데이 대장의 작성내용에 관한 설명으로 틀린 것은?

① 본대장(Great Domesday Book)
② 부대장(Little Domesday Book)
③ 청색잉크
④ 양가죽

풀이 **둠즈데이북(Domesday Book)**

윌리엄(William) 공이 1086년에 전 영국의 토지에 대한 과세를 목적으로 시작한 대규모 토지사업의 성과에 의하여 작성된 대장으로 근대지적제도의 필수 공부인 지적도면을 작성하지 아니하고 지적부라고 할 수 있는 지세대장만을 작성하여 단순한 과세 목적으로 사용하였기 때문에 최초의 근대적인 지적제도라고 할 수 없다.

<table>
<tr><td>조사기간</td><td colspan="2">1085~1086년(약 1년)</td></tr>
<tr><td>대상지역</td><td colspan="2">북부의 4개 군과 런던 및 윈체스터시를 제외한 모든 영국</td></tr>
<tr><td>조사목적</td><td colspan="2">• 스칸디나비아 국가로부터 영국의 침략을 방비
• 프랑스 북부의 전투현장을 유지하기 위한 전비 조달</td></tr>
<tr><td>조사사항</td><td colspan="2">토지의 면적, 소유자, 소작인, 삼림, 목초, 동물, 어족, 쟁기, 기타 자원, 건물, 노르만 침공 이전과 이후의 토지와 자산 가치 등</td></tr>
<tr><td>조사방법</td><td colspan="2">영국 전역을 7개의 지역으로 나누어 왕실의 위원들이 각 지역별로 3~4명씩 할당되어 조사</td></tr>
<tr><td>대장의 작성</td><td colspan="2">윌리엄 왕이 사망한 1087년 9월에 작업 중단</td></tr>
<tr><td rowspan="2">대장의 종류</td><td>둠즈데이 본대장
(Great Domesday Book)</td><td>마른 양가죽에 검정과 적색 잉크만을 사용하여 라틴어로 기록하고 결국 미완성됨</td></tr>
<tr><td>둠즈데이 부대장
(Little Domesday Book)</td><td>요약되지 않은 초안으로 남아 있음</td></tr>
<tr><td>대장의 보관</td><td colspan="2">런던의 큐(Kew)에 있는 공공기록사무소의 금고 사본을 발간하여 특별전시실에 전시하고 일반인들에게 열람</td></tr>
<tr><td>대장의 활용</td><td colspan="2">11세기 노르만 영국의 경제와 사회를 조명하는 자료와 그 당시 영국의 부와 봉건제도 및 지리적 상황 등을 분석하는 데 이용</td></tr>
</table>

정답 20 ③

16 제16회 합격모의고사

01 해양지적의 역할 중 옳지 않은 것은?

① 이용 권리에 대한 개인과 사회 외부의 배분
② 양자원에 대한 소유권과 Stewardship
③ 이용권, 소유권, Stewardship의 규제
④ 적합한 기관에 의한 법률의 집행 및 모니터링
⑤ 분쟁조정 및 방지를 위한 효과적인 수단의 제시

풀이 해양지적의 역할

해양지적은 "해안의 시각에서 소유권, 가치, 이용에 관하여 부동산 권리와 권익의 공간적 범위"로 정의하고 있다. 즉 해양지적은 해양을 대상으로 가치, 이용, 권리, 권익의 한계를 공적기관에 의하여 체계적으로 관리하는 해양지적관리시스템이라 할 수 있고, 추구하는 목표는 해양의 효율적 관리와 해양활동에서 파생되는 권리의 보호에 두고 있다고 볼 수 있다. 해양지적은 소유권, 가치, 해상경관의 이용에 관하여 권익 및 부동산 권리의 공간범위 및 본질을 포괄하는 공간정보시스템이 될 수 있다.

① 이용 권리에 대한 정부조직 사이와 사회 내의 배분
② 양자원에 대한 소유권과 Stewardship(Leadship＋Management)[(재산 · 조직체 등의) 관리＝지도력＋관리(능력)]
③ 이용권, 소유권, Stewardship의 규제
④ 적합한 기관에 의한 법률의 집행 및 모니터링
⑤ 분쟁조정 및 방지를 위한 효과적인 수단의 제시

02 해양지적의 기능과 관련이 없는 것은?

① 권익을 향유하는 사람의 명확한 기록 및 한정
② 토지의 권익(Interests)의 물리적 범위 공시 및 명확히 기록하고 한정
③ 등기권에 관련된 분쟁 조정을 위한 수단 제공
④ 토지 및 고정된 개량물(Improvements)에 부여되는 권리, 책임, 제한을 명확히 기록하고 한정

풀이 해양 재산권 구조

공간정보구조로서 해양 재산권 구조(Property Rights Infrastructure)는 해양 재산권의 배분, 한계(Delimitation), 등록, 가치 및 판결(Adjudication)을 위하여 필요한 정책, 과정, 기준, 정보 등으로 구성된다.

① 토지 및 고정된 개량물(Improvements)에 부여되는 권리, 책임, 제한을 명확히 기록하고 한정
② 토지의 권익(Interests)의 물리적 범위 공시 및 명확히 기록하고 한정
③ 권익을 향유하는 사람의 명확한 기록 및 한정
④ 경제적 · 문화적 혹은 물리적인 지역에 권익의 가치를 결정하기 위한 수단 및 정보의 제공
⑤ 재산권에 관련된 분쟁 조정을 위한 수단 제공

정답 01 ① 02 ③

03 해양지적의 구성요소와 관련이 없는 것은?

① 권리(Right)
② 책임(Responsibilities)
③ 제한(Restrictions)
④ 주체(People)

풀이 해양지적의 구성 요소

권리 (Right)	해양활동에서 파생되는 각종 특별한 이익을 누릴 수 있는 법률상의 힘(공중권, 접근권, 개발권, 조업권, 수주권, 항해권, 해저이용권, 처분권 등)
책임 (Responsibilities)	위법한 행위를 한 사람에 대한 법률적 제재
제한 (Restrictions)	해양환경에서 활동하는 데 부여된 권리를 향유하기 위하여 일정한 한계나 범위를 설정하여 제한을 가하는 것

04 해양지적의 구성으로 옳지 않은 것은?

① 해양관리 객체
② 해양관리 형식
③ 해양관리 주체
④ 해양관리 자원

풀이 해양지적의 구성

해양관리 주체 (People)	해양활동에서 파생되는 제반사항을 조사, 등록, 관리하는 주체로서 해양정책을 입안하고 결정하는 의사결정기관인 정책결정구조, 결정된 정책을 실제 업무에 적용하는 집행구조, 정책 집행을 직·간접적으로 지원하는 지원구조를 포함한다.	
	해양정책결정구조	해양관리의 효율성을 달성하기 위하여 해양정책에 관련된 제반 의사결정을 수행하는 과정에 참여하는 공식적 사람
	해양정책집행구조	해양정책으로 결정된 사안에 대하여 직접 실무에 적용하는 조직 구조
	해양정책지원구조	해양정책집행에 간접적이고 전문적인 분야를 수행하기 위하여 조직된 공식적인 사람
해양관리 객체 (Marine)	해양지적의 범위설정 차원인 이용, 권리, 공간에 따라 검토될 수 있다.	
	이용 차원	육지와 마찬가지로 해양의 용도에 따라 등록객체를 결정하는 것으로 해양의 활용가치에 초점을 둔다.
	권리 차원	육지의 물건에 부여되는 배타성을 해양공간에 인정하여 사법적 권리를 등록객체로 결정한다.
	공간 차원	국가 또는 지방정부의 해양에 대한 관할권 및 실제의 통제에 초점을 두고 육지와 공간적 거리에 따라 등록객체를 결정한다.
해양관리 형식 (Records)	해양등록 객체를 담는 그릇으로, 해양등록부 유형에는 한 국가의 환경 및 제도에 따라 대장 및 등기부, 권원등록부로 구분할 수 있고 공통적으로 해양필지도 해당된다.	
	해양등록대장	해양에 관련된 물리적인 현황을 중심으로 등록·관리
	권리원부	해양의 각종 권리를 등록
	권원등록부	해양의 권리원인을 등록

정답 03 ④ 04 ④

<table>
<tr><td rowspan="3">해양관리 지원
(Supporting)</td><td colspan="2">해양지적의 삼각구도가 제대로 운영될 수 있도록 지원하는 연계체계로 해양지적입법체계, 해양지적업무설계, 해양지적측량, 해양인적자원관리, 해양지적의 교육 및 훈련 등을 포함한다.</td></tr>
<tr><td>해양지적의
입법체계</td><td>해양관리에 관련된 법제로 국토관리, 경계관리, 수역관리, 자원관리, 환경관리 등의 법제</td></tr>
<tr><td>해양지적의
업무설계</td><td>지적제도, 해양조사, 해양등록, 해양관리, 해양측량, 해양정보 등에 관련된 세부적인 업무를 의미</td></tr>
</table>

05 해양지적의 구성에 대한 내용으로 옳지 않은 것은?

① 해양관리의 주체는 정책결정구조, 결정된 정책을 실제업무에 적용하는 집행구조, 정책집행에 직 · 간접적으로 지원하는 지원구조 등으로 볼 수 있다.

② 해양관리의 객체는 바다 혹은 해양 필지의 공간적 · 공시적 객체를 나타내는 사항을 의미하는 것으로 볼 수 있다.

③ 해양관리를 위한 공부의 유형은 한 국가의 환경 및 제도에 따라 대장 및 등기부와 권원등록부로 구분할 수 있고 공통적으로는 해양필지도가 해당된다.

④ 해양정책결정구조는 해양정책집행을 간접적이며 전문적인 분야를 수행하기 위하여 조직된 구조를 의미한다.

풀이 해양지적의 구성(주체 · 객체 · 형식)

<table>
<tr><td rowspan="3">해양지적의
주체</td><td>해양
정책결정구조</td><td>① 해양정책결정구조는 해양관리의 효율성을 달성하기 위하여 해양정책에 관련된 제반 의사 결정을 수행하게 되며, 이런 가정에 참여하는 주체 및 해양수산부를 중심으로 관련 중앙부처가 연쇄적으로 연계되어 있는 조직구조를 의미한다.
② 해양관리정책구조는 일반적으로는 해운항만산업, 수산업, 조선업 등 전통적인 해양산업의 진흥은 물론 해저광물산업, 해양관광산업, 해양바이오산업 등 고부가가치 해양산업까지 해양수산부가 관장하고 있으나 각 사안에 따라 환경부, 문화체육관광부, 산업통산자원부, 보건복지부, 행정안전부, 국방부, 교육부 등 다양한 기관이 해양관리주체로 참여하고 있다.</td></tr>
<tr><td>해양
정책집행구조</td><td>해양정책으로 결정된 사안에 대하여 직접 실무에 적용하는 조직구조를 의미하고, 대체로 지방자치단체의 해양관련 부서의 책임과 역할에 관련된다.</td></tr>
<tr><td>해양
정책지원구조</td><td>① 해양정책지원구조는 해양정책집행을 간접적이며 전문적인 분야를 수행하기 위하여 조직된 구조를 의미한다.
② 해양관리지원조직은 한국국토정보공사, 해양수산부의 경우 국립수산과학원, 국립해양조사원, 국립수산물품질검사원, 해양수산인력개발원, 어업지도사무소(동해 · 서해), 해양수산청(부산, 인천, 여수, 마산, 울산, 동해, 군산, 목포, 포항, 대전) 등의 지원조직이 있다.</td></tr>
</table>

정답 05 ④

<table>
<tr><td rowspan="9">해양지적의 객체</td><td colspan="3">해양관리의 객체는 바다 혹은 해양 필지의 공간적 · 공시적 객체를 나타내는 사항을 의미하는 것으로 볼 수 있다.</td></tr>
<tr><td colspan="3">해양필지 또는 바다필지(Sea Parcel)는 3차원의 바다공간으로 명확한 바다경계(좌표) · 면적 · 권리 · 이용 상태를 그 내용으로 하고 있다.</td></tr>
<tr><td>해양관리의 근원인 바다필지</td><td colspan="2">• 바다에 존재하지 않는 보유권(Tenour)의 개념
• 근해경계설정의 고전적 수단의 활용 불가능
• 주로 토지의 경우 2차원인 반면 해양환경은 3차원 중심으로 고전적 2차원으로는 불충분
• 해양의 경우 한 지역 내에 존재하는 다목적 권리가 존재
• 많은 해안의 경계에 관련된 기준선의 모호성 등이 존재</td></tr>
<tr><td>해양관리의 공간적 객체</td><td colspan="2">육지와의 거리로 파악하기보다는 공간의 차원에 따라 바다의 수면(해수면), 바다의 수면 위인 일정범위의 해수면 상공, 바다의 수중인 해저로 3차원의 공간으로 볼 수 있다.</td></tr>
<tr><td rowspan="5">해양관리의 공시적 객체</td><td colspan="2">공적장부에 등록되고 공시되는 대상에 따라 물리적 현황, 권리적 현황, 가치적 현황, 규제적 현황으로 구분할 수 있다.</td></tr>
<tr><td>물리적 현황</td><td>하나의 해양필지를 나타내는 표시사항으로 위치(좌표), 해번, 해목, 면적, 경계, 권리 보유자의 성명 및 명칭, 주소 및 주민등록번호, 권리 비율 등이 있다.</td></tr>
<tr><td>권리적 현황</td><td>하나의 해양필지에서 파생되는 권리 혹은 권익으로 소유권 및 처분권(수면권 · 공중권 · 해저권), 준물권(개발권 · 채굴권 · 조업권 등), 용익권(항해권 · 해저이용권 · 해수이용권 · 레저권, 어장임대차권 · 접근권 · 수주권 등), 공법상 권리(어업면허) 등이 있다.</td></tr>
<tr><td>가치적 현황</td><td>해양에 대한 경제적 가치로 판매가치(Sale Value), 서비스가치(Service Value) : 접근 · 해양관광 · 항로(Shipping Lane) · 국립공원 · 해양보호지역 · 보전지역), 경제적 가치(Economic Value) 등이 있다.</td></tr>
<tr><td>규제적 현황</td><td>해양의 이용 및 개발에 대한 보호 규제사항으로 멸종 서식처 · 쓰레기 투기지역 · 문화재 보존지역 · 과학적 연구지역 등이 있다.</td></tr>
<tr><td>해양지적의 형식</td><td colspan="3">• 해양은 토지의 연장선상으로 가치의 중요성이 증대되고 있고 이해관계로 인한 분쟁의 소지가 상시 존재하는 공간으로 볼 수 있다. 기존의 토지 관리에 편중된 제도적 틀이 해양이라는 공간으로 이동하고 있어 해양활동에서 파생되는 권리의 보호 및 경계의 설정, 경제적 · 사회적 · 문화적 편익, 운영체계의 정립 등 해양관리를 위한 노력이 연안국을 중심으로 활발히 이루어지고 있다.
• 해양관리를 위한 공부의 유형은 한 국가의 환경 및 제도에 따라 대장 및 등기부와 권원등록부로 구분할 수 있고 공통적으로는 해양필지도가 해당된다. 즉, 해양등록부의 유형은 해양에 관련된 물리적인 현황을 중심으로 등록 · 관리하는 해양등록대장, 해양의 각종 권리를 등록하는 권리원부, 해양의 권리 원인, 즉 어떤 행위를 정당화하는 법률상의 원인을 등록하는 권원등록부, 물리적인 위치 및 넓이 중심의 가시적인 해양필지도 등이 있다.</td></tr>
</table>

해양지적의 형식

<table>
<tr><td rowspan="2">대장</td><td>어업권관리대장</td><td>어업권에 관련된 표시 및 권리사항 등을 등록하는 공부</td></tr>
<tr><td>어장관리대장</td><td>어장에 관련된 물리적 현황, 제 권리관계를 등록하는 공부</td></tr>
</table>

정답

등기부	어업권원부	어업권등록부	어업활동에서 파생되는 권리(어업권)를 등록하는 공부
		어업권공유자명부	어업권을 2인 이상이 공유하는 경우 그 지분관계를 등록한 공부
		입어등록부	입어에 관한 사항을 등록한 공부
		신탁등록부	타인에게 어업권의 관리 또는 처분을 맡기는 신탁에 관한 사항을 등록한 공부
	해저광업원부		일정한 해저구역에서 해저광물을 탐사 · 채취 및 취득하는 권리를 등록하는 공부
	해저조광권부		설정행위에 의하여 국가 소유인 해저광구에서 해저광물을 탐사 · 채취 및 취득하는 권리를 등록하는 공부
권원등록부	해양권원등록부		해양 행위를 정당화하는 법률상의 원인을 등록하는 공부
도면	해양필지도		해양에 대한 물권이 미치는 범위를 나타내는 경계를 선의 연결로 표시하는 공부

06 해양환경의 범위는 3가지 범주로 구분한다. 해양환경의 범위로 옳지 않은 것은?

① 육지　　② 연안
③ 해안　　④ 바다

풀이 **해양공간차원의 범위**

해양환경의 범위는 다양한 형태로 분류할 수 있으나 광범위하게 3가지의 범주로 구분할 수 있다. 즉, 육지, 연안, 해안으로 조수(Tidal Waters)를 따라 구분되는 지역을 의미한다.

구분	내용
육지(Upland)	육지는 평균 최고수위선(Ordinary High Water Mark)에서 육지방향을 의미한다. 평균최고수위선은 사적 대지의 소유권과 바다에 면한(Seaward) 소유권 및 권익 사이의 경계로서 인식된다.
연안(Foreshore)	연안은 평균 최고수위선(Ordinary High Water Mark)에서 평균 최저수위선(Ordinary Low Water Mark) 사이를 말한다.
해안(Offshore)	평균 최저수위선(Ordinary Low Water Mark)에서 바다방향을 의미한다.

- 공간차원의 범위는 육지, 연안, 해안으로 조수를 따라 구분
- 육지는 보통 최고수위점에서 육지방향을 의미
- 연안은 보통 최고수위점에서 최저 수위점 사이를 의미
- 해안은 보통 최저수위점에서 바다방향을 의미

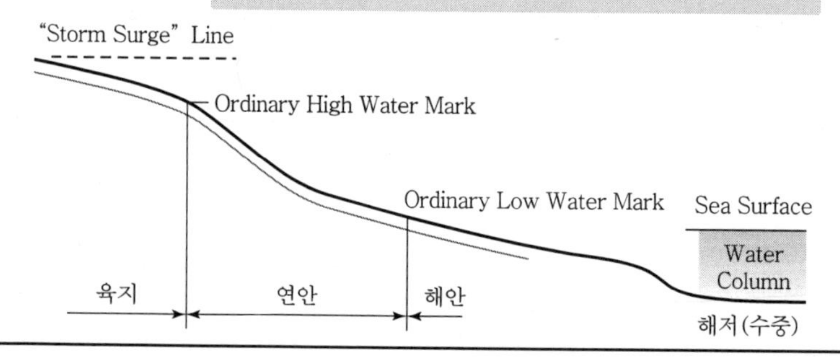

정답 06 ④

07 해양지적의 원리와 관련이 없는 것은?

① 다양한 형태의 권익 관리
② 양질의 자료 및 시각화
③ 권리보다는 경계 지향
④ 정부 및 이해관계인의 참여

풀이 해양지적은 "해양의 가치와 이용, 부동산과 관련된 본질과 공간범위를 포괄하는 정보시스템"을 의미하고 "해양의 지상, 지하의 권리와 권익의 경계에 대한 관련성을 공간적으로 관리하고 물리적으로 한정하며, 등록하는 해안의 권리와 권익의 경계를 가능하게 하는 시스템"을 말한다.
해양지적의 원리는 해양지적제도가 존립하기 위하여 요구되는 사안들로 일반적인 지침보다는 누가, 무엇을, 어떻게, 어디에 등의 선택적 사안에 직면할 때 참고할 수 있는 내용이라 할 수 있으며, 해양지적제도를 운영하면서 선택적 사안에 도움을 줄 수 있는 원리는 다음과 같다.

다양한 형태의 권익(Interests) 관리	양식 및 조업에서 다양한 권리 관리(공중권, 개발권, 해저이용권 등)
양질의 자료(Good Base Data) 및 시각화	자료의 질과 입체적 설명, 신속한 전달 및 자료의 신뢰성
경계보다는 권리(Rights-Oriented) 지향	필지단위로 구획된 경계 내 권리보호(해양권의 등록관리 : 해양등록부)
정부 및 이해관계인(Participation)의 참여	인간의 공존공간(다수의 이해 관계인+공공부분 참여)
정보은행모델의 기반 (Information Custodian Model)	공간의사결정 지원(공간참조정보를 수집, 생산, 관리, 유통)

08 토지행정의 기능으로 옳지 않은 것은?

① 토지보유제도
② 토지등록
③ 토지개발
④ 토지가치

풀이 토지행정의 기능

토지행정의 정의	• UNECE(유럽을 위한 국제연합경제기구) : 토지행정은 토지관리정책을 이행할 시에 토지의 소유관계, 가치 및 용도에 관한 정보를 기록 및 전파하는 과정 • 다양한 주제를 포함한 토지권리들에 관한 체계를 관리하는 것	
토지행정의 기능	토지보유 제도	• 토지에 대한 접근의 보장 및 토지 재화의 개발 및 분배 • 기록 보증에 관련된 절차 및 제도 • 필지경계설정을 위한 지도제작 및 법적측량조사 • 현재 특성에 대한 수정 또는 새로운 특성의 생성 • 부동산 양도 또는 판매 • 리스 또는 신용보증을 통한 사용 • 토지권리, 필지경계 관련 의혹 및 논쟁 해결
	토지가치	• 토지 및 부동산 가치평가에 관한 절차 및 제도 • 과세를 통한 이익 계산 및 수집 • 토지평가 및 과세 관련 논쟁 해결
	토지이용	• 국가, 지역 및 지방수준의 토지이용계획 정책 및 규제의 채택 • 토지이용규제의 집행 • 토지이용 관련 갈등 관리

정답 07 ③ 08 ②

	토지개발	• 물리적 인프라와 공공시설의 신규 건축에 관한 절차 및 제도 • 건설계획의 이행 • 토지의 공공에 의한 매입, 몰수, 계획 권한, 건설 및 용도허가를 통한 토지이용의 변경, 개발비용의 배분

09 국제 지적표준으로 토지행정도메인모델의 약자는?

① LADM
② LCDM
③ MDA
④ ISO/TC211

풀이 국제지적표준모델

구분	내용
LADM	토지행정도메인모델(LADM : Land Administration Domain Model) 모든 국가들의 지적시스템은 권리의 갱신(법적인 처리 절차)과 등기로서 정보를 제공하는 것을 기반으로 하여 개인과 토지 사이의 관계라는 것으로 유지되고 있고, 토지관리를 지원하는 지적의 사용에 대한 중요성은 지속적으로 증가하고 있다. 국가적 차원에서 지적시스템을 기반으로 토지권리를 체계적으로 결정할 필요가 있으며, 이러한 요구에 부합하는 지적시스템을 만들기 위해서 국제표준기구(ISO)의 토지행정활동에 적합한 토지행정도메인모델을 네덜란드 델프트공대와 ITC의 공동제안을 통해 2006년 ISO/TC211에 예비착수를 시작했다. 그리고 2008년부터 정식 안건으로 상정한 후, 2012년 11월 최종적으로 ISO19152라는 제목으로 최종국제표준으로 공포되었다. 우리나라도 이 국제표준의 중요성을 인지하여 2015년에 KS－X－ISO19152가 국가표준이 되었다. ISO/TC211(International Organization for Standardization/Technical Committee 211)은 지리정보 분야와 관련된 하나의 국제표준화기구로서 지구상의 지리적 위치와 직간접적인 관계있는 사물이나 현상에 대한 표준을 정의 개발한다. ISO/TC211은 기존 연구된 핵심지적도메인모델(CCDM : Core Cadastral Domain Model)을 발전시켜 토지행정도메인모델(LADM : Land Administration Domain Model)을 새로운 국제표준화 프로젝트로서 진행하고 있다. 토지행정도메인모델(LADM)은 국제표준화모델로서 전 세계 많은 국가들이 지적과 관련된 행정법, 공간 측량적인 구성요소들의 관계를 정의한다. 이를 통해 토지 관련 데이터를 효과적으로 관리하고, 나아가 국가들 간의 토지 관련 데이터를 공유할 수 있다.
ISO/TC211	ISO/TC211(국제표준화기구 지리정보전문위원회) (International Organization for Standardization/Technical Committee 211) ISO 산하에 GIS를 위해 1994년 6월에 구성된 지리정보전문위원회(Geographic Information/Geomatics)로 211번째로 구성되었다. 이 위원회는 수치지리정보분야의 표준화를 위한 전문위원회이며, 공간현상과 사물에 관한 표준 및 송·수신, 교환표준 규격의 수립을 목표로 활동 중이다. 우리나라는 1995년 1월에 정회원으로 가입하였다. ISO/TC211에는 GIS 기준모형소위원회, 자료모형화소위원회, 지형공간정보관리소위원회, 지형공간정보서비스소위원회, 기능표준소위원회 등 5개의 소위원회(Working Group)가 활동하고 있다. • Framework and Reference Model(WG1) : 업무구조 및 참조모델 담당 • Geospatial Data Models and Operators(WG2) : 지리공간데이터모델과 운영자 담당 • Geospatial Data Administration(WG3) : 지리공간데이터 담당 • Geospatial Services(WG4) : 지리공간서비스를 담당 • Profiles and Functional Standards(WG5) : 프로파일 및 기능에 관한 제반 표준 담당

정답 09 ①

10 국제 지적표준인 토지행정도메인모델의 내용으로 옳지 않은 것은?

① LADM은 외부적 스키마를 제공하고 있으며 3개의 패키지와 1개의 종속패키지로 구성하고 있다.
② LADM은 반복적으로 같은 기능을 재투자하거나 재구축하는 것을 회피할 수 있도록 MDA(Model Driven Architecture) 기반의 효율적이고 효과적인 지적시스템의 개발을 위한 확장 가능한 기초를 제공하는 데 목적을 두고 있다.
③ LADM은 지역 또는 국가들이 공유할 수 있도록 국제적인 문맥에서 표준화된 정보서비스를 창조하는 것을 목적으로 한다.
④ LADM은 완벽한 모델이 될 수 있도록 분산된 토지정보시스템에서 정보를 서비스하며, 각각에 대해서 유지 · 관리에 대한 활동을 지원하고, 토지행정에 관련하여 필요한 모델의 각 요소를 제공해 주고 있다.

풀이 **토지행정도메인모델(LADM : Land Administration Domain Model)**
토지관리를 지원하는 지적의 사용에 대한 중요성은 지속적으로 증가하고 있으며, 각 나라의 지적조직은 국가적 차원에서 지적시스템 기반으로 토지권리를 체계적으로 결정할 의무를 가지고 있다.

개요	모든 국가들의 지적시스템은 권리의 갱신(법적인 처리 절차)과 등기로서 정보를 제공하는 것을 기반으로 하여 개인과 토지 사이의 관계라는 것으로 유지되고 있고, 토지관리를 지원하는 지적의 사용에 대한 중요성은 지속적으로 증가하고 있다. 국가적 차원에서 지적시스템을 기반으로 토지권리를 체계적으로 결정할 필요가 있다.
설립	국제표준기구(ISO)의 토지행정활동에 적합한 토지행정도메인모델을 네덜란드 델프트공대와 ITC의 공동제안을 통해 2006년 ISO/TC211에 예비착수를 시작했다. 그리고 2008년부터 정식 안건으로 상정한 후, 2012년 11월 최종적으로 ISO19152라는 제목으로 최종국제표준으로 공포되었다.
참여	우리나라도 이 국제표준의 중요성을 인지하여 2015년에 KS-X-ISO19152가 국가표준이 되었다.
목적	• 반복적으로 같은 기능을 재투자하거나 재구축하는 것을 회피할 수 있도록 MDA(Model Driven Architecture) 기반의 효율적이고 효과적인 지적시스템의 개발을 위한 확장 가능한 기초를 제공한다. • 지역 또는 국가들이 공유할 수 있도록 국제적인 문맥에서 표준화된 정보서비스를 창조한다.
특징	• FIG의 지적2014의 개념적 틀을 기반으로 하며, ISO 표준을 따르고 있다. • 개념적 스키마를 제공하고 있으며 3개의 패키지와 1개의 종속패키지로 구성하고 있는데, 종속패키지는 클래스들(각각 이름 공간을 갖는다)의 집합이라고 할 수 있다. 이것은 서로 다른 조직에 의해 다른 데이터 셋을 유지 · 관리할 수 있도록 제공하고 있다. • 완벽한 모델이 될 수 있도록 분산된 토지정보시스템에서 정보를 서비스하며, 각각에 대해서 유지 · 관리에 대한 활동을 지원하고, 토지행정에 관련하여 필요한 모델의 각 요소를 제공해 주고 있다. • 국가, 지방 또는 지역 수준에서 작동하고 있는 하나 또는 여러 개의 유지 조직에 의해서 실행될 수 있는데, 이것은 모델의 관련성을 강조할 수 있도록 하고 기타 관련 조직들은 그들이 보유하고 있는 데이터의 유지와 제공을 위해 자신들에게 적합한 책임을 부여받을 수 있게 된다.

정답 10 ①

구성요소	내용
클래스 LA_PARTY (당사자)	이 클래스의 인스턴스는 당사자(Party)들(사람들 또는 조직들) 또는 그룹 당사자(GroupParty)들(사람들 또는 조직들의 그룹들)이다.
클래스 LA_RRR	클래스 LA_RRR의 종속 클래스의 인스턴스는 LA_Right(권리), LA_Restriction(제한), LA_Responsibility(책임)들이다.
클래스 LA_BAUnit (기본 행정단위)	이 클래스의 인스턴스는 동등한 권리, 제한, 책임을 가진 공간단위에 관련한 행정적 정보를 포함한다.
클래스 LA_SpatialUnit (공간단위)	이 클래스의 인스턴스는 공간단위(LA_SpatialUnit), 필지, 종속필지, 건물 또는 네트워크이다.

11 토지행정도메인모델(LADM : Land Administration Domain Model)의 패키지의 주요 구성요소로 옳지 않은 것은?

① 클래스 LA_PARTY
② 클래스 LA_RRR
③ 클래스 LA_BAUnit
④ 클래스 LA_Boundary Face String

풀이 LADM(Land Administration Domain Model) 패키지의 주요 구성요소

구성요소	내용
클래스 LA_PARTY (당사자)	이 클래스의 인스턴스는 당사자(Party)들(사람들 또는 조직들) 또는 그룹 당사자(GroupParty)들(사람들 또는 조직들의 그룹들)이다.
클래스 LA_RRR	클래스 LA_RRR의 종속 클래스의 인스턴스는 LA_Right(권리), LA_Restriction(제한), LA_Responsibility(책임)들이다.
클래스 LA_BAUnit (기본 행정단위)	이 클래스의 인스턴스는 동등한 권리, 제한, 책임을 가진 공간단위에 관련한 행정적 정보를 포함한다.
클래스 LA_SpatialUnit (공간단위)	이 클래스의 인스턴스는 공간단위(LA_SpatialUnit), 필지, 종속필지, 건물 또는 네트워크이다.

정답 11 ④

12 FIG의 사회보장도메인모델을 의미하는 것은?

① ISO/TC211
② INSPIRE
③ FGDC
④ STDM

풀이 국제지적표준모델

FGDC	미국 연방 지리정보위원회(Federal Geographic Data Committee)는 측량 및 지도제작, 그리고 이와 관련된 공간데이터의 개발, 사용, 공유, 보급을 조정하기 위한 목적으로 1990년 설립되었다. FGDC는 미국 지질조사국(USGS : United States Geological Survey)의 국립지도제작부(National Mapping Division)가 간사기관이며, 내무성 장관이 그 의장을 맡는다. FGDC는 지리정보와 관련된 모든 주요 행정기관과 공간정보 수집 및 관리와 관련된 다양한 공공기관들로 구성된다. FGDC의 주요 역할은 기관 간 조정 작업뿐만 아니라 국가공간정보유통기구를 설립하고, 다양한 수준의 정부기관들과 공공 및 민간부문의 기관들 사이의 협력관계를 통해 국가 디지털 공간정보 프레임워크를 구축하는 것까지 포함한다.
STDM	사회보장도메인모델(Social Tenure Domain Model)은 빈곤국가 토지행정을 지원하기 위해서 개발되었다. 이 모델은 세계측량사연맹(FIG)과 네덜란드 델프트공대, ITC의 협력으로 유엔인간정주계획(UN－HABITAT)사업을 위해서 국제공간표준인 토지행정도메인모델(LADM)을 기반으로 작성되었다. 처음 시작할 시점에는 오픈소스소프트웨어 개발원칙을 기반으로 시작하였다.
LADM	ISO/TC211은 지리정보 분야와 관련된 하나의 국제표준화기구로서 지구상의 지리적 위치와 직간접적인 관계있는 사물이나 현상에 대한 표준을 정의 개발한다. ISO/TC211은 기존 연구된 핵심지적도메인모델(CCDM : Core Cadastral Domain Model)을 발전시켜 토지행정도메인모델(LADM : Land Administration Domain Model)을 새로운 국제표준화 프로젝트로서 진행하고 있다. 토지행정도메인모델(LADM)은 국제표준화모델로서 전 세계 많은 국가들이 지적과 관련된 행정법, 공간 측량적인 구성요소들의 관계를 정의한다. 이를 통해 토지 관련 데이터를 효과적으로 관리하고, 나아가 국가들 간의 토지 관련 데이터를 공유할 수 있다.
ISO/TC211	ISO/TC211(국제표준화기구 지리정보 전문위원회) (International Organization for Standardization/Technical Committee 211) ISO 산하에 GIS를 위해 1994년 6월에 구성된 지리정보전문위원회(Geographic Information/Geomatics)로 211번째로 구성되었다. 이 위원회는 수치지리정보분야의 표준화를 위한 전문위원회이며, 공간현상과 사물에 관한 표준 및 송 · 수신, 교환표준 규격의 수립을 목표로 활동중이다. 우리나라는 1995년 1월에 정회원으로 가입하였다. ISO/TC211에는 GIS 기준모형소위원회, 자료모형화소위원회, 지형공간정보관리소위원회, 지형공간정보서비스소위원회, 기능표준소위원회 등 5개의 소위원회(Working Group)가 활동하고 있다. • Framework and Reference Model(WG1) : 업무구조 및 참조모델 담당 • Geospatial Data Models and Operators(WG2) : 지리공간데이터모델과 운영자 담당 • Geospatial Data Administration(WG3) : 지리공간데이터 담당 • Geospatial Services(WG4) : 지리공간서비스 담당 • Profiles and Functional Standards(WG5) : 프로파일 및 기능에 관한 제반 표준 담당

정답 12 ④

13 FIG의 사회보장도메인모델의 내용으로 옳지 않은 것은?

① 세계측량사연맹(FIG)과 네덜란드 델프트공대, ITC의 협력으로 유엔인간정주계획(UN－HABITAT) 사업을 위해서 국제공간표준인 토지행정도메인모델(LADM)을 기반으로 작성되었다.

② STDM은 정형적 및 비정형적이고 관습적 토지시스템과 행정, 공간요소를 통합하는 토지정보관리 프레임워크를 제공함으로써 토지행정의 범위를 확장할 수 있도록 제공하고 있다.

③ STDM에서는 빈곤국가에서 토지에 존재하는 각종 권리사항들을 초기에 시작할 수 있도록 토지필지가 권리를 통해 소유자 이름 또는 주소와 연계할 수 있도록 구성되어 있다.

④ STDM은 각기 다른 토지행정시스템들에서 나타나는 유사성과 차별성을 이해하기 위해서 사회보장의 많은 측면을 설명하는 비정형화된 언어를 제공하고 있다.

풀이 **STDM(Social Tenure Domain Model : 사회보장도메인모델)**

개요	빈곤국가의 토지행정을 지원하기 위해서 개발되었다. 처음 시작할 시점에는 오픈소스소프트웨어 개발원칙을 기반으로 시작하였다.
설립	세계측량사연맹(FIG)과 네덜란드 델프트공대, ITC의 협력으로 유엔인간정주계획(UN－HABITAT) 사업을 위해서 국제공간표준인 토지행정도메인모델(LADM)을 기반으로 작성되었다.
제공	• 정형적 및 비정형적이고 관습적 토지시스템과 행정, 공간요소를 통합하는 토지정보관리 프레임워크를 제공함으로써 토지행정의 범위를 확장할 수 있도록 제공하고 있다. • STDM에 의해 제공되는 선택적 사항은 사회보장관계를 통해 토지의 한 부분으로 좌표화하여 지문과 같이 사람들에게 유일한 식별자를 부여하는 것이다. • 토지권리기록의 효율적이면서 효과적인 시스템을 위한 확장성 있는 기초 인프라를 제공하고 있다. • **서로 다른 토지행정시스템들 사이에서 더 나은 이해를 돕고 있으며, 각기 다른 토지행정시스템들에서 나타나는 유사성과 차별성을 이해하기 위해서 사회보장의 많은 측면을 설명하는 정형화된 언어를 제공하고 있다.** • 비정형 정착과 관습지역과 같은 소외된 지역에 필요한 토지행정을 제공하고자 사람과 토지 간의 관계를 기술하고 있다. • 프로토타입은 네덜란드 ITC에서 개발하였고, 유럽 표준기구와 UN－HABITAT, 세계측량사연맹과 국제협력으로 추진하고 있다. 세계은행은 이디오피아 프로젝트를 관리하고 있는데, 농촌 토지행정이라는 관점에서 테스트하는 기회를 제공하였다.
특징	• 형식적 수준에 관계없이 토지권리의 모든 형식, 권리가 부여된 주거정착의 모든 유형, 모든 종류의 토지와 부동산 객체 및 공간단위를 기록하는 것을 촉진하는 도구로서 이용 가능하다. • 빈곤국가에서 토지에 존재하는 각종 권리사항들을 초기에 시작할 수 있도록 토지필지가 권리를 통해 소유자 이름 또는 주소와 연계할 수 있도록 구성되어 있다. • 국제측량사연맹(FIG)에 의해 추진되는 토지행정도메인모델을 보다 사회적 수준에서 특성화한 것이라고 볼 수 있다. • 극빈곤층 토지행정을 지원하기 위한 UN－HABITAT의 시발점이며, 도시 또는 농촌지역에서 매우 작은 지적범위를 갖는 개발 국가를 위한 특별한 의미를 갖는다. • STDM의 초점은 사람과 토지 사이의 관계를 다루고 있는데, 정형화의 수준으로부터 독립적이거나 그러한 관계의 법률요건을 다룬다. • 비정형 정착과 관습지역과 같은 소외된 지역에 필요한 토지행정을 제공하고자 사람과 토지 간의 관계를 기술하고 있다. • 토지 및 소유권 권리가 등록되거나 등록되지 않는 것을 중심적으로 살펴보지만 '누가', '어디에', '무슨' 권리가 있는지에 대해서 사정(Adjudication)하는 토지분쟁을 중점적으로 지원한다. • 소유형태, 관습 권리, 사용권과 같은 비정형 권리를 의미하며, 정형화된 사람들도 토지행정시스템에서 관리되도록 지원하고 인식하도록 한다.

정답 13 ④

14 미국 FGDC 필지모델에 대한 내용으로 옳지 않은 것은?

① 주(State)와 지방정부, 산업계 및 전문기관 등의 이익을 대변하기 위해 많은 이해관계 기관들이 참여하고 있다.

② 미국 FGDC의 지적 데이터 모델은 법적 영역, 경계와 경계교점, 행위자와 지정학적 장소 그리고 면적으로 크게 네 부분으로 대별된다.

③ 미국 연방 지리정보위원회는 국가차원에서의 지리공간정보의 협력적인 개발, 사용, 공유 및 보급을 촉진시키기 위한 관계부처 간 위원회로서, 미국 행정관리예산국(OMB)에 의해 설립되었다.

④ 표준의 목표는 정부와 민간분야의 모든 레벨에서 데이터 공유를 용이하게 하고 지적 데이터에 대한 투자를 보호하고 강화시킬 수 있는 지적 데이터를 위한 정의와 구조를 위한 표준을 만드는 것에 있다.

풀이 **미국 FGDC(Federal Geographic Data Committee) 필지모델**

FGDC의 지적 분과위원회는 지적 분야에 대해 표준을 구축하였으며, 지적 데이터 내용 표준은 토지측량, 토지기록 및 토지소유자의 정보와 연관된 객체의 의미론적 정의를 제공하고 있다.

<table>
<tr><td>설립</td><td colspan="2">미국 연방 지리정보위원회(FGDC : Federal Geographic Data Committee)는 국가차원에서의 지리공간정보의 협력적인 개발, 사용, 공유 및 보급을 촉진시키기 위한 관계부처 간 위원회로서, 미국 행정관리예산국(OMB)에 의해 설립되었다.</td></tr>
<tr><td>참여기관</td><td colspan="2">주(State)와 지방정부, 산업계 및 전문기관 등의 이익을 대변하기 위해 많은 이해관계 기관들이 참여하고 있다.</td></tr>
<tr><td>표준의 목표</td><td colspan="2">정부와 민간분야의 모든 레벨에서 데이터 공유를 용이하게 하고 지적 데이터에 대한 투자를 보호하고 강화시킬 수 있는 지적 데이터를 위한 정의와 구조를 위한 표준을 만드는 것에 있다.</td></tr>
<tr><td rowspan="5">지적 데이터 모델</td><td colspan="2">미국 FGDC의 지적 데이터 모델은 크게 네 부분으로 대별된다. 법적 영역, 경계와 경계교점, 행위자와 지정학적 장소, 그리고 필지이다. 이 모델은 각 개체(Entity)와 이들 사이의 연계성(Associations), 그리고 카디널러티(Cardinality)를 표현하고 있으며, 각 개체의 정의와 그에 대한 속성을 각 부분에 따라 자세히 소개하고 있다.</td></tr>
<tr><td>법적 영역 부분</td><td>공공토지측량시스템(PLSS)상의 타운십 정보, 분할 정보, 필지에 대한 정보, 법적 영역의 경계 및 모서리 부분의 관계에 대해 기술한다.</td></tr>
<tr><td>경계 및 경계점 부분</td><td>경계의 기록과 경계점에 대한 클래스 및 속성을 기술한 부분으로 경계기록 클래스에서는 ‘경계의 법적상태, 이에 대한 코멘트, 방향 및 거리의 종류와 단위, 신뢰성 등’의 속성을 가지고 있으며, 직선과 원형곡선에 대한 속성을 기술한다. 또한 경계점의 경우 꼭짓점에 대한 경계표지 상황과 종류, 설치일자, 좌푯값(X, Y, Z) 등의 속성을 포함한다.</td></tr>
<tr><td>필지 부분</td><td>필지를 기반으로 이와 관계된 ‘필지권리, 제한, 필지거래’에 대한 속성을 내포하고 있으며, 이러한 필지에 연관된 필지거래 및 권리는 거래문서를 통해 그 내용을 기록한다.</td></tr>
<tr><td>행위자와 지정학적 장소</td><td>–</td></tr>
</table>

정답 14 ②

15 유럽 INSPIRE(인스파이어) 필지모델에 대한 내용으로 옳지 않은 것은?

① LADM은 3D 지적객체(건물단위 또는 시설물 네트워크와 같은)의 소유자와 권리를 위한 화합된 솔루션을 갖고 있지만, INSPIRE는 이러한 것들을 제외하고 있다.

② INSPIRE 지적필지(Cadastral Parcel)와 함께 STDM(Social Tenure Domain Model)이 서로 연계됨에 따라 두 가지 모두를 같은 시기에 개발하는 것으로 발표되었다.

③ 유럽연합 국가들이 보유하고 있는 지리정보데이터의 교차영역 접근을 위해 ISO 표준기반의 유럽 메타데이터 프로파일 개발이 시작되었다.

④ INSPIRE가 환경 사용자에 초점을 맞추고 있는 반면, LADM은 다양한 목적의 특성(법적 안전, 과세, 평가, 계획 등의 지원)을 가지고 여러 응용 분야의 데이터 생산자와 사용자 모두를 지원하고 있다.

풀이 **유럽 INSPIRE 필지모델**

유럽연합 국가들이 보유하고 있는 지리정보데이터의 교차영역 접근을 위해 ISO 표준기반의 유럽 메타데이터 프로파일 개발이 시작되어 현재에 이르고 있으며, 최신 버전은 3.1이다.

개요	실제 데이터 교환을 위해 INSPIRE 실행규칙은 화합된(Harmonized) 데이터의 상세서와 네트워크 서비스를 보다 자세하게 정의하고 있다. 이것은 INSPIRE의 사용에 대한 데이터 접속 정책과 모니터링 및 보고를 실행한다. 지적필지는 다른 공간정보를 조회하고 연계하는 것처럼 환경 응용을 위한 일반 정보 위치자의 목적으로 제공될 수 있다.
작성	INSPIRE 훈령은 현재 표준을 '훈령 제7조'에 기술하고 있는데, 국제표준으로 채택된 ISO 19152는 지적필지를 위한 데이터 상세서를 확장할 필요성(Necessity)이 있을 때 작성할 수 있다.
발표	INSPIRE 지적필지(Cadastral Parcel)와 함께 LADM이 서로 연계됨에 따라 두 가지 모두를 같은 시기에 개발하는 것으로 발표되었다. INSPIRE 워킹그룹 CP(TWG CP)와 LADM 프로젝트팀 사이에 협력작업을 진행하였다. 이것은 LADM과 INSPIRE 사이의 유기적인 관계를 확실하게 하고, 개념의 일치에 따른 긍정적인 결과이다.
차이점	• INSPIRE가 환경 사용자에 초점을 맞추고 있는 반면, LADM은 다양한 목적의 특성(법적 안전, 과세, 평가, 계획 등의 지원)을 가지고 여러 응용 분야의 데이터 생산자와 사용자 모두를 지원하고 있다. • LADM은 3D 지적객체(건물단위 또는 시설물 네트워크와 같은)의 소유자와 권리를 위한 화합된 솔루션을 갖고 있지만, INSPIRE는 이러한 것들을 제외하고 있다. • 양측의 유기적인 협력은 INSPIRE와 LADM 모두 유럽국가에서 사용이 가능하다. • 부가적으로 일치가 필요한 사항들이 요구된다면 LADM을 이용하여 INSPIRE의 상세 사양을 확장할 수 있다.
INSPIRE 항목의 4가지 클래스	• Cadastral Parcel을 위한 기초로서 LA_SpatialUnit(with LA_Parcel as alias) • Basic Property Unit을 위한 기초로서 LA_BAUnit • Cadastral Boundary를 위한 기초로서 LA_BoundaryFaceString • Cadastral Zoning을 위한 기초로서 LA_SpatialUnitGroup

정답 15 ②

<table>
<tr><td rowspan="13">INSPIRE 지적필지의 클래스별 내용</td><td rowspan="3">Basic Property Unit (기본물권단위)</td><td colspan="2">면적 값, 인스파이어 유일식별자, 이름, 국가지적참조, 품질, 소스, 기본 물권단위 생성일, 기본 물권단위 중지일</td></tr>
<tr><td>LA_BAUnit</td><td>이름, 유형, 객체 ID</td></tr>
<tr><td>versionObject</td><td>시작생애기 버전, 종료생애기 버전, 품질, 소스</td></tr>
<tr><td rowspan="3">Cadastral Parcel (지적필지)</td><td colspan="2">LA_면적값, 면적, LA_차원 유형, 외부주소 ID, 기하, 인스파이어 ID, 레이블, 국가지적 참조, 품질, 소스, 지표관계, 지적필지 생성일, 지적필지 중지일, 체적</td></tr>
<tr><td>LA_SpatialUnit</td><td>면적, 차원, 외부주소 ID, 레이블, 참조점, 고유식별자, 지표관계, 체적</td></tr>
<tr><td>versionObject</td><td>시작생애기 버전, 종료생애기 버전, 품질, 소스</td></tr>
<tr><td rowspan="3">Cadastral Boundary (지적경계)</td><td colspan="2">경계식별자, 예측된 정확도, 기하, 인스파이어 ID, 문자에 의한 위치, 품질, 소스, 지적경계 생성일, 지적경계 중지일</td></tr>
<tr><td>LA_Baundary FaseString</td><td>경계식별자, 기하, 문자에 의한 위치</td></tr>
<tr><td>versionObject</td><td>생애주기 시작버전, 생애주기 종료버전, 품질, 소스</td></tr>
<tr><td rowspan="3">Cadastral Zoning (지적구역)</td><td colspan="2">예측된 정확성, 기하, 인스파이어 ID, 레이블, 수준, 수준이름, 지리적 이름, 국가지적구역 참조, 원시지적축척분모, 품질, 소스, 지적구역 생성일, 지적구역 종료일</td></tr>
<tr><td>LA_SpatialUnit Group</td><td>계층적 수준, 레이블, 이름, 참조점, 식별자</td></tr>
<tr><td>version Object</td><td>생애주기 시작버전, 생애주기 종료버전, 품질, 소스</td></tr>
<tr><td>Cadastral Zoning Lavel Value (지적구역 수준값)</td><td colspan="2">1st Order(1순위)
2nd Order(2순위)
3rd Order(3순위)</td></tr>
</table>

16 유럽 INSPIRE 항목의 4가지 클래스들이다. 옳지 않은 것은?

① Cadastral Parcel을 위한 기초로서 LA_SpatialUnit(with LA_Parcel as alias)
② Basic Property Unit을 위한 기초로서 LA_BAUnit
③ Cadastral Boundary를 위한 기초로서 LA_BoundaryFaceString
④ Cadastral Zoning을 위한 기초로서 ST_SpatialUnitGroup

풀이 INSPIRE 항목의 4가지 클래스

① Cadastral Parcel을 위한 기초로서 LA_SpatialUnit(with LA_Parcel as alias)
② Basic Property Unit을 위한 기초로서 LA_BAUnit
③ Cadastral Boundary를 위한 기초로서 LA_BoundaryFaceString
④ Cadastral Zoning을 위한 기초로서 LA_SpatialUnitGroup

정답 16 ④

17 토지행정의 국제지적표준모델에 관한 내용으로 옳지 않은 것은?

① STDM 필지모델은 유럽연합 국가들이 보유하고 있는 지리정보데이터의 교차영역 접근을 위해 ISO 표준기반의 유럽 메타데이터 프로파일 개발이 시작되어 현재에 이르고 있으며, 최신 버전은 3.1이다.

② 사회보장도메인모델은 빈곤국가의 토지행정을 지원하기 위해서 개발되었다. 이 모델은 세계측량사연맹(FIG)과 네덜란드 델프트공대, ITC의 협력으로 유엔인간정주계획(UN-HABITAT) 사업을 위해서 국제공간표준인 토지행정도메인모델(LADM)을 기반으로 작성되었다.

③ LADM은 국제표준화모델로서 전 세계 많은 국가들이 지적과 관련된 행정법, 공간 측량적인 구성요소들의 관계를 정의한다.

④ FGDC는 국가차원에서의 지리공간정보의 협력적인 개발, 사용, 공유 및 보급을 촉진시키기 위한 관계부처 간 위원회로서, 미국 행정관리예산국(OMB)에 의해 설립되었다.

풀이 국제지적표준모델

LADM	ISO/TC211은 지리정보 분야와 관련된 하나의 국제표준화기구로서 지구상의 지리적 위치와 직간접적인 관계가 있는 사물이나 현상에 대한 표준을 정의 개발한다. ISO/TC211은 기존 연구된 핵심지적도메인모델(CCDM : Core Cadastral Domain Model)을 발전시켜 토지행정도메인모델(LADM : Land Administration Domain Model)을 새로운 국제표준화 프로젝트로서 진행하고 있다. 토지행정도메인모델(LADM)은 국제표준화모델로서 전 세계 많은 국가들이 지적과 관련된 행정법, 공간 측량적인 구성요소들의 관계를 정의한다. 이를 통해 토지관련 데이터를 효과적으로 관리하고, 나아가 국가들 간의 토지 관련 데이터를 공유할 수 있다.
INSPIRE 필지모델	유럽연합 국가들이 보유하고 있는 지리정보데이터의 교차영역 접근을 위해 ISO 표준기반의 유럽 메타데이터 프로파일 개발이 시작되어 현재에 이르고 있으며, 최신 버전은 3.1이다. 실제 데이터 교환을 위해 INSPIRE 실행규칙은 화합된(harmonized) 데이터의 상세서와 네트워크 서비스를 보다 자세하게 정의하고 있다. 이것은 INSPIRE의 사용에 대한 데이터접속 정책과 모니터링 및 보고를 실행한다. 지적필지는 다른 공간정보를 조회하고 연계하는 것처럼 환경 응용을 위한 일반 정보 위치자의 목적으로 제공될 수 있다.
미국 FGDC 필지모델	미국 연방 지리정보위원회(FGDC : Federal Geographic Data Committee)는 국가차원에서의 지리공간정보의 협력적인 개발, 사용, 공유 및 보급을 촉진시키기 위한 관계부처 간 위원회로서, 미국 행정관리예산국(OMB)에 의해 설립되었다. 주(State)와 지방정부, 산업계 및 전문기관 등의 이익을 대변하기 위해 많은 이해관계 기관들이 참여하고 있다.
STDM	사회보장도메인모델(STDM : Social Tenure Domain Model)은 빈곤국가의 토지행정을 지원하기 위해서 개발되었다. 이 모델은 세계측량사연맹(FIG)과 네덜란드 델프트공대, ITC의 협력으로 유엔인간정주계획(UN-HABITAT) 사업을 위해서 국제공간표준인 토지행정도메인모델(LADM)을 기반으로 작성되었다. 처음 시작할 시점에는 오픈소스소프트웨어 개발원칙을 기반으로 시작하였다.

정답 17 ①

18 3차원 지적제도에 관한 내용으로 옳지 않은 것은?

① "토지의 이용이 입체화됨에 따라 지하 · 지표 · 지상의 권리적 현황, 기타 물리적 현황 등을 등록하여 그 변경사항을 영속적으로 관리하고 해당 토지의 소유권 보호 및 관련 정보를 기록, 보관, 제공, 운영하는 것"을 3차원 지적이라 할 수 있다.

② 하이브리드 지적이란 2차원 지적등록 범위 안에서 3D 객체를 등록하기 위해 3차원의 사실관계를 등록하는 것을 의미한다.

③ 완전한 3차원 지적이라는 의미는 3D 공간에서 (부동산)권리의 개념을 소개한다는 것이다.

④ 3D 태그를 갖는 2차원 지적이라는 것은 (디지털)3D 현상을 표현하는 것을 참조하여 3차원 지적으로 관리한다는 의미이다.

풀이 **3차원 지적제도**

「민법」 제212조에서 "퇴소유권은 정당한 이익이 있는 범위 내에서 토지의 상 · 하에 미친다"라고 규정하고 있다. 지적제도에서 관리하고 있는 일필지에 대한 권리가 기존의 2차원에서 3차원의 부분까지 포함하고 있다는 의미로 받아들일 수 있다.

개요	토지는 물리적(건조물 및 자원) 측면과 인지적(이론 및 개념) 측면에서 모두 이해될 수 있다. 요즈음 많은 국가들에서 공중에 입체적 공간으로 구성된 토지 상품을 제공하면서 복잡한 공중 공간에 부여된 일단의 권리, 제한 책임 등에 대한 사항들의 등록 · 관리를 요구하고 있다.
정의	3차원 지적의 정의를 살펴보면 국내외 학자들이 다양한 주장을 하고 있지만, 대체적으로 "토지의 이용이 입체화됨에 따라 지하 · 지표 · 지상의 권리적 현황, 기타 물리적 현황 등을 등록하여 그 변경사항을 영속적으로 관리하고 해당 토지의 소유권 보호 및 관련 정보를 기록, 보관, 제공, 운영하는 것"이라 할 수 있다.
규정	• 우리나라의 경우 「민법」 제289조의2제1항에서 "지하 또는 지상의 공간은 상하의 범위를 정하여 건물 기타 공작물을 소유하기 위한 지상권의 목적으로 할 수 있다"라고 규정하고 있다. • 이것을 구분지상권으로 통용하여 사용하고 있으며 건물 및 그 밖의 공작물을 소유하기 위하여 다른 사람이 소유한 토지의 지상 · 지하공간에 대하여 특정범위를 정해 그 공간을 사용할 수 있는 권리를 의미한다. • 지하도로 건설, 광역철도망 구축 등과 같이 지하공간에 대한 개발이 대두되고 있는데, 지하철 역사, 지하상가, 지하도보, 지하철도, 지하광장 등 다양한 분야에서 지하공간이 활용되고 있다. • 공공의 목적으로 지표면을 경계로 하여 그 하부에 조성된 공간자원인 지하공간은 특정한 권리로 보호를 받아야 하므로 3차원 지적에서 등록 · 관리해야 할 주요 등록 객체들이다.
특징	• 현대 도시들의 일반적인 특징은 고층건물들이라고 할 수 있다. 3차원 공간인 '높이'를 지적도상에 디지털로 표현하기 위한 기술적 솔루션에 대한 탐구는 토지를 바라보고, 생각하며, 사용하는 새로운 방식들을 반영할 수 있는 현대적인 지적시스템을 구축하기 위해 해결해야 할 과제 중의 하나이다. • 한 국가의 지적이 3차원 공간을 다루는 편리성을 갖춘다는 것은 고밀도의 토지이용과 관련된 개발 기회들을 제공하는 데에 사용될 수 있음을 뜻한다. • 3차원 지적제도의 도입은 토지 소유권에 대한 보장을 제공할 수 있을 때에만 그 효용성이 높아질 수 있다. • 3차원 지적은 2차원 필지 및 3차원 공간에 미치는 물권과 제한사항을 등록 · 관리하는 제도를 말하며, 높이 또는 표고를 도입하여 공간을 표현해야 한다. • 토지를 집약적으로 이용하는 도심지역에서는 하나의 구조물 위에 다른 구조물을 교차시켜 건설하려는 수요가 늘고 있음에 따라 전통적으로 2차원 필지에 근거를 두고 있는 현행 부동산 등록분야에서 이 현상을 어떤 방법으로 등록하는가 하는 것이 당면 과제이다.

정답 18 ④

	• 공간을 시간적 · 공간적으로 중복 사용함에 말미암아 복잡한 3차원 현상이 발생하는 경우로는 복수의 소유권과 지상권이 하나의 필지에 3차원으로 관계할 때와 하나의 건물에 대한 소유권이 몇 가구의 아파트로 나눠지는 경우, 철도용지의 소유자가 선로로부터 일정 거리 윗부분에 건축할 수 있는 권리를 타인에게 부여하는 경우, 터널 및 파이프라인, 전력전신 선로, 지하광산의 경우 등을 말한다.	
종류	"3차원 지적"의 용어는 종종 필지 상하에 존재하는 모든 공간권리들을 체적(volume)을 갖는 단위로 구분해서 완벽하게 표현할 수 있다. 그러나 아직까지는 기술적으로 입체적인 관리들을 표현하는 데 한계가 있어 국가들마다 다른 수준의 3차원 지적을 받아들이고 실무에 적용하고 있다.	
	하이브리드 지적	• 하이브리드 지적이란 2차원 지적등록 범위 안에서 3D 객체를 등록하기 위해 3차원의 사실관계를 등록하는 것을 의미한다. • 필지와 3D 객체 사이의 분명한 관계가 유지된다는 점에서 2차원 필지와 3차원 실제 객체를 모두 관리할 수 있다는 것이 장점이다. • 내포된 관계성은 객체의 공간 정의를 통해 나타내며, 공간 기능을 통해서 찾을 수도 있다. • 법적 및 사실적 등록이 서로 혼합된(하이브리드 솔루션) 것이다. 더 정확한 법적 상황은 공식적 문서를 보유하고 있어야 하며, 이러한 문서는 정밀한 3차원 정보를 다루어야 한다.
	완전한 3차원 지적	• 완전한 3차원 지적이라는 의미는 3D 공간에서 (부동산)권리의 개념을 소개한다는 것이다. • 법적 기반으로서 부동산 거래를 지원하는 지적등록은 3D 권리의 설립과 양도를 모두 지원해주어야 한다. • 실무적으로 보면 기존 2차원 필지를 유지하는 것이 최상이다. 하지만 복잡한 3차원 공간상에 존재하는 다양한 권리들을 관리하기 위해서는 완전한 3D 필지로서 관리하는 것이 필요한 상황이다. • 3차원 공간상에 모든 개량물들(예를 들면, 지하시설물, 터널, 상하수도, 가스관 등)을 등록하기보다는 제한, 책임, 권리와 같이 부동산으로서 등록 · 관리할 수 있는 가치 있는 것들로 3D 물권들을 한정해서 지적공부에 등록하는 것이 타당할 것이다. • 완전한 3차원 지적을 구현하는 기술들은 현재까지 부족한 상황이며 국제적으로 많은 기술개발이 추진되고 있는 상황이다.
	3D 태그를 갖는 2차원 지적	• 3D 태그를 갖는 2차원 지적이라는 것은 (디지털)3D 현상을 표현하는 것을 참조하여 2차원 지적으로 관리한다는 의미이다. • 복잡한 3D 현상은 최신 솔루션에서 관리 · 등록하고 2차원 필지를 위한 시스템에서 3D 등록시스템으로 연결시키는 것이다. • 이러한 방법에는 여러 가지가 있을 수 있는데, 가장 간단한 방법이 현재의 지적시스템에 3D 태그만 제공하는 것이다. • 사용자는 2차원 지적에서 3차원 등록 상황이 필요한 경우 3D (디지털)설명으로 참조시킬 수 있다. • 참조 설명은 아날로그 또는 디지털 형태로 이용 가능하다. • 후자의 방법은 데이터베이스에 자료들이 포함될 수 있으며 관련된 스캔자료, SHP, DXF와 같은 형태로 이용이 가능하다. • 3D 객체의 디지털 등고자료를 통해 지적도에 등록할 수도 있다.
핵심 과제	• 3차원 지적을 위한 법적 프레임워크 • 3차원 데이터 관리	• 3차원 필지의 신규 등록 • 3차원 필지의 구현, 제공, 서비스

정답

19 3차원 지적의 종류로서 옳지 않은 것은?

① 2.5D에 준하는 하이브리드 지적
② 기존 2차원 지적에 연계하여 필요한 정보만을 제공하는 3D tags
③ 완전한 3차원 지적
④ 수치지적

풀이 **3차원 지적의 종류**

"3차원 지적"의 용어는 종종 필지 상하에 존재하는 모든 공간권리들을 체적(volume)을 갖는 단위로 구분해서 완벽하게 표현할 수 있다. 그러나 아직까지는 기술적으로 입체적인 관리들을 표현하는 데 한계가 있어 국가들마다 다른 수준의 3차원 지적을 받아들이고 실무에 적용하고 있다.

구분	내용
하이브리드 지적	• 하이브리드 지적이란 2차원 지적등록 범위 안에서 3D 객체를 등록하기 위해 3차원의 사실관계를 등록하는 것을 의미한다. • 필지와 3D 객체 사이의 분명한 관계가 유지된다는 점에서 2차원 필지와 3차원 실제 객체를 모두 관리할 수 있다는 것이 장점이다. • 내포된 관계성은 객체의 공간 정의를 통해 나타내며, 공간 기능을 통해서 찾을 수도 있다. • 법적 및 사실적 등록이 서로 혼합된(하이브리드 솔루션) 것이다. 더 정확한 법적 상황은 공식적 문서를 보유하고 있어야 하며, 이러한 문서는 정밀한 3차원 정보를 다루어야 한다.
완전한 3차원 지적	• 완전한 3차원 지적이라는 의미는 3D 공간에서 (부동산)권리의 개념을 소개한다는 것이다. • 법적 기반으로서 부동산 거래를 지원하는 지적등록은 3D 권리의 설립과 양도를 모두 지원해 주어야 한다. • 실무적으로 보면 기존 2차원 필지를 유지하는 것이 최상이다. 하지만 복잡한 3차원 공간상에 존재하는 다양한 권리들을 관리하기 위해서는 완전한 3D 필지로서 관리하는 것이 필요한 상황이다. • 3차원 공간상에 모든 개량물들(예를 들면, 지하시설물, 터널, 상하수도, 가스관 등)을 등록하기보다는 제한, 책임, 권리와 같이 부동산으로서 등록 · 관리할 수 있는 가치 있는 것들로 3D 물권들을 한정해서 지적공부에 등록하는 것이 타당할 것이다. • 완전한 3차원 지적을 구현하는 기술들은 현재까지 부족한 상황이며 국제적으로 많은 기술개발이 추진되고 있는 상황이다.
3D 태그를 갖는 2차원 지적	• 3D 태그를 갖는 2차원 지적이라는 것은 (디지털)3D 현상을 표현하는 것을 참조하여 2차원 지적으로 관리한다는 의미이다. • 복잡한 3D 현상은 최신 솔루션에서 관리 · 등록하고 2차원 필지를 위한 시스템에서 3D 등록 시스템으로 연결시키는 것이다. • 이러한 방법에는 여러 가지가 있을 수 있는데, 가장 간단한 방법이 현재의 지적시스템에 3D 태그만 제공하는 것이다. • 사용자는 2차원 지적에서 3차원 등록 상황이 필요한 경우 3D (디지털)설명으로 참조시킬 수 있다. • 참조 설명은 아날로그 또는 디지털 형태로 이용 가능하다. • 후자의 방법은 데이터베이스에 자료들이 포함될 수 있으며 관련된 스캔자료, SHP, DXF와 같은 형태로 이용이 가능하다. • 3D 객체의 디지털 등고자료를 통해 지적도에 등록할 수도 있다.

정답 19 ④

20 미래 지적제도의 추진방향에 관한 내용으로 옳지 않은 것은?

① 디지털 지적 구축을 통한 지적 선진화
② 국민이 신뢰하는 지적체계 마련
③ 건전한 지적산업 육성 및 활성화
④ 과거를 준비하는 지적선진화 기반 구축

풀이 미래 지적제도의 방향

미래의 지적제도는 품질 높은 지적정보를 요구할 것이다. 이에 따라 우리나라의 지적정보는 국토를 성공적으로 관리하기 위한 수단이 되는 일종의 지능망이며 사회적으로 점차 행정 및 계획의 목적을 위해 토지에 관한 정보를 수집, 저장 및 조회하고자 하는 요구와 완데이터, 특히 위상 및 필지에 관련된 데이터를 공간적으로 표시하고자 하는 욕구, 유의미한 토지정보를 산출하기 위해 데이터를 분석하고 처리하고자 하는 요구를 만족시킬 수 있도록 지적제도의 방향을 두고 발전시켜 나가야 할 것이다.

구분		
목표	미래의 지적제도에서는 관련된 현대적인 도구를 사회의 구성원들이 토지를 제대로 이해하고, 그 사회의 토지 및 관련된 활동들에 대하여 중요성과 의미를 부여하도록 만들 수 있는 체계로서 관리하는 기능이 필요하다. 토지에 대한 인식은 토지이용, 제도, 행정 및 인간 간의 관계에 영향을 미치는 부분이 크므로 토지에 대한 인식의 중요성을 인지해야만 미래의 지적제도는 성공할 수 있을 것이다.	
추진방향	디지털 지적 구축을 통한 지적 선진화	지속 가능한 국가발전 동력에 부흥하는 정확한 지적체계 마련 및 수요자 중심의 고품질 부동산 정보관리체계 구축, 해양등록 및 환경자산평가를 위한 토지정보체계 구축
	건전한 지적산업 육성 및 활성화	공간정보 상호운용을 위한 지적정보 표준체계 마련, 공간정보 활용 극대화를 위한 지적정보 유통체계 마련
	국민이 신뢰하는 지적체계 마련	국토의 효율적 거버넌스 지원체계 마련과 국민의 재산권 보호 및 행정 효율화를 위한 기반 구축
	미래를 준비하는 지적선진화 기반 구축	국제 지적을 선도하는 역량 강화, 차세대 인재 양성 및 교육환경 개선

정답 20 ④

17 제17회 합격모의고사

01 다음 중 지적이란 2000년 전의 라틴어 카타스트럼(catastrum)에서 그 근원이 유래되었다고 주장한 학자는?

① Blondheim
② Ilmoor D.
③ J. McEntyre
④ Cledat

풀이 지적의 정의

지적(地籍, Cadastre)이란 용어가 어떻게 유래되었는지에 대하여는 확실치 않으나 그리스어 카타스티콘(Katastikhon)과 라틴어 캐피타스트럼(Capitastrum)에서 유래되었다고 하는 두 가지 학설이 지배적이다.

프랑스의 브론데임(Blondheim)	지적(地籍, Cadastre)이란 용어는 공책(空冊, Note Book) 또는 상업기록(商業記錄, Business Record)이라는 뜻을 가진 그리스어 카타스티콘(Katastikhon)에서 유래된 것이라고 주장하였다.
스페인의 일머(Ilmoor D.)	그리스어 카타스티콘(Katastikhon)에서 유래되었다고 주장하면서 카타(Kata)는 "위에서 아래로"의 뜻을 가지고 있으며 스티콘(Stikhon)은 "부과"라는 뜻을 가지고 있는 복합어로서 지적(Katastikhon)은 "위의 군주(君主)가 아래의 신민(臣民)에 대하여 세금을 부과하는 제도"라는 의미로 풀이하였다.
미국의 맥엔트리(J. G. McEntyre)	지적이란 2000년 전의 라틴어 카타스트럼(Catastrum)에서 그 근원이 유래되었다고 주장하면서 로마인의 인두세등록부(人頭稅登錄簿, Head Tax Register)를 의미하는 캐피타스트럼(Capitastrum) 혹은 카타스트럼(Catastrum)이란 용어에서 유래된 것이라고 보았다. 그는 "지적은 토지에 대한 법률적인 용어로서 세금을 부과하기 위한 부동산의 크기와 가치 그리고 소유권에 대한 국가적인 장부에 대한 등록이다."라고 정의하였다.
프랑스의 스테판 라비뉴(Stephane Lavigne)	라틴어인 카피트라스트라(Capitrastra)라는 목록(List)을 의미하는 단어에서 유래하였다는 것과 그 외에 "토지 경계를 표시하는 데 사용된 돌" 또는 "지도처럼 사용된 편암조각"이라는 고대 언어에서 유래하였다고 보는 견해도 있다고 주장하였다.
공통점	그리스어인 카타스티콘(Katastikhon)과 라틴어인 캐피타스트럼(Capitastrum) 또는 카타스트럼(Catastrum)은 그 내용에 있어서 모두 세금(稅金) 부과(賦課)의 뜻을 내포하고 있는 것이 공통점이다. 지적이 무엇인가에 대한 연구는 국내외적으로 매우 활발하게 연구되고 있으며 국가별, 학자별로 다양한 이론들이 제기되고 있는 상황이다. 그러나 이러한 기존의 연구에 있어서 지적이 무엇인가에 대한 공통점은 "토지에 대한 기록"이며, "필지를 연구대상으로 한다는 점"이다.

정답 01 ③

02 토지의 정의를 "자연적 · 인위적 자원의 총화"로 규정한 학자는?

① 바로우(Barlowe) 교수
② 헨센(Henssen) 교수
③ 데일(Dale) 교수
④ 맥엔트리(McEntyre) 교수

풀이 토지의 정의

토지는 흔히 개발되어야 할 자원, 자산, 투기의 대상 등으로 인식하고 있으나 삶의 추억과 고뇌, 한과 희망이 배어있고, 우리가 죽어서 돌아가고 우리 후손이 다시 살아갈 정신적 고향이며, 모든 생명체는 흙에서 태어나 흙으로 돌아가며, 삶의 터전과 국가 형성의 토대를 이루고 있기 때문에 토지의 중요성은 아무리 강조하여도 지나침이 없다.

미국 미시간주립대학의 바로우(R. Barlowe)	• 자연적, 인위적 자원의 총화로 정의 • 공간, 자연, 생산요소, 소비재, 위치, 재산 및 자본이라고 규정
네덜란드 ITC의 헨센(J. Henssen)	지표의 한 지역으로 지하의 물, 토양, 암석, 미네랄, 탄화수소 및 지상의 공기까지 포함하는 개념으로 정의

03 다음 중 신라 장적문서에 대한 설명으로 옳지 않은 것은?

① 서소원경(현재 청주) 부근의 4개 촌락을 대상으로 작성되었다.
② 호구수, 우마수, 다양한 전답면적, 나무의 주수가 기록되었다.
③ 촌락의 토지 조세징수와 부역징발을 위한 기초자료로 활용되었다.
④ 신라의 대표적 토지 관련 문서이지만 현존하지는 않는다.
⑤ 촌명 및 촌락의 영역, 전, 답, 마전(麻田) 등으로 구분하였다.

풀이 신라장적(新羅帳籍)

일본 정창원에서 발견된 것으로 통일신라시대 서원경 지방의 네 마을에 있었던 토지 등 재산목록으로 3년마다 일정한 방식으로 기록하였는데, 그 내용은 촌명(村名), 마을의 둘레, 호수의 넓이, 인구수, 논과 밭의 넓이, 과실나무의 수, 마전, 소와 말의 수 등이며 과세를 위한 기초문서이다. 신라 민정문서라고도 한다.

1. 시대별 토지도면 및 대장

고구려	봉역도(封域圖), 요동성총도(遼東城塚圖)
백제	도적(圖籍)
신라	신라장적(新羅帳籍)
고려	도행(導行), 전적(田籍)
조선	• 양안(量案) – 구양안(舊量案) : 1720년부터 광무양안(光武量案) 이전 – 신양안(新量案) : 광무양안으로 측량하여 작성된 토지대장 • 야초책 · 중초책 · 정서책 등 3단계를 걸쳐 양안이 완성된다.
일제	토지대장, 임야대장

정답 02 ① 03 ④

2. 신라장적의 특징 및 내용

특징	• 지금의 청주지방인 신라 서원경 부근 4개 촌락에 해당되는 문서이다. • 일본의 동대사 정창원에서 발견되었다. • 사망 · 이동 등 변동내용을 3년마다 기록한 것으로 추정된다. • 현존하는 가장 오래된 지적공부 • 국가의 각종 수확의 기초가 되는 장부	
기록내용	• 촌명(村名), 마을의 둘레, 호수의 넓이 등 • 인구수, 논과 밭의 넓이, 과실나무의 수, 뽕나무의 수, 마전, 소와 말의 수	
주요용어	관모답전(官謨畓田)	신라시대 각 촌락에 분산된 국가소유 전답
	내시령답(内視令畓)	문무관료전의 일부로 내시령이라는 관직을 가진 관리에게 지급된 직전
	촌주위답(村主位畓)	신라시대 촌주가 국가의 역을 수행하면서 지급받은 직전
	연수유답전(烟受有畓田)	신라시대 일반백성이 보유하여 경작한 토지로, 장적문서에서 전체 토지의 90% 이상이 해당된다.
	정전(丁田)	신라시대 성인 남자에게 지급한 토지권 연수유답전과 성격이 일치한다.
	마전(麻田)	삼을 재배하던 토지로, 4개의 촌락에 마전면적이 거의 균등하게 기재되어 있다.

04 지적이란 용어를 가장 전통적으로 잘 표현하고 있는 것은?

① 토지에 대한 경력
② 토지에 대한 호적
③ 부동산에 대한 이력서
④ 부동산에 대한 경력

풀이 **지적의 기원**

인류문명의 발상과 함께 국가는 토지를 배분하고 토지로부터 발생하는 수확량에 기초한 과세를 목적으로 경작자별 면적을 등록 관리하기 위하여 지적측량과 더불어 지적제도가 발달하였다(세지적).

지적이란 전통적으로 다음과 같이 표현된다.

① 토지에 대한 호적(戸籍)
② 토지에 대한 이력(履歷)
③ 토지소유권에 대한 호적(戸籍)

05 대한제국시대에 작성되었던 민유임야약도에 대한 설명으로 옳은 것은?

① 등급을 상세하게 정리하여 세금을 공평하게 징수할 수 있도록 작성된 도면이다.
② 소재 · 면적 · 지번 · 축척 · 사표 등을 기재하였다.
③ 민유임야약도 제작으로 우리나라에서 최초로 임야측량이 시작되었다.
④ 민유임야약도 제작에 필요한 측량비용은 모두 국가가 부담하였다.
⑤ 범례와 등고선은 표기하지 않았다.

정답 04 ② 05 ③

풀이 **민유임야약도(民有林野略圖)**

대한제국은 1908년 1월 21일 「삼림법」을 공포하였는데 제19조에 "모든 민유임야는 3년 안에 면적과 약도를 농상공부대신에게 신고하되 기한 안에 신고를 안 하면 국유로 한다."라는 내용을 두어 모든 민간인이 갖고 있는 임야지를 측량하여 강제적으로 그 약도를 제출하게 되어 있다. 여기서 기한 내에 신고치 않으면 "국유"로 된다고 하였는데, 우리나라 "국유"가 아니라 통감부 소유, 즉 일본이 소유권을 갖게 된다는 뜻이다. 이는 법률에 한 조항을 넣어 가만히 앉아서 민유임야를 파악하고 나머지는 국유로 처리하자는 수작이었다.

민유임야약도란 이 「삼림법」에 의해서 민유임야 측량기간(1908.1.21.~1911.1.20.) 사이에 소유자의 자비로 측량에 의해서 만들어진 지도를 말한다.

① 민유임야약도는 채색으로 되어 있으며 범례와 등고선이 그려져 있다.
② 민유임야약도는 지번을 제외하고는 임야도의 모든 요소를 갖추었다.
③ 토지의 소재, 면적, 소유자, 축척, 도면과 사표(四標), 측량연월일, 북방표시, 측량자 이름과 날인이 되어 있다.
④ 측량연도는 대체로 융희(隆熙)를 썼고, 1910년과 1911년은 메이지(明治)를 썼다.
⑤ 축척은 200분의 1, 300분의 1, 600분의 1, 1,000분의 1, 1,200분의 1, 2,400분의 1, 3,000분의 1, 6,000분의 1 등 8종이다.
⑥ 민유임야약도는 폐쇄다각형으로 그린 다음 그 안에 등고선을 긋고 범례에 따라 도식으로 나타내었다.
⑦ 면적의 단위는 정(町), 반(反), 보(步) 등을 사용하였다.

06 둠즈데이 대장(Domesday Book)을 작성하기 위하여 조사한 조사대상이 아닌 것은?

① 토지의 면적　　② 토지등급
③ 동물　　④ 쟁기

풀이 **둠즈데이 대장(Domesday Book)**

윌리엄(William) 공이 1086년에 전 영국의 토지에 대한 과세를 목적으로 시작한 대규모 토지사업의 성과에 의하여 작성된 대장으로 근대지적제도의 필수 공부인 지적도면을 작성하지 아니하고 지적부라고 할 수 있는 지세대장만을 작성하여 단순한 과세 목적으로 사용하였기 때문에 최초의 근대적인 지적제도라고 할 수 없다.

조사기간	1085년부터 1086년(약 1년)	
대상지역	북부의 4개 군과 런던 및 윈체스터시를 제외한 모든 영국	
조사목적	• 스칸디나비아 국가로부터 영국의 침략을 방비 • 프랑스 북부의 전투현장을 유지하기 위한 전비 조달	
조사사항	토지의 면적, 소유자, 소작인, 삼림, 목초, 동물, 어족, 쟁기, 기타 자원, 건물, 노르만 침공 이전과 이후의 토지와 자산 가치 등	
조사방법	영국 전역을 7개의 지역으로 나누어 왕실의 위원들이 각 지역별로 3~4명씩 할당되어 조사	
대장의 작성	윌리엄 왕이 사망한 1087년 9월에 작업 중단	
대장의 종류	둠즈데이 본대장 (Great Domesday Book)	마른 양가죽에 검정과 적색 잉크만을 사용하여 라틴어로 기록하고 결국 미완성됨
	둠즈데이 부대장 (Little Domesday Book)	요약되지 않은 초안으로 남아 있음

정답 06 ②

대장의 보관	런던의 큐(Kew)에 있는 공공기록사무소의 금고 사본을 발간하여 특별전시실에 전시하고 일반인들에게 열람
대장의 활용	11세기 노르만 영국의 경제와 사회를 조명하는 자료와 그 당시 영국의 부와 봉건제도 및 지리적 상황 등을 분석하는 데 이용

07 현대지적의 원리 중 지적행정을 수행함에 있어 국민의사의 우월적 가치가 인정되며, 국민에 대한 충실한 봉사, 국민에 대한 행정책임 등의 확보를 목적으로 하는 것은?

① 민주성의 원리 ② 공기능성의 원리
③ 정확성의 원리 ④ 능률성의 원리

풀이 현대지적의 원리

공기능성의 원리 (Publicness Principle)	공기능성의 본원적 의미는 어떤 집단 속에서 대다수의 개인에게 공통되는 이해 또는 목적을 가지는 것으로 불특정 다수자의 이익의 추구이며, 사적 이익이라는 개별적 추구를 공적 입장에서 보호하자는 조화에 바탕을 두고 있으며, 모든 지적사항은 필요에 따라 공개되어야 하며 객관적이고 정확성이 있어야 한다.
민주성의 원리 (Democracy Principle)	현대지적의 민주성이란 제도의 운영주체와 객체가 내적인 면에서 인간화가 이루어지고 외적인 면에서 주민의 뜻이 반영되는 행정이라 할 수 있으며 정책결정에서 국민에 참여, 국민에 대한 충실한 봉사, 국민에 대한 행정적 책임 등이 확보되는 상태를 말한다.
능률성의 원리 (Efficiency Principle)	지적의 능률성은 토지현황을 조사하여 지적공부를 만드는 데 따르는 실무활동의 능률과 주어진 여건과 실행과정에서 이론개발 및 그 전달과정의 개선을 뜻하며 지적활동의 과학화, 기술화 내지 합리화, 근대화를 지칭하는 것이다.
정확성의 원리 (Accuracy Principle)	토지의 정보를 수록하는 지적은 사회과학적 방법과 자연과학적 방법이 함께 접근되어야 하며 지적의 정확성이 현대지적의 기능을 최고화하기 위한 원리이다.

08 고대 중국의 주나라에서 최초로 시행한 토지제도는?

① 정전제(井田制) ② 정전제(丁田制)
③ 균전제(均田制) ④ 둔전제(屯田制)

풀이 고대 중국의 지적

은왕조 (殷王朝)	B.C. 1500년경 은왕조(殷王朝)가 갑골문자(甲骨文字)를 남겼으며, 하남성 안양에서 발굴된 은나라 때 수레축의 장식품에 5각형과 9각형 등의 기하학적 도형이 그려져 있는 것은 고대 중국인들이 일찍부터 토지측량술과 관계있는 활동을 해왔다는 것을 의미
고공기 (考工記)	춘추전국시대에 발간된 주례(周禮)의 고공기(考工記)에 "장인들이 나라의 중심이 되는 도성을 설계함에 있어서 사방 9리에 각각 세 개의 성문을 설치하고 성내는 9경(經)과 9궤(軌)로 되어 있다"라고 기록 • 주나라는 일찍부터 모든 토지의 평면을 바둑판식으로 나누는 정전제(井田制)를 시행하여 실제 측량을 전제로 하는 토지구획제도를 시행

정답 07 ① 08 ①

변경주군도 (邊境駐軍圖)	고대 중국에서 토지측량술이 있었다는 것은 1973년 양자강(揚子江) 남쪽 호남성의 장사 마왕퇴(長沙 馬王堆)에서 발견된 B.C. 186년의 장사국(長沙國) 남부 지형도와 변경주군도(邊境駐軍圖)에서 확인되고 있음 • 전한(前漢)시대의 2매의 지도로 현대의 지도와 비교할 때 개략적인 축척까지 설정할 수 있을 정도로 비교적 정확함
우적도와 화이도	1136년 만들어진 우적도(禹跡圖)와 화이도(華夷圖) 발견 • 이 지도들은 모두 방격도(方格圖) 형태로 되어 있어 측량에 의해서 작성되었음을 알 수 있음
어린도 (魚鱗圖)	조세징수의 기초자료로 만들어진 고대 중국의 지적도로 이것들을 묶어서 어린도책(魚鱗圖冊)으로 발간하였으며, 중국에서 지적제도가 확립되었다는 확실한 증거 • 어린도책은 송(宋)대부터 일부지역에서 작성하기 시작하여 명(明) · 청(靑)시대에 전국으로 광범위하게 전파
기리고차 (記里鼓車)	송사(宋史) 여복지(輿服志)에 지상거리 측량용 기구인 기리고차(記里鼓車)에 관해서 상세한 기록이 있고 평주가담(萍洲可談)에는 나침반을 사용한 기록이 있는 것으로 보아 지상에서 거리측량과 방위설정이 이루어졌음을 알 수 있음

09 다음 중 1720년부터 1723년 사이에 이탈리아 밀라노의 지적도 제작 사업에서 전 영토를 측량하기 위해 사용한 지적도의 축척으로 옳은 것은?

① 1/1,200
② 1/2,000
③ 1/2,400
④ 1/3,000

풀이 지적의 기원

① 고대의 지적 : 기원전 3400년경에 이미 토지 과세를 목적으로 하는 측량이 시작되었고, 기원전 3000년경에는 토지 기록이 존재하고 있었다는 이집트 역사학자들의 주장이 입증되고 있으며, 유프라테스 · 티그리스강 하류의 수메르(Sumer)지방에서 발굴된 점토판에는 토지 과세 기록과 마을 지도 및 넓은 면적의 토지 도면과 같은 토지 기록들이 나타나고 있다.

② 중세의 지적 : 노르만 영국의 윌리엄(William) 1세가 1085년과 1086년 사이에 전 영토를 대상으로 하여 작성한 둠즈데이 북(Domesday Book)은 최초의 국토자원에 관한 목록으로 평가된다.

③ 근대의 지적 : 1720년에서 1723년 동안 이탈리아 밀라노의 축척 2,000분의 1 지적도 제작 사업이 있으며, 프랑스의 나폴레옹(Napoleon) 1세가 1808년부터 1850년까지 전 국토를 대상으로 작성한 지적은 또 다른 의미에서 근대 지적의 기원으로 평가된다.

10 지적의 어원과 관련이 없는 것은?

① Katastikhon
② Catastrum
③ Cadastrum
④ Capitastrum

풀이 지적의 어원

지적이란 용어는 그리스어 카타스티콘(Katastikhon)과 라틴어 캐피타스트럼(Capitastrum) 혹은 커타스터럼(Catastrum)에서 유래되었다고 할 수 있으며 모두 세금부과의 뜻을 가지고 있다.

정답 09 ② 10 ③

프랑스의 브론데임(Blondheim) 어원 학자	공책(Note Book) 또는 상업기록(Business Record)이라는 뜻을 가진 그리스어 카타스티콘(Katastikhon)에서 유래
스페인의 일머(Ilmoor D.) 국립농업연구소 교수	• 그리스어 카타스티콘(Katastikhon)에서 유래 • 카타(Kata)는 위에서 아래로의 뜻을, 스티콘(Stikhon)은 부과라는 뜻을 가지고 있는 복합어 • Katastikhon은 위의 군주(君主)가 아래의 신민(臣民)에 대하여 세금을 부과하는 제도라고 주장
미국의 맥엔트리(J. McEntyre) 퍼듀대학 교수	• 라틴어인 카타스트럼(Katastrum)에서 유래 • 로마인의 인두세등록부를 의미하는 캐피타스트럼(Capitastrum) 혹은 카타스트럼(Catastrum)에서 유래
프랑스의 스테판 라비뉴(Stephane Lavigne) 정모네대학 교수	라틴어인 카피트라스트라(Kapitrastra)라는 목록(List)을 의미하는 단어에서 유래

11 고려 초기의 기록상으로 남아 있는 우리나라 최초의 토지조사측량자는?

① 송량경 ② 봉휴
③ 산사 ④ 판도사

풀이 **정두사 5층석탑 조성형지기**

이 고문서의 내용은 토지의 조사, 토지대장의 작성, 그의 보관 등에 관한 일련의 토지측량(양전) 과정을 보여주는 것으로 고려 초기의 귀중한 자료이다. 탑지의 내용과 같이 2회에 걸친 조사에서 알 수 있는 것은 산사(천달)를 대동한 양전사의 중앙에서의 파견은 이미 고려 초기부터 양전이 엄격히 실시되고 있었다는 것을 보여 주고 있다.

정두사 5층석탑에서 나온 조성형지기

여기에는 또 실제 토지조사와 측량에 참가한 사람의 직과 이름이 기재되어 있는데, 기록상으로는 광종 6년 송량경이 우리나라 최초의 토지조사측량자였으며 1년 후인 광종 7년에는 양전사 예언, 하전 봉휴, 산사 천달 등이 토지의 측량에 참가하였던 것을 알 수 있다.

12 "토지에 대한 적(籍)"이란 용어를 최초로 사용한 문헌은?

① 도적 ② 경국대전
③ 내부관제 ④ 각읍부세소장정
⑤ 사출도

정답 11 ① 12 ②

풀이 **지적이란 용어의 사용**

지적이란 용어는 전통적으로 "토지에 대한 호적(戸籍), 토지 소유권에 대한 호적 또는 토지에 대한 이력(履歷)"이란 의미로 알려져 왔으며, 백제의 도적(圖籍), 신라의 장적(帳籍), 고려의 전적(田籍) 등과 같이 오늘날의 지적과 유사한 기록이 있었으나, 언제부터 지적이라는 용어를 사용했는지는 불확실하다.

경국대전(經國大典) 호전(戸典)편의 양전(量田)	"전지(田地)는 6등급으로 구분하고 매 20년도마다 다시 측량하여 토지에 대한 적(籍)을 만들어 호조(戸曹)와 도 및 읍에 비치한다"라고 규정-토지에 대한 적(籍)이 바로 지적(地籍)임
내부관제(1895.3.26. 칙령 제53호)	제8조 : "판적국(版籍局)은 호구적(戸口籍)과 지적(地籍)에 관한 사항"을 관장하도록 규정-최초로 내부관제에서 지적(地籍)이란 용어 사용
각읍 부세소장정(各邑賦稅所章程 : 1895.4.5. 칙령 제74호)	제3조제1항 : "전제(田制) 및 지적(地籍)에 관한 사무를 처리하는 일"이라고 규정
내부분과규정(1895.4.17.)	제13조 : 지적(地籍)이라는 용어 사용
대구시가 토지측량규정(1907.5.16. 대구재무관)	제131조 : 지적부(地籍簿)라는 용어 사용
삼림법(森林法 : 1908.1.21. 법률 제1호)	• 제19조 : 지적(地籍) 및 면적(面積)이라는 용어 사용 • 삼림법 시행세칙(1908.4.21. 농공상부령 제65호) 제13호 양식 : 지적보고(地籍報告)라는 용어 사용
임시토지조사국측량규정(조선총독부훈령 제21호, 1913.2.22.)	제2조, 제9조 및 제7장 : 지적도(地籍圖)라는 용어 사용
토지대장규칙(조선총독부령 제45호, 1914.4.25.)	제3조, 제4조 : 지적도(地籍圖)라는 용어 사용
조선임야조사령(제령 제5호, 1914.4.25.)	제10조 : 지적(地籍)이라는 용어 사용
지적법 제정(1950.12.1.)	지적(地籍)이라는 용어를 널리 사용

13 지적에 관련된 행정조직으로 중앙에 주부(主簿)라는 직책을 두어 전부(田簿)에 관한 사항을 관장하게 하고 토지측량 단위로 경무법을 사용한 국가는?

① 백제 ② 신라
③ 고구려 ④ 고려

풀이 **삼국시대의 지적제도 비교**

구분	고구려	백제	신라
길이단위	척(尺) 단위 사용 : 고구려척	척(尺) 단위 사용 : 백제척, 후한척, 남조척, 당척	척(尺) 단위 사용 : 흥아발주척, 녹아발주척, 백아척, 목척
면적단위	경무법(頃畝法)	두락제(斗落制)와 결부제(結負制)	결부제(結負制)
토지장부	봉역도(封域圖) 및 요동성총도(遼東城塚圖)	• 도적(圖籍) • 일본에 전래[근강국 수소촌 간전도(近江國 水沼村 墾田圖)]	장적(방전, 직전, 제전, 규전, 구고전, 원전, 호전, 환전)

정답 13 ③

구분	고구려	백제	신라
측량방식	구장산술	구장산술	구장산술
토지담당 (부서 · 조직)	• 부서 : 주부(主簿) • 실무조직 : 사자(使者)	내두좌평(內頭佐平) • 산학박사 : 지적 · 측량담당 • 화사 : 도면작성 • 산사 : 측량 시행	• 조부 : 토지세수 파악 • 산학박사 : 토지측량 및 면적 측정
토지제도	토지국유제 원칙	토지국유제 원칙	토지국유제 원칙

14 지적제도를 "사회변화에 맞춰 진화 발전하는 살아있는 제도"라고 주장한 학자는?

① 영국의 데일 교수
② 호주의 윌리엄스 교수
③ 프랑스의 스테판 라비뉴 교수
④ 한국의 원영희 교수

풀이 지적의 정의

1978, 미국 맥엔트리(J. McEntyre) 퍼듀대학 교수	부동산에 대한 양과 가치 및 소유권의 공적인 등록
1981, 대만 래장(來璋) 국립중흥대학 교수	토지의 위치, 경계, 종류, 면적, 권리상태 및 사용상태 등을 기재한 도책(圖冊)
1984, 영국 심프슨(S. R. Simpson) 해외개발부	과세의 기초자료를 제공하기 위하여 부동산에 대한 양과 가격 및 소유권을 공적으로 등록하는 제도
1987, 네덜란드 헨센(J. Henssen) ITC 교수	소유권과 관계된 부동산에 관한 데이터를 체계적으로 정리 등록하는 것
1988, 영국 데일(P. F. Dale) 교수	• 법적 측면에서는 필지에 대한 소유권의 등록 • 조세 측면에서는 필지의 가치에 대한 재산권의 등록 • 다목적 측면에서는 필지의 특성에 대한 등록
1966, 프랑스 스테판 라비뉴(Stephane Lavigne) 정모네대학 교수	개인이나 집단 소유의 세무나 토지, 법률, 경제적인 필요에 부응할 수 있는 자세한 설명이 기록된 토지 소유권의 목록

15 선 등록, 후 등기의 원칙을 적용하여 등록 · 공시하는 등록객체는?

① 항공기
② 중기
③ 선박
④ 자동차

풀이 선 등록, 후 등기 원칙

선 등록, 후 등기(先 登錄, 後 登記) 원칙은 모든 토지와 그 정착물 등을 지적측량이라는 공학적이고 기술적인 수단을 통하여 연속되어 있는 국토를 조사 · 측량하여 개인의 권리가 미치고 있는 범위를 특정하여 필지단위로 지적에 등록 · 공시한 후 이를 토대로 등기부를 개설하는 제도를 말한다.

정답 14 ③ 15 ③

선 등록, 후 등기 원칙의 적용대상 업무

구분 / 종목	등록기관			등기기관		
	중앙	지방	공부명	중앙	지방	공부명
토지등록	행정안전부	시 · 도 시 · 군 · 구	토지대장	법원행정처	지방법원 등기소	토지등기부
건축물등록	행정안전부	시 · 도 시 · 군 · 구	건축물대장	법원행정처	지방법원 등기소	건물등기부
선박등록	항만청	시 · 도 시 · 군 · 구	선박등록 원부	법원행정처	지방법원 등기소	선박등기부
임목등록	산림청	시 · 도 시 · 군 · 구	임목등록 원부	법원행정처	지방법원 등기소	임목등기부

16 다음 중 광무양전(光武量田)에 대한 설명으로 옳지 않은 것은?

① 등급별 결부산출(結負産出) 등의 개선은 있었으나 면적을 척수(尺數)로 표준화하지 않았다.
② 양무위원을 두는 외에 조사위원을 두었다.
③ 정확한 측량을 위하여 외국인 기사를 고용하였다.
④ 양안의 기재는 전답(田畓)의 도형(圖形)을 기입하게 하였다.

풀이 광무양전(光武量田)

1898~1904년 추진된 광무양전사업(光武量田事業)은 근대적 토지제도와 지세제도를 수립하고자 전국적 차원에서 추진되었다. 사업의 실제 과정을 보면 양지아문(量地衙門)이 주도한 양전사업과 지계아문(地契衙門)의 양전 · 관계(官契) 발급 사업으로 전개되었다.

이때의 양안은 고종황제 집권 시에 작성되었기 때문에 일명 '광무양안(光武量案)'으로 불리는데, 광무양안은 그 이전의 양안과 형식 및 내용에 있어 큰 차이가 있었다. 우선 완전히 새롭게 토지를 측량해서 지번(地番)을 매겼기 때문에, 같은 토지의 지번이 과거의 경자양안(1720년 작성)의 지번과 완전히 달라지게 되었다. 또 경자양안과는 달리 광무양안에서는 지형을 도시(圖示)하였다. 면적을 척수(尺數)로써 표시하고, 등급에 따라 결부수(結負數)를 산출하여 기록하였으며, 지주 · 소작관계가 이루어지고 있는 토지는 시주(時主, 지주)와 시작(時作, 소작인)의 성명을 기록하였다. 그뿐만 아니라 가대지(家垈地)의 경우 가옥의 주인과 협호인(挾戶人)의 성명을 함께 기록하기도 하였다. 시작인의 성명 등을 기록한 것은 지세(地稅) 납부자가 시작인인 경우가 있었기 때문이다.

17 외국 지적제도의 기원과 관련이 있는 지적도면이나 지적대장이라고 할 수 없는 것은?

① 이집트 메나 무덤의 고분벽화
② 바빌로니아의 점토판지도
③ 로마의 촌락도
④ 노르만 영국의 둠즈데이 대장

정답 16 ① 17 ①

풀이 외국 지적제도의 기원

이집트 메나무덤의 고분벽화	줄자를 이용하여 토지를 측량하는 모습과 기록부를 가진 관리들이 그려져 있는데, 오늘날과 유사한 지적측량을 실시하는 모습을 발견할 수 있다.
바빌로니아의 점토판지도	• 이라크 북동부 지역의 누지(Nuzi)에서 고대 바빌로니아에서 사용된 B.C. 2500년경 점토판(粘土版) 지도 발견(세계에서 가장 오래된 지형도) • B.C. 2300년 경 바빌로니아 지적도가 있는데 이 지적도에는 소유 경계와 재배 작물 및 가축 등을 표시하여 과세목적으로 이용
로마의 촌락도	B.C. 1600년경 내지 1400년경 고대 로마였던 이탈리아 북부 지역의 리불렛(Rivulets)에서 동(銅)으로 만든 도구를 사용하여 발카모니카 빙식(氷蝕) 계곡의 암벽에 베두인(Bedolin)족이 4m의 길이로 새겨 놓은 석각(石刻) 촌락도(村落圖) 발견되었다. 이 도면은 촌락경지도로서 고대 원시적인 지적도라 할 수 있다.
노르만 영국의 둠즈데이 대장	윌리엄(William) 공이 1086년에 전 영국의 토지에 대한 과세를 목적으로 시작한 대규모 토지사업의 성과에 의하여 작성된 둠즈데이북(Domesday Book)은 근대지적제도의 필수 공부인 지적도면을 작성하지 아니하고 지적부라고 할 수 있는 지세대장만을 작성하여 단순한 과세 목적으로 사용하였기 때문에 최초의 근대적인 지적제도라고 할 수 없다.
수메르의 테라코타 서판	수메르(Sumer)인들은 최초의 문자를 발명하고 점토판(clay tablet)에 새겨진 지적도를 제작 • 홍수 예방과 관개를 위하여 운하, 저수지, 제방과 같은 수리체계를 완성 • 토지분쟁을 사전에 예방하기 위해서 토지경계를 측량하고 "미쇼(Michaux)의 돌"이라는 경계비석(境界碑石)을 세움 • B.C. 2100년경 움마시에서 양질의 점토를 구워 만든 점토판인 테라코타(Terracotta) 서판(書板) 발견(토지의 경계와 면적을 기록한 지적도)

18 지적공부에 등록 · 공시하는 정보가 아닌 것은?

① 물리적 현황
② 법적 권리관계
③ 소유자의 호적사항
④ 의무사항

풀이 지적의 종합적 · 현대적 정의

토지와 그 정착물에 대한 물리적 현황, 법적 권리 관계, 제한사항 및 의무사항 등을 조사 · 측량하여 공적도부에 등록 · 공시하는 필지중심의 토지정보체계(PBLIS)

토지와 그 정착물(Land & Fixture)	토지, 지상 건축물, 지하시설물 등
물리적 현황(Physical Condition)	소재, 지번, 지목, 경계, 면적, 좌표 등
법적권리(Regal Rights)	소유권, 소유권 이외의 기타 권리(지상권, 지역권 등)
제한사항(Restrictions)	용도지역, 지구, 구역, 분할, 지목변경, 등록전환 등
의무사항(Responsibilities)	건폐율, 용적률, 대지와 도로의 관계, 거래가격 등
조사(Investigation)	토지소유권, 토지가격, 지형. 지모 등
측량(Surveying)	기선측량, 기초측량, 세부측량 등
공적도부(Public Register)	도면, 대장 등
필지중심토지정보체계(PBLIS)	다목적 지적정보시스템

정답 18 ③

19 "지적은 특정한 국가나 지역 내에 있는 재산을 지적측량에 의해서 체계적으로 정리해 놓은 공부이다."라고 지적을 정의한 학자는?

① A. Toffler
② S. R. Simpson
③ J. G. McEntyre
④ J. L. G. Henssen

풀이 지적의 정의

J. L. G. Henssen (1974)	국내의 모든 부동산에 관한 자료를 체계적으로 정리하여 등록하는 것으로 어떤 구가나 지역에 있어서 소유권과 관계된 부동산에 관한 데이터를 체계적으로 정리하여 등록하는 것
S. R. Simpson (1976)	과세의 기초로 제공하기 위하여 한 국가 내의 부동산의 면적이나 소유권 및 그 가격을 등록하는 공부
J. G. McEntyre (1985)	토지에 대한 법률상 용어로서 세 부과를 위한 부동산의 양 · 가치 및 소유권의 공적등록
P. Dale(1988)	법적 측면에서는 필지에 대한 소유권의 등록이고, 조세 측면에서는 필지의 가치에 대한 재산권의 등록이며, 다목적 측면에서는 필지의 특성에 대한 등록
來璋(1981)	토지의 위치, 경계, 종류, 면적, 권리상태 및 사용상태 등을 기재한 도책(圖册)

20 지적제도의 기능 중 가장 중요한 기능은?

① 토지평가의 기초
② 토지이용계획의 기초
③ 주소표기의 기준
④ 토지등기의 기초

풀이 토지등기의 기초

모든 토지는 지적공부에 등록된 정보를 토대로 등기부를 개설하게 되어 이 기초가 되는 정보를 제공하는 기능을 담당

지적제도	국가의 통치권(統治權)이 미치는 모든 영토를 필지 단위로 구분하여 토지에 대한 물리적인 현황과 법적 권리관계, 제한사항 및 의무사항 등을 등록 · 공시하는 국가의 제도
등기제도	등기관이 법정 절차에 따라서 등기(登記)라고 일컬어지는 특수한 방법으로 부동산에 대한 법적 권리관계를 등록 · 공시하는 국가의 제도
토지조사 사업보고서 전문	"토지조사사업의 결과로 토지소유자와 강계를 사정(査定)하여 지적(地籍)을 명확히 함으로써 다년간 발생하였던 토지분쟁을 해결하고 아울러 토지등기제도의 설정을 기하였다."라고 기록
부동산등기법 제130조제1호	소유권보존등기는 토지대장등본에 의하여 자기 또는 피상속인이 토지대장에 소유자로서 등록되어 있는 것을 증명하는 자로 규정
선 등록, 후 등기 (先 登錄, 後 登記) 원칙	모든 토지와 그 정착물 등을 지적측량이라는 공학적이고 기술적인 수단을 통하여 연속되어 있는 국토를 조사 · 측량하여 개인의 권리가 미치고 있는 범위를 특정하여 필지단위로 지적에 등록 · 공시한 후 이를 토대로 등기부를 개설하는 제도

정답 19 ④ 20 ④

18 제18회 합격모의고사

01 우리나라 지적제도에서 지적국정주의를 채택하는 이유로 가장 적합한 것은?

① 토지표시방법을 통일하기 위하여
② 토지개발방법을 통일하기 위하여
③ 토지자료의 공시방법을 통일하기 위하여
④ 토지평가방법을 통일하기 위하여

풀이 지적법의 기본이념 암기 ㉠㉤㉢㉡㉣(국형공실직)

구분	내용
지적(국)정주의	지적사무는 국가의 고유사무로서 지적공부의 등록사항인 토지의 소재 · 지번 · 지목 · 면적 · 경계 또는 좌표 등은 국가만이 결정할 수 있는 권한을 가진다는 이념 ※ 국정주의를 채택하고 있는 이유 모든 토지를 실지와 일치하게 지적공부에 등록하도록 하고 있으나 이를 성실하게 이행할 수 있는 것은 국가뿐이며, 지적공부에 등록할 사항의 결정방법 및 운영은 전국적으로 통일적이고 획일성(uniformity) 있게 수행되어야 하는 국가의 고유사무이기 때문이다.
지적(형)식주의	국가가 결정한 토지에 대한 물리적 현황과 법적 권리관계 등을 외부에서 인식할 수 있도록 일정한 법정 형식을 갖추어 지적공부에 등록하여야만 효력이 발생한다는 이념으로 지적등록주의라고도 한다.
지적(공)개주의	토지에 대한 물리적 현황과 법적 권리관계 등을 지적공부에 등록하여 국가만이 업무에 활용하는 것이 아니고, 토지소유자나 이해관계인은 물론 기타 일반국민에게도 공시방법을 통하여 신속 · 정확하게 공개하여 정당하게 언제나 이용할 수 있도록 하여야 한다는 이념이다. 지적공개주의에 입각하여 지적공부에 대한 정보는 열람이나 등본의 교부제도로 공개하거나 지적(임야)도에 등록된 경계를 현지에 복원시키는 경계복원측량 등이 지적공개주의의 대표적인 실현수단이라 할 수 있다.
지적(실)질적 심사주의	지적제도는 토지에 대한 사실관계를 정확하게 등록 · 공시하는 제도로서 새로이 지적공부에 등록하는 사항이나 이미 지적공부에 등록된 사항을 변경 등록하고자 할 경우 소관청은 지적법령에 의하여 절차상의 적법성(legality)뿐만 아니라 실체법상 사실관계의 부합 여부를 심사하여 지적공부에 등록하여야 한다는 이념으로서 사실심사주의라고도 한다.
지적(직)권 등록주의	국가는 의무적으로 통치권이 미치는 모든 토지에 대한 일정한 사항을 직권으로 조사 · 측량하여 지적공부에 등록 · 공시하여야 한다는 이념으로서 적극적 등록주의 또는 등록강제주의라고도 한다.

02 지적제도의 기능에 해당하지 아니하는 것은?

① 주소표기의 기준
② 토지평가의 기초
③ 토지공개념의 기초
④ 토지거래의 기준

정답 01 ① 02 ③

풀이 지적제도의 기능 암기 ⓓⓟⓖⓖⓘⓟⓖ

토지등기의 기초 (선등록 후등기)	지적공부에 토지표시사항인 토지소재, 지번, 지목, 면적, 경계와 소유자가 등록되면 이를 기초로 토지소유자가 등기소에 소유권보존등기를 신청함으로써 토지등기부가 생긴다. 즉 토지표시사항은 토지등기부의 표제부에, 소유자는 갑구에 등록한다.
토지평가의 기초 (선등록 후평가)	토지평가는 지적공부에 등록한 토지에 한하여 이루어지며 평가는 지적공부에 등록된 토지표시사항을 기초자료로 이용하고 있다.
토지과세의 기초 (선등록 후과세)	토지에 대한 각종 국세와 지방세는 지적공부에 등록된 필지를 단위로 면적과 지목 등 기초자료를 결정한 개별공시지가(「지가공시 및 토지 등의 평가에 관한 법률」)를 과세의 기초자료로 하고 있다.
토지거래의 기초 (선등록 후거래)	토지거래는 지적공부에 등록된 필지 단위로 이루어지며, 지적공부에 등록된 토지표시사항(소재, 지번, 지목, 면적, 경계 등)과 등기부에 등재된 소유권 및 기타 권리 관계를 기초로 하여 거래가 이루어지고 있다.
토지이용계획의 기초 (선등록 후계획)	각종 토지이용계획(국토건설종합계획, 국토이용계획, 도시계획, 도시개발, 도시재개발 등)은 지적공부에 등록된 토지표시사항을 기초자료로 활용하고 있다.
주소표기의 기초 (선등록 후설정)	민법에서의 주소, 가족관계의 등록 등에 관한 법률에서의 본적 및 주소, 주민등록법에서의 거주지 · 지번 · 본적, 인감증명법에서의 주소와 기타 법령에 의한 주소, 거주지, 지번은 모두 지적공부에 등록된 토지소재와 지번을 기초로 하고 있다.

03 세계에서 가장 오래된 지형도(地形圖)라고 할 수 있는 것은?

① 고대 이집트 수도인 테베지방에서 발견된 고분벽화
② 고대 이집트 누비아지방에서 발견된 고분벽화
③ 이라크 누지에서 발견된 고대 바빌로니아의 점토판 지도
④ 고대 로마 빙식계곡의 암벽에서 발견된 촌락도

풀이 고대 바빌로니아의 지적도의 지적도

세계에서 제일 오래된 지형도	이라크 북동부 지역의 누지(Nuzi)에서 고대 바빌로니아에서 사용된 B.C. 2500년경 점토판(粘土版) 지도 발견
지적도	B.C. 2300년경 바빌로니아 지적도가 있는데 이 지적도에는 소유 경계와 재배 작물 및 가축 등을 표시하여 과세목적으로 이용
문자발명 및 지적도	수메르(Sumer)인들은 최초의 문자를 발명하고 점토판(Clay Tablet)에 새겨진 지적도를 제작 ① 홍수 예방과 관개를 위하여 운하, 저수지, 제방과 같은 수리체계를 완성 ② 토지분쟁을 사전에 예방하기 위해서 토지경계를 측량하고 "미쇼(Michaux)의 돌"이라는 경계비석(境界碑石)을 세움 ③ B.C. 2100년경 움마시에서 양질의 점토를 구워 만든 점토판인 테라코타(Terracotta) 서판(書板) 발견(토지의 경계와 면적을 기록한 지적도)

정답 03 ③

04 대한제국시대에 작성되었던 민유임야약도에 대한 설명으로 옳은 것은?

① 등급을 상세하게 정리하여 세금을 공평하게 징수할 수 있도록 작성된 도면이다.
② 소재 · 면적 · 지번 · 축척 · 사표 등을 기재하였다.
③ 민유임야약도 제작으로 우리나라에서 최초로 임야측량이 시작되었다.
④ 민유임야약도 제작에 필요한 측량비용은 모두 국가가 부담하였다.

풀이 민유임야약도(民有林野略圖)

대한제국은 1908년 1월 21일 「삼림법」을 공포하였는데 제19조에 "모든 민유임야는 3년 안에 면적과 약도를 농상공부대신에게 신고하되 기한 안에 신고를 안 하면 국유로 한다."라는 내용을 두어 모든 민간인이 갖고 있는 임야지를 측량하여 강제적으로 그 약도를 제출하게 되어 있다. 여기서 기한 내에 신고치 않으면 "국유"로 된다고 하였는데, 우리나라 "국유"가 아니라 통감부 소유, 즉 일본이 소유권을 갖게 된다는 뜻이다. 이는 법률에 한 조항을 넣어 가만히 앉아서 민유임야를 파악하고 나머지는 국유로 처리하자는 수작이었다.

민유임야약도란 이 「삼림법」에 의해서 민유임야 측량기간(1908.1.21.~1911.1.20.) 사이에 소유자의 자비로 측량에 의해서 만들어진 지도를 말한다.

① 민유임야약도는 채색으로 되어 있으며 범례와 등고선이 그려져 있다.
② 민유임야약도는 지번을 제외하고는 임야도의 모든 요소를 갖추었다.
③ 토지의 소재, 면적, 소유자, 축척, 도면과 사표(四標), 측량연월일, 북방표시, 측량자 이름과 날인이 되어 있다.
④ 측량연도는 대체로 융희(隆熙)를 썼고, 1910년과 1911년은 메이지(明治)를 썼다.
⑤ 축척은 200분의 1, 300분의 1, 600분의 1, 1,000분의 1, 1,200분의 1, 2,400분의 1, 3,000분의 1, 6,000분의 1 등 8종이다.
⑥ 민유임야약도는 폐쇄다각형으로 그린 다음 그 안에 등고선을 긋고 범례에 따라 도식으로 나타내었다.
⑦ 면적의 단위는 정(町), 반(反), 보(步) 등을 사용하였다.

05 미국, 영국 등의 국가에서 "지적(地籍)"을 나타내는 용어로 쓰이는 것은?

① Catatro ② Cadastre
③ Cadasto ④ Kataster

풀이 토지적에 관한 용어의 사용

용어	국명
Cadastre	미국, 영국, 프랑스, 벨기에, 룩셈부르크, 모로코, 시리아, 튀니지, 자이르
Catastro	스페인, 아르헨티나, 엘살바도르, 우루과이
Kataster	독일, 오스트리아
Kadastir	불가리아
Catasto	이탈리아
Kadaster	네덜란드
Cadastro Parcelario	포르투갈
Kadastro	터키
Katastar	유고슬라비아

정답 04 ③ 05 ②

06 우리나라 고조선 시대의 정전제(井田制) 시행에 관한 설명으로 틀린 것은?

① 토지분급(土地分給)　　② 기자조선(箕子朝鮮)
③ 단기고사(檀奇古史)　　④ 오경박사(五經博士)

풀이 **정전제(井田制)**

정전제란 고조선시대의 토지구획 방법으로 균형 있는 촌락의 설치와 토지의 분급 및 수확량을 파악하기 위하여 시행되었던 지적제도로서 당시 납세의 의무를 지게 하여 소득의 1/9을 조공으로 바치게 하였다.

정전제 방법	• 1방리의 토지를 정(#)자형으로 구획하여 정(#)이라 하였다. • 1정을 900묘로 구획하였다. • 중앙의 100묘를 공전으로 주고 주위의 800묘는 사전으로 하여 개인의 8가구에 100묘씩 나누어 주어 사사로이 농사를 짓게 하였다. • 중앙의 100묘는 공동으로 경작하여 조공으로 바치게 하였다.
정전제의 의의	• 측량을 수반한 것으로 추정 • 왕도사상에 기반을 둔 제도 • 공동체 형성의 기본 사상 • 국가 세수 확보 • 토지 계량제도 확립

오경박사(五經博士)

백제시대 경서(經書)에 능통한 사람에게 주었던 관직

역사	• 오경박사(五經博士)는 중국 한나라 때 시(詩) · 서(書) · 주역(周易) · 예기(禮記) · 춘추(春秋)의 오경(經)마다 박사관(博士官)을 두어 제자를 양성시켜서 유학의 보급 발달을 도모하는 제도이다. • 백제에는 일찍부터 박사 제도가 있었다. 오경박사 이외에도 여러 가지 명칭의 박사가 있었으나 오경박사가 가장 중요시되었으며, 이들은 특히 일본에 초빙되어 문명을 계발하는 데 공헌하였다.
의의	• 백제시대에는 각종 전문가들에게 박사의 칭호를 주었는데, 그 중 「역경」 · 「시경」 · 「서경」 · 「예기」 · 「춘추」 등 다섯 경서에 능통한 사람을 오경박사라 하였다. • 국가의 교육기관에서 유교 교육을 담당하였을 것으로 추측되나, 백제의 교육제도에 대한 기록이 없어 분명한 것은 알 수 없다. • 일본 측 기록인 「일본서기(日本書紀)」에 의하면 무령왕 때 고안무(高安茂)와 단양이(段楊爾), 성왕 때 왕유귀(王柳貴) 등이 각각 일본에 초빙되어 고대 일본의 유교 교육을 담당하였음을 알 수 있다.

07 노르만 영국의 둠즈데이 대장에 관한 설명으로 틀린 것은?

① 지적제도의 기원 중 하나　　② 프랑스의 윌리엄(William) 공
③ 전비조달　　④ 지적도

풀이 **둠즈데이북(Domesday Book)**

윌리엄(William) 공이 1086년에 전 영국의 토지에 대한 과세를 목적으로 시작한 대규모 토지사업의 성과에 의하여 작성된 대장으로 근대지적제도의 필수 공부인 지적도면을 작성하지 아니하고 지적부라고 할 수 있는 지세대장만을 작성하여 단순한 과세 목적으로 사용하였기 때문에 최초의 근대적인 지적제도라고 할 수 없다.

정답 06 ④ 07 ④

조사기간	1085~1086년(약 1년)	
대상지역	북부의 4개 군과 런던 및 윈체스터시를 제외한 모든 영국	
조사목적	• 스칸디나비아 국가로부터 영국의 침략을 방비 • 프랑스 북부의 전투현장을 유지하기 위한 전비 조달	
조사사항	토지의 면적, 소유자, 소작인, 삼림, 목초, 동물, 어족, 쟁기, 기타 자원, 건물, 노르만 침공 이전과 이후의 토지와 자산 가치 등	
조사방법	영국 전역을 7개의 지역으로 나누어 왕실의 위원들이 각 지역별로 3~4명씩 할당되어 조사	
대장의 작성	윌리엄 왕이 사망한 1087년 9월에 작업 중단	
대장의 종류	둠즈데이 본대장 (Great Domesday Book)	마른 양가죽에 검정과 적색 잉크만을 사용하여 라틴어로 기록하고 결국 미완성됨
	둠즈데이 부대장 (Little Domesday Book)	요약되지 않은 초안으로 남아 있음
대장의 보관	런던의 큐(Kew)에 있는 공공기록사무소의 금고 사본을 발간하여 특별전시실에 전시하고 일반인들에게 열람	
대장의 활용	11세기 노르만 영국의 경제와 사회를 조명하는 자료와 그 당시 영국의 부와 봉건제도 및 지리적 상황 등을 분석하는 데 이용	

08 다음 중 우리나라 지적제도에 대한 설명으로 옳은 것은?

① 고조선 시대 정전제는 토지를 9등분하여 8농가가 한 구역씩 경작하고 중앙의 한 구역은 경작하지 않았다.

② 신라에서는 호부에서 토지세를 파악하도록 하였다.

③ 백제는 토지도면으로 봉역도와 요동성총도가 있었다.

④ 삼한의 토지소유는 공동소유이고 공동경작, 공동분배를 행하였다.

풀이 **고조선시대의 지적제도**

우리나라의 지적제도의 기원은 상고시대에서부터 찾아볼 수 있다. 고조선시대의 정전제(井田制)는 균형 있는 촌락의 설치와 토지분급 및 수확량 파악을 위해 시행되었던 지적제도로서 백성들이 농사일에 힘쓰도록 독려했으며 납세의 의무를 지게 하여 소득의 9분의 1을 조공으로 바치게 하였다. 또한 수장격인 풍백(風伯)의 지휘를 받아 봉가(鳳加)가 지적을 담당하였고 측량실무는 오경박사가 시행하여 국토와 산야를 측량하여 조세율을 개정하였다. 한편, 오경박사(五經博士) 우문충(宇文忠)은 토지를 측량하고 지도를 제작하였으며 유성설(遊星說)을 저술하였다.

삼국시대의 지적제도 비교

구분	고구려	백제	신라
길이단위	척(尺) 단위 사용 : 고구려척	척(尺) 단위 사용 : 백제척, 후한척, 남조척, 당척	척(尺) 단위 사용 : 흥아발주척, 녹아발주척, 백아척, 목척
면적단위	경무법(頃畝法)	두락제(斗落制)와 결부제(結負制)	결부제(結負制)

정답 08 ④

구분	고구려	백제	신라
토지장부	봉역도(封域圖) 및 요동성총도(遼東城塚圖)	• 도적(圖籍) • 일본에 전래[근강국 수소촌 간전도(近江國 水沼村 墾田圖)]	장적(방전, 직전, 제전, 규전, 구고전, 원전, 호전, 환전)
측량방식	구장산술	구장산술	구장산술
토지담당(부서 · 조직)	• 부서 : 주부(主簿) • 실무조직 : 사자(使者)	내두좌평(內頭佐平) • 산학박사 : 지적 · 측량담당 • 화사 : 도면작성 • 산사 : 측량 시행	• 조부 : 토지세수 파악 • 산학박사 : 토지측량 및 면적측정
토지제도	토지국유제 원칙	토지국유제 원칙	토지국유제 원칙

09 지적제도의 통일성(統一性), 획일성(劃一性)과 관련된 가장 중요한 지적의 구성내용이며 지적학의 연구대상은?

① 등록주체 ② 등록객체
③ 등록방법 ④ 등록공부

풀이 지적제도의 특성 **암기** ㉠㉧㉡㉢㉠㉠㉡㉠㉡㉡해라

전통성과 영속성	지적사무는 근대적인 지적제도가 창설된 1910년대 이후 오늘날까지 관리주체가 다양한 목적에 의거 토지에 관한 일정한 사항을 등록 · 공시하고 계속하여 유지 관리되고 있는 영속성(永續性)과 전통성(傳統性)을 가지고 있는 국가사무
이면성과 내재성	지적사무는 지적공부에 등록된 토지에 관한 기본정보 · 소유정보 · 이용정보 · 가격정보 등의 변경사항을 대장과 도면에 정리하는 내재성(內在性)과 이면성(裏面性)을 가지고 있는 국가사무
전문성과 기술성	지적사무는 토지에 관한 정보를 조사 · 측량하여 그 결과를 국가의 공적장부인 지적공부에 등록 · 공시하는 제도로서 특수한 지식과 기술을 검증받은 자만이 종사할 수 있는 기술성(技術性)과 전문성(專門性)을 가지고 있는 국가사무
기속성과 공개성	• 지적사무는 토지소유자 또는 이해관계인 등에게 무제한으로 지적공부의 열람 · 등본교부를 허용하고 토지의 경계분쟁이 발생하면 지적공부의 등록사항을 토대로 이를 해결할 수 있는 기속성(羈屬性)과 공개성(公開性)을 가지고 있는 준사법적인 국가사무 • 지적공부에 등록 · 공시된 사항은 언제나 일반 국민에게 열람 · 등본을 허용하여 정당하게 이용할 수 있도록 공개주의를 채택
국가성과 공공성	지적사무는 국가(토지를 조사 · 측량하여 공적장부에 등록하고 관리하는 주체 : 지적의 주체)에서 토지에 대한 세금을 징수하기 위한 기초자료를 만들기 위하여 창설된 제도로서 국가성(國家性)과 강한 공공성(公共性)을 가지고 있는 국가사무
통일성과 획일성	지적사무는 전국적(국가의 통치권이 미치는 범위 내에 있는 모든 토지 : 지적의 대상 객체)으로 측량방법 · 토지의 이동정리 · 지적공부의 관리 등이 동일한 통일성(統一性)과 획일성(劃一性)을 가지고 있는 국가사무

정답 09 ③

10 고대 이집트 시대에 기하학을 정립한 왕은?

① 나르메스(Narmer) 왕
② 투탕카멘(Tutankhamen) 왕
③ 세소스트리스(Sesostris) 왕
④ 람세스(Ramses) 왕

풀이 **고대 이집트**

이집트의 역사학자들은 B.C. 3400년경에 길이를 측정하였고, B.C. 3000년경에 나일강 하류의 이집트에서 매년 일어나는 대홍수에 의하여 토지의 경계가 유실됨에 따라 이를 다시 복원하기 위하여 지적측량이 시작되었으며 아울러 토지기록도 존재하였다고 주장한다.

① 지적측량과 지적제도의 기원은 인류문명의 발상지인 티그리스 · 유프라테스 · 나일강의 농경정착지에서 찾아볼 수 있다.
② B.C. 3000년경 고대 이집트(Eygpt)와 바빌론(Babylon)에서 만들어졌던 토지소유권에 관한 기록이 존재한다.
③ 나일강가의 비옥한 토지를 따라 문명이 발달하였으며 매년 발생하는 홍수로 토지의 경계가 유실되어 그 경계를 복원하기 위하여 측량의 기본원리인 기하학이 발달하였다.

고대 이집트 왕조의 세소스트리스 왕이 기하학을 정립
• 이집트의 땅을 소유한 자들이 부담하는 과세량을 쉽게 파악할 수 있도록 동일한 크기의 4각형으로 나누어 배분하였다. • 나일강의 범람으로 유실된 경계의 확인을 위하여 토지의 유실 정도를 파악하고 나머지 토지의 비율에 따라 과세량을 책정하였으며, 이러한 방법으로 기하학과 측량학을 창안하였다.
고대 이집트의 수도인 테베지방의 메나무덤(Tomb of Menna)의 고분벽화
줄자를 이용하여 토지를 측량하는 모습과 기록부를 가진 관리들이 그려져 있는데 오늘날과 유사한 지적측량을 실시하는 모습을 발견할 수 있다.
세계에서 제일 오래된 지도
B.C. 1300년경 이집트의 누비아 금광산(金鑛山) 주변의 와이키(Waiki) 지도로서 종이의 기원인 나일강변의 야생 갈대인 파피루스(Papirus)에 기재된 것으로 이탈리아대학의 이집트박물관에 보관되어 있다.

11 조선 말 실학자들을 중심으로 전개되었던 양전개정론에 대한 설명으로 옳은 것은?

① 유형원, 서유구, 정약용 등의 실학자들은 경무법을 폐지하고 결부법을 채택할 것을 주장하였다.
② 정약용은 농지의 소재를 명시하는 표적으로 사표의 가치를 인정하였다.
③ 정약용은 농지의 면적을 정확하게 파악하기 위한 방법으로 일자오결제도를 주장하였다.
④ 이기는 저서 해학유서를 통해 수등이척법에 대한 개선책으로 망척제를 주장하였다.

풀이 **양전개정론(量田改正論)**

구분	정약용(丁若鏞)	서유구(徐有榘)	이기(李沂)	유길준(兪吉濬)
양전방안	• 결부제 폐지 경무법으로 개혁 • 양전법안 개정		수등이척제에 대한 개선책으로 망척제를 주장	전 국토를 리단위로 한 전통제(田統制)를 주장

정답 10 ③ 11 ④

구분	정약용(丁若鏞)	서유구(徐有榘)	이기(李沂)	유길준(兪吉濬)
특징	• 어린도 작성 • 정전제 강조 • 전을 정방향으로 구분 • 휴도 : 방량법의 일환이며 어린도의 가장 최소 단위로 작성된 지적도	• 어린도 작성 • 구고삼각법에 의한 양전수법십오제 마련	• 도면의 필요성 강조 • 정방형의 눈들을 가진 그물눈금을 사용하여 면적 산출(망척제)	• 양전 후 지권 발행 • 리단위의 지적도 작성(전통도)
저서	목민심서(牧民心書)	의상경계책(擬上經界策)	해학유서(海鶴遺書)	서유견문(西遊見聞)

12 현대적인 지적의 정의에 관한 설명으로 적합하지 아니한 사항은?

① 토지와 그 정착물　　② 법적 권리관계
③ 물리적인 현황　　④ 과세대상 토지

풀이 **지적의 종합적 · 현대적 정의**

토지와 그 정착물에 대한 물리적 현황, 법적 권리 관계, 제한사항 및 의무사항 등을 조사, 측량하여 공적도부에 등록, 공시하는 필지중심의 토지정보체계(PBLIS)

토지와 그 정착물(Land & Fixture)	토지, 지상 건축물, 지하시설물 등
물리적 현황(Physical Condition)	소재, 지번, 지목, 경계, 면적, 좌표 등
법적권리(Regal Rights)	소유권, 소유권 이외의 기타 권리(지상권, 지역권 등)
제한사항(Restrictions)	용도지역, 지구, 구역, 분할, 지목변경, 등록전환 등
의무사항(Responsibilities)	건폐율, 용적률, 대지와 도로의 관계, 거래가격 등
조사(Investigation)	토지소유권, 토지가격, 지형, 지모 등
측량(Surveying)	기선측량, 기초측량, 세부측량 등
공적도부(Public Register)	도면, 대장 등
필지중심토지정보체계(PBLIS)	다목적 지적정보시스템

13 토지조사사업 당시(1910~1924)에 지목 "대(垈)에 대한 지가(地價)"는 무엇을 기초로 하여 평정하였는가?

① 시가(時價)　　② 수익(收益)
③ 임대가격(賃貸價格)　　④ 품위(品位)

풀이 **토지평가의 기초**

모든 토지는 지적공부에 등록된 정보를 토대로 토지평가를 하게 되어 토지평가의 기초가 되는 정보를 제공하는 기능을 담당

1. 토지조사사업 당시의 지가
   ① 시가지 지역 : 시가(時價)에 의하여 지가 평정(評定)

정답 12 ④ 13 ③

② 시가지 이외의 지역
- 대(生) : 임대가격(産資價格)을 기초로 지가 평정
- 전 · 답 · 지소 · 잡종지 : 수익에 따라 지가 평정

2. 구(舊) 지방세법 시행령 제80조의2
필지별로 지적공부에 등록된 지목 · 품위(品位), 정황에 따라 토지등급 설정
3. 같은 법 시행령 제157조제2항
농지(답) : 단위 면적당 평균수확량(平均收獲量)을 기준으로 농지 등급 설정
4. 1990년부터 공시지가제도 신설
① 토지등급제도 : 1995년까지 운영
② 1990년부터 1995년까지는 토지등급과 공시지가제도(개별토지가격)를 병용

14 고대 로마의 촌락도(村落圖)에 관련된 사항으로 틀린 것은?

① 리불렛(Rivulets)
② 발카모니카(Valcamonica) 빙식계곡
③ 베두인(Bedouin)족
④ 신석기시대

풀이 **고대 로마의 촌락도**

B.C. 1600년경 내지 1400년경 고대 로마였던 이탈리아 북부 지역의 리불렛(Rivulets)에서 동(銅)으로 만든 도구를 사용하여 발카모니카 빙식(氷蝕)계곡의 암벽에 베두인(Bedolin)족이 4m의 길이로 새겨 놓은 석각(石刻) 촌락도(村落圖)가 발견되었다. 이 도면은 촌락경지도로서 고대 원시적인 지적도라 할 수 있다.
① 사람과 사슴의 모양이 그려져 있다.
② 관개수로와 도로가 선으로 표시되어 있다.
③ 소형의 원 안에 있는 점은 우물을 나타낸다.
④ 사각형이나 원은 경작지를 나타낸 것이며 그 안에 있는 점은 올리브 과수나무를 나타낸 것으로 보인다.

15 토지의 자연적 특성이라고 할 수 없는 것은?

① 부증성
② 부동성
③ 개별성
④ 용도의 다양성

풀이 **토지의 자연적 및 인문적 특성**

자연적 특성	부동성	지리적 위치를 움직일 수 없다는 특성
	영속성	영속적인 재화라는 특성
	부증성	생산비를 투입하여도 물리적인 양을 늘릴 수 없다는 특성
	개별성	위치, 크기, 모양 등이 동일한 토지가 없다는 특성
	인접성	다른 토지와 연결되어 있다는 특성
인문적 특성	① 용도의 다양성 ② 병합, 분할의 가능성 ③ 사회적, 경제적, 행정적 위치의 가변성 ④ 기타 국토성, 희소성, 고정성, 고가성 등	

정답 14 ④ 15 ④

16 고대 중국에서 토지측량술이 있었다는 근거로 인용되는 가장 오래된 도면은?

① 장사국남부지형도
② 화이도
③ 우적도
④ 어린도
⑤ 어린도책

풀이 **고대 중국의 지적**

은왕조(殷王朝)	B.C. 1500년경 은왕조(殷王朝)가 갑골문자(甲骨文字)를 남겼으며, 하남성 안양에서 발굴된 은나라 때 수레축의 장식품에 5각형과 9각형 등의 기하학적 도형이 그려져 있는 것은 고대 중국인들이 일찍부터 토지측량술과 관계있는 활동을 해왔다는 것을 의미
고공기(考工記)	춘추전국시대에 발간된 주례(周禮)의 고공기(考工記)에 "장인들이 나라의 중심이 되는 도성을 설계함에 있어서 사방 9리에 각각 세 개의 성문을 설치하고 성내는 9경(經)과 9궤(軌)로 되어 있다"라고 기록 • 주나라는 일찍부터 모든 토지의 평면을 바둑판식으로 나누는 정전제(井田制)를 시행하여 실제 측량을 전제로 하는 토지구획제도를 시행
변경주군도(邊境駐軍圖)	고대 중국에서 토지측량술이 있었다는 것은 1973년 양자강(揚子江) 남쪽 호남성의 장사 마왕퇴(長沙 馬王堆)에서 발견된 B.C. 186년의 장사국(長沙國) 남부 지형도와 변경주군도(邊境駐軍圖)에서 확인되고 있음 • 전한(前漢)시대의 2매의 지도로 현대의 지도와 비교할 때 개략적인 축척까지 설정할 수 있을 정도로 비교적 정확함
우적도와 화이도	1136년 만들어진 우적도(禹跡圖)와 화이도(華夷圖) 발견 • 이 지도들은 모두 방격도(方格圖) 형태로 되어 있어 측량에 의해서 작성되었음을 알 수 있음
어린도(魚鱗圖)	조세징수의 기초자료로 만들어진 고대 중국의 지적도로 이것들을 묶어서 어린도책(魚鱗圖冊)으로 발간하였으며, 중국에서 지적제도가 확립되었다는 확실한 증거 • 어린도책은 송(宋)대부터 일부지역에서 작성하기 시작하여 명(明)·청(靑)시대에 전국으로 광범위하게 전파
기리고차(記里鼓車)	송사(宋史) 여복지(輿服志)에 지상거리 측량용 기구인 기리고차(記里鼓車)에 관해서 상세한 기록이 있고 평주가담(萍洲可談)에는 나침반을 사용한 기록이 있는 것으로 보아 지상에서 거리측량과 방위설정이 이루어졌음을 알 수 있음

17 지적공부에 등록·공시하는 정보를 결정할 수 있는 등록주체는?

① 지적측량사
② 시·군·구 지적과장
③ 소관청
④ 시·도지사
⑤ 행정안전부장관

정답 **16** ① **17** ③

풀이 지적을 구성하는 주요 내용

등록주체(登錄主體) : 국정주의 채택	국가 · 지방정부(지방정부인 경우에는 연방정부에서 토지 관련 정보를 공동 활용할 수 있도록 표준화하고 중앙 집중화하는 방향으로 개선)	
등록객체(登錄客體) : 직권등록주의 채택	토지와 그 정착물인 지상 건축물과 지하시설물 등	
등록공부(登錄公簿) : 공개주의 채택	도면 (Cadastral Map)	경계를 폐합된 다각형 또는 평면직각종횡선 수치로 등록
	대장 (Cadastral Book)	필지에 대한 속성자료를 등록
등록사항(登錄事項) : 형식주의 채택	기본정보	토지의 소재, 지번, 이용 상황, 면적, 경계 등
	소유정보	권리의 종류, 취득사유, 보유상태, 설정기간 등
	가격정보	토지가격, 수확량, 과세액, 거래가격 등
	제한정보	용도지역, 지구, 구역, 형질변경, 지목변경, 분할 등
	의무정보	건폐율, 용적률, 대지와 도로와의 관계 등
등록방법(登錄方法) : 사실심사주의 채택	토지조사, 지적측량이라는 기술적 수단을 통하여 모든 국토를 필지별로 구획하여 실제의 상황과 부합되도록 지적공부에 등록, 공시(토지조사, 측량성과 등 실시)	

18 「선 등록, 후 등기 원칙」을 적용하지 아니하는 업무는?

① 건축물등록
② 선박등록
③ 임목등록
④ 자동차등록
⑤ 토지등록

풀이 등록 · 등기일체의 원칙

지적제도와 등기제도를 통합 일원화하여 동일한 조직에서 하나의 공적도부에 모든 토지와 그 정착물 등을 지적측량이라는 공학적이고 기술적인 수단을 통하여 연속되어 있는 국토를 조사 · 측량하여 개인의 권리가 미치고 있는 범위를 특정하여 필지단위로 지적공부 또는 부동산등록부 등에 등록 · 공시하는 제도(등록으로 등기의 효력까지 인정)

※ 항공기 · 중기 · 자동차 · 저작권 · 어업권 · 광업 · 특허 · 상표등록업무 등 – 관련 행정기관에 등록함으로써 권리의 설정 · 이전 · 소멸 등의 효력을 인정하는 등록제도를 채택하여 운영(별도의 등기절차 필요 없음)

선 등록, 후 등기원칙의 적용대상 업무

구분 / 종목	등록기관			등기기관		
	중앙	지방	공부명	중앙	지방	공부명
토지등록	행정안전부	시 · 도	토지대장	법원행정처	지방법원 등기소	토지등기부
		시 · 군 · 구				
건축물등록	행정안전부	시 · 도	건축물대장	법원행정처	지방법원 등기소	건물등기부
		시 · 군 · 구				

정답 18 ④

종목 \ 구분	등록기관			등기기관		
	중앙	지방	공부명	중앙	지방	공부명
선박등록	항만청	시 · 도	선박등록	법원행정처	지방법원 등기소	선박등기부
		시 · 군 · 구	원부			
임목등록	산림청	시 · 도	임목등록 원부	법원행정처	지방법원 등기소	임목등기부
		시 · 군 · 구				

19 토지를 국가적 측면에서 볼 때 가장 중요하다고 판단되는 사항은?

① 생산의 3요소 중 하나
② 인간의 공동자산
③ 국가구성의 3요소 중 하나
④ 인간이 향유할 수 있는 재산권의 객체

풀이 **토지의 중요성**

토지는 국가에게는 토지의 공간이며 자원이고, 개인에게는 귀중한 생활의 터전이요 재산이며, 이러한 자원과 재산인 토지를 등록, 공시하는 제도가 지적제도이다.

구분	내용	
경제적 측면	생산의 3요소[Land(토지), Labor(노동), Capital(자본)] 중 하나로서 만물에 대한 생산의 원천	
	농경정착시대	단순히 식량을 생산하기 위한 터전으로 활용
	산업화 · 도시화시대	효율적인 관리와 균형개발
	정보화시대	자연환경과 연계한 지속가능한 개발
사회적 측면	인간이 생활하는 데 있어서 가장 중요한 공동 자산	
	• 인간은 토지 위에서 태어나고 토지 위에서 일생을 지내다가 다시 토지로 돌아감 • 인류는 긴 세월 동안 토지 위에서 계속하여 생존하고 발전 • 동서고금을 통하여 개인이나 국가에 있어서 토지가 인간생활의 삶의 질을 결정하고 부의 척도로 인식	
국가적 측면	국가구성의 3요소(국민, 주권, 영토) 중 하나인 영토	
	• 국민과 주권이 있다 하더라도 영토가 없는 국가는 존재 불가 • 인류의 역사는 영토를 보다 많이 확보하기 위한 투쟁의 연속 • 국토의 크기는 각 시대를 살아간 선조들의 영토확장에 대한 열망과 투쟁에 비례	
법적인 측면	인간이 향유할 수 있는 가장 중요한 재산권의 객체	
	1950년에 서명된 인권에 관한 유럽회의의 최초 의정서 제1조에 "모든 자연인과 법인은 소유에 대한 즐거움을 누릴 자격이 있으며, 아무도 그들의 재산이 공공의 이익이나 법에 규정된 조건 또는 국제법의 일반적인 원리에 의하지 않고서는 빼앗기지 않는다"라고 기술되어 있다.	

정답 19 ③

20 일반적으로 지적공부에 등록 · 공시하는 정보가 아닌 것은?

① 토지의 소재　　② 권리의 종류
③ 용도지역　　④ 토지가격
⑤ 인구수

풀이 지적을 구성하는 주요 내용

구분		내용
등록주체(登錄主體) : 국정주의 채택	국가 · 지방정부(지방정부인 경우에는 연방정부에서 토지 관련 정보를 공동 활용할 수 있도록 표준화하고 중앙 집중화하는 방향으로 개선)	
등록객체(登錄客體) : 직권등록주의 채택	토지와 그 정착물인 지상 건축물과 지하시설물 등	
등록공부(登錄公簿) : 공개주의 채택	도면 (Cadastral Map)	경계를 폐합된 다각형 또는 평면직각종횡선 수치로 등록
	대장 (Cadastral Book)	필지에 대한 속성자료를 등록
등록사항(登錄事項) : 형식주의 채택	기본정보	토지의 소재, 지번, 이용 상황, 면적, 경계 등
	소유정보	권리의 종류, 취득사유, 보유상태, 설정기간 등
	가격정보	토지가격, 수확량, 과세액, 거래가격 등
	제한정보	용도지역, 지구, 구역, 형질변경, 지목변경, 분할 등
	의무정보	건폐율, 용적률, 대지와 도로와의 관계 등
등록방법(登錄方法) : 사실심사주의 채택	토지조사, 지적측량이라는 기술적 수단을 통하여 모든 국토를 필지별로 구획하여 실제의 상황과 부합되도록 지적공부에 등록, 공시(토지조사, 측량성과 등 실시)	

정답 20 ⑤

19 제19회 합격모의고사

01 지적공부에 소유자에 관한 사항을 등록 · 공시하기 위하여 등록하는 사항이 아닌 것은?

① 명칭
② 등록번호
③ 직업
④ 학력

풀이 지적제도의 3대 구성요소

구분		내용
소유자 (man 또는 person)	의의	• 토지를 소유할 수 있는 권리의 주체(主體) • 토지를 자유로이 사용 · 수익 · 처분할 수 있는 전면적 지배권리인 소유권을 갖거나 소유권 이외의 기타 권리를 갖는 자
	유형	자연인 · 국가 · 지방자치단체 · 법인 · 비법인 사단 · 재단 · 외국인 · 외국정부 등
	등록사항	성명 또는 명칭, 주소, 주민등록번호, 생년월일, 성별, 결혼 여부, 직업, 국적 등
권리(right)	의의	토지를 소유 · 이용할 수 있는 법적 권리
	유형	• 소유권과 기타 권리 • 기타 권리 : 소유권 · 지상권 · 지역권 · 전세권 · 저당권 · 권리질권 · 임차권 · 환매권
	등록사항	권리의 종류, 취득일자, 등록일자, 취득형태 · 취득금액, 소유권지분 등
필지 (parcel 또는 land unit)	의의	물권이 미치는 권리의 객체
	유형	폐합된 다각형, X, Y좌표
	등록사항	위치 · 지번 · 지목 · 경계 · 면적 · 토지이용계획 · 토지가격 · 시설물 · 지형 · 지질 · 환경 · 인구수 등

02 구장산술에 대한 내용으로 틀린 것은?

① 수학의 내용을 제1장 방전부터 제9장 구고장까지 분류하였다.
② 신라시대의 방전장은 방전, 직전, 구고전, 규전, 제전의 총 5가지 형태가 있었다.
③ 산사가 토지 측량 및 면적 측정에 구장산술을 이용하였다.
④ 구장산술을 조선의 실정에 맞게 재구성한 구장술해를 편찬하기도 하였다.

풀이 1. 구장산술의 개념
① 저자 및 편찬연대 미상인 동양 최고의 수학서적
② 시초는 중국으로 원, 명, 청, 조선을 거쳐 일본에까지 영향을 미침
③ 삼국시대부터 산학관리의 시험 문제집으로 사용

2. 구장산술의 특징
① 수학의 내용을 제1장 방전부터 제9장 구고장까지 분류함
② 고대 농경사회의 수확량 측정 및 토지를 측량하여 세금 부과에 이용
③ 특히 제9장 구고장은 토지의 면적계산과 측량술에 밀접한 관련이 있음
④ 고대 중국의 일상적인 계산법이 망라된 중국수학의 결과물

정답 01 ④ 02 ②

3. 구장산술의 구성

제1장 방전(方田)	전묘(田畝)의 넓이를 구하는 계산에 분수가 있으며, 분자 · 분모 · 통분이라는 말도 엿볼 수 있다.
제2장 속미(粟米)	금전미곡의 교역산이 있다.
제3장 쇠분(衰分)	비례의 계산
제4장 소광(少廣)	방전장과는 역으로 넓이에서 변과 지름을 구하는 계산으로 제곱근풀이가 있다.
제5장 상공(商功)	토목공사에 관한 문제
제6장 균수(均輸)	물자수송의 계산
제7장 영부족(盈不足)	분배의 과부족산
제8장 방정(方程)	1차연립방정식의 계산문제를 가감법으로 푸는 방법을 취급하였다.
제9장 구고(句股)	직각삼각형에 관한 문제이며 피타고라스 응용문제와 2차방정식을 사용하였다.

03 조선시대 한 말의 씨앗을 뿌릴 만한 밭의 넓이를 말하는 논밭의 면적단위는?

① 경무법 ② 두락제
③ 결부제 ④ 정전제

풀이 1. 두락제

백제 때 농지에 뿌리는 씨앗의 수량을 면적산정의 기준으로 정한 제도로 결과를 도적에 기록하였다.

① 두락제의 특징
- 석두락을 사정하여 두락제적 토지지배로 전환하려는 시도는 그 자체 궁방, 가문의 사적지주의 도조가 책정하였던 강제된 정책이다.
- 구한말의 두락은 각 도, 군, 면마다 면적기준이 다르다.

② 면적 기준
- 1석(石, 20두)의 씨앗을 뿌리는 면적을 1석락이라 한다.
- 표준에 의하여 하두락, 하경락, 하합락이라 하며 1두락의 면적은 120~180평 정도이다.

2. 결부법과 경무법의 비교

구분	결부법	경무법
특징	• 농지 비옥 정도로 세액을 파악 • 주관적인 방법 • 세가 동일 부과, 불합리 • 세금의 총액은 일정 • 전국의 토지가 정확히 측량되지 않음 • 부정이 따르게 됨	• 농지의 광협에 따라 세액을 파악 • 객관적인 방법 • 세가 경중에 따라 부과, 합리적 • 세금의 총액이 해마다 일정치 않음 • 전국의 농지를 정확하게 파악이 가능 • 정약용, 서유구가 주장
면적	• 1척 → 1파(把) • 10파 → 1속(束) • 10속 → 1부(負) • 100무 → 1결(結)	• 6척 → 1보 • 100보 → 1무 • 100무 → 1경

정답 03 ②

04 지적의 어원과 관련이 없는 것은?

① Capitalism　　② Catastrum
③ Capitastrum　　④ Katastikhon

풀이 지적의 정의

지적(地籍, Cadastre)이란 용어가 어떻게 유래되었는지에 대하여는 확실치 않으나 그리스어 카타스티콘(Katastikhon)과 라틴어 캐피타스트럼(Capitastrum)에서 유래되었다고 하는 두 가지 학설이 지배적이다.

프랑스의 브론데임(Blondheim)	지적(地籍, Cadastre)이란 용어는 공책(空册, Note Book) 또는 상업기록(商業記錄, Business Record)이라는 뜻을 가진 그리스어 카타스티콘(Katastikhon)에서 유래된 것이라고 주장하였다.
스페인의 일머(Ilmoor D.)	그리스어 카타스티콘(Katastikhon)에서 유래되었다고 주장하면서 카타(Kata)는 "위에서 아래로"의 뜻을 가지고 있으며 스티콘(Stikhon)은 "부과"라는 뜻을 가지고 있는 복합어로서 지적(Katastikhon)은 "위의 군주(君主)가 아래의 신민(臣民)에 대하여 세금을 부과하는 제도"라는 의미로 풀이하였다.
미국의 맥엔트리(J. G. McEntyre)	지적이란 2000년 전의 라틴어 카타스트럼(Catastrum)에서 그 근원이 유래되었다고 주장하면서 로마인의 인두세등록부(人頭稅登錄簿, Head Tax Register)를 의미하는 캐피타스트럼(Capitastrum) 혹은 카타스트럼(Catastrum)이란 용어에서 유래된 것이라고 보았다. 그는 "지적은 토지에 대한 법률적인 용어로서 세금을 부과하기 위한 부동산의 크기와 가치 그리고 소유권에 대한 국가적인 장부에 대한 등록이다."라고 정의하였다.
프랑스의 스테판 라비뉴(Stephane Lavigne)	라틴어인 카피트라스트라(Capitrastra)라는 목록(List)을 의미하는 단어에서 유래하였다는 것과 그 외에 "토지 경계를 표시하는 데 사용된 돌" 또는 "지도처럼 사용된 편암조각"이라는 고대 언어에서 유래하였다고 보는 견해도 있다고 주장하였다.
공통점	그리스어인 카타스티콘(Katastikhon)과 라틴어인 캐피타스트럼(Capitastrum) 또는 카타스트럼(Catastrum)은 그 내용에 있어서 모두 세금(稅金) 부과(賦課)의 뜻을 내포하고 있는 것이 공통점이다. 지적이 무엇인가에 대한 연구는 국내외적으로 매우 활발하게 연구되고 있으며 국가별, 학자별로 다양한 이론들이 제기되고 있는 상황이다. 그러나 이러한 기존의 연구에 있어서 지적이 무엇인가에 대한 공통점은 "토지에 대한 기록"이며, "필지를 연구대상으로 한다는 점"이다.

05 이집트 나일강 하류 대홍수에 따른 측량 기록을 입증하는 것은?

① 테라코타 판　　② 메나무덤 벽화
③ 수메르 점토판　　④ 미쇼의 돌

정답 04 ① 05 ②

풀이 고대 바빌로니아의 지적 관련 사료

바빌로니아 누지(Nuzi)의 점토판 지도	이라크 북동부 지역의 누지(Nuzi)에서 고대 바빌로니아에서 사용된 B.C. 2500년경의 점토판 지도 발견
바빌로니아의 지적도	B.C. 2300년경의 바빌로니아 지적도에는 소유 경계와 재배 작물 및 가축 등을 표시하여 과세목적으로 이용
경계비석 미쇼(Michaux)의 돌	• 수메르인들은 최초의 문자를 발명하고 점토판에 새겨진 지도를 제작 • 홍수 예방과 관개를 위하여 운하, 저수지, 제방과 같은 수리체계 완성 • 토지분쟁을 사전에 예방하기 위해 토지경계를 측량하고 토지 양도 서식을 담아서 "미쇼의 돌"이라는 경계비석을 세움
테라코타(Terra Cotta) 서판	이라크 남부지역의 움마(Ummah)시에서 양질의 점토를 구워서 만든 B.C. 2100년경의 서판 발견(토지경계와 면적이 기록)

고대 이집트의 지적 관련 사료

메나무덤(Tomb of Menna)의 고분벽화	• 지적측량과 지적제도의 기원 • 인류문명의 발생지인 티그리스 · 유프라테스 · 나일강의 농경정착지에서 찾아볼 수 있음

06 내수사 및 7궁을 총괄하여 불린 1사 7궁이 소속된 토지는?

① 역둔토　② 묘위토
③ 궁장토　④ 목장토

풀이 1. 궁장토

궁장이라 함은 후궁, 대군, 공주, 옹주 등의 존칭으로서 각 궁방 소속의 토지를 궁방전 또는 궁장토라 일컬었으며 또한 일사칠궁 소속의 토지도 궁장토라 불렀다.

2. 일사칠궁

제실의 일반 소요경비 및 제사를 관장하기 위하여 설치되었으며 각기 독립된 재산을 가지었다.

① 내수사 : 조선 건국 시초부터 설치되었으며, 왕실이 수용하는 미곡, 포목, 노비에 관한 사무를 관장하는 궁중직의 하나이다.
② 수진궁 : 예종의 왕자인 제안대군의 사저
③ 선희궁 : 장조(莊祖)의 생모인 영빈 이씨의 제사를 지내던 장소
④ 용동궁 : 명종의 제1왕자인 순회세자의 구궁이었으나 그 후 내탕에 귀속
⑤ 육상궁 : 영조의 생모인 숙빈 최씨의 제사를 지내던 장소
⑥ 어의궁 : 인조의 개인저택이었으나 그 후 왕비가 쓰는 내탕에 귀속
⑦ 명례궁 : 덕종의 제2왕자 월산대군의 저택
⑧ 경우궁 : 순조의 생모인 수빈 박씨의 제사를 지내는 곳

3. 궁장토의 시초

① 직전(職田)과 사전(賜田)
• 직전 : 품계에 따라 전토를 급여하는 것(대군은 250경, 왕자는 180경)
• 사전 : 국왕의 특명에 의하여 따로 전토를 준 것

② 직전 및 사전의 폐단
• 직전 및 사전을 받은 자가 사망하면 반납하여야 하나 자손에게 세습

정답 06 ③

• 임진왜란으로 토지가 황폐화되고 그 경계가 불분명하여 전면 폐지
• 직전 · 사전제도의 폐지로 황무지 및 예빈시 소속의 토지를 궁둔으로 지급

07 임야조사사업의 특징으로 옳지 않은 것은?

① 조사 및 측량기관은 부나 면이 되고 조정기관은 도지사가 되었다.
② 분쟁지에 대한 재결은 도지사 산하에 설치된 임야심사위원회가 처리하였다.
③ 농경지 사이에 있는 모든 낙산임야를 대상으로 하였다.
④ 민유임야는 1908년 삼림법의 규정에 따라 원래의 소유자에게 사정하도록 조치하였다.

풀이 **임야조사사업**

임야조사사업은 토지조사사업에서 제외된 임야와 임야 및 기 임야에 개재(介在)되어 있는 임야 이외의 토지를 조사 대상으로 하였으며, 조사 및 측량기관은 부(府)나 면(面)이 되고 사정(査定)기관은 도지사가 되며 도지사의 산하에 임야심사위원회를 두어 분쟁지에 대한 재결 사무를 관장하게 하였다.

1. 사업 목적
   ① 국민생활 및 일반경제 거래상 부동산 표시에 필요한 지번의 창설
   ② 임야의 위치 및 형상을 도면에 묘화하여 경계의 명확화
   ③ 임야의 귀속 및 판명의 결여로 임정의 진흥 저해와 산야의 황폐, 각종 분규 등의 해결을 위한 소유권의 법적 확정
   ④ 토지조사와 함께 전 국토에 대한 지적제도 확립
   ⑤ 각종 임야 정책의 기초자료 제공
2. 사업 계획
   임야조사사업은 1916년 경기도와 몇 개 도에서 부분적으로 실시한 시험조사 결과에 따라 비교적 권리관념이 발달한 남한지방부터 조사를 시작하여 북한지방까지 조사하는 것으로 1917년부터 1922년까지 6년 동안에 완성하는 계획을 세웠다. 당초 계획에는 임야 내 개재(介在)된 토지를 조사대상에서 제외시켰으나 1918년 10월 임야조사령 시행규칙 개정으로 개재지(介在地)를 전부 조사토록 함으로써 조사예정 필수가 증가되어 인력을 증원하고 조사기간을 2년 연장하여 1924년에 완료하는 것으로 계획을 변경하였다.
3. 사업의 내용
   임야조사사업의 실지 작업은 크게 소유권에 관한 조사와 일필지 경계측량으로 나눌 수가 있다. 소유권에 관한 조사는 사유지를 인정하였으며, 경계조사는 일필지마다 소유 또는 연고의 분계(分界)를 확정하는 것으로 모두 근접 관계자의 협의에 의하는 것으로 하여 그 소유자 또는 연고자로 하여금 일필지 주위에 표항(標抗)을 세우도록 하며, 지주, 관리인, 이해관계인 또는 그 대리인과 지주총대(地主總代)의 입회 하에 결정한다. 일필지 측량에 있어서 축척은 경제적 가치가 있는 시가지 부근지역에만 3천분의 1의 축척을 사용하고 기타 지역은 원칙적으로 6천분의 1의 축척을 사용하였으며, 지번은 실지 작업 후 일개 리 · 동을 통하여 실지가 연속되는 순서에 따라 번호를 정리하고 토지조사 때의 지번과 혼동 및 착오를 방지하기 위하여 지번에 '산'자를 붙여서 구분하였다. 한편, 도지사는 조사 측량한 사항에 대하여 일필지마다 그 토지의 소유자와 경계를 사정 또는 재결에 의하여 확정하였으며, 사정에 대하여 불복이 있는 자는 공시기간 만료 후 60일 이내에 임야심사위원회에 신청하여 재결을 구하였다.

정답 07 ③

08 대한제국의 지적관리기구를 설치 순서대로 나열한 것은?

① 내부 판적국 - 양지아문 - 지계아문 - 탁지부 양지국 - 탁지부 양지과
② 내부 판적국 - 양지아문 - 지계아문 - 탁지부 양지과 - 탁지부 양지국
③ 내부 판적국 - 지계아문 - 양지아문 - 탁지부 양지국 - 탁지부 양지과
④ 내부 판적국 - 지계아문 - 양지아문 - 탁지부 양지과 - 탁지부 양지국

풀이 지적관리 행정기구

1. 전제상정소(임시관청)
   ① 1443년 세종 때 토지, 조세제도의 조사연구와 신법의 제정을 위해 설치하였다.
   ② 전제상정소준수조화(측량법규)라는 한국최초의 독자적 양전법규를 1653년 효종 때 만들었다.
2. 양전청(측량중앙관청으로 최초의 독립관청)
   1717년 숙종 때 균전청을 모방하여 설치하였다.
3. 판적국(내부관제)
   1895년 고종 때 설치하였으며 호적과에서는 호구적에 관한 사항을, 지적과에서는 지적에 관한 사항을 담당하였다.
4. 양지아문(量地衙門 : 지적중앙관서)
   ① 광무(光武) 원년(1897년)에 고종은 광무라는 원호를 사용하여 국호를 대한제국으로 고쳐 즉위하고 양전 · 관계발급사업을 실시하였다.
   ② 광무 2년(1898년) 7월에 칙령 제25호로 양지아문 직원 및 처무규정을 공포하여 비로소 독립관청이 양전사업을 위하여 설치되었다.
   ③ 광무 5년(1901년)에 이르러 전국적인 대흉년으로 일단 중단하였다가 폐지하고 지계아문과 병행하다가 1902년에 지계아문으로 이관하였다.
5. 지계아문(地契衙門 : 지적중앙관서)
   ① 1901년 고종 때 지계아문 직원 및 처무규정에 의해 설치된 지적중앙관서로 관장업무는 지권(地券)의 발행, 양지 사무이다.
   ② 러일전쟁에 의한 일본 군대의 주둔과 제1차 한일협약을 강요당하게 되어 지계 발행은 물론 양전사업마저도 중단하게 되었다.
6. 양지국(탁지부 하위기관)
   1904년 고종 때 지계아문을 폐지하고 탁지부 소속의 양지국을 설치하였다가 이듬해 양지국을 폐지하고 사세국 소속의 양지과로 축소하였다.

09 토지의 인문적 특성이라고 할 수 없는 것은?

① 용도의 다양성
② 병합 · 분할의 가능성
③ 사회적, 경제적 위치의 가변성
④ 영속성

정답 08 ① 09 ④

풀이 토지의 자연적 및 인문적 특성

구분		내용
자연적 특성	부동성	지리적 위치를 움직일 수 없다는 특성
	영속성	영속적인 재화라는 특성
	부증성	생산비를 투입하여도 물리적인 양을 늘릴 수 없다는 특성
	개별성	위치, 크기, 모양 등이 동일한 토지가 없다는 특성
	인접성	다른 토지와 연결되어 있다는 특성
인문적 특성	① 용도의 다양성 ② 병합, 분할의 가능성 ③ 사회적, 경제적, 행정적 위치의 가변성 ④ 기타 국토성, 희소성, 고정성, 고가성 등	

10 축척 1/1,200인 구소삼각점지역의 면적이 $368m^2$일 때 도곽의 크기로 알맞은 것은?(단, 1간은 1.83m이다.)

① 200간×250간 ② 220간×275간
③ 400간×500간 ④ 732간×915간

구분	축척	지상길이(간)		지상길이(m)	
		종선	횡선	종선	횡선
토지대장등록지 (지적도)	1/600	100	125	200	250
	1/1,200	200	250	400	500

11 토지조사사업 당시 소유권 사정의 기초자료로 지세징수 업무 등에 활용한 장부는?

① 결수연명부 ② 과세지견취도
③ 토지조사부 ④ 지세명기장

풀이 지세 대장

구분		내용
지세명기장	의의	과세지에 대한 인적 편성주의에 따라 성명별로 목록을 작성한 것이다.
	작성방법	• 지세 징수를 위해 이동정리를 끝낸 토지대장 중에서 민유지만을 각 면별, 소유자별로 연기한 후 합계함 • 약 200매를 1책으로 작성하고 책머리에는 색인을, 책 끝에는 면계를 붙임 • 동명이인의 경우 동리별, 통호명을 부기하여 식별토록 함
과세지 견취도	의의	토지조사 측량성과인 지적도가 나오기 전인 1911년부터 1913년까지 지세부과를 목적으로 작성된 약도로서 각 필지의 개형을 제도용 기구를 쓰지 않고 손으로 그린 간이지적도라 할 수 있다.
	작성배경	과세지에 대한 전국적인 견취도를 작성하여 이것을 결수연명부와 대조하여 연명부를 토지대장으로 공부화하려는 것이다.

정답 10 ① 11 ①

	작성방법	• 축척 : 1/1,200 • 북방표시 • 거의 굴곡이 없는 곡선으로 제도
결수연명부	의의	각 재무감독국별로 상이한 형태와 내용의 징세 대장이 만들어져 통일된 양식의 징세 대장을 만들기 위해 결수연명부를 작성토록 하였다.
	작성배경	• 과세지 견취도의 보완을 받게 됨으로써 이를 기초로 하여 토지신고서가 작성되고 결국 토지대장이 만들어짐 • 공적장부의 계승관계 : 깃기(지세명기장) → 결수연명부 → 토지대장
	작성방법	① 면적 : 결부 누락에 의한 부정확한 파악 ② 비과세지는 제외

12 고려시대 관직의 지위에 따라 전토와 시지를 차등하게 지급하기 위한 전시과 제도로 맞지 않는 것은?

① 시정전시과
② 경정전시과
③ 개정전시과
④ 전정전시과

풀이 고려의 토지제도

구분		내용
역분전(役分田)		고려 개국에 공을 세운 조신(朝臣), 군사(軍士) 등 공신에게 관계(官階, 직급)를 논하지 않고 선악과 공로의 대소에 따라 토지를 지급
전시과	시정전시과(始定田柴科)	관계와 인품을 고려하여 개별적 관료들에 대한 수조지급여(收租地給與)는 감소시키고 각종 관료성원들에 대하여 수조지분권(收租地分權)을 확보하기 위한 제도
	개정전시과(改定田柴科)	전시급여자의 관등을 18과로 나누어 전시수급액을 규정하여 지급하고 인품이라는 기준은 지양하고 관직에 따라 토지를 분급
	경정전시과(更定田柴科)	18등급에 따라 현직문무양반관료(現職文武兩班官僚)들에 대한 수조지 분급량을 줄이고 개별적 문무산관(文武散官)들에 대한 수조지(收租地)를 격감시키고 마군(馬軍), 보군(步軍) 등 군인의 수조지를 증가
녹과전(祿科田)		전민변정사업과 전시과 체제에서 수급자의 편리와 토지겸병의 토지를 보호하려는 것과 문무 관리의 봉록에 충당하는 토지제
과전법(科田法)		대규모의 토지를 권문세족들이 소유하고 있으면서 세금을 내지 않아 국고가 부족하여 만든 과전법은 사전과 공전으로 구분하여 사전은 경기도에 한하여 현직 · 전직관리의 고하에 따라 토지를 지급

13 1975년 지적법 제2차 전문개정 내용으로 옳지 않은 것은?

① 지적공부에 지적파일을 추가하였다.
② 지번을 한자에서 아라비아숫자로 표기하였다.
③ 평으로 된 단위에서 평방미터 단위로 전환하였다.
④ 수치지적부를 작성하여 비치 · 관리하였다.

정답 12 ④ 13 ②

풀이 **지적법 제2차 전문개정(1975.12.31. 법률 제2801호)**

① 지적법의 입법목적을 규정
② 지적공부 · 소관청 · 필지 · 지번 · 지번지역 · 지목 등 지적에 관한 용어의 정의를 규정
③ 시 · 군 · 구에 토지대장, 지적도, 임야대장, 임야도 및 수치지적도를 비치 관리하도록 하고 그 등록사항을 규정
④ 토지대장의 등록사항 중 지상권자의 주소 · 성명 · 명칭 등의 등록규정을 삭제
⑤ 시의 동과 군의 읍 · 면에 토지대장 부본 및 지적약도와 임야대장 부본 및 임야약도를 작성 · 비치하도록 규정
⑥ 지목을 21개 종목에서 24개 종목으로 통 · 폐합 및 신설
⑦ 면적단위를 척관법의 『坪』과 『畝』에서 미터법의 『평방미터』로 개정
⑧ 토지(임야)대장에 토지소유자의 등록번호를 등록하도록 규정
⑨ 경계복원측량 · 현황측량 등을 지적측량으로 규정
⑩ 지적측량을 사진측량과 수치측량방법으로 실시할 수 있도록 제도신설
⑪ 지적도의 축척을 변경할 수 있도록 제도신설
⑫ 소관청은 연 1회 이상 등기부를 열람하여 지적공부와 부합되지 아니할 때에는 부합에 필요한 조치를 할 수 있도록 제도신설
⑬ 지적측량기술자격을 기술계와 기능계로 구분하도록 개정
⑭ 지적측량업무의 일부를 지적측량을 주된 업무로 하여 설립된 비영리법인에게 대행시킬 수 있도록 규정
⑮ 토지(임야)대장 서식을 『한지부책식(韓紙簿冊式)』에서 『카드식』으로 개정
⑯ 소관청이 직권으로 조사 또는 측량하여 지적공부를 정리한 경우와 지번경정 · 축척변경 · 행정구역변경 · 등록사항정정 등을 한 경우에는 관할 등기소에 토지표시변경등기를 촉탁하도록 제도신설
⑰ 지적위원회를 설치하여 지적측량적부심사청구사안 등을 심의 · 의결하도록 제도신설

14 결부제 및 경무법에 대한 설명으로 옳은 것은?

① 결부제는 결, 부, 속, 파 단위를 사용하였다.
② 경무법은 일본의 전지의 면적 단위법을 모방하였다.
③ 결부제는 논밭의 면적단위로 마지기의 준말이다.
④ 경무법은 토지의 비옥도에 따라 결부수를 따졌다.

풀이 **면적의 단위**

경무법	면적표준(고정된 면적표시의 계량법) 1경=100무, 1무=100보, 1보=6척 1경1무1보1척=60,607척 1경=100무=10,000보=60,000척
결부제	수확표준, 수세표준, 면적단위 등의 이중적 성격의 제도 1결1총1부1속1파 =11,111파 1결=10총=100부=1,000속=10,000파(척)
두락제	백제시대 토지의 면적산정을 위한 측량의 기준을 정한 제도로 이에 의한 결과는 도적에 기록되었다. 이는 전답에 뿌리는 씨앗의 수량으로 면적으로 표시하는 것으로, 1석(20두)의 씨앗을 뿌리는 면적을 1석락이라고 하였다. 이 기준에 의하면 하두락, 하승락, 하합락이라고 하며 1두락의 면적은 120평 또는 180평이다.

※ 면적단위에 대한 설명은 삼국 공통 및 고려, 조선에도 적용

정답 14 ①

15 고대 중국에서 나침반을 사용한 기록이 남아 있는 문헌은?

① 평주가담 ② 여복지
③ 어린도책 ④ 주례

풀이 고대 중국의 지적

은왕조(殷王朝)	B.C. 1500년경 은왕조(殷王朝)가 갑골문자(甲骨文字)를 남겼으며, 하남성 안양에서 발굴된 은나라 때 수레축의 장식품에 5각형과 9각형 등의 기하학적 도형이 그려져 있는 것은 고대 중국인들이 일찍부터 토지측량술과 관계있는 활동을 해왔다는 것을 의미
고공기(考工記)	춘추전국시대에 발간된 주례(周禮)의 고공기(考工記)에 "장인들이 나라의 중심이 되는 도성을 설계함에 있어서 사방 9리에 각각 세 개의 성문을 설치하고 성내는 9경(經)과 9궤(軌)로 되어 있다"라고 기록 • 주나라는 일찍부터 모든 토지의 평면을 바둑판식으로 나누는 정전제(井田制)를 시행하여 실제 측량을 전제로 하는 토지구획제도를 시행
변경주군도(邊境駐軍圖)	고대 중국에서 토지측량술이 있었다는 것은 1973년 양자강(揚子江) 남쪽 호남성의 장사 마왕퇴(長沙 馬王堆)에서 발견된 B.C. 186년의 장사국(長沙國) 남부 지형도와 변경주군도(邊境駐軍圖)에서 확인되고 있음 • 전한(前漢)시대의 2매의 지도로 현대의 지도와 비교할 때 개략적인 축척까지 설정할 수 있을 정도로 비교적 정확함
우적도와 화이도	1136년 만들어진 우적도(禹跡圖)와 화이도(華夷圖) 발견 • 이 지도들은 모두 방격도(方格圖) 형태로 되어 있어 측량에 의해서 작성되었음을 알 수 있음
어린도(魚鱗圖)	조세징수의 기초자료로 만들어진 고대 중국의 지적도로 이것들을 묶어서 어린도책(魚鱗圖冊)으로 발간하였으며, 중국에서 지적제도가 확립되었다는 확실한 증거 • 어린도책은 송(宋)대부터 일부지역에서 작성하기 시작하여 명(明) · 청(靑)시대에 전국으로 광범위하게 전파
기리고차(記里鼓車)	송사(宋史) 여복지(輿服志)에 지상거리 측량용 기구인 기리고차(記里鼓車)에 관해서 상세한 기록이 있고 평주가담(萍洲可談)에는 나침반을 사용한 기록이 있는 것으로 보아 지상에서 거리측량과 방위설정이 이루어졌음을 알 수 있음

16 조선 세종 때 전제상정소에 대한 내용으로 옳지 않은 것은?

① 측량 중앙관청으로 최초의 독립관청이었다.
② 해마다 작황 또는 풍흉에 따라 토지를 9등급으로 나눠 전세를 차등하게 징수하였다.
③ 토지를 비옥도에 따라 6등급으로 나누어 전세를 차등하게 징수하였다.
④ 우리나라 최초의 독자적인 양전법규인 전제상정소준수조화를 호조에서 간행 · 반포하였다.

풀이 전제상정소(田制詳定所)

조선 때의 임시관청. 세종 25년(1443년)에 토지 · 조세제도의 조사 연구와 새로운 법의 제정을 위하여 설치되었고 진양대군(晋陽大君, 首陽大君) 유(瑈)를 도제조(都提調)로, 좌찬성(左贊成) 하연(河演)과 호조판서 박종우(朴從愚), 지중추원사 정인지(鄭麟趾)를 제조(提調)로 삼았다. 고려 말기 이래로 조세법(租稅法)으로는 답험손실법(踏驗損失法)을 채택하고 있었기 때문에 그 해의 풍흉에 따라 국고(國庫)의 세입에 변동이 심하였다. 따라서

정답 15 ① 16 ①

전조(田租)에만 기초를 두고 있었던 국가 재정은 자연히 늘 불안한 상태에 놓여 있었으므로 이에 대하여 논란이 많았다. 일부에서는 공법(貢法), 즉 정율법(定率法)을 채택하자는가 하면, 그 결함을 지적하고 이에 반대하는 사람도 많아 쉽게 해결되지 못하였다. 이리하여 전제 전반에 걸친 모든 문제의 해결을 위임받아 설치된 것이 전제상정소였다. 전제상정소는 독자적인 의견을 상부에 제출하기도 하고, 상부의 자문기관이 되기도 하였다. 성종 2년(1471년)에는 여러 의견을 종합하여 경기 및 하삼도(충청, 전라, 경상)는 공법으로써 수세(收稅)하고 강원, 황해, 영안(함경), 평안도 등은 손실(損實)로써 수세할 것을 청하여 임금의 승인을 받은 일도 있었다. 한편 이 기관의 업적으로는 세종 때에 전분 6등, 연분 9등의 전세제(田稅制) 등을 새로 마련한 것을 들 수 있는데 이는 조선조 일대를 통하여 세법의 기본으로 존중되었다.

전제상정소준수조화(田制詳定所遵守條畫)

세조 7년(1461년)에 전제상정소에서 제정하여 반포된 전제와 측량법규이다. 조화의 조(條)는 규정을, 화(畫)는 도면을 말한다. 조획(條劃)이라고 하는 학자도 있다. 만든 사람은 불명이나 한국인이 만든 최초의 측량규정이다. 내용은 다음과 같다.

① 서문[공법(貢法) 개혁의 기본 내용 · 제도인 연분(年分) 9등제와 전분(田分) 6등제를 해설하였다.]
② 등제전품(等第田品) 21조[전품을 조사하는 데 준수할 조례로 정전(正田)과 속전(續典)의 구분, 경차관(敬差官)의 수칙을 규정하였다.]
③ 타량전지(打量田地), 전형(田形)을 방전(方田), 직전(直田), 제전(梯田), 규전(圭田), 구고전(句股田)의 5종으로 유추 측량한다는 것, 일등전의 새끼로 각 등급의 실지 면적을 측정한 다음에 각 등급의 면적을 계산한다는 것(면적을 계산하는 문제와 답, 일등전을 기준하여 2~6등의 결부(結負)를 환산하는 속산표가 있다.)

양전청(量田廳)

조선시대에 조세 기준이 되는 땅의 면적을 조사하기 위하여 둔 임시 관아로서 20년에 한 번씩 토지조사를 하였다. 숙종 43년(1717년) 땅의 면적을 조사하기 위하여 양전청을 설치하고 1719년부터 양전을 실시한 측량중앙관청으로 최초의 독립관청으로 볼 수 있다. 양전청에서는 양전, 양안 작성을 하였다.

17 지적제도의 기속성(羈屬性), 공개성(公開性)과 관련된 가장 중요한 지적의 구성내용이며 지적학의 연구대상은?

① 등록주체 ② 등록객체
③ 등록방법 ④ 등록정보

풀이 지적제도의 특성 **암기** ㉺㉻㉼㉽㉾㉿㉷㉸㉹㉺㉻해라

전㉺성과 ㉻속성	지적사무는 근대적인 지적제도가 창설된 1910년대 이후 오늘날까지 관리주체가 다양한 목적에 의거 토지에 관한 일정한 사항을 등록 · 공시하고 계속하여 유지 관리되고 있는 영속성(永續性)과 전통성(傳統性)을 가지고 있는 국가사무
㉼면성과 ㉽재성	지적사무는 지적공부에 등록된 토지에 관한 기본정보 · 소유정보 · 이용정보 · 가격정보 등의 변경사항을 대장과 도면에 정리하는 내재성(內在性)과 이면성(裏面性)을 가지고 있는 국가사무

정답 17 ④

㉠문성과 ㉡술성	지적사무는 토지에 관한 정보를 조사 · 측량하여 그 결과를 국가의 공적장부인 지적공부에 등록 · 공시하는 제도로서 특수한 지식과 기술을 검증받은 자만이 종사할 수 있는 기술성(技術性)과 전문성(專門性)을 가지고 있는 국가사무
㉡속성과 ㉢개성	• 지적사무는 토지소유자 또는 이해관계인 등에게 무제한으로 지적공부의 열람 · 등본교부를 허용하고 토지의 경계분쟁이 발생하면 지적공부의 등록사항을 토대로 이를 해결할 수 있는 기속성(羈屬性)과 공개성(公開性)을 가지고 있는 준사법적인 국가사무 • 지적공부에 등록 · 공시된 사항은 언제나 일반 국민에게 열람 · 등본을 허용하여 정당하게 이용할 수 있도록 공개주의를 채택
국㉮성과 ㉢공성	지적사무는 국가(토지를 조사 · 측량하여 공적장부에 등록하고 관리하는 주체 : 지적의 주체)에서 토지에 대한 세금을 징수하기 위한 기초자료를 만들기 위하여 창설된 제도로서 국가성(國家性)과 강한 공공성(公共性)을 가지고 있는 국가사무
㉣일성과 획㉤성	지적사무는 전국적(국가의 통치권이 미치는 범위 내에 있는 모든 토지 : 지적의 대상 객체)으로 측량방법 · 토지의 이동정리 · 지적공부의 관리 등이 동일한 통일성(統一性)과 획일성(劃一性)을 가지고 있는 국가사무

18 산토지대장의 내용으로 옳지 않은 것은?

① 간주지적도에 등록하는 토지에 대하여 별도로 작성한 대장이다.

② 토지조사법에 의한 산림지대를 제외하였기 때문에 산림지대의 토지로 등록하지 않았다.

③ 산토지대장은 현재 보관하고 있지는 않다.

④ 토지대장 카드화 작업으로 제곱미터 단위로 환산 · 등록하였다.

풀이 산토지대장

간주지적도에 등재된 토지는 일반 토지대장과 따로 작성하였는데 지번 위에 산(山)자를 표기하였고, 지목은 임야가 아니라 전, 답, 대이다(예 : 山 7전 → 간주지적도). 임야조사사업 당시 산(山) 속의 토지를 임야도와 동일한 축척(6,000분의 1)로 등록한 도면(전 · 답 등)을 간주지적도라 하며, 임야 속에 있던 토지는 모두 6천분의 1 축척으로 측량을 실시한 것으로 판단된다. 전라북도 군산시 지적과에 산토지대장과 간주지적도가 보존되어 있다.

① 임야도를 지적도로 간주하는 것을 간주지적도라 하였으며 간주지적도에 등록하는 토지에 관한 대장은 산토지대장, 별책대장, 을호대장이라 하였다.

② 토지조사법에 의한 산림지대를 제외하였기 때문에 산림지대의 토지로 등록하지 않았다.

③ 면적단위는 30평 단위로 등록하였다.

④ 산토지대장은 1975년 토지대장 카드화작업으로 제곱미터(m^2)단위로 환산하여 등록되었다.

19 하천, 연안 부근에 흙 · 모래 등이 쓸려 내려와 농사를 지을 수 있는 부지로 변형된 토지로 맞는 것은?

① 후보지

② 이생지

③ 포락지

④ 간석지

정답 18 ③ 19 ②

풀이 포락지 · 이생지

하천 연안에 있던 토지가 홍수 또는 강락하여 생긴 하천부지를 **포락지**라고 하고 그 하류 또는 대안에 하천이 토지가 된 것을 **이생지**라 한다. 과거 하천 연안에 있던 토지가 홍수 등으로 강락하여 하천부지가 되고 그 하류 또는 대안에 새로운 토지가 생긴 경우 강락한 토지의 소유자가 새로 생긴 토지의 소유권을 얻는 관습이 있었는데 이를 **포락이생**이라고 한다. 포락이생도 과세지성이다.

1. 포락이생
   과거 하천의 연안에 있던 토지가 홍수 등으로 강락하여 하천부지로 되고 그 하류 또는 대안(對岸)에 새로운 토지가 생긴 경우에는 강락한 토지의 소유자가 새로 생긴 토지의 소유권을 얻는 관습이 있었는데 이를 가리켜 '포락이생'이라 하였다.
2. 대전회통의 조문
   대전회통의 조문에 의하면 강변의 과세지가 강락되어 하천부지가 된 토지는 면세하고 새로 생긴 토지는 과세한다고 되어 있다.
3. 포락이생의 문제점
   ① 한쪽에서 강락하였다 하더라도 반드시 다른 한쪽에 이생지가 생긴다고 단정할 수 없었다.
   ② 이생지가 생겼다 하더라도 포락지와 거리가 멀거나 두 개의 토지가 행정구역이 다를 때에는 면세절차와 과세절차를 동시에 할 수 없었다.
   ③ 결국 포락이생은 소관청의 판정에 따를 수밖에 없었다.
4. 원칙중시(필수)
   기록원칙, 동의원칙, 공시원칙, 날인계약원칙

20 양전개전론과 그것을 주장한 학자의 관계로 옳지 않은 것은?

① 정약용 – 정전제 시행을 전제로 한 어린도법을 주장하였다.
② 이기 – 수등이척제의 개선방안으로 망척제를 주장하였다.
③ 유길준 – 어린도의 가장 최소 단위로 휴도를 주장하였다.
④ 서유구 – 경무법을 개선한 방안을 제시하였다.

풀이 양전개정론(量田改正論)

구분	정약용(丁若鏞)	서유구(徐有榘)	이기(李沂)	유길준(兪吉濬)
양전방안	• 결부제 폐지 경무법으로 개혁 • 양전법안 개정		수등이척제에 대한 개선책으로 망척제를 주장	전 국토를 리단위로 한 전통제(田統制)를 주장
특징	• 어린도 작성 • 정전제 강조 • 전을 정방향으로 구분 • 휴도 : 방량법의 일환이며 어린도의 가장 최소 단위로 작성된 지적도	• 어린도 작성 • 구고삼각법에 의한 양전수법십오제 마련	• 도면의 필요성 강조 • 정방형의 눈들을 가진 그물눈금을 사용하여 면적 산출(망척제)	• 양전 후 지권 발행 • 리단위의 지적도 작성(전통도)
저서	목민심서(牧民心書)	의상경계책(擬上經界策)	해학유서(海鶴遺書)	서유견문(西遊見聞)

정답 20 ③

20 제20회 합격모의고사

01 지적도와 임야도에 등록하는 정보가 아닌 것은?

① 토지소재 ② 지번

③ 지목 ④ 면적

풀이

구분		소재	지번	지목 = 축척	면적	경계	좌표	소유자	도면번호	고유번호	소유권(지분)	대지권(비율)	기타 등록사항
대장	토지, 임야 대장	●	●	장 ●	장 ●			장 ●	장 ●	장 ●			토지이동사유 개별공시지가 기준수확량등급
	공유지 연명부	●	●					공 ●		공 ●	공 ●		
	대지권 등록부	●	●					대 ●		대 ●	대 ●	대 ●	건물의 명칭 전유건물표시
경계점좌표 등록부		●	●				경 ●		경 ●	경 ●			부호, 부호도
도면	지적 · 임야도	●	●	도 ●		도 ●			도 ●				색인도 지적기준점 위치 도곽선과 수치 건축물의 위치 좌표에 의한 계산거리

암기 소지는 공통이고, 목장도 = 축장도, 면장, 경도는 좌경이요, 소경도, 동공대의 고도가 없고, 소대장, 지분은 공, 대에만 있다.

02 지적공부의 등록효력에 관한 설명으로 ( ) 안에 들어갈 등록효력은?

- 지적공부의 등록효력은 구속력(拘束力), 공정력(公定力), 확정력(確定力), 강제력(强制力), 추정력(推定力), (㉠) 등의 효력이 있다.
- 행정행위가 이루어지면 비록 법정요건을 갖추지 못하여 위법(違法) 부당(不當)한 흠이 있더라도 절대무효로 인정되는 경우를 제외하고는 처분행정청 또는 상급감독청이나 행정소송의 수소법원(受訴法院)에 의하여 취소되기까지는 유효한 것으로 통용되는 힘을 (㉡)이라 한다.
- 행정행위가 일단 유효하게 성립하면 법적 구제수단의 포기, 행정쟁송을 제기할 수 있는 기간의 경과, 판결을 통한 행정행위의 확정 등의 사유가 존재하면 상대방 등이 더 이상 그 효력을 다툴 수 없게 되며, 행정청 자신도 임의로 취소 철회할 수 없는 힘을 행정행위의 (㉢)이라고 한다.
- 소관청이 최초로 지적공부에 새로이 토지에 대한 물리적인 현황과 법적 관리관계 등을 등록하였다면 그 토지가 실제로 존재하며 실체적인 소유권을 인정하는 것으로 추정하는 것을 (㉣)이라고 한다.
- 모든 토지는 선 등록 후 등기 원칙에 의거 필지별로 구분하여 지적공부에 등록하여야만 이를 토대로 등기부를 창설할 수 있는 것을 (㉤)이라고 한다.

정답 01 ④ 02 ①

	㉠	㉡	㉢	㉣	㉤
①	등기창설력	공정력	확정력	추정력	등기창설력
②	등기창설력	공정력	확정력	등기창설력	추정력
③	등기창설력	공정력	추정력	확정력	등기창설력
④	등기창설력	공정력	등기창설력	추정력	확정력

풀이 지적공부의 등록효력 **암기** ㉮㉯㉰㉱㉲등 (구공확강추등)

구속력(拘束力)	• 행정행위가 법정요건을 갖추어 행하여진 경우에는 그 내용에 따라 관계 행정청과 상대방 및 이해관계인을 구속하는 효력 • 지적공부에 새로이 토지를 등록하거나 이미 등록된 토지의 등록사항(지번 · 지목 · 면적 등)을 변경 등록하는 행위가 법정요건을 갖추어 이루어진 경우에는 행정청과 토지소유자 또는 이해관계인 등을 구속함
공정력(公定力)	• 행정행위가 이루어지면 비록 법정요건을 갖추지 못하여 위법(違法) 부당(不當)한 흠이 있더라도 그 흠이 중대하고 명백하여 절대무효로 인정되는 경우를 제외하고는 처분행정청 또는 상급감독청이나 행정소송의 수소법원(受訴法院)에 의하여 취소되기까지는 유효한 것으로 통용되는 효력 • 지적공부에 새로이 토지를 등록하거나 이미 등록된 토지의 등록사항을 변경 또는 말소하는 행위가 이루어지면 법정 요건을 갖추지 못하여 위법 부당한 흠이 있더라도 소관청, 상급 감독기관, 법원 등의 권한이 있는 기관에 의하여 취소되기 전까지는 효력을 부인할 수 없음
확정력(確定力)	• 행정행위가 일단 유효하게 성립하면 법적 구제수단의 포기, 행정쟁송을 제기할 수 있는 기간의 경과, 판결을 통한 행정행위의 확정 등의 사유가 존재하면 상대방 등이 더 이상 그 효력을 다툴 수 없게 되며(불가쟁력), 행정청 자신도 임의로 취소 철회할 수 없는 효력(불가변력) • 지적공부에 토지를 새로이 등록하거나 이미 등록된 토지의 등록사항을 변경 또는 말소하는 행위가 이루어지면 상대방이나 이해관계인이 그 효력을 다툴 수 없을 뿐만 아니라 소관청이 스스로 직권으로 취소하거나 변경 또는 철회할 수 없음
강제력(强制力)	• 행정행위로 명령되거나 금지된 의무를 불이행하는 경우에 행정청이 법원의 힘을 빌리지 아니하고 자력으로 의무의 내용을 실현할 수 있고 또한 상대방에게 그것을 수인하도록 요구할 수 있는 효력 • 소관청이 지적공부에 등록되지 아니한 토지를 발견한 때에는 직권으로 조사측량을 실시하여 지적공부에 등록하여야 함 • 합병하여야 할 토지가 발생한 경우에 법정 기간 내에 신청이 없는 때에는 소관청이 직권으로 합병을 할 수 있으며, 또한 의무위반행위에 대한 일정한 행정벌(行政罰) 또는 질서벌(秩罰)의 제재를 가할 수 있음
추정력(推定力)	• 소관청이 최초로 지적공부에 새로이 토지에 대한 물리적인 현황과 법적 관리관계 등을 등록하였다면 그 토지가 실제로 존재하며 실체적인 소유권을 인정하는 것으로 추정되는 효력 • 모든 토지는 지적공부에 등록한 후 등기부에 등기되는 선 등록(先登錄) 후 등기 원칙(後登記原則)을 채택하고 있어 지적공부의 등록사항에 대한 추정력이 인정됨 ※ 대법원 판례에 의하면 토지대장에 소유자로 등재되어 있는 자는 반증이 없는 한 그의 소유 토지로 추정을 받을 수 있다고 판결하여 지적공부에 대한 추정력을 인정(대법원, 1976. 9.28. 선고 71431 판결) • 지적공부의 등록사항에 대한 추정력에 기초하여 등기부의 등기사항에 대한 추정력도 인정되는 것임

정답

ⓓ기창설력 (登記創設力)	• 모든 토지는 선 등록 후 등기 원칙에 의거 필지별로 구분하여 지적공부에 등록하여야만 이를 토대로 등기부를 창설할 수 있는 효력 • 미등기 토지의 소유권보존등기는 토지대장 또는 임야대장 등본에 의하여 자기 또는 피상속인이 소유자로서 등록되어 있는 것을 증명하는 자로 규정 • 모든 토지는 지적공부에 등록한 후 이를 토대로 하여 보존등기를 신청하여야만 토지등기부를 창설할 수 있음

03 지번의 부여 체계에 관한 설명으로 틀린 것은?

① 계층형 지번부여 체계는 필지별로 해당 필지가 등록된 책의 권수와 쪽의 수를 지번으로 활용하는 방법도 있다.

② 혼합형 지번부여 체계를 채택하고 있는 대표적인 국가는 일본이다.

③ 혼합형 지번부여 체계는 계층형 지번부여 체계와 격자형 지번부여 체계를 혼용해서 지번을 부여하는 제도를 말한다.

④ 계층형 지번부여 체계는 시·군과 읍·면 등의 자치단체로 구분한 후 이를 다시 블록과 서브블록으로 나누고 그 안에서 필지별로 지번을 부여하는 방법도 있다.

풀이 지번의 부여 체계

계층형(階層型) 지번부여 체계 (Hierarchical Identification Systems)	권과 쪽 (Volume and Folio)	• 필지별로 해당 필지가 등록된 책의 권수와 쪽의 수를 지번으로 활용 • "Vol. 45 Fol. 175"라는 것은 당해 필지가 45권의 175쪽에 등록되어 있다는 것을 의미
	도면번호와 구획번호	도면(Map-Sheet)의 위계(位階)에 따라 번호를 부여하고 등록 시기나 또는 지리적 위치에 따라 도면 내 각 구획에 지번을 부여하는 방법
	자치단체 번호-블록-서브블록-필지 번호	• 시·군과 읍·면 등의 자치단체로 구분한 후 이를 다시 블록과 서브블록으로 나누고 그 안에서 필지별로 지번을 부여하는 방법 • "12-08-15-045"라는 지번에서 앞의 12번은 자치단체의 번호, 08은 학교구역을 나타내는 블록 번호, 15번은 마을을 나타내는 서브블록 번호, 045는 필지 번호
	자치단체명과 가로명	• 가로에 따라 일련번호를 부여하는 방법 • 가로명과 구획번호 또는 건물번호 등과 사용
격자형 지번부여 체계	• 격자(Grid)를 사용하여 지번을 부여하는 제도 • 경계점의 좌표가 필지번호로 사용되기 위해서는 한 지점만이 선택되어야 하는데 대개의 경우 중심점이 사용되며 이것을 지오코드(Geocode)라고 함	
혼합형 지번부여 체계	• 계층형 지번부여 체계와 격자형 지번부여 체계를 혼용해서 지번을 부여하는 제도 • 지방과 시·군은 명칭 또는 번호로 구별하고 필지에 대한 구별은 격자 체계에 의하여 지번 부여 • 스웨덴의 경우 "Botkyrka Alby 5 : 18"에서 Botkyrka는 자치단체명, Alby는 마을명, 5는 본번, 18은 부번	

정답 03 ②

04 등록방법에 관한 현상의 연구 세부주제라고 할 수 없는 것은?

① 토지이동조사 ② 측량기기
③ 측량관련 문헌조사 ④ 측량성과검사

풀이 등록방법에 관한 현상

등록방법(登錄方法)에 관한 현상의 연구 세부주제는 측량기준점, 측량기기, 측량방법, 측량성과검사, 소유권조사, 가격조사, 토지이동조사 등에 관한 사항이 있음

① 등록객체인 토지와 그 정착물 등에 대한 물리적 현황, 법적 권리관계, 제한사항 및 의무사항 등 지적법에서 정한 등록사항을 국가의 공적장부에 등록하는 방법
② 지적법령에 규정한 등록방법은 토지이동조사와 측량성과검사 등을 실시하여 사실여부를 심사하여 그 결과에 따라 등록
③ 등록주체인 소관청은 등록객체인 토지를 지적공부에 등록 · 공시하기 위하여 측량을 수반하지 아니하는 경우에는 토지이동조사를 실시하고, 측량을 수반하는 경우에는 측량성과검사를 실시하여 토지의 이동사실이나 측량성과의 정확 여부를 심사하여 공적도부에 등록 · 공시하는 실질적 심사주의(實質的審査主義)를 채택
④ 우리나라는 60년 이상 대한지적공사의 전담대행체제를 유지해 오며 지적직 공무원이 수요에 비하여 많이 부족하기 때문에 측량성과에 대한 검사가 형식적으로 운영
⑤ 대부분의 국가에서는 지적측량사 자격을 취득하고 국가 또는 주정부에 등록을 하면 자유로이 지적측량업을 수행할 수 있는 개방시스템(Open System)을 채택하므로 측량성과에 대한 검사를 철저하게 실시
⑥ 대만은 국가공무원의 신분으로 지적측량을 실시하는 국가직영제도를 채택하여 측량성과에 대한 검사 부서를 별도 설치, 정확성 여부를 철저히 검사한 후 지적공부 정리

05 지번의 부여 체계에 관한 설명으로 틀린 것은?

① 혼합형 지번부여 체계를 채택하고 있는 대표적인 국가는 일본이다.
② 격자형 지변부여 체계는 격자(grid)를 사용하여 지번을 부여하는 제도를 말한다.
③ 혼합형 지번부여 체계는 계층형 지번부여 체계와 격자형 지번부여 체계를 혼용해서 지번을 부여하는 제도를 말한다.
④ 계층형 지번부여 체계는 시 · 군과 읍 · 면 등의 자치단체로 구분한 후 이를 다시 블록과 서브블록으로 나누고 그 안에서 필지별로 지번을 부여하는 방법도 있다.

풀이 지번의 부여 체계

구분	방법	내용
계층형(階層型) 지번부여 체계 (Hierarchical Identification Systems)	권과 쪽 (Volume And Folio)	• 필지별로 해당 필지가 등록된 책의 권수와 쪽의 수를 지번으로 활용 • "Vol. 45 Fol, 175"라는 것은 당해 필지가 45권의 175쪽에 등록되어 있다는 것을 의미
	도면번호와 구획번호	도면(Map-Sheet)의 위계(位階)에 따라 번호를 부여하고 등록 시기나 또는 지리적 위치에 따라 도면내 각 구획에 지번을 부여하는 방법
	자치단체 번호-블록-서브 블록-필지 번호	• 시 · 군과 읍 · 면 등의 자치단체로 구분한 후 이를 다시 블록과 서브블록으로 나누고 그 안에서 필지별로 지번을 부여하는 방법 • "12-08-15-045"라는 지번에서 앞의 12번은 자치단체의 번호, 08은 학교구역을 나타내는 블록 번호, 15번은 마을을 나타내는 서브블록 번호, 045는 필지 번호

정답 04 ③ 05 ①

	자치단체명과 가로명	• 가로에 따라 일련번호를 부여하는 방법 • 가로명과 구획번호 또는 건물번호 등과 사용
격자형 지번부여 체계	• 격자(Grid)를 사용하여 지번을 부여하는 제도 • 경계점의 좌표가 필지번호로 사용되기 위해서는 한 지점만이 선택되어야 하는데 대개의 경우 중심점이 사용되며 이것을 지오코드(Geocode)라고 함	
혼합형 지번부여 체계	• 계층형 지번부여 체계와 격자형 지번부여 체계를 혼용해서 지번을 부여하는 제도 • 지방과 시 · 군은 명칭 또는 번호로 구별하고 필지에 대한 구별은 격자 체계에 의하여 지번 부여 • 스웨덴의 경우 "Botkyrka Alby 5 : 18"는 Botkyrka는 자치단체명, Alby는 마을명, 5는 본번, 18은 부번	

06 2001년 1월에 개정한 지적법 전문 개정(2001.1.26. 법률 제6389호) 당시의 주요 개정 사항이 아닌 것은?

① 공유지연명부와 대지권등록부를 지적공부로 규정

② 지적약도의 간행판매제도 신설

③ 주차장 · 주소용지 · 창고용지 · 양어장의 지목 신설

④ 도로명과 건물번호 부여 관리제도 신설

풀이 **지적법 제10차 개정(2001.1.26. 법률 제6389호)**

신설	• 도시화 및 산업화 등으로 급속히 증가하고 있는 창고용지 · 주차장 및 주유소용지, 양어장 등을 별도의 지목으로 신설(법 제5조) • 지적 관련 전문용어의 신설 및 변경(법 제2조 및 제22조) – 신설 : 경계점 – 변경 : 해면성말소 → 바다로 된 토지의 등록말소
보완	지적법의 목적을 정보화 시대에 맞도록 보완(법 제1조)
변경	공유지연명부와 대지권등록부를 지적공부로 규정하고 수치지적부를 경계점좌표등록부로 명칭 변경(법 제2조)
추가	지적위성기준점(GPS상시관측소)을 지적측량기준점으로 추가
개정	• 현재 시 · 도지사가 지역전산본부에 보관 · 운영하고 있는 전산처리된 지적공부를 지적 관련 민원업무를 직접 담당하고 있는 시장 · 군수 · 구청장도 보관 · 운영하도록 개정(법 제2조제20호 및 제8조제3항) • 토지의 지번으로 위치를 찾기 어려운 지역의 도로와 건물에 도로명과 건물번호를 부여하여 관리할 수 있도록 개정(법 제16조) • 지적공부에 등록된 토지가 지형의 변화 등으로 바다로 되어 원상으로 회복할 수 없거나 다른 지목의 토지로 될 가능성이 없는 경우 토지소유자가 일정기간 내에 지적공부의 등록말소신청을 하지 아니하면 소관청이 직권으로 말소할 수 있도록 개정(법 제22조) • 아파트 등 공동주택의 부지를 분할하거나 지목변경 등을 하는 경우 사업시행자가 토지이동신청을 대위할 수 있게 하여 국민의 불편을 해소할 수 있도록 개정(법 제28조제3호) • 행정자치부장관은 전국의 지적 · 주민등록 · 공시지가 등 토지 관련 자료의 효율적인 관리와 공동활용을 위하여 지적정보센터를 설치 · 운영할 수 있도록 개정(법 제42조)

정답 06 ②

	• 시 · 도지사는 지적측량적부심사 의결서를 청구인뿐만 아니라 이해관계인에게도 통지하여 지적측량적부심사 의결내용에 불복이 있는 경우에는 이해관계인도 재심사청구를 할 수 있도록 개정(법률 제45조제5항~제7항)
폐지	도면의 전산화사업에 따라 지적공부부본 작성제도과 도면의 2부 작성제도를 폐지하고 활용도가 저조한 도근보조점 성치제도와 삼사법, 푸라니미터에 의한 면적측정방법 폐지

07 지적법 제정(1950.12.1.) 후에 신설된 지목이 아닌 것은?

① 과수원 ② 운동장
③ 광천지 ④ 주차장

풀이 **지목의 구분 연혁**

구분	1단계	2단계	3단계	4단계	5단계	6단계	7단계
근거 법령	대구시가지토지 측량에 관한 타합사항 제3조	토지조사법 제3조	토지조사령 제2호 지세령 제1조	개정지세령 제1조	조선지세령 제7조 제정 지적법 제3조	제2차 개정 지적법 제5조	제10차 개정 지적법 제5조
시행 기간	1907.5.27. ~ 1910.8.22.	1910.8.23. ~ 1912.8.12.	1912.8.13. ~ 1918.6.30.	1918.7.1. ~ 1943.3.31.	1943.4.31. ~ 1976.5.6.	1976.5.7. ~ 2002.1.26.	2002.1.27. ~ 현재
지목수	17개 지목	17개 지목	18개 지목	19개 지목	21개 지목	24개 지목	28개 지목
신설	• 전 • 답 • 대 • 산림 • 원야 • 지소 • 잡지 • 사묘 • 사원 • 묘지 • 철도 • 공원 • 도로 • 구거 • 하천 • 제방 • 철도	(3개 지목) • 수도용지 • 성첩 • 수도선로		(1개 지목) • 유지	(2개 지목) • 염전 • 광천지	(6개 지목) • 과수원 • 목장용지 • 공장용지 • 학교용지 • 운동장 • 유원지	(4개 지목) • 주차장 • 주유소용지 • 창고용지 • 양어장

08 일제강점기 시대에 설치한 지적 관련 행정조직에 대한 설명으로 틀린 것은?

① 조선총독부의 농상공부에서 임야조사사업을 추진하였다.
② 임시토지조사국장은 일본인 정무총감(政務總監)이 맡았다.
③ 토지조사사업과 임야조사사업을 완료하고 지적공부를 부(府) · 군(郡) · 도(島)에 이관한 후 해방되기까지 조선총독부의 재무국에서 지적사무를 관장하였다.
④ 세무서의 간세과에서 토지대장 및 임야대장과 지적도 및 임야도에 관한 사항을 관장하였다.

정답 07 ③ 08 ④

풀이 **일제강점기 시대의 지적 관련 행정조직**

임시토지 조사국	① 1910년 9월에 조선총독부 임시토지조사국 관제(1910.9.30. 칙령 제361호) 제정 • 조선총독부 임시토지조사국 설치 • 임시토지조사국장은 일본인 정무총감(政務總監)이 총재가 되고, 임시토지조사국장 밑에 서무과 조사과 · 측량과와 출장소 설치 ② 1912년 8월에 조선총독부 고등토지조사위원회 관제(1912.8.12. 칙령 제3호) 제정 • 조선총독부에 고등토지조사위원회를 설치하고 토지소유권에 관한 사정 · 불복신립(不服申砬) · 재결 · 사정과 재결에 관한 재심의를 담당하도록 규정 ③ 토지조사사업이 완료된 1919년 전국에 13개 도와 12개 부(府) · 218개 군 · 2개 도(島)가 설치되어 있어 총 232개의 부(府) · 군(郡) · 도(島)에 토지대장과 지적도를 인계하고 340명의 지적기수 배치
농상공부	① 1916년 조선총독부의 농상공부에서 임야조사사업을 위한 시험조사사업 착수 ② 1918년 5월에 조선총독부 임야조사위원회 관제(1918.5.1. 칙령 제110호) 제정 • 조선총독부에 임야조사위원회를 설치하고 조선임야조사령에 의한 사정 · 불복신립(不服申立) · 재결 · 사정 및 재결에 관한 재심의를 담당하도록 규정
조선총독부 재무국	① 토지조사사업과 임야조사사업을 완료하고 지적공부를 부(府) · 군(郡) · 도(島)에 이관한 후 해방되기까지 조선총독부의 재무국에서 지적사무 관장 ② 1934년 5월에 조선총독부 세무관서 관제(1934.4.28. 칙령 제111호) 제정 • 5개소의 세무감독국과 시 · 군단위에 99개소의 세무서 설치 후 지적사무 관장 ③ 1934년 5월에 조선총독부 세무서 사무분장 규정(1934.5.1. 조선총독부운영 시호) 제정 • 세무서에 서무과와 직세과 및 간세과를 설치하고 직세과는 직세의 부과감면에 관한 사항, 직세의 검사에 관한 사항, 토지 및 임야대장과 지적도 및 임야도에 관한 사항을 관장하도록 규정

09 등록정보에 관한 현상의 연구 세부주제라고 할 수 없는 것은?

① 기본정보　　② 개발정보
③ 의무정보　　④ 제한정보

풀이 **등록정보에 관한 현상**

등록정보(登錄情報)에 관한 현상의 연구 세부주제는 지적공부에 등록하는 기본정보, 소유정보, 이용정보, 가격정보, 제한정보, 의무정보 등에 관한 사항이 있음

① 등록객체인 토지와 그 정착물 등에 관한 정보
  • 소유권에 관한 정보, 토지이용에 관한 정보, 토지가격에 관한 정보, 토지거래에 관한 정보, 제한사항에 관한 정보, 의무사항에 관한 정보 등
  • 법정 등록사항을 지적공부에 등록 · 공시를 하여야만 제3자로부터 보호를 받게 되며 배타적인 권리를 인정받을 수 있는 형식주의(形式主義) 채택

② 우리나라는 지적제도 창설 후 110년이 넘도록 필지별로 토지의 소재 · 지번 · 면적 등 기본정보와 권리의 종류 · 취득사유 · 보유상태 · 설정기간 등 소유정보, 지목과 용도지역 등 이용정보 및 과세를 위한 토지가격 · 수확량 · 과세액 등 가격정보 등에 국한하여 제한적으로 등록 · 공시

③ 선진국의 경우에는 용도지역 · 용도지구 · 용도구역 · 미관지구 · 고도지구 · 영리변경 · 지목변경 · 분할 등 개별 필지의 제한에 관한 정보와 건폐율, 용적률, 필지와 도로와의 관계, 실제 거래가격, 세액 등 의무에 관한 정보 등 토지와 등 부동산에 관한 모든 정보를 집중 등록 · 공시
  • 지적공부에 등록하는 정보가 다양

정답 09 ②

- 정보 자체가 공공재화(Public Goods)로 인정되어 이를 상품으로 개발
- 국가기관, 공공기관, 민간기업, 일반 국민들에게 부동산에 관한 가공된 맞춤식 제공 활용도가 점차 높아질 뿐만 아니라 지적제도의 중요성이 증대

10 1910년 토지조사국에서 설치한 출장소가 위치한 곳이 아닌 것은?

① 한성　　② 대구
③ 함흥　　④ 평양

풀이 **토지조사국 출장소 설치 현황**

출장소 소재지	출장소명	관할 구역
경상북도 대구	토지조사국 대구출장소	경상남북도
전라북도 전주	토지조사국 전주출장소	전라남북도
평안남도 평양	토지조사국 평양출장소	평안남북도, 황해도
함경남도 함흥	토지조사국 함흥출장소	함경남북도

11 경계에 관한 설명으로 틀린 것은?

① 경계라 함은 지적측량에 의하여 지번별로 구획하여 지적도면에 등록한 선 또는 좌표의 연결을 말한다.
② 고정경계라 함은 특정 토지에 대한 자연적 경계에 인위적인 경계표지를 설치한 것을 말한다.
③ 일반경계라 함은 특정 토지에 대한 경계를 담장 · 울타리 · 구거 · 제방 · 도로 등 자연적 또는 인위적 형태의 지형 · 지물에 의한 경계로 인식하는 것을 말한다.
④ 영국, 호주의 뉴사우스 웨일즈주, 웨스트 오스트리아주, 아일랜드 등 일부 국가에서 일반경계제도를 채택하고 있다.

풀이 **경계(境界)**

지적측량에 의하여 지번별로 구획하여 지적도면에 등록한 선 또는 좌표의 연결

구분	내용
고정경계(固定境界)	• 특정 토지에 대한 경계점의 지상에 석주(石柱) · 철주(鐵柱) · 말뚝 등의 경계표지를 설치하거나 이를 정확하게 측량하여 지적도상에 등록 관리하는 경계 • 한국 · 프랑스 · 독일 · 네덜란드 · 일본 · 대만 등
일반경계(一般境界)	• 특정 토지에 대한 경계를 담장 울타리 · 구거 · 제방 · 도로 등 자연적 또는 인위적 형태의 지형 · 지물을 경계로 인정하는 제도 • 영국, 호주의 뉴사우스 웨일즈주, 웨스트 오스트리아주 · 아일랜드 · 그리스 · 슬로바키아 등 • 영국의 토지 등기부는 표지 이외에 4개 부분으로 작성 : 부동산등기부(A부문 : Property Register), 소유권등기부(B부문 : Proprietorshin Register), 기타 권리 등기부(C부문 : Charges Register) 및 지적측량성과도에 해당하는 육지측량부에서 작성한 지번이 없는 도면으로 구성 • 부동산등기부에는 토지가 위치하고 있는 군(County)과 구(District)의 명칭 및 해당 필지의 경계에 관한 서술적인 내용만을 등록하고 있으며 지번 · 지목 · 면적 등은 미등록 ※ 지적도와 지적부 등을 작성하는 지적제도가 없기 때문에 지번 · 지목 · 면적 등을 등기부에 등록 불가

정답 10 ① 11 ②

12 지계아문(地契衙門)에 관한 설명으로 틀린 것은?

① 발급된 지계(관계)를 유실한 경우에는 재발급 신청을 허용하지 아니하였다.
② 총재관 1인, 부총재관 2인을 두도록 규정하였다.
③ 토지소재, 자번호, 면적, 결수, 4표와 소유자의 성명 등이 기재된 지계를 발급하였다.
④ 양지아문은 지계아문에 통폐합되었다.

풀이 **양지아문과 지계아문**

양지아문 (量地衙門)	① 1898년 7월에 양지아문 직원 및 처무규정(1898.7.6. 칙령 제25호) 제정 • 양지아문(지적측량청)을 설치, 총재관 3원(員), 부총재관 2원, 기사원(技士員) 3원, 서기 6원을 배치하도록 규정 • 내부대신이 수석 총재관을 맡고 탁지부대신과 농상공부대신이 총재관을 맡음 • 기사원(技士員) 3원(員) 중 1원은 외국인을 고용하도록 규정 ② 1898년 7월 14일 양지아문 총재관 심상훈 · 이도재와 미국인 크럼(Leo Krumm : 한국명 거렴) 간 고빙계약서 작성 • 거렴(한국명)의 고빙계약서는 우리나라의 지적사(地籍史)와 측량사(測量史)에 중요한 사적 가치가 있는 자료임 ③ 거렴이 1899년 4월 1일부터 한성부 측량 실시 • 황성신문(4월 1일), 독립신문(4월 5일), 대한그리스도인회보(4월 5일) 등에 보도 • 이 시기에 측량하여 작성된 것으로 추측되는 한성부지도(漢城府地圖)가 있음 • 우리나라 최초의 근대적 측량의 효시
지계아문 (地契衙門)	① 1901년에 지계아문 직원 및 처무규정(1901.10.20. 칙령 제21호) 제정 • 지계아문 설치, 총재관 1인, 부총재관 2인, 위원 8인(전임대우 4인, 판임대우 4인), 기수(技手) 2인 등을 배치하도록 규정 ② 지계아문에서 발급한 강원도 평해군 근서면 소재 토지에 대한 지계 • 지계의 앞면 : 토지소재, 자번호, 면적, 결수, 4표와 소유자(지주)의 성명 등이 기재 • 지계의 뒷면 : 대한민국의 인민 이외에는 전답에 대한 소유권을 인정하지 아니하며, 관계를 유실한 경우에는 당해 지방관청에 재발급신청을 하여야 하며, 3부를 작성하여 1부는 지계아문에, 1부는 소유자가, 1부는 당해 지방관청에 보존하도록 기재

13 면적에 관한 설명으로 틀린 것은?

① 지적공부에 등록하는 면적은 수평면적(水平面積)을 말한다.
② 지가가 높은 지역은 0.01제곱미터 단위까지 등록하여야 한다.
③ 지적공부에 등록하는 면적은 토지조사와 임야조사사업 당시에는 척관법에 의한 평(坪)과 보(步)를 사용하였다.
④ 1976년 5월 7일부터 미터법을 채택하여 제곱미터(m^2) 단위를 사용하고 있다.

풀이 **면적(面積)**
지적측량 성과에 의하여 지적공부에 등록된 토지의 등록단위인 필지별 수평면적(水平面積)을 등록하며, 지적공부에 등록하는 면적의 단위는 척관법 · 미터법 · 야드-파운드법 등이 있으며, m^2, ha(a), acre 등의 단위를 사용

정답 12 ① 13 ②

척관법에 의한 면적	길이의 단위를 척(尺) · 무게의 단위를 관(貫)으로 사용하는 도량형(度量衡) 단위계
미터법에 의한 면적	• 미터(m)와 킬로그램(kg)을 기본으로 한 십진법의 국제적인 도량형 단위계 • 1875년에 국제적인 미터협약을 체결하여 전 세계적으로 미터법을 사용
지적공부의 등록면적	• 지적공부에 등록하는 면적은 토지조사사업 이후부터 계속하여 척관법에 의한 평(坪)과 보(步)를 사용 • 1976년 5월 7일부터 만국 공통의 미터법을 채택하여 평방미터(m^2) 단위를 사용

14 지적 4륜체제의 하나라고 할 수 없는 것은?

① 지적행정조직　　② 지적홍보조직
③ 지적교육조직　　④ 지적연구조직

풀이 **지적 4륜체제(地籍 4輪體制)**

지적교육조직(1977년 이후) (고교, 전문대학, 대학, 연수원)	← →	지적연구조직(1895년 이후) (지적연구원)
↑↓	산 · 학 · 관 · 연 협조	↑↓
지적행정조직(1895년 이후) (행정안전부, 시 · 도, 시 · 군 · 구)	← →	지적측량조직(1938년 이후) (지적공사, 측량업자)

15 지적공부에 등록하는 소유정보라고 할 수 없는 것은?

① 성명(姓名) 또는 명칭　　② 등록번호
③ 면적　　④ 결혼 여부

풀이 **소유정보(所有情報)**

성명(姓名) 또는 명칭	사람, 즉 자연인의 성과 이름을 말하며, 명칭(名稱 : title)이라 함은 자연인을 제외한 법인 · 비법인 사단 및 재단 등의 소유자 이름
등록번호(登錄番號)	소유자별로 개별화 · 특정화하기 위하여 부여한 가변성이 없는 고유번호를 말하며, 자연인은 주민등록번호를, 국가 · 지방자치단체 · 법인 · 비법인 사단 및 재단 · 외국 기관 · 외국인 등은 별도의 등록번호를 개발하여 등록
생년월일(生年月日)	자연인이 출생한 해와 달과 날
성별(性別)	토지소유자에 대한 남 · 녀의 구별
국적(國籍)	특정 국가의 구성원이 되는 자격
주소(住所)	민법 제18조제1항에 생활의 근거가 되는 곳
소유권지분(所有權持分)	1필지의 토지를 2인 이상이 공동으로 소유하고 있는 공유토지의 경우 2인 이상의 다수인이 각각 분량적으로 나누어 가지는 소유의 몫

정답 14 ② 15 ③

결혼 여부(結婚與否)	특정 토지의 취득시점에서 그 토지에 대한 소유권을 새로이 취득하는 토지소유자의 결혼상태
직업(職業)	일상적으로 종사하는 업무 또는 자기의 능력에 따라 어떤 목적을 위하여 전문적으로 종사하는 일

16 조선 말기와 대한제국시대에 설치한 지적 관련 행정조직이 아닌 것은?

① 내부 판적국 지적과
② 양지아문(量地衙門)
③ 임시토지조사국
④ 탁지부 양지국 양무과

풀이 **대한제국시대의 지적 관련 행정조직**

내부	• 895년 3월에 내부관제(1895.3.26. 칙령 제53호) 제정 – 내무아문(內務衙門)을 내부(內部)로 개편하고 주현국 · 토목국 · 판적국 · 위생국 · 회계국을 설치하도록 규정 • 1895년 4월에 내부분과규정(1895.4.17.) 제정 – 판적국에 호적과와 지적과를 설치하도록 규정
양지아문(量地衙門)	• 1898년 7월에 양지아문 직원 및 처무규정(1898.7.6. 칙령 제25호) 제정 – 양지아문(지적측량청)을 설치, 총재관 3원(員), 부총재관 2원, 기사원(技士員) 3원, 서기 6원을 배치하도록 규정 – 내부대신이 수석 총재관을 맡고 탁지부대신과 농상공부대신이 총재관을 맡음 – 기사원(技士員) 3원(員) 중 1원은 외국인을 고용하도록 규정
지계아문(地契衙門)	• 1901년에 지계아문 직원 및 처무규정(1901.10.20. 칙령 제21호) 제정 – 지계아문 설치, 총재관 1인, 부총재관 2인, 위원 8인(전임대우 4인, 판임대우 4인), 기수(技手) 2인 등을 배치하도록 규정 • 지계아문에서 발급한 강원도 평해군 근서면 소재 토지에 대한 지계 – 지계의 앞면 : 토지소재, 자번호, 면적, 결수, 4표와 소유자(지주)의 성명 등이 기재 – 지계의 뒷면 : 대한민국의 인민 이외에는 전답에 대한 소유권을 인정하지 아니하며, 관계를 유실한 경우에는 당해 지방관청에 재발급신청을 하여야 하며, 3부를 작성하여 1부는 지계아문에, 1부는 소유자가, 1부는 당해 지방관청에 보존하도록 기재
탁지부	• 1904년에 탁지부 양지국 관제(1904.4.21. 칙령 제11호) 제정 – 탁지부 양지국에 양무과(量務課), 서무과 설치 – 1905년에 대구 · 평양 · 전주에 측량강습소 설치
토지조사국	• 1910년에 토지조사국관제(1910.3.14. 칙령 제23호) 제정 – 탁지부대신 아래에 토지조사국 설치 • 1910년 8월에 대구 · 전주 · 평양 · 함흥에 4개소의 토지조사국 출장소를 설치

정답 16 ③

17 **크럼(Leo Krumm)에 관한 설명으로 틀린 것은?**

① 양지아문 총재관 심상훈 · 이도재와 미국인 크럼 간에 고빙계약서를 작성하였다.
② 양지아문의 부총재관 역할을 하였다.
③ 우리나라 최초의 근대적 측량의 효시이다.
④ 이 시기에 측량하여 작성된 것으로 추측되는 한성부지도(漢城府地圖)가 있다.

풀이 **양지아문(量地衙門)**

직원 및 처무규정	1898년 7월에 양지아문 직원 및 처무규정(1898.7.6. 칙령 제25호) 제정 • 양지아문(지적측량청)을 설치, 총재관 3원(員), 부총재관 2원, 기사원(技士員) 3원, 서기 6원을 배치하도록 규정 • 내부대신이 수석 총재관을 맡고 탁지부대신과 농상공부대신이 총재관을 맡음 • 기사원(技士員) 3원(員) 중 1원은 외국인을 고용하도록 규정
거렴의 고빙	• 1898년 7월 14일 양지아문 총재관 심상훈 · 이도재와 미국인 크럼(Leo Krumm : 한국명 거렴) 간 고빙계약서 작성 • 거렴(한국명)의 고빙계약서는 우리나라의 지적사(地籍史)와 측량사(測量史)에 중요한 사적 가치가 있는 자료임
거렴의 근대적인 측량 실시	거렴이 1899년 4월 1일부터 한성부 측량 실시 • 황성신문(4월 1일), 독립신문(4월 5일), 대한그리스도인회보(4월 5일) 등에 보도 • 이 시기에 측량하여 작성된 것으로 추측되는 한성부지도(漢城府地圖)가 있음 • 우리나라 최초의 근대적 측량의 효시

18 **지목의 설정원칙에 관한 설명으로 틀린 것은?**

① 도시계획 · 토지구획정리 · 농지개량 등의 공사가 준공된 토지는 실제 현황에 따라 지목을 설정한다.
② 주된 1필지의 토지에 대한 편의를 위하여 설치한 작은 면적의 도로 · 구거 등의 지목은 주된 토지의 사용 목적 또는 용도에 따라 지목을 설정하여야 한다.
③ 도로 · 철도용지 · 하천 · 제방 · 구거 · 수도용지 등의 지목이 서로 중복될 때에는 먼저 등록된 토지의 사용 목적 또는 용도에 따라 지목을 설정하여야 한다.
④ 다른 지목에 해당하는 용도로 변경시킬 목적이 아닌 임시적이고 일시적인 용도의 변경이 있는 경우에는 등록전환을 하거나 지목변경을 할 수 없다.

풀이 **지목의 설정원칙** **암기** ㉠㉡㉢㉣㉤㉥ (일주등용일사)

(일)필목(1筆1目)의 원칙	1필지의 토지에는 1개의 지목만을 설정하여야 한다는 원칙
(주)지목추종(主地目追從)의 원칙	주된 1필지의 토지에 대한 편의를 위하여 설치한 작은 면적의 도로 · 구거 등의 지목은 주된 토지의 사용 목적 또는 용도에 따라 지목을 설정하여야 한다는 원칙
(등)록선후(登錄先後)의 원칙	도로 · 철도용지 · 하천 · 제방 · 구거 · 수도용지 등의 지목이 서로 중복될 때에는 먼저 등록된 토지의 사용 목적 또는 용도에 따라 지목을 설정하여야 한다는 원칙

정답 17 ② 18 ①

ⓤ도경중(用途輕重)의 원칙	도로 · 철도용지 · 하천 · 제방 · 구거 · 수도용지 등의 지목이 중복될 때에는 중요한 토지의 사용목적 또는 용도에 따라 지목을 설정하여야 한다는 원칙
ⓘ시변경불변(一時變更不變)의 원칙	다른 지목에 해당하는 용도로 변경시킬 목적이 아닌 임시적이고 일시적인 용도의 변경이 있는 경우에는 등록전환을 하거나 지목변경을 할 수 없다는 원칙
ⓢ용목적추종(使用目的追從)의 원칙	도시계획 · 토지구획정리 · 농지개량 · 공업단지조성사업 등의 공사가 준공된 토지는 그 사용목적에 따라 지목을 설정한다는 원칙

19 일제강점기 시대의 지적측량 관련 조직이라고 할 수 없는 것은?

① 국가직영영제도 ② 기업자측량제도

③ 지정측량자제도 ④ 대한지적협회

풀이 일제강점기 시대의 지적측량 관련 조직

국가직영(國家直營)	토지조사사업(1910~1918)과 임야조사사업(1916~1924)을 마무리할 때까지 탁지부와 각 도 및 부 · 군에서 직접 지적측량을 수행하는 국가직영제도 채택
기업자(企業者) 및 지정측량자(指定測量者)	• 1923년 7월 20일 광대지역에 긍(亘) 한 이동지 정리에 관한 건[1923.7.20. 세을(稅乙) 제674호]과 지정측량자의 지정에 관한 건(1923.7.20. 세을 제675호) 통첩 • 기업자 측량제도 : 도로 · 하천 · 구거 · 철도 · 수도 등의 신설 또는 보수를 관장하는 기업자인 관청이나 개인이 지적측량기술자를 채용하고 지적 주무관청의 승인을 얻어 자기 사업에 따른 지적측량업무를 수행하는 제도 • 지정측량자제도 : 도에서 민간인 신분의 지적측량기술자를 지정하여 지적측량업무를 수행하도록 하는 제도
역둔토협회(驛屯土協會)	1931년 6월 6일 조선총독의 허가를 받아 재단법인 역둔토협회 설립하고 역둔토에 대한 토지이동측량을 전담
조선지적협회(朝鮮地籍協會)	• 1938년 1월 17일 조선민사령에 의거 조선총독의 허가를 받아(1938년 등기) 지적측량업무를 전담 대행할 수 있는 재단법인 조선지적협회 • 본회는 조선총독부 재무국에, 지부는 경성 · 평양, 함흥 · 광주 · 대구세무감독국에, 출장소는 각 세무서에 두고 1938년 4월 1일부터 업무 개시 • 회장은 재무국장을 추대하고 지부장은 회장이 각 세무감독국장, 출장소장은 각 세무서장을 위촉

20 양지아문에 관한 설명으로 틀린 것은?

① 양지아문 직원 및 처무규정(1898.7.6. 칙령 제25호)에 의하여 설립되었다.

② 총재관 3원(員)과 부총재관 2원(員)을 두도록 규정하였다.

③ 탁지부대신이 수석 총재관을 맡고 내부대신과 농상공부대신이 총재관을 맡았다.

④ 기사원(技士員) 3원(員) 중 1원은 외국인을 고용하도록 규정하였다.

정답 19 ④ 20 ③

풀이 양지아문(量地衙門)

직원 및 처우규정	1898년 7월에 양지아문 직원 및 처무규정(1898.7.6. 칙령 제25호) 제정 • 양지아문(지적측량청)을 설치, 총재관 3원(員), 부총재관 2원, 기사원(技士員) 3원, 서기 6원을 배치하도록 규정 • 내부대신이 수석 총재관을 맡고 탁지부대신과 농상공부대신이 총재관을 맡음 • 기사원(技士員) 3원(員) 중 1원은 외국인을 고용하도록 규정
거렴의 고빙	• 1898년 7월 14일 양지아문 총재관 심상훈 · 이도재와 미국인 크럼(Leo Krumm : 한국명 거렴) 간 고빙계약서 작성 • 거렴(한국명)의 고빙계약서는 우리나라의 지적사(地籍史)와 측량사(測量史)에 중요한 사적 가치가 있는 자료임
거렴의 근대적인 측량 실시	거렴이 1899년 4월 1일부터 한성부 측량 실시 • 황성신문(4월 1일), 독립신문(4월 5일), 대한그리스도인회보(4월 5일) 등에 보도 • 이 시기에 측량하여 작성된 것으로 추측되는 한성부지도(漢城府地圖)가 있음 • 우리나라 최초의 근대적 측량의 효시

정답

21 제21회 합격모의고사

01 우리나라의 지적제도의 분류로 틀린 것은?

① 설치목적에 따라 세지적, 법지적, 정보지적으로 분류한다.
② 측량방법에 따라 도해지적과 수치지적으로 분류한다.
③ 등록방법에 따라 2차원 지적, 3차원 지적, 4차원 지적으로 분류한다.
④ 측량종류에 따라 지적기초측량과 지적세부측량으로 분류한다.

풀이 지적제도의 유형

발전 과정	세지적(稅地籍)	토지에 대한 조세부과를 주된 목적으로 하는 제도로 과세지적이라고도 한다. 국가의 재정수입을 토지세에 의존하던 **농경사회**에서 개발된 제도로 과세의 표준이 되는 농경지는 기준수확량, 일반토지는 토지등급을 중시하고 지적공부의 등록사항으로는 **면적단위**를 중시한 지적제도이다.
	법지적(法地籍)	세지적이 발전된 형태로서 토지에 대한 사유재산권이 인정되면서 생성된 유형으로 소유지적, 경계지적이라고도 한다. **토지소유권 보호**를 주목적으로 하였으며, 토지거래의 안전과 토지소유권의 보호를 위한 **토지경계**를 중시한 지적제도이다.
	다목적 지적(多目的地籍)	현대사회에서 추구하고 있는 지적제도로 종합지적, 통합지적, 유사지적, 경제지적, 정보지적이라고도 한다. 토지와 관련한 다양한 정보를 종합적으로 등록·관리하고 이를 이용 또는 활용하고 필요한 자에게 제공해 주는 것을 목적으로 하는 지적제도이다.
측량 방법	도해지적(圖解地籍)	• 토지의 경계를 도면 위에 표시하는 지적제도 • 세지적, 법지적은 토지경계표시를 도해지적에 의존 • 측량에 소요되는 비용이 비교적 저렴함 • 고도의 기술이 필요 없음 [도해지적의 단점] • 축척크기에 따라 허용오차가 다름 • 도면의 신축방지와 보관관리가 어려움 • 인위적, 기계적, 자연적 오차가 유발되기 쉬움 • 지적측량에 신뢰성이 저하됨
	수치지적(數値地籍 : Numerical Cadastre)	• 수학적인 좌표로 표시하는 지적제도 • 다목적 지적제도하에서는 토지경계를 수치지적에 의존 • 필지경계점이 수치좌표로 등록됨 • 경비와 인력이 비교적 많이 소요됨 • 고도의 전문적인 기술이 필요
	계산지적(計算地籍)	경계점의 정확한 위치결정이 용이하도록 측량기준점과 연결하여 관측하는 지적제도이며 국가의 통일된 기준좌표계에 의하여 각 경계상의 굴곡점을 좌표로 표시하는 지적제도
등록 방법	2차원 지적	• 토지의 고저에 관계없이 수평면상의 투영만을 가상하여 각 필지의 경계를 공시하는 제도 • 평면지적 • 토지의 경계, 지목 등 지표의 물리적 현황만을 등록하는 제도 • 점선을 지적공부도면에 폐쇄된 다각형의 형태로 등록·관리

정답 01 ④

등록 방법	3차원 지적	• 2차원 지적에서 진일보한 지적제도로 선진국에서 활발하게 연구 중이다. • 지상과 지하에 설치한 시설물을 수치형태로 등록 · 공시 • 입체지적 • 인력과 시간과 예산이 소요되는 단점 • 지상건축물과 지하의 상수도, 하수도, 전기, 전화선 등 공공시설물을 효율적으로 등록 · 관리할 수 있는 장점
	4차원 지적	3차원 지적에서 발전한 형태로 지표, 지상, 건축물, 지하시설물 등을 효율적으로 등록 공시하거나 관리 지원할 수 있고 이를 등록사항의 변경내용을 정확하게 유지 · 관리할 수 있는 다목적 지적제도로 전산화한 시스템의 구축이 전제된다.

02 지적제도의 필수요건으로 적합하지 아니한 것은?

① 정확성
② 전통성
③ 안전성
④ 공정성

풀이 **지적제도의 실제적인 성공을 평가하는 필수요건**

영국 심슨(S. R. Simpson) 교수	안전성(Security), 간결성(Simplicity), 정확성(Accuracy), 신속성(Expedition), 저렴성(Cheapness), 적합성(Suitability) 및 완전성(Completeness) 등 제시
국제측량사연맹(FIG) 지적분과위원회	안정성(Security), 명확성과 간결성(Clarity & simplicity), 적시성(Timeliness), 공정성(Fairness), 접근성(Accessibility), 경제성(Cost) 및 지속성(Sustainability) 등 제시

03 일필지와 관련된 관리활동에 관련된 지적현상을 다루고자 할 때 사용될 수 있는 지적학 연구의 접근방법은?

① 행정적 접근방법
② 기술적 접근방법
③ 경제적 접근방법
④ 역사적 접근방법

풀이 **지적학연구의 접근방법**

접근방법의 유형	내용
법률적 접근방법	일필지와 관련된 법적인 활동에 대한 지적현상을 다루고자 할 때 사용될 수 있는 접근방법
행정적 접근방법	일필지와 관련된 관리활동에 관련된 지적현상을 다루고자 할 때 사용될 수 있는 접근방법
기술적 접근방법	일필지와 관련된 기술적인 활동에 대한 지적현상을 다루고자 할 때 사용될 수 있는 접근방법
경제적 접근방법	일필지와 관련된 가치적인 활동에 대한 지적현상을 다루고자 할 때 사용될 수 있는 접근방법
역사적 접근방법	일필지와 관련된 역사적인 활동에 대한 현상을 다루고자 할 때 사용될 수 있는 접근방법
생태적 접근방법	일필지의 생성, 분할, 합병 등 토지이동과 관련된 현상을 다루고자 할 때 사용될 수 있는 접근방법

정답 02 ② 03 ①

04 구장산술 방전장의 토지 형태로 틀린 것은?

① 타전 ② 직전
③ 구고전 ④ 규전

풀이 **구장산술(九章算術)**

구장산술은 동양최대의 수학에 관한 서적으로 시초는 중국이며 원, 청, 명나라, 조선, 일본에까지 커다란 영향을 미쳤다. 중국의 고대 수학서에는 10종류로서 산경심서라는 것이 있는데 그중에서 가장 큰 것이 구장산술이며 10종류 중 2번째로 오래되었다. 가장 오래된 주비산경(周髀算經)은 천문학에 관한 서적이며 구장산술은 선진(先秦) 이래의 유문(遺文)을 모은 것이다.

1. 구장산술의 형태
   삼국시대 토지측량 방식에 사용되었으며 지형을 당시 측량술로 측량하기 쉬운 형태로 구별하여 측량하는 방법에 응용되었다. 화사가 회화적으로 지도나 지적도 등을 만들었으며 다음 그림과 같은 형태를 설정하였다. 구장산술은 책의 목차가 제1장 방전부터 제9장 구고장까지 9가지 장으로 분류하여 '구장'이라는 이름이 생겼으며 구장의 '구'는 구수(아홉 가지 수)에서 비롯되었다.
2. 전의 형태

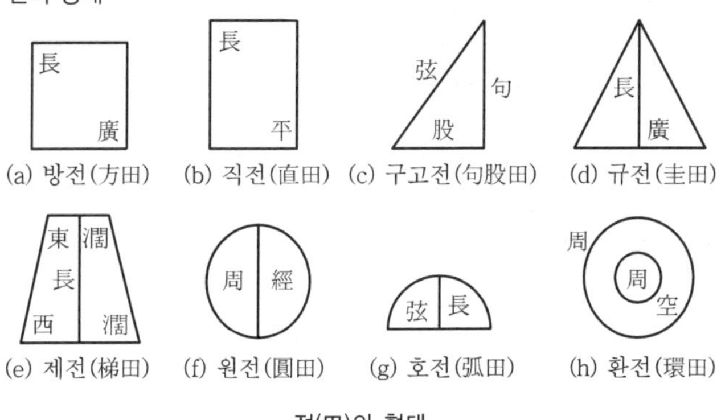

전(田)의 형태

05 프랑스의 근대적인 지적제도와 관련된 사항이 아닌 것은?

① 필지별 생산능력 평가 ② 나폴레옹(Napoleon)
③ 수학자 드람브르(Delambre) ④ 둠즈데이북

풀이 **프랑스의 지적제도**

프랑스의 지적제도는 오랜 역사와 전통을 간직하고 있는 근대 지적제도의 효시라고 일컬어지며 세지적(稅地籍)의 대표적인 사례로 꼽힌다.

1807년 나폴레옹 지적법(Napoleonic Cadastre Act) 제정
- 1808~1850년 : 전국에 걸쳐 실시한 지적측량 성과에 따라 근대적 지적제도 창설(지적도, 지적부 작성)
- 수학자 드람브르(Delambre)를 측량위원장으로 지명
- 1억 필지에 달하는 토지측량
- 비옥도(肥沃度)에 따라 분류
- 필지별 생산능력 평가
- 소유자별 생산능력과 수입 등 기록
- 과세의 기초 자료로 활용할 수 있는 지적제도 창설

정답 04 ① 05 ④

06 **조선시대 때 매매계약이 성립되기 위해서 매수인과 매도인의 합의 외에 대가의 수수목적물 인도 시에 서면으로 계약한 계약서의 일종은?**

① 양안　　② 입안
③ 문기　　④ 지계

풀이 **토지거래증서**

1. 개요

동서양을 막론하고 고대에서부터 작성되어 활용되어 왔으며 우리나라의 경우 현존하는 서류로 "신라장적문서"가 있다. 조선시대의 토지거래증서에는 양안, 입안, 문기가 있으며 문기는 상속 및 증여 소송 등의 문서로서 권리변동의 효력을 발생하며 확정적 효력을 가지고 있으며 권리자임을 증명하는 권원증서이다.

2. 토지거래증서의 종류

① 사패(賜牌) : 임금이 왕족이나 공신에게 노예 또는 전지를 하사한 문서

② 입지(立旨) : 조선시대 지방행정관청에서 발급한 증명서

- 전답의 소유자가 문기를 멸실하였을 때 관청으로부터 이를 증명받는 문서
- 가옥전세계약을 체결하고 관청에서 이를 증명하는 문서

③ 문기(文記) : 토지 및 가옥을 매수 또는 매도시에 작성한 매매계약서로 "명문문권(明文文券)"이라고도 한다. 상속 및 증여 소송 등의 문서로서 권리변동의 효력을 발생하며 확정적 효력과 권원증서의 역할을 한다.

매매문기, 백문매매, 별결문기, 증여문기, 공문기, 사문기, 신문기, 전당문기 등이 있다.

※ 백문매매 : 문기의 일종으로 입안을 받지 않는 매매계약서를 말한다.

④ 입안(立案) : 등기권리증의 일환으로 토지매매를 증명하는 제도이며, 소유자를 확인할 수 있는 명의 변경 절차이다.

⑤ 양안(量案) : 토지대장으로 위치 · 등급 · 형상 · 면적 · 사표 · 소유자 기록

⑥ 가계(家契) : 가옥 소유권 증명문서로 가권이라고도 한다.

⑦ 지계(地契) : 전답의 소유에 대한 증명문서이다.

07 **지적재조사의 유형에 대한 설명으로 옳지 않은 것은?**

① 지적공부에 등록 · 공시된 정보 중 경계가 부분적으로 현실과 부합되지 아니하거나 지적도면의 전부 또는 일부가 훼손 혹은 분실, 소실된 지역 등을 선정해서 국지적으로 재조사측량을 실시함으로써 지적공부의 등록사항을 수정 · 보완하고, 이를 분산하여 등록 · 공시하는 분산등록제도를 채택 · 추진해 나가는 지적조사사업이 보완적 지적재조사사업이다.

② 보완적 지적재조사란 지적공부를 전면적으로 새롭게 작성하여 일괄 등록방법에 의해 등록 · 공시하는 것이 목적이다.

③ 지적재조사의 유형에는 창설적 지적재조사와 보완적 지적재조사가 있다.

④ 현행 지적공부에 등록 · 공시된 정보를 참고해서 실제 점유 현황을 기준으로 새로이 전국적인 재조사 · 측량을 실시하여 지적공부를 다시 작성하고, 이를 일괄 등록 · 공시하는 일괄등록제도를 채택 · 추진하는 지적조사사업을 창설적 지적재조사사업이라고 한다.

정답 06 ③　07 ②

풀이 지적재조사의 유형

1. 창설적(創設的) 지적재조사

개요	• 지적재작성(Refection) : 지적 수정이 불가능하다는 것이 명백해질 때 새로운 측량에 근거한 신(新) 지적도의 작성을 실행하는 것을 말한다. • 창설적(創設的) 지적재조사 : 현행 지적공부에 등록 · 공시된 정보를 참고하여 실제 점유 현황을 기준으로 새로이 전국적인 재조사 · 측량을 실시하여 지적공부를 다시 작성하고, 이를 일괄 등록 · 공시하는 일괄등록제도(Systematic System)를 채택 · 추진하는 지적조사사업을 말한다. 이를 지적개형(Cadastral Reform, Refection du Cadastre)이라고도 한다.
지역	전국적으로 일제히 추진된다.
목적	지적공부를 전면적으로 새롭게 작성하여 일괄 등록방법에 의해 등록 · 공시하는 것이 목적이다. 따라서 이의 실현을 위해 추진하는 전국적 사업을 의미한다.
계획	우리나라의 경우, 당초에는 창설적 지적재조사사업을 추진하려고 계획하였으나 여러 가지 사정으로 현재 보완적(補完的) 지적재조사사업을 추진하고 있다. 일본과 대만 그리고 프랑스의 일부지역 등에서는 창설적 지적재조사사업을 채택하여 추진 중이다.
장점	• 현행 지적관리상의 문제점을 근원적으로 해결할 수 있다. • 토지정보의 전산화 등을 추진하여 전국적으로 표준화하고 통일성을 갖춰 정확한 측량 성과를 제공할 수 있는 다목적 지적제도의 구축이 가능하다.
단점	• 많은 인력과 장비 및 예산이 소요된다. • 장기간에 걸쳐 사업을 추진해야 한다.

2. 보완적 지적재조사

개요	지적수정(Cadastral Renovation, Renovation du Cadastre)이라고도 한다. 지적수정(Revision)은 아직도 효력이 있는 낡은 지적도면의 자료를 확인하고, 낡은 자료 사이에서 최대한 비슷한 부분을 수정 · 보완함으로써 새로운 경계를 실제 상황에 결부시키는 것을 말한다. 이는 현행 지적공부에 등록 · 공시된 정보 중 경계가 부분적으로 현실과 부합되지 아니하거나 지적도면의 전부 또는 일부가 훼손 혹은 분실, 소실된 지역 등을 선정해서 국지적으로 재조사측량을 실시함으로써 지적공부의 등록사항을 수정 · 보완하고, 이를 분산하여 등록 · 공시하는 분산등록제도(Sporadic System)를 채택 · 추진해 나가는 지적조사사업이다.
지역	특정지역 또는 지구를 채택하여 추진하고 있다.
외국	프랑스는 국지적으로 지적공부에 등록된 경계를 실제 상황에 따라 수정하여 일치시키는 보완적 지적재조사와 병행해서 지적공부에 등록된 경계의 국지적 수정이 불가능하다고 판단될 때는 재조사측량 실시 후 지적공부를 새로이 작성하는 창설적 지적재조사를 추진하고 있다.
장점	• 현행 지적관리상의 문제점을 부분적으로 보완 · 개선하고 지역별로 토지정보의 전산화 등을 추진할 수 있다. • 비교적 적은 인력과 장비 및 예산이 소요되고 단기간에 걸쳐 지적제도의 보완이 가능하다.
단점	전국적으로 통일성과 획일성 및 측량 성과의 균질성 등을 확보할 수 없다.

정답

08 고려시대에 새로이 시행된 토지제도는?

① 역분전, 전시과
② 정전제(井田制)
③ 두락제(斗落制)
④ 경무법(頃畝法)
⑤ 정전제(丁田制)

풀이 고려시대 토지제도

<table>
<tr><td colspan="2">역분전(役分田)</td><td>'직역(職役)의 분수(分數)에 의한 급전(給田)'이란 뜻으로 고려 개국에 공을 세운 조신(朝臣), 군사(軍士)등 공신에게 관계(官階, 직급)를 논하지 않고 선악과 공로의 대소에 따라 토지를 지급한 제도로서 후일 공훈전(功勳田)으로 발전하였다.</td></tr>
<tr><td rowspan="4">전시과</td><td colspan="2">• 경종 1년(976년)에 당나라의 반전제도(班田制度)를 본떠서 창설
• 문무백관(文武百官)으로부터 말단의 부병(府兵) · 한인(閑人)에 이르기까지 국가의 관직에 복무하거나 직역(職役)을 부담하는 자에게 그들의 관품과 인품에 따라 전토(田土)와 시지(柴地)를 분급하는 제도로 시정전시과(始定田柴科)라고도 함
• 목종 원년(998년)에 개정전시과(改定田柴科)로, 문종 30년(1076년)에 경정전시과(定田柴科)로 개정 시행</td></tr>
<tr><td>시정전시과
(始定田柴科)</td><td>관계와 인품을 고려하여 개별적 관료들에 대한 수조지급여(收租地給與)는 감소 시키고 각종 관료성원들에 대하여 수조지분권(收租地分權)을 확보하기 위한 제도</td></tr>
<tr><td>개정전시과
(改定田柴科)</td><td>• 전시급여자의 관등을 18과로 나누어 전시수급액을 규정하여 지급하고 인품이라는 기준은 지양하고 관직에 따라 토지 분급
• 전지의 지급기준에서 인품이 빠지고 관직의 높낮이가 기준이 되었으며, 무반직과 문반직을 차별하였고, 시정전시과에서는 한외과(限外科)로 분류되었던 잡색원리 · 유외 잡직이 16과와 18과 사이로 편입되었으며, 마군(馬軍)과 보군(步軍)이 수급대상에 포함되었고, 모든 품등에 전지와 시지가 지급되었으나 개정전시과에서는 16과 이하에는 전지만 지급</td></tr>
<tr><td>경정전시과
(更定田柴科)</td><td>• 18등급에 따라 현직문무양반관료(現職文武兩班官僚)들에 대한 수조지 분급량을 줄이고 개별적 문무산관(文武散官)들에 대한 수조지(收租地)를 격감시켰다. 다른 편으로는 마군(馬軍), 보군(步軍) 등 군인의 수조지를 증가시켰다.
• 과별로 전지의 지급액을 축소하여 시지가 현저히 감소하였으며, 무반의 등급이 상승하였는데, 등급별 지급액이 축소되어 실제 지급액에는 큰 차이가 없었고, 산직이 제외되었으며, 개정전시과에서 빠졌던 향직이 포함되었고, 한외과가 완전히 없어져 모두 18과 내로 편입됨</td></tr>
</table>

정답 08 ①

09 1895년 탁지아문을 개칭한 것으로 국가재정 전반을 담당한 5국으로 구성된 기구는?

① 토지조사국 ② 내부판적국
③ 탁지부 ④ 지계아문

풀이 **구한말의 관리관청**

고려시대나 조선시대에서 토지국유제를 원칙으로 하고 있었으나 토지의 사적소유권은 원칙적으로 발생하지 않았고 조선중엽 이후 토지제도의 문란으로 개인적 소유가 현실적으로 존재하였다. 구한말에는 현대 지적제도의 기틀을 다지고자 양지아문을 설치하고 양전사무를 관장하였으며, 미국인 거렴 주임기사를 초빙하여 측량기술을 교육하는 한편 전국적 양전을 시도하였다.

내부판적국	• 1895년 칙령 제53호로 내부관제가 공포되었고 이에 주현국, 토목국, 판적국, 위생국, 회계국의 5국을 둠 • 판적국에서 지적 및 관유지처분에 대한 사무관장을 하고 한국에 지적이라는 용어와 직제가 시초
내부관제	• 주현국 • 토목국 : 토지측량 및 토지수행에 관한 사무관장 • 판적국 : 지적 및 관유지처분에 대한 사무관장 • 위생국 • 회계국
기구	• 호적과 : 호구적에 관한 사항 관장 • 지적과 : 지적에 관한 사항 관장

10 해양지적(Marine Cadastre) 제도하에서 등록대장으로 적합하지 아니한 등록사항은?

① 해상경계 ② 해저지형
③ 어장 ④ 해저케이블
⑤ 선박종류

풀이 **시설지적과 해양지적**

유럽의 여러 국가가 다목적 지적시스템을 개발하여 활용하고 있다.

시설지적(施設地籍, Utility Cadastre)
• 상수도 · 하수도 · 전기 · 가스 · 전화 등 공공시설물(Public Utilities)을 집중 등록 · 관리하는 지적제도 • 미국의 측지위원회(Committee on Geodesy)에서 공공사업협회(APWA), 토목기술자학회(ASCE), 측량 및 지도제작위원회(ACSM), 항공사진학회(ASP), 변호사협회(ABA) 등과 같은 전문 기관들이 연합하여 시설지적의 창설을 위한 실천적인 방법을 개발하도록 적극 권고

해양지적(海洋地, Marine Cadastre)
• 정의 : 해양과 관련된 정보를 조사 측량하여 등록 · 공시함으로써 해양의 효율적인 관리와 해양활동에 관련된 권리를 보호하기 위한 지적제도 • 등록대상 : 해상경계, 어장, 항로, 해저지형, 해저케이블, 송유관, 유류, 가스 탐사 등 해저이용권 • 연구 : FIG 지적분과위원회, 호주 멜버른대학 윌리엄슨 교수 등

정답 09 ② 10 ⑤

11 광대지 측량업무를 대행하면서 사실상 지적측량 일부 대행제도가 시작된 연도는?

① 1918년　　② 1923년

③ 1933년　　④ 1950년

풀이 1. 지적측량수행자의 변천과정

우리나라의 지적제도는 지적측량과 지적관리의 이원적 체계로 이루어져 있는데 지적측량의 전문화와 인력 및 예산 등의 이유로 국가가 지적측량을 전담 대행하는 대행기관에 지적측량을 수행하도록 하고 국가는 지적측량에 대한 사전, 사후의 관리, 감독 및 일필지에 관한 사항을 공부에 등록하고 그 성과를 유지 · 관리하는 지적관리의 업무를 수행하고 있다. 대행법인은 1938년 조선총독부가 재단법인으로 조선지적협회를 설립하고 지적측량대행기관으로 지정한 것이 최초이며 1945년 광복 이후 미군정하에서 해체되었다가 1949년 재무부 감독 아래 종래의 조선지적협회를 대한지적협회로 재편성하여 지적측량업무를 집행하도록 지정하여 1977년 대한지적공사로 명칭을 변경한 후 2015년에 한국국토정보공사로 명칭이 변경되어 오늘에 이르고 있다.

2. 지적측량조직의 발전과정

측량조직	기간	감독기관	운영목적 및 내용
국가직영 (임시토지조사국)	1910~1924	농공상부	토지(임야)조사사업에 따른 지적업무 총괄
기업자 측량제도 지정 측량자제도	1923~1938	재무국	세무감독국 단위로 운영
역둔토협회	1931~1938		역둔토에 대한 토지이동 측량전담
조선지적협회	1938~1945		지적측량 전담대행기관
국가직영 (지정측량자제도)	1945~1949		해방 이후 미군정시대
대한지적협회	1949~1977	재무부, 내무부	지적측량 전담대행기관
대한지적공사	1977~2003	내무부, 행정자치부	지적법에 의한 유일한 지적측량 대행기관
특수법인 대한지적공사 지적측량업자	2004~2015	행정자치부	대한지적공사와 지적측량업자의 경계점좌표등록지역에 대한 일부경쟁 체제도입
한국국토정보공사	2015~현재	국토교통부	공간정보체계의 구축 지원, 공간정보와 지적제도에 관한 연구 · 기술개발 및 지적측량 등을 수행하기 위하여 한국국토정보공사 설립

정답 11 ②

12 필지의 인위적 특성으로 틀린 것은?

① 등록의 불가피성 ② 폐색성
③ 가변성 ④ 유한성

풀이 필지

1. 필지의 정의
   필지란 하나의 지번이 붙는 토지의 등록단위로서 그 넓이나 형태와는 무관하게 하나의 지번이나 지목을 갖는 범위 내의 토지를 말하며, 이러한 필지는 지적도나 임야도에서 선으로, 경계점좌표등록부에서는 좌표의 연결로서 표시된다.
2. 필지의 특성

물리적 특성	비가시성 (Invisibility)	필지의 물리적 특성 중 하나는 현장에서 직접 육안을 통해 그것의 정확한 위치, 크기, 모양을 확인하기 어렵다는 "비가시성"을 지닌다는 것이다.
	이질성 (Heterogeneity)	"이질성"은 특정필지와 매우 유사한 형태로서 그와 비교될 만한 그 어떤 필지가 존재할 수 있겠으나, 그와 완전한 동일한 성질을 가지는 필지는 존재할 수 없음을 뜻하며, 이는 "개별성"이라고도 한다.
	우연성 (Contingency)	인위적인 구획을 통하여 개별화된 필지는 일필지마다 그것이 가지고 있는 고유한 성질이나 특유한 속성, 즉 고유성을 지닌다는 측면에서 개별성 및 이질성을 인정할 수 있겠으나, 경우에 따라서는 필지 자체가 지니는 본질적 또는 필연적인 원인 없이 우연히 갖추어진 특성, 즉 우연성을 띠게 되는 경향도 있다.
	유한성 (Finiteness)	유한성은 필지의 수는 무한히 증가되는 것이 아닌 언젠가는 한정될 수밖에 없음을 의미한다.
	공간적 제약성 (Spatial Constraints)	공간적 제약성이란 "일필지로 등록되기 위해서 반드시 특정 공간이 존재할 것"을 요한다는 측면과 경우에 따라서는 "순수한 지표가 아닌 대기권(공중) 또는 수권(대양) 등의 특정 공간에 대해서는 이를 필지화할 수 없다."는 한계성을 포함하고 있다.
인위적 특성	등록의 불가피성 (Inevitability of Registration)	"필지는 토지의 등록단위이다"라는 의미는 결국 등록되지 아니하고는 필지로서 구체화될 수 없다는 것과 같다. 즉, 등록 없이는 개개의 필지를 헤아릴 수 없음은 물론이고 당해 필지에 대한 모든 속성을 담아내는 것조차 불가능하다는 것이다.
	폐색성(Occlusion) 및 비정형성 (Atypicality)	"인위적으로 구획되는 필지의 모양은 반드시 모든 경계점 또는 굴곡점이 선으로 연결되어 다각형의 형태를 취할 수 있어야 함"을 말한다. 특히, 도해적으로 표현되는 지적에서 필지는 대부분 비정형 필지로 나타난다.
	가변성 (Variability)	토지는 주거환경에 따라 사회적 위치나 경제적 효용이 변하거나 토지정책 등의 시행으로 행정적 위치가 변하지만, 필지 자체는 그러한 영향에 의해 변화하는 곳 외에도 자체적인 변경이 가능하다는 점이다.
	이용상의 법적 강제성 (Legal Binding)	"필지를 획정하고 이를 이용할 때는 반드시 법에서 규율하고 있는 범위 내에서 그 기준에 입각해야 함"을 의미한다.

정답 12 ④

13 계산지적(計算地籍)을 창설하기 위한 가장 중요한 전제 요건은?

① 국가적으로 통일된 기준좌표체계의 확보
② 국지적으로 독립된 지역좌표체계의 확보
③ 최첨단 측량장비의 확보
④ 고급 측량장비의 확보
⑤ 자동제도 장비의 확보

풀이 **수치지적과 계산지적 비교**

<table>
<tr><td rowspan="4">수치지적·
(數値地籍,
Numerical
Cadastre)</td><td colspan="2">※ 1필지의 면적이 비교적 넓고 토지의 형상이 사각형에 가까워 굴곡점이 적은 지역과 지가가 높은 대도시 지역 및 토지구획정리 · 농업생산 기반정비사업지구 등에서 채택</td></tr>
<tr><td>의의</td><td>• 토지의 경계점 위치를 평면직각종횡선수치(X, Y)의 형태로 표시하여 등록 · 공시하는 지적제도
• 일반적으로 다목적 지적제도하에서는 토지의 경계 표시를 수치지적에 의존</td></tr>
<tr><td>장점</td><td>• 측량성과의 정확도 우수
• 임의의 축척으로 지적도 작성이 가능하여 도면의 신축에 따른 오차발생의 근원적 해소
• 최초 작성된 도면의 영구적 보존관리 가능</td></tr>
<tr><td>단점</td><td>• 토지의 형상을 시각적으로 용이하게 파악 곤란
• 측량에 따른 경비와 인력이 비교적 과다 소요
• 고도의 전문적인 기술 필요
• 측량과 도면제작 과정 복잡
• 자동제도기 등 고가의 정밀장비가 필요하여 초기 투자 과다 소요</td></tr>
<tr><td rowspan="3">계산지적,
(計算地籍,
Computational
Cadastre 또는
Digital
Cadastre)</td><td>의의</td><td>전국적으로 통일된 국가좌표체계에 의하여 경계점의 위치를 좌표로 등록 · 공시하는 지적제도</td></tr>
<tr><td>장점</td><td>• 경계점의 정확한 상대적 위치결정 가능
• 측량성과의 정확성 우수
• 임의의 축척으로 지적도 작성 가능
• 도면의 신축에 따른 오차발생의 근원적 해소 가능
• 지적도의 전산화 용이
• 최초 작성 도면의 영구적 보존관리 가능</td></tr>
<tr><td>단점</td><td>• 토지의 형상을 시각적으로 용이하게 파악 곤란
• 측량에 따른 경비와 인력이 비교적 많이 소요되고 고도의 전문적인 기술 필요
• 측량과 도면제작 과정이 복잡
• 컴퓨터를 이용하지 아니하고는 도면 작성 곤란
• 자동제도기 등 고가의 정밀장비가 필요하여 초기 투자 과다 소요</td></tr>
</table>

정답 13 ①

14 토지의 면적이나 경계는 지적조사에 있어 어느 정보에 해당하는가?

① 물리정보　　② 권리정보
③ 가치정보　　④ 토지이용규제정보

풀이 **지적학문의 본질에 기초한 지적조사 내용**

<table>
<tr><td rowspan="2">물리정보</td><td colspan="2">지적공부에 등록되는 사항 전반이 포함된다고 볼 수 있다.</td></tr>
<tr><td colspan="2">토지의 소재, 지번, 지목, 면적, 경계, 좌표, 소유자의 성명 또는 명칭, 주소 및 주민등록번호, 소유권지분(토지소유자가 2인 이상인 경우), 대지권 비율(부동산등기법에 의하여 대지권등기가 된 경우), 토지소유자가 변경된 날과 그 원인, 토지의 이동사유, 토지 등급 또는 기준수확량 등급과 그 설정, 수장 연월일, 개별공시지가와 그 기준일, 건물명칭, 삼각점 및 지적측량기준점의 위치, 건축물 및 구조물 등의 위치 등</td></tr>
<tr><td rowspan="4">권리정보</td><td colspan="2">부동산등기법에서 말하는 소유권과 소유권 이외의 권리로서 지상권, 지역권, 전세권, 저당권, 권리질권, 임차권 등의 설정, 보전, 이전, 변경, 처분의 제한 또는 소멸 시 등기의 대상이 되는 사항을 말한다.</td></tr>
<tr><td>표제부</td><td>물리정보(토지의 경우 지번, 지목, 면적 등, 건물의 경우 지번, 구조, 용도, 면적 등)</td></tr>
<tr><td>갑구</td><td>소유권에 관한 사항(압류, 가압류, 가처분, 가등기, 경매 시 결정등기, 예고등기, 가처분등기 등)</td></tr>
<tr><td>을구</td><td>소유권 이외의 권리관계 공시(지상권, 지역권, 전세권, 저당권, 임차권, 권리질권 등)</td></tr>
<tr><td>가치정보</td><td colspan="2">개별공시지가
• 개별필지의 토지특성을 조사한 후에
• 산정의 기준이 되는 토지, 즉 비교표준지를 선택하고
• 비교표준지와 산정대상필지의 특성을 비교하여 서로 다른 특성을 찾아낸 다음
• 서로 다른 토지특성에 대한 가격배율을 토지가격 비준표에서 추출한 후
• 비교표준지 가격(공시지가)에 가격을 곱하여 산정한다.</td></tr>
<tr><td>토지이용규제 정보</td><td colspan="2">지역, 지구 등에 대해서는 당해 토지이용에 있어 건축물의 건축, 공작물의 설치, 토지의 형질변경, 토석의 채취, 토지분할, 물건을 쌓아놓는 행위 등 「토지이용규제 기본법」에서 규정하는 내용을 포함하여 여러 개별법에서 정하고 있는 일련의 개발행위에 제한을 받게 된다.</td></tr>
</table>

15 조선 말기에 지적제도의 창설을 준비하기 위하여 최초로 신설된 행정조직은?

① 내부판적국 지적과　　② 양지아문
③ 지계아문　　④ 탁지부
⑤ 양지국 양지과

풀이 **대한제국시대 지적제도**

조선시대와 대한제국시대에 다양한 종류의 지적도, 전원도, 관저도, 과세지견취도, 가옥도 등 대축척 지도가 작성되었으나 지적측량이 국지적으로 이루어지고 일정한 축척의 지적도(地籍圖)와 지적부(地籍簿)를 작성하지 않았으므로 근대적 지적제도라고 할 수 없다.

정답 14 ① 15 ①

1895년 4월	내부분과규정(1895.4.17.) 제정 • 내부판적국에 호적과, 지적과 설치 ※ 근대적인 지적행정조직의 효시
1898년 7월	양지아문직원 및 처무규정(1898.7.6. 칙령 제25호) 제정 • 양지아문 설치 • 미국인 크럼(Krumm, 한국명 : 거렴)을 초빙하여 측량교육과 양전(量田) 착수, 한성부 지도 작성
1901년 10월	지계아문직원 및 처무규정(1901.10.20. 칙령 제21호) 제정 • 지계아문 설치
1904년 4월	탁지부 양지국 관제(1904.4.21. 칙령 제11호) 제정 • 탁지부 양지국 양지과 설치(대구 · 평양 · 전주에 측량강습소 설치) • 일본인 기술자를 초빙하여 기술원 양성, 과거의 법규와 관습 등 조사 • 1907년 5월 대구시가지 토지측량에 관한 타합사항, 대구시가 토지측량규정, 대구시가지 토지측량에 대한 군수로부터의 통달 등 제정 ※ 근대적인 지적법령의 효시

16 임야조사사업 당시의 사정기관으로 옳은 것은?

① 임시토지조사국장
② 도지사
③ 고등토지조사위원회
④ 임야심사위원회

풀이 **토지조사사업과 임야조사사업 비교**

구분	토지조사사업	임야조사사업
기간	1910~1918(8년 8개월)	1916~1924(8년)
총경비	2,040여 만 원	380여 만 원
투입인력	7,000명	4,600여 명
대장작성	토지대장 109,998책	임야대장 22,202책
도면작성	지적도 812,093매	임야도 116,984매
조사기관	임시토지조사국장	부 또는 면
사정기관	토지조사국장	도지사
자문기관	지방토지조사위원회	도지사(조정기관)
재결기관	고등토지조사위원회	임야심사위원회
조사필수	19,107,520필	3,479,915필
조사면적	4,871,071정보	16,302,429정보

정답 16 ②

17 법지적제도하에서 가장 중요시하는 등록사항은?

① 위치
② 면적
③ 소유자
④ 소유권 지분
⑤ 권리의 종류

풀이 **법지적(法地籍, Legal Cadastre 또는 Juridical Cadastre)**

구분	내용
사회 환경	① 근대사회(近代社會) • 개인주의와 자유주의라는 시대사상을 배경으로 개인을 봉건적인 여러 가지 구속으로부터 벗어나게 하였음 • 토지소유 관계도 개인의 절대적 소유권 지향 • 근대적 소유권은 일물일권주의(一物一權主義) 원칙에서 소유자의 전면적 · 독점적(獨占的) · 절대적 지배권 인정 • 소유권의 보장이 생활의 보장을 의미하고 봉건세력으로부터의 해방은 소유권의 해방이 필수불가결의 요건이 됨 • 소유권의 침해는 물질적인 이익의 침해에 그치지 않고 소유자의 인격과 자유의사가 침해되는 것으로 인식 ② 산업자본주의 • 생산력의 비약적인 증가와 부의 경이적인 증대 초래 • 세지적에서 탈피하여 절대적인 토지소유권을 보호하기 위한 법지적(法地籍)제도로 발전
법지적의 의의	• 토지과세는 물론 토지거래의 안전을 도모하며 국민의 토지소유권을 보호할 목적으로 개발된 지적제도 • 세지적에서 진일보한 지적제도로 일명 소유지적(所有地籍, Property Cadastre)이라고도 함 • 토지에 대한 소유권이 인정되기 시작한 산업화시대에 개발 • 경계점에 대한 측지학적 위치를 정확하게 측정하여 지적공부에 등록 · 공시함으로써 토지에 대한 소유권이 미치는 범위를 명확하게 확인 · 보증함을 가장 큰 목적으로 하며 위치본위(位置本位, Location)로 운영 • 지적도에 등록된 경계 또는 경계점좌표등록부에 등록된 경계점의 좌표를 정확하게 등록 · 공시하는 데 중점

18 지적불부합 유형 중 어느 특정 지역에서 중복, 공백, 편위 등이 복합적으로 나타나는 유형은?

① 공백형
② 중복형
③ 불규칙형
④ 위치오류형

풀이 **지적불부합의 유형** 암기 ㊥㊢㊧㊡㊤기㊦

구분	내용
㊥복형	원점지역의 접촉지역에서 많이 발생하며 기존 등록된 경계선의 충분한 확인 없이 측량하였을 때 주로 발생하는데 발견하기 쉽지 않다. 도상경계에는 이상이 없으나 현장에서 지상경계가 중복되는 형상이다.
㊢백형	도상경계는 인접해 있으나 현장에서는 공간의 형상이 생기는 유형으로 도선의 배열이 상이한 경우에 많이 발생하며 리, 동 등 행정구역의 경계가 인접하는 지역에서 많이 발생하고 측량상의 오류로 인해서도 발생한다.

정답 17 ① 18 ③

㉺위형	현형법을 이용하여 이동측량을 하였을 때 많이 발생하고 국지적인 현형을 이용하여 결정하는 과정에서 측판점의 위치오류로 발생한 것이 많다. 정정을 위한 행정처리가 복잡하다. 비교적 규모가 크고 흔히 볼 수 있는 사례지만 쉽게 발견되지 않으며 이동측량 시 발생한 측판점의 위치결정의 오류 등으로 발생하며 집단적이어서 행정처리상 큰 어려움을 초래하는 유형이다.
㊇규칙형	불부합의 형태가 일정하지 않고 산발적으로 발생한 형태로 경계의 위치파악과 원인분석이 어려운 경우가 많다. 토지조사 사업 당시 발생한 오차가 누적된 것이 많다.
㊈치오류형	등록된 토지의 형상과 면적은 현지와 일치하나 지상의 위치가 전혀 다른 위치에 있는 유형을 말하며 산림 속의 경작지에서 많이 발생한다. 위치정정만 하면 되고 정정과정이 쉽다.
㊂계 이외의 불부합	• 지적공부의 표시사항 오류 • 대장과 등기부 간의 오류 • 지적공부의 정리 시에 발생하는 오류 • 불부합의 원인 중 가장 미미한 부분을 차지한다.

19 고구려시대 토지의 면적계산방법으로 사용한 제도는?

① 경무법
② 결부제
③ 두락제
④ 척관법
⑤ 미터법

풀이 삼국시대의 지적제도 비교

구분	고구려	백제	신라
길이단위	척(尺) 단위 사용 : 고구려척	척(尺) 단위 사용 : 백제척, 후한척, 남조척, 당척	척(尺) 단위 사용 : 흥아발주척, 녹아발주척, 백아척, 목척
면적단위	경무법(頃畝法)	두락제(斗落制)와 결부제(結負制)	결부제(結負制)
토지장부	봉역도(封域圖) 및 요동성총도(遼東城塚圖)	• 도적(圖籍) • 일본에 전래[근강국 수소촌 간전도(近江國 水沼村 墾田圖)]	장적(방전, 직전, 제전, 규전, 구고전, 원전, 호전, 환전)
측량방식	구장산술	구장산술	구장산술
토지담당 (부서 · 조직)	• 부서 : 주부(主簿) • 실무조직 : 사자(使者)	내두좌평(內頭佐平) • 산학박사 : 지적 · 측량담당 • 화사 : 도면작성 • 산사 : 측량 시행	• 조부 : 토지세수 파악 • 산학박사 : 토지측량 및 면적측정
토지제도	토지국유제 원칙	토지국유제 원칙	토지국유제 원칙

정답 19 ①

20 수치지적(數値地籍)의 설명으로 맞는 것은?

① 측량성과의 정확도가 높다.
② 각 필지의 경계점을 기하학적으로 폐합된 다각형의 형태로 표시하여 등록하는 제도이다.
③ 각 필지의 경계점을 평면직각 종횡선수치(X, Y)의 형태로 표시하여 등록하는 제도이다.
④ 경계점의 복원능력이 낮다.
⑤ 도면의 자동제도가 불가능하다.

풀이 도해지적과 수치지적 비교

구분		내용
도해지적(圖解地籍, Graphical Cadastre)		※ 고도의 정밀을 요구하는 지역에는 부적합한 제도로서 주로 농촌지역과 산간지역에서 채택
	의의	• 토지의 경계를 일정한 축척의 도면 위에 기하학적(幾何學的)으로 폐합(閉合)된 다각형의 형태로 표시하여 등록 · 공시하는 지적제도 • 세지적제도와 법지적제도하에서는 토지의 경계 표시를 도해지적에 의존
	장점	• 도면에 등록된 경계선에 의하여 토지의 형상을 시각적으로 용이하게 파악 가능 • 측량에 소요되는 비용이 비교적 저렴 • 고도의 기술이 필요하지 않음
	단점	• 축척에 따라 허용오차가 서로 다름 • 도면의 작성과 면적측정 시에 인위적인 오차 유발 • 도면의 신축(伸縮) 방지와 최초 작성 도면의 영구적 보존관리 곤란
수치지적(數値地籍, Numerical Cadastre)		※ 1필지의 면적이 비교적 넓고 토지의 형상이 사각형에 가까워 굴곡점이 적은 지역과 지가가 높은 대도시 지역 및 토지구획정리 · 농업생산 기반정비사업지구 등에서 채택
	의의	• 토지의 경계점 위치를 평면직각종횡선수치(X, Y)의 형태로 표시하여 등록 · 공시하는 지적제도 • 일반적으로 다목적 지적제도하에서는 토지의 경계 표시를 수치지적에 의존
	장점	• 측량성과의 정확도 우수 • 임의의 축척으로 지적도 작성이 가능하여 도면의 신축에 따른 오차발생의 근원적 해소 • 최초 작성된 도면의 영구적 보존관리 가능
	단점	• 토지의 형상을 시각적으로 용이하게 파악 곤란 • 측량에 따른 경비와 인력이 비교적 과다 소요 • 고도의 전문적인 기술 필요 • 측량과 도면제작 과정 복잡 • 자동제도기 등 고가의 정밀장비가 필요하여 초기 투자 과다 소요

정답 20 ③

22 제22회 합격모의고사

01 지적학의 학문적 성격에 관한 설명으로 틀린 것은?

① 지적학은 측량학이라는 공학적 이론과 기법에서 발전된 분과학문이다.
② 기술적 측면과 법적 측면의 양면성을 가진 종합응용공학(綜合應用工學)이라고 할 수 있다.
③ 법적 측면의 등기분야를 강조하는 경우에는 종합응용사회과학(綜合應用社會科學)이라고 할 수 있다.
④ 지적학은 사회과학의 토지행정에서 발전된 분과학문이다.
⑤ 기술과학(공학)과 사회과학의 연구분야가 복합적으로 내재되어 있는 종합응용학문으로 복합학(複合學)이라고 할 수 있다.

풀이 **지적학의 학문적 성격**

지적학은 측량학이라는 공학적 이론과 기법의 뒷받침으로 발전된 분과학문으로

- 기술적 측면과 법적 측면의 양면성을 가진 종합응용공학(綜合應用工學)이라고 할 수 있으나
- 법적 측면의 등기분야를 강조하는 경우에는 종합응용사회과학(綜合應用社會科學)이라고도 할 수 있으며,
- 공학과 사회과학의 연구분야가 복합적으로 내재되어 있는 종합응용학문으로 복합학(複合學)으로 분류하는 것이 타당함

※ 현재 복합학(複合學)으로 분류된 학문 : 과학기술학, 문헌정보학, 심리과학, 여성학, 인지과학, 뇌과학, 감성과학 등

02 필지의 물리적 특성으로 틀린 것은?

① 등록의 불가피성　　② 이질성
③ 비가시성　　④ 유한성

풀이 **필지**

1. 필지의 정의
필지란 하나의 지번이 붙는 토지의 등록단위로서 그 넓이나 형태와는 무관하게 하나의 지번이나 지목을 갖는 범위 내의 토지를 말하며, 이러한 필지는 지적도나 임야도에서 선으로, 경계점좌표등록부에서는 좌표의 연결로서 표시된다.
2. 필지의 특성

물리적 특성	비가시성 (Invisibility)	필지의 물리적 특성 중 하나는 현장에서 직접 육안을 통해 그것의 정확한 위치, 크기, 모양을 확인하기 어렵다는 "비가시성"을 지닌다는 것이다.
	이질성 (Heterogeneity)	"이질성"은 특정필지와 매우 유사한 형태로서 그와 비교될 만한 그 어떤 필지가 존재할 수 있겠으나, 그와 완전한 동일한 성질을 가지는 필지는 존재할 수 없음을 뜻하며, 이는 "개별성"이라고도 한다.

정답 01 ④ 02 ①

물리적 특성	우연성 (Contingency)	인위적인 구획을 통하여 개별화된 필지는 일필지마다 그것이 가지고 있는 고유한 성질이나 특유한 속성, 즉 고유성을 지닌다는 측면에서 개별성 및 이질성을 인정할 수 있겠으나, 경우에 따라서는 필지 자체가 지니는 본질적 또는 필연적인 원인 없이 우연히 갖추어진 특성, 즉 우연성을 띠게 되는 경향도 있다.
	유한성 (Finiteness)	유한성은 필지의 수는 무한히 증가되는 것이 아닌 언젠가는 한정될 수 밖에 없음을 의미한다.
	공간적 제약성 (Spatial Constraints)	공간적 제약성이란 "일필지로 등록되기 위해서 반드시 특정 공간이 존재할 것"을 요한다는 측면과 경우에 따라서는 "순수한 지표가 아닌 대기권(공중) 또는 수권(대양) 등의 특정 공간에 대해서는 이를 필지화할 수 없다."는 한계성을 포함하고 있다.
인위적 특성	등록의 불가피성 (Inevitability of Registration)	"필지는 토지의 등록단위이다"라는 의미는 결국 등록되지 아니하고는 필지로서 구체화될 수 없다는 것과 같다. 즉, 등록 없이는 개개의 필지를 헤아릴 수 없음은 물론이고 당해 필지에 대한 모든 속성을 담아내는 것조차 불가능하다는 것이다.
	폐색성(Occlusion) 및 비정형성 (Atypicality)	"인위적으로 구획되는 필지의 모양은 반드시 모든 경계점 또는 굴곡점이 선으로 연결되어 다각형의 형태를 취할 수 있어야 함"을 말한다. 특히, 도해적으로 표현되는 지적에서 필지는 대부분 비정형 필지로 나타난다.
	가변성 (Variability)	토지는 주거환경에 따라 사회적 위치나 경제적 효용이 변하거나 토지 정책 등의 시행으로 행정적 위치가 변하지만, 필지 자체는 그러한 영향에 의해 변화하는 곳 외에도 자체적인 변경이 가능하다는 점이다.
	이용상의 법적 강제성 (Legal Binding)	"필지를 획정하고 이를 이용할 때는 반드시 법에서 규율하고 있는 범위 내에서 그 기준에 입각해야 함"을 의미한다.

03 **1990년대 중반에 일부 학자가 "지적은 학문이 아니다"라는 주장을 제기하였는데 이와 관련이 없는 사항은?**

① 학문적인 체계 미정립
② 한국학술진흥재단의 학문분류표에 미수록
③ 지적분야에서 측량이라는 기술적인 부문만 강조
④ 논리적으로 측지측량과 명확한 구분 곤란
⑤ 지적분야의 신규진입이 불가능하도록 폐쇄적 운영

풀이 **지적의 학문 여부에 관한 논란**

1. 학문적인 체계 미정립
    - 1895년에 내부(內部)판적국 지적과를 설치한 후 110년이 지났으나 아직까지 지적(地籍)과 지적학(地籍學)에 대한 명확한 개념 정의가 정립되지 않았다.

※ 최근 대통령학, 비서학, 경호학, 골프학, 바둑학, 서울학, 이민학, 부패학 등 분야별 전공 교과과목을 신설하거나 학문적 체계정립을 위한 분과학문의 연구가 활발하게 진행

정답 03 ②

2. 지적과 지적학의 다른 정의

- 대학과 전문대학에 지적학과가 설치된 지 30여 년이 되었는데도 학자에 따라서 지적과 지적학을 서로 다르게 정의한다.

※ 프랑스 국립지적대학(ENC), 호주 멜버른대학, 네덜란드 국제지형정보과학 및 지구관측연구원(ITC) 등에서 지적전공 석사, 박사과정 설치(지적학에 대한 개념 정립 노력)

3. 측지분야 학자의 주장

- 1990년대 중반에 일부 측지분야의 학자가 다음과 같은 이유로 "지적은 학문이 아니다"라는 주장을 제기하였다.

- 학문으로서의 체계나 인접학문과의 관계 정립 미연구
- 지적분야의 종사자들이 측량이라는 기술적인 부문만 강조
- 전통적으로 외부의 신규 진입이 불가능하도록 폐쇄적 운영
- 측지측량과의 관계에 있어 논리적이고 기술적으로 명확한 구분 곤란
- 측지분야의 일부 학자가 의도적으로 지적측량을 측지측량의 한 부분으로 주장

04 우리나라 토지등록의 원리로 틀린 것은?

① 국정주의 ② 형식주의
③ 공개주의 ④ 형식적 심사주의

풀이 토지등록의 원리 암기 ㉠㉡㉢㉣㉤(국형공실직)

구분	내용
지적(국)정주의 (地籍國定主義)	지적공부의 등록사항인 토지표시사항을 국가만이 결정할 수 있는 권한을 가진다는 이념이다.
지적(형)식주의 (地籍形式主義)	국가가 결정한 토지에 대한 물리적 현황과 법적 권리관계 등을 외부에서 인식할 수 있도록 일정한 법정의 형식을 갖추어 지적공부에 등록하여야만 효력이 발생한다는 이념으로 '지적등록주의'라고도 한다.
지적(공)개주의 (地籍公開主義)	지적공부에 등록된 사항을 토지소유자나 이해관계인은 물론 일반인에게도 공개한다는 이념이다. [공시원칙에 의한 지적공부 3가지 형식] • 지적공부를 직접 열람 및 등본으로 알 수 있다. • 현장에 경계복원함으로써 알 수 있다. • 등록된 사항과 현장상황이 다른 경우 변경등록 한다.
(실)질적 심사주의 (實質的審査主義)	토지에 대한 사실관계를 정확하게 지적공부에 등록·공시하기 위하여 토지를 새로이 지적공부에 등록하거나 등록된 사항을 변경 등록하고자 할 경우 소관청은 실질적인 심사를 실시하여야 한다는 이념으로 '사실심사주의'라고도 한다.
(직)권등록주의 (職權登錄主義)	국가는 의무적으로 통치권이 미치는 모든 토지에 대한 일정한 사항을 직권으로 조사·측량하여 지적공부에 등록·공시하여야 한다는 이념으로 '적극적 등록주의' 또는 '등록강제주의'라고도 한다.

정답 04 ④

05 지적학의 학문적 또는 문헌적 성격에 관한 설명으로 틀린 것은?

① 한국학술진흥재단(韓國學術振興財團)은 학문분류상 사회과학으로 분류하고 있다.
② 청주대학교의 지적학과는 사회과학대학에 설치되어 있다.
③ 일본은 법적 측면의 등기분야를 중요시하기 때문에 지적제도와 등기제도를 통합하여 법무성에서 관장하고 있다.
④ 대만은 기술적 측면의 지적분야를 중요시하기 때문에 지적제도와 등기제도를 통합하여 내정부(內政部)에서 관장하고 있다.
⑤ 한국도서관협회(韓國圖書館協會)는 문헌분류상 복합학으로 분류하고 있다.

풀이 지적학의 학문적 또는 문헌적 성격

구분	내용
일본	일본은 법적 측면의 등기분야를 중요시하기 때문에 지적제도와 등기제도를 통합하여 법무성에서 관장
대만	대만은 기술적 측면의 지적분야를 중요시하기 때문에 지적제도와 등기제도를 통합하여 내정부(內部)에서 관장
대한민국	• 한국학술진흥재단(韓國學振興財團) : 사회과학으로 분류 • 한국도서관협회(韓國書協會) : 기술과학(공학)으로 분류 • 청주대학교 : 사회과학대학에 지적학과 설치 • 서울시립대학교 : 사회계열의 지적정보학과로 출발하여 현재는 공학계열의 지적정보학과로 변경
그 밖의 외국의 경우	호주 멜버른대학, 캐나다 캘거리대학, 브르윈스키 대학 및 네덜란드 ITC 등 : 공학계열에 소속

06 지적행정의 성격으로 옳지 않은 것은?

① 고도의 전문성과 법적 기술성
② 토지활동의 정보원
③ 민원행정
④ 지역구 단위로 이루어진 행정

풀이 지적행정의 성격

구분	내용
민원행정	• 샤칸스키(Sarkansky)의 「행정체제론」에 의하면, 민원행정은 행정업무를 집행하고 전달하는 가운데 관계있는 국민(고객)의 구체적인 요구 투입에 대응하는 행정으로 고객의 특정적이고 직접적인 대면적 청구행위에 대응하여 그것을 처리하는 행위로 정의된다. • 지적소관청의 경우, 토지의 등록과 관리 및 정보의 제공에 관한 업무로 지적공부의 열람과 등본, 지적공부소유권 득실변경, 토지이용계획확인원의 발급, 토지이동의 신청접수 및 정리, 등록사항 정정신청 및 정리 등 토지와 관련된 정보의 체계적인 관리와 민원인의 요구에 대응하는 활동을 주요 업무내용으로 한다. • 지적측량의 경우, 국가의 필요에 의해 측량을 실시하는 경우도 있으나 고객들의 신청에 의한 경우, 즉 지적공부에 등록된 사항을 현장에 복원하고자 하는 경우 또는 필지의 분할 등의 신청에 의해 국가기관 혹은 대행기관이 측량을 실시하므로 민원적 성격을 갖는다고 볼 수 있다.

정답 05 ⑤ 06 ④

고도의 전문성 및 법적 기술성	• 지적측량사는 토지에 관한 필요정보를 제공하여 제한된 지면에 기록, 도시하여 국가행정의 기초자료와 국민의 소유권 보호에 절대적인 역할을 하기 때문에 전문성(Professionalism)을 확보한 법적 기술이 요구된다. • 업무의 내용측면에서 지적공부의 보존관리, 토지대장와 임야대장의 정리, 지적공부의 열람, 등본교부 등은 행정적 성격이 강하지만, 현지측량, 지적측량기준점 관리, 면적측정, 지적도와 임야도 정리, 축척변경 등은 기술적 측면이 강하다. • 지적직 공무원과 지적측량수행자는 국가기술자격법에 의한 기술계 지적측량자격이어야 함을 요건으로 한다. • 업무의 실제적인 면에서 측량기술 및 정확성(Accuracy)을 뒷받침할 수 있는 장비를 다루어야 할 뿐 아니라, 지적측량수행자가 실시한 지적측량성과를 지적직 공무원이 검사하여야 한다.
공공행정 주체로서 서비스성 (Serviceability)과 윤리성 (Ethicality)	• 지적행정은 이해관계인들의 신청에 의한 대응이 주를 이루는 민원행정의 성격을 갖는다. • 국가기관과 국민과의 직접적인 상호작용을 통해 지적행정의 산출이 현실화된다는 것이다. • 민원들은 지적행정에 대한 고객으로서의 지위를 부여받음으로써 양질의 서비스를 요구하게 되며, 접하게 되는 서비스의 접점을 중심으로 지적행정서비스의 질을 평가하게 된다. • 국민의 재산권의 범위를 확정하는 업무의 성격상 객관적인 입장을 취해야 하며, 공익을 추구하는 것이 공공행정이므로 공직자로서의 윤리뿐만 아니라 업무의 내용 그 자체로서도 윤리가 확보되어야 한다.
토지활동의 정보원	• 지적행정을 통해 산출된 다양한 지적정보는 지적공부에 등록됨으로써 정보원으로서 활용된다. • 지적공부에 등록된 지적정보는 공시를 통해 국민 개개인의 토지소유권의 범위를 명확히 하고, 토지거래 활동에 있어 안전과 신속을 도모할 수 있다. • 지적공부에 등록된 정보를 바탕으로 등기기록의 표제부의 토지의 물리적 현황(소재, 지번, 지목, 면적)을 기록하고, 부동산종합공부에 토지의 표시사항을 기록함으로써 부동산에 관한 종합정보관리체계를 지원한다. • 토지를 포함한 부동산 정책활동에 있어 지적정보는 토지등기의 기초, 토지평가의 기초, 토지과세의 기준, 토지거래의 기준, 도시 및 토지이용계획의 기초, 주소표기 등의 기초적인 정보로 활용된다.

07 백제시대 토지의 면적계산방법으로 사용한 제도는?

① 경무법 ② 결부제

③ 정전제 ④ 척관법

⑤ 미터법

풀이 삼국시대의 지적제도 비교

구분	고구려	백제	신라
길이단위	척(尺) 단위 사용 : 고구려척	척(尺) 단위 사용 : 백제척, 후한척, 남조척, 당척	척(尺) 단위 사용 : 흥아발주척, 녹아발주척, 백아척, 목척
면적단위	경무법(頃畝法)	두락제(斗落制)와 결부제(結負制)	결부제(結負制)
토지장부	봉역도(封域圖) 및 요동성총도(遼東城塚圖)	• 도적(圖籍) • 일본에 전래[근강국 수소촌 간전도(近江國 水沼村 墾田圖)]	장적(방전, 직전, 제전, 규전, 구고전, 원전, 호전, 환전)

정답 07 ②

구분	고구려	백제	신라
측량방식	구장산술	구장산술	구장산술
토지담당 (부서 · 조직)	• 부서 : 주부(主簿) • 실무조직 : 사자(使者)	내두좌평(內頭佐平) • 산학박사 : 지적 · 측량담당 • 화사 : 도면작성 • 산사 : 측량 시행	• 조부 : 토지세수 파악 • 산학박사 : 토지측량 및 면적 측정
토지제도	토지국유제 원칙	토지국유제 원칙	토지국유제 원칙

08 도로를 중심으로 한쪽은 홀수로, 반대쪽은 짝수로 지번을 부여하는 방법은?

① 북서 기번법
② 사행법
③ 기우법
④ 단지법

풀이 지번부여방법

사행식	필지의 배열이 불규칙한 지역에서 진행순서에 따라 지번을 부여하는 방법으로 농촌지역의 지번부여에 적합하며 우리나라 토지의 대부분은 사행식에 의해 부여하며 지번부여가 일정하지 않고 상하좌우로 분산되어 부여되는 결점이 있다.
기우식	도로를 중심으로 한쪽은 홀수인 기수, 다른 쪽은 짝수인 우수로 지번을 부여하는 방법으로 리 · 동 · 도 · 가 등의 시가지 지역의 지번부여방법으로 적합하고 교호식이라고도 한다.
단지식	단지마다 하나의 지번을 부여하고 단지 내 필지마다 부번을 부여하는 방법으로 단지식은 블록식이라고도 하며 도시개발사업 및 농지개량사업 시행지역 등의 지번부여에 적합하다.
절충식	사행식, 기우식, 단지식 등을 적당히 취사선택(取捨選擇)하여 부번(附番)하는 방식이다.

09 다목적 지적제도하에서 중요시하지 않는 등록사항은?

① 위치
② 면적
③ 소유권
④ 토지이용현황
⑤ 소유자의 직업

풀이 다목적 지적(多目的地籍, Multipurpose Cadastre)

사회 환경	• 산업자본주의 사회가 고도화되면서 인구의 증가, 도시화, 산업화 등 초래 • 컴퓨터의 출현으로 정보화사회로 발전 – 사회생활의 모든 영역에서 정보와 통신기술, 정보능력이 광범위하게 보급되어 사회 · 경제 체제적 변화 초래 – 정보사회로 접어들면서 토지의 이용이 복잡하며 다양하게 되고, 신속하며 최신화된 토지 관련 정보의 필요성이 증대되어 이러한 사회현상에 따라 법지적에서 탈피하여 컴퓨터에 의하여 운영하는 다목적 지적(多目的地籍)제도로 발전

정답 08 ③ 09 ⑤

다목적 지적의 의의	• 토지와 관련된 각종 정보를 집중 등록 · 공시하고 토지관련 정보를 다목적으로 이용이 가능하도록 전산시스템에 의하여 종합적으로 제공하는 지적제도 • 일명 종합지적(綜合地籍, Comprehensive Cadastre) 또는 통합지적(統合地籍, Integrated Cadastre)이라고도 함 • 필지 단위로 토지 관련 정보를 종합적으로 등록 · 공시하고 변경사항을 최신화하여 신속 · 정확하게 지속적으로 토지정보를 제공하는 데 중점 • 다목적 지적은 토지에 관한 물리적 현황은 물론 법적 · 재정적 · 경제적 정보를 포괄하는 것으로 토지소유권의 안전한 보호와 토지에 대한 평가 · 과세 · 거래 · 이용계획 등에 필요한 상수도 · 하수도 · 전기 · 가스 · 전화 등 공공시설물, 세금 · 통계 · 농업 및 자연환경 등에 관한 정보를 수집하여 집중 등록 · 공시하거나 이들 토지 관련 정보를 상호 연계하여 신속 · 정확하게 공동 활용하기 위하여 개발된 이상적인 지적제도

10 토지등록의 효력으로 옳지 않은 것은?

① 영속력
② 공정력
③ 확정력
④ 강제력

풀이 **토지등록의 효력** 암기 ㉮㉯㉰㉱

토지 등록과 그 공시 내용의 법률적 효력은 일반적으로 행정처분에 의한 구속력, 공정력, 확정력, 강제력이 있다.

행정처분의 구속력 (拘束力)	행정처분의 구속력은 행정행위가 법정요건을 갖추어 행하여진 경우에는 그 내용에 따라 상대방과 행정청을 구속하는 효력, 즉 토지등록의 행정처분이 유효한 한 정당한 절차 없이 그 존재를 부정하거나 효력을 기피할 수 없다는 효력을 말한다.
토지등록의 공정력 (公正力)	공정력은 토지 등록에 있어서의 행정처분이 유효하게 성립하기 위한 요건을 완전히 갖추지 못하여 하자가 있다고 인정될 때라도 절대 무효인 경우를 제외하고는 그 효력을 부인할 수 없는 것으로서 무하자 추정 또는 적법성이 추정되는 것으로 일단 권한 있는 기관에 의하여 취소되기 전에는 상대방 또는 제3자도 이에 구속되고 그 효력을 부정하지 못함을 의미한다.
토지등록의 확정력 (確定力)	확정력이란 행정행위의 불가쟁력(不可爭力)이라고도 하는데 확정력은 일단 유효하게 등록된 사항은 일정한 기간이 경과한 뒤에는 그 상대방이나 이해관계인이 그 효력을 다툴 수 없을 뿐만 아니라 소관청 자신도 특별한 사유가 없는 한 그 처분행위를 다툴 수 없는 것이다.
토지등록의 강제력 (强制力)	강제력은 지적 측량이나 토지 등록 사항에 대하여 사법권의 힘을 빌릴 것 없이 행정청 자체의 명의로써 자력으로 집행할 수 있는 강력한 효력으로 강제집행력(强制執行力)이라고도 한다.

11 지적활동을 설명하고 있는 용어가 아닌 것은?

① 조사
② 등록
③ 제공
④ 관리

풀이 지적학은 "부동산에 대한 정보를 필지 단위로 조사 · 측량하여 등록 · 공시하고 변경사항을 지속적으로 유지 · 관리하며 관련 정보의 다목적 활용방안을 연구하는 학문"이기 때문에 지적학의 연구 대상은 부동산, 즉 토지와 그 정착물을 국가의 공적장부에 등록 · 공시하고 변경사항을 영속적으로 유지 · 관리하며 각종 최신 정보를 신속하고 정확하게 제공하기 위하여 운영하는 지적업무와 지적제도 전반에 관한 현상을 연구대상으로 하는 학문이다.

정답 10 ① 11 ③

12 **물권의 변동은 물권거래의 안전을 위하여 반드시 외부에서 인식할 수 있는 표상과 관련 있는 토지 등록의 원리는?**

① 공시의 원리 ② 공신의 원리
③ 등록의 원리 ④ 특정화의 원리

풀이 토지등록의 원칙 암기 ⓓⓢⓣⓙⓖⓢ

ⓓ록의 원칙 (登錄의 原則)	토지에 관한 모든 표시사항을 지적공부에 반드시 등록하여야 하며 토지의 이동이 이루어 지려면 지적공부에 그 변동사항을 등록하여야 한다는 토지등록의 원칙으로 토지표시의 등록주의(登錄主義, Booking Principle)라고 할 수 있다. 적극적 등록제도(Positive System)와 법지적(Legal Cadastre)을 채택하고 있는 나라에서 적용하고 있는 원리로서 토지의 모든 권리의 행사는 토지대장 또는 토지등록부에 등록하지 않고는 모든 법률상의 효력을 갖지 못하는 원칙으로 형식주의(Principle of Formality)규정이라고 할 수 있다.
ⓢ청의 원칙 (申請의 原則)	토지의 등록은 토지소유자의 신청을 전제로 하되 신청이 없을 때는 직권으로 직접 조사하거나 측량하여 처리하도록 규정하고 있다.
ⓣ정화의 원칙 (特定化의 原則)	토지등록제도에 있어서 특정화의 원칙(Principle of Speciality)은 권리의 객체로서 모든 토지는 반드시 특정적이면서도 단순하며 명확한 방법에 의하여 인식될 수 있도록 개별화함을 의미하는데 이 원칙이 실제적으로 지적과 등기와의 관련성을 성취시켜 주는 열쇠가 된다.
국ⓙ주의 및 직권주의 (國定主義 및 職權主義)	국정주의(Principle of National Decision)는 지적공부의 등록사항인 토지의 지번, 지목, 경계, 좌표, 면적의 결정은 국가의 공권력에 의하여 국가만이 결정할 수 있는 원칙이다. 직권주의는 모든 필지는 필지단위로 구획하여 국가기관인 소관청이 직권으로 조사 · 정리하여 지적공부에 등록 공시하여야 한다는 원칙이다.
ⓖ시의 원칙, 공개주의 (公示의 原則, 公開主義)	토지 등록의 법적 지위에 있어서 토지이동이나 물권의 변동은 반드시 외부에 알려야 한다는 원칙을 공시의 원칙(Principle of Public Notification) 또는 공개주의(Principle of Publicity)라고 한다. 토지에 관한 등록사항을 지적공부에 등록하여 일반인에게 공시하여 토지소유자는 물론 이해관계자 및 기타 누구나 이용할 수 있도록 하는 것이다.
공ⓢ의 원칙 (公信의 原則)	공신의 원칙(Principle of Public Confidence)은 물권의 존재를 추측케 하는 표상, 즉 공시방법을 신뢰하여 거래한 자는 비록 그 공시방법이 진실한 권리관계에 일치하고 있지 않더라도 그 공시된 대로의 권리를 인정하여 이를 보호하여야 한다는 것이 공신의 원칙이다. 즉, 공신의 원칙은 선의의 거래자를 보호하여 진실로 그러한 등기 내용과 같은 권리관계가 존재한 것처럼 법률효과를 인정하려는 법률법칙을 말한다.

13 **신라시대에 새로이 시행된 토지제도는?**

① 정전제(井田制) ② 결부제
③ 두락제 ④ 역분전
⑤ 정전제(丁田制)

정답 12 ① 13 ⑤

풀이 **통일신라의 토지제도**

새로이 영토로 편입된 고구려와 백제의 구 영토를 국유화하고 새로이 관료전(官僚田)과 정전제(丁田制) 시행

관료전(官僚田)	문무(文武)관료들에게 그들의 직위에 알맞는 전(田)을 나누어 주어 신분을 유지할 수 있도록 경제적 토대를 마련해 주기 위한 제도
	• 신문왕(神文王) 7년(687년)에 문무관료에게 전(田)을 사(賜)하되 차등 있게 하였다는 기록이 있음 • 고려의 전시과(田柴科)와 조선의 과전법 및 직전법의 효시가 되었음
정전제(丁田制)	국가가 일반 백성에게 정전(丁田)을 나누어 주고 그들이 모든 부역(賦役)과 전조(田租)를 국가에 바치게 한 제도
	• 정(丁)이란 정남(丁男)을 의미하며 남녀의 연령 구분에 의한 것으로 20세 이상 50세 이하로 정전(丁田)을 받고 모든 부역과 전조를 국가에 바치는 장정(丁)을 말함 • 성덕왕(聖德王) 21년(722년)에 백성에게 정전을 급여하였다는 기록이 남아 있음

14 지적학의 태동에 관한 설명으로 틀린 것은?

① 해설 지적학　　② 원영희 교수

③ 건국대학교 행정대학원 부동산학과　　④ 지적기술연수원

⑤ 지적전공 석사과정 신설

풀이 **지적학의 태동**

① 지적학(地籍學)은 지적(地籍)과 다르게 서양의 학문에서 비롯된 것이 아니라 우리나라 원영희 교수가 1972년에 세계 최초로 「해설 지적학」을 저술함으로써 태동하였다.

② 지적학 개발의 종주국으로서 학제적 체계와 위상 확립이 필요하다.

※ 지적학의 태동과정

1단계	• 1973년 이후 지적기술연수원에 지적학 개설 강의 • 1974년 이후 건국대학교 행정대학원 부동산학과에 지적학 개설 강의
2단계	1977년 이후 대학과 전문대학, 고등학교에 지적학 개설 강의
3단계	1984년 이후 석사과정, 박사과정에 지적학 개설 강의

15 다음 토지대장의 편성주의에 대한 내용 중 ( ) 안에 들어갈 내용은?

> 물적 편성주의 : 일필지의 토지를 중심으로 등록부를 편성하는 것으로서 1토지에 ( ) 용지를 두는 것이다.

① 1등기　　② 1전산

③ 1등록부　　④ 1대장

정답 14 ⑤　15 ①

풀이 토지등록 편성주의

물적 편성주의 (物的 編成主義)	물적 편성주의(System Des Realfoliums)란 개개의 토지를 중심으로 등록부를 편성하는 것으로서 1토지에 1용지를 두는 경우이다. 등록객체인 토지를 필지로 구획하고 이를 등록단위로 하므로 토지의 이용, 관리, 개발 측면에서는 편리하나 권리주체인 소유자별 파악이 곤란하다.
인적 편성주의 (人的 編成主義)	인적 편성주의(System Des Personalfoliums)란 개개의 토지 소유자를 중심으로 등록부를 편성하는 것으로 토지대장이나 등기부를 소유자별로 작성하여 동일소유자에 속하는 모든 토지는 당해 소유자의 대장에 기록하는 방식이다.
연대적 편성주의 (年代的 編成主義)	연대적 편성주의(Chronologisches System)란 당사자 신청의 순서에 따라 순차로 등록부에 기록하는 것으로 프랑스의 등기부와 미국에서 일부 사용되는 리코딩 시스템(Recoding System)이 이에 속한다. 등기부의 편성방법으로서는 유효하나 공시의 작용을 하지 못하는 단점이 있다.
물적 · 인적 편성주의 (物的 · 人的 編成主義)	물적 · 인적 편성주의(System Der Real Personalfoliums)란 물적 편성주의를 기본으로 등록부를 편성하되 인적 편성주의의 요소를 가미한 것이다. 즉, 소유자별 토지등록부를 동시에 설치함으로써 효과적인 토지행정을 수행하는 방법이다.

16 지적제도와 가장 관련이 많은 조선시대의 문헌은?

① 경국대전
② 전제상정소준수조회
③ 양전사목
④ 식목도감(拭目都監)
⑤ 정전제(丁田制)

풀이 **경국대전(經國大典)**
20년마다 한 번씩 양전을 실시하여 새로 양안을 작성하고 호조와 도 및 읍에 보관하게 하였으나, 이 규정은 지켜지지 않고 지방에 따라 국지적으로 시행되어 양안이 작성되었다.

17 필지가 어떠한 현황으로 관리되고 있는지에 따라 그 종류를 구분하여 등록하는 명칭을 말하는 것은?

① 지번
② 지목
③ 면적
④ 필지

풀이

토지의 표시	지적공부에 토지의 소재 · 지번(地番) · 지목(地目) · 면적 · 경계 또는 좌표를 등록한 것을 말한다.
지번	필지에 부여하여 지적공부에 등록한 번호를 말한다.
지목	토지의 주된 용도에 따라 토지의 종류를 구분하여 지적공부에 등록한 것을 말한다.
면적	지적공부에 등록한 필지의 수평면상 넓이를 말한다.
경계	필지별로 경계점들을 직선으로 연결하여 지적공부에 등록한 선을 말한다.
좌표	지적측량기준점 또는 경계점의 위치를 평면직각종횡선수치로 표시한 것을 말한다.
필지	대통령령으로 정하는 바에 따라 구획되는 토지의 등록 단위를 말한다.

정답 16 ① 17 ②

지번부여지역	지번을 부여하는 단위 지역으로서 동 · 리 또는 이에 준하는 지역을 말한다.
경계점	필지를 구획하는 선의 굴곡점으로서 지적도나 임야도에 도해(圖解) 형태로 등록하거나 경계점좌표등록부에 좌표 형태로 등록하는 점을 말한다.

18 도해지적(圖解地籍)의 단점이 아닌 것은?

① 측량성과의 정확도가 낮다.
② 도면을 수작업으로 작성하여야 한다.
③ 도면의 원상보존이 불가능하다.
④ 임의 축척의 도면 작성이 용이하다.
⑤ 유지 관리 비용이 많이 소요된다.

풀이 **도해지적과 수치지적 비교**

구분		내용
도해지적(圖解地籍, Graphical Cadastre)		※ 고도의 정밀을 요구하는 지역에는 부적합한 제도로서 주로 농촌지역과 산간지역에서 채택
	의의	• 토지의 경계를 일정한 축척의 도면 위에 기하학적(幾何學的)으로 폐합(閉合)된 다각형의 형태로 표시하여 등록 · 공시하는 지적제도 • 세지적제도와 법지적제도하에서는 토지의 경계 표시를 도해지적에 의존
	장점	• 도면에 등록된 경계선에 의하여 토지의 형상을 시각적으로 용이하게 파악 가능 • 측량에 소요되는 비용이 비교적 저렴 • 고도의 기술이 필요하지 않음
	단점	• 축척에 따라 허용오차가 서로 다름 • 도면의 작성과 면적측정 시에 인위적인 오차 유발 • 도면의 신축(伸縮) 방지와 최초 작성 도면의 영구적 보존관리 곤란
수치지적(數値地籍, Numerical Cadastre)		※ 1필지의 면적이 비교적 넓고 토지의 형상이 사각형에 가까워 굴곡점이 적은 지역과 지가가 높은 대도시 지역 및 토지구획정리 · 농업생산 기반정비사업지구 등에서 채택
	의의	• 토지의 경계점 위치를 평면직각종횡선수치(X, Y)의 형태로 표시하여 등록 · 공시하는 지적제도 • 일반적으로 다목적 지적제도하에서는 토지의 경계 표시를 수치지적에 의존
	장점	• 측량성과의 정확도 우수 • 임의의 축척으로 지적도 작성이 가능하여 도면의 신축에 따른 오차발생의 근원적 해소 • 최초 작성된 도면의 영구적 보존관리 가능
	단점	• 토지의 형상을 시각적으로 용이하게 파악 곤란 • 측량에 따른 경비와 인력이 비교적 과다 소요 • 고도의 전문적인 기술 필요 • 측량과 도면제작 과정 복잡 • 자동제도기 등 고가의 정밀장비가 필요하여 초기 투자 과다 소요

정답 18 ④

19 지적학의 정의를 최초로 발표한 학자는?

① 김갑수 교수 ② 원영희 교수
③ 최용규 교수 ④ 강태석 교수
⑤ 박순표 교수

풀이 지적학의 정의와 학문적 성격

저자	연도	지적학의 정의	학문적 성격
원영희	1972	지적제도에 관하여 연구하는 학문	
김갑수	1988	지적행정에 관하여 연구하는 학문	
박순표 외 2인	1993	토지현상을 조사하고 조사된 내용을 기록하며 기록된 내용을 관리 운영하는 학문	종합응용 사회과학
고준환	1999	토지의 이용증진 및 국민의 재산권 보호, 도시 및 지역관리에 필요한 기초자료를 효율적으로 생산하고 수집하여 관리하는 데 기여하기 위한 학문	공학
류병찬	2001	토지와 그 정착물에 대한 정보를 필지 단위로 등록 · 공시하고, 변경사항을 영속적으로 유지 · 관리하며, 토지 관련 정보의 다목적 활용방안을 연구하는 학문	종합응용공학
이병관	2001	자연과 인간의 만남으로 인해 자연물인 지구를 인위적으로 구획함으로써 탄생된 인공물인 필지를 대상으로 발생하는 각종 지적현상에 대한 체계화된 원리를 탐구하는 학문분야	사회과학
백승철 외 1인	2003	1필지를 중심으로 발생하는 각종 지적현상에 대한 원리를 체계화하는 학문분야	사회과학
지종덕	2004	지적기술과 지적관리 및 지적제도를 체계화하기 위한 원리와 기법을 탐구하는 학문	종합과학
백승철 외 2인	2005	1필지를 대상으로 발생하는 각종 지적현상에 대한 원리를 체계화하는 학문분야	사회과학
종합적 · 현대적 정의	2006	토지와 그 정착물에 대한 정보를 조사 · 측량하여 공적도부에 등록 · 공시하고, 변경사항을 영속적으로 유지 · 관리하며, 관련 정보의 다목적 활용방안을 연구하는 학문	복합학

정답 19 ②

20 **토지의 이익에 영향을 미치는 문서의 공적 등기를 보전하는 것으로 기본적인 원칙은 등록된 문서가 등록되지 않은 문서 또는 뒤늦게 등록된 서류보다 우선권을 갖는다는 제도는?**

① 권원등록제도 ② 적극적 등록제도
③ 날인증서 등록제도 ④ 토렌스시스템

풀이 **토지등록제도의 유형** 암기 ⓝⓚⓢⓙⓣ

ⓝ인증서 등록제도 (捺印證書登錄制度)	토지의 이익에 영향을 미치는 문서의 공적 등기를 보전하는 것을 날인증서 등록제도(Registration of Deed)라고 한다. 기본적인 원칙은 등록된 문서가 등록되지 않은 문서 또는 뒤늦게 등록된 서류보다 우선권을 갖는다. 즉, 특정한 거래가 발생했다는 것은 나타나지만 그 관계자들이 법적으로 그 거래를 수행할 권리가 주어졌다는 것을 입증하지 못하므로 거래의 유효성을 증명하지 못한다. 그러므로 토지거래를 하려는 자는 매도인 등의 토지에 대한 권원(Title) 조사가 필요하다.	
ⓚ원등록제도 (權原登錄制度)	권원등록(Registration of Title)제도는 공적 기관에서 보존되는 특정한 사람에게 귀속된 명확히 한정된 단위의 토지에 대한 권리와 그러한 권리들이 존속되는 한계에 대한 권위 있는 등록이다. 소유권 등록은 언제나 최후의 권리이며 정부는 등록한 이후에 이루어지는 거래의 유효성에 대해 책임을 진다.	
ⓢ극적 등록제도 (消極的登錄制度)	소극적 등록제도(Negative System)는 기본적으로 거래와 그에 관한 거래증서의 변경기록을 수행하는 것이며, 일필지의 소유권이 거래되면서 발생되는 거래증서를 변경등록하는 것이다. 네덜란드, 영국, 프랑스, 이탈리아, 미국의 일부 주 및 캐나다 등에서 시행되고 있다.	
ⓙ극적 등록제도 (積極的登錄制度)	적극적 등록제도(Positive System)하에서의 토지등록은 일필지의 개념으로 법적인 권리보장이 인증되고 정부에 의해서 그러한 합법성과 효력이 발생한다. 이 제도의 기본원칙은 지적공부에 등록되지 아니한 토지는 그 토지에 대한 어떠한 권리도 인정될 수 없고 등록은 강제되고 의무적이며 공적인 지적측량이 시행되지 않는 한 토지등기도 허가되지 않는다는 이론이 지배적이다. 적극적 등록제도의 발달된 형태는 토렌스시스템이다.	
ⓣ렌스시스템 (Torrens System)	오스트레일리아 Robert Torrens 경이 창안한 토렌스시스템의 목적은 토지의 권원을 명확히 하고 토지거래에 따른 변동사항 정리를 용이하게 하여 권리증서의 발행을 편리하게 하는 것이다. 이 제도의 기본원리는 법률적으로 토지의 권리를 확인하는 대신에 토지의 권원을 등록하는 행위이다.	
	거울이론 (Mirror Principle)	토지권리증서의 등록은 토지의 거래사실을 완벽하게 반영하는 거울과 같다는 입장의 이론이다. 소유권에 관한 현재의 법적 상태는 오직 등기부에 의해서만 이론의 여지없이 완벽하게 보인다는 원리이며 주 정부에 의하여 적법성을 보장받는다.
	커튼이론 (Curtain Principle)	토지등록 업무가 커튼 뒤에 놓인 공정성과 신빙성에 대하여 관여할 필요도 없고 관여해서도 안 되는 매입신청자를 위한 유일한 정보의 이론이다. 토렌스제도에 의해 한번 권리증명서가 발급되면 당해 토지의 과거 이해관계에 대하여 모두 무효화하고 현재의 소유권을 되돌아볼 필요가 없다는 것이다.
	보험이론 (Insurance Principle)	토지등록이 인간의 과실로 인하여 착오가 발생한 경우 피해를 입은 사람은 피해보상에 대하여 법률적으로 선의의 제3자와 동등한 입장이 되어야 한다는 이론으로 권원증명서에 등기된 모든 정보는 정부에 의하여 보장된다는 원리이다.

정답 20 ③

23 제23회 합격모의고사

01 우리나라 지적제도에서 지적국정주의를 채택하는 이유로 가장 적합한 것은?

① 토지표시방법을 통일하기 위하여
② 토지개발방법을 통일하기 위하여
③ 토지자료의 공시방법을 통일하기 위하여
④ 토지평가방법을 통일하기 위하여

풀이 **지적법의 기본이념** 암기 ㉿㉿㉿㉿㉿ (국형공실직)

지적(국)정주의	지적사무는 국가의 고유사무로서 지적공부의 등록사항인 토지의 소재·지번·지목·면적·경계 또는 좌표 등은 국가만이 결정할 수 있는 권한을 가진다는 이념이다. ※ 국정주의를 채택하고 있는 이유 모든 토지를 실지와 일치하게 지적공부에 등록하도록 하고 있으나 이를 성실하게 이행할 수 있는 것은 국가뿐이며, 지적공부에 등록할 사항의 결정방법 및 운영은 전국적으로 통일적이고 획일성(uniformity) 있게 수행되어야 하는 국가의 고유사무이기 때문이다.
지적(형)식주의	국가가 결정한 토지에 대한 물리적 현황과 법적 권리관계 등을 외부에서 인식할 수 있도록 일정한 법적 형식을 갖추어 지적공부에 등록하여야만 효력이 발생한다는 이념「지적등록주의」라고도 한다.
지적(공)개주의	토지에 대한 물리적 현황과 법적 권리관계 등을 지적공부에 등록하여 국가만이 업무에 활용하는 것이 아니고, 토지소유자나 이해관계인은 물론 기타 일반국민에게도 공시방법을 통하여 신속·정확하게 공개하여 정당하게 언제나 이용할 수 있도록 하여야 한다는 이념이다. 지적공개주의에 입각하여 지적공부에 대한 정보는 열람이나 등본의 교부제도로 공개하거나 지적(임야)도에 등록된 경계를 현지에 복원시키는 경계복원측량 등이 지적공개주의의 대표적인 실현수단이라 할 수 있다.
지적(실)질적 심사주의	지적제도는 토지에 대한 사실관계를 정확하게 등록·공시하는 제도로서 새로이 지적공부에 등록하는 사항이나 이미 지적공부에 등록된 사항을 변경 등록하고자 할 경우 소관청은 지적 법령에 의하여 절차상의 적법성(legality)뿐만 아니라 실체법상 사실관계의 부합 여부를 심사하여 지적공부에 등록하여야 한다는 이념으로서「사실심사주의」라고도 한다.
지적(직)권 등록주의	국가는 의무적으로 통치권이 미치는 모든 토지에 대한 일정한 사항을 직권으로 조사·측량하여 지적공부에 등록·공시하여야 한다는 이념으로「적극적 등록주의」또는「등록강제주의」라고도 한다.

정답 01 ①

02 정약용이 저서한 '경세유표'에서 주장한 휴도에 대한 설명으로 맞지 않는 것은?

① 전, 답, 도랑, 가옥, 울타리, 수목 등의 경계를 표시한 것이다.
② 휴도, 촌도, 향도, 현도 등과 같이 계통적으로 작성하려고 하였다.
③ 휴는 먹과 붓으로 그리되 자오선을 기준으로 하여 그어지는 경위선으로 경계를 구획하였다.
④ 사방에다 표영을 세워 전지의 경계를 정리 시 동남방향에서 나침반으로 경선을 기준하였다.

풀이 **휴도(畦圖)**

양전 시에 화공이 경전관 지시에 따라 휴단위로 도를 작성하고 휴 내에 포함된 25구의 무(畝)와 무 내에 포함된 전답의 경계를 표시하는 것으로, 만량으로 확정된 휴전의 도면을 작성하는 것을 휴도라 한다.

1. 휴도의 특징
   ① 토지제도와 세제개혁을 통해서 국가를 바로잡고 농민들에게 공평과세를 하려고 하였다.
   ② 휴도를 기본도로 제작하였으며 어린도의 최소 단위로 하였다.
   ③ 휴도의 사용에 대해서는 기록에서 찾아볼 수는 없다.
   ④ 지도 체계를 **휴도(畦圖) → 촌도(村圖) → 향도(鄕圖) → 현도(縣圖)** 등과 같이 계통적으로 작성하려고 하였다.
   ⑤ 도면 제작에 경위선 개념과 계통적 과정을 도입하는 과학적인 방법을 제시하였던 것이다.
   ⑥ 어린도를 작성하는 목적은 전국의 농지를 정확하게 파악하고자 하였다.
   ⑦ 휴도한 휴단위의 지도를 작성하는 것으로 전답, 도랑, 가옥, 울타리, 수목 따위의 경계를 표시한 것이다.
   ⑧ 촌도란 행단위의 지도를 작성하는 것으로 산청, 원습(原隰), 촌리(村里)의 형태를 그린 것이다.
   ⑨ 휴도의 작성 방법은 휴도 묵필(墨筆)로써 자오선을 기준으로 그어지는 경위선으로 경계를 구획하고 휴 내의 25개 묘도 각각 1구로 경위선으로 구획하며 그 내부에 포함된 전답 매필지는 주필(朱筆) 점선으로 구획토록 하였다.
2. 휴도 작성을 위한 방량법
   ① 방량(方量)을 하는 방법은 한강을 기준으로 남쪽은 남으로부터 시작하여 북상하면서 서쪽에서 기량(起量)하여 동쪽으로 진행하였다.
   ② 북쪽은 북에서부터 시작하여 남하하되 동쪽에서 기량하여 서쪽으로 진행하였다.
   ③ 전답의 자호(字號)는 양전(量田)의 순서에 따라 부여하였으며 현재의 사행식(蛇行式) 부여방법을 채택하였다.
   ④ 양전을 할 때 자오(子午)의 향(向)에 따라 정정방방으로 측량한 휴전의 사방에 표영(表楹)을 세웠다.
   ⑤ 전지(田地)의 경계를 정리할 때는 서남방향에서 자오침반을 관찰하여 경선으로 남북방향을 바르게 하고 위선으로 동서방향을 바르게 하였다.
   ⑥ 길이 50보, 너비 50보로 1휴를 만들고 교차선을 설치하여 10보가 될 때마다 한 줄씩 쳤으며, 경선과 위선은 4선이며 둘레선과 어울려 6선이 되었다.
   ⑦ 논은 한 배미마다 그 둘레를 그리고 밭은 한 구역마다 그 경계를 그렸다.
   ⑧ 지형이 비탈진 곳에서 줄은 수평척(水平尺)을 만들어서 사용하였다.
   ⑨ 양전의 장비는 지평준(地平準), 주묵(朱墨), 장적(帳籍), 전적(田籍), 수레, 표목(標木), 돈대(墩臺), 끈(줄자), 자오침반, 장지(壯紙), 천지(賤紙), 벼루묵, 붓, 토규(土圭), 일표(日表), 목척(木尺), 곡척(曲尺), 곧은 나무, 새끼(繩) 등이다.

정답 02 ④

03 지적제도의 3대 구성요소 중에서 권리에 관한 사항을 등록 · 공시하기 위하여 지적공부에 등록하는 정보가 아닌 것은?

① 권리의 종류
② 취득일자
③ 취득형태
④ 지번

풀이 지적제도의 3대 구성요소

소유자 (Man 또는 Person)	의의	• 토지를 소유할 수 있는 권리의 주체(主體) • 토지를 자유로이 사용 · 수익 · 처분할 수 있는 전면적 지배권리인 소유권을 갖거나 소유권 이외의 기타 권리를 갖는 자
	유형	자연인 · 국가 · 지방자치단체 · 법인 · 비법인 사단 · 재단 · 외국인 · 외국정부 등
	등록사항	성명 또는 명칭, 주소, 주민등록번호, 생년월일, 성별, 결혼 여부, 직업, 국적 등
권리(Right)	의의	토지를 소유 · 이용할 수 있는 법적 권리
	유형	소유권과 기타 권리 • 기타 권리 : 소유권 · 지상권 · 지역권 · 전세권 · 저당권 · 권리질권 · 임차권 · 환매권
	등록사항	권리의 종류, 취득일자, 등록일자, 취득형태 · 취득금액, 소유권지분 등
필지 (Parcel 또는 Land Unit)	의의	물권이 미치는 권리의 객체
	유형	폐합된 다각형, X, Y좌표
	등록사항	위치 · 지번 · 지목 · 경계 · 면적 · 토지이용계획 · 토지가격 · 시설물 · 지형 · 지질 · 환경 · 인구수 등

04 지적전산자료의 형태 중 도형자료에 해당하지 않는 것은?

① 연속지적도
② 임야도
③ 대지권등록부
④ 지적도

풀이 토지정보의 분류

위치정보	절대위치정보 (Absolute Positional Information)	실제 공간에서의 위치(예 : 경도, 위도, 좌표, 표고)정보를 말하며 지상, 지하, 해양, 공중 등의 지구공간 또는 우주공간에서의 위치기준이 된다.
	상대위치정보 (Relative Positional Information)	모형공간(Model Space)에서의 위치(임의의 기준으로부터 결정되는 위치(예 설계도)정보를 말하는 것으로서 상대적 위치 또는 위상관계를 부여하는 기준이 된다.
특성정보	도형정보 (Graphic Information)	지도에 표현되는 수치적 설명으로 지도의 특정한 지도요소를 의미한다. GIS에서는 이러한 도형정보를 컴퓨터의 모니터나 종이 등에 나타내는 도면으로 표현하기 위해 사용한다. 도형정보는 점, 선, 면 등의 형태나 영상소, 격자셀 등의 격자형 그리고 기호 또는 주석과 같은 형태로 입력 · 표현된다.

정답 03 ④ 04 ③

	영상정보 (Image Information)	센서(Scanner, Lidar, Laser, 항공사진기 등)에 의해 취득된 사진 등으로 인공위성에서 직접 얻은 수치영상이나 항공기를 통하여 얻은 항공사진상의 정보를 수치화 하여 컴퓨터에 입력한 정보를 말한다.
	속성정보 (Attribute Information)	지도상의 특성이나 질, 지형, 지물의 관계 등을 나타내는 정보로서 문자와 숫자가 조합된 구조로 행렬의 형태로 저장된다.

05 수치지적(數値地籍)의 장점이 아닌 것은?

① 경계점의 복원능력이 낮다.
② 도면의 자동제도가 가능하다.
③ 도면의 원상보존이 가능하다.
④ 임의 축척의 도면 작성이 가능하다.

풀이 **도해지적과 수치지적 비교**

구분		내용
도해지적 (圖解地籍, Graphical Cadastre)		※ 고도의 정밀을 요구하는 지역에는 부적합한 제도로서 주로 농촌지역과 산간지역에서 채택
	의의	• 토지의 경계를 일정한 축척의 도면 위에 기하학적(幾何學的)으로 폐합(閉合)된 다각형의 형태로 표시하여 등록 · 공시하는 지적제도 • 세지적제도와 법지적제도하에서는 토지의 경계 표시를 도해지적에 의존
	장점	• 도면에 등록된 경계선에 의하여 토지의 형상을 시각적으로 용이하게 파악 가능 • 측량에 소요되는 비용이 비교적 저렴 • 고도의 기술이 필요하지 않음
	단점	• 축척에 따라 허용오차가 서로 다름 • 도면의 작성과 면적측정 시에 인위적인 오차 유발 • 도면의 신축(伸縮) 방지와 최초 작성 도면의 영구적 보존관리 곤란
수치지적 (數値地籍, Numerical Cadastre)		※ 1필지의 면적이 비교적 넓고 토지의 형상이 사각형에 가까워 굴곡점이 적은 지역과 지가가 높은 대도시 지역 및 토지구획정리 · 농업생산 기반정비사업지구 등에서 채택
	의의	• 토지의 경계점 위치를 평면직각종횡선수치(X, Y)의 형태로 표시하여 등록 · 공시하는 지적제도 • 일반적으로 다목적 지적제도하에서는 토지의 경계 표시를 수치지적에 의존
	장점	• 측량성과의 정확도 우수 • 임의의 축척으로 지적도 작성이 가능하여 도면의 신축에 따른 오차발생의 근원적 해소 • 최초 작성된 도면의 영구적 보존관리 가능
	단점	• 토지의 형상을 시각적으로 용이하게 파악 곤란 • 측량에 따른 경비와 인력이 비교적 과다 소요 • 고도의 전문적인 기술 필요 • 측량과 도면제작 과정 복잡 • 자동제도기 등 고가의 정밀장비가 필요하여 초기 투자 과다 소요

정답 05 ①

06 지적재조사특별법이 제정되어 시행된 연도로 옳은 것은?

① 2011년 9월 16일
② 2012년 3월 17일
③ 2013년 9월 16일
④ 2014년 3월 17일

풀이 지적공부의 등록사항을 조사·측량하여 기존의 지적공부를 디지털에 의한 새로운 지적공부로 전환하고, 토지의 실제 현황과 일치하지 않는 지적공부의 등록사항을 바로잡기 위한 국가사업인 지적재조사사업의 실시근거 및 절차규정 등을 마련함으로써, 국토를 효율적으로 관리함과 아울러 국민의 재산권을 보호하려는 목적으로 법률 제11062호로 2011년 9월 16일 지적재조사에 관한 특별법(약칭 지적재조사법)으로 제정되어 다음해인 2012년 3월 17일부터 시행되고 있다.

07 토지조사사업 당시 각 필지의 개형을 간승 및 보측으로 측정하여 작성하고 단지 지형을 보고 베끼는 방법으로 그린 약도는?

① 지적약도
② 과세지약도
③ 과세지견취도
④ 세부측량원도

풀이 **과세지견취도와 결수연명부**

과세지 견취도	의의	토지조사 측량성과인 지적도가 나오기 전인 1911~1913년까지 지세부과를 목적으로 작성된 약도로서 각 필지의 개형을 제도용 기구를 쓰지 않고 손으로 그린 간이 지적도라 할 수 있다.
	작성배경	과세지에 대한 전국적인 견취도를 작성하여 이것을 결수연명부와 대조하여 연명부를 토지대장으로 공부화하려는 것이다.
	작성방법	• 축척 : 1/1,200 • 북방표시 • 거의 굴곡이 없는 곡선으로 제도
결수연명부	의의	재무감독별로 내용과 형태가 다른 징세대장이 만들어져 이에 따른 통일된 양식이 징세대장을 만들기 위해 결수연명부를 작성토록 하였다.
	작성배경	• 과세지견취도를 기초로 하여 토지신고서가 작성되고 토지대장이 만들어졌다. • 공적장부의 계승관계 깃기(지세명기장) → 결수연명부 → 토지대장
	작성방법	• 면적 : 결부 누락에 의한 부정확한 파악 • 비과세지는 제외

08 지적공부에 등록·공시하는 토지와 그 정착물 등에 관한 물리적 현황이 아닌 것은?

① 토지소재
② 지번
③ 지목
④ 공시지가

풀이 **지적제도**
국가의 통치권(統治權)이 미치는 모든 영토를 필지 단위로 구분하여 토지에 대한 물리적인 현황(토지의 소재, 지번, 지목, 면적, 경계, 좌표)과 법적 권리관계(소유자), 제한사항 및 의무사항 등을 등록·공시하는 국가의 제도를 말한다.

정답 06 ② 07 ③ 08 ④

09 고려시대 관직의 지위에 따라 전토와 시지를 차등하게 지급하기 위한 전시과제도로 맞지 않는 것은?

① 시정전시과 ② 경정전시과
③ 개정전시과 ④ 전정전시과

풀이 **고려시대 토지제도**

구분		내용
역분전(役分田)		고려 개국에 공을 세운 조신(朝臣) 군사(軍士)등 공신에게 관계(官階, 직급)를 논하지 않고 공신에게 선악과 공로의 대소에 따라 토지를 지급하였다.
전시과	시정전시과(始定田柴科)	관계와 인품을 고려하여 개별적 관료들에 대한 수조지급여(收租地給與)는 감소시키고 각종 관료성원들에 대하여 수조지분권(收租地分權)을 확보하기 위한 제도이다.
	개정전시과(改定田柴科)	전시급여자의 관등을 18과로 나누어 전시수급액을 규정하여 지급하고 인품이라는 기준은 지양하고 관직에 따라 토지를 분급하였다.
	경정전시과(更定田柴科)	18등급에 따라 현직문무양반관료(現職文武兩班官僚)들에 대한 수조지 분급량을 줄이고 개별적 문무산관(文武散官)들에 대한 수조지(收租地)를 격감시켰다. 다른 편으로는 마군(馬軍), 보군(步軍) 등 군인의 수조지를 증가시켰다.
녹과전(祿科田)		전민변정사업과 전시과체제에서 수급자의 편리와 토지겸병의 토지를 보호하려는 것과 문무 관리의 봉록에 충당하는 토지제도이다.
과전법(科田法)		대규모의 토지를 권문세족들이 소유하고 있으면서 세금을 내지 않아 국고가 부족하여 만든 과전법은 사전과 공전으로 구분하여, 사전은 경기도에 한하여 현직, 전직관리의 고하에 따라 토지를 지급하였다.

10 등록주체에 관한 현상의 연구 세부주제라고 할 수 없는 것은?

① 등록주체의 성격 ② 등록주체의 조직
③ 등록주체의 주요 업무 ④ 등록주체의 보유 재산

풀이 **등록주체(登錄主體)에 관한 현상**

① 토지와 그 정착물 등을 공적도부에 등록 · 공시하는 소관청

- 지방자치단체의 장이 아닌 국가기관의 하부 기관장인 시장 · 군수 · 구청장
- 국가의 공권력에 의하여 토지에 대한 물리적 현황, 법적 권리관계, 제한사항 및 의무사항 등을 조사
- 측량하여 공적도부에 등록 · 공시하는 국정주의(國定主義) 채택

② 미국, 오스트레일리아, 캐나다, 독일 등

- 주 단위로 독자적인 지적제도 운영
- 국정주의를 채택하지 않고 있다고 볼 수 있으나
- 1개 주가 우리나라의 국토면적보다 큰 주가 대부분이며
- 연방정부 차원에서 지적제도에 관한 표준화와 전산화 등 추진

③ 소관청을 제외한 개인 · 법인 · 공공기관 · 지방자치단체 · 국가기관 등 그 어떠한 단체나 조직 · 기관 등은 등록주체가 될 수 없음

- 등록주체에 관한 현상의 연구 세부주제
- 등록주체의 성격 · 조직 · 주요 업무, 역할, 하부 조직의 지도감독 등에 관한 사항

정답 09 ④ 10 ④

11 가장 오래된 도시평면도로 적색, 청색, 보라색, 백색 등을 사용하여 도로, 하천, 건축물 등이 그려진 것은?

① 요동성총도
② 방위도
③ 어린도
④ 지안도

풀이 **토지도면**

「삼국사기」 고구려본기 제8에는 제27대 영유왕 11년(628년)에 사신을 당(唐)에 파견할 때 봉역도를 당 태종에게 올렸다고 하였다. 여기에서의 봉역도는 고구려 강역의 측회도(測繪圖)인 것 같은데 봉역이란 흙을 쌓아서 만든 경계란 뜻도 있다. 이 봉역도는 지리상 원근, 지명, 산천 등을 기록하고 있었을 것이다. 그리고 고구려시대 때 어느 정도 지적도적인 성격을 띠는 도면으로 1953년 평남 순천군(順天郡)에서 요동성총도(遼東城塚圖)라는 고구려 고분벽화가 발견되었다. 여기에는 요동성의 지도가 그려져 있는데 요동성의 지형과 성시의 구조, 도로, 성벽, 주요 건물 등을 상세하게 그렸을 뿐 아니라 하천과 개울, 산 등도 그려져 있다. 이 요동성 지도는 우리나라에 실물로 현존하는 도시평면도로서 가장 오래된 것인데 고대 이집트나 바빌로니아의 도시도, 경계도, 지적도와 같은 내용의 유사성이 있는 것이며 회화적 수법으로 그려져 있다. 이와 같이 봉역도나 요동성총도의 내용으로 미루어 보아 고구려에서 측량척을 사용하여 토지를 계량하고 이를 묘화한 오늘날의 지적도와 유사한 토지도면이 있었을 것으로 추측된다.

12 최초의 지적법이 제정 · 공포된 연도는?

① 1950년
② 1951년
③ 1960년
④ 1961년

풀이 **구 지적법(舊 地籍法)**

구 지적법은 대한제국에서 근대적인 지적제도를 창설하기 위하여 1910년 8월에 토지조사법을 제정한 후 약 40년 후인 1950년 12월 1일 법률 제165호로 41개 조문으로 제정된 최초의 지적에 관한 독립법령이다. 구 지적법은 이전까지 시행해 오던 조선지세령, 동법 시행규칙, 조선임야대장규칙 중에서 지적에 관한 사항을 분리하여 제정하였으며, 지세에 관한 사항은 지세법(1950.12.1.)을 제정하였다. 이어서 1951년 4월 1일 지적법시행령을 제정 · 시행하였으며, 지적측량에 관한 사항은 토지측량규정(1921.3.18.)과 임야측량규정(1935.6.12.)을 통합하여 1954년 11월 12일 지적측량규정을 제정하고 1960년 12월 31일 지적측량을 할 수 있는 자격과 지적측량사시험 등을 규정한 지적측량사 규정을 제정하여 법률적인 정비를 완료하였다. 그 후 여러 차례 법개정을 통하여 법, 령, 규칙으로 체계화하였다.

13 1975년 지적법 제2차 전면개정 이전에 임야대장에 등록하는 면적의 최소단위로 맞는 것은?

① 1홉
② 1단
③ 1무
④ 1보

풀이 **면적단위 환산**

① 1정 : 3,000평
② 1단 : 300평
③ 1무 : 30평
④ 1보 : 1평

정답 11 ① 12 ① 13 ④

※ 지적법 제2차 전문개정(1975.12.31. 법률 제2801호)

① 지적법의 입법목적 규정
② 지적공부 · 소관청 · 필지 · 지번 · 지번지역 · 지목 등 지적에 관한 용어의 정의 규정
③ 시 · 군 · 구에 토지대장, 지적도, 임야대장, 임야도 및 **수치지적도를** 비치 · 관리하도록 하고 그 등록사항 규정
④ 토지대장의 등록사항 중 지상권자의 주소 · 성명 · 명칭 등의 등록규정 삭제
⑤ 시의 동과 군의 읍 · 면에 토지대장 부본 및 지적약도와 임야대장 부본 및 임야약도를 작성 · 비치하도록 규정
⑥ 지목을 21개 종목에서 24개 종목으로 통 · 폐합 및 신설
⑦ 면적단위를 척관법의 '평(坪)'과 '무(畝)'에서 미터법의 '평방미터'로 개정
⑧ 토지(임야)대장에 토지소유자의 등록번호를 등록하도록 규정
⑨ 경계복원측량 · 현황측량 등을 지적측량으로 규정
⑩ 지적측량을 **사진측량과 수치측량방법**으로 실시할 수 있도록 제도 신설
⑪ 지적도의 축척을 변경할 수 있도록 제도 신설
⑫ 소관청은 연 1회 이상 등기부를 열람하여 지적공부와 부합되지 아니할 때에는 부합에 필요한 조치를 할 수 있도록 제도 신설
⑬ 지적측량기술자격을 기술계와 기능계로 구분하도록 개정
⑭ 지적측량업무의 일부를 지적측량을 주된 업무로 하여 설립된 비영리법인에게 대행시킬 수 있도록 규정
⑮ 토지(임야)대장 서식을 '한지부책식(韓紙簿册式)'에서 '카드식'으로 개정
⑯ 소관청이 직권으로 조사 또는 측량하여 지적공부를 정리한 경우와 지번경정 · 축척변경 · 행정구역변경 · 등록사항정정 등을 한 경우에는 관할 등기소에 토지표시변경등기를 촉탁하도록 제도 신설
⑰ 지적위원회를 설치하여 지적측량적부심사청구사안 등을 심의 · 의결하도록 제도 신설

14 한국학술진흥재단에서 관리하고 있는 현행 학문분류(연구분야)에 지적학이 소속된 대분류는?

① 인문학
② 사회과학
③ 자연과학
④ 공학

풀이 **지적학에 대한 연구분야 분류표**

코드번호	대분류	중분류	소분류	세분류
B000000	사회과학			
B170000		지역개발		
B171200			지적학	
B171201				지적법
B171202				지적행정
B171203				지적측량

정답 14 ②

15 지적학의 연구범위에 관한 설명으로 가장 옳은 것은?

① 토지정보의 조사 · 측량에 관한 현상
② 필지라는 실체적 현상과 절차적 현상
③ 등록주체, 등록객체, 등록공부, 등록정보, 등록방법 등에 관한 현상
④ 지적도부의 작성에 관한 현상
⑤ 지적측량에 관한 현상

풀이 지적학의 연구범위

저자	연도	지적학의 연구범위
박순표 외 2인	1993	토지의 지표 · 지하 · 공중
류병찬	2001	등록주체, 등록객체, 등록공부, 등록사항 및 등록방법 등에 관한 현상
백승철 외 1인	2003	필지라는 실체적 현상과 절차적 현상
지종덕	2004	박순표 외 2인의 주장과 동일
백승철 외 2인	2005	필지라는 물리적인 실체에 대한 연구와 토지와 인간의 만남으로 인해 발생하는 지적현상인 실체적 현상 · 절차적 현상 · 관리적 현상
종합적인 연구범위	2006	등록주체에 관한 현상, 등록객체에 관한 현상, 등록공부에 관한 현상, 등록정보에 관한 현상, 등록방법에 관한 현상 등

16 지적공부에 관한 설명으로 틀린 것은?

① 간주지적도라 함은 임야조사사업 당시에 전 · 답 · 대 등 과세지를 임야도 축척인 1/3,000, 1/6,000로 측량을 하여 임야도에 등록하였는데 이러한 임야도를 말한다.
② 고립형(孤立型) 지적도라 함은 도로 · 구거 · 하천 등의 지형 · 지물에 의하여 블록별로 작성하는 지적도를 말한다.
③ 간주임야도라 함은 임야조사사업 당시에 국유임야 등에 대해서는 1/25,000 또는 1/50,000 지형도상에 임야의 경계와 지번을 등록하고 임야대장을 작성하였는데 이러한 지형도를 말한다.
④ 연속형(連續型) 지적도라 함은 도곽에 의하여 인접 도면과의 접합이 가능하도록 연속하여 작성한 지적도를 말한다.
⑤ 산토지대장(山土地臺帳)이라 함은 간주임야도를 비치한 지역의 토지에 관한 사항을 등록 · 공시하기 위하여 작성하는 지적공부를 말한다.

정답 15 ③ 16 ⑤

풀이 도면의 종류

지적도	지적부에 등록된 토지의 필지별 경계선과 지번 · 지목 등을 등록 · 공시하는 지적공부 • 일람도(一覽圖), 지번색인표(地番索引表) 작성(부속도부)
임야도	임야대장에 등록된 토지의 소재와 필지별 경계선 · 지번 · 지목 등을 등록 · 공시하기 위하여 작성하는 지적공부
경계점좌표등록부(境界點座標登錄簿)	경계점의 위치를 종횡선좌표(X, Y)로 등록 · 공시하기 위하여 작성하는 지적공부 • 도시개발사업 등의 시행으로 지적확정측량을 실시한 지역 및 축척변경지역
간주지적도(看做地籍圖)	임야조사사업 당시에 전 · 답 · 대 등 과세지를 임야도 축척인 1/3,000, 1/6,000로 측량을 하여 임야도에 등록하였는데 이러한 지역의 임야도를 말함
간주임야도(看做林野圖)	임야조사사업 당시에 국유임야 등에 대해서는 1/25,000 또는 1/50,000 지형도상에 임야의 경계와 지번을 등록하고 임야대장을 작성하였는데 이러한 지형도를 말함
고립형(孤立型) 지적도	도로 · 구거 · 하천 등의 지형 · 지물에 의하여 블록별로 작성하는 지적도 • 도곽(圖廓) 개념이 없기 때문에 인접도면과의 접합이 곤란하며 국가나 소유자가 필요할 때마다 토지를 지적공부에 분산하여 등록하는 분산등록제도(Sporadic System)를 채택하고 있는 지역에서 채택
연속형(連續型) 지적도	도곽에 의하여 인접 도면과의 접합이 가능하도록 연속하여 작성한 지적도 • 일정한 지역의 토지를 일제히 체계적으로 조사 · 측량하여 동시에 등록 · 공시하는 일괄등록제도(Systematic System)를 채택하고 있는 지역에서 채택

17 **양지아문에서 양안을 작성할 경우 기본도형 5가지 이외에 추가하였던 사표도의 도형으로 맞지 않는 것은?**

① 타원형 ② 삼각형
③ 호시형 ④ 원호형

풀이 양지아문의 토지측량

① 개별토지측량 후 소유권과 가사, 국가가 추인하는 사정과정을 절차로 함
② 개별토지의 모습과 경계를 가능한 정확히 파악하여 장부에 등재
③ 근대적 토지측량제도를 도입, 전국의 토지를 측량하는 사업 추진
④ 양무감리는 각도에, 양무위원은 각군에 파견, 견습생을 대동하여 측량
⑤ 종래의 자호 지번제도를 그대로 적용
⑥ 토지파악 단위는 결부제 채용
⑦ 양안은 격자양전 당시의 전답형 표기, 방형, 직형, 제형, 규형, 구고형 등 11가지 전답 도형을 사용하여 적용

정답 17 ④

18 지적학을 연구하는 데 직접적으로 관련 학문의 기초이론을 활용 또는 응용하는 인접학문이라고 할 수 없는 것은?

① 측량학
② 법학
③ 행정학
④ 전산학
⑤ 문헌정보학

풀이 지적학의 인접학문

협의의 인접학문		광의의 인접학문
학문의 명칭	학문의 성격	
측량학	공학	사진측량학, 응용측량학, 위성측위학, 지리학, 지도학, 지형학, 토목학. 건축학 등
법학	사회과학	법해석학, 법사학, 법사회학, 법심리학, 비교법학, 입법학 등
행정학	응용사회과학, 실천사회과학	경제학, 경영학, 사회학, 도시학, 도시계획학 등
전산학	공학	수학, 통계학, 컴퓨터과학 등
부동산학	종합응용과학	지질학, 임학 등

19 지적제도의 3대 구성요소 중에서 필지에 관한 사항을 등록 · 공시하기 위하여 지적공부에 등록하는 정보가 아닌 것은?

① 지번
② 지목
③ 경계
④ 등고선

풀이 지적제도의 3대 구성요소

소유자(Man 또는 Person)	의의	• 토지를 소유할 수 있는 권리의 주체(主體) • 토지를 자유로이 사용 · 수익 · 처분할 수 있는 전면적 지배권리인 소유권을 갖거나 소유권 이외의 기타 권리를 갖는 자
	유형	자연인 · 국가 · 지방자치단체 · 법인 · 비법인 사단 · 재단 · 외국인 · 외국정부 등
	등록사항	성명 또는 명칭, 주소, 주민등록번호, 생년월일, 성별, 결혼 여부, 직업, 국적 등
권리(Right)	의의	토지를 소유 · 이용할 수 있는 법적 권리
	유형	소유권과 기타 권리 • 기타 권리 : 소유권 · 지상권 · 지역권 · 전세권 · 저당권 · 권리질권 · 임차권 · 환매권
	등록사항	권리의 종류, 취득일자, 등록일자, 취득형태 · 취득금액, 소유권지분 등
필지(Parcel 또는 Land Unit)	의의	물권이 미치는 권리의 객체
	유형	폐합된 다각형, X, Y좌표
	등록사항	위치 · 지번 · 지목 · 경계 · 면적 · 토지이용계획 · 토지가격 · 시설물 · 지형 · 지질 · 환경 · 인구수 등

정답 18 ⑤ 19 ④

20 **지적학의 연구대상에 관한 설명으로 가장 옳은 것은?**

① 지적측량에 관한 현상
② 지적 관련 제도와 업무에 관한 전반적인 현상
③ 토지기록에 대한 관리와 운영에 관한 현상
④ 토지정보의 조사 · 측량에 관한 현상

풀이 **지적학의 연구대상**

저자	연도	지적학의 연구대상
박순표 외 2인	1993	지적이론의 구성부문인 토지현상의 조사, 조사된 내용의 기록 및 토지기록에 대한 관리와 운영
류병찬	2001	지적 관련 제도와 업무에 관한 모든 현상
백승철 외 1인	2003	물리적으로는 1필지를 대상으로 하며, 내용적으로는 1필지를 중심으로 발생되는 지적현상
지종덕	2004	박순표 외 2인의 주장과 동일
백승철 외 2인	2005	물리적인 측면에서는 1필지를 연구대상으로 하지만, 내용적인 측면에서는 1필지를 중심으로 발생하는 지적현상
종합적인 연구대상	2006	지적 관련 제도와 업무에 관한 전반적인 현상

정답 20 ②

24 제24회 합격모의고사

01 J. D. McLaughlin는 '지적'이라는 단어가 로마지방을 인두세 또는 토지세를 부과하기 위하여 분할한 영토과세 단위인 그리스어 (　　)에서 유래하였다고 하였다. (　　) 안에 들어갈 용어로 옳은 것은?

① Capitastrum
② Capitrastra
③ Katastikhon
④ Catastico

풀이 외국 지적어원의 변천과정

단어	언어	학자	의미
Capitastrum	라틴어	Bernard O. Binns	인두세의 등록 또는 로마지방 토지세 부과단위
		Simpson, Larsson	인두세 등록
		J. G. McEntyre	로마인의 인두세 등록부
Capitrastra		Stephane Lavigne	• 목록 • 토지경계를 표시하는 데 사용된 돌 • 지도처럼 사용된 편암 조각
Katastikhon	그리스어	J. D. McLaughlin	로마지방을 인두세 또는 토지세를 부과하기 위하여 분할한 영토과세 단위
		C. R. Bennet	로마지방을 분할한 영토과세 단위의 등록부
		D. M. Ali	공책 또는 상업 기록
		J. D. Ilmoor	군주가 신민에게 세금을 부과하는 제도
Catastico	그리스어 라틴어	H. Felstehausen	공책 또는 목록

02 지적전산화 기반조성사업의 일환으로 추진한 업무가 아닌 것은?

① 한지 부책식 대장의 카드식 대장으로 전환
② 필지별 고유번호, 지목, 토지이동사유 등에 대한 코드번호 개발등록
③ 소유자의 주민등록번호 등록
④ 촉탁등기제도의 확대 시행

정답 01 ③ 02 ④

풀이 **지적공부의 전산화**

추진 배경	1970년대 초부터 부동산 투기로 지가가 폭등하면서 토지에 대한 민원업무 급증 • 전국의 토지·임야대장에 등록된 약 3천 만 필지를 전산 입력하여 지가를 안정시키고 대민 서비스를 개선하기 위하여 전산화 사업 추진	
기반 조성	대장의 카드식 전환	1975년~1978년(4년) : 전국의 토지대장·임야대장·공유지연명부 등 34,857천 매에 대한 한지 부책식 대장을 카드식 대장으로 전환
	코드번호의 개발등록	1975년~1978년(4년) : 카드식 대장으로 전환하면서 필지별 고유번호, 지목, 토지이동사유, 소유권변동원인, 등급 등에 대한 코드번호 개발등록
	등록번호의 개발등록	• 1979년~1985년(6년) : 전국의 사유 토지 약 2,400만 필지 중 사망자, 외국 이민자, 행방불명자 등 주민등록번호를 부여받지 아니한 소유자를 제외한 2,100만 지에 대한 소유자의 주민등록번호를 직권 조사·등록 • 1985년~1986년(2년) : 소유구분 코드번호와 법인 등록번호 및 재외국민등록번호 등 개발등록
	면적단위의 미터법 전환	1979년~1981년(3년) : 토지에 대한 면적을 평(坪)과 보(步)에서 제곱미터로 전환 등록
	수치측량방법의 도입	1976년부터 시가지 구획정리확정측량지역은 의무적으로 수치측량 실시 • 토지대장과 지적도 이외에 수치지적부 작성 비치

03 지적측량사 자격의 효시라고 할 수 있는 것은?

① 검열증(檢閱證)

② 토지측량자(土地測量者) 면허증

③ 지정측량사(指定測量士)

④ 상치측량사(常置測量士)

풀이 **지적측량사 자격의 변천연혁**

대한제국시대	검열증(檢閱證)	1909년 2월 : 유길준이 대한측량총관회(大韓測量總管會) 창립 • 대한측량총관회에서 기술을 검정하여 합격자에게 검열증 교부 **※ 지적측량사 자격의 효시**
	토지측량자(土地測量者) 면허증	• 1910년 2월 : 전라북도령(道令) 토지측량자 취체규칙(1910.2.1.), 경기도령 토지측량업자 단속규칙(1910.2.8.), 강원도령 토지측량업자 취체규칙(1910.2.15.) 등 제정 • 전북의 토지측량자 취체규칙 제2조에 면허증 발급 요건 규정 – 관청의 시험에 합격하여 그 증서를 유(有)하는 자 – 측량의 기술을 교수하는 관립학교의 졸업증서를 유하는 자 – 1년 이상 기술에 종사하고 판임관 이상의 직에 있던 자
일제 강점기시대	지정측량자(指定測量者)	• 1923년 : 기업자 측량제도 및 도 지정측량자 제도 신설 – 도에서 지적측량사 지정고시

정답 03 ①

04 소유자유형별 등록번호명칭과 부여기관이 틀린 것은?

① 재외국민 → 재외국민등록번호 → 읍 · 면 · 동장
② 외국인 → 외국인등록번호 → 출입국관리사무소장
③ 도유지 → 기관코드번호 → 행정안전부장관
④ 상법법인 → 법인등록번호 → 등기공무원

풀이 소유구분 코드 및 등록번호 유형

코드번호	구분		내용	등록번호	부여기관	등록번호 자릿수
1	자연인	내국민	주민등록번호를 부여받은 자연인의 소유 토지	주민등록번호	시장 · 읍 · 면장	13자리
		재외국민	재외국민등록번호를 부여받은 자연인의 소유 토지	재외국민등록번호	등기공무원	13자리
2	국유지		국가 또는 중앙부처(청)의 소유 토지	기관코드번호	행정안전부장관	3자리
3	외국인		외국인등록번호를 부여받은 국내거주 외국인 및 외국정부의 소유 토지	외국인등록번호	출입국관리사무소장	13자리
	외국공관					10자리
4	공유지	도유지	특별시 · 광역시 · 도의 소유 토지	기관코드번호	행정안전부장관	3자리
5		군유지	시 · 군 또는 읍 · 면의 소유 토지	기관코드번호	행정안전부장관	4자리
6	법인	민법법인	사단법인 재단법인의 소유 토지	법인등록번호	등기공무원	13자리
		상법법인	주식회사 · 합자회사 · 합명회사 · 유한회사의 소유 토지	법인등록번호	등기공무원	13자리
		특수법인	특별법에 의하여 설립된 법인의 소유 법인등록	법인등록번호	등기공무원	13자리
		외국법인	외국법인의 소유 토지	법인등록번호	등기공무원	13자리
7	종중		문중 · 종친회 · 화수회 등의 소유 토지	비법인등록번호	시장군수 · 구청장	13자리
8	종교단체		교회 · 사찰 · 향교 등의 소유 토지	비법인등록번호	시장군수 · 구청장	10자리
9	기타단체		노인회 · 마을회 등의 소유 토지	비법인등록번호	시장군수 · 구청장	9자리
0	일본인 · 창 씨 명의 등					

정답 04 ①

05 지적측량사 자격 또는 명칭과 관련이 없는 사항은?

① 검열증(檢閱證)
② 토지측량자(土地測量者) 면허증
③ 지정측량사(指定測量士)
④ 지적기술사 1급

풀이 지적측량사 자격의 변천연혁

대한제국 시대	검열증 (檢閱證)	1909년 2월 : 유길준이 대한측량총관회(大韓測量總管會) 창립 • 대한측량총관회에서 기술을 검정하여 합격자에게 검열증 교부 ※ 지적측량사 자격의 효시
	토지측량자 (土地測量者) 면허증	• 1910년 2월 : 전라북도령(道令) 토지측량자 취체규칙(1910.2.1.), 경기도령 토지측량업자 단속규칙(1910. 2. 8), 강원도령 토지측량업자 취체규칙(1910.2.15.) 등 제정 • 전북의 토지측량자 취체규칙 제2조에 면허증 발급 요건 규정 – 관청의 시험에 합격하여 그 증서를 유(有)하는 자 – 측량의 기술을 교수하는 관립학교의 졸업증서를 유하는 자 – 1년 이상 기술에 종사하고 판임관 이상의 직에 있던 자
일제강점기 시대	지정측량자 (指定測量者)	1923년 : 기업자 측량제도 및 도 지정측량자 제도 신설 • 도에서 지적측량사 지정고시
광복 후 시대	지정측량사 (指定測量士)	1946년 : 각 도에서 지적기수 임명, 지정측량사제도 도입 ※ 광복 후는 세무서 단위로 운영
	적산측량을 위한 자격인증서 (資格認證書)	1948년 : 재무부에서 신한공사 후신인 중앙토지행정처의 토지처분을 위한 세부측량자격인증서 교부 • 재무부에서 발행한 근대적 측량사 자격증
	분배농지 측량을 위한 지적측량기술자 자격승인서	1953년 : 지방사세청장이 분배농지 측량을 시행하기 위하여 한시적(限時的), 한지적(限地的)으로 지적측량기술자 자격승인서 교부 • 측량종별, 종사구역, 종사기간 등 명시
	철도업무 자격인정서	1960년 : 재무부에서 전형을 시행하여 자격인정서 교부 • 재무부장관이 교통부 소관 지적기술자 인증서 교부
	지적측량사규정에 의한 지적측량사	• 1960년에 지적측량사규정(1960.12.31. 국무원령 제176호) 및 지적측량사규정 시행규칙(1961.2.7. 재무부령 제194호) 제정 – 1962년에 최초로 지적측량사자격 시험 실시 – 상치측량사(常置測量上) : 국가공무원으로 그 소속 관서의 지적측량 사무에 종사하는 자 – 대행측량사(代行測量上) : 타인으로부터 지적법에 의한 측량업무를 위탁받아 하는 법인격이 있는 지적단체의 지적측량업무를 대행하는 자 – 세부(細部) 측량과, 기초(基礎)측량과, 확정(確定)측량과로 구분 • 지적측량사의 응시자격 – 대학 졸업자로서 재학 중 측량을 이수하고 1년 이상 실무경험을 가진 자 – 고등학교 졸업자로서 재학 중 측량을 이수하고 4년 이상 실무경험을 가진 자 – 국가공무원으로서 7년 이상 실무경험을 가진 자 – 기타 7년 이상 실무경험을 가진 자

정답 05 ④

	국가기술자격법에 의한 지적기술자격	• 1973년에 국가기술자격법(1973.12.31. 법률 제2672호) 제정, 1975년부터 시행 – 지적기술자격을 기술계(技術系)와 기능계(技能系)로 구분 – 기술계 : 국토개발기술사(지적) · 지적기사 1급 · 지적기사 2급 – 기능계 : 지적기능장 · 지적기능사 1급 · 지적기능사 2급 • 1980년부터 지적기술자격검정을 한국산업인력공단에서 시행 • 1991년에 국가기술자격법 시행령 개정(1991.10.31. 대통령령 제13494호) – 국토개발기술사(지적)를 지적기술사로 명칭 변경, 지적기능장 폐지 • 1998년에 국가기술자격법 시행령 개정(1998.5.9. 대통령령 제15794호) – 지적기술사 · 지적기사 · 지적산업기사 · 지적기능산업기사 · 지적기능사로 명칭 변경 • 2005년에 국가기술자격법 시행규칙 개정(2005.7.1. 노동부령 제225호) – 지적산업기사와 지적기능산업기사를 지적산업기사로 통합

06 지적재조사사업에 관한 설명으로 틀린 것은?

① 현대적인 첨단 측량장비에 의하여 토지와 그 정착물 등에 관한 조사 · 측량을 실시하여 새로운 지적도와 지적부를 작성하는 사업을 말한다.

② 2003년에 지적법을 개정(2003.12.31. 법률 제7036호)하여 지적재조사사업을 시행할 수 있는 법적 장치를 마련하였다.

③ 일본은 1963년부터 지적재조사사업의 일환으로 지적조사사업을 실시하고 있다.

④ 우리나라는 1996년에 지적재조사법(안)을 마련하여 시 · 도별로 순회 공청회를 개최하고 입법예고를 한 후 국회에 상정하였으나 보류되었다.

풀이 **지적재조사사업 의의**

① 현대적인 첨단 측량장비에 의하여 토지와 그 정착물 등에 관한 조사 · 측량을 실시하여 새로운 지적도와 지적부를 작성하는 사업

② 2003년에 지적법(2003.12.31. 법률 제7036호) 개정

• 토지의 효율적인 관리를 위하여 지적재조사사업을 시행할 수 있도록 규정

※ 프랑스는 지적재조사사업, 일본은 지적조사사업, 대만은 지적중측사업 등 추진

우리나라는 1996년에 지적재조사법(안)을 마련하여 시 · 도별로 순회 공청회를 개최하고 입법예고를 하였으나, 예산 과다소요, 민원유발 등 사유로 일부 부처에서 반대하여 국회 상정이 보류되었다.

※ 외국의 추진사례

프랑스	1955년에 지적재조사 및 관리에 관한 명령(1955.4.30.) 제정 : 지적재조사사업 추진
일본	1951년에 국토조사법(1951.6.1. 법률 제180호) 제정, 1962년에 국토조사촉진특별조치법(1962년, 법률 제143호) 제정 : 지적조사사업 추진 ※ 1963년부터 약 50년 동안 지적조사사업 추진, 2003년 말 48% 진척
대만	1975년에 토지법 개정 : 지적도중측사업 추진 ※ 1998년 7월 말 면적 17.7%, 필지 수 53.9% 진척

정답 06 ④

07 우리나라 지적의 어원과 관련이 없는 것은?

① 삼국유사 ② 조선왕조실록
③ 일성록 ④ 조선지세령

풀이 지적어원의 변천과정

출처	해석	비고
삼국유사 권2 남부여 · 전백제 · 북부여(538년)	양전장적에 의하면 소부리 정정주첩이라 하였으므로 지금 부여군을 지칭하는 것으로 옛 이름을 되찾음	토지대장
삼국유사 권2 가락국기(991년)	이내 병이 들었는데 남에게 알리지도 못하고 밤에 도망가다가 그 병이 낫지 않아 관문을 지나 죽었기 때문에 양전도장에는 그의 도장이 찍히지 않음	토지대장
조선왕조실록 세종실록(1428년)	각도의 전지(田地)를 묶은 것이나 개간한 것을 구별할 것 없이 모두 측량해서 문서[地籍簿]를 만들되, 오래된 묵정밭은 별도로 측량하여 속문적(文籍)을 만들기를 청하는 내용	토지대장
	토지와 전답을 측량해서 문서[地籍簿]를 만듦	
조선왕조실록 성종실록(1479년)	충청도 전라도 경상도 평안도에는 지금 이미 낭청(郎廳)을 보내어 자로 재어서 지적을 고치도록 함	토지대장
조선왕조실록 현종실록 (1659년)	궁가에서는 위아랫들 모두가 똑같이 둑의 혜택을 받았다고 주장하면서 윗들은 이미 반분하였으니 아랫들도 달리할 수 없다고 하며, 지적을 살펴 나누려함	토지
일성록(1878년)	지적 외의 넓은 토지를 개간한 자를 조사하여 세금을 부과하겠다는 것	토지

08 지적재조사사업의 추진방향에 관한 설명으로 틀린 것은?

① 지적제도를 법지적에서 다목적지적으로 전환하여야 한다.
② 측량방법을 도해측량에서 수치측량으로 전환하여야 한다.
③ 도면과 대장의 체계를 일원화하여야 한다.
④ 지적공부의 등록정보를 가급적 단순화하여야 한다.

풀이 지적재조사사업의 추진방향

구분	현행 지적제도	재조사 후 지적제도
지적제도	법지적제도 측량방법	다목적지적제도
측량방법	도해측량	수치측량
도면체계	지적도 임야도	지적도
대장체계	토지대장, 임야대장	지적부(지적대장)
지번체계	북서기번법, 북동기번법	북서기번법
지목체계	단순화	다양화, 현실화(대분류 · 중분류 · 소분류 등)
도면축척	다양하고 복잡(7종)	단순화, 표준화(1내지 2종)
등록대상	토지	토지, 지상 건축물, 지하 시설물 등

정답 07 ③ 08 ④

09 대장의 전산화사업에 관한 설명으로 틀린 것은?

① 1977년 8월에 지적전산화 시범사업계획을 최초로 확정하였다.
② 1차 시범사업은 충청남도 대전시를 선정하여 추진하였다.
③ 전산화사업 개발기관은 한국과학기술연구소(KAIST)에서 담당하였다.
④ 2차 시범사업은 충청남도의 모든 시 · 군 · 구를 선정하여 추진하였다.

풀이 대장의 전산화사업

구분	내용
제1차 시범사업	• 주관 : 내무부(1977년 8월 지적전산화 시범사업계획 확정) • 추진기간 : 1978년 5월~1982년(5년간) • 대상기관 및 업무량 : 충청남도 대전시(106,189필지) • 개발기관 : 한국과학기술연구소(KAIST) • 참여기관 : 총무처 · 충청남도 · 대전시 등 • 입력정보 : 토지소재 · 지번 · 지목 · 면적 등 18개 항목 • 사업결과 : 지적민원 전산처리, 토지 이동정리, 소유권변동, 지적통계 전산처리 S/W 등 개발
제2차 시범사업	• 주관 : 경제기획원, 내무부 • 추진기간 : 1978년 7월~1981년 말(3년) • 개발 : 한국과학기술연구소 • 대상기관 및 업무량 : 충청북도(1,681,917필지) • 참여기관 : 총무처, 충청북도, 청주시 등 11개 시 · 군 • 개발대상 : 지적관리, 주민등록관리, 차량관리, 양곡관리업무 등 • 목표 : 충청북도 11개 시 · 군의 토지대장 · 임야대장 전산 입력 • 사업결과 : 지적민원, 토지이동, 소유권변동, 등급설정 · 수정, 지적통계 작성 S/W 등 개발 • 전산기설치 – 충청북도 : 주 전산기 1대, 터미널 11대 – 각 시 · 군 : 터미널 11대 – 청주시 각 동사무소 : 터미널 18대 등 설치 ※ 1989년 4월 1일부터 각 시 · 군 · 구의 단말기에서 토지 · 임야대장 열람 · 등본 교부 등 대민 서비스 시작
시 · 도별 확대	• 대상기관 및 업무량 : 14개 시 · 도 226개 시 · 군 · 구(31,399천 필지) • 추진기간 : 1982년~1984년(3개년) • 추진방법 : 시 · 도별 데이터베이스 구축 –내무부와 시 · 도에 주전산기 설치, 온라인 통신망 연결 • 사업결과 : 지적민원, 토지이동, 소유권변동, 토지등급 설정 · 수정, 정책자료 출력 S/W 등 개발
전국 온라인 시스템 구축	• 대상 : 전국의 15개 시 · 도와 260여 개 시 · 군 · 구 • 추진기간 : 1987년~1990년(4개년) • 개발기관 : 데이콤(DACOM) • 개발결과 : 시 · 도별 지역전산본부 설치, 시 · 군 · 구에 Work Station 833대 설치 ※ 1990년 4월 1일부터 국내 최초로 전국 온라인 통신망에 의한 토지대장과 임야대장의 열람 · 등본교부 등 대민 서비스 시작 • 1992년 1월 1일부터 전국에서 일제히 수작업에 의하여 정리하던 카드식 대장 정리 중 –토지이동, 소유권변동, 등급설정 · 수정 등 모든 변동자료를 시 · 군 · 구의 단말기에서 전산등록 파일에 입력

정답 09 ④

10 지적정보센터에서 관리하는 자료가 아닌 것은?

① 지적전산자료　　② 주민등록전산자료
③ 공시지가전산자료　　④ 지적측량전산자료

구분	내용
국토정보 센터 설립	• 목적 : 지적전산, 주민등록전산, 공시지가 전산자료의 통합관리 • 추진기간 : 1993년 4월~1995년 2월 • 개발기관 : 한국전산원 • 참여기관 : 건설교통부 · 농림수산부 · 국세청 · 산림청 · 시 · 도 등 • 개발결과 : 지적전산자료 3,400만 필지, 주민등록전산자료 4,500만 명, 공시지가 전산자료 25백만 필지에 대한 통합 데이터베이스 구축 • 시연회 : 1995년 1월 내무부에서 국무총리, 내무부장관, 건설부장관, 정보통신부 장관 등 국토정보센터 가동 시연회 개최
지적정보 센터의 설치	• 1995년 1월 내무부에 국토정보센터(National Land Information Center) 설치 – 목적 : 토지 공개념의 정착, 토지거래실명제 전환을 위한 기반조성, 토지 관련 정보의 공동활용, 지가 안정, 부동산투기 근절 등 – 자료 : 지적 전산자료, 주민등록 전산자료, 공시지가 전산자료의 연계 통합 관리 – 개발 : 개인별 · 세대별 · 법인별 토지소유 현황을 용이하게 파악할 수 있는 프로그램을 개발 운용 • 2001년 1월 : 지적법 개정 "지적정보센터"로 명칭 변경 – 지적위성기준점에 관한 관측자료 추가 관리
대장의 전산화사업 효과	• 법적 측면 – 대장의 위 · 변조 방지, 자료의 완전한 관리체계 유지로 지적공부의 공신력 제고 • 행정적 측면 – 토지 · 임야대장의 열람 · 등본을 언제 어디서 누구나 가까운 시 · 군 · 구청에서 교부받을 수 있도록 지적 민원 서비스 개혁 • 기술적 측면 – 전국 시 · 도와 시 · 군 · 구에 컴퓨터와 단말기를 보급 이용케 함으로써 지방공무원의 전산화 마인드 확산 및 기술습득(전산화사업의 성공 모델로 활용)

11 우리나라 지적의 어원 중 지적 외의 넓은 토지를 개간한 자를 조사하여 세금을 부과하겠다는 의미로 작성된 문헌은?

① 일성록　　② 비변사등록
③ 하곡집　　④ 고려사 식화지

풀이 **지적어원의 변천과정**

출처	해석	비고
흑치상지 묘지문(669년)	20세가 되지 않아 달솔이라는 토지관리 직책을 받음	토지관리직명
고려사 식화지	호구는 날로 줄어들고 나라의 힘은 약해져서 고려의 왕업은 드디어 쇠약해졌다. 왕조 말기에는 덕을 잃고 토지와 호구를 기록한 대장(판적)이 불명확해져 양민은 모두 힘센 집안으로 들어가고 전시과는 폐해져서 사전이 되었다.	토지호구기록대장
비변사등록(1720년)	지적을 광주양안에 편입하는 것이 마땅	토지대장
하곡집(1849년~1863년)	지적	토지관리직명

정답 10 ④ 11 ①

출처	해석	비고
일성록(1878년)	지적 외의 넓은 토지를 개간한 자를 조사하여 세금을 부과하겠다는 것	토지
내부청의서2(1894년 10월)	호적 및 지적에 관한 사용	지적
칙령 제53호내부관제 제8조(1895년)	지적에 관한 사항	지적

12 다음 지적측량사 자격의 변천연혁 중 ( ) 안에 들어갈 내용으로 옳은 것은?

- 1909년에 유길준이 대한측량총관회(大韓測量總管會)를 창립하고, 기술을 검정하여 합격자에게 (㉠)을 교부하였는데, 이것이 지적측량사 자격의 효시라고 할 수 있다.
- 국가공무원으로 그 소속 관서의 지적측량 사무에 종사하는 지적측량기술자를 (㉡)라고 하였다.
- 타인으로부터 지적법에 의한 측량업무를 위탁받아 행하는 법인격이 있는 지적단체의 지적측량업무를 대행하는 지적측량기술자를 (㉢)라고 하였다.
- 현행 국가기술자격법령에 의한 지적기술 및 기능자격의 구분은 지적기술사, 지적기사, (㉣), 지적기능사로 구분하고 있다.

	㉠	㉡	㉢	㉣
①	상치측량사	검열증	대행측량사	지적산업기사
②	검열증	상치측량사	대행측량사	지적산업기사
③	검열증	상치측량사	지적산업기사	대행측량사
④	상치측량사	검열증	대행측량사	지적산업기사

풀이 지적측량사 자격의 변천연혁

구분	내용
검열증(檢閱證)	• 1909년 2월 : 유길준이 대한측량총관회(大韓測量總管會) 창립 – 대한측량총관회에서 기술을 검정하여 합격자에게 검열증 교부 ※ 지적측량사 자격의 효시
지적측량사 규정에 의한 지적측량사	• 1960년에 지적측량사규정(1960.12.31. 국무원령 제176호) 및 지적측량사규정 시행규칙(1961.2.7. 재무부령 제194호) 제정 – 1962년에 최초로 지적측량사자격 시험 실시 – 상치측량사(常置測量士) : 국가공무원으로 그 소속 관서의 지적측량 사무에 종사하는 자 – 대행측량사(代行測量士) : 타인으로부터 지적법에 의한 측량업무를 위탁받아 하는 법인격이 있는 지적단체의 지적측량업무를 대행하는 자 – 세부(細部) 측량과, 기초(基礎)측량과, 확정(確定)측량과로 구분
국가기술 자격법에 의한 지적기술자격	• 1973년에 국가기술자격법(1973.12.31. 법률 제2672호) 제정, 1975년부터 시행 – 지적기술자격을 기술계(技術系)와 기능계(技能系)로 구분 – 기술계 : 국토개발기술사(지적) · 지적기사 1급 · 지적기사 2급 – 기능계 : 지적기능장 · 지적기능사 1급 · 지적기능사 2급 • 1980년부터 지적기술자격검정을 한국산업인력공단에서 시행 • 1991년에 국가기술자격법 시행령 개정(1991.10.31. 대통령령 제13494호) – 국토개발기술사(지적)를 지적기술사로 명칭 변경, 지적기능장 폐지 • 1998년에 국가기술자격법 시행령 개정(1998.5.9. 대통령령 제15794호) – 지적기술사 · 지적기사 · 지적산업기사 · 지적기능산업기사 · 지적기능사로 명칭 변경 • 2005년에 국가기술자격법 시행규칙 개정(2005.7.1. 노동부령 제225호) – 지적산업기사와 지적기능산업기사를 지적산업기사로 통합

정답 12 ②

13 **둠즈데이 대장(Domesday book)은 프랑스의 ( ) 공이 1086년에 영국의 토지에 대한 과세목적으로 시작한 대규모 토지조사사업의 성과에 의하여 작성되었다. ( ) 안에 들어갈 내용으로 옳은 것은?**

① 윌리엄(William) 왕
② 나르메르(Narmer) 왕
③ 람세스(Ramses) 왕
④ 클레오파트라(Cleopatra) 왕

풀이 **둠즈데이북(Domesday book)**

윌리엄(William) 공이 1086년에 전 영국의 토지에 대한 과세를 목적으로 시작한 대규모 토지사업의 성과에 의하여 작성된 둠즈데이북(Domesday Book)으로 둠즈데이 대장은 근대지적제도의 필수 공부인 지적도면을 작성하지 않고 지적부라고 할 수 있는 지세대장만을 작성하여 단순히 과세목적으로 사용하였기 때문에 최초의 근대적인 지적제도라고 볼 수 없다.

조사기간	1085년부터 1086년(약 1년)	
대상지역	북부의 4개 군과 런던 및 윈체스터 시를 제외한 모든 영국	
조사목적	• 스칸디나비아 국가로부터 영국의 침략을 방비 • 프랑스 북부의 전투현장을 유지하기 위한 전비 조달	
조사사항	토지의 면적, 소유자, 소작인, 삼림, 목초, 동물, 어족, 쟁기, 기타 자원, 건물, 노르만 침공 이전과 이후의 토지와 자산 가치 등	
조사방법	영국 전역을 7개 지역으로 나누어 왕실의 위원들이 각 지역별로 3~4명씩 할당되어 조사	
대장의 작성	윌리엄 왕이 사망한 1087년 9월에 작업 중단	
대장의 종류	둠즈데이 본대장 (Great Domesday Book)	마른 양가죽에 검정과 적색 잉크만을 사용하여 라틴어로 기록하고 결국 미완성됨
	둠즈데이 부대장 (Little Domesday Book)	요약되지 않은 초안으로 남아 있음
대장의 보관	런던의 큐(Kew)에 있는 공공기록사무소의 금고 사본을 발간하여 특별전시실에 전시하고 일반인들에게 열람	
대장의 활용	11세기 노르만 영국의 경제와 사회를 조명하는 자료와 그 당시 영국의 부와 봉건제도 및 지리적 상황 등을 분석하는 데 이용	

14 **다음 외국의 지적제도 기원에 대한 내용 중 ( ) 안에 들어갈 내용으로 옳은 것은?**

- 줄자를 이용하여 토지를 측량하는 모습과 기록부를 가진 관리들이 그려져 있는 고분벽화는 고대 이집트의 수도인 테베지방의 (㉠)에서 발굴되었다.
- 기하학을 정립한 사람은 고대 이집트의 (㉡) 왕이다.
- 이탈리아 리불렛(Rivulets)의 발카모니카 빙식(氷蝕) 계곡의 암벽에 새겨 놓은 석각 (㉢)에는 관개수로와 도로가 선으로 표시되어 있고, 우물과 경작지 등이 표시되어 있다.
- 고대 바빌로니아에서 발견된 "미쇼의 돌"은 (㉣)를 표시하는 비석(碑石)을 말한다.

	㉠	㉡	㉢	㉣
①	촌락도	세소스트리스(Sesostris)	촌락도	경계
②	메나무덤(Tomb of Mena)	세소스트리스(Sesostris)	경계	촌락도
③	메나무덤(Tomb of Mena)	세소스트리스(Sesostris)	촌락도	경계
④	촌락도	세소스트리스(Sesostris)	촌락도	경계

정답 13 ① 14 ③

풀이 외국 지적제도의 기원

이집트 메나무덤의 고분벽화	줄자를 이용하여 토지를 측량하는 모습과 기록부를 가진 관리들이 그려져 있는데 오늘날과 유사한 지적측량을 실시하는 모습을 발견할 수 있다.
세소스트리스(Sesostris) 왕	고대 이집트 왕조의 세소스트리스 왕이 기하학을 정립하였다.
촌락도	고대 로마 B.C 1600년에서 1400년경 고대 로마였던 이탈리아 북부 지역의 리불렛(Rivulets)에서 동(銅)으로 만든 도구를 사용하여 발카모니카 빙식(氷蝕) 계곡의 암벽에 베두인(Bedolin)족이 4m의 길이로 새겨 놓은 석각(石刻) 촌락도(村落圖)를 발견하였다. 이 도면은 촌락경지도로서 고대 원시적인 지적도라 할 수 있다.
경계	토지분쟁을 사전에 예방하기 위해서 토지경계를 측량하고 "미쇼(Michaux)의 돌"이라는 경계비석(境界碑石)을 세웠다.

15 중국에서 지적제도가 확립되었다는 확실한 증거는 현존하는 (　　)이다. (　　) 안에 들어갈 내용으로 옳은 것은?

① 어린도(魚鱗圖)
② 우적도(禹跡圖)
③ 변경주군도(邊境駐軍圖)
④ 화이도(華夷圖)

풀이 고대 중국의 지적

은왕조(殷王朝)	B.C. 1500년경 은왕조(殷王朝)가 갑골문자(甲骨文字)를 남겼으며, 하남성 안양에서 발굴된 은나라 때 수레축의 장식품에 5각형과 9각형 등의 기하학적 도형이 그려져 있으며, 고대 중국인들이 일찍부터 토지측량술과 관계있는 활동을 해왔다는 것을 의미함
고공기(考工記)	춘추전국시대에 발간된 주례(周禮)의 고공기(考工記)에 "장인들이 나라의 중심이 되는 도성을 설계함에 있어서 사방 9리에 각각 세 개의 성문을 설치하고 성내를 9경(經)과 9궤(軌)로 되어 있다"라고 기록 • 주나라는 일찍부터 모든 토지의 평면을 바둑판식으로 나누는 정전제(井田制)를 시행하여 실제 측량을 전제로 하는 토지구획제도 시행
변경주군도(邊境駐軍圖)	고대 중국에서 토지측량술이 있었다는 1973년 양자강(揚子江) 남쪽 호남성의 장사 마왕퇴(長沙 馬王堆)에서 발견된 B.C. 186년의 장사국(長沙國) 남부 지형도와 변경주군도(邊境駐軍圖)에서 확인되고 있음 • 전한(前漢)시대의 2매의 지도로 현대의 지도와 비교할 때 개략적인 축척까지 설정할 수 있을 정도로 비교적 정확함
우적도와 화이도	1136년 만들어진 우적도(禹跡圖)와 화이도(華夷圖) 발견 • 이 지도들은 모두 방격도(方格圖) 형태로 되어 있어 측량에 의해서 작성되었음을 알 수 있음
어린도(魚鱗圖)	• 중국에서 지적제도가 확립되었다는 확실한 증거는 현존하는 어린도(魚鱗圖)임 • 어린도는 조세징수의 기초자료로 만들어진 고대 중국의 지적도로 이것들을 묶어서 어린도책(魚鱗圖冊)으로 발간 –어린도책은 송(宋)대부터 일부지역에서 작성하기 시작하여 명(明)·청(靑)시대에 전국으로 광범위하게 전파
기리고차(記里鼓車)	송사(宋史) 여복지(輿服志)에 지상거리 측량용 기구인 기리고차(記里鼓車)에 관해서 상세한 기록이 있고 평주가담(萍洲可談)에는 나침반을 사용한 기록이 있는 것으로 보아 지상에서 거리측량과 방위설정이 이루어졌음을 알 수 있음

정답 15 ①

16 다음 데이터 언어에 대한 내용 중 ( ) 안에 들어갈 명령어는?

- (㉠)는 기존의 데이터를 삭제한다.
- (㉡)는 기존의 테이블을 생성한다.
- (㉢)는 새로운 데이터변경을 완료한다.
- (㉣)는 권한을 부여한다.

	㉠	㉡	㉢	㉣
①	DELETE	CREATE	COMMIT	GRANT
②	CREATE	DELETE	GRANT	COMMIT
③	COMMIT	GRANT	DELETE	CREATE
④	DELETE	CREATE	COMMIT	GRANT

풀이 데이터 언어

언어	해당 SQL	내용 **암기** CADRE TRUN SEINUPDEL GRRECOROLL
DDL (Data Definition Language)		데이터의 구조를 정의하며 새로운 테이블을 만들고, 기존의 테이블을 변경·삭제하는 등의 데이터를 정의하는 역할을 한다.
	CREATE	새로운 테이블을 생성한다.
	ALTER	기존의 테이블을 변경한다.
	DROP	기존의 테이블을 삭제한다.
	RENAME	테이블의 이름을 변경한다.
	TRUNCATE	테이블을 잘라낸다.
DML (Data Manipulation Language)		데이터를 조회하거나 변경하며 새로운 데이터를 삽입·변경·삭제하는 등의 데이터를 조작하는 역할을 한다.
	SELECT	기존의 데이터를 검색한다.
	INSERT	새로운 데이터를 삽입한다.
	UPDATE	기존의 데이터를 갱신한다.
	DELETE	기존의 데이터를 삭제한다.
DCL (Data Control Language)		데이터베이스를 제어·관리하기 위하여 데이터를 보호하기 위한 보안, 데이터 무결성, 시스템 장애시 회복, 다중사용자의 동시접근 제어를 통한 트랜잭션 관리 등에 사용되는 SQL이다.
	GRANT	권한을 준다(권한부여).
	REVOKE	권한을 제거한다(권한해제).
	COMMIT	데이터 변경을 완료한다.
	ROLLBACK	데이터 변경을 취소한다.

정답 16 ④

17 다음 KLIS(Korea Land Information System)의 파일 확장자 중 (　　) 안에 들어갈 확장자가 옳은 것은?

- 측량관측파일 : (㉠)
- 측량성과파일 : (㉡)
- 세부측량계산파일 : (㉢)
- 측량계산파일 : (㉣)

	㉠	㉡	㉢	㉣
①	*.svy	*.jsg	*.ser	*.ksp
②	*.ser	*.svy	*.jsg	*.ksp
③	*.ksp	*.ser	*.svy	*.jsg
④	*.jsg	*.svy	*.ksp	*.ser

풀이 KLIS(Korea Information System)의 파일 확장자 **암기** ㈄㈅ⓢⓚ㈄에서 ㉾㈐㈄㈇㈒

측량준비도추출파일(*.ⓒif) (Cadastral Information File)	소관청의 지적공부관리시스템에서 측량지역의 도형 및 속성정보를 저장한 파일
일필지속성정보파일(*.ⓢⓔbu) (세부측량을 영어로 표현)	측량성과작성시스템에서 속성을 작성하는 일필지속성정보파일
측량관측파일(*.ⓢvy) (Survey)	토털스테이션에서 측량한 값을 좌표로 등록하여 작성한 파일
측량계산파일(*.ⓚsp) (Kcsc Survey Project)	지적측량계산시스템에서 작업한 경계점 결선, 경계점 등록, 교차점 계산 등의 결과를 관리하는 파일
세부측량계산파일(*.ⓢⓔr) (Survey Evidence Relation File)	측량계산시스템에서 교차점 계산 및 면적지정계산을 하여 경계점좌표등록부 시행지역의 출력에 필요한 파일
측량성과파일(*.ⓙsg)	측량성과작성시스템에서 측량결과도 및 측량성과작성을 위한 파일
토지이동정리(측량결과)파일(*.ⓓⓐt) (Data)	측량성과작성시스템에서 소관청의 측량검사, 도면검사 등에 이용되는 파일
측량성과검사요청서파일(*.ⓢⓘf)	적측량접수프로그램을 이용하여 작성하며 iuf 파일과 함께 작성되는 파일
측량성과검사결과파일(*.ⓢⓡf)	측량결과파일을 측량업무관리부에 등록하고 성과검사 정상완료 시 지적소관청에서 측량수행자에게 송부하는 파일
정보이용승인신청서파일(*.ⓘⓤf)	지적측량업무 접수 시 지적소관청 지적도면자료의 이용승인 요청 파일

정답 17 ①

18 KLIS(Korea Land Information System)의 파일 확장자 중 (   ) 안에 들어갈 확장자가 옳은 것은?

- 토털스테이션에서 측량한 값을 좌표로 등록하여 작성된 파일 : (㉠)
- 측량성과작성시스템에서 측량결과도 및 측량성과작성을 위한 파일 : (㉡)
- 측량계산시스템에서 교차점 계산 및 면적지정계산을 하여 경계점좌표등록부시행지역의 출력에 필요한 파일 : (㉢)
- 지적측량계산시스템에서 작업한 경계점 결선, 경계점 등록, 교차점 계산 등의 결과를 관리하는 파일 : (㉣)

	㉠	㉡	㉢	㉣
①	*.svy	*.jsg	*.ser	*.ksp
②	*.ser	*.svy	*.jsg	*.ksp
③	*.ksp	*.ser	*.svy	*.jsg
④	*.jsg	*.svy	*.ksp	*.ser

풀이 KLIS(Korea Information System)의 파일 확장자 **암기** ㉦㉶ⓈⓀ㉦에서 ㉨㉣㉦㉦㉤

측량준비도추출파일(*.ⓒif) (Cadastral Information File)	소관청의 지적공부관리시스템에서 측량지역의 도형 및 속성정보를 저장한 파일
일필지속성정보파일(*.ⓢⓔbu) (세부측량을 영어로 표현)	측량성과작성시스템에서 속성을 작성하는 일필지속성정보파일
측량관측파일(*.ⓢvy) (Survey)	토털스테이션에서 측량한 값을 좌표로 등록하여 작성한 파일
측량계산파일(*.ⓚsp) (Kcsc Survey Project)	지적측량계산시스템에서 작업한 경계점 결선, 경계점 등록, 교차점 계산 등의 결과를 관리하는 파일
세부측량계산파일(*.ⓢⓔⓡ) (Survey Evidence Relation File)	측량계산시스템에서 교차점 계산 및 면적지정계산을 하여 경계점좌표등록부 시행지역의 출력에 필요한 파일
측량성과파일(*.ⓙsg)	측량성과작성시스템에서 측량결과도 및 측량성과작성을 위한 파일
토지이동정리(측량결과)파일(*.ⓓⓐt) (Data)	측량성과작성시스템에서 소관청의 측량검사, 도면검사 등에 이용되는 파일
측량성과검사요청서파일(*.ⓢⓘf)	적측량접수프로그램을 이용하여 작성하며 iuf 파일과 함께 작성되는 파일
측량성과검사결과파일(*.Ⓢⓡf)	측량결과파일을 측량업무관리부에 등록하고 성과검사 정상완료 시 지적소관청에서 측량수행자에게 송부하는 파일
정보이용승인신청서파일(*.ⓘⓤf)	지적측량업무 접수 시 지적소관청 지적도면자료의 이용승인 요청 파일

정답 18 ①

19 영상의 저장형식 중 지리좌표를 가지는 포맷은?

① GeoTIFF ② TIFF
③ JPG ④ GIF

풀이 래스터 자료 파일 형식 **암기** ⓉⒼⒷⒿⒼⓅⒷⓅ

ⓉFF (Tagged Image File Format)	• 태그(꼬리표)가 붙은 화상 파일 형식이라는 뜻이다. • 미국의 앨더스 사(현재의 어도비 시스템 사에 흡수 합병)와 마이크로소프트 사가 공동 개발한 래스터 화상 파일 형식이다. • TIFF는 흑백 또는 중간 계조의 정지 화상을 주사(走査, Scan)하여 저장하거나 교환하는 데 널리 사용되는 표준 파일 형식이다. • 화상 데이터의 속성을 태그 정보로서 규정하고 있는 것이 특징이다.
ⒼeoTiff	• 파일헤더에 거리참조를 가지고 있는 TIFF 파일의 확장포맷이다. • TIFF의 래스터 지리데이터를 플랫폼 공동이용 표준과 공동이용을 제공하기 위해 데이터사용자, 상업용데이터 공급자, GIS 소프트웨어 개발자가 합의하여 개발되고 유지되었다. • 래스터 자료 상호 교환포맷
ⒷIF (Basic Image Interchange Format)	FGDC(Federal Geographic Data Committee)에서 발행한 국제표준영상처리와 영상데이터표준이다. 이 포맷은 미국의 국방성에 의하여 개발되고 NATO에 의해 채택된 NITFS(National Imagery Transmission Format Standard)를 기초로 제작되었다.
ⒿEG (Joint Photographic Experts Group)	• Joint Photographic Experts Group의 준말이다. • JPEG는 컬러 이미지를 위한 국제적인 압축표준으로 국제전신전화자문(CCITT : Consultative Committee International Telegraph and Telephone)과 국제표준기구(ISO : International Organization for Standard, 국제표준기구)에서 인정하고 있다.
ⒼIF (Graphics Interchange Format)	• 미국의 컴퓨서브(Compuserve) 사가 1987년에 개발한 화상 파일 형식이다. • GIF는 인터넷에서 래스터 화상을 전송하는 데 널리 사용되는 파일 형식이다. • 최대 256가지 색이 사용될 수 있는데 실제로 사용되는 색의 수에 따라 파일의 크기가 결정된다.
ⓅCX	• PCX는 ZSoft가 자사의 초기 DOS 기반의 그래픽 프로그램 PC 페인터 브러시용으로 개발한 그래픽 포맷이다. • 윈도 이전까지 사실상 비트맵 그래픽의 표준이었다. • PCX는 그래픽 압축 시 런－길이 코드(Run－length Code)를 쓰기 때문에 디스크 공간 활용에 있어서 윈도 표준 BMP보다 효율적이다.
ⒷMP (Microsoft Windows Device Independent Bitmap)	• 윈도우 또는 OS/2 환경에서 사용되는 비트맵 데이터를 표현하기 위하여 마이크로소프트에서 정의하고 있는 비트맵 그래픽 파일이다. • 그래픽 파일 저장 형식 중에 가장 단순한 구조를 가지고 있다. • 압축 알고리즘이 원시적이어서 같은 이미지를 저장할 때, 다른 형식으로 저장하는 경우에 비해 파일 크기가 매우 크다.
ⓅNG (Portable Network Graphic)	독립적인 GIF 포맷을 대치할 목적의 특허가 없는 자유로운 래스터 포맷이다.
BIL (Band Interleaved by Line, 라인별 영상)	한 개 라인 속에 한 밴드 분광값을 나열한 것을 밴드순으로 정렬하고 그것을 전체 라인에 대해 반복하며 {[(픽셀 번호순), 밴드순], 라인 번호순}이다. 즉, 각 행(row)에 대한 픽셀자료를 밴드별로 저장한다. 주어진 선에 대한 모든 자료의 파장대를 연

정답 19 ①

	속적으로 파일 내에 저장하는 형식이다. BIL 형식에 있어 파일 내의 각 기록은 단일 파장대에 대해 열의 형태인 자료의 격자형 입력선을 포함하고 있다.
BSQ (Band Se Quential Format, 밴드별 영상)	밴드별로 이차원 영상 데이터를 나열한 것으로 {[(픽셀(화소) 번호순), 라인 번호순], 밴드순}이다. 각 파장대는 분리된 파일을 포함하여 단일 파장대가 쉽게 읽히고 보일 수 있으며, 다중파장대는 목적에 따라 불러올 수 있다. 한 번에 한 밴드의 영상을 저장하는 방식이다.
BIP (Band Interleaved by Pixel, 픽셀별 영상)	한 개 라인 중의 하나의 화소 분광값을 나열한 것을 그 라인의 전체 화소에 대해 정열하고 그것을 전체 라인에 대해 반복하며 [(밴드순, 픽셀 번호순), 라인 번호순]이다. 각 파장대의 값들이 주어진 영상소 내에서 순서적으로 배열되며 영상소는 저장장치에 연속적으로 배열된다. 구형이므로 거의 사용되지 않는다. 각 열(Column)에 대한 픽셀자료를 밴드별로 저장한다.

20 다음 중 벡터파일 형식에 해당되는 것은? (17년1회측산)

① BMP 파일 포맷 ② DXF 파일 포맷
③ JPG 파일 포맷 ④ GIF 파일 포맷

풀이 벡터자료의 파일형식 **암기** ⓉⓋⓈⓒⓒⓄⒸⒶⒹⒶⓡⒸ

ⓉGER 파일형식	• Topologically Integrated Geographic Encoding and Referencing System의 약자 • U.S.Census Bureau에서 1990년 인구조사를 위해 개발한 벡터형 파일형식
ⓋPF 파일형식	• Vector Product Format의 약자 • 미 국방성의 NIMA(National Imagery and Mapping Agency)에서 개발한 군사적 목적의 벡터형 파일형식
Ⓢhape 파일형식	• ESRI 사의 Arcview에서 사용되는 자료형식 • Shape 파일은 비위상적 위치정보와 속성정보를 포함 • 메인파일과 인덱스파일, 그리고 데이터베이스 테이블의 3개 파일에 의해 지리적으로 참조된 객체의 기하와 속성을 정의한 ArcView GIS의 데이터 포맷
Ⓒoverage 파일형식	• ESRI 사의 Arc/Info에서 사용되는 자료형식 • Coverage 파일은 위상모델을 적용하여 각 사상간 관계를 적용하는 구조 • 공간관계를 명확히 정의한 위상구조를 사용하여 벡터 도형데이터를 저장
ⒸAD 파일형식	• Autodesk 사의 AutoCAD 소프트웨어에서는 DWG와 DXF 등의 파일형식을 사용 • DXF 파일형식은 GIS 관련 소프트웨어 뿐만 아니라 원격탐사소프트웨어에서도 사용할 수 있음 • 사실상 산업표준이 된 AutoCAD와 AutoCAD Map의 파일 포맷 중의 하나로 많은 GIS에서 익스포트(export) 포맷으로 널리 사용
ⒹLG 파일형식	• Digital Line Graph의 약자로서 U.S.Geological Survey에서 지도학적 정보를 표현하기 위해 고안한 디지털벡터 파일형식 • DLG는 ASCII 문자형식으로 구성
ⒶrcInfo E00	ArcInfo의 익스포트 포맷
ⒸGM 파일형식	• Computer Graphicx Metafile의 약자 • PC 기반의 컴퓨터그래픽 응용분야에 사용되는 벡터데이터 포맷의 ISO 표준

정답 20 ②

25 제25회 합격모의고사

01 우리나라에서 지적측량에 관한 사립교육을 최초로 실시한 기관은?

① 측량기술견습소 ② 흥화학교
③ 농림학교 ④ 농상공학교

풀이 대한제국시대 지적측량 교육

양지아문에 의한 교육	• 1898년(광무 2년) : 양지아문 설치 • 1898년 9월 : 외국인 수기사(首技師)로 미국인 크럼(LeoKrumm) 고빙(雇聘) – 11월 4일부터 5개월간 측량교육 실시 – 1900년에 한성부 지도 작성 ※ 크럼이 우리나라에서 최초로 근대적인 측량교육 실시
사립 흥화학교에 의한 교육	• 1895년에 충정공(忠正公) 민영환이 흥화학교(興化學校) 설립 – 남한에 설립된 최초의 사립학교(북한은 원산학회가 최초의 사립학교) • 1900년에는 양지속성과(量地速成科) 개설 – 같은 해 4월 16일에 80여 명의 학생이 입학을 하여 측량교육 시작 ※ 지적측량에 관한 사립교육의 효시
측량기술견습소에 의한 교육	• 1904년 탁지부 양지국 양지과에 측량기술견습소(測量技術見習所) 설치 – 대구 · 평양 · 전주에 출장소 설치, 소삼각측량 · 도근측량 · 세부측량 등 교육

02 우리나라의 지적공부에 등록하는 가격정보라고 할 수 없는 것은?

① 기준수확량 ② 임대가격
③ 거래가격 ④ 개별공시지가

풀이 가격정보(價格情報)

기준수확량(基準收穫量)	곡식류(穀食類)를 생산하는 경우에 매년 그 토지에서 생산하는 풍작 · 흉작을 제외한 5개년의 평균수확량
임대가격(賃貸價格)	대주(主)가 공과(公課) · 수선비 · 기타 토지의 유지에 필요한 경비를 부담할 것을 조건으로 하여 임대할 경우에 대주가 수득하는 1년 분의 금액
토지등급(土地等級)	토지의 지목 · 품위 또는 정황에 따라 단위 면적당 설정한 등급
공시지가(公示地價)	• 지가공시 및 토지 등의 평가에 관한 법률(1989.4.1. 법률 제4120호)에 의하여 1990년부터 시장 · 군수 · 구청장이 각 필지별로 개별공시지가를 조사 · 결정하여 공시하는 토지의 $1m^2$당 가격 – 내무부의 과세시가표준액, 건설부의 기준지가, 국세청의 기준시가, 한국감정원의 감정시가 등으로 다원화되어 있던 지가체계를 일원화하기 위하여 신설한 제도
거래가격(去來價格)	각 필지에 대한 토지거래 후 소유권이전등기신청 당시의 실제 거래가격
세액(稅額)	각 필지별로 매년 중앙정부 또는 지방정부에 납부하는 세액

정답 01 ② 02 ③

03 조선지적협회에 관한 설명으로 틀린 것은?

① 1938년에 조선민사령에 의거 조선총독의 허가를 받아 설립하였다.
② 지적측량업무를 전담 대행할 수 있는 재단법인이 있다.
③ 출장소는 각 세무서에 두고 지부장이 임면하였다.
④ 지부는 경성 · 평양 · 함흥 · 광주 · 대구세무감독국에 두었다.

풀이

구분	내용
역둔토협회 (驛屯土協會)	• 1931년 6월 6일 조선총독의 허가를 받아 재단법인 역둔토협회 설립 – 역둔토에 대한 토지이동측량 전담
조선지적협회 (朝鮮地籍協會)	• 1938년 1월 17일 조선민사령에 의거 조선총독의 허가를 받아(1938년 등기) 지적측량 업무를 전담 대행할 수 있는 재단법인 조선지적협회 • 본회는 조선총독부 재무국에, 지부는 경성 · 평양, 함흥 · 광주 · 대구세무감독국에, 출장소는 각 세무서에 두고 1938년 4월 1일부터 업무 개시 – 회장은 재무국장을 추대하고 지부장은 회장이 각 세무감독국장, 출장소장은 각 세무서장 위촉

04 토지등록제도의 유형 중 토렌스시스템의 특징에 해당되지 않는 것은?

① 토지등록 업무가 커튼 뒤에 놓인 공정성과 신빙성에 대하여 관여할 필요도 없고 관여해서도 안 되는 매입신청자를 위한 유일한 정보의 이론이다.
② 토지등록이 인간의 과실로 인하여 착오가 발생한 경우 피해를 입은 사람은 피해보상에 대하여 법률적으로 선의의 제3자와 동등한 입장이 되어야 한다는 이론이다.
③ 토지에 대한 권리의 소유권 등록은 언제나 최후 권리의 이론이다.
④ 토지권리증서의 등록은 토지의 거래사실을 완벽하게 반영하는 거울과 같다는 입장의 이론이다.

풀이 토지등록제도의 유형 **암기** ㉯㉶㉴㉾㉿

구분	내용
㉯인증서 등록제도 (捺印證書登錄制度)	토지의 이익에 영향을 미치는 문서의 공적 등기를 보전하는 것을 날인증서 등록제도(Registration of Deed)라고 한다. 기본적인 원칙은 등록된 문서가 등록되지 않은 문서 또는 뒤늦게 등록된 서류보다 우선권을 갖는다. 즉, 특정한 거래가 발생했다는 것은 나타나지만 그 관계자들이 법적으로 그 거래를 수행할 권리가 주어졌다는 것을 입증하지 못하므로 거래의 유효성을 증명하지 못한다. 그러므로 토지거래를 하려는 자는 매도인 등의 토지에 대한 권원(Title) 조사가 필요하다.
㉶원등록제도 (權原登錄制度)	권원등록(Registration of Title)제도는 공적 기관에서 보존되는 특정한 사람에게 귀속된 명확히 한정된 단위의 토지에 대한 권리와 그러한 권리들이 존속되는 한계에 대한 권위 있는 등록이다. 소유권 등록은 언제나 최후의 권리이며 정부는 등록한 이후에 이루어지는 거래의 유효성에 대해 책임을 진다.
㉴극적 등록제도 (消極的登錄制度)	소극적 등록제도(Negative System)는 기본적으로 거래와 그에 관한 거래증서의 변경기록을 수행하는 것이며, 일필지의 소유권이 거래되면서 발생되는 거래증서를 변경 등록하는 것이다. 네덜란드, 영국, 프랑스, 이탈리아, 미국의 일부 주 및 캐나다 등에서 시행되고 있다.

정답 03 ③ 04 ③

㉠적극적 등록제도(積極的登錄制度)	적극적 등록제도(Positive System)하에서의 토지등록은 일필지의 개념으로 법적인 권리보장이 인증되고 정부에 의해서 그러한 합법성과 효력이 발생한다. 이 제도의 기본원칙은 지적공부에 등록되지 아니한 토지는 그 토지에 대한 어떠한 권리도 인정될 수 없고 등록은 강제되고 의무적이며 공적인 지적측량이 시행되지 않는 한 토지등기도 허가되지 않는다는 이론이 지배적이다. 적극적 등록제도의 발달된 형태는 토렌스시스템이다.	
㉡토렌스시스템(Torrens System)	오스트레일리아 Robert Torrens 경이 창안한 토렌스시스템의 목적은 토지의 권원을 명확히 하고 토지거래에 따른 변동사항 정리를 용이하게 하여 권리증서의 발행을 편리하게 하는 것이다. 이 제도의 기본원리는 법률적으로 토지의 권리를 확인하는 대신에 토지의 권원을 등록하는 행위이다.	
	거울이론(Mirror Principle)	토지권리증서의 등록은 토지의 거래사실을 완벽하게 반영하는 거울과 같다는 입장의 이론이다. 소유권에 관한 현재의 법적 상태는 오직 등기부에 의해서만 이론의 여지없이 완벽하게 보인다는 원리이며 주 정부에 의하여 적법성을 보장받는다.
	커튼이론(Curtain Principle)	토지등록 업무가 커튼 뒤에 놓인 공정성과 신빙성에 대하여 관여할 필요도 없고 관여해서도 안 되는 매입신청자를 위한 유일한 정보의 이론이다. 토렌스제도에 의해 한번 권리증명서가 발급되면 당해 토지의 과거 이해관계에 대하여 모두 무효화하고 현재의 소유권을 되돌아볼 필요가 없다는 것이다.
	보험이론(Insurance Principle)	토지등록이 인간의 과실로 인하여 착오가 발생한 경우 피해를 입은 사람은 피해보상에 대하여 법률적으로 선의의 제3자와 동등한 입장이 되어야 한다는 이론으로 권원증명서에 등기된 모든 정보는 정부에 의하여 보장된다는 원리이다.

05 지적공부에 등록하는 제한정보 또는 의무정보라고 할 수 없는 것은?

① 용도지역 ② 도로명칭
③ 건폐율 ④ 용적률
⑤ 대지(垈地)와 도로(道路)와의 관계

풀이 지적공부 등록정보의 유형분류

구분	주요 등록사항
기본정보	토지소재 · 지번 · 지목 · 면적 · 경계 · 좌표 등
소유정보	소유권 및 기타 권리자의 성명 · 등록번호 · 주소 · 취득일자 · 취득사유 · 권리설정 기간 · 결혼 여부 · 직업 등
이용정보	지목 토지의 이용상황 · 건축물의 건축상황 · 지질 등
가격정보	임대가격 · 수확량등급 · 토지등급 · 공시지가 · 거래가격 · 세액 등
제한정보(制限情報)	각 필지에 대한 용도지역(用途地域) · 용도지구(用途地區, 미관지구 · 고도지구) · 용도구역(用途區域), 형질변경 · 지목변경 · 분할 등에 관한 관련 법령에서 규정한 규제사항
의무정보(義務情報)	각 필지에 대한 건폐율(建妄) · 용적률(容) · 대지(地)와 도로(道)와의 관계 등 관련 법령에서 규정한 의무사항
기타정보	기본정보, 소유정보, 이용정보, 가격정보, 제한정보, 의무정보 등을 제외하고 도로명칭, 건물위치, 건물번호, 가로수, 가로등 등

정답 05 ②

06 지적공부의 변천연혁에 관한 설명으로 틀린 것은?

① 1976년에 수치지적부 신설
② 1986년에 집합건물의 대지권을 등록하는 공유지연명부 신설
③ 1991년에 전산등록 파일을 지적공부로 보도록 규정
④ 1995년에 집합건물의 대지권을 등록하는 공유지연명부를 대지권등록부로 명칭 변경
⑤ 2000년에 전산등록 파일을 지적파일로 명칭 변경

풀이 지적공부와 등록정보의 변천연혁

<table>
<tr><td>대한제국 시대</td><td colspan="2">• 토지조사법 (1910.8.23. 법률 제7조) 제10조
– 정부는 토지대장 및 지도를 작성 · 비치하도록 규정
※ 최초의 지적공부 작성 근거법(지적공부 미작성)</td></tr>
<tr><td rowspan="3">일제강점기 시대</td><td>토지대장과 지적도</td><td>• 토지조사령(1912.8.13. 제령 제2호) 제17조
– 임시토지조사국은 토지대장 및 지도를 조제하여 사정으로써 확정된 사항 또는 재결(裁決)된 사항을 등록하도록 규정
• 지세령(1914.3.6. 제령 제1호) 제5조
– 부(府) · 군(郡)에 토지대장 또는 결수연명부 비치 : 지세(地稅)에 관한 사항을 등록하도록 규정
• 토지대장규칙(1914.4.25. 조선총독부령 제45호) 제1조
– 토지의 소재, 지번, 지목, 지적(地積), 지가(地價), 소유자의 주소, 씨명 또는 명칭, 질권, 전당권, 20년 이상의 존속기간이 정해진 지상권자의 주소, 씨명 또는 명칭을 등록하도록 규정</td></tr>
<tr><td>임야대장과 임야도</td><td>• 조선임야조사령(1918.5.1. 제령 제5호) 제17조
– 도장관(道長官)은 임야대장 및 임야도를 조제하고 사정으로써 확정된 사항 또는 재결된 사항을 등록하도록 규정</td></tr>
<tr><td>공유지연명부 (共有地連名簿)</td><td>• 1필지의 토지를 2인 이상이 공동으로 소유하고 있는 공유토지에 대하여는 별도로 공유지연명부 작성 · 비치
– 공유자의 소유권 보합(步合) · 주소 · 성명 또는 명칭 등을 기재하도록 규제</td></tr>
<tr><td rowspan="3">광복 후 시대</td><td>카드식 토지대장과 임야대장</td><td>• 1976~1978년 : 한지 부책식 대장을 카드식 대장으로 전환</td></tr>
<tr><td>수치지적부와 대지권등록부</td><td>• 1976년 : 경계점의 위치를 좌표로 등록하는 수치지적부 신설
• 1986년 : 집합건물의 대지권을 등록하는 공유지연명부 신설
• 1995년 : 집합건물의 대지권을 등록하는 공유지연명부를 대지권등록부로 명칭 변경</td></tr>
<tr><td>지적파일</td><td>• 1991년 : 전산등록 파일을 지적공부로 보도록 규정
• 1991년 1월 : 불가시적인 지적공부 탄생
• 1995년 : 전산등록 파일을 지적파일로 명칭 변경
• 1992년 : 토지이동, 소유권변동, 토지 등급변경 등 변경사항을 지적파일에만 하도록 개선</td></tr>
</table>

정답 06 ⑤

07 다음의 설명에서 ( )에 들어갈 알맞은 명칭은?

> 지역선은 토지조사사업 당시 소유자는 같으나 지목이 다른 관계로 별필의 토지경계선과 소유자를 알 수 없는 토지와의 구획선, 토지조사 시행지와 미시행지와의 경계선을 말하나 토지조사 시행지와 미시행지와의 경계선은 별도로 ( )이라고도 불렀다.

① 지계선 ② 강계선
③ 지구선 ④ 구역선

풀이 토지조사사업 당시 용어 정의

강계선은 사정선이라고도 하며 토지조사 당시 확정된 소유자가 다른 토지 간의 사정된 경계선 또는 토지조사령에 의하여 임시토지조사국장의 사정을 거친 경계선을 말하며 강계는 지적도에 등록된 토지의 경계선인 강계선이 대상이었다. 토지조사 당시에는 강계선(사정선)으로 불렀으며 임야조사 당시에는 사정한 선도 경계선이라 불렀다.

강계선(疆界線)	소유권에 대한 경계를 확정하는 역할을 하며 반드시 사정을 거친 경계선을 말하며 토지소유자 및 지목이 동일하고 지반이 연속된 토지를 1필지로 함을 원칙으로 한다. 강계선과 인접한 토지의 소유자는 반드시 다르다는 원칙이 성립되며 조선임야조사사업 당시 도장관의 사정에 의한 임야도면상의 경계는 경계선이라 하였고 강계선의 경우는 분쟁지에 대한 사정으로 생긴 경계선이라 할 수 있다.
지역선(地域線)	토지조사 당시 사정을 하지 않는 경계선을 말하며 동일인이 소유하는 토지일 경우에도 지반의 고저가 심하여 별필로 하는 경우의 경계선을 말한다. 지역선에 인접하는 토지의 소유자는 동일인일 수도 있고 다를 수도 있다. 지역선은 경계분쟁의 대상에서 제외되었으며 동일인의 소유지라도 지목이 상이하여 별필로 하는 경우의 경계선을 말한다. 지목이 다른 일필지를 표시하는 것을 말한다. 소유자가 같은 토지와의 구획선 또는 소유자를 알 수 없는 토지와의 구획선 및 토지조사사업의 시행지와 미시행지와의 지계선을 지역선이라 한다.
경계선(境界線)	지적도상의 구획선을 경계라 지칭하고 강계선과 지역선으로 구분한다. 강계선은 사정선이라고도 하였으며 임야조사 당시의 사정선은 경계선이라고 하였다. 최근 경계선의 의미는 강계선이나 지역선에 관계없이 2개의 인접한 토지 사이의 구획선을 말한다. 도해지적에서는 지적도나 임야도에 그려진 토지의 구획선을 말하는데, 지상에 있는 논둑, 밭둑, 표항 따위를 말하는 것은 아니다. 경계점좌표시행지역에서 경계선이라고 할 때에는 어떤 점의 좌표(우리나라 지적 분야에서는 평면직각종횡선수치)와 그 이웃하는 점의 좌표와의 연결을 말한다. 경계선은 시대 및 등록방법에 따라 다르게 부르며, 일반경계, 고정경계, 자연경계, 인공경계 등으로 사용처에 따라 다르게 부르기도 한다.

08 토지대장규칙(1914.4.25. 조선총독부령 제45호)에 의하여 작성된 토지대장의 등록사항이 아닌 것은?

① 토지의 소재 ② 질권
③ 전당권 ④ 지역권

정답 07 ① 08 ④

풀이 지적공부와 등록정보의 변천연혁

대한제국 시대	• 토지조사법 (1910.8.23. 법률 제7조) 제10조 – 정부는 토지대장 및 지도를 작성 · 비치하도록 규정 ※ 최초의 지적공부 작성 근거법(지적공부 미작성)	
일제강점기 시대	토지대장과 지적도	• 토지조사령(1912.8.13. 제령 제2호) 제17조 – 임시토지조사국은 토지대장 및 지도를 조제하여 사정으로써 확정된 사항 또는 재결(裁決)된 사항을 등록하도록 규정 • 지세령(1914.3.6. 제령 제1호) 제5조 – 부(府) · 군(郡)에 토지대장 또는 결수연명부 비치 : 지세(地稅)에 관한 사항을 등록하도록 규정 • 토지대장규칙(1914.4.25. 조선총독부령 제45호) 제1조 – 토지의 소재, 지번, 지목, 지적(地積), 지가(地價), 소유자의 주소, 씨명 또는 명칭, 질권, 전당권, 20년 이상의 존속기간이 정해진 지상권자의 주소, 씨명 또는 명칭을 등록하도록 규정
	임야대장과 임야도	• 조선임야조사령(1918.5.1. 제령 제5호) 제17조 – 도장관(道長官)은 임야대장 및 임야도를 조제하고 사정으로써 확정된 사항 또는 재결된 사항을 등록하도록 규정
	공유지연명부(共有地連名簿)	• 1필지의 토지를 2인 이상이 공동으로 소유하고 있는 공유토지에 대하여는 별도로 공유지연명부 작성 · 비치 – 공유자의 소유권 보합(步合) · 주소 · 성명 또는 명칭 등을 기재하도록 규제

09 고려 초기의 기록상으로 남아 있는 우리나라 최초의 토지조사측량자는?

① 송량경　　② 봉휴
③ 산사　　④ 판도사

풀이 정두사 5층석탑 조성형지기

이 고문서의 내용은 토지의 조사, 토지대장의 작성, 그의 보관 등에 관한 일련의 토지측량(양전) 과정을 보여주는 것으로 고려 초기의 귀중한 자료이다. 탑지의 내용과 같이 2회에 걸친 조사에서 알 수 있는 것은 산사(천달)를 대동한 양전사의 중앙에서의 파견은 이미 고려 초기부터 양전이 엄격히 실시되고 있었다는 것을 보여 주고 있다.

정두사 5층석탑에서 나온 조성형지기

또한 여기에는 실제 토지조사와 측량에 참가한 사람의 직과 이름이 기재되어 있는데 기록상으로는 광종 6년 송량경이 우리나라 최초의 토지조사측량자였으며 1년 후인 광종 7년에는 양전사 예언, 하전 봉휴, 산사 천달 등이 토지의 측량에 참가하였던 것을 알 수 있다.

정답 09 ①

10 일제강점기 시대에 작성한 지적공부가 아닌 것은?

① 수치지적부　　② 지적도
③ 임야대장　　④ 토지대장

풀이 **지적공부와 등록정보의 변천연혁**

<table>
<tr><td>대한제국 시대</td><td colspan="2">• 토지조사법 (1910.8.23. 법률 제7조) 제10조
– 정부는 토지대장 및 지도를 작성 · 비치하도록 규정
※ 최초의 지적공부 작성 근거법(지적공부 미작성)</td></tr>
<tr><td rowspan="3">일제강점기 시대</td><td>토지대장과 지적도</td><td>• 토지조사령(1912.8.13. 제령 제2호) 제17조
– 임시토지조사국은 토지대장 및 지도를 조제하여 사정으로써 확정된 사항 또는 재결(裁決)된 사항을 등록하도록 규정
• 지세령(1914.3.6. 제령 제1호) 제5조
– 부(府) · 군(郡)에 토지대장 또는 결수연명부 비치 : 지세(地稅)에 관한 사항을 등록하도록 규정
• 토지대장규칙(1914.4.25. 조선총독부령 제45호) 제1조
– 토지의 소재, 지번, 지목, 지적(地積), 지가(地價), 소유자의 주소, 씨명 또는 명칭, 질권, 전당권, 20년 이상의 존속기간이 정해진 지상권자의 주소, 씨명 또는 명칭을 등록하도록 규정</td></tr>
<tr><td>임야대장과 임야도</td><td>• 조선임야조사령(1918.5.1. 제령 제5호) 제17조
– 도장관(道長官)은 임야대장 및 임야도를 조제하고 사정으로써 확정된 사항 또는 재결된 사항을 등록하도록 규정</td></tr>
<tr><td>공유지연명부(共有地連名簿)</td><td>• 1필지의 토지를 2인 이상이 공동으로 소유하고 있는 공유토지에 대하여는 별도로 공유지연명부 작성 · 비치
– 공유자의 소유권 보합(步合) · 주소 · 성명 또는 명칭 등을 기재하도록 규제</td></tr>
</table>

11 대한지적공사에 관한 설명으로 틀린 것은?

① 1938년에 조선지적협회로 출발하였다.
② 1948년에 대한지적협회로 개편하였다.
③ 1977년에 대한지적공사로 개편하였다.
④ 지적측량업무를 전담하여 수행하는 기관으로 발전하였다.

풀이 **광복후시대**

미군정시대	• 미군정 당국이 지적업무를 국가직영제도로 전환 – 조선지적협회 : 휴면상태
대한지적협회(大韓地籍協會)	• 1949년 4월 29일 재무부장관의 통첩에 따라 조선지적협회를 대한지적협회로 명칭 변경, 재편성 발족(1949년 5월 1일부터 지적측량업무 재개) • 1962년 1월 1일부터 1968년 12월 31일까지 공정급(工程給)제도 도입 – 측량수수수료 수입액의 8할 5분 지급, 1할 5분으로 본부와 지부 운영경비 충당 • 1969년 1월 1일부터 1975년 12월 31일까지 실비변상(實費辨償)제도 도입 – 일반업무는 측량수수료 수입액의 55%, 특수업무는 65% 지급 • 1976년 1월 1일 대한지적협회 정관 개정 – 실비변상제도를 폐지하고 완전 유급(有給)제도로 전환

정답 10 ① 11 ④

대한지적공사	• 1975년 12월에 지적법을 개정하여 비영리 대행법인의 설립에 관한 법적 근거 마련 • 1977년 7월 1일 대한지적협회 정관 개정 – 대한지적공사(大韓地籍公社)로 명칭 변경 – 내무부장관이 대한지적공사를 지적측량업무 대행법인으로 지정
특수법인 대한지적공사	• 1938년에 조선지적협회로 출발 • 1948년에 대한지적협회로 개편 • 1977년에 대한지적공사로 개편 • 2004년 1월 1일에 특수법인으로 전환 – 지적측량업무를 수행하는 전문기관으로서 확고한 법적 지위 확보
지적측량업자	2004년 1월 1일부터 경계점좌표등록부에 토지의 표시를 새로이 등록하기 위하여 실시하는 지적확정측량에 한하여 지적측량업무 개방

12 토지조사사업의 성과에 의하여 작성한 지적공부 또는 부속장부가 아닌 것은?

① 토지대장　② 지적도
③ 임야대장　④ 공유지연명부

풀이 토지조사사업의 성과에 의하여 작성한 지적공부에는 토지대장, 지적도, 공유지연명부 등, 부속장부에는 일람도, 색인표 등이 있다.

13 조선지세령에 의거 임야도를 지적도로 간주하는 지역의 토지대장으로 옳은 것은?

① 산토지대장(山土地臺帳)　② 간주토지대장(看做土地臺帳)
③ 임야대장 (林野臺帳)　④ 토지대장(土地臺帳)

풀이 **간주지적도(看做地籍圖)**

지적도로 간주하는 임야도를 간주지적도라 하고, 이에 대한 대장을 토지대장과 별도로 별책(別冊土地臺帳), 을호(乙號土地臺帳), 산토지대장(山土地臺帳)이라 일컫는다. 노력과 경비 및 도면 매수제약 등으로 인하여 기존 지적도에 등록할 수 없는 경우에 실시하였으며 토지조사시행지역에서 200칸 이상 떨어진 지역(산간벽지, 섬지역) 산림지대 안의 전, 답, 대 등의 과세지 등이 이에 해당한다.

① 지적도로 간주하는 임야도를 간주지적도라 한다.
② 조선지세령 제5조 제3항에는 "조선총독이 지정하는 지역에서는 임야도로서 지적도로 간주한다."라고 규정되어 있다.
③ 총독부는 1924년을 시작으로 15차례 고시하였다.
④ 육지에서 멀리 떨어진 도서지역, 토지조사구역에서 멀리 떨어진 산간벽지(약 200간) 등을 지정하였다.
⑤ 전, 답, 대 등 과세지가 있을 경우 이를 지적도에 등록하지 아니하고 임야도에 존치하였다(1/3,000, 1/6,000).
⑥ 임야도에 녹색 1호선으로 구역을 표시하였다.
⑦ 간주지적도에 대한 대장은 일반토지대장과 달리 별책이 있었는데 이를 별책 · 을호 · 산토지대장이라 한다.

정답 12 ③ 13 ①

14 우리나라에서 근대적인 측량교육을 최초로 실시한 외국인은?

① 미국인 크럼　　② 일본인 우찌다
③ 일본인 쓰스미　　④ 미국인 그래거트

풀이 대한제국시대

양지아문에 의한 교육	• 1898년(광무 2년) : 양지아문 설치 • 1898년 9월 : 외국인 수기사(首技師)로 미국인 크럼(LeoKrumm) 고빙(雇聘) – 11월 4일부터 5개월간 측량교육 실시 – 1900년에 한성부 지도 작성 ※ 크럼이 우리나라에서 최초로 근대적인 측량교육 실시
사립 흥화학교에 의한 교육	• 1895년에 충정공(忠正公) 민영환이 흥화학교(興化學校) 설립 – 남한에 설립된 최초의 사립학교(북한은 원산학회가 최초의 사립학교) • 1900년에는 양지속성과(量地速成科) 개설 – 같은 해 4월 16일에 80여 명의 학생이 입학을 하여 측량교육 시작 ※ 지적측량에 관한 사립교육의 효시
측량기술견습소에 의한 교육	• 1904년 탁지부 양지국 양지과에 측량기술견습소(測量技術見習所) 설치 – 대구 · 평양 · 전주에 출장소 설치, 소삼각측량 · 도근측량 · 세부측량 등 교육

15 우리나라에서 지적 4륜체제(地籍 4輪體制)를 최초로 확립한 시기는?

① 1961년 재단법인 대한지적협회의 정관을 개정하면서 지적 4륜체제를 확립하였다.
② 1945년 광복과 함께 미군정시대에 재무국에서 지적 4륜체제를 확립하였다.
③ 1949년 재단법인 대한지적협회로 재편성 발족하면서 지적 4륜체제를 확립하였다.
④ 1994년 지적기술연구소를 신설하면서 지적 4륜체제를 확립하였다.

풀이 광복 후 시대

지적기술 연구소	• 본부장을 3인(관리본부장, 업무본부장, 개발본부장)에서 개발본부장을 삭제한 2인으로 하고 연구소장 1인을 추가하였고 지적기술연수원을 대한지적공사연수원으로 변경 • 1994년 10월 1일 : 개발본부와 개발연구부를 폐지하고 지적기술연구소에 제1연구담당과 제2연구담당 설치 • 1994년 10월 4일 : 본사에서 지적기술연구소의 현판식 거행 – 지적행정조직, 지적측량조직, 지적교육조직의 지적 3륜체제(地籍 3論體制)에서 지적연구조직을 설치하여 최초로 지적 4륜체제(地籍 4制) 확립 • 1996년 11월 1일 : 본사에서 용인시 운학동의 지적연수원으로 지적기술연구소 이전 • 1996년 11월 22일 : 신축사옥의 준공식을 가짐으로써 독립된 사옥 확보
지적기술 교육 연구원	• 1994년 10월 4일 : 지적 4륜체제(地籍 4體制)를 확립한 후 5년 만에 다시 지적연구조직을 없애고 지적행정조직, 지적측량조직 및 지적교육조직의 3륜체제(地籍 3體制)로 환원 • 1999년 3월 1일 : 정관 개정 – 지적기술자 및 지적기능자의 교육연수와 지적제도 및 지적측량기술의 연구개발을 위하여 지적기술연수원을 두도록 규정 • 2000년 : 지적기술교육연구원의 교육연구처를 교육연구실로 개편 • 2002년 3월 : 전산실을 전산정보처로 개정하고 지적기술교육연구원의 직제 중에서 관리부를 교육연구원장 직속에서 교육연구처장 산하로 개편

정답 14 ① 15 ④

연구개발처	• 2004년 1월 20일 : 지적기술교육연구원의 연구실을 본사 연구개발처 연구개발팀으로 변경
지적연구원	• 2005년 7월 1일 : 정관 개정 – 본사 연구개발처 폐지 후, 지적연구원 신설 – 1999년 3월 1일 지적기술교육연구원으로 개편 후 6년 만에 독립기관인 지정연구원으로 환원

16 **모든 토지의 소유권 등록은 언제나 최후의 권리이며 정부는 등록한 이후에 이루어지는 거래의 유효성에 대해 책임을 지는 토지등록제도는?**

① 권원등록제도 ② 소극적 등록제도
③ 적극적 등록제도 ④ 날인증서 등록제도

풀이 **토지등록제도의 유형** **암기** ㊀㊁㊂㊃㊄ (날권소적토)

구분	내용
(날)인증서 등록제도 (捺印證書登錄制度)	토지의 이익에 영향을 미치는 문서의 공적 등기를 보전하는 것을 날인증서 등록제도(Registration Of Deed)라고 한다. 기본적인 원칙은 등록된 문서가 등록되지 않은 문서 또는 뒤늦게 등록된 서류보다 우선권을 갖는다. 즉, 특정한 거래가 발생했다는 것은 나타나지만 그 관계자들이 법적으로 그 거래를 수행할 권리가 주어졌다는 것을 입증하지 못하므로 거래의 유효성을 증명하지 못한다. 그러므로 토지거래를 하려는 자는 매도인 등의 토지에 대한 권원(Title) 조사가 필요하다.
(권)원등록제도 (權原登錄制度)	권원등록(Registration Of Title)제도는 공적 기관에서 보존되는 특정한 사람에게 귀속된 명확히 한정된 단위의 토지에 대한 권리와 그러한 권리들이 존속되는 한계에 대한 권위 있는 등록이다. 소유권 등록은 언제나 최후의 권리이며 정부는 등록한 이후에 이루어지는 거래의 유효성에 대해 책임을 진다.
(소)극적 등록제도 (消極的登錄制度)	소극적 등록제도(Negative System)는 기본적으로 거래와 그에 관한 거래증서의 변경기록을 수행하는 것이며, 일필지의 소유권이 거래되면서 발생되는 거래증서를 변경 등록하는 것이다. 네덜란드, 영국, 프랑스, 이탈리아, 미국의 일부 주 및 캐나다 등에서 시행되고 있다.
(적)극적 등록제도 (積極的登錄制度)	적극적 등록제도(Positive System)하에서의 토지등록은 일필지의 개념으로 법적인 권리보장이 인증되고 정부에 의해서 그러한 합법성과 효력이 발생한다. 이 제도의 기본원칙은 지적공부에 등록되지 아니한 토지는 그 토지에 대한 어떠한 권리도 인정될 수 없고 등록은 강제되고 의무적이며 공적인 지적측량이 시행되지 않는 한 토지등기도 허가되지 않는다는 이론이 지배적이다. 적극적 등록제도의 발달된 형태는 토렌스 시스템이다.
(토)렌스시스템 (Torrens System)	오스트레일리아 Robert Torrens 경이 창안한 토렌스시스템의 목적은 토지의 권원을 명확히 하고 토지거래에 따른 변동사항 정리를 용이하게 하여 권리증서의 발행을 편리하게 하는 것이다. 이 제도의 기본원리는 법률적으로 토지의 권리를 확인하는 대신에 토지의 권원을 등록하는 행위이다.

정답 16 ①

17 지적공부에 등록하는 제한정보라고 할 수 없는 것은?

① 용도지역 ② 형질변경
③ 용도지구 ④ 용도구역
⑤ 대지(垈地)와 도로(道路)와의 관계

풀이 지적공부 등록정보의 유형분류

구분	주요 등록사항
기본정보	토지소재 · 지번 · 지목 · 면적 · 경계 · 좌표 등
소유정보	소유권 및 기타 권리자의 성명 · 등록번호 · 주소 · 취득일자 · 취득 사유 · 권리설정 기간 · 결혼 여부 · 직업 등
이용정보	지목 토지의 이용상황 · 건축물의 건축상황 · 지질 등
가격정보	임대가격 · 수확량등급 · 토지등급 · 공시지가 · 거래가격 · 세액 등
제한정보(制限情報)	각 필지에 대한 용도지역(用途地域) · 용도지구(用途地區, 미관지구 · 고도지구) · 용도구역(用途區域), 형질변경 · 지목변경 · 분할 등에 관한 관련 법령에서 규정한 규제사항
의무정보(義務情報)	각 필지에 대한 건폐율(建安) · 용적률(容) · 대지(地)와 도로(道)와의 관계 등 관련 법령에서 규정한 의무사항
기타정보	기본정보, 소유정보, 이용정보, 가격정보, 제한정보, 의무정보 등을 제외하고 도로명칭, 건물위치, 건물번호, 가로수, 가로등 등

18 지적학(地籍學) 및 지적업무와 직접 관련이 없는 업무는?

① 공시지가업무 ② 국 · 공유재산 관리업무
③ 교통통제 관리업무 ④ 철도용지 관리업무

풀이 지적학과 관련된 업무일람표

구분	기관	업무내용
국가	• 행정안전부, 시 · 도, 시 · 군 · 구 지적과 지적업무(지적계) • 국방부 관재과 • 문화재청 • 철도청	• 지적업무 • 공시지가업무 • 국 · 공유재산 관리업무 • 문화재 관리업무 • 철도용지 관리업무
지방자치단체(서울특별시)	• 도시계획과 • 재산관리과 • 감사과 • 조사과 • 민원조사과 • 주택재개발과 • 공원녹지과 • 자치행정과 • 도시정비과 • 서울대공원 • 지하철건설본부	• 도시계획업무 • 국 · 공유재산 관리업무 • 지적 관련 감사업무 • 지적 관련 조사업무 • 지적 관련 민원업무 • 재개발업무 • 공원녹지 관리업무 • 새주소부여 관리업무 • 토지구획정리업무 • 공원관리업무 • 지하철부지 관리업무
대한지적공사	• 본사, 시 · 도지사, 시 · 군 · 구 출장소	• 지적측량 민원업무

정답 17 ④ 18 ③

19 **국가기술자격법(1973.12.31. 법률 제2672호)에 의한 지적측량사 자격의 변천에 관한 설명으로 틀린 것은?**

① 지적산업기사와 지적기능사를 지적산업기사로 통합하였다.
② 기술계는 국토개발기술사(지적) · 지적기사 1급 · 지적기사 2급으로 구분하였다.
③ 기능계는 지적기능장 · 지적기능사 1급 · 지적기능사 2급으로 구분하였다.
④ 국토개발기술사(지적)를 지적기술사로 명칭을 변경하고 지적기능장을 폐지하였다.

풀이 **지적측량사 자격의 변천연혁**

대한제국 시대	검열증(檢閱證)	1909년 2월 : 유길준이 대한측량총관회(大韓測量總管會) 창립 • 대한측량총관회에서 기술을 검정하여 합격자에게 검열증 교부 ※ 지적측량사 자격의 효시
	토지측량자(土地測量者) 면허증	• 1910년 2월 : 전라북도령(道令) 토지측량자 취체규칙(1910.2.1.), 경기도령 토지측량업자 단속규칙(1910. 2. 8), 강원도령 토지측량업자 취체규칙(1910.2.15.) 등 제정 • 전북의 토지측량자 취체규칙 제2조에 면허증 발급 요건 규정 – 관청의 시험에 합격하여 그 증서를 유(有)하는 자 – 측량의 기술을 교수하는 관립학교의 졸업증서를 유하는 자 – 1년 이상 기술에 종사하고 판임관 이상의 직에 있던 자
일제강점기 시대	지정측량자(指定測量者)	1923년 : 기업자 측량제도 및 도 지정측량자 제도 신설 • 도에서 지적측량사 지정고시
광복 후 시대	지정측량사(指定測量士)	1946년 : 각 도에서 지적기수 임명, 지정측량사제도 도입 ※ 광복 후는 세무서 단위로 운영
	적산측량을 위한 자격인증서(資格認證書)	1948년 : 재무부에서 신한공사 후신인 중앙토지행정처의 토지처분을 위한 세부측량자격인증서 교부 • 재무부에서 발행한 근대적 측량사 자격증
	분배농지 측량을 위한 지적측량기술자 자격승인서	1953년 : 지방사세청장이 분배농지 측량을 시행하기 위하여 한시적(限時的), 한지적(限地的)으로 지적측량기술자 자격승인서 교부 • 측량종별, 종사구역, 종사기간 등 명시
	철도업무 자격인정서	1960년 : 재무부에서 전형을 시행하여 자격인정서 교부 • 재무부장관이 교통부 소관 지적기술자 인증서 교부
	지적측량사규정에 의한 지적측량사	• 1960년에 지적측량사규정(1960.12.31. 국무원령 제176호) 및 지적측량사규정 시행규칙(1961.2.7. 재무부령 제194호) 제정 – 1962년에 최초로 지적측량사자격 시험 실시 – 상치측량사(常置測量上) : 국가공무원으로 그 소속 관서의 지적측량 사무에 종사하는 자 – 대행측량사(代行測量上) : 타인으로부터 지적법에 의한 측량업무를 위탁받아 하는 법인격이 있는 지적단체의 지적측량업무를 대행하는 자 – 세부(細部) 측량과, 기초(基礎)측량과, 확정(確定)측량과로 구분 • 지적측량사의 응시자격 – 대학 졸업자로서 재학 중 측량을 이수하고 1년 이상 실무경험을 가진 자

정답 19 ①

		– 고등학교 졸업자로서 재학 중 측량을 이수하고 4년 이상 실무경험을 가진 자 – 국가공무원으로서 7년 이상 실무경험을 가진 자 – 기타 7년 이상 실무경험을 가진 자
	국가기술자격법에 의한 지적기술자격	• 1973년에 국가기술자격법(1973.12.31. 법률 제2672호) 제정, 1975년부터 시행 – 지적기술자격을 기술계(技術系)와 기능계(技能系)로 구분 – 기술계 : 국토개발기술사(지적) · 지적기사 1급 · 지적기사 2급 – 기능계 : 지적기능장 · 지적기능사 1급 · 지적기능사 2급 • 1980년부터 지적기술자격검정을 한국산업인력공단에서 시행 • 1991년에 국가기술자격법 시행령 개정(1991.10.31. 대통령령 제13494호) – 국토개발기술사(지적)를 지적기술사로 명칭 변경, 지적기능장 폐지 • 1998년에 국가기술자격법 시행령 개정(1998.5.9. 대통령령 제15794호) – 지적기술사 · 지적기사 · 지적산업기사 · 지적기능산업기사 · 지적기능사로 명칭 변경 • 2005년에 국가기술자격법 시행규칙 개정(2005.7.1. 노동부령 제225호) – 지적산업기사와 지적기능산업기사를 지적산업기사로 통합

20 둠즈데이북(Domesday Book)에 대한 설명으로 옳지 않은 것은?

① 영국의 윌리엄 1세가 만들었다.
② 국토를 실제로 자료 조사하였다.
③ 토지대장과 도면을 작성하였다.
④ 양피지 2권에 라틴어로 쓰여 있다.

풀이 **둠즈데이북(Domesday Book)**

윌리엄 1세가 덴마크 침략자들의 약탈을 피하기 위해 지불되는 보호금인 데인겔트(Danegeld)를 모아 기록하는 영국에서 사용되었던 과세용의 지세 장부로서, 둠즈데이북은 과세장부로서 Geld Book이라고도 하며 토지와 가축의 숫자까지 기록되었다. 둠즈데이북은 1066년 헤이스팅스 전투에서 덴마크 노르만족이 영국의 색슨족을 격퇴 후 20년이 지난 1086년 윌리엄(William) 1세가 자기가 정복한 전 영국의 자원 목록으로 국토를 조직적으로 작성한 토지기록이며 토지대장이다. 둠즈데이북은 윌리엄 1세가 자원목록을 정리하기 이전에 덴마크 침략자들의 약탈을 피하기 위해 지불되는 보호금인 Danegeld를 모으기 위해 영국에서 사용되어 왔던 과세장부이며 영국의 런던 공문서보관소(Public Record Office)에 두 권의 책으로 보관되어 있다.

※ 지적의 기원

① 고대의 지적 : 기원전 3400년경에 이미 토지 과세를 목적으로 하는 측량이 시작되었고, 기원전 3000년경에는 토지 기록이 존재하고 있었다는 이집트 역사학자들의 주장에 의해 입증되고 있으며, 유프라테스 · 티그리스강 하류의 수메르(Sumer) 지방에서 발굴된 점토판에는 토지 과세 기록과 마을 지도 및 넓은 면적의 토지 도면과 같은 토지 기록들이 나타나고 있다.

② 중세의 지적 : 노르만 영국의 윌리엄(William) 1세가 1085년과 1086년 사이에 전 영토를 대상으로 하여 작성한 둠즈데이 북(Domesday Book)으로서, 이 토지기록은 최초의 국토자원에 관한 목록으로 평가된다.

③ 근대의 지적 : 1720년에서 1723년 동안에 있었던 이탈리아 밀라노의 축척 2,000분의 1 지적도 제작사업이며, 프랑스의 나폴레옹(Napoleon) 1세가 1808년부터 1850년까지 전 국토를 대상으로 작성한 지적은 또 다른 의미에서 근대 지적의 기원으로 평가된다.

정답 20 ③

01 다음 중 지적의 직접적인 기능으로 가장 옳지 않은 것은?

① 토지등록의 법적 효력을 갖게 하고 공적 확인의 자료가 된다.
② 도시 및 국토계획을 위한 기초자료를 제공한다.
③ 토지 등 부동산 관련 산업을 진흥시킨다.
④ 토지의 매매나 교환을 위한 매개체의 역할을 한다.

풀이 지적의 일반적 기능

사회적 기능	국가가 전국의 모든 토지를 필지별로 지적공부에 정확하게 등록하여 완전한 공시기능을 확립하여 공정한 토지거래를 위하여 실지의 토지와 지적공부가 일치하여야 할 때 사회적 기능을 발휘하여 지적은 사회적인 토지문제를 해결하는 데 중요한 사회적 문제해결 기능을 수행한다.
법률적 기능	① 사법적 기능
	토지에 관한 권리를 명확히 기록하기 위해서는 먼저 명확한 토지표시를 전제로 함으로써 거래당사자가 손해를 입지 않도록 거래의 안전과 신속성을 보장하기 위한 중요한 기능을 한다.
	② 공법적 기능
	국가는 지적법을 근거로 지적공부에 등록함으로써 법적 효력을 갖게 되고 공적인 자료가 되는 것으로 적극적 등록주의에 의하여 모든 토지는 지적공부에 강제 등록하도록 규정하고 있다. 공권력에 의해 결정함으로써 토지표시의 공신력과 국민의 재산권 보호 및 정확한 정보로서의 기능을 갖는다. 토지등록사항의 신뢰성은 거래자를 보호하고 등록사항을 공개함으로써 공적 기능의 역할을 한다.
행정적 기능	지적제도의 역사는 과세를 목적으로 시작되는 행정의 기본이 되었으며 토지와 관련된 과세를 위한 평가와 부과징수를 용이하게 하는 수단으로 이용된다. 지적은 공공기관 및 지방자치단체의 행정자료로서 공공계획 수립을 위한 기술적 자료로 활용된다. 최근에는 토지의 정책자료로서 다양한 정보를 제공할 수 있도록 토지정보시스템을 구성하고 있다.

02 우리나라의 대학교에 지적학과를 최초로 신설한 연도와 대상 학교는?

① 1975년 서울대학교
② 1978년 강원대학교
③ 1979년 청주대학교
④ 1985년 목포대학교

풀이 광복 후 시대

지적기술연수원에 의한 교육	• 1939년에 설립된 지적측량기술원양성강습소가 임시지적기술원양성소, 지적기술교육연구원, 지적기술연수원, 지적연수원으로 개편 교육전담 • 1973년에 최초로 지적학(地籍學) 개설(강의 : 원영희 교수) • 1979년에 내무부장관으로부터 지적직 공무원의 특별연수기관으로 지정 • 1996년에 교육부장관으로부터 실업계 고등학교 지적과 교사의 연수기관으로 선정

정답 01 ③ 02 ②

대학과 전문대학에 의한 교육	• 1973년에 건국대학교 농과대학 농공학과에 지적측량학(地籍測量學) 강좌 개설 ※ 대학에서 지적학과 관련된 학문의 체계적인 교육의 효시, 1974년에 건국대학교 행정대학원 부동산학과에 지적학(地籍學) 강좌 개설 • 내무부장관이 교육부장관과 협의하여 세계 최초로 지적학과 설치 – 목적 : 지적학의 정립, 지적제도의 개선, 우수 지적기술 인재의 양성 • 1977년부터 명지전문대학, 신구대학 등에 지적학과 설치 • 1978년부터 강원대학교, 청주대학교 등에 지적학과 설치
고등학교에 의한 교육	1997년부터 지적기능 인력을 양성할 목적으로 강릉농공고등학교 등 8개 교에 지적과 설치
대학원에 의한 교육	• 1984년부터 청주대학교, 목포대학교, 명지대학교, 경일대학교, 서울시립대학교 등에 지적전공 석사과정 신설 • 2000년부터 경일대학교, 목포대학교, 서울시립대학교 등에 지적전공 박사과정 신설 • 우리나라는 고등학교와 전문대학 및 대학에 지적학과를 설치하고, 석사 · 박사과정에 이르기까지 지적에 대한 체계적인 전문교육 실시 – 지적학 개발의 종주국으로서 세계에서 사례를 찾아볼 수 없는 우수하고 체계적인 교육제도 확립
외국의 지적 관련 교육	지적측량 · 지적제도 · 지형측량 · 지도제작 등의 교과목 개설 · 강의

03 지적학 관련 학문 중 사회과학 분야가 아닌 것은?

① 행정학
② 지구과학
③ 지리학
④ 법학

풀이 학문(學問)의 분류

1. 연구대상에 따른 분류

자연과학	공학, 물리학, 지구과학, 생물학, 의학, 화학
사회과학	경영학, 사회학, 정치학, 심리학, 법학, 지리학, 경제학, 행정학, 교육학
인문과학(인문학)	역사학, 인류학, 문학, 예술학, 철학

2. 연구대상의 인식방법에 따른 분류

경험과학	• 경험적인 인식방법을 통해서 얻은 지식의체계를 경험과학(經驗科學)이라 부른다. • 물리학, 생물학, 화학
비경험과학	• 주로 직관(直觀, Intuition)적인 인식방법을 통해서 얻은 지식의 체계를 비경험과학(非經驗科學)이라고 한다. • 신학(神學), 철학(哲學), 미학(美學)

3. 직접적인 연구목적에 따른 분류

순수과학	탐구(연구)대상과 관련된 체계적인 지식의 획득을 주목적으로 삼는 경우를 순수과학(순수학문)이라 부른다.
응용과학	순수과학에 의해서 발견된 법칙이나 원리 등을 인간의 실생활에 어떻게 유용하게 활용할 것인가를 주목적으로 삼는 경우 응용과학(응용학문)이라고 부른다.

정답 03 ②

04 토렌스시스템 중 커튼이론에 해당하는 것은?

① 모든 법적권리 상태를 완벽하고 투명하게 등록하여 공시하여야 한다.
② 토지등록을 심사할 때 권리의 진실성에 관여해서는 안 된다.
③ 등록 이전의 모든 권리관계와 거래사실 등은 고려대상이 될 수 없다.
④ 권원증명서의 모든 내용은 정확성이 보장되고 실체적인 권리관계와 일치되어야 한다.

풀이 토렌스시스템의 3대 기본원칙

거울이론 (Mirror Principle)	• 소유권에 관한 현재의 법적 상태는 오직 등기부에 의해서만 이론의 여지없이 완벽하게 보여진다는 원리이다. • 토지권리증서의 등록은 토지거래의 사실을 이론의 여지없이 완벽하게 반영하는 거울과 같다는 이론이다. • 소유권증서와 관련된 모든 현재의 사실이 소유권의 원본에 확실히 반영된다는 원칙이다.
커튼이론 (Curtain Principle)	• 소유권의 법적 상태와 관련한 확실성을 보장하기 위하여 단지 현재의 등기부에 등기된 사항만 논의되어야 한다는 이론이다. • 현재의 소유권증서는 완전한 것이며 이전의 증서나 왕실 증여를 추적할 필요가 없다는 것이다. • 토렌스제도에 의해 한번 권리증명서가 발급되면 당해 토지에 대한 이전의 모든 이해관계는 무효가 되며 현재의 소유권을 되돌아볼 필요가 없다는 것이다.
보험이론 (Insurance Principle)	• 권원증명서에 등기된 모든 정보는 정부에 의하여 보장된다는 원리이다. • 토지등록이 토지의 권리를 아주 정확하게 반영한 것이나 인간의 과실로 인하여 착오가 발생하는 경우에 피해를 입은 사람은 누구나 피해보상에 관한 한 법률적으로 선의의 제3자와 동등한 입장에 놓여야만 된다는 이론이다. • 토지의 등록을 뒷받침하며 어떠한 경로로 인한 소유자의 손실을 방지하기 위하여 수정될 수 있다는 이론이다. • 금전적 보상을 위한 이론이며 손실된 토지의 복구를 의미하는 것은 아니다.

05 도해지적(圖解地籍)의 설명으로 맞는 것은?

① 측량성과의 정확도가 높다.
② 각 필지의 경계점을 기하학적으로 폐합된 다각형의 형태로 표시하여 등록하는 제도이다.
③ 도면의 원상보존이 가능하다.
④ 임의 축척의 도면 작성이 용이하다.

풀이 도해지적과 수치지적 비교

도해지적 (圖解地籍, Graphical Cadastre)	※ 고도의 정밀을 요구하는 지역에는 부적합한 제도로서 주로 농촌지역과 산간지역에서 채택	
	의의	• 토지의 경계를 일정한 축척의 도면 위에 기하학적(幾何學的)으로 폐합(閉合)된 다각형의 형태로 표시하여 등록 · 공시하는 지적제도 • 세지적제도와 법지적제도하에서는 토지의 경계 표시를 도해지적에 의존
	장점	• 도면에 등록된 경계선에 의하여 토지의 형상을 시각적으로 용이하게 파악 가능 • 측량에 소요되는 비용이 비교적 저렴 • 고도의 기술이 필요하지 않음

정답 04 ③ 05 ②

	단점	• 축척에 따라 허용오차가 서로 다름 • 도면의 작성과 면적측정 시에 인위적인 오차 유발 • 도면의 신축(伸縮) 방지와 최초 작성 도면의 영구적 보존관리 곤란
수치지적 (數値地籍, Numerical Cadastre)	※ 1필지의 면적이 비교적 넓고 토지의 형상이 사각형에 가까워 굴곡점이 적은 지역과 지가가 높은 대도시 지역 및 토지구획정리 · 농업생산 기반정비사업지구 등에서 채택	
	의의	• 토지의 경계점 위치를 평면직각종횡선수치(X, Y)의 형태로 표시하여 등록 · 공시하는 지적제도 • 일반적으로 다목적 지적제도하에서는 토지의 경계 표시를 수치지적에 의존
	장점	• 측량성과의 정확도 우수 • 임의의 축척으로 지적도 작성이 가능하여 도면의 신축에 따른 오차발생의 근원적 해소 • 최초 작성된 도면의 영구적 보존관리 가능
	단점	• 토지의 형상을 시각적으로 용이하게 파악 곤란 • 측량에 따른 경비와 인력이 비교적 과다 소요 • 고도의 전문적인 기술 필요 • 측량과 도면제작 과정 복잡 • 자동제도기 등 고가의 정밀장비가 필요하여 초기 투자 과다 소요

06 벡터 데이터의 특징에 해당되지 않은 것은?

① 데이터 구조가 단순하여 데이터 양이 적다.
② 고해상력을 지원하므로 상세하게 표현된다.
③ 시각적 효과가 높아 실세계 묘사가 가능하다.
④ 위상정보의 표현이 가능하지만 시뮬레이션은 곤란하다.

풀이 **벡터 자료와 래스터 자료 비교**

구분	벡터 자료	래스터 자료 간첩이 자수하여 공을 세워야 사지선이 상하지 않는다
정의	벡터 자료구조는 기호, 도형, 문자 등으로 인식할 수 있는 형태를 말하며 객체들의 지리적 위치를 크기와 방향으로 나타낸다.	래스터 자료구조는 매우 간단하며 일정한 격자간격의 셀이 데이터의 위치와 그 값을 표현하므로 격자데이터라고도 하며 도면을 스캐닝하여 취득한 자료와 위상영상자료들에 의하여 구성된다. 래스터 구조는 구현의 용이성과 단순한 파일구조에도 불구하고 정밀도가 셀의 크기에 따라 좌우되며 해상력을 높이면 자료의 크기가 방대해진다. 각 셀들의 크기에 따라 데이터의 해상도와 저장크기가 달라지게 되는데, 셀 크기가 작을수록 보다 정밀한 공간현상을 잘 표현할 수 있다.

정답 06 ①

구분	벡터 자료	래스터 자료 (간)(첩)이 (자)(수)하여 (공)을 세워야 (사)(지)(선)이 (상)하지 않는다
장점	• 보다 압축된 자료구조를 제공하므로 데이터 용량의 축소가 용이하다. • 복잡한 현실세계의 묘사가 가능하다. • 위상에 관한 정보가 제공되므로 관망분석과 같은 다양한 공간분석이 가능하다. • 그래픽의 정확도가 높다. • 그래픽과 관련된 속성정보의 추출 및 일반화, 갱신 등이 용이하다.	• 자료구조가 (간)단하다. • 여러 레이어의 중(첩)이나 분석이 용이하다. • (자)료의 조작과정이 매우 효과적이고 수치영상의 질을 향상시키는 데 매우 효과적이다. • (수)치이미지 조작이 효율적이다. • 다양한 (공)간적 편의가 격자의 크기와 형태가 동일하여 시뮬레이션이 용이하다.
단점	• 자료구조가 복잡하다. • 여러 레이어의 중첩이나 분석에 기술적으로 어려움이 수반된다. • 각각의 그래픽 구성요소는 각기 다른 위상구조를 가지므로 분석에 어려움이 크다. • 그래픽의 정확도가 높아서 도식과 출력에 비싼 장비가 요구된다. • 일반적으로 값비싼 하드웨어와 소프트웨어가 요구되므로 초기비용이 많이 든다.	• 압축되어 (사)용되는 경우가 드물며 (지)형관계를 나타내기 훨씬 어렵다. • 주로 격자형의 네모난 형태로 가지고 있기 때문에 수작업에 의해서 그려진 완화된 (선)에 비해서 미관상 매끄럽지 못하다. • 위(상)정보의 제공이 불가능하므로 관망해석과 같은 분석기능이 이루어질 수 없다. • 좌표변환을 위한 시간이 많이 소요된다.

07 토지조사사업 당시에 작성한 지적도 또는 임야도의 축척이 아닌 것은?

① 600분의 1　　② 1,000분의 1
③ 1,200분의 1　　④ 2,400분의 1

풀이 **토지조사사업과 임야조사사업 비교**

구분	토지조사사업	임야조사사업
근거법령	토지조사령(1912.8.13. 제령 제2호)	조선임야조사령(1918.5.1. 제령 제5호)
조사기간	1910~1918년(8년 10개월)	1916~1924년(9개년)
측량기관	임시토지조사국	부(府)와 면(面)
사정기관	임시토지조사국장	도지사
재결기관	고등토지조사위원회	임야심사위원회
조사내용	• 토지소유권 • 토지가격 • 지형, 지모	• 토지소유권 • 토지가격 • 지형, 지모
조사대상	• 전국에 걸친 평야부 토지 • 낙산 임야	• 토지조사에서 제외된 토지 • 산림 내 개재지(토지)
도면축척	1/600, 1/1,200, 1/2,400	1/3,000, 1/6,000
기선측량	13개소	

정답 07 ②

08 대삼각본점에 대한 설명으로 옳지 않은 것은?

① 대마도의 일등삼각점인 어악과 유명산을 연결하여 부산의 절영도와 거제도를 대삼각망으로 구성하였다.
② 측량에 사용된 기기는 1초독 정밀도의 데오드라이트 기기를 사용하였다.
③ 전국을 23개 삼각망으로 나누어 약 400점을 설치하였다.
④ 기선망에서 12대회, 대삼각본점망에서 6대회의 방향관측법을 사용하여 평균하였다.

풀이 **대삼각본점**

① 대마도의 일등삼각점인 어악과 유명산을 연결하여 부산의 절영도와 거제도를 대삼각망으로 구성하였다.
② 측량에 사용된 기기는 0.5초독 정밀도의 데오드라이트 기기를 사용하였다.
③ 전국을 23개 삼각망으로 나누어 약 400점을 설치하였다.
④ 기선망에서 12대회, 대삼각본점망에서 6대회의 방향관측법을 사용하여 평균하였다.
⑤ 1910년 6월~1914년 10월 경상남도를 시작으로 총 400점을 측정하였다.

09 입안에 대한 내용으로 옳지 않은 것은?

① 토지매매 시 관청에서 공적으로 증명하여 발급한 문서이다.
② 토지는 매매계약 후 1년, 상속 후 100일 이내에 입안을 받아야 한다.
③ 기재 내용은 입안일자, 입안관청명, 입안사유, 당해관의 서명이다.
④ 임진왜란 이후 조선 후기에 폐지되었다.

풀이 **입안(立案)**

재산권이나 상속권을 주장하는 데 절대적인 근거가 되었다. 고려시대에도 이 제도가 있었으나 조선시대의 실물이 많이 전하여진다. 《경국대전》에는 토지 · 가옥 · 노비는 매매계약 후 100일, 상속 후 1년 이내에 입안을 받도록 되어 있었다. 다른 의미로 황무지 개간에 관한 인허가서를 말한다.

1. 근거기록

경국대전	토지 · 가옥 · 노비는 매매계약 후 100일, 상속 후 1년 이내에 입안을 받도록 되어 있었다(매매에 관한 증서).
속대전(續大典)	• 한광지처(閒曠之處)에는 기간자(起墾者)로서 주인을 삼는다. • 미리 입안(立案)을 얻은 자가 스스로 이를 기간하지 않고 타인의 기간지를 빼앗은 자 및 입안을 사사로이 매매하는 자는 침전전택률로서 논한다(개간지 허가에 관한 증서).

2. 입안의 문서 형식
① 발급 날짜
② 입안 관서
③ 증명할 내용 기록
④ 입안 사실을 명기
⑤ 담당관서의 실무자와 책임자 서명
⑥ 입안 발급을 요청하는 소지(所志)
⑦ 관계 문서
⑧ 관계인과 증인의 진술

정답 08 ② 09 ②

3. 입안의 내용
   ① 매매나 상속으로 인한 토지 · 가옥 · 노비 및 기타 재산의 소유권 이전
   ② 재판 결과[결송(決訟)] : 재판의 승소자는 소송사실과 승소내용을 밝힌 입안을 받았다.
   ③ 양자 입적[입후(立後)] : 양자를 들였을 경우 예조에 요청하여 그 사실을 증명받아야 하였다.
4. 개간허가에 관한 입안
   ① 속대전(續大典)에 근거 기록이 있다.
   ② 황무지[한광지(閒曠地)]의 개간에 실지로 노력을 들인 자를 보호하여 소유권을 취득시키는 것을 원칙으로 하였다.
   ③ 개간권리(입안)를 받아 남몰래 매매하는 사례도 있었다.
   ④ 미리 개간허가만 받아 놓고 내버려 두었다가 타인이 이를 개간하면 그때 비로소 자기가 개간허가를 받았다는 구실로 그 개간지를 빼앗은 예도 적지 않았다.

10 지적제도의 필수요건에 해당되지 않는 것은?

① 안전성　　② 공정성
③ 정확성　　④ 분산성

풀이 지적제도의 실제적인 성공을 평가하는 필수요건

영국 심슨(S. R. Simpson) 교수	안전성(Security), 간결성(Simplicity), 정확성(Accuracy), 신속성(Expedition), 저렴성(Cheapness), 적합성(Suitability) 및 완전성(Completeness) 등 제시
국제측량사연맹(FIG) 지적분과위원회	안정성(Security), 명확성과 간결성(Clarity & simplicity), 적시성(Timeliness), 공정성(Fairness), 접근성(Accessibility), 경제성(Cost) 및 지속성(Sustainability) 등 제시

11 고려시대의 토지제도와 관련이 없는 것은?

① 식목도감　　② 관료전
③ 급전도감　　④ 역분전

풀이 1. 고려시대 특별관서(임시부서)

식목도감(式目都監)	법제(法制)와 격식(格式) 제정을 관장하는 기관
찰리변위도감(拶里辨違都監, 충렬왕)	제폐사목소(除弊事目所, 폐정을 제거하는 기구)를 설치하였다가 찰리변위도감(察理辨違都監)으로 변경, 권세가가 점령한 전민(田民)을 색출하여 그것을 원래의 주인에게 돌려주기 위하여 설치한 기관
급전도감(給田都監, 고종)	전민추쇄도감(田民推刷都監, 충선왕), 전민변정도감(田民辨正都監, 공민왕) 설치 : 권문세족들의 농장확대와 사원전(寺院田)의 팽창으로 국가경제의 파탄과 농민들의 생활고가 극심하였고 관료들에게 분급할 전지(田地)가 부족하게 되어 토지겸병을 억제하고 농장을 몰수하기 위하여 설치한 기관
토지겸병	관료와 결탁하거나 불법적인 강제수단으로 농민의 토지를 소유하는 것

정답 10 ④　11 ②

2. 고려시대 토지제도

<table>
<tr><td colspan="2">역분전(役分田)</td><td>'직역(職役)의 분수(分數)에 의한 급전(給田)'이란 뜻으로 고려 개국에 공을 세운 조신(朝臣), 군사(軍士)등 공신에게 관계(官階, 직급)를 논하지 않고 선악과 공로의 대소에 따라 토지를 지급한 제도로서 후일 공훈전(功勳田)으로 발전하였다.</td></tr>
<tr><td rowspan="4">전시과</td><td colspan="2">• 경종 1년(976년)에 당나라의 반전제도(班田制度)를 본떠서 창설
• 문무백관(文武百官)으로부터 말단의 부병(府兵) · 한인(閑人)에 이르기까지 국가의 관직에 복무하거나 직역(職役)을 부담하는 자에게 그들의 관품과 인품에 따라 전토(田土)와 시지(柴地)를 분급하는 제도로 시정전시과(始定田柴科)라고도 함
• 목종 원년(998년)에 개정전시과(改定田柴科)로, 문종 30년(1076년)에 경정전시과(定田柴科)로 개정 시행</td></tr>
<tr><td>시정전시과
(始定田柴科)</td><td>관계와 인품을 고려하여 개별적 관료들에 대한 수조지급여(收租地給與)는 감소 시키고 각종 관료성원들에 대하여 수조지분권(收租地分權)을 확보하기 위한 제도</td></tr>
<tr><td>개정전시과
(改定田柴科)</td><td>• 전시급여자의 관등을 18과로 나누어 전시수급액을 규정하여 지급하고 인품이라는 기준은 지양하고 관직에 따라 토지 분급
• 전지의 지급기준에서 인품이 빠지고 관직의 높낮이가 기준이 되었으며, 무반직과 문반직을 차별하였고, 시정전시과에서는 한외과(限外科)로 분류되었던 잡색원리 · 유외 잡직이 16과와 18과 사이로 편입되었으며, 마군(馬軍)과 보군(步軍)이 수급대상에 포함되었고, 모든 품등에 전지와 시지가 지급되었으나 개정전시과에서는 16과 이하에는 전지만 지급</td></tr>
<tr><td>경정전시과
(更定田柴科)</td><td>• 18등급에 따라 현직문무양반관료(現職文武兩班官僚)들에 대한 수조지 분급량을 줄이고 개별적 문무산관(文武散官)들에 대한 수조지(收租地)를 격감시켰다. 다른 편으로는 마군(馬軍), 보군(步軍) 등 군인의 수조지를 증가시켰다.
• 과별로 전지의 지급액을 축소하여 시지가 현저히 감소하였으며, 무반의 등급이 상승하였는데, 등급별 지급액이 축소되어 실제 지급액에는 큰 차이가 없었고, 산직이 제외되었으며, 개정전시과에서 빠졌던 향직이 포함되었고, 한외과가 완전히 없어져 모두 18과 내로 편입됨</td></tr>
</table>

※ 통일신라시대 토지제도

<table>
<tr><td rowspan="2">관료전
(官僚田)</td><td>문무(文武) 관료들에게 그들의 직위에 알맞는 전(田)을 나누어 주어 신분을 유지할 수 있도록 경제적 토대를 마련해 주기 위한 제도</td></tr>
<tr><td>• 신문왕(神文王) 7년(687년)에 문무 관료에게 전(田)을 사(賜)하되 차등 있게 하였다는 기록이 있으며
• 고려의 전시과(田柴科)와 조선의 과전법 및 직전법의 효시가 되었음</td></tr>
</table>

정답

12 세지적제도하에서 가장 중요시하는 등록사항은?

① 위치
② 면적
③ 소유권
④ 수확량

풀이 세지적(稅地籍, Fiscal Cadastre)

사회 환경	① 유목시대(遊牧時代) • 한곳에 정착하여 농업을 경영하는 시대에 지적제도가 싹트기 시작 • 초기에는 택지(宅地)만 사소유권(私所有權) 인정, 경지는 촌락주민의 공동소유 • 측량이라는 공학적 기술을 이용하여 일정한 축척의 지적도(地籍圖)를 작성하지 못한 원시적인 지적제도 운영 ② 중세시대(中世時代) : 봉건제도(封建制度) 확립 • 경지에 대한 공동소유제도가 무너지고 촌락공동체가 가졌던 단체적 권리는 봉건영주(領主)가 행사 • 촌락주민들은 봉건영주의 예속농민으로 전락 – 정치적 · 신분적 부담(負擔)과 제한을 받게 되고 – 영주나 국가는 경지에 대한 소작료(小作料), 기타 각종 부조(賦租)와 군사적 역무 등 요구 ③ 농경시대(農耕時代) • 영주나 국가가 경지에 대한 소작료 또는 조세를 징수하기 위한 장치로 초기단계의 세지적(稅地籍)제도 창설
세지적의 의의	• 토지에 대한 조세를 부과함에 있어서 그 세액을 결정함을 목적으로 개발된 지적제도 • 일명 과세지적(課稅地籍, Tax Cadastre)이라고도 함 • 국가 재정세입의 대부분을 토지세에 의존하던 농경시대에 개발된 최초의 지적제도 • 각 필지에 대한 세액을 정확하게 산정하기 위하여 **면적본위(面積本位**, Acreage)로 운영 • 각 필지의 측지학적 위치보다는 재산 가치를 판단할 수 있는 면적을 정확하게 결정하여 등록 · 공시하는 데 중점 • 지적공부의 등록사항 : 필지별 면적 · 규모 · 위치 · 사용권 · 규제사항 등 • 토지에 대한 가치평가와 토지개량에 대한 정확하고 공평한 평가를 할 수 있는 기초자료 제공 ※ 지적제도는 대부분의 국가에서 세지적으로 출발했다는 것이 정설임

13 토지조사사업 당시 임야도의 등록전환으로 새로이 토지대장에 등록해야 하는 토지가 지적도에 등록할 수 없는 위치에 있는 경우 작성하는 도면은 무엇인가?

① 증보도
② 간주임야도
③ 부호도
④ 민유임야약도

풀이 증보도(增補圖)와 부호도(符號圖)

증보도란 본도(지적도)에 등록하지 못할 위치에 새로이 등록할 토지가 생긴 경우 새로이 만드는 지적도를 말하며 부호도는 지적도에 등록된 토지의 모형 안에 그 지번이나 지목을 주기할 수 없는 경우 별도로 작성한 것을 말한다.

정답 12 ② 13 ①

증보도(增補圖)	• 기존 등록된 지적도 이외의 지역에 새로이 등록할 토지가 생긴 경우 새로이 작성한 도면 • 증보도의 도면번호 위에는 "증보"라고 기재하였다. • 도면번호는 "增1, 增2, ……" 순서로 작성되며 도면의 왼쪽 상단의 색인표에도 이와 같이 작성하였다. • 도면전산화사업에 사용된 지적(임야)도 전산화작업지침에 의하면 "신규등록 등으로 작성된 증보 도면은 해당 지역의 마지막 도면번호 다음 번호부터 순차적으로 부여"하도록 하였다. • 토지조사령에 의해 작성된 것으로 지적도와 대등한 도면으로 증보도가 지적도의 부속도면 혹은 보조도면이란 것은 잘못된 것으로 본다.
부호도(符號圖)	• 부호란 지적도에 등록된 필지가 너무 작아서 지번, 지목을 주기할 수 없는 경우 해당 필지에 부호를 넣고 도곽 밖에 기재하는 것을 말한다. • 지적도곽 내 부호필지가 너무 많아서 해당 지적도에 부호의 지번을 기록하지 못하는 경우 다른 도면에 작성하였다. • 부호도는 지적도의 일부분으로 부속도면 또는 보조도면은 아니다.

14 근대적인 지적제도의 효시로 일컬어지는 제도는?

① 이탈리아 밀란 지방의 지적제도
② 프랑스의 나폴레옹 지적제도
③ 네덜란드의 지적제도
④ 호주의 토오렌스 지적제도

풀이 **프랑스의 지적제도**

프랑스의 지적제도는 오랜 역사와 전통을 간직하고 있는 근대 지적제도의 효시라고 일컬어지며 세지적(稅地籍)의 대표적인 사례로 꼽힌다.

1807년 나폴레옹 지적법(Napoleonic Cadastre Act) 제정
• 1808~1850년 : 전국에 걸쳐 실시한 지적측량 성과에 따라 근대적 지적제도 창설(지적도, 지적부 작성)
• 수학자 드람브르(Delambre)를 측량위원장으로 지명
• 1억 필지에 달하는 토지측량
• 비옥도(肥沃度)에 따라 분류
• 필지별 생산능력 평가
• 소유자별 생산능력과 수입 등 기록
• 과세의 기초 자료로 활용할 수 있는 지적제도 창설

15 근대적인 지적제도에 관한 설명과 관련이 없는 것은?

① 측량
② 지적도
③ 지적부
④ 경계점좌표등록부

풀이 **근대적 지적제도의 의의**

측량이라는 공학적 이론과 기술을 이용하여 일정한 축척의 지적도(地籍圖)와 지적부(地籍簿)를 작성하여 이를 토지에 대한 과세자료로 활용할 수 있는 형태의 지적제도를 근대적 지적제도라고 한다.

정답 14 ② 15 ④

16 조선시대의 전제상정소준수조화(田制詳定所遵守條畵)에 규정한 기본 전형(田形)이 아닌 것은?

① 방전(方田)　　② 직전(直田)

③ 제전(梯田)　　④ 원전(圓田)

풀이 조선시대

토지제도	• 세조(世祖)의 명에 의하여 최항(崔恒)과 김국광(金國光) 등이 세조 6년(1460)에 편찬한 경국대전의 호전(戶典)편 편찬 • 20년에 1회씩 양전(量田)을 하여 논과 밭의 소재, 자호, 위치, 등급, 형상, 다 적, 사표(四標), 소유자 등을 기록한 현행 토지대장과 비슷한 양안(量案)을 작성하도록 규정 • 국가의 정세로 인하여 이 규정을 전혀 실행하지 못하는 사문(死文)이 되었음
임시관청	• 세종(世宗) 26년(1444년) : 전제상정소(田制詳定所) 설치 – 결법(結法)을 경정(更定)하여 종래에 3등급으로 하였던 전품(田品)을 6등급으로 개정하고 – 여섯 가지의 양척(量尺)을 정하여 파(把), 속(束), 부(負), 결(結)로 면적 산출
전형(田形)	• 전제상정소준수조화 : 방전(方田, 정방형) · 직전(直田, 장방형) · 제전(梯田, 사다리꼴) · 규전(圭田, 삼각형) · 구고전(句股田, 직각삼각형)의 5가지로 타량(打量)하여 안(案)에 기록

17 결수연명부에 대한 설명으로 가장 옳지 않은 것은?

① 지세징수업무에 활용하기 위해 작성한 보조장부이다.

② 부 · 군 · 면 단위로 비치하였다.

③ 세금징수를 목적으로 토지의 지목, 면적 및 소유자에 대한 정보만 기재하였다.

④ 토지소유자의 신고에 의해 작성되었다.

풀이 **결수연명부(結數連名簿)**

종래 사용 중인 깃기라는 지세수취대장을 폐지하고 1909년부터 전국적으로 결수연명부라는 새로운 형식의 징세 대장을 작성하였다. 1911년 결수연명부 규칙을 제정하여 각 부 · 군 · 면마다 작성하여 비치토록 하였다. 이때 토지의 면적은 실제 면적이 아닌 두락제에 의한 수확량 또는 파종량을 기준으로 하는 결(結) · 속(束) · 부(負) 등의 단위를 사용하였다.

작성방법	• 과세지를 대상으로 함(비과세지 제외) • 면적 : 결부, 누락에 의해 부정확하게 파악
작성연혁	• 1909~1911년 사이에 세 차례 작성 • 1911년 10월 '결수연명부규칙' 제정 발포(각 府 · 郡 · 面에 결수연명부를 비치 · 활용)
특징	• 1909년부터 만들어진 새로운 형식의 징세대장 • 지주를 납세자로 함 • 지주가 동장에게 신고하게 함(신고주의 방식의 도입, 지주신고의 원칙) • 지주명은 반드시 본명을 기재케 함(결수+두락수) • 결수연명부에 의거하여 토지신고서 조제
과세견취도 작성	실지조사가 결여되어 정확한 파악이 어려우므로 1912년 과세견취도를 작성하게 되었다.
활용	• 과세의 기초자료 및 토지행정의 기초자료로 이용 • 토지조사사업 당시 결수연명부는 소유권 사정의 기초자료로 이용 • 일부의 분쟁지를 제외하고 결수연명부에 담긴 소유권을 그대로 인정

정답 16 ④　17 ③

18 시설지적(Utility Cadastre)제도하에서 등록대장으로 적합하지 아니한 등록사항은?

① 상수도　② 하수도
③ 전기선로　④ 보험가입자

풀이 **시설지적과 해양지적**

유럽의 여러 국가가 다목적 지적시스템을 개발하여 활용하고 있다.

시설지적(施設地籍, Utility Cadastre)
• 상수도 · 하수도 · 전기 · 가스 · 전화 등 공공시설물(Public Utilities)을 집중 등록 · 관리하는 지적제도 • 미국의 측지위원회(Committee on Geodesy)에서 공공사업협회(APWA), 토목기술자학회(ASCE), 측량 및 지도제작위원회(ACSM), 항공사진학회(ASP), 변호사협회(ABA) 등과 같은 전문 기관들이 연합하여 시설지적의 창설을 위한 실천적인 방법을 개발하도록 적극 권고

해양지적(海洋地, Marine Cadastre)
• 정의 : 해양과 관련된 정보를 조사 측량하여 등록 · 공시함으로써 해양의 효율적인 관리와 해양활동에 관련된 권리를 보호하기 위한 지적제도 • 등록대상 : 해상경계, 어장, 항로, 해저지형, 해저케이블, 송유관, 유류, 가스 탐사 등 해저이용권 • 연구 : FIG 지적분과위원회, 호주 멜버른대학 윌리엄슨 교수 등 연구

19 고려시대 전시과에서 지급되었던 토지에 대한 설명 중 가장 옳지 않은 것은?

① 공음전－5품 이상의 귀족층에게 전시과 외에 따로 지급
② 한인전－6품 이하 하급관리의 자식으로 관직에 오르지 못한 사람에게 지급
③ 내장전－왕실의 소요경비를 충당할 목적으로 지급
④ 구분전－지위고하에 관계없이 인품과 공로에 따라 지급

풀이 **고려시대 토지의 분류**

공전(公田)	민전(民田)	농민의 사유지, 매매 · 증여 · 상속 등의 처분이 가능
	내장전(內庄田)	왕실 직속의 소유지
	공해전시(公廨田柴)	각 관청에 분급한 수조지(收租地)와 시지(柴地)로 공해전(公廨田)이라고도 한다.
	둔전(屯田)	진수군(鎭守軍)이 경작하여 그 수확량을 군량에 충당하는 토지(조선시대 국둔전과 관둔전으로 이어짐)
	학전(學田)	각 학교 운영경비 조달을 위한 토지
	적전(籍田)	제사를 지내기 위한 토지. 국가직속지[적전친경(籍田親耕) : 왕실, 국가적 의식]
사전(私田)	양반전(兩班田)	문무양반에 재직 중(在職中)인 관료(官僚)에 지급한 토지
	공음전(功蔭田)	공훈(功勳)을 세운 자에 수여하는 토지(전시 : 田柴), 수조의 특권과 상속을 허용
	궁원전(宮院田)	궁전에 부속된 토지, 궁원 등 왕의 기번이 지배하는 토지
	사원전(寺院田)	불교사원에 소속되는 전장, 기타의 토지
	한인전(閑人田)	6품(六品) 이하 하급양반 자손의 경제적 생활의 안정 도모 위해 지급한 토지

정답 18 ④　19 ③

구분전(口分田)	자손이 없는 하급관리, 군인유가족에게 지급한 토지
향리전(鄕吏田)	지방향리(地方鄕吏)에 지급한 토지
군인전(軍人田)	경군(京軍)소속의 군인에게 지급한 토지
투화전(投化田)	고려에 내투(來投) 귀화한 외국인으로서 사회적 계층에 따라 상층 관료에게 지급한 토지
등과전(登科田)	과거제도에 응시자가 적어 이를 장려하기 위하여 급제자에게 전지를 비롯하여 여러 가지 상을 하사

20 **다음 중 시대별 지적제도에 대한 설명으로 가장 옳지 않은 것은?**

① 신라는 지적 관련 행정을 조부 등이 담당하고 토지도면으로는 근강국수소간전도 등을, 면적단위로는 결부제를 사용하였다.

② 고구려는 지적 관련 행정을 주부 등이 담당하고 토지도면으로는 봉역도 등을, 면적단위로는 경무법을 사용하였다.

③ 고려는 지적 관련 행정을 호부 등이 담당하고 토지기록부로는 도전장 등을, 면적단위로는 경무법과 결부제를 사용하였다.

④ 조선은 지적 관련 행정을 판적사 등이 담당하고 토지기록부로는 전답타량안 등을, 면적단위로는 결부제를 사용하였다.

풀이 **삼국시대의 지적제도 비교**

구분	고구려	백제	신라
길이단위	척(尺) 단위 사용 : 고구려척	척(尺) 단위 사용 : 백제척, 후한척, 남조척, 당척	척(尺) 단위 사용 : 홍아발주척, 녹아발주척, 백아척, 목척
면적단위	경무법(頃畝法)	두락제(斗落制)와 결부제(結負制)	결부제(結負制)
토지장부	봉역도(封域圖) 및 요동성총도(遼東城塚圖)	• 도적(圖籍) • 일본에 전래[근강국 수소촌 간전도(近江國 水沼村 墾田圖)]	장적(방전, 직전, 제전, 규전, 구고전, 원전, 호전, 환전)
측량방식	구장산술	구장산술	구장산술
토지담당(부서 · 조직)	• 부서 : 주부(主簿) • 실무조직 : 사자(使者)	내두좌평(內頭佐平) • 산학박사 : 지적 · 측량담당 • 화사 : 도면작성 • 산사 : 측량 시행	• 조부 : 토지세수 파악 • 산학박사 : 토지측량 및 면적측정
토지제도	토지국유제 원칙	토지국유제 원칙	토지국유제 원칙

정답 20 ①

27 제27회 합격모의고사

01 토지대장과 임야대장에 등록하는 정보가 아닌 것은?

① 토지소재 ② 지번
③ 지목 ④ 경계선

풀이 토지대장과 임야대장에 등록하는 정보

구분		(소)재	(지)번	지(목) = (축)척	(면)적	(경)계	(좌)표	(소)유자	(도)면 번호	(고)유 번호	소유권 ((지)(분))	대지권 ((비)(율))	기타 등록사항
대장	토지, 임야 대(장)	●	●	(장) ●	(장) ●			(장) ●	(장) ●	(장) ●			토지(이)(동)사유 (개)별공시지가 (기)준수확량등급
	(공)유지 연명부	●	●					(공) ●		(공) ●	(공) ●		
	(대)지권 등록부	●	●					(대) ●		(대) ●	(대) ●	(대) ●	(건)물의 명칭 (전)유건물표시
(경)계점좌표 등록부		●	●				(경) ●		(경) ●	(경) ●			(부)호, 부호(도)
도면	지적 · 임야(도)	●	●	(도) ●		(도) ●			(도) ●				색(인)도 (지)적기준점 위치 (도)곽선과 수치 (건)축물의 위치 (좌)표에 의한 계산거리

암기 (소)(지)는 공통이고, (목)(장)(도) = (축)장도, (면)(장), (경)(도)는 (좌)(경)이요, (소)(경)(도), (동)(공)(대)의 (고)(도)가 없고, (소)대장, (지)(분)은 공, 대에만 있다.

02 지적공부의 등록효력이라고 할 수 없는 것은?

① 구속력(拘束力) ② 공정력(公定力)
③ 공고력(公告力) ④ 추정력(推定力)

풀이 지적공부의 등록효력 **암기** (구)(공)(확)(강)

(구)속력 (拘束力)	행정행위가 법정요건을 갖추어 행하여진 경우에는 그 내용에 따라 관계 행정청과 상대방 및 이해관계인을 구속하는 효력
(공)정력 (公定力)	행정행위가 이루어지면 비록 법정요건을 갖추지 못하여 위법(違法) 부당(不當)한 흠이 있더라도 그 흠이 중대하고 명백하여 절대무효로 인정되는 경우를 제외하고는 처분행정청 또는 상급감독청이나 행정소송의 수소법원(受訴法院)에 의하여 취소되기까지는 유효한 것으로 통용되는 효력

정답 01 ④ 02 ③

확정력(確定力)	행정행위가 일단 유효하게 성립하면 법적 구제수단의 포기, 행정쟁송을 제기할 수 있는 기간의 경과, 판결을 통한 행정행위의 확정 등의 사유가 존재하면 상대방 등이 더 이상 그 효력을 다툴 수 없게 되며(불가쟁력), 행정청 자신도 임의로 취소 철회할 수 없는 효력(불가변력)
강제력(强制力)	행정행위로 명령되거나 금지된 의무를 불이행하는 경우에 행정청이 법원의 힘을 빌리지 않고 자력으로 의무의 내용을 실현할 수 있으며 상대방에게 그것을 수인하도록 요구할 수 있는 효력
추정력(推定力)	소관청이 최초로 지적공부에 새로이 토지에 대한 물리적인 현황과 법적 관리관계 등을 등록하였다면 그 토지가 실제로 존재하며 실체적인 소유권을 인정하는 것으로 추정되는 효력
등기창설력(登記創設力)	모든 토지는 선등록 후 등기원칙에 따라 필지별로 구분하여 지적공부에 등록하여야만 이를 토대로 등기부를 창설할 수 있는 효력

03 경계의 설정기준에 관한 설명으로 틀린 것은?

① 연접(連接)되어 있는 토지 사이에 고저(高低)가 없는 경우에는 그 지물 또는 구조물의 중앙을 경계로 설정하여야 한다.

② 연접되어 있는 토지 사이에 고저가 있는 경우에는 그 지물 또는 구조물의 하단부(下端部)를 경계로 설정하여야 한다.

③ 공유수면매립지의 토지 중 제방 등을 토지에 편입하여 등록하는 경우에는 바깥쪽 어깨 부분을 경계로 설정하여야 한다.

④ 토지가 해면 또는 수면에 접하는 경우에는 평균 만조위(滿潮位) 또는 평균 만수위(滿水位)가 되는 선을 경계로 설정하여야 한다.

풀이 경계의 설정기준

연접(連接)되어 있는 토지 사이에 고저(高低)가 없는 경우	그 지물 또는 구조물의 중앙
연접되어 있는 토지 사이에 고저가 있는 경우	그 지물 또는 구조물의 하단부(下端部)
도로 · 구거 등의 토지에 절토(切土)된 부분이 있는 경우	그 경사면의 상단부(上端部)
토지가 해면 또는 수면에 접하는 경우	최대 만조위(滿潮位) 또는 최대 만수위(滿水位)가 되는 선
공유수면 매립지의 토지 중 제방 등을 토지에 편입하여 등록하는 경우	바깥쪽 어깨 부분

04 수치지적(數値地籍)의 장점이라고 할 수 없는 것은?

① 최초 작성된 도면에 등록된 경계의 영구적 보존관리가 가능하다.

② 임의의 축척으로 지적도 작성이 가능하다.

③ 유지관리에 비교적 적은 예산이 소요된다.

④ 도면의 신축에 따른 오차발생을 해소할 수 있다.

정답 03 ④ 04 ③

풀이 도해지적과 수치지적 비교

구분		내용
도해지적(圖解地籍, Graphical Cadastre)		※ 고도의 정밀을 요구하는 지역에는 부적합한 제도로서 주로 농촌지역과 산간지역에서 채택
	의의	• 토지의 경계를 일정한 축척의 도면 위에 기하학적(幾何學的)으로 폐합(閉合)된 다각형의 형태로 표시하여 등록 · 공시하는 지적제도 • 세지적제도와 법지적제도하에서는 토지의 경계 표시를 도해지적에 의존
	장점	• 도면에 등록된 경계선에 의하여 토지의 형상을 시각적으로 용이하게 파악 가능 • 측량에 소요되는 비용이 비교적 저렴 • 고도의 기술이 필요하지 않음
	단점	• 축척에 따라 허용오차가 서로 다름 • 도면의 작성과 면적측정 시에 인위적인 오차 유발 • 도면의 신축(伸縮) 방지와 최초 작성 도면의 영구적 보존관리 곤란
수치지적(數値地籍, Numerical Cadastre)		※ 1필지의 면적이 비교적 넓고 토지의 형상이 사각형에 가까워 굴곡점이 적은 지역과 지가가 높은 대도시 지역 및 토지구획정리 · 농업생산 기반정비사업지구 등에서 채택
	의의	• 토지의 경계점 위치를 평면직각종횡선수치(X, Y)의 형태로 표시하여 등록 · 공시하는 지적제도 • 일반적으로 다목적 지적제도하에서는 토지의 경계 표시를 수치지적에 의존
	장점	• 측량성과의 정확도 우수 • 임의의 축척으로 지적도 작성이 가능하여 도면의 신축에 따른 오차발생의 근원적 해소 • 최초 작성된 도면의 영구적 보존관리 가능
	단점	• 토지의 형상을 시각적으로 용이하게 파악 곤란 • 측량에 따른 경비와 인력이 비교적 과다 소요 • 고도의 전문적인 기술 필요 • 측량과 도면제작 과정 복잡 • 자동제도기 등 고가의 정밀장비가 필요하여 초기 투자 과다 소요

05 지적공부의 등록효력에 관한 설명으로 틀린 것은?

① 지적공부에 등록된 토지의 지번 · 지목 · 면적 등 등록사항을 변경 등록하는 행위가 법정요건을 갖추어 이루어진 경우에는 행정청과 토지소유자 또는 이해관계인 등을 구속하는 구속력(拘束力)을 가진다.

② 소관청이 최초로 지적공부에 새로이 토지에 대한 물리적인 현황과 법적 관리관계 등을 등록하였다면 그 토지가 실제로 존재하며 실체적인 소유권을 인정하기 때문에 지적공부의 등록사항에 대한 강제력(强制力)을 가진다.

③ 지적공부에 등록된 토지의 등록사항을 변경 또는 말소하는 행위가 이루어지면 상대방이나 이해관계인이 그 효력을 다툴 수 없을 뿐만 아니라 소관청이 스스로 직권으로 취소하거나 변경 또는 철회할 수 없는 확정력(確定力)을 가진다.

④ 모든 토지는 지적공부에 등록한 후 이를 토대로 하여 보존등기를 신청하는 선등록(先登錄) 후등기원칙(登記原則)을 채택하고 있어 토지등기부를 창설할 수 있는 등기창설력(登記創設力)을 가진다.

정답 05 ②

풀이 지적공부의 등록효력 암기 ㉠㉡㉢㉣㉤㉥

구속력(拘束力)	• 행정행위가 법정요건을 갖추어 행하여진 경우에는 그 내용에 따라 관계 행정청과 상대방 및 이해관계인을 구속하는 효력 • 지적공부에 새로이 토지를 등록하거나 이미 등록된 토지의 등록사항(지번 · 지목 · 면적 등)을 변경 등록하는 행위가 법정요건을 갖추어 이루어진 경우에는 행정청과 토지소유자 또는 이해관계인 등을 구속함
공정력(公定力)	• 행정행위가 이루어지면 비록 법정요건을 갖추지 못하여 위법(違法) 부당(不當)한 흠이 있더라도 그 흠이 중대하고 명백하여 절대무효로 인정되는 경우를 제외하고는 처분행정청 또는 상급감독청이나 행정소송의 수소법원(受訴法院)에 의하여 취소되기까지는 유효한 것으로 통용되는 효력 • 지적공부에 새로이 토지를 등록하거나 이미 등록된 토지의 등록사항을 변경 또는 말소하는 행위가 이루어지면 법정 요건을 갖추지 못하여 위법 부당한 흠이 있더라도 소관청, 상급 감독기관, 법원 등의 권한이 있는 기관에 의하여 취소되기 전까지는 효력을 부인할 수 없음
확정력(確定力)	• 행정행위가 일단 유효하게 성립하면 법적 구제수단의 포기, 행정쟁송을 제기할 수 있는 기간의 경과, 판결을 통한 행정행위의 확정 등의 사유가 존재하면 상대방 등이 더 이상 그 효력을 다툴 수 없게 되며(불가쟁력), 행정청 자신도 임의로 취소 철회할 수 없는 효력(불가변력) • 지적공부에 토지를 새로이 등록하거나 이미 등록된 토지의 등록사항을 변경 또는 말소하는 행위가 이루어지면 상대방이나 이해관계인이 그 효력을 다툴 수 없을 뿐만 아니라 소관청이 스스로 직권으로 취소하거나 변경 또는 철회할 수 없음
강제력(强制力)	• 행정행위로 명령되거나 금지된 의무를 불이행하는 경우에 행정청이 법원의 힘을 빌리지 아니하고 자력으로 의무의 내용을 실현할 수 있고 또한 상대방에게 그것을 수인하도록 요구할 수 있는 효력 • 소관청이 지적공부에 등록되지 아니한 토지를 발견한 때에는 직권으로 조사측량을 실시하여 지적공부에 등록하여야 함 • 합병하여야 할 토지가 발생한 경우에 법정 기간 내에 신청이 없는 때에는 소관청이 직권으로 합병을 할 수 있으며, 또한 의무위반행위에 대한 일정한 행정벌(行政罰) 또는 질서벌(秩罰)의 제재를 가할 수 있음
추정력(推定力)	• 소관청이 최초로 지적공부에 새로이 토지에 대한 물리적인 현황과 법적 관리관계 등을 등록하였다면 그 토지가 실제로 존재하며 실체적인 소유권을 인정하는 것으로 추정되는 효력 • 모든 토지는 지적공부에 등록한 후 등기부에 등기되는 선 등록(先登錄) 후 등기 원칙(後登記原則)을 채택하고 있어 지적공부의 등록사항에 대한 추정력이 인정됨 ※ 대법원 판례에 의하면 토지대장에 소유자로 등재되어 있는 자는 반증이 없는 한 그의 소유토지로 추정을 받을 수 있다고 판결하여 지적공부에 대한 추정력을 인정(대법원, 1976. 9.28. 선고 71431 판결) • 지적공부의 등록사항에 대한 추정력에 기초하여 등기부의 등기사항에 대한 추정력도 인정되는 것임
등기창설력(登記創設力)	• 모든 토지는 선 등록 후 등기 원칙에 의거 필지별로 구분하여 지적공부에 등록하여야만 이를 토대로 등기부를 창설할 수 있는 효력 • 미등기 토지의 소유권보존등기는 토지대장 또는 임야대장 등본에 의하여 자기 또는 피상속인이 소유자로서 등록되어 있는 것을 증명하는 자로 규정 • 모든 토지는 지적공부에 등록한 후 이를 토대로 하여 보존등기를 신청하여야만 토지등기부를 창설할 수 있음

정답

06 지적공부에 등록하는 기본정보라고 할 수 없는 것은?

① 토지소재　　② 지번
③ 지목　　④ 토지등급

풀이 지적공부 등록정보의 유형분류

구분	주요 등록사항
기본정보	토지소재 · 지번 · 지목 · 면적 · 경계 · 좌표 등
소유정보	소유권 및 기타 권리자의 성명 · 등록번호 · 주소 · 취득일자 · 취득사유 · 권리설정 기간 · 결혼 여부 · 직업 등
이용정보	지목 토지의 이용상황 · 건축물의 건축상황 · 지질 등
가격정보	임대가격 · 수확량등급 · 토지등급 · 공시지가 · 거래가격 · 세액 등
제한정보(制限情報)	각 필지에 대한 용도지역(用途地域) · 용도지구(用途地區, 미관지구 · 고도지구) · 용도구역(用途區域), 형질변경 · 지목변경 · 분할 등에 관한 관련 법령에서 규정한 규제사항
의무정보(義務情報)	각 필지에 대한 건폐율(建安) · 용적률(容) · 대지(地)와 도로(道)와의 관계 등 관련 법령에서 규정한 의무사항
기타정보	기본정보, 소유정보, 이용정보, 가격정보, 제한정보, 의무정보 등을 제외하고 도로명칭, 건물위치, 건물번호, 가로수, 가로등 등

07 등록공부에 관한 현상의 연구 세부주제라고 할 수 없는 것은?

① 등록주체의 법인격　　② 도면의 축척
③ 공부의 관리　　④ 공부의 열람 · 등본

풀이 등록공부(登錄公簿)에 관한 현상

등록공부(登錄公簿)에 관한 현상의 연구 세부주제에는 공부의 종류, 도면의 축척, 공부의 작성, 보존 및 관리, 공부의 정리, 열람 · 등본 등에 관한 사항이 있다.

① 국가의 통치권이 미치는 모든 영토와 그 정착물 등에 대한 물리적 현황과 법적 권리관계, 제한사항 및 의무사항 등을 등록 · 공시하는 국가의 공적 도부
② 현행 지적공부는 대장과 도면으로 구성
  - 가시적 공부 : 토지대장 · 임야대장 · 공유지연명부 · 대지권등록부 · 지적도 · 임야도 및 경계점좌표등록부
  - 불가시적 공부 : 지적파일
③ 등록주체인 소관청은 지적공부에 등록객체인 토지와 그 정착물 등에 대한 물리적 현황, 법적 권리관계, 제한사항 및 의무사항 등을 등록 · 공시하고 이를 일반에게 미리 공개하여 재산권 행사와 경제활동에 정당하게 이용할 수 있도록 하는 공개주의(公開主義) 채택
④ 토지조사사업 실시 (1910~1918) : 지적도와 토지대장 작성
⑤ 임야조사사업 실시(1916~1924) : 임야도와 임야대장 작성 ※ 도면과 대장이 각각 2원적으로 작성
⑥ 대부분의 국가에서는 지적도와 임야도의 구분 없이 지적도(Cadastral Map)와 토지대장과 임야대장의 구분 없이 지적대장(Cadastral Book) 작성 · 운영
⑦ 지적도의 축척
  - 우리나라 : 1/500, 1/600, 1/1,000, 1/1,200, 1/2,400, 1/3,000, 1/6,000 등

정답 06 ④ 07 ①

• 선진국 : 도시지역 1/500, 농촌지역 1/1,000 또는 1/2,000, 산간지역 1/5,000 등

⑧ 등록객체인 모든 영토와 그 정착물을 조사 · 측량하여 필지단위로 국가의 공적도부에 토지 관련 정보를 등록 · 공시하고 이러한 정보를 공공재화(公共財貨, Public Goods)로 규정하고, 이를 다양한 형태의 상품으로 개발하여 국민의 요구에 따라 신속 · 정확하게 제공
 • 등록공부에 관한 현상의 연구 세부주제
 • 공부의 종류, 도면의 축척, 공부의 작성, 보존 및 관리, 공부의 정리, 열람 · 등본 등에 관한 사항

08 지적제도의 창설을 위한 준비에 관한 설명으로 틀린 것은?

① 경국대전 편찬
② 대구시가지 토지측량에 관한 타합사항
③ 과세지견취도 작성
④ 한성부지적도 작성

풀이 **근대적 지적제도의 창설**

① 1895년 : 구 한국정부에서 내부판적국에 지적과 설치
 • 1907년에 대구시가지 토지측량에 관한 타합사항(1907.5.27.) 등 제정
 • 도시지역에 대한 지적도 작성사업 추진

② 1908년 : 삼림법(森林法 : 1908.1.21. 법률 제1호) 제정
 민유임야에 대한 신고 의무화 : 임야측량 실시, 임야약도 작성 신고

③ 1910년 : 토지조사법(1910.8.23. 법률 제7호) 제정
 한 · 일 합방으로 미시행

④ 1912년 : 토지조사령(1912.8.13. 제령 제2호) 제정
 토지조사사업(1910~1918) 추진 : 지적도, 토지대장 작성

⑤ 1918년 : 조선임야조사령(1918.5.1. 제령 제5호) 제정
 임야조사사업(1916~1924) 추진 : 임야도, 임야대장 작성

한성부 지적도 작성	• 1907년 탁지부 측량과에서 서울지역에 소삼각측량 실시 – 적선방(積善坊), 용산방(龍山坊), 창선방(昌善坊), 숭인방(崇仁坊) 등 축척 500분의 1 지적도 작성(서울특별시 종합자료실에 29매 보존) – 동명 · 지번 · 지목 · 경계 · 전차길 · 동간의 행정구역 경계 등 등록 ※ 우리나라 최초의 근대적인 지적도
민유임야약도 작성	• 1908년 삼림법(森林法 : 1908.1.21. 법률 제1호) 제정 • 1908년 1월~1911년 1월(3년) : 민간인이 소유하고 있는 모든 임야의 측량을 실시하여 민유임야약도를 작성, 지적보고(地籍報告)하도록 운영 – 토지소재 · 면적 · 소유자 · 축척 · 사표 · 측량연월일 · 방위 · 측량자의 성명과 날인 ※ 지번이 없는 원시적인 임야도 작성
과세지견취도(課稅地見取圖) 작성	• 토지조사사업 초기 단계(1911~1913)에 과세지견취도 작성사업 추진 – 전국적으로 통일된 결수연명부와 과세지견취도 작성 ※ 지적도와 지적부를 갖추게 되어 초기형태인 세지적제도 확립

정답 08 ①

09 지적공부의 등록방법에 관한 설명으로 틀린 것은?

① 분산등록제도는 토지의 매매가 이루어지거나 소유자가 토지의 등록을 요구할 경우 등 필요시에 토지를 지적공부에 등록 · 공시하는 제도를 말한다.

② 일괄등록제도는 일정지역 내의 모든 토지를 일시에 체계적으로 조사 · 측량하여 지적공부에 등록 · 공시하는 제도를 말한다.

③ 일괄등록제도는 일반적으로 적극적 지적제도(Positive Cadastral System)와 증서등록제도(Deed Registration Systems)를 채택하고 있다.

④ 일괄등록제도는 국토면적이 좁고 평야지역이 많으며 인구밀도가 높은 국가에서 채택하고 있는 제도이다.

풀이 지적공부의 등록방법

구분	내용
분산등록제도(分散登錄制度)	토지의 매매가 이루어지거나 소유자가 토지의 등록을 요구할 경우 등 필요시에 토지를 지적공부에 등록 · 공시하는 제도 • 국토의 면적이 넓고 산간지역이나 사막지역이 많으며 비교적 인구가 적고 도시지역에 집중하여 거주하고 있는 국가에서 채택하고 있는 제도 • 국토관리를 지적도에 비하여 상대적으로 정확도가 낮은 지형도에 의존할 수밖에 없으며 전국적으로 지적도가 작성되어 있지 않기 때문에 지형도를 기본도(Base Map)로 활용 • 소극적 지적제도(Negative Cadastral Systems), 증서등록제도(Deed Registration Systems)에서 채택 • 미국 · 호주 · 캐나다 · 중국 등
일괄등록제도(一括登錄制度)	일정지역 내의 모든 토지를 일시에 체계적으로 조사 · 측량하여 지적공부에 등록 · 공시하는 제도 • 국토면적이 좁고 평야지역이 많으며 인구밀도가 높은 국가에서 채택 • 정확도가 낮은 지형도에 비하여 상대적으로 정확도가 높은 지적도에 의하여 국토관리를 할 수 있으며, 전국적으로 지적도가 작성되어 있기 때문에 지적도를 기본도(基本圖)로 활용 • 적극적 지적제도(Positive Cadastral Systems), 권원등록제도(Title Registration Systems)에서 채택 • 한국 · 일본 · 말레이시아 · 독일 · 스위스 · 덴마크 · 네덜란드 등

10 지적공부에 등록하는 토지소재에 관한 설명으로 틀린 것은?

① 일본 · 대만 등은 지적구역경계(Cadastral District Boundary)별로 지번을 부여한다.

② "시 · 도, 시 · 군 · 구, 읍 · 면, 리 · 동"을 말한다.

③ 행정구역과 달리하여 1번부터 지번을 부여하는 단위구역인 지적구역을 말한다.

④ 토지소재는 법정(法定) 리(里) · 동(洞)의 명칭과 상위의 행정구역 명칭을 포함한다.

풀이 토지소재(土地所在)

- 특정 토지가 위치하고 있는 행정구역 또는 지적구역의 명칭
  "시 · 도, 시 · 군 · 구, 읍 · 면, 리 · 동" 또는 행정구역과 달리하여 1번부터 지번을 부여하는 단위구역인 지적구역 등지
- 한국 : 법정(法定) 리(里) · 동(洞)의 명칭과 상위의 행정구역 명칭을 포함
- 독일 · 싱가포르 등 : 지적구역경계(Cadastral District Boundary)별로 지번 부여

정답 09 ③ 10 ①

11 1975년 말에 개정한 지적법 전문개정(1975.12.31. 법률 제2801호) 당시의 주요 개정사항이 아닌 것은?

① 지목을 21개 종목에서 24개 종목으로 통 · 폐합, 신설
② 면적의 등록단위를 척관법에서 미터법으로 개선
③ 토지표시변경등기 촉탁제도 확대보완
④ 사진측량과 수치측량제도 도입

풀이 **제1차 지적법 전문개정**

1. 전문개정 시행일
   1975년 말에 지적법 전문개정(1975.12.31. 법률 제2801호), 1976년 5월 7일부터 시행
   ※ 최초로 지적법을 법(法) · 령(令) · 규칙(規則)으로 체계화하였음
2. 주요 내용
   ① 지적공부 소관청 · 필지 · 지번 · 지번지역 · 지목 등 정의 규정
   ② 지목을 21개 종목에서 24개 종목으로 통 · 폐합, 신설
   ③ 면적의 등록단위를 척관법에서 미터법으로 개선
   ④ 토지 · 임야대장에 토지소유자의 주민등록번호 등록제도 신설
   ⑤ 사진측량과 수치측량제도 도입
   ⑥ 토지표시변경등기 촉탁제도 신설
   ⑦ 토지 · 임야대장을 '한지, 부책식'에서 '카드식'으로 개선

12 조선총독부에서 실시한 토지관습조사(土地慣習調査)의 대상이 아닌 것은?

① 행정구역의 명칭
② 결수(結數)와 지질
③ 과세지와 비과세지
④ 토지의 지위 · 등급

풀이 **조선총독부에서 실시한 토지관습조사 대상**

조선총독부는 토지조사사업에 앞서 다음을 대상으로 토지관습조사(土地慣習調査)를 선행하였다.

① 행정구역의 명칭
② 토지의 명칭과 사용목적
③ 과세지와 비과세지
④ 경지의 경계
⑤ 산림의 경계
⑥ 토지표시 부호
⑦ 토지의 지위 등급 · 면적과 결수(結數)의 사정 관행
⑧ 결의 등급별 구분
⑨ 토지소유권
⑩ 질권(質權) 및 저당권
⑪ 소작인과 지주와의 관계
⑫ 토지에 관한 장부서류
⑬ 인물조사 등

정답 11 ③ 12 ②

13 토지조사사업에 관한 평가의 수탈론과 근대화론에 대한 설명으로 틀린 것은?

① 수탈론은 토지조사사업이 완료된 1918년 말의 사유농경지와 사유임야 등의 면적이 늘었다고 주장
② 수탈론은 이재무, 권영옥, 김용섭, 신용하 등에 의하여 체계화되어 토지조사사업에 관한 주류적 학설로 인식
③ 근대화론(近代化論)은 토지조사사업에 의하여 근대적인 토지제도를 수립하였다고 주장
④ 근대화론(近代化論)은 미야지마(宮嶋博史), 그래거트(Gragert) 등이 주장

풀이 **토지조사사업에 대한 평가**

구분	내용
수탈론	• 이재무(1955), 권영옥(1960), 김용섭(1969), 신용하(1982) 등에 의해 수탈론이 체계화되어 토지조사사업에 관한 주류적 학설로 인식 • 토지조사사업이 완료된 1918년 말의 사유농경지, 사유임야 등의 면적 : 11,039,650정보(국토 총면적 22,246,523정보의 약 49.6%) • 조선총독부 소유로 국유지화한 면적은 농경지, 국유임야 등의 면적 : 11,206,873정보(국토 총면적의 약 50.4%)
근대화론	• 와다 이찌로(和田一郎), 미야지마(宮嶋博史, 1978), 그래거트(Gragert, 1994) 등 주장 −근대적 토지제도를 수립한 근대화론(近代化論), 시혜론(施惠論) 등 주장 • 조석곤(1986), 배영순(1988) −김해의 토지신고서를 분석하여 토지신고 과정에서 기존의 토지소유 관계를 무시한 채 토지 약탈이 일어났을 가능성이 거의 없으며 −분쟁지 33,937건, 99,445필지 중 국유지와 관련된 필지수는 64,570필지(64.9%)였으나 국유로 사정된 비율이 낮기 때문에 분쟁지조사가 일제의 토지 약탈을 통한 국유지 창출에 기여했다는 수탈론은 잘못된 주장이라고 지적

14 광복 후에 제정된 지적법(1950.12.1. 법률 제165호)의 주요 규정사항으로 틀린 것은?

① 지적공부에 새로이 등록하여야 할 미등록 토지는 이 법 시행일로부터 5년 이내에 등록하도록 규정
② 일구역마다 지번을 붙이고 지목 · 경계 및 지적을 정하도록 규정
③ 지목은 토지의 종류에 따라 전 · 답 · 대 · 염전 · 광천지 · 지소 · 잡종지 등 21개로 구분하도록 규정
④ 지적은 토지의 경우 평(坪)을, 임야의 경우 무(畝)를 단위로 하여 정하도록 규정

풀이 **광복 후 시대 지적법**

1. 제정일
   1950년에 지적법(1950.12.1. 법률 제165호) 제정
   토지대장 및 지적도와 임야대장 및 임야도의 등록사항에 대한 변경 · 정리를 서로 다른 법령에 의해서 수행하던 것을 일괄 수행할 수 있도록 개선
2. 주요 내용
   ① 지적공부로서 토지대장 · 지적도 · 임야대장 및 임야도를 두도록 규정
   ② 일구역마다 지번을 붙이고 지목−경계 및 지적을 정하도록 규정
   ③ 지목은 토지의 종류에 따라 전 · 답 · 대 · 염전 · 광천지 · 지소 · 잡종지 등 21개로 구분하도록 규정
   ④ 지적은 토지의 경우 평(坪)을, 임야의 경우 무(畝)를 단위로 하여 정하도록 규정(이 법 시행일로부터 3년 이내)

정답 13 ① 14 ①

⑤ 지적공부에 새로이 등록하여야 할 미등록 토지는 이 법 시행일에 등록하도록 규정
※ 부동산등기법(1960.1.1. 법률 제536호), 측량법(1961.12.31. 법률 제938호) 제정

15 등록객체에 관한 현상의 연구 세부주제라고 할 수 없는 것은?

① 지하 시설물 ② 지상 건축물
③ 소유권리 ④ 해양

풀이 **등록객체(登錄客體)에 관한 현상**

등록객체에 관한 현상의 연구 세부주제에는 토지와 그 정착물인 지상 건축물과 지하 시설물 및 해양 등에 관한 사항이 있다.

① 지적공부에 등록 · 공시하는 토지와 그 정착물 등
- 통치권이 미치는 모든 영토와 그 정착물 등
- 헌법 제3조의 규정에 의한 한반도와 부속 도서 및 그 정착물 등

② 등록주체인 소관청이 지적공부에 등록되어 있지 아니한 토지를 발견하였을 때에는 직권으로 조사 · 측량하여 등록 · 공시하는 직권등록주의(職權登錄主義) 채택

③ 우리나라는 지적제도 창설 당시부터 등록객체를 토지로 한정
- 일본 : 토지와 건물 포함, 지적측량사를 토지가옥조사사(土地家屋調査士)라고 함
- 대만 : 토지와 건물 포함
- 독일 : 토지와 건물 포함

※ 독일은 지적제도를 부동산지적제도(Real Estate Cadastral Systems)라고 하고, 지적부와 지적도를 각각 부동산지적부(Real Estate Cadastral Book)와 부동산지적도(Real Estate Cadastral Map)라고 함

④ 우리나라는 1세기가 넘도록 등록객체를 토지만을 대상으로 하였기 때문에
- 대부분의 국민들이 지적제도라고 하면 그 업무영역이 매우 제한적이고 보수적이며 현대적인 감각이 떨어지는 전통적인 업무로 인식
- 등기제도보다 중요하지 않은 하위개념의 제도로 이해

⑤ 인간의 생활영역이 과학문명의 발달 · 산업화 · 도시화로 인하여 지상과 지하로 확대
- 지상 공간에 많은 종류의 건축물과 지하에 상 · 하수도, 전기, 가스, 전화 등 각종 시설물 설치
- 지표면의 물리적 현황만을 등록객체로 하는 현행 평면지적(平面地籍)으로서는 이러한 토지의 정착물을 공적장부에 등록 · 관리 곤란

⑥ 정착물에 대한 권리행사와 이용관리에 많은 문제점이 발생되고 있어 이러한 정보를 종합적으로 등록 · 관리하는 시설지적(Utility Cadastre) 제도로 발전

⑦ 최근에는 수산자원의 보호와 효율적인 해양의 관리를 위하여 해양지적(Marine Cadastre) 제도에 관하여 연구
- 등록객체에 관한 현상의 연구 세부주제
- 토지와 그 정착물인 지상 건축물과 지하 시설물 및 해양 등에 관한 사항

정답 15 ③

16 일제강점기시대에 제정한 지적 관련 법규가 아닌 것은?

① 토지조사령
② 토지조사법
③ 토지대장규칙
④ 조선임야조사령

풀이 **일제강점기시대 지적 관련 법규**

토지조사령	• 1912년 : 토지조사령(1912.8.13. 제령 제2호) – 토지조사령 시행규칙(1912.8.13. 조선총독부령 제6호) 제정 ※ 토지조사령과 토지조사령 시행규칙은 대한제국에서 제정한 토지조사법과 토지조사법 시행규칙을 일부 변경 보완한 것
지세령	• 1914년에 지세령(1914.3.6. 제령 제1호) 제정 – 토지대장규칙(1914.4.25. 조선총독부령 제45호), 토지측량표규칙(1915.1.15. 조선총독부령 제1호) 등 제정 – 토지대장과 지적도의 등록사항, 변경정리방법 등 규정
조선임야조사령	• 1918년 : 조선임야조사령(1918.5.1. 제령 제5호) 제정 – 1920년 : 임야대장규칙(1920.8.23. 조선총독부령 제113호) 제정 – 임야대장과 임야도의 등록사항, 변경정리방법 등 규정
조선지세령	• 1943년에 조선지세령(1943.3.31. 제령 제6호) 제정 – 과세지성 · 비과세지성 · 분할 · 합병 · 지목변경 등 지적사무에 관한 사항과 재해지 면세 · 자작농지 면세 · 사립학교용지 면세와 징수 등 지세사무에 관한 사항 등 규정 ※ 지적 정리절차와 지세의 징수절차 등 이질적인 내용을 혼합하여 규정

17 지번이 갖추어야 할 요건이 아닌 것은?

① 지번체계의 도입과 유지관리에 경제적이어야 한다.
② 분할이나 합병에 의하여 지번이 변경되어서는 아니 된다.
③ 토지의 매각 또는 거래에 따라 지번이 변경되지 아니하고 영구적이어야 한다.
④ 모든 형태의 토지행정에 활용할 수 있도록 적응성이 있어야 한다.

풀이 **지번이 갖추어야 할 요건**

영국의 데일(P. F. Dale) 교수와 미국의 맥라우린(J. D. Mclaughlin) 교수가 주장한 지번의 요건은 다음과 같다.

① 일반 국민이 이해하기 쉬워야 한다.
② 토지소유자가 기억하기 쉬워야 한다.
③ 일반 국민이나 행정가들이 쉽게 사용할 수 있어야 한다.
④ 토지의 매각 또는 거래에 따라 지번이 변경되지 아니하고 영구적이어야 한다.
⑤ 분할이나 합병할 경우에는 지번의 변경이 가능하여야 한다.
⑥ 지적공부의 등록 사항과 실제 현황이 완벽하게 일치되어야 한다.
⑦ 지번부여 과정에 착오가 없이 정확하여야 한다.
⑧ 모든 형태의 토지행정에 활용할 수 있도록 적응성이 있어야 한다.
⑨ 지번체계의 도입과 유지관리에 경제적이어야 한다.

정답 16 ② 17 ②

18 토지조사사업을 추진하기 위한 시험측량을 최초로 실시한 지역은?

① 한성부 중서 ② 경기도 부평군
③ 경기도 김포군 ④ 한성부 남서

풀이 **토지조사사업계획**

제1차 계획 (1910년 1월)	• 주관 : 대한제국 －1909년 11월에 민심의 동향을 파악하고 경험을 얻기 위하여 경기도 부평군의 구소삼각점(舊小三角點) 설치구역에서 시행조사(試行調查) • 기간 : 1910년 3월~1917년 10월(7년 8개월) • 면적 : 약 22,043,404정보 • 필지 : 13,755,000필 • 업무 : 대삼각측량원(大三角測量員) 및 조사사무원(調査事務員) 양성 • 조직 : 중앙에 본부, 지방에 지국(支局), 출장소(出張所) 설치 • 경비 : 14,129,707원 ※ 한일합방으로 중단
제2차 계획 (1910년 12월)	• 주관 : 조선총독부 • 기간 : 1910년 3월~1916년 4월(7년 1개월 : 7개월 단축) • 업무 : 대마도의 1등 삼각본점인 어악(御岳)과 유명산(有名山)의 2점을 연결하여 절영도(絕影島)와 거제도(巨濟島)에 대삼각본점(大三角本點) 설치 －이를 기초로 전국에 대삼각점, 소삼각점, 도근점 설치 후 세부측량 • 경비 : 15,986,202원(1,856,495원 증가) ※ 한국의 중앙부에 원점을 설치하고 남북으로 확장하려던 당초 계획 수정
제3차 계획 (1913년 4월)	• 기간 : 1910년 3월~1918년 9월(8년 7개월 : 1년 6개월 연장) • 면적 : 4,408,000정보 • 필지 : 16,419,949필 • 업무 : 50,000분의 1 지형도를 조제하기 위한 지형측량 겸행 • 경비 : 19,979,999원(3,993,799원 증가)
제4차 계획 (1915년 1월)	• 기간 : 1910년 3월~1918년 12월(8년 10개월 : 3개월 연장) • 필지 : 18,451,607필지(2,031,658필지 증가) • 업무 : 공정급(功程給)제도 신설 • 경비 : 20,406,189원(426,190원 증가)

정답 18 ②

19 대한제국시대에 제정한 지적 관련 법규가 아닌 것은?

① 토지측량표령
② 대구시가 토지측량규정
③ 대구시가지 토지측량에 대한 군수로부터의 통달
④ 토지조사법

풀이 **대한제국시대 지적 관련 법규**

구분	내용
대구시가지 토지측량에 관한 타합사항	• 1907년에 대구시가지 토지측량에 관한 타합사항(1907.5.27. 재무주보 제11호, 통감부 재무감독청) 제정 • 주요 내용 – 도로, 하천, 구거 등의 중앙으로 행정구역계 설정 – 대, 전, 답, 산림, 원야, 지소, 잡지 등 17개 지목으로 구분 – 지목, 소유자가 동일하고 연속하는 토지를 일필로 등록 – 지번은 동리마다 부여하되 도로, 하천, 구거, 제방, 철도 등은 부여하지 아니함 ※ 지적법의 효시이자 우리나라의 근대적인 지적제도의 기틀을 마련하게 된 모법
대구시가 토지측량규정	• 1907년에 대구시가 토지측량규정(1907년 5월 27일 재무주보 제11호, 통감부 재정감사청) 제정 – 착묵선의 선호, 도 · 군 · 면 · 동계와 도근점의 제도방법, 도근측량과 세부측량의 검사 방법 및 면적의 단위를 평방미터로 하도록 규정 ※ 지적측량에 관한 최초의 규정
대구시가지 토지측량에 대한 군수(민단역소)로부터의 통달	• 1907년에 대구시가지 토지측량에 대한 군수로부터의 통달(1907.5.27. 재무주보 제11호, 통감부 재무감독청) 제정 – 경계표의 설치와 관리 및 측량입회 등에 관한 절차와 방법 등 규정 ※ 경계표지의 설치 및 관리, 측량 입회 등에 관한 최초의 규정
삼림법	• 1908년에 삼림법(1908.1.21. 법률 제1호) 제정 – 삼림산야의 소유자는 본법 시행일로부터 3개년 이내에 지적(地積) 및 면적의 약도를 첨부하여 농상공부대신에게 신고 ※ 기한 내에 신고하지 않는 것은 모두 국유로 간주 – 임야소유자가 비용을 부담하여 측량을 실시하고 지적계(地籍屆) 제출
토지조사법	• 1910년에 토지조사법(1910.8.23. 법률 제7호) 제정 – 토지조사법 시행규칙(1910.8.23. 탁지부령 제26호), 고등토지조사위원회규칙(1910.8.23. 칙령 제43호) 및 지방토지조사위원회규칙(1910.8.23. 칙령 제44호) 등 제정 ※ 1910년 8월 29일 경술국치조약에 의하여 시행하지 못함

정답 19 ①

20 **토지조사사업의 근대화론에 관한 비판의 설명으로 틀린 것은?**

① 근대적인 지적제도 창설 후 이를 바탕으로 부동산등기제도 정착

② 과세지견취도 작성사업 추진

③ 선 과세대상 토지조사, 후 비과세대상 토지조사 실시

④ 과세대상 토지 국비부담, 비과세대상 토지 소유자부담 조사

풀이 **수탈론과 근대화론에 관한 비판**

관습조사 실시	우리나라에 대한 침략을 개시하기 전에 한국의 역사와 문화 · 사회 · 법제 등에 대한 조사연구와 토지소유권, 부동산, 민상사 등에 관한 관습조사를 대대적으로 추진
식민지 통치수단으로 활용	이 세계의 지적사적 측면에서 볼 때 식민지 지배하에서의 지적제도 창설은 정치적으로 식민지를 지배하고 경제적으로 착취하기 위한 통치수단으로 이용됨
선 과세지견취도 작성사업 추진	토지조사사업의 착수 시점인 1911년부터 1913년까지 과세대상 토지에 대한 선 과세를 하기 위하여 먼저 과세지견취도 작성사업을 무리하게 단기간 내에 추진
선 과세대상 토지조사, 후 비과세대상토지조사 실시	1단계로 과세대상 토지를 먼저 조사 · 측량하여 지적도와 토지대장을 작성하여 선 과세를 한 후, 2단계로 비과세대상 토지를 조사 · 측량하여 임야도와 임야대장 작성
과세대상토지 국비부담, 비과세대상토지 소유자부담조사	과세대상 토지의 조사 측량비용은 조선총독부에서 전액 부담하였으나, 비과세대상 토지의 조사 측량비용은 3분의 2 이상을 토지소유자가 부담
추진기간의 단축 변경계획 수립	토지에 대한 과세를 하기 위하여 대한제국에서 당초 계획한 추진기간을 무리하게 단축하기 위하여 변경계획 수립
과세 대상 토지의 면적 증가	토지조사사업 결과 과세대상 토지의 면적이 52% 증가, 지세액이 17% 증가 ※ 토지조사사업에 관한 평가가 수탈론과 근대화론으로 나누어져 있으나, 토지조사사업의 성과에 의하여 부동산의 공시제도인 근대적인 지적제도가 창설되었으며, 이를 바탕으로 부동산등기제도가 정착된 것은 사실이며 긍정적으로 평가할 수 있음

정답 20 ①

28 제28회 합격모의고사

01 다음 중 토지조사사업과 임야조사사업 당시의 사정기관으로 옳은 것은?

① 토지조사사업 : 도지사, 임야조사사업 : 부(府)와 면(面)
② 토지조사사업 : 임시토지조사국, 임야조사사업 : 임야심사위원회
③ 토지조사사업 : 임시토지조사국장, 임야조사사업 : 도지사
④ 토지조사사업 : 지방토지조사위원회, 임야조사사업 : 도지사

풀이 **토지조사사업과 임야조사사업 비교**

구분	토지조사사업	임야조사사업
근거법령	토지조사령(1912.8.13. 제령 제2호)	조선임야조사령(1918.5.1. 제령 제5호)
조사기간	1910~1918년(8년 10개월)	1916~1924년(9개년)
측량기관	임시토지조사국	부(府)와 면(面)
사정기관	임시토지조사국장	도지사
재결기관	고등토지조사위원회	임야심사위원회
조사내용	• 토지소유권 • 토지가격 • 지형, 지모	• 토지소유권 • 토지가격 • 지형, 지모
조사대상	• 전국에 걸친 평야부 토지 • 낙산 임야	• 토지조사에서 제외된 토지 • 산림 내 개재지(토지)
도면축척	1/600, 1/1,200, 1/2,400	1/3,000, 1/6,000
기선측량	13개소	

02 조선지적협회에서 1939년에 설립한 지적측량 교육기관은?

① 측량기술견습소
② 지적연수원
③ 지적측량기술원양성 강습소
④ 조선지적협회 측량기술자양성소

풀이 **일제강점기시대 지적측량 교육**

토지조사측량을 위한 교육	• 1910년 3월 학부대신 이용직(李容植)이 관립 한성외국어학교에 임시 토지조사기술원양성소, 관립한성고등학교에 동 사무원양성소 부설 – 토지조사를 위한 측량교육 실시 • 1912년 임시토지조사국 사무원 및 기술원양성소 규정 등 제정 – 3,685명의 한국인에게 지적측량에 관한 교육 이수 후 한반도의 토지조사사업 수행

정답 01 ③ 02 ③

공과학원 등에 의한 교육	• 1926년에 일본인 미우라(三浦義明)가 경성수학원 설립 – 경성공학원, 소화공과학교, 한양공업고등학교로 발전 • 1934년에 미쿠리야(御廚健次郎)가 대전에 관인 측량기술원양성소 설립 – 대전공과학원으로 개칭 • 1936년에 유종한(劉宗漢)이 경성측량강습소 설립 – 경성공과학원으로 개칭 – 1939년에 김연준(金連俊)이 인수 동양공과학원 설립, 한양대학교의 모체가 되었음
조선지적협회의 강습소에 의한 교육	• 1939년에 조선지적협회가 지적측량기술원양성 강습소 설치 – 1939년부터 1941년까지 제3회 총 66명 배출

03 다음 중 지적공부와 등록사항의 연결이 틀린 것은?

① 임야대장 – 토지의 소재 및 토지의 이동사유
② 경계점좌표등록부 – 좌표와 필지별 경계점좌표등록부의 장번호
③ 대지권등록부 – 대지권 비율과 전유부분(專有部分)의 건물표시
④ 임야도 – 경계와 삼각점 및 지적기준점의 위치
⑤ 공유지연명부 – 토지의 지목 및 토지소유자가 변경된 날과 그 원인

풀이 지적공부의 등록사항

구분	토지표시사항	소유권에 관한 사항	기타
토지대장 (土地臺帳, Land Books), 임야대장 (林野臺帳, Forest Books)	• **토**지소재 • **지**번 • **지**목 • 면**적** • 토지의 **이**동 사유	• **변**동일자 • 변**동**원인 • **주**민등록번호 • 성**명** • 주**소**	• 고**유**번호 • **도**면번호 • **장**번호 • 축**척** • 용**도**지역 • 개별**공**시지가와 그 기준일
공유지연명부 (共有地連名簿, Common Land Books)	• **토**지소재 • **지**번	• **변**동일자 • 변**동**원인 • **주**민등록번호 • 성**명**, 주**소** • **지**분	• **고**유번호 • **장**번호
대지권등록부 (垈地權登錄簿, Building Site Rights Books)	• **토**지소재 • **지**번	• **변**동일자 • 변**동**원인 • **주**민등록번호 • 성**명**, 주**소** • 대**지**권의 지분 • 소유**권**지분	• **고**유번호 • **장**번호 • **건**물의 명칭 • **전**유부분의 건물의 표시
경계점좌표 등록부 (境界點座標登錄簿, Boundary Point Coordinate Books)	• **토**지소재 • **지**번 • 좌**표**		• **고**유번호 • **장**번호 • **부**호 및 부호도 • **도**면번호

정답 03 ⑤

구분	토지표시사항	소유권에 관한 사항	기타
지적도 (地籍圖, Land Books), 임야도 (林野圖, Forest Books)	• **토**지소재 • **지**번 • **지**목 • 경**계** • 경계**점** 간의 거리(경계점좌표등록부를 갖춰 두는 지역으로 한정한다)		• **도**면의 색인도 • 도**면**의 제명 및 축척 • 도곽**선**과 그 수치 • 삼**각**점 및 **지**적기준점의 위치 • 건축**물** 및 구조물 등의 위치

04 다음 중 지번과 경계에 대한 설명으로 적합하지 않은 것은? (14년서울9급)

① 등록전환 시 지번을 부여할 때 대상 토지가 여러 필지로 되어 있는 경우 그 지번부여지역의 최종 본번의 다음 순번부터 본번으로 하여 지번을 부여할 수 있다.

② 지번을 변경하는 경우 시 · 도지사나 대도시 시장의 승인을 받아야 한다.

③ 지상의 경계를 결정할 때 구거 등 토지에 절토된 부분이 있는 경우 그 경사면의 상단부를 기준으로 한다.

④ 지상경계점등록부를 작성하는 경우 경계점 위치 설명도 및 경계점의 사진 파일도 등록사항에 포함된다.

⑤ 법원의 확정판결이 있는 경우 분할에 따른 지상 경계가 지상건축물에 걸리게 결정할 수 없다.

풀이 **공간정보의 구축 및 관리 등에 관한 법률 시행령 제55조(지상 경계의 결정기준 등)**

① 법 제65조제1항에 따른 지상 경계의 결정기준은 다음 각 호의 구분에 따른다. 〈개정 2014.1.17.〉
1. 연접되는 토지 간에 높낮이 차이가 없는 경우 : 그 구조물 등의 중앙
2. 연접되는 토지 간에 높낮이 차이가 있는 경우 : 그 구조물 등의 하단부
3. **도로 · 구거 등의 토지에 절토(切土)된 부분이 있는 경우 : 그 경사면의 상단부**
4. 토지가 해면 또는 수면에 접하는 경우 : 최대만조위 또는 최대만수위가 되는 선
5. 공유수면매립지의 토지 중 제방 등을 토지에 편입하여 등록하는 경우 : 바깥쪽 어깨부분

공간정보의 구축 및 관리 등에 관한 법률 제66조(지번의 부여 등)

① 지번은 지적소관청이 지번부여지역별로 차례대로 부여한다.

② 지적소관청은 지적공부에 등록된 지번을 변경할 필요가 있다고 인정하면 **시 · 도지사나 대도시 시장의 승인을 받아** 지번부여지역의 전부 또는 일부에 대하여 지번을 새로 부여할 수 있다.

③ 제1항과 제2항에 따른 지번의 부여방법 및 부여절차 등에 필요한 사항은 대통령령으로 정한다.

공간정보의 구축 및 관리 등에 관한 법률 시행령 제56조(지번의 구성 및 부여방법 등)

① 지번(地番)은 아라비아숫자로 표기하되, 임야대장 및 임야도에 등록하는 토지의 지번은 숫자 앞에 "산"자를 붙인다.

② 지번은 본번(本番)과 부번(副番)으로 구성하되, 본번과 부번 사이에 "－" 표시로 연결한다. 이 경우 "－" 표시는 "의"라고 읽는다.

③ 법 제66조에 따른 지번의 부여방법은 다음 각 호와 같다.
1. 지번은 북서에서 남동으로 순차적으로 부여할 것

정답 04 ⑤

2. 신규등록 및 등록전환의 경우에는 그 지번부여지역에서 인접토지의 본번에 부번을 붙여서 지번을 부여할 것. 다만, 다음 각 목의 어느 하나에 해당하는 경우에는 그 지번부여지역의 최종 본번의 다음 순번부터 본번으로 하여 순차적으로 지번을 부여할 수 있다.
   가. 대상토지가 그 지번부여지역의 최종 지번의 토지에 인접하여 있는 경우
   나. 대상토지가 이미 등록된 토지와 멀리 떨어져 있어서 등록된 토지의 본번에 부번을 부여하는 것이 불합리한 경우
   다. 대상토지가 여러 필지로 되어 있는 경우

공간정보의 구축 및 관리 등에 관한 법률 제65조(지상경계의 구분 등)

① 토지의 지상경계는 둑, 담장이나 그 밖에 구획의 목표가 될 만한 구조물 및 경계점표지 등으로 구분한다.
② 지적소관청은 토지의 이동에 따라 지상경계를 새로 정한 경우에는 다음 각 호의 사항을 등록한 지상경계점등록부를 작성·관리하여야 한다.
1. 토지의 소재
2. 지번
3. 경계점 좌표(경계점좌표등록부 시행지역에 한정한다.)
4. 경계점 위치 설명도
5. 그 밖에 국토교통부령으로 정하는 사항

공간정보의 구축 및 관리 등에 관한 법률 시행규칙 제60조(지상 경계점 등록부 작성 등)

① 법 제65조제2항제4호에 따른 경계점 위치 설명도의 작성 등에 관하여 필요한 사항은 국토교통부장관이 정한다.
② 법 제65조제2항제5호에서 "그 밖에 국토교통부령으로 정하는 사항"이란 다음 각 호의 사항을 말한다.
1. 공부상 지목과 실제 토지이용 지목
2. 경계점의 사진 파일
3. 경계점표지의 종류 및 경계점 위치

공간정보 구축 및 관리 등에 관한 법률 시행령 제55조(지상 경계의 결정기준 등)

① 법 제65조제1항에 따른 지상 경계의 결정기준은 다음 각 호의 구분에 따른다.
④ 분할에 따른 지상 경계는 지상건축물을 걸리게 결정해서는 아니 된다. 다만, 다음 각 호의 어느 하나에 해당하는 경우에는 그러하지 아니하다.
1. 법원의 확정판결이 있는 경우
2. 법 제87조제1호(공공사업 등에 따라 학교용지·도로·철도용지·제방·하천·구거·유지·수도용지 등의 지목으로 되는 토지인 경우)에 해당하는 토지를 분할하는 경우
3. 제3항제1호(도시개발사업 등의 사업시행자가 사업지구의 경계를 결정하기 위하여 토지를 분할하려는 경우) 또는 제3호(「국토의 계획 및 이용에 관한 법률」 제30조제6항에 따른 도시·군관리계획 결정고시와 같은 법 제32조제4항에 따른 지형도면 고시가 된 지역의 도시·군관리계획선에 따라 토지를 분할하려는 경우)에 따라 토지를 분할하는 경우

정답

05 다음 지적공부의 복구에 대한 설명 중 틀린 것은? (13년서울9급)

① 토지소유자, 이해관계인은 지적공부를 복구하고자 하는 때에는 복구자료를 조사하여야 한다.
② 지적소관청은 조사된 복구자료 중 토지대장 · 임야대장 및 공유지연명부의 등록 내용을 증명하는 서류 등에 따라 지적복구자료 조사서를 작성하고, 지적도면의 등록 내용을 증명하는 서류 등에 따라 복구자료도를 작성하여야 한다.
③ 복구측량을 한 결과가 복구자료와 부합하지 아니하는 때에는 토지소유자 및 이해관계인의 동의를 얻어 경계 또는 면적 등을 조정할 수 있다.
④ 지적소관청은 복구자료의 조사 또는 복구측량 등이 완료되어 지적공부를 복구하려는 경우에는 복구하려는 토지의 표시 등을 시 · 군 · 구 게시판 및 인터넷 홈페이지에 15일 이상 게시하여야 한다.
⑤ 복구하려는 토지의 표시 등에 이의가 있는 자는 게시기간 내에 지적소관청에 이의신청을 할 수 있다.

풀이 **공간정보의 구축 및 관리 등에 관한 법률 제74조(지적공부의 복구)**
지적소관청(제69조제2항에 따른 지적공부의 경우에는 시 · 도지사, 시장 · 군수 또는 구청장)은 지적공부의 전부 또는 일부가 멸실되거나 훼손된 경우에는 대통령령으로 정하는 바에 따라 지체 없이 이를 복구하여야 한다.

공간정보의 구축 및 관리 등에 관한 법률 시행규칙 제72조(지적공부의 복구자료)
지적공부의 복구에 관한 관계 자료(이하 "복구자료"라 한다)는 다음 각 호와 같다.
1. 지적공부의 등본
2. 측량 결과도
3. 토지이동정리 결의서
4. 부동산등기부 등본 등 등기사실을 증명하는 서류
5. 지적소관청이 작성하거나 발행한 지적공부의 등록내용을 증명하는 서류
6. 법 제69조제3항에 따라 복제된 지적공부
7. 법원의 확정판결서 정본 또는 사본

공간정보의 구축 및 관리 등에 관한 법률 시행규칙 제73조(지적공부의 복구절차 등)
① 지적소관청은 지적공부를 복구하려는 경우에는 복구자료를 조사하여야 한다.
② 지적소관청은 제1항에 따라 조사된 복구자료 중 토지대장 · 임야대장 및 공유지연명부의 등록 내용을 증명하는 서류 등에 따라 별지 제70호서식의 지적복구자료 조사서를 작성하고, 지적도면의 등록 내용을 증명하는 서류 등에 따라 복구자료도를 작성하여야 한다.
③ 제2항에 따라 작성된 복구자료도에 따라 측정한 면적과 지적복구자료 조사서의 조사된 면적의 증감이 영 제19조제1항제2호가목의 계산식에 따른 허용범위를 초과하거나 복구자료도를 작성할 복구자료가 없는 경우에는 복구측량을 하여야 한다. 이 경우 같은 계산식 중 A는 오차허용면적, M은 축척분모, F는 조사된 면적을 말한다.
④ 제2항에 따라 작성된 지적복구자료 조사서의 조사된 면적이 영 제19조제1항제2호가목의 계산식에 따른 허용범위 이내인 경우에는 그 면적을 복구면적으로 결정하여야 한다.
⑤ 제3항에 따라 복구측량을 한 결과가 복구자료와 부합하지 아니하는 때에는 토지소유자 및 이해관계인의 동의를 받어 경계 또는 면적 등을 조정할 수 있다. 이 경우 경계를 조정한 때에는 제60조제2항에 따른 경계점표지를 설치하여야 한다.
⑥ 지적소관청은 제1항부터 제5항까지의 규정에 따른 복구자료의 조사 또는 복구측량 등이 완료되어 지적공부를 복구하려는 경우에는 복구하려는 토지의 표시 등을 시 · 군 · 구 게시판 및 인터넷 홈페이지에 15일 이상 게시하여야 한다.

정답 05 ①

⑦ 복구하려는 토지의 표시 등에 이의가 있는 자는 제6항의 게시기간 내에 지적소관청에 이의신청을 할 수 있다. 이 경우 이의신청을 받은 지적소관청은 이의사유를 검토하여 이유 있다고 인정되는 때에는 그 시정에 필요한 조치를 하여야 한다.
⑧ 지적소관청은 제6항 및 제7항에 따른 절차를 이행한 때에는 지적복구자료 조사서, 복구자료도 또는 복구측량 결과도 등에 따라 토지대장 · 임야대장 · 공유지연명부 또는 지적도면을 복구하여야 한다.
⑨ 토지대장 · 임야대장 또는 공유지연명부는 복구되고 지적도면이 복구되지 아니한 토지가 법 제83조에 따른 축척변경 시행지역이나 법 제86조에 따른 도시개발사업 등의 시행지역에 편입된 때에는 지적도면을 복구하지 아니할 수 있다.

06 토지조사사업 당시 필지를 구분함에 있어 일필지의 강계(疆界)를 설정할 때, 별필로 하였던 경우가 아닌 것은?

① 특히 면적이 협소한 것
② 지반의 고저가 심하게 차이 있는 것
③ 심히 형상이 구부러지거나 협장한 것
④ 도로, 하천, 구거, 제방, 성곽 등에 의하여 자연으로 구획을 이룬 것

풀이 **토지조사사업 당시 필지구분**

1. 일필지구분의 원칙 : 소유자와 지목이 동일하고 토지가 연접(連接)되어 있는 경우
2. 별필구분의 표준
   ① 도로, 하천, 구거, 제방, 성첩 등에 의하여 자연적으로 구획된 것
   ② 토지의 면적이 특히 넓은 것
   ③ 토지의 형상이 심하게 구부러졌거나 가느다란 것
   ④ 지력(地力)이 현저하게 다른 것
   ⑤ 지반에 심한 고저차가 있는 것
   ⑥ 분쟁이 있는 것
   ⑦ 시가지에 벽돌담, 돌담 등 영구적인 시설물로 구획되어 있는 것

07 우리나라의 고등학교에 지적과를 최초로 신설한 연도는?

① 1975년　　② 1978년
③ 1980년　　④ 1997년

풀이 **광복 후 시대**

지적기술연수원에 의한 교육	• 1939년에 설립된 지적측량기술원양성강습소가 임시지적기술원양성소, 지적기술교육연구원, 지적기술연수원, 지적연수원으로 개편 교육전담 • 1973년에 최초로 지적학(地籍學) 개설(강의 : 원영희 교수) • 1979년에 내무부장관으로부터 지적직 공무원의 특별연수기관으로 지정 • 1996년에 교육부장관으로부터 실업계 고등학교 지적과 교사의 연수기관으로 선정

정답 06 ① 07 ④

대학과 전문대학에 의한 교육	• 1973년에 건국대학교 농과대학 농공학과에 지적측량학(地籍測量學) 강좌 개설 ※ 대학에서 지적학과 관련된 학문의 체계적인 교육의 효시, 1974년에 건국대학교 행정대학원 부동산학과에 지적학(地籍學) 강좌 개설 • 내무부장관이 교육부장관과 협의하여 세계 최초로 지적학과 설치 – 목적 : 지적학의 정립, 지적제도의 개선, 우수 지적기술 인재의 양성 • 1977년부터 명지전문대학, 신구대학 등에 지적학과 설치 • 1978년부터 강원대학교, 청주대학교 등에 지적학과 설치
고등학교에 의한 교육	1997년부터 지적기능 인력을 양성할 목적으로 **강릉농공고등학교** 등 8개 교에 지적과 설치
대학원에 의한 교육	• 1984년부터 청주대학교, 목포대학교, 명지대학교, 경일대학교, 서울시립대학교 등에 지적전공 석사과정 신설 • 2000년부터 경일대학교, 목포대학교, 서울시립대학교 등에 지적전공 박사과정 신설 • 우리나라는 고등학교와 전문대학 및 대학에 지적학과를 설치하고, 석사 · 박사과정에 이르기까지 지적에 대한 체계적인 전문교육 실시 – 지적학 개발의 종주국으로서 세계에서 사례를 찾아볼 수 없는 우수하고 체계적인 교육제도 확립
외국의 지적 관련 교육	지적측량 · 지적제도 · 지형측량 · 지도제작 등의 교과목개설 강의

08 지적제도의 발달 단계별 특징의 연결이 틀린 것은?

① 세지적 – 면적 본위의 과세지적

② 법지적 – 위치 본위의 소유지적

③ 시설지적 – 3차원의 입체지적

④ 다목적 지적 – 종합지적

풀이 **지적제도의 유형**

세지적 (稅地籍)	토지에 대한 조세부과를 주된 목적으로 하는 제도로 과세지적이라고도 한다. 국가의 재정수입을 토지세에 의존하던 **농경사회**에서 개발된 제도로 과세의 표준이 되는 농경지는 기준수확량, 일반토지는 토지등급을 중시하고 지적공부의 등록사항으로는 **면적단위**를 중시한 지적제도이다.
법지적 (法地籍)	세지적의 발전된 형태로서 토지에 대한 사유재산권이 인정되면서 생성된 유형으로 소유지적, 경계지적이라고도 한다. **토지소유권 보호**를 주된 목적으로 하는 제도로 토지거래의 안전과 토지소유권의 보호를 위한 **토지경계**를 중시한 지적제도이다.
다목적 지적 (多目的地籍)	현대사회에서 추구하고 있는 지적제도로 종합지적, 통합지적, 유사지적, 경제지적, 정보지적이라고도 한다. 토지와 관련한 다양한 정보를 종합적으로 등록 · 관리하고 이를 이용 또는 활용하고 필요한 자에게 제공해 주는 것을 목적으로 하는 지적제도이다.

정답 08 ③

09 고려시대에 양전을 담당한 중앙기구로서의 특별관서가 아닌 것은?

① 급전도감　② 정치도감
③ 절급도감　④ 사출도감

풀이 고려시대의 지적업무는 전기에는 호부, 후기에는 판도사에서 담당하였으며, 지적 관련 임시부서로는 급전도감, 방고감전도감, 정치도감, 화자거집, 전민추고도감 등이 있었다.

※ 고려시대 토지제도의 특징

① 고려시대 길이의 단위는 척이며 면적의 단위는 경무법(초기), 결부제(후기) 사용
② 고려 초기, 중기에는 양전척 사용
③ 고려 말에는 전품을 상중하의 3등급으로 척수로 다르게 수등이척제 사용
④ 전지측량을 단행함으로써 토지제도와 지적제도("도행"이나 "작"이라는 토지대장) 정비
⑤ 지적 관리 기구로는 중앙에 호부(戶部)와 특별 관서로 급전도감, 정치도감 등을 둠
⑥ 양안과 입안제도를 실시하였고 사표제도가 있었음

10 아래와 같은 특징을 갖는 지적제도를 시행한 시대는?

- 토지대장은 양전도장, 양전장적, 전적 등 다양한 명칭으로 호칭되었다.
- 과전법의 실시와 함께 자호제도가 창설되어 정단위로 자호를 붙여 대장에 기록하였다.
- 수등이척제를 측량의 척도로 사용하였다.

① 고구려　② 백제
③ 조선　④ 고려

풀이 **토지기록부**

고려시대의 토지대장인 양안(量案)이 완전한 형태로 지금까지 남아 있는 것은 없으나 고려 초기 사원이 소유한 토지에 대한 토지대장의 형식과 기재내용은 사원에 있는 석탑의 내용에 나타나 있다. 이를 보면 토지소재지와 면적, 지목, 경작 유무, 사표(동서남북의 토지에 대한 기초적인 정보를 제공하는 표식) 등 현대의 토지대장의 내용과 비슷함을 알 수 있다.

고려 말기에 와서는 과전법이 실시되어 양안도 초기나 중기의 것과는 전혀 다른 과전법에 적합한 양식으로 고쳐지고 토지의 정확한 파악을 위하여 지번(자호)제도를 창설하게 되었다. 이 지번(자호)제도는 조선에 와서 일자오결제도(一字五結制度)의 계기가 되었으며, 조선에서는 이를 천자답(天字畓), 지자답(地字畓) 등으로 바뀌었다.

① 양안 : 토지의 소유주, 지목, 면적, 등급, 형상, 사표 등이 기록됨
② 도행 : 송량경이 정두사의 전지를 측량하여 도행이라는 토지대장 작성
③ 작 : 양전사 전수창부경 예언, 하전 봉휴, 산사천달 등이 송량경의 도행을 기초로 '작'이라는 토지대장을 만듦
④ 자호제도 시행(최초)

※ 양안의 명칭

- 고려시대 : 도전장, 양전도장, 양전장적, 도전정, 도행, 전적, 적, 전부, 안, 원적 등
- 조선시대 : 양안, 양안등서책, 전안, 전답안, 성책, 양명등서차, 전답결대장, 전답결타량정안, 전답타량책, 전답타량안, 전답결정안, 전답양안, 전답행번, 양전도행장 등

정답 09 ④　10 ④

11 우리나라의 대학교에 지적전공 석사과정을 최초로 신설한 연도와 대상 학교는?

① 1975년 서울대학교　　② 1978년 강원대학교
③ 1984년 청주대학교　　④ 1998년 목포대학교

풀이 광복 후 시대

구분	내용
지적기술연수원에 의한 교육	• 1939년에 설립된 지적측량기술원양성강습소가 임시지적기술원양성소, 지적기술교육연구원, 지적기술연수원, 지적연수원으로 개편 교육전담 • 1973년에 최초로 지적학(地籍學) 개설(강의 : 원영희 교수) • 1979년에 내무부장관으로부터 지적직 공무원의 특별연수기관으로 지정 • 1996년에 교육부장관으로부터 실업계 고등학교 지적과 교사의 연수기관으로 선정
대학과 전문대학에 의한 교육	• 1973년에 건국대학교 농과대학 농공학과에 지적측량학(地籍測量學) 강좌 개설 ※ 대학에서 지적학과 관련된 학문의 체계적인 교육의 효시, 1974년에 건국대학교 행정대학원 부동산학과에 지적학(地籍學) 강좌 개설 • 내무부장관이 교육부장관과 협의하여 세계 최초로 지적학과 설치 – 목적 : 지적학의 정립, 지적제도의 개선, 우수 지적기술 인재의 양성 • 1977년부터 명지전문대학, 신구대학 등에 지적학과 설치 • 1978년부터 강원대학교, 청주대학교 등에 지적학과 설치
고등학교에 의한 교육	1997년부터 지적기능 인력을 양성할 목적으로 강릉농공고등학교 등 8개 교에 지적과 설치
대학원에 의한 교육	• 1984년부터 청주대학교, 목포대학교, 명지대학교, 경일대학교, 서울시립대학교 등에 지적전공 석사과정 신설 • 2000년부터 경일대학교, 목포대학교, 서울시립대학교 등에 지적전공 박사과정 신설 • 우리나라는 고등학교와 전문대학 및 대학에 지적학과를 설치하고, 석사 · 박사과정에 이르기까지 지적에 대한 체계적인 전문교육 실시 – 지적학 개발의 종주국으로서 세계에서 사례를 찾아볼 수 없는 우수하고 체계적인 교육제도 확립
외국의 지적 관련 교육	지적측량 · 지적제도 · 지형측량 · 지도제작 등의 교과목개설 강의

12 토지를 지적공부에 등록하기 위하여 우리나라에서 적용하고 있는 지적의 원리에 해당하지 않는 것은?

① 국정주의　　② 소극적 등록주의
③ 실질적 심사주의　　④ 형식주의

풀이 지적법의 기본이념 **암기** 국형공실직

구분	내용
지적국정주의(地籍國定主義)	지적공부의 등록사항인 토지표시사항을 국가만이 결정할 수 있는 권한을 가진다는 이념이다.
지적형식주의(地籍形式主義)	국가가 결정한 토지에 대한 물리적 현황과 법적 권리관계 등을 외부에서 인식할 수 있도록 일정한 법정의 형식을 갖추어 지적공부에 등록하여야만 효력이 발생한다는 이념으로 '지적등록주의'라고도 한다.

정답 11 ③ 12 ②

지적㉾개주의 (地籍公開主義)	지적공부에 등록된 사항을 토지소유자나 이해관계인은 물론 일반인에게도 공개한다는 이념이다. • 공시원칙에 의한 지적공부 3가지 형식 – 지적공부를 직접열람 및 등본으로 알 수 있다. – 현장에 경계복원함으로써 알 수 있다. – 등록된 사항과 현장상황이 틀린 경우 변경 등록한다.
㊇질적 심사주의 (實質的審査主義)	토지에 대한 사실관계를 정확하게 지적공부에 등록 · 공시하기 위하여 토지를 새로이 지적공부에 등록하거나 등록된 사항을 변경 등록하고자 할 경우 소관청은 실질적인 심사를 실시하여야 한다는 이념으로서 '사실심사주의'라고도 한다.
㊆권등록주의 (職權登錄主義)	국가는 의무적으로 통치권이 미치는 모든 토지에 대한 일정한 사항을 직권으로 조사 · 측량하여 지적공부에 등록 · 공시하여야 한다는 이념으로써 '적극적 등록주의' 또는 '등록강제주의'라고도 한다.

13 **개개의 토지를 중심으로 토지등록부를 편성하는 것으로 우리나라 토지대장에서 사용하는 등기의 편성유형은?**

① 물적 편성주의　　② 인적 편성주의
③ 연대적 편성주의　　④ 물적 · 인적 편성주의

풀이 **토지등록 편성주의**

물적 편성주의 (物的 編成主義)	물적 편성주의(System Des Realfoliums)란 개개의 토지를 중심으로 등록부를 편성하는 것으로서 1토지에 1용지를 두는 경우이다. 등록객체인 토지를 필지로 구획하고 이를 등록단위로 하므로 토지의 이용, 관리, 개발 측면에서는 편리하나 권리주체인 소유자별 파악이 곤란하다.
인적 편성주의 (人的 編成主義)	인적 편성주의(System Des Personalfoliums)란 개개의 토지 소유자를 중심으로 등록부를 편성하는 것으로 토지대장이나 등기부를 소유자별로 작성하여 동일소유자에 속하는 모든 토지는 당해 소유자의 대장에 기록하는 방식이다.
연대적 편성주의 (年代的 編成主義)	연대적 편성주의(Chronologisches System)란 당사자 신청의 순서에 따라 순차로 등록부에 기록하는 것으로 프랑스의 등기부와 미국에서 일부 사용되는 리코딩 시스템(Recoding System)이 이에 속한다. 등기부의 편성방법으로서는 유효하나 공시의 작용을 하지 못하는 단점이 있다.
물적 · 인적 편성주의 (物的 · 人的 編成主義)	물적 · 인적 편성주의(System Der Real Personalfoliums)란 물적 편성주의를 기본으로 등록부를 편성하되 인적 편성주의의 요소를 가미한 것이다. 즉, 소유자별 토지등록부를 동시에 설치함으로써 효과적인 토지행정을 수행하는 방법이다.

정답 13 ①

14 다음 중 가계(家契)제도와 지계(地契)제도에 대한 설명이 틀린 것은?

① 지계제도에서 전답을 매매하는 경우는 관계(官契)를 받아야 한다.
② 지계는 외국인의 토지 소유를 장려하는 조항을 삽입하고 있다.
③ 지계는 본질적으로 입안과 같은 것으로 근대화된 것이다.
④ 가계제도는 지계제도보다 10년 앞서 시행되었다.

풀이 1. 지계제도

지계는 전답의 소유에 대한 관의 인증으로 입안의 근대화로 볼 수 있으며 1901년 대한제국에서 과도기적으로 시행한 제도로 지계아문을 설치하여 지계를 발급하였다.

2. 지계아문

① 1901년 지계아문을 설치하여 각 도에 지계감리를 두어 "대한제국전답관계"라는 지계를 발급
② 전답의 매매, 양여 시 소유주는 반드시 "관계"를 받도록 함
③ 지계는 양면 모두 인쇄된 것으로 이면에는 8개항의 규칙을 기록함
④ 가계는 가옥의 소유에 대한 관의 인증, 지계는 전답의 소유에 대한 관의 인증으로 입안의 근대화로 볼 수 있다.
⑤ 충남, 강원도 일부에서 시행하다 토지조사의 미비, 인식부족 등으로 중지되었다.
⑥ 1904년 탁지부 양지국으로 흡수 축소되고 지계아문은 폐지되었다.
⑦ 가계는 지계보다 10년 앞서 시행하였는데 지계와 같이 앞면에 가계문언이 인쇄되고 끝부분에 담당관, 매매당사자, 증인들의 서명, 당상관의 화압이 기재되었으며, 뒷면에는 가계제도의 규칙이 인쇄되었다.
⑧ 1905년 을사조약 체결 이후 "토지가옥증명규칙"에 의거하여 토지가옥의 매매 · 교환 · 증여 시에 토지가옥증명대장에 기재공시하는 실질심사주의를 채택하였다.

15 동일한 지번부여지역 내에서 최종 지번이 1075이고, 지번이 545인 필지를 분할하여 1076, 1077로 표시하는 것과 같은 부여 방식은?

① 분수식 지번제도
② 기번식 지번제도
③ 자유식 지번제도
④ 사행식 부번제도

풀이 **지번부여방법**

구분	내용
분수식 지번제도 (Fraction System)	본번을 분자로 부번을 분모로 한 분수형태의 지번을 부여하는 제도로, 본번을 변경하지 않고 부여하는 방법이다. 분할 후의 지번이 어느 지번에서 파생되었는지 그 유래 파악이 곤란하고 지번을 주소로 활용할 수 없다는 단점이 있다. 예를 들면 237번지가 3필지로 분할되면 237/1, 237/2, 237/3, 237/4로 표시된다. 그리고 최종 부번이 237의 5번지이고 237/2을 2필지로 분할할 경우 237/2번지는 소멸되고 237/6, 237/7로 표시된다.
기번제도 (Filiation System)	237번지를 4필지로 분할할 때 분할지번은 237a, 237b, 237c, 237d로 표시한다. 다시 237c를 3필지로 분할할 경우는 237c1, 237c2, 237c3으로 표시한다. 인접지번 또는 지번의 자릿수와 함께 본번의 번호로 구성되어 지번의 발생근거를 쉽게 파악할 수 있으며 사정지번이 본번지로 편철 보존될 수 있다. 또한 지번의 이동내역 연혁을 파악하기 용이하고 여러 차례 분할될 경우 지번배열이 혼잡할 수 있다. 벨기에 등에서 채택하고 있다.

정답 14 ② 15 ③

자유부번 (Free Numbering System)	237번지, 238번지, 239번지로 표시되고 인접지에 등록전환이나 신규등록이 발생되어 지번을 부여할 경우 최종 지번이 240번지이면 241번지로 표시된다. 분할하여 새로이 발생되는 241번지, 242번지로 표시된다. 새로운 경계를 부여하기까지의 모든 절차상의 번호가 영원히 소멸하고 토지등록구역에서 사용되지 않는 최종 지번 다음 번호로 바뀐다. 분할 후에는 종전지번을 사용하지 않고 지번부여구역 내 최종 지번의 다음 지번으로 부여하는 제도로 부번이 없기 때문에 지번을 표기하는 데 용이하며 분할의 유래를 파악하기 위해서는 별도의 보조장부나 전산화가 필요하다. 그러나 지번을 주소로 사용할 수 없는 단점이 있다.

16 지표면의 형태, 지형의 고저, 수륙의 분포상태 등 땅이 생긴 모양에 따라 결정하는 지목은?

① 토성지목 ② 지형지목
③ 용도지목 ④ 복식 지목

풀이 지목의 분류

토지 현황	지형지목	지표면의 형태, 토지의 고저, 수륙의 분포상태 등 땅이 생긴 모양에 따라 지목을 결정하는 것을 지형지목이라 한다. 지형은 주로 그 형성과정에 따라 하식지(河蝕地), 빙하기, 해안지, 분지, 습곡지, 화산지 등으로 구분한다.
	토성지목	토지의 성질(토성, 토질)인 지층이나 암석 또는 토양의 종류 등에 따라 결정한 지목을 토성지목이라고 한다. 토성은 암석지, 조사지(租沙地), 점토(粘土地), 사토지(砂土地), 양토(壤土地), 식토지(植土地) 등으로 구분한다.
	용도지목	토지의 용도에 따라 결정하는 지목을 용도지목이라고 한다. 우리나라에서 채택하고 있으며 지형 및 토양 등과 관계없이 토지의 현실적 용도를 주로 하기 때문에 일상생활과 가장 밀접한 관계를 맺게 된다.
소재 지역	농촌형 지목	농어촌 소재에 형성된 지목을 농촌형지목이라고 한다. 임야, 전, 답, 과수원, 목장용지 등이 있다.
	도시형 지목	도시지역에 형성된 지목을 도시형 지목이라고 한다. 대, 공장용지, 수도용지, 학교용지도로, 공원, 체육용지 등이 있다.
산업별	1차 산업형 지목	농업 및 어업 위주의 용도로 이용되고 있는 지목을 말한다.
	2차 산업형 지목	토지의 용도가 제조업 중심으로 이용되고 있는 지목을 말한다.
	3차 산업형 지목	토지의 용도가 서비스 산업 위주로 이용되는 것으로 도시형 지목이 해당된다.
국가 발전	후진국형 지목	토지이용이 1차 산업의 핵심과 농 · 어업이 주로 이용되는 지목을 말한다.
	선진국형 지목	토지이용 형태가 3차 산업, 서비스업 형태의 토지이용에 관련된 지목을 말한다.
구성 내용	단식 지목	하나의 필지에 하나의 기준으로 분류한 지목을 단식지목이라 한다. 토지의 현황은 지형, 토성, 용도별로 분류할 수 있기 때문에 지목도 이들 기준으로 분류할 수 있다. 우리나라에서 채택하고 있다.
	복식 지목	일필지 토지에 둘 이상의 기준에 따라 분류하는 지목을 복식 지목이라 한다. 복식 지목은 토지의 이용이 다목적인 지역에 적합하며, 독일의 영구녹지대 중 녹지대라는 것은 용도지목이면서 다른 기준인 토성까지 더하여 표시하기 때문에 복식 지목의 유형에 속한다.

정답 16 ②

17 다음 중 지번의 특성에 해당하지 않는 것은?

① 특정성 ② 종속성 ③ 연속성 ④ 형평성

풀이 지번

1. 지번의 개념 : 지번이란 토지의 특정화를 위해 지번부여지역별로 기번하여 필지마다 하나씩 붙이는 번호로서, 토지의 고정성 및 개별성을 확보하기 위해 소관청이 지번부여지역인 법정 리 · 동단위로 기번하여 필지마다 아라비아숫자 1, 2, 3 등 순차적으로 연속하여 부여한 번호를 말한다.
2. 지번의 특성 : 특정성, 동질성, 종속성, 불가분성, 연속성
3. 지번의 역할
   ① 장소의 기준 ② 물권표시의 기준
   ③ 공간계획의 기준
4. 지번의 기능
   ① 토지의 특정화 ② 토지의 개별화
   ③ 토지의 고정화 ④ 토지의 식별
   ⑤ 위치의 확인

18 지적의 발생설을 토지측량과 밀접하게 관련지어 이해할 수 있는 이론은?

① 과세설 ② 치수설 ③ 지배설 ④ 역사설

풀이 지적발생설

과세설(課稅說) (Taxation Theory)	국가가 과세를 목적으로 토지에 대한 각종 현상을 기록 · 관리하는 수단으로부터 출발했다고 보는 설로 공동생활과 집단생활을 형성 · 유지하기 위해서는 경제적 수단으로 공동체에 제공해야 한다. 토지는 과세목적을 위해 측정되고 경계의 확정량에 따른 과세가 이루어졌고 고대에는 정복한 지역에서 공납물을 징수하는 수단으로 이용되었다. 정주생활에 따른 과세의 필요성에서 그 유래를 찾아볼 수 있고, 과세설의 증거자료로는 Domesday Book(영국의 토지대장), 신라의 장적문서(서원경 부근의 4개 촌락의 현 · 촌명 및 촌락의 영역, 호구(戶口) 수, 우마(牛馬) 수, 토지의 종목 및 면적, 뽕나무, 백자목, 추자목의 수량을 기록) 등이 있다.
치수설(治水說) (Flood Control Theory)	국가가 토지를 농업생산 수단으로 이용하기 위하여 관개시설 등을 측량하고 기록, 유지, 관리하는 데서 비롯되었다고 보는 설로 토지측량설(土地測量說, Land Survey Theory)이라고도 한다. 물을 다스려 보국안민을 이룬다는 데서 유래를 찾아볼 수 있고 주로 4대강 유역이 치수설을 뒷받침하고 있다. 즉, 관개시설에 의한 농업적 용도에서 물을 다스릴 수 있는 토목과 측량술의 발달은 농경지의 생산성에 대한 합리적인 과세목적에서 토지기록이 이루어지게 된 것이다.
지배설(支配說) (Rule Theory)	국가가 토지를 다스리기 위한 영토의 본존과 통치수단으로 토지에 대한 각종 현황을 관리하는 데서 출발한다고 보는 설로 지배설은 자국영토의 국경을 상징하는 경계표시를 만들어 객관적으로 표시하고 기록하는 과정에서 지적이 발생했다는 이론이다. 이러한 국경의 경계를 객관적으로 표시하고 기록하는 것은 자국민의 생활안전을 보장하여 통치의 수단으로서 중요한 역할을 하였다. 국가 경계의 표시 및 기록은 영토보존의 수단이며 통치의 수단으로 백성을 다스리는 근본을 토지에서 찾았던 고대에는 이러한 일련의 행위가 매우 중요하게 평가되었다.

정답 17 ④ 18 ②

	고대세계의 성립과 발전, 중세봉건사회와 근대 절대왕정 그리고 근대시민사회의 성립 등이 지배설을 뒷받침하고 있다.
침략설(侵略說) (Aggression Theory)	국가가 영토확장 또는 침략상 우의를 확보하기 위해 상대국의 토지 · 현황을 미리 조사, 분석, 연구하는 데서 비롯되었다는 학설

19 아래의 설명에 해당하는 토지제도는?

- 신라 말기에 극도로 문란해졌던 토지제도를 바로잡아 국가 재정을 확립하고, 민생을 안정시키기 위하여 관리들의 경제적 기반을 마련하도록 고려시대에 창안된 것이다.
- 문무 신하에게 지급된 전토(田土)인데 이는 공훈전적인 성격이 강하였다.

① 반전제　　② 역분전
③ 전부전　　④ 경무전

풀이 **역분전**

① 고려 태조가 시행한 토지분급제도로, 공신들에게 그 공로에 따라 토지를 나누어 주었는데, 뒤에 공훈전으로 발전하였다.
② 940년(태조 23년)에 후삼국의 통일 전쟁에서 공을 세운 조신(朝臣) · 군사(軍士)들을 대상으로 나누어주었다.
③ 지급 기준은 관계(官階)와 상관없이 고려 왕조에 대한 충성도와 공로의 대소에 따랐다.
④ 지급액은 얼마였는지 분명하지 않으나, 박수경(朴守卿)에게 토지 200결(結)을 주었다는 것이 역분전 지급에 관한 유일한 기록이다.
⑤ 역분전은 고려시대의 토지분급제도인 전시과제도의 선구가 되었다는 점에서 그 의미가 크다.

20 다음 중 광무양전(光武量田)에 대한 설명으로 옳지 않은 것은?

① 등급별 결부산출(結負産出) 등의 개선은 있었으나 면적을 척수(尺數)로 표준화하지 않았다.
② 양무위원을 두는 외에 조사위원을 두었다.
③ 정확한 측량을 위하여 외국인 기사를 고용하였다.
④ 양안의 기재는 전답(田畓)의 도형(圖形)을 기입하게 하였다.

풀이 **광무양전사업(光武量田事業)**

1898~1904년 추진된 광무양전사업(光武量田事業)은 근대적 토지제도와 지세제도를 수립하고자 전국적 차원에서 추진되었다. 사업의 실제 과정을 보면 양지아문(量地衙門)이 주도한 양전사업과 지계아문(地契衙門)의 양전 · 관계(官契) 발급 사업으로 전개되었다.

이때의 양안은 고종황제 집권 시에 작성되었기 때문에 일명 '광무양안(光武量案)'으로 불리는데, 광무양안은 그 이전의 양안과 형식 및 내용에서 큰 차이가 있었다. 우선 완전히 새롭게 토지를 측량해서 지번(地番)을 매겼기 때문에, 같은 토지의 지번이 과거의 경자양안(1720년 작성)의 지번과 완전히 달라지게 되었다. 경자양안과는 달리 광무양안에서는 지형을 도시(圖示)하였고 면적을 척수(尺數)로써 표시하고, 등급에 따라 결부수(結負數)를 산출하여 기록하였다. 또한 지주 · 소작관계가 이루어지고 있는 토지는 시주(時主, 지주)와 시작(時作, 소작인)의 성명을 기록하였다. 그뿐만 아니라 가대지(家垈地)의 경우 가옥의 주인과 협호인(挾戶人)의 성명을 함께 기록하기도 하였다. 시작인의 성명 등을 기록한 것은 지세(地稅) 납부자가 시작인인 경우가 있었기 때문이다.

정답 19 ② 20 ①

29 제29회 합격모의고사

01 다음 중 지적이란 2000년 전의 라틴어 카타스트럼(Catastrum)에서 그 근원이 유래되었다고 주장한 학자는?

① Blondheim ② Stephane Lavigne
③ J. McEntyre ④ Cledat

풀이 **외국 학자별 지적의 유래에 대한 주장**

지적(地籍, Cadastre)이란 용어가 어떻게 유래되었는지에 대하여는 확실치 않으나 그리스어 카타스티콘(Katastikhon)과 라틴어 캐피타스트럼(Capitastrum)에서 유래되었다고 하는 두 가지 학설이 지배적이라고 할 수 있다.

프랑스 어원학자인 브론데임(Blondheim)	지적(地籍, Cadastre)이란 용어는 공책(空冊, Note book) 또는 상업기록(商業記錄, Business Record)이라는 뜻을 가진 그리스어 카타스티콘(Katastikhon)에서 유래된 것이라고 주장하였다.
스페인 국립농업연구소의 일머(Ilmoor D.) 교수	그리스어 카타스티콘(Katastikhon)에서 유래되었다고 주장하면서 카타(Kata)는 "위에서 아래로"의 뜻을 가지고 있으며 스티콘(Stikhon)은 "부과"라는 뜻을 가지고 있는 복합어로서 지적(Katastikhon)은 "위의 군주(君主)가 아래의 신민(臣民)에 대하여 세금을 부과하는 제도"라는 의미로 풀이하였다.
미국 퍼듀대학의 맥엔트리(J.G. McEntyre) 교수	지적이란 2000년 전의 라틴어 카타스트럼(Catastrum)에서 그 근원이 유래되었다고 주장하면서 로마인의 인두세등록부(人頭稅登錄簿, Head Tax Register)를 의미하는 캐피타스트럼(Capitastrum) 혹은 카타스트럼(Catastrum)이란 용어에서 유래된 것이라고 주장하였다. 맥앤트리 교수는 "지적은 토지에 대한 법률적인 용어로서 세금을 부과하기 위한 부동산의 크기와 가치 그리고 소유권에 대한 국가적인 장부에 대한 등록이다"라고 정의하였다.
프랑스 스테판 라비뉴(Stephane Lavigne) 교수	라틴어인 카피트라스트라(Capitrastra)라는 목록(List)을 의미하는 단어에서 유래하였다는 것과 그 외에 "토지 경계를 표시하는 데 사용된 돌" 또는 "지도처럼 사용된 편암조각"이라는 고대 언어에서 유래하였다고 보는 견해도 있다고 주장하였다.
공통점	학자마다 차이는 있으나 그리스어인 카타스티콘(Katastikhon)과 라틴어인 캐피타스트럼(Capitastrum) 또는 카타스트럼(Catastrum)은 모두 세금(稅金) 부과(賦課)의 뜻을 내포하고 있는 것이 공통점이라고 할 수 있다. 지적이 무엇인가에 대한 연구는 국내외적으로 매우 활발하게 연구되고 있으며 국가별, 학자별로 다양한 이론들이 제기되고 있는 상황이다. 그러나 이러한 기존의 연구에서 지적이 무엇인가에 대한 공통점은 "토지에 대한 기록"이며, "필지를 연구대상으로 한다는 점"이다.

정답 01 ③

02 현대 지적의 일반적 기능과 관련이 없는 것은?

① 공법적 기능
② 법률적 기능
③ 정치적 기능
④ 행정적 기능

풀이 **지적의 일반적 기능**

사회적 기능	국가가 전국의 모든 토지를 필지별로 지적공부에 정확하게 등록하여 완전한 공시기능을 확립하여 정한 토지거래를 위하여 실지의 토지와 지적공부가 일치하여야 할 때 사회적 기능을 발휘하여 지적은 사회적인 토지문제를 해결하는 데 중요한 사회적 문제해결 기능을 수행한다.
법률적 기능	• 사법적 기능
	토지에 관한 권리를 명확히 기록하기 위해서는 먼저 명확한 토지표시를 전제로 함으로써 거래당사자가 손해를 입지 않도록 거래의 안전과 신속성을 보장하기 위한 중요한 기능을 한다.
	• 공법적 기능
	국가는 지적법을 근거로 지적공부에 등록함으로써 법적 효력을 갖게 되고 공적인 자료가 되는 것으로 적극적 등록주의에 의하여 모든 토지는 지적공부에 강제 등록하도록 규정하고 있다. 공권력에 의해 결정함으로써 토지표시의 공신력과 국민의 재산권 보호 및 정확한 정보로서의 기능을 갖는다. 토지등록사항의 신뢰성은 거래자를 보호하고 등록사항을 공개함으로써 공적 기능의 역할을 한다.
행정적 기능	지적제도의 역사는 과세를 목적으로 시작되는 행정의 기본이 되었으며 토지와 관련된 과세를 위한 평가와 부과징수를 용이하게 하는 수단으로 이용된다. 지적은 공공기관 및 지방자치단체의 행정자료로서 공공계획 수립을 위한 기술자료로 활용된다. 최근에는 토지의 정책자료로서 다양한 정보를 제공할 수 있도록 토지정보시스템을 구성하고 있다.

03 토지대장에 등록된 토지표시사항은 보존등기 시에 등기부의 어느 곳에 등기되는가?

① 표제부
② 등기번호란
③ 갑구
④ 을구

풀이 **부동산등기법 제34조(등기사항)**

등기관은 토지 등기기록의 표제부에 다음 각 호의 사항을 기록하여야 한다.

1. 표시번호
2. 접수연월일
3. 소재와 지번(地番)
4. 지목(地目)
5. 면적
6. 등기원인

정답 02 ③ 03 ①

04 지적공부의 등록주체인 소관청이라고 할 수 없는 기관은?

① 종로구청장 ② 제주시장
③ 수원시장 ④ 평택시 송탄출장소장

풀이 지적소관청

지적공부를 관리하는 특별자치시장, 시장(「제주특별자치도 설치 및 국제자유도시 조성을 위한 특별법」 제15조 제2항에 따른 행정시의 시장을 포함하며, 「지방자치법」 제3조제3항에 따라 자치구가 아닌 구를 두는 시의 시장은 제외한다) · 군수 또는 구청장(자치구가 아닌 구의 구청장을 포함한다)을 말한다.

05 토지를 사회적 측면에서 볼 때 가장 중요하다고 판단되는 사항은?

① 토지거래의 기본정보 제공 ② 인간의 공동 자산
③ 국가구성의 3요소 중 하나 ④ 인간이 향유할 수 있는 재산권의 객체

풀이 토지의 중요성

토지는 국가에는 토지의 공간이며 자원이고, 개인에게는 귀중한 생활의 터전, 재산이며, 이러한 자원과 재산인 토지를 등록, 공시하는 제도가 지적제도이다.

구분		
경제적 측면	생산의 3요소[Land(토지), Labor(노동), Capital(자본)] 중 하나로서 만물에 대한 생산의 원천	
	농경정착시대	단순히 식량을 생산하기 위한 터전으로 활용
	산업화 · 도시화시대	효율적인 관리와 균형개발
	정보화시대	자연환경과 연계한 지속 가능한 개발
사회적 측면	인간이 생활하는 데 가장 중요한 공동 자산	
	• 인간은 토지 위에서 태어나고 토지 위에서 일생을 지내다가 다시 토지로 돌아감 • 인류는 긴 세월 동안 토지 위에서 계속하여 생존하고 발전하고 • 동서고금을 통하여 개인이나 국가에 있어서 토지가 인간생활의 삶의 질을 결정하고 부의 척도로 인식	
국가적 측면	국가구성의 3요소(국민, 주권, 영토) 중 하나인 영토	
	• 국민과 주권이 있다 하더라도 영토가 없는 국가는 존재 불가 • 인류의 역사는 영토를 보다 많이 확보하기 위한 투쟁의 연속 • 국토의 크기는 각 시대를 살아간 선조들의 영토확장에 대한 열망과 투쟁에 비례	
법적인 측면	인간이 향유할 수 있는 가장 중요한 재산권의 객체	
	1950년에 서명된 인권에 관한 유럽회의의 최초 의정서 제1조에 "모든 자연인과 법인은 소유에 대한 즐거움을 누릴 자격이 있으며, 아무도 그들의 재산이 공공의 이익이나 법에 규정된 조건 또는 국제법의 일반적인 원리에 의하지 않고서는 빼앗기지 않는다"라고 기술되어 있다.	

정답 04 ③ 05 ②

06 다음 중 수치주제도(數値主題圖)의 종류에 들어가지 않는 것은?

① 토양도 ② 풍수해보험관리지도
③ 관광지도 ④ 정사영상지도

풀이 수치주제도 암기 ㉠㉠㉠㉠㉠㉠㉠㉠㉠㉠㉠㉠㉠㉠㉠㉠㉠㉠㉠㉠㉠

1. ㉠지이용현황도 2. ㉠하시설물도 3. ㉠시계획도
4. ㉠토이용계획도 5. ㉠지적성도 6. ㉠로망도
7. ㉠하수맥도 8. ㉠천현황도 9. ㉠계도
10. ㉠림이용기본도 11. ㉠연공원현황도 12. ㉠태 · 자연도
13. ㉠질도 14. ㉠양도 15. ㉠상도
16. ㉠지피복지도 17. ㉠생도 18. ㉠광지도
19. ㉠수해보험관리지도 20. ㉠해지도 21. ㉠정구역도
22. 제1호부터 제21호까지에 규정된 것과 유사한 수치주제도 중 관련 법령상 정보유통 및 활용을 위하여 정확도의 확보가 필수적이거나 공공목적상 정확도의 확보가 필수적인 것으로서 국토교통부장관이 정하여 고시하는 수치주제도

07 선등록, 후등기의 원칙을 적용하지 아니하는 등록객체는?

① 토지 ② 임목
③ 선박 ④ 중기

풀이 등록 · 등기일체의 원칙

- 지적제도와 등기제도를 통합 일원화하여 동일한 조직에서 하나의 공적도부에 모든 토지와 그 정착물 등을 지적측량이라는 공학적이고 기술적인 수단을 통하여 연속되어 있는 국토를 조사 · 측량한 후 개인의 권리가 미치고 있는 범위를 특정하여 필지단위로 지적공부 또는 부동산등록부 등에 등록 · 공시하는 제도를 말한다(등록으로 등기의 효력까지 인정).
- 항공기 · 중기 · 자동차 · 저작권 · 어업권 · 광업 · 특허 · 상표등록업무 등 – 관련 행정기관에 등록함으로써 권리의 설정 · 이전 · 소멸 등의 효력을 인정하는 등록제도를 채택하여 운영(별도의 등기절차가 필요 없음)
- 선등록, 후등기원칙의 적용대상 업무

종목 \ 구분	등록기관			등기기관		
	중앙	지방	공부명	중앙	지방	공부명
토지등록	행정안전부	시 · 도 시 · 군 · 구	토지대장	법원행정처	지방법원 등 기 소	토지등기부
건축물등록	행정안전부	시 · 도 시 · 군 · 구	건축물대장	법원행정처	지방법원 등 기 소	건물등기부
선박등록	항만청	시 · 도 시 · 군 · 구	선박등록 원부	법원행정처	지방법원 등 기 소	선박등기부
임목등록	산림청	시 · 도 시 · 군 · 구	임목등록 원부	법원행정처	지방법원 등 기 소	임목등기부

정답 06 ④ 07 ④

08 필지를 폐합된 다각형의 형태로 등록 · 공시하는 지적공부는?

① 토지대장　　② 공유지연명부
③ 지적도　　④ 경계점좌표등록부

풀이 지적을 구성하는 주요 내용

구분		내용
등록주체(등록주체) : 국정주의 채택	국가, 지방정부 • 지방정부인 경우에는 연방정부에서 토지 관련 정보를 공동 활용할 수 있도록 표준화하고 중앙 집중화하는 방향으로 개선	
등록객체(등록객체) : 직권등록주의 채택	토지와 그 정착물인 지상 건축물과 지하 시설물 등	
등록공부(등록공부) : 공개주의 채택	도면 (Cadastral Map)	경계를 폐합된 다각형 또는 평면직각종횡선 수치로 등록
	대장 (Cadastral Book)	필지에 대한 속성자료 등록
등록사항(등록사항) : 형식주의 채택	기본정보	토지의 소재, 지번, 이용 상황, 면적, 경계 등
	소유정보	권리의 종류, 취득사유, 보유상태, 설정기간 등
	가격정보	토지가격, 수확량, 과세액, 거래가격 등
	제한정보	용도지역, 지구, 구역, 형질변경, 지목변경, 분할 등
	의무정보	건폐율, 용적률, 대지와 도로와의 관계 등
등록방법(등록방법) : 사실심사주의 채택	토지조사, 지적측량이라는 기술적 수단을 통하여 모든 국토를 필지별로 구획하여 실제의 상황과 부합되도록 지적공부에 등록, 공시(토지조사, 측량성과 등 실시)	

09 Bernard O. Binns는 '지적'이라는 단어가 인두세의 등록 또는 로마 토지세를 위해 만들어진 단위인 라틴어 (　)에서 유래하였다고 하였다. (　) 안에 들어갈 용어로 옳은 것은 ?

① Capitastrum　　② Capitrastra
③ Katastikhon　　④ Catastico

풀이 외국 지적어원의 변천과정

단어	언어	학자	의미
Capitastrum	라틴어	Bernard O. Binns	인두세의 등록 또는 로마지방 토지세 부과단위
		Simpson, Larsson	인두세 등록
		J. G. McEntyre	로마인의 인두세 등록부
Capitrastra		Stephane Lavigne	• 목록 • 토지경계를 표시하는 데 사용된 돌 • 지도처럼 사용된 편암 조각

정답 08 ③ 09 ①

단어	언어	학자	의미
Katastikhon	그리스어	J. D. McLaughlin	로마지방을 인두세 또는 토지세를 부과하기 위하여 분할한 영토과세 단위
		C. R. Bennet	로마지방을 분할한 영토과세 단위의 등록부
		D. M. Ali	공책 또는 상업 기록
		J. D. Ilmoor	군주가 신민에게 세금을 부과하는 제도
Catastico	그리스어 라틴어	H. Felstehausen	공책 또는 목록

10 **지적제도의 국가성(國家性), 공공성(公共性)과 관련된 가장 중요한 지적의 구성 내용이며 지적학의 연구대상은?**

① 등록주체 ② 등록객체

③ 등록정보 ④ 등록공부

풀이 지적제도의 특성 **암기** 통영이내전기기공가공통일해라

전통성과 영속성	지적사무는 근대적인 지적제도가 창설된 1910년대 이후 오늘날까지 관리주체가 다양한 목적에 의거 토지에 관한 일정한 사항을 등록 · 공시하고 계속하여 유지 관리되고 있는 영속성(永續性)과 전통성(傳統性)을 가지고 있는 국가사무
이면성과 내재성	지적사무는 지적공부에 등록된 토지에 관한 기본정보 · 소유정보 · 이용정보 · 가격정보 등의 변경사항을 대장과 도면에 정리하는 내재성(內在性)과 이면성(裏面性)을 가지고 있는 국가사무
전문성과 기술성	지적사무는 토지에 관한 정보를 조사 · 측량하여 그 결과를 국가의 공적장부인 지적공부에 등록 · 공시하는 제도로서 특수한 지식과 기술을 검증받은 자만이 종사할 수 있는 기술성(技術性)과 전문성(專門性)을 가지고 있는 국가사무
기속성과 공개성	• 지적사무는 토지소유자 또는 이해관계인 등에게 무제한으로 지적공부의 열람 · 등본교부를 허용하고 토지의 경계분쟁이 발생하면 지적공부의 등록사항을 토대로 이를 해결할 수 있는 기속성(羈屬性)과 공개성(公開性)을 가지고 있는 준사법적인 국가사무 • 지적공부에 등록 · 공시된 사항은 언제나 일반 국민에게 열람 · 등본을 허용하여 정당하게 이용할 수 있도록 공개주의를 채택
국가성과 공공성	지적사무는 국가(토지를 조사 · 측량하여 공적장부에 등록하고 관리하는 주체 : 지적의 주체)에서 토지에 대한 세금을 징수하기 위한 기초자료를 만들기 위하여 창설된 제도로서 국가성(國家性)과 강한 공공성(公共性)을 가지고 있는 국가사무
통일성과 획일성	지적사무는 전국적(국가의 통치권이 미치는 범위 내에 있는 모든 토지 : 지적의 대상 객체)으로 측량방법 · 토지의 이동정리 · 지적공부의 관리 등이 동일한 통일성(統一性)과 획일성(劃一性)을 가지고 있는 국가사무

정답 10 ①

11 줄자를 이용하여 토지를 측량하는 모습과 기록부를 가진 관리들이 그려진 고분벽화는 어디에서 출토되었는가?

① 고대 이집트 수도인 지방의 메나무덤
② 고대 이집트 수도인 메나지방의 테베무덤
③ 고대 이집트 누비아 지방의 고분벽화
④ 고대 중국 한묘의 고분벽화

풀이 **고대 이집트**

이집트의 역사학자들은 B.C. 3400년경에 길이를 측정하였고, B.C. 3000년경에 나일강 하류의 이집트에서 매년 일어나는 대홍수에 의하여 토지의 경계가 유실됨에 따라 이를 다시 복원하기 위하여 지적측량이 시작되었으며 아울러 토지기록도 존재하였다고 주장하였다.

① 지적측량과 지적제도의 기원은 인류문명의 발상지인 티그리스, 유프라테스, 나일강의 농경정착지에서 찾아볼 수 있다.
② B.C. 3000년경 고대 이집트(Eygpt)와 바빌론(Babylon)에서 만들어졌던 토지소유권에 관한 기록이 있다.
③ 나일강가의 비옥한 토지를 따라 문명이 발달하였으며 매년 발생하는 홍수로 토지의 경계가 유실되어 그 경계를 복원하기 위하여 측량의 기본원리인 기하학이 발달하였다.

고대 이집트 왕조의 세소스트리스 왕이 기하학을 정립
• 이집트의 땅을 소유한 자들이 부담하는 과세량을 쉽게 파악할 수 있도록 동일한 크기의 4각형으로 나누어 배분하였다. • 나일강의 범람으로 유실된 경계의 확인을 위하여 토지의 유실 정도를 파악하고 나머지 토지의 비율에 따라 과세량을 책정하였으며, 이러한 방법으로 기하학과 측량학을 창안하였다.
고대 이집트의 수도인 테베지방의 메나무덤(Tomb of Menna)의 고분벽화
줄자를 이용하여 토지를 측량하는 모습과 기록부를 가진 관리들이 그려져 있는데, 오늘날과 유사한 지적측량을 실시하는 모습을 발견할 수 있다.
세계에서 제일 오래된 지도
B.C. 1300년 경 이집트의 누비아 금광산(金鑛山) 주변의 와이키(Waiki)지도로서 종이의 기원인 나일강변의 야생 갈대인 파피루스(Papirus)에 기재된 것으로 이탈리아대학의 이집트박물관에 보관되어 있다.

12 다음 중 소삼각점과 구소삼각점을 구분하여 부르는 이유로 옳은 것은?

① 조선총독부에서 설치한 삼각점과 탁지부에서 설치한 삼각점을 서로 구분하기 위해
② 대삼각측량을 실시한 지역과 그렇지 않은 지역을 서로 구분하기 위해
③ 서울, 경기 지역과 대구, 경북지역의 삼각점을 서로 구분하기 위해
④ 기선측량을 실시하였던 지역과 실시하지 않았던 지역을 서로 구분하기 위해

풀이 1. 구소삼각측량

서울 및 대구, 경북부근에 부분적으로 소삼각측량을 시행하였으며 이를 **구소삼각측량지역**이라 한다. 측량지역은 27개 지역이며 지역 내에 있는 **구소삼각원점** 11개의 원점이 있고 토지조사사업이 끝난 후에 일반삼각점과 계산상으로 연결을 하였으며 측량지역은 다음과 같다.

경기도	시흥, 교동, 김포, 양천, 강화, 진위, 안산, 양성, 수원, 용인, 남양, 통진, 안성, 죽산, 광주, 인천, 양지, 과천, 부평(19개 지역)
경상북도	대구, 고령, 청도, 영천, 현풍, 자인, 하양, 경산(8개 지역)

정답 11 ① 12 ①

2. 삼각점

1909년 구한국정부의 도지부에서 측지사업을 착수하였으나 1910년 8월 한일합방에 따라 그 사업이 중단되어 일본 조선총독부 임시토지조사국에 의해 승계되었다.

※ 삼각측량의 역사

① 1910~1918년 까지 동경원점을 기준으로 하여 삼각점(1등~4등)의 경위도와 평면직각좌표 결정
② 삼각점수는 총 31,994점 설치
③ 1950년 6.25전쟁으로 기준점 망실
④ 1960년대 후 복구사업 시작
⑤ 6.25전쟁 후 국립건설연구소 및 국립지리원에서(1974년 창설)에서 실시한 삼각점의 재설 및 복구작업을 신뢰할 수 없어 1975년부터 지적법에 근거하여 국가기준점성과는 별도로 지적삼각점과 지적삼각보조점 설치
⑥ 1975년부터 1, 2등 삼각점의 정밀 1차 기준점측량을 계획 실시
⑦ 1985년부터 3, 4등 삼각점을 대상으로 정밀 2차 기준점측량을 계획 실시

13 테라코타(Terra Cotta)에 대한 설명으로 틀린 것은?

① 지목
② 점토
③ 토지경계
④ 면적

풀이 고대 바빌로니아의 지적도

세계에서 제일 오래된 지형도	이라크 북동부 지역의 누지(Nuzi)에서 고대 바빌로니아에서 사용된 B.C. 2500년경 점토판(粘土版) 지도 발견
지적도	B.C. 2300년경 바빌로니아 지적도가 있는데, 이 지적도에는 소유 경계와 재배 작물 및 가축 등을 표시하여 과세목적으로 이용
문자발명 및 지적도	수메르(Sumer)인들은 최초의 문자를 발명하고 점토판(Clay Tablet)에 새겨진 지적도 제작 • 홍수 예방과 관개를 위하여 운하, 저수지, 제방과 같은 수리체계 완성 • 토지분쟁을 사전에 예방하기 위해서 토지경계를 측량하고 "미쇼(Michaux)의 돌"이라는 경계비석(境界碑石)을 세움 • B.C. 2100년경 움마 시에서 양질의 점토를 구워 만든 점토판인 테라코타(Terra Cotta) 서판(書板) 발견(토지의 경계와 면적을 기록한 지적도)

14 다음 중 지적재조사사업의 목적이나 기대효과로 볼 수 없는 것은?

① 지적불부합지를 해소하고, 국민의 재산권을 보호한다.
② 지적불부합지를 해소하고, 지적행정의 신뢰를 증진한다.
③ 디지털 지적으로 전환하여 국토의 효율적 관리를 달성한다.
④ 지적불부합지를 해소하고, 토지거래의 활성화를 도모한다.

정답 13 ① 14 ④

풀이 **지적재조사 특별법 제1조(목적)**

이 법은 토지의 실제 현황과 일치하지 아니하는 지적공부(地籍公簿)의 등록사항을 바로잡고 종이에 구현된 지적(地籍)을 디지털 지적으로 전환함으로써 국토를 효율적으로 관리함과 아울러 국민의 재산권 보호에 기여함을 목적으로 한다.

지적재조사의 필요성 및 기대효과

① 전 국토를 동일한 좌표계로 측량하여 지적불부합지를 해소한다.
② 지적불부합지를 해소하고, 지적행정의 신뢰를 증진한다.
③ 디지털 지적으로 전환하여 국토의 효율적 관리를 달성한다.
④ 디지털 지적으로 전환하여 지적제도의 효율화를 증진한다.
⑤ 지적불부합지를 해소하고, 국민의 재산권을 보호한다.
⑥ 수치적 방법으로 재조사하여 국민적 요구에 부응하고 도해지적의 문제점을 해결한다.
⑦ 토지 관련 정보의 종합관리와 계획의 용이성을 제공한다.
⑧ 부처 간 분산 관리되고 있는 기준점의 통일로 업무능률을 향상한다.
⑨ 도면의 신축 등으로 인한 문제점을 해결한다.

15 둠즈데이 대장의 보관기관은?

① 공공기록사무소 ② 국립박물관
③ 둠즈데이 대장 연구소 ④ 옥스퍼드 대학도서관

풀이 **둠즈데이북(Domesday Book)**

윌리엄(William) 공이 1086년에 전 영국의 토지에 대한 과세를 목적으로 시작한 대규모 토지사업의 성과에 의하여 작성된 둠즈데이북(Domesday Book)으로 둠즈데이 대장은 근대지적제도의 필수 공부인 지적도면을 작성하지 않고 지적부라고 할 수 있는 지세대장만을 작성하여 단순히 과세목적으로 사용하였기 때문에 최초의 근대적인 지적제도라고 볼 수 없다.

<table>
<tr><td>조사기간</td><td colspan="2">1085년부터 1086년(약 1년)</td></tr>
<tr><td>대상지역</td><td colspan="2">북부의 4개 군과 런던 및 윈체스터 시를 제외한 모든 영국</td></tr>
<tr><td>조사목적</td><td colspan="2">• 스칸디나비아 국가로부터 영국의 침략을 방비
• 프랑스 북부의 전투현장을 유지하기 위한 전비 조달</td></tr>
<tr><td>조사사항</td><td colspan="2">토지의 면적, 소유자, 소작인, 삼림, 목초, 동물, 어족, 쟁기, 기타 자원, 건물, 노르만 침공 이전과 이후의 토지와 자산 가치 등</td></tr>
<tr><td>조사방법</td><td colspan="2">영국 전역을 7개 지역으로 나누어 왕실의 위원들이 각 지역별로 3~4명씩 할당되어 조사</td></tr>
<tr><td>대장의 작성</td><td colspan="2">윌리엄 왕이 사망한 1087년 9월에 작업 중단</td></tr>
<tr><td rowspan="2">대장의 종류</td><td>둠즈데이 본대장
(Great Domesday Book)</td><td>마른 양가죽에 검정과 적색 잉크만을 사용하여 라틴어로 기록하고 결국 미완성됨</td></tr>
<tr><td>둠즈데이 부대장
(Little Domesday Book)</td><td>요약되지 않은 초안으로 남아 있음</td></tr>
<tr><td>대장의 보관</td><td colspan="2">런던의 큐(Kew)에 있는 공공기록사무소의 금고 사본을 발간하여 특별전시실에 전시하고 일반인들에게 열람</td></tr>
<tr><td>대장의 활용</td><td colspan="2">11세기 노르만 영국의 경제와 사회를 조명하는 자료와 그 당시 영국의 부와 봉건제도 및 지리적 상황 등을 분석하는 데 이용</td></tr>
</table>

정답 15 ①

16 다음 중 토지조사사업 당시 지역선(地域線)에 해당하지 않는 것은?

① 소유자는 같으나 지목이 다른 경우
② 소유자는 같으나 지반이 연속되지 않은 경우
③ 이웃하고 있는 토지의 지반의 고저가 심한 경우
④ 소유자를 알 수 없는 토지와의 구획선

풀이 토지조사사업 당시 용어정의

강계선 (疆界線)	• 사정선이라고도 하며 토지조사령에 의하여 토지조사국장이 사정을 거친 선 • 소유자가 다른 토지 간의 사정된 경계선을 의미 • 강계선은 지목의 구별, 소유권의 분계를 확정하는 것으로 토지 소유자 지목이 지반이 연속된 토지는 1필지로 함을 원칙 • 강계선과 지역선을 구분하여 확정 • 토지조사 당시에는 지금의 '경계선' 용어가 없음 • 임야 조사 당시는 경계선으로 불림
지역선 (地域線)	• 토지조사사업 당시 사정하지 않은 경계선 • 소유자는 같으나 지반이 연속되지 않은 경우 • 소유자가 같은 토지와의 구획선 • 소유자를 알 수 없는 토지와의 구획선 • 소유자는 같으나 지목이 다른 경우 • 토지조사 시행지와 미시행지와의 지계선
경계선 (境界線)	지적도상의 구획선을 경계라 지칭하고 강계선과 지역선으로 구분한다. 강계선은 사정선이라고도 하였으며 임야조사 당시의 사정선은 경계선이라고 하였다. 최근 경계선의 의미는 강계선이나 지역선에 관계없이 2개의 인접한 토지 사이의 구획선을 말한다. 도해지적에서는 지적도나 임야도에 그려진 토지의 구획선을 말하는데, 지상에 있는 논둑, 밭둑, 표항 따위를 말하는 것은 아니다. 경계점좌표시행지역에서 경계선이라고 할 때에는 어떤 점의 좌표(우리나라 지적분야에서는 평면직각종횡선수치)와 그 이웃하는 점의 좌표와의 연결을 말한다. 경계선은 시대 및 등록방법에 따라 다르게 부르며, 경계는 일반경계, 고정경계, 자연경계, 인공경계 등으로 사용처에 따라 다르게 부르기도 한다.

17 다음 토지조사사업 당시의 지목 중 공공용지로서 면세대상에 해당하지 않는 것은?

① 철도용지
② 분묘지
③ 성첩
④ 공원지

풀이 지목의 종류

토지조사사업 당시 지목(18개)	• ㉮세지 : ㉶, ㉰, ㉣(垈), ㉨소(池沼), ㉭야(林野), ㉴종지(雜種地)(6개) • ㉥과세지 : ㉣로, 하㉶, 구㉮, ㉨방, ㉦첩, ㉵도선로, ㉦도선로(7개) • ㉾세지 : ㉦사지, ㉥묘지, ㉮원지, ㉵도용지, ㉦도용지(5개)
1918년 지세령 개정(19개)	지소(池沼) : 지소, 유지로 세분
1950년 구 지적법(21개)	잡종지(雜種地) : 잡종지, 염전, 광천지로 세분

정답 16 ③ 17 ③

구분		내용
1975년 지적법 2차 개정 (24개)	통합	• 철도용지 + 철도선로 = 철도용지 • 수도용지 + 수도선로 = 수도용지 • 유지 + 지소 = 유지
	신설	**과**수원, **목**장용지, 공**장**용지, **학**교용지, 유**원**지, 운동**장**(6개)
	명칭 변경	• 사사지 ⇒ 종교용지 • 성첩 ⇒ 사적지 • 분묘지 ⇒ 묘지 • 운동장 ⇒ 체육용지
2001년 지적법 10차 개정(28개)		**주**차장, **주**유소용지, **창**고용지, **양**어장(4개 신설)

현행(28개)

지목	부호	지목	부호	지목	부호	지목	부호
전	전	대	대	철도용지	철	공원	공
답	답	**공장용지**	**장**	제방	제	체육용지	체
과수원	과	학교용지	학	**하천**	**천**	**유원지**	**원**
목장용지	목	**주차장**	**차**	구거	구	종교용지	종
임야	임	주유소용지	주	유지	유	사적지	사
광천지	광	창고용지	창	양어장	양	묘지	묘
염전	염	도로	도	수도용지	수	잡종지	잡

18 다음 중 기초점 자체의 위치오류, 경계인정 착오, 소유자들의 토지경계 혼동 등으로 산발적으로 필지의 경계가 잘못 등록되는 경우의 지적불부합 유형은?

① 불규칙형　　　　② 중복형

③ 공백형　　　　④ 위치오류형

풀이 지적불부합의 유형 **암기** 중공편불위기경

유형	특징
중복형	• 원점지역의 접촉지역에서 많이 발생한다. • 기존 등록된 경계선의 충분한 확인 없이 측량하였을 때 발생한다. • 발견이 쉽지 않다. • 도상경계에는 이상이 없으나 현장에서 지상경계가 중복되는 형상이다.
공백형	• 도상경계는 인접해 있으나 현장에서는 공간의 형상이 생기는 유형이다. • 도선의 배열이 상이한 경우에 많이 발생한다. • 리, 동 등 행정구역의 경계가 인접하는 지역에서 많이 발생한다. • 측량상의 오류로 인해서도 발생한다.
편위형	• 현형법을 이용하여 이동측량을 하였을 때 많이 발생한다. • 국지적인 현형을 이용하여 결정하는 과정에서 측판점의 위치오류로 발생한 것이 많다. • 정정을 위한 행정처리가 복잡하다.
불규칙형	• 불부합의 형태가 일정하지 않고 산발적으로 발생한 형태이다. • 경계의 위치파악과 원인분석이 어려운 경우가 많다. • 토지조사사업 당시 발생한 오차가 누적된 것이 많다.

정답 18 ①

유형	특징
위치오류형	• 등록된 토지의 형상과 면적은 현지와 일치하나 지상의 위치가 전혀 다른 위치에 있는 유형을 말한다. • 산림 속의 경작지에서 많이 발생한다. • 위치정정만 하면 되고 정정과정이 쉽다.
경계 이외의 불부합	• 지적공부의 표시사항 오류이다. • 대장과 등기부 간의 오류이다. • 지적공부의 정리시에 발생하는 오류이다. • 불부합의 원인 중 가장 미미한 부분을 차지한다.

19 고대 중국에서 어린도를 최초로 작성하기 시작한 나라는?

① 주나라　　② 송나라

③ 명나라　　④ 수나라

풀이 **고대 중국의 지적**

은왕조(殷王朝)	B.C. 1500년경 은왕조(殷王朝)가 갑골문자(甲骨文字)를 남겼으며, 하남성 안양에서 발굴된 은나라 때 수레축의 장식품에 5각형과 9각형 등의 기하학적 도형이 그려져 있으며, 고대 중국인들이 일찍부터 토지측량술과 관계있는 활동을 해왔다는 것을 의미함
고공기(考工記)	춘추전국시대에 발간된 주례(周禮)의 고공기(考工記)에 "장인들이 나라의 중심이 되는 도성을 설계함에 있어서 사방 9리에 각각 세 개의 성문을 설치하고 성내를 9경(經)과 9궤(軌)로 되어 있다"라고 기록 • 주나라는 일찍부터 모든 토지의 평면을 바둑판식으로 나누는 **정전제(井田制)**를 시행하여 실제 측량을 전제로 하는 토지구획제도를 시행
변경주군도(邊境駐軍圖)	고대 중국에서 토지측량술이 있었다는 1973년 양자강(揚子江) 남쪽 호남성의 장사 마왕퇴(長沙 馬王堆)에서 발견된 B.C. 186년의 장사국(長沙國) 남부 지형도와 변경주군도(邊境駐軍圖)에서 확인되고 있음 • 전한(前漢)시대의 2매의 지도로 현대의 지도와 비교할 때 개략적인 축척까지 설정할 수 있을 정도로 비교적 정확함
우적도와 화이도	1136년 만들어진 우적도(禹跡圖)와 화이도(華夷圖) 발견 • 이 지도들은 모두 방격도(方格圖) 형태로 되어 있어 측량에 의해서 작성되었음을 알 수 있음
어린도(魚鱗圖)	**중국에서 지적제도가 확립되었다는 확실한 증거는 현존하는 어린도(魚鱗圖)임** 어린도는 조세징수의 기초자료로 만들어진 고대 중국의 지적도로 이것들을 묶어서 어린도책(魚鱗圖冊)으로 발간 • 어린도책은 송(宋)대부터 일부지역에서 작성하기 시작하여 명(明) · 청(靑)시대에 전국으로 광범위하게 전파
기리고차(記里鼓車)	송사(宋史) **여복지(輿服志)**에 지상거리 측량용 기구인 기리고차(記里鼓車)에 관해서 상세한 기록이 있고 평주가담(萍洲可談)에는 나침반을 사용한 기록이 있는 것으로 보아 지상에서 거리측량과 방위설정이 이루어졌음을 알 수 있음

정답 19 ②

20 다음 중 지적 2014의 지적제도 발전에 관한 6가지 선언문의 내용이 아닌 것은?

① 지적의 임무와 내용
② 정보기술
③ 비용회수
④ 공영화

풀이 **지적 2014의 지적제도 발전에 관한 6가지 선언문**

① 지적 2014의 임무와 내용
② 지적 2014의 조직
③ 지적 2014의 도면역할
④ 지적 2014의 정보기술
⑤ 지적 2014의 민영화
⑥ 지적 2014의 비용회수

정답 20 ④

30 제30회 합격모의고사

01 지적의 3요소와 가장 거리가 먼 것은?

① 토지 ② 등록
③ 등기 ④ 공부

풀이 지적의 구성요소

협의	토지	지적제도는 토지를 대상으로 성립하며 토지 없이는 등록행위가 이루어질 수 없어 지적제도 성립이 될 수 없다. 지적에서 말하는 토지란 행정적 또는 사법적 목적에 의해 인위적으로 구획된 토지의 단위구역으로서 법적으로는 등록의 객체가 되는 일필지를 의미한다.
	등록	국가통치권이 미치는 모든 영토를 필지단위로 구획하여 시장, 군수, 구청장이 강제적으로 등록을 하여야 한다는 이념
	지적공부	토지를 구획하여 일정한 사항을 기록한 장부
광의	소유자	토지를 소유할 수 있는 권리의 주체
	권리	토지를 소유할 수 있는 법적 권리
	필지	법적으로 물권이 미치는 권리의 객체

02 지적의 실체를 구체화시키기 위한 법률 행위를 담당하는 토지등록의 주체는? (19년3회지산)

① 지적소관청
② 지적측량업자
③ 행정안전부장관
④ 한국국토정보공사장

풀이 공간정보의 구축 및 관리 등에 관한 법률 제64조(토지의 조사 · 등록 등)

① 국토교통부장관은 모든 토지에 대하여 필지별로 소재 · 지번 · 지목 · 면적 · 경계 또는 좌표 등을 조사 · 측량하여 지적공부에 등록하여야 한다.
② 지적공부에 등록하는 지번 · 지목 · 면적 · 경계 또는 좌표는 토지의 이동이 있을 때 토지소유자(법인이 아닌 사단이나 재단의 경우에는 그 대표자나 관리인을 말한다. 이하 같다)의 신청을 받아 지적소관청이 결정한다. 다만, 신청이 없으면 지적소관청이 직권으로 조사 · 측량하여 결정할 수 있다.
③ 제2항 단서에 따른 조사 · 측량의 절차 등에 필요한 사항은 국토교통부령으로 정한다.

"지적소관청"이란 지적공부를 관리하는 특별자치시장, 시장(「제주특별자치도 설치 및 국제자유도시 조성을 위한 특별법」 제10조제2항에 따른 행정시의 시장을 포함하며, 「지방자치법」 제3조제3항에 따라 자치구가 아닌 구를 두는 시의 시장은 제외한다) · 군수 또는 구청장(자치구가 아닌 구의 구청장을 포함한다.)을 말한다.

정답 01 ③ 02 ①

03 해양지적의 구성요소와 관련이 없는 것은?

① 권리(Right)
② 책임(Responsibilities)
③ 제한(Restrictions)
④ 주체(People)

풀이 해양지적의 구성 요소

권리(Right)	해양활동에서 파생되는 각종 특별한 이익을 누릴 수 있는 법률상의 힘(공중권, 접근권, 개발권, 조업권, 수주권, 항해권, 해저이용권, 처분권 등)
책임 (Responsibilities)	위법한 행위를 한 사람에 대한 법률적 제재
제한 (Restrictions)	해양환경에서 활동하는 데 부여된 권리를 향유하기 위하여 일정한 한계나 범위를 설정하여 제한을 가하는 것

04 다음 중 지적의 3요소가 아닌 것은?

① 토지
② 등록
③ 공부
④ 소관청

풀이 지적의 구성요소

외부 요소	지리적 요소	지적측량 시 지형, 식생, 토지이용 등 형태결정에 영향을 미친다.
	법률적 요소	효율적인 토지관리와 소유권보호를 목적으로 공시하기 위한 제도로 등록이 강제되고 있다.
	사회적 요소	토지소유권제도는 사회적 요소들이 신중하게 평가되어야 하는데, 사회적으로 그 제도가 받아들여져야 하고 사람들에게 신뢰성이 있어야 하기 때문이다.
협의	토지	지적제도는 토지를 대상으로 성립하며 토지 없이는 등록행위가 이루어질 수 없어 지적제도가 성립될 수 없다. 지적에서 말하는 토지란 행정적 또는 사법적 목적에 의해 인위적으로 구획된 토지의 단위구역으로서 법적으로는 등록의 객체가 되는 일필지를 의미한다.
	등록	국가통치권이 미치는 모든 영토를 필지단위로 구획하여 시장, 군수, 구청장이 강제적으로 등록을 하여야 한다는 이념
	지적공부	토지를 구획하여 일정한 사항을 기록한 장부
광의	소유자	토지를 소유할 수 있는 권리의 주체
	권리	토지를 소유할 수 있는 법적 권리
	필지	법적으로 물권이 미치는 권리의 객체

정답 03 ④ 04 ④

05 해양지적의 구성으로 옳지 않은 것은?

① 해양관리의 객체　　② 해양관리 형식
③ 해양관리 주체　　④ 해양관리 자원

풀이 **해양지적의 구성**

해양지적은 해양활동에서 파생되는 누가 어떻게 관리하는가에 관련된 해양관리 주체(People), 해양활동에 파생되는 제반사항이 무엇이며 어떤 유형이 있는가에 관련된 해양관리 객체(Marine), 해양활동에서 파생되는 제반사항을 어디에 등록하고 어떻게 표시하는가에 관련된 해양관리 형식(Records) 그리고 해양관리의 주체, 객체, 형식의 삼각구도가 원만히 운영될 수 있도록 하는 지원체계(Supporting)로 구성된다.

<table>
<tr><td rowspan="4">해양관리 주체
(People)</td><td colspan="2">해양활동에서 파생되는 제반사항을 조사, 등록, 관리하는 주체로서 해양정책을 입안하고 결정하는 의사결정기관인 정책결정구조, 결정된 정책을 실제 업무에 적용하는 집행구조, 정책 집행을 직 · 간접적으로 지원하는 지원구조를 포함한다.</td></tr>
<tr><td>해양정책결정구조</td><td>해양관리의 효율성을 달성하기 위하여 해양정책에 관련된 제반 의사결정을 수행하는 과정에 참여하는 공식적 사람을 의미한다.</td></tr>
<tr><td>해양정책집행구조</td><td>해양정책으로 결정된 사안에 대하여 직접 실무에 적용하는 조직 구조</td></tr>
<tr><td>해양정책지원구조</td><td>해양정책집행에 간접적이고 전문적인 분야를 수행하기 위하여 조직된 공식적인 사람</td></tr>
<tr><td rowspan="4">해양관리 객체
(Marine)</td><td colspan="2">해양지적의 범위설정 차원인 이용, 권리, 공간에 따라 검토될 수 있다.</td></tr>
<tr><td>이용 차원</td><td>육지와 마찬가지로 해양의 용도에 따라 등록객체를 결정하는 것으로 해양의 활용가치에 초점을 둔다.</td></tr>
<tr><td>권리 차원</td><td>육지의 물건에 부여되는 배타성을 해양공간에 인정하여 사법적 권리를 등록객체로 결정한다.</td></tr>
<tr><td>공간 차원</td><td>국가 또는 지방정부의 해양에 대한 관할권 및 실제의 통제에 초점을 두고 육지와 공간적 거리에 따라 등록객체를 결정한다.</td></tr>
<tr><td rowspan="4">해양관리 형식
(Records)</td><td colspan="2">해양등록 객체를 담는 그릇으로, 즉 해양등록부 유형에는 한 국가의 환경 및 제도에 따라 대장 및 등기부, 권원등록부로 구분할 수 있고 공통적으로 해양필지도 해당된다.</td></tr>
<tr><td>해양등록대장</td><td>해양에 관련된 물리적인 현황을 중심으로 등록 · 관리</td></tr>
<tr><td>권리원부</td><td>해양의 각종 권리를 등록</td></tr>
<tr><td>권원등록부</td><td>해양의 권리원인을 등록</td></tr>
<tr><td rowspan="3">해양관리 지원
(Supporting)</td><td colspan="2">해양지적의 삼각구도가 제대로 운영될 수 있도록 지원하는 연계체계로 해양지적입법체계, 해양지적업무설계, 해양지적측량, 해양인적자원관리, 해양지적의 교육 및 훈련 등을 포함한다.</td></tr>
<tr><td>해양지적의
입법체계</td><td>해양관리에 관련된 법제로 국토관리, 경계관리, 수역관리, 자원관리, 환경관리 등의 법제</td></tr>
<tr><td>해양지적의
업무설계</td><td>지적제도, 해양조사, 해양등록, 해양관리, 해양측량, 해양정보 등에 관련된 세부적인 업무를 의미</td></tr>
</table>

정답 05 ④

06 지적의 구성요소를 외부요소와 내부요소로 구분할 때 내부요소에 속하지 않는 것은?

① 지적공부　　② 지형
③ 토지　　④ 경계설정

풀이 **지적의 구성요소**

지적의 구성요소를 외부요소와 내부요소로 구분할 때 외부요소에는 지리적 요소, 법률적 요소, 사회 · 정치 · 경제적 요소가 있고, 주요 구성요소에는 토지, 경계설정과 측량, 등록, 지적공부가 있다.

1. 외부요소(External Factors)

지리적 요소 (Geographic Factors)	지적측량에 있어서 지형 · 식생 · 토지이용 및 기후 등으로서 최적의 측량방법 결정에 영향을 미치게 된다. 특히, 이러한 요소들은 지적측량으로 경계점을 설정하는데 위치와 표지의 형태에 영향을 미친다.
법률적 요소 (Legal Factors)	물권객체인 토지를 측정하여 확정한 지적제도와 물권객체에 존재하는 물권 주체를 명확히 한 등기제도에 관련된 법률관계를 법률적 요소로 한다. 즉, 토지소유권은 법률에 의하여 구체화되어야 하고, 토지가 실지 등록 내용과 다르면 근본적으로 등록 공시의 효력에도 하자가 발생하기 때문에 토지의 등록 시 물권은 실체관계와 항상 부합되어야 한다.
사회 · 정치 · 경제적 요소 (Social · Political · Economic Factors)	지적의 발달로 토지의 모든 자료를 보관함으로써 정보를 다른 사람들에게 누출하여 개개인들의 소유권을 위태롭게 만드는 위험이 존재할 수 있는데, 사회적 · 정치적 · 경제적 관점에서 볼 때 프라이버시를 위한 특별한 장치가 필요하며 경제적인 측면에서 볼 때 통합 관리가 효과적일 수 있다.

2. 주요 구성요소(Central Components)

토지 (Land)	지적은 토지[등록객체(대상)]를 대상으로 한 개념이므로 토지는 지적의 가장 기본적인 요소로서 지적제도 성립의 중요한 요소이다. 지적의 대상이 되는 토지(지적공부에 등록할 대상 토지)는 우리나라 국토(영토)의 전부가 된다.
경계설정과 측량 (Demarcation & Surveying)	토지의 등록을 위해서는 일필지의 경계를 반드시 설정하여야 한다. 지적측량의 가장 기본적인 역할은 그 토지의 구획에 대한 명확한 한계를 확정하여 토지소유자의 소유권 확인 목적을 충족시켜 주는 것이다.
등록 (Registration)	토지의 등록 행위는 등록 내용의 공정성과 통일성이 보정되어야 하므로 국가기관에 의한 국가 업무로서 시행되는데, 등록은 인위적으로 구획한 토지의 등록 단위를 필지로 하여 소재, 지번, 지목, 경계, 좌표, 면적, 소유자 등 일정한 사항을 지적공부에 등록하는 행위를 말한다. 지적공부에 등록된 필지는 독립성, 개별성이 인정되어 비로소 물권거래의 객체가 될 수 있다.
지적공부 (Cadastral Records)	지적공부는 토지를 구획하여 일정한 사항을 기록한 장부로서 일정한 형식과 규격을 법으로 정하여 일반국민이 언제라도 활용할 수 있도록 항시 비치되어야 하며 등록된 내용은 실제의 토지내용과 항상 일치하는 것을 이상으로 하고 있으므로 토지의 변동사항을 계속적으로 정리해야 한다. 지적공부의 형식의 요건으로 표준화(Standard), 지속성(Sustainability), 대응성(Correspondence), 효율성(Efficiency), 편리성(Convenience) 등이 있다.

정답 06 ②

07 토지행정도메인모델(LADM : Land Administration Domain Model)의 패키지의 주요 구성요소로 옳지 않은 것은?

① 클래스 LA_PARTY
② 클래스 LA_RRR
③ 클래스 LA_BAUnit
④ 클래스 LA_Boundary Face String

풀이 **LADM(Land Administration Domain Model) 패키지의 주요 구성요소**

구성요소	내용
클래스 LA_PARTY (당사자)	이 클래스의 인스턴스는 당사자(Party)들(사람들 또는 조직들) 또는 그룹 당사자(GroupParty)들(사람들 또는 조직들의 그룹들)
클래스 LA_RRR	LA_RRR의 종속 클래스의 인스턴스는 LA_Right(권리), LA_Restriction(제한), LA_Responsibility(책임)들이다.
클래스 LA_BAUnit (기본 행정단위)	이 클래스의 인스턴스는 동등한 권리, 제한, 책임을 가진 공간단위에 관련한 행정적 정보를 포함한다.
클래스 LA_SpatialUnit (공간단위)	이 클래스의 인스턴스는 공간단위(LA_SpatialUnit), 필지, 종속필지, 건물 또는 네트워크이다.

08 해양환경의 3가지 범위로 옳지 않은 것은?

① 육지
② 연안
③ 해안
④ 바다

풀이 **해양공간차원의 범위**

해양환경의 범위는 다양한 형태로 분류할 수 있으나 광범위하게 3가지의 범주로 구분할 수 있다. 즉, 육지, 연안, 해안으로 조수(Tidal Waters)를 따라 구분되는 지역을 의미한다.

육지(Upland)	육지는 평균 최고수위선(Ordinary Hight Water Mark)에서 육지방향을 의미한다. 평균 최고수위선은 사적 대지의 소유권과 바다에 면한(Seaward) 소유권 및 권익 사이의 경계로서 인식된다.
연안(Foreshore)	연안은 평균 최고수위선에서 평균 최저수위선(Ordinary Low Water Mark) 사이를 말한다.
해안(Offshore)	평균 최저수위선에서 바다방향을 의미한다.

- 공간차원의 범위는 육지, 연안, 해안으로 조수를 따라 구분
- 육지는 보통 최고수위점에서 육지방향을 의미
- 연안은 보통 최고수위점에서 최저 수위점 사이를 의미
- 해안은 보통 최저수위점에서 바다방향을 의미

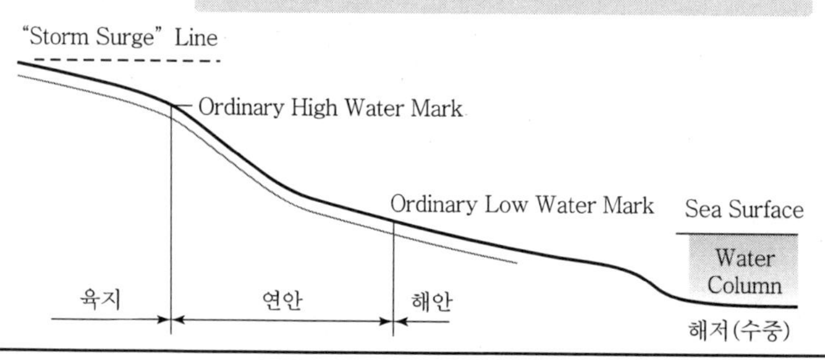

정답 07 ④ 08 ④

09 다음 데이터 언어에 대한 내용 중 ( ) 안에 들어갈 명령어는?

• (㉠)는 새로운 데이터를 삽입한다.
• (㉡)는 테이블을 잘라낸다.
• (㉢)는 데이터변경을 취소한다.
• (㉣)는 권한을 제거한다.

	㉠	㉡	㉢	㉣
①	INSERT	TRUNCATE	REVOKE	ROLLBACK
②	TRUNCATE	INSERT	ROLLBACK	REVOKE
③	REVOKE	ROLLBACK	INSERT	TRUNCATE
④	INSERT	TRUNCATE	ROLLBACK	REVOKE

풀이 데이터 언어

언어	해당 SQL	내용 **암기** ⒸⒶⒹ(RE) (TRUN) (SE)(IN)(UP)(DEL) (GR)(RE)(CO)(ROLL)
DDL (Data Definition Language)	데이터의 구조를 정의하며 새로운 테이블을 만들고, 기존의 테이블을 변경 · 삭제하는 등의 데이터를 정의하는 역할을 한다.	
	ⒸREATE	새로운 테이블을 생성한다.
	ⒶLTER	기존의 테이블을 변경한다.
	ⒹROP	기존의 테이블을 삭제한다.
	(RE)NAME	테이블의 이름을 변경한다.
	(TRUN)CATE	테이블을 잘라낸다.
DML (Data Manipulation Language)	데이터를 조회하거나 변경하며 새로운 데이터를 삽입 · 변경 · 삭제하는 등의 데이터를 조작하는 역할을 한다.	
	(SE)LECT	기존의 데이터를 검색한다.
	(IN)SERT	새로운 데이터를 삽입한다.
	(UP)DATE	기존의 데이터를 갱신한다.
	(DEL)ETE	기존의 데이터를 삭제한다.
DCL (Data Control Language)	데이터베이스를 제어 · 관리하기 위하여 데이터를 보호하기 위한 보안, 데이터 무결성, 시스템 장애시 회복, 다중사용자의 동시접근 제어를 통한 트랜잭션 관리 등에 사용되는 SQL이다.	
	(GR)ANT	권한을 준다(권한부여).
	(RE)VOKE	권한을 제거한다(권한해제).
	(CO)MMIT	데이터 변경을 완료한다.
	(ROLL)BACK	데이터 변경을 취소한다.

정답 09 ④

10 **다음 중 지적전산자료를 이용 또는 활용하고자 하는 자가 관계 중앙행정기관의 장에게 제출하여야 하는 심사 신청서에 포함시켜야 할 내용으로 틀린 것은?** (17년2회지산)

① 자료의 공익성 여부　　② 자료의 보관기관
③ 자료의 안전관리대책　　④ 자료의 제공방식

풀이 **공간정보의 구축 및 관리 등에 관한 법률 시행령 제62조(지적전산자료의 이용 등)**

① 법 제76조제1항에 따라 지적공부에 관한 전산자료(이하 "지적전산자료"라 한다)를 이용하거나 활용하려는 자는 같은 조 제2항에 따라 다음 각 호의 사항을 적은 신청서를 관계 중앙행정기관의 장에게 제출하여 심사를 신청하여야 한다. **암기** **이목근 범내는 제보전하라**

> 1. 자료의 이용 또는 활용 목적 및 근거
> 2. 자료의 범위 및 내용
> 3. 자료의 제공 방식, 보관 기관 및 안전관리대책 등

② 제1항에 따른 심사 신청을 받은 관계 중앙행정기관의 장은 다음 각 호의 사항을 심사한 후 그 결과를 신청인에게 통지하여야 한다. **암기** **타적공은 사적 방안 마련하라**

> 1. 신청 내용의 타당성, 적합성 및 공익성
> 2. 개인의 사생활 침해 여부
> 3. 자료의 목적 외 사용 방지 및 안전관리대책

③ 법 제76조제1항에 따라 지적전산자료의 이용 또는 활용에 관한 승인을 받으려는 자는 승인신청을 할 때에 제2항에 따른 심사 결과를 제출하여야 한다. 다만, 중앙행정기관의 장이 승인을 신청하는 경우에는 제2항에 따른 심사 결과를 제출하지 아니할 수 있다.

④ 제3항에 따른 승인신청을 받은 국토교통부장관, 시 · 도지사 또는 지적소관청은 다음 각 호의 사항을 심사하여야 한다. 〈개정 2013.3.23.〉 **암기** **타적공은 사적 방안 마련하라 전지 여부를**

> 1. 신청 내용의 타당성, 적합성 및 공익성
> 2. 개인의 사생활 침해 여부
> 3. 자료의 목적 외 사용 방지 및 안전관리대책
> 4. 신청한 사항의 처리가 전산정보처리조직으로 가능한지 여부
> 5. 신청한 사항의 처리가 지적업무수행에 지장을 주지 않는지 여부

⑤ 국토교통부장관, 시 · 도지사 또는 지적소관청은 제4항에 따른 심사를 거쳐 지적전산자료의 이용 또는 활용을 승인하였을 때에는 지적전산자료 이용 · 활용 승인대장에 그 내용을 기록 · 관리하고 승인한 자료를 제공하여야 한다. 〈개정 2013.3.23.〉

⑥ 제5항에 따라 지적전산자료의 이용 또는 활용에 관한 승인을 받은 자는 국토교통부령으로 정하는 사용료를 내야 한다. 다만, 국가나 지방자치단체에 대해서는 사용료를 면제한다.

정답 10 ①

11 다음 KLIS(Korea Land Information System)의 파일 확장자 중 (   ) 안에 들어갈 확장자가 옳은 것은?

> • 측량성과검사요청서파일 : (㉠)
> • 측량성과파일 : (㉡)
> • 세부측량계산파일 : (㉢)
> • 일필지속성정보파일 : (㉣)

	㉠	㉡	㉢	㉣
①	*.sif	*.jsg	*.ser	*.sebu
②	*.ser	*.svy	*.jsg	*.ksp
③	*.ksp	*.ser	*.svy	*.jsg
④	*.jsg	*.svy	*.ksp	*.ser

풀이 KLIS(Korea Information System)의 파일 확장자 **암기** ㉦㉦ⓢⓚ㉦에서 ㉦㉦㉦㉦㉦

측량준비도추출파일(*.ⓒif) (Cadastral Information File)	소관청의 지적공부관리시스템에서 측량지역의 도형 및 속성정보를 저장한 파일
일필지속성정보파일(*.ⓢⓔbu) (세부측량을 영어로 표현)	측량성과작성시스템에서 속성을 작성하는 일필지속성정보파일
측량관측파일(*.ⓢvy) (Survey)	토털스테이션에서 측량한 값을 좌표로 등록하여 작성한 파일
측량계산파일(*.ⓚsp) (Kcsc Survey Project)	지적측량계산시스템에서 작업한 경계점 결선, 경계점 등록, 교차점 계산 등의 결과를 관리하는 파일
세부측량계산파일(*.ⓢⓔⓡ) (Survey Evidence Relation File)	측량계산시스템에서 교차점 계산 및 면적지정계산을 하여 경계점좌표등록부 시행지역의 출력에 필요한 파일
측량성과파일(*.ⓙsg)	측량성과작성시스템에서 측량결과도 및 측량성과작성을 위한 파일
토지이동정리(측량결과)파일(*.ⓓⓐt) (Data)	측량성과작성시스템에서 소관청의 측량검사, 도면검사 등에 이용되는 파일
측량성과검사요청서파일(*.ⓢⓘf)	적측량접수프로그램을 이용하여 작성하며 iuf 파일과 함께 작성되는 파일
측량성과검사결과파일(*.ⓢⓡf)	측량결과파일을 측량업무관리부에 등록하고 성과검사 정상완료 시 지적소관청에서 측량수행자에게 송부하는 파일
정보이용승인신청서파일(*.ⓘⓤf)	지적측량업무 접수 시 지적소관청 지적도면자료의 이용승인 요청 파일

정답 11 ①

12 다음 중 토지정보시스템의 주된 구성요소로만 나열한 것은? (16년2회직)

① 조직과 인력, 하드웨어 및 소프트웨어, 자료
② 하드웨어 및 소프트웨어, 통신장비, 네트워크
③ 자료, 보안장치, 시설
④ 지적측량, 조직과 인력, 네트워크

풀이 **토지정보시스템의 구성요소**

구분	내용
하드웨어 (Hardware)	지형공간정보체계를 운용하는 데 필요한 컴퓨터와 각종 입 · 출력장치 및 자료관리 장치를 말하며 하드웨어의 범주에는 데스크탑 PC, 워크스테이션뿐만 아니라 스캐너, 프린터, 플로터, 디지타이저를 비롯한 각종 주변 장치들을 포함한다.
소프트웨어 (Software)	지리정보체계의 자료를 입력, 출력, 관리하기 위해 프로그램인 소프트웨어가 반드시 필요하며 크게 세 종류로 구분하면 먼저 하드웨어를 구동시키고 각종 주변 장치를 제어할 수 있는 운영체계(OS : Operating System), 지리정보체계의 자료구축과 자료 입력 및 검색을 위한 입력 소프트웨어, 지리정보체계의 엔진을 탑재하고 있는 자료처리 및 분석 소프트웨어로 구성된다. 소프트웨어는 각종 정보를 저장 · 분석 · 출력할 수 있는 기능을 지원하는 도구로서 정보의 입력 및 중첩기능, 데이터 베이스 관리기능, 질의 분석, 시각화 기능 등의 주요 기능을 갖는다.
데이터베이스 (Database)	지리정보체계는 많은 자료를 입력하거나 관리하는 것으로 이루어지고 입력된 자료를 활용하여 토지정보체계의 응용시스템을 구축할 수 있으며 이러한 자료들은 속성정보(각종 공부와 대장)와 도형정보(지적도, 임야도, 지하시설물도, 도시계획도 등)로 분류된다.
인적 자원 (Man Power)	전문 인력은 지리정보체계의 구성요소 중에서 가장 중요한 요소로서 데이터(Data)를 구축하고 실제 업무에 활용하는 사람으로, 전문적인 기술을 필요로 하므로 이에 전념할 수 있는 숙련된 전담요원과 기관을 필요로 하며 시스템을 설계하고 관리 하는 전문 인력과 일상 업무에 지리정보체계를 활용하는 사용자 모두가 포함된다.
Application (방법)	특정한 사용자 요구를 지원하기 위해 자료를 처리하고 조작하는 활동, 즉 응용 프로그램들을 총칭하는 것으로 특정 작업을 처리하기 위해 만든 컴퓨터프로그램을 의미한다. 하나의 공간문제를 해결하고 지역 및 공간관련 계획수립에 대한 솔루션을 제공하기 위한 GIS 시스템은 그 목표 및 구체적인 목적에 따라 적용되는 방법론이나 절차, 구성, 내용 등이 달라지게 된다.

13 파일헤더에 위치참조 정보를 가지고 있으며 GIS 데이터로 주로 사용하는 래스터파일 형식은?

① BMP
② GeoTIFF
③ GIF
④ JPG

풀이 **래스터 자료 파일 형식** **암기** ⓣⒼⓑⒿⒼⓟⓑⓟ

구분	내용
ⓣIFF (Tagged Image File Format)	• 태그(꼬리표)가 붙은 화상 파일 형식이라는 뜻이다. • 미국의 앨더스 사(현재의 어도비 시스템 사에 흡수 합병)와 마이크로소프트 사가 공동 개발한 래스터 화상 파일 형식이다. • TIFF는 흑백 또는 중간 계조의 정지 화상을 주사(走査, Scan)하여 저장하거나 교환하는 데 널리 사용되는 표준 파일 형식이다. • 화상 데이터의 속성을 태그 정보로서 규정하고 있는 것이 특징이다.

정답 12 ① 13 ②

ⒼeoTiff	• 파일헤더에 거리참조를 가지고 있는 TIFF 파일의 확장포맷이다. • TIFF의 래스터 지리데이터를 플랫폼 공동이용 표준과 공동이용을 제공하기 위해 데이터사용자, 상업용데이터 공급자, GIS 소프트웨어 개발자가 합의하여 개발되고 유지되었다. • 래스터 자료 상호 교환포맷
ⒷIF (Basic Image Interchange Format)	FGDC(Federal Geographic Data Committee)에서 발행한 국제표준영상처리와 영상데이터표준이다. 이 포맷은 미국의 국방성에 의하여 개발되고 NATO에 의해 채택된 NITFS(National Imagery Transmission Format Standard)를 기초로 제작되었다.
ⒿPEG (Joint Photographic Experts Group)	• Joint Photographic Experts Group의 준말이다. • JPEG는 컬러 이미지를 위한 국제적인 압축표준으로 국제전신전화자문(CCITT : Consultative Committee International Telegraph and Telephone)과 국제표준기구(ISO : International Organization for Standard, 국제표준기구)에서 인정하고 있다.
ⒼIF (Graphics Interchange Format)	• 미국의 컴퓨서브(Compuserve) 사가 1987년에 개발한 화상 파일 형식이다. • GIF는 인터넷에서 래스터 화상을 전송하는 데 널리 사용되는 파일 형식이다. • 최대 256가지 색이 사용될 수 있는데 실제로 사용되는 색의 수에 따라 파일의 크기가 결정된다.
ⓅCX	• PCX는 ZSoft가 자사의 초기 DOS 기반의 그래픽 프로그램 PC 페인터 브러시용으로 개발한 그래픽 포맷이다. • 윈도 이전까지 사실상 비트맵 그래픽의 표준이었다. • PCX는 그래픽 압축 시 런-길이 코드(Run-length Code)를 쓰기 때문에 디스크 공간 활용에 있어서 윈도 표준 BMP보다 효율적이다.
ⒷMP (Microsoft Windows Device Independent Bitmap)	• 윈도우 또는 OS/2 환경에서 사용되는 비트맵 데이터를 표현하기 위하여 마이크로소프트에서 정의하고 있는 비트맵 그래픽 파일이다. • 그래픽 파일 저장 형식 중에 가장 단순한 구조를 가지고 있다. • 압축 알고리즘이 원시적이어서 같은 이미지를 저장할 때, 다른 형식으로 저장하는 경우에 비해 파일 크기가 매우 크다.
ⓅNG (Portable Network Graphic)	독립적인 GIF 포맷을 대치할 목적의 특허가 없는 자유로운 래스터 포맷이다.
BIL (Band Interleaved by Line, 라인별 영상)	한 개 라인 속에 한 밴드 분광값을 나열한 것을 밴드순으로 정렬하고 그것을 전체 라인에 대해 반복하며 {[(픽셀 번호순), 밴드순], 라인 번호순}이다. 즉, 각 행(row)에 대한 픽셀자료를 밴드별로 저장한다. 주어진 선에 대한 모든 자료의 파장대를 연속적으로 파일 내에 저장하는 형식이다. BIL 형식에 있어 파일 내의 각 기록은 단일 파장대에 대해 열의 형태인 자료의 격자형 입력선을 포함하고 있다.
BSQ (Band Se Quential Format, 밴드별 영상)	밴드별로 이차원 영상 데이터를 나열한 것으로 {[(픽셀(화소) 번호순), 라인 번호순], 밴드순}이다. 각 파장대는 분리된 파일을 포함하여 단일 파장대가 쉽게 읽히고 보일 수 있으며, 다중파장대는 목적에 따라 불러올 수 있다. 한 번에 한 밴드의 영상을 저장하는 방식이다.
BIP (Band Interleaved by Pixel, 픽셀별 영상)	한 개 라인 중의 하나의 화소 분광값을 나열한 것을 그 라인의 전체 화소에 대해 정열하고 그것을 전체 라인에 대해 반복하며 [(밴드순, 픽셀 번호순), 라인 번호순]이다. 각 파장대의 값들이 주어진 영상소 내에서 순서적으로 배열되며 영상소는 저장장치에 연속적으로 배열된다. 구형이므로 거의 사용되지 않는다. 각 열(Column)에 대한 픽셀자료를 밴드별로 저장한다.

정답

14 1898년 양전사업을 담당하기 위하여 최초로 설치된 기관은?

① 양지아문(量地衙門)
② 지계아문(地契衙門)
③ 양지과(量地課)
④ 임시토지조사국(臨時土地調査局)

풀이 **양지아문(量地衙門)**

양지아문은 광무 2년(1898년) 7월에 칙령 제25호로 양지아문 직원 및 처무규정을 공포하여 비로소 독립관청으로 양전사업을 위하여 설치되었다. 양전사업에 종사하는 실무진(實務陣)으로는 양무감리(量務監理), 양무위원(量務委員)이 있으며 조사위원(調査委員) 및 기술진(技術陣)은 수기사[(首技師, 미국인 거렴(Raymand Edward Leo Krumm)]와 기수보(技手補) 그리고 견습과정을 마친 학원(學員)이 있었다.

양전과정은 측량과 양안 작성 과정으로 나누어지는데 양안 작성 과정은 야초책(野草冊)을 작성하는 1단계, 중초책을 작성하는 2단계, 정서책으로 완성시키는 3단계로 나누어 진행하였으나 광무 5년(1901년)에 이르러 전국적인 대흉년으로 일단 중단하게 되었다.

소유권 이전을 국가가 통제할 수 있는 장치로서 조선시대 시행하였던 입안(立案)에 대신하여 지계를 발행하는 제도를 채택하였다.

15 다음 중 파일 형식에서 비위상적 위치정보와 속성정보를 포함하는 파일형식에 해당되는 것은?

① BMP 파일 포맷
② Shape 파일 포맷
③ JPG 파일 포맷
④ GIF 파일 포맷

풀이 **벡터 자료의 파일형식** **암기** ⓉⓋⓈⓗⒸⓞⒸⒶⒹⒶⓡⒸ

구분	내용
ⓉIGER 파일형식	• Topologically Integrated Geographic Encoding and Referencing System의 약자 • U.S.Census Bureau에서 1990년 인구조사를 위해 개발한 벡터형 파일형식
ⓋPF 파일형식	• Vector Product Format의 약자 • 미 국방성의 NIMA(National Imagery and Mapping Agency)에서 개발한 군사적 목적의 벡터형 파일형식
Ⓢⓗape 파일형식	• ESRI 사의 Arcview에서 사용되는 자료형식 • Shape 파일은 비위상적 위치정보와 속성정보를 포함 • 메인파일과 인덱스파일, 그리고 데이터베이스 테이블의 3개 파일에 의해 지리적으로 참조된 객체의 기하와 속성을 정의한 ArcView GIS의 데이터 포맷
Ⓒⓞverage 파일형식	• ESRI 사의 Arc/Info에서 사용되는 자료형식 • Coverage 파일은 위상모델을 적용하여 각 사상간 관계를 적용하는 구조 • 공간관계를 명확히 정의한 위상구조를 사용하여 벡터 도형데이터를 저장
ⒸⒶD 파일형식	• Autodesk 사의 AutoCAD 소프트웨어에서는 DWG와 DXF 등의 파일형식을 사용 • DXF 파일형식은 GIS 관련 소프트웨어 뿐만 아니라 원격탐사소프트웨어에서도 사용할 수 있음 • 사실상 산업표준이 된 AutoCAD와 AutoCAD Map의 파일 포맷 중의 하나로 많은 GIS에서 익스포트(export) 포맷으로 널리 사용
ⒹLG 파일형식	• Digital Line Graph의 약자로서 U.S.Geological Survey에서 지도학적 정보를 표현하기 위해 고안한 디지털벡터 파일형식 • DLG는 ASCII 문자형식으로 구성

정답 14 ① 15 ②

ArcInfo E00	ArcInfo의 익스포트 포맷
CGM 파일형식	• Computer Graphicx Metafile의 약자 • PC 기반의 컴퓨터그래픽 응용분야에 사용되는 벡터데이터 포맷의 ISO 표준

16 지적전산자료 이용의 승인신청을 받아 심사할 사항이 아닌 것은? (2007년 서울시)

① 지적전산자료의 이용, 활용자의 사용료 납부 여부
② 신청한 사항의 처리가 지적업무수행에 지장이 없는지의 여부
③ 신청내용의 타당성 · 적합성 · 공익성 여부
④ 개인의 사생활 침해 여부
⑤ 신청한 사항의 처리가 전산정보처리조직으로 가능한지의 여부

풀이 공간정보의 구축 및 관리 등에 관한 법률 시행령 제62조(지적전산자료의 이용 등)

① 법 제76조제1항에 따라 지적공부에 관한 전산자료(이하 "지적전산자료"라 한다)를 이용하거나 활용하려는 자는 같은 조 제2항에 따라 다음 각 호의 사항을 적은 신청서를 관계 중앙행정기관의 장에게 제출하여 심사를 신청하여야 한다. **암기** ⓘⓜⓖ ⓑⓝ는 ⓙⓑⓙ하라 (이목근 범내는 제보전하라)

1. 자료의 이용 또는 활용 목적 및 근거
2. 자료의 범위 및 내용
3. 자료의 제공 방식, 보관 기관 및 안전관리대책 등

② 제1항에 따른 심사 신청을 받은 관계 중앙행정기관의 장은 다음 각 호의 사항을 심사한 후 그 결과를 신청인에게 통지하여야 한다. **암기** 타적공은 사적 방안 마련하라

1. 신청 내용의 타당성, 적합성 및 공익성
2. 개인의 사생활 침해 여부
3. 자료의 목적 외 사용 방지 및 안전관리대책

③ 법 제76조제1항에 따라 지적전산자료의 이용 또는 활용에 관한 승인을 받으려는 자는 승인신청을 할 때에 제2항에 따른 심사 결과를 제출하여야 한다. 다만, 중앙행정기관의 장이 승인을 신청하는 경우에는 제2항에 따른 심사 결과를 제출하지 아니할 수 있다.

④ 제3항에 따른 승인신청을 받은 국토교통부장관, 시 · 도지사 또는 지적소관청은 다음 각 호의 사항을 심사하여야 한다. 〈개정 2013.3.23.〉 **암기** 타적공은 사적 방안 마련하라 전지 여부를

1. 신청 내용의 타당성, 적합성 및 공익성
2. 개인의 사생활 침해 여부
3. 자료의 목적 외 사용 방지 및 안전관리대책
4. 신청한 사항의 처리가 전산정보처리조직으로 가능한지 여부
5. 신청한 사항의 처리가 지적업무수행에 지장을 주지 않는지 여부

정답 16 ①

⑤ 국토교통부장관, 시 · 도지사 또는 지적소관청은 제4항에 따른 심사를 거쳐 지적전산자료의 이용 또는 활용을 승인하였을 때에는 지적전산자료 이용 · 활용 승인대장에 그 내용을 기록 · 관리하고 승인한 자료를 제공하여야 한다. 〈개정 2013.3.23.〉

⑥ 제5항에 따라 지적전산자료의 이용 또는 활용에 관한 승인을 받은 자는 국토교통부령으로 정하는 사용료를 내야 한다. 다만, 국가나 지방자치단체에 대해서는 사용료를 면제한다.

17 한국토지정보시스템(KLIS)의 파일명이 옳은 것은?

① *.Srf : 토털스테이션에서 측량한 값을 좌표로 등록하여 작성된 파일

② *.ser : 지적측량계산시스템에서 작업한 경계점 결선, 경계점 등록, 교차점 계산 등의 결과를 관리하는 파일

③ *.cif : 지적공부관리시스템에서 측량지역의 도형 및 속성정보를 저장한 파일

④ *.ksp : 측량계산시스템에서 교차점 계산 및 면적지정계산을 하여 경계점좌표등록부 시행지역의 출력에 필요한 파일

풀이 KLIS(Korea Information System)의 파일 확장자 **암기** ⓢⓢⓢⓚⓢ에서 ⓓⓓⓢⓢⓤ

파일	내용
측량준비도추출파일(*.ⓒif) (Cadastral Information File)	소관청의 지적공부관리시스템에서 측량지역의 도형 및 속성정보를 저장한 파일
일필지속성정보파일(*.ⓢⓔbu) (세부측량을 영어로 표현)	측량성과작성시스템에서 속성을 작성하는 일필지속성정보파일
측량관측파일(*.ⓢvy) (Survey)	토털스테이션에서 측량한 값을 좌표로 등록하여 작성한 파일
측량계산파일(*.ⓚsp) (Kcsc Survey Project)	지적측량계산시스템에서 작업한 경계점 결선, 경계점 등록, 교차점 계산 등의 결과를 관리하는 파일
세부측량계산파일(*.ⓢⓔⓡ) (Survey Evidence Relation File)	측량계산시스템에서 교차점 계산 및 면적지정계산을 하여 경계점좌표등록부 시행지역의 출력에 필요한 파일
측량성과파일(*.ⓙsg)	측량성과작성시스템에서 측량결과도 및 측량성과작성을 위한 파일
토지이동정리(측량결과)파일(*.ⓓⓐt) (Data)	측량성과작성시스템에서 소관청의 측량검사, 도면검사 등에 이용되는 파일
측량성과검사요청서파일(*.ⓢⓘf)	적측량접수프로그램을 이용하여 작성하며 iuf 파일과 함께 작성되는 파일
측량성과검사결과파일(*.ⓢⓡf)	측량결과파일을 측량업무관리부에 등록하고 성과검사 정상완료 시 지적소관청에서 측량수행자에게 송부하는 파일
정보이용승인신청서파일(*.ⓘⓤf)	지적측량업무 접수 시 지적소관청 지적도면자료의 이용승인 요청 파일

정답 17 ③

18 **필지 중심 토지정보시스템에서 도형정보와 속성정보를 연계하기 위하여 사용되는 가변성이 없는 고유번호는?** (17년3회지기)

① 객체식별번호 ② 단일식별번호
③ 유일식별번호 ④ 필지식별번호

풀이 다목적지적의 5대 구성요소 **암기** ㉾㉠㉶㉿㉼

㉾지기본망 (Geodetic Reference Network)	토지의 경계선과 측지측량이나 그 밖의 토지 및 토지 관련 자료와 지형 간의 상관관계를 형성하고 지상에 영구적으로 표시되어 지적도상에 등록된 경계선을 현지에 복원할 수 있는 정확도를 유지할 수 있는 기준점 표지의 연결망을 말하는데 서로 관련 있는 모든 지역의 기준점이 단일의 통합된 네트워크여야 한다.
㉠본도 (Base Map)	측지기본망을 기초로 작성된 도면으로서 지도작성에 기본적으로 필요한 정보를 일정한 축척의 도면 위에 등록한 것으로 변동사항과 자료를 수시로 정비하고 최신화하여 사용될 수 있어야 한다.
㉶적중첩도 (Cadastral Overlay)	측지기본망과 기본도와 연계하여 활용할 수 있고 토지소유권에 관한 현재 상태의 경계를 식별할 수 있도록 일필지 단위로 등록한 지적도로 시설물, 토지이용, 지역구도 등을 결합한 상태의 도면을 말한다.
㉿지식별번호 (Unique Parcel Identification Number)	각 필지별 등록사항의 조직적인 저장과 수정을 용이하게 각 정보를 인식 · 선정 · 식별 · 조정하는 가변성이 없는 토지의 고유번호를 말하는데 지적도의 등록 사항과 도면의 등록 사항을 연결시켜 자료파일의 검색 등 색인번호의 역할을 한다. 이러한 필지식별번호는 토지평가, 토지의 과세, 토지의 거래, 토지이용계획 등에서 활용되고 있다.
㉼지자료파일 (Land Data File)	토지에 대한 정보검색이나 다른 자료철에 있는 정보를 연결시키기 위한 목적으로 만들어진 각 필지의 식별번호를 포함한 일련의 공부 또는 토지자료철을 말하는데 과세대장, 건축물대장, 천연자원기록, 토지이용, 도로, 시설물대장 등 토지 관련 자료를 등록한 대장을 뜻한다.

정답 18 ④

19 **다음 데이터 언어에 대한 내용 중 (   ) 안에 들어갈 명령어는?**

- (㉠)는 기존의 데이터를 삭제한다.
- (㉡)는 기존의 테이블을 생성한다.
- (㉢)는 새로운 데이터변경을 완료한다.
- (㉣)는 권한을 부여한다.

	㉠	㉡	㉢	㉣
①	DELETE	CREATE	COMMIT	GRANT
②	CREATE	DELETE	GRANT	COMMIT
③	COMMIT	GRANT	DELETE	CREATE
④	DELETE	CREATE	COMMIT	GRANT

풀이 **데이터 언어**

언어	해당 SQL	내용 **암기** ⓒⓐⓓⓡⓔ ⓣⓡⓤⓝ ⓢⓔⓘⓝⓤⓟⓓⓔⓛ ⓖⓡⓡⓔⓒⓞⓡⓞⓛⓛ
DDL (Data Definition Language)	데이터의 구조를 정의하며 새로운 테이블을 만들고, 기존의 테이블을 변경·삭제하는 등의 데이터를 정의하는 역할을 한다.	
	ⓒREATE	새로운 테이블을 생성한다.
	ⓐLTER	기존의 테이블을 변경한다.
	ⓓROP	기존의 테이블을 삭제한다.
	ⓡⓔNAME	테이블의 이름을 변경한다.
	ⓣⓡⓤⓝCATE	테이블을 잘라낸다.
DML (Data Manipulation Language)	데이터를 조회하거나 변경하며 새로운 데이터를 삽입·변경·삭제하는 등의 데이터를 조작하는 역할을 한다.	
	ⓢⓔLECT	기존의 데이터를 검색한다.
	ⓘⓝSERT	새로운 데이터를 삽입한다.
	ⓤⓟDATE	기존의 데이터를 갱신한다.
	ⓓⓔⓛETE	기존의 데이터를 삭제한다.
DCL (Data Control Language)	데이터베이스를 제어·관리하기 위하여 데이터를 보호하기 위한 보안, 데이터 무결성, 시스템 장애시 회복, 다중사용자의 동시접근 제어를 통한 트랜잭션 관리 등에 사용되는 SQL이다.	
	ⓖⓡANT	권한을 준다(권한부여).
	ⓡⓔVOKE	권한을 제거한다(권한해제).
	ⓒⓞMMIT	데이터 변경을 완료한다.
	ⓡⓞⓛⓛBACK	데이터 변경을 취소한다.

정답 19 ④

20 다음 중 서로 다른 종류의 공간자료처리시스템 사이에서 교환포맷으로 사용하기에 가장 적합한 것은?

① Geo Tiff ② BMP
③ JPG ④ PNG

풀이 래스터 자료 파일 형식 **암기** ⓉⒼⒷⒿⒼⓅⒷⓅ

구분	내용
ⓉIFF (Tagged Image File Format)	• 태그(꼬리표)가 붙은 화상 파일 형식이라는 뜻이다. • 미국의 앨더스 사(현재의 어도비 시스템 사에 흡수 합병)와 마이크로소프트 사가 공동 개발한 래스터 화상 파일 형식이다. • TIFF는 흑백 또는 중간 계조의 정지 화상을 주사(走査, Scan)하여 저장하거나 교환하는 데 널리 사용되는 표준 파일 형식이다. • 화상 데이터의 속성을 태그 정보로서 규정하고 있는 것이 특징이다.
ⒼeoTiff	• 파일헤더에 거리참조를 가지고 있는 TIFF 파일의 확장포맷이다. • TIFF의 래스터 지리데이터를 플랫폼 공동이용 표준과 공동이용을 제공하기 위해 데이터사용자, 상업용데이터 공급자, GIS 소프트웨어 개발자가 합의하여 개발되고 유지되었다. • 래스터 자료 상호 교환포맷
ⒷIF (Basic Image Interchange Format)	FGDC(Federal Geographic Data Committee)에서 발행한 국제표준영상처리와 영상데이터표준이다. 이 포맷은 미국의 국방성에 의하여 개발되고 NATO에 의해 채택된 NITFS(National Imagery Transmission Format Standard)를 기초로 제작되었다.
ⒿPEG (Joint Photographic Experts Group)	• Joint Photographic Experts Group의 준말이다. • JPEG는 컬러 이미지를 위한 국제적인 압축표준으로 국제전신전화자문(CCITT : Consultative Committee International Telegraph and Telephone)과 국제표준기구(ISO : International Organization for Standard, 국제표준기구)에서 인정하고 있다.
ⒼIF (Graphics Interchange Format)	• 미국의 컴퓨서브(Compuserve) 사가 1987년에 개발한 화상 파일 형식이다. • GIF는 인터넷에서 래스터 화상을 전송하는 데 널리 사용되는 파일 형식이다. • 최대 256가지 색이 사용될 수 있는데 실제로 사용되는 색의 수에 따라 파일의 크기가 결정된다.
ⓅCX	• PCX는 ZSoft가 자사의 초기 DOS 기반의 그래픽 프로그램 PC 페인터 브러시용으로 개발한 그래픽 포맷이다. • 윈도 이전까지 사실상 비트맵 그래픽의 표준이었다. • PCX는 그래픽 압축 시 런-길이 코드(Run-length Code)를 쓰기 때문에 디스크 공간 활용에 있어서 윈도 표준 BMP보다 효율적이다.
ⒷMP (Microsoft Windows Device Independent Bitmap)	• 윈도우 또는 OS/2 환경에서 사용되는 비트맵 데이터를 표현하기 위하여 마이크로소프트에서 정의하고 있는 비트맵 그래픽 파일이다. • 그래픽 파일 저장 형식 중에 가장 단순한 구조를 가지고 있다. • 압축 알고리즘이 원시적이어서 같은 이미지를 저장할 때, 다른 형식으로 저장하는 경우에 비해 파일 크기가 매우 크다.
ⓅNG (Portable Network Graphic)	독립적인 GIF 포맷을 대치할 목적의 특허가 없는 자유로운 래스터 포맷이다.

정답 20 ①

BIL (Band Interleaved by Line, 라인별 영상)	한 개 라인 속에 한 밴드 분광값을 나열한 것을 밴드순으로 정렬하고 그것을 전체 라인에 대해 반복하며 {[(픽셀 번호순), 밴드순], 라인 번호순}이다. 즉, 각 행(row)에 대한 픽셀자료를 밴드별로 저장한다. 주어진 선에 대한 모든 자료의 파장대를 연속적으로 파일 내에 저장하는 형식이다. BIL 형식에 있어 파일 내의 각 기록은 단일 파장대에 대해 열의 형태인 자료의 격자형 입력선을 포함하고 있다.
BSQ (Band Se Quential Format, 밴드별 영상)	밴드별로 이차원 영상 데이터를 나열한 것으로 {[(픽셀(화소) 번호순), 라인 번호순], 밴드순}이다. 각 파장대는 분리된 파일을 포함하여 단일 파장대가 쉽게 읽히고 보일 수 있으며, 다중파장대는 목적에 따라 불러올 수 있다. 한 번에 한 밴드의 영상을 저장하는 방식이다.
BIP (Band Interleaved by Pixel, 픽셀별 영상)	한 개 라인 중의 하나의 화소 분광값을 나열한 것을 그 라인의 전체 화소에 대해 정열하고 그것을 전체 라인에 대해 반복하며 [(밴드순, 픽셀 번호순), 라인 번호순]이다. 각 파장대의 값들이 주어진 영상소 내에서 순서적으로 배열되며 영상소는 저장장치에 연속적으로 배열된다. 구형이므로 거의 사용되지 않는다. 각 열(Column)에 대한 픽셀자료를 밴드별로 저장한다.

정답

PART

03

지적학 부록

01 암기사항

발생설	과세설	둠즈데이북
		신라장적문서
	치수설	
	지배설	영토보존수단
		통치수단
	침략설	
지적제도 분류	발전 과정	세지적
		법지적
		다목적지적
	측량 방법	도해지적
		수치지적
		계산지적
	등록 방법	②차원 지적
		③차원 지적
		④차원 지적
	등록 성질	적극적 지적
		소극적 지적
다목적지적 5대 요소	측지기준망	
	기본도	
	지적중첩도	
	필지식별번호	
	토지자료파일	
지적제도 특징	전통성	영속성
	이면성	내재성
	전문성	기술성
	준사법성	기속성
	통일성	획일성
제도 일반적 기능	사회적 기능	
	법률적 기능	사법적 기능
		공법적 기능
	행정적 기능	
제도 기능	등기의 기초	평가의 기초
	과세 기초	거래 기초
	이용계획 기초	주소표기 기초

법 성격	토지등록공시에 관한 기본법		
	사법적 성격을 지닌 토지공법		
	실체법적 성격을 지닌 절차법		
	임의법적 성격을 지닌 강행법		
법 기본이념	국정주의	국가 : 등록주체	
	형식주의	등록 : 등록사항	
	공개주의	지적공부 : 등록공부	
	실직적 심사주의	조사/측량 : 등록방법	
	직권 등록주의	토지 : 등록객체	
제도 특징	안전성	간편성	
	정확성	신속성	
	저렴성, 적합성	등록완전성	
지적 원리	공기능의 원리		
	민주성의 원리		
	능률성의 원리		
	정확성의 원리		
지적의 3대 요소	외부 요소		지리적 요소
			법률적 요소
			사회적 요소
	내부 요소	광의(지적 등기 1원화)	소유자 : 권리주체
			권리 : 법적권리
			필지 : 권리객체
		협의(지적 등기 2원화)	토지 : 등록의 객체
			등록
			공부
지적 성격	역사성, 연구성		
	반복적, 민원성		
	전문성, 기술성		
	서비스성, 윤리성		
	정보원		
토지등록 법률적 효력	행정처분의 구속력		
	토지등록의 공정력		
	토지등록의 확정력		
	토지등록의 강제력		

구분	내용	세부
토지 등록 제원칙	(등)록의 원칙	
	(신)청의 원칙	
	(특)정화의 원칙	
	국(정)·직권주의	
	(공)시의 원칙	
	공(신)의 원칙	
토지등록 제도 유형	(날)인증서등록	
	(권)원등록	
	(소)극적	
	(적)극적	
	(토)렌스시스템	거울이론
		커튼이론
		보험이론
토지대장 편성주의	물적 편성주의	
	인적 편성주의	
	연대적 편성주의	
	물적·인적 편성주의	
지적공부 등록방법	고립형 지적도	분산등록
	연속형 지적도	일괄등록
부여방법	진행 방향	(사)행식
		(기)우식
		(단)지식
	부여 단위	(지)역 단위
		(도)엽 단위
		(단)지 단위
	기번 위치	북(동) 부여
		북(서) 부여
	일반적 방법	(분)수식 : 핀란드, 불가리아, 오스트리아, 독일
		(기)번식 : 벨기에
		(자)유부번 : 호주, 스위스, 네덜란드, 뉴질랜드
지목분류	토지 현황	지형지목
		토성지목
		용도지목
	소재 지역	농촌형 지목
		도시형 지목

구분	내용	세부
지목분류	산업별	1차 산업형 지목
		2차 산업형 지목
		3차 산업형 지목
	국가 발전	후진국형 지목
		선진국형 지목
	구성 내용	단식지목
		복식지목
지목설정 원칙	(일)필일지목	
	(주)지목추정	
	(등)록선후	
	(용)도경중	
	(일)시변경불변	
	(사)용목적추정	
경계 종류	경계특성 분류	일반경계
		보증경계
		고정경계
	물리적 경계	자연적 경계
		인공적 경계
	법률적 경계	민법상 경계
		형법상 경계
		지적법상 경계
법률적	공간정보의 구축 및 관리 등에 관한 법상 경계	
	민법상 경계	
	형법상 경계	
현지경계 결정 방법	점유설(占有說)	
	평분설(平分說)	
	보완설(補完說)	
경계결정 원칙	경계(국)정주의 원칙	
	경계(불)가분의 원칙	
	등록(선)후의 원칙	
	축척(종)대의 원칙	
	경(계)직선주의	
지적 불부합지 유형	(중)복형	
	(공)백형	
	(편)위형	
	(불)규칙형	
	(위)치오류형	
	(경)계 이외의 불부합	

위원회	지적위원회	중앙지적위원회
		지방지적위원회
	축척변경위원회	
	지적재조사위원회	중앙지적
		시·도지적
		시·군·구지적
	지적재조사특별법	경계결정위원회
		토지소유자협의회
	공간정보법	국가공간정보위원회
		국가공간정보전문위원회
NGIS (National Geographic Information System)	제1단계 (1995~2000)	GIS 기반조성단계 (국토정보화 기반 마련)
	제2단계 (2001~2005)	GIS 활용확산단계 (국가공간정보기반 확충을 위한 디지털국토실현)
	제3단계 (2006~2010)	GIS 정착단계 (유비쿼터스국토 실현을 위한 기반조성)
국가공간 정보정책	제4차 (2010~2012)	녹색성장을 위한 그린(GREEN)공간 정보사회 실현
	제5차 (2013~2017)	공간정보로 실현하는 국민행복과 국가발전
	제6차 (2018~2022)	공간정보 융복합 르네상스 (Renaissance)로 살기좋고 풍요로운 스마트코리아 실현

공부 외 등록사항	
토지·임야대장	토지지적이 변동주명소 유도장축도공
공유지연명부	토지변동주명소 지고장
대지권등록부	토지변도주명소 지권고장 건전
경계점좌표등록부	토지표 고장 부도
지적·임야도	토지지계점 도면선각물
일람도	지·도·선·도 표시
지번색인표	제명·지번·도면번호·결번

지상경계점등록부	토지목성도 경번지 세관위기경 소직명 확직명
	토지경계 공계점
확정측량 결과도	량제척도 경지목 계측기준위거선도 정량급
새로운 지적공부	토지지적 좌유권비상 유사자가 지분건물표지별 지표지명
지적삼각점 성과고시	기준·좌표·경위도·설치·보관
지적삼각점 성과표 기록	지좌경자명소
지적삼각보조·도근점	위표도 표지도 지도관사
기초측량검사 항목	기지각 정준 여부
세부측량검사 항목	기준점 계정 여부
부동산종합공부	토지 건축물 이용 가격 부동산
평판준비 결과도	측근도 행적도 0.5 측량도신규 대상 검사
경위의준비 결과도	측근행적경선 측량대상 제명 번호 신규 검사

지목연혁		
토지조사사업 당시 지목 (18개)	과 : 전답垈 池林雜 (6개) 비 : 도천거제, 성철수 (7개) 면 : 사분, 공철수 (5개)	
1918년 지세령 개정(19개)	지소 : 지소(池沼)·유지로 세분	
1950년 구 지적법(21개)	잡종지(雜種地) : 잡종지·염전·광천지로 세분	
1975년 지적법 2차 개정 (24개)	통합	철도용지+철도선로=철도용지 수도용지+수도선로=수도용지 유지+지소=유지
	신설	과수원, 목장용지, 공장용지, 학교용지, 유원지, 운동장(6개)
	명칭변경	사사지 ⇒ 종교용지 성첩 ⇒ 사적지 분묘지 ⇒ 묘지 운동장 ⇒ 체육용지
2001년 지적법 10차 개정(28개)	주차장·주유소용지·창고용지·양어장(4개 신설)	

지목	부호	지목	부호	지목	부호	지목	부호
전	전	대	대	철도용지	철	공원	공
답	답	공장용지	㉾	제방	제	체육용지	체
과수원	과	학교용지	학	하천	㉺	유원지	㉻
목장용지	목	주차장	㉼	구거	구	종교용지	종
임야	임	주유소용지	주	유지	유	사적지	사
광천지	광	창고용지	창	양어장	양	묘지	묘
염전	염	도로	도	수도용지	수	잡종지	잡

02 지적법 개정

1. 지적 관련 법률의 주요 제정 및 개정내용

(1) 지적법 제정(1950.12.1. 법률 제165호)

규정	• 토지대장, 지적도, 임야대장 및 임야도를 지적공부로 규정 • 지목을 21개 종목으로 규정(토지 · 임야조사사업 당시 지목 18개) • 세무서에 토지대장을 비치하고 토지의 소재, 지번, 지목, 지적(地積), 소유자의 주소 및 명칭, 질권 또는 지상권의 목적인 토지에 대하여는 그 질권 또는 지상권자의 주소 및 성명 또는 명칭사항을 등록하도록 규정 • 정부는 지적도를 비치하고 토지대장에 등록된 토지에 대하여 토지의 소재, 지번, 지목, 경계를 등록하도록 규정 • 동(洞) · 리(里) · 로(路) · 가(街) 또는 이에 준할 만한 지역을 지번지역으로 규정 • 지적은 평(坪)을 단위로, 임야대장등록 토지의 지적은 무(畝)를 단위로 하여 등록하도록 규정 • 토지의 이동이 있을 경우에는 지번, 지목, 경계 및 지적은 신고에 의하여, 신고가 없거나 신고가 부적당하다고 인정되는 때 또는 신고를 필하지 아니할 때에는 정부의 조사에 의하여 정하도록 규정 • 새로이 토지대장에 등록할 토지가 발생하였을 경우 토지소유자는 30일 이내에 이를 정부에 신고하도록 규정 • 질권자 또는 지상권자 · 철도용지 · 수도용지 · 도로 등이 된 토지는 공사시행관청 또는 기업자, 토지개량시행지 또는 시가지계획시행지는 시행자, 국유가 될 토지에 대하여 분할 신고를 할 때에는 그 토지를 보관한 관청이 토지소유자를 대신하여 신고 또는 신청할 수 있도록 규정
환지교부	토지개량시행 또는 시가지계획시행지로서 환지를 교부하는 토지는 1구역마다 지번, 지목, 경계 및 지적을 정함
이동정리	본법 시행으로 인하여 새로이 지적공부에 등록하여야 할 토지의 이동정리는 본법 시행일로부터 3년 이내에 하여야 한다.
시행기일	지적법의 시행기일은 단기 4283년(1950년) 12월 1일로 한다(지적법 시행 기일에 관한 건 1950. 12.1. 대통령령 제419호).

(2) 지적법 제1차 개정(1961.12.8. 법률 제829호)

개정	• 지적공부를 비치기관을 '세무서'에서 '서울특별시 또는 시 · 군'으로 개정 • '토지에 대한 지세'를 '재산세, 농지세'로 개정
삭제	토지대장의 등록사항 중 '질권자의 주소 · 성명 · 명칭 등'의 등록규정 삭제
시행	이 법은 1962년 1월 1일부터 시행한다.

(3) 지적법 제2차 전문개정(1975.12.31. 법률 제2801호)

규정	• 지적법의 입법목적 규정 • 지적공부 · 소관청 · 필지 · 지번 · 지번지역 · 지목 등 지적에 관한 용어의 정의 규정 • 시 · 군 · 구에 토지대장, 지적도, 임야대장, 임야도 및 수치지적부를 비치 · 관리하도록 하고 그 등록사항 규정 • 시의 동과 군의 읍 · 면에 토지대장 부본 및 지적약도와 임야대장 부본 및 임야약도를 작성 · 비치하도록 규정 • 토지(임야)대장에 토지소유자의 등록번호를 등록하도록 규정 • 경계복원측량 · 현황측량 등을 지적측량으로 규정 • 지적측량업무의 일부를 지적측량을 주된 업무로 하여 설립된 비영리법인에게 대행시킬 수 있도록 규정
규정 삭제	토지대장의 등록사항 중 지상권자의 주소 · 성명 · 명칭 등의 등록규정 삭제
개정	• 면적단위를 척관법의 '평(坪)'과 '무(畝)'에서 미터법의 '평방미터'로 개정 • 지적측량기술자격을 기술계와 기능계로 구분하도록 개정 • 토지(임야)대장 서식을 '한지부책식(韓紙簿册式)'에서 '카드식'으로 개정
제도 신설	• 소관청은 연 1회 이상 등기부를 열람하여 지적공부와 부합되지 아니할 때에는 부합에 필요한 조치를 할 수 있도록 제도 신설 • 소관청이 직권으로 조사 또는 측량하여 지적공부를 정리한 경우와 지번경정 · 축척변경 · 행정구역변경 · 등록사항정정 등을 한 경우에는 관할 등기소에 토지표시변경등기를 촉탁하도록 제도 신설 • 지적위원회를 설치하여 지적측량적부심사청구사안 등을 심의 · 의결하도록 제도 신설 • 지적도의 축척을 변경할 수 있도록 제도 신설 • 지적측량을 사진측량과 수치측량방법으로 실시할 수 있도록 제도 신설 • 지목을 21개 종목에서 24개 종목으로 통 · 폐합 및 신설
시행	이 법은 공포 후 3월이 경과한 날부터 시행한다.

(4) 지적법 제3차 개정(1986.5.8. 법률 제3810호)

면적단위	면적단위를 '평방미터'에서 '제곱미터'로 개정
규정 삭제	시의 동에 지적공부 부본 및 약도의 비치규정을 삭제
제도 신설	• 지적(임야)도를 각 2부씩 작성하여 1부는 재조제를 위한 경우를 제외하고는 열람 등을 하지 못하도록 제도 신설 • 토지대장 및 임야대장에 국가 · 지방자치단체, 법인 또는 법인 아닌 사단이나 재단 및 외국인 등의 등록번호를 등록하도록 제도 신설 • 아파트 · 연립주택 등의 공동주택부지와 도로 · 하천 · 구거 등의 합병을 촉진하기 위하여 집합건물의 관리인 또는 사업시행자에게 합병신청에 관한 대위권을 인정하도록 제도 신설 • 신규등록, 분할, 합병을 제외한 토지의 이동에 따른 지적공부를 정리한 때에는 소관청이 관할등기소에 토지표시변경등기를 촉탁하도록 제도 신설 • 소관청의 등기부열람 횟수를 '연 1회 이상'에서 '필요하다고 인정할 때는'으로 개정하고, 소관청 소속공무원의 등기부열람 수수료를 무료로 하도록 제도 신설
시행	이 법은 공포 후 6월이 경과한 날로부터 시행한다.

(5) 지적법 제4차 개정(1990.12.31. 법률 제4273호)

규정	지적공부의 등록사항을 전산정보처리조직에 의하여 처리할 경우 전산등록 파일을 지적공부로 보도록 규정
제도 신설	• 전산정보처리조직에 의하여 입력된 지적공부는 시 · 도의 지역전산본부에 보관 · 관리토록 하고 복구 등을 위한 경우 이외에는 등록파일의 형태로 복제할 수 없도록 제도 신설 • 지적공부의 열람 및 등본의 교부를 전국 어느 소관청에서도 신청할 수 있도록 제도 신설
시행	이 법은 1991년 1월 1일부터 시행한다.

(6) 지적법 제5차 개정(1991.11.30. 법률 제4405호)

개정	• 지목 중 '운동장'을 '체육용지'로 명칭을 변경하도록 개정 • 지적공부의 등록사항을 전산정보처리조직에 의하여 처리하는 경우에는 카드식 대장에 등록 · 정리하지 아니할 수 있도록 개정
시행	이 법은 1992년 1월 1일부터 시행한다.

(7) 지적법 제6차 개정(1991.12.14. 법률 제4422호)

개정	• 합병하고자 하는 토지에 관하여 소유권, 지상권, 전세권, 임차권 및 승역지에 관하여 하는 지역권의 등기 이외의 등기가 있는 경우 합병할 수 없도록 개정 • 합병하고자 하는 토지 전부에 관하여 등기원인 및 그 연월일과 접수번호가 동일한 저당권에 관한 등기가 있는 경우 합병 가능토록 개정
시행	이 법은 1992년 2월 1일부터 시행한다.

(8) 지적법 제7차 개정(1995.1.5. 법률 제4869호)

개정	• 지적파일을 지적공부로 개정 • "토지의 표시"라는 용어를 신설하고, 토지의 이동에서 신규등록을 제외토록 개정 • '기초점'을 '지적측량기준점'으로 용어를 바꾸고 지적측량기준점에 지적삼각보조점을 추가하도록 개정 • 국가는 지적법에서 정하는 바에 따라 토지의 표시사항을 지적공부에 등록하도록 개정 • 위성측량방법에 의하여 지적측량을 할 수 있도록 개정 • 소관청 소속공무원이 지적공부와 부동산 등기부의 부합여부를 확인하기 위하여 등기부의 열람, 등본, 초본교부를 신청하는 경우 그 수수료를 무료로 하도록 개정 • 분할 · 합병이 된 경우 소관청이 토지의 표시변경등기를 촉탁할 수 있도록 개정
제도 신설	• 내무부장관은 지적(임야)도를 복제한 지적약도 등을 간행하여 이를 판매 또는 배포할 수 있도록 하되, 이를 대행할 대행업자를 지정할 수 있도록 제도 신설 • 지적전산정보자료를 이용 또는 활용하고자 하는 자는 관계중앙행정기관장의 심사를 거쳐 내무부장관의 승인을 얻도록 제도 신설 • 지적측량기준점 성과의 열람 또는 등본을 교부받고자 하는 자는 도지사 또는 소관청에 신청할 수 있도록 제도 신설 • 지적공부에 소유자가 등록되지 아니한 토지를 국유재산법의 규정에 의하여 국유재산으로 취득하기 위하여 소유자 등록신청이 있는 경우 소관청이 이를 등록할 수 있도록 제도 신설

제도 신설	• 시 · 도지사 소속하에 지방지적위원회를 설치하여 지적측량에 관한 민원을 신속 · 공정하게 처리하도록 하고, 지방지적위원회의 의결에 불복하는 경우에는 내무부장관 소속하의 중앙지적위원회에 재심사를 청구할 수 있도록 제도 신설 • 벌칙규정을 현실에 적합하도록 상향조정하고, 대행업자의 지정을 받지 아니하고 지적약도 등을 간행 · 판매 또는 배포한 자의 벌칙규정 신설
축척변경	축척변경위원회의 의결 없이 축척변경 할 수 있는 범위 확대
용어변경	어려운 용어의 변경 및 현실에 적합하도록 용어변경 • 지번지역 → 지번설정지역 • 경정 → 변경 • 재조제 → 재작성 • 조제 → 작성 • 오손 또는 마멸 → 더럽혀지거나 헐어져서 • 측량소도 → 측량준비도 • 측량원도 → 측량결과도 • 기초점 → 지적측량기준점
시행	이 법은 1995년 4월 1일부터 시행한다.

(9) 지적법 제8차 개정(1997.12.13. 법률 제5454호)

변경	정부조직법의 개정으로 부처명칭이 변경된 후에도 종전의 부처명을 계속 사용하고 있는 규정 정비
개정	서울특별시는 특별시로, 종전의 직할시는 광역시로 규정 정비

(10) 지적법 제9차 개정(1999.1.18. 법률 제5630호)

개정	• 지번변경, 지적공부반출, 지적공부의 재작성 및 축척변경에 대한 행정자치부장관의 승인권을 도지사에게 이양하도록 개정(법 제4조제2항 · 제8조제3항 · 제14조 및 제27조제1항) • 지적도 또는 임야도를 복제한 지적약도 등을 간행하여 판매업을 영위하고자 하는 자는 행정자치부장관에게 등록을 하도록 개정(법 제12조의2)
변경	토지분할 · 합병 · 지목변경 등 토지이동 사유가 발생한 경우 토지소유자가 소관청에 토지이동을 신청하는 기간을 30일 이내에서 60일 이내로 연장(법 제1조 내지 제18조, 제20조 및 제22조)

(11) 지적법 제10차 전부개정(2001.1.26. 법률 제6389호)

신설	• 도시화 및 산업화 등으로 급속히 증가하고 있는 창고용지 · 주차장 및 주유소용지, 양어장 등을 별도의 지목으로 신설(법 제5조) • 지적 관련 전문용어의 신설 및 변경(법 제2조 및 제22조) – 신설 : 경계점 – 변경 : 해면성말소 → 바다로 된 토지의 등록말소
보완	지적법의 목적을 정보화 시대에 맞도록 보완(법 제1조)
변경	공유지연명부와 대지권등록부를 지적공부로 규정하고 수치지적부를 경계점좌표등록부로 명칭을 변경(법 제2조)
추가	지적위성기준점(GPS 상시관측소)을 지적측량기준점으로 추가

개정	• 현재 시 · 도지사가 지역전산본부에 보관 · 운영하고 있는 전산처리된 지적공부를 지적 관련 민원업무를 직접 담당하고 있는 시장 · 군수 · 구청장도 보관 · 운영하도록 개정(법 제2조제20호 및 제8조제3항) • 토지의 지번으로 위치를 찾기 어려운 지역의 도로와 건물에 도로명과 건물번호를 부여하여 관리할 수 있도록 개정(법 제16조) • 지적공부에 등록된 토지가 지형의 변화 등으로 바다로 되어 원상으로 회복할 수 없거나 다른 지목의 토지로 될 가능성이 없는 경우 토지소유자가 일정기간 내에 지적공부의 등록말소신청을 하지 아니하면 소관청이 직권으로 말소할 수 있도록 개정(법 제22조) • 아파트 등 공동주택의 부지를 분할하거나 지목변경 등을 하는 경우 사업시행자가 토지이동신청을 대위할 수 있게 하여 국민의 불편을 해소할 수 있도록 개정(법 제28조제3호) • 행정자치부장관은 전국의 지적 · 주민등록 · 공시지가 등 토지관련자료의 효율적인 관리와 공동활용을 위하여 지적정보센터를 설치 · 운영할 수 있도록 개정(법 제42조) • 시 · 도지사는 지적측량적부심사 의결서를 청구인뿐만 아니라 이해관계인에게도 통지하여 지적측량적부심사 의결내용에 불복이 있는 경우에는 이해관계인도 재심사청구를 할 수 있도록 개정(법률 제45조제5항 내지 제7항)
폐지	도면의 전산화사업에 따라 지적공부부본 작성제도와 도면의 2부 작성제도를 폐지하고 활용도가 저조한 도근보조점 성치제도와 삼사법, 푸라니미터에 의한 면적측정방법 폐지

(12) 지적법 제11차 개정(2002.2.4. 법률 제6656호)

개정	지적법 내용 중 '토지수용법'을 '공익사업을위한토지등의취득및보상에관한 법률'로 개정(법 제34조)

(13) 지적법 제12차 개정(2003.5.29. 법률 제6916호)

개정	지적법 내용 중 '주택건설촉진법'을 '주택법'으로 개정(법 제20조 및 제28조)

(14) 지적법 제13차 개정(2006.9.22. 법률 제7036호)

규정	지적측량수행자는 신의와 성실로써 공정하게 지적측량을 하도록 하고, 자기 · 배우자 등의 토지는 지적측량을 하지 못하게 하며, 지적측량수수료 외의 대가를 받지 못하게 하는 등 지적측량수행자의 의무 규정(법 제45조의2 신설)
개정	지적측량업무를 대행하던 기존의 재단법인 대한지적공사를 이 법에 의한 특수법인으로 전환하여 제반 지적측량을 수행하도록 개정(법 제41조의9 및 제41조의11 신설 및 부칙 제2조)
신설 및 개정	• 지적측량업을 영위하고자 하는 자는 행정자치부장관에게 등록하도록 하고, 지적측량업의 등록을 한 자는 경계점좌표등록부가 비치된 지역의 지적측량과 도시개발사업 등이 완료됨에 따라 실시하는 지적확정측량을 수행할 수 있도록 개정(법 제41조의2 및 제41조의3 신설) • 부실할 지적측량에 의한 손해배상책임을 보장하기 위하여 지적측량수행자로 하여금 보험가입 등 필요한 조치를 하도록 개정(법 제45조의3 신설) • 지적측량업의 등록을 하지 아니하고 지적측량업을 영위하거나 지적측량업 등록증을 다른 사람에게 빌려준 때에는 5년 이하의 징역 또는 5천만 원 이하의 벌금에 처하도록 개정(법 제50조의2 신설)

(15) 지적법 제14차 개정(2005.3.31. 법률 제7428호)

개정	지적법 내용 중 '파산자'를 각각 '파산선고를 받은 자'로 개정(법 제41조의4 및 제41조의13)

(16) 지적법 제15차 개정(2006.9.22. 법률 제7987호)

개정이유 및 주요 내용	지적측량업의 등록결격사유에서 '파산자로서 복권되지 아니한 자'를 제외함으로써 파산자의 경우에도 지적측량업의 등록을 할 수 있도록 개정

(17) 지적법 제16차 개정(2006.10.4. 법률 제8027호)

변경	기존 주소체계를 도로와 건축물 등에 도로명 및 건물번호를 부여하고 이 도로명 및 건축번호를 기준으로 주소체계를 구성하는 새로운 주소체계로 변경하고 이를 전국에 통일적으로 적용

(18) 지적법 제17차 개정(2007.5.17. 법률 제8435호)

개정	'호적 · 제적'을 '가족관계기록사항에 관한 증명서'로 개정

(19) 지적법 제18차 개정(2008.2.29. 법률 제8853호)

정비	정부조직법의 개정으로 지적업무의 소관이 행정자치부에서 국토교통부로 이관됨에 따라 행정자치부장관, 행정자치부령 및 행정자치부를 각각 국토교통부장관, 국토교통부령 및 국토교통부로 변경하는 등 관련 규정 정비

(20) 지적법 폐지(2009.6.9. 법률 제9774호)

폐지	측량, 지적 및 수로업무 분야에서 서로 다른 기준과 절차에 따라 측량 및 지도 제작 등이 이루어져 우리나라 지도의 근간을 이루는 지형도 · 지적도 및 해도가 서로 불일치하는 등 국가지리정보산업의 발전에 지장을 초래하는 문제를 해소하기 위하여 「측량법」, 「지적법」 및 「수로업무법」을 통합하여 측량의 기준과 절차를 일원화함으로써 측량성과의 신뢰도 및 정확도를 높여 국토의 효율적 관리, 항해의 안전 및 국민의 소유권 보호에 기여하고 국가지리정보산업의 발전을 도모하기 위하여 「측량 · 수로조사 및 지적에 관한 법률」로 통합

(21) 측량 · 수로조사 및 지적에 관한 법률 제정(2009.6.9. 법률 제9774호)

1) 제정이유

측량, 지적 및 수로업무 분야에서 서로 다른 기준과 절차에 따라 측량 및 지도 제작 등이 이루어져 우리나라 지도의 근간을 이루는 지형도 · 지적도 및 해도가 서로 불일치하는 등 국가지리정보산업의 발전에 지장을 초래하는 문제를 해소하기 위하여 「측량법」, 「지적법」 및 「수로업무법」을 통합하여 측량의 기준과 절차를 일원화함으로써 측량성과의 신뢰도 및 정확도를 높여 국토의 효율적 관리, 항해의 안전 및 국민의 소유권 보호에 기여하고 국가지리정보산업의 발전을 도모하려는 것이다.

2) 주요 내용

측량기준 일원화 (법 제6조 및 제7조)	위치는 세계측지계(世界測地系)에 따라 측정한 지리학적 경위도와 높이로 표시하고, 측량의 원점은 대한민국 경위도원점 및 수준원점으로 하는 등 각 개별법에서 서로 다르게 운영되고 있는 측량기준을 통합하고, 측량기준점은 국가기준점, 공공기준점 및 지적기준점으로 구분하여 정함
측량기준점표지의 설치 · 관리 (법 제8조)	측량기준점표지는 그 측량기준점을 정한 자가 설치 · 관리하고, 측량기준점표지를 설치한 자는 그 종류와 설치 장소를 국토교통부장관 및 관계 시 · 도지사와 측량기준점표지를 설치한 부지의 소유자 등에게 통지하도록 함
지형 · 지물의 변동사항 통보(법 제11조)	특별자치도지사, 시장 · 군수 또는 구청장은 그 관할구역에서 지형 · 지물의 변동이 발생한 경우에는 그 변동사항을 국토교통부장관에게 통보하도록 하고, 공공측량수행자는 지형 · 지물의 변동을 유발하는 공사를 착공하거나 완공하면 그 사실과 변동사항을 국토교통부장관에게 통보하도록 함
기본측량성과 등을 사용한 지도 등의 간행 (법 제15조)	국토교통부장관은 기본측량성과 및 기본측량기록을 사용하여 지도나 그 밖에 필요한 간행물을 간행하여 판매하거나 배포할 수 있도록 하고, 기본측량성과, 기본측량기록 또는 국토교통부장관이 간행한 지도 등을 활용한 지도 등을 간행하여 판매하거나 배포하려는 자는 국토교통부장관의 심사를 받도록 함
지적측량의 적부심사 (법 제29조)	토지소유자, 이해관계인 또는 지적측량수행자는 지적측량성과에 다툼이 있는 경우에는 관할 시 · 도지사에게 지적측량 적부심사를 청구할 수 있고, 지적측량 적부심사청구를 받은 시 · 도지사는 소관 지방지적위원회에 회부하여 심의 · 의결을 거친 후 그 결과를 청구인에게 통지하도록 하며, 지방지적위원회의 의결에 불복하는 경우에는 국토교통부장관에게 재심사를 청구할 수 있도록 함
수로도서지의 간행 등 (법 제35조 및 제36조)	국토교통부장관은 수로조사 성과를 수록한 수로도서지를 간행하여 판매하거나 배포하도록 하고, 수로도서지의 판매를 대행하는 자를 지정할 수 있도록 하며, 국토교통부장관이 간행한 수로도서지를 복제하거나 변형하여 수로도서지와 비슷한 제작물로 발행하려는 자는 국토교통부장관의 승인을 받도록 함
지적측량업자 업무범위 확대 (법 제45조)	지적측량업자의 업무범위로 경계점좌표등록부가 있는 지역에서의 지적측량, 지적재조사사업에 따라 실시하는 지적확정측량, 도시개발사업 등이 끝남에 따라 하는 지적확정측량 외에 지적전산자료를 활용한 정보화사업 규정
측량협회의 설립 (법 제56조)	측량에 관한 기술의 향상과 측량제도의 건전한 발전을 위하여 측량협회를 설립할 수 있도록 하고, 설립요건으로 측량기술자 300명 이상 또는 측량업자 10분의 1 이상을 발기인으로 하여 정관을 작성한 후 창립총회의 의결을 거쳐 국토교통부장관의 인가를 받도록 함
토지의 조사 · 등록 (법 제64조)	국가는 모든 토지를 필지마다 토지의 소재 · 지번 · 지목 · 면적 · 경계 또는 좌표 등을 조사 · 측량하여 지적공부에 등록하도록 하고, 지적공부에 등록하는 지번 · 지목 · 면적 · 경계 또는 좌표는 토지의 이동이 있을 때 지적소관청이 토지소유자의 신청이나 직권으로 결정하도록 함

3) 체계와 구성

① 체계 : 법률, 법률 시행령, 법률 시행규칙, 지적측량 시행규칙의 체계로 이루어져 있다.

② 구성 : 5개의 장과 부칙으로 구성되고 총 111개 조문으로 이루어져 있다.

구분	제목	주요 내용
제1장	총칙	법의 목적, 용어의 정의, 다른 법률과의 관계, 적용범위
제2장	측량 및 수로조사	측량기본계획, 측량기준, 측량기준점, 기본측량, 공공측량, 지적측량, 수로조사, 측량기술자 및 수로기술자, 측량업 및 수로사업, 협회, 대한지적공사
제3장	지적	토지의 등록, 지적공부, 토지의 이동신청 및 지적정리 등
제4장	보칙	지명의 결정, 측량기기의 검사, 성능검사대행자, 토지 등에 의 출입, 권한의 위임 · 위탁, 수수료
제5장	벌칙	벌칙, 양벌규정, 과태료
부칙		법 시행일, 다른 법률의 폐지, 측량기준에 관한 경과조치

(22) 공간정보의 구축 및 관리 등에 관한 법률(2014.6.3. 법률 제12738호)

[목적] 이 법은 측량 및 수로조사의 기준 및 절차와 지적공부(地籍公簿) · 부동산종합공부(不動産綜合公簿)의 작성 및 관리 등에 관한 사항을 규정함으로써 국토의 효율적 관리와 해상교통의 안전 및 국민의 소유권 보호에 기여함을 목적으로 한다.

03 단답용어 지적사

001 지적공부를 다루는 행정과 측량을 수행하는 기술분야가 합쳐진 사회기초과학으로 국가가 전 국토를 측량하여 등록한 후 등본 발행하는 모든 행정행위는?

지적(地籍)

> 지적(地籍) 1895년 3월 26일(양력 4월 20일) 내부관제가 공포되었을 때 판적국에서 〈지적에 관한 사항〉을 관장한다고 하였으니 이것이 한국에서 '지적'이 사용된 최초의 일이다. 지적은 지적공부를 다루는 행정과 측량을 수행하는 기술분야가 합한 사회기초과학으로 국가가 전 국토를 측량하여 등록한 후 등본 발행하는 모든 행정행위를 말한다.

002 측량과 같은 말이며 중국에서는 토지의 분쟁이 있는 경우에 실지를 측량하는 것은?

타량(打量)

※ 타량성책(打量成冊)=양안

003 일필지 조사 중 강계 및 지역의 조사를 하는 데 본 토지에 둘러싸여 있거나 접속되어 있는 지목이 다른 토지로서 그 면적이 작은 것은 본 토지에 병합하고 도로, 하천, 구거에 접속되어 있는 작은 면적의 죽림 초생지 등은 대개 이를 그 접속하는 토지에 병합하였다. 이처럼 다른 지목에 병합하여 조사할 토지는?

양입지(量入地)

004 지세 관계 법령에 의한 지세를 부과하지 않는 토지가 지세를 부과하는 토지로 된 것은?

과세지성

005 지세를 부과하는 토지가 지세를 부과하지 않는 토지로 된 것을 말하며, 면세연기지, 재해면세지, 자작농 면세지 및 사립학교용 면세지를 포함하지 않는 것은?

비과세지성

006 재해로 인하여 지형이 변하였거나 작토를 손상한 토지에 대하여 세무서장이 연기를 허가할 수 있도록 한 것은?

황지면세

007 군과 군 사이에 달관상의 권형에 대해서는 전 · 답의 100평당 평균 수확고 및 이에 대한 지가 또는 1평당 평균 지가를 기초로 하는 한편 각 시 · 군의 지세, 교통, 자길, 수리, 기타 각종 사항을 참작하여 다시 각 군에 있어서의 전 · 답 · 대의 최고, 최저, 최다 등급을 비교하여 그 적부를 심사한 후 권형이 맞다고 인정하면 이 등급은 시인하도록 한 제도는?

군간 권형

008 넓은 의미에서 지압조사를 포함하며 지세 관계 법령에 의하여 세금관리로 하여금 매년 6월에서 9월 사이에 하는 것을 원칙으로 하나 필요시에는 임시로 할 수 있도록 하는 토지이동 사항의 조사는?

토지검사(土地檢査)

009 토지의 이동이 있을 경우 관계 법령에 따라 토지소유자가 지적소관청에 신고하도록 되어 있으나 이것이 잘 이행되지 못할 경우에는 그 신고 없는 이동지를 조사 · 발견할 목적으로 국가가 자진하여 현지조사를 하는 것은?
지압조사(地押調査)

010 토지조사 측량성과인 지적도가 나오기 전 1911년부터 1913년까지 지세부과를 목적으로 작성한 약도로 부, 군청에 보관되어 소유자라고 간주할 자에 대하여 납세액 및 기타 사실을 기재한 지적부 및 도면은?
과세지견취도(課稅地見取圖)

011 각 재무감독국별로 상이한 형태와 내용의 징세대장이 만들어져 이에 따른 통일된 양식의 징세대장을 만들기 위해 작성한 것은?
결수연명부(結數連名部)

012 조선 때 기경(起耕)한 전답으로 새로 개간하여 양안에 등재하지 아니한 논 · 밭을 말하며, 3년 동안은 과세하지 않다가 4년 되는 해에 양안에 등록하고 과세한다. 자호는 붙이지 아니하고 가(加) 또는 내(内), 차(次)라고 하였다. 장외신기(帳外新起) · 신가경전(新加耕田) · 양안 외 가경지 · 가기(加基, 家起)라고도 한 것은?
가경전(加耕田)

013 천문시계를 원래 혼천의(渾天儀), 혼의, 선기옥형(璇璣玉衡)이라고 불렀는데, 이 혼천의를 간소화한 것은?
간의(簡儀)

014 임야도로 간주하는 지형도로 임야조사측량 때 이용가치가 낮고 측량을 하기 어려운 광대한 심산 국유임야 일부는 실측하지 않고 25,000분의 1, 50,000분의 1 지형도상에서 조사 · 등록하여 임야대장을 작성하였는데 이때의 지형도는?
간주임야도(看做林野圖)

> 임야조사사업을 완료한 후 북한에서는 25,000분의 1은 대부분 6,000분의 1로 개측하였으나 50,000분의 1은 개측을 추진하던 중 광복을 맞아 중단하였다. 간주임야도 시행지역인 경북 일월산, 전북 덕유산, 경남 지리산 지역 중 1979년에 전북 남원군 6필지(65,159,227m^2)와 1987년 말 장수군 4필지(16,398,149m^2)를 개측하여 임야도를 정비하였다. 간주임야도를 보관하고 있는 소관청은 경남 함안군 13필과 산청군 2필로서 나머지는 멸실되었고 임야대장만을 비치하고 있다.

015 조선총독부령에 "따로 고시하는 지역에는 토지대장에 등록한 토지에 대하여 임야도로서 지적도로 간주한다"에 의하여 지적도로 간주하는 임야도로 토지조사측량 때 토지에서 200간 이상 떨어진 임야 안에 있는 전 · 답 · 대 등은 측량하지 않고 임야조사측량 때 임야도에 등재한 것은?
간주지적도(看做地籍圖)

> 대장은 별도로 작성하였는데 이를 〈별책토지대장〉, 〈을호(乙號)토지대장〉, 혹은 〈산토지대장〉이라고 한다. 조선총독부는 1924년 4월 1일부터 임야도로서 지적도로 간주할 지역을 고시하기 시작하여 15차에 걸쳐 추가하였는데 산간벽지와 도서지방은 대부분 이 지역에 포함되었으며 이 지역을 간주지적도지역이라고 한다. 200간 떨어진 지역선은 분수령(分水嶺), 산로(山路), 산계(山溪), 삼각점, 임야의 1지번 경계 등으로 결정하였는데 이 지역선은 흑색 3호선에 따라 다시 넓이 1촌 이내의 녹색선채(綠色渲彩)를 하되 1지번 내에 지역선을 그릴 때에는 점선으로 표시하였다. 전라북도 군산시 지적과에 산토지대장과 간주지적도가 보존되어 있다.

016 토지조사법에 의한 토지조사로 산림지대를 제외하였기 때문에 지적도에는 산림지대의 토지로 등록하지 않았으며 임야도를 지적도로 간주하는 것을 간주지적도라 하였고 간주지적도에 등록하는 토지에 관한 대장은 별도 작성한 대장은?

별책토지대장, 을호토지대장, 산토지대장(山土地臺將)

017 토지조사측량 당시 확정된 소유자가 다른 토지 간에 사정된 경계선이며, 사정선(査定線)이라고도 한 것은?

강계선(疆界線)

강계선의 반대쪽은 반드시 소유자가 다르다. 강계선은 지적도상의 것을 뜻하며 지표상의 표항, 논 · 밭둑을 가리키는 것이 아니다. 강계선에 대한 불복신청은 할 수 있으나 지역선은 할 수 없다. 토지조사 이후 강계선과 지역선은 없어지고 경계(선)가 되었다.

018 토지조사측량 당시 소유자는 같으나 지목이 다른 관계 등으로 지적정리상 별필로 한 토지 간의 경계선과 토지조사 시행지와 토지조사 미시행지와의 경계선은?

지역선(地域線)

지역선(地域線) 토지조사측량 당시 소유자는 같으나 지목이 다른 관계 등으로 지적정리상 별필로 한 토지 간의 경계선과 토지조사 시행지와 토지조사 미시행지와의 경계선을 말하며 비사정선이라고도 한다. 따라서 지역선의 반대쪽은 소유자가 같을 수도 있고 다를 수도 있다. 지역선은 사정을 한 것이 아니기 때문에 불복신청을 할 수 없다. 토지조사 이후 지역선은 없어지고 경계(선)가 되었다.

019 임야 안에 점재(點在)하여 있는 토지로서 전 · 답 · 대지 · 지소 · 사사지 · 분묘지 · 도로 · 하천 · 구거 · 성첩 · 철도선로 · 수도선로를 말하는 것은?

개재지(介在地)

020 토지조사 때 세부측량의 안내도로, 일필지의 조사를 끝마친 후 그 강계 및 지역을 보측(步測)하여 개황을 그리고, 여기에 각종 조사사항을 기재함으로써 장부제조의 참고자료 또는 세부측량의 안내에 쓰이게 한 것은?

개황도(槪況圖)

021 조선시대 부과세의 일종으로 각 군청의 이속(吏屬)이 자기의 급료의 보조를 앙청하기 위하여 지세징수 때 관에게 납부하는 지세는?

걸복(乞卜)

※ 걸복장(乞卜帳) → 고복장

022 구한말과 일제 초기에 실시한 납세장부로, 매년 지세징수를 할 때 과세지의 변동을 실지로 조사하여 납세액을 기재한 장부로 걸복(乞卜)이라고도 한 것은?

고복장(考卜帳)

토지 소재, 자호, 지번, 지목, 배미(夜味) 수, 두락 수, 결수, 사표, 지주의 주소, 성명, 소작인의 성명 순으로 지적에 관한 사항이 모두 기재되어 있다.

023 1909년 유길준이 창설한 한국 최초의 측량기술자 단체는?

대한측량총관회(大韓測量總管會)

1909년 유길준이 창설한 한국 최초의 측량기술자 단체로, 그가 초대 평의장(評議長)이 되었다. 총관회에 교육부와 검사부를 두었는데 교육부(부장 김택길)에서는 학생을 모집하여 세부 · 도근측량을 교수하고 측량자격증인 검열증(檢閱證)을 발행하였다.

024 검정증(檢定證)이라고도 하며 1909년 유길준이 창설한 대한측량총관회에서 발행한 한국 최초의 측량기술 자격증은?

검열증(檢閱証)

1909년 4월에는 총관회 부령분 사무소에서 부평, 김포, 양천군의 측량기술을 검정하여 합격자는 검열증을 주고 합격되지 아니한 자는 1~2개월 강습한 다음 다시 검정하여 검열증을 주었다. 그러나 원본이 보존되어 있지 아니하여 그 내역은 알 수 없다. 이는 한국 지적측량자격증의 효시이다.

025 구한말과 일제 초기에 과세징수를 하기 위하여 작성한 개인별 내역을 기재한 장부는?

결수연명부(結數連名簿)

1909년 7월 훈령에 의하여 작성되어 매년 개조하다가 1911년 11월 10일 「결수연명부규칙」과 같은 해 12월 29일 「결수연명부취급수속」이 제정되었다. 내용은 납세 관리인 주소, 성명, 토지의 소재, 자번호, 면적, 결수, 세액, 적요로 되어 있다. 일제 초기에 토지조사를 시행할 때 소유자가 신고를 하면 이를 결수연명부와 대조하였고, 1911년부터 1913년까지 시행 작성한 과세지견취도와도 대조하였다. 지세를 징수하는 대장일 뿐만 아니라 당시 토지에 관한 장부로 토지대장의 기초가 되었다.

026 성종 2년(1476년)에 모두 완성하여 반포하고 성종 16년(1485년)에 발간하였으며 조선 세조가 종래의 법전들을 정리하기 위하여 최항 등에게 명하여 지은 법전은?

경국대전(經國大典)

6권 3책으로 활자본이다. 호전(戶典) 양전조(量田條)에는 모든 토지는 6등급으로 나누며 20년마다 다시 측량하여 양안을 만들어 호조(戶曹), 본도(本道), 본읍(本邑)에 보관한다고 규정되었다. 단종실록(1453), 성종실록(1494)에는 30년마다 다시 측량한다고 하였으나 단 한 번도 전국 일제측량을 한 일이 없다.

027 조선 후기의 실학자 정약용이 국가 체제 전반을 비판하고 부국강병을 논한 책으로, 40권 16책으로 구성되었으며, 강진(康津)에 유배 중인 순조 17년(1817년)에 착수하여 이듬해 완성한 것은?

경세유표(經世遺表)

임진왜란 이후 더욱 고질화되고 있는 지배층의 기강 해이, 국가재정의 궁핍, 토지제도의 문란, 특히 권력 없는 농민층에게만 가중되는 조세징수 등을 비판하고, 이에 대한 해결책을 구체적으로 제시하였다.
그 내용은 ① 중앙 행정기구를 개편하여 관원수를 3분의 1로 축소할 것 ② 관리등용 절차의 간소화와 귀천에 따른 임용의 폐지 ③ 행정 감독의 강화를 위한 고적법(考績法)의 확대 적용 ④ 군포(軍布)의 폐지와 민역(民役)의 균등화 ⑤ 국방력 강화를 위한 둔전법(屯田法)의 정비 ⑥ 통화의 정비와 개주(改鑄) ⑦ 산업기술의 발전을 위한 이용감(利用監)의 설치 등이다.
이 가운데서도 특히 강조된 것은 국가재정의 개혁으로서, 거의 전편을 통해 토지제와 조세제도를 역사적으로 비판하고 그 개혁안을 제시하였다. 이 개혁안은 토지제도의 전담기구로 경전사(經田司)를 두고, 양전에 있어

은루결(隱漏結)과 진황전(陳荒田)을 밝혀 국유화하고, 사전(私田)을 사들여 공전화(公田化)하자고 하였다. 결부제를 경묘법으로 고치고 일자오결법(一字五結法)이나 사표는 부정확하므로 어린도(魚鱗圖)를 작성하고 진기(陳起)를 파악하기 위하여 정전제(井田制)나 어린도와 같은 조직적인 관리가 필요하다고 주장하였다. 이에 따른 조세는 제도의 개혁과 정비라는 과정을 거치되, 이는 혁명적인 정책이므로 군주의 영단(英斷)과 지배층의 협찬이 있어야 한다고 하였다. 여기에 관한 보다 실제적인 문제는 〈목민심서(牧民心書)〉에서 다루어졌다.

028 고려 때 중앙과 지방의 관청에 딸린 논밭으로 왕실로부터 중앙과 지방의 각 관청에 지급하여 그 수입을 공비로 쓰게 한 것은?

공해전(公廨田)

029 고려 말과 조선 초기에 전국의 논밭을 국유화하여 백성에게 경작하게 하고, 벼슬아치에게 등급에 따라 조세를 받아들이는 권리를 주던 제도로, 공양왕 3년(1391년)부터 세조 12년(1466년)까지 시행되었던 제도는?

과전법(科田法)

030 근대적인 측량기술을 사용하여 제작한 1900년대 초기의 지적도로, 대한제국시대에 작성한 대축척 지적도로 현대 지적도와 비교해도 손색이 없을 정도로 정확하게 작성되었으며 최근 충북 제천군 지역의 도면이 발견되었다. 이 도면은?

경지배열일람도(耕地配列一覽圖)

031 토지의 사정에 대하여 불복이 있는 경우에는 사정공고기간(30일) 만료 후 60일 이내에 불복하거나 재결이 있는 날로부터 3년 이내에 사정의 확정 또는 재결이 처벌받을 만한 행위에 근거하여 재심의 재결을 하는 토지소유권의 확정에 관한 최고의 심의기관은?

고등토지조사위원회(高等土地調査委員會)

032 중국의 고대 수학서에는 10종류로서 산경십서라는 것이 있으며 그중에서 가장 큰 것으로 10종류 중 2번째로 오래되었다. 가장 오래된 주비산경(周髀算徑)은 천문학에 관한 서적이며 선진(先秦) 이래의 유문(遺文)을 모은 것은?

구장산술(九章算術)

033 궁장이라 함은 후궁, 대군, 공주, 옹주 등의 존칭으로서 각 궁방 소속의 토지는?

궁장토(宮庄土)

궁방(宮房)이라 함은 후궁(後宮), 대군(大君), 공주(公主), 옹주(翁主) 등의 존칭으로서 각 궁방 소속의 토지를 궁방전(宮房田), 사궁장토(司宮庄土) 또는 궁장토라 일컬으며, 일사칠궁(一司七宮) 소속의 토지도 아울러 궁장토라 불렀다. 일사칠궁이라 함은 내수사 및 칠궁을 통틀어 부르는 명칭이다. 육상궁, 선희궁 및 경우궁은 왕실의 사묘(私廟)이고 명례궁, 어의궁, 용동궁 및 수진궁은 왕실의 사고(私庫)라고 할 수 있다.

034 제실의 일반 소요경비 및 제사를 관장하기 위하여 설치되었으며 각기 독립된 재산을 가진 궁은?

일사칠궁(一司七宮)

제실의 일반 수용비 및 제사를 관장시키기 위하여 일사칠궁을 두었다. 일사칠궁이라 함은 내수사(內需司), 어의궁(於義宮), 용동궁(龍洞宮), 명례궁(明禮宮), 수진궁(壽進宮), 육상궁(毓祥宮), 경우궁(景祐宮), 선희궁(宣禧宮)의 총칭으로서 이는 경리원과 병립(倂立)하여 각기 독립된 재산을 가졌다. 각 사(司), 궁(宮) 소속의 토지를 관리하게 하기 위하여 각 사마다 도장(導掌)을 두었지만 허다한 폐단이 있었기 때문에 1907년 6월 궁장토 도장을 폐지하고 그 대신 각 궁 사무정리소를 두어 그 관리사무를 맡도록 하였다.

035 왕이나 왕족의 사냥, 유흥과 군사훈련, 산림보호의 목적으로 일정한 구역을 설정하고 이를 표시하기 위하여 세운 목책(木柵) 또는 석비(石碑)는?

금표(禁標)

산림보호를 위한 것은 강원도 원주 치악산에 남아 있는 금표와 고양시 서오능(西五陵)에 구전되어 있는 금천(禁川)으로 오늘의 개발제한구역 표지석과 같다. 왕실의 사냥과 유흥을 위한 것은 고양시 대자동에 남아 있는 금표가 있다. 연산군은 이 금표 안에서 사냥도 하고 궁녀 천여 명을 데리고 가서 주연을 베풀고 즐겼으며 길가에서 간음도 하였다. 금표 안의 인가는 모두 철거시키고 논밭의 경작도 금하며 이를 어기면 처벌하였다. 그러나 백성들은 금표 밖에서 굶어죽거나 안에서 처형되거나 죽기는 마찬가지라고 하며 농사를 짓기 위해 출입하였다.

036 고려 때 토지와 지적을 관장한 관청으로 고려 초 전시과(田柴科)의 시행과 동시에 전지분급을 맡은 기관은?

급전도감(給田都監)

고려 때 토지와 지적을 관장한 관청으로 고려 초 전시과(田柴科)의 시행과 동시에 전지분급을 맡았으며 문종 때에 확립된 듯하다. 전제문란으로 기능을 발휘하지 못했고 무신란(武臣亂) 이후 전시과의 붕괴와 대토지 소유의 추세에 따라 필요성이 없어 한때 폐지되었다가 고종 44년(1257년)에 부활시켰다. 고종 이후 관장사무는 녹과전(祿科田)의 분급에 한했으므로 원종(元宗) 때 경기지방에만 녹과전을 설치, 개성부(開城府)와 병립하였다. 충선왕 원년(1309)에 개성부에 병합, 1389년 독립관청이 되었으나 1392년 폐지되었다. 문종 때 관원은 녹사(錄事) 2명, 이속(吏屬)은 기사(記事) 4명, 기관(記官) 1명이었다.

037 고려 · 조선 때 국가의 주요한 의식을 의정하던 일종의 입법기관으로 양전 기획도 맡았던 기관은?

식목도감(式目都監)

고려 · 조선 때 국가의 주요한 의식을 의정하던 일종의 입법기관으로 양전 기획도 맡았다. 목종 때 사(使) 2명, 부사(副使) 4명, 판관 6명을 두었다가 충선왕 때 국가의 중대사를 맡은 곳이라 하여 첨의정승(僉議政丞) · 판삼사사(判三司事) · 밀직사(密直司) · 중추원사(中樞院使) 등으로 판사를 삼는 한편 상의식목도감사(商議式目都監事)를 두었다. 이 도감은 국가 행정상의 요직으로 인종 때 국자감(國子監)의 학칙을 제정한 일도 있다.

038 고려 신우(辛禑) 8년(1382년)에 토지소유의 불균형을 시정하기 위하여 설치한 임시기구는?

절급도감(折給都監)

고려 신우(辛禑) 8년(1382년)에 토지소유의 불균형을 시정하기 위하여 설치한 임시기구로, 재추(宰樞) 7~8명을 별좌로 삼고 토지를 분급하여 전리(田里)를 고르게 하는 일을 맡았으며 창왕 때 또 설치하였다.

039 고려 충목왕 3년(1347년)에 논 · 밭을 측량하기 위하여 임시로 설치한 관청은?

정치도감(整治都監)

고려 충목왕 3년(1347년)에 논 · 밭을 측량하기 위하여 임시로 설치한 관청으로 다음 해 폐지되었다. 판사 4명, 사(使) · 부사(副使) 각 9명, 판관(判官) 12명, 녹사(錄事) 6명을 두고 지방에 파견하여 양전을 하였다.

040 토지를 개간하여 완전한 경작지가 된 논밭으로 이들에게 지조(地租)를 부과하는 것을 원칙으로 한 토지는?

기경지(起耕地)

041 지적측량 시행지의 실측 경계선과 삼각점, 도근점, 기타 지지상 위치가 명확하다고 인정되는 지적도(또는 임야도)상 기지점 및 그 기지점에 의하여 도상 위치를 결정한 점과의 경계부합 여부를 조사하여 밝히는 일은?

기지점 사핵(旣知點 査覈)

042 측판측량방법에 의하여 측량을 할 때 측량준비도에 측판점 · 타점 · 방위표점 · 도상거리 · 실측거리 등 기하학적 흔적을 연필로 표시한 것은?

기하적(幾何跡)

043 조선 때 지주의 성명과 조세의 액을 적은 과세장부로서 일종의 지세명기장으로 지적대장에 의하여 때때로 갱정(更正)하고 이로써 납세자에게 세액을 징수한 장부는?

깃기(衿記)

> 조선 때 지주의 성명과 조세의 액을 적은 과세장부로서 일종의 지세명기장으로 지적대장에 의하여 때때로 갱정(更正)하고 이로써 납세자에게 세액을 징수하였다. 그러나 정비된 대장은 없고 농민은 기폐(起廢)를 신고하지 않았다. 서원(書員)이 곡식이 무르익을 때 들에 나가 기폐이동을 조사하여 결총(結摠)을 성책(成冊)하였다. 작인(作人)별로 그 자번호 결수를 기재하고 책 끝에 각 촌(各村)의 구좌를 설치하여 거래를 명확하게 하였다. 이 명칭은 지방마다 다르며 행심(行審) · 유초(類抄, 類草) · 주판(籌版) · 결판(結版) · 사판(司版) · 실초(實抄) · 계판(計版) · 야초(野草) · 초판(抄版) · 유합(類合) · 결부(結簿) · 작부책(作扶冊) 등으로 불렸다.

044 1895년 3월 26일(양력 4.20.) 칙령 제53호로 공포된 관제이다. 토목국에는 토지측량(제7조), 판적국에서는 지적을 관장한다고 규정되어 있으며 근대지적의 효시가 된 것은?

내부관제(內部官制)

> 1895년 3월 26일(양력 4.20.) 칙령 제53호로 공포된 관제이다. 토목국에는 토지측량(제7조), 판적국에서는 지적을 관장한다고 규정되어 있다. 당시 내부대신은 박영효(朴永孝), 협판은 유길준(俞吉濬), 토목국장은 남국억(南宮檍), 판적국장은 윤진석(尹瑨錫)이었다. 이것으로 한국에 지적(地籍)이라는 용어가 최초로 도입되었고 따라서 이것이 근대 지적의 효시이다. 같은 해 내부분과규정을 제정하고 지적과의 업무규정을 정하였다.

045 토지조사 때 토지대장에 등록한 임야로 토지임야라고도 한 것은?

낙산임야(落山林野)

> 토지조사 때 토지대장에 등록한 임야로 토지임야라고도 한다.
> 낙산임야의 요건은 다음과 같다. ① 전, 답, 대, 지소, 잡종지, 사사지, 분묘지, 공원지, 철도용지 및 수도용지에 둘러싸여 있으며 그 면적이 대략 50,000평 이내의 것 ② 주위(周圍)의 대부분은 농경지나 대(垈)에 둘러싸이고, 다만 일부분만이 주(主)가 되는 임야에 접속되어 있지만 그 접속부분이 도로, 하천, 구거, 제방, 성첩, 철도선로에 의하여 사실상 중단되어 있으며 그 면적은 대략 10,000평 이내의 것 ③ 지세(地勢)가 평평하여 손쉽게 개간할 수 있는 잔디밭[芝地] 등으로 도로, 하천, 구거, 제방, 성첩, 철도선로로서 주가 되는 임야와 구획된 면적이 약 10,000평 이내의 것 ④ 도서(島嶼)에 있어서는 일반적으로 전기 면적의 제한은 약 3,000평 이내로 하였으나 그 포위 또는 구획된 토지가 호해(湖海)에 접하였을 경우 그 부분이 주위의 3분의 2 이상에 걸치는 것은 약 1,000평 이내로 하였다.

046 대한제국은 삼림법을 제정 · 공포하여 모든 민유임야토지에 대하여 3년 안에 농공상부대신에게 면적과 약도를 작성하여 신고하도록 강제 규정하였다. 이 규정에 따라 임야토지소유자가 자비로 측량하여 작성한 지적도는?

민유임야약도(民有林野略圖)

047 전(前)후(後) 단군 조선과 기자 조선(奇子朝鮮)의 역사서로 발해의 대야발(大野勃)이 서기 727년에 쓴 책은?

단기고사(檀奇古史)

전(前)후(後) 단군 조선과 기자 조선(奇子朝鮮)의 역사서로 발해의 대야발(大野勃)이 서기 727년에 썼다. 이 한문본이 긴 세월 동안 전해 내려오다가 1949년 김두화, 이관구가 국한문으로 펴냈고 고동영이 순 한글로 역주하여 한뿌리사에서 1989년 간행하였다. 전 단군 조선 2대 부루(扶婁) 10년(B.C. 2231)에 정전법을 시행하고 토지대장을 만들어 세금을 내게 하였고 제14세 고불(古弗) 58년(B.C. 1664)에 전토와 산야를 측량하여 조세율(租稅率)을 개정하였으며, 후 단군 조선 제12세 매륵(買勒) 때 오경박사 우문충(宇文忠)이 토지를 측량하였다는 등 여러 대목에 천문학, 측량에 대한 기술이 있다. 이것은 조세를 위한 지적측량이 단군 때부터 시작되었다는 것을 나타낸다.

048 이조 중기 이후 공물(貢物)을 미곡으로 통일하여 바치게 하던 납세제도는?

대동법(大同法)

이조 중기 이후 공물(貢物)을 미곡으로 통일하여 바치게 하던 납세제도로, 각 지방의 특산물을 바치는 것을 공(貢)이라 하는데, 대동법은 이것을 일률적으로 미곡으로 환산하여 바치게 하는 제도였다. 공물은 중앙 및 지방의 각 관청, 각 궁방(宮房)의 필요에 따라 수시로 부과하던 것으로, 소요되는 시기와 납부하는 시기가 일치되지 않아 방납(防納 — 代納) 제도가 성행하였다.

049 조선 말기에 고산자 김정호가 제작한 3대 지도 중의 하나로 철종 2년(1861년) 저자 자신이 판각하여 초판을 발간하고 고종 원년(1864년)에 재간한 지도는?

대동여지도(大東輿地圖)

김정호가 제작한 3대 지도

1. 대동여지도(大東輿地圖)
   조선 말기 철종 2년(1861년)에 저자 자신이 판각하여 초판을 발간하고 고종 원년(1864년)에 재간하였다. 저자는 이보다 앞서 1834년에 청구도를 제작하였는데 그 자매편으로서 내용을 보충하고 일반인이 더욱 편리하게 사용할 수 있도록 지도첩의 양식을 본떠 분첩절첩식(分帖折疊式)으로 만들었다. 즉, 전체를 22첩으로 나누어 각 첩을 접어서 책자와 같이 할 수 있게 만들었으며, 이것을 2개 또는 3개씩 합쳐서 볼 수도 있고, 전부를 합치면 전도(全圖)가 되도록 되어 있다.
2. 동여도(東輿圖)
   조선 말 철종 때 제작하였다. 색채지도 23첩, 사본, 제1첩 경원(慶源) · 온성(穩城) · 종성(鐘城)에서 시작하여 제20첩 제주(濟州) · 정의(旌義) · 대정(大靜)에 이르기까지 전국의 334지역을 20첩에 나누어 수록하고, 그 밖에 주(州) · 현(縣) · 대소영(大小營) · 진보(鎭堡) · 산성(山城) · 봉수(烽燧) · 역참(驛站) · 면동리(面洞里) 등을 상세하게 기록하였다. 마지막 1첩은 목록이다.
3. 청구도(靑邱圖)
   순조 34년(1834년)에 완성한 한반도 지도로 청구선표도(靑邱線表圖) 또는 청구요람(靑邱要覽)이라고도 한다. 서울대학교 도서관 소장은 2책이고, 규장각 소장은 4책이다. 〈본도팔도주현도총목(本道八道州縣圖總目)〉(색인도) · 〈도성전도(都城全圖)〉 · 〈신라구주군현총도(新羅九州郡縣總圖)〉 · 〈고려오도양계주현총도(高麗五道兩界州縣總圖)〉 · 〈본조팔도성경합도(本朝八道盛京合圖)〉로 되어 있다. 1971년 민족문화추진위원회에서 해설과 함께 영인본을 발행하였다.

050 1901년 지계아문을 설치하고 발행한 지권(地券)으로 한국 최초의 인쇄된 토지문서는?
대한제국전답관계(大韓帝國田畓官契)

1901년 지계아문을 설치하고 발행한 지권(地券)으로 한국 최초의 인쇄된 토지문서이다. 전면에는 토지소재, 자호, 면적(두락, 결부속), 사표, 시주, 가격, 매주(賣主), 보증인 등이 기록되어 있다. 같은 것이 3쪽인데 하나는 지계아문에, 하나는 소유자에게, 나머지 하나는 지방관청에 보존한다. 뒷면에는 다음과 같이 8개 항이 기재되어 있다. ① 대한제국 인민 중에 전답(田畓)이 있는 자는 관계가 필요하되 구계(舊契)는 물론 본 아문에 수납할 것 ② 전답소유자가 해당 전답을 매매 혹은 양여하는 경우에는 관계를 환거(換去)하며 혹은 전질(典質)하는 경우에는 해당 지방관청에 허가를 얻은 후에 시행할 것 ③ 전답소유자가 관계를 불원(不願)하고 매매 혹은 양여할 때 관계를 환거치 아니하거나 전질할 때에 관의 허가가 없으면 해당 전답은 일체 속공(屬公)할 것 ④ 대한제국 인민 외에는 전답소유자가 되는 권리가 없으니 차명(借名) 혹은 사상매매(私相賣買), 전질(典質), 양여하는 폐단이 있는 자는 병일률(并一律)에 처하고 해당 전답은 원주(原主) 각인(各人)이 있음으로 인정하여 일체 속공할 것 ⑤ 관계를 침수, 화재 혹은 유실한 경우에는 영유자(領有者)가 해당 지방관청에 보명(報明)하여 증거가 명확하면 다시 성급(成給)하되, 혹 증거가 없음을 허시(許施)하였다가 탄로 나면 해당 전답 가액을 그때 지방관에게 책징(責徵)할 것 ⑥ 전답관계를 삼편(三片)에 인출하여 제1편은 본 아문에 보존하고, 제2편은 영유자에게 부여하고, 제3편은 해당 지방관청에 보존하여 매매, 전질 혹 양여할 때에 해당 지방관청 존안건으로 부준(符准) 후에 시행할 것 ⑦ 관계를 성급할 때에 답(畓) 1부(負)에 엽전 5푼, 전(田) 1부에 엽전 3푼, 화전 1부에 엽전 1푼씩을 수입하여 지지(紙地) 및 인쇄비에 사용할 것 ⑧ 전답을 매매하는 경우에는 원가에 백분의 일을 거두되 매매인이 절반씩 분담하여 해당 지방관청에 납(納)하고 본 아문에 수납(輸納)할 것

051 다산(茶山)의 주장으로 모든 논밭을 정정방방(正正方方)으로 구분하여 사방이 백척으로 된 정방형을 1결로 하여 어린도를 작성하자는 것은?
방량법(方量法)

052 방지(房地), 방기(房基), 지기(地基)라고도 하며 가옥의 부지 또는 그 예정지로 부속지를 포함한 것은?
방신지(房身地)

053 태조 7년(1398년) 수군방어사 김을보(金乙寶)가 민전을 수탈하여 영둔으로 한 것이 효시인 것은?
방어영둔(防禦營屯)

방어영은 육해의 요충지에 설치하여 외침을 막는 병영으로 고려 초에 창설되었다. 방어영둔은 태조 7년(1398년) 수군방어사 김을보(金乙寶)가 민전을 수탈하여 영둔으로 한 것이 효시이다. 선조 26년(1593년) 광주방어사 변응성(邊應星)이 용진, 삼광진, 삼전도 부근의 한광지를 개간하여 둔전으로 하였다. 1895년 방어영을 폐지하자 방어영둔은 해당 지방관청의 관둔전으로 되었고 1864년 군부로, 그 후 내장원으로 이관, 1907년에 국유지로 편입되었다.

054 봉수군의 급료를 주기 위하여 만든 둔전은?
봉대둔(烽臺屯)과 연대둔(煙臺屯)

봉수군의 급료를 주기 위하여 만든 둔전으로, 봉수군은 복무 중 한가한 때 경작케 하고 공세는 면제하였다. 정부의 관리부족으로 봉수군이 사사로이 매매하여 사전화(私田化)되었다. 1894년 봉수제 폐지로 봉대둔은 탁지부로, 1899년 내장원으로 이관되었고 1907년 다른 역둔토와 함께 국유로 되었다.
연대는 봉수와의 사이 5리나 10리마다 높은 대를 축성하고 연기를 피워 경보를 전달하는 것으로 연대둔은 연대에 종사하는 자들의 급료에 쓰기 위하여 설정한 돈전으로 연대토(煙臺土)라고도 한다.

055 왕궁의 존엄성을 유지하고 풍치를 위하여 한성부의 주위에 설치한 것으로 경복궁 및 창덕궁의 주산과 산맥은 경작을 금지한 것은?

금산

056 왕실 및 정부의 필요에 따라 궁정 재궁(梓宮), 선박 등의 용재로 쓰기 위하여 조림에 가장 적당한 임야를 선택하여 일정한 지역에 한하여 정부가 직접 보호 · 관리하여 온 것은?

봉산(封山)

왕실 및 정부의 필요에 따라 궁정 재궁(梓宮), 선박 등의 용재로 쓰기 위하여 조림에 가장 적당한 임야를 선택하여 일정한 지역에 한하여 정부가 직접 보호 · 관리하여 온 것이다. 각 도에 위치한 황장봉산(黃帳封山)이 그것인데 여기에는 경차관을 파견하여 재궁을 선정하였다. 위로는 궁정의 재목으로부터 아래로는 전함, 조박(漕舶)의 수요에 이르기까지 오래 육림하여 이를 성취함으로써 엄하게 벌채를 금하였다.

057 조선조 때 왕 또는 왕비의 포의(胞衣)를 안치한 산은?

태봉산(胎封山)

조선조 때 왕 또는 왕비의 포의(胞衣)를 안치한 산이다. 경기도, 강원도, 충청도, 경상도, 전라도에 24개소이고 대왕대실은 300보, 대군은 200보, 왕자는 100보로 이 구역은 벌채, 묘지를 금한다. 이를 어긴 자는 능원수목도작률(陵園樹木盜斫律)에 의하여 처벌한다.

058 1895년 한성 서서(西署) 신문(新門) 안 흥화문 안 오궁동(五宮洞) 계산원동(契山園洞)에 순국열사 민영환 선생이 설립한 신학문 사립교육기관은?

사립흥화학교(私立興化學校)

1895년 한성 서서(西署) 신문(新門) 안 흥화문 안 오궁동(五宮洞) 계산원동(契山園洞)에 순국열사 민영환 선생이 설립한 신학문 사립교육기관이다. 1898년 정식허가를 받아 발족하였고 1900년에는 중서(中署) 수진동(현 종로구 청진동 194, 195)으로 이전하였는데 그해 양지아문과 협의하여 양지속성과를 신설하였고, 남순희(南舜熙)가 측량을 가르쳤으며 이 교육은 1911년까지 계속되었다. 당시 국민들은 이 학교를 〈국권회복과 민족보존의 학교〉로 생각하고 기대하였으나 일제의 탄압으로 1911년 폐교되었다. 이 학교는 남한 최초의 사학이며 측량교육을 실시한 곳이다.

059 흥사단 단장 유길준이 1908년 4월에 수진궁(현 종로구청)에 설립하고 흥사단 총무인 김상연(金祥演)이 교장으로 취임한 측량학교는?

수진측량학교(壽進測量學校)

흥사단 단장 유길준이 1908년 4월에 수진궁(현 종로구청)에 설립하고 흥사단 총무인 김상연(金祥演)이 교장으로 취임한 측량학교이다. 당초에는 사립측량학교라 하였고 이주환(李周煥), 김택길(金澤吉), 김두섭(金斗燮)을 초빙하여 교육을 시작하였다. 이 학교는 유길준이 11년 만에 일본 유배에서 귀국한 후 벼슬을 사양하고 국민 교육을 목표로 최초로 시작한 교육이다. 1908년 1월에 공포된 삼림법 제19조에 모든 민유임야는 3년 안에 측량하여 농상공부대신에게 제출하라는 규정으로 측량사를 급히 양성할 필요가 있어서 설립한 것이다. 이 학교 출신은 전국의 측량강습소 선생으로 풀려나갔다. 이 측량학교는 1년 정도 있다가 폐지되고 학생들은 융희학교로 흡수된 것으로 보인다. 융희학교는 교사난, 재정난으로 기호학교와 합병하고 기호학교는 현 중앙중 · 고등학교로 발전한 것이다.

060 임금이 왕족이나 공시에게 노예 또는 전지를 하사할 때 준 문서는?
사패(賜牌)

임금이 왕족이나 공시에게 노예 또는 전지를 하사할 때 준 문서로, 고려 때 권세 있는 사람들이 이 사패를 빙자하여 많은 전토를 겸병(兼倂)하여서 토지제도를 문란케 만든 큰 원인이 되었다.

061 조선 때 토지의 도면으로 필지의 경계를 명확하게 하기 위하여 동서남북 네 둘레 접속지의 지목, 자호(字號), 지주의 성명을 양안의 해당란에 기입한 단독 도면은?
사표(四標 · 四票 · 四表)

줄여서 표(標)라고도 한다. 조선 때 토지의 도면으로 필지의 경계를 명확하게 하기 위하여 동서남북 네 둘레 접속지의 지목, 자호(字號), 지주의 성명을 양안의 해당란에 기입한 단독 도면을 말한다. 다만 경지 이외의 경우에는 도(道) · 구(丘) · 포(浦) · 토(吐, 유지)라고만 기입하고 소유자명은 없다. 도면 하나로 5필지 이상의 토지를 파악할 수 있다. 사표의 기원은 통일신라 때인 진성여왕 5년(891년)이다.

062 고려 때의 교육기관이며 인조 때 국립종합대학교 격인 국자감(國子監)에 설치하였던 경사육학(京師六學)의 하나로, 8품관 이상의 자손 및 서인(庶人)을 입학시켜 산술을 가르친 교육기관은?
산학(算學)

정조(正祖) 즉위(1776년)년부터 산학은 정조의 이름이라 하여 주학(籌學)이라 하였다.

① 고려 때의 교육기관이며 인조 때 국립종합대학교 격인 국자감(國子監)에 설치하였던 경사육학(京師六學)의 하나로, 8품관 이상의 자손 및 서인(庶人)을 입학시켜 산술을 교육시켰다. 여기에는 산학박사(算學博士, 종9품)가 딸리어 교육을 담당하였다.
② 조선 때에는 고려와 달리 산학을 성균관에 설치하지 않고, 실무청인 호조에 설치하여 교육시켰는데, 대체로 양인자제(良人子弟)와 3품 이상의 첩 자손이 입학하여 교육을 받았다.

산학박사(算學博士)
백제 · 신라 때 철경(綴經) · 삼개(三開) · 구장(九章) 및 육장(六章) 등 수학과 측량을 가르치던 교수이다. 고려 때는 국자감 소속 종9품 직으로 측량을 가르치던 교수직이다.

063 삼국시대에 지적을 담당하는 기관에서 국가 재정을 맡았던 관사로서 고도의 수학지식을 지니고서 토지에 대한 측량과 면적측정 사무에 종사한 자는?
산학박사

064 '삼림산야의 소유자는 본법 시행일로부터 3개년 이내에 삼림산야의 지적 및 면적의 약도를 첨부하여 농상공부대신에게 신고하되 기한 내에 신고치 아니하는 자는 총히 국유로 간주함'이라고 규정한 법은?
삼림법(森林法)

1908년 1월 21일 법률 제1호 전문(全文) 22조로 된 삼림에 관한 법으로 1911년 9월 1일 폐지되었다. 동법 제19조에 '삼림산야의 소유자는 본법 시행일로부터 3개년 이내에 삼림산야의 지적 및 면적의 약도를 첨부하여 농상공부대신에게 신고하되 기한 내에 신고치 아니하는 자는 총히 국유로 간주함'이라고 규정하였다. 이는 예산 없이 사유임야소유자에게 측량비용을 부담하여 임야조사측량을 하려는 무모한 법으로 대한매일신문은 '인민을 기만하여 함정에 진입(進入)시킨다'고 하였고, 경향신문은 '병신규칙'이라고 평하였다. 민유임야소유자가 다 신고하지도 아니하였거니와 신고된 도면을 정리하여 소유권을 인정하는 절차도 없었다. 또한 경술국치 초기에는 신고를 이행하지 아니한 민유는 국유로 한다고 하였으나 1918년 조선임야조사령을 제정할 때 '삼림법 제19조의 규정에 의한 지적계출을 하지 아니하며 국유로 귀속된 임야는 구소유자 또는 그 상속인의 소유로 사정한다.'(제10조)라고 규정하여 민유임야계출은 민유임야소유자에게 무익한 경비 지출을 한 것으로 끝났다. 그러나 민유임야측량을 하기 위하여 전국에 150여 개의 사립측량강습소와 40여 개의 측량제도 사무소가 생겼고 측량도서가 여러 권 출판되었으며, 측량기계가 도입되는 등 측량기술이 창달되었다.

065 통일신라시대 서원경(현 청주) 지방의 네 마을에 있었던 토지 등 재산목록으로, 3년마다 일정한 방식으로 기록된 장부는?

신라촌락장적(新羅村落帳籍)

통일신라시대 서원경(현 청주) 지방의 네 마을에 있었던 토지 등 재산목록으로, 3년마다 일정한 방식으로 기록되었다. 그 내용은 촌명(村名) 마을의 둘레, 호수의 넓이, 인구 수, 논과 밭의 넓이, 과실 나무의 수, 뽕나무의 수, 소와 말의 수이다. 이는 마을단위 〈종합토지대장〉이다. 원본은 일본 정창원(正倉院)에 보관되어 있다.

066 임시토지조사국이 토지조사 당시 일필지토지에 대한 사정공시를 위해 필요한 토지조사부를 작성하였는데 토지조사부를 작성하는 근본 자료로 사용되었으며 일필지조사 도부 조제 중 일부에 해당하는 조사자료부는?

실지조사부(失地調査部)

067 일정한 구역의 토지를 세분한 도면의 모양이 물고기 비늘과 같이 연결되어 있다 하여 붙여진 명칭은?

어린도(魚鱗圖)

중국 송(宋) 나라 주자(朱子)가 만들었고 명(明)·청(淸) 때에 널리 시행되었다. 일정한 구역의 토지를 세분한 도면의 모양이 물고기 비늘과 같이 연결되어 있다 하여 붙여진 명칭이다. 세분된 토지에는 각기 그 형상, 주위의 장척(丈尺), 경계(境界, 四至)를 도시하였으니 현대 지적도의 모체라 할 수 있다. 중국에서 이 어린도를 만들어 시행하자 전정(田政)의 폐단이 근절되었다. 부책에 지번·소재지·면적·조세액·소유자 명을 기재하여 이를 유목책(流木冊)이라 하였으니 현대 토지대장과 같은 것이다.

068 일필지 조사를 시행하기에 앞서 그 강계 및 지형을 보측하여 개황을 작성하고 각종 조사사항을 기재한 도부는?

개황도(槪況圖)

069 조선조 말에 역토와 둔전에 대하여 관리들이 그 수입의 대부분을 착복하는 병폐가 극심해지자 조정에서는 군부소관에서 탁지부·궁내부로 그 사무를 이속하였다. 이 두 토지는?

역둔토(驛屯土)

070 역둔토에 지세를 부과하기 위하여 구한말에 소유자별로 작성한 과세대장은?

역둔토명기장(驛屯土名寄帳)

071 역참(驛站)에 부속된 토지의 총칭은?

역토(驛土)

역참(驛站)에 부속된 토지의 총칭이다. 신라·고려·조선 때에는 공용문서(公用文書) 및 물품의 운송(運送) 또는 공무원의 공무상 여행에 있어서 필요한 말(馬), 인부(人夫) 기타 일체의 용품 및 숙박, 음식 등에 쓰이게 하기 위하여 각 도(道) 중요지점 및 도 소재지에서 군 소재지로 통하는 도로에 약 40리(里)마다 1개의 역참을 두었다. 이 역참에는 역장(驛長), 부역장이 있어 이 사무를 관장하되 항상 말과 인부 등을 대기시키고 있었다.

072 국경지대의 군수품에 충당하기 위하여 그 부근에 있는 미간지를 주둔군에 부속시켜 놓고 항상 주둔 병정으로 하여금 이를 개간, 경작시킨 데서부터 시작된 토지제도는?
둔토(屯土)

073 왕과 왕비 등의 사체를 관에 넣어 지중에 안치하고 제사를 지낼 수 있도록 돌 또는 흙으로 쌓아 올린 곳은?
능(陵)

074 1918년 말 현재 12개소이며 원으로 정식제사를 지내는 것으로, 왕위 및 왕비위로 추존되지 않은 왕세자 및 왕세자비의 분묘와 왕자 및 왕자비의 분묘와 왕의 생모의 분묘는?
원(園)

075 폐왕인 연산군, 광해군의 분묘와 그들의 사친의 분묘, 아직 출가하지 않은 공주 및 옹주의 분묘 그리고 후궁의 분묘는?
묘(墓)

076 능원묘에 부속된 전답으로 고려조 이전의 위토는 기록이 없어 분묘에 대한 제사를 지내거나 그를 유지 · 관리함에 필요한 수익을 얻기 위하여 부속시킨 토지는?
위토

077 제사 때 사용하는 향료와 시탄을 지현하는 곳은?
향탄토

078 경작지 사이에 끼어 있는 원시적인 황무지로, 일찍이 국민이 이를 이용한 적이 없고 정부에서도 특별히 그 토지를 관리한 적도 없는 지역은?
무주 한광지

079 일단 개간하여 경작한 토지로, 천재지변 등 기타 원인으로 황폐한 토지는?
폐진전 또는 진전

080 관개의 목적으로 토제를 쌓고 계수 또는 우수를 저장하는 시설을 총칭하며 경우에 따라서는 제(堤) 혹은 동(垌)이라고도 하였고 일반적으로 '방축'이라 부르는 것은?
제언

081 관개에 쓰기 위하여 토석 또는 목재로써 하천을 가로막는 시설은?
보(洑)

082 궁방은 후궁, 대군, 공주, 옹주 등을 존칭하여 이르는 말로, 각 궁방에 소속된 토지를 궁방전 또는 궁장토라 한다. 궁방의 직원이 궁장토를 관리하면서 일정한 세액을 받치고 그 이외의 수익권을 갖는 직책은?
도장(導掌)

083 조선시대 때 토지와 조세제도의 조사 · 연구와 신법의 제정을 목적으로 세종이 추진한 공법개혁의 주무기관으로 동왕 25년에 설치된 토지조세제도의 조사 · 연구와 신법을 제정하는 관서로 전답제도를 상세하게 정하는 곳으로 풀이되며 임시기구이기는 하나 지적을 관장하는 중앙기관은?
전제상정소(田制詳定所)

084 세조 76년(1461년)경에 전제상정소에서 제정하여 반포한 전제와 측량법규는?

전제상정소준수조화(田制詳定所遵守條畫)

세조 76년(1461년)경에 전제상정소에서 제정하여 반포한 전제와 측량법규이다. 조화의 조(條)는 규정을, 화(畫)는 도면을 말한다. 조획(條劃)이라고 하는 학자도 있다. 만든 사람은 불명이나 한국인이 만든 최초의 측량규정이다. 내용은 ① 서문 : 공법(貢法) 개혁의 기본 내용 · 제도인 연분(年分) 9등제와 전분(田分) 6등제를 해설하였다. ② 등제전품(等第田品) : 21조, 전품을 조사하는 데 준수할 조례로 정전(正田)과 속전(續典)의 구분, 경차관(敬差官)의 수칙을 규정하였다. ③ 타량전지(打量田地) : 전형(田形)을 방전(方田), 직전(直田), 제전(梯田), 규전(圭田), 구고전(句股田)의 5종으로 유추 측량한다는 것, 일등전의 새끼로 각 등급의 실지 면적을 측정한 다음에 각 등급의 면적을 계산한다는 것(면적을 계산하는 문제와 해답, 일등전을 기준하여 2~6등의 결부(結負)를 환산하는 속산표가 있다) 간기(刊記)는 순치(順治) 10년(1653) 9월 호조(戸曹 開刊)라고 되어 있는데 이는 1461년경부터 필사본으로 내려오던 것을 이때 인간(印刊)한 것이다. 규장각에 4권이 보관되어 있는데 내용은 같다.

085 토지조사령의 규정에 의하여 토지조사국장의 토지사정에 있어서 1개 필지의 소유자 및 그 경계의 조사에 관한 자문을 응하는 기관은?

지방토지조사의원회

086 조선 때 전제로 공전으로 종묘사직의 제사를 지내기 위하여 채소를 농사짓는 밭은?

제형공상채전(祭亨供上菜田)

087 고대 정전제가 발전한 도시계획의 방법으로 평양을 비롯하여 부여, 공주, 상주, 남원, 청주, 광주, 전주, 진주, 강릉, 충주에서 시행된 제도는?

조방제(條坊制)

북한에서는 이방제(里坊制), 중국에서는 방리제(坊里制), 일본은 한국과 같이 조방제라고 한다. 고대 정전제가 발전한 도시계획의 방법이다. 평양을 비롯하여 부여, 공주, 상주, 남원, 청주, 광주, 전주, 진주, 강릉, 충주에서 시행되었다. 동서를 조(條, Street), 남북을 방(坊, Avenue)이라 한다.

088 국보 제248호로 63×138cm이며 현존하는 한국 최고의 지도는?

조선방역도(朝鮮方域圖)

국보 제248호로 63×138cm이며 현존하는 한국 최고의 지도이다. 1557년(?) 제용감에서 제작하였고 제작책임자는 정(正) 이이(李頤)이다. 8도별로 색깔을 달리하여 타원형 안에 행정구역 명칭을 표기하였다. 경상도는 적색, 전라도와 충청도는 황색, 강원도는 연녹색 등이다. 국사편찬위원회에서 보관하고 있다.

089 중국의 천문수학서이며 측량책으로 신라 때 들어와 천문교재로 사용되었고 일본으로 건너가 일본천문학에 영향을 준 십부산경(十部算經) 중의 하나는?

주비산경(周髀算經)

중국의 천문수학서이며 측량책으로 신라 때 들어와 천문교재로 사용되었고 일본으로 건너가 일본천문학에 영향을 준 십부산경(十部算經) 중의 하나이다. 저자는 미상이고 후한(後漢) 무렵에 편찬되어 송대(宋代)에 간행되었다. 후한 또는 삼국 때의 조군경(趙君卿), 북주(北周)의 견란(甄鸞), 당의 이순풍(李淳風) 등이 주석을 썼다. 책명은 주대(周代)에 비(髀)라고 하는 8자의 막대로 천지를 측정하여 산출한 데서 연유하였다. 막대를 이용하여 해시계는 물론 동서남북의 방위 · 동지 · 하지 · 춘분 · 추분 등을 설정하였다.

090 홍대용(洪大容)의 호를 제명으로 한《담헌서(湛軒書)》외집 권4부터 권6에 걸쳐서 수학 및 천문학이 다루어지고 있는 고서는?

주해수용(籌解需用)

> 홍대용(洪大容)의 호를 제명으로 한《담헌서(湛軒書)》외집 권4부터 권6에 걸쳐서 수학 및 천문학이 다루어지고 있다. 발행연도는 분명하지 않으므로 홍대용의 출몰연도인 1731~1783년으로 한다. 외집 4권 중에 전결률(田結率)·양전법, 외집 5권에 비례구고(比例句股), 외집 6권에는 양지 이외 통천의(統天儀)·구고의(句股儀) 등 측량 기구에 대하여 서술하고 있다.

091 1898년 7월 6일 구한말 정부에서 공포한 양지아문 직원 및 처무규정에 따라 설치된 지적 중앙관서는?

양지아문(量地衙門)

092 양지아문 초빙 미국인 측량기사 크럼(Raymond Edward Leo Krumm)의 주도하에 한국인 학생 20명이 측량하여 1900년에 완성한 서울지도는?

한성부지도(漢城府地圖)

093 1901년 10월 20일 정부에서 공포한 지계아문 직원 및 처무규정에 따라 설치된 지적중앙관서는?

지계아문(地契衙門)

094 오늘날의 등기권리증과 같은 것으로 소유자 확인 및 토지매매를 증명하는 제도이며 지적의 명의 변경 절차는?

입안(立案)

095 조선시대에 토지 및 가옥을 매수 또는 매도할 때 작성한 매매계약서를 말하며 '명문 문권'이라고도 한 것은?

문기(文記)

096 고려시대부터 사용되었던 토지장부로서 전적(田籍)이라고도 하였으며 오늘날 지적공부인 토지대장과 지적도 등의 내용을 수록하고 있는 장부로서 일제 초기 토지조사측량 때까지 사용한 장부는?

양안(量案)

097 윌리엄 1세가 덴마크 침략자들의 약탈을 피하기 위해 지불되는 보호금인 데인겔트(Danegeld)를 모아 기록하는 영국에서 사용되었던 과세용의 지세장부는?

둠즈데이북(Domesday Book)

098 고조선시대의 토지구획방법으로 균형 있는 촌락의 설치와 토지의 분급 및 수확량을 파악하기 위하여 시행되었던 지적제도로, 당시 납세의 의무를 지게 하여 소득의 1/9을 조공으로 바치게 한 제도는?

정전제(井田制)

099 정전제가 발전한 고대 구획정리로 토지를 격자형으로 구획한 것으로 고구려 도읍지인 평양에서 시작하여 부여, 공주, 경주 등에서 시행하고 동서를 조, 남북을 방이라고 하며 한반도 최초의 도시계획은?

조방제

100 통일신라시대의 특징적인 토지제도로서 문무관인에게 지급한 관료전과 민정에게 주어진 정전은?

정전제(丁田制)

101 고려 태조 때 공신들에게 공훈의 차등에 따라 일정한 토지를 나누어 주었는데 "직역의 분수에 의한 금전"이란 뜻으로 후일 공훈전으로 발전하였으며 고려 전기 토지제도의 근간을 이룬 전시과의 선구가 되는 것은?

역분전(役分田)

102 고려 때 국가에서 관료와 군인을 비롯한 직역자와 특정 기관에 토지를 분급하던 제도는?

전시과(田柴科)

103 고려 때 토지국유제를 위하여 국가재정의 기초를 확고히 하고 안정시키기 위하여 전제 개혁을 시도한 토지제도는?

과전법(科田法)

104 자번호 또는 일자오결이라고도 하며 약 160년 동안 사용하고 조선시대, 대한제국, 일제 초기까지의 지번제도는?

일자오결제도(一字五結制度)

105 목수들이 쓰는 자로서 무기와 형구의 제조, 성곽의 축조, 교량과 도로의 축조, 건축 선박제조, 차량제조 등에 사용한 자는?

영조척

106 세조 13년(1447년)에 제작되었고 토지의 원근을 측량하는 평판측량기구는?

인지의(印地儀)

토지의 원근을 측량하는 평판측량기구로 세조 13년(1447년)에 제작되었고 규형(窺衡) 또는 규형인지라고 한다. 유럽에서는 16세기 독일의 자이스 공장에서 인지의와 유사한 측량기구를 제작하였다. 그러므로 우리나라 인지의는 독일보다 적어도 1세기 이전에 제작되었다. 실물이 전승이 안 되어 그 크기와 구조를 알 수 없지만 24방위를 표시한 평판의 중심부에 지주를 세우고 그 지주 위에 공동(孔銅) 저울대 모양으로 걸어 놓고 상하 좌우로 움직이면서 고도와 방위각을 측정하였다고 한다.

107 여러 지점 항성의 위도를 측정하여 남북거리를 산정할 수 있는 측각기로, 지형의 각도나 천체의 고도각을 측정하는 기구는?

상한의(象限儀)

108 조선시대 측량에 있어 가장 기본적이면서도 가장 힘든 것이 거리측량이었다. 우리나라에 전통적으로 흔한 볏짚을 꽈서 만든 새끼줄을 양승이라 하는데 이를 이용하여 거리측량을 하는 것은?

양전승(量田繩)

109 천체의 운행과 그 위치를 측정하여 천문시계의 구실을 하였던 의기(儀器)는?

혼천의(渾天儀, Astronomical Observation Instrument)

천체의 운행과 그 위치를 측정하여 천문시계의 구실을 하였던 의기(儀器)로 선기옥형(璇璣玉衡), 혼의(渾儀), 혼의기(渾儀器)라고도 한다. 고대 중국의 우주관이었던 혼천설(渾天說)에 기초를 두어 기원전 2세기경 처음으로 만들어졌다고 하나 단군 때 도해(道奚) 56년(기원전 1836년)에 천문경(天文鏡)과 측천기(測天機)를 발명한 기록이 있다. 이들이 계승되지 아니하여 혼천의와 같은 것인지는 알 수 없다. 1433년 정초(鄭招), 정인지(鄭麟趾) 등이 고전을 참작하고 이천(李蕆) 등이 감독 · 제작하여 완성한 것이 최초이다. 이로부터 혼천의는 천문학의 기본적 의기로서 조선 때 천문역법(天文曆法)의 표준시계와 같은 구실을 하게 되었다. 1657년 최유지(崔攸之), 1669년에 이민철(李敏哲)과 송이영(宋以穎)이, 1700년 대에는 홍대용(洪大容)이 혼천의를 만들었다. 이 중 최유지 등이 만든 것은 동력으로 한 수격식(水擊式)이었으나 송이영의 것은 자명종의 원리를 살려 동력을 물에서 추(錘)로 개량한 것이었다. 고려대학교 박물관에 보존되어 있는 송이영의 혼천의는 두 추가 움직이는 시계장치와 여러 개의 톱니바퀴로 연결되어 있는데 이는 육합의(六合儀), 삼진의(三辰儀), 지구의(地球儀)로 구성되어 있다.

110 태양광선을 반사시키는 신호기구로, 대삼각측량 등 원거리 관측을 위하여 목표점에 설치하는 반사경을 구비한 각측량의 보조장치는?

회조기(回照器, Heliograph 또는 Heliot rope)

태양광선을 반사시키는 신호기구로 대삼각측량 등 원거리 관측을 위하여 목표점에 설치하는 반사경을 구비한 각측량의 보조장치이다. 독일인 수학자인 동시에 측지학자인 가우스가 1810~1820년에 교회의 창 유리로 인하여 태양의 반사경이 의외로 멀리까지 가는 것에 힌트를 얻어 10cm사방의 거울을 사용하여 창안하였다. 일반적으로 원거리이기 때문에 측표가 직접 시준이 되지 않을 경우 태양광을 반사시켜 관측자에게 측표의 위치를 알리기 위하여 사용된다.

111 거리를 측정하는 세계 최초의 반자동화된 거리측정기구로, 조선 세종 때 장영실이 만든 것으로 추정되며 수레의 바퀴회전 수에 따라 종과 북을 울리게 하여 사람이 종과 북소리를 듣고 거리를 기록하는 기구는?

기리고차(記里鼓車)

세종 33년(1441년)에 병조는 각 도의 역로이수(驛路里數)가 정확하지 않아서 군무(軍務) 중사(重事)가 있을 때에 그 일을 제대로 이행하기가 곤란하니 조선 사신이 내왕하는 평안도로부터 시작하여 고쳐나갈 것을 요청하였다. 이때 거리측정을 정확하게 하기 위하여 고안된 것이 기리고차와 보수척(步數尺)이다. 기리고차는 10리를 가면 북이 한 번씩 울리도록 고안된 마차인데 평지에서는 사용하기 유리하나 산지(山地)에서는 측량할 수 없어 노끈으로 만든 보수척을 사용하였다. 문종 원년(1451년)에 현 서울시 강남구 송파와 삼전도(三田渡) 사이의 제방공사 때 기리고차로 그 거리를 재었다는 기록이 있다.

112 고려 말기에 농부의 손뼘을 기준으로 전품을 상 · 중 · 하 3등급으로 나누어 척수의 길이를 다르게 하여 면적을 계산하던 방법(제도)은?

수등이척제(隨等異尺制)

113 수등이척제에 대한 개선으로 '이기'가 주장하였고 전지를 측량할 때 정방형의 눈들을 가진 그물망을 사용하여 그물 속에 들어온 그물눈을 계산하여 면적을 산출하는 제도는?

망척제(網尺制)

114 임시토지조사국에서 토지대장 작성 완료 후 토지대장이 법정 지가에 의한 지세액을 근거로 작성하여 부 · 읍 · 면에 인계된 일제강점기 초기에 만든 과세대장은?

지세명기장(地稅名寄帳)

일제강점기 초기에 만든 과세대장으로, 1914년 지세령시행규칙에 보면 부 · 읍 · 면(府 · 邑 · 面)에는 지세명기장을 비치한다고 하였으나 실제로는 1911년 11월에 착수하여 1918년 3월(6년 5개월)에 마쳤다. 양식은 지적항목 이외에 지가, 세액, 납세자의 주소 · 성명, 납세관리자의 주소 · 성명으로 되어 있다. 임시토지조사국에서 토지대장 작성 완료 후 토지대장이 법정 지가에 의한 지세액을 근거로 작성하여 부 · 읍 · 면에 인계되었다.

115 토지에 대한 조세제도의 조사 · 연구와 신세법(新稅法)의 제정을 목적으로 설치한 공법(公法)개혁의 주무기관으로서 세종 25년에 설치한 임시기구는?

전제상정소(田制詳定所)

116 1717년 숙종 때 양전사업 수행을 위해 설치한 우리나라 최초의 지적중앙관서는?

양전청(量田廳)

117 효종 때 전제상정소에서 제정 · 반포한 우리나라 최초의 측량에 관하여 규정한 법률서(法律書)로서 조화의 조(條)는 규정을 화(畵)는 도면을 말하는 법률서는?

전제상정소준수조화(田制詳定所遵守條畵)

118 고려 때 관청의 경비나 관청에 소속된 사람의 생활보장 또는 능(陵) · 원(園) · 묘(墓)의 제사 비용 등 기타의 경비에 충당하기 위해 분급(分給)한 전지는?

지위전(紙位田)

119 1891년 유길준이 주장한 양전론은?

지제의(地制議)

> 지제의(地制議) 1891년 유길준이 주장한 양전론으로, 그 주요 내용은 전통제(田統制) 실시, 양전을 위주로 하는 기구 개편, 측량기술자 양성, 지권 발행 등이다. 전 국토를 이(里) 단위로 구획하여 측량한 후 전통도(田統圖)를 작성하되 전 · 답 · 산 · 천 · 도로 · 촌락 · 택(澤) · 제언(堤堰) · 구회(溝澮) 등을 명시한다. 10통(十方里)을 1면, 10면을 1구(區), 10구를 1군, 10군을 1진(鎭), 4진을 1주(州)로 조직하고, 면에는 면장 밑에 호통장과 지통장(地統長)을 두어 전자는 호구, 후자는 전제를 맡도록 한다. 측량기사를 양성하고 각 주진(州鎭)에는 측량관을 배치하여 구역 내 측량을 담당토록 하며 군에는 지통감으로 하여금 측량업무를 겸임토록 한다. 양전이 끝난 후에는 산림, 과수, 목장, 어지(魚池), 광소(礦所) 등에는 지권을 발행한다.

120 고려 충숙왕 5년(1336년)년에 제폐사목소(除弊事目所)의 이름을 고친 관청으로, 전국의 토지 · 공부(貢賦)에 관한 불법을 감찰한 관청은?

찰리변위도감(拶理辨違都監)

121 고려 때 창설한 우역제도하에 역과 역 사이에 급행 여객의 숙박건물, 즉 참(站)에 아록으로 지급한 토지는?

참아녹전(站衙祿田)

122 신라 때 중앙관서로 집사성의 일부였다가 진덕왕 5년(651년)에 독립하여 재정을 맡아 보았는데 후에 호조가 된 중앙관서는?

창부(倉部)

123 만주에서 발행하였던 지권(地券)은?

토지집조(土地執照)

> 만주에서 발행하였던 지권(地券)이다. ① 흑룡강성(黑龍江省)에서 민국 13년에 규정한 것으로 토지집조판법에 의하여 발급하여 만주국 건국 후에 이르렀다. ② 1936년 재정부령 제57호, 민정부령 제45호, 몽정부령 제23호(합동부령) 잠행(暫行) 토지집조 발급규칙에 의하여 토지의 소유권을 취득한 자는 토지집조를 발급한다. 다만, 토지심정법에 의하여 확정한 토지권리는 이를 적용하지 않는다. ③ 지적정리국장은 토지심정법에 의하여 토지의 권리가 확정하였을 때에는 1938년 원령 제25호의 규정에 의하여 해당 권리자에 대한 해당 원령이 정한 양식에 의하여 발급하는 것이다.

124 현종 때 시작한 것으로 자기의 토지를 궁방(宮房)에 투탁하여 궁방장토(宮房庄土)와 같이 가장, 스스로 그 관리인 또는 도장(導掌)이 되고 투탁궁사(投托宮司)에 대하여는 약간의 명의료를 납부하는 토지는?

투탁지(投托地)

현종 때 시작한 것으로 자기의 토지를 궁방(宮房)에 투탁하여 궁방장토(宮房庄土)와 같이 가장, 스스로 그 관리인 또는 도장(導掌)이 되고 투탁궁사(投托宮司)에 대하여는 약간의 명의료를 납부하는 토지를 말한다. 양반, 권세가 들이 지방의 민유전답을 무슨 구실을 붙여 강점하는 폐단이 있어 이를 두려워하는 농민은 궁방 또는 왕족에게 출원하여 투탁 지령을 받았다.

125 조선 때 호조에 딸린 관청으로 호구, 토지, 조세, 부역, 공물 따위의 일을 맡은 관청은?

판적사(版籍司)

126 하천의 연안에 있던 토지가 홍수 또는 강락(江落)하여 생긴 하천부지는?

포락지(浦落地)

하천의 연안에 있던 토지가 홍수 또는 강락(江落)하여 생긴 하천부지를 **포락지**라 하고 그 하류 또는 대(對岸)에 하천이 토지가 된 것을 **이생지(泥生地)**라고 한다. 강락한 토지의 소유자가 이생지의 소유권을 얻은 관습이 있었는데 이를 포락이생이라 하였다. 대전회통의 조문에 의하면 강변의 과세지가 강락되어 하천부지로 된 토지는 면세하고 새로 생긴 토지에 대하여는 과세한다고 되어 있다.

127 조선 때 면 단위로 작성된 양안의 축소 사본으로, 양안 시행 후 기주(起主)와 면조지의 변동 등이 기록된 일종의 지조명기장은?

행심(行審)

조선 때 면 단위로 작성된 양안의 축소 사본으로, 양안 시행 후 기주(起主)와 면조지의 변동 등이 기록된 일종의 지조명기장이다. 일상적인 전제 운영에는 양안이 아니라 행심책이 사용되었다. 행심은 3년부터 10년까지 비치하였다가 새로 작성하였다. 그러나 이 문서에는 개개의 토지의 결부수와 지목의 변경은 기재되어 있지 않고 따라서 이들은 새로 양안이 시행되지 않는 한 변경할 수 없었다.

128 논밭의 둑은?

휴반(畦畔)

129 밭두둑은?

휴승(畦塍)

130 통일신라 말기에 전제(田制)로 두렁으로 구획된 종도구역(種稻區域)은?

휴전(畦田)

131 무당흑지(無糖黑地)라고도 하고 사유개간지 또는 탈세지는?

흑지(黑地)

132 고구려시대에 지적동부와 유사한 전부(田簿)에 관한 사항을 관장한 기관은?

주부(主簿)

133 백제시대에 채택한 결부제의 단위로서 1부(負)는?
100파(把)

134 우리나라의 근대적인 지적행정조직의 효시라고 할 수 있는 조직의 명칭은?
내부판적국지적과

135 우리나라에서 근대적인 지적측량교육을 실시한 최초의 외국인 측량사는?
미국인 크럼 또는 거렴

136 1907년에 대한제국에서 제정한 우리나라의 근대적인 지적법령의 효시라고 할 수 있는 규정은?
대구시가지 토지측량에 관한 타합사항

137 고구려에서 사용한 면적의 단위는?
경무(頃畝)법

138 백제에서 사용한 면적의 단위는?
두락제(斗落制)와 결부제(結負制)

139 통일신라에서 새로이 영토로 편입된 고구려와 백제의 구 영토를 국유화하고 새로이 시행한 제도는?
관료전(官僚田)과 정전제(丁田制)

140 경종 원년(976)에 전시과(田柴科)를 창설하고, 후에 개정전시과(改定田柴科)와 경정전시과(更定田柴科)로 개정하였으며, 고려시대에 새로이 창안된 토지제도는?
역분전(役分田)

141 20년에 1회씩 양전(量田)을 하여 논과 밭의 소재, 자호, 위치, 등급, 형상, 면적, 사표(四標), 소유자 등을 기록한 현행 토지대장과 비슷한 양안(量案)을 작성하도록 규정하였으며 조선시대에 세조(世祖)의 명에 의하여 최항(崔恒)과 김국광(金國光) 등이 세조 6년(1460년)에 편찬한 것은?
경국대전 호전(戶典)편

142 지역과 시대에 따라 깃기(衿記), 작부부(作伕簿), 양전도장(量田都帳), 양전장적(量田帳籍), 도행(導行), 작(作), 도전정(導田丁), 전적(田籍), 적(籍), 안(案), 원적(元籍) 등으로 불렸으며 양안(量案)이 조선시대의 대표적인 대장은?
토지대장 또는 과세대장

143 조선 말기인 1895년 4월에 제정하여 내부 판적국에 호적화의 지적과를 설치한 것은?
내부 분과규정(1895.4.17.)

144 1907년 5월 대한제국에서 제정한 대구시가지 토지측량에 관한 타합사항이 근대적인 효시라 할 수 있는 것은?
지적법령 또는 지적법규

145 대한제국 말기인 1910년 3월에 토지조사국 관제(1910.3.14. 칙령 제23호)를 제정하고 토지조사국을 설치한 후에 출장소를 설치한 곳은?
대구 · 전주 · 평양 · 함흥

146 일본이 조선총독부를 설치하고 임시토지조사국관제(1910.9.30. 칙령 제361호)를 제정한 후 대한제국에서 추진하던 사업을 인수하여 추진한 사업은?
토지조사

147 일본이 조선총독부를 설치하고 토지조사사업을 본격적으로 추진하기 위하여 1912년 8월에 제정한 령은?
토지조사령

148 우리나라의 근대적인 지적제도를 창설하기 위하여 실시한 토지조사사업 연도는?
1910년부터 1918년

149 우리나라의 근대적인 지적제도를 창설하기 위하여 실시한 토지조사사업의 성과로 작성된 것은?
토지대장과 지적도

150 우리나라의 근대적인 지적제도를 창설하기 위하여 실시한 임야조사사업의 연도는?
1916년 부터 1924년

151 우리나라의 근대적인 지적제도를 창설하기 위하여 실시한 임야조사사업의 성과로 작성된 공부는?
임야대장과 임야도

152 우리나라의 근대적인 지적제도가 창설되었던 사업은?
토지조사사업과 임야조사사업

153 우리나라의 근대적인 지적제도는 토지조사사업을 착수하여 임야조사사업을 완료함으로써 창설되었다. 착수와 완료한 연도는?
착수 : 1910년, 완료 : 1924년

154 지적이란 용어가 유래되었다고 할 수 있는 것은?
그리스어 카타스티콘(Katastikhon)과 라틴어 캐피타스트럼(Capitastrum) 혹은 카타스트럼(Catastrum)

155 미국 · 영국 등의 국가에서 표기한 지적 용어는?
카다스터(Cadastre)

156 경국대전 호전(戶典) 편의 양전(量田)조에 전지(田池)는 6등급으로 구분하고 매 20년마다 다시 측량하여 토지에 대한 적(籍)을 만들어 비치한 곳은?
호조(戶曹)와 도 및 읍

157 지적(地籍)이란 용어를 최초로 사용한 것은?
1985년에 개정한 내부(內部)관제

158 국내외 학자들이 지적(地籍)이란 용어를 정의하면서 일반적으로 등록객체를 토지와 건물을 포함하는 광의의 개념으로 사용하는 용어는?
부동산(不動産)

159 토지(土地)와 그 정착물에 대한 물리적 현황, 법적 권리관계, 제한사항 및 의무사항 등을 조사 · 측량하여 공적도부에 등록 · 공시하는 필지 중심의 토지정보체계(PBLIS)는?
지적(地籍)

160 지적(地籍)이란 용어의 정의와 관련된 등록객체를 일반적으로 말하는 것은?
토지와 정착물(Fixture)

161 지적(地籍)이란 용어의 정의와 관련된 물리적 현황(Physical Condition)은?
토지의 소재, 지번, 지목, 경계, 면적, 좌표 등

162 지적(地籍)이란 용어의 정의와 관련된 법적 권리(Regal Rights)는?
소유권, 지상권, 지역권, 전세권, 임차권 등 기타 권리

163 지적(地籍)이란 용어의 정의와 관련된 제한사항(Restrictions)은?
용도지역 · 지구 · 구역 · 형질변경, 분할 · 지목변경 · 등록전환 등

164 지적(地籍)이란 용어의 정의와 관련된 의무사항(Responsibilities)은?
건폐율, 용적률, 대지와 도로의 관계, 거래가격 등

165 지적(地籍)이란 용어의 정의와 관련된 조사(Investigation)는?
토지소유권, 토지가격, 지형 · 지모 등의 조사

166 지적(地籍)이란 용어의 정의와 관련된 측량(Surveying)은?
기초측량, 세부측량

167 지적(地籍)이란 용어의 정의와 관련된 공적도부(Public Register)는?
도면과 대장

168 지적(地籍)이란 용어의 정의와 관련된 필지 중심 토지정보체계(PBLIS)는?
다목적 지적정보시스템

169 지적을 구성하는 주요 내용과 관련된 등록주체(登錄主劑)를 일반적으로 말하는 것은?
국가 또는 소관청

170 지적을 구성하는 주요 내용과 관련된 등록객체(登錄客體)는?
토지와 그 정착물인 지상 건축물과 지하 시설물 등

171 지적을 구성하는 주요 내용과 관련된 등록공부(登錄公簿)로, 경계를 폐합된 다각형 또는 평면직각종횡선 수치로 등록하는 도면(Cadastral Map)과 필지에 대한 속성자료를 등록하는 것은?
대장(Cadastral Book)

172 지적공부에 일반적으로 등록하는 등록정보(登錄情報)는?
기본정보, 소유정보, 가격정보, 제한정보, 의무정보 등

173 지적공부에 등록객체를 등록하는 방법으로, 실제의 상황과 부합되도록 지적공부에 등록 · 공시하고 있는 것은?
토지조사, 토지이동조사 또는 지적측량성과검사

174 토지에 대한 조세를 정확하게 산정하기 위하여 면적 본위로 개발하여 운영하는 지적제도는?
세지적(稅地籍)

175 토지조사사업 당시에 토지소유자와 경계를 지적공부에 등록 · 공시하는 행정처분은?
사정(査定)

176 상수도, 하수도, 전기, 가스 등 공공시설물을 집중 등록 · 관리하는 지적제도는?
시설지적(施設地籍)

177 해양과 관련된 정보를 조사 측량하여 등록 · 공시함으로써 해양의 효율적인 관리와 해양활동에 관련된 권리를 보호하기 위한 제도는?
해양지적(海洋地籍)

178 선진국이 지향하고 있는 현대적인 지적제도는?
다목적 지적, 계산지적, 4차원 지적 등

179 지적제도의 발전과정에 따른 구분은?
세지적(稅地籍), 법지적(法地籍), 다목적 지적(多目的地籍)

180 법지적(法地籍)이라 함은 토지의 과세는 물론 토지거래의 안전을 도모하며 국민의 토지소유권을 보호할 목적으로 개발된 세지적에서 진일보한 지적제도로서 일명은?
소유지적(所有地籍, Property Cadastre)

181 지적제도의 등록방법에 따른 구분은?
2차원 지적, 3차원 지적, 4차원 지적

182 지적제도의 측량방법에 따른 구분은?
도해지적(圖解地籍), 수치지적(數値地籍), 계산지적(計算地籍)

183 전국적으로 통일된 국가좌표체계(國家座標體系) 또는 국가측지좌표체계(國家測地座標體系)에 의하여 경계점의 위치를 자료로 등록 · 공시하는 지적제도는?
계산지적(計算地籍, Computational Cadastre 또는 Digital Cadastre)

184 토지와 관련된 각종 정보를 집중 등록 · 공시하고 토지 관련 정보를 다목적으로 이용이 가능하도록 전산시스템에 의하여 종합적으로 제공하는 지적제도는?
다목적 지적, 종합지적(綜合地籍, Comprehensive Cadastre) 또는 통합지적(統合地籍, Integrated Cadastre)

185 토지의 경계를 일정한 축척의 도면 위에 기하학적(幾何學的)으로 폐합(廢合)된 다각형(多角形)의 형태로 표시하여 등록 · 공시하는 지적제도는?
도해지적(圖解地籍, Graphical Cadastre)

186 필지별 토지의 경계점 위치를 평면직각종횡선수치 또는 평면직각종횡선좌표의 형태로 표시하여 등록 · 공시하는 지적제도는?
수치지적(數値地籍, Numerical Cadastre)

187 토지에 관한 물리적 현황은 물론 그 정착물 등의 위치를 수치의 형태로 등록 · 공시하는 지적제도는?
3차원 지적(Three Dimensional Cadastre) 일명 입체지적(立體地籍)

188 토지의 정의를 자연적 · 인위적 자원의 총화로 규정한 학자는?
미국 미시건주립대학의 바로우(R. Barlowe) 교수

189 줄자를 이용하여 토지를 측량하는 모습과 기록부를 가진 관리들이 그려져 있는 고분벽화로, 고대 이집트의 수도인 테베 지방에서 발굴된 곳은?
메나무덤(Tomb of Mena)

190 고대 이집트에서 기하학을 정립한 사람은?
세소스트리스(Sesostris) 왕

191 이탈리아 리불렛(Rivulets)의 발카모니카 빙식(氷蝕)계곡의 암벽에 새겨 놓은 석각에 관개수로와 도로가 선으로 표시되어 있고, 우물과 경작지 등이 표시되어 있는 것은?
촌락도

192 고대 바빌로니아에서 발견된 "미쇼의 돌"은 무엇을 표시하는 비석(碑石)인가?
경계

193 1086년에 영국의 토지에 대한 과세목적으로 시작한 대규모 토지조사사업의 성과에 의하여 둠즈데이북(Domesday book)을 작성한 사람은?
프랑스의 윌리엄(William) 공

194 마른 양가죽에 검정과 적색 잉크만을 사용하여 둠즈데이북에 기록된 언어는?
라틴어

195 윌리엄 공이 1086년에 영국의 토지에 대한 과세목적으로 시작한 토지조사사업의 성과에 의하여 둠즈데이북에 작성한 장부는?
지세대장, 과세대장, 지적대장 또는 지적부

196 둠즈데이북이 보관된 런던의 큐(Kew)에 있는 금고는?
공공기록사무소

197 고대 중국에서 토지측량술이 있었다는 것으로, 호남성의 장사 마왕퇴(長沙 馬王堆)에서 발견된 것은?
변경주군도(邊境駐軍圖)와 장사국 남부지형도

198 중국에서 지적제도가 확립되었다는 확실한 증거로 현존하는 것은?
어린도

199 지상거리 측량용 기구인 기리고차(記里鼓車)에 관해서 상세히 기록되어 있는 것은?
송사(宋史)의 여복지

200 우리나라의 고대 부여에서 실시한 제도는?
사출도(四出道)

201 고조선시대에 정전법(井田法)을 시행하였다는 기록이 있는 것은?
단기고사의 기자조선 편

202 지적제도의 3대 구성요소는?
소유자, 권리, 필지

203 다목적지적제도의 5대 구성요소는?
측지기본망, 기본도, 지적중첩도, 필지식별번호, 토지자료 파일

204 근대적인 지적제도의 효시라고 일컬어지며 세지적(世地積)의 대표적인 사례로 꼽히는 국가는?
프랑스

205 프랑스의 근대적 지적제도는?
나폴레옹 지적법(Napoleonic Cadastre Act)

206 지적공부의 등록효력은?
구속력(拘束力), 공정력(公定力), 확정력(確定力), 강제력(强制力), 추정력(推定力), 등기창설력(登記創設力)

207 행정행위가 이루어지면 비록 법정요건을 갖추지 못하여 흠이 있더라도 절대무효로 인정되는 경우를 제외하고는 처분행정청 또는 상급감독청이나 행정소송의 수소법원(受訴法院)에 의하여 취소되기까지는 유효한 것으로 통용되는 힘은?
공정력(公定力)

208 행정행위가 일단 유효하게 성립하면 법적 구제수단의 포기, 행정쟁송을 제기할 수 있는 기간의 경과, 판결을 통한 행정행위의 확정 등의 사유가 존재하면 상대방 등이 더 이상 그 효력을 다툴 수 없게 되며, 행정청 자신도 임의로 취소·철회할 수 없는 힘은?
확정력(確定力)

209 소관청이 최초로 지적공부에 새로이 토지에 대한 물리적인 현황과 법적 관리관계 등을 등록하였다면 그 토지가 실제로 존재하며 실체적인 소유권을 인정하는 것으로 추정하는 것은?
추정력(推定力)

210 모든 토지는 선등록 후등기원칙에 따라 필지별로 구분하여 지적공부에 등록하여야만 이를 토대로 등기부를 창설할 수 있는 힘은?
등기창설력(登記創設力)

211 지적 4륜 체제는?
지적행정조직, 지적측량조직, 지적교육조직, 지적연구조직

212 양지아문에 두도록 한 총재관 3원(員)은?
수석 총재관은 내부대신, 총재관은 탁지부대신과 농상공부대신

213 양지아문이라 함은 외청의 독립된 기관으로 현대적인 의미로의 기관은?
지적측량청

214 조선총독부에서 토지대장 및 임야대장과 지적도 및 임야도에 관한 사항을 관장한 부서는?
재무국 산하 세무서의 직세과

215 지적공부는 그 유형에 따라 가시적인 공부와 불가시적인 공부로 구분할 수 있다. 불가시적인 공부는?
지적파일

216 도로 · 구거 · 하천 등의 지형 · 지물에 의하여 블록별로 작성하는 지적도는?
고립형(孤立型) 지적도

217 도곽에 의하여 인접 도면과의 접합이 가능하도록 연속하여 작성한 지적도는?
연속형(連屬型) 지적도

218 토지의 매매가 이루어지거나 소유자가 토지의 등록을 요구할 경우 등 필요에 따라 토지를 지적공부에 등록 · 공시하는 제도는?
분산등록제도(分散登錄制度)

219 일정지역 내의 모든 토지를 일시에 체계적으로 조사 · 측량하여 지적공부에 등록 · 공시하는 제도는?
일괄등록제도(一括登錄制度)

220 우리나라에서 북서쪽에서 기번(起番)하여 남동쪽으로 순차적으로 지번을 부여하는 방법은?
북서기번방법(北西起番方法)

221 지목명칭의 두 번째 문자를 지목표기의 부호로 사용하는 지목은?
공장용지, 주차장, 하천, 유원지

222 우리나라의 지적공부에 등록하는 면적은?
수평면적(水平面積)

223 조선총독부에서 실시한 토지관습조사(土地慣習調査)의 대상 중에서 토지에 관한 권리의 조사는?
소유권, 질권, 저당권 등

224 1909년 11월에 토지조사사업을 추진하기 전에 민심의 동향을 파악하고 경험을 얻기 위하여 최초로 시행조사(試行調査)를 실시한 곳은?
경기도 부평군

225 토지조사사업의 평가에 관하여 근대화론(近代化論)을 주장한 외국인 학자는?
일본인 미야지마(宮嶋博史)와 미국인 그래거트(Gragert) 등

226 1907년 5월 16일 대한제국시대에 제정한 최초의 지적 관련 법규는?
대구시가지 토지 측량에 관한 타합사항, 대구시가 토지측량규정, 대구시가지 토지측량에 대한 군수로부터의 통달

227 1975년 말에 개정한 지적법 전문개정(1975.12.31. 법률 제2801호) 당시에 신설된 제도는?
주민등록번호 등록제도, 사진측량과 수치측량제도, 토지표시변경등기 촉탁제도 등

228 2001년 1월에 개정한 지적법 전문개정(2001.1.26. 법률 제6389호) 당시에 공유지연명부와 대지권등록부를 지적공부로 규정하고, 수치지적부를 경계점좌표등록부로 명칭을 변경하고, 지목을 신설하였는데, 그 지목은?
주차장, 주유소용지, 창고용지, 양어장 등

229 도로 · 하천 · 구거 · 철도 · 수도 등의 신설 또는 보수를 관장하는 기업자인 관청이나 개인이 지적측량기술자를 채용하고 지적주무관청의 승인을 얻어 자기사업에 따른 지적측량업무를 수행하는 제도는?
기업자측량제도

230 도에서 민간인 신분의 지적측량기술자를 지정하여 지적측량업무를 수행하도록 하는 제도는?
지정측량자제도

231 조선지적협회에서 1939년에 설립한 지적측량교육기관은?
지적측량기술원 양성강습소

232 우리나라에서 대한지적협회의 정관을 개정하여 "지적과 토지세제도의 연구"라고 최초로 연구하고 근거규정을 신설하였던 연도는?
1961년

233 1994년에 우리나라에서 최초로 지적행정조직, 지적측량조직, 지적교육조직, 지적연구조직의 지적 4륜체제(地籍 4輪體制)를 확립하여 신설한 기관은?
지적기술연구소

234 토지조사사업의 성과에 의하여 작성한 지적공부는?
토지대장, 지적도, 공유지연명부 등

235 토지대장규칙(1914.4.25. 조선총독부령 제45호)에 의하여 작성된 토지대장에 등록한 권리에 관한 등록사항은?
소유권, 질권, 저당권, 지상권

236 지적재조사특별법이 제정되어 시행된 연도는?
2012년

237 국가공무원으로 그 소속 관서의 지적측량사무에 종사하는 지적측량기술자는?
상치측량사(常置測量士)

238 타인으로부터 지적법에 의한 측량업무를 위탁받아 행하는 법인격이 있는 지적단체의 지적측량업무를 대행하는 지적측량기술자는?
대행측량사(代行測量士)

239 현행 국가기술자격법령에 의한 지적기술 및 기능자격의 구분은?
지적기술사, 지적기사, 지적산업기사, 지적기능사

240 나폴레옹 지적이라고도 부르는 근대적인 지적제도의 효시는?
프랑스계 지적제도

241 Bernard O. Binns가 지적이라는 단어는 인두세의 등록 또는 로마 토지세를 위해 만들어진 단위라고 한 라틴어는?
Capitastrum

242 우리나라 지적의 어원 중 지적 외의 넓은 토지를 개간한 자를 조사하여 세금을 부과하겠다는 의미로 작성된 문헌은?
일성록

243 권리자가 제출하는 과거의 거래증서와 기타의 모든 증거방방법에 의하여 실질적으로 신청자의 소유권을 심사하는 등기제도는?
실질적 심사주의

04 조선시대 연감

조선시대(朝鮮時代, 1392~1910년, 518년간, 총 27대)

대	왕명	재위기간	약사
1	태조 (太祖, 1335~1408)	1392~1398	휘는 성계(成桂). 고려 말 무신으로 왜구를 물리쳐 공을 세우고, 1388년 위화도 회군으로 고려를 멸망시키고 92년 조선왕조를 세움
2	정종 (定宗, 1357~1419)	1398~1400	휘는 방과(芳果). 사병을 삼군부에 편입시키고 즉위 2년 만에 방원에게 왕위를 물려주고 상왕이 됨
3	태종 (太宗, 1369~1422)	1400~1418	휘는 방원(芳遠). 태조가 조선을 세우는 데 공헌하였고, 왕자들의 왕위 다툼(왕자의 난)에서 이겨 왕위에 올랐으며 여러 가지 정책으로 조선왕조의 기틀을 세움
4	세종 (世宗, 1397~1450)	1418~1450	휘는 도, 태종의 셋째 아들. 집현전을 두어 학문을 장려하고 훈민정음을 창제하고, 측우기, 해시계 등의 과학기구를 창제케 함. 외치에도 힘을 써 북쪽에 사군과 육진, 남쪽에 삼포를 둠
5	문종 (文宗, 1414~1452)	1450~1452	휘는 향(珦). 학문에 밝고 인품이 좋았으며, 세종의 뒤를 이어 유교적 이상정치를 베풀고 문화를 발달시킴
6	단종 (端宗, 1441~1457)	1452~1455	12살에 왕위에 올랐으나 계유사화로 영월에 유배되었다가 죽임을 당함. 200년 후인 숙종 때 왕위를 다시 찾아 단종이라 하였음
7	세조 (世祖, 1417~1468)	1455~1468	휘는 유. 국조보감(國朝寶鑑), 경국대전(經國大典) 등을 편찬하고 관제의 개혁으로 괄목할 만한 치적을 남김. 수양대군(首陽大君)
8	예종 (睿宗, 1441~1469)	1468~1469	휘는 광(晄), 세조의 둘째 아들. 세조 때부터 시작한 경국대전 완성
9	성종 (成宗, 1457~94)	1469~1494	휘는 혈. 학문을 좋아하고 숭유억불, 인재등용 등 조선 초기의 문물제도를 완성하고 경국대전 편찬
10	연산군 (燕山君, 1476~1506)	1494~1506	휘는 융. 폭군으로 무오사화, 갑자사화, 병인사화를 일으켜 많은 선비를 죽였으며 중종반정으로 폐위됨
11	중종 (中宗, 1488~1544)	1506~1544	휘는 역. 혁신정치를 기도하였으나 훈구파의 원한으로 실패하고 1519년 기묘사화, 신사사화 초래
12	인종 (仁宗, 1515~1545)	1544~1545	장경왕후의 소생. 기묘사화로 없어진 현량과 부활
13	명종 (明宗, 1534~1567)	1545~1567	휘는 환, 중종의 둘째 아들. 12세에 즉위하여 을사사화, 정미사화, 을유사화, 을묘왜변을 겪음
14	선조 (宣祖, 1552~1608)	1567~1608	명종이 후사 없이 승하하자 16세에 즉위하였고 이이, 이황 등의 인재를 등용하여 선정에 힘썼으나 당쟁과 임진왜란으로 시련을 겪음
15	광해군 (光海君, 1575~1641)	1608~1623	휘는 혼. 당쟁으로 임해군, 영창대군을 역모로 죽이고(계축사화), 인목대비를 유폐하는 등 패륜을 많이 저지른 한편 서적편찬 등 내치에 힘쓰고 명나라와 후금에 대한 양면 정책으로 난국에 대처함. 인조반정으로 폐위됨
16	인조 (仁祖, 1595~1649)	1623~1649	광해군을 몰아내고 왕위에 올랐으나 이괄의 난, 병자호란, 정묘호란을 겪음

대	왕명	재위기간	약사
17	효종 (孝宗, 1619~1659)	1649~1659	휘는 호, 인조의 둘째 아들. 병자호란으로 형인 소현세자와 함께 청나라에 볼모로 8년간 잡혀 갔다 돌아와 즉위 후 이를 설욕하고자 국력을 양성하였으나 뜻을 이루지 못함
18	현종 (顯宗, 1641~1674)	1659~1674	휘는 연. 즉위 초부터 남인과 서인의 당쟁에 의해 많은 유신들이 희생됨. 대동법을 전라도에 실시하고, 동철제 활자 10만여 글자 주조
19	숙종 (肅宗, 1661~1720)	1674~1720	남인, 서인의 당파싸움(기사사화)과 장희빈으로 인한 내환이 잦음. 대동법을 전국으로 확대하고, 백두산 정계비를 세워 국경 확정
20	경종 (景宗, 1688~1724)	1720~1724	휘는 윤, 숙종의 아들로 장희빈 소생. 신임사화 등 당쟁이 절정에 이름
21	영조 (英祖, 1694~1776)	1724~1776	탕평책을 써서 당쟁을 제거에 힘썼으며, 균역법 시행, 신문고 부활, 동국문헌비고 발간 등 부흥의 기틀을 만듦. 말년에 사도세자의 비극이 벌어짐
22	정조 (正祖, 1752~1800)	1776~1800	휘는 산. 탕평책에 의거하여 인재를 등용하고, 서적보관 및 간행을 위한 규장각 설치. 임진자, 정유자 등의 새 활자를 만들고 실학을 발전시키는 등 문화적 황금시대 이룩
23	순조 (純祖, 1790~1834)	1800~1834	휘는 공. 김조순(金組淳) 등 안동 김씨의 세도정치 시대에 신유사옥을 비롯한 세 차례의 천주교 대탄압이 있었음. 1811년 홍경래의 난이 일어남
24	헌종 (憲宗, 1827~1849)	1834~1849	휘는 환(奐). 8세에 즉위하여 왕 5년에 천주교를 탄압하는 기해사옥이 일어났음.
25	철종 (哲宗, 1831~1863)	1849~1863	휘는 변. 헌종이 후사 없이 죽자 대왕대비 순원황후의 명으로 즉위. 왕 2년에 김문근(金汶根)의 딸을 왕비로 맞아들여 안동 김씨의 세도정치가 시작됨. 진주민란 등 민란이 많았음. 병사함
26	고종 (高宗, 1852~1919)	1863~1907	휘는 희(熙), 흥선대원군의 둘째 아들. 대원군과 민비의 세력다툼, 구미열강의 문호개방 압력에 시달림. 1907년 헤이그 밀사사건으로 퇴위. 임오군란이 일어남
27	순종 (純宗, 1874~1926)	1907~1910	이름은 척(拓), 고종의 둘째 아들. 1910년 일본에 나라를 빼앗겨 35년간 치욕의 일제시대를 보내게 됨. 이왕(李王)으로 불림

05 지적 관련 요약정리

1. 지적법의 변천연혁

토지조사법 (土地調査法)	현행과 같은 근대적 지적에 관한 법률의 체제는 1910년 8월 23일(대한제국시대) 법률 제7호로 제정 · 공포된 토지조사법에서 그 기원을 찾아볼 수 있으나, 1910년 8월 29일 한일합방에 의한 국권피탈로 대한제국이 멸망한 이후 실질적인 효력이 상실되었다. 우리나라에서 토지조사에 관련된 최초의 법령은 구한국정부의 토지조사법(1910년)이며 이후 이 법은 토지조사령으로 계승되었다.
토지조사령 (土地調査令)	그 후 대한제국을 강점한 일본은 토지소유권 제도의 확립이라는 명분하에 토지찬탈과 토지과세를 위하여 토지조사사업을 실시하였으며 이를 위하여 토지조사령(1912.8.13. 제령 제2호)을 공포하고 시행하였다.
지세령 (地稅令)	1914년에 지세령(1914.3.6. 제령 제1호)과 토지대장규칙(1914.4.25. 조선총독부령 제45호) 및 토지측량표규칙(1915.1.15. 조선총독부령 제1호)을 제정하여 토지조사사업의 성과를 담은 토지대장과 지적도의 등록사항과 변경 · 정리방법 등을 규정하였다.
토지대장규칙 (土地臺帳規則)	1914년 4월 25일 조선총독부령 제45호, 전문 8조로 구성되어 있으며 이는 1914년 3월 16일 제령 제1호로 공포된 지세령 제5항에 규정된 토지대장에 관한 사항을 규정하는 데 그 목적이 있었다.
조선임야조사령 (朝鮮林野調査令)	1918년 5월 조선임야조사령(1918.5.1. 제령 제5호)을 제정 · 공포하여 임야조사사업을 전국적으로 확대 실시하게 되었으며 1920년 8월 임야대장규칙(1920.8.23. 조선총독부령 제113호)을 제정 · 공포하고 이 규칙에 의하여 임야조사사업의 성과를 담은 임야대장과 임야도의 등록사항과 변경, 정리방법 등을 규정하였다.
임야대장규칙 (林野臺帳規則)	1920년 8월 23일 조선총독부령 제113호로 전문 6조의 임야대장규칙을 제정하여 임야관계 지적공부를 부(府), 군(郡), 도(島)에 비치하는 근거를 마련하였으며 임야대장 등록지의 면적은 무(畝)를 단위로 하였다.
토지측량규정 (土地測量規程)	1921년 3월 18일 조선총독부훈령 제10호로 전문 62조의 토지측량규정을 제정하였다. 이 규정에는 새로이 토지대장에 등록할 토지 또는 토지대장에 등록한 토지의 측량, 면적산정 및 지적도정리에 관한 사항을 규정하였다.
임야측량규정 (林野測量規程)	1935년 6월 12일 조선총독부훈령 제27호로 전문 26조의 임야측량규정을 제정하였다. 이 규정에는 새로이 임야대장에 등록할 토지 및 등록한 토지의 측량, 면적산정, 임야도 정리에 관한 사항을 규정하였으며 1954년 11월 12일 지적측량규정을 제정 · 시행함과 동시에 본 규정은 폐지되었다.
조선지세령 (朝鮮地稅令)	1943년 3월 조선총독부는 지적에 관한 사항과 지세에 관한 사항을 동시에 규정한 조선지세령(1943.3.31. 제령 제6호)을 공포하였다. 조선지세령은 지적사무와 지세사무에 관한 사항이 서로 다른 규정을 두어 이질적인 내용이 혼합되어 당시의 지적행정수행에 지장이 많아 독자적인 지적법을 제정하기에 이르렀다.
조선임야대장규칙 (朝鮮林野臺帳規則)	1943년 3월 31일 조선총독부령 제69호로 전문 22조의 조선임야대장규칙을 제정하였다. 이로써 1920년 8월 23일 제정되어 사용되어 온 임야대장규칙은 폐지되었다.
구 지적법 (舊 地籍法)	대한제국에서 근대적인 지적제도를 창설하기 위하여 1910년 8월에 토지조사법을 제정한 후 약 40년 후인 1950년 12월 1일 법률 제165호로 41개 조문으로 제정된 최초의 지적에 관한 독립법령이다. 구 지적법은 이전까지 시행해 오던 조선지세령, 동법 시행규칙, 조선임야대장규칙 중에서 지적에 관한 사항을 분리하여 제정하였으며, 지세에 관한 사항은 지세법(1950.12.1.)을 제정하였다. 이어서 1951년 4월 1일 지적법시행령을 제정 · 시행하였으며, 지적측량에 관한 사항은 토지측량규정(1921.3.18.)과 임야측량규정(1935.6.12.)을 통합하여 1954년 11월 12일 지적측량규정을 제정하고, 1960년 12월 31일 지적측량을 할 수 있는 자격과 지적측량사시험 등을 규정한 지적측량사규정을 제정하여 법률적인 정비를 완료하였다. 그 후 지금까지 15차에 걸친 법개정을 통하여 법, 령, 규칙으로 체계화하였다.

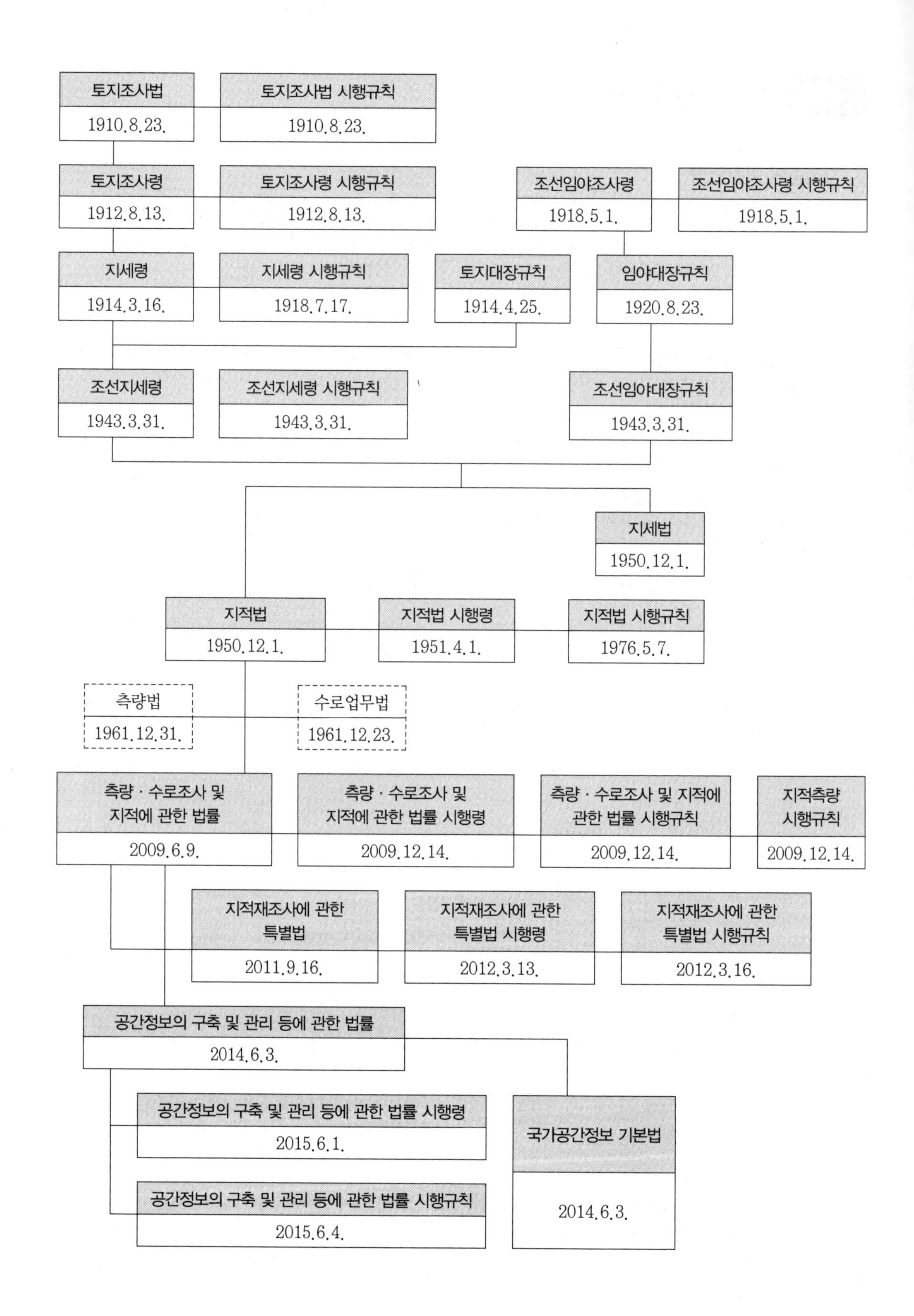

토지조사법
1910.8.23.
토지조사법 시행규칙
1910.8.23.
토지조사령
1912.8.13.
토지조사령 시행규칙
1912.8.13.
조선임야조사령
1918.5.1.
조선임야조사령 시행규칙
1918.5.1.
지세령
1914.3.16.
지세령 시행규칙
1918.7.17.
토지대장규칙
1914.4.25.
임야대장규칙
1920.8.23.
조선지세령
1943.3.31.
조선지세령 시행규칙
1943.3.31.
조선임야대장규칙
1943.3.31.
지세법
1950.12.1.
지적법
1950.12.1.
지적법 시행령
1951.4.1.
지적법 시행규칙
1976.5.7.
측량법
1961.12.31.
수로업무법
1961.12.23.
측량 · 수로조사 및 지적에 관한 법률
2009.6.9.
측량 · 수로조사 및 지적에 관한 법률 시행령
2009.12.14.
측량 · 수로조사 및 지적에 관한 법률 시행규칙
2009.12.14.
지적측량 시행규칙
2009.12.14.
지적재조사에 관한 특별법
2011.9.16.
지적재조사에 관한 특별법 시행령
2012.3.13.
지적재조사에 관한 특별법 시행규칙
2012.3.16.
공간정보의 구축 및 관리 등에 관한 법률
2014.6.3.
공간정보의 구축 및 관리 등에 관한 법률 시행령
2015.6.1.
공간정보의 구축 및 관리 등에 관한 법률 시행규칙
2015.6.4.
국가공간정보 기본법
2014.6.3.

2. 지적의 발생설(지적제도의 기원)

과세설(課稅說) (Taxation Theory)	국가가 과세를 목적으로 토지에 대한 각종 현상을 기록·관리하는 수단으로부터 출발했다고 보는 설로 공동생활과 집단생활을 형성·유지하기 위해서는 경제적 수단으로 공동체에 제공해야 한다. 토지는 과세목적을 위해 측정되고 경계의 확정량에 따른 과세가 이루어졌고 고대에는 정복한 지역에서 공납물을 징수하는 수단으로 이용되었다. 정주생활에 따른 과세의 필요성에서 그 유래를 찾아볼 수 있고, 과세설의 증거자료로는 Domesday Book(영국의 토지대장), 신라의 장적문서(서원경 부근의 4개 촌락의 현·촌명 및 촌락의 영역, 호구(戶口) 수, 우마(牛馬) 수, 토지의 종목 및 면적, 뽕나무, 백자목, 추자목의 수량을 기록) 등이 있다.
치수설(治水說) (Flood Control Theory)	국가가 토지를 농업생산 수단으로 이용하기 위하여 관개시설 등을 측량하고 기록, 유지, 관리하는 데서 비롯되었다고 보는 설로 토지측량설(土地測量說, Land Survey Theory)이라고도 한다. 물을 다스려 보국안민을 이룬다는 데서 유래를 찾아볼 수 있고 주로 4대강 유역이 치수설을 뒷받침하고 있다. 즉, 관개시설에 의한 농업적 용도에서 물을 다스릴 수 있는 토목과 측량술의 발달은 농경지의 생산성에 대한 합리적인 과세목적에서 토지기록이 이루어지게 된 것이다.
지배설(支配說) (Rule Theory)	국가가 토지를 다스리기 위한 영토의 본존과 통치수단으로 토지에 대한 각종 현황을 관리하는 데서 출발한다고 보는 설로 지배설은 자국영토의 국경을 상징하는 경계표시를 만들어 객관적으로 표시하고 기록하는 과정에서 지적이 발생했다는 이론이다. 이러한 국경의 경계를 객관적으로 표시하고 기록하는 것은 자국민의 생활안전을 보장하여 통치의 수단으로서 중요한 역할을 하였다. 국가 경계의 표시 및 기록은 영토보존의 수단이며 통치의 수단으로 백성을 다스리는 근본을 토지에서 찾았던 고대에는 이러한 일련의 행위가 매우 중요하게 평가되었다. 고대세계의 성립과 발전, 중세봉건사회와 근대 절대왕정 그리고 근대시민사회의 성립 등이 지배설을 뒷받침하고 있다.
침략설(侵略說) (Aggression Theory)	국가가 영토확장 또는 침략상 우의를 확보하기 위해 상대국의 토지·현황을 미리 조사, 분석, 연구하는 데서 비롯되었다는 학설이다.

3. 지적제도의 유형

발전 과정	세지적 (稅地籍)	토지에 대한 조세부과를 주된 목적으로 하는 제도로 과세지적이라고도 한다. 국가의 재정수입을 토지세에 의존하던 **농경사회**에서 개발된 제도로 과세의 표준이 되는 농경지는 기준수확량, 일반토지는 토지등급을 중시하고 지적공부의 등록사항으로는 **면적단위**를 중시한 지적제도이다.
	법지적 (法地籍)	세지적이 발전된 형태로서 토지에 대한 사유재산권이 인정되면서 생성된 유형으로 소유지적, 경계지적이라고도 한다. **토지소유권 보호**를 주된 목적으로 하는 제도로 토지거래의 안전과 토지소유권의 보호를 위한 **토지경계**를 중시한 지적제도이다.
	다목적 지적 (多目的地籍)	현대사회에서 추구하고 있는 지적제도로 종합지적, 통합지적, 유사지적, 경제지적, 정보지적이라고도 한다. 토지와 관련한 다양한 정보를 종합적으로 등록·관리하고 이를 이용 또는 활용하고 필요한 자에게 제공해 주는 것을 목적으로 하는 지적제도이다.
측량 방법	도해지적 (圖解地籍)	• 의의 – 토지의 경계를 도면 위에 표시하는 지적제도 – 세지적, 법지적은 토지경계표시를 도해지적에 의존 • 장점 – 측량에 소요되는 비용이 비교적 저렴함 – 고도의 기술이 필요 없음

		• 단점 －축척크기에 따라 허용오차가 다름 －도면의 신축방지와 보관관리가 어려움 －인위적, 기계적, 자연적 오차가 유발되기 쉬움 －지적측량에 신뢰성이 저하됨
	수치지적 (數値地籍, Numerical Cadastre)	• 수학적인 좌표로 표시하는 지적제도 • 다목적 지적제도하에서는 토지경계를 수치지적에 의존 • 필지 경계점이 수치좌표로 등록됨 • 경비와 인력이 비교적 많이 소요됨 • 고도의 전문적인 기술 필요
	계산지적 (計算地籍)	경계점의 정확한 위치결정이 용이하도록 측량기준점과 연결하여 관측하는 지적제도로, 국가의 통일된 기준좌표계에 의하여 각 경계상의 굴곡점을 좌표로 표시
등록 방법	2차원 지적	• 토지의 고저에 관계없이 수평면상의 투영만을 가상하여 각 필지의 경계를 공시하는 제도 • 평면지적 • 토지의 경계, 지목 등 지표의 물리적 현황만을 등록하는 제도 • 점선을 지적공부도면에 폐쇄된 다각형의 형태로 등록 · 관리
	3차원 지적	• 2차원 지적에서 진일보한 지적제도로 선진국에서 활발하게 연구 중이다. • 지상과 지하에 설치한 시설물을 수치형태로 등록 · 공시 • 입체지적 • 인력과 시간과 예산이 소요되는 단점 • 지상건축물과 지하의 상수도, 하수도, 전기, 전화선등 공공 시설물을 효율적으로 등록 · 관리할 수 있는 장점
	4차원 지적	3차원 지적에서 발전한 형태로 지표, 지상, 건축물, 지하시설물 등을 효율적으로 등록공시하거나 관리 지원할 수 있고 이를 등록사항의 변경내용을 정확하게 유지 · 관리할 수 있는 다목적 지적제도로 전산화한 시스템의 구축이 전제된다.
등록 성질	적극적 지적	• Positive System • 소유자의 신청과 관계없이 국가가 직권으로 조사 등록의 의무를 가짐(직권등록주의) • 토렌스시스템 • 실질적 심사주의 • 공신력 인정 • 대만, 일본, 오스트레일리아, 뉴질랜드
	소극적 지적	• Negative System • 토지소유자의 신청 시 신청한 사항에 대해서만 등록(신청주의) • 권리보험제도 • 형식적 심사주의 • 공신력 불인정 • 네덜란드, 영국, 프랑스, 이탈리아, 캐나다

4. 다목적지적의 5대 구성요소 암기 측기지필토

측지기본망 (Geodetic Reference Network)	토지의 경계선과 측지측량이나 그 밖의 토지 및 토지 관련 자료와 지형 간의 상관관계를 형성하고 지상에 영구적으로 표시되어 지적도상에 등록된 경계선을 현지에 복원할 수 있는 정확도를 유지할 수 있는 기준점 표지의 연결망을 말하는데 서로 관련 있는 모든 지역의 기준점이 단일의 통합된 네트워크여야 한다.
기본도 (Base Map)	측지기본망을 기초로 작성된 도면으로서 지도작성에 기본적으로 필요한 정보를 일정한 축척의 도면 위에 등록한 것으로 변동사항과 자료를 수시로 정비하고 최신화하여 사용될 수 있어야 한다.
지적중첩도 (Cadastral Overlay)	측지기본망과 기본도와 연계하여 활용할 수 있고 토지소유권에 관한 현재 상태의 경계를 식별할 수 있도록 일필지 단위로 등록한 지적도로 시설물, 토지이용, 지역구도 등을 결합한 상태의 도면을 말한다.
필지식별번호 (Unique Parcel Identification Number)	각 필지별 등록사항의 조직적인 저장과 수정을 용이하게 각 정보를 인식 · 선정 · 식별 · 조정하는 가변성이 없는 토지의 고유번호를 말하는데 지적도의 등록 사항과 도면의 등록 사항을 연결시켜 자료파일의 검색 등 색인번호의 역할을 한다. 이러한 필지식별번호는 토지평가, 토지의 과세, 토지의 거래, 토지이용계획 등에서 활용되고 있다.
토지자료파일 (Land Data File)	토지에 대한 정보검색이나 다른 자료철에 있는 정보를 연결시키기 위한 목적으로 만들어진 각 필지의 식별번호를 포함한 일련의 공부 또는 토지자료철을 말하는데 과세대장, 건축물대장, 천연자원기록, 토지이용, 도로, 시설물대장 등 토지 관련 자료를 등록한 대장을 뜻한다.

5. 지적제도의 특성 암기 통영이내전기기공가공통일해라

전통성과 영속성	지적사무는 근대적인 지적제도가 창설된 1910년대 이후 오늘날까지 관리주체가 다양한 목적에 의거 토지에 관한 일정한 사항을 등록 · 공시하고 계속하여 유지 관리되고 있는 영속성(永續性)과 전통성(傳統性)을 가지고 있는 국가사무
이면성과 내재성	지적사무는 지적공부에 등록된 토지에 관한 기본정보 · 소유정보 · 이용정보 · 가격정보 등의 변경사항을 대장과 도면에 정리하는 내재성(內在性)과 이면성(裏面性)을 가지고 있는 국가사무
전문성과 기술성	지적사무는 토지에 관한 정보를 조사 · 측량하여 그 결과를 국가의 공적장부인 지적공부에 등록 · 공시하는 제도로서 특수한 지식과 기술을 검증받은 자만이 종사할 수 있는 기술성(技術性)과 전문성(專門性)을 가지고 있는 국가사무
기속성과 공개성	• 지적사무는 토지소유자 또는 이해관계인 등에게 무제한으로 지적공부의 열람 · 등본교부를 허용하고 토지의 경계분쟁이 발생하면 지적공부의 등록사항을 토대로 이를 해결할 수 있는 기속성(羈屬性)과 공개성(公開性)을 가지고 있는 준사법적인 국가사무 • 지적공부에 등록 · 공시된 사항은 언제나 일반 국민에게 열람 · 등본을 허용하여 정당하게 이용할 수 있도록 공개주의를 채택
국가성과 공공성	지적사무는 국가(토지를 조사 · 측량하여 공적장부에 등록하고 관리하는 주체 : 지적의 주체)에서 토지에 대한 세금을 징수하기 위한 기초자료를 만들기 위하여 창설된 제도로서 국가성(國家性)과 강한 공공성(公共性)을 가지고 있는 국가사무
통일성과 획일성	지적사무는 전국적(국가의 통치권이 미치는 범위 내에 있는 모든 토지 : 지적의 대상 객체)으로 측량방법 · 토지의 이동정리 · 지적공부의 관리 등이 동일한 통일성(統一性)과 획일성(劃一性)을 가지고 있는 국가사무

6. 지적제도의 기능 암기 ⓓⓟⓖⓖⓘⓙ

토지(등)기의 기초 (선등록 후등기)	지적공부에 토지표시사항인 토지소재, 지번, 지목, 면적, 경계와 소유자가 등록되면 이를 기초로 토지소유자가 등기소에 소유권보존등기를 신청함으로써 토지등기부가 생긴다. 즉, 토지표시사항은 토지등기부의 표제부에 소유자는 갑구에 등록한다.
토지(평)가의 기초 (선등록 후평가)	토지평가는 지적공부에 등록한 토지에 한하여 이루어지며 평가는 지적공부에 등록된 토지표시사항을 기초자료로 이용하고 있다.
토지(과)세의 기초 (선등록 후과세)	토지에 대한 각종 국세와 지방세는 지적공부에 등록된 필지를 단위로 면적과 지목 등 기초자료를 결정한 개별공시지가(「부동산 가격공시에 관한 법률」)를 과세의 기초자료로 하고 있다.
토지(거)래의 기초 (선등록 후거래)	토지거래는 지적공부에 등록된 필지 단위로 이루어지며, 지적공부에 등록된 토지표시사항(소재, 지번, 지목, 면적, 경계 등)과 등기부에 등재된 소유권 및 기타 권리관계를 기초로 하여 거래가 이루어지고 있다.
토지(이)용계획의 기초 (선등록 후계획)	각종 토지이용계획(국토건설종합계획, 국토이용계획, 도시계획, 도시개발, 도시재개발 등)은 지적공부에 등록된 토지표시사항을 기초자료로 활용하고 있다.
주소(표)기의 기초 (선등록 후설정)	민법에서의 주소, 가족관계의 등록 등에 관한 법률에서의 본적 및 주소, 주민등록법에서의 거주지, 지번, 본적, 인감증명법에서의 주소와 기타 법령에 의한 주소, 거주지, 지번은 모두 지적공부에 등록된 토지소재와 지번을 기초로 하고 있다.

7. 지적 관련 법률의 성격 암기 ⓖⓣⓙⓖ

토지의 등록공시에 관한 (기)본법	지적에 관한 법률에 의하여 지적공부에 토지표시사항이 등록 · 공시되어야 등기부가 창설되므로 토지의 등록공시에 관한 기본법이라 할 수 있다. ※ 토지공시법은 공간정보의 구축 및 관리 등에 관한 법과 부동산등기법이 있다.
사법적 성격을 지닌 (토)지공법	지적에 관한 법률은 효율적인 토지관리와 소유권 보호에 기여함을 목적으로 하고 있으므로 토지소유권 보호라는 사법적 성격과 효율적인 토지관리를 위한 공법적 성격을 함께 나타내고 있다.
실체법적 성격을 지닌 (절)차법	지적에 관한 법률은 토지와 관련된 정보를 조사 · 측량하여 지적공부에 등록 · 관리하고, 등록된 정보를 제공하는 데 필요한 절차와 방법을 규정하고 있으므로 절차법적 성격을 지니고 있으며, 국가기관의 장인 시장 · 군수 · 구청장 및 토지소유자가 하여야 할 행위와 의무 등에 관한 사항도 규정하고 있으므로 실체법적 성격을 지니고 있다.
임의법적 성격을 지닌 (강)행법	지적에 관한 법률은 토지소유자의 의사에 따라 토지등록 및 토지이동을 신청할 수 있는 임의법적 성격과 일정한 기한 내 신청이 없는 경우 국가가 강제적으로 지적공부에 등록 · 공시하는 강행법적 성격을 지니고 있다.

8. 지적 관련 법률의 기본 이념 암기 ⓖⓗⓖⓢⓙ

지적(국)정주의 (地籍國定主義)	지적공부의 등록사항인 토지표시사항을 국가만이 결정할 수 있는 권한을 가진다는 이념이다.
지적(형)식주의 (地籍形式主義)	국가가 결정한 토지에 대한 물리적 현황과 법적 권리관계 등을 외부에서 인식할 수 있도록 일정한 법정의 형식을 갖추어 지적공부에 등록하여야만 효력이 발생한다는 이념으로 '지적등록주의'라고도 한다.
지적(공)개주의 (地籍公開主義)	지적공부에 등록된 사항을 토지소유자나 이해관계인은 물론 일반인에게도 공개한다는 이념이다. • 공시원칙에 의한 지적공부 3가지 형식 – 지적공부를 직접열람 및 등본으로 알 수 있다.

	– 현장에 경계복원함으로써 알 수 있다. – 등록된 사항과 현장상황이 다른 경우 변경 등록한다.
실질적 심사주의 (實質的審査主義)	토지에 대한 사실관계를 정확하게 지적공부에 등록 · 공시하기 위하여 토지를 새로이 지적공부에 등록하거나 등록된 사항을 변경 등록하고자 할 경우 소관청은 실질적인 심사를 실시하여야 한다는 이념으로서 '사실심사주의'라고도 한다.
직권등록주의 (職權登錄主義)	국가는 의무적으로 통치권이 미치는 모든 토지에 대한 일정한 사항을 직권으로 조사 · 측량하여 지적공부에 등록 · 공시하여야 한다는 이념으로서 '적극적 등록주의' 또는 '등록강제주의'라고도 한다.

9. 지적의 특징(요건) 암기 안간정신저적등

안전성 (Security)	안전성(安全性)은 소유권 등록체계의 근본이며 토지의 소유자, 그로부터 토지를 사거나 임대받은 자, 토지를 담보로 그에게 돈을 빌려준 자, 주위 토지통행권 또는 전기 · 수도 등의 시설권을 가진 인접 토지소유자, 토지를 통과하거나 그것에 배수로를 뚫을 권리를 지닌 이웃하는 토지소유자 등 모두가 안전하다. 그들의 권리는 일단 등록되면 불가침의 영역이다.
간편성 (Simplicity)	간편성(簡便性)은 그 본질의 효율적 작용을 위해서만이 아니라 초기적 수용을 위해서 효과적이다. 소유권 등록은 단순한 형태로 사용되어야 하며 절차는 명확하고 확실해야 한다.
정확성 (Accuracy)	정확성(正確性)은 어떤 체계가 효과적이기 위해서 필요하다. 정확성에 대해서는 논할 필요가 없다. 왜냐하면 부정확한 등록은 유용하기 않다기보다는 해롭기 때문이다.
신속성 (Expedition)	신속성(迅速性)은 신속함 또는 역으로 지연됨은 그 자체가 중요한 것으로 인식되지는 않는다. 다만, 등록이 너무 오래 걸린다는 불평이 정당화되고 그 체계에 대해 평판이 나빠지게 되면 그때 중요하게 인식된다.
저렴성 (Cheapness)	저렴성(低廉性)은 상대적인 것이고 다른 대안으로서 비교되어야만 평가할 수 있는 것이지만 효율적인 소유권 등록에 의해서 소유권을 입증하는 것보다 더 저렴한 방법은 없다. 왜냐하면 이것은 소급해서 권원(Title)을 조사할 필요가 없기 때문이다.
적합성 (Suitability)	적합성(適合性)은 지금 존재하는 것과 미래에 발생할 것에 기초를 둔다. 그러나 상황이 어떻든 간에 결정적인 요소는 적당해야 할 것이며 이것은 비용, 인력, 전문적인 기술에 유용해야 한다.
등록의 완전성 (Completeness of the Record)	등록의 완전성(完全性)은 두 가지 방식으로 해석된다. 우선적으로 등록이란 모든 토지에 대하여 완전해야 된다. 그 이유는 등록이 완전해질 때까지 등록되지 않은 구획토지는 등록된 토지와 중복되고 또 각각 적용되는 법률도 다르므로 소유권 행사에 여러 가지 제약을 받기 때문이다. 그 다음은 각각의 개별적인 구획토지의 등록은 실직적인 최근의 상황을 반영할 수 있도록 그 자체가 완전해야 한다.

10. 지적의 원리

공기능성의 원리 (Publicness)	지적은 국가가 국토에 대한 상황을 다수의 이익을 추구하기 위하여 기록 · 공시하는 국가의 공공업무이며, 국가고유의 사무이다. 현대지적은 일방적인 관리층의 필요에서 만들어져서는 안 되고, 제도권 내의 사람에게 수평성의 원리에서 공공관계가 이루어져야 한다. 따라서 모든 지적사항은 필요에 의해 공개되어야 한다.
민주성의 원리 (Democracy)	현대지적에서 민주성이란, 제도의 운영주체와 객체가 내적인 면에서 행정의 인간화가 이루어지고, 외적인 면에서 주민의 뜻이 반영되는 지적행정이라 할 수 있다. 아울러 지적의 책임성은 지적법의 규정에 따라 공익을 증진하고 주민의 기대에 부응하도록 하는 데 있다.

능률성의 원리 (Efficiency)	실무활동의 능률성은 토지현상을 조사하여 지적공부를 만드는 과정에서의 능률을 의미하고, 이론개발 및 전달과정의 능률성은 주어진 여건과 실행과정의 개선을 의미한다. 지적활동을 능률화한다는 것은 지적문제의 해소를 뜻하며, 나아가 지적활동의 과학화, 기술화 내지는 합리화, 근대화를 지칭하는 것이다.
정확성의 원리 (Accuracy)	지적활동의 정확도는 크게 토지현황조사, 기록과 도면, 관리와 운영의 정확도를 말한다. 토지현황조사의 정확성은 일필지조사, 기록과 도면의 정확성은 측량의 정확도 그리고 지적공부를 중심으로 한 관리 · 운영의 정확성은 지적조직의 업무분화와 정확도와 크게 관련된다. 결국 지적의 정확성은 지적불부합의 반대 개념이다.

11. 지적의 구성요소

외부 요소	지리적 요소	지적측량 시 지형, 식생, 토지이용 등 형태결정에 영향을 미친다.
	법률적 요소	효율적인 토지관리와 소유권보호를 목적으로 공시하기 위한 제도로 등록이 강제되고 있다.
	사회적 요소	토지소유권제도는 사회적 요소들이 신중하게 평가되어야 하는데, 사회적으로 그 제도가 받아들여져야 하고 사람들에게 신뢰성이 있어야 하기 때문이다.
협의	토지	지적제도는 토지를 대상으로 성립하며 토지 없이는 등록행위가 이루어질 수 없어 지적제도가 성립될 수 없다. 지적에서 말하는 토지란 행정적 또는 사법적 목적에 의해 인위적으로 구획된 토지의 단위구역으로서 법적으로는 등록의 객체가 되는 일필지를 의미한다.
	등록	국가통치권이 미치는 모든 영토를 필지단위로 구획하여 시장, 군수, 구청장이 강제적으로 등록을 하여야 한다는 이념
	지적공부	토지를 구획하여 일정한 사항을 기록한 장부
광의	소유자	토지를 소유할 수 있는 권리의 주체
	권리	토지를 소유할 수 있는 법적 권리
	필지	법적으로 물권이 미치는 권리의 객체

12. 지적의 성격 암기 사구반민전기서서윤정

역사성 · 영구성	• 지적의 발생에 대해서는 여러 가지 설이 있으나 역사적으로 가장 일반적 이론은 합리적인 과세부과이며 토지는 측정에 의해 경계가 정해졌다. • 중농주의 학자들에 의해서 토지는 국가 및 지역에서 부를 축적하는 원천이며, 수입은 과세함으로써 처리되었고 토지의 용도 및 수확량에 따라 토지세가 차등 부과되었다. 이러한 사실은 과거의 양안이나 기타 기록물을 통해서도 알 수 있다.
반복적 민원성	지적업무는 필요에 따라 반복되는 특징을 가지고 있으며 실제로 시 · 군 · 구의 소관청에서 행해지는 대부분의 지적업무는 지적공부의 열람, 등본 및 공부의 소유권 토지이동의 신청접수 및 정리, 등록사항 정정 및 정리 등의 업무가 일반적이다.
전문성 · 기술성	• 자신이 소유한 토지에 대해 정확한 자료의 기록과 이를 도면상에서 볼 수 있는 체계적인 기술이 필요하며 이는 전문기술인에 의해서 운영 · 유지되고 있다. • 부의 축적수단과 삶의 터전인 토지는 재산가치에 대한 높은 인식이 크므로 법지적기반 위에서 확실성이 요구된다. • 지적인은 기술뿐만 아니라 국민의 재산지킴이로서 사명감이 있어야 한다. • 일반측량에 비해 지적측량은 토지관계의 효율화와 소유권보호가 우선이므로 전문기술에 의한 기술진의 중요도가 필요하다.

	• 지적측량을 통해 토지에 대한 여러 가지 자료를 결합시켜 종합정보를 제공하는 정보제공의 기초수단이다.
서비스성 · 윤리성	• 소관청의 민원업무 중에서 지적업무의 민원이 큰 비중을 차지하고 있어 다른 행정업무보다 서비스 제공에 각별히 관심을 가져야 한다. • 지적민원은 지적과 등기가 포함된 행정서비스로 개인의 토지재산권과 관련되는 중요한 사항으로서 윤리성을 갖지 않고 행정서비스를 제공한다면 커다란 사회적 혼란 내지는 국가적 손실을 초래할 수 있어 다른 어떤 행정보다 공익적인 측면에서 서비스와 윤리성이 강조된다. • 지적행정업무는 매 필지마다 경계, 지목, 면적, 소유권 등에서 이해관계가 있기 때문에 지적측량성과, 토지이동정리, 경계복원 등에서 객관적이고 공정한 의식이 요구된다.
정보원	• 지적은 광의적인 의미의 지리정보체계에 포함되며 협의적으로는 토지와 관련된 지적종합시스템이다. • GIS는 지형공간의 의사결정과 분석을 위해 토지에 대한 자료를 수집, 처리, 제공하며 지적분야도 이와 같은 범주에 포함되도록 체계가 운영된다. • 토지는 국가적, 개인적으로 중요한 자원이며 이들 토지의 이동상황이나 활동 등에 대한 기초적인 자료로서 지적정보가 활용된다.

13. 토지등록의 효력 암기 구공확강

행정처분의 구속력(拘束力)	행정행위가 법정요건을 갖추어 행하여진 경우에는 그 내용에 따라 상대방과 행정청을 구속하는 효력, 즉 토지등록의 행정처분이 유효한 한 정당한 절차 없이 그 존재를 부정하거나 효력을 기피할 수 없다는 효력을 말한다.
토지등록의 공정력(公正力)	토지등록에 있어서의 행정처분이 유효하게 성립하기 위한 요건을 완전히 갖추지 못하여 하자가 있다고 인정될 때라도 절대 무효인 경우를 제외하고는 그 효력을 부인할 수 없는 것으로서 무하자 추정 또는 적법성이 추정되는 것으로 일단 권한 있는 기관에 의하여 취소되기 전에는 상대방 또는 제3자도 이에 구속되고 그 효력을 부정하지 못함을 의미한다.
토지등록의 확정력(確定力)	행정행위의 불가쟁력(不可爭力)이라고도 하는데 확정력은 일단 유효하게 등록된 사항은 일정한 기간이 경과한 뒤에는 그 상대방이나 이해관계인이 그 효력을 다툴 수 없을 뿐만 아니라 소관청 자신도 특별한 사유가 없는 한 그 처분행위를 다룰 수 없는 것이다.
토지등록의 강제력(强制力)	지적 측량이나 토지 등록 사항에 대하여 사법권의 힘을 빌릴 것이 없이 행정청 자체의 명의로써 자력으로 집행할 수 있는 강력한 효력으로 강제집행력(强制執行力)이라고도 한다.

14. 토지등록의 원칙 암기 등신특정공신

등록의 원칙 (登錄의 原則)	토지에 관한 모든 표시사항을 지적공부에 반드시 등록하여야 하며 토지의 이동이 이루어 지려면 지적공부에 그 변동사항을 등록하여야 한다는 토지등록의 원칙으로 토지표시의 등록주의(登錄主義, Booking Principle)라고 할 수 있다. 적극적 등록제도(Positive System)와 법지적(Legal Cadastre)을 채택하고 있는 나라에서 적용하고 있는 원리로서 토지의 모든 권리의 행사는 토지대장 또는 토지등록부에 등록하지 않고는 모든 법률상의 효력을 갖지 못하는 원칙으로 형식주의(Principle of Formality)규정이라고 할 수 있다.
신청의 원칙 (申請의 原則)	토지의 등록은 토지소유자의 신청을 전제로 하되 신청이 없을 때는 직권으로 직접 조사하거나 측량하여 처리하도록 규정하고 있다.
특정화의 원칙 (特定化의 原則)	토지등록제도에 있어서 특정화의 원칙(Principle of Speciality)은 권리의 객체로서 모든 토지는 반드시 특정적이면서도 단순하며 명확한 방법에 의하여 인식될 수 있도록 개별화함을 의미하는데 이 원칙이 실제적으로 지적과 등기와의 관련성을 성취시켜 주는 열쇠가 된다.

국정주의 및 직권주의 (國定主義 및 職權主義)	국정주의(Principle of National Decision)는 지적공부의 등록사항인 토지의 지번, 지목, 경계, 좌표, 면적의 결정은 국가의 공권력에 의하여 국가만이 결정할 수 있는 원칙이다. 직권주의는 모든 필지는 필지단위로 구획하여 국가기관인 소관청이 직권으로 조사 · 정리하여 지적공부에 등록 공시하여야 한다는 원칙이다.
공시의 원칙, 공개주의 (公示의 原則, 公開主義)	토지 등록의 법적 지위에 있어서 토지이동이나 물권의 변동은 반드시 외부에 알려야 한다는 원칙을 공시의 원칙(Principle of Public Notification) 또는 공개주의(Principle of Publicity)라고 한다. 토지에 관한 등록사항을 지적공부에 등록하여 일반인에게 공시하여 토지소유자는 물론 이해관계자 및 기타 누구나 이용할 수 있도록 하는 것이다.
공신의 원칙 (公信의 原則)	공신의 원칙(Principle of Public Confidence)은 물권의 존재를 추측케 하는 표상, 즉 공시방법을 신뢰하여 거래한 자는 비록 그 공시방법이 진실한 권리관계에 일치하고 있지 않더라도 그 공시된 대로의 권리를 인정하여 이를 보호하여야 한다는 것이 공신의 원칙이다. 즉, 공신의 원칙은 선의의 거래자를 보호하여 진실로 그러한 등기 내용과 같은 권리관계가 존재한 것처럼 법률효과를 인정하려는 법률법칙을 말한다.

15. 토지등록제도의 유형 암기 날권소적토

<table>
<tr><td>날인증서 등록제도
(捺印證書 登錄制度)</td><td colspan="2">토지의 이익에 영향을 미치는 문서의 공적 등기를 보전하는 것을 날인증서 등록제도(Registration of Deed)라고 한다. 기본적인 원칙은 등록된 문서가 등록되지 않은 문서 또는 뒤늦게 등록된 서류보다 우선권을 갖는다. 즉 특정한 거래가 발생했다는 것은 나타나지만 그 관계자들이 법적으로 그 거래를 수행할 권리가 주어졌다는 것을 입증하지 못하므로 거래의 유효성을 증명하지 못한다. 그러므로 토지거래를 하려는 자는 매도인 등의 토지에 대한 권원(title) 조사가 필요하다.</td></tr>
<tr><td>권원등록제도
(權原登錄制度)</td><td colspan="2">권원등록(Registration of Title)제도는 공적 기관에서 보존되는 특정한 사람에게 귀속된 명확히 한정된 단위의 토지에 대한 권리와 그러한 권리들이 존속되는 한계에 대한 권위 있는 등록이다. 소유권 등록은 언제나 최후의 권리이며 정부는 등록한 이후에 이루어지는 거래의 유효성에 대해 책임을 진다.</td></tr>
<tr><td>소극적 등록제도
(消極的登錄制度)</td><td colspan="2">소극적 등록제도(Negative System)는 기본적으로 거래와 그에 관한 거래증서의 변경기록을 수행하는 것이며, 일필지의 소유권이 거래되면서 발생되는 거래증서를 변경 등록하는 것이다. 네덜란드, 영국, 프랑스, 이탈리아, 미국의 일부 주 및 캐나다 등에서 시행되고 있다.</td></tr>
<tr><td>적극적 등록제도
(積極的登錄制度)</td><td colspan="2">적극적 등록제도(Positive System)하에서의 토지등록은 일필지의 개념으로 법적인 권리보장이 인증되고 정부에 의해서 그러한 합법성과 효력이 발생한다. 이 제도의 기본원칙은 지적공부에 등록되지 아니한 토지는 그 토지에 대한 어떠한 권리도 인정될 수 없고 등록은 강제되고 의무적이며 공적인 지적측량이 시행되지 않는 한 토지등기도 허가되지 않는다는 이론이 지배적이다. 적극적 등록제도의 발달된 형태는 토렌스시스템이다.</td></tr>
<tr><td rowspan="3">토렌스시스템
(Torrens System)</td><td colspan="2">오스트레일리아 Robert Torrens 경이 창안한 토렌스시스템의 목적은 토지의 권원을 명확히 하고 토지거래에 따른 변동사항 정리를 용이하게 하여 권리증서의 발행을 편리하게 하는 것이다. 이 제도의 기본원리는 법률적으로 토지의 권리를 확인하는 대신에 토지의 권원을 등록하는 행위이다.</td></tr>
<tr><td>거울이론
(Mirror Principle)</td><td>토지권리증서의 등록은 토지의 거래사실을 완벽하게 반영하는 거울과 같다는 입장의 이론이다. 소유권에 관한 현재의 법적 상태는 오직 등기부에 의해서만 이론의 여지없이 완벽하게 보인다는 원리이며 주 정부에 의하여 적법성을 보장받는다.</td></tr>
<tr><td>커튼이론
(Curtain Principle)</td><td>토지등록 업무가 커튼 뒤에 놓인 공정성과 신빙성에 대하여 관여할 필요도 없고 관여해서도 안 되는 매입신청자를 위한 유일한 정보의 이론이다. 토렌스제</td></tr>
</table>

		도에 의해 한번 권리증명서가 발급되면 당해 토지의 과거 이해관계에 대하여 모두 무효화하고 현재의 소유권을 되돌아볼 필요가 없다는 것이다.
	보험이론 (Insurance Principle)	토지등록이 인간의 과실로 인하여 착오가 발생한 경우 피해를 입은 사람은 피해보상에 대하여 법률적으로 선의의 제3자와 동등한 입장이 되어야 한다는 이론으로 권원증명서에 등기된 모든 정보는 정부에 의하여 보장된다는 원리이다.

16. 토지대장의 편성주의

물적 편성주의 (物的 編成主義)	물적 편성주의(System Des Realfoliums)란 개개의 토지를 중심으로 등록부를 편성하는 것으로서 1토지에 1용지를 두는 경우이다. 등록객체인 토지를 필지로 구획하고 이를 등록단위로 하므로 토지의 이용, 관리, 개발 측면에서는 편리하나 권리주체인 소유자별 파악이 곤란하다.
인적 편성주의 (人的 編成主義)	인적 편성주의(System Des Personalfoliums)란 개개의 토지 소유자를 중심으로 등록부를 편성하는 것으로 토지대장이나 등기부를 소유자별로 작성하여 동일소유자에 속하는 모든 토지는 당해 소유자의 대장에 기록하는 방식이다.
연대적 편성주의 (年代的 編成主義)	연대적 편성주의(Chronologisches System)란 당사자 신청의 순서에 따라 순차로 등록부에 기록하는 것으로 프랑스의 등기부와 미국에서 일부 사용되는 리코딩 시스템(Recoding System)이 이에 속한다. 등기부의 편성방법으로서는 유효하나 공시의 작용을 하지 못하는 단점이 있다.
물적 · 인적 편성주의 (物的 · 人的 編成主義)	물적 · 인적 편성주의(System Der Real Personalfoliums)란 물적 편성주의를 기본으로 등록부를 편성하되 인적 편성주의의 요소를 가미한 것이다. 즉, 소유자별 토지등록부를 동시에 설치함으로써 효과적인 토지행정을 수행하는 방법이다.

17. 지적공부의 등록방법

분산등록제도 (Sporadic System)	지적공부 등록방법에 따른 분류로 토지의 매매가 이루어지거나 소유자가 등록을 요구하는 경우 필요시에 한하여 토지를 지적공부에 등록하는 제도를 말한다. • 국토면적이 넓으나 비교적 인구가 적고 도시지역에 집중하여 거주하고 있는 국가(미국, 호주)에서 채택 • 국토관리를 지형도에 의존하는 경향이 있으며 전국적인 지적도가 작성되어 있지 않기 때문에 지형도를 기본도(Base Map)로 활용한다. • 토지의 등록이 점진적으로 이루어지며 도시지역만 지적도를 작성하고 산간, 사막지역은 지적도를 작성하지 않는다. • 일시에 많은 예산이 소요되지 않는 장점이 있지만 지적공부 등록에 대한 예측이 불가능해진다.
일괄등록제도 (Systematic System)	지적공부 등록방법에 따른 분류로 일정 지역 내의 모든 필지를 일시에 체계적으로 조사 · 측량하여 한꺼번에 지적공부에 등록하는 제도를 말한다. • 비교적 국토면적이 좁고 인구가 많은 국가에서 채택하며 동시에 지적공부에 등록하여 관리한다. • 초기에 많은 예산이 소요되나 분산등록제도에 비해 소유권의 안전한 보호와 국토의 체계적 이용관리가 가능하다. • 지형도보다 상대적으로 정확도가 높은 지적도를 기본도(Base Map)로 사용하여 국토관리를 하고 있으며 우리나라와 대만에서 채택하고 있다.

18. 지번부여방법 암기 ㉳㉮㉰㉷㉯㉰㉲㉳㉱㉮㉵

진행방법	㉳행식	필지의 배열이 불규칙한 지역에서 진행순서에 따라 지번을 부여하는 방법으로 농촌지역의 지번부여에 적합하며 우리나라 토지의 대부분은 사행식에 의해 부여하며 지번부여가 일정하지 않고 상하좌우로 분산되어 부여되는 결점이 있다.
	㉮우식	도로를 중심으로 한쪽은 홀수인 기수, 다른 쪽은 짝수인 우수로 지번을 부여하는 방법으로 리·동·도·가 등의 시가지지역의 지번부여방법으로 적합하고 교호식이라고도 한다.
	㉰지식	단지마다 하나의 지번을 부여하고 단지 내 필지마다 부번을 부여하는 방법으로 단지식은 블록식이라고도 하며 도시개발사업 및 농지개량사업 시행지역 등의 지번부여에 적합하다.
	절충식	사행식, 기우식, 단지식 등을 적당히 취사선택(取捨選擇)하여 부번(附番)하는 방식이다.
부여단위	㉷역단위법	1개의 지번부여지역 전체를 대상으로 순차적으로 부여하고 지역이 작거나 지적도나 임야도의 장수가 많지 않은 지역의 지번부여에 적합하다. 토지의 구획이 잘 된 시가지 등에서 노선의 권장이 비교적 긴 지역에 적합하다.
	㉯엽단위법	1개의 지번부여지역을 지적도 또는 임야도의 도엽단위로 세분하여 도엽의 순서에 따라 순차적으로 지번을 부여하는 방법으로 지번부여지역이 넓거나 지적도 또는 임야도의 장수가 많은 지역에 적합하다.
	㉰지단위법	1개의 지번부여지역을 단지단위로 세분하여 단지의 순서에 따라 순차적으로 지번을 부여하는 방법으로 토지의 위치를 쉽고 편리하게 이용하는 데 가장 큰 목적이 있다. 특히 소규모 단지로 구성된 토지구획정리 및 농지개량사업 시행지역 등에 적합하다.
기번위치	북㉲기번법	북동쪽에서 기번하여 남서쪽으로 순차적으로 지번을 부여하는 방법으로 한자로 지번을 부여하는 지역에 적합하다.
	북㉳기번법	북서쪽에서 기번하여 남동쪽으로 순차적으로 지번을 부여하는 방법으로 아라비아숫자로 지번을 부여하는 지역에 적합하다.
일반적	㉱수식 지번제도 (Fraction System)	본번을 분자로 부번을 분모로 한 분수형태의 지번을 부여하는 제도로 본번을 변경하지 않고 부여하는 방법이다. 분할 후의 지번이 어느 지번에서 파생되었는지 그 유래 파악이 곤란하고 지번을 주소로 활용할 수 없다는 단점이 있다. 예를 들면 237번지가 3필지로 분할되면 237/1, 237/2, 237/3, 237/4로 표시된다. 그리고 최종 부번이 237의 5번지이고 237/2를 2필지로 분할할 경우 237/2번지는 소멸되고 237/6, 237/7로 표시된다.
	㉮번제도 (Filiation System)	237번지를 4필지로 분할할 때 분할지번은 237a, 237b, 237c, 237d로 표시한다. 다시 237c를 3필지로 분할할 경우는 237c1, 237c2, 237c3으로 표시한다. 인접지번 또는 지번의 자릿수와 함께 본번의 번호로 구성되어 지번의 발생근거를 쉽게 파악할 수 있으며 사정지번이 본번지로 편철 보존될 수 있다. 또한 지번의 이동내역의 연혁을 파악하기 용이하고 여러 차례 분할될 경우 지번배열이 혼잡할 수 있다. 벨기에 등에서 채택하고 있다.
	㉵유부번 (Free Numbering System)	237번지, 238번지, 239번지로 표시되고 인접지에 등록전환이나 신규등록이 발생되어 지번을 부여할 경우 최종 지번이 240번지이면 241번지로 표시된다. 분할하여 새로이 발생되는 241번지, 242번지로 표시된다. 새로운 경계를 부여하기까지의 모든 절차상의 번호가 영원히 소멸하고 토지등록구역에서 사용되지 않는 최종 지번 다음 번호로 바뀐다. 분할 후에는 종전지번을 사용하지 않고 지번부여구역 내 최종 지번의 다음 지번으로 부여하는 제도로 부번이 없기 때문에 지번을 표기하는 데 용이하며 분할의 유래를 파악하기 위해서는 별도의 보조장부나 전산화가 필요하다. 그러나 지번을 주소로 사용할 수 없는 단점이 있다.

19. 지목의 분류

토지 현황	지형지목	지표면의 형태, 토지의 고저, 수륙의 분포상태 등 땅이 생긴 모양에 따라 지목을 결정하는 것을 지형지목이라 한다. 지형은 주로 그 형성과정에 따라 하식지(河蝕地), 빙하기, 해안지, 분지, 습곡지, 화산지 등으로 구분한다.
	토성지목	토지의 성질(토성, 토질)인 지층이나 암석 또는 토양의 종류 등에 따라 결정한 지목을 토성지목이라고 한다. 토성은 암석지, 조사지(粗沙地), 점토(粘土地), 사토지(砂土地), 양토(壤土地), 식토지(植土地) 등으로 구분한다.
	용도지목	토지의 용도에 따라 결정하는 지목을 용도지목이라고 한다. 우리나라에서 채택하고 있으며 지형 및 토양 등과 관계없이 토지의 현실적 용도를 주로 하기 때문에 일상생활과 가장 밀접한 관계를 맺게 된다.
소재 지역	농촌형 지목	농어촌 소재에 형성된 지목을 농촌형지목이라고 한다. 임야, 전, 답, 과수원, 목장용지 등이 있다.
	도시형 지목	도시지역에 형성된 지목을 도시형 지목이라고 한다. 대, 공장용지, 수도용지, 학교용지도로, 공원, 체육용지 등이 있다.
산업별	1차 산업형 지목	농업 및 어업 위주의 용도로 이용되고 있는 지목을 말한다.
	2차 산업형 지목	토지의 용도가 제조업 중심으로 이용되고 있는 지목을 말한다.
	3차 산업형 지목	토지의 용도가 서비스 산업 위주로 이용되는 것으로 도시형 지목이 해당된다.
국가 발전	후진국형 지목	토지이용이 1차 산업의 핵심과 농 · 어업이 주로 이용되는 지목을 말한다.
	선진국형 지목	토지이용 형태가 3차 산업, 서비스업 형태의 토지이용에 관련된 지목을 말한다.
구성 내용	단식 지목	하나의 필지에 하나의 기준으로 분류한 지목을 단식지목이라 한다. 토지의 현황은 지형, 토성, 용도별로 분류할 수 있기 때문에 지목도 이들 기준으로 분류할 수 있다. 우리나라에서 채택하고 있다.
	복식 지목	일필지 토지에 둘 이상의 기준에 따라 분류하는 지목을 복식 지목이라 한다. 복식 지목은 토지의 이용이 다목적인 지역에 적합하며, 독일의 영구녹지대 중 녹지대라는 것은 용도지목이면서 다른 기준인 토성까지 더하여 표시하기 때문에 복식 지목의 유형에 속한다.

20. 지목부여의 원칙 암기 일주등용일사

일필일지목의 원칙	일필지의 토지에는 1개의 지목만을 설정해야 한다는 원칙
주지목 추정의 원칙	주된 토지의 사용목적 또는 용도에 따라 지목을 정해야 한다는 원칙
등록 선후의 원칙	지목이 서로 중복될 때는 먼저 등록된 토지의 사용목적 또는 용도에 따라 지목을 설정해야 한다는 원칙
용도 경중의 원칙	지목이 중복될 때는 중요한 토지의 사용목적 또는 용도에 따라 지목을 설정해야 한다는 원칙
일시변경 불변의 원칙	임시적이고 일시적인 용도의 변경이 있는 경우에는 등록전환을 하거나 지목변경을 할 수 없다는 원칙
사용목적 추종의 원칙	도시계획사업 등의 완료로 인하여 조성된 토지는 사용목적에 따라 지목을 설정해야 한다는 원칙

21. 경계의 분류

경계 특성	일반 경계	특정 토지에 대한 소유권이 오랜 기간 동안 존속하였기 때문에 담장 · 울타리 · 구거 · 제방 · 도로 등 자연적 또는 인위적 형태의 지형 · 지물을 필지별 경계로 인식하는 것이다.
	고정 경계	특정 토지에 대한 경계점의 지상에 석주 · 철주 · 말뚝 등의 경계표지를 설치하거나 이를 정확하게 측량하여 지적도상에 등록 · 관리하는 경계이다.
	보증 경계	지적측량사에 의하여 정밀 지적측량이 행해지고 지적관리청의 사정(査定)에 의하여 행정처리가 완료되어 측정된 토지경계를 의미한다.
물리적	자연적 경계	토지의 경계가 지상에서 계곡, 산등선, 하천, 호수, 해안, 구거 등 자연적 지형 · 지물에 의하여 경계로 인식될 수 있는 경계로서 지상경계이며 관습법상 인정되는 경계를 말한다.
	인공적 경계	담장, 울타리, 철조망, 운하, 철도선로, 경계석, 경계표지 등을 이용하여 인위적으로 설정된 경계로 지상경계이며 사람에 의해 설정된 경계를 말한다.
법률적	공간정보의 구축 및 관리 등에 관한 법상 경계	소관청이 자연적 또는 인위적인 사유로 항상 변하고 있는 지표상의 경계를 지적측량을 실시하여 소유권이 미치는 범위와 면적 등을 정하여 지적도 또는 임야도에 등록 공시한 구획선 또는 경계점좌표등록부에 등록된 좌표의 연결을 말한다.
	민법상 경계	실제 토지 위에 설치한 담장이나 전 · 답 등의 구획된 둑 또는 주요 지형 · 지형에 의하여 구획된 구거 등을 말하는 것으로 일반적으로 지표상의 경계를 말한다(민법 제237조 · 제239조).
	형법상 경계	소유권 · 지상권 · 임차권 등 토지에 관한 사법상의 권리의 범위를 표시하는 지상의 경계(권리의 장소적 한계를 나타내는 지표)뿐만 아니라 도 · 시 · 군 · 읍 · 면 · 동 · 리의 경계 등 공법상의 관계에 있는 토지의 지상경계도 포함된다(형법 제370조).
일반적	지상경계	도상경계를 지상에 복원한 경계를 말한다.
	도상경계	지적도나 임야도의 도면상에 표시된 경계이며 공부상 경계라고도 한다.
	법정경계	공간정보의 구축 및 관리 등에 관한 법상 도상경계와 법원이 인정하는 경계확정의 판결에 의한 경계를 말한다.
	사실경계	사실상 · 현실상의 경계이며 인접한 필지의 소유자 간에 존재하는 경계를 말한다.

22. 법률적 효력에 따른 경계의 분류

공간정보의 구축 및 관리 등에 관한 법상 경계	• 지적도나 임야도 위에 지적측량에 의하여 지번별로 확정하여 등록한 선 또는 경계점좌표등록부에 등록된 좌표의 연결 • 도상경계이며 합병을 제외하고는 반드시 지적측량에 의해 경계가 결정된다. • 지적공부에 등록된 경계를 의미하는 것으로 지적도 · 임야도 또는 경계점좌표등록부상에 등록된 경계점의 연결을 말한다.
민법상의 경계	• 토지에 대한 소유권이 미치는 범위를 경계로 본다. • 민법 제237조는 "인접토지소유자는 공동비용으로 경계표나 담을 설치"(제1항)하고, "비용은 쌍방이 절반하여 부담하고 측량비용은 면적에 비례하여 부담한다."고 규정하고 있다. • 실제 설치되어 있는 울타리, 담장, 둑, 구거, 등의 현지경계로서 지상경계를 인정한다.
형법상의 경계	소유권 등 권리의 장소적 한계를 드러내는 지표를 말하므로 비록 지적공부상의 경계선과 부합하지 않더라도 그것이 종전부터 일반적으로 승인되어 왔거나 이해관계인들의 명시적 · 묵시적 합의에 의하여 정해진 것이라면 일필지 상호 간의 계표에 해당하고 이 계표에 형법상 법률관계가 존재하므로 이를 인식불능의 상태로까지 훼손할 경우는 형법의 경계표 훼손죄가 성립한다(형법 제366조 및 제370조).

23. 현지경계의 결정방법

점유설(占有說)	현재 점유하고 있는 구획선이 하나일 경우에는 그를 양지(兩地)의 경계로 결정하는 방법이다. 토지소유권의 경계는 불명하지만 양지(兩地)의 소유자가 각자 점유하는 지역이 명확한 하나의 선으로서 구분되어 있을 때에는 이 하나의 선을 소유지의 경계로 하여야 할 것이다. 우리나라 민법에도 "점유자는 소유의 의사로 선의 · 평온 · 공연하게 점유한 것으로 추정한다."라고 명백히 규정하고 있다(민법 제197조).
평분설(平分說)	점유상태를 확정할 수 없을 경우에 분쟁지를 이등분하여 각각 양지(兩地)에 소속시키는 방법이다. 경계가 불분명하고 점유상태까지 확정할 수 없는 경우에는 분쟁지를 물리적으로 평분하여 쌍방토지에 소속시켜야 할 것이다. 이는 분쟁당사자를 대등한 입장에서 자기의 점유경계선을 상대방과는 다르게 주장하기 때문에 이에 대한 해결은 마땅히 평등 배분하는 것이 합리적이기 때문이다.
보완설(補完說)	새로이 결정한 경계가 다른 확정한 자료에 비추어 볼 때 형평 · 타당하지 못할 때에는 상당한 보완을 하여 경계를 경정하는 방법이다. 현 점유설에 의하거나 평분하여 경계를 결정하고자 할 때 그 새로이 결정되는 경계가 이미 조사된 신빙성 있는 다른 자료와 일치하지 않을 경우에는 이 자료를 감안하여 공평하고도 적당한 방법에 따라 그 경계를 보완하여야 할 것이다.

24. 경계결정의 원칙

경계국정주의 원칙	지적공부에 등록하는 경계는 국가가 조사 · 측량하여 결정한다는 원칙
경계불가분의 원칙	경계는 유일무이한 것으로 이를 분리할 수 없다는 원칙
등록선후의 원칙	동일한 경계가 축척이 서로 다른 도면에 각각 등록되어 있는 경우로서 경계가 상호 일치하지 않는 경우에는 경계에 잘못이 있는 경우를 제외하고 등록시기가 빠른 토지의 경계를 따른다는 원칙
축척종대의 원칙	동일한 경계가 축척이 서로 다른 도면에 각각 등록되어 있는 경우로서 경계가 상호 일치하지 않는 경우에는 경계에 잘못이 있는 경우를 제외하고 축척이 큰 것에 등록된 경계를 따른다는 원칙
경계직선주의	지적공부에 등록하는 경계는 직선으로 한다는 원칙

25. 지적불부합지유형 암기 ㊥㊐㊊㊖㊒기㊧

㊥복형	• 원점지역의 접촉지역에서 많이 발생한다. • 기존 등록된 경계선의 충분한 확인 없이 측량했을 때 발생한다. • 발견이 쉽지 않다. • 도상경계에는 이상이 없으나 현장에서 지상경계가 중복되는 형상이다.
㊐백형	• 도상경계는 인접해 있으나 현장에서는 공간의 형상이 생기는 유형이다. • 도선의 배열이 상이한 경우에 많이 발생한다. • 리, 동 등 행정구역의 경계가 인접하는 지역에서 많이 발생한다. • 측량상의 오류로 인해서도 발생한다.
㊊위형	• 현형법을 이용하여 이동측량을 했을 때 많이 발생한다. • 국지적인 현형을 이용하여 결정하는 과정에서 측판점의 위치 오류로 인해 발생한 것이 많다. • 정정을 위한 행정처리가 복잡하다.
㊖규칙형	• 불부합의 형태가 일정하지 않고 산발적으로 발생한 형태이다. • 경계의 위치 파악과 원인 분석이 어려운 경우가 많다. • 토지조사 사업 당시 발생한 오차가 누적된 것이 많다.

위치오류형	• 등록된 토지의 형상과 면적은 현지와 일치하나 지상의 위치가 전혀 다른 위치에 있는 유형을 말한다. • 산림 속의 경작지에서 많이 발생한다. • 위치정정만 하면 되고 정정과정이 쉽다.
경계 이외의 불부합	• 지적공부의 표시사항 오류이다. • 대장과 등기부 간의 오류이다. • 지적공부의 정리 시에 발생하는 오류이다. • 불부합의 원인 중 가장 미미한 부분을 차지한다.

26. 지적공부의 효력

국가의 통치권이 미치는 모든 영토는 지적공부에 등록되어야 하며 지적공부에 등록할 경우 창설적 효력, 대항적 효력, 형성적 효력, 공증적 효력, 공시적 효력, 보고적 효력 등이 발생한다.

창설적 효력	신규 등록이란 새로이 조성된 토지 및 등록이 누락되어 있는 토지를 지적공부에 등록하는 것으로 이 경우 발생되는 효력을 창설적 효력이라 한다.
대항적 효력	토지의 표시란 토지의 소재, 지번, 지목, 면적, 경계, 좌표를 말한다. 즉, 지적공부에 등록된 토지의 표시사항은 제3자에게 대항할 수 있다.
형성적 효력	분할이란 지적공부에 등록된 1필지를 2필지 이상으로 나누어 등록하는 것을 말하며, 합병이란 지적공부에 등록된 2필지 이상을 1필지로 합하여 등록하는 것을 말한다. 이러한 분할, 합병 등에 의하여 새로운 권리가 형성된다.
공증적 효력	지적공부에 등록되는 사항, 즉 토지의 표시에 관한 사항, 소유자에 관한 사항, 기타 등을 공증하는 효력을 가진다.
공시적 효력	토지의 표시를 법적으로 공개, 표시하는 효력을 공시적 효력이라 한다.
보고적 효력	지적공부에 등록하기 전에 지적공부의 신뢰성을 확보하기 위하여 지적공부정리결의서를 작성하여 보고하여야 하는 효력을 보고적 효력이라 한다.

27. 필지의 특성

물리적 특성	비가시성 (Invisibility)	필지의 물리적 특성 중 하나는 현장에서 직접 육안을 통해 그것의 정확한 위치, 크기, 모양을 확인하기 어렵다는 비가시성을 지닌다는 것이다.
	이질성 (Heterogeneity)	이질성은 특정필지와 매우 유사한 형태로서 그와 비교될 만한 그 어떤 필지가 존재할 수 있겠으나, 그와 완전한 동일한 성질을 가지는 필지는 존재할 수 있음을 뜻하며, 이는 개별성이라고도 한다.
	우연성 (Contingency)	인위적인 구획을 통하여 개별화된 필지는 일필지마다 그것이 가지고 있는 고유한 성질이나 특유한 속성, 즉 고유성을 지닌다는 측면에서 개별성 및 이질성을 인정할 수 있겠으나, 경우에 따라서는 필지 자체가 지니는 본질적 또는 필연적인 원인 없이 우연히 갖추어진 특성, 즉 우연성을 띠게 되는 경향도 있다.
	유한성 (Finiteness)	유한성은 필지의 수는 무한히 증가되는 것이 아닌 언젠가는 한정될 수 밖에 없음을 의미한다.
	공간적 제약성 (Spatial Constraints)	공간적 제약성은 "일필지로 등록되기 위해서 반드시 특정 공간이 존재할 것"을 요한다는 측면과 경우에 따라서는 "순수한 지표가 아닌 대기권(공중) 또는 수권(대양) 등의 특정 공간에 대해서는 이를 필지화할 수 없다"는 한계성을 포함하고 있다.

인위적 특성	등록의 불가피성 (Inevitavility of Registration)	"필지는 토지의 등록단위이다"라는 의미는 결국 등록되지 아니하고는 필지로서 구체화될 수 없다는 것과 같다. 즉 등록 없이는 개개의 필지를 헤아릴 수 없음은 물론 당해 필지에 대한 모든 속성을 담아내는 것조차 불가능하다는 것이다.
	폐색성(Occlusion) 및 비정형성(Atypicality)	인위적으로 구획되는 필지의 모양은 반드시 모든 경계점 또는 굴곡점이 선으로 연결되어 다각형의 형태를 취할 수 있어야 함을 말한다. 특히 도해적으로 표현되는 지적에 있어서의 필지는 대부분 비정형 필지로 나타나는 것이 대부분이다.
	가변성 (Variability)	토지는 주거환경에 대한 사회적 위치나 경제적 효용이 변화하거나 토지정책 등의 시행으로 행정적 위치가 변화하지만, 필지 자체는 그러한 영향에 의해 변화하는 것 외에도 자체적인 변경이 가능하다는 것이다.
	이용상의 법적 강제성 (Legal Binding)	필지를 획정하고 이를 이용할 때는 반드시 법에서 규율하고 있는 범위 내에서 그 기준에 입각해야 함을 의미한다.

28. 해양지적의 구성

<table>
<tr><td rowspan="4">해양관리 주체(People)</td><td colspan="2">해양활동에서 파생되는 제반사항을 조사 · 등록 · 관리하는 주체로서 해양정책을 입안하고 결정하는 의사결정기관인 정책결정구조, 결정된 정책을 실제 업무에 적용하는 집행구조, 정책집행을 직 · 간접적으로 지원하는 지원구조를 포함한다.</td></tr>
<tr><td>해양정책결정구조</td><td>해양관리의 효율성을 달성하기 위하여 해양정책에 관련된 제반 의사결정을 수행하는 과정에 참여하는 공식적 사람을 의미한다.</td></tr>
<tr><td>해양정책집행구조</td><td>해양정책으로 결정된 사안에 대하여 직접 실무에 적용하는 조직 구조</td></tr>
<tr><td>해양정책지원구조</td><td>해양정책집행에 간접적이고 전문적인 분야를 수행하기 위하여 조직된 공식적인 사람</td></tr>
<tr><td rowspan="4">해양관리 객체(Marine)</td><td colspan="2">해양지적의 범위설정 차원인 이용 · 권리 · 공간에 따라 검토될 수 있다.</td></tr>
<tr><td>이용차원</td><td>육지나 마찬가지로 해양의 용도에 따라 등록객체를 결정하는 것으로 해양의 활용가치에 초점을 둔다.</td></tr>
<tr><td>권리차원</td><td>육지의 물건에 부여되는 배타성을 해양공간에 인정하여 사법적 권리를 등록객체로 결정한다.</td></tr>
<tr><td>공간차원</td><td>국가 또는 지방정부의 해양에 대한 관할권 및 실제의 통제에 초점을 두고 육지와 공간적 거리에 따라 등록객체를 결정한다.</td></tr>
<tr><td rowspan="4">해양관리 형식(Records)</td><td colspan="2">해양등록객체를 담는 그릇으로, 해양등록부 유형은 한 국가의 환경 및 제도에 따라 대장 및 등기부, 권원등록부로 구분할 수 있고 공통적으로 해양필지도 해당된다.</td></tr>
<tr><td>해양등록대장</td><td>해양에 관련된 물리적인 현황을 중심으로 등록 · 관리</td></tr>
<tr><td>권리원부</td><td>해양의 각종 권리를 등록</td></tr>
<tr><td>권원등록부</td><td>해양의 권리 원인을 등록</td></tr>
<tr><td rowspan="3">해양관리 지원</td><td colspan="2">해양지적의 삼각구도가 제대로 운영될 수 있도록 지원하는 연계체계로 해양지적입법체계, 해양지적업무설계, 해양지적측량, 해양인적자원관리, 해양지적의 교육 및 훈련 등을 포함한다.</td></tr>
<tr><td>해양지적의 입법체계</td><td>해양관리에 관련된 법제로 국토관리, 경계관리, 수역관리, 자원관리, 환경관리 등의 법제</td></tr>
<tr><td>해양지적의 업무설계</td><td>지적제도, 해양조사, 해양등록, 해양관리, 해양측량, 해양정보 등에 관련된 세부적인 업무를 의미한다.</td></tr>
</table>

29. 토지행정도메인모델(LADM : Land Administration Domain Model)

<table>
<tr><td>개요</td><td>모든 국가들의 지적시스템은 권리의 갱신(법적인 처리 절차)과 등기로서 정보를 제공하는 것을 기반으로 하여 개인과 토지 사이의 관계라는 것으로 유지되고 있고, 토지관리를 지원하는 지적의 사용에 대한 중요성은 지속적으로 증가하고 있다. 국가적 차원에서 지적시스템을 기반으로 토지권리를 체계적으로 결정할 필요가 있다.</td></tr>
<tr><td>설립</td><td>국제표준기구(ISO)의 토지행정활동에 적합한 토지행정도메인모델을 네덜란드 델프트공대와 ITC의 공동제안을 통해 2006년 ISO/TC 211에 예비착수를 시작했다. 그리고 2008년부터 정식 안건으로 상정한 후, 2012년 11월 최종적으로 ISO 19152라는 제목으로 최종국제표준으로 공포되었다.</td></tr>
<tr><td>참여</td><td>우리나라도 이 국제표준의 중요성을 인지하여 2015년에 KS－X－ISO 19152로서 국가표준이 되었다.</td></tr>
<tr><td>목적</td><td>첫 번째 목적은 반복적으로 같은 기능을 재투자하거나 재구축하는 것을 회피할 수 있도록 MDA(Model Driven Architecture) 기반의 효율적이고 효과적인 지적시스템의 개발을 위한 확장 가능한 기초를 제공하는 데 있다. 두 번째 목적은 지역 또는 국가들이 공유할 수 있도록 국제적인 문맥에서 표준화된 정보서비스를 창조하는 것이다.</td></tr>
<tr><td>특징</td><td>① LADM은 FIG의 지적2014의 개념적 틀을 기반으로 하며, ISO 표준을 따르고 있다.
② LADM은 개념적 스키마를 제공하고 있으며 3개의 패키지와 1개의 종속패키지로 구성하고 있는데, 종속패키지는 클래스들(각각 이름 공간을 갖는다)의 집합이라고 할 수 있다. 이것은 서로 다른 조직에 의해 다른 데이터 셋을 유지 · 관리할 수 있도록 제공하고 있다.
③ LADM은 완벽한 모델이 될 수 있도록 분산된 토지정보시스템에서 정보를 서비스하며, 각각에 대해서 유지 · 관리에 대한 활동을 지원하고, 토지행정에 관련하여 필요한 모델의 각 요소를 제공해 주고 있다.
④ LADM은 국가, 지방 또는 지역 수준에서 작동하고 있는 하나 또는 여러 개의 유지 조직에 의해서 실행될 수 있는데, 이것은 모델의 관련성을 강조할 수 있도록 하고 기타 관련 조직들은 그들이 보유하고 있는 데이터의 유지와 제공을 위해 자신들에게 적합한 책임을 부여받을 수 있게 된다.</td></tr>
<tr><td>4가지 클래스</td><td>패키지의 주요 구성요소
<table>
<tr><td>클래스 LA_PARTY (당사자)</td><td>이 클래스의 인스턴스는 당사자(Party)들(사람들 또는 조직들) 또는 그룹 당사자(Group Party)들(사람들 또는 조직들의 그룹들)</td></tr>
<tr><td>클래스 LA_RRR</td><td>LA_RRR의 종속 클래스의 인스턴스는 LA_Right(권리), LA_Restriction(제한), LA_Responsibility(책임)들이다.</td></tr>
<tr><td>클래스 LA_BAUnit (기본 행정단위)</td><td>이 클래스의 인스턴스는 동등한 권리, 제한, 책임을 가진 공간단위에 관련한 행정적 정보를 포함한다.</td></tr>
<tr><td>클래스 LA_SpatialUnit (공간단위)</td><td>이 클래스의 인스턴스는 공간단위(LA_SpatialUnit), 필지, 종속필지, 건물 또는 네트워크이다.</td></tr>
</table></td></tr>
</table>

30. 사회보장도메인모델(STDM : Social Tenure Domain Model)

<table>
<tr><td>개요</td><td>사회보장도메인모델은 빈곤국가의 토지행정을 지원하기 위해서 개발되었다. 처음 시작할 시점에는 오픈소스 소프트웨어 개발원칙을 기반으로 시작하였다.</td></tr>
<tr><td>설립</td><td>이 모델은 세계측량사연맹(FIG)과 네덜란드 델프트공대. ITC의 협력으로 유엔인간정주계획(UN－HABITAT) 사업을 위해서 국제공간표준인 토지행정도메인모델(LADM)을 기반으로 작성되었다.</td></tr>
<tr><td>제공</td><td>① STDM은 정형적 및 비정형적이고 관습적 토지시스템과 행정, 공간요소를 통합하는 토지정보관리 프레임워크를 제공함으로써 토지행정의 범위를 확장할 수 있도록 제공하고 있다.
② STDM에 의해 제공되는 선택적 사항은 사회보장관계를 통해 토지의 한 부분으로 좌표화하여 지문과 같이 사람들에게 유일한 식별자를 부여하는 것이다.</td></tr>
</table>

	③ STDM은 토지권리기록의 효율적이면서 효과적인 시스템을 위한 확장성 있는 기초 인프라를 제공하고 있다. ④ 서로 다른 토지행정시스템들 사이에서 더 나은 이해를 돕고 있으며, 각기 다른 토지행정시스템들에서 나타나는 유사성과 차별성을 이해하기 위해서 사회보장의 많은 측면을 설명하는 정형화된 언어를 제공하고 있다. ⑤ STDM은 비정형 정착과 관습지역과 같은 소외된 지역에 게 필요한 토지행정을 제공하고자 사람과 토지 간의 관계를 기술하고 있다. ⑥ 프로토타입은 네덜란드 ITC에서 개발하였고, 유럽 표준기구와 UN-HABITAT, 세계측량사연맹과 국제협력으로 추진하고 있다. 세계은행은 이디오피아 프로젝트를 관리하고 있는데, 농촌 토지행정이라는 관점에서 테스트하는 기회를 제공하였다.
특징	① STDM은 형식적 수준에 관계없이 토지권리의 모든 형식, 권리가 부여된 주거정착의 모든 유형, 모든 종류의 토지와 부동산 객체 및 공간단위를 기록하는 것을 촉진하는 도구로서 이용 가능하다. ② STDM에서는 빈곤국가에서 토지에 존재하는 각종 권리사항들을 초기에 시작할 수 있도록 토지필지가 권리를 통해 소유자 이름 또는 주소와 연계할 수 있도록 구성되어 있다. ③ STDM은 국제측량사연맹(FIG)에 의해 추진되는 토지행정도메인모델을 보다 사회적 수준에서 특성화한 것이라고 볼 수 있다. ④ STDM은 극빈곤층 토지행정을 지원하기 위한 UN-HABITAT의 시발점이며, 도시 또는 농촌지역에서 매우 작은 지적범위를 갖는 개발국가를 위한 특별한 의미를 갖는다. ⑤ STEM의 초점은 사람과 토지 사이의 관계를 다루고 있는데, 정형화의 수준으로부터 독립적이거나 그러한 관계의 법률요건을 다룬다. ⑥ STDM은 비정형 정착과 관습지역과 같은 소외된 지역에 필요한 토지행정을 제공하고자 사람과 토지 간의 관계를 기술하고 있다. ⑦ 토지 및 소유권 권리가 등록되거나 등록되지 않는 것을 중심적으로 살펴보지만 '누가', '어디에', '무슨' 권리가 있는지에 대해서 사정(Adjudication)하는 토지분쟁을 중점적으로 지원한다. ⑧ 이것은 소유형태, 관습 권리, 사용권과 같은 비정형 권리를 의미하며, 정형화된 사람들도 토지행정시스템에서 관리되도록 지원하고 인식하도록 한다.

31. 미국 FGDC(Federal Geographic Data Committee) 필지모델

설립	미국 연방지리정보위원회(FGDC : Federal Geographic Data Committee)는 국가차원에서의 지리공간 정보의 협력적인 개발, 사용, 공유 및 보급을 촉진시키기 위한 관계부처 간 위원회로서, 미국 행정관리예산국(OMB)에 의해 설립되었다.	
참여기관	주(State)와 지방정부, 산업계 및 전문기관 등의 이익을 대변하기 위해 많은 이해관계 기관들이 참여하고 있다.	
표준의 목표	정부와 민간분야의 모든 레벨에서 데이터 공유를 용이하게 하고 지적 데이터에 대한 투자를 보호하고 강화시킬 수 있는 지적 데이터를 위한 정의와 구조를 위한 표준을 만드는 것에 있다.	
지적 데이터 모델	미국 FGDC의 지적 데이터 모델은 크게 네 부분으로 대별된다. 즉, 법적 영역, 경계와 경계교점, 행위자와 지정학적 장소 그리고 필지이다. 이 모델은 각 개체(Entity)와 이들 사이의 연계성(Associations), 그리고 카디널러티(Cardinality)를 표현하고 있으며, 각 개체의 정의와 그에 대한 속성을 각 부분에 따라 자세히 소개하고 있다.	
	법적 영역 부분	공공토지측량시스템(PLSS)상의 타운십 정보, 분할 정보, 필지에 대한 정보, 법적 영역의 경계 및 모서리 부분의 관계에 대해 기술한다.
	경계 및 경계점 부분	경계의 기록과 경계점에 대한 클래스 및 속성을 기술한 부분으로 경계기록 클래스에서는 경계의 법적 상태, 이에 대한 코멘트, 방향 및 거리의 종류와 단위, 신뢰성 등의 속성을 가지고 있으며, 직선과 원형곡선에 대한 속성을 기술한다. 또한 경계점의 경우 꼭짓점에 대한 경계표지 상황과 종류, 설치일자, 좌푯값(X, Y, Z) 등의 속성을 포함한다.

<table>
<tr><td rowspan="2"></td><td>필지부분</td><td>지적데이터 내용표준의 필지부분은 필지를 기반으로 이와 관계된 ‘필지권리, 제한, 필지거래’에 대한 속성을 내포하고 있으며, 이러한 필지에 연관된 필지거래 및 권리는 거래문서를 통해 그 내용을 기록한다.</td></tr>
<tr><td>행위자와
지정학적 장소</td><td></td></tr>
</table>

32. 유럽 INSPIRE 필지모델

<table>
<tr><td>개요</td><td colspan="3">실제 데이터 교환을 위해 INSPIRE 실행규칙은 화합된(Harmonized) 데이터의 상세서와 네트워크 서비스를 보다 자세하게 정의하고 있다. 이것은 INSPIRE의 사용에 대한 데이터 접속 정책과 모니터링 및 보고를 실행한다. 지적필지는 다른 공간정보를 조회하고 연계하는 것처럼 환경 응용을 위한 일반 정보 위치자의 목적으로 제공될 수 있다.</td></tr>
<tr><td>작성</td><td colspan="3">INSPIRE 훈령은 현재 표준을 훈령 제7조에 기술하고 있는데, 국제표준으로 채택된 ISO 19152는 지적필지를 위한 데이터 상세서를 확장할 필요성이 있을 때 작성할 수 있다.</td></tr>
<tr><td>발표</td><td colspan="3">INSPIRE 지적필지(Cadastral Parcel)와 함께 LADM이 서로 연계됨에 따라 두 가지 모두를 같은 시기에 개발하는 것으로 발표되었다. INSPIRE 워킹그룹 CP(TWG CP)와 LADM 프로젝트팀 사이에 협력작업을 진행하였다. 이것은 LADM과 INSPIRE 사이의 유기적인 관계를 확실하게 하고, 개념의 일치에 따른 긍정적인 결과이다.</td></tr>
<tr><td>차이점</td><td colspan="3">두 가지 모델은 범위와 목표, 응용 분야에 차이점이 있다.
① INSPIRE가 환경 사용자에 초점을 맞추고 있는 반면, LADM은 다양한 목적의 특성(법적 안전, 과세, 평가, 계획 등의 지원)을 가지고 여러 응용 분야의 데이터 생산자와 사용자 모두를 지원하고 있다.
② LADM은 3D 지적객체(건물단위 또는 시설물 네트워크와 같은)의 소유자와 권리를 위한 화합된 솔루션을 갖고 있지만, INSPIRE는 이러한 것들을 제외하고 있다.
③ 그러나 양측의 유기적인 협력은 INSPIRE와 LADM 모두 유럽국가에서 사용이 가능하다.
④ 부가적으로 일치가 필요한 사항들이 요구된다면 LADM을 이용하여 INSPIRE의 상세 사양을 확장할 수 있다.</td></tr>
<tr><td>INSPIRE 항목의
4가지 클래스</td><td colspan="3">① Cadastral Parcel을 위한 기초로서 LA_SpatialUnit(with LA_Parcel as alias)
② Basic Property Unit을 위한 기초로서 LA_BAUnit
③ Cadastral Boundary를 위한 기초로서 LA_BoundaryFaceString
④ Cadastral Zoning을 위한 기초로서 LA_SpatialUnitGrop</td></tr>
<tr><td rowspan="7">INSPIRE
지적필지의
클래스별 내용</td><td rowspan="3">Basic Property Unit
(기본물권단위)</td><td colspan="2">면적값, 인스파이어 유일식별자, 이름, 국가지적참조, 품질, 소스, 기본 물권단위 생성일, 기본 물권단위 중지일</td></tr>
<tr><td>LA_BAUnit</td><td>이름, 유형, 객체 ID</td></tr>
<tr><td>Version Object</td><td>시작생애기 버전, 종료생애기 버전, 품질, 소스</td></tr>
<tr><td rowspan="3">Cadastral Parcel
(지적필지)</td><td colspan="2">LA_면적값, 면적, LA_차원 유형, 외부주소 ID, 기하, 인스파이어 ID, 레이블, 국가지적 참조, 품질, 소스, 지표관계, 지적필지 생성일, 지적필지 중지일, 체적</td></tr>
<tr><td>LA_SpatialUnit</td><td>면적, 차원, 외부주소 ID, 레이블, 참조점, 고유식별자, 지표관계, 체적</td></tr>
<tr><td>Version Object</td><td>시작생애기 버전, 종료생애기 버전, 품질, 소스</td></tr>
<tr><td>Cadastral
Boundary
(지적경계)</td><td colspan="2">경계식별자, 예측된 정확도, 기하, 인스파이어 ID, 문자에 의한 위치, 품질, 소스, 지적경계 생성일, 지적경계 중지일</td></tr>
</table>

		LA_BoundaryFaseString	경계식별자, 기하, 문자에 의한 위치
		Version Object	생애주기 시작버전, 생애주기 종료버전, 품질, 소스
	Cadastral Zoning (지적구역)		예측된 정확성, 기하, 인스파이어 ID, 레이블, 수준, 수준이름, 지리적 이름, 국가지적구역 참조, 원시지적축척분모, 품질, 소스, 지적구역 생성일, 지적구역 종료일
		LA_SpatialUnitGroup	계층적 수준, 레이블, 이름, 참조점, 식별자
		Version Object	생애주기 시작버전, 생애주기 종료버전, 품질, 소스
	Cadastral Zoning Lavel Value (지적구역 수준 값)		1st Order(1순위) 2nd Order(2순위) 3nd Order(3순위)

33. 3차원 지적제도

개요	토지는 물리적(건조물 및 자원) 측면과 인지적(이론 및 개념) 측면에서 모두 이해될 수 있다. 요즈음 많은 국가들에서 공중에 입체적 공간으로 구성된 토지 상품을 제공하면서 복잡한 공중 공간에 부여된 일단의 권리, 제한 책임 등에 대한 사항들을 등록 · 관리를 요구하고 있다.
정의	3차원 지적의 정의를 살펴보면 국내외 학자들이 다양한 주장을 하고 있지만, 대체적으로 "토지의 이용이 입체화됨에 따라 지하 · 지표 · 지상의 권리적 현황, 기타 물리적 현황 등을 등록하여 그 변경사항을 영속적으로 관리하고 해당 토지의 소유권 보호 및 관련 정보를 기록, 보관, 제공, 운영하는 것"이라 할 수 있다.
규정	① 우리나라의 경우 민법 제289조의2제1항에서 "지하 또는 지상의 공간은 상하의 범위를 정하여 건물 기타 공작물을 소유하기 위한 지상권의 목적으로 할 수 있다"라고 규정하고 있다. ② 이것을 구분지상권으로 통용하여 사용하고 있으며 건물 및 그 밖의 공작물을 소유하기 위하여 다른 사람이 소유한 토지의 지상 · 지하공간에 대하여 특정 범위를 정해 그 공간을 사용할 수 있는 권리를 의미한다. ③ 또한 지하도로 건설, 광역철도망 구축 등과 같이 지하공간에 대한 개발이 대두되고 있는데 지하철 역사, 지하상가, 지하도보, 지하철도, 지하광장 등 다양한 분야에서 지하공간이 활용되고 있다. ④ 공공의 목적으로 지표면을 경계로 하여 그 하부에 조성된 공간자원인 지하공간은 특정한 권리로 보호를 받아야 하므로 3차원 지적에서 등록 · 관리해야 할 주요 등록 객체들이다.
특징	① 현대 도시들의 일반적인 특징은 고층건물들이라고 할 수 있다. 3차원 공간인 '높이'를 지적도상에 디지털로 표현하기 위한 기술적 솔루션에 대한 탐구는 토지를 바라보고, 생각하며, 사용하는 새로운 방식들을 반영할 수 있는 현대적인 지적시스템을 구축하기 위해 해결해야 할 과제 중의 하나라고 할 수 있다. ② 한 국가의 지적이 3차원 공간을 다루는 편리성을 갖춘다는 것은 고밀도의 토지이용과 관련된 개발 기회들을 제공하는 데에 사용될 수 있기 때문이다. ③ 따라서 3차원 지적제도의 도입은 토지 소유권에 대한 보장을 제공할 수 있을 때에만 그 효용성이 높아질 수 있다. ④ 3차원 지적은 2차원 필지 및 3차원 공간에 미치는 물권과 제한사항을 등록 · 관리하는 제도를 말하며, 높이 또는 표고를 도입하여 공간을 표현해야 한다. ⑤ 토지를 집약적으로 이용하는 도심지역에서는 하나의 구조물 위에 다른 구조물을 교차시켜 건설하려는 수요가 늘고 있음에 따라 전통적으로 2차원 필지에 근거를 두고 있는 현행 부동산 등록분야에서 이 현상을 어떤 방법으로 등록하는가 하는 것이 당면 과제이다. ⑥ 공간을 시간적 · 공간적으로 중복 사용함에 말미암아 복잡한 3차원 현상이 발생하는 경우로는 복수의 소유권과 지상권이 하나의 필지에 3차원으로 관계할 때와 하나의 건물에 대한 소유권이 몇 가구의 아파트로 나눠지는 경우, 철도용지의 소유자가 선로로부터 일정 거리 윗부분에 건축할 수 있는 권리를 타인에게 부여하는 경우, 터널 및 파이프라인, 전력전신 선로, 지하광산의 경우 등을 말한다.

<table>
<tr><td rowspan="4">종류</td><td colspan="2">3차원 지적의 용어는 종종 필지 상하에 존재하는 모든 공간권리들을 체적(Volume)을 갖는 단위로 구분해서 완벽하게 표현할 수 있다. 그러나 아직까지는 기술적으로 입체적인 관리들을 표현하는 데 한계가 있어 국가들마다 다른 수준의 3차원 지적을 받아들이고 실무에 적용하고 있다고 할 수 있다.</td></tr>
<tr><td>하이브리드 지적</td><td>① 하이브리드 지적이란 2차원 지적등록 범위 안에서 3D 객체를 등록하기 위해 3차원의 사실관계를 등록하는 것을 의미한다.
② 필지와 3D 객체 사이의 분명한 관계가 유지된다는 점에서 2차원 필지와 3차원 실제 객체를 모두 관리할 수 있다는 것이 장점이다.
③ 내포된 관계성은 객체의 공간 정의를 통해 나타내며, 공간 기능을 통해서 찾을 수도 있다.
④ 법적 및 사실적 등록이 서로 혼합된(하이브리드 솔루션) 것이다. 더 정확한 법적 상황은 공식적 문서를 보유하고 있어야 하며, 이러한 문서는 정밀한 3차원 정보를 다루어야 한다.</td></tr>
<tr><td>완전한 3차원 지적</td><td>① 완전한 3차원 지적이라는 의미는 3D 공간에서 (부동산)권리의 개념을 소개한다는 것이다.
② 법적 기반으로서 부동산 거래를 지원하는 지적등록은 3D 권리의 설립과 양도를 모두 지원해주어야 한다.
③ 실무적으로 보면 기존 2차원 필지를 유지하는 것이 최상이다. 하지만 복잡한 3차원 공간상에 존재하는 다양한 권리들을 관리하기 위해서는 완전한 3D 필지로서 관리하는 것은 필요한 상황이다.
④ 3차원 공간상에 모든 개량물들(예를 들면, 지하시설물, 터널, 상하수도, 가스관 등)을 등록하기보다는 제한, 책임, 권리와 같이 부동산으로서 등록 · 관리할 수 있는 가치 있는 것들로 3D 물권들을 한정해서 지적공부에 등록하는 것이 타당할 것이다.
⑤ 완전한 3차원 지적을 구현하는 기술들은 현재까지 부족한 상황이며 국제적으로 많은 기술개발이 추진되고 있는 상황이다.</td></tr>
<tr><td>3D 태그를 갖는
2차원 지적</td><td>① 3D 태그를 갖는 2차원 지적이라는 것은 (디지털)3D 현상을 표현하는 것을 참조하여 2차원 지적으로 관리한다는 의미이다.
② 복잡한 3D 현상은 최신 솔루션에서 관리 · 등록하고 2차원 필지를 위한 시스템에서 3D 등록시스템으로 연결시키는 것이다.
③ 이러한 방법에는 여러 가지가 있을 수 있는데, 가장 간단한 방법이 현재의 지적시스템에 3D 태그만 제공한다.
④ 따라서 사용자는 2차원 지적에서 3차원 등록 상황이 필요한 경우 3D(디지털)설명으로 참조시킬 수 있다.
⑤ 이러한 설명은 아날로그 또는 디지털 형태로 이용 가능하다.
⑥ 후자의 방법은 데이터베이스에 자료들이 포함될 수 있으며 관련된 스캔자료, SHP, DXF와 같은 형태로 이용이 가능하다.
⑦ 3D 객체의 디지털 등고자료를 통해 지적도에 등록할 수도 있다.</td></tr>
<tr><td>핵심과제</td><td colspan="2">① 3차원 지적을 위한 법적 프레임워크
② 3차원 필지의 신규 등록
③ 3차원 데이터 관리
④ 3차원 필지의 구현, 제공, 서비스</td></tr>
</table>

34. 미래 지적제도 방향

구분		내용
목표		미래의 지적제도에서는 관련된 현대적인 도구를 사회의 구성원들이 토지를 제대로 이해하고, 그 사회의 토지 및 관련된 활동들에 대하여 중요성과 의미를 부여하도록 만들 수 있는 체계로서 관리하는 기능이 강조될 것이다. 왜냐하면 토지에 대한 인식은 토지이용, 제도, 행정 및 인간 간의 관계에 영향을 미치는 부분이 크기에 토지에 대한 인식의 중요성을 인지해야만 미래의 지적제도는 성공할 수 있을 것이다.
추진방향	디지털 지적 구축을 통한 지적 선진화	지속 가능한 국가발전 동력에 부흥하는 정확한 지적체계 마련 및 수요자 중심의 고품질 부동산 정보관리체계 구축, 해양등록 및 환경자산평가를 위한 토지정보체계 구축
	건전한 지적산업 육성 및 활성화	공간정보 상호운용을 위한 지적정보 표준체계 마련, 공간정보 활용 극대화를 위한 지적정보 유통체계 마련
	국민이 신뢰하는 지적체계 마련	국토의 효율적 거버넌스 지원체계 마련과 국민의 재산권 보호 및 행정 효율화를 위한 기반 구축
	미래를 준비하는 지적선진화 기반 구축	국제 지적을 선도하는 역량 강화, 차세대 인재 양성 및 교육환경 개선

06 지번

1. 토지이동에 따른 지번의 부여방법

토지이동종류	구분	지번의 부여방법
부여방법		• 지번(地番)은 아라비아숫자로 표기하되, 임야대장 및 임야도에 등록하는 토지의 지번은 숫자 앞에 "산" 자를 붙인다. • 지번은 본번(本番)과 부번(副番)으로 구성하되, 본번과 부번 사이에 "－" 표시로 연결한다. 이 경우 "－" 표시는 "의"라고 읽는다. • 법 제66조에 따른 지번의 부여방법은 다음 각 호와 같다. 1. 지번은 북서에서 남동으로 순차적으로 부여할 것
신규등록 · 등록전환	원칙	지번부여지역에서 인접토지의 본번에 부번을 붙여서 지번을 부여한다.
	예외	다음의 경우에는 그 지번부여지역의 최종 본번의 다음 순번부터 본번으로 하여 순차적으로 지번을 부여할 수 있다. • 대상 토지가 그 지번부여지역의 최종 지번의 토지에 인접하여 있는 경우 • 대상 토지가 이미 등록된 토지와 멀리 떨어져 있어서 등록된 토지의 본번에 부번을 부여하는 것이 불합리한 경우 • 대상 토지가 여러 필지로 되어 있는 경우
분할	원칙	분할 후의 필지 중 1필지의 지번은 분할 전의 지번으로 하고, 나머지 필지의 지번은 본번의 최종 부번 다음 순번으로 부번을 부여한다.
	예외	주거 · 사무실 등의 건축물이 있는 필지에 대해서는 분할 전의 지번을 우선하여 부여하여야 한다.
합병	원칙	합병 대상 지번 중 선순위의 지번을 그 지번으로 하되, 본번으로 된 지번이 있을 때에는 본번 중 선순위의 지번을 합병 후의 지번으로 한다.
	예외	토지소유자가 합병 전의 필지에 주거 · 사무실 등의 건축물이 있어서 그 건축물이 위치한 지번을 합병 후의 지번으로 신청할 때에는 그 지번을 합병 후의 지번으로 부여하여야 한다.
지적확정측량을 실시한 지역의 각 필지에 지번을 새로 부여하는 경우	원칙	다음의 지번을 제외한 본번으로 부여한다. • 지적확정측량을 실시한 지역 안의 종전의 지번과 지적확정측량을 실시한 지역 밖에 있는 본번이 같은 지번이 있을 때 그 지번 • 지적확정측량을 실시한 지역의 경계에 걸쳐 있는 지번
	예외	부여할 수 있는 종전 지번의 수가 새로 부여할 지번의 수보다 적을 때에는 블록단위로 하나의 본번을 부여한 후 필지별로 부번을 부여하거나 그 지번부여지역의 최종 본번 다음 순번부터 본번으로 하여 차례로 지번을 부여할 수 있다.
지적확정측량에 준용		• 법 제66조제2항(지적소관청은 지적공부에 등록된 지번을 변경할 필요가 있다고 인정하면 시 · 도지사나 대도시 시장의 승인을 받아 지번부여지역의 전부 또는 일부에 대하여 지번을 새로 부여할 수 있다)에 따라 지번부여지역의 지번을 변경할 때
		• 법 제85조제2항(지번부여지역의 일부가 행정구역의 개편으로 다른 지번부여지역에 속하게 되었으면 지적소관청은 새로 속하게 된 지번부여지역의 지번을 부여하여야 한다)에 따른 행정구역 개편에 따라 새로 지번을 부여할 때
		• 제72조제1항(지적소관청은 축척변경 시행지역의 각 필지별 지번 · 지목 · 면적 · 경계 또는 좌표를 새로 정하여야 한다)에 따라 축척변경 시행지역의 필지에 지번을 부여할 때
도시개발사업 등의 준공 전		도시개발사업 등이 준공되기 전에 사업시행자가 지번부여를 신청하는 경우에는 국토교통부령으로 정하는 바에 따라 지번을 부여할 수 있다. 지적소관청은 도시개발사업 등이 준공되기 전에 지번을 부여하는 때에는 사업계획도에 따르되, 지적확정측량을 실시한 지역의 각 필지에 지번을 새로 부여하는 경우의 지번부여방식에 따라 지번을 부여하여야 한다.

07 지목

1. 주요 지목구분의 변천연혁

<table>
<tr><td>토지조사사업 당시 지목
(18개)</td><td colspan="2">• 과세지 : 전, 답, 대(垈), 지소(池沼), 임야(林野), 잡종지(雜種地)(6개)
• 비과세지 : 도로, 하천, 구거, 제방, 성첩, 철도선로, 수도선로(7개)
• 면세지 : 사사지, 분묘지, 공원지, 철도용지, 수도용지(5개)</td></tr>
<tr><td>1918년 지세령 개정(19개)</td><td colspan="2">지소(池沼) : 지소, 유지로 세분</td></tr>
<tr><td>1950년 구 지적법(21개)</td><td colspan="2">잡종지(雜種地) : 잡종지, 염전, 광천지로 세분</td></tr>
<tr><td rowspan="3">1975년 지적법 제2차 개정
(24개)</td><td>통합</td><td>• 철도용지＋철도선로＝철도용지
• 수도용지＋수도선로＝수도용지
• 유지＋지소＝유지</td></tr>
<tr><td>신설</td><td>과수원, 목장용지, 공장용지, 학교용지, 유원지, 운동장(6개)</td></tr>
<tr><td>명칭
변경</td><td>• 사사지 ⇒ 종교용지
• 분묘지 ⇒ 묘지
• 성첩 ⇒ 사적지
• 운동장 ⇒ 체육용지</td></tr>
<tr><td>2001년 지적법
제10차 개정(28개)</td><td colspan="2">주차장, 주유소용지, 창고용지, 양어장(4개 신설)</td></tr>
</table>

현행(28개)

지목	부호	지목	부호	지목	부호	지목	부호
전	전	대	대	철도용지	철	공원	공
답	답	**공장용지**	**장**	제방	제	체육용지	체
과수원	과	학교용지	학	**하천**	**천**	**유원지**	**원**
목장용지	목	**주차장**	**차**	구거	구	종교용지	종
임야	임	주유소용지	주	유지	유	사적지	사
광천지	광	창고용지	창	양어장	양	묘지	묘
염전	염	도로	도	수도용지	수	잡종지	잡

2. 지목구분의 단계별 변천연혁

구분	1단계	2단계	3단계	4단계	5단계	6단계	7단계
근거 법령	대구시가지토지 측량에 관한 타합 사항 제3조	토지조사법 제3조	• 토지조사령 제2호 • 지세령 제1조	개정 지세령 제1조	• 조선지세령 제7조 • 제정 지적법 제3조	제2차 개정 지적법 제5조	제10차 개정 지적법 제5조
시행 기간	1907.5.27.~ 1910.8.22.	1910.8.23. ~ 1912.8.12.	1912.8.13. ~ 1918.6.30.	1918.7.1.~ 1943.3.31.	1943.4.31.~ 1976.5.6.	1976.5.7.~ 2002.1.26.	2002.1.27. ~현재
지목의 수	17개 지목	17개 지목	18개 지목	19개 지목	21개 지목	24개 지목	28개 지목
신설	• 전 • 답 • 대 • 산림 • 원야 • 지소 • 잡지 • 사묘 • 사원 • 묘지 • 철도 • 공원 • 도로 • 구거 • 하천 • 제방 • 철도	신설(3개 지목) • 수도용지 • 성첩 • 수도선로		신설(1개 지목) • 유지	신설(2개 지목) • 염전 • 광천지	신설(6개 지목) • 과수원 • 목장용지 • 공장용지 • 학교용지 • 운동장 • 유원지	신설(4개 지목) • 주차장 • 주유소용지 • 창고용지 • 양어장
통폐합 · 분리		통 · 폐합 (6개 지목 → 3개 지목) • 전+답 → 전답 • 산림+원야 → 임야 • 사묘+사원 → 사사지	분리(2개 지목) • 전답 → 전, 답			통 · 폐합 (6개 지목 → 3개 지목) • 철도용지+철도선로 → 철도용지 • 수도용지+수도선로 → 수도용지 • 유지+지소 → 유지	
명칭 변경		명칭 변경 (4개 지목) • 잡지 → 잡종지 • 묘지 → 분묘지 • 공원 → 공원지 • 철도 → 철도선로				명칭 변경 (5개 지목) • 공원지 → 공원 • 사사지 → 종교용지 • 성첩 → 사적지 • 분묘지 → 묘지 • 운동장 → 체육용지	

3. 지목의 구분

구분	내용
전	물을 상시적으로 이용하지 않고 곡물 · 원예작물(과수류는 제외한다) · 약초 · 뽕나무 · 닥나무 · 묘목 · 관상수 등의 식물을 주로 재배하는 토지와 식용(食用)으로 죽순을 재배하는 토지
답	물을 상시적으로 직접 이용하여 벼 · 연(蓮) · 미나리 · 왕골 등의 식물을 주로 재배하는 토지
과수원	사과 · 배 · 밤 · 호두 · 귤나무 등 과수류를 집단적으로 재배하는 토지와 이에 접속된 저장고 등 부속시설물의 부지. 다만, 주거용 건축물의 부지는 "대"로 한다.
목장용지	다음 각 목의 토지. 다만, 주거용 건축물의 부지는 "대"로 한다. 가. 축산업 및 낙농업을 하기 위하여 초지를 조성한 토지 나. 「축산법」 제2조제1호에 따른 가축을 사육하는 축사 등의 부지 다. 가목 및 나목의 토지와 접속된 부속시설물의 부지
임야	산림 및 원야(原野)를 이루고 있는 수림지(樹林地) · 죽림지 · 암석지 · 자갈땅 · 모래땅 · 습지 · 황무지 등의 토지
광천지	지하에서 온수 · 약수 · 석유류 등이 용출되는 용출구(湧出口)와 그 유지(維持)에 사용되는 부지. 다만, 온수 · 약수 · 석유류 등을 일정한 장소로 운송하는 송수관 · 송유관 및 저장시설의 부지는 제외한다.
염전	바닷물을 끌어들여 소금을 채취하기 위하여 조성된 토지와 이에 접속된 제염장(製鹽場) 등 부속시설물의 부지. 다만, 천일제염 방식으로 하지 아니하고 동력으로 바닷물을 끌어들여 소금을 제조하는 공장시설물의 부지는 제외한다.
대	가. 영구적 건축물 중 주거 · 사무실 · 점포와 박물관 · 극장 · 미술관 등 문화시설과 이에 접속된 정원 및 부속시설물의 부지 나. 「국토의 계획 및 이용에 관한 법률」 등 관계 법령에 따른 택지조성공사가 준공된 토지
공장용지	가. 제조업을 하고 있는 공장시설물의 부지 나. 「산업집적활성화 및 공장설립에 관한 법률」 등 관계 법령에 따른 공장부지 조성공사가 준공된 토지 다. 가목 및 나목의 토지와 같은 구역에 있는 의료시설 등 부속시설물의 부지
학교용지	학교의 교사(校舍)와 이에 접속된 체육장 등 부속시설물의 부지
주차장	자동차 등의 주차에 필요한 독립적인 시설을 갖춘 부지와 주차전용 건축물 및 이에 접속된 부속시설물의 부지. 다만, 다음 각 목의 어느 하나에 해당하는 시설의 부지는 제외한다. 가. 「주차장법」 제2조제1호가목 및 다목에 따른 노상주차장 및 부설주차장(「주차장법」 제19조제4항에 따라 시설물의 부지 인근에 설치된 부설주차장은 제외한다.) 나. 자동차 등의 판매 목적으로 설치된 물류장 및 야외전시장
주유소용지	다음 각 목의 토지. 다만, 자동차 · 선박 · 기차 등의 제작 또는 정비공장 안에 설치된 급유 · 송유시설 등의 부지는 제외한다. 가. 석유 · 석유제품, 액화석유가스, 전기 또는 수소 등의 판매를 위하여 일정한 설비를 갖춘 시설물의 부지 나. 저유소(貯油所) 및 원유저장소의 부지와 이에 접속된 부속시설물의 부지
창고용지	물건 등을 보관하거나 저장하기 위하여 독립적으로 설치된 보관시설물의 부지와 이에 접속된 부속시설물의 부지
도로	다음 각 목의 토지. 다만, 아파트 · 공장 등 단일 용도의 일정한 단지 안에 설치된 통로 등은 제외한다. 가. 일반 공중(公衆)의 교통 운수를 위하여 보행이나 차량운행에 필요한 일정한 설비 또는 형태를 갖추어 이용되는 토지 나. 「도로법」 등 관계 법령에 따라 도로로 개설된 토지 다. 고속도로의 휴게소 부지 라. 2필지 이상에 진입하는 통로로 이용되는 토지
철도용지	교통 운수를 위하여 일정한 궤도 등의 설비와 형태를 갖추어 이용되는 토지와 이에 접속된 역사(驛舍) · 차고 · 발전시설 및 공작창(工作廠) 등 부속시설물의 부지

구분	내용
제방	조수 · 자연유수(自然流水) · 모래 · 바람 등을 막기 위하여 설치된 방조제 · 방수제 · 방사제 · 방파제 등의 부지
하천	자연의 유수(流水)가 있거나 있을 것으로 예상되는 토지
구거	용수(用水) 또는 배수(排水)를 위하여 일정한 형태를 갖춘 인공적인 수로 · 둑 및 그 부속시설물의 부지와 자연의 유수(流水)가 있거나 있을 것으로 예상되는 소규모 수로부지
유지(溜池)	물이 고이거나 상시적으로 물을 저장하고 있는 댐 · 저수지 · 소류지(沼溜地) · 호수 · 연못 등의 토지와 연 · 왕골 등이 자생하는 배수가 잘 되지 아니하는 토지
양어장	육상에 인공으로 조성된 수산생물의 번식 또는 양식을 위한 시설을 갖춘 부지와 이에 접속된 부속시설물의 부지
수도용지	물을 정수하여 공급하기 위한 취수(取水 : 강이나 저수지에서 필요한 물을 끌어옴) · 저수(貯水 : 물을 인공적으로 모음) · 도수(導水 : 정수장을 연결하는 물길이 새롭게 뚫림, 도수터널) · 정수 · 송수(정수된 물을 배수지로 보내는 시설) 및 배수 시설(정수장에서 정화처리된 청정수를 소요 수압으로 소요 수량을 배수관을 통하여 급수지역에 보내는 것)의 부지 및 이에 접속된 부속시설물의 부지
공원	일반 공중의 보건 · 휴양 및 정서생활에 이용하기 위한 시설을 갖춘 토지로서 「국토의 계획 및 이용에 관한 법률」에 따라 공원 또는 녹지로 결정 · 고시된 토지
체육용지	국민의 건강증진 등을 위한 체육활동에 적합한 시설과 형태를 갖춘 종합운동장 · 실내체육관 · 야구장 · 골프장 · 스키장 · 승마장 · 경륜장 등 체육시설의 토지와 이에 접속된 부속시설물의 부지. 다만, 체육시설로서의 영속성과 독립성이 미흡한 정구장 · 골프연습장 · 실내수영장 및 체육도장과 유수(流水)를 이용한 요트장 및 카누장 등의 토지는 제외한다.
유원지	일반 공중의 위락 · 휴양 등에 적합한 시설물을 종합적으로 갖춘 수영장 · 유선장(遊船場) · 낚시터 · 어린이 놀이터 · 동물원 · 식물원 · 민속촌 · 경마장 · 야영장 등의 토지와 이에 접속된 부속시설물의 부지. 다만, 이들 시설과의 거리 등으로 보아 독립적인 것으로 인정되는 숙식시설 및 유기장(遊技場)의 부지와 하천 · 구거 또는 유지[공유(公有)인 것으로 한정한다]로 분류되는 것은 제외한다.
종교용지	일반 공중의 종교의식을 위하여 예배 · 법요 · 설교 · 제사 등을 하기 위한 교회 · 사찰 · 향교 등 건축물의 부지와 이에 접속된 부속시설물의 부지
사적지	문화재로 지정된 역사적인 유적 · 고적 · 기념물 등을 보존하기 위하여 구획된 토지. 다만, 학교용지 · 공원 · 종교용지 등 다른 지목으로 된 토지에 있는 유적 · 고적 · 기념물 등을 보호하기 위하여 구획된 토지는 제외한다.
묘지	사람의 시체나 유골이 매장된 토지, 「도시공원 및 녹지 등에 관한 법률」에 따른 묘지공원으로 결정 · 고시된 토지 및 「장사 등에 관한 법률」 제2조제9호에 따른 봉안시설과 이에 접속된 부속시설물의 부지. 다만, 묘지의 관리를 위한 건축물의 부지는 "대"로 한다.
잡종지	다음 각 목의 토지. 다만, 원상회복을 조건으로 돌을 캐내는 곳 또는 흙을 파내는 곳으로 허가된 토지는 제외한다. 가. 갈대밭, 실외에 물건을 쌓아두는 곳, 돌을 캐내는 곳, 흙을 파내는 곳, 야외시장 및 공동우물 나. 변전소, 송신소, 수신소 및 송유시설 등의 부지 다. 여객자동차터미널, 자동차운전학원 및 폐차장 등 자동차와 관련된 독립적인 시설물을 갖춘 부지 라. 공항시설 및 항만시설 부지 마. 도축장, 쓰레기처리장 및 오물처리장 등의 부지 바. 그 밖에 다른 지목에 속하지 않는 토지

08 지적행정기구의 변천연혁

구분	중앙관서	시 · 도 세무감독국	시 · 군 세무서	비고
1895.3.26.	내부 판적국 지적과			하부조직 없음
1898.7.6.	양지아문	양무감리	양무위원	
1901.10.20.	지계아문	• 지계감독사 • 지계아문	지계아문	
1904.4.19.	탁지부 양지국			하부조직 없음
1905.2.26.	탁지부 양지국 양지과	대구, 평양, 전주, 함흥에 측량기술 견습소 설치		
1905.4.12.	내부 지방국 판적과			지적행정기구
1906.1.25.	내부 지방국 지리과			지적행정기구
1907.2.13.	임시재원조사국	대구, 평양, 전주, 함흥에 측량기술 견습소 설치		
1908.7.23.	임시재산정리국			• 재무감독국에 본국 기술자를 겸무 • 국유지 조사
1910.3.14.	토지조사국			하부조직 없음
1910.9.30.	임시토지조사국			하부조직 없음
1916.10.20.	농상공부산림과	제1부	부윤 면장	연월일은 임야조사를 시작한 날짜
1919.8.19.	총독부 식산국 산림과	임무과		농상공부에서 식산국으로 직제 변경
1919.8.20.	총독부 재무국	제1부		
1934.4.28.	총독부 재무국	세무감독국 (경성 · 광주 · 대구 · 평양 · 함흥)	세무서	
1943.12.1.	총독부 재무국	• 재무부 세무과 • 총무부 세무과(서울)	세무서	세무감독국 폐지
1945.9.17.	미군정 재무국 세무과	재무부 직세과	세무서	
1947	남조선과도정부 재무부 사세국	사세청	세무서	
1949	재무부 사세국 직세과	사세청	세무서	
1951	재무부 사세국 토지수득과	사세청	세무서	
1962.1.1.	내무부 지방세과	지적계 신설(1964.5.27.)	시, 군, 구	

09 지적사 용어정리

<table>
<tr><th>용어</th><th colspan="2">내용</th></tr>
<tr><td>가경전(加耕田)</td><td colspan="2">조선시대 때 기경(起耕)한 전답으로 새로 개간하여 양안에 등재하지 아니한 논, 밭을 말하며 4년 되던 해에 양안에 등록, 자호는 붙이지 아니하고 가(加) 또는 내(內), 장외신기(帳外新奇), 신가경전(薪加耕田), 양안 외 가경지, 가기(加基, 家基)라고도 한다.</td></tr>
<tr><td>강계선(疆界線)</td><td colspan="2">사정선이라고도 하며 토지조사 당시 확정된 소유자가 다른 토지 간에 사정된 경계선을 가리킨다.</td></tr>
<tr><td>간의(簡儀)</td><td colspan="2">천문시계를 원래 혼천의(渾天儀), 혼의, 선기옥형(璇璣玉衡)이라고 불렀는데, 이 혼천의를 간소화 한 것이 간의이다. 간의는 천체의 적도좌표를 실제로 관측하기 위한 측각기로 조선시대에는 간의 이외에 여러 가지의 각도 측정기구가 있었다.</td></tr>
<tr><td>경지배열일람도
(耕地配列一覽圖)</td><td colspan="2">근대적인 측량기술을 사용하여 제작한 1900년대 초기의 지적도이다. 경지배열일람도는 대한제국시대에 작성한 대축척 지적도로 현대 지적도와 비교해도 손색이 없을 정도로 정확하게 작성되었으며 최근 충북 제천군 지역의 도면이 발견되었다.</td></tr>
<tr><td>간주지적도
(看做地籍圖)</td><td colspan="2">토지조사지역 밖인 산림지대(임야)에도 전 · 답 · 대 등 과세지가 있더라도 구태여 지적도에 신규등록 할 것 없이 그 지목만을 수정하여 임야도에 존치하도록 하되 그에 대한 대장은 일반적인 토지대장과는 별도로 작성하여 '별책토지대장', '을호토지대장', '산토지대장'으로 불렀으며 이와 같이 지적도로 간주하는 임야도를 '간주지적도'라 하였다.</td></tr>
<tr><td>간주임야도
(看做林野圖)</td><td colspan="2">임야도는 경제적 가치에 따라 1/3,000과 1/6,000로 작성하였으며 임야의 필지가 너무 커서 임야도(1/6,000)로 조제하기 어려운 국유임야 등에 대하여 1/50,000 지형도를 임야도로 간주하여 지형도 내에 지번과 지목을 기입하여 사용하였는데 이를 '간주임야도'라 하였다.</td></tr>
<tr><td>산토지대장
(山土地臺將)</td><td colspan="2">임야도를 지적도로 간주하는 것을 간주지적도라 하였으며 간주지적도에 등록하는 토지에 관한 대장은 별도 작성하여 "별책토지대장, 을호토지대장, 산토지대장"이라 하였다.</td></tr>
<tr><td>고등토지조사위원회
(高等土地調査委員會)</td><td colspan="2">토지의 사정에 대하여 불복이 있는 경우에는 사정공고기간(30일) 만료 후 60일 이내에 불복하거나 재결이 있는 날로부터 3년 이내에 사정의 확정 또는 재결이 처벌받을 만한 행위에 근거하여 재심의 재결을 하는 토지소유권의 확정에 관한 최고의 심의기관이다.</td></tr>
<tr><td>구장산술
(九章算術)</td><td colspan="2">중국의 고대 수학서에는 10종류로서 산경십서라는 것이 있으며 그중에서 가장 큰 것이 구장산술이며 10종류 중 2번째로 오래되었다. 가장 오래된 주비산경(周髀算徑)은 천문학에 관한 서적이며 구장산술은 선진(先秦) 이래의 유문(遺文)을 모은 것이다.</td></tr>
<tr><td>궁장토(宮庄土)</td><td colspan="2">궁장이라 함은 후궁, 대군, 공주, 옹주 등의 존칭으로서 각 궁방 소속의 토지를 궁방전 또는 궁장토라 일컬었으며 일사칠궁 소속의 토지도 궁장토라 불렀다.</td></tr>
<tr><td rowspan="9">일사칠궁
(一司七宮)</td><td colspan="2">제실의 일반 소요경비 및 제사를 관장하기 위하여 설치되었으며 각기 독립된 재산을 가졌다.</td></tr>
<tr><td>내수사</td><td>조선 건국 시초부터 설치되어 왕실이 수용하는 미곡, 포목, 노비에 관한 사무를 관장하는 궁중직의 하나이다.</td></tr>
<tr><td>수진궁</td><td>예종의 왕자인 제안대군의 사저</td></tr>
<tr><td>선희궁</td><td>장조(莊祖)의 생모인 영빈이씨의 제사를 지내던 장소</td></tr>
<tr><td>용동궁</td><td>명종왕의 제1왕자인 순회세자의 구궁이었으나 그 후 내탕에 귀속</td></tr>
<tr><td>육상궁</td><td>영조대왕의 생모인 숙빈최씨의 제사를 지내던 장소</td></tr>
<tr><td>어의궁</td><td>인조대왕의 개인저택이었으나 그 후 왕비가 쓰는 내탕에 귀속</td></tr>
<tr><td>명례궁</td><td>덕종의 제2왕자 월산대군의 저택</td></tr>
<tr><td>경우궁</td><td>순조의 생모인 수빈박씨의 제사를 지내는 곳</td></tr>
</table>

용어	내용
과세지견취도 (課稅地見取圖)	토지조사 측량성과인 지적도가 나오기 전 1911년부터 1913년까지 지세부과를 목적으로 작성한 약도로 결수연명부와 과세지견취도는 부, 군청에 보관되어 소유자라고 간주한 자에 대하여 납세액 및 기타 사실을 기재한 지적부 및 도면이었다.
과전법(科田法)	고려 말과 조선 초기에 전국에 전답을 국유화하여 백성에게 경작케 하고, 관리들에게 등급에 따라 조세를 받아들일 수 있는 권리를 주던 제도(소유권이 아닌 수조권 지급)
결수연명부 (結數連名簿)	각 재무감독국별로 상이한 형태와 내용의 징세대장이 만들어져 이에 따른 통일된 양식의 징세대장을 만들기 위해 결수연명부를 작성토록 하였다.
검열증 (檢閱證)	1909년 유길준이 창설한 대한측량총관회에서 발행한 한국 최초의 측량기술자격증이다. 동년 4월 총관회 부평분사무소에서 부평, 김포, 양천군의 측량기술을 검정하여 합격자에게 검열증을 주고 미합격자는 1~2개월 강습한 다음 다시 검정하여 검열증을 주었다. 그러나 원본이 보관되지 않아 그 내역을 알 수 없다.
군간권형 (君間權衡)	지위등급조사는 외업 반원이 이에 종사하여 조사의 통일과 각 지방의 권형을 잡도록 노력하는 한편 전국적인 자료를 가지고 본부에서 그를 심사 · 조정 · 통일한 후 지위등급을 결정하기로 하였다.
개황도 (槪況圖)	일필지 조사를 끝마친 후 그 강계 및 지역을 보측하여 개황을 그리고 여기에 각종 조사사항을 기재함으로써 장부조제의 참고자료 또는 세부측량의 안내자료로 활용한 것이다.
개간지 무주한광지 폐진전 (진전)	우리나라에서는 과거 관, 민간에 이용하지 않은 원시적인 황무지를 한광지라 부르고 한광지의 개간에 관해서는 속대전에 [한광지처 기간자 위주]라는 규정에 따랐는데, 즉 원시적인 황무지는 개간한 자가 임자였던 것이다. • 무주 한광지 : 경작지 사이에 끼어 있는 원시적인 황무지로 일찍이 국민이 이를 이용한 적이 없고 정부에서도 특별히 그 토지를 관리한 적도 없는 지역을 말한다. • 폐진전(진전) : 일단 개간하여 경작한 토지로 천재지변 등 기타 원인으로 황폐한 토지를 폐진전 또는 진전이라 한다.
기리고차 (記里鼓車)	거리를 측정하는 세계 최초의 반자동화된 거리측정 기구로 조선 세종 때 장영실이 만든 것으로 추정되며 수레의 바퀴회전 수에 따라 종과 북을 울리게 하여 사람이 종과 북소리를 듣고 거리를 기록하는 기구이다.
고복장 (高福章)	구한말과 일제 초기에 실시한 납세장부이다. 매년 지세징수를 할 때 과세지의 변동을 실시로 조사하여 납세액을 기재한 장부로 걸복이라고도 한다. 토지소재 · 자호 · 지번 · 지목 배미 수 · 두락 수 · 결수 · 사표 · 지주의 주소 · 성명 등으로 지적에 필요한 사항이 모두 기재되어 있다. 지세 징수를 할 때 과세지 · 비과세지를 구분, 과세지의 작항, 작부 면적을 조사하여 각인의 납세액을 조사하는 작업을 고복작부라고 하며, 고복작부를 행할 때 그 경비를 마련하기 위하여 농민으로부터 징수하는 고복채라고 한다.
깃기 (衿記)	조선시대 때 면단위로 작성된 지조징수의 대장으로 일종의 지조명기장이다. 깃기는 기록에만 있고 대한제국 때 것은 규장각에 소장되어 있다.
결(結)/경(頃)	'결'은 신라시대부터 쓰여 오던 것으로서 과세의 표준이 되었고, 고려 중기까지는 중국의 경묘법의 '경'과 동일면적으로 사용되었으며, 고려 말기에 이르러 농부들의 손뼘을 기준으로 척장의 길이를 달리하는 수등이척법을 사용함에 따라 '결'과 '경'의 면적은 달라져서 '결'의 면적이 '경'의 면적의 몇 분의 1로 축소되었다. [결부법] • 1척 → 1파(把) • 10파 → 1속(束) • 10속 → 1부(負) • 100부 → 1결(結) [경무법] • 6척 → 1보 • 100보 → 1무 • 100무 → 1경

결부법	경무법
• 1척 → 1파(把) • 10파 → 1속(束) • 10속 → 1부(負) • 100부 → 1결(結)	• 6척 → 1보 • 100보 → 1무 • 100무 → 1경

용어	내용
과세지성	토지에 지세를 부과하지 않았던 토지가 지세를 부과하는 토지로 변경된 것을 말하며, 토지이동 사항을 정리하기 위해 조사하는 방법으로 이를 과세지성 및 비과세지성으로 구분한다. 과세지성이라 함은 지세 관계 법령에 의한 지세를 부과하지 않는 토지가 지세를 부과하는 토지로 된 것을 말한다.
비과세지성	지세를 부과하는 토지가 지세를 부과하지 않는 토지로 된 것을 말하며 이러한 비과세지는 면세연기지, 재해면세지, 자작농면세지 및 사립학교용 면세지를 포함하지 않는 것이다.
황지면세	재해로 인하여 지형이 변하였거나 작토를 손상한 토지에 대하여 세무서장이 황지면세 연기를 허가할 수 있도록 하였다.
두락(斗落)	• 전답에 뿌리는 씨앗의 수량으로 면적단위(마지기) 표시 • 볍씨 한 말로 모를 부어 낼 수 있는 논밭의 넓이 또는 한 말의 씨앗을 뿌릴 만한 밭의 넓이
두락제(斗落制)	• 전답에 뿌리는 씨앗의 수량으로 면적 표시 • 하두락, 하승락, 하합락으로 분류되며 1두락의 면적은 120평 또는 180평 • 1석(石, 20두)의 씨앗을 뿌리는 면적을 1석락(石落)이라 함
일경제(日耕制)	• 소 한 마리가 하루 낮 동안 갈 수 있는 논 · 밭의 넓이를 말한다. • 그 반의 면적은 반일경이라 한다. 하루 일할 때 휴식을 4번으로 하고 그 한 번 가는 면적을 1식경(息耕)으로 한다면 4식경이 1일경이다. • 대개 1일경의 면적은 800~1,200평이며, 지방마다 차이가 심하다.
대	조선 때 지목의 하나로 건물의 부지를 말하며 가대, 가기 또는 기지라고도 한다. 보통 대라고 할 때는 관습상 단순히 건물이 있는 곳만 말하는 것이 아니라 부속된 토지를 포함하며 이를 대전 또는 공대라고 말한다. 이곳에는 대개 채소 · 죽목 등을 재배하며 채전 또는 가원이라고도 한다.
두입지	구한말 북두칠성 모양처럼 타 읍령 내에 깊숙이 침입한 토지를 말한다. 개 이빨의 모양이라 하여 견아상입지, 견아상착지 또는 상입지라고도 한다.
등과전	과거에 합격한 자에게 지급되는 토지
둠즈데이북 (Domesday Book)	덴마크 침략자들의 약탈을 피하기 위하여 지불되는 보호금을 모으기 위해 영국에서 사용되었던 과세용의 "지세장부"이다. 현재의 우리나라 토지대장과 같은 것이라 할 수 있다.
대한제국전답 관계	1901년 지계아문을 설치하고 발행한 지원으로 한국최초의 인쇄된 문서로서 전면에는 토지소재 자호, 면적(두락, 결부속), 사표, 시중가격을 매수보증인이 기록하였다. 3부를 작성하여 1부는 지계아문에, 다른 1부는 지방관청, 나머지 1부는 소유자가 보존하도록 하였다. 관계 뒷면에는 8개 항이 기재되어 있다.
대한측량 총관회	융희 2년 1월 21일 구한국정부가 법률 제1호로 삼림법(森林法)을 공포하였다. 전문(全文) 22조로 된 본문 중에서 3년 이내에 삼림산야의 지적과 면적의 약도를 첨부하여 신고하지 않으면 국유화한다는 제19조가 측량을 모르는 국민에게 이 일을 강요하여 측량비용을 출혈토록 하였다. 1908년부터 측량학교, 강습소가 서울 및 지방에 세워졌다. 이 시기에 측량의 개화와 교육발전에 기여하였다.
도장(導掌)	궁방은 후궁, 대군, 공주, 옹주 등을 존칭하여 이르는 말로 각 궁방에 소속된 토지를 궁방전 또는 궁장토라 한다. 도장은 궁방의 직원이 궁장토를 관리하면서 일정한 세액을 받치고 그 이외의 수익권을 갖는 직책이 본래의 의미이나, 토지의 투탁이 성행하면서 도장의 직책을 통한 문제점이 발생하였다.
문기	토지 및 가옥을 매수 또는 매도할 때에 작성한 매매계약서로서 매매문기, 매려문기, 특약부문기, 패지, 증여문기, 전세문기, 국유지, 사매문기, 저당문기, 도지권에 관한 문기 및 소작권에 관한 문기 등 11종이 있다.

용어	내용
매매문기	• 조선시대 관청의 허가를 받은 매매계약서로 경국대전에 규정 • 국토이용관리법상 거래계약허가 구역으로 지정된 곳에서 거래 계약허가를 받는 것과 같음 • 토지의 소재면, 자번호, 결수, 면적, 가격 등을 기재한 계약서를 관청에 제출, 승인을 받은 후에 매매하였으며 승인을 받아야 매매효력발생이 발생하였다.
화회문기	가장이 은퇴 또는 사망할 때 그 부동산을 자손 또는 친척에게 증여함을 기록한 문서로 가족 입회하에 작성되었다.
별결문기	은퇴, 사망과 관계없이 널리 행하여지는 것이고 문기는 반드시 특별증여의 뜻을 표시하는 것이 통례
사문기	조선시대에 관청의 증명을 받지 않고 당사자 간에 임의로 작성한 문기
공문기	조선시대 관청의 증명을 필요로 하는 문기
신문기	조선시대 토지소유권을 이전할 때마다 문기를 작성하였는데 이때 새로이 작성한 문기를 말함
망모전결률 (妄冒田結律)	20년마다 토지를 측량하여 양안을 정리하였는데, 이때 농토를 거짓으로 등재한 사건에 대하여 처분한 벌칙
망척제(網尺制)	방전, 직전, 원전 등 전형에 구애 없이 그물눈만 계산토록 하였다.
민정문서	• 1933년 일본에서 처음 발견되어 현재 일본에 보관 중 • 지적의 발생근원을 과세에서부터 시작되었다는 설을 뒷받침해 주며 국가가 과세를 목적으로 토지에 대한 각종 현상을 기록 · 관리하는 장부
민유임야약도 (民有林野略圖)	대한제국은 산림법을 제정 · 공포하여 모든 민유임야토지에 대하여 3년 안에 농공상부대신에게 면적과 약도를 작성하여 신고하도록 강제 규정하였다. 민유임야약도는 이 규정에 따라 임야토지 소유자가 자비로 측량하여 작성한 지적도이다.
사표	조선 때 토지의 도면으로, 필지의 경계를 명확하게 하기 위해 네 둘레 접속지의 지목, 자호, 지주의 성명을 양안의 해당란에 기입한 별도의 도면을 말한다. 다만, 도로, 구거, 하천 등의 소유자 성명은 적지 않았다.
사패	임금이 왕족이나 공신에게 노예 또는 전지를 하사할 때 준 문서로, 고려시대에 권세 있는 사람들이 이 사패를 빙자하여 많은 전토를 겸병하여 토지제도를 문란하게 하였다.
사출도	부여는 전국을 5개 지역으로 나누어 통치하였다. 수도(首都)를 중심으로 동 · 서 · 남 · 북의 방위에 따라 지방을 4개 구역으로 나누었는데, 그것을 사출도(四出道)라고 하였다. 수도(首都)가 있는 중앙지역에는 가장 강력한 부족(部族)이 있고, 이 중앙부족을 중심으로 사방(四方)에는 그 지방에 있는 우세한 부족들이 각각 사출도의 한 도를 장악하고, 중앙부족이 이를 인정하여 부족연맹을 형성하였다.
상한의(象限儀)	지형의 각도나 천체의 고도각을 측정하는 기구로 상한의가 있다. 상한의는 여러 지점 항성의 위도를 측정하여 남북거리를 산정할 수 있는 측각기이다. 조선시대에는 상한의 이외에 여러 가지 종류의 측각기가 있었다.
식년(式年)	• 일정한 행사를 진행하기로 예정된 해를 말한다. • 속대전에서는 이 조항에 각각 "자년, 오년, 묘년, 유년"이라는 주석을 달아 놓았다. • 조선 초기에는 호적작성이나 정기적인 과거시험과 같은 중요한 국가행사를 3년에 한 번씩 하기로 정해 놓은 것을 후세에 자년, 오년, 묘년, 유년으로 고정해 놓고 그러한 해를 "식년"이라고 불렀다.
산학박사(算學博士)	신라의 국학에 소속된 교수직으로 산술을 교육하였으며 고려시대 산학박사는 국자감에 소속되어 산학을 가르치던 교수직 및 각 관청에서 회계사무를 담당한 관직이었다.
산학(算學)	고려 · 조선시대의 교육기관으로 주요 업무는 8품관 이상의 자손 및 서민을 입학시켜 산술을 가르쳤다.

용어	내용
수등이척제(隨等異尺制)	고려 말기에 농부들의 손뼘을 기준으로 전품을 상 · 중 · 하 3등급으로 나누어 척수의 길이를 다르게 하여 면적을 계산하던 방법(제도)이다.
실지조사부	토지조사에 따른 도부로, 사정공시를 할 때 필요한 토지조사부를 조제하는 데 쓰는 자료이다.
산림산야 (금산, 봉산, 태봉산, 국유림)	**금산**: • 왕궁의 존엄성을 유지하고 풍치를 위하여 한성부의 주위에 설치한 것으로 경복궁 및 창덕궁의 주산과 산맥은 경작을 금지하였다. • 매년 춘추 2회를 걸쳐 소나무와 잡목을 심게 하고 벌목을 금하였다. **봉산**: 왕실 및 정부의 필요에 따라 궁전, 선박 등의 용재를 제공하기 위하여 수목의 식재에 적당한 지역을 선정한 다음, 정부가 직접 보호 · 관리하여 온 것으로 매년 치송을 심고 해마다 경채관을 보내어 실지를 시찰하게 하였다. **태봉산**: 조선 역대의 왕, 왕비의 포의를 안치한 태봉이 있는 산으로 태봉으로 판명된 것은 24개소가 있다. 태봉산의 구역은 경국대전에서 대왕태실은 300보, 대군은 200보, 왕자는 100보로 정하였다. **국유림**: 1908년 삼림법을 공포하여 법 시행일로부터 3년 이내에 삼림산야를 농상공부대신에게 신고하게 하고 기간 내에 신고하지 않는 것은 모두 국유로 간주한다고 규정하였다.
양안(量案)	양안은 전적이라고도 하였으며 오늘날 지적공부인 토지대장과 지적도 등의 내용을 수록하고 있는 장부로 일제 초기 토지조사측량 때까지 사용하였다.
입안(立案)	현재의 등기 권리증과 같은 것으로 소유자 확인 및 토지매매를 증명하는 제도이며 소유권의 명의변경 절차이다.
양휘산법 (楊輝算法)	• 5종 10권으로 구성되었으며 1275년 송나라 수학자인 양휘자가 저술하였고 명나라 태조에 의해 목판인쇄, 우리나라는 세종 때 공조참판 손인손이 명나라에서 들여왔다. • 경상도 감사가 1백 부를 간행했으며 임진왜란 때 일본인이 복간본을 일본으로 가지고 가서 국보(제17호)로 지정하였다. • 우리나라에 한두 권이 남아 있는데, 보물로 지정되지는 않았다.
양전(量田)	오늘날 지적측량을 말하며 양전은 신라시대부터 고려시대 중기까지 경묘법을 채택하고 그 이후에도 결부법 등을 채택하여 토지의 실지면적과 수확량을 파악하는 데 이용하였다. 조선시대부터 대한제국 말까지 시행된 과세를 위한 지적측량방법이다. 양전은 경국대전 호전, 양전조에 전지는 6등급으로 구분하고 20년마다 다시 측량하여 장부를 만들어 호조와 그 도 · 읍에 비치하였다.
양전청(量田廳)	숙종 때 양전사업 수행을 위해 설치한 우리나라 최초의 지적중앙관서이다.
양전승(量田繩)	조선시대 측량에 있어 가장 기본적이면서도 가장 힘든 것이 거리측량이었다. 볏짚을 꽈서 만든 새끼줄을 양승이라 하는데, 양전승은 이를 이용하여 거리측량을 하는 것을 말한다.
이조척(李朝尺)	도량형을 통일하여 국가의 재정원으로서의 조세 및 지적제도를 확립하는 것이 필연적이었다.
인지의(印地義)	토지의 원근을 측량하는 평판측량기구로서 규형 또는 규형인지의가 있었으며 세조 때(1467년) 영능에서 인지의를 이용하여 땅의 측량을 시도 하였으며 단종 2년에 인지의를 사용하여 한양지도를 완성하였다.
은결(隱結)	• 양안에 등재 누락하고 조세를 징수하는 전답으로 은토(隱土)라고도 한다. • 1715년(영조 27년)에 은여결정목을 제정하였고, 징세장부에 누락한 전지를 조사하여 과세하였다. • 은결은 토지조사측량 때 일소되어 토지대장에 등록되었다.

용어	내용
일자오결제도(一字五結制度)	토지의 면적이 5결이 되면 폐경전, 기경전을 막론하고 천자문의 자번호를 부여하였으며, 조선시대 이미 부번제도가 있었음을 알 수 있고 자번호 또는 일자오결이라고도 한다. 일자오결제도로 약 160년 동안 사용하였으며, 조선시대, 대한제국, 일제 초기까지의 지번제도이다.
양입지(量入地)	일필지 조사 중 강계 및 지역의 조사를 함에 있어 본 토지에 둘려싸여 있거나 접속하여 있는 지목이 다른 토지로서 그 면적이 작은 것은 본 토지에 병합하고 도로, 하천, 구거에 접속되어 있는 작은 면적의 죽림 초생지 등은 대개 이를 그 접속하는 토지에 병합하였다. 이처럼 다른 지목에 병합하여 조사할 토지를 '양입지'라 하였다.
원야	조선시대 지목으로 관목, 잡초가 자생한 상당히 많은 면적의 토지로 타 지목에 해당하지 않으며 사력지도 이에 포함된다.
월경지	구한말 갑군에 있는 토지가 군경계를 넘어 을군 안에 있는 토지를 말한다. 월경처, 비지, 비월지, 비입지라고도 한다. 1차로 1906년 〈지방구역정리전〉으로 대부분 해소되었고 토지조사측량 때 모두 정리되었다.
역둔토(驛屯土)	역토라 함은 역참에 부속된 토지로 역토와 둔토에 대하여 관리들이 그 수익을 대부분 착복하는 등 폐단이 발생하여 조정에서 군부소관에서 탁지부, 궁내부로 그 사무를 이관하였으며 이 두 토지를 역둔토라 하였다.
역토	역토라 함은 역참에 부속된 토지로, 역둔토에 등록하는 토지 지목은 전, 답, 대, 지소, 잡종지 등 5종목이고, 국유지와 민유지로 구분된다.
둔토	국경지대의 군수품에 충당하기 위하여 그 부근에 있는 미간지를 주둔군에 부속시켜 놓고 항상 주둔 병정으로 하여금 이를 개간, 경작시킨 데서 시작된 토지제도이다.
둔전(屯田)	둔토라고도 일컬으며 그 기원은 고려 때 국경지대나 군사요지에 있는 미간지를 주둔군에 부속시켜 놓고 주둔 병정으로 하여금 이를 개간하여 군수품에 충당하기 위한 토지제도이다. 이후 지방의 주현 · 구 · 군 등에서도 이 제도를 본따 관아의 경비를 조달할 목적으로 둔전을 설치하였다.
역분전(役分田)	고려 태조 왕건이 공신들에게 공훈의 차등에 따라 일정한 토지를 나누어 주었는데 역분전이란 "직역의 분수에 의한 금전"이란 뜻이다. 역분전은 후일 공훈전으로 발전하였으며 고려 전기 토지제도의 근간을 이룬 전시과의 선구가 되었다.
전시과(田柴科)	당나라의 반전제도(班田制度)를 그대로 본따서 전시과를 정하고 그에 따라 구분전, 공음전, 공해전, 녹과전, 둔전 등을 두었으나 모두를 공전으로 하여 이 토지를 받은 자는 수익만을 차지할 뿐 그 토지를 임으로 처분할 수 없었는데 이것이 전시과의 효시이다. 고려 때 국가에서 관료와 군인을 비롯한 직역자와 특정 기관에 토지를 분급하던 제도이다.
영조척(營造尺)	• 변기, 형구, 축성, 교량, 도로, 선박, 차량, 두승(斗升) 등을 만드는 기준척이다. • 도로는 대로 폭(56척), 중로폭(16척), 소로폭(11척) • 선채의 길이는 영조척뿐만 아니라 양강척(量舡尺)이라는 새로운 척도를 사용하였다. • 양강척은 영조척 5촌, 1파는 양강척=10척
입지	• 조선시대 지방행정관청에서 발급한 증명서의 일종 • 전답의 소유자가 문기를 멸실하였을 때 관청으로부터 이를 증명받는 문서 • 가옥전세계약을 체결하였을 때 그 사유를 기재하여 관청에서 이를 증명하는 문서
양지아문(陽地衙門)	• 1898년 내무대신 박정양과 농공부대신 이도재가 토지측량에 관한 청의서를 제출하여 양지아문을 설치하고 전국의 측량에 착수하였다. • 양지아문은 박정양, 이도재, 심상후가 총재가 되어 추진되었으나 1901년 폐지되고 지계아문에 병합되었다.

용어	내용
지계아문 (地契衙門)	1901년 설치된 지적중앙관서로서 각 도에 지계감리를 두어 '대한제국 전답관계'라는 지계를 발급하였다. 당시에는 전답의 소유주가 매매, 양여한 경우 관계를 받아야만 했으나 토지조사의 미비와 국민들의 의식부족으로 충남과 강원도 일부에서 실시하다 중단되었다.
조계	1876년 조선은 일본의 군사적 위협 아래 강제로 조일수호조규를 제출하였다. 여기서 치외법권, 거주권, 통상권 등을 가장한 조계를 마련하여 일본 안의 기주를 허용하였으며, 이에 작성한 조일수호조치부록에서 일본화에 유통 무관세 무역을 허용했다. 일본은 조선정부로부터 강제로 얻어낸 조계를 터전으로 조선에 새로운 질서를 강요하였다.
정전제(井田制)	고조선시대의 토지구획방법으로 균형 있는 촌락의 설치와 토지의 분급 및 수확량을 파악하기 위하여 시행되었던 지적제도로서 당시 납세의 의무를 지게 하여 소득의 1/9을 조공으로 바치게 하였다.
정전(丁田)	신라시대 때 종래의 독재 조직에 의한 공유제도를 공전(公田)제도로 고쳐 토지를 모두 공전으로 한 다음 관리에게는 관료전을 주고 백성에게는 정전이라는 토지를 주었다.
전제상정소 (田制詳定所)	토지에 대한 조세제도의 조사 · 연구와 신세법(新稅法)의 제정을 목적으로 설치한 공법(公法)개혁의 주무기관으로서 세종 25년에 설치한 임시기구이다. 양전청은 숙종 때 양전사업 수행을 위해 설치한 우리나라 최초의 지적중앙관서라 할 수 있다.
전제상정소준수조화 (田制詳定所遵守條畫)	전제상정소는 토지에 대한 조세제도의 조사 · 연구 및 신세법의 제정을 목적으로 세종 25년에 설치한 임시기구이다. 전제상정소준수조화는 효종 때 전제상정소에서 제정 · 반포한 우리나라 최초의 측량에 관하여 규정한 법률서(法律書)로서 조화의 조(條)는 규정을, 화(畫)는 도면을 말한다.
조방제	• 정전법에서 발전한 고대구획정리이다. • 토지를 격자형으로 구획한 것으로 고구려 도읍지인 평양에서 시작하여 부여, 공주, 경주, 상주 등에서 시행하였다. • 북한에서는 리방제, 중국에서는 방리제, 일본에서는 조방제라고 하였다. • 동서를 조, 남북을 방이라고 한다. • 고구려 아당 유적은 1954년 북한 김책공업종합대학 건설장에서 발견되었으며 리방 구획과 운하터가 확인되었다.
주척(周尺)	중국 주나라에서 사용한 자로서 조선 초에는 송나라 주의(朱意)의 가례에 기록된 석각(夕刻)을 표준으로 하였고 세종 때 나무로 주척을 만들어 각 지방에 보내어 사용토록 하였다.
전통도	각 리(各里)를 양전하여 리 단위의 지적도를 작성하였는데 리(里) 단위의 지적도를 전통도라 한다(유길준이 주장).
증보도	기작성된 지적도나 임야도에 등록할 토지가 기존 지적(임야)도의 지역밖에 있을 경우에 새로이 지적(임야)도를 조제하여 등록하되 새로이 작성된 지적(임야)도를 증보도라 한다.
지적장부	토지조사부, 토지대장, 토지대장 집계부, 지세명기장 등 토지등록사항을 말하며 개인토지와 국유지를 파악하여 세금을 징수하는 데 사용하였다.
토지조사부	토지소유권의 사정원부로 1동리마다 지번순으로 지번, 가지번, 지목, 지적(地積), 신고연월일, 소유자의 주소, 성명을 등사(謄寫)하였다.
토지대장집계부	• 1개의 면마다 국유지, 민유과세지, 민유불과세지로 구분하였다. • 지목마다 지적, 지가 및 필수를 기재하고 다시 부, 군, 도를 합계하였다.
지세명기장	지세징수를 위하여 이동정리를 끝낸 토지대장 중에서 민유과세지만을 뽑아 각 면마다 소유자별로 연기하여 이를 합계한 것으로, 즉 과세지에 대한 인적 편성주의에 따라 성명별 목록을 작성한 것이다.
토지대장	1필을 1매의 대장에 등록하고 토지조사부 등급조사부 100평당 지가금표를 자료로 하여 1동리마다 조제하였다.

용어	내용
토지검사(土地檢査)	토지의 이동이 있을 경우 토지소유자로 하여금 그 사실을 일정한 기일 내에 소관청에 신고하게 하였으나 토지의 이동정리를 순전히 소유자의 신고에만 의존하지 않고 토지소유자의 신고가 있거나 없거나 국가가 고유의 권한으로써 이를 조사 · 정리할 수 있도록 하는 이른바 '지적국정주의'를 채택하였으며 이의 대표적인 사례가 '토지검사'와 '지압조사'이다. 토지검사란 넓은 의미에서 지압조사를 포함하며 지세 관계 법령에 의하여 세금관리로 하여금 매년 6월에서 9월 사이에 하는 것을 원칙으로 하나 필요시에는 임시로 할 수 있도록 하는 토지이동사항의 조사를 말한다.
지압조사(地押調査)	토지의 이동이 있을 경우 관계 법령에 따라 토지소유자가 지적소관청에 신고하도록 되어 있으나 이것이 잘 이행되지 못할 경우에는 그 신고 없는 이동지를 조사 · 발견할 목적으로 국가가 자진하여 현지조사를 하는 것을 '지압조사'라 한다.
지역선(地域線)	• 소유자가 같은 토지와의 구획선 • 소유자를 알 수 없는 구획선 • 조사지와 불조사지와의 지계선
재결	토지사정에 대하여 불복이 있을 경우 고등토지조사위원회에 요청하는 행위
지방토지조사위원회	토지조사령의 규정에 의하여 토지조사국장의 토지사정에 있어서 1개 필지의 소유자 및 그 경계의 조사에 관한 자문을 응하는 기관이다.
제령(制令) 및 조선총독부령	일제시대에 일본 본국에는 법률 및 칙령이 있고 우리나라에는 제령 및 조선총독부령이 있었는데 일제시대의 법률 및 제령은 오늘날의 법률과 효력이 동일하고 칙령과 조선총독부령은 대통령령과 효력이 같다. 조선에 시행할 제령이라는 것은 법률사항을 규정하는 조선총독의 명령인데 조선총독에게 제령 제정권을 부여한 것은 식민지 정책상 사실상의 입법권을 부여한 것으로 결국 조선총독은 자기가 입법하고 자기가 집행하는 독재관청이었다.
제언(堤堰), 보(洑)	오늘날 저수지와 같은 관개수리시설로 제언과 보가 있다. 제언은 토제를 쌓고 계수 또는 우수를 저장하는 시설을 말하며, 보는 토석 및 목재로 하천을 막아 관개에 사용한 시설로 보의 보동이나 제언을 동 또는 방축이라 하였다.
투탁지	현종 때 시작한 것으로 자기의 토지를 궁방에 투탁하여 궁방장토와 같이 가장하여 스스로 그 관리인 또는 도장이 되고 투탁궁사에 대하여는 약간의 명의료를 납부하는 토지를 말한다. 양반, 권세가들이 지방민유전답을 구실로 붙여 강탈하는 폐단이 있어 이를 두려워하는 구민은 궁방 또는 왕족에게 출원하여 투탈지령을 받았다. 1908년 제실재산급 국민 유재산정리국에서 투탁지는 모두 소유자에게 환부하였다.
토규(土圭), 일표(日表), 규표(圭表)	천문측량을 통해 토지측량 시 자오선을 결정할 때 사용하는 기구로 토규와 일표가 있다. 토규는 지상에 수평으로 안치된 자를, 일표는 해시계를 말하는 것으로 토규와 일표가 함께 설치되는 경우 규표라 하였다. 규표는 방위, 절기, 시각을 측정하는 원시적 천문측량의기이다.
토지조사법	1910년 8월 23일 법률 제7호로 내각총리대신 이완용과 탁지부대신 고영희의 공동명의로 공포하였고 한일합방으로 인해 1912년 8월 3일 제령 제2호로 공포된 토지조사령으로 폐지되었다. 내용상 지적관계사항이 구비되었지만 법규라고 하기에는 미비하였다. 그러나 토지조사법은 동일자 탁지부령 제26호로 토지조사법 시행규칙이 탁지부대신 고영희 명의로 제정되어 법령체제를 갖추었다. 토지조사법은 법률체제를 갖춘 한국 최초의 지적법이라 볼 수 있다.
토지조사령	토지조사령(1912년)과 임야조사령(1918년)에 의해 토지조사와 임야조사를 완료 후 지세령(1914년)과 토지대장규칙(1914년), 임야대장규칙(1920년)에 의하여 토지이동정리와 토지세를 징수하였으며, 8.15 해방 이후 지적법(1950년)과 지세령(1950년)이 분리 · 제정됨으로써 지적법령이 체계화되기에 이르렀다.

<table>
<tr><th>용어</th><th>내용</th></tr>
<tr><td>투화전(投化田)</td><td>고려에 내투귀화(來投歸化)한 외국인에게 지급한 토지를 말하며 사전(賜田) 등 사인(私人)에 소속된 토지는 투화전, 입진가급, 보급전, 등과전 등이 있다.</td></tr>
<tr><td>행심(行審)</td><td>조선시대 때 면단위로 작성된 양안의 축소사본으로 양안 이후 거주의 변동, 면조지(免租地)의 변화를 기록한 일종의 지조명기장이다.</td></tr>
<tr><td>황종척(黃鐘尺)</td><td>• 세종 12년에 국악의 기본음을 중국음악과 일치시키기 위하여 만든 척도(尺度)이다.
• 국악의 기본음인 황종음을 낼 수 있는 황종율관(黃鐘律官)의 길이를 결정하는 데 쓰였다.
• 9촌 길의인 황종율관이 내는 소리를 국악의 기본음으로 결정하는데 세조는 영조척 1척의 길이인 동율관이 내는 소리가 황종음이 되게 바꾸었다.</td></tr>
<tr><td>회조기(回照器)</td><td>삼각측량 시 관측점 간 거리가 너무 멀어 측표가 보이지 않는 경우 각관측보조기구로 회조기를 사용한다. 태양광선을 목표관측에 반사시켜 측표의 위치를 알렸으며, 임시토지조사국의 토지조사사업 당시 대삼각본점측량에 활용하였다.</td></tr>
<tr><td>험조</td><td>임시 토지조사국에서 국토의 평균해수면을 결정하여 수준측량의 기초로 활용하기 위하여 청진, 원산, 목포, 남포, 인천의 5개소에 험조장을 설치하고 자기험조의를 장착한 후 적어도 1년 이상의 관측결과로 평균해수면을 산정하였다.
당시 임시 토지조사사업에 적응하도록 하기 위하여 비교적 짧은 시일에 걸친 관측결과를 채용하게 되었다.</td></tr>
<tr><td>포백척</td><td>옷감을 재는 자이며 세종 26년 이후 1등전척의 길이를 표시하는 기준척으로 한강 수위를 측정하는 수위계로 사용되었다.</td></tr>
<tr><td>포락지(浦落地),
이생지(泥生地)</td><td>홍수로 인한 범람 또는 하천의 유수방향이 자연적으로 변경되어 멸실과 생성이 이루어진 토지를 포락지와 이생지라 한다. 포락지는 과세토지가 하천에 침수되어 원상회복이 어렵게 되어 멸실된 토지이며, 이생지는 이와는 상반된 개념으로 하천의 유수방향이 변경되어 생성된 과세토지를 말한다.</td></tr>
<tr><td>판도사</td><td>고려시대 충렬왕 · 공민왕 때 호구(戶口) · 공부(貢賦) · 전량(錢糧)의 행정을 맡아 본 행정관청을 판도사(版圖司)라 하며 시대에 따라 민관(民官) · 상서호부(尙書戶部) · 판도사(版圖司) · 민조(民曹) · 민부(民部) · 호부(戶部) · 호조(戶曹) 등으로 개칭하기도 하였다.</td></tr>
<tr><td>판적국(版籍局)</td><td>1895년 칙령 제53호로 내부관제가 공포되었고 이에 주현국, 토목국, 판적국, 위생국, 회계국의 5국을 두었다.</td></tr>
<tr><td>고대 중국의 지적</td><td><table>
<tr><td>은왕조
(殷王朝)</td><td>B.C. 1500년경 은왕조(殷王朝)가 갑골문자(甲骨文字)를 남겼으며, 하남성 안양에서 발굴된 은나라 때 수레축의 장식품에 5각형과 9각형 등의 기하학적 도형이 그려져 있으며, 고대 중국인들이 일찍부터 토지측량술과 관계있는 활동을 해왔다는 것을 의미함</td></tr>
<tr><td>고공기
(考工記)</td><td>춘추전국시대에 발간된 주례(周禮)의 고공기(考工記)에 "장인들이 나라의 중심이 되는 도성을 설계함에 있어서 사방 9리에 각각 세 개의 성문을 설치하고 성내를 9경(經)과 9궤(軌)로 되어 있다"라고 기록
• 주나라는 일찍부터 모든 토지의 평면을 바둑판식으로 나누는 정전제(井田制)를 시행하여 실제 측량을 전제로 하는 토지구획제도를 시행</td></tr>
<tr><td>변경주군도
(邊境駐軍圖)</td><td>고대 중국에서 토지측량술이 있었다는 1973년 양자강(揚子江) 남쪽 호남성의 장사 마왕퇴(長沙 馬王堆)에서 발견된 B.C. 186년의 장사국(長沙國) 남부 지형도와 변경주군도(邊境駐軍圖)에서 확인되고 있음
• 전한(前漢)시대의 2매의 지도로 현대의 지도와 비교할 때 개략적인 축척까지 설정할 수 있을 정도로 비교적 정확함</td></tr>
</table></td></tr>
</table>

용어	내용	
고대 중국의 지적	우적도와 화이도	1136년 만들어진 우적도(禹跡圖)와 화이도(華夷圖) 발견 • 이 지도들은 모두 방격도(方格圖) 형태로 되어 있어 측량에 의해서 작성되었음을 알 수 있음
	어린도 (魚鱗圖)	중국에서 지적제도가 확립되었다는 확실한 증거는 현존하는 어린도(魚鱗圖)임 어린도는 조세징수의 기초자료로 만들어진 고대 중국의 지적도로 이것들을 묶어서 어린도책(魚鱗圖冊)으로 발간 • 어린도책은 송(宋)대부터 일부지역에서 작성하기 시작하여 명(明) · 청(靑) 시대에 전국으로 광범위하게 전파
	기리고차 (記里鼓車)	송사(宋史) 여복지(輿服志)에 지상거리 측량용 기구인 기리고차(記里鼓車)에 관해서 상세한 기록이 있고 평주가담(萍洲可談)에는 나침반을 사용한 기록이 있는 것으로 보아 지상에서 거리측량과 방위설정이 이루어졌음을 알 수 있음

10 토지조사사업과 임야조사사업 비교

구분	토지조사사업	임야조사사업
근거법령	• 토지조사법(1910.8.23. 법률 제7호) • 토지조사령(1912.8.13. 제령 제2호)	조선임야조사령(1918.5.1. 제령 제5호)
대상지역	13개 도(道), 232개 부 · 군 · 도(府 · 郡 · 島)	13개 도(道), 10개 부(府), 2개 도(島), 218개 군(郡), 2488개 면(面) ※ 2부 18면은 조사지가 없음
조사기간	1910~1918년(8년 10개월)	1916~1924년(9개년)
측량기관	임시토지조사국	부(府)와 면(面)
사정기관	임시토지조사국장	도지사(권업과, 산림과)
제결기관	고등토지조사위원회	임야심사위원회
조사대상토지	• 평야부의 토지 • 낙산임야(落山林野)	• 임야 • 산림 내 개재지(介在地)
조사내용	• 토지소유권 • 토지가격 • 지형 · 지모	• 토지소유권 • 토지가격 • 지형 · 지모
① 소유권조사 • 등록필지 • 등록면적 • 사정소유자 • 분쟁지 • 지적공부작성 • 도면축척	 • 19,107,520필 • 14,613,214,028평(坪) • 1,871,635인 • 33,937건(99,445필) • 토지대장 : 109,188권 • 지적도 : 812,093매 • 1/600, 1/1,200, 1/2,400	 • 3,479,915필 • 16,302,429정(町) 0129보(步) • 미상 • 17,925건(28,015필) • 임야대장 : 22,202권 • 임야도 : 116,984매 • 1/3,000, 1/6,000, 1/50,000
② 토지가격조사 • 대상토지 • 총토지가격 • 지가구분 –시가지 –시가지 이외의 택지 –전, 답, 지소, 잡종지	 • 18,352,380필 • 939,203,459원 –지가 : 115등급으로 구분등록 –임대가격 : 53등급으로 구분등록 –수익에 의한 지가 : 132급으로 구분등록	
③ 지형 · 지모조사 • 지형도 작성	925매(1/50,000 : 724매, 1/25,000 : 144매, 1/10,000 : 54매, 특수지형도 : 3매)	
기선측량	13개소(㉠대전 · ㉡노량진 · ㉢안동 · ㉣하동 · ㉤의주 · ㉥평양 · ㉦영산포 · ㉧간성 · ㉨함흥 · ㉩길주 · ㉪강계 · ㉫혜산진 · ㉬고건원)	

구분	토지조사사업	임야조사사업
측량기준점 설치 ① 삼각점 ② 도근점 ③ 수준점 ④ 검조장	 34,447점 • 1등삼각점 : 400점 • 2등삼각점 : 2,401점 • 3등삼각점 : 6,297점 • 4등삼각점 : 25,349점 3,551,606점 2,823점(선로장 : 6,693km) 5개소(청진 · 인천 · 원산 · 목포 · 진남포)	
이동측량	1,818,364필	49,321필(충남북 미상)
종사인원 수 • 고등관 • 판임관 이하	• 7,113명(연인원 : 152,629명) • 93명(한국인 3명 포함) • 7,020명(한국인 5,666명 포함)	4,670명(연인원 : 913,066명)
소요경비	20,406,489원(전액 국비)	3,860,200원 • 국비 : 1,207,386원(사정경비) • 부(府) · 면비(面費) : 2,652,814원 (조사측량비)

11 토지조사법과 토지조사령 비교

항목 \ 구분	토지조사법	토지조사령
지정주체	대한제국	조선총독부
공포일	1910.8.23. 법률 제7호	1912.8.13. 제령 제2호
지번설정	토지는 지목을 정하여 지반을 측량하고 1구역마다 지번을 부여함(2조)	토지조사법과 동일(2조)
지목	전답·대·지소·임야 등 17개 지목(3조 ①~③)	전답·대·지소·임야 등 17개 지목(2조 ①~③)
면적의 단위	지반의 측량에 쓰는 척도·지적의 명칭·명위는 도량형법의 규정에 의함(4조)	평(坪)과 보(步)를 지적(地積) 단위로 함(3조)
신고	지주는 정부가 정하는 기간 내에 그 토지를 정부에 신고하여야 함(5조)	토지의 소유자는 조선총독이 정하는 기간 내에 그 주소·씨명 또는 명칭 및 소재·지목·자번호·사표·등급·지적·결수를 임시토지조사국장에게 신고하여야 함(4조)
경계결정	지주 및 노지의 강계는 지방토지조사위원회에 자문하여 토지조사국 총재가 사정함(7조)	소유자 및 그 강계는 지방토지조사위원회에 자문하여 임시토지조사국장이 사정함(9조)
불복신청	사정에 대하여 불복이 있는 자는 공시일로부터 90일 이내에 고등토지조사위원회에 신립(申立)하여 그 재결을 득함(8조)	사정에 대하여 불복이 있는 자는 공시기간(30일) 만료 후 60일 이내에 고등토지조사위원회에 신립(申立)하여 그 재결을 득함(11조)
지적공부	정부는 토지대장 및 지도를 비치하고 토지에 관한 사항을 등록하며 지권을 발행함(10조)	임시토지조사국은 토지대장 및 지도를 조제하여 사정으로써 확정된 사항 또는 재결을 거친 사항을 등록함(17조)
벌금	허위의 신고를 한 자는 100환 이하의 벌금에 처함(13조)	토지조사법과 동일(18조)

12 지적업무의 역사

■ 지적(측량)업무 및 조직의 변천연력

- 칙령(勅令) : 임금이 제정한 법령
- 제령(制令) : 일제 때 조선총독이 제정한 법령
- 훈령(訓令) : 상급관청이 하급관청에 내리는 명령

1895.3.26.	[칙령(勅令)] 내부관제(內部官制) • 제1조 내부대신은 지방행정, 경찰, 감옥, 토목, 위생, 지리, 사사사(祠社寺 : 서당, 토지의 신, 절), 출판, 호적 및 구휼(救恤)에 관한 사무를 관리하며, 지방관 및 경무사를 감독함 • 제2조 대신관방(大臣官房 : 고종 때 각부의 으뜸벼슬, 오늘날의 장관) : 도서출판, 사사사, 포상(褒賞)에 관하는 사항을 관장한다. • 제5조 내부에 5국(주현국, 토목국, 판적국, 위생국, 회계국)을 둔다.
1895.4.17.	내부분과규정 • 대신관방(大臣官房) : 3과(비서과, 기록과, 서무과) • 주현국(州縣局) : 주현과 – 지방재산 및 기타 모든 지방행정에 관한 사항 지방비과 • 토목국 : 토목과 지리과 – 토지측량에 관한 사항 – 토지수용에 관한 사항 • 판적국 : 호적과 – 호구(戶口)[호수(戶數)]적(籍)에 관한 사항 지적과 – 지적에 관한 사항 – 무세관유지(無稅官有地) 처분 및 관리에 관한 사항 – 관유지 명목변환에 관한 사항 • 회계국 : 회계과, 용도과 • 위생국
1895.4.19.	(칙령) 탁지부 분과규정 • '탁지'란 명칭은 '탁용지비(度用支費)'의 약칭으로 곧 호조를 가리킨다. • 고종 31년(1894) 6월 28일 처음으로 경장관제를 반포할 때 재정을 관장하기 위하여 탁지아문(度支衙門)을 설치하여 총무국(總務局), 주세국(主稅局), 주계국(主計局), 출납국(出納局), 국채국(國債局), 저치국(儲置局), 기록국(記錄局), 전환국(典環局), 은행국(銀行局), 회계국(會計局) 등 10국으로 나누고, 32년(1895) 3월 26일 관제를 개정할 때 8아문이 7부로 개편되면서 탁지아문이 탁지부(度支部 : 조선 말기와 대한제국 때 국가재무를 총괄하던 중앙행정부서)로 되었다. 그 후 재정의 정리에 따라 전국 9개소에 관세사(管稅司)를, 전국 220개소에 징세서(徵稅署)를 설치하여 조세 · 징세에 관한 사무를 관장하게 하였다. 이후 관장업무의 변화, 부서의 통폐합, 소속인원의 증감과 개칭 등을 반복하다가 1910년 한일합병 때 완전히 폐지되었다. – 대신관방 : 기밀, 관리(官吏)의 진퇴신분(進退身分), 대신관인 및 부인(部印)의 관수(管守)에 관한 사항 관장 – 사세국(司稅局) : 지세과, 잡세과, 관세과 – 사계국(司計局) : 경리과, 감사과 – 출납국(出納局) : 금고과, 미곡과 – 회계국 : 경비과, 조도과 – 서무국 : 국채과, 문서과

1898.6.23.	[진의(秦議)] • 전국의 토지를 측량하는 건의 원안을 올려 성재(임금의 재가)를 받아 냄[의정부참정(議政府參政) 윤용선, 외부대행서리 유기환] • 내부대신 박정양, 농상공부대신 이도재가 청의(여러 사람의 의견으로 의결하기로 요청함)한 전국 토지측량 건
1898.7.2.	[설칙(設勅)] 양지아문처리규정의 제정을 지시함(의정부참정 윤용선)
1898.7.6.	[훈령(訓令)] 양지아문 직원 및 처무규정 양지아문(量地衙門) : 총재관 3명, 부총재관 2명 기사원 3명은 내부 탁지부 농상공부 직원 중에 총재관이 각 1명씩 선정 서기 6명은 내부 탁지부 농상공부 직원 중에 총재관이 각 2명씩 선정 기사원 및 서기 중에 영어 1명, 일어 1명을 반드시 선정할 것
1901.10.20.	(칙령) 지계아문 직원 및 처무규정 제1조 지계아문은 한성부와 13도 각부군의 전토 계권정비(契券整備)를 실시하는 일을 전문으로 사무소를 설치한다. 직원은 총재관 1인, 부총재관 2인, 위원 8인, 기수 2인으로 함
1902.2.1.	(진의) 양지아문과 지계아문의 통합 건의 토지를 측량하는 것과 권계(券契)를 수선(修繕)하는 것은 직무가 서로 밀접한 것이므로 아문(衙門 : 왕조 때 상급관아를 일컫는 말)을 따로 설립할 필요가 없으나 양지(量地), 지계양아문(地契兩衙門)을 이제 당분간 통합함이 어떠하올지 삼가 아룀 고종실록 광무 6년(1902년) 3월 17일 양무를 지계아문에 속하도록 함
1904.1.11.	(진의) 지계아문을 탁지부에 소속시킴
1904.4.19.	(칙령) 탁지부(度支部) 양지국(量地局)관제 제1조 양지국은 탁지부 소속의 하나의 국이니 다음 사무를 관장할 것 －국내 토지측량에 관한 사항 －전답, 가사(家舍 : 사람이 들어가 사는 집), 산림, 천택(川澤 : 내와 연못)에 관한 사항 • 직원 : 국장 1인－탁지부의 명령에 따라 모든 사무를 관장 기사 3인－국내사무를 감리 주사 6인－서무에 종사 기수 18인－측량업무에 종사 • 측지국(量地局) : 양무과(量務課)－전답, 산림, 천택, 가사측량에 관한 사항 측량경비 기획과 기 장부조사에 관한 사항 양안조사 수정 및 출납보존에 관한 사항 서무과
1905.2.26.	(칙령) 탁지부관제 제1조 탁지부대신은 정부재정을 총괄하고 회계, 출납, 조세, 국채, 화폐, 은행, 인쇄 등에 관한 모든 사무를 관리하며 각 지방재정을 감독한다. 탁지부에 사세국, 사계국, 인쇄국, 출납국을 둔다. 사세국－양안조사 수정 및 출납보존에 관한 사항 정원 : 기사(4인), 주사(57인), 기수(18인)
1905.2.26.	(칙령) 내부관제 제1조 내부대신은 지방행정, 경찰, 감옥, 토목, 위생, 지리, 사사사(祠社寺 : 서당, 토지의 신, 절), 출판, 호적 및 구휼(救恤)에 관한 사무를 관리하며, 지방관 및 경무사를 감독한다.

제4조 내부에 지방국, 경무국, 회계국을 둔다.

지방국 - 호구(戸口) 호수(戸數)적 및 지적에 관한 사항
토지측량에 관한 사항
토지수용과 무세관유처분 및 관리에 관한 사항
사사사(祠社寺)에 관한 사항

1905.4.12.

내부분과규정

- 대신관방 : 2과(비서과, 문서과)
- 지방국 : 4과(부군과, 위생과, 토목과, 판적과)
  판적과 - 호구적 및 지적에 관한 사항, 관유지 명목변환에 관한 사항
- 경무국
- 회계국 : 2과(제1과, 제2과)

1905.4.13.

탁지부 분과규정

- 대신관방에 4과(비서과, 문서과, 서무과, 회계과)를 둔다.
- 사세국 : 3과(정세과, 각세과, 양지과)
  양지과 - 국내 유세지 측량에 관한 사항
- 양안조사 수정 및 출납보존에 관한 사항
- 사계국 : 2과(경리과, 감사과)
- 인쇄국 : 2과(공업과, 조도과)
- 출납국 : 2과(제1과, 제2과)

1905.9.1.

(탁지부령) 양전에 종사하는 자에게 일액여비 지급 건
측량선전(撰田)에 종사하는 자는 일액여비를 지급한다.

단위: 전(錢)

구분 / 종사자	소재지(왕복 60리 이내)		소재지 외	
	도근	세부 및 산전	도근	세부 및 산전
판임(判任) 한국인	40	30	1.50	1.20
고문부(顧問附) 외국인		1.50		4.00

1906.3.21.

(칙령) 탁지부관제
탁지부에 5국(사세국, 사계국, 이재국, 검사국, 인쇄국)을 둔다.

사세국 - 토지측량에 관한 사항
양안조사 수정 및 출납보존에 관한 사항

정원 : 기사(4인), 주사(62인), 기수(탁지부대신이 정함)

1907.5.16.

(대구재무관)
대구시가지측량에 관한 협의사항
대구시가지토지측량규정
제1장(도근측량), 제2장(세부측량), 제3장(적산), 복무, 검사 등으로 자세하게 규정되어 있다.

1907.6.

역사이야기
조선 제26대 왕인 고종은 대한 제국의 초대 황제로서 이름은 '형'이었다. 11세에 왕위에 올랐으나 나이가 어려 즉위 후 10년간은 아버지 흥선대원군이 대신 나랏일을 돌보았다. 흥선대원군이 물러난 후 일본에 신사유람단을 파견하는 등 여러 나라에 문호를 개방하였다. 1884년 청일전쟁이 일어나자 개화당이 정권을 잡아 갑오개혁을 단행하였다. 1897년 나라를 '대한 제국', 왕을 황제라 칭하였다. 일제가 통감부를 설치하고 조선국정에 전반적으로 간여하여 외교권을 박탈하자, 고종은 마침내 한국문제를 국제정치의 마당에 호소하고자 1907년 6월 네덜란드 헤이그에서 개최되는 제2차 만국평화회의에 특사 이상설(전 의정부참찬) · 이준(전 평리원검사) · 이위종(주러조선공사관서기관)을 파견하였다.

	그러나 일본과 영국의 방해로 고종의 계획은 수포로 돌아가고 이완용 · 송병준 등 일제에 아부하는 친일 매국대신들과 군사력을 동반한 일제의 강요로 한일협약 위배라는 책임을 지고 7월 20일 폐위하게 되었다.
1907.12.13.	(칙령) 내부관제 개정 내부에 4국(지방국, 경무국, 토목국, 위생국)을 둔다. 지방국－지리 및 지적에 관한 사항
1907.12.31.	(칙령) 탁지부관제 개정 탁지부에 3국(사세국, 사계국, 이재국)과 임시재원조사국을 둔다. • 사세국－국세의 부과 징수에 관한 사항 세무의 관리감독에 관한 사항 탁지부 소관 세외 제수입에 관한 사항 유세지 지목이동에 관한 사항 토지장량(丈量)과 토지양안에 관한 사항 • 임시재원조사국 : 국장(1 : 탁지부차관 겸임), 서기관(1), 사무관(3), 기사(5), 주사(약 1000), 기수(약 1000 : 단, 조사사업비 범위 내에서 조정 가능) • 탁지부정원 : 서기관(30인), 사무관(7인), 번역관(2인), 주사(100인)
1908.1.25.	내부분과규정 • 대신관방 : 3과(비서과, 문서과, 회계과) • 지방국 : 부군과, 지리과, 사사과 사사과(社寺課)－지리 및 지적에 관한 사항 • 경무국 : 3과(경무과, 보안과, 민적과) 민적과(民籍課)－호구 민적에 관한 사항 • 토목국 : 3과(치도과, 치수과, 위생공사과) • 위생국 : 2과(보건과, 의무과)
1908.1.27.	탁지부분과규정 대신관방에 4과(비서과, 문서과, 회계과, 통계과)를 둔다. • 사세국 : 3과(세무과, 경리과, 감사과) 세무과－국세의 부과 징수에 관한 사항 국세 기타 제수입 예산결산의 조사에 관한 사항 지종목 이동에 관한 사항 토지장량(丈量)과 토지양안에 관한 사항 지방세에 관한 사항 세외 제수입에 관한 사항 세법 위범자 처분에 관한 사항 • 사계국 : 2과(예산결산과, 주계과) • 이재국 : 3과(국고과, 감독과, 농공은행과) • 임시재원조사국 : 2과(조사과, 양지과) 양지과－토지측량 및 정리사무의 조사 및 준비에 관한 사항 토지양안 조제의 준비에 관한 사항 지도조제에 관한 사항 측량기술자 양성에 관한 사항
1908.9.2.	탁지부분과규정 중 개정 임시재원조사국 : 3과(제1과, 제2과, 제3과) • 제1과－계획, 심리(審理) 및 경리에 관한 사항 • 제2과－염(塩), 수산, 주류 등 재산의 조사 및 함양(涵養)에 관한 사항 • 제3과－연초(烟硝), 농산물 재원의 조사 및 함양에 관한 사항

1908.9.2.	임시재산정리국 분과규정 임시재산정리국 : 3과(총무과, 측량과, 채무조사과) • 총무과 – 국유재산 조사정리 및 이의 보관에 관한 사항 토지 및 건물대장 조제에 관한 사항 부동산 권리에 관한 이의신청의 심리(審理) • 측량과 – 토지측량 및 건물조사에 관한 사항 지도 및 건물평면도 제조에 관한 사항 측량기술자 양성에 관한 사항
1910.3.14.	(칙령) 토지조사국 관제 제1조 토지조사국은 탁지부대신의 관리에 속하여 토지의 조사 및 측량에 관한 사무를 관장함
1910.3.19.	(칙령) 토지조사국 분과규정 • 총재관방 : 2과(서무과, 회계과) 서무과 – 토지소유권의 쟁의에 관한 사항 회계과 – 관유재산의 보관에 관한 사항 • 조사부 : 2과(조사과, 정리과) 조사과 – 조사사무의 계획 및 실행에 관한 사항 조사사무의 감독에 관한 사항 토지에 관한 관습 및 토지제도의 조사에 관한 사항 정리과 – 제 대장 및 장부의 조제에 관한 사항 토지조사위원회에 관한 사항 • 측량부 : 3과(삼각과, 측지과, 제도과) 삼각과 – 삼각측량의 계획 및 실행에 관한 사항 삼각측량의 감독에 관한 사항 측지과 – 도근 및 세부측량의 계획 및 실행에 관한 사항 도근 및 세부측량의 감독에 관한 사항 제도과 – 지도의 조제에 관한 사항 토지의 면적계산에 관한 사항
1910.8.23.	(법률) 토지조사법 제1조 토지는 본 법률이 정하는 바에 의하여 측량함 제2조 토지는 지목을 정하여 지반을 측량하고 1구역마다 지번을 부함. 단, 제3조제3호의 토지에 대하여는 지번을 부여하지 아니함 제3조 토지의 지목 1. 전, 답, 대, 지소, 임야, 잡종지 2. 사사지, 분묘지, 공원지, 철도용지, 수도용지 3. 도로, 하천, 구거, 제방, 성첩, 철도선로, 수도선로 제8조 토지조사국 총재의 사정에 불복 – 공시일로부터 90일 이내에 고등토지위원회에 재결을 구함 제10조 정부는 토지대장 및 지도를 비치하고 토지에 관한 사항을 등록하여 지권을 발행함
1910.8.23.	(칙령) 고등토지조사위원회규칙 조직 : 위원장(1인) – 탁지부대신 위원(약간 명) – 내부, 탁지부, 농상공부 및 토지조사국 칙진임관(勅奏任官) 중 각 2인
	(칙령) 지방토지조사위원회규칙 조직 : • 위원장(1인) – 한성부윤[漢城府尹(서울시장)] 또는 관찰사 • 상임위원(약간 명) – 한성부 사무관 또는 도 서기관 한성부 또는 도의 재무감독국장 한성부 또는 도에서 명망이 있는 자

	• 임시위원(약간 명) – 각 도 부윤[府尹(시장)] 또는 군수 부 또는 군의 재무서장 부 또는 군에서 명망이 있는 자
1910.8.29.	(칙령) 조선총독부 설치
1910.9.30.	(칙령) 조선총독부 관제 • 총독 • 정무총감 • 총독부 : 5부 – 총무부(인사국, 외사국, 회계국) 내무부(지방국, 학무국) 탁지부(사세국, 사계국) 농상공부(식산국, 상공국) 사법부
	(칙령) 조선총독부임시토지조사국 관제 조선총독부의 관리에 속하고 토지조사 및 측량에 관한 사항을 관장한다. 총재 – 정무총감, 부총재(1), 서기관(3), 사무관(2), 감사관(1), 기사(4), 서기 또는 기수(50인)
1912.8.13.	(제령) 토지조사령, 토지조사령 시행규칙 제1조 토지조사 및 측량은 본령에 의한다. 제2조 토지는 그 종류에 따라 지목을 정하고 지반을 측량하여 1구역마다 지번을 붙인다. 단, 제3호는 지번을 붙이지 않을 수 있다. 1. 전, 답, 대, 지소, 임야, 잡종지 2. 사사지(社寺地), 분묘지, 공원지, 철도용지, 수도용지 3. 도로, 하천, 구거, 제방, 성첩, 철도선로, 수도선로 제3조 지반측량에 있어서는 평 또는 보(步)를 면적의 단위로 함 제5조 토지의 소유자는 강계(疆界)에 표항 설치 제15조 토지소유자의 권리는 사정의 확정 또는 재결에 의해 확정
1912.8.12.	(칙령) 조선총독부 고등토지조사위원회 관제 제1조 조선총독부에 고등토지조사위원회를 둔다. 조선총독부 임시토지조사국장이 한 토지소유권에 관한 사정에 대한 불복신청을 재결하고 사정 및 재결에 관한 재심을 한다. 제2조 조직은 위원장 1인(정무총감), 위원 9인
1913.4.22.	(훈령) 임시토지조사국측량 규정 제1조 토지조사를 위해 시행하는 토지측량에 관한 규정 제2조 측량업무는 7종류(대삼각측량, 소삼각측량, 도근측량, 세부측도, 면적계산, 지적도조제, 일반도측량) 제2장 대삼각측량 – 기선측량, 본점측량, 보점측량 3가지 • 기선측량 : 인바기선척을 이용하고 기선의 길이는 2~5km • 상호거리 : 본점 30km, 보점 10km로 함 • 명칭 : 소재지명을 선택하고, 경위도는 초 이하 3자리까지 산정하고 다시 평면직각종횡선좌표로 산정함 제3장 소삼각측량 – 1등점측량, 2등점측량, 수준측량 • 상호거리 : 1등점은 5.5km, 2등점은 2.5km. 단, 축척 600분의 1 지역에서는 평균 1.5km 이하로 함 • 명칭 : 1등점은 당해 지역의 명칭을 사용하고, 2등점은 숫자 부호를 사용함 • 수준측량 : 수준원점으로부터 시작하여 도선법에 의해 수준측량망을 설치하고, 삼각점의 높이는 간접법에 의해 분까지 산정함

	제4장 도근측량 • 연결 : 1등도선은 삼각점 간 또는 삼각점 1등점으로 연결 2등도선은 삼각점 1등점과 삼각점 2등점 간을 연결 • 도근점의 수 : 1도엽마다 4점 • 명칭 : 1등도선은 Ⅰ, Ⅱ, Ⅲ 등의 문자 2등도선은 A, B, C 등의 문자 도선점에서 1, 2, 3 등의 숫자부호를 붙이고, 교회점에는 a, b, c 등의 문자를 사용 제5장 세부측도 – 삼각점 및 도근점을 전개하고 도해법으로 지상물을 표시함 • 축척 : 1,200분의 1로 하고 특수한 사정이 있을 때에는 600 또는 2,400분의 1로 함 • 원도의 크기 : 동서 500m(275칸), 남북 400m(220칸)의 직사각형으로 하고 도곽선을 구획함 • 측도방법 : 도선법, 교회법, 광선법, 종횡법으로 1필지마다 지주, 지목, 경계를 조사함 제6장 면적계산 – 계적기 또는 계적척을 사용하고 삼사법에 의하여 검산함 면적계산의 허용오차 : 600평은 200분의 1, 100평은 70분의 1을 표준으로 함 제7장 지적도의 조제 • 지적도 : 원도를 등사하여 동마다 조제 • 일람도 : 축척 12,000분의 1로 작성 제8장 일반도측량 – 축척은 50,000분의 1로 하고 주요한 지역은 25,000분의 1로 한다. • 1도엽의 폭 : 경도 15분, 위도 10분으로 함 • 수평곡선의 등거리 : 축척 50,000분의 1에서 20m로 함
1914.3.16.	(제령) 지세령 제1조 토지의 지목 1. 전 답, 대, 지소, 잡종지 2. 임야, 사사지, 분묘지, 공원지, 철도용지, 수도용지, 도로, 하천, 구거, 제방, 성첩, 철도선로, 수도선로 제1호에만 지세를 부과하고 국유토지에는 지세를 부과하지 않는다. 제2조 지세는 토지의 결수에서 그 결가(結價)를 곱한 것을 1년의 세액으로 한다. 제5조 부군에 토지대장 또는 결수연명부를 비치하고 지세에 관한 사항을 등록한다.
1914.4.21.	(훈령) 지세령시행규칙 제1조 결수연명부에는 토지의 소재, 지번, 지목, 면적, 결수, 결가 및 세액, 납세자의 주소, 성명 또는 명칭
1914.3.16.	(제령) 시가지세령 제1조 시가지 내에 있는 토지는 이령에 의해 시가지세를 부과한다. 제2조 시가지세는 토지대장에 등재한 지가의 1000분의 7을 1년의 세액으로 하고, 지가는 시가를 기준으로 한다. 제5조 시가지세는 연액을 분할하여 4월과 10월에 납부한다.
1914.4.21.	(제령) 시가지세령시행규칙 제1조 시가지인 부면(俯面)에는 시가지세 명기장을 비치한다.
1914.4.25.	(제령) 토지대장규칙 제1조 토지대장에는 토지소재, 지번, 지목, 면적, 지가, 소유자의 주소, 성명 또는 명칭, 질권 등을 기재한다. 제4조 토지대장 또는 지적도의 열람 : 1회에 10전 토지대장 등본 : 1지번에 5전

1918.5.1.	(제령) 조선임야조사령, 조선임야조사령시행규칙 제1조 임야조사측량은 토지조사령에 의한 것을 제외하고는 본령에 의함 제2조 토지소유자는 면장에게 신고
1918.6.18.	(제령) 지세령 개정 제1조 지목의 종류에 '2. 유지'를 추가함 제2조 군도(群島)에 토지대장 또는 지세대장을 비치하여 지세에 관한 사항을 등록함 제3조 지세는 토지대장 또는 지세대장에 등록한 지가의 1000분의 13을 1년의 세액으로 함 제6조 결수연명부를 지세대장으로 고침 제12조 결수를 지가로 함
1918.7.17.	(제령) 토지대장규칙 개정 제3조 지적도에는 토지대장에 등록한 토지에 대해, 소재, 지번, 지목, 강계를 등록한다.
1920.8.23.	(제령) 임야대장규칙 제1조 부군도에 임야대장 및 임야도를 비치한다. 제5조 면적에 1무(畝) 미만의 단수가 있을 때에는 15보(步) 미만을 절사, 15보 이상은 1무로 절상하고 면적이 1무 미만이 될 때는 보 단위로 끊고 1보 미만이 될 때에는 1보로 한다.
1921.3.18.	(훈령) 토지측량규정 제1조 새로 토지대장에 등록하는 토지(이하 신규등록지) 또는 토지대장에 등록한 토지(이하 기등록지)측량, 면적산정 또는 지적도 정리는 본 규정에 의한다. 제2조 토지측량의 구분 1. 신규측량 : 새롭게 토지대장에 토지를 등록할 때 2. 이동측량 : 기등록지의 분할, 경계정정 등을 할 때 3. 도근측량 : 신규등록 또는 이동측량의 기초로서 새롭게 도근점을 설치할 필요가 있을 때 제3조 신규 또는 이동측량은 측판측량법에 의하고, 도근측량은 경위의측량법에 의한다. 제4조 단위는 신규 및 이동측량은 칸을 사용하고 칸(1.82m)의 10분의 1을 분, 분위 10분의 1을 리로 하고 도근측량은 미터를 사용한다. 제5조 삼각점 또는 도근점은 토지측량표규칙의 규정에 의해 설치한 것을 말한다. 구성 : 제2장(신규측량), 제3장(이동측량), 제4장(도근측량), 제3장(면적측정), 제6장(지적도 정리), 제7장(잡칙)
1935.6.12.	(훈령) 임야측량규정 제1조 새로 임야대장에 등록하는 토지 및 임야대장에 등록된 토지의 측량, 면적산정 및 임야도의 정리는 본 규정에 의한다. 제2조 토지측량의 구분 1. 신규측량 : 새롭게 임야대장에 토지를 등록할 때 2. 이동측량 : 임야대장에 등록한 토지의 분할, 경계정정 등을 할 때 3. 도근측량 : 신규등록 또는 이동측량의 기초로서 새롭게 도근점을 설치할 필요가 있을 때 제3조 신규 또는 이동측량은 측판측량법에 의하고, 도근측량은 경위의측량법에 의한다. 측판측량은 소도작성, 보조점측량, 지반측량 순으로 실시한다.
1943.3.31.	(제령) 조선지세령 및 조선지세령시행규칙
	(제령) 조선임야대장규칙 제1조 토지조사령에 의해 조사를 하지 않은 임야 또는 분묘지 및 유지에는 1구역마다 지번을 붙이고 그 지목, 경계 및 면적을 정한다. 제2조 세무서에 임야대장을 비치하고 토지소재, 지번, 지목, 면적, 소유자주소 및 성명 또는 명칭을 등록한다. 제3조 세무서에 임야도를 비치하고 토지소재, 지번, 지목, 경계를 등록한다.

	제4조 지번 앞에는 "산"자를 붙인다. 제6조 면적에 1무(畝) 미만의 단수가 있을 때에는 15보(步) 미만을 절사하고 15보 이상은 1무로 절상하고 면적이 1무 미만이 될 때는 보 단위로 끊고 1보 미만이 될 때에는 1보로 한다. ※ 임야대장규칙은 이를 폐지한다.
1950.12.1.	(법률) 지세법 제1조 토지에는 본법에 의하여 지세를 부과한다. 단, 국유의 토지 또는 2항에 해당되는 토지로서 무료차지(無料借地)인 경우에는 예외로 한다. 1. 전, 답, 대, 염전, 광천지, 지소, 잡종지 2. 사사지, 공원지, 철도용지, 수도용지 ※ 조선지세령은 폐지한다. ※ 1960.12.31. 토지세법의 공포에 따라 지세법은 폐지한다.
	(법률) 지적법 제1조 토지는 본법에 의하여 지적공부를 등록한다. 지적공부라 함은 토지대장, 지적도, 임야대장, 임야도를 말한다. 제3조 지목(21개) 1. 전, 답, 대, 염전, 광천지, 지소, 잡종지 2. 사사지, 공원지, 철도용지, 수도용지 3. 임야, 분묘지, 도로, 하천, 구거, 유지, 제방, 성첩, 철도선로, 수도선로 제4조 세무서에 토지대장을 비치한다. 제7조 토지대장의 지적은 평을 단위로 한다. 제26조 임야대장의 지적은 무를 단위로 한다. 구성 : 제1장(총칙), 제2장(토지대장 및 지적도), 제3장(임야대장 및 임야도), 제4장(잡칙), 부칙 ※ 조선임야대장규칙은 폐지한다. ※ 조선지세령에 의한 관련 사항은 이를 본법에 내용으로 간주한다.
1951.4.1.	(대통령령) 지적법시행령 제1조 세무서에 지적공부를 비치한다. ※ 필요한 사항은 재무부령으로 정한다.
1954.11.12.	(대통령령) 지적측량규정 제1조 지적법으로 정한 지적공부에 새로이 등록할 토지(신규등록지)의 측량, 지적산정과 지적정리는 본규정에 의한다. 제2조 지적측량의 구분 1. 기초측량 : 삼각측량, 도근측량 2. 세부측량 : 신규측량, 이동측량, 확정측량 구성 : 제1장(총칙), 제2장(신규측량), 제3장(이동측량), 제4장(확정측량), 제5장(삼각측량), 제6장(보조삼각측량과 도근측량), 제7장(지적산정), 제8장(지적정리), 제9장(잡칙)
1960.12.31.	(국무원령) 지적측량사규정 제1조(목적) 지적법에 의한 측량에 종사하는 자(지적측량사)의 자질향상을 도모함으로써 지적행정의 원활한 운영에 기여함을 목적으로 함 제3조(지적측량사) 상치측량사－국가공무원으로 지적측량사무에 종사하는 자 대행측량사－지적법에 의한 측량업무를 위탁받아 행하는 자 제7조(전형) 세부측량과, 기초측량과, 확정측량과 구성 : 제1장(총칙), 제2장(전형), 제3장(등록), 제4장(지적협회), 제5장(지적측량심의회), 제6장(지적측량사징계위원회)

1961.2.7.	(재무부령) 지적측량사규정시행 규칙 제1조 지적측량사 전형기준 제2조 필기고사 구분 1. 세부측량과 수학(평면기하), 측량학(세부측량), 관계 법규(지적 관계 법규와 토지세법) 2. 기초측량과 수학(평면기하와 평면삼각), 측량학(보조삼각측량과 도근측량), 관계 법규(지적 관계 법규와 토지세법) 3. 확정측량과 수학(평면기하와 평면삼각), 측량학(세부측량, 삼각측량과 다각측량), 관계 법규(지적 관계 법규와 토지세법) 합격성적은 매 과목 40점 이상으로 평균 60점 이상
1961.12.30.	지적측량규정 개정 세무서를 시, 군으로, 세무서장을 시장, 군수로, 사세청장을 서울특별시장 또는 도지사로, 재무부장관(령)을 내무부장관(령)으로 함(1962.1.1. 시행)
1975.12.31.	지적법 개정 제28조 내무부장관은 지적측량업무의 일부를 지적측량을 주된 업무로 설립된 비영리법인에게 대행시킬 수 있다.
1976.5.7.	지적법시행령 개정 제3조 지번은 아라비아숫자로 표기한다. ※ 지적측량사규정과 지적측량규정은 이를 폐지한다.
2004.1.1.	대한지적공사에 관한 사항 신설/(수치와 확정)지적측량업무 일부 개방

13 지적공부 등록사항 등

구분	토지표시사항	소유권에 관한 사항	기타
토지대장(土地臺帳, Land Books) & 임야대장(林野臺帳, Forest Books)	• **토**지 소재 • **지**번 • **지**목 • 면**적** • 토지의 **이**동 사유	• 토지소유자 **변**동일자 • 변**동**원인 • **주**민등록번호 • 성**명** 또는 명칭 • 주**소**	• 토지의 고**유**번호(각 필지를 서로 구별하기 위하여 필지마다 붙이는 고유한 번호를 말한다) • 지적도 또는 임야**도** 번호 • 필지별 토지대장 또는 임야대장의 **장**번호 • **축**척 • **토**지등급 또는 기준수확량등급과 그 설정 · 수정 연월일 • 개별**공**시지가와 그 기준일
공유지연명부(共有地連名簿, Common Land Books)	• **토**지 소재 • **지**번	• 토지소유자 **변**동일자 • 변**동**원인 • **주**민등록번호 • 성**명** · 주**소** • 소유권 **지**분	• 토지의 **고**유번호 • 필지별공유지 연명부의 **장**번호
대지권등록부(垈地權登錄簿, Building Site Rights Books)	• **토**지 소재 • **지**번	• 토지소유자가 **변**동일자 및 변**동**원인 • **주**민등록번호 • 성**명** 또는 명칭 · 주**소** • 대**지**권 비율 • 소유**권** 지분	• 토지의 **고**유번호 • 집합건물별 대지권등록부의 **장**번호 • **건**물의 명칭 • **전**유부분의 건물의 표시
경계점좌표등록부(境界點座標登錄簿, Boundary Point Coordinate Books)	• **토**지 소재 • **지**번 • 좌**표**		• 토지의 **고**유번호 • 필지별 경계점좌표등록부의 **장**번호 • **부**호 및 부호도 • 지적**도**면의 번호
지적도(地籍圖, Land Books) & 임야도(林野圖, Forest Books)	• **토**지 소재 • **지**번 • **지**목 • 경**계** • 좌표에 의하여 계산된 경계**점** 간의 거리(경계점좌표등록부를 갖춰두는 지역으로 한정한다)		• **도**면의 색인도 • 도**면**의 제명 및 축척 • 도곽**선**과 그 수치 • 삼**각**점 및 지적기준점의 위치 • 건축**물** 및 구조물 등의 위치

<table>
<tr><th>지적</th><th colspan="2">지적공부 등록사항</th></tr>
<tr><td>일람도</td><td colspan="2">• 지번부여지역의 경계 및 인접지역의 행정구역 명칭
• 도면의 제명 및 축척
• 도곽선과 그 수치
• 도면번호
• 도로 · 철도 · 하천 · 구거 · 유지 · 취락 등 주요 지형 · 지물의 표시</td></tr>
<tr><td>지번색인표</td><td colspan="2">• 제명
• 지번 · 도면번호 및 결번</td></tr>
<tr><td>지상경계점등록부
(지적재조사에 관한 특별법
시행규칙 제10조)</td><td>• 토지의 소재
• 지번
• 지목
• 작성일
• 위치도
• 경계점 번호 및 표지종류</td><td>• 경계점 세부설명 및 관련자료
• 경계위치
• 경계설정기준 및 경계형태
• 작성자의 소속 · 직급(직위) · 성명
• 확인자의 직급 · 성명</td></tr>
<tr><td>지상경계점등록부
(공간정보의 구축 및 관리 등에 관한 법률
제65조)</td><td colspan="2">• 토지의 소재
• 지번
• 경계점 좌표(경계점좌표등록부 시행지역에 한정한다)
• 경계점 위치 설명도
• 공부상 지목과 실제 토지이용 지목
• 경계점의 사진 파일
• 경계점표지의 종류 및 경계점 위치</td></tr>
<tr><td rowspan="2">새로운 지적공부의 작성
(지적재조사에 관한 특별법 제24조)</td><td colspan="2">지적소관청은 경계확정에 따른 사업완료 공고가 있었을 때 기존의 지적공부를 폐쇄하고 새로운 지적공부를 작성해야 한다(토지는 사업완료 공고일에 토지의 이동이 있는 것으로 본다).</td></tr>
<tr><td>• 토지의 소재
• 지번
• 지목
• 면적
• 경계점좌표
• 소유자의 성명 또는 명칭, 주소 및 주민등록번호(국가, 지자체, 법인, 법인 아닌 사단 재단 및 외국인의 경우에는 부동산등기법의 등록번호를 말한다)
• 소유권지분
• 대지권비율
• 지상건축물 및 지하건축물의 위치
• 국토교통부령으로 정하는 사항</td><td>※ 국토교통부령으로 정하는 사항
• 토지의 고유번호
• 토지의 이동사유
• 토지소유자가 변경된 날과 그 원인
• 개별공시지가, 개별주택가격, 공동주택가격 및 부동산실거래 가격과 그 기준일
• 필지별 공유지 연명부의 장번호
• 전유 부분의 건물표시
• 건물의 명칭
• 집합건물별 대지권등록부의 장번호
• 좌표에 의하여 계산된 경계점 사이의 거리
• 지적기준점의 위치
• 필지별 경계점좌표의 부호 및 부호도
• 토지이용규제 기본법에 따른 토지이용과 관련된 지역, 지구 등의 지정에 관한 사항
• 건축물의 표시와 건축물 현황도에 관한 사항
• 구분지상권에 관한 사항
• 도로명주소</td></tr>
</table>

지적	지적공부 등록사항
확정측량결과도 작성 (지적확정측량규정 제23조)	• 측**량**결과도의 **제**명 · 축**척** 및 색인**도** • 확정된 필지의 **경**계(경계점좌표를 전개하여 연결한 선) · **지**번 및 지**목** • 경**계**점 간 **계**산거리 및 실**측**거리. 다만, 경지정리지역에서는 실측거리 기재를 생략할 수 있다. $\frac{(\text{계산거리})}{\text{실측거리}}$ • 지적**기**준점 및 그 번호와 지적기**준**점 간 방**위**각 및 **거**리 • 행정구역**선**과 그 명칭 • **도**곽선과 그 수치 • **확정** 경계선에 지상구조물 등이 걸리는 경우에는 그 위치 현황 • **측량** 및 검사연월일, 측량자 및 검사자의 성명 · 소속 · 자격 등**급** 제1항에 따라 확정측량결과도를 작성하는 때에는 제1항제1호 · 제2호, 제4호 중 지적기준점 및 그 번호 · 제5호와 제8호는 검은색으로, 제1항제4호 중 지적기준점 간 방위각 및 거리와 제6호는 붉은색으로, 그 밖의 사항은 검은색으로 표시한다.
지적재조사측량 성과 검사항목	• 상공장애도 조사의 적정성 • 측량방법의 적정성 • 지적기준점설치망 구성의 적정성 • 지적기준점 선점 및 표지설치의 적정성 • 사업지구의 내 · 외 경계의 적정성 • 임시경계점표지 및 경계점표지 설치의 적정성 • 측량성과 계산 및 점검의 적정성 • 측량성과 작성의 적정성 • 면적산정의 적정성

구분		**소**재	**지**번	지목 = **축**척	**면**적	**경**계	**좌**표	**소**유자	**도**면 번호	**고**유 번호	소유권 (**지분**)	대지권 (**비율**)	기타 등록사항
대장	토지, 임야 대**장**	●	●	장 ●	장 ●			장 ●	장 ●	장 ●			토지**이동**사유 **개**별공시지가 **기**준수확량등급
	공유지 연명부	●	●					공 ●		공 ●	공 ●		
	대지권 등록부	●	●					대 ●		대 ●	대 ●	대 ●	**건**물의 명칭 **전**유건물표시
경계점좌표 등록부		●	●				경 ●		경 ●	경 ●			**부**호, 부호**도**
도면	지적 · 임야**도**	●	●	도 ●		도 ●			도 ●				색**인**도 **지**적기준점 위치 **도**곽선과 수치 **건**축물의 위치 **좌**표에 의한 계산거리

암기 **소지**는 공통이고, **목장도** = **축**장도, **면장**, **경도**는 **좌경**이요, **소경도**, **동공대**의 **고도**가 없고, **소**대장, **지분**은 공, 대에만 있다.

등록사항 \ 지적공부		대장				도면		경계점 좌표 등록부
		토지대장	임야대장	공유지 연명부	대지권 등록부	지적도	임야도	
토지 표시 사항	토지소재	○	○	○	○	○	○	○
	지번	○	○	○	○	○	○	○
	지목	○	○	×	×	○	○	×
	면적	○	○	×	×	×	×	×
	토지이동사유	○	○	×	×	×	×	×
	경계	×	×	×	×	○	○	×
	좌표	×	×	×	×	×	×	○
	경계점 간 거리	×	×	×	×	○ (좌표)	×	×
소유권 표시 사항	소유자가 변경된 날과 그 원인	○	○	○	○	×	×	×
	성명	○	○	○	○	×	×	×
	주소	○	○	○	○	×	×	×
	주민등록번호	○	○	○	○	×	×	×
	소유권지분	×	×	○	○	×	×	×
	대지권비율	×	×	×	○	×	×	×
	건물의 명칭	×	×	×	○	×	×	×
	전유부분의 건물표시	×	×	×	○	×	×	×
기타 표시 사항	토지등급사항	○	○	×	×	×	×	×
	개별공시지가와 그 기준일	○	○	×	×	×	×	×
	고유번호	○	○	○	○	×	×	○
	필지별 대장의 장번호	○	○	○	○	×	×	×
	도면의 제명	×	×	×	×	○	○	×
	도면번호	○	○	×	×	○	○	○
	도면의 색인도	×	×	×	×	○	○	×
	필지별 장번호	○	○	×	×	×	×	○
	축척	○	○	×	×	○	○	×
	도곽선 및 수치	×	×	×	×	○	○	×
	부호도	×	×	×	×	×	×	○
	삼각점 및 지적측량기준점 위치	×	×	×	×	○	○	×
	건축물 및 구조물의 위치	×	×	×	×	○	○	×
	직인	○	○	×	×	○	○	○
	직인날인번호	○	○	×	×	×	×	○

부동산종합공부의 등록사항	
공통사항	• 고유번호, 소재지, 지번, 관련 지번, 도로명주소 • 건축물 명칭, 동 명칭, 호 명칭
지적에 관한 사항	• 지목, 면적 • 토지이동일, 토지이동 사유 • 대지권 비율 • 지적도, 임야도, 경계점좌표, 축척, 담당자
건축물에 관한 사항	• 주용도, 주구조, 지붕, 대지면적, 건축면적, 연면적 • 건폐율, 용적률, 용적률 산정용 연면적, 높이 • 주부구분, 층수(지상 · 지하), 건물수, 부속동 · 면적, 주차대수 • 상가호수, 가구수, 세대수, 특이사항, 기타 기재사항 • 허가, 착공, 사용 승인일 • 층별(명칭), 층별 구조, 층별 용도, 층별 면적 • 전유 · 공유 구분, 전유 · 공유(구조, 용도, 면적) • 변동일, 변동 내용 및 원인 • 배치도, 단위 세대 평면도, 축척, 작성자
토지이용에 관한 사항	지역 · 지구 · 구역, 토지이용 규제, 행위 제한
가격에 관한 사항	기준연월일, 토지 등급, 개별공시지가, 주택(개별주택, 공동주택) 가격
소유에 관한 사항	성명, 등록번호, 주소, 소유 구분, 지분, 변동 원인, 변동연월일

공간정보의 구축 및 관리 등에 관한 법률 제76조의3(부동산종합공부의 등록사항 등)	
부동산종합공부	토지의 표시와 소유자에 관한 사항, 건축물의 표시와 소유자에 관한 사항, 토지의 이용 및 규제에 관한 사항, 부동산의 가격에 관한 사항 등 부동산에 관한 종합정보를 정보관리체계를 통하여 기록 · 저장한 것을 말한다.
	지적소관청은 부동산종합공부에 다음 각 호의 사항을 등록하여야 한다. 〈개정 2016.1.19〉 1. 토지의 표시와 소유자에 관한 사항 : 이 법에 따른 지적공부의 내용 2. 건축물의 표시와 소유자에 관한 사항(토지에 건축물이 있는 경우만 해당한다.) : 「건축법」 제38조에 따른 건축물대장의 내용 3. 토지의 이용 및 규제에 관한 사항 : 「토지이용규제 기본법」 제10조에 따른 토지이용계획확인서의 내용 4. 부동산의 가격에 관한 사항 : 「부동산 가격공시에 관한 법률」 제10조에 따른 개별공시지가, 같은 법 제16조, 제17조 및 제18조에 따른 개별주택가격 및 공동주택가격 공시내용 5. 그 밖에 부동산의 효율적 이용과 부동산과 관련된 정보의 종합적 관리 · 운영을 위하여 필요한 사항으로서 대통령령으로 정하는 사항 법 제76조의3제5호에서 "대통령령으로 정하는 사항"이란 「부동산등기법」 제48조에 따른 부동산의 권리에 관한 사항을 말한다.

공간정보의 구축 및 관리 등에 관한 법률 제76조의3(부동산종합공부의 등록사항 등)

	구분	축척	도상길이(cm)		지상길이(m)	
			종선	횡선	종선	횡선
지적(임야)도	토지대장등록지(지적도)	1/500	30	40	150	200
		1/600	41.666	33.333	200	250
		1/1,000	30	40	300	400
		1/1,200	41.666	33.333	400	500
		1/2,400	41.666	33.333	800	1,000
		1/3,000	40	50	1,200	1,500
		1/6,000	40	50	2,400	3,000
	임야대장등록지(임야도)	1/3,000	40	50	1,200	1,500
		1/6,000	40	50	2,400	3,000

구분	성과고시 (공보 또는 인터넷 홈페이지에 게제)	성과표 기록 · 관리
지적삼각점 성과표	• **기준**점의 명칭 및 번호 • 직각**좌**표계의 원점명(지적기준점에 한정한다) • 좌**표** 및 표고 • **경**도와 **위도** • **설치**일, 소재지 및 표지의 재질 • 측량성과 **보관** 장소	• **지**적삼각점의 명칭과 기준 원점명 • **좌**표 및 표고 • **경**도 및 위도(필요한 경우로 한정한다.) • **자**오선수차(子午線收差) • 시준점(視準點)의 **명**칭, 방위각 및 거리 • **소**재지와 측량연월일 • 그 밖의 참고사항
지적삼각보조점 성과표 및 지적도근점성과표		• 번호 및 **위**치의 약도 • 좌**표**와 직각좌표계 원점명 • 경**도**와 위도(필요한 경우로 한정한다) • **표**고(필요한 경우로 한정한다) • 소재**지**와 측량연월일 • **도**선 등급 및 도선명 • 표**지**의 재질 • **도**면번호 • 설치기**관** • 조**사**연월일, 조사자의 직위 · 성명 및 조사 내용
지적삼각점 명칭	측량지역이 소재하고 있는 특별시 · 광역시 · 도 명칭 중 2자를 채택하고 시 · 도단위로 일련번호를 붙여 정함	
지적삼각보조점 명칭	측량지역별로 설치순서에 따라 부여하되, 영구표지를 설치하는 경우에는 시 · 군 · 구별로 일련번호 부여한다. 이경우 일련번호 앞에는 "보"자를 붙인다.	
지적도근점의 번호	영구표지를 설치한 경우	영구표지를 설치하지 않은 경우
	시 · 군 · 구별로 설치순서에 따라 일련번호	시행지역별로 설치순서에 따라 일련번호
	이 경우 각도선의 교점은 지적도근점 번호앞에 "교"자를 붙인다.	

지적측량성과의 검사항목	
기초측량	• **기**지점사용의 적정 여부 • **지**적기준점설치망 구성의 적정 여부 • 관측**각** 및 거리측정의 정확 여부 • 계산의 **정**확 여부 • 지적기**준**점 선점 및 표지설치의 정확 여부 • 지적기준점성과와 기지경계선과의 부합 **여부**
세부측량	• **기**지점사용의 적정 여부 • 측량**준**비도 및 측량결과도 작성의 적정 여부 • 기지**점**과 지상경계와의 부합 여부 • 경계점 간 **계**산거리(도상거리)와 실측거리의 부합 여부 • 면적측정의 **정**확 여부 • 관계법령의 분할제한 등의 저촉 **여부**. 다만, 제20조제3항(각종 인가 · 허가 등의 내용과 다르게 토지의 형질이 변경되었을 경우에는 그 변경된 토지의 현황대로 측량성과를 결정하여야 한다)은 제외한다.

전자평판측량성과 검사항목(지적업무처리규정 제27조제3항)	
• 면적공차 초과 검증	• 법정 리 · 동계 및 축척 간 접합 중복 검사
• 이격거리 측정 및 필계점 좌표 확인	• 성과레이어 중첩검사
• 주위필지와의 부합 여부	• 폐쇄도면 중첩검사
• 누락필지 및 원필지 중복객체 검증	• 측정점위치설명도 작성의 적정 여부
• 지번중복 검증 및 도곽의 적정성 여부 검사	• 그 밖에 필요한 사항

준비도 및 결과도	
평판측량방법 결과도	• **측량준비파일의 사항** – **측**량 대상 토지의 경계선 · 지번 및 지목 – 인**근** 토지의 경계선 · 지번 및 지목 – 임야**도**를 갖춰 두는 지역에서 인근 지적도의 축척으로 측량을 할 때에는 임야도에 표시된 경계점의 좌표를 구하여 지적도에 전개(展開)한 경계선. 다만, 임야도에 표시된 경계점의 좌표를 구할 수 없거나 그 좌표에 따라 확대하여 그리는 것이 부적당한 경우에는 축척비율에 따라 확대한 경계선을 말한다. – **행**정구역선과 그 명칭 – 지**적**기준점 및 그 번호와 지적기준점 간의 거리, 지적기준점의 좌표, 그 밖에 측량의 기점이 될 수 있는 기지점 – **도**곽선(圖廓線)과 그 수치 – 도곽선의 신축이 **0.5**mm 이상일 때에는 그 신축량 및 보정(補正) 계수 – 그 밖에 국토교통부장관이 정하는 사항 • **측**정점의 위치, 측량기하적 및 지상에서 측정한 거리 • 측**량** 대상 토지의 토지이동 전의 지번과 지목(2개의 붉은 선으로 말소한다.) • 측량결과**도**의 제명 및 번호(연도별로 붙인다)와 도면번호 • **신규**등록 또는 등록 전환하려는 경계선 및 분할경계선 • 측량 **대상** 토지의 점유현황선 • 측량 및 **검사**의 연월일, 측량자 및 검사자의 성명 · 소속 및 자격 등급

<table>
<tr><th colspan="3">준비도 및 결과도</th></tr>
<tr><td>경위의측량방법
결과도</td><td colspan="2">• 측량준비파일의 사항
－측량 대상 토지의 경계와 경계점의 좌표 및 부호도 · 지번 · 지목
－인근 토지의 경계와 경계점의 좌표 및 부호도 · 지번 · 지목
－행정구역선과 그 명칭
－지적기준점 및 그 번호와 지적기준점 간의 방위각 및 그 거리
－경계점 간 계산거리
－도곽선(圖廓線)과 그 수치
－그 밖에 국토교통부장관이 정하는 사항
• 측정점의 위치(측량계산부의 좌표를 전개하여 적는다.), 지상에서 측정한 거리 및 방위각
• 측량 대상 토지의 경계점 간 실측거리
• 측량 대상 토지의 토지이동 전의 지번과 지목(2개의 붉은색으로 말소한다.)
• 측량 대상 토지의 점유현황선
• 측량결과도의 제명 및 번호(연도별로 붙인다.)와 지적도의 도면번호
• 신규등록 또는 등록전환하려는 경계선 및 분할경계선
• 측량 및 검사의 연월일, 측량자 및 검사자의 성명 · 소속 및 자격 등급

지적업무처리규정 제25조(지적측량결과도의 작성 등)
①「지적측량 시행규칙」 제26조에 따른 측량결과도(세부측량을 실시한 결과를 작성한 측량도면을 말한다)는 도면용지 또는 전자측량시스템을 사용하여 예시 1의 지적측량결과도 작성 예시에 따라 작성하고, 측량결과도를 파일로 작성한 때에는 데이터베이스에 저장하여 관리할 수 있다. 다만, 경위의측량방법으로 실시한 지적측량결과를 별표 제7호 또는 제8호 서식으로 작성할 경우에는 다음 각 호의 사항을 별도 작성 · 관리 · 검사요청하여야 한다.
1. 경계점(기준점) 좌표
2. 기지점 계산
3. 경계점(보조점) 관측 및 좌표 계산
4. 교차점 계산(필요한 경우)
5. 면적 지정분할 계산
6. 좌표면적 및 점간거리
7. 면적측정부</td></tr>
<tr><td rowspan="2">(지적확정측량)
지구계측량
준비파일 작성</td><td>평판측량
(지적 · 임야도)</td><td>• 측량대상 토지의 경계선 · 지번 및 지목
• 인근 토지의 경계선 · 지번 및 지목
• 임야도를 갖춰 두는 지역에서 인근 지적도의 축척으로 측량을 할 때에는 임야도에 표시된 경계점의 좌표를 구하여 지적도에 전개(展開)한 경계선. 다만, 임야도에 표시된 경계점의 좌표를 구할 수 없거나 그 좌표에 따라 확대하여 그리는 것이 부적당한 경우에는 축척비율에 따라 확대한 경계선을 말한다.
• 행정구역선과 그 명칭
• 지적기준점 및 그 번호와 지적기준점 간의 거리, 지적기준점의 좌표, 그 밖에 측량의 기점이 될 수 있는 기지점
• 도곽선(圖廓線)과 그 수치
• 도곽선의 신축이 0.5밀리미터 이상일 때에는 그 신축량 및 보정(補正) 계수
• 그 밖에 국토교통부장관이 정하는 사항</td></tr>
<tr><td>경위의측량
(경계점좌표
등록부와
지적도)</td><td>• 측량대상 토지의 경계와 경계점의 좌표 및 부호도 · 지번 · 지목
• 인근 토지의 경계와 경계점의 좌표 및 부호도 · 지번 · 지목
• 행정구역선과 그 명칭
• 지적기준점 및 그 번호와 지적기준점 간의 방위각 및 그 거리
• 경계점 간 계산거리
• 도곽선(圖廓線)과 그 수치
• 그 밖에 국토교통부장관이 정하는 사항</td></tr>
</table>

<table>
<tr><th colspan="3">준비도 및 결과도</th></tr>
<tr><td>(지적확정측량)
지구계측량
결과도작성</td><td colspan="2">• 측량결과도의 제명 · 축척 및 색인도
• 확정된 필지의 경계(경계점좌표를 전개하여 연결한 선) · 지번 및 지목
• 경계점 간 계산거리 및 실측거리. 다만, 경지정리지역에서는 실측거리 기재를 생략 할 수 있다.
$\frac{(\text{계산거리})}{\text{실측거리}}$
• 지적기준점 및 그 번호와 지적기준점 간 방위각 및 거리
• 행정구역선과 그 명칭
• 도곽선과 그 수치
• 확정 경계선에 지상구조물 등이 걸리는 경우에는 그 위치현황
• 측량 및 검사연월일, 측량자 및 검사자의 성명 · 소속 · 자격등급</td></tr>
<tr><td rowspan="3">특징</td><td>검은색</td><td>제명, 축척, 색인도, 경계, 지번, 지목, 지적측량기준점, 그 번호, 행정구역선명칭, 측량 검사연월일, 성명, 소속, 자격등급</td></tr>
<tr><td>붉은색</td><td>지적측량기준점 및 번호와 지적측량기준점 간 방위각 및 거리</td></tr>
<tr><td>연 필</td><td>경계점 간 계산거리 및 실측거리(농지에서는 실측거리를 기재하지 않을 수도 있음), 경계에 지상건축물이 걸리는 경우 그 위치 현황</td></tr>
</table>

14 지적 관련 각종 요소

구분	내용	
측량의 3요소	• **거**리 • 높**이**	• **방**향
측량의 4요소	• **거**리 • 높**이**	• **방**향 • **시**간
측지학적 3차원 위치 결정요소	• **경**도 • **높**이(평균해수면)	• **위**도
측지원점요소 (측지원자)	• **경**도 • **방**위각 • **기**준타원체 요소	• **위**도 • **지**오이드 높이
타원체의 요소	• **편**평률 • **자**오선 곡률반경 • 중등**곡**률반경 • 타원방정**식**의 표준형	• 이**심**률 • 횡(묘유선)곡**률**반경 • 평균곡**률**반경
지자기의 3요소	• **편**각 • **수**평분력	• **복**각
지평좌표계 위치요소	• **방**위각	• **고**저각
적도좌표계 위치요소	• 적경 • 시간각	• 적위 • 적위
황도좌표계 위치요소	• 황경	• 황위
은하좌표계 위치요소	• 은경	• 은위
평판측량의 3요소	• **정**준 • **표**정	• **구**심
트랜싯축의 3요소	• **연**직축 • 시준**축**	• 수**평**축
오차타원의 요소	• 타원의 **장**축 • 타원의 회**전**각	• 타원의 **단**축
다목적 지적의 5대 구성요소	• **측**지기본망(Geodetic Reference Network) • **기**본도(Base Map) • **지**적중첩도(Cadastral Overlay) • **필**지식별번호(Unique Parcel Identification Number) • **토**지자료파일(Land Data File)	
LIS의 구성요소	• D/B • H/W • 방법	• S/W • 인적자원
편심요소	• 편심(귀심)거리	• 편심(귀심)각

구분	내용
메타데이터의 기본요소	• **개요** 및 자료 소개 • 자료의 **구성** • **형상** 및 속성 정보 • **참조**정보 • **자료**품질 • **공간**참조를 위한 정보 • **정보**를 얻는 방법
메타데이터의 기본요소	**식**별, **자**료의 질, **공**간자료 구성, 공간**좌**표, 사**상**과 속성, **배**포, 메**타**데이터 참조, **인**용정보, **제**작 시기, **연**락처 • **식**별정보(Identification Information) • **자**료의 질 정보(Data Quality Information) • **공**간자료 구성정보(Spatial Data Organization Information) • 공간**좌**표정보(Spatial Reference Information) • 사**상**과 속성정보(Entity & Attribute Information) • **배**포정보(Distribution Information) • 메**타**데이터 참조정보(Metadata Reference Information) • **인**용정보(Citation) • **제**작시기(Time Period) • **연**락처(Contact)
ISO19113(지리정보-품질원칙)의 품질개요요소	• **목적** • **연혁** • **용도**
품질요소 및 세부요소	• **완전**성 • **위치**정확성 • **주제**정확성 • **논리**적 일관성 • **시간**정확성
GIS 데이터 표준화 요소	• Data Model의 표준화 • Meta data의 표준화 • Data Quality의 표준화 • Data Exchange의 표준화 • Data Content의 표준화 • Data Collection의 표준화 • Location Reference의 표준화
SDTS의 구성요소	• **논리**적 규정(Logical Specification) • **공간**적 객체들(Spatial Features) • **ISO**8211 코딩화(ISO 8211 Encoding) • **위상**벡터 프로파일(TVP : Topological Vector Profile) • **래스터** 프로파일 및 추가 형식(RP : Raster Profile & Extensions) • **점** 프로파일(PP : Point Profile) • **CAD** 및 드래프트 프로파일(CAD and Draft Profiles)
ISO Technical Committee 211의 구성요소	• WG1(Framework and Reference Model) : 업무 구조 및 참조 모델을 담당하는 작업반 • WG2(Geospatial Data Models and Operators) : 지리공간데이터 모델과 운영자 담당 • WG3(Geospatial Data Administration) : 지리공간데이터 담당 • WG4(Geospatial Services) : 지리공간 서비스 담당 • WG5(Profiles and Functional Standards) : 프로파일 및 기능에 관한 제반 표준 담당
벡터 자료구조의 기본요소	• 점(Point) • 면(Area) • 선(Line)
Data Mining의 기본요소	• 예측 • 검증 • 묘사 • 발견

구분	내용
Big Data의 5요소	• 빠른 생성 속도(Velocity) • 초대용량(Volume) • 다양한 형태(Variety) • 무한한 가치(Value) • 데이터의 진실성(Veracity)
Database의 개념적 구성요소 (E-R Model의 구성요소)	• 개체(Entity) • 속성(Attribute) • 관계(Relationship)
Geocoding(위치정보지정) 요소	• 입력자료(Input Dataset) • 출력자료(Output Dataset) • 처리알고리즘(Processing Algorithm) • 참조자료(Reference Dataset)
DEM(Digital Elevation Model) 요소	• 블록 • 단면(Propile) • 표고점
GIS 자료검수항목요소	• 자료 입력과정 및 생성연혁 관리 • 자료 포맷 • 자료 최신성 • 위치의 정확성 • 속성의 정확성 • 문자 정확성 • 기하구조의 적합성 • 경계정합 • 논리적 일관성 • 완전성
지리데이터의 품질 구성요소	• 지리데이터의 위치정확도 • 지리데이터의 속성정확도 • 시간정확도 • 의미정확도 • 지리데이터의 논리적 일관성 • 지리적 데이터의 계통성 • 지리데이터의 완전성
파일처리방식의 구성요소	• 레코드(Record) • 필드(Field) • 키(Key)
DBMS의 기능적 구성요소	• 질의어 처리기(Query Processor) • DML 예비 컴파일러(DML Preprocessor) • DDL 컴파일러(DDL Compiler) 또는 DDL 처리기(DDL Processor) • DML 컴파일러(DML Compiler) 또는 DML 처리기(DML Processer) • 런타임 데이터베이스 처리기(Runtime Database Processor) • 트랜잭션 관리자(Transaction Manager) • 저장 데이터 관리자(Stored Data Manager)
DDL (Data Definition Language)	• CREATE • ALTER • DROP • RENAME • TRUNCATE
DML (Data Mainpulation Language)	• SELECT • INSERT • UPDATE • DELETE
DCL (Data Control Language)	• GRANT • REVOKE • COMMIT • ROLLBACK
DBMS의 필수 기능	• Definition 기능 • Manipulation 기능 • Control 기능
Entity-Relationship model의 구성요소	• Entity • Attribute • Relation
객체지향의 구성요소(COMAM)	• Class • Object • Method • Attribute • Message

구분	내용	
객체구조요소(DMO)	• Data • Oid	• Method
Geodatabase의 구성요소	• 객체 클래스 • 관계 클래스	• 피처 클래스 • 다양한 데이터 세트의 집합
도형정보의 도형요소	• 점(Point) • 면(Area) • 격자셀(Grid Cell)	• 선(Line) • 영상소(Pixel) • 기호 및 주석(Symbol & Annotation)
DEM의 요소	• 블록 • 표고점	• 단면(Profile)
TIN 구성요소	• 경계(Edges) • 평면삼각면(Faces)	• 절점(Vertices)
지적불부합지의 유형	• **중**복형 • **편**위형 • **위**치오류형	• **공**백형 • **불**규칙형 • **경**계 이외의 불부합
LMIS 소프트웨어 구성	• ORACLE • AutoCAD • Spatial Middleware	• GIS서버 • ARS/INFO
LMIS 컴포넌트	• Data Provider • Map Agent • Web Service	• Edit Agent • MAP OCX
GPS 구성요소	• Space Segment • User Segment	• Control Segment
인공위성의 궤도요소	• 궤도장반경 • 궤도경사각 • 근지점인수	• 궤도이심률 • 승교점적경 • 근점이각
사진판독요소	• Tone Color • Texture • Size • Location	• Pattern • Shape • Shadow • Vertical Exaggeration
기본지리정보기본요소	행**정**구역, 교**통**, 시설**물**, **지**적, 지**형**, **해**양 및 **수**자원, 측량기**준**점, 위성영상 및 항**공**사진	
기본공간정보 기본요소	행정**경**계 · 도로 또는 철도의 **경**계 · 하천**경**계 · **지**형 · **해**안선 · **지**적, **건**물 등 인공구조물의 공간정보, 그 밖에 대통령령으로 정하는 주요 공간정보를 기본공간정보로 선정 • **기**준점 • 정**사**영상 • 공간정보 **입**체 모형	 • **지**명 • **수**치표고 모형 • **실**내공간정보
전자파(Electromagnetic)의 4요소	• 주파수(파장) : 가시영역, 마이크로 영역 • 진폭	• 전파방향 • 편파면(편광면)
지적의 외부구성요소	• 지리적 요소 • 사회적 요소	• 법률적 요소

구분		내용
지적 협의의 구성요소		• 토지(지적의 대상(객체)) • 등록(지적의 주된 행위) • 지적공부(지적행위의 결과물)
지적 광의의 구성요소		• 소유자(권리주체) • 권리(주된 등록사항) • 필지(권리객체)
GIS 소프트웨어의 주요 구성요소		• **자료** 입출력 및 검색 • 자료**저장** 및 데이터베이스 관리 • 자료의 **출력**과 도식 • 자료의 **변환** • **사용**자와의 연계
국가공간정보인프라 (NSDI : National Spacial Data Infrastructure) 구성요소		• 클리어링 하우스 • 메타데이터 • 프레임워크데이트 • 표준 • 파트너십
Data Warehouse (DW)의 요소	ETT · ETL	• Extract(추출) · Transformation(가공) · Transportation(전송) • Extract(추출) · Transformation(가공) · Load(로딩) • 데이터를 소스시스템에서 추출하여 DW에 로드시키는 과정
	ODS	• Operational Data Store(운영계 정보 저장소) • 비즈니스프로세스 · AP 중심적 데이터 • 기업의 실시간성 데이터를 추출 · 가공 · 전송을 거치지 않고 DW에 저장
	DW DB	애플리케이션 중립적 · 주제지향적 · 불변적 · 통합적 · 시계열적 공유 데이터 저장소
	Metadata	• DW에 저장되는 데이터에 대한 정보를 저장하는 데이터 • 데이터의 사용성과 관리 효율성을 위한 데이터에 대한 데이터
	Data Mart	• 특화된 소규모의 DW(부서별, 분야별) • 특정 비즈니스 프로세스, 부서, AP 중심적인 데이터 저장소
	OLAP	최종 사용자의 대화식 정보분석도구, 다차원정보 직접 접근
	Data Mining	• 대량의 데이터에서 규칙, 패턴을 찾는 지식 발견과정 • 미래 예측을 위한 의미 있는 정보 추출
Data Warehouse (DW)의 특징	Subject Oriented	업무 중심이 아닌 특정 주제 지향적
	Non-Volatile	갱신이 발생하지 않는 조회 전용
	Integrated	필요한 데이터를 원하는 형태로 통합
	Time-Variant	시점별 분석 가능

<table>
<tr><th>구분</th><th>요소</th><th colspan="2">내용</th></tr>
<tr><td rowspan="3">측량의 3요소</td><td>거리</td><td colspan="2">• 평면거리 : 수평거리, 평면거리, 수직거리
• 곡면거리 : 측지선, 자오선, 항정선, 묘유선, 평행권
• 공간거리 : 공간상의 두 점을 잇는 선형을 경로로 하여 측량한 거리</td></tr>
<tr><td>방향</td><td colspan="2">공간상 한 점의 위치는 원점(Origin)과 기준점(Reference Surface), 기준선(Reference Line)이 정해졌다면 원점에서 그 점을 향하는 직선의 방향과 길이로 결정된다. 두 방향선의 방향의 차이는 각(Angle)으로 표시한다.</td></tr>
<tr><td>높이</td><td colspan="2">• 고저각 : 수평면으로부터 어떤 점까지의 연직거리
• 표고 : 평균해수면으로 부터의 어느지점까지의 높이</td></tr>
<tr><td rowspan="7">측량의 4요소</td><td>거리</td><td colspan="2">• 평면거리 : 수평거리, 평면거리, 수직거리
• 곡면거리 : 측지선, 자오선, 항정선, 묘유선, 평행권
• 공간거리 : 공간상의 두 점을 잇는 선형을 경로로 하여 측량한 거리</td></tr>
<tr><td>방향</td><td colspan="2">공간상 한 점의 위치는 원점(Origin)과 기준점(Reference Surface), 기준선(Reference Line)이 정해졌다면 원점에서 그 점을 향하는 직선의 방향과 길이로 결정된다. 두 방향선의 방향의 차이는 각(Angle)으로 표시한다.</td></tr>
<tr><td rowspan="4">높이</td><td>표고
(標高,
Elevation)</td><td>지오이드면, 즉 정지된 평균해수면과 물리적 지표면 사이의 고저차</td></tr>
<tr><td>정표고
(正標高,
Orthometric
Height)</td><td>물리적 지표면에서 지오이드까지의 고저차</td></tr>
<tr><td>지오이드고
(Geoidal
Height)</td><td>타원체와 지오이드와 사이의 고저차</td></tr>
<tr><td>타원체고
(楕圓體高,
Ellipsoidal
Height)</td><td>준거 타원체상에서 물리적 지표면까지의 고저차를 말하고 지구를 이상적인 타원체로 가정한 타원체면으로부터 관측지점까지의 거리이며 실제 지구표면은 울퉁불퉁한 기복을 가지므로 실제높이(표고)는 타원체고가 아닌 평균해수면(지오이드)으로부터 연직선 거리이다.</td></tr>
<tr><td>시간</td><td colspan="2">시는 지구의 자전 및 공전 때문에 관측자의 지구상 절대적 위치가 주기적으로 변화함을 표시한다. 원래 하루의 길이는 지구의 자전, 1년은 지구의 공전, 주나 한달은 달의 공전으로부터 정의된다. 시와 경도 사이에는 1hr=15°의 관계가 있다.</td></tr>
<tr><td rowspan="5">측지학적 3차원
위치 결정요소</td><td rowspan="2">경도</td><td>측경도</td><td>본초자오선과 타원체상의 임의 자오선이 이루는 적도상 각거리를 말한다.</td></tr>
<tr><td>천경도</td><td>본초자오선과 지오이드상의 임의 자오선이 이루는 적도상 각거리를 말한다.</td></tr>
<tr><td rowspan="3">위도</td><td>측도</td><td>지구상 한 점에서 회전타원체의 법선이 적도면과 이루는 각으로 측지분야에서 많이 사용한다.</td></tr>
<tr><td>천문위도</td><td>지구상 한 점에서 지오이드의 연직선(중력방향선)이 적도면과 이루는 각을 말한다.</td></tr>
<tr><td>지심위도</td><td>지구상 한 점과 지구중심을 맺는 직선이 적도면과 이루는 각을 말한다.</td></tr>
</table>

구분	요소	내용
		화성위도: 지구중심으로부터 장반경(a)을 반경으로 하는 원과 지구상 한 점을 지나는 종선의 연장선과 지구중심을 연결한 직선이 적도면과 이루는 각을 말한다.
	높이(평균해수면)	• 고저각 : 수평면으로부터 어떤 점까지의 연직거리 • 표고 : 평균해수면으로 부터의 어느지점까지의 높이
측지원점요소 (測地原点要素) [측지원자 (測地原子)]	**경**도	본초자오선과 적도의 교점을 원점(0, 0)으로 한다. 경도는 본초자오선으로부터 적도를 따라 그 지점의 자오선까지 잰 최소 각거리로 동서쪽으로 0°~180°까지 나타내며, 측지경도와 천문경도로 구분한다.
	위도	지표면상의 한 점에서 세운 법선이 적도면을 0°로 하여 이루는 각으로서 남북위 0°~90°로 표시한다. 위도는 자오선을 따라 적도에서 어느 지점까지 관측한 최소 각거리로서 어느 지점의 연직선 또는 타원체의 법선이 적도면과 이루는 각으로 정의되고, 0°~90°까지 관측하며, 경도 1°에 대한 적도상 거리, 즉 위도 0°의 거리는 약 111km, 1′은 1.85km, 1″는 30.88m이다.
	방위각 (Azimuth)	자오선을 기준으로 어느 측선까지 시계방향으로 잰 수평각으로 진북방위각, 도북방위각(도북기준), 자북방위각(자북기준) 등이 있다.
	지오이드고	타원체와 지오이드와 사이의 고저차를 말한다.
	기준타원체 요소	–
타원체의 요소	편평률	$P=\dfrac{a-b}{a}=1-\sqrt{1-e^2}$
	이심률	$e_1=\sqrt{\dfrac{a^2-b^2}{a^2}}$
	자오선 곡률반경	$R=\dfrac{a(1-e^2)}{W^3}$ $W=\sqrt{1-e^2\sin^2\phi}$ (ϕ : 축지위도)
	묘유선 곡률반경	$N=\dfrac{a}{W}=\dfrac{a}{\sqrt{1-e^2\sin^2\phi}}$
	중등곡률반경	$r=\sqrt{M\cdot N}$
	평균곡률반경	$R=\dfrac{2a+b}{3}$
	타원방정식 표현	$\dfrac{X^2}{a^2}+\dfrac{Y^2}{b^2}=1$
지자기의 3요소	편각	수평분력 H가 진북과 이루는 각. 지자기의 방향과 자오선이 이루는 각
	복각	전자장 F와 수평분력 H가 이루는 각. 지자기의 방향과 수평면과 이루는 각
	수평분력	전자장 F의 수평성분. 수평면 내에서의 지자기장의 크기(지자기의 강도)를 말하며, 지자기의 강도를 전자력의 수평방향의 성분을 수평분력, 연직방향의 성분을 연직분력이라 한다.
지평좌표계 위치요소	방위각	방위각은 자오선의 북점으로부터 지평선을 따라 천체를 지나 수직권의 발 X'까지 잰 각거리

구분	요소	내용
	고저각	지평선으로부터 천체까지 수직권을 따라 잰 각거리
적도좌표계 위치요소	적경	본초시간권(춘분점을 지나는 시간권)에서 적도면을 따라 동쪽으로 잰 각거리(0～24h)
	적위	적도상 0도에서, 적도 남북 0～±90도로 표시하며, 적도면에서 천체까지 시간권을 따라 잰 각거리
	시간각	관측자의 자오선 $PZ\Sigma$ 에서 천체의 시간권까지 적도를 따라 서쪽으로 잰 각거리
황도좌표계 위치요소	황경	춘분점을 원점으로 하여 황도를 따라 동쪽으로 잰 각거리(0～360°)
	황위	황도면에서 떨어진 각거리(0～±90도)
은하좌표계 위치요소	은경	은하중심방향으로부터 은하적도를 따라 동쪽으로 잰 각(0～360°)
	은위	은하적도로부터 잰 각거리(0～±90°)
트랜싯축의 3요소	시준축	망원경 대물렌즈의 광심과 십자선 교점을 잇는 선
	수평축	트랜싯 토털스테이션 등의 망원경을 지지하는 수평한 축을 말한다. 망원경은 이축에 고정되어 있으며 축받이 위에서 회전한다. 시준축과 연직축과는 서로 직교하고 있어야 한다.
	연직축	트랜싯 등에서 회전의 중심축으로 관측할 때 이것이 연직이 되도록 조정한다. 이것은 수준기에 따라서 하게 되는 것이므로 그 조정을 충분히 해야 할 필요가 있다.
오차타원의 요소	타원의 장축	–
	타원의 단축	–
	타원의 회전각	–
편심요소	편심각	관측의 기본방향에서 편심점 방향까지의 협각을 말한다. 각 방향의 편심방향각은 360°에서 편심각을 뺀 것에 관측방향각을 가해서 산출한다.
	편심거리	3각점의 중심에서 시준점 또는 관측점의 중심까지의 거리
다목적 지적의 5대 구성요소	측지기본망 (Geodetic Reference Network)	토지의 경계선과 측지측량이나 그 밖의 토지 및 토지 관련 자료와 지형 간의 상관관계를 형성한다. 지상에 영구적으로 표시되어 지적도상에 등록된 경계선을 현지에 복원할 수 있는 정확도를 유지할 수 있는 기준점 표지의 연결망을 말하는데, 서로 관련 있는 모든 지역의 기준점이 단일의 통합된 네트워크여야 한다.
	기본도 (Base Map)	측지기본망을 기초로 작성된 도면으로서 지도작성에 기본적으로 필요한 정보를 일정한 축척의 도면 위에 등록한 것으로 변동사항과 자료를 수시로 정비하고 최신화하여 사용될 수 있어야 한다.
	지적중첩도 (Cadastral Overlay)	측지기본망과 기본도와 연계하여 활용할 수 있고 토지소유권에 관한 현재 상태의 경계를 식별할 수 있도록 일필지 단위로 등록한 지적도로, 시설물, 토지이용, 지역구도 등을 결합한 상태의 도면을 말한다.
	필지식별번호 (Unique Parcel Identification Number)	각 필지별 등록사항의 조직적인 저장과 수정을 용이하게 각 정보를 인식 · 선정 · 식별 · 조정하는 가변성(Variability : 일정한 조건에서 변할 수 있는 성질)이 없는 토지의 고유번호를 말하는데, 지적도의 등록 사항과 도면의 등록사항을 연결시켜 자료파일의 검색 등 색인번호의 역할을 한다. 이러한 필지식별번호는 토지평가, 토지의 과세, 토지의 거래, 토지이용계획 등에서 활용되고 있다.
	토지자료파일 (Land Data File)	토지에 대한 정보검색이나 다른 자료철에 있는 정보를 연결시키기 위한 목적으로 만들어진 각 필지의 식별번호를 포함한 일련의 공부 또는 토지자료철을 말하는데,

<table>
<tr><th>구분</th><th>요소</th><th colspan="2">내용</th></tr>
<tr><td></td><td></td><td colspan="2">과세대장, 건축물대장, 천연자원기록, 토지이용, 도로, 시설물대장 등 토지 관련 자료를 등록한 대장을 뜻한다.</td></tr>
<tr><td rowspan="6">LIS의
구성요소</td><td>Hardware</td><td colspan="2">지형공간정보체계를 운용하는 데 필요한 컴퓨터와 각종 입 · 출력장치 및 자료관리장치를 말하며 하드웨어의 범주에는 데스크탑 PC, 워크스테이션뿐만 아니라 스캐너, 프린터, 플로터, 디지타이저를 비롯한 각종 주변 장치가 포함된다.</td></tr>
<tr><td>Software</td><td colspan="2">지리정보체계의 자료를 입력, 출력, 관리하기 위해 프로그램인 소프트웨어가 반드시 필요하며 크게 세 종류로 구분하면 먼저 하드웨어를 구동시키고 각종 주변 장치를 제어할 수 있는 운영체계(OS : Operating system), 지리정보체계의 자료구축과 자료 입력 및 검색을 위한 입력 소프트웨어, 지리정보체계의 엔진을 탑재하고 있는 자료처리 및 분석 소프트웨어로 구성된다.
소프트웨어는 각종 정보를 저장 · 분석 · 출력할 수 있는 기능을 지원하는 도구로서 정보의 입력 및 중첩기능, 데이터베이스 관리기능, 질의 분석, 시각화 기능 등의 주요 기능을 갖는다.</td></tr>
<tr><td>Database</td><td colspan="2">지리정보체계는 많은 자료를 입력하거나 관리하는 것으로 이루어지고 입력된 자료를 활용하여 토지정보체계의 응용시스템을 구축할 수 있으며 이러한 자료들은 속성정보(각종 공부와 대장)와 도형정보(지적도, 임야도, 지하시설물도, 도시계획도 등)로 분류된다.</td></tr>
<tr><td rowspan="4">Man Power</td><td colspan="2">전문 인력은 지리정보체계의 구성요소 중에서 가장 중요한 요소로서 데이터를 구축하고 실제 업무에 활용하는 사람으로, 전문적인 기술이 필요하므로 이에 전념할 수 있는 숙련된 전담요원과 기관, 시스템을 설계하고 관리하는 전문 인력과 일상 업무에 지리정보체계를 활용하는 사용자 모두가 포함된다.</td></tr>
<tr><td>GIS
일반
사용자</td><td>단순히 정보를 찾아보는 일반 사용자
• 교통정보나 기상정보 참조
• 부동산 가격에 대한 정보 참조
• 기업이나 서비스업체 찾기
• 여행계획수립
• 위락시설 정보 찾기
• 교육</td></tr>
<tr><td>GIS
활용가</td><td>기업활동, 전문서비스 공급 그리고 의사 결정을 위한 목적으로 GIS를 사용한다.
• 엔지니어 · 계획가
• 시설물 관리자
• 자원 계획가
• 토지 행정가
• 법률가
• 과학자</td></tr>
<tr><td>GIS
전문가</td><td>실제로 GIS가 구현되도록 일하는 사람
• 데이터베이스 관리
• 응용 프로그램
• 프로젝트 관리
• 시스템 분석
• 프로그래머</td></tr>
<tr><td></td><td>Application</td><td colspan="2">특정한 사용자 요구를 지원하기 위해 자료를 처리하고 조작하는 활동, 즉 응용 프로</td></tr>
</table>

구분	요소	내용
		그램들을 총칭하는 것으로 특정 작업을 처리하기 위해 만든 컴퓨터프로그램을 의미한다. 하나의 공간문제를 해결하고 지역 및 공간 관련 계획수립에 대한 솔루션을 제공하기 위한 GIS 시스템은 그 목표 및 구체적인 목적에 따라 적용되는 방법론이나 절차, 구성, 내용 등이 달라지게 된다.
메타데이터의 기본요소 암기 **자료구조상 보조**	개요 및 **자**료 소개	수록된 데이터의 명칭, 개발자, 데이터의 지리적 영역 및 내용, 다른 이용자의 이용 가능성, 가능한 데이터의 획득방법 등을 위한 규칙이 포함된다.
	자**료**품질	자료가 가진 위치 및 속성의 정확도, 완전성, 일관성, 정보의 출처, 자료의 생성방법 등을 나타낸다.
	자료의 **구**성	자료의 코드화(Encoding)에 이용된 데이터 모형(백터나 격자 모형 등), 공간상의 위치 표시방법(위도나 경도를 이용하는 직접적인 방법이나 거리의 주소나 우편번호 등을 이용하는 간접적인 방법 등)에 관한 정보가 서술된다.
	공간참**조**를 위한 정보	사용된 지도 투영법, 변수 좌표계에 관련된 제반 정보를 포함한다.
	형**상** 및 속성 정보	수록된 공간 객체와 관련된 지리정보와 수록방식에 관하여 설명한다.
	정**보**를 얻는 방법	정보의 획득과 관련된 기관, 획득 형태, 정보의 가격에 대한 사항을 설명한다.
	참**조**정보	메타데이터의 작성자 및 일시 등을 포함한다.
메타데이터의 기본요소	식별정보	인용, 자료에 대한 묘사, 제작시기, 공간영역, 키워드, 접근제한, 사용제한, 연락처 등
	개요 및 자료소개	수록된 데이터의 명칭, 개발자, 데이터의 지리적 영역 및 내용, 다른 이용자의 이용 가능성, 가능한 데이터의 획득방법 등을 위한 규칙이 포함된다.
	자료의 질 정보	속성정보 정확도, 논리적 일관성, 완결성, 위치정보 정확도, 계통(lineage) 정보 등
	자료 품질	자료가 가진 위치 및 속성의 정확도, 완전성, 일관성, 정보의 출처, 자료의 생성방법 등을 나타낸다.
	공간자료 구성정보	간접 공간참조자료(주소체계), 직접 공간참조자료, 점과 벡터객체 정보, 위상관계, 래스터 객체 정보 등
	자료의 구성	자료의 코드화(Encoding)에 이용된 데이터 모형(백터나 격자 모형 등), 공간상의 위치 표시방법(위도나 경도를 이용하는 직접적인 방법이나 거리의 주소나 우편번호 등을 이용하는 간접적인 방법 등)에 관한 정보가 서술된다.
	공간좌표정보	평면 및 수직 좌표계
	공간참조를 위한 정보	사용된 지도 투영법, 변수 좌표계에 관련된 제반 정보를 포함한다.
	사상과 속성정보	사상타입, 속성 등
	형상 및 속성 정보	수록된 공간 객체와 관련된 지리정보와 수록방식에 관하여 설명한다.
	배포정보	배포자, 주문방법, 법적 의무, 디지털 자료형태 등
	정보 획득 방법	정보의 획득과 관련된 기관, 획득 형태, 정보의 가격에 대한 사항을 설명한다.
	메타데이터 참조정보	메타데이타 작성 시기, 버전, 메타데이터 표준이름, 사용제한, 접근 제한 등
	참조정보	메타데이터의 작성자 및 일시 등을 포함한다.

구분	요소	내용
	인용정보	출판일, 출판시기, 원 제작자, 제목, 시리즈 정보 등
	제작시기	일정시점, 다중시점, 일정 시기 등
	연락처	연락자, 연락기관, 주소 등
ISO19113(지리정보－품질원칙)의 품질 개요 요소	목적	데이터세트를 생성하는 근본적인 이유를 설명하고 그 본래 의도한 용도에 관한 정보를 제공하여야 한다.
	용도	데이터세트가 사용되는 애플리케이션을 설명하여야 한다. 용도는 데이터 생산자나 다른 개별 데이터 사용자가 데이터세트를 사용하는 예를 설명하여야 한다.
	연혁	데이터세트의 이력을 설명하여야 하고 수집, 획득에서부터 편집이나 파생을 통해 현재 형태에 도달하게 된 데이터세트의 생명주기를 알려주어야 한다. 연혁에는 데이터셋의 부모들을 설명하여야 하는 출력정보와 데이터셋 주기상의 사건 또는 변환기록을 설명하는 프로세스 단계 또는 이력정보의 두 가지 구성요소가 있다.
품질요소 및 세부요소	완전성	초과, 누락
	논리적 일관성	개념일관성, 영역일관성, 포맷일관성, 위상일관성
	위치정확성	절대적 또는 외적 정확성, 상대적 또는 내적 정확성, 그리드데이터 위치정확성
	시간정확성	시간측정정확성, 시간일관성, 시간타당성
	주제정확성	분류 정확성, 비정량적 속성 정확성, 정량적 속성 정확성
GIS 데이터 표준화 요소	Data Model	공간데이터의 개념적이고 논리적인 틀이 정의된다.
	Data Content	다양한 공간 현상에 대하여 데이터 교환에 대해 필요한 데이터를 얻기 위한 공간 현상과 관련 속성 자료들이 정의된다.
	Metadata	사용되는 공간 데이터의 의미, 맥락, 내외부적 관계 등에 대한 정보로 정의된다.
	Data Collection	공간데이터를 수집하기 위한 방법을 정의한다.
	Location Reference	공간데이터의 정확성, 의미, 공간적 관계 등이 객관적인 기준(좌표 체계, 투영법, 기준점 등)에 의해 정의된다.
	Data Quality	만들어진 공간데이터가 얼마나 유용하고 정확한지, 의미가 있는지에 대한 검증 과정으로 정의된다.
	Data Exchange	만들어진 공간데이터가 교환 또는 이송되기 위한 데이터 모델구조, 전환방식 등으로 정의된다.
SDTS의 구성요소	Logical Specification	세 개의 주요 장(Section)으로 구성되어 있으며 SDTS의 개념적 모델과 SDTS 공간객체 타입, 자료의 질에 관한 보고서에서 담아야 할 구성요소, SDTS 전체 모듈에 대한 설계(Layout)를 담고 있다.
	Spatial Features	공간객체들에 관한 카탈로그와 관련된 속성에 관한 내용을 담고 있다. 범용 공간객체에 관한 용어정의를 포함하는데, 이는 자료의 교환 시 적합성(Compatibility)을 향상시키기 위한 것이다. 내용은 주로 중 · 소축척의 지형도 및 수자원도에서 통상 이용되는 공간객체에 국한되어 있다.
	ISO 8211 Encoding	일반 목적의 파일 교환표준(ISO 8211) 이용에 대한 설명을 하고 있다. 이는 교환을 위한 SDTS 파일세트(Filesets)의 생성에 이용된다.
	TVP (Topological	SDTS 프로파일 중에서 가장 처음 고안된 것으로서 기본규정(1－3 부문)이 어떻게 특정 타입의 데이터에 적용되는지 정하고 있다. 위상학적 구조를 갖는 선형

구분	요소	내용
	Vector Profile)	(Linear)/면형(Area) 자료의 이용에 국한되어 있다.
	RP (Raster Profile & Extensions)	2차원의 래스터 형식 영상과 그리드 자료에 이용된다. ISO의 BIIF(Basic Image Interchange Format), GeoTIFF(Georeferenced Tagged Information File Format) 형식과 같은 또 다른 이미지 파일 포맷도 수용한다.
	PP (Point Profile)	지리학적 점 자료에 관한 규정을 제공한다. 이는 제4부문 TVP를 일부 수정하여 적용한 것으로서 TVP의 규정과 유사하다.
	CAD and Draft Profiles	CAD는 벡터 기반의 지리자료가 CAD 소프트웨어에서 표현될 때 사용하는 규정이다. CAD와 GIS 간의 자료의 호환 시 자료의 손실을 막기 위하여 고안된 규정이다. 가장 최근에 추가된 프로파일이다.
ISO Technical Committee 211의 구성요소	WG1(Framework and Reference Model)	업무 구조 및 참조 모델을 담당하는 작업반
	WG2(Geospatial Data Models and Operators)	지리공간데이터 모델과 운영자 담당
	WG3(Geospatial Data Administration)	지리공간데이터 담당
	WG4(Geospatial Services)	지리공간 서비스 담당
	WG5(Profiles and Functional Standards)	프로파일 및 기능에 관한 제반 표준 담당
벡터 자료구조의 기본요소	점(Point)	• 기하학적 위치를 나타내는 0차원 또는 무차원 정보 • 절점(Node)은 점의 특수한 형태로 0차원이고 위상적 연결이나 끝점을 나타낸다. • 최근린방법 : 점 사이의 물리적 거리 관측 • 사지수(Quadrat)방법 : 대상영역의 하부면적에 존재하는 점의 변이 분석
	선(Line)	• 1차원 표현으로 두 점 사이 최단거리 • 형태 : 문자열(String), 호(Arc), 사슬(Chain) 등이 있다. –문자열(String) : 연속적인 Line Segment(두 점을 연결한 선)를 의미하며 1차원적 요소이다. –호(Arc) : 수학적 함수로 정의되는 곡선을 형성하는 점의 궤적 –사슬(Chain) : 각 끝점이나 호가 상관성이 없을 경우 직접적인 연결, 즉 체인은 시작노드와 끝노드에 대한 위상정보를 가지며 자치꼬임이 허용되지 않은 위상기본요소를 의미한다.
	면(Area)	• 면(面, Area) 또는 면적은 한정되고 연속적인 2차원적 표현 • 모든 면적은 다각형으로 표현
Data Mining의 기본요소	예측	특정 개체의 미래 동작을 예측(Predictive Model)
	묘사	사용자가 이용 가능한 형태로 표현 (Descriptive Model)
	검증	사용자 시스템의 가설 검증
	발견	자율적 · 자동적으로 새로운 패턴 발견
Big Data의 5요소	빠른 생성 속도 (Velocity)	대용량 데이터를 빠르게 처리 · 분석할 수 있는 속성
	초대용량 (Volume)	비즈니스 및 IT 환경에 따른 대용량 데이터의 크기가 서로 상이한 속성
	다양한 형태 (Variety)	빅데이터는 정형화되어 데이터베이스에 관리되는 데이터뿐만 아니라 다양한 형태의 데이터의 모든 유형을 관리하고 분석한다.
	무한한 가치	단순히 데이터를 수집하고 쌓는 게 목적이 아니라 사람을 이해하고 사람에게 필요

구분	요소	내용
	(Value)	한 가치를 창출하면서 개인의 권리를 침해하지 않고 신뢰 가능한 진실성을 가질 때, 진정한 데이터 자원으로 기능할 수 있다는 의미이다.
	데이터의 진실성 (Veracity)	개인의 권리를 침해하지 않고 신뢰 가능한 진실성을 가질 때, 진정한 데이터 자원으로 기능할 수 있다는 의미다.
Database의 개념적 구성요소 (E－R model의 구성요소)	개체 (Entity)	• 데이터베이스에 표현하려고 하는 유형, 무형의 객체(Object)로서 서로 구별되는 것으로 현실세계에 대해 사람이 생각하는 개념이나 의미를 가지는 정보의 단위이다. • 단독으로 존재할 수 있으며, 정보로서의 역할을 한다. • 컴퓨터가 취급하는 파일의 레코드에 해당하며, 하나 이상의 속성으로 구성된다.
	속성 (Attribute)	• 개체가 가지고 있는 특성을 나타내고 데이터의 가장 작은 논리적 단위이다. • 파일구조에서는 데이터 항목(Data Item) 또는 필드(Field)라고도 한다. • 정보측면에서는 그 자체만으로는 중요한 의미를 표현하지 못해 단독으로 존재하지 못한다.
	관계 (Relationship)	개체 집합과 개체 집합 간에는 여러 가지 유형의 관계가 존재하므로 데이터베이스에 저장할 대상이 된다. • 속성 관계(Attribute Relationship) 한 개체를 기술하는 속성관계는 한 개체 내에서만 존재하기 때문에 개체 내 관계(Intra－Entity Relationship)라 한다. • 개체 관계(Entity Relationship) 개체 집합과 개체 집합 사이의 관계를 나타내는 개체 관계는 개체 외부에 존재 하기 때문에 개체 간 관계(Inter－Enety Relationship)라 한다.
Geocoding (위치정보지정) 요소	입력자료 (Input Dataset)	지오코딩을 위해 입력하는 자료를 의미한다. 입력자료는 대체로 주소가 된다.
	출력자료 (Output Dataset)	입력자료에 대한 지리참조코드를 포함한다. 출력자료의 정확도는 입력자료의 정확성에 좌우되므로 입력자료는 가능한 한 정확해야 한다.
	처리 알고리즘 (Processing Algorithm)	공간 속성을 참조자료를 통하여 입력자료의 공간적 위치를 결정한다.
	참조자료 (Reference Dataset)	정확한 위치를 결정하는 지리정보를 담고 있다. 참조자료는 대체로 지오코딩 참조 데이터베이스(Geocoding Reference Dataset)가 사용된다.
DEM(Digital Elevation Model) 요소	블록 또는 타일	블록 또는 타일은 DEM의 지리적 범위를 나타내는 것으로 일반적으로 지형도와 연계되어 있다.
	단면 (Profile)	일반적으로 단면은 표본으로 추출된 표고점들의 선형 배열을, 단면 사이의 공간은 DEM의 공간적 해상도를 1차원으로 나타낸다. 또 다른 차원은 표고점 간의 공간을 나타낸다.
	표고점	일반적으로 세 가지 유형의 표고점이 있다. • 규칙적인 점들 • 단면을 따르는 첫 번째 점들 • 네 코너의 점들 • 이러한 세 가지 유형의 점들 가운데 네 코너의 점은 좌표로 기록되어 저장된다.
GIS 자료검수 항목요소	**자료** 입력과정 및 생성연혁 관리	• 구축된 자료에 대한 정확한 원시자료의 추출과정 및 추출방법에 관한 설명을 통하여 적합한 검수방법을 선택할 수 있다. • 기록된 원시자료에 관한 사항과 원시자료의 추출, 입력방법, 추출 · 입력에 사용

구분	요소	내용
암기 자료, 정확 자료, 논리 완전		된 장비의 정확도 및 기타요소와 함께 투영방법의 변환 내용을 포함한다. • 독취성과의 해상도를 검수하며 독취성과의 잡음(Noise)과 좌푯값의 단위는 미터로서 소수점 2자리까지의 표현 여부, 도곽좌표값의 정확성 유무 등을 검수한다. • 그래픽소프트웨어를 이용한 화면 프로그램 검수를 주로 한다.
	자료 포맷	• 구축된 수치자료의 포맷에 대한 형식 검증 및 검수를 위한 자료의 전달이 잘 되었는지 검수한다. • 그래픽소프트웨어를 이용한 화면검사가 주를 이룬다. 검수를 위해서 구축 대상 자료목록이 사전에 테이블로 작성되어야 하며, 준비된 목록과 공급된 자료를 비교하여 오류가 발견된 경우에는 모두 수정되어야 한다.
	자료 최신성	자료의 변화 내용이 반영되었는지 검수하는 것으로 최신 위성영상이나 다양한 방식의 자료 갱신을 통한 대상지역의 자료 최신성의 유지 여부를 검수하며, 필요에 따라 현지조사를 통한 갱신이 이루어지기도 한다.
	위치의 **정확**성	• 수치자료가 현실세계의 위치와 일치하는지 파악하는 것으로 모든 요소들의 위치가 허용오차를 벗어나는지 여부를 검수한다. • 격자자료와 벡터 자료의 입력오차를 검수하고 확인용 출력도면과 지도원판을 비교하여 검수한다. • 출력중첩 검수를 통해 오류를 검사하고, 화면프로그램검수나 자동프로그램검수를 통해 오류의 정밀도를 검수한다.
	속성의 **정확**성	• 데이터베이스 내의 속성자료의 정확성을 검수하는 것으로 원시대장과 속성자료로 등록된 각 레코드값을 비교하여 속성자료의 누락 여부와 범위값, 형식코드의 정확성 등을 주요 대상으로 한다. • 전수검사 또는 통계적 표본검수를 원칙으로 하고, 출력중첩검수와 화면검수를 겸해야 한다.
	문자 **정확**성	수치지도에 있어서 문자표기와 문자크기, 문자위치의 정확도와 폰트의 적정 여부를 검수한다.
	기하구조의 **적합**성	각 객체들의 특성에 따른 연결 상태를 검수하는 것으로 현실세계의 배열상태 또는 형태가 수치자료로 정확히 반영되어야 하며, 폴리곤의 폐합 여부와 선의 계획된 지점에서 교차여부, 선의 중복이나 언더슈트, 오브슈트 문제를 포함한다.
	경계정합	인접도엽 간 도형의 연결과 연결된 도형의 유연성 및 속성값의 일치 여부를 검수한다.
	논리적 일관성	자료의 신뢰성을 검수하는 것으로 입력된 객체 및 속성자료의 관계를 조사하여 논리적으로 일치하는지 파악한다.
	완전성	데이터베이스 전반에 대한 품질을 점검하는 것으로 자료가 현실세계를 얼마나 충실히 표현하고 있는지 검수한다.
지리데이터의 품질 구성요소	지리데이터의 계통성 (Lineage)	특정 지리데이터가 추출된 자료원에 관한 문서로서 최종데이터 파일들이 만들어지기까지의 관련된 모든 변환방법 및 추출방법을 기술한다.
	지리데이터의 위치정확도 (Positional Accuracy)	지리데이터가 표현하는 실세계의 실제위치에 대한 지리 데이터베이스 내의 좌표의 근접함(Closeness)으로써 정의되는데, 전통적으로 지도는 대략 한 선의 폭 혹은 0.5mm의 정확도이다.
	지리데이터의 속성정확도	데이터가 표현하는 실세계 사상에 대한 참값 또는 추정값과 지리 데이터베이스 내의 기술 데이터 사이의 근접함으로 정의되는데, 속성정확도는 데이터의 성질에 따

구분	요소	내용
	(Attribute Accuracy)	라 다른 방법으로 결정된다.
	지리데이터의 논리적 일관성 (Logical Consistency)	논리적 일관성은 실세계와 기호화된 지리 데이터 간의 관계충실도에 대한 설명으로 본질적으로 지리데이터의 논리적 일관성은 다음 요소들을 포함한다. • 실세계에 대한 데이터 모델의 일관성 • 실세계에 대한 속성과 위치 데이터의 일관성 • 데이터 모델 내의 일관성 • 시스템 내부 일관성 • 한 데이터 집합의 각기 다른 부분 간의 일관성 • 데이터 파일 간의 일관성
	지리데이터의 완전성 (Completeness)	데이터가 실세계의 모든 가능한 항목을 철저히 규명하는 정도를 표시한다.
	시간정확도 (Temporal Accuracy)	지리 데이터베이스에서 시간표현에 관련된 자료의 품질척도이다.
	의미정확도 (Semantic Accuracy)	공간 대상물이 얼마만큼 정확하게 표시되었거나 명명되었는지 나타내는 것이다.
파일처리방식의 구성요소	Record	하나의 주제에 관한 자료를 저장하며 필드의 집합을 의미한다. 예를 들어 학생의 정보에 대한 기록은 성명, 학년, 전공, 학점의 네 개 필드로 구성되어 있다.
	Field	레코드를 구성하는 각각의 항목에 관한 것을 의미한다. 필드는 성명, 학년, 전공, 학점의 네 개 필드로 구성되어 있다.
	Key	파일에서 정보를 추출할 때 쓰이는 필드로서 키로써 사용되는 필드를 키필드라 한다. 표에서는 이름을 검색자로 볼 수 있으며 그 외의 영역들은 속성영역(Attribute Field)이라고 한다.
DBMS의 기능적 구성요소	Query Processor	터미널을 통해 사용자가 제출한 고급 질의문을 처리하고 질의문을 파싱(Parsing)하고 분석해서 컴파일한다.
	DML Preprocessor	호스트 프로그래밍 언어로 작성된 응용프로그램 속에 삽입되어 있는 DML명령문들을 추출하고 그 자리에는 함수 호출문(Call Statement)을 삽입한다.
	DDL Compiler 또는 DDL Processor	DDL로 명세된 스키마 정의를 내부 형태로 변환하여 시스템 카탈로그에 저장한다.
	DML Compiler 또는 DML Processer	DML 예비 컴파일러가 넘겨준 DML 명령문을 파싱하고 컴파일하여 효율적인 목적 코드를 생성한다.
	Runtime Database Processor	실행시간에 데이터베이스 접근을 관리한다. 즉 검색이나 갱신과 같은 데이터베이스연산을 저장데이터 관리자를 통해 디스크에 저장된 데이터베이스를 실행시킨다.
	Transaction Manager	데이터베이스를 접근하는 과정에서 무결성 제약조건이 만족하는지, 사용자가 데이터를 접근할 수 있는 권한을 가지고 있는지 권한 검사를 한다.
	Stored Data Manager	디스크에 저장되어 있는 사용자 데이터베이스나 시스템 카탈로그 접근을 책임진다.

구분		요소	내용
DBMS의 필수 기능	DDL (Data Definition Language)	DDL (Data Definiton Language)	데이터베이스를 생성하거나 데이터베이스의 구조형태를 수정하기 위해 사용하는 언어로 데이터베이스의 논리적 구조(Logical Structure)와 물리적 구조(Physical Structure) 및 데이터베이스 보안과 무결성 규정을 정의할 수 있는 기능을 제공한다. 이것은 데이터베이스 관리자에 의해 사용하는 언어로서 DDD 컴파일러에 의해 컴파일되어 데이터 사전에 수록된다.
		CREATE	새로운 테이블을 생성한다.
		ALTER	기존의 테이블을 변경(수정)한다.
		DROP	기존의 테이블을 삭제한다.
		RENAME	테이블의 이름을 변경한다.
		TRUNCATE	테이블을 잘라낸다.
	DML (Data Mainpulation Language)	DML (Data Manipulation Language)	데이터베이스에 저장되어 있는 정보를 처리하고 조작하기 위해 사용자와 DBMS 간에 인터페이스 역할을 수행한다. 삽입, 검색, 갱신, 삭제 등의 데이터 조작을 제공하는 언어로서 절차식(사용자가 요구하는 데이터가 무엇이며 요구하는 데이터를 어떻게 구하는지 나타내는 언어)과 비절차식(사용자가 요구하는 데이터가 무엇인지 나타내 줄 뿐이며 어떻게 구하는지는 나타내지 않는 언어)의 형태가 있다.
		SELECT	기존의 데이터를 검색한다.
		INSERT	새로운 데이터를 삽입한다.
		UPDATE	기존의 데이터를 변경(갱신)한다.
		DELETE	기존의 데이터를 삭제한다.
	DCL (Data Control Language)	DCL (Data Control Language)	외부의 사용자로부터 데이터를 안전하게 보호하기 위해 데이터 복구, 보안, 무결성과 병행 제어에 관련된 사항을 기술하는 언어이다.
		GRANT	권한을 준다(권한부여).
		REVOKE	권한을 제거한다(권한해제).
		COMMIT	데이터 변경을 완료한다.
		ROLLBACK	데이터 변경을 취소한다.
객체지향의 구성요소 (COMAM)		Class	동일한 유형의 객체들의 집합을 클래스라 한다. 공통의 특성을 갖는 객체의 틀을 의미하며 한 클래스의 모든 객체는 같은 구조와 메시지를 응답한다.
		Object	현실세계의 개체(Entity)를 유일하게 식별할 수 있으며 추상화된 형태이다. 객체는 메시지를 주고받아 데이터를 처리할 수 있다. 객체는 속성(Attribute)과 메소드(Method)를 하나로 묶어 보관하는 캡슐화 구조를 갖는다. Object=Data + Method
		Method	객체를 형성할 수 있는 방법이나 조작들로서 객체의 상태를 나타내는 데이터의 항목을 읽고 쓰는 것이 메소드에 의해 이루어진다. 객체의 상태를 변경하고자 할 경우 메소드를 통해서 메시지를 보낸다.
		Attribute	객체의 환경과 특성에 대해 기술한 요소들로 인스턴스 변수라고 한다.
		Message	객체와 객체 간의 연계를 위하여 의미를 메시지에 담아서 보낸다.

구분	요소	내용
객체지향 프로그래밍 언어의 특징	추상화 (Abstraction)	현실세계 데이터에서 불필요한 부분은 제거하고 핵심요소 데이터를 자료구조로 표현한 것을 추상화라고 한다(객체 표현 간소화). 이때 자료구조를 클래스, 객체, 메소드, 메시지 등으로 표현한다. 또한 객체는 캡슐화(Encapsulation)하여 객체의 내부구조를 알 필요 없이 사용 메소드를 통해서 필요에 따라 사용하게 된다. 실세계에 존재하고 있는 개체(Feature)를 지리정보시스템(GIS)에서 활용 가능한 객체(Object)로 변환하는 과정을 추상화라 한다.
	캡슐화 (Encapsulation) (정보 은닉)	객체 간의 상세 내용을 외부에 숨기고 메시지를 통해 객체 상호작용을 하는 의미로서 독립성, 이식성, 재사용성 등 향상이 가능하다.
	상속성 (Inheritance)	하나의 클래스는 다른 클래스의 인스턴스(Instance : 클래스를 직접 구현하는 것)로 정의될 수 있는데 이때 상속의 개념을 이용한다. 하위 클래스(Sub Class)는 상위 클래스(Super Class)의 속성을 상속받아 상위 클래스의 자료와 연산을 이용할 수 있다(하위 클래스에게 자신의 속성, 메소드를 사용하게 하여 확장성 향상).
	다형성 (Polymorphism)	• 여러 개의 형태를 가진다는 의미의 그리스어에서 유래되었다. 여러 개의 서로 다른 클래스가 동일한 이름의 인터페이스를 지원하는 것도 다형성이다. • 동일한 메시지에 대해 객체들이 각각 다르게 정의한 방식으로 응답하는 특성을 의미한다(하나의 객체를 여러 형태로 재정의할 수 있는 성질). • 객체지향의 다형성에는 오버로딩(Overloading)과 오버라이딩(Overriding)이 존재한다. – Overriding : 상속받은 클래스(자식 클래스 : Sub Class)가 부모의 클래스(Super Class)의 메소드를 재정의하여 사용하는 것을 의미한다. – Overloading : 동일한 클래스 내에서 동일한 메소드를 파라미터의 개수나 타입으로 다르게 정의하여 동일한 모습을 갖지만 상황에 따라 다른 방식으로 작동하게 하는 것을 의미한다. 동일한 이름의 함수를 여러 개 만드는 기법인 오버로딩(Overloading)도 다형성의 형태이다.
객체구조 요소 (DMO)	데이터 (Data)	• 객체의 상태를 말하며 흔히 객체의 속성을 가리킨다. • 관계형 데이터 모델의 속성과 같다. • 관계형 데이터모델에 비해 보다 다양한 데이터 유형을 지원한다. • 집합체, 복합객체, 멀티미디어 등의 자료도 데이터로 구축된다.
	메소드 (Method)	• 객체의 상태를 나타내는 데이터 항목을 읽고 쓰는 것은 메소드에 의해 이루어진다. • 객체를 형성할 수 있는 방법이나 조작들이라고 할 수 있다. • 객체의 속성데이터를 처리하는 프로그램으로 고급언어로 정의된다.
	객체식별자 (Oid)	• 객체를 식별하는 ID로 사용자에게는 보이지 않는다. • 관계형 데이터 모델의 Key에 해당한다. • 두 개의 객체의 동일성을 조사하는 데 이용된다. • 접근하고자 하는 데이터가 기억되어 있는 위치 참조를 위한 포인터로도 이용된다.
지적의 요소 / 외부 요소	지리적 요소	지적측량에 있어서 지형, 식생, 토지이용 등 형태결정에 영향을 미친다.
	법률적 요소	효율적인 토지관리와 소유권보호를 목적으로 공시하기 위한 제도로서 등록이 강제되고 있다.
	사회적 요소	토지소유권제도는 사회적 요소들이 신중하게 평가되어야 하는데, 사회적으로 그 제도가 받아들여져야 하고, 사람들에게 신뢰성이 있어야 하기 때문이다.

구분		요소	내용
	협의	토지	지적제도는 토지를 대상으로 성립하며 토지 없이는 등록행위가 이루어질 수 없어 지적제도 성립이 될 수 없다. 지적에서 말하는 토지란 행정적 또는 사법적 목적에 의해 인위적으로 구획된 토지의 단위구역으로서 법적으로는 등록의 객체가 되는 일필지를 의미한다.
		등록	국가통치권이 미치는 모든 영토를 필지단위로 구획하여 시장, 군수, 구청이 강제적으로 등록을 하여야 한다는 이념
		지적공부	토지를 구획하여 일정한 사항을 기록한 장부
	광의	소유자	토지를 소유할 수 있는 권리의 주체
		권리	토지를 소유할 수 있는 법적 권리
		필지	법적으로 물권이 미치는 권리의 객체
Geodatabase의 구성요소		다양한 데이터 세트의 집합	벡터 데이터, 래스터 데이터, 표면모델링 데이터 등
		객체 클래스	현실세계 형상들과 관련된 객체에 대한 기술적 속성
		피처 클래스	점, 선, 면적 등의 기하학적 형태로 묘사된 객체들
		관계 클래스	서로 다른 피처 클래스를 가진 객체들 간의 관계
도형정보의 도형요소		점(Point)	• 기하학적 위치를 나타내는 0차원 또는 무차원 정보 • 절점(Node)은 점의 특수한 형태로 0 차원이고 위상적 연결이나 끝점을 나타낸다. • 최근린방법 : 점 사이의 물리적 거리 관측 • 사지수(Quadrat)방법 : 대상영역의 하부면적에 존재하는 점의 변이 분석
		선(Line)	• 1차원 표현으로 두 점 사이 최단거리 • 형태 : 문자열(String), 호(Arc), 사슬(Chain) 등이 있다. – 문자열(String) : 연속적인 Line Segment(두 점을 연결한 선)를 의미하며 1차원적 요소이다. – 호(Arc) : 수학적 함수로 정의되는 곡선을 형성하는 점의 궤적 – 사슬(Chain) : 각 끝점이나 호가 상관성이 없을 경우 직접적인 연결 즉 체인은 시작노드와 끝노드에 대한 위상정보를 가지며 자치꼬임이 허용되지 않은 위상기본요소를 의미한다.
		면(Area)	• 면(面, area) 또는 면적(面積)은 한정되고 연속적인 2차원적 표현 • 모든 면적은 다각형으로 표현
		영상소 (Pixel)	• 영상을 구성하는 가장 기분적인 구조단위 • 해상도가 높을수록 대상물을 정교히 표현
		격자셀 (Grid Cell)	• 연속적인 면의 단위 셀을 나타내는 2차원적 표현
		기호와 주석 (Symbol & Annotation)	• 기호(Symbol) : 지도 위에 점의 특성을 나타내는 도형요소 • 주석(Annotation) : 지도상에 도형적으로 나타낸 이름으로 도로명, 지명, 고유번호, 차원 등을 기록한다.
지적 불부합지의 유형 암기 중공편 불위기경		중복형	• 원점지역의 접촉지역에서 많이 발생 • 기존 등록된 경계선의 충분한 확인 없이 측량할 때 발생 • 발견이 쉽지 않다. • 도상경계에는 이상이 없으나 현장에서 지상경계가 중복되는 형상이다.

구분	요소	내용
	공백형	• 도상경계는 인접해 있으나 현장에서는 공간의 형상이 생기는 유형 • 도선의 배열이 상이한 경우에 많이 발생 • 리, 동 등 행정구역의 경계가 인접하는 지역에서 많이 발생 • 측량상의 오류로 인해서도 발생
	편위형	• 현형법을 이용하여 이동측량을 했을 때 많이 발생 • 국지적인 현형을 이용하여 결정하는 과정에서 측판점의 위치오류로 인해 발생한 것이 많다. • 정정을 위한 행정처리가 복잡하다.
	불규칙형	• 불부합의 형태가 일정하지 않고 산발적으로 발생한 형태 • 경계의 위치파악과 원인분석이 어려운 경우가 많다. • 토지조사 사업 당시 발생한 오차가 누적된 것이 많다.
	위치오류형	• 등록된 토지의 형상과 면적은 현지와 일치하나 지상의 위치가 전혀 다른 위치에 있는 유형을 말한다. • 산림 속의 경작지에서 많이 발생한다. • 위치정정만 하면 되고 정정과정이 쉽다.
	경계 이외의 불부합	• 지적공부의 표시사항 오류 • 대장과 등기부 간의 오류 • 지적공부의 정리 시에 발생하는 오류 • 불부합의 원인 중 가장 미미한 부분을 차지한다.
필지중심토지정보시스템(PBLIS) 구성	지적공부 관리시스템	• **사**용자권한관리 • **토**지이동관리 • 창**구**민원업무 • **지**적측량검사업무 • **지**적일반업무관리 • 토**지**기록자료조회 및 출력
	지적측량 시스템	• **지**적삼각측량 • 도근**측**량 • 지**적**삼각보조측량 • 세부측**량**
	지적측량 성과 작성 시스템	• **토**지이동지 조서작성 • 측량**결**과도 • 측**량**준비도 • 측량성**과**도
토지관리정보시스템(LMIS)의 구성	토지**정**책지원 시스템	• 토지자료 통계분석 • 토지정책 수립 지원
	토지관**리** 지원 시스템	토지행정 관리
	토지정**보** 지원 시스템	• 토지 민원 발급 • 토지정보 검색 • 법률 정보 서비스 • 토지 메타데이터
	토지**행**정지원 시스템	• 토지 거래 • 부동산중개업 • 공간자료 조회 • 외국인 토지 취득 • 공시지가 • 시스템 관리
	공간자**료** 관리 시스템	• 지적파일검사 • 수치지적 구축 • 개별지적도 관리 • 용도 지역 · 지구 관리 • 변동자료 정리 • 수치지적 관리 • 연속편집지적 관리

구분	요소	내용
한국토지정보시스템(KLIS)의 구성		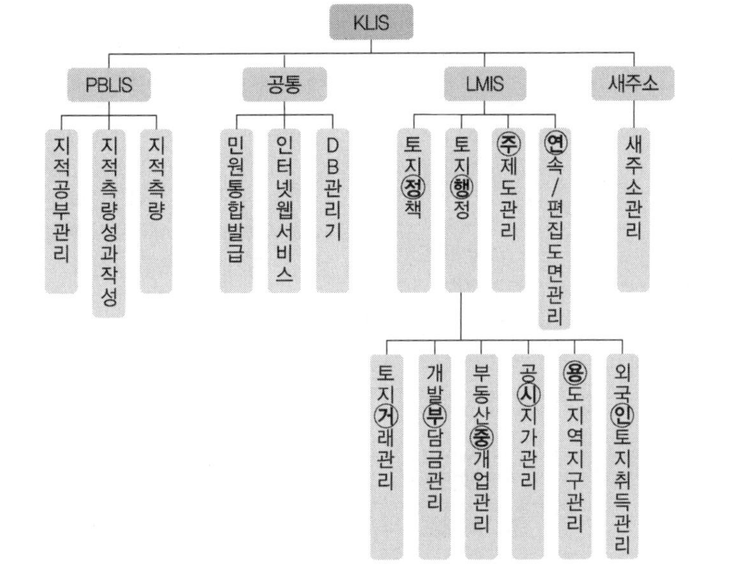 KLIS - PBLIS: 지적공부관리, 지적측량성과작성, 지적측량 - 공통: 민원통합발급, 인터넷웹서비스, DB관리기 - LMIS: 토지정책, 토지행정, 주제도관리, 연속/편집도면관리 　- 토지행정: 토지거래관리, 개발부담금관리, 부동산중개업관리, 공시지가관리, 용도지역지구관리, 외국인토지취득관리 - 새주소: 새주소관리
LMIS 소프트웨어 구성	ORACLE	데이터베이스 구축 · 유지관리 · 업무처리를 하는 DBMS인 ORACLE
	GIS 서버	GIS 데이터의 유지관리 · 업무처리 등의 기능을 수행하는 GIS Server
	AutoCAD	GIS 데이터 구축 및 편집을 위한 AutoCAD
	ARS/INFO	토지이용계획확인원을 위한 ARC · INFO
	Spatial Middleware	응용시스템 개발을 위한 Spatial Middleware와 관련 소프트웨어
LMIS 컴포넌트 (Component)	Data Provider	DB 서버인 SDE나 ZEUS 등에 접근하여 공간 · 속성 질의를 수행하는 자료 제공자
	Edit Agent	공간자료의 편집을 수행하는 자료편집자(Edit Agent)
	Map Agent	클라이언트가 요구한 도면자료를 생성하는 도면 생성자
	MAP OCX	클라이언트의 인터페이스 역할을 하며 다양한 공간정보를 제공하는 MAP OCX
	Web Service	민원발급시스템의 Web Service 부분
GPS 구성요소	우주 부문 (Space Segment)	• 궤도형상 : 원궤도 • 궤도면수 : 6개 면 • 위성 수 : 1궤도면에 4개 위성(24개+보조위성 7개)=31개 • 궤도경사각 : 55° • 궤도고도 : 20,183km • 사용좌표계 : WGS84(지구중심좌표계) • 회전주기 : 11시간 58분(0.5항성일) : 1항성일은 23시간 56분 4초 • 궤도 간 이격 : 60도 • 기준발진기 : 10.23MHz(세슘원자시계 2대, 류비듐원자시계 2대)
	제어 부문 (Control Segment)	• 주제어국 : 콜로라도 스프링스(Colorado Springs) – 미국 콜로라도주 • 추적국 : 어세션 섬(Ascension Is) – 남대서양 • 감시국 : – 디에고 가르시아(Diego Garcia) – 인도양 　– 쿠에제린(Kwajalein Is) – 북태평양 　– 하와이(Hawaii) – 서 대서양

구분	요소	내용
		• 3개의 지상안테나(전송국 또는 관제국) : 어세션 섬, 디에고 가르시아, 쿠에제린에 위치한 감시국과 함께 배치되어 있는 지상관제국은 주로 지상 안테나로 구성되어 있으며 갱신자료를 송신한다.
	사용자 부문 (User Segment)	위성으로부터 전파를 수신하여 수신점의 좌표나 수신점 간의 상대적인 위치관계를 구한다. 사용자 부문은 위성으로부터 전송되는 신호정보를 수신할 수 있는 GPS 수신기와 자료처리를 위한 소프트웨어로서 위성으로부터 전송되는 시간과 위치정보를 처리하여 정확한 위치와 속도를 구한다. • GPS 수신기 : 위성으로부터 수신한 항법데이터를 사용하여 사용자 위치 · 속도를 계산한다. • 수신기에 연결되는 GPS 안테나 : GPS 위성신호를 추적하며 하나의 위성신호만 추적하고 그 위성으로부터 다른 위성들의 상대적인 위치에 관한 정보를 얻을 수 있다.
인공위성의 궤도요소	궤도장반경	궤도타원의 장반경
	궤도이심율	궤도타원의 이심률(장반경과 단반경의 비율)
	궤도경사각	궤도면과 적도면의 교각
	승교점적경	궤도가 남에서 북으로 지나는 점의 적경 [승교점(昇交點) : 위성이 남에서 북으로 갈 때의 천구적도와 천구상 인공위성궤도의 교점)]
	근지점인수	승교점에서 근지점까지 궤도면을 따라 천구북극에서 볼 때 반시계방향으로 잰 각거리
	근점이각	근지점에서 위성까지의 각거리
편위수정을 하기 위한 조건	편위수정기 : 매우 정확한 대형기계로서 배율(축척)을 변화시킬 수 있을 뿐만 아니라 원판과 투영판의 경사도 자유로이 변화시킬 수 있도록 되어 있으며 보통 4개의 표정점이 필요하다. 편위수정기의 원리는 렌즈, 투영면, 화면(필름면)의 3가지 요소에서 항상 선명한 상을 갖도록 하는 조건을 만족시키는 방법이다.	
	기하학적 조건 (소실점 조건)	필름을 경사지게 하면 필름의 중심과 편위수정기의 렌즈중심은 달라지므로 이것을 바로잡기 위하여 필름을 움직여 주지 않으면 안 된다. 이것을 소실점 조건이라 한다.
	광학적조건 (Newton의 조건)	광학적경사보정은 경사편위수정기(Rectifier)라는 특수한 장비를 사용하여 확대배율을 변경하여도 항상 예민한 영상을 얻을 수 있도록 $\frac{1}{a}+\frac{1}{b}=\frac{1}{f}$의 관계를 가지도록 하는 조건을 말하며 Newton의 조건이라고도 한다.
	샤임플러그 조건 (Scheimpflug)	편위수정기는 사진면과 투영면이 나란하지 않으면 선명한 상을 맺지 못하는 것으로 이것을 수정하여 화면과 렌즈주점과 투영면의 연장이 항상 한선에서 일치하도록 하면 투영면상의 상은 선명하게 상을 맺는다. 이것을 샤임플러그 조건이라 한다.
특수 3점	주점 (Principal Point)	사진의 중심점이라고도 한다. 주점은 렌즈중심으로부터 화면(사진면)에 내린 수선의 발을 말하며 렌즈의 광축과 화면이 교차하는 점이다.
	연직점 (Nadir Point)	• 렌즈중심으로부터 지표면에 내린 수선의 발을 말하고 N을 지상연직점(피사체연직점), 그 선을 연장하여 화면(사진면)과 만나는 점을 화면연직점(n)이라 한다.

구분	요소	내용
		• 주점에서 연직점까지의 거리(mn) $= f\tan i$
	등각점 (Isocenter)	• 주점과 연직점이 이루는 각을 2등분한 점으로 사진면과 지표면에서 교차되는 점을 말한다. • 주점에서 등각점까지의 거리(mm) $= f\tan\frac{i}{2}$
표정	내부표정	도화기의 투영기에 촬영 당시와 똑같은 상태로 양화건판을 정착시키는 작업이다. • 주점의 위치결정 • 화면거리(f)의 조정 • 건판의 신축측정, 대기굴절, 지구곡률보정, 렌즈수차 보정
	상호표정	지상과의 관계는 고려하지 않고 좌우사진의 양투영기에서 나오는 광속이 촬영 당시 촬영면에 이루어지는 종시차(y−parallax : P_y)를 소거하여 목표 지형물의 상대위치를 맞추는 작업 • 회전인자 : κ, ϕ, ω • 평행인자 : b_y, b_z • 비행기의 수평회전을 재현해 주는 인자(κ, b_y) • 비행기의 전후 기울기를 재현해 주는 인자(ϕ, b_z) • 비행기의 좌우 기울기를 재현해 주는 인자(ω) • 과잉수정계수$(o, c, f) = \frac{1}{2}\left(\frac{h^2}{d^2} - 1\right)$ • 상호표정인자 : $(\kappa, \phi, \omega, b_y, b_z)$
	절대표정	상호표정이 끝난 입체모델을 지상 기준점(피사체 기준점)을 이용하여 지상좌표에(피사체좌표계)와 일치하도록 하는 작업으로 입체모형(model)2점의 X, Y좌표와 3점의 높이(Z)좌표가 필요하므로 최소한 3점의 표정점이 필요하다. • 축척의 결정 • 수준면(표고, 경사)의 결정 • 위치(방위)의 결정 • 절대표정인자 : $\lambda, \phi, \omega, \kappa, b_x, b_y, b_z$(7개의 인자로 구성)
	접합표정	한 쌍의 입체사진 내에서 한쪽의 표정인자는 전혀 움직이지 않고 다른 한쪽만을 움직여 그 다른 쪽에 접합시키는 표정법을 말하며, 삼각측정에 사용한다. • 7개의 표정인자 결정$(\lambda, \kappa, \omega, \phi, c_x, c_y, c_z)$ • 모델 간, 스트립 간의 접합요소 결정(축척, 미소변위, 위치 및 방위)
사진판독 요소 **암기** **색모질형 크음상과**	**색조** (Tone Color)	피사체(대상물)가 갖는 빛의 반사에 의한 것으로 수목의 종류를 판독하는 것을 말한다.
	모양 (Pattern)	피사체(대상물)의 배열상황에 의하여 판별하는 것으로 사진상에서 볼 수 있는 식생, 지형 또는 지표상의 색조 등을 말한다.
	질감 (Texture)	색조, 형상, 크기, 음영 등의 여러 요소의 조합으로 구성된 조밀, 거칢, 세밀함 등으로 표현하며 초목 및 식물의 구분을 나타낸다.
	형상 (Shape)	개체나 목표물의 구성, 배치 및 일반적인 형태를 나타낸다.
	크기 (Size)	어느 피사체(대상물)가 갖는 입체적, 평면적인 넓이와 길이를 나타낸다.

구분	요소	내용
	음영 (Shadow)	판독 시 빛의 방향과 촬영 시의 빛의 방향을 일치시키는 것이 입체감을 얻는 데 용이하다.
	상호 위치 관계 (Location)	어떤 사진상이 주위의 사진상과 어떠한 관계가 있는가 파악하는 것으로 주위의 사진상과 연관되어 성립되는 것이 일반적인 경우이다.
	과고감 (Vertical Exaggeration)	지표면의 기복을 과장하여 나타낸 것으로 낮고 평평한 지역에서의 지형판독에 도움이 되는 반면, 경사면의 경사는 실제보다 급하게 보이므로 오판에 주의해야 한다.
등치선도를 구축하기 위한 3가지 기본적인 요소	조정점 (Controlpoint)	가상된 통계표면상에 Z의 값을 가지고 있는 지점을 말한다.
	보간법 (Interpolation)	각 조정점의 Z_i 값을 토대로 하여 등치선을 정확히 배치하는 것이다.
	등치선의 간격	등치선 간의 수평적인 간격이 표면의 상대적인 경사도를 나타내는 것이다.

15 지적 관련 법령 일자별 정리

1. 공간정보의 구축 및 관리 등에 관한 법률

기간	내용
3일	법률 제99조(보고 및 조사) 조사를 하는 경우에는 조사 3일 전까지 조사 일시 · 목적 · 내용 등에 관한 계획을 조사 대상자에게 알려야 한다. 다만, 긴급한 경우나 사전에 조사계획이 알려지면 조사 목적을 달성할 수 없다고 인정하는 경우에는 그러하지 아니하다.
3일	법률 제101조(토지 등에의 출입 등) ② 타인의 토지 등에 출입하려는 자는 관할 특별자치도지사, 시장 · 군수 또는 구청장의 허가를 받아야 하며, 출입하려는 날의 3일 전까지 해당 토지 등의 소유자 · 점유자 또는 관리인에게 그 일시와 장소를 통지하여야 한다. 다만, 행정청인 자는 허가를 받지 아니하고 타인의 토지 등에 출입할 수 있다. ③ 토지 등을 일시 사용하거나 장애물을 변경 또는 제거하려는 자는 토지 등을 사용하려는 날이나 장애물을 변경 또는 제거하려는 날의 3일 전까지 그 소유자 · 점유자 또는 관리인에게 통지하여야 한다. 다만, 토지 등의 소유자 · 점유자 또는 관리인이 현장에 없거나 주소 또는 거소가 분명하지 아니할 때에는 관할 특별자치도지사, 시장 · 군수 또는 구청장에게 통지하여야 한다.
3일	시행규칙 제21조(공공측량 작업계획서의 제출) 공공측량시행자는 공공측량을 하기 3일 전에 국토지리정보원장이 정한 기준에 따라 공공측량 작업계획서를 작성하여 국토지리정보원장에게 제출하여야 한다. 공공측량 작업계획서를 변경한 경우에도 또한 같다.
5일	시행령 제21조(중앙지적위원회의 회의 등) 위원장이 중앙지적위원회의 회의를 소집할 때에는 회의 일시 · 장소 및 심의 안건을 회의 5일 전까지 각 위원에게 서면으로 통지하여야 한다.
5일	시행규칙 제25조(지적측량 의뢰 등) ③ 지적측량의 측량기간은 5일로 하며, 측량검사기간은 4일로 한다. 다만, 지적기준점을 설치하여 측량 또는 측량검사를 하는 경우 지적기준점이 15점 이하인 경우에는 4일을, 15점을 초과하는 경우에는 4일에 15점을 초과하는 4점마다 1일을 가산한다. ④ 제3항에도 불구하고 지적측량 의뢰인과 지적측량수행자가 서로 합의하여 따로 기간을 정하는 경우에는 그 기간에 따르되, 전체 기간의 4분의 3은 측량기간으로, 전체 기간의 4분의 1은 측량검사기간으로 본다.
5일	시행령 제81조(축척변경위원회의 회의) 위원장은 축척변경위원회의 회의를 소집할 때에는 회의일시 · 장소 및 심의안건을 회의 개최 5일 전까지 각 위원에게 서면으로 통지하여야 한다.
5일	시행규칙 제7조(지형 · 지물의 변동에 관한 통보 등) 공공측량시행자는 건설공사를 착공한 때에는 5일 이내에, 완공한 때(준공을 의미하며, 도로 · 철도 · 도시철도 및 고속철도 건설공사의 경우에는 부분완공한 때를 포함한다)에는 지체 없이 다음 각 호의 내용을 국토지리정보원장에게 통보하여야 한다. 착공한 때: 공사의 개요, 착공도면(실시설계 평면도를 포함한다), 건설공사 위치도(축척이 2만5천분의 1 이상인 지도에 표시하여야 한다.) 완공한 때: 공사의 내용, 준공측량도면, 현지 지형 · 지물 조사자료

<table>
<tr><th>기간</th><th colspan="2">내용</th></tr>
<tr><td>7일</td><td colspan="2">시행규칙 제6조(측량기준점표지의 이전 신청 절차)
① 측량기준점표지의 이전경비 납부통지서를 받은 신청인은 이전을 원하는 날의 7일 전까지 측량기준점표지를 설치한 자에게 이전경비를 내야 한다.
② 이전 신청을 받은 자는 신청받은 날부터 10일 이내에 이전경비 납부통지서를 신청인에게 통지하여야 한다.
※ 이전 신청 시 : 이전을 원하는 날의 30일 전까지</td></tr>
<tr><td>7일</td><td colspan="2">시행령 제12조(측량의 실시공고)
기본측량의 실시공고와 공공측량의 실시공고는 전국을 보급지역으로 하는 일간신문에 1회 이상 게재하거나 해당 특별시 · 광역시 · 도 또는 특별자치도의 게시판 및 인터넷 홈페이지에 7일 이상 게시하는 방법으로 하여야 한다.</td></tr>
<tr><td>7일</td><td colspan="2">시행규칙 제23조(공공측량성과 심사 수수료의 납부 등)
공공측량성과 심사신청인은 수수료의 통지를 받은 때에는 통지받은 날부터 7일 이내에 측량성과심사 수탁기관에게 해당 수수료를 내야 한다.</td></tr>
<tr><td>7일</td><td colspan="2">법률 제29조(지적측량의 적부심사 등)
시 · 도지사는 지방지적위원회로부터 의결서를 받은 날부터 7일 이내에 지적측량 적부심사 청구인 및 이해관계인에게 그 의결서를 통지하여야 한다.</td></tr>
<tr><td rowspan="2">7일</td><td colspan="2">시행령 제85조(지적정리 등의 통지)
토지의 표시에 관한 변경등기가 필요하지 아니한 경우 : 지적공부에 등록한 날부터 7일 이내</td></tr>
<tr><td>비교</td><td>토지의 표시에 관한 변경등기가 필요한 경우 : 그 등기완료의 통지서를 접수한 날부터 15일 이내</td></tr>
<tr><td>10일</td><td colspan="2">시행규칙 제6조(측량기준점표지의 이전 신청 절차)
측량기준점표지의 이전 신청을 받은 자는 신청 받은 날부터 10일 이내에 이전경비 납부통지서를 신청인에게 통지하여야 한다.
측량기준점표지의 이전을 신청하려는 자는 현장사진을 첨부하여 이전을 원하는 날의 30일 전까지 측량기준점표지를 설치한 자에게 제출하여야 한다.</td></tr>
<tr><td>10일</td><td colspan="2">시행령 제35조(측량업의 등록)
④ 측량업의 등록신청을 받은 국토교통부장관 또는 시 · 도지사는 신청받은 날부터 10일 이내에 법 제44조에 따른 등록기준에 적합한지와 법 제47조 각 호의 결격사유가 없는지를 심사한 후 적합하다고 인정할 때에는 측량업등록부에 기록하고, 측량업등록증과 측량업등록수첩을 발급하여야 한다
⑥ 국토교통부장관 또는 시 · 도지사는 법 제44조제2항에 따라 등록을 하였을 때에는 이를 해당 기관의 게시판이나 인터넷 홈페이지에 10일 이상 공고하여야 한다.</td></tr>
<tr><td rowspan="2">10일</td><td colspan="2">시행령 제41조(손해배상책임의 보장)
지적측량업자는 지적측량업 등록증을 발급받은 날부터 10일 이내에 보증설정을 하여야 하며, 보증설증을 하였을 때에는 이를 증명하는 서류를 등록한 시 · 도지사에게 제출하여야 한다.</td></tr>
<tr><td>보험금액</td><td>• 지적측량업자 : 1억 원
• 한국국토정보공사 : 20억 원</td></tr>
<tr><td rowspan="2">14일</td><td colspan="2">지적업무처리규정 제85조(지적정리 등의 통지)
미등기토지의 소유자정정 등에 관한 신청이 있을 때에는 14일 이내에 신청사항을 확인하여 처리한다.</td></tr>
<tr><td>확인사항</td><td>• 적용대상토지 여부
• 대장상 소유자와 호적부 · 제적부에 등재된 자와의 동일인 여부
• 적용대상토지에 대한 확정판결이나 소송의 진행 여부
• 첨부서류의 적합 여부
• 기타 지적소관청이 필요하다고 인정되는 사항</td></tr>
</table>

기간	구분	내용
15일		시행규칙 제24조(공공측량성과 등의 간행) 공공측량성과를 사용하여 지도 등을 간행하여 판매하려는 공공측량시행자는 해당 지도 등의 크기 및 매수, 판매가격 산정서류를 첨부하여 해당 지도 등의 발매일 15일 전까지 국토지리정보원장에게 통보하여야 한다.
15일		시행규칙 제73조(지적공부의 복구절차 등) 지적소관청은 복구 자료의 조사 또는 복구측량 등이 완료되어 지적공부를 복구하려는 경우에는 복구하려는 토지의 표시 등을 시 · 군 · 구 게시판 및 인터넷 홈페이지에 15일 이상 게시하여야 한다.
15일		시행령 제75조(청산금의 산정 – 축척변경) 지적소관청은 청산금을 산정하였을 때에는 청산금 조서를 작성하고, 청산금이 결정되었다는 뜻을 15일 이상 공고하여 일반인이 열람할 수 있게 하여야 한다.
	비교	청산금의 결정을 공고한 날부터 20일 이내에 토지소유자에게 청산금의 납부고지 또는 수령통지를 하여야 한다.
15일		시행령 제83조(도시개발사업 등의 범위 및 신고) 도시개발사업 등의 착수 · 변경 또는 완료 사실의 신고는 그 사유가 발생한 날부터 15일 이내에 하여야 한다.
15일		시행령 제85조(지적정리 등의 통지) 토지의 표시에 관한 변경등기가 필요한 경우 : 그 등기완료의 통지서를 접수한 날부터 15일 이내
	비교	토지의 표시에 관한 변경등기가 필요하지 아니한 경우 : 지적공부에 등록한 날부터 7일 이내
15일		시행령 제95조(보고) • 관할 시 · 군 · 구 지명위원회가 심의 · 의결 → 관할 시 · 도 지명위원회에 심의 · 결정한 날부터 15일 이내 보고 • 관할 시 · 도 지명위원회는 보고사항을 심의 · 의결 → 국가지명위원회에 심의 · 결정한 날부터 15일 이내 보고
20일		시행규칙 제22조(공공측량성과의 심사) 측량성과 심사수탁기관은 성과심사의 신청을 받은 때에는 접수일부터 20일 이내에 심사를 하고 공공측량성과 심사결과서를 작성하여 국토지리정보원장 및 심사신청인에 통지하여야 한다. 다만, 다음 각 호의 어느 하나에 해당하는 경우에는 심사결과의 통지기간을 10일의 범위에서 연장할 수 있다.
	예외	• 성과심사 대상지역의 기상악화, 천재지변 등으로 심사 곤란 • 지하시설물도 및 수심측량 심사량이 200km 이상일 때 • 지상현황측량, 수치지도, 수치표고자료 등의 성과심사량이 면적 $10km^2$ 이상, 노선길이 600km 이상일 때
20일		시행령 제71조(축척변경 시행공고 등) 지적소관청은 시 · 도지사 또는 대도시 시장으로부터 축척변경 승인을 받았을 때에는 지체 없이 20일 이상 공고하여야 한다.
20일		시행령 제76조(청산금의 납부고지 등 – 축척변경) 지적소관청은 청산금의 결정을 공고한 날부터 20일 이내에 토지소유자에게 청산금의 납부고지 또는 수령통지를 하여야 한다.
	청산금 납부 시	납부고지를 받은 자는 그 고지를 받은 날부터 6개월 이내에 청산금을 지적소관청에 내야 한다. (개정 2017.1.10.)
	청산금 수령 시	지적소관청은 수령통지를 한 날부터 6개월 이내에 청산금을 지급하여야 한다.
	이의신청	납부고지 되거나 수령통지된 청산금에 관하여 이의가 있는 자는 납부고지 또는 수령통지를 받은 날부터 1개월 이내에 지적소관청에 이의신청을 할 수 있다.

<table>
<tr><th>기간</th><th colspan="2">내용</th></tr>
<tr><td>30일</td><td colspan="2">시행규칙 제6조(측량기준점표지의 이전 신청 절차)
측량기준점표지의 이전을 신청하려는 자는 현장사진을 첨부하여 이전을 원하는 날의 30일 전까지 측량기준점표지를 설치한 자에게 제출하여야 한다.
측량기준점표지의 이전 신청을 받은 자는 신청 받은 날부터 10일 이내에 이전경비 납부통지서를 신청인에게 통지하여야 한다.</td></tr>
<tr><td>30일</td><td colspan="2">시행령 제13조(측량성과의 고시)
공공측량성과의 고시는 최종성과를 얻은 날부터 30일 이내에 하여야 한다.
다만, 기본측량성과의 고시에 포함된 국가기준점 성과가 다른 국가기준점 성과와 연결하여 계산될 필요가 있는 경우에는 그 계산이 완료된 날부터 30일 이내에 기본측량성과를 고시</td></tr>
<tr><td>30일</td><td colspan="2">시행규칙 제11조(기본측량성과의 검증)
기본측량성과의 검증을 의뢰받은 기본측량성과 검증기관은 30일 이내에 검증 결과를 국토지리정보원장에게 제출하여야 한다.</td></tr>
<tr><td rowspan="2">30일</td><td colspan="2">법률 제29조(지적측량의 적부심사 등)
지적측량 적부심사청구를 받은 시 · 도지사는 30일 이내에 지방지적위원회에 회부하여야 한다.
(지적측량 적부재심청구를 받은 국토교통부장관은 30일 이내에 중앙지적위원회에 회부)</td></tr>
<tr><td>조사사항</td><td>• 다툼이 되는 지적측량의 경위 및 그 성과
• 해당 토지에 대한 토지이동 및 소유권 변동 연혁
• 해당 토지 주변의 측량기준점, 경계, 주요 구조물 등 현황 실측도</td></tr>
<tr><td rowspan="2">30일</td><td colspan="2">시행령 제37조(등록사항의 변경)
측량업의 등록을 한 자는 등록사항이 변경된 날부터 30일 이내에 변경신고를 하여야 한다.
다만, 기술인력 및 장비에 해당하는 사항을 변경한 때에는 그 변경이 있은 날부터 90일 이내에 변경신고를 하여야 한다.</td></tr>
<tr><td>해당사항</td><td>• 주된 영업소 또는 지점의 소재지
• 상호
• 대표자 및 임원
• 기술능력 및 장비</td></tr>
<tr><td>30일</td><td colspan="2">법률 제46조(측량업자의 지위 승계)
측량업자의 지위를 승계한 자는 그 승계 사유가 발생한 날부터 30일 이내에 대통령령으로 정하는 바에 따라 국토교통부장관, 시 · 도지사 또는 대도시 시장에게 신고하여야 한다.</td></tr>
<tr><td rowspan="2">30일</td><td colspan="2">법률 제48조(측량업의 휴업 · 폐업 등 신고)
측량업의 등록을 한 자는 국토교통부장관, 시 · 도지사 또는 대도시 시장에게 휴업 · 폐업 발생한 날부터 30일 이내에 그 사실을 신고하여야 한다.(수로사업 동일)</td></tr>
<tr><td>해당 사항</td><td>• 측량업자인 법인이 파산 또는 합병 외의 사유로 해산한 경우 : 해당 법인의 청산인
• 측량업자가 폐업한 경우 : 폐업한 측량업자
• 측량업자가 30일을 넘는 기간 동안 휴업하거나, 휴업 후 업무를 재개한 경우 : 해당 측량업자</td></tr>
<tr><td>30일</td><td colspan="2">법률 제53조(등록취소 등의 처분 후 측량업자의 업무 수행 등)
측량의 발주자는 측량업자로부터 등록취소 또는 영업정지 통지를 받거나 등록취소 또는 영업정지의 처분이 있은 사실을 안 날부터 30일 이내에만 그 측량에 관한 계약을 해지할 수 있다.(특별한 사유가 있는 경우 제외)</td></tr>
<tr><td>30일</td><td colspan="2">시행령 제71조(축척변경 시행공고 등)
축척변경 시행지역의 토지소유자 또는 점유자는 시행공고가 된 날부터 30일 이내에 시행공고일 현재 점유하고 있는 경계에 국토교통부령으로 정하는 경계점표지를 설치하여야 한다.</td></tr>
</table>

기간	내용
30일	법률 제93조(성능검사대행자의 등록) 측량기기의 성능검사업무를 대행하는 자로 등록한 자가 폐업을 한 경우에는 30일 이내에 시 · 도지사에게 폐업 사실을 신고하여야 한다.
30일	시행령 제102조(손실보상) 손실보상 재결에 불복하는 자는 재결서 정본을 송달받은 날부터 30일 이내에 중앙토지수용위원회에 이의를 신청할 수 있다. ※ 중앙토지수용위원회 이의신청 전에 먼저 해당 지방토지수용위원회를 거쳐야 한다.
30일	시행규칙 제117조(수수료 납부기간) 법 제106조제4항(직권으로 조사 · 측량하여 지적공부를 정리한 경우에는 그 조사 · 측량에 들어간 비용을 제2항에 준하여 토지소유자로부터 징수한다)에 따른 수수료는 토지소유자는 지적공부를 정리한 날부터 30일 내에 내야 한다. ※ 직권으로 토지를 조사하고 측량한 후 소유자에게 그 수수료를 징수하는 경우이다.
60일	법률 제29조(지적측량의 적부심사 등) 지적측량 적부심사청구를 회부 받은 지방(중앙)지적위원회는 그 심사청구를 회부 받은 날부터 60일 이내에 심의 · 의결하여야 한다. 부득이한 경우 지적위원회의 의결을 거쳐 심의기간을 30일 이내에서 한 번 연장 가능
60일	법률 제77조(신규등록 신청) 토지소유자는 신규등록 할 토지가 있으면 그 사유가 발생한 날부터 60일 이내에 지적소관청에 신규등록을 신청하여야 한다.
60일	법률 제78조(등록전환 신청) 토지소유자는 등록전환 할 토지가 있으면 그 사유가 발생한 날부터 60일 이내에 지적소관청에 등록전환을 신청하여야 한다.
60일	법률 제79조(분할 신청) 의무 : 토지소유자는 지적공부에 등록된 1필지의 일부가 형질변경 등으로 용도가 변경된 경우에는 대통령령으로 정하는 바에 따라 용도가 변경된 날부터 60일 이내에 지적소관청에 토지의 분할을 신청하여야 한다. ※ 토지소유자는 토지를 분할하려면 대통령령으로 정하는 바에 따라 지적소관청에 분할을 신청하여야 한다.(지적측량 토지소유자 개인이 아무 때나 신청 가능함)
60일	법률 제80조(합병 신청) 의무 : 토지소유자는 「주택법」에 따른 공동주택의 부지, 도로, 제방, 하천, 구거, 유지, 그 밖에 대통령령으로 정하는 토지로서 합병하여야 할 토지가 있으면 그 사유가 발생한 날부터 60일 이내에 지적소관청에 합병을 신청하여야 한다.
60일	법률 제81조(지목변경 신청) 토지소유자는 지목변경을 할 토지가 있으면 그 사유가 발생한 날부터 60일 이내에 지적소관청에 지목변경을 신청하여야 한다.
60일	시행규칙 제105조(성능검사대행자의 등록사항의 변경) 성능검사대행자가 등록사항을 변경하려는 경우에는 그 변경된 날부터 60일 이내에 시 · 도지사에게 변경신고를 하여야 한다.
90일	법률 제29조(지적측량의 적부심사 등) 의결서를 받은 자가 지방지적위원회의 의결에 불복하는 경우에는 그 의결서를 받은 날부터 90일 이내에 국토교통부장관을 거쳐 중앙지적위원회에 재심사를 청구할 수 있다.
90일	법률 제82조(바다로 된 토지의 등록말소 신청) 지적소관청은 토지소유자가 통지를 받은 날부터 90일 이내에 등록말소 신청을 하지 아니하면 직권으로 등록을 말소한다.

기간	내용
90일	시행령 제37조(등록사항의 변경) 측량업의 등록을 한 자는 기술인력 및 장비에 해당하는 사항을 변경한 때에는 그 변경이 있은 날부터 90일 이내에 변경신고를 하여야 한다. 다만, 등록사항이 변경된 날부터 30일 이내에 변경신고를 하여야 한다.
90일	시행령 제99조(일시적인 등록기준 미달) 법 제96조제1항제2호 단서에서 "일시적으로 등록기준에 미달하는 등 대통령령으로 정하는 경우"란 별표 11에 따른 기술인력에 해당하는 사람의 사망 · 실종 또는 퇴직으로 인하여 등록기준에 미달하는 기간이 90일 이내인 경우를 말한다.
1개월	시행령 제77조(청산금에 관한 이의신청) ① 제76조제1항에 따라 납부고지되거나 수령통지된 청산금에 관하여 이의가 있는 자는 납부고지 또는 수령통지를 받은 날부터 1개월 이내에 지적소관청에 이의신청을 할 수 있다. ② 제1항에 따른 이의신청을 받은 지적소관청은 1개월 이내에 축척변경위원회의 심의 · 의결을 거쳐 그 인용(認容) 여부를 결정한 후 지체 없이 그 내용을 이의신청인에게 통지하여야 한다.
2개월	시행령 제97조(성능검사의 대상 및 주기 등) 측량기기성능검사는 성능검사 유효기간 만료일 2개월 전부터 유효기간 만료일까지의 기간에 받아야 한다. ※ 단, 신규 성능검사는 제외한다.
6개월	시행령 제76조(청산금의 납부 고지 등) 축척변경 청산금 납부고지를 받은 자는 그 고지를 받은 날부터 6개월 이내에 청산금을 지적소관청에 내야 한다. 〈개정 2017.1.10.〉 ※ 소관청은 청산금 수령통지한 날부터 6개월 이내에 청산금을 지급하여야 한다.
매월 말	시행령 제11조(지형 · 지물의 변동사항 정기조사 및 통보 등) 지형 · 지물의 변동사항 통보는 국토교통부령 또는 해양수산부령으로 정하는 바에 따라 매월 말일까지 하여야 한다.
10월 말	시행규칙 제5조(측량기준점표지의 현황조사 결과 보고) 특별자치시장, 특별자치도지사, 시장 · 군수 또는 구청장은 측량기준점표지의 현황에 대한 조사결과를 매년 10월 말까지 국토지리정보원장이 정하여 고시한 기준에 따라 보고하여야 한다.
12월 말	법률 제106조(수수료 등) 지적측량수수료는 국토교통부장관이 매년 12월 말일까지 고시하여야 한다.

2. 지적재조사에 관한 특별법

기간	내용
10일	법 제21조(조정금의 지급 · 징수 또는 공탁) 지적소관청은 제2항에 따라 조정금액을 통지한 날부터 10일 이내에 토지소유자에게 조정금의 수령통지 또는 납부고지를 하여야 한다.
14일	법 제4조의2(시 · 도종합계획의 수립) 지적소관청은 제2항에 따라 시 · 도종합계획안을 송부받았을 때에는 송부받은 날부터 14일 이내에 의견을 제출하여야 한다. 이 경우 기간 내에 의견을 제출하지 아니하면 의견이 없는 것으로 본다.
15일	시행령 제13조(분할납부) ① 지적소관청은 법 제21조제5항 단서에 따라 조정금이 1천만 원을 초과하는 경우에는 그 조정금을 부과한 날부터 1년 이내의 기간을 정하여 4회 이내에서 나누어 내게 할 수 있다. ③ 지적소관청은 제2항에 따라 분할납부신청서를 받은 날부터 15일 이내에 신청인에게 분할납부 여부를 서면으로 알려야 한다.

기간	내용
20일 · 30일	법 제4조(기본계획의 수립) 지적소관청은 제3항에 따라 기본계획안을 송부받은 날부터 20일 이내에 시 · 도지사에게 의견을 제출하여야 하며, 시 · 도지사는 제2항에 따라 기본계획안을 송부받은 날부터 30일 이내에 지적소관청의 의견에 자신의 의견을 첨부하여 국토교통부장관에게 제출하여야 한다. 이 경우 기간 내에 의견을 제출하지 아니하면 의견이 없는 것으로 본다.
30일	법 제16조(경계의 결정) 신청을 받은 경계결정위원회는 지적확정예정조서를 제출받은 날부터 30일 이내에 경계에 관한 결정을 하고 이를 지적소관청에 통지하여야 한다. 이 기간 안에 경계에 관한 결정을 할 수 없는 부득이한 사유가 있을 때에는 경계결정위원회는 의결을 거쳐 30일의 범위에서 그 기간을 연장할 수 있다.
30일	법 제7조(지적재조사지구의 지정) 지적소관청은 지적재조사지구 지정을 신청하고자 할 때에는 실시계획 수립 내용을 주민에게 서면으로 통보한 후 주민설명회를 개최하고 실시계획을 30일 이상 주민에게 공람하여야 한다.
30일	시행령 제6조(지적재조사지구의 지정 등) ① 법 제7조제1항에 따른 지적재조사지구 지정 신청을 받은 특별시장 · 광역시장 · 도지사 · 특별자치도지사 · 특별자치시장 및 「지방자치법」 제175조에 따른 대도시로서 구를 둔 시의 시장(이하 "시 · 도지사"라 한다)은 15일 이내에 그 신청을 법 제29조제1항에 따른 시 · 도 지적재조사위원회(이하 "시 · 도 위원회"라 한다)에 회부하여야 한다. ② 제1항에 따라 지적재조사지구 지정 신청을 회부받은 시 · 도 위원회는 그 신청을 회부받은 날부터 30일 이내에 지적재조사지구의 지정 여부에 대하여 심의 · 의결하여야 한다. 다만, 사실 확인이 필요한 경우 등 불가피한 사유가 있을 때에는 그 심의기간을 해당 시 · 도 위원회의 의결을 거쳐 15일의 범위에서 그 기간을 한 차례만 연장할 수 있다. ③ 시 · 도 위원회는 지적재조사지구 지정 신청에 대하여 의결을 하였을 때에는 의결서를 작성하여 지체 없이 시 · 도지사에게 송부하여야 한다. ④ 시 · 도지사는 제3항에 따라 의결서를 받은 날부터 7일 이내에 법 제8조에 따라 지적재조사지구를 지정 · 고시하거나, 지적재조사지구를 지정하지 아니한다는 결정을 하고, 그 사실을 지적소관청에 통지하여야 한다.
30일 · 60일	법 제21조의2(조정금에 관한 이의신청) ① 제21조제3항에 따라 수령통지 또는 납부고지된 조정금에 이의가 있는 토지소유자는 수령통지 또는 납부고지를 받은 날부터 60일 이내에 지적소관청에 이의신청을 할 수 있다. ② 지적소관청은 제1항에 따른 이의신청을 받은 날부터 30일 이내에 제30조에 따른 시 · 군 · 구 지적재조사위원회의 심의 · 의결을 거쳐 이의신청에 대한 결과를 신청인에게 서면으로 알려야 한다.
60일	법 제17조(경계결정에 대한 이의신청) ① 경계에 관한 결정을 통지받은 토지소유자나 이해관계인이 이에 대하여 불복하는 경우에는 통지를 받은 날부터 60일 이내에 지적소관청에 이의신청을 할 수 있다. ③ 지적소관청은 제2항에 따라 이의신청서가 접수된 날부터 14일 이내에 이의신청서에 의견서를 첨부하여 경계결정위원회에 송부하여야 한다. ④ 제3항에 따라 이의신청서를 송부받은 경계결정위원회는 이의신청서를 송부받은 날부터 30일 이내에 이의신청에 대한 결정을 하여야 한다. 다만, 부득이한 경우에는 30일의 범위에서 처리기간을 연장할 수 있다. ⑤ 경계결정위원회는 이의신청에 대한 결정을 하였을 때에는 그 내용을 지적소관청에 통지하여야 하며, 지적소관청은 결정내용을 통지받은 날부터 7일 이내에 결정서를 작성하여 이의신청인에게는 그 정본을, 그 밖의 토지소유자나 이해관계인에게는 그 부본을 송달하여야 한다. 이 경우 토지소유자는 결정서를 송부받은 날부터 60일 이내에 경계결정위원회의 결정에 대하여 행정심판이나 행정소송을 통하여 불복할지 여부를 지적소관청에 알려야 한다.

기간	내용
60일	법 제18조(경계의 확정) 지적재조사사업에 따른 경계는 다음 각 호의 시기에 확정된다. 2. 이의신청에 대한 결정에 대하여 60일 이내에 불복의사를 표명하지 아니하였을 때
2개월	법 제35조(청구 등의 제한) 사업완료 공고가 있었던 날부터 2개월이 경과하였을 때에는 제33조에 따른 임대료 · 지료, 그 밖의 사용료 등의 증감청구나 제34조에 따른 권리의 포기 또는 계약의 해지를 할 수 없다.
6개월 · 1년	법 제21조(조정금의 지급 · 징수 또는 공탁) ③ 지적소관청은 제2항에 따라 조정금액을 통지한 날부터 10일 이내에 토지소유자에게 조정금의 수령통지 또는 납부고지를 하여야 한다. ④ 지적소관청은 제3항에 따라 수령통지를 한 날부터 6개월 이내에 조정금을 지급하여야 한다. ⑤ 제3항에 따라 납부고지를 받은 자는 그 부과일부터 6개월 이내에 조정금을 납부하여야 한다. 다만, 지적소관청은 1년의 범위에서 대통령령으로 정하는 바에 따라 조정금을 분할납부하게 할 수 있다.
2년	법 제9조(지적재조사지구 지정의 효력상실 등) 지적소관청은 지적재조사지구 지정고시를 한 날부터 2년 내에 토지현황조사 및 지적재조사를 위한 지적측량(이하 "지적재조사측량"이라 한다)을 시행하여야 한다.(기간 내에 토지현황조사 및 지적재조사측량을 시행하지 아니할 때에는 그 기간의 만료로 지적재조사지구의 지정은 효력이 상실된다)
5년	법 제4조(기본계획의 수립) 국토교통부장관은 기본계획이 수립된 날부터 5년이 지나면 그 타당성을 다시 검토하고 필요하면 이를 변경하여야 한다. 법 제4조의2(시 · 도종합계획의 수립) 시 · 도지사는 시 · 도종합계획이 수립된 날부터 5년이 지나면 그 타당성을 다시 검토하고 필요하면 변경하여야 한다.

16 각종 비교 정리

<table>
<tr><th>구분</th><th colspan="2">Internet GIS</th><th>Enterprise GIS</th><th>Component GIS</th></tr>
<tr><td>의의</td><td colspan="2">인터넷 기술의 발전과 웹 이용의 엄청난 증가는 수많은 정보통신 분야에 새로운 길을 열어주고 있으며, GIS에 있어서도 새로운 방향을 제시하였다. 인터넷 GIS는 인터넷의 WWW(World Wide Web) 구현 기술을 GIS와 결합하여 인터넷 또는 인트라넷 환경에서 지리정보의 입력, 수정, 조작, 분석, 출력 등의 작업을 처리하여 네트워크 환경에서 서비스를 제공할 수 있도록 구축된 시스템을 말한다.</td><td>Enterprise GIS는 부서 단위의 Department GIS와 대비되는 개념으로 초기 개념은 단순한 조직 간의 자료 공유였다. 즉 특정 부서에서 GIS를 이용하여 많은 공간정보를 수집하고 이를 가공 처리하여 새로운 정보가 생성되면서 이러한 정보를 조직 간에 원활히 공유하기 위하여 도입되었다. Enterprise GIS로 전사적인 조직이 필요로 하는 공간데이터의 활용이 현재 운용되고 있는 핵심적인 업무 데이터와 통합되고 있으며 업무처리에 공간적인 분석을 추가한다.</td><td>컴포넌트 기술은 1990년대 초부터 발전하고 있는 소프트웨어 엔지니어링 방법론으로서 Component 또는 Custom Control 재사용을 위한 기본적인 단위로 사용하여 소프트웨어를 개발하는 방법이다. 컴포넌트 기술은 응용 프로그램 개발기간을 단축하고 소프트웨어의 개발과 유지를 위한 비용을 최소화할 수 있다.</td></tr>
<tr><td rowspan="3">특징</td><td>㉿동적
(Dynamic)</td><td>인터넷 GIS는 분산 시스템으로서 데이터베이스와 응용프로그램의 관리자가 이를 갱신하면 새로이 변경된 내용이 인터넷상의 모든 사용자에게 접근 가능하게 된다. 이로써 데이터와 소프트웨어를 현재의 것으로 유지하게 해준다. 또한 인터넷 GIS는 위성영상이나 교통흐름, 사고정보 등과 같은 실시간 정보와 연결될 수 있다.</td><td rowspan="3">• 네트워크 환경에 적합하고, 하드웨어나 공급자와는 무관한 개방형 데이터 구조를 확보하기 위하여 고유의 파일시스템이 아닌 상용 데이터베이스시스템(DBMS)에 데이터를 저장하는 구조를 가지며 통합된 시스템 개발이 가능하도록 개방형 인터페이스를 제공한다.
• 엄청난 확산력을 가지고 보급되어 인터넷 기술이 현재 구축되어 있는 공간 데이터에 대한 다양한 접근을 요구함으로써 공간 데이터 관리기법의 개방화를 요구하고 있다.</td><td rowspan="3">• 일반 사용자들은 상업용 컴포넌트를 이용하여 쉽게 응용 프로그램을 제작할 수 있다.
• 소규모 개발자들은 큰 소프트웨어를 만들 필요 없이 특정 분야의 컴포넌트를 만들어 시장에 진출한다.
• 대규모 개발자들에게는 컴포넌트들을 결합하여 엔터프라이즈 클라이언트/서버 시스템을 쉽게 만들고 유지보수 할 수 있게 해준다.</td></tr>
<tr><td>분산적
(Distributed)</td><td>인터넷 GIS는 C/S(클라이언트/서버) 개념을 GIS에 적용한다. 클라이언트는 데이터, 분석 툴이나 모듈을 서버로부터 요청하고, 서버는 그 작업을 자체 수행하거나 그 결과를 클라이언트에게 보낸다.</td></tr>
<tr><td>대화형
(Interactive)</td><td>벡터를 따로 처리할 수 있는 클라이언트를 개발하고 이를 웹상에 내재시켜 진정한 대화형 시스템을 구현한다.</td></tr>
</table>

구분		Internet GIS	Enterprise GIS	Component GIS
특징	상호 운용적 (Interoperable)	이질적인 환경에서 GIS 사용자 집단 간에 GIS 데이터와 기능, 응용프로그램에 접근하고 공유하는 것은 높은 상호 운용성을 필요로 한다. 이를 위해서는 데이터 포맷, 데이터 교환, 데이터 접근에 대한 표준 및 GIS 분석 컴포넌트의 표준사양 등이 제정되어야 한다.		
	통합적 (Integrative)	인터넷 GIS에 비디오, 오디오, 지도, 텍스트, 방송 등 다양한 형태의 자료를 동일한 웹페이지로 통합할 수 있는 기능을 제공해 준다. 이로써 GIS의 내용과 프레젠테이션을 더욱 풍부히 해줄 수 있다.		

구분	Desktop GIS	Professional GIS	Temporal GIS
의의	Desktop GIS는 Desktop PC상에서 사용자들이 손쉽게 GIS 자료를 매핑하고 일정 수준의 공간분석을 수행할 수 있게 하는 기술을 말한다. 최근 개인용 컴퓨터의 급속한 성능 향상과 GIS 관련 컴퓨터 기술의 발달은 데스크톱 GIS의 일반화에 크게 기여하고 있다. 또한 GIS를 위한 기초 자료인 수치지도를 포함한 디지털 지도의 온라인 유통으로 일반인들의 데스크톱 GIS에 대한 수요가 증대하고 있다.	Professional GIS는 강력한 공간분석 기능과 지도제작 기능을 제공하므로 응용프로그램을 개발하는 개발도구로 사용되며 워크스테이션 이상의 플랫폼에서 운영된다.	GIS에 구축된 정보는 공간적 변화가 갱신되는데, Temporal(시공간) GIS는 인간과 환경의 상호 관련된 지리 현상의 공간적 분석에서 시간의 개념을 도입한 것으로, 현재는 DBMS 분야를 중심으로 Temporal GIS에 대한 연구가 주목받고 있다. Temporal GIS는 지리현상의 공간적 분석에 시간의 개념을 도입하여, 시간 변화에 따른 공간 변화를 이해하기 위한 방법이다.
특징	• 사용하는 O/S의 비용이 저렴하고 작업환경이 보통 윈도 환경에서 이루어지므로 보다 편리한 공간자료에 대한 분석이 가능하다. • 손쉬운 인터페이스를 제공하고 호환성이 높다. (Windows라는 표준 사용자 환경 사용)	–	• 공간 및 속성 정보의 시공간적인 변화에 대한 질의, 분석, 시각화와 이를 통한 시공간 변화 추정 및 활용이 가능한 분야이다. • 지리현상의 공간적 분석에 시간 개념을 도입하여, 시간 변화에 따른 공간 변화를 이해하기 위한 방법과 가장 밀접한 관련이 있다.

구분	DDL(Data Definition Language)		DML(Data Manipulation Language)		DCL(Data Control Language)	
의의	데이터의 구조를 정의하며 새로운 테이블을 만들고, 기존의 테이블을 변경/삭제하는 등의 데이터를 정의하는 역할을 한다.		데이터를 조회하거나 변경하며 새로운 데이터를 삽입/변경/삭제하는 등의 데이터를 조작하는 역할을 한다.		데이터베이스를 제어·관리하기 위하여 데이터를 보호하기 위한 보안, 데이터 무결성, 시스템 장애 시 회복, 다중사용자의 동시접근 제어를 통한 트랜잭션 관리 등에 사용되는 SQL이다.	
특징	CREATE	새로운 테이블을 생성한다.	SELECT	기존의 데이터를 검색한다.	GRANT	권한을 준다.(권한 부여)
	ALTER	기존의 테이블을 변경(수정)한다.	INSERT	새로운 데이터를 삽입한다.	REVOKE	권한을 제거한다.(권한 해제)
	DROP	기존의 테이블을 삭제한다.	UPDATE	기존의 데이터를 변경(갱신)한다.	COMMIT	데이터 변경 완료
	RENAME	테이블의 이름을 변경한다.	DELETE	기존의 데이터를 삭제한다.	ROLLBACK	데이터 변경 취소
	TRUNCATE	테이블을 잘라낸다.				

래스터 자료 파일	TIFF (Tagged Image File Format)	① 태그(꼬리표) 붙은 화상 파일 형식이라는 뜻이다. ② 미국의 앨더스사(현재의 어도비시스템사에 흡수 합병)와 마이크로소프트사가 공동 개발한 래스터 화상 파일 형식이다. ③ TIFF는 흑백 또는 중간 계조의 정지 화상을 주사(走査, Scan)하여 저장하거나 교환하는 데 널리 사용되는 표준 파일 형식이다. ④ 화상 데이터의 속성을 태그 정보로서 규정하고 있는 것이 특징이다.
	GeoTiff	① 파일헤더에 거리참조를 가지고 있는 TIFF 파일의 확장포맷이다. ② TIFF의 래스터지리데이터를 플랫폼 공동이용표준과 공동이용을 제공하기 위해 데이터 사용자, 상업용 데이터 공급자, GIS 소프트웨어 개발자가 합의하여 개발하고 유지한다.
	BIIF	BIIF는 FGDC(Federal Geographic Data Committee)에서 발행한 국제표준영상처리와 영상데이터표준이다. 이 포맷은 미국의 국방성에 의하여 개발되고 NATO에 의해 채택된 NITFS(National Imagery Transmission Format Standard)를 기초로 제작되었다.
	JPEG	① Joint Photographic Experts Group의 준말이다. ② JPEG는 컬러 이미지를 위한 국제적인 압축표준으로 국제전신전화자문(CCITT : Consultative Committee on International Telegraphy and Telepony)과 ISO에서 인정하고 있다.
	GIF (Graphics Interchange Format)	① 미국의 컴퓨서브(Compuserve)사가 1987년에 개발한 화상 파일 형식이다. ② GIF는 인터넷에서 래스터 화상을 전송하는 데 널리 사용되는 파일 형식이다. ③ 최대 256가지 색이 사용될 수 있는데 실제로 사용되는 색의 수에 따라 파일의 크기가 결정된다.

구분	형식	내용
	ⓅCX	① PCX는 ZSoft가 자사의 초기 DOS 기반의 그래픽 프로그램 PC 페인터 브러시용으로 개발한 그래픽 포맷이다. ② 윈도 이전까지 사실상 비트맵 그래픽의 표준이었다. ③ PCX는 그래픽 압축 시 런-길이 코드(Run-length Code)를 쓰기 때문에 디스크 공간 활용에 있어서 윈도 표준 BMP보다 효율적이다.
	ⒷMP(Microsoft Windows Device Independent Bitmap)	① 윈도 또는 OS/2 환경에서 사용되는 비트맵 데이터를 표현하기 위하여 마이크로소프트에서 정의하고 있는 비트맵 그래픽 파일이다. ② 그래픽 파일 저장형식 중 가장 단순한 구조를 가지고 있다. ③ 압축 알고리즘이 원시적이어서 같은 이미지를 저장할 때, 다른 형식으로 저장하는 경우에 비해 파일 크기가 매우 크다.
	ⓅNG(Portable Network Graphic)	독립적인 GIF 포맷을 대치할 목적의 특허가 없는 자유로운 래스터 포맷이다.
벡터 파일	ⓉIGER 파일 형식	① Topologically Integrated Geographic Encoding and Referencing System의 약자이다. ② U.S. Census Bureau에서 인구조사를 위해 개발한 벡터형 파일 형식이다.
	ⓋPF 파일 형식	① Vector Product Format의 약자이다. ② 미 국방성의 NIMA(National Imagery and Mapping Agency)에서 개발한 군사적 목적의 벡터형 파일 형식이다.
	Ⓢhape 파일 형식	① ESRI사의 Arcview에서 사용되는 자료형식이다. ② Shape 파일은 비위상적 위치정보와 속성정보를 포함한다.
	Ⓒoverage 파일 형식	① ESRI사의 Arc/Info에서 사용되는 자료형식이다. ② Coverage 파일은 위상모델을 적용하여 각 사상 간 관계를 적용하는 구조이다.
	ⒸAD 파일 형식	① Autodesk사의 AutoCAD 소프트웨어에서는 DWG와 DXF 등의 파일 형식을 사용한다. ② DXF 파일 형식은 GIS 관련 소프트웨어뿐만 아니라 원격탐사 소프트웨어에서도 사용할 수 있다.
	ⒹLG 파일 형식	① Digital Line Graph의 약자로서 U.S. Geological Survey에서 지도학적 정보를 표현하기 위해 고안한 디지털 벡터파일 형식이다. ② DLG는 ASCII 문자 형식으로 구성된다.
	ⒶrcInfo E00	ArcInfo의 익스포트 포맷이다.
	ⒸGM	① Computer Graphics Metafile의 약자이다. ② PC 기반의 컴퓨터그래픽 응용분야에 사용되는 벡터데이터 포맷의 ISO 표준이다.
KLIS	측량준비도 추출 파일(*.Ⓒif) (Cadastral Information File)	도형데이터 추출 파일은 소관청의 지적공부관리시스템에서 측량지역의 도형 및 속성정보를 저장한 파일이다.
	일필지속성정보 파일(*.Ⓢebu) (세부측량을 영어로 표현)	일필지속성정보 파일은 측량성과작성시스템에서 속성을 작성하는 일필지속성정보 파일이다.
	측량관측 파일(*.Ⓢvy)(Survey)	측량관측 파일은 토털스테이션에서 측량한 값을 좌표로 등록하여 작성된 파일이다.

KLIS	측량계산 파일(*.ⓚsp) (KCSC Survey Project)	측량계산 파일은 지적측량계산시스템에서 작업한 경계점 결선, 경계점 등록, 교차점 계산 등의 결과를 관리하는 파일이다.
	세부측량계산 파일(*.ⓢⓔⓡ) (Survey Evidence Relation File)	세부측량계산 파일은 측량계산시스템에서 교차점 계산 및 면적지정 계산을 하며 경계점좌표등록부 시행 지역의 출력에 필요한 파일이다.
	측량성과 파일(*.ⓙsg)	측량성과 파일은 측량성과작성시스템에서 측량성과 작성을 위한 파일이다.
	토지이동정리(측량결과) 파일(*.ⓓⓐt)(Data)	토지이동정리 파일은 측량성과작성시스템에서 소관청의 측량검사, 도면검사 등에 이용되는 파일이다.
	측량성과검사요청서 파일(*.ⓢⓘf)	측량성과검사요청서 파일은 지적측량 접수 프로그램을 이용하여 작성하며 iuf 파일과 함께 작성되는 파일이다.
	측량성과검사결과 파일(*.ⓢⓡf)	측량성과검사결과 파일은 측량결과 파일을 측량업무관리부에 등록하고 성과검사 정상 완료 시 지적소관청에서 측량 수행자에게 송부하는 파일이다.
	정보이용승인신청서 파일(*.ⓘⓤf)	정보이용승인신청서 파일은 지적측량업무 접수 시 지적소관청 지적도면자료의 이용승인요청 파일이다.

구분	개념적 모델링	논리적 모델링	물리적 모델링
의의	개념적 모델이란 실세계에 대한 사람들의 인지를 나타낸 것으로, 이 단계에서 데이터의 추상화란 실세계에 대한 사람들의 인지수준에 관한 정보를 담는 것이다. 개념적 모델링도 데이터베이스 디자인 과정의 일부이지만 컴퓨터에서의 실행 여부와는 관련이 없으며 데이터베이스와도 독립적이다.	논리적 모델은 개념적 모델과는 달리 특정한 소프트웨어에 의존적이다. 최근에 논리적 모델의 하나로 등장한 대표적인 모델이 객체-지향모델이다. 논리적 모델은 흔히 데이터베이스 모델 또는 수행모델(Implementation Model)이라고 불린다.	물리적 데이터 모델은 컴퓨터에서 실제로 운영되는 형태의 모델로, 컴퓨터에서 데이터의 물리적 저장을 의미한다. 즉, 데이터가 기록되는 포맷, 기록되는 순서, 접근경로 등을 나타내는 것으로 하드웨어와 소프트웨어에 의존적이다. 따라서 물리적 데이터 모델은 시스템 프로그래머나 데이터베이스 관리자들에 의해 의도된다.
특징	① 관심 대상이 되는 데이터의 구성요소를 추상적인 개념으로 나타낸 것이다. ② 속성들을 나타내는 개체 집합과 이들 개체 집합들 간의 관계를 표현하는 개체-관계 모델(Entity-Relationship Model)이 대표적인 유형이다. ③ 개념적 윤곽을 정의하기 위해 데이터 정의어(DDL : Data Definition Language)를 사용한다.	① 추상화(Abstraction) 수준의 중간단계이다. ② 데이터의 구성요소를 논리적인 개념으로 나타내는 것이다. ③ 데이터 유형과 데이터 유형들 간의 관계를 표현하는 접근방법에 따라서 여러 가지 모델로 분류된다. ④ 논리적 데이터 모델에는 계층형, 네트워크형, 관계형, 객체지향형 데이터 모델 등이 있다.	① 추상화 단계가 가장 낮은 마지막 단계이다. ② 관심 대상에 대한 데이터의 정보가 컴퓨터에 저장되는 것으로 저장 단위(바이트나 블록)까지 구체적으로 정의된다. ③ DBMS의 특성을 고려하여 논리 모델링을 실제 시스템화하는 설계단계이다. 이와 같은 단계를 거쳐 데이터 모델링이 이루어지고 나면 이에 따른 데이터베이스에 대한 설계를 하고 실제로 데이터베이스를 생성하게 된다. 이렇게 생성된 데이터베이스를 응용프로그램과 연계시키면 데이터베이스관리시스템이 구축된다.

구분	External Schema (이용자가 취급하는 데이터 구조를 정의)	Conceptual Schema (데이터 전체의 구조를 정의)	Internal Schema (데이터 구조의 형식을 구체적으로 정의)
의의	① 데이터베이스의 개개 사용자나 응용프로그래머가 접근하는 데이터베이스를 정의한 것으로 개인적 데이터베이스 구조에 관한 것이다. ② 개인이나 특정 응용에 한정된 논리적 데이터 구조이기 때문에 시스템 입장에서는 데이터베이스의 외적인 한 면을 표현한 것이며 외부 스키마라 한다. ③ 데이터베이스 전체에서 하나의 논리적 부분이 되기 때문에 서브 스키마(Sub Schema)라고도 한다. ④ 즉, 외부 스키마는 주로 외부의 응용프로그램에 위치하는 데이터 추상화 작업의 첫 번째 단계로서 전체적인 데이터베이스의 부분적인 기술이다. ⑤ 하나의 외부 스키마를 몇 개의 응용 프로그램이나 사용자가 공용할 수 있다.	① 개념 스키마는 외부 사용자 그룹으로부터 요구되는 전체적인 데이터베이스 구조를 기술하는 것이다. ② 데이터베이스의 물리적 저장구조 기술을 피하고, 개체(Entity), 데이터 유형, 관계, 사용자 연산, 제약조건 등의 기술에 집중한다. ③ 즉, 여러 개의 외부 스키마를 통합한 논리적인 데이터 베이스의 전체 구조로서 데이터베이스 파일에 저장되어 있는 데이터 형태를 그림으로 나타낸 도표라고 할 수 있다. ④ 하나의 데이터베이스 시스템에는 하나의 개념 스키마만 존재하고 각 사용자나 프로그램은 개념 스키마의 일부를 사용하게 된다. ⑤ 개념적(Conceptual)이란 의미는 추상적이 아니라 전체적이고 종합적이란 뜻이다. ⑥ 데이터베이스의 전체적인 논리적 구조로서, 모든 응용프로그램이나 사용자가 필요로 하는 데이터를 종합한 것으로, 하나만 존재하며 데이터베이스 접근권한, 보안 및 무결성 규칙에 대하여 정의하고 있다.	① 내부 스키마는 물리적 저장장치에서의 전체적인 데이터베이스 구조를 기술한 것이다. ② 내부 스키마는 개념 스키마에 대한 저장구조를 정의한 것이다. ③ 데이터베이스 정의어(DDL)에 의한 실질적인 데이터베이스의 자료저장구조(자료구조와 크기)이자 접근 경로의 완전하고 상세한 표현이다. ④ 내부 스키마는 시스템 프로그래머나 시스템 설계자가 바라는 데이터베이스 관점이므로, 시스템의 효율성을 고려한 데이터의 저장 위치, 자료구조, 보안대책 등을 결정한다.

구분	DEM (Digital Elevation Model)	DSM (Digital Surface Model)	DTM (Digital Terrain Model)	TIN (Triangulated Irregular Network)
의의	① DEM은 지형의 연속적인 기복변화를 일정한 크기의 격자간격으로 표현한 것으로 공간상의 연속적인 기복변화를 수치적인 행렬의 격자형태로 표현한다. ② 수치표고모형은 표고데이터의 집합일 뿐만 아니라 임의의 위치에서 표고를 보간할 수 있는 모델을 말한다. ③ 공간상에 나타난 불규칙한 지형의 변화를 수치적으로 표현하는 방법을 수치표고모형이라 한다. ④ DEM은 규칙적인 간격으로 표본지점이 추출된 래스터 형태의 데이터모델이다. ⑤ DEM은 DTM 중에서 표고를 특화한 모델이다. ⑥ 복잡한 지형에서는 밀도가 높은 표고자료가 필요하고 단순 지형에서는 밀도가 낮은 표고자료의 획득이 바람직하나 격자방식에서는 그러한 지형의 특성에 따른 자료획득이 불가능하다. ⑦ 작은 격자의 크기를 선택했을 때 상대적으로 자료량이 늘어나므로 단순한 지표면의 경우에도 실제로는 필요 이상의 자료를 가지게 된다. ⑧ 큰 격자를 사용했을 때 자료의 크기는 작아지나 변이가 심한 지표면의 상태를 정확히 나타낼 수 없다.	① DEM과 유사한 개념의 지형모델로 DSM 등이 있다. ② DSM은 일정한 크기의 격자간격으로 연속적인 기복변화를 표현한다는 점에서 DEM과 동일하다. 그러나 DEM은 자연적인 지형의 변화를 표현하는 데 반해 DSM은 건물 · 수목 · 인공구조물 등의 높이까지 반영한 연속적인 변화를 표현한다는 점에서 차이가 있다. ③ DSM은 DEM과 중첩해 흔히 건물이나 수목의 높이 추출, 지표변화 관찰 등에 활용이 가능하고, 동일한 좌표에 대한 DSM의 고도값에서 DEM의 고도값을 빼면 간단히 구할 수 있다.	① 지형의 표고뿐만 아니라 벡터데이터 모델로 지표상의 다른 속성도 포함하며 측량 및 원격탐사와 연관이 깊다. ② 지형의 다른 속성까지 포함하므로 자료가 복잡하고 대용량의 정보를 가지고 있으며, 여러 가지 속성을 레이어를 이용하여 다양한 정보제공이 가능하다. ③ DTM은 표현방법에 따라 DEM과 DSM으로 구별된다. 즉, DTM = DEM + DSM이다.	① 불규칙삼각망은 불규칙하게 배치되어 있는 지형점으로부터 삼각망을 생성하여 삼각형 내의 표고를 삼각평면으로부터 보간하는 DEM의 일종이다. ② 벡터데이터 모델로 위상구조를 가지며 표본 지점들은 X, Y, Z 값을 가지고 있으며 다각형 Network를 이루고 있는 순수한 위상구조와 개념적으로 유사하다. ③ 격자방식과 비교하여 비교적 적은 지점에서 추출된 표고 데이터를 이용하여 개략적으로 전반적인 지형의 형태를 나타낼 수 있다. ④ TIN은 기존의 점 데이터로 분포된 수치표고자료를 이용하여 삼각형의 면 데이터로 변환한 다음 보간식을 도출하여 DEM을 만들 수 있다. ⑤ 위상구조를 가질 수 있어 공간분석에도 활용할 수 있다는 장점이 있다.

구분	DEM (Digital Elevation Model)	DSM (Digital Surface Model)	DTM (Digital Terrain Model)	TIN (Triangulated Irregular Network)
특징	① 도로의 부지 및 댐의 위치 선정 ② 유량 산정 및 수문 분석 ③ 등고선도 제작 ④ 절토량과 성토량의 산정 ⑤ 도시계획 및 단지수립 계획 ⑥ 통계적 지형정보 분석 ⑦ 경사도 사면방향도 제작 ⑧ 경관 및 조망권 분석 ⑨ 수치지형도 작성에 필요한 표고정보와 지형정보를 다 이루는 속성	–	–	① 기복의 변화가 작은 지역에서 절점수를 적게 한다. ② 기복의 변화가 심한 지역에서 절점수를 증가시킨다. ③ 자료량 조절이 용이하다. ④ 중요한 위상형태를 필요한 정확도에 따라 해석한다. ⑤ 경사가 급한 지역에 적당하고 선형 침식이 많은 하천지형의 적용에 특히 유용하다. ⑥ TIN을 활용하여 방향 · 경사도 분석, 3차원 입체지형 생성 등 다양한 분석을 수행한다. ⑦ 격자형 자료의 단점인 해상력 저하, 해상력 조절, 중요한 정보 상실 가능성을 해소한다.

구분	개체–관계 데이터 모델	Hierarchical Data Model	Network Data Model
의의	데이터베이스에 저장하고자 하는 데이터를 형식화되지 않은 형태로 나타냈을 경우 의미가 모호할 뿐 아니라 서로 중복되는 관계들 때문에 실제 표현하고자 하는 데이터를 명확하게 나타내기가 어렵다. 이런 어려움을 해결하기 위하여 보다 형식화된 방법의 대표적 모델이 개체–관계 모델(Entity–Relationship model)이다. 개체–관계 모델은 데이터베이스관리시스템을 구축하는 데 있어서 개념적 데이터 모델로 개발된 도구이며 이러한 개체–관계 모델로 정의된 데이터들은 내부적 또는 논리적 데이터 모델로 변환된다.	① Hierarchical Data Model은 트리(Tree)구조(나무줄기와 같은 구조)를 가지고 있다. ② 계층구조 내의 자료들이 논리적으로 관련이 있는 영역으로 나누어지며 하나의 주된 영역 밑에 나머지 영역들이 나뭇가지와 같은 형태로 배열되는 형태로서 데이터베이스를 구성하는 각 레코드가 계층구조 또는 트리구조를 이루는 구조이다. ③ 계층(계급)성 관점에서 학사관리시스템을 구성하는 다섯 가지 개체들(학교, 학과, 학생, 교수, 강좌) 간의 관계를 정의한다.	① 계층형 데이터 모델의 단점을 보완한 것이다. ② 망구조 데이터 모델은 계층형과 유사하지만 망을 형성하는 것처럼 파일 사이에 다양한 연결이 존재한다는 점에서 계층형과 차이가 있다. ③ 각각의 객체는 여러 개의 부모 레코드와 자식 레코드를 가질 수 있다. ④ 계급형 모형과 같이 일정 객체에 대하여 모든 상위계급의 데이터를 검색하지 않고도 관련 데이터 검색이 가능하다.

		④ 각각의 계층에 속한 레코드의 필드에는 각 개체들의 속성을 나타내도록 하며 이들 속성 가운데 하나를 키 필드로 설계한다. ⑤ 계층형 모델에서 가장 상위의 계층을 뿌리(Root : 근원)라고 하는데, 뿌리도 레코드를 갖는다. ⑥ 뿌리를 제외한 모든 계층들의 경우 모든 개체들은 부모－자녀와 같은 관계를 갖는다. ⑦ 모든 레코드는 부모(상위) 레코드와 자식(하위) 레코드를 가지고 있으며 각각의 객체는 단 하나만의 부모(상위) 레코드를 가지고 부모(상위) 레코드는 여러 명의 자녀를 가질 수 있다.	
특징	① 개체－관계 모델은 개체(Entity), 속성(Attribute), 그리고 관계(Relationship)의 개념을 이용한다. ② 개체(Entity)는 독립적으로 존재하는 기본적인 대상(학생, 교수)으로 물리적으로 존재하는 대상일 수도 있고 강좌, 학과 등과 같이 개념적으로 존재하는 것일 수도 있다. ③ 속성은 각각의 개체가 가지는 특성을 의미하며, 학생을 예를 들면 이름과 학번, 학과, 학점 등을 말한다. ④ 관계는 속성을 가진 각 개체 간의 관계를 의미한다. ⑤ 개체는 자신의 특성을 가지고 있는데 이러한 특성을 개체의 속성(Attribute)이라고 한다. ⑥ 개체－관계 모델은 다이어그램으로 표현하는데, 개체는 직사각형으로, 개체의 속성은 타원으로 나타내며 개체와 속성은 선으로 연결한다. ⑦ 개체의 속성들 가운데 그 개체를 다른 개체와 구별할 수 있게 되는 속성을 그 개체의 키(Key)라고 한다. ⑧ 개체들 간의 관계는 개체－관계 다이어그램에서 마름모로 나타낸다. ⑨ 개체들 간의 관계는 1 : 1 관계뿐만 아니라 1 : N의 관계를 갖는 경우도 있다.	① 데이터의 이해와 정보의 갱신이 쉽다. ② 다량의 자료에서 필요한 정보를 신속하게 추출할 수 있다. ③ 각각의 객체는 단 하나만의 부모 레코드를 갖는다. ④ 속성 필드로는 검색이 불가능하다. ⑤ 동일한 계층에서의 검색은 부모 레코드를 거치지 않고는 불가능하다. ⑥ 필요한 정보의 추출을 위해서는 질의 유형이 사전에 결정되어야 한다.	① 계층형 모델에 비하여 데이터 저장에 있어 중복성은 적은 편이나 상대적으로 보다 많은 연결성에 관한 정보가 저장되어야 한다. ② 데이터베이스 관리에 있어서 연결성에 관한 정보의 저장 및 관리는 별도의 비용과 노력이 필요하며, 연결성에 변화가 생길 경우 갱신을 위해 시간이 많이 소요된다. ③ 개체들 간의 복잡한 구조에서는 계층형 데이터 모델보다 네트워크형 데이터 모델로 표현하는 것이 검색이 용이하다. ④ 계층형 데이터 모델에 비해 융통성은 보완되었지만 복잡한 연결성을 나타내주는 별도의 레코드를 저장하고 관리해야 하는 단점이 있다.

구분	Relationship DataBase Management System	Object Oriented DataBase Management System	Object Relational DataBase Management System
의의	① 데이터를 표로 정리하는 경우 행(Row)은 데이터 묶음이 되고 열(Column)은 속성을 나타내는 이차원의 도표로 구성된다. 이와 같이 표현하고자 하는 대상의 속성들을 묶어 하나의 행(Row)을 만들고, 행들의 집합으로 데이터를 나타내는 것이 관계형 데이터베이스이다. ② 영역들이 갖는 계층구조를 제거하여 시스템의 유연성을 높이기 위해서 만들어진 구조이다. ③ 데이터의 무결성, 보안, 권한, 로킹(Locking) 등 이전의 응용 분야에서 처리해야 했던 많은 기능들을 지원한다. ④ 관계형 데이터 모델은 모든 데이터들을 테이블과 같은 형태로 나타내며 데이터베이스를 구축하는 가장 전형적인 모델이다. ⑤ 관계형 데이터베이스에서는 개체의 속성을 나타내는 필드 모두를 키필드로 지정할 수 있다.	① 객체지향(Object Oriented)에 기반을 둔 논리적 구조를 가지고 개발된 관리시스템으로 자료를 다루는 방식을 하나로 묶어 객체(Object)라는 개념을 사용하여 실세계를 표현하고 모델링하는 구조이다. 관계형 데이터 모델의 단점을 보완하여 새로운 데이터 모델로 등장한 객체지향형 데이터모델은 CAD와 GIS, 사무정보시스템, 소프트웨어 엔지니어링 등의 다양한 분야에서 데이터베이스를 구축할 때 주로 사용한다. ② 여기서 객체(Object)는 데이터[또는 상태(state)]와 그 데이터를 작동시키는 메소드(method)가 결합하여 캡슐화(Encapsulation)된 것으로 정의된다 . ③ 캡슐화는 객체 자체가 객체의 상태와 객체의 작동을 결합시켜서 캡슐처럼 둘러싸고 있다는 의미에서 사용된 것이다. ④ 객체구조는 데이터, 메소드, 객체식별자로 구성 되어 있다.	① 관계형 데이터베이스 기술과 객체지향형 데이터베이스 기술의 장점을 수용하여 개발한 데이터베이스 관리시스템으로 관계형 체계에 새로운 객체 저장능력을 추가하고 있어 기존의 RDBMS를 기반으로 하는 많은 DB 시스템과의 호환이 가능하다는 장점이 있다. ② ORDBMS = RDBMS + OODBMS ③ 객체-관계 데이터베이스관리시스템은 관계형 데이터베이스시스템에 객체지향형 데이터베이스의 기능을 추가한 것이다.
특징	① 데이터 구조는 릴레이션(Relation)으로 표현된다. 릴레이션이란 테이블의 열(Column)과 행(Row)의 집합을 말한다. ② 테이블에서 열(Column)은 속성(Attribute), 행(Row)은 튜플(Tuple)이라 한다. ③ 테이블의 각 칸은 하나의 속성값만 가지며, 이 값은 더 이상 분해될 수 없는 원자값(Automic Value)이다. ④ 하나의 속성이 취할 수 있는 같은 유형의 모든 원자값의 집합을 그 속성의 도메인(Domain)이라 하며 정의된 속성값은 도메인으로부터 값을 취해야 한다. ⑤ 튜플을 식별할 수 있는 속성의 집합인 키(Key)는 테이블의 각 열을 정의하는 행들의 집합인 기본키(PK : Primary Key)와 같은 테이블이나 다른 테이블의 기본키를 참조하는 외부키(FK : Foreign Key)가 있다.	① OODBMS는 객체지향데이터베이스를 정의하고 조작할 수 있는 데이터베이스시스템이다. ② OODBMS는 객체지향프로그래밍 언어를 데이터베이스시스템에 적용시킨 것이다. ③ 객체지향프로그래밍 언어는 객체의 생성, 유지, 삭제, 분류, 계층성, 상속성 등을 포함하는 객체지향형 데이터베이스 시스템을 지원한다. ④ 객체들 간의 관계를 정의하고 조작할 수 있는 사용자 인터페이스를 제공하기 때문에 응용프로그래머들이 객체들 간의 관계를 직접 프로그래밍하고 관리할 필요가 없다. ⑤ CAD/CAM, 다중매체정보시스템과 첨단 사용자 인터페이스 시스템 등의 분야에 사용하기 적합하다. ⑥ 데이터베이스의 관리와 갱신이 편리하며 다양한 형태의 데이터를 저장할 수 있다.	① 객체-관계 데이터베이스는 객체 클래스(Class : 동일한 유형의 객체들의 집합)를 생성할 수 있다. ② 객체(Object)는 관계 테이블에서 열(Column)로 나타난다. ③ 상속성을 지니고 있어 모객체(Parent Object)의 속성과 메소드를 자객체(Child Object)가 상속한다. ④ 관계형 데이터베이스시스템의 경우 B-tree 색인을 사용하고 있어 1차원의 데이터 검색은 양호하지만 2차원 이상 데이터를 색인화하는 데는 부적합하다. ⑤ ORDBMS는 B-tree, Quadtree와 같이 공간 데이터를 색인하는 데 적합한 인덱스 메커니즘을 지원한다. ⑥ 검색이 신속하고 용이하게 이루어진다. ⑦ 객체관계 SQL이나 컴파일 언어로 작성 시 사용자 정의 기능을 완벽하게 지원한다.

	⑥ 관계형 데이터모델은 구조가 간단하여 이해하기 쉽고 데이터 조작적 측면에서도 매우 논리적이고 명확하다는 장점이 있다. ⑦ 상이한 정보 간 검색, 결합, 비교, 자료가감 등이 용이하다. ⑧ 다른 모델과 달리 각 개체는 각 레코드(Record)를 대표하는 기본 키(Primary Key)를 갖는다. ⑨ 다른 모델에 비하여 관련 데이터 필드가 존재하는 한 필요한 정보를 추출하기 위한 질의 형태에 제한이 없다. ⑩ 데이터의 갱신이 용이하고 융통성을 증대시킨다.	⑦ 데이터의 중복을 줄이고 데이터 검색을 효율적으로 수행할 수 있다 . ⑧ 관계형 데이터베이스관리시스템에 비해 응용, 개발 측면과 데이터모델링 측면에서 장점을 갖고 있다. ⑨ OODBMS의 대표적 예는 GDS, Laserscan, Small–world 등이 있다. ⑩ 질의를 최적화하는 메커니즘이 미약하며, 관계대수와 같은 적절한 연산기능을 수행하기 어렵다. ⑪ 객체 특성상 색인 구축이 어렵고 속성값이 아닌 메시지 검색방법으로 접근해야 한다.	⑧ 데이터모델링과 관리적인 측면에서 관계형 데이터베이스시스템이 수행하는 모든 기능을 수행하고 객체지향형 데이터베이스시스템이 가지고 있는 특성을 추가함으로서 관계형 데이터모델이 갖고 있는 한계성을 극복하였다고 볼 수 있어 두 분야에 폭넓게 활용될 수 있다.

구분	지적정보전산화	토지기록전산화	지적도면전산화
의의	지적정보의 전산화는 토지기록전산화사업의 일환인 지적전산화라는 이름으로 시작하였으며, 토지의 각종 물리적 현황 정보를 등록·관리하는 지적공부를 전산조직에 의하여 기록·관리하는 시스템이다. 구체적으로 토지이용계획, 도시관리계획 등의 토지 관련 정책의 자료로 활용하고 토지의 소유 현황을 제공하여 토지소유에 대한 적정 규제와 각종 조세의 자료로 삼고, 실지와 가장 정확히 부합하는 자료를 수록해서 많은 국민들이 사용할 때 불편이 없도록 언제 어디서나 활용이 가능하게 한다. 미래에 도래할 모든 행정 분야의 전산화를 촉진하는 효과 제고 등에 기본 목적을 두고 추진되었으며 추진내용으로는 토지기록전산화, 도면전산화, PBLIS의 구축을 들 수 있다.	1910년대 토지조사사업을 실시하여 부책식 대장과 종이 도면으로 공부관리를 하였으나 관리상 여러 가지 문제점 해결과 등기 등과 같은 타 기관 자료와의 상호 정보교환, 신속한 민원처리 대민 서비스를 제공하고자 1975년부터 지적전산화에 착수하여 한국토지정보시스템(KLIS)이라는 대장과 도면을 통합하여 통계·분석이 가능한 시스템을 운영하다가 현재는 부동산종합공부시스템을 운영 중에 있다.	정부에서는 21세기 정보화 사회에 대비한 토지정보 인프라 기반 조성과 국민과 공공수요자에게 적기에 정보를 제공하는 체제를 구축하고자 2000년부터 전국 지적·임야도 전산화 작업을 시작하였다. 1995년부터 시작된 NGIS 1단계 사업에서 기존 지적도면전산화사업을 확정하였으나 예산배정 문제 및 지적도면의 접합문제 등으로 미루어 오다가 2000년부터 전국적으로 지적도면전산화 작업을 추진하였다. 이는 도면 데이터 구축으로 기존 속성 데이터와의 연계를 통한 필지중심 정보체계(PBLIS)의 기반이 되었다.
목적	① 토지정보의 수요에 대한 최신의 신속한 정보 제공 ② 공공계획의 수립에 필요한 정보 제공 ③ 지적통계 및 정책정보의 정확성 제고 ④ 행정자료구축과 행정업무에 손쉽게 이용 ⑤ 다른 정보자료(도시계획 및 시설물 관리)들과 연계가 용이 ⑥ 민원인의 편의 증대 및 대국민 서비스의 질 향상	–	① 국가지리정보사업에 기본 정보로 관련 기관이 공동으로 활용할 수 있는 기반 조성 ② 지적도면의 신축으로 인한 원형 보관, 관리의 어려움 해소 ③ 정확한 지적측량의 자료 구축, 활용 ④ 토지대장과 지적도면을 통합한 대민 서비스의 질적 향상 ⑤ 토지정보의 수요에 대한 신속한 대처

<table>
<tr><th>구분</th><th>지적정보전산화</th><th colspan="2">토지기록전산화</th><th>지적도면전산화</th></tr>
<tr><td>필요성
(추진
배경)
(기반
조성)</td><td>① 지적의 신속성 및 지적통계와 정책정보의 정확성 제고
② 토지 관련 정책자료 및 지적행정 실현으로 다목적 지적 활용
③ 일필지의 속성 및 도형정보 온라인화로 인한 지방행정전산화 촉진
④ 토지 이동 및 변동 자료의 이중성 배제로 인한 업무의 효율화
⑤ 전국적으로 획일적인 지적전산시스템 활용으로 인한 기관별, 각 지방자치단체별 상호연계 용이
⑥ 실시간의 정확한 정보 제공으로 인한 업무의 능률성 향상</td><td colspan="2">① 토지대장과 임야대장의 카드식 전환
② 대장등록사항의 코드번호 개발 등록
③ 소유자 주민등록번호 및 법인등록번호 등록
④ 재외국민등록번호 등록
⑤ 면적 단위 미터법 전환
⑥ 수치측량방법의 전환[수치지적부(1975년) → 경계점좌표등록부(2002.1.27. 시행)]</td><td>① 기존 지적도면의 신축으로 인한 오차
② 지적도면의 관리 소홀로 인한 오손이나 훼손
③ 다양한 축척으로 인한 지적도면 상호 간의 정확도 차이
④ 측량의 오류 등으로 인한 정확도 문제
⑤ 지적도면과 실지와의 불부합 등</td></tr>
<tr><td rowspan="2">기대
효과</td><td rowspan="2">–</td><td>관리적 효과</td><td>정책적 효과</td><td rowspan="2">① 지적도면전산화가 구축되면 국민의 토지소유권(토지경계)이 등록된 유일한 공부인 지적도면을 효율적으로 관리할 수 있다.
② 정보화 사회에 부응하는 다양한 토지 관련 정보 인프라를 구축할 수 있어 국가경쟁력이 강화되는 효과가 있다.
③ 전국 온라인망에 의하여 신속하고 효율적인 대민 서비스를 제공할 수 있다.
④ NGIS와 연계되어 토지와 관련된 모든 분야에서 활용할 수 있다.
⑤ 지적측량업무의 전산화와 공부정리의 자동화가 가능하게 된다.</td></tr>
<tr><td>① (토)지정보관리의 과학화
• 정확한 토지정보관리
• 토지정보의 신속 처리
② (주)민편익 위주의 민원쇄신
• 민원의 신속 정확 처리
• 대정부 신뢰성 향상
③ (지)방행정전산화 기반 조성
• 전산요원 양성 및 기술 축적
• 지방행정 정보관리 능력 제고</td><td>① (토)지정책정보의 공동이용
• 토지정책정보의 신속 제공
• 정책정보의 다목적 활용
② (건)전한 토지거래질서 확립
• 토지투기방지 효과 보완
• 세무행정의 공정성 확보
③ (국)토의 효율적 이용 관리
• 국토이용현황의 정확 파악
• 국·공유재산의 효율적 관리</td></tr>
</table>

구분	PBLIS	LMIS	KLIS
의의	필지중심토지정보시스템(PBLIS : Parcel Based Land Information System)의 개발은 컴퓨터를 활용하여 일필지를 중심으로 건물, 도시계획 등 형상과 관련된 도면정보(Graphic Information)와 이들과 연결된 각종 속성정보(Nongraphic Information)를 효과적으로 저장·관리·처리할 수 있는 시스템으로 향후 시행될 지적재조사사업의 기반을 조성하는 사업이다. 전산화된 지적도면 수치파일을 데이터베이스화하여 이들 정보를 검색하고 관리하는 업무절차를 전산화함으로써 그간 수작업으로 처리했던 지적도면 정리를 자동화하고 토지 및 관련 정보를 국가 및 대국민에게 복합적이고 신속하게 제공하여 과학적 지적행정을 도모하고자 이에 대한 개발이 추진되었다.	국토교통부는 토지관리 업무를 통합·관리하는 체계가 미흡하고, 중앙과 지방 간의 업무 연계가 효율적으로 이루어지지 않으며, 토지정책 수립에 필요한 자료를 정확하고 신속하게 수집하기 어려움에 따라 1998년 2월부터 1998년 12월까지 대구광역시 남구를 대상으로 6개 토지관리업무에 대한 응용시스템 개발과 토지관리 데이터베이스를 구축하고, 관련 제도 정비 방안을 마련하는 등 시범사업을 수행하여 현재 토지관리 업무에 활용하고 있다.	행정안전부의 필지중심토지정보시스템(PBLIS)과 국토교통부의 토지종합정보망(LMIS)을 보완하여 하나의 시스템으로 통합 구축하고, 기존 전산화사업을 통하여 구축 완료된 토지(임야)대장의 속성정보를 연계 활용하여 데이터 구축의 중복을 방지하고, 데이터 이중관리에서 오는 데이터 간의 이질감 등을 예방하기 위하여 필지중심토지정보시스템과 토지종합정보망의 연계 통합이 필요하게 되었다. 토지대장의 문자(속성)정보를 연계 활용하는 방안을 강구하라는 감사원 감사 결과(2000년)에 따라 3계층 클라이언트/서버(3-Tiered Client/server) 아키텍처를 기본 구조로 개발하기로 합의하였다. 따라서 국가적인 정보화 사업을 효율적으로 추진하기 위해 양 시스템을 연계 통합한 한국토지정보시스템의 개발업무를 수행하였다.
목적	① 다양한 토지 관련 정보를 필요로 하는 정부나 국민에게 정확한 지적정보를 제공, 지적재조사사업을 위한 기반 확보 ② 지적정보 및 각종 시설물 등의 부가정보를 효율적으로 통합 관리하며, 이를 기반으로 소유권 보호와 다양한 토지 관련 서비스 제공 ③ 기존의 정보통신 인프라를 적극 활용할 수 있는 전자정부 실현에 일조할 컨텐츠를 개발하고, 행정처리 단계를 획기적으로 축소하여 그에 따른 비용과 시간 절감	① 토지종합정보화의 지방자치단체 확산 구축 ② 전국 민원 온라인 발급 구현으로 민원 서비스의 획기적 개선 ③ 지자체의 다양한 전산환경에도 호환성을 갖도록 개방형 지향 ④ 변화된 업무환경에 적합토록 응용시스템 보완 ⑤ 지자체의 다양한 정보시스템 연계 활용	① NGIS 2000년 국책사업 감사원 감사 시 PBLIS와 LMIS를 중복사업으로 지적 ② 두 시스템을 하나의 시스템으로 통합 권고 ③ PBLIS와 LMIS의 기능을 모두 포함하는 통합시스템 개발 ④ 통합시스템은 3계층 구조로 구축(3-Tiered System) ⑤ 도형 DB 엔진 전면 수용, 개발(고딕, SDE, ZEUS 등) ⑥ 지적측량, 지적측량성과작성 업무도 포함 ⑦ 실시간 민원처리 업무가 가능하도록 구축
배경	① 도면관리의 문제 ② 다양한 축척의 도면 ③ 등록정보의 부족 ④ 대장과 도면관리의 불균형 ⑤ 국가 정보로서의 공신력 향상 ⑥ 신속한 데이터의 제공 ⑦ 대장+도면정보의 통합 시스템 운영	① 토지와 관련하여 복잡 다양한 행위 제한 내용을 국민에게 모두 알려주지 못하여 국민이 토지를 이용 및 개발함에 있어 시행착오를 겪는 경우가 많다. ② 토지거래 허가·신고, 택지 및 개발 부담금 부과 등의 업무가 수작업으로 처리되어 효율성이 낮다. ③ 토지이용규제내용을 제대로 알지 못하고 있다.	

<table>
<tr><th>구분</th><th colspan="2">PBLIS</th><th>LMIS</th><th>KLIS</th></tr>
<tr><td></td><td colspan="2"></td><td>④ 궁극적으로 토지의 효율적인 내용 및 개발이 이루어지지 못하고 있다.
⑤ 토지정책의 합리적인 의사결정을 지원하고 정책효과 분석을 위해서는 각종 정보를 실시간으로 정확하게 파악하여 종합 처리하고, 기존의 개별 법령별로 처리되고 있던 토지업무를 유기적으로 연계할 필요가 있다.
⑥ 각 지자체별로 도시정보시스템 사업을 수행하고 있으나 기반이 되는 토지 관련 데이터베이스가 구축되지 않아 효율성이 떨어지므로 토지관리정보체계를 추진하게 되었다.</td><td></td></tr>
<tr><td rowspan="4">시스템개발</td><td>PBLIS</td><td>주요기능</td><td rowspan="4"></td><td rowspan="4"></td></tr>
<tr><td>지적공부관리
시스템(160여 종)</td><td>① 사용자권한관리
② 지적측량검사업무
③ 토이이동관리
④ 지적일반업무관리
⑤ 창구민원업무
⑥ 토지기록자료조회 및 출력 등</td></tr>
<tr><td>지적측량시스템
(170여 종)</td><td>① 지적삼각측량
② 지적삼각보조측량
③ 도근측량
④ 세부측량 등</td></tr>
<tr><td>지적측량성과
작성시스템
(90여 종)</td><td>① 토지이동지 조서작성
② 측량준비도
③ 측량결과도
④ 측량성과도 등</td></tr>
</table>

구분		PBLIS	LMIS	KLIS
기대효과	대민 서비스 측면	① 대장+도면 통합 민원 전국 온라인 처리 ② 다양하고 입체적인 토지정보 제공 ③ 재택 민원서비스 기반 조성 ④ 정보 공유로 증명서류 감축 및 수수료 절감	① 민원처리기간의 단축 및 민원서류의 전국 온라인 서비스 제공 ② 주택, 건축 관련 자료의 신속 ③ 제출서류, 시군구청 방문 횟수 간소화로 민원인의 비용 및 시간 절감	① 민원처리기간의 단축 및 민원서류의 전국 온라인 서비스 제공이 가능하다. ② 다양하고 입체적인 토지정보를 제공하고 재택 민원 서비스 기반을 조성할 수 있다.
	경제적 측면	① 21C 정보화 사회에 대비한 정보인프라 조성 ② 토지정보의 새로운 부가가치 창출로 국가 경쟁력 확보 ③ 정보산업의 기술 향상 및 초고속통신망의 활용도 증진 ④ 최신 측량 및 토지정보관리기술의 수출	① 수작업으로 처리되는 자료의 수집, 관리, 분석에 소요되는 인력, 비용 및 시간의 획기적 절감 ② 토지행정업무 및 도면(지적도) 전산화에 대한 표준 개발 모델 제시로 예산 절감 및 중복투자 방지	① 21C 정보화 사회에 대비한 정보 인프라 조성으로 정보산업의 기술이 향상되고 초고속통신망의 활용도가 높아진다. ② 토지정보의 새로운 부가가치 창출로 국가경쟁력이 확보된다.
	행정적 측면	① 지적정보의 완전 전산화로 정보의 공동활용 극대화 ② 행정처리 단계 축소에 따른 예산 절감 ③ 토지 관련 정보의 통합화로 토지정책의 효율적 입안	① 업무처리절차 간소화로 행정능률 향상 및 투명성 보장 ② 토지 관련 정보의 신속한 정책 수립의 적시성 확보 ③ 토지 관련 서류, 대장의 대폭 감소	① 지적정보의 완전 전산화로 정보를 각 부서 간에 공동으로 활용함으로써 업무효율을 극대화할 수 있다. ② 행정처리 단계 및 기간의 축소로 예산 절감의 효과를 얻을 수 있다.
	사회적 측면	–	① 개인별, 세대별 토지소유 현황의 정확한 파악, 토지정책의 실효성 확보 ② 토지의 철저한 관리로 투기심리 예방 및 토지공개념 확산 ③ 토지 관련 탈세 방지 ④ 위법 또는 불법 토지거래 및 거래자의 철저한 관리로 선진사회 질서 확립	① 개인별, 세대별 토지소유현황을 정확히 파악할 수 있어, 토지정책의 실효성을 확보할 수 있다. ② 토지의 철저한 관리로 투기심리 예방 및 토지공개념을 확산시킬 수 있다.

지리정보시스템(GIS)		토지정보체계(LIS or 웹 LIS)	
특징	기대효과	필요성	구축효과
① 대량의 정보를 저장하고 관리할 수 있어 복잡한 정보 분석에 유용 ② 원하는 정보를 쉽게 찾아볼 수 있으며 복잡한 정보의 분류에 유용	① 정책 일관성 확보 ② 최신정보 이용 및 과학적 정책 결정 ③ 업무의 신속성 및 비용 절감 ④ 합리적 도시계획	① 토지정책자료의 다목적 활용 ② 수작업오류 방지 ③ 토지 관련 과세 자료로 이용 ④ 공공기관 간의 토지정보 공유	① 지적통계와 정책의 정확성과 신속성 ② 지적서고 팽창 방지 ③ 지적업무의 이중성 배제 ④ 체계적이고 과학적인 지적 실현

③ 새로운 정보의 추가와 수정이 용이 ④ 지도의 축소 및 확대가 자유로움 ⑤ 자료의 중첩을 통하여 종합적 정보의 획득이 용이 ⑥ 적합한 입지 선정이 용이 ⑦ 동적인 공간자료 분석이 가능 ⑧ 공간데이터와 속성데이터로 구분이 가능 ⑨ 공간적 위상관계를 이용한 분석이 가능	⑤ 일상 업무 지원	⑤ 지적민원의 신속 정확한 처리 ⑥ 도면과 대장의 통합 관리 ⑦ 지방행정 전산화의 획기적 계기 ⑧ 지적공부의 노후화	⑤ 지적업무 처리의 능률성과 정확도 향상 ⑥ 민원인의 편의 증진 ⑦ 시스템 간의 인터페이스 확보 ⑧ 지적도면 관리의 전산화 기초 확립

구분	OGC(Open GIS Consortium)	ISO/TC 211	CEN/TC 287
의의	세계 각국의 산업계, 정부 및 학계가 주축이 되어 1994년 8월 지리정보를 상호 운용이 가능하도록 기술적 · 상업적 접근을 촉진하기 위해 조직된 비영리 단체이다. 1994년 8월 설립되었으며, GIS 관련 기관과 업체를 중심으로 하는 비영리 단체이다. ① Principal(영리기관) ② Associate(비영리기관) ③ Strategic(전략기관) ④ Technical(기술기관) ⑤ University(대학기관) 위 ①~⑤ 회원으로 구분된다. 대부분의 GIS 관련 소프트웨어, 하드웨어 업계와 다수의 대학이 참여하고 있다.	국제표준기구(International Organization for Standard)는 1994년에 GIS 표준기술위원회(Technical Committee 211)를 구성하여 표준작업을 진행하고 있다. 공식 명칭은 Geographic Information/Geometics로서 TC 211 위원회(이하 ISO/TC 211)는 수치화된 지리정보 분야의 표준화를 위한 기술위원회이며 지구의 지리적 위치와 직간접적으로 관계있는 객체나 현상에 대한 정보 표준규격을 수립함에 그 목적을 두고 있다.	CEN/TC 287은 ISO/TC 211 활동이 시작되기 이전에 유럽의 표준화 기구를 중심으로 추진된 유럽의 지리정보 표준화 기구이다. ISO/TC 211과 CEN/TC 287은 일찍부터 상호 합의문서와 표준 초안 등을 공유하고 있으며, CEN/TC 287의 표준화 성과는 ISO/TC 211에 의하여 많은 부분 참조되었다.
실무 조직	기술위원회(Technical Committee)에 3개의 태스크 포스(Task Force)가 있다. ① Core Task Force(주 업무) ② Domain Task Force(도메인 업무) ③ Revision Task Force(개정 업무) 이곳에서 Open GIS 추상명세와 구현명세의 RFP 개발 및 검토 그리고 최종명세서 개발 작업을 담당하고 있다.	지리정보시스템 및 관련 기술의 표준을 검토하는 **국제표준화기구**(ISO)의 기술위원회이다. 업무구조 및 참조 모델을 담당하는 작업반 WGI, 지리공간 데이터 모델과 운영자를 담당하는 WG2, 지리공간 데이터를 담당하는 WG3, 지리공간 서비스를 담당하는 WG4 및 프로파일 및 기능에 관한 제반 표준을 담당하는 WG5로 구성되어 있다.	CEN/TC 287에는 표준화 작업을 위한 4개의 WG와 5개의 프로젝트 팀을 운영하고 있다.

구분	OGC(Open GIS Consortium)	ISO/TC 211	CEN/TC 287
표준화	① 개방형 지리자료 상호운용성 사양(OGIS : Open Geodata Interoperability Specification)을 통해 각각 다른 GIS 시스템 간의 연계가 이루어져 상호 운용될 수 있는 표준화된 모듈 개발을 목적으로 하고 있다. ② 서로 다른 환경에서 만들어져 분산, 저장되어 있는 다양한 지리정보에 사용자들이 접근하여 자료를 처리할 수 있도록 하는 기술개발에 초점을 두고 있다. ③ OGIS에서 핵심을 둔 부문은 개방적 분산환경에서 운용되는 GIS 소프트웨어의 기본 구조를 개발하고, 개방형 GIS 컴포넌트 인터페이스 사양 표준을 제정하려는 것이다. ④ 상호 운용이 가능한 컴포넌트를 개발할 수 있도록 개방형 인터페이스 사양을 제공한다. ⑤ GIS 산업계의 표준으로서 표준적인 명세를 통해 이기종 간 상호 운용성 확보와 GIS 업계의 표준을 지향한다. • 개방형 지리자료모델 : 지구와 지표면의 현상을 수학적, 개념적으로 수치화 • GIS 서비스 모델 : 지리자료에 대한 관리, 조작, 접근, 표현 등의 공통사양 모델 작성 • 정보 커뮤니티 모델 : 기술적, 제도적 상호 불운용성을 해결하기 위한 개방형 지리자료 모델과 OGIS 서비스 모델 ⑥ OGC의 표준화 사양 • 추상사양 • 구현사양	**5개의 작업그룹(Working Group)으로 구성** Framework And Reference Model(WG1) : 업무구조 및 참조모델 담당 Geospatial Data Models And Operators(WG2) : 지리공간데이터 모델과 운영자 담당 Geospatial Data Administration(WG3) : 지리공간데이터 담당 Geospatial Services(WG4) : 지리공간서비스 담당 Profiles And Functional Standards(WG5) : 프로파일 및 기능에 관한 제반 표준 담당 **산업자원부 기술표준원 ISO TC 211 KOREA** 국내 ISO/TC 211 전문위원회(기술표준원)는 ISO/TC 211의 국가대표단체(National Body)로 되어 있으며 기술표준원의 규격 제정은 WTO의 TBT(Agreement on Technical Barriers to Trade) 협정과 관련되어 시급한 제정이 요구되는 규격을 대상으로 하고 있다. [주요 활동] 산자부의 KS-X 표준화 활동은 기술에 관련되는 기술적 사항에서부터 기초적 자재의 물품 통일에 이르는 산업 분야 전반을 대상으로 하는 표준이다. 또한, ISO/TC 211 국제표준기구와의 협력을 위하여 한국을 대표하는 창구 역할을 담당하고 있다. 기술표준원 고시 "한국산업규격 제정예고"와 관련된 제정이 있다.	**4개의 WG** WG1 : • 지리정보의 표준화 프레임 • PT(Project Team)4가 관여 WG2 : • 지리정보의 모델과 활용 • PT1, PT5가 관여 WG3 : • 지리정보의 전송 • PT2가 관여 WG4 : • 지리정보에 대한 위치참조체계 • PT3이 관여

17 NGIS

1. 제1차 NGIS(1995~2000년) : 기반조성단계(국토정보화 기반 마련)

제1단계 사업에서 정부는 GIS 시작이 활성화되지 않아 민간에 의한 GIS 기반 조성이 어려운 점을 감안하여 정부 주도로 투자 및 지원 시책을 적극 추진한다. 특히 GIS의 바탕이 되는 공간정보(지상 · 지하 · 수상 · 수중 등 공간상에 존재하는 자연 또는 인공적인 객체에 대한 위치정보 및 이와 관련된 공간적 인지와 의사결정에 필요한 정보를 말한다)가 전혀 구축되지 않은 점을 감안하여 먼저 지형도, 지적도, 주제도, 지하시설물도 등을 전산화하여 초기수요를 창출하는 데 주력하였다. 또한 GIS 구축 초기단계에 이루어져야 하는 공간정보의 표준 정립, 관련 제도 및 법규의 정비, GIS 기술 개발, 전문인력 양성, 지원 연구 등을 통해 GIS 기반 조성 사업을 수행하였다.

구분	추진사업
㊟괄분과	① GIS 구축사업 지원 연구 ② 공공부문의 GIS 활용체계 개발 ③ 지하시설물 관리체계 시범사업
㉮술개발분과	① GIS 전문인력 교육 및 양성 지원 ② GIS 관련 핵심기술의 도입 및 개발
㊏준화분과	공간정보 데이터베이스 구축을 위한 표준화 사업 수행
㉿리정보분과	① 지형도 수치화 사업 수치지도(Digital Map)는 컴퓨터 그래픽 기법을 이용하여 수치지도 작성 작업규칙에 따라 지도요소를 항목별로 구분하여 데이터베이스화하고 이용 목적에 따라 지도를 자유로이 변경해서 사용할 수 있도록 전산화한 지도이다. ② 6개 주제도 전산화 사업 공공기관 및 민간에서 활용도가 높은 각종 주제도를 전산화함으로써 GIS를 일선 업무에서 쉽게 활용할 수 있도록 기반을 마련하는 사업(**토**지이용현황도, **지**형지번도, **도**시계획도, **국**토이용계획도, **도**로망도, **행**정구역도) ③ 7개 지하시설물도 수치지도화 사업 7개 시설물에 대한 매설현황과 속성정보(관경, 재질, 시공일자 등)를 전산화하여 통합관리 할 수 있는 시스템을 구축하는 사업(**상**수도, **하**수도, **가**스, 통신, 전력, **송**유관, **난**방열관)
㊏지정보분과	지적도전산화 사업 • 행정자치부 주관의 토지정보분과 사업으로 활용도가 가장 높은 지적도면을 전산화함으로써 토지정보 기반을 구축하여 토지 관련 정책 및 대민원 서비스 제공을 실현하기 위한 사업이다. • 1996년과 1997년에 걸쳐 대전시 유성구를 대상으로 지적정보통합시스템과 데이터베이스 구축을 위한 지적도면전산화 시범사업을 실시하였다.

	• 지적도전산화 시범사업 결과에 따라 1998년부터 도시지역을 우선적으로 전국의 총 72만 매에 이르는 기존 지적도의 전산화사업을 추진하였으며, 전국토에 대한 지적정보를 효율적으로 저장 · 관리할 수 있는 필지중심토지정보시스템(PBLIS)을 개발함으로써 그 많은 노력들이 성과로 드러났다. • PBLIS 개발은 대한지적공사에서 수행하였다.

2. 제2단계(2001~2005) : GIS 활용확산단계(국가공간정보기반 확충을 위한 디지털국토 실현)

제2단계에서는 지방자치단체와 민간의 참여를 적극 유도하여 GIS 활용을 확산시키고, 제1단계 사업에서 구축한 공간정보를 활용한 대국민 응용서비스를 개발하여 국민의 삶의 질을 향상시킬 수 있는 방안을 모색한다.

구축된 공간정보를 수정, 보완하고 새로운 주제도를 제작하여 국가공간정보 데이터베이스를 구축함으로써 GIS 활용을 위한 기반을 마련하였다. 또한 공간정보 유통체계를 확립하여 누구나 쉽게 공간정보에 접근할 수 있도록 하고, 차세대를 대상으로 하는 미래지향적 GIS 교육사업을 추진하여 전문인력 양성 기반을 넓히도록 하였으며, 민간에서 공간정보를 활용하여 새로운 부가가치를 창출할 수 있도록 관련 법제를 정비하고, GIS 관련 기술개발사업에 민간의 투자확대를 유도하였다.

구분	추진사업
㊟㊞조정분과위	① 지원연구사업추진 ② 불합리한 제도의 개선 및 보완
㊋㊞정보분과위	① 국가지리정보 수요자가 광범위하고 다양하게 GIS를 활용할 수 있도록 가장 기본이 되고 공통적으로 사용되는 기본 지리정보 구축, 제공 ② 범위 및 대상은 「국가지리정보체계의 구축 및 활용 등에 관한 법률 시행령」에서 행정구역, 교통, 해양 및 수자원, 지적, 측량기준점, 지형, 시설물, 위성영상 및 항공사진으로 정하고 있다. ③ 2차 국가 GIS 계획에서 기본지리정보 구축을 위한 중점 추진 과제는 국가기준점 체계 정비, 기본지리정보 구축 시범사업, 기본지리정보 데이터베이스 구축이다.
㊋㊞정보분과위	① 전국 지적도면에 대한 전산화사업을 지속적으로 추진 ② 대장 · 도면 통합 DB 구축 및 통합 형태의 민원 발급 ③ 지적정보의 실시간 제공 ④ 한국토지정보시스템 개발 추진 및 통합운영 등
㉮㊞분과위	① 지리정보의 수집, 처리, 유통, 활용 등과 관련된 다양한 분야 핵심 기반기술을 단계적으로 개발 ② GIS기술센터를 설립하고 센터와 연계된 산학연 합동의 브레인풀을 구성하여 분야별 공동 기술 개발 및 국가기술정보망 구축, 활용 ③ 국가 차원의 GIS 기술개발에 대한 지속적인 투자로 국가 GIS 사업의 성공과 해외기술 수출 원천을 제공

구분	추진사업
활용유통분과위	① 중앙부처와 지자체, 투자기관 등 공공기관에서 활용도가 높은 지하시설물, 지하자원, 환경, 농림, 수산, 해양, 통계 등 GIS 활용체계 구축 ② 구축된 지리정보를 인터넷 등 전자적 환경으로 수요자에게 신속 · 정확 · 편리하게 유통하는 21세기형 선진 유통체계 구축
인력양성분과위	① GIS 교육 전문인력 양성기관의 다원화 및 GIS 교육 대상자의 특성에 맞는 교육 실시 ② 산학연 협동의 GIS 교육 네트워크를 통한 원격교육체계 구축 ③ 대국민 홍보 강화로 일상생활에서 GIS의 이해와 활용을 촉진하고 생활의 정보수준을 제고
산업육성분과위	국토정보의 디지털화라는 국가 GIS 기본계획의 비전과 목표에 상응하는 GIS 산업의 육성
표준화분과위	① 자료 · 기술의 표준과 함께 지리정보생산 · 업무절차 및 지자체 GIS 활용 공통모델개발 및 표준화 단계 추진 ② ISO, OGS 등 국제표준 활동의 지속적 참여로 국제표준화 동향을 모니터링하고 국제표준을 국내표준에 반영

3. 제3단계(2006~2010) : GIS 정착단계(유비쿼터스국토 실현을 위한 기반 조성)

제3단계는 언제 어디서나 필요한 공간정보를 편리하게 생산 · 유통 · 이용할 수 있는 고도의 GIS 활용단계에 진입하여 GIS 선진국으로 발돋움하는 시기이다. 이 기간 중에 정부와 지자체는 공공기관이 보유한 모든 지도와 공간정보의 전산화사업을 완료하고 유통체계를 통해 민간에 적극 공급하는 한편, 재정적으로도 완전히 자립할 수 있을 것이라 보았다. 이 시점에서는 민간의 활력과 창의를 바탕으로 산업부문과 개인생활 등에서 이용자들이 편리하게 이용할 수 있는 GIS 서비스를 극대화하고 GIS 활용의 보편화를 실현하려 하였다. 또한 축적된 공간정보를 활용한 새로운 부가가치산업이 창출되고, GIS 정보기술을 해외로 수출할 수 있는 수준에 도달하였다.

국가 GIS의 추진전략	
국가 GIS 기반 확대 및 내실화	① 기본지리정보, 표준, 기술 등 국가 GIS 기반을 여건 변화에 맞게 지속적으로 개발 · 확충 ② 국제적인 변화와 기술수준에 맞도록 국가 GIS 기반을 고도화하고 국가표준체계 확립 등 내실화
수요자 중심의 국가공간정보 구축	① 공공, 시민, 민간기업 등 수요자 입장에서 국가공간정보를 구축하여 지리정보의 활용도를 제고 ② 지리정보의 품질과 수준을 이용자에 적합하게 구축
국가정보화사업과의 협력적 추진	① IT839전략(정보통신부), 전자정부사업, 시군구행정정보화사업(행정자치부) 등 각 부처에서 추진하는 국가정보화사업과 협력 및 역할 분담 ② 정보통신기술, GPS 기술, 센서기술 등 지리정보체계와 관련 있는 유관 기술과의 융합 발전
국가 GIS 활용가치 극대화	① 데이터 간 또는 시스템 간 연계 · 통합을 통한 국가지리정보체계 활용의 가치를 창출 ② 단순한 업무지원기능에서 정책과 의사결정을 지원할 수 있도록 시스템을 고도화 ③ 공공에서 구축된 지리정보를 누구나 쉽게 접근 · 활용할 수 있도록 하여 GIS 활용을 촉진

국가 GIS의 중점 추진과제	
지리정보 구축 ㉫대 및 내㉰화	① 2010년까지 기본지리정보 100% 구축 완료 ② 기본지리정보의 갱신사업 실시 및 품질기준 마련
GIS의 ㉫㉲ 극대화	① GIS 응용시스템의 구축 확대 및 연계 · 통합 추진 ② GIS 활용 촉진 및 원스톱 통합 포털 구축
GIS ㉫㉰기술 개발 추진	① u-GIS를 선도하는 차세대 핵심기술 개발 추진 ② 기술개발을 통한 GIS 활용 고도화 및 부가가치 창출
국가 GIS 표준㉮㉮ 확립	① 2010년까지 국가 GIS 기반 표준의 확립 추진 ② GIS 표준의 제도화 및 홍보 강화로 상호운용성(Interoperability) 확보
GIS 정책의 ㉲화	① GIS 산업 · 인력 육성을 위한 지원 강화 ② GIS 홍보 강화 및 평가 · 조정체계 내실화

4. **제4차 국가공간정보정책 기본계획(2010~2012) : '녹색성장을 위한 그린공간정보사회 실현'을 비전으로 하고 있으며 3대 목표를 지니고 있다.**

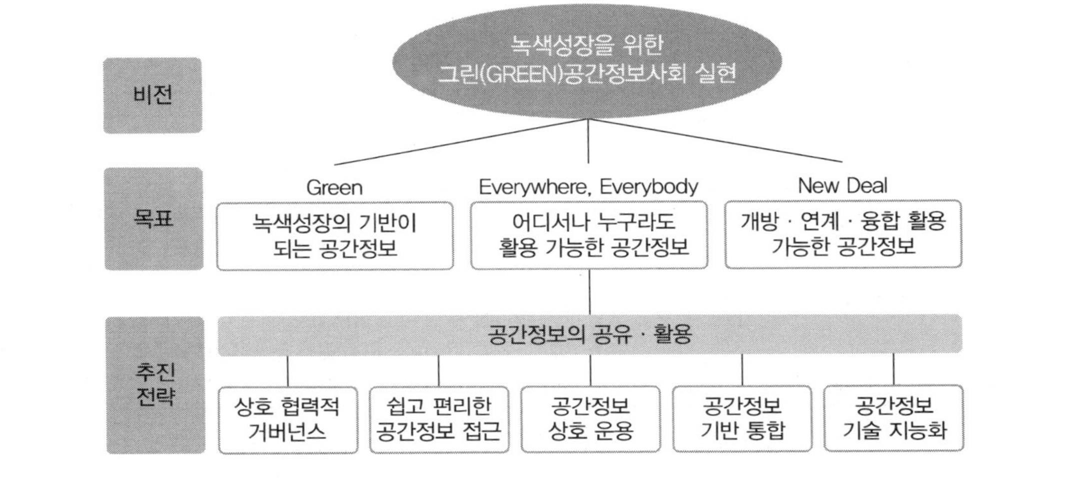

추진방향	
상호 협력적 ㉮버넌스	① 공간자료 공유 및 플랫폼으로서의 공간정보 인프라 구축(공간자료, 인적 자원, 네트워크, 정책 및 제도) ② 정부 주도에서 민 · 관 협력적 거버넌스로 진행 ③ 정책지원연구를 통한 거버넌스 체계 확립과 공간정보 인프라 지원
쉽고 편리한 ㉯간정보 접근	① 개방적 공간정보 공유가 가능한 유통체계 구현 ② 공간정보 보급 · 활용을 촉진할 수 있는 정책 추진 ③ 공간정보의 원활한 유통을 위한 국가공간정보센터의 위상 정립
공간정보 ㉰호 운용	① 공간정보표준 시험 · 인증 체계 운영으로 사업 간 연계 보장 ② 공간정보표준을 기반으로 첨단 공간정보기술의 해외 경쟁력 강화
공간정보㉱반 통합	① 현실성 있고 활용도 높은 기본공간정보 구축 및 갱신기반 확보 · 구축 ② 수요자 중심의 서비스 인프라 구축
공간정보기㉲ 지능화	① 공간정보기술 지능화의 세계적 선도 ② 지능형 공간정보 활용의 범용화 모색 및 유용성 검증 ③ 공간정보 지능화의 기반이 되는 DB에 대한 지속적인 연구 개발

5. 제5차 국가공간정보정책 기본계획(2013~2017)

구분	내용
국정비전	희망의 새 시대
비전	공간정보로 실현하는 국민행복과 국가발전
목표	공간정보 융복합을 통한 창조경제 활성화 / 공간정보의 공유 · 개방을 통한 정부 3.0 실현 / 국가공간정보기반 고도화
전략	① 고품질 공간정보 구축 및 개방 확대 ② 공간정보 융복합산업 활성화 ③ 공간 빅데이터 기반 플랫폼서비스 강화 ④ 공간정보 융합기술 R & D 추진 ⑤ 협력적 공간정보체계 고도화 및 활용 확대 ⑥ 공간정보 창의인재 양성 ⑦ 융복합 공간정보정책 추진체계 확립

7대 추진전략	추진과제
고품질 공간정보 구축 및 개방 확대	① 공간정보 품질 확보 및 관리체계 확립 ② 지적재조사 추진 ③ 공간정보 개방 확대 및 활용 활성화를 위한 유통체계 확립 ④ 융복합 촉진을 위한 국제수준 공간정보표준체계 확립
공간정보 융복합 산업 활성화	① 공간정보기반 창업 및 기업역량 강화 지원 ② 공간정보 융복합산업 지원체계 구축 ③ 공간정보기업 해외진출 지원
공간 빅데이터 기반 플랫폼서비스 강화	① 공간 빅데이터 체계 구축 ② 공간 빅데이터 기반 국가정책지원 플랫폼 구축
공간정보 융합기술 R&D 추진	① 공간정보기술 R & D 실용성 확보를 위한 관리체계 개선 ② 산업지원 공간정보 가공 및 융복합 활용기술 개발 ③ 생활편리 공간정보기술 및 제품 개발 ④ 생활안전 공간정보기술 개발 ⑤ 신성장동력 공간정보기술 개발 ⑥ 남북 교류 확대에 대비한 국토정보 및 북극 공간정보 구축
협력적 공간정보체계 고도화 및 활용 확대	① 클라우드 기반 공간정보체계 구축계획 수립 및 제도기반 마련 ② 정합성 확보를 위한 공간정보 갱신 ③ 클라우드 체계 활용 서비스 구축 ④ 기관별 공간정보체계 고도화 ⑤ 정책 시너지 창출을 위한 협업과제
공간정보 창의인재 양성	① 창의인재 양성을 위한 공간정보 융합교육 도입 ② 산업맞춤형 공간정보 인력 양성 ③ 참여형 공간정보 교육 플랫폼 구축
융복합 공간정보 정책 추진체계 확립	① 범정부 협력체계 구축 ② 공간정보정책 피드백 강화 ③ 공간정보 융복합 활성화를 위한 기반 조성 ④ 공간정보 정책연구 강화

6. 제6차 국가공간정보정책 기본계획(안)(2018~2022)

비전

공간정보 융복합 르네상스로
살기 좋고 풍요로운 스마트코리아 실현

목표	[데이터 활용] 국민 누구나 편리하게 사용 가능한 공간정보 생산과 개방 [신산업 육성] 개방형 공간정보 융합 생태계 조성으로 양질의 일자리 창출 [국가경영 혁신] 공간정보가 융합된 정책 결정으로 스마트한 국가경영 실현

추진전략	중점 추진과제
[기반전략] 가치를 창출하는 공간정보 생산	① 공간정보 생산체계 혁신 ② 고품질 공간정보 생산기반 마련 ③ 지적정보의 정확성 및 신뢰성 제고
[융합전략] 혁신을 공유하는 공간정보 플랫폼 활성화	① 수요자 중심의 공간정보 전면 개방 ② 방향 소통하는 공간정보 공유 및 관리 효율화 추진 ③ 공간정보의 적극적 활용을 통한 공공부문 정책 혁신 견인
[성장전략] 일자리 중심 공간정보산업 육성	① 인적 자원 개발 및 일자리 매칭기능 강화 ② 창업지원 및 대기업 · 중소기업 상생을 통한 공간정보산업 육성 ③ 4차 산업혁명 시대의 혁신성장 지원 및 기반기술 개발 ④ 공간정보 기업의 글로벌 경쟁력 강화 및 해외진출 지원
[협력전략] 참여하여 상생하는 정책환경 조성	① 공간정보 혁신성장을 위한 제도기반 정비 ② 협력적 공간정보 거버넌스 체계 구축

7. 제1~6차 주요 사업

구축과정	추진연도	주요 사업
제1차 NGIS	1995~2000	• 기반조성단계(국토정보화 기반 마련) • '기반구축'을 통해 국가기본도 및 지적도 등 지리정보 구축, 표준제정, 기술개발 등 추진
제2차 NGIS	2001~2005	• GIS 활용확산단계(국가공간정보 기반 확충을 위한 디지털국토 실현) • '기반확대'를 통해 공간정보구축 확대 및 토지 · 지하 · 환경 · 농림 등 부문별 GIS 시스템 구축
제3차 NGIS	2006~2009	• GIS 정착단계(유비쿼터스국토 실현을 위한 기반 조성) • '활용확산'을 통해 기관별로 구축된 데이터와 GIS 시스템을 연계하여 효과적 활용 도모
제4차 국가공간정보정책	2010~2012	'연계통합'을 통해 공간정보시스템 간 연계통합 강화 및 융복합정책 추진기반 마련
제5차 국가공간정보정책 기본계획	2013~2017	스마트폰 등 ICT 융합기술의 급속한 발전, 창조경제와 정부 3.0으로의 국정운영 패러다임 전환 등 변화된 정책환경에 적극 대응 필요
제6차 국가공간정보정책 기본계획(안)	2018~2022	제4차 산업혁명에 대비하고, 신산업 발전을 지원하기 위한 공간정보정책 방향을 제시하는 기본계획 수립 착수('17.2.)

18 벡터와 래스터

1. 디지타이저와 스캐너

구분	Digitizer(수동방식)	Scanner(자동방식) 암기 최양예선수 자단비 가변소
정의	전기적으로 민감한 테이블을 사용하여 종이로 제작된 지도자료를 컴퓨터에 의하여 사용할 수 있는 수치자료로 변환하는 데 사용되는 장비로서 도형자료(도표, 그림, 설계도면)를 수치화하거나 수치화하고 난 후 즉시 자료를 검토할 때와 이미 수치화된 자료를 도형적으로 기록하는 데 쓰이는 장비를 말한다.	위성이나 항공기에서 자료를 직접 기록하거나 지도 및 영상을 수치로 변환시키는 장치로서 사진 등과 같이 종이에 나타나 있는 정보를 그래픽 형태로 읽어들여 컴퓨터에 전달하는 입력 장치를 말한다.
특징	① 도면의 훼손 · 마멸 등으로 스캐닝 작업으로 경계의 식별이 곤란할 경우와 도면의 상태가 양호하더라도 도곽 내에 필지수가 적어 스캐닝 작업이 비효율적인 도면은 디지타이징 방법으로 작업할 수 있다. ② 디지타이징 작업을 할 경우에는 데이터 취득이 완료될 때까지 도면을 움직이거나 제거하여서는 안 된다.	① 밀착스캔이 가능한 최선의 스캐너를 선정하여야 한다. ② 스캐닝 방법에 의하여 작업할 도면은 보존상태가 양호한 도면을 대상으로 하여야 한다. ③ 스캐닝 작업을 할 경우에는 스캐너를 충분히 예열하여야 한다. ④ 벡터라이징 작업을 할 경우에는 경계점 간 연결되는 선은 굵기가 0.1mm가 되도록 환경을 설정하여야 한다. ⑤ 벡터라이징은 반드시 수동으로 하여야 하며 경계점을 명확히 구분할 수 있도록 확대한 후 작업을 실시하여야 한다.
장점	• 수동식이므로 정확도가 높음 • 필요한 정보를 선택 추출 가능 • 내용이 다소 불분명한 도면이라도 입력 가능	• 자동화된 작업과정 • 작업시간 단축 • 자동화로 인한 인건비 절감
단점	• 작업시간이 많이 소요됨 • 인건비 증가로 인한 비용 증대	• 저가 장비 사용 시 에러 발생 • 벡터구조로의 변환 필수 • 변환 소프트웨어 필요

2. 벡터 자료와 래스터 자료 비교

구분	벡터 자료	래스터 자료 암기 ㉮첩이 ㉰㉲하여 ㉯을 세워야 ㉳㉴㉵이 ㉶하지 않는다.
정의	벡터 자료구조는 기호, 도형, 문자 등으로 인식할 수 있는 형태를 말하며 객체들의 지리적 위치를 크기와 방향으로 나타낸다.	래스터 자료구조는 매우 간단하며 일정한 격자간격의 셀이 데이터의 위치와 그 값을 표현하므로 격자데이터라고도 하며 도면을 스캐닝하여 취득한 자료와 위상영상자료들에 의하여 구성된다. 래스터구조는 구현의 용이성과 단순한 파일구조에도 불구하고 정밀도가 셀의 크기에 따라 좌우되며 해상력을 높이면 자료의 크기가 방대해진다. 각 셀들의 크기에 따라 데이터의 해상도와 저장크기가 달라지게 되는데 셀 크기가 작으면 작을수록 보다 정밀한 공간현상을 잘 표현할 수 있다.
장점	• 보다 압축된 자료구조를 제공하므로 데이터 용량의 축소가 용이하다. • 복잡한 현실세계의 묘사가 가능하다. • 위상에 관한 정보가 제공되므로 관망분석과 같은 다양한 공간분석이 가능하다. • 그래픽의 정확도가 높다. • 그래픽과 관련된 속성정보의 추출 및 일반화, 갱신 등이 용이하다.	• 자료구조가 ㉮단하다. • 여러 레이어의 중㉯이나 분석이 용이하다. • ㉰료의 조작과정이 매우 효과적이고 수치영상의 질을 향상시키는 데 매우 효과적이다. • ㉲치이미지 조작이 효율적이다. • 다양한 ㉯간적 편의가 격자의 크기와 형태가 동일한 까닭에 시뮬레이션이 용이하다.
단점	• 자료구조가 복잡하다. • 여러 레이어의 중첩이나 분석에 기술적으로 어려움이 수반된다. • 각각의 그래픽 구성요소는 각기 다른 위상구조를 가지므로 분석에 어려움이 크다. • 그래픽의 정확도가 높은 관계로 도식과 출력에 비싼 장비가 요구된다. • 일반적으로 값비싼 하드웨어와 소프트웨어가 요구되므로 초기비용이 많이 든다.	• 압축되어 ㉳용되는 경우가 드물며 ㉴형관계를 나타내기가 훨씬 어렵다. • 주로 격자형의 네모난 형태로 가지고 있기 때문에 수작업에 의해서 그려진 완화된 ㉵에 비해서 미관상 매끄럽지 못하다. • 위㉶정보의 제공이 불가능하므로 관망해석과 같은 분석기능이 이루어질 수 없다. • 좌표변환을 위한 시간이 많이 소요된다.

3. 벡터화와 격자화

<table>
<tr><th colspan="3">벡터화(Vectorization)</th><th>격자화(Rasterization)</th></tr>
<tr><td colspan="3">① 정의
벡터 자료는 선추적 방식이라 부르는 지역 단위의 경계선을 수치 부호화하여 저장하는 방식으로 래스터 자료에 비해 정확하게 경계선 설정이 가능하기 때문에 망이나 등고선과 같은 선형 자료 입력에 주로 이용하는 방식이다.
격자에서 벡터 구조로 변환하는 것으로 동일한 수치값을 갖는 격자들은 하나의 폴리곤을 이루게 되며, 격자가 갖는 수치값은 해당 폴리곤의 속성으로 저장한다.</td><td>① 정의
래스터 자료는 격자방식 또는 격자방안방식이라 부르고 하나의 셀 또는 격자 내에 자료형태의 상대적인 양을 기록함으로써 표현한다. 각 격자들을 조합하여 자료가 형성되며 격자의 크기를 작게 하면 세밀하고 효과적인 모델링이 가능하지만 자료의 양은 기하학적으로 증가한다.
벡터에서 격자구조로 변환하는 것으로 벡터 구조를 일정한 크기로 나눈 다음, 동일한 폴리곤에 속하는 모든 격자들은 해당 폴리곤의 속성값으로 격자에 저장한다.</td></tr>
<tr><td colspan="3">② 벡터화 과정</td><td rowspan="5"></td></tr>
<tr><td rowspan="2">전처리</td><td>필터링</td><td>필터링이란 격자데이터에 생긴 여러 형태의 잡음(Noise)을 윈도(필터)를 이용하여 제거하고, 연속적이지 않은 외곽선을 연속적으로 이어주는 영상처리의 과정이다.</td></tr>
<tr><td>세선화</td><td>세선화란 격자데이터의 형태를 제대로 반영하면서 대상물의 추출에 별로 영향을 주지 않는 격자를 제거하여 두께가 하나의 격자, 즉 1인 호소로써 격자데이터의 특징적인 골격을 형성하는 작업을 의미한다. 즉, 이전 단계인 필터링에서 불필요한 격자들과 같은 잡음을 제거한 후 해당 격자의 선형을 가늘고 긴 선과 같은 형상으로 만드는 것을 말한다.</td></tr>
<tr><td colspan="2">벡터화</td><td>세선화 단계를 거친 격자데이터는 벡터화가 가능하게 된다.</td></tr>
<tr><td colspan="2">후처리</td><td>자동적 방법이나 혹은 수동적 방법을 사용하여 벡터화 단계를 마치고 벡터데이터가 생성되면 모양이 매끄럽지 않고, 과도한 Vertex나 Spike 등의 문제가 발생한다. 혹은 작업자의 실수로 인한 오류들이 발생할 수 있다.
즉, 결과물의 위상(Topology)을 생성하는 과정에서 점, 선, 면의 객체들의 오류를 효율적으로 정리하여야 한다. 불필요한 Vertex나 Node를 삭제하거나 수정하여 정확히 시작점과 끝점을 폐합처리 한다.</td></tr>
<tr><td colspan="3">③ 벡터화 방법
각각의 격자가 가지는 속성을 확인하여 동일한 속성을 갖는 격자들로서 폴리곤을 형성한 다음 해당 폴리곤에 속성값을 부여한다.</td><td>② 래스터화 방법
벡터구조를 동일면적의 격자로 나눈 후 격자의 중심에 해당하는 폴리곤의 속성값을 각각의 격자에 부여한다.</td></tr>
</table>

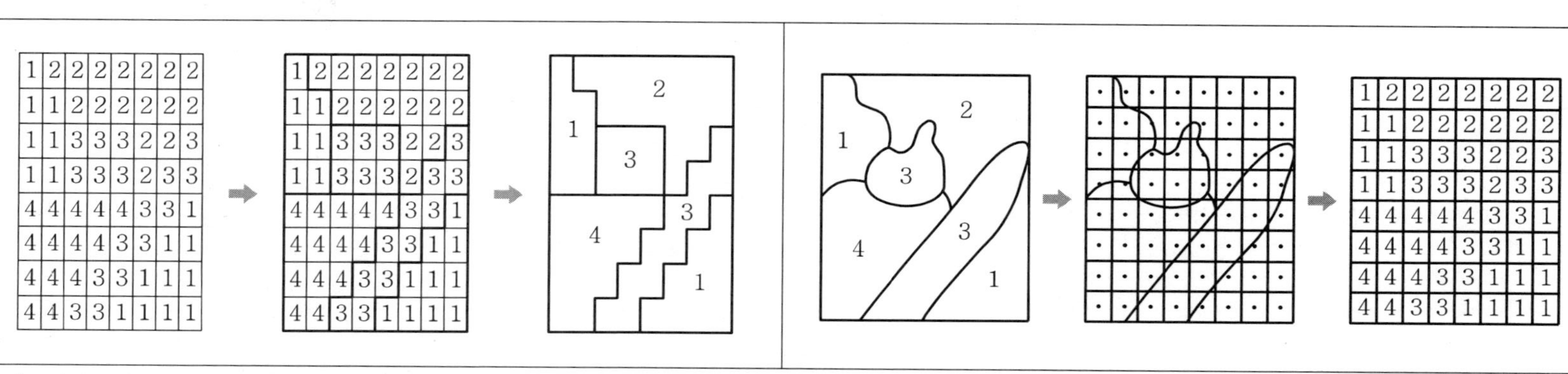

※ 래스터데이터를 벡터데이터 구조로 변환하는 과정인 벡터라이징이 반대로 벡터데이터를 래스터데이터 구조로 변환하는 래스터라이징보다 정확도가 더 좋다.

4. 벡터 자료구조 저장방법

구분		내용
스파게티 자료구조	정의	객체들 간에 정보를 갖지 못하고 국수가락처럼 좌표들이 길게 연결되어 있어 스파게티 자료구조라고 하며 비선형 데이터구조라고도 한다.
	특징	① 상호 연관성에 관한 정보가 없어 인접한 객체들의 특징과 관련성, 연결성을 파악하기 힘들다. ② 객체가 좌표에 의한 그래픽 형태(점, 선, 면적)로 저장되며 위상관계를 정의하지 않는다. ③ 경계선을 다각형으로 구축할 경우에는 각각 구분되어 입력되므로 중복되어 기록된다. ④ 스파게티 자료구조는 하나의 점(X, Y좌표)을 기본으로 하고 있어 구조가 간단하다. ⑤ 자료구조가 단순하여 파일의 용량이 작은 장점이 있다. ⑥ 객체들 간의 공간관계가 설정되지 않아 공간분석에 비효율적이다.
위상구조	정의	위상이란 도형 간의 공간상의 상관관계를 의미하는데, 위상은 특정변화에 의해 불변으로 남는 기하학적 속성을 다루는 수학의 한 분야로 위상모델의 전제조건으로는 모든 선의 연결성과 폐합성이 필요하다.
	특징	① 지리정보시스템에서 매우 유용한 데이터 구조로서 점, 선, 면으로 객체 간의 공간관계를 파악할 수 있다. ② 벡터데이터의 기본적인 구조로 점으로 표현되며 객체들은 점들을 직선으로 연결하여 표현할 수 있다. ③ 토폴로지는 폴리곤 토폴로지, 아크 토폴로지, 노드 토폴로지로 구분된다. Arc: 일련의 점으로 구성된 선형의 도형을 말하며 시작점과 끝점이 노드로 되어 있다. Node: 둘 이상의 선이 교차하여 만드는 점이나 아크의 시작이나 끝이 되는 특정한 의미를 가진 점을 말한다. Topology: 인접한 도형들 간의 공간적 위치관계를 수학적으로 표현한 것을 말한다.

<table>
<tr><td rowspan="2">위상구조</td><td>특징</td><td>④ 점, 선, 폴리곤으로 나타낸 객체들이 위상구조를 갖게 되면 주변객체들 간의 공간상에서의 관계를 인식할 수 있다.
⑤ 폴리곤 구조는 형상(Shape)과 인접성(Neighborhood), 계급성(Hierarchy)의 세 가지 특성을 지닌다.
<table><tr><td>형상
(Shape)</td><td>형상이란 폴리곤이 지닌 공간적 형태를 의미하며, 주어진 형상에서 폴리곤의 면적과 주변 길이를 계산할 수 있다.</td></tr><tr><td>인접성
(Neighborhood)</td><td>인접성이란 서로 이웃하여 있는 폴리곤 간의 관계를 의미한다. 하나의 폴리곤의 정확한 인접성 파악을 위해서는 해당 폴리곤에 속하는 점이나 선을 공유하는 폴리곤에 관한 세부사항이 파악되어야 한다.</td></tr><tr><td>계급성
(Hierarchy)</td><td>계급성이란 폴리곤 간의 포함관계를 나타낸다. 예로, 호수 위의 작은 섬들을 생각하면 호수를 나타내는 폴리곤은 작은 섬을 표현하는 폴리곤들을 포함하게 된다. 이러한 폴리곤 간의 포함 여부를 나타내는 것을 계급성이라 한다.</td></tr></table>⑥ 관계형 데이터베이스를 이용하여 다량의 속성자료를 공간객체와 연결할 수 있으며 용이한 자료의 검색 또한 가능하다.
⑦ 공간객체의 인접성과 연결성에 관한 정보는 많은 분야에서 위상정보를 바탕으로 분석이 이루어진다.</td></tr>
<tr><td>분석</td><td>각 공간객체 사이의 관계가 인접성, 연결성, 포함성 등의 관점에서 묘사되며, 스파게티 모델에 비해 다양한 공간분석이 가능하다.
<table><tr><td>인접성
(Adjacency)</td><td>사용자를 중심으로 하는 개체의 형상 좌우에 어떤 개체가 인접하고 그 존재가 무엇인지를 나타내는 것이며 이러한 인접성으로 인해 지리정보의 중요한 상대적인 거리나 포함여부를 알 수 있게 된다.</td></tr><tr><td>연결성
(Connectivity)</td><td>지리정보의 3가지 요소의 하나인 선(Line)이 연결되어 각 개체를 표현할 때 노드(Node)를 중심으로 다른 체인과 어떻게 연결되는지를 표현한다.</td></tr><tr><td>포함성
(Containment)</td><td>특정한 폴리곤에 또 다른 폴리곤이 존재할 때 이를 어떻게 표현할지가 지리정보의 분석 기능에서 중요하며 특정지역을 분석할 때, 특정지역에 포함된 다른 지역을 분석할 때 중요하다.</td></tr></table></td></tr>
</table>

5. 래스터 자료구조 압축방법

Run-length 코드기법	사지수형(Quadtree) 기법	블록코드(Block Code)기법	체인코드(Chain Code)기법
① 각 행마다 왼쪽에서 오른쪽으로 진행하면서 동일한 수치를 갖는 셀들을 묶어 압축시키는 방법이다. ② Run이란 하나의 행에서 동일한 속성값을 갖는 격자를 말한다. ③ 동일한 속성값을 개별적으로 저장하는 대신 하나의 Run에 해당되는 속성값이 한 번만 저장되고 Run의 길이와 위치가 저장되는 방식이다.	① Run−length 코드기법과 함께 많이 쓰이는 자료압축기법이다. ② 크기가 다른 정사각형을 이용하여 Run−length 코드보다 더 많은 자료의 압축이 가능하다. ③ 크기가 다른 정사각형을 이용하며, 공간을 4개의 동일한 면적으로 분할하는 작업을 하나의 속성값이 존재할 때까지 반복하는 래스터 자료 압축방법이다. ④ 전체 대상지역에 대하여 하나 이상의 속성이 존재할 경우 전체 지도는 4개의 동일한 면적으로 나누어지는데 이를 Quadrant라 한다.	① Run−length 코드기법에 기반을 둔 것으로 정사각형으로 전체 객체의 형상을 나누어 데이터를 구축하는 방법이다. ② 자료구조는 원점으로부터의 좌표 및 정사각형의 한 변의 길이로 구성되는 세 개의 숫자만으로 표시가 가능하다.	① 대상지역에 해당하는 격자들의 연속적인 연결상태를 파악하여 동일한 지역의 정보를 제공하는 방법이다. ② 자료의 시작점에서 동서남북으로 방향을 이동하는 단위거리를 통해서 표현하는 기법이다. ③ 영역의 경계를 그 시작점과 방향에 대한 단위 벡터로 표시하며, 압축효율이 높으나 객체 간의 경계 부분이 이중으로 입력되는 방법이다. ④ 각 방향은 동쪽은 0, 북쪽은 1, 서쪽은 2, 남쪽은 3등 숫자로 방향을 정의한다. ⑤ 픽셀의 수는 상첨자로 표시한다. ⑥ 압축효율은 높으나 객체 간의 경계부분이 이중으로 입력되어야 하는 단점이 있다.

A	A	A	B
B	B	B	B
B	C	C	A
A	A	B	B

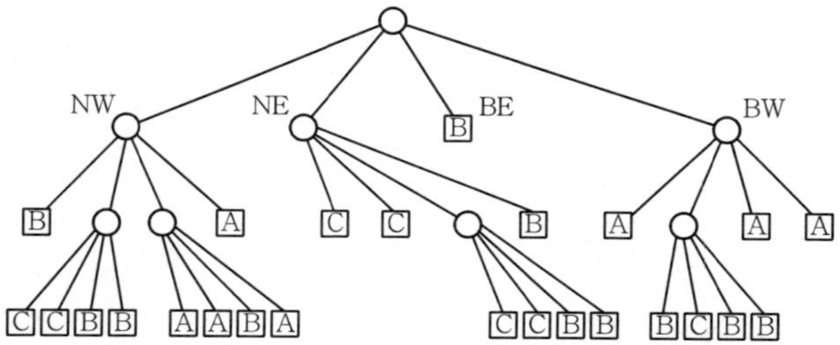

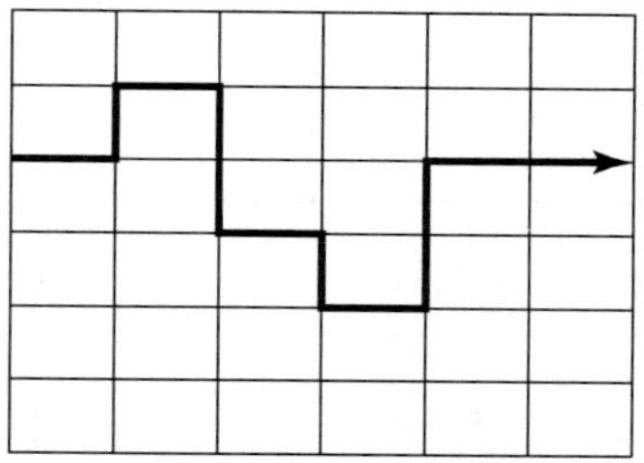

3A6B2C3A2B

구분	B의 면적	C의 면적	A의 면적
네 번째	8개×2=16	5개×2=10	3개×2=6
세 번째	2개×8=16 (단위면적의 4배)	2개×8=16	4개×8=32
두 번째	1개×32=32 (단위면적의 16배)		
소계	64	26	38
합계	128		

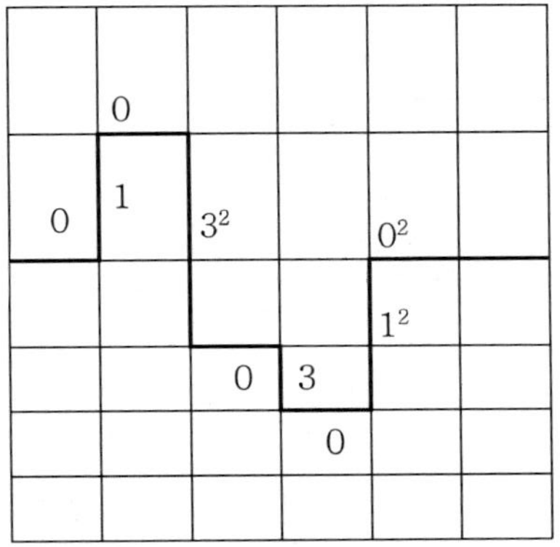

	0				
0	1	3^2		0^2	
				1^2	
		0	3		
			0		

19 자료분석

1. 벡터기반의 일반화

단순화(Simplification)	단순화는 원래의 선이 나타내는 특징이나 형태를 유지하기 위한 점들을 선정하여 특징을 표현하는 데 있어서 의미가 크지 않은 잉여점을 제거해주는 과정을 의미한다. 즉, 선을 구성하는 좌표점 중 불필요한 잉여점을 제거하는 것으로서 원래 좌표쌍들의 부분집합의 선택을 포함하는 단순화 방식이다.
유선화 (원만화, Smoothing)	유선화는 선의 가장 중요한 특징점만을 취득하여 좌표쌍들의 위치 재조정이나 이동에 의하여 선을 유선형으로 변화시키는 과정을 말한다. 즉, 선의 중요한 특징점들을 이용해 선을 유선형으로 변화하는 것으로서 어떤 작은 혼란으로부터 벗어나 평탄화하기 위하여 좌표쌍들을 재배치하거나 평행이동하는 것(원만화)이다.
융합(Amalgamation)	융합은 지도에 나타난 세부적인 내용을 축척의 변화에 따라 하나의 영역으로 합치는 것이다. 즉, 전체 영역의 특징을 단순화하여 표시하는 것으로서 작은 요소들을 보다 큰 지도요소로 결합하는 것이다.
축약 (분해, Collapse)	축약은 규모나 공간상의 범위표시를 축소하는 것을 의미한다. 즉, 지형이나 공간상의 범위 표시를 축소하는 것으로서 면 또는 선 요소들을 점 요소들로 분해시키는 것이다.
정리 (정제, Refinement)	정리는 시각적 표현을 실제 지역과 일치시키기 위해 기하학적으로 배열과 형태를 바꾸거나 조정하는 것을 말한다. 즉, 기하학적인 배열과 형태를 바꾸어 시각적 조정효과를 가져오는 것으로서 예를 들면 선을 부드럽게 하거나 모서리부분의 사각화, 등고선이나 강이 교차되는 지점을 바로잡는 것 등을 들 수 있다. 정리는 유사한 특징이 너무 많거나 축척에 따라 표현이 곤란할 정도로 작은 지역에서 면적이나 길이를 비교하여 기준 이하의 공간정보를 삭제하는 것을 의미하며, 요소들의 군집 중에서 보다 작은 요소들을 버리는 것(정제)이다.
집단화 (군집화, Aggregation)	집단화는 매우 근접하거나 인접한 지형지물을 새로운 형태의 지형지물로 묶는 것을 말한다. 즉, 근접하가나 인접한 지형지물을 하나로 합치는 것으로서 점 요소들을 보다 높은 계층으로 그룹화하는 것(군집화)이다.
합침(Merge, Combination)	합침은 축척의 변화에 따른 세부적인 객체의 특성을 유지하는 것이 불가능하더라도 선형과 같은 전체적인 패턴을 유지하는 것을 의미한다. 즉, 축척의 변화 시 전체적인 대표성 있는 패턴을 유지하는 것으로서 평행선 요소들에 보통 적용되는 결합(Merging) 방식이다.
재배치(Displacement) 혹은 이동	재배치는 겹치는 지역에 대하여 상대적으로 중요성이 떨어지는 지역의 위치를 변경하거나 지역의 범위를 조정해 지도에 표시된 객체의 공간적 위치를 보다 명확히 나타내는 것을 의미한다. 즉, 면의 겹치는 지역 등을 삭제하여 지도의 명확성을 높이는 것으로서 명확성을 얻기 위하여 요소들의 위치를 평행이동하는 것(이동)이다.
분류(Classification)	오브젝트들을 동일하거나 비슷한 특성들을 공유하는 요소들의 범위 속으로 그룹화하는 것을 말한다.

2. 중첩 연산의 기능에 따른 분류

중첩시킬 때 두 커버리지 간에 연산하는 방법은 여러 가지 유형이 있으며, 연산방법에 따라 산출되는 결과물도 매우 달라진다. 따라서 중첩기능을 수행할 때 주된 관심사는 각 커버리지상의 형상을 서로 어떻게 관련시켜 나타내고자 하는가를 결정하는 일이다. 연산기능의 특성은 다음과 같다.

구분	내용
교차(Interset : A and B) (교집합 : 겹치는 것)	첫 번째 커버리지 A 형상에 두 번째 커버리지 B 형상을 교차시키는 경우로, 그 결과 커버리지 B 형상은 그대로 유지되지만, 커버리지 A 형상은 커버리지 B 안에 있는 형상들만 나타나게 된다. 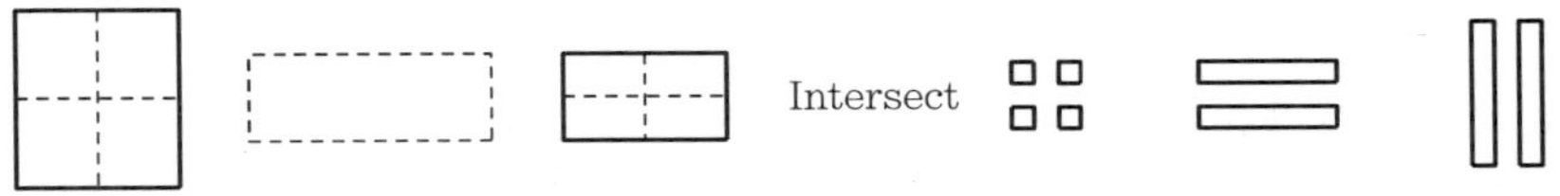 Intersect
결합(Union : A or B) (합집합 : 다 합한 것)	커버리지 A와 커버리지 B를 결합시키면 두 커버리지 간에 겹치거나 부분적으로 교차하는 모든 형상들이 포함된 산출 커버리지가 나타나게 된다. 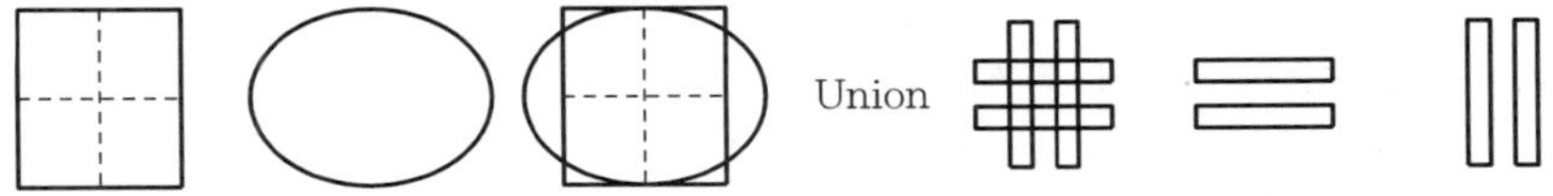 Union
동일성(Identity)	첫 번째 입력 커버리지 A의 모든 형상들은 그대로 유지되지만 커버리지 B의 형상은 커버리지 A 안에 있는 형상들만 나타나게 된다. 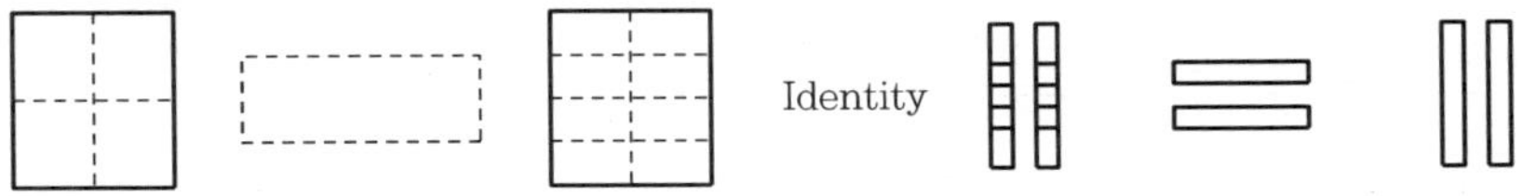 Identity
조각내기(Split)	첫 번째 커버리지 A를 두 번째 커버리지 B를 토대로 하여 작은 구역으로 면적을 분할하여 조각으로 분리하는 것이다. 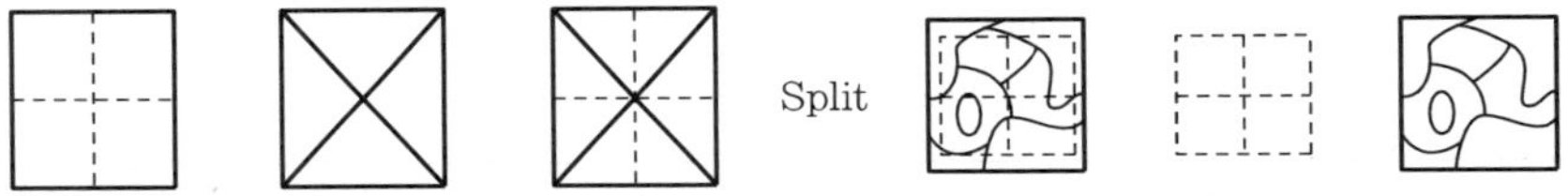 Split
지우기(Erase)	두 번째 커버리지 B를 이용하여 첫 번째 입력 커버리지 A의 일부분을 지우는 것이다.  Erase

자르기(Clip)	두 번째 커버리지 B를 이용하여 첫 번째 커버리지 A를 잘라내는 것이다. 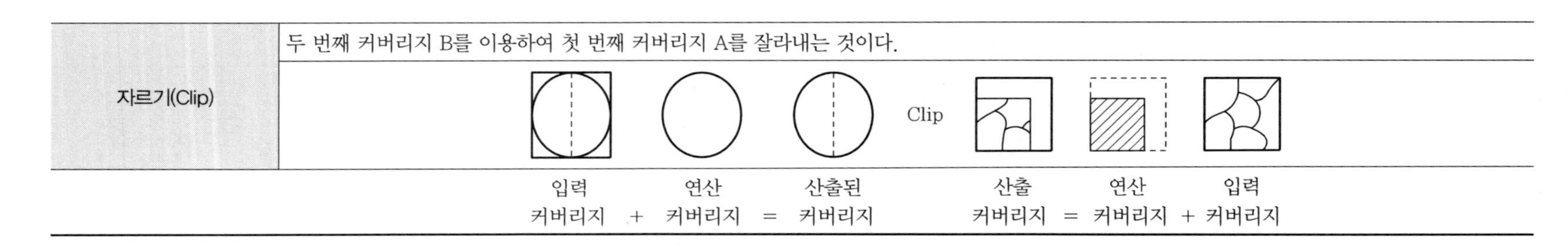

3. 중첩을 통한 레이어 편집

Clip	클립은 레이어에서 필요한 지역만을 추출하는 것으로 원래의 입력 레이어는 클립 레이어에 의하여 정의된 지역에 대한 도형 및 속성정보만을 추출해 새로운 출력 레이어를 만들게 되는 과정이다.
Erase	클립 레이어의 반대되는 과정으로 레이어가 나타내는 지역 중 임의 지역을 삭제하는 과정으로 전체 레이어에서 분석할 필요가 없는 지역이 지리적으로 정의가 된 경우에는 그러한 지역을 사전에 삭제해서 제반 분석에 효율성을 기할 수 있다.
Update	업데이트는 레이어의 어느 한 부분에 대하여 갱신된 자료 또는 편집된 자료로 교체하는 것으로 전체 레이어에 대한 도형정보와 속성정보를 지닌 전체 데이터베이스를 갱신함이 없이 일부 데이터만을 수정·갱신할 수 있어서 매우 효율적이다.
Sprite	스프리트는 하나의 레이어를 여러 개의 레이어로 분할하는 과정으로 도형정보와 속성정보로 이루어진 하나의 데이터베이스를 나름대로의 기준에 따라 여러 개의 파일이나 데이터베이스로 분리하는 데 사용된다.
Mapjoin and Append	맵조인과 어펜드는 스프리트와 반대되는 개념으로 여러 개의 레이어를 하나의 레이어로 합치는 과정이다. 맵조인은 여러 개의 레이어가 하나의 레이어로 합쳐지면서 도형정보와 속성정보가 합쳐지고 위상정보도 재정리되는 것이 특징이고, 어펜드는 도형과 속성정보가 합쳐지기는 하지만 위상정보가 재정리되지는 않는다. 그러므로 어펜드는 공간객체의 경우 연결성이나 인접성 등이 재정리되지 않고 위상구조를 가지지 못하므로 선의 길이나 폴리곤의 면적 등 제반 분석이 불가능하다.
Dissolve	디졸브는 맵조인이나 제반 레이어를 합치는 과정에서 발생한 불필요한 폴리곤의 경계선을 제거하여 폴리곤의 숫자를 축소해서 보다 효율적인 공간자료와 위상구조를 가질 수 있도록 만드는 과정이며, 동일한 속성값을 갖는 폴리곤에 대해 이름을 다시 부여하는 데 사용되기도 한다.
Eliminate	여러 개의 레이어를 중첩하거나 맵조인 등에 의하여 서로 다른 레이어가 합쳐지는 경우에 슬리버와 같은 작고 가느다란 형태의 불필요한 폴리곤들이 형성되면 엘리미네이트 과정을 통하여 불필요한 슬리버를 제거한다.
Mask	레이어에서 필요한 지역만을 투명하게 만들고 나머지 지역은 불투명하게 추출하는 데 사용된다.
Replace	하나의 레이어에 있는 모든 지점이 다른 레이어에서 필요할 때 사용된다.
Mosaic	서로 인접한 레이어들의 인접부분을 일치시켜 여러 개의 레이어를 하나로 합치는 데 유용하다.

4. Boolean Logic을 적용한 정보의 추출

A AND B	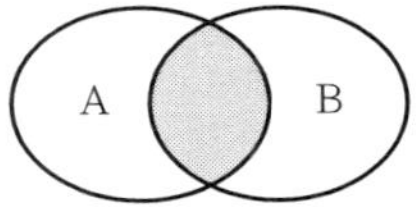 A AND B	A, B가 교차하는 부분
A XOR B	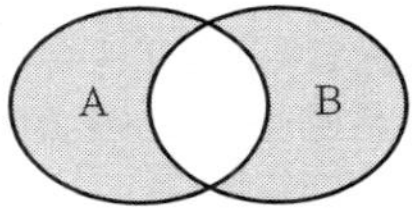 A XOR B	두 개 사상이 존재하는 곳은 포함하고 교차지점은 포함 안 함
A NOT B	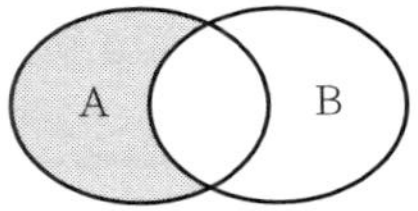 A NOT B	B를 포함하지 않는 모든 A부분
A OR B	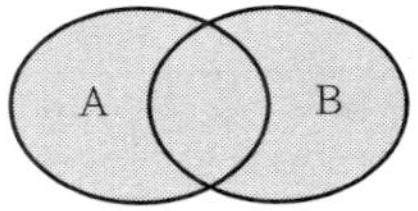 A OR B	A, B의 모든 부분
(A AND B) OR C	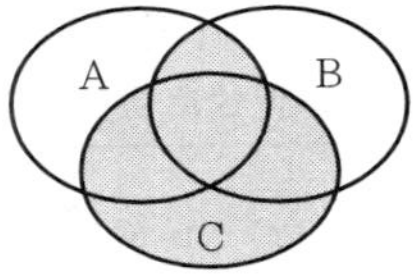 (A AND B) OR C	A, B가 교차하는 부분과 C를 포함한 모든 부분
A AND (B OR C)	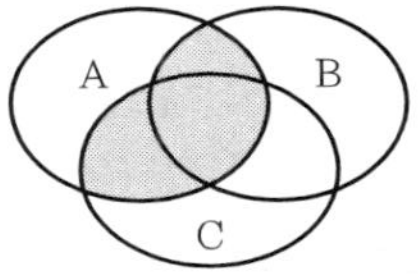 A AND (B OR C)	A, B, C가 교차하는 부분

5. 자료분석(공간분석)

GIS에서 이루어지는 자료분석은 공간자료를 대상으로 하므로 공간분석이라고도 일컬어진다. 공간분석은 공간데이터베이스 내에 들어 있는 도형과 속성자료를 분석하여 현실세계에서 발생 가능한 다양한 현상을 예측하여 인간의 의사결정을 지원한다.

공간데이터베이스에는 주요 관심의 대상이 되는 주제들과 관련되는 각종 공간상의 객체를 일정형식으로 표현하고 객체 간의 연관성을 정량화하여 저장하는데, 이러한 데이터 모델을 이용하여 필요한 자료를 추출하고 앞으로의 현상을 예측하는 것을 모델링이라 한다. 결국 GIS에서 다루어지는 공간분석은 공간데이터베이스를 기반으로 이루어지는 공간모델링으로 볼 수 있다.

공간분석의 유형은 도형자료의 분석과 속성자료의 분석, 도형과 속성의 통합분석 등으로 분류한다.

구분	항목	내용
도형자료 분석	포맷변환	포맷변환은 GIS 레이어를 공유하거나 GIS 레이어에 정보를 추가하는 등 여러 이유에서 GIS 레이어의 구조를 변환하는 것으로 크게 두 가지 형태를 들 수 있다. 하나는 DXF(Drawing eXchang Format)나 Shapefile, 위상구조 등을 갖는 벡터구조 상호 간의 데이터 변환이고, 다른 하나는 벡터구조와 격자구조 간의 변환이다. 벡터구조의 DXF 포맷은 기본적인 위치좌표만을 표기하며 위상정보를 갖지 않는다. Shapefile의 경우에는 DXF와 위상정보의 중간구조를 표현한다.
	동형화(Conflation)	서로 다른 레이어 사이에 존재하는 동일한 객체의 크기와 형태를 일치시키도록 보정하는 기능이다.
	Line Coordinate Thinning (좌표세선화, 좌표삭감)	동일경계를 나타내는 선의 모양이 변화하지 않는 범위 내에서 각각의 선에 포함된 좌표를 최대한 줄임으로써 양을 줄이는 방식을 말한다.
	Edge Matching (경계선정합, 경계의 부합)	인접한 지도들의 경계에서 지형 표현 시 위치나 내용의 불일치를 제거하는 처리 방법으로, 2장 이상의 지도를 하나의 공간상에 연결된 지도로 작성하기 위해 경계면을 서로 일치시켜 주는 기능을 제공하는 것을 말한다.
	Map Join (지도정합, 지도합성)	인접한 두 지도를 하나의 지도로 접합하는 과정을 말한다. GIS에서는 대상지역의 도형자료가 하나의 파일로 존재하여야 한다. 이를 종이와 비교한다면 전 지역의 지도가 여러 도엽으로 존재하는 것이 아니라 한 장의 지면에 있어야 한다. 즉, 연속지도(Continuous Map)로 존재하여야만 GIS의 기능을 발휘할 수 있다. 따라서 여러 지도를 각각의 한 장의 지도를 연결시켜 연속지도를 만드는 작업으로 기입력된 모든 자료들을 1개 파일로 만드는 작업. 즉 각 파일의 인접조사 및 수정 · 병합을 실시하는 것을 말한다.

도형자료 분석	타일링(Tiling, 면적분할)	전체 대상지역을 작은 단위 면적으로 분할하여 관리할 때 각각의 작은 면적을 나타내는 지도를 타일(Tile)이라 하며, 타일을 만드는 과정을 타일링(Tiling)이라 한다. 하나의 파일로 구성된 데이터 레이어 Tiling Map Join 9개의 별도 타일로 분할 각각의 타일에 의하여 표현되는 부분
속성자료 분석	질의	질의기능은 작업자가 부여하는 조건에 따라 속성데이터베이스에서 정보를 추출하는 것이다.
	분류(Classification)	분류는 사용자의 필요에 따라서 일정기준에 맞추어 GIS 자료를 나누는 것으로 모든 GIS 자료는 어떤 형태로든 분류가 가능하다. 분류는 일정기준에 따라 세분화하는 과정이므로 세분화(Specification)라고도 한다.
	일반화(Generalization)	일반화(Generalization)는 나누어진 항목을 합쳐서 분류항목을 줄이는 것이다.
도형과 속성의 통합분석	중첩	중첩은 서로 다른 레이어의 정보의 합성을 의미하는 것으로 레이어의 가공과 생성, 도형정보와 속성정보의 결합을 통하여 현실세계의 다양한 문제를 해결하기 위한 의사결정을 지원할 수 있다.
	공간보간	공간상에 알려진 표고값이나 속성값을 이용하여 표고나 속성값이 알려지지 않은 지점에 대한 값을 추정하는 것으로 대상지역의 크기와 형태, 추정하려는 속성값의 특징 등 여러 조건에 따라 적합한 보간 방식이 적용되어야 한다.
	지형모델링	지형의 변이를 수치데이터 형태로 연속적 또는 불연속적으로 표현한 수치표고자료를 이용해 다양한 지형의 변이를 파악하고 임의 지점의 지형을 추정하여 정량화하는 것이다.

도형과 속성의 통합분석	연결성 분석	연결성 분석은 다음과 같은 기능을 가진다. ① 연속성 분석 ② 근접성 분석 ③ 관망 분석(대표적인 기능) ④ 확산 분석
	지역분석 (Neighborhood Analysis)	지역분석은 특정 위치를 에워싸고 있는 주변지역의 특성을 추출하는 것을 의미한다. 지역분석에는 다음 세 가지의 사항이 명시되어야 한다. ① 하나 이상의 분석 대상 위치의 설정 ② 주변지역 ③ 지역 내 객체에 대해 적용될 기능
	측정	측정기능은 GIS에서 기본적인 기능으로서 공간객체 간의 거리나 면적, 또는 공간객체가 지닌 속성에 대한 값의 분포나 평균값, 편차 등을 계산하는 데 사용될 수 있다.

6. 수치표고자료의 유형

격자형	DEM(Digital Elevation Model) DSM(Digital Surface Model)
벡터형	DTM(Digital Terrain Model) DTED(Digital Terrain Elevation Data) TIN(Triangulated Irregular Network) DGM(Digital Ground Model) DHM(Digital Height Model)

DTM(Digital Terrain Model)	① 지형의 표고뿐만 아니라 지표상의 다른 속성도 포함하며 측량 및 원격탐사와 연관이 깊다. ② 지형의 다른 속성까지 포함하므로 자료가 복잡하고 대용량의 정보를 가지고 있으며, 여러 가지 속성을 레이어를 이용하여 다양한 정보 제공이 가능하다. ③ DTM은 표현방법에 따라 DEM과 DSM으로 구별된다. 즉 DTM=DEM+DSM이다.
수치표고모형 (DEM : Digital Elevation Model)	공간상에 나타난 불규칙한 지형의 변화를 수치적으로 표현하는 방법을 수치표고모형이라 한다. DEM은 규칙적인 간격으로 표본지점이 추출된 래스터 형태의 데이터모델이다. DEM은 지형의 연속적인 기복변화를 일정한 크기의 격자간격으로 표현한 것으로 공간상의 연속적인 기복변화를 수치적인 행렬의 격자형태로 표현한다. 수치표고모형은 표고데이터의 집합일뿐만 아니라 임의의 위치에서 표고를 보간할 수 있는 모델을 말한다. DEM은 DTM 중에서 표고를 특화한 모델이다. ① 도로의 부지 및 댐의 위치 선정 ② 수문 정보체계 구축 ③ 등고선도와 시선도 ④ 절토량과 성토량의 산정 ⑤ 조경설계 및 계획을 위한 입체적인 표현 ⑥ 지형의 통계적 분석과 비교 ⑦ 경사도, 사면방향도, 경사 및 단면의 계산과 음영기복도 제작 ⑧ 경관 또는 지형형성과정의 영상모의 관측 ⑨ 수치지형도 작성에 필요한 표고정보와 지형정보를 다 이루는 속성 ⑩ 군사적 목적의 3차원 표현
DEM 제작방법	① 지상측량에 의한 DEM 제작 ② 항공사진측량에 의한 DEM 제작 ③ 수치지형도를 이용한 DEM 제작 ④ 위성영상을 이용한 DEM 제작 ⑤ 항공 LiDAR를 이용한 DEM 제작 ⑥ Interferometry SAR에 의한 DEM 제작

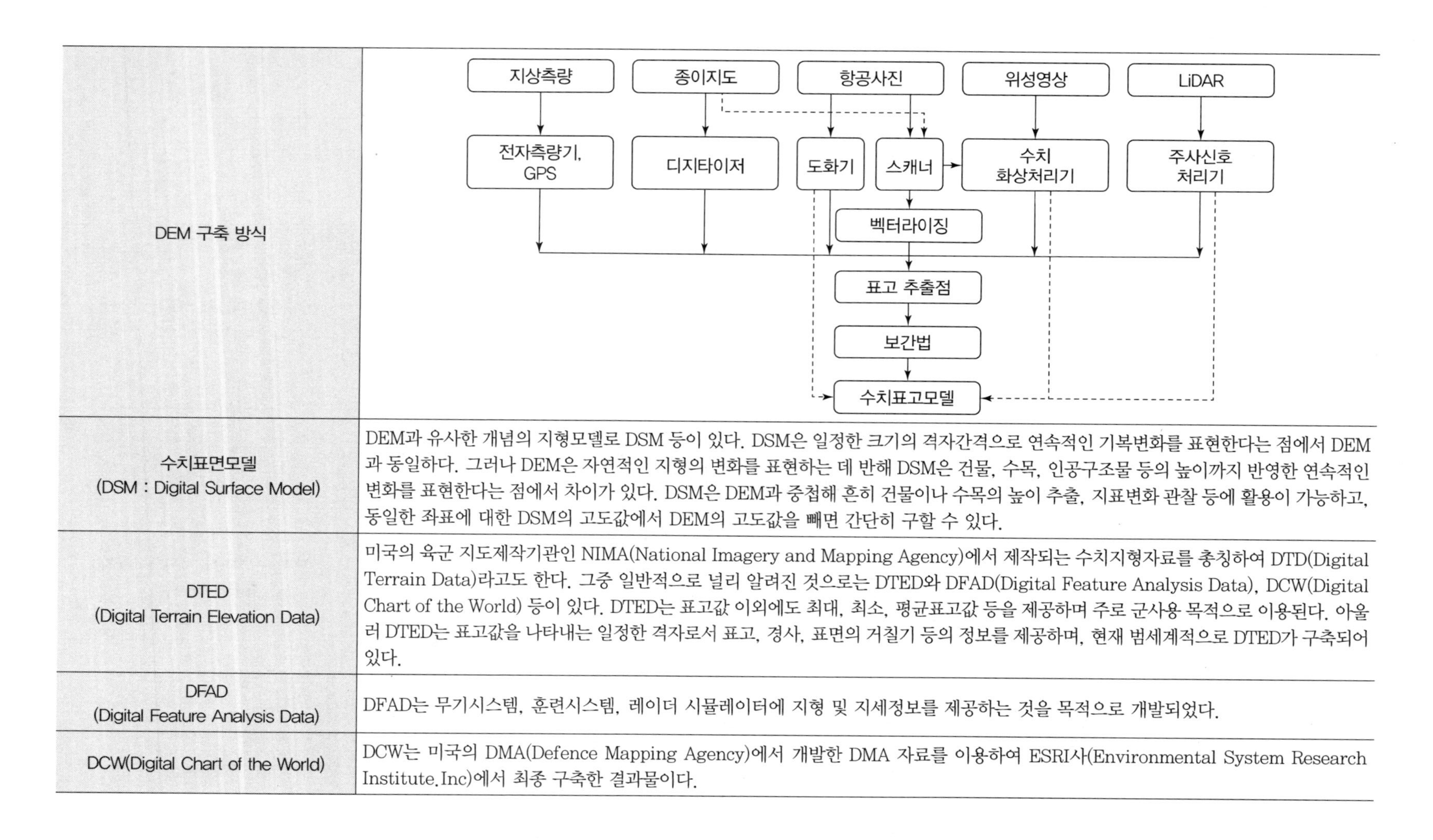

구분	내용
수치표면모델 (DSM : Digital Surface Model)	DEM과 유사한 개념의 지형모델로 DSM 등이 있다. DSM은 일정한 크기의 격자간격으로 연속적인 기복변화를 표현한다는 점에서 DEM과 동일하다. 그러나 DEM은 자연적인 지형의 변화를 표현하는 데 반해 DSM은 건물, 수목, 인공구조물 등의 높이까지 반영한 연속적인 변화를 표현한다는 점에서 차이가 있다. DSM은 DEM과 중첩해 흔히 건물이나 수목의 높이 추출, 지표변화 관찰 등에 활용이 가능하고, 동일한 좌표에 대한 DSM의 고도값에서 DEM의 고도값을 빼면 간단히 구할 수 있다.
DTED (Digital Terrain Elevation Data)	미국의 육군 지도제작기관인 NIMA(National Imagery and Mapping Agency)에서 제작되는 수치지형자료를 총칭하여 DTD(Digital Terrain Data)라고도 한다. 그중 일반적으로 널리 알려진 것으로는 DTED와 DFAD(Digital Feature Analysis Data), DCW(Digital Chart of the World) 등이 있다. DTED는 표고값 이외에도 최대, 최소, 평균표고값 등을 제공하며 주로 군사용 목적으로 이용된다. 아울러 DTED는 표고값을 나타내는 일정한 격자로서 표고, 경사, 표면의 거칠기 등의 정보를 제공하며, 현재 범세계적으로 DTED가 구축되어 있다.
DFAD (Digital Feature Analysis Data)	DFAD는 무기시스템, 훈련시스템, 레이더 시뮬레이터에 지형 및 지세정보를 제공하는 것을 목적으로 개발되었다.
DCW(Digital Chart of the World)	DCW는 미국의 DMA(Defence Mapping Agency)에서 개발한 DMA 자료를 이용하여 ESRI사(Environmental System Research Institute, Inc)에서 최종 구축한 결과물이다.

불규칙삼각망(不規則三角網, TIN : Triangulated Irregular Network)	불규칙삼각망은 불규칙하게 배치되어 있는 지형점으로부터 삼각망을 생성하여 삼각형 내의 표고를 삼각평면으로부터 보간하는 DEM의 일종이다. 벡터데이터 모델로 위상구조를 가지며 표본 지점들은 X, Y, Z 값을 가지고 있으며 다각형 Network를 이루고 있는 순수한 위상 구조와 개념적으로 유사하다. ① 기복의 변화가 작은 지역에서 절점수를 적게 한다. ② 기복의 변화가 심한 지역에서 절점수를 증가시킨다. ③ 자료량 조절이 용이하다. ④ 중요한 위상형태를 필요한 정확도에 따라 해석한다. ⑤ 경사가 급한 지역에 적당하고 선형 침식이 많은 하천지형의 적용에 특히 유용하다. ⑥ TIN을 활용하여 방향, 경사도 분석, 3차원 입체지형 생성 등 다양한 분석을 수행한다. ⑦ 격자형 자료의 단점인 해상력 저하, 해상력 조절, 중요한 정보 상실 가능성을 해소한다.

저자소개 AUTHOR INTRODUCTION

寅山 이영수

• 약력

- 측량 및 지형공간정보 기술사
- 지적 기술사
- 명지대학교 산업대학원 지적GIS학과 졸업(공학석사)
- (전)대구과학대학교 측지정보과 교수
- (전)신한대학 겸임교수
- (전)한국국토정보공사 20년 근무
- (현)공단기 지적직공무원 지적측량 · 지적전산학 · 지적법 · 지적학 강의
- (현)주경야독 인터넷 동영상 강사
- (현)지적기술사 동영상 강의
- (현)측량및지형공간정보 기술사 동영상 강의
- (현)지적기사(산업)기사 이론 및 실기 동영상 강의
- (현)측량및지형공간정보기사(산업)기사이론 및 실기 동영상 강의
- (현)(지적직공무원)지적전산학 · 지적측량 동영상 강의
- (현)(한국국토정보공사)지적법해설 · 지적학해설 · 지적측량 동영상 강의
- (현)(특성화고 토목직공무원)측량학 동영상 강의
- (현)측량학 · 응용측량 · 측량기능사 · 지적기능사 동영상 강의
- (현)군무원 지도직 측지학, 지리정보학 강의

• 연구저서

[지적 분야]

- 지적기술사해설(예문사)
- 지적기사 이론 및 문제해설(예문사)
- 지적기사 과년도 문제해설(세진사)
- 지적기사산업기사 실기 문제해설(세진사)
- 지적직공무원 지적측량(세진사)
- 지적직공무원 지적측량 단원별기출문제(고시각)
- 지적직공무원 지적전산학(세진사)
- 지적직공무원 지적전산학 단원별기출문제(고시각)
- 지적직공무원 지적법 해설(예문사)
- 지적직공무원 지적법 적중예상문제(고시각)
- 지적직공무원 지적학 기출문제(세진사)
- 지적기술사 과년도 문제해설(예문사)
- 지적산업기사 이론 및 문제해설(예문사)
- 지적산업기사 과년도 문제해설(세진사)
- 지적측량실무(세진사)
- 지적직공무원 지적측량 기출문제(고시각)
- 지적직공무원 지적측량 적중예상문제(세진사)
- 지적직공무원 지적전산학 기출문제(고시각)
- 지적직공무원 지적전산학 적중예상문제(세진사)
- 지적직공무원 지적법 기출문제(고시각)
- 지적학 해설(예문사)
- 지적기능사(세진사)

[측량 및 지형공간정보 분야]

- 측량 및 지형공간정보기술사(예문사)
- 측량 및 지형공간정보기사 이론 및 문제해설(구민사)
- 측량 및 지형공간정보산업기사 이론 및 문제해설(구민사)
- 측량 및 지형공간정보기사 과년도 문제해설(구민사)
- 측량 및 지형공간정보산업기사 과년도 문제해설(구민사)
- 측량 및 지형공간정보 실기 문제해설(세진사)
- 측량 및 지형공간정보 실무(세진사)
- 측량학(예문사)
- 응용측량(예문사)
- 사진측량 해설(예문사)
- 측량기능사(예문사)

저자소개 AUTHOR INTRODUCTION

김기승 (E-mail : mymyhope@naver.com)

• 약력

- 청주대학교 대학원 도시부동산지적과 졸업(행정학박사)
- 서울시립대학교 도시과학대학원 공간정보학과 졸업(공학석사)
- 지적기사
- 토목특급, 지형공간정보특급, 지적특급
- (현)전주대학교 초빙교수
- (현)전북대학교 겸임교수
- (현)전주비전대학교 겸임교수
- (전)한국국토정보공사 부사장
- (전)한국국토정보공사 경영지원본부장
- (전)한국국토정보공사 경기지역본부장
- (전)한국국토정보공사 대전 · 충남본부장
- (전)한국국토정보공사 지적재조사 추진단장
- (전)지적학회 부회장
- (전)지적정보학회 부회장

• 연구논문

- 진주시 강남지구 소규모주택정비사업 추진 타당성 검토(한국주거환경학회, 2022)
- 포스트 코로나시대 부동산거래(한국부동산 법학회, 2021)
- 팬데믹시대 주거선호에 관한 연구(부동산 법학회, 2021)
- 지적측량수수료발전방향에 대한 연구(한국지적학회지, 2006)

지적학 기출문제 및 합격모의고사

발행일 | 2021. 1. 15 초판발행
2022. 1. 10 1차 개정
2023. 1. 10 2차 개정

저 자 | 寅山 이영수 · 김기승
발행인 | 정용수
발행처 | 예문사

주 소 | 경기도 파주시 직지길 460(출판도시) 도서출판 예문사
TEL | 031) 955－0550
FAX | 031) 955－0660
등록번호 | 11－76호

정가 : 32,000원

ISBN 978-89-274-4849-5 13530